Johann Neger

Excursionsflora Deutschlands

Analytische Tabellen zum möglichst leichten und sicheren Bestimmen aller in Deutschland, Österreich und der Schweiz wildwachsenden und häufiger kultivierten phanerogamischen und kryptogamischen Gefässpflanzen

Johann Neger

Excursionsflora Deutschlands

Analytische Tabellen zum möglichst leichten und sicheren Bestimmen aller in Deutschland, Österreich und der Schweiz wildwachsenden und häufiger kultivierten phanerogamischen und kryptogamischen Gefässpflanzen

ISBN/EAN: 9783742806307

Hergestellt in Europa, USA, Kanada, Australien, Japan

Cover: Foto ©berggeist007 / pixelio.de

Weitere Bücher finden Sie auf **www.hansebooks.com**

Excursionsflora Deutschlands.

Analytische Tabellen

zum

möglichst leichten und sicheren Bestimmen aller in Deutschland, Deutsch-Oesterreich und der Schweiz wildwachsenden und häufiger cultivirten

phanerogamischen und kryptogamischen Gefässpflanzen.

Zusammengestellt

von

Dr. Johs. Neger.

NÜRNBERG.
VERLAG DER FR. KORN'SCHEN BUCHHANDLUNG.
1871.

Vorwort.

Wenn auch das Studium der Botanik in wissenschaftlichen Kreisen in neuerer Zeit eine vorherrschend physiologische Richtung angenommen hat, so gibt es doch auch eine grosse Anzahl von Pflanzenfreunden, denen, ohne Zeit und Gelegenheit zu weiteren Studien, zunächst nur darum zu thun ist, die ihnen auf Feld und Flur, auf Reisen und in Gärten begegnenden Pflanzen kennen zu lernen, denen durch Herausgabe eines Werkchens, wie das vorliegende, vielleicht ein Dienst geleistet und für die es zunächst bestimmt ist. Der Zweck des Werkchens soll nur ein populärer, nur der sein, durch **möglichst übersichtliche** Darstellung das Bestimmen einer unbekannten Pflanze zu erleichtern und enthält desshalb alle in Deutschland, Deutsch-Oesterreich bis zum adriatischen Meer und der Schweiz wildwachsenden, sowie auch die häufiger cultivirten Gefässpflanzen nach dem Decandolle'schen Systeme so in Tabellen geordnet, dass diese ein möglichst scharfes Hervortreten der sie unterscheidenden Merkmale erkennen lassen. Es fehlt zwar nicht an Werken, welche den gleichen Zweck erfolgen, allein theils umfassen nur wenige davon dieses ganze Gebiet, theils sind sie in einer Form gegeben, die für den Anfänger schwierig ververständlich und wenig übersichtlich ist, und da dem Verfasser überhaupt kein Werk bekannt war, welches seinen Ideen vollständig entsprach, so stellte er sich, zunächst zu seinem eigenen Gebrauche und Belehrung, vorliegende Uebersicht zusammen, und übergab sie erst dann dem Drucke, als er von verschiedenen Seiten aufgefordert wurde und überhaupt die Ansicht gewonnen hatte, dass auch in weiteren Kreisen das Bedürfniss nach einem ähnlichen Werkchen vorhanden sei. Dennoch dürfte auch dieses Büchlein dem Anfänger nicht in jeder Hinsicht genügen, es soll, wie ein Blick in dasselbe darthut, nur eine floristische Zusammenstellung aller im genannten Gebiete gefundenen Arten. kein Lehrbuch der Botanik sein, in welchem die einzelnen Pflanzen je nach ihrer Wichtigkeit mit besonderer Auswahl und grösserer oder geringerer Ausführlichkeit beschrieben werden — wer dergleichen sucht, dem dürften von der grossen Anzahl der hiehergehörigen Werke „Hochstetters populäre Botanik, Esslingen 1849" und die trefflichen Werke von Joh. Leunis „Synopsis und Schulnaturgeschichte, Hannover" am meisten zu empfehlen sein, und namentlich an letztere schliesst sich vorliegendes Werkchen aufs Engste an.

Es liegt in der Natur der Sache, dass bei dem Plane, der bei dessen Zusammenstellung verfolgt wurde, weder alle Varietäten angeführt, noch die Fundorte anders als in den allgemeinsten Umrissen angegeben werden konnten. Dem Anfänger werden weder alle beobachteten Formen, noch alle Standorte eines so grossen Gebiets von gleichem Interesse sein, er wird vielmehr von ersteren die ausgesprochensten, die ächten Arten, von diesen die seinem Wohnorte zunächst gelegenen zuerst kennen lernen wollen. Ueberdies wird man beim Gebrauch aller derartiger Werke häufig die Wahrnehmung machen, dass viele Arten in den Büchern schärfer als in der Natur begrenzt sind; kommt man ja doch in der Wissenschaft selbst immer mehr zu der Ueberzeugung, dass auch die ausgesprochensten Arten keine für alle Zeiten und Verhältnisse unveränderlichen Typen sind, und was die Fundorte betrifft, so gibt es jetzt fast von jedem Landstrich Localfloren, aus denen sich Jeder je nach seinem speziellen Wohnort oder durch Reisen verursachten Bedürfniss die nöthigen Bemerkungen in vorliegendes Werkchen wird einzeichnen können. Wer eingehendere Studien machen will, der bedarf überhaupt ausführlicherer Werke, die man nicht mehr auf jeder Excursion in der Rocktasche bei sich tragen kann; dies aber, überhaupt das Bestreben, das in diesen Werken angehäufte Material so übersichtlich, als nur möglich, zusammenzustellen, sind das, was bei der Herausgabe vorliegenden Werkchens vor Allem ins Auge gefasst wurde.

Das Verständniss der wenn auch in einer bisher noch nicht gebräuchlichen Form dargestellten Tabellen wird wohl auf keine Schwierigkeiten stossen. Zwei einander stets ausschliessende und widersprechende Merkmale sind durch die gleiche Zahl verbunden und so in zwei Abtheilungen gebracht, von denen jede durch die folgenden Zahlen in gleicher Weise weiter getheilt ist. Wollte man, um ein bekanntes Beispiel zu wählen, das Sumpfvergissmeinnicht (Myosotis palustris) bestimmen, so würde man, da sich die meisten Pflanzen am leichtesten nach dem Linne'schen Systeme unterscheiden lassen, zunächst auf dessen V. 1 (Pentandria, monogynia) und von da über 1* 15, 16, 17* und 19 auf die Familie der Boragineae, dort (§ 71) durch die Zahlen 1*, 2*, 3*, 8*, 9*, 10*, 11*, 13*, 14*, 15* und 16 auf die Gattung Myosotis und dort endlich über 1 und 2 zum Namen der Art: Myosotis palustris gelangen. Die Tabelle Pentandria monogynia lässt aber auch auf den ersten Blick erkennen, dass die Boragineae, als deren Repräsentant das Vergissmeinnicht gelten mag, sich von den Schlüsselblumen (Primulaceae) durch die bei 19 und 19*, von den Glockenblumen (Campanulaceae) durch die bei 15 15* von den Veilchen (Viola) durch die bei 1 und 1* angegebenen Merkmale unterscheiden, u. s. w.

Von deutschen Namen wurden nur die wirklich eingebürgerten, z. B. die eben erwähnten mit aufgeführt. So gerne diese mit aufgenommen wurden, so wenig lässt sich einsehen, welchen Werth es haben soll, wenn man Pflanzen wie Silaus pratensis oder Sturmia Loeselii mit solchen „deutschen" Namen wie Wiesensilau oder Lösels Sturmie belegt.

Der gegründetste Vorwurf, den man dem Verfasser wird machen können, ist vielleicht der, dass es ihm bei dem Mangel an genügenden Hülfsmitteln nicht möglich wurde, eine absolute Vollständigkeit zu erzielen, obwohl er die einschlägige Literatur theils selbst besitzt, theils kennen zu lernen gesucht hat. Sollte es der Fall sein, so bittet er im Interesse der Sache, ihn mit etwa nöthigen Zusätzen oder Verbesserungen bekannt zu machen, um das Fehlende, sei es durch Nachlieferung eines Supplementheftes, sei in einer neuen Auflage baldmöglichst ergänzen zu können, wie er überhaupt gerne bereit ist, etwa sonst noch laut werdenden Wünschen auf gleiche Weise Rechnung zu tragen.

Noch zu bemerken ist, dass es für zweckmässig erschien, nur die eigentlich wildwachsenden Gattungen und Arten mit einer fortlaufenden Nummer zu bezeichnen, die cultivirten dagegen mit der der nächstvorhergehenden wilden unter Zusatz von b. c. etc. wie dies z. B. bei Phaseolus u. s. w. leicht zu sehen ist.

Im Uebrigen ist der Wunsch des Verfassers erfüllt, wenn es auch in seiner gegenwärtigen Gestalt dazu beiträgt, den Freunden der Wissenschaft ihre Studien zu erleichtern, vielleicht ihr auch neue zu erwerben — und so sei es denn zur wohlwollenden Aufnahme und nachsichtigen Beurtheilung empfohlen vom

Nürnberg, im August 1871.

Verfasser.

Erklärung
der
Zeichen und Abkürzungen.

B. — Blatt.
Bl. — Blume.
Bthe, blthg — Blüthe, blüthig.
Blkr. — Blumenkrone.
fg (als Ends.) — förmig, z. B. eifg.
Fr. — Frucht.
Frchtch. — Früchtchen.
Frkn. — Fruchtknoten.
Gr. — Griffel.
H. — Hülle.
Kch. — Kelch.
Hkch. — Hüllkelch.
l. (als Endsilbe) — lich,
  z. B. längl.
m. — mit.
Pfl. — Pfl.
S. — Saum oder Same.
Stbb. — Staubbeutel.

Stbgf. — Staubgefäss.
Stbk. — Staubkolben.
Stgl. — Stengel.
stdg. (als Endsilbe) — ständig,
  z. B. endstdg.
s. — selten.
ss. — sehr selten.
sss. — höchst selten.
Trbe. — Traube.
var: — Varietät oder variirt.
Wzl. — Wurzel.
zs. — zusammen.
☉ — einjährig.
⨀ — 2jährig.
♃ — ausdauernd.
♄ — Strauch oder Baum.
† — giftig.
†† — sehr giftig.

Die hinter den Pflanzennamen stehenden eingeklammerten römischen und arabischen Zahlen bedeuten die Klassen und Ordnungen des Linne'schen Systems z. B. V. 1. Pentandria monogynia.

Die nach den Fundorten stehenden, eingeklammerten arabischen Zahlen bedeuten die Monate, in denen die Pfl. blühend gefunden wird, und zwar

   1 — Januar   3 — März   5 = Mai
   2 — Februar   4 — April   6   Juni u. s. w.

so dass also (6—8) das Blühen einer Pflanze von Juni—August bezeichnet.

Viele andere hier nicht erklärte Abkürzungen werden sich theils leicht aus dem Zusammenhange des Ganzen, theils dadurch erklären lassen, dass dem abgekürzten Wort das nicht abgekürzte unmittelbar vorhergeht.

Uebersicht

über die

Classen und Ordnungen

des *Linné*'schen Systems.

---

1. Pflanzen mit Bthn, welche deutlich wahrnehmbare Staubgefässe u. Stempel enthalten.
 2. Bthn alle zwittrig.
  3. Staubgefässe frei.
   4. Staubgefässe gleich lang oder wenigstens nicht in dem unter 4* angegebenen Längenverhältniss ungleich.
    5. Ein Staubgefäss in jeder Blüthe. . **1. Kl. Monandria.**
     1. Griffel in jeder Blüthe. . . *1. Ordn. Monogynia.*
     2-mehr Griffel in jeder Bthe. *2—6. Ordn. Di-Polygynia.*
    5*. Zwei Stbgef. in jeder Bthe . . . . **2. Kl. Diandria.**
     1 Griffel in jeder Bthe. . . . *1. Ordn. Monogynia.*
     2 Gr. in jeder Bthe . . . . *2. Ordn. Digynia.*
     3-mehr Gr. in jeder Bthe . *3—6. Ordn. Tri-Polygynia.*
    5**. Drei Stbgef. in jeder Bthe. . . . **3. Kl. Triandria.**
     1 Griffel in jeder Bthe . . . *1. Ordn. Monogynia.*
     2 Gr. in jeder Bthe . . . . *2. Ordn. Digynia.*
     3-mehr Gr. in jeder Bthe . *3—6. Ordn. Tri-Polygynia.*
    5***. Vier Stbgef. in jeder Bthe . . . **4. Kl. Tetrandria.**
     1 Griffel in jeder Bthe . . . *1. Ordn. Monogynia.*
     2 Gr. in jeder Bthe . . . . *2. Ordn. Digynia.*
     3 Gr. in jeder Bthe . . . . *3. Ordn. Trigynia.*
     4 od. mehr Gr. in jeder Bthe *4—6. Ordn. Tetra-Polygynia.*
    5****. Fünf Stbgef. in jeder Bthe . . **5. Kl. Pentandria.**
     1 Griffel in jeder Bthe . . . *1. Ordn. Monogynia.*
     2 Gr. in jeder Bthe . . . . *2. Ordn. Digynia.*
     3 Gr. in jeder Bthe . . . . *3. Ordn. Trigynia.*
     4 Gr. in jeder Bthe . . . *4—6. Ordn. Tetra-Polygynia.*

5*****. Sechs Stbgef. in jeder Bthe . . **6. Kl. Hexandria.**
   1 Griffel in jeder Bthe . . . *1. Ordn. Monogynia.*
   2 Gr. in jeder Bthe . . . . *2. Ordn. Digynia.*
   3 Gr. in jeder Bthe . . . . *3. Ordn. Trigynia.*
   4 od. mehr Gr. in jeder Bthe 4—6. *Ordn. Tetra-Polygynia.*
5******. Sieben Stbgef. in jeder Bthe . **7. Kl. Heptandria.**
   1 Griffel in jeder Bthe . . . *1. Ordn. Monogynia.*
5*******. Acht Stbgef. in jeder Bthe . . **8. Kl. Octandria.**
   1 Griffel in jeder Bthe . . . *1. Ordn. Monogynia.*
   2 Gr. in jeder Bthe . . . . *2. Ordn. Digynia.*
   3 Gr. in jeder Bthe . . . . *3. Ordn. Trigynia.*
   4 Gr. in jeder Bthe . . . . *4. Ordn. Tetragynia.*
   5-mehr Gr. in jeder Bthe . 5—6. *Ordn. Penta-Polygynia.*
5********. Neun Stbgef. in jeder Bthe . **9. Kl. Enneandria.**
   1 Griffel in jeder Bthe . . . *1. Ordn. Monogynia.*
   2 Gr. in jeder Bthe . . . . *2. Ordn. Digynia.*
   3 Gr. in jeder Bthe . . . . *3. Ordn. Trigynia.*
   4 Gr. in jeder Bthe . . . . *4. Ordn. Tetragynia.*
   5 od. mehr Gr. in jeder Bthe 5 -6. *Ordn. Penta-Polygynia.*
5*********. Zehn Stbgef. in jeder Bthe . **10. Kl. Decandria.**
   1 Griffel in jeder Bthe . . . *1. Ordn. Monogynia.*
   2 Gr. in jeder Bthe . . . . *2. Ordn. Digynia.*
   3 Gr. in jeder Bthe . . . . *3. Ordn. Trigynia.*
   4 Gr. in jeder Bthe . . . . *4. Ordn. Tetragynia.*
   5 Gr. in jeder Bthe . . . . *5. Ordn. Pentagynia.*
   Mehr als 5 Gr. in jeder Bthe . *6. Ordn. Polygynia.*
5**********. Elf-Neunzehn Stbgef. in jeder Bthe (meist 12 od. 16).
                           11. Kl. Dodecandria.
   1 Griffel in jeder Bthe . . . *1. Ordn. Monogynia.*
   2 Gr. in jeder Bthe . . . . *2. Ordn. Digynia.*
   3 Gr. in jeder Bthe . . . . *3. Ordn. Trigynia.*
   4 od. mehr Gr. in jeder Bthe 3—4. *Ordn. Tetra-Polygynia.*
5***********. Zwanzig oder mehr Stbgef. in jeder Bthe.
  6. Blkronblätter (wenn vorhanden) und Staubgefässe dem Kelch eingefügt; dieser verwachsenblättrig.
                          12. Kl. Icosandria.
   1 Griffel in jeder Bthe . . . *1. Ordn. Monogynia.*
   2 od. mehr Gr. in jeder Bthe 2—3. *Ordn. Di-Polygynia.*
  6*. Blkronb. (wenn vorhanden) und Stbgef. dem Fruchtboden eingefügt; Kelchb. nie mit einander verwachsen.
                         13. Kl. Polyandria.
   1 Griffel in jeder Bthe . . . *1. Ordn. Monogynia.*
   2 od. mehr Gr. in jeder Bthe 2—3. *Ordn. Di-Polygynia.*
4*. Je 2 Stbgef. kürzer als die 2 od. 4 anderen.
  7. Stbgef. 4, 2 davon länger, Bthn meist lippenfg, mit Kelch und Krone . . . . **14. Kl. Didynamia.**
   Frknoten 4 einsamig im bleibdn Kelch.
                          1. Ordn. Gymnospermia.
   Frkn. einer, meist mehrsamig.   *2. Ordn. Angiospermia.*
  7*. Stbgef. 6, je 4 davon länger, Bthn mit Kelch u. Blkrone, letztere mit 4 kreuzfg gestellten Blkronb.
                         15. Kl. Tetradynamia.
   Fr. nicht oder nur wenig länger als breit.
                         1. Ordn. Siliculosa.
   Fr. viel länger als breit . . . *2. Ordn. Siliquosa.*
3*. Stbgef. unter einander od. m. d. Griffel zusammenhängend.

8. Stbgef. untereinander, aber nicht mit e. d. Griffel verwachsen.
9. Stbfäden mit einander verwachsen, Stbbtl frei.
10. Stbfäden in ein Bündel mit einander verwachsen.
         16. Kl. Monadelphia.
 5 Staubgef. in jeder Bthe . . *1. Ordn. Pentandria.*
 8 Stbgef. in jeder Bthe . . . *2. Ordn. Octandria.*
 10 Stbgef. in jeder Bthe . . . *3. Ordn. Decandria.*
 Zahlreiche Stbgef. in jeder Bthe *4. Ordn. Polyandria.*
10*. Staubgef. in zwei Bündel verwachsen.
         17. Kl. Diadelphia.
 6 Stbgef. in jeder Bthe . . . *1. Ordn. Hexandria.*
 8 Stbgef. in jeder Bthe . . . *2. Ordn. Octandria.*
 10 Stbgef. in jeder Bthe . . *3. Ordn. Decandria.*
10**. Stbgef. in 3 oder mehr (meist 5) Bündel verwachsen.
         18. Kl. Polyadelphia.
 Stbgef. zahlreich in jeder Bthe *1. Ordn. Polyandria.*
9*. Stbbeutel in eine Röhre verwachsen, Stbfdn meist frei; Bthn zahlreich, kopffg gehäuft m. 5spaltiger oder zungenfr Blkrone.
         19. Kl. Syngenesia. *)
 Bthn alle gleichartig zungenfg. *1. Ordn. Liguliflora.*
 Bthn alle gleichartig röhrenfg. *2. Ordn. Tubiflora.*
 Randblüthen zungenfg, Scheiben
 blthn röhrig . . . . . . *3. Ordn. Radiiflora.*
8*. Stbgefässe mit dem Griffel oder der Narbe verwachsen.
         20. Kl. Gynandria.
 1 Stbgef. in jeder Bthe . . . *1. Ordn. Monandria.*
 2 Stbgef. in jeder Bthe . . . *2. Ordn. Diandria.*
 6 Stbgef. in jeder Bthe . . . *3. Ordn. Hexandria.*
 Zahlreiche Stbgef. in jeder Bthe *4. Ordn. Polyandria.*
2*. Bthn alle oder wenigstens z. Thl eingeschlechtig (d. h. nur mit Stbgefässen od. nur m. Pistillen.)
11. Männliche und weibliche Bthn auf derselben Pflanze.
         21. Kl. Monoecia. *)
11*. Männliche u. weibliche Bthn auf 2 verschiedenen Pflanzen.
         22. Kl. Dioecia. *)
11**. Einhäusige u. Zwitterbthn mit einander vermischt.
         23. Kl. Polygamia. *)
1*. Stbgef. u. Griffel undeutlich oder ganz fehld. (Die weitere Eintheilung s. unten.) . . . . **24. Kl. Cryptogamia.**

---

*) Die ursprünglich Linne'sche Eintheilung dieser Klassen ist fast allgemein aufgehoben worden.

I. Tabellen zum Bestimmen der Familien und Gattungen der deutschen Flora.

a. Nach dem Linné'schen System.*)

1. Kl. MONANDRIA.

1. Ordn. Monogynia.

1. Pfl. beblättert.
 2. B. quirlstdg. lineal; Wasserpfl. . . . . § 29. **Hippuris**.
 2*. B. wechselstdg od. gegenstdg.
  3. Land- od. Sumpfpfl.
   4. Kräuter mit breit. B.
    5. Blkronröhre gespornt; Bthn endst. . § 91. **Centranthus**.
    5*. Bthn ungespornt, in Knäulen 4—5spaltig, ohne Blkrone;
     B. lappig . . . . § 5. *Alchemilla* (IV 1).
   4*. Gräser mit schmal. B., ährenfgm Bthnstd u. zur Frzeit von
    e. weissen Wolle umgebenen Fr. § 131. *Eriophorum* (III. 1).
  3*. Schwimmende Wasserpfl. . . . . § 128. *Najadeae*.
   (*Zostera* u. *Zannichellia* XXI. 1).
 1*. Pfl. blattlos gegliedert. . . . . §. 34. *Salicornia* (II. 1).

2. Ordn. Digynia.

1. Pfl. grasart. mit schmal. B.; Bthn balgartigen Rispen.
  § 132. *Festuca* (III. 2).
1*. Kräuter.
 2. Wasserpfl. mit gegenst. B. . . . . . § 29. *Callitriche* (XXI.)
 2*. Landpfl. mit wechselst. B. . . . . . § 41. *Chenopodiaceae*.
  (*Blitum* V. 2. *Corispermum* V. 2. u. *Polycnemum*. V. 2.)

II. Kl. DIANDRIA.

1. Ordn. Monogynia.

1. Bäume u. Sträucher.
 2. Blkrone 4spaltig od. fehld; Frknfächer 2, 2samig. § 63. **Oleaceae**.

---

*) Da viele Pflanzen in Bezug auf ihre Befruchtungsorgane variiren, so sind solche der leichteren Uebersicht wegen durch schiefen Druck, sowie auch durch dahinter stehende Ziffern angedeutet worden, in welche Klasse und Ordnung diese Pflanzen bei normaler Ausbildung eigentlich gehören.

2*. Blkrone 5—8sp.; Frknfächer 2, 1samig. . . § 64. **Jasminum.**
1*. Kräuter.
  3. Stengel blattartig, linsenfg, auf d. Wasser schwimmend.
                                  § 129. **Lemna.**
  3*. Stgl nicht blattartig.
    4. Pfl. blattlos gegliedert. . . . . § 34. **Salicornia.**
    4*. Pfl. beblättert.
      5. Kch u. Krone febld. Salzwasserpfl. m. fadenfg lineal. am Grd
         scheidenfg erweitert. B. . . . . § 128. **Ruppia.**
      5*. Btbn mit Kch u. Krone.
        6. Kch u. Krone 2blättrig, über d. Frkn. stehend, Fr. borstig.
          Bthn in Trbn . . . . § 28. **Circaea.**
        6*. Kch u. Krone verwachsenblättrig, d. Frkn einschliessd.
          meist ungleichmässig.
          7. Frknoten einer.
            8. Blkrone am Grd gespornt, Frkn. einfächerig. Wasserpfl.
              od. Sumpfpfl. m. grdstdgn B. § 81. **Lentibularieae.**
            8*. Blkrone am Grd nicht gespornt; Frkn mehrfächerig;
              beblätterte Krtr.
              9. Frkn. 2fächerig, meist mehrsamig.
                            § 79. **Scrophularineae.**
              9*. Frkn. zuletzt in 4 Frchtch. zerfalld. Bthn röthlich in
                ruthenfgn Aehr. . . . . . § 77. *Verbena* (XIV. 2).
        7*. Frkn. v. Anfang 4; Krtr mit 4kantig. Stengel u. gegenst. B.
                                      § 76. **Labiatae.**

1. *Ordn. Digynia.*

  1. Gräser m. ährenfg gehäufr. Bthn. . . § 132. **Gramineae** (III. 2).
  1*. Bäume od. Strchr; Bthn in walzigen Kätzchen. § 103. *Salix* (XXII).

III. Kl. TRIANDRIA.

2. *Ordn. Monogynia.*

  1. Kräuter.
    2. Bthn m. Kch u. Krone.
      3. Bthn oberständig, Kch sehr klein, Blkr. 5spalt.; Stengelb. gegenstdg.
                                  § 91. **Valerianeae.**
      3*. Bthn unterstdg, Kch 2blättrig; Blkr. weiss auf der einen Seite
         der Länge nach gespalten, Wasserliebde Pfl. . § 36. **Montia.**
    2*. Bthn unvollstdg.
      4. Bthnhülle blkronartig, 6theilig. . . . . . § 117. **Irideae.**
      4*. Bthnh. kelchartig, 5tblg, v. 2 trockenhäutigen Deckb. gestützt;
         Kleines Krt mit schmalen pfriemlich. B.
                            § 41. *Polycnemum* (V. 2).
  1*. Gräser m. Balgblthn u. ährenfgm od. rispigem Bthnstd.
    5. Bthn in einseitigen Aehren. . . . . § 132. **Nardus.**
    5*. Bthn in 2zeiligen od. allseits dachig. Aehren.
                            § 131. **Cyperaceae.**

2. *Ordn. Digynia.*

  1. Gräser: Halme schlank, B. schmal; Bthnhülle balgartig; Bthnstd
    ährenfg od. rispig. . . . . § 132. **Gramineae.**

1*. Krtr mit einzelstehdn oder geknäuelt. Bthn.
§ 41. *Chenopodiaceae* (V 2).
(*Blitum, Corispermum u. Polycnemum.*)

3. Ordn. Trigynia.

1. Kch 2blättrig, Blbrb. 5, am Grd trichterfg mit einander verwachsen, jedoch auf einer Seite d. Länge nach gespalten. Wasserliebende Pfl.
§ 36. *Montia* (III. 1).
1*. Kch mehrblättrig.
  2. Kch u. Blkr. 3—4blättrig.
    3. Kpsl 1, 3—4fächerig; Fächer 1samig. . § 35. *Elatine* (VIII. 4).
    3*. Kpsln 3—4, je 2samig . . . . § 32. *Tillaea* (IV. 3).
  2*. Kch u. Blkr. 5blättrig.
    4. B. am Stgl zu 4 quirlig, an d. Aesten gegenstdg; Blbl. ausgerandet.
§ 37. **Polycarpon**.
    4*. B. alle gegenstg. . . . . § 34. *Alsineae* (X. 3).

IV. Kl. TETRANDRIA.

1. Ordn. Monogynia.

1. Bthn mit Kch u. Krone.
  2. Blkrone verwachsenblättrig.
    3. Frkn. unterstdg; B. gegenst. oder quirlig.
      4. B. meist quirlig; Frkn. z. Frzeit in 2 Frchtch. zerfalld; Bthn nie v. e. Hüllkch umgeben; besonderer Kch einfach od. kaum bemerklich. . . . . § 67. **Stellatae**.
      4*. B. gegenstdg; Bthn in Köpfch. von e. Hüllkch umgeben und zahlreich auf e. gemeinschaftl. Frboden eingefügt; besonderer Kch doppelt. . . . . . . § 90. **Dipsaceae**.
    3*. Frkn. in d. Bthe eingeschlossen.
      5. Bthn in Köpfch. od. Aehren.
        6. Blkrone trockenhäutig mit 4spalt. Saum; Bthn in Aehr. od. Köpfchen, Frkn mehrsamig; B. gegenst. od. grdstdg.
§ 94. **Plantago**.
        6*. Blkrone gefärbt mit 5spalt. od. 2lipp. Saum.
          7. Bthn in kugl. Köpfch.; B. einfach; Frkn einsamig.
§ 92. **Globularia**.
          7*. Bthn in ruthenfgn Aehren; B. eingeschnitt.; Frkn. zuletzt in 4 einsamige Frchtch. zerfalld. §. 77. *Verbena* (XIV. 2).
      5*. Bthn einzeln od. in Büscheln.
        8. Bthn blattwinkelstdg.
          9. B. wechselstdg; Blkrone 3mal kzr als d. Kch m. 4spalt. Saum; Kch 4thlg. . . . . § 82. **Centunculus**.
          9*. B. gegenstdg; Blkr. 2lippig, etwa so lg als d. 5thlge Kch.
§ 79. *Lindernia* (XIV. 2).
        8*. Bthn endstdg, einzeln od. büschlig. § 70. *Gentianeae* (V. 3).
  2*. Blkrb. frei.
    10. Wasserpfl. m. rautenfgn schwimmdn u. haarfg zertheiltn untergetauchten B.; Kchsaum 4spaltig, zuletzt dornig erhärtd; Fr. e. 2—4hörnige Nuss. . . . . § 29. **Trapa**.
    10*. Landpfl.
      11. Kch m. d. Frknoten verwachsen; Saum oberstdg, 4zähnig; Steinfrcht; meist Strchr m. ganzrdgn starkrippig. B. § 60. **Cornus**.

11*. Kch u. Blkr. unterstdg.
12. Strchr.
13. B. einfach. . . § 15. *Rhamnus* u. § 13. *Evonymus* (V. 1).
13*. B. 3zählig, Fr. geflügelt. . . . . § 6. **Ptelea**.
12*. Kräuter.
14. Kch röhrenfg 8—12zähnig. . . . § 30. *Lythrum* (XI. 1).
14*. Kch 4blättrig.
15. Bthn mit e. aus 4becherfgn B. bestehdn Nebenkrone; B. 2—3fach 3zählig. . . . . § 59. **Epimedium**.
15*. Nebenkr. fehld; B. fiederthlg. . § 52. ***Cruciferae*** (XV.)
1*. Bthnhülle einfach (Perigonblthe).
16. Sträucher.
17. B. silberweiss schuppig. . . . . § 97. **Elaeagnus**.
17*. B. grün. . . . . § 15. *Rhamnus* (V. 1).
16*. Kräuter.
18. Bthn unterstdg
19. B. einfach, ganzrandig, Landpfl. vgl. § 128. *Ruppia* (II. 1).
20. Bthn in endstdgn Trbn; Stgl mit 2 herzfgn B.
§ 119. **Majanthemum**.
20*. Bthn bwinkelstdg.
21. B. pfriemlich. . . . . § 41. **Camphorosma**.
21*. B. eifg oder lanzettl. . . . . . § 100. **Parietaria**.
19*. B. gefingert, gefiedert, oder lappig eingeschnitten.
§ 5. **Sanguisorbeae**.
18*. Bthn oberstdg.
21. B. gegenstdg; Fr. e. 4fächerige, 4klappige Kpsl.
§ 28. **Isnardia**.
21*. B. wechselstdg; Steinfr. einsamig, von d. bleibdn Bthnhülle gekrönt. . . . . . . § 96. (S. Nachtrag) *Thesium* (V. 1).

2. Ordn. Digynia.

1. Blattlose Schmarotzerpfl. mit winddm Stgl. . § 73. *Cuscuta* (V. 2).
1*. Beblätterte, nicht schmarotzde Krtr mit aufrechtem oder liegdn Stgl.
2. Blkrone verwachsenblättrig.
3. B. quirlig; Frkn. zuletzt in 2 Frchtch. zerfalld.
§ 67. **Stellatae** (IV. 1).
3*. B. gegenstdg; Fr. e. vielsam. Kpsl. . § 70. *Gentiana* (V. 2).
2*. Blkr. u. Kch freiblättrig.
4. Kch 2blättrig abfalld; Bthn gelb. . . . . § 53. **Hypecoum**.
4*. Kch 4bl. bleibd; Bthn weiss. . . . . . . § 34. **Buffonia**.

3—4. Ordn. Trigynia-Tetragynia.

1. Bthn mit Kch u. Krone, Landpfl.
2. Strauch mit immergrünen, dornig gezähnt. B. . . . § 14. **Ilex**.
2*. Kräuter.
3. Frkn. 1; B. gegenstdg.
4. Kch 4spaltig mit 2—3spaltig. Abschnitten, Kpsl 6fächerig.
§ 21. **Radiola**.
4*. Kch 4—5blättr. Kpsl einfächerig . . . § 34. **Alsineae**.
3*. Frkn. 3—4; B. fleischig. . . . . . § 32. **Crassulaceae**.
1*. Bthn unvollstdg; Schwimmende oder untergetauchte Wasserpfl.
§ 128. **Najadeae**.

V. Kl. PENTANDRIA.

1. Ordn. Monogynia.

1. Blumenkrone freiblättr. od. fehld.
    2. Sträucher u. Bäume.
        3. B. zusammengesetzt.
            4. B. 3zählig;. Fr. geflügelt. . . . . § 6. **Ptelea**.
            4*. B. gefiedert; Fr. e. Hülse. . . . . § 2. **Caesalpinieae**.
        3*. B. einfach: Blkronb. oft undeutlich.
            5. Kch u. Blkrone den Frkn. einschliessd.
                6. Blkronb. auf d. Frkn. stehend; Rankde Strchr mit einfachen oder gefingerten B. . . . . . § 19. **Sarmentaceae**.
                6*. Blkrb. u. Stbgcf. dem Kch eingefügt; Stamm aufrecht.
                    7. Blkrb. u. Stbgef. mit einander abwechselnd; B. u. Zweige gegenstdg . . . . § 13. **Evonymus**.
                    7*. Blkrb. u. Stbgef. vor einander stehend, B. u. Zweige gegenst. oder wechselstdg. . . . § 15. **Rhamneae**.
            5*. Kch u. Blkrone über d. Frkn. stehend.
                8. Kletternder Strch mit immergrünen lederigen B. u. doldigen Bthn; Blkrb. mit breiter Basis sitzd. . . § 60. **Hedera**.
                8*. Aufr. Strchr m. abfalldn B. u. einzelnen od. traubigen Bthn. Blkronb. am Grund verschmälert. . . . . § 49. **Ribes**.
    2*. Kräuter.
        9. Blkrb. ungleichmässig, gespornt; Kapselfr.; B. wechselstdg oder grundstdg.
            10. Blkrb. 5; Kchb. 5, bleibd. . . . . § 46. **Viola**.
            10*. Blkrb. 4 (eigentl. 5, aber 2 davon mit einander verwachsen); Kchb. 2, abfalld; Fr. elastisch aufspringd. § 23. **Impatiens**.
        9*. Blkr. fehld oder ungespornt.
            11. Bthn den Frkn. einschliessd.
                12. Bthn von trockenhäutigen Deckb. umgeben; Bthnstd kuglig kopffg oder ährenfg auf einem fleischig welligen, monströs entarteten Bthnstd. . . . . . § 40. **Amarantaceae**.
                12*. Bthn nicht so.
                    13. Stbgef. 10, davon 5 beutellos, (von Einigen als fadenfge Blbl. betrachtet). . . . . . § 37. **Paronychieae**.
                    13*. Stbgef. 5, alle beuteltrgd.
                        14. Stglb. gegenst., fleischig, nebenblattlos, Kch glockig. tief 5spaltig; Narbe kopffg. . . . . § 82. **Glaux**.
                        14*. Stglb. wechselst., am Grund mit scheidenfgn stglumfassenden Nebenb. Narbe 2—3spaltig. § 99. **Polygonum**.
            11*. Bthn über d. Frkn. stehend; Krtr. mit einfach. schmal. B.
                § 96. (S. Nachtrag.) **Thesium**.
1*. Blkrone verwachseublättrig.
    15. Bthn den Frknoten einschliessd.
        16. Pfl. beblättert (meist Krtr).
            17. Frknoten 1samig.
                18. Stbgef. vor den Abschnitten der Blkrone befindlich, diese trichterfg 5lappig; Gr. mit 5 Narben. Aestiges Krt mit stengelumfassenden B. . . . . § 93. **Plumbago**.
                18*. Stbgef. zwischen den Abschnitten der Blkrone stehend, diese trichterfg, abfallend, am Grd mit e. bauchig kugligen bleibdn Erweiterung, welche die Fr. dicht umschliesst; B. gegenstdg, nebenblattlos. . . . . . § 99 b. **Mirabilis**.
            17*. Frkn. mehrsamig, oder mehrere.

19. Frkn. 4 einsamige, od. 2 zweisamige, od. 1 zuletzt in 4 Frchtch. zerfallender. Meist rauhblättrige Krtr. . § 71. **Boragineae.**
19*. Frkn. 1 oder 2, mehrsamig.
  20. B. gegenstdg oder grundstdg.
    21. B. fiederthlg; Kch in den Buchten mit Anhängseln.
§ 71 b. **Nemophila.**
    21*. B. meist einfach (b. Hottonia gefiedert); Kchbuchten ohne Anhängsel.
      22. Frkn. einfächerig, mit freiem mittelpunktstdgm Samentrgr. meist kuglig Stbgefässe vor d. Abschnitt. d. Blkr. stehend.
§ 82. *Primulaceae.*
      22*. Frkn mehrfächerig od. einfächerig mit wandstdgn Samentr.
        23*. B. immergrün.
        24. Frkn. z. Frzeit in 2 Balgkapseln auseinandertrtd; Blkr. mit schief abgeschnittenen Saum. § 68. **Apocyneae.**
        24*. Frkn. einer, Stbgef. einer d. Frkn. umgebenden Scheibe eingefügt. . . . . § 83. **Azalea.**
        23*. B. verwelkd.
        25. Frkn. 1—2fächerig; Blkr. welkd, bleibd.
§ 70. **Gentianeae.**
        25*. Frkn. 3fächerig; Blkr. abfalld; Stbgef. in ungleicher Höhe eingefügt . . . . § 75. **Phlox.**
  20*. B. wechselstdg.
    26. Griffel mit 2—3spaltiger Narbe.
      27*. B. gefiedert; Kch 5spaltig; Frkn. 3fächerig.
§ 75. **Polemonium.**
      27*. B. einfach; Stgl meist windd; Kch 5blättrig; Blkr. trichterfg; Frkn. wenigsamig. . § 74. **Convolvulaceae.**
    26*. Gr. mit ungetheiltr Narbe (b. einigen Solaneen gethlt).
      28. Blkr. in d. Knospe gefaltet; Kch 5spaltig; Frkn. vielsamig.
§ 72. **Solaneae.**
      28*. Blkr. in der Kn. dachig; Kch fast 5blättr., Staubfäden wollig behaart. . . . . § 79. **Verbascum.**
16*. Blattlose Schmarotzerpfl. mit fadenfg winddm Stengel.
§ 73. **Cuscuta** (V. 1).
15*. Frkn. unter der Bthe stehend.
  29. Stbgef. 10, 5 beutellos. . . . . § 82. **Samolus.**
  29*. Stbgef. 5, alle beuteltrgd.
    30. Strchr mit Beerenfr.; Blkr. röhrenfg mit 2lippigem Saum.
§ 66. **Lonicera.**
    30*. Kräuter.
      31. B. quirlstdg. . . . . § 67. *Stellatae* (IV. 1).
      31*. B. wechselstg oder grundstdg.
        32. Blkrone lippenfg, einseitig gespalt. . . . § 87. **Lobelia.**
        32*. Blkr. 5zähnig, glockig oder fast radfg.
§ 86. **Campanulaceae.**

2. Ordn. Digynia.

1. Blkrone freiblättr. oder fehlend.
2. Bäume oder Strchr.
  3. Bthn oberstdg, Blkrb. klein; B. lappig; Fr. e. Beere.
§ 49. *Ribes* (V. 1).
  3*. Bthn unterstdg.
    4. Bthn mit Kch u. Blkr. Strch dornig. § 15. *Rhamneae* (V. 1).

4*. Bthn unvollständg ; Strchr wehrlos m. scharf gesägt, am Grd schief B.
§ 102. **Ulmaceae.**
2*. Kräuter.
5. Frkn. in der Bthe.
6. Bthn unvollstg, meist geknäuelt. . § 41. **Chenopodiaceae.**
6*. Bthn mit Kch u. Kr; Kch z. Frzeit mit 5 pfrieml. Dornen. Gelbblühendes Krt mit 3zähligen Stengelb. u. unterbrochen gefiederten grundstdgn nebenblättr. B. . . . § 6. *Aremonia* (XI. 2).
5*. Frkn. unterstdg; Bthn in Dolden od. Doppeldolden, selt. in Kpfchn; Fr. zuletzt in 2 Frchtch. zerfallend. . § 61. **Umbelliferae.**
1*. Blumenkrone verwachsenblättrig, d. Frkn. einschliessd.
7. Stgl blattlos, winddi; Schmarotzerpfl. . . . . § 73. **Cuscuta.**
7*. Stgl beblättert, nicht winddi; B. gegenstdg.
8. Frkn. 1, mit 2 Narben. . . . . § 70. **Gentianeae.**
8*. Frkn. 2 mit e. gemeinschaftl. Narbe.
9. Bthn in der Knospe dachig. . . . § 69. **Asclepiadeae.**
9*. Bthn in der Knospe gedreht, blau od. roth. § 68. **Apocynum.**

3. Ordn. *Trigynia.*

1. Frkn. frei im Grde des Kchs.
2. B. zusammengesetzt; Strchr. u. Bäume.
3. B. gegenstdg; Bthn weiss in hängdn Trbn. § 12. **Staphylea.**
3*. B. wechselstdg. . . . . § 8. **Cassuvieae.**
2*. B. einfach.
4. Sträucher u. Bäume.
5. Strchr wehrlos.
6. Stglb. fast kreisrund; Steinfr., Bthn grünlich, rispig.
§ 8. **Rhus.**
6*. Stglb. lineal, klein, fast nadelartig, Bthn röthlich.
§ 43. **Tamarix.**
5*. Strchr. stachlig. . . . . § 15. **Rhamneae.**
4*. Kräuter.
7. B. mit Nebenb., wechselst. od. quirlstdg; Kchb. am Grd mit e. verwachsen. . . . . § 37. **Paronychieae.**
7*. Nebenb. meist fehld.
8. Kchb. 5, am Grd nicht m. e. verwachsen. § 34. **Alsineae.**
8*. Kch röhrig, 5zähnig. . . . . § 33. **Drypis.**
1*. Frkn. mit d. Kch verwachsen; Strchr m. einfachen od. gefiedert. B.
§ 65. **Viburneae.**

4. Ordn. *Tetragynia.*

Bthn weiss, Stbgef. von e. drüsigfransigen Nebenkrone umgeben.
§ 44. **Parnassia.**

5. Ordn. *Pentagynia.*

1. Frknoten einer.
2. B. blasig, oder drüsig gewimpert; grundst. od. quirlig; Wasserpfl. oder Sumpfpfl. . . . . § 45. **Droseraceae.**

2*. B. weder blasig, noch drüsig gewimpert
 3. B. alle grundstdg. . . . . § 93. **Statice.**
 3*. Stgl beblättert, B. gegenst. od. wechselstdg.
  4. B. wenigsts bis zur Mitte getheilt. . . § 22. **Geraniaceae.**
  4*. B. völlig ungethlt.
   5. Stbgef. am Grd mehr oder minder mit einander verbunden;
    Frkn 5fächerig. . . . . § 21. **Linum.**
   5*. Stbgef. am Grund völlig frei; Frkn. 1fächer.
                 § 34. **Alsineae.**
1*. Frknoten 5 od. mehr.
 6. Stgl beblättert.
  7. Kch 5spaltig; B. fleischig. . . . . . § 32. **Crassulaceae.**
  7*. Kch 10spalt.; B. krautig. . . . . § 6. **Sibbaldia.**
 6*. Pfl. mit grundstdg. lineal. B. . . . . § 58. *Myosurus* (XIII. 2).

VI. Kl. HEXANDRIA.

1. *Ordn. Monogynia.*

1. Bthn mit Kch u. Krone.
 2. Kch u. Blkr. 3blättr. . . . . § 129 b. **Tradescantia.**
 2*. Kch u. Blkrone 4blättrig; 4 Stbgef. meist länger. Fr. e. Schote
  oder e. Schötchen. . . . . § 52. *Cruciferae* (XV).
 2**. Kch u. Blkr. 6- oder 12tblg oder -blättrig; B. einfach.
  3. Auf Bäumen schmarotzende Halbstrchr. B. gegenstdg.
                 § 62. **Loranthus.**
  3*. Pfl. nicht schmarotzd.
   4. Kch u. Blkrone 6blättrig; gelbblühender dorniger Strauch mit
    wechselstdgn wimprig gesägt. B. u. traubig. Bthn.
                 § 59. **Berberis.**
   4*. Kch 12zähnig; Blkr. abfällig oder fehld; liegendes Sumpfge-
    wächs m. gegenstdgn, ganzrand. B. u. blattwinkelst. sitzdn Bthn.
                 § 30. **Peplis.**
1*. Kch, Krone oder beides fehld.
 5. Stbgef. frei, meist auf Fäden stehd.
  6. B. gefiedert. Bthn in Aehren. . . . § 5. *Sanguisorba* (IV. 1).
  6*. B. einfach, meist lang u. schmal.
   7. Bthnhülle blumenkronartig, gefärbt.
    8. Bthn oberstdg. . . . . § 116. **Amaryllideae.**
    8*. Bthn unterstdg (d. Frkn. einschliessd).
     9. Bthnh. bis z. Grd getheilt, 6blättrig.
      10. Blumenb. am Grd nagelfg verschmälert, violettroth.
       Bthn u. B. grundst.; Zwiebelgewächs.
                 § 121. **Bulbocodium.**
      10*. Blumenb. am Grd nicht benagelt.
       11. Bth. blattwinkelstdg auf gegliedert. Stiel; Beerenfr.
                § 118. **Smilaceae.**
       11*. Bthn endständg; Kapselfr. § 120. **Asphodeleae.**
     9*. Bthnhülle 6spaltig, glockig.
      12. Fr. e. Beere; Bthn einseitswdg, weiss od. grüner Spitze.
                § 118. **Convallaria.**
      12*. Fr. e. Kapsel; Bthn meist allseitswendig (nur b. Endy-
       mion einseitswdg, aber blau). § 120. **Asphodeleae.**
   7*. Bthnhülle kchartig oder häutig.

13. Bthn auf e. Kolben. . . . . § 123. **Acorus**.
13*. Bthn nicht auf e. Kolben.
 14. Bthnhülle bis z. Grd getheilt.
  15. B. büschlig borstig, Bthnstiel gegliedert.
               § 118. **Asparagus**.
  15*. B. grasartig, nicht büschlig; Bthnstiel nicht gegliedert.
              § 130. **Juncaceae**.
 14*. Bthnh glockig, 12zähnig, blattwinkelstdg, liegends Krt
   mit spatelfgn B. . . . . § 30. **Peplis**.
5*. Stbbeutel an der Olappigen Nerbe sitzd. § 111. *Aristolochia* (XX).

2. Ordn. Digynia.

 1. Bthnhülle 4blättrig, Krtr. m. stglumfssdn Nebenb. . § 99. **Oxyria**.
 1*. Bthnh. 5—6spaltig; Bäume mit Flügelfr. . . § 102. *Ulmus* (V. 2).

3. Ordn. Trigynia.

 1. Frkn. 3.
  2. Griffel deutlich; Bthn blumenkronartig. § 121. **Colchicaceae**.
  2*. Gr. fehld; Bthnh. kchartig. . . . . § 140. **Juncagineae**.
 1*. Frkn. 1.
  3. Bthn mit Kch u. Krone. Liegde Krtr mit Kpslfr. u. gegenstdgn
   nebenblattlos. B. . . . . § 35. *Elatine* (VIII. 3).
  3*. Bthnhülle einfach. Meist aufrechte Krtr m. einsamiger 3kant. Fr.
   u. wechselst., am Grde in scheidenartige Nebenb. erweiterten B.
              § 99. **Rumex**.

4—5 Ordn. Tetra-Polygynia.

 Bthn mit Kch u. Krone, beide 3blättrig. . . . . § 126. **Alisma**.

VII. Kl. HEPTANDRIA.

 1. Kch u. Krone 7thlg; Weissblühds Kraut mit einfachen an der Spitze
  fast quirligen B. . . . . § 82. **Trientalis**.
 1*. Kch 5zähnig; Blkrb. 5; Bäume m. gegenst., gefingerten B.
              § 17 b. **Aesculus**.

VIII. Kl. OCTANDRIA.

1. Ordn. Monogynia.

 1. Bthn mit Kch u. Krone.
  2. Bthn ungleichmässig.
   3. Kch gefärbt, gespornt; Frucht 3knöpfig; B. schildfg.
            § 23 b. **Tropaeolum**.
   3*. Kch 5blättrig, 2 B. davon sehr gross, flügelart.
            § 56. *Polygala* (XVII).
  2*. Bthn gleichmässig.
   4. Pfl. schuppig, blattlos, wachsgelb, Bthn in Trbn.
            § 84. **Monotropa**.

4*. Pfl. mit grünen B. besetzt.
 5. Blkrone mehrblättrig.
  6. Bäume mit lappig. B. u. geflügelt Fr. . . . . . § 18. **Acer.**
  6*. Krtr (oder Strchr) mit Kapsel oder Beerenfr.
   7. Starkriechendes Krt mit gefied. B. . . . . . § 9. **Ruta.**
   7*. Geruchlose Krtr mit einfach. B. u. unterstdgm Frkn.
     § 28. **Onagrarieae.**
 5*. Blkr. verwachsenblättrig.
  8. Blkr. d. Frkn. einschliessend; B. gegenst.
  9. Kch u. Blkrone 8spaltig; Bthn gelb. . . . § 70. **Chlora.**
  9*. Kch 4blättrig; Bthn röthlich. Kleine Halbstrchr mit schmal.
     gegenst. oder quirlig immergrünen B. . § 83. **Ericaceae.**
  8*. Bthn über d. Frkn. stehend; B. wechselst. . § 85. **Vaccinium.**
 1*. Bthn unvollstdg (Perigonbthn) gleichmässig.
  10. Narbe einzeln; Strchr oder Krtr mit meist schmal. wechselst. nebenblattlos. B. . . . . § 95. **Thymeleae.**
  10*. N. 2—3; Kräuter.
   11. B. mit in e. tütenfge stengelumfassde Scheide verwachsenen Nebenb.
    § 99. **Polygonum.**
   11*. Nebenb. fehld; B. gelbgrün, nierenfg.
    § 31. *Chrysosplenium* (X. 2).

2—3. Ordn. Di-Trigynia.

 1. Bäume mit Flügelfrchtn u. büschligen Bthn. . § 102. *Ulmus* (V. 2).
 1*. Kräuter.
  2. Bthn vollstdg (mit Kch u. Krone).
   3. Kch mit hakig. Dornen; B. gefiedert; Bthn gelb.
    § 6. *Agrimonia* (XI. 2).
   3*. Kch nicht hakig dornig; B. einfach, gegenstdg.
    4. Kch 4zähnig. . . . . § 33. **Sileneae** (X. 3).
    4*. Kch 4blättr. . . . . § 34. **Alsineae** (X. 3).
  2*. Bthn unvollstdg.
   5. Narb. pinselfg; B. mit Nebenb. . . . § 99. **Polygonum.**
   5*. N. einfach; B. nebenb. los, nierenfg rundl. nebst d. ganzen Pfl. gelbgrün. . . . . § 31. *Chrysosplenium* (X. 2).

4. Ordn. Tetragynia.

 1. Bthn einzeln; B. ungetheilt; Blkrb. 3—4.
  2. Bthn röthlich oder weiss; B. gegenstdg; Stbbeutel an der Spitze der Stbfdn.
   3. Bthn sitzd, blattwinkelstdg. . . . . . . § 35. **Elatine.**
   3*. Bthn gestielt, endstdg. . . . . . . § 34. *Mönchia* (IV. 4).
  2*. Bthn grünlich, endstdg einzeln, B. eifg, zu 4—5 quirlig, Stbbeutel an der Mitte der Stbfäden befestigt, Fr. e. Beere. § 118. **Paris.**
 1*. Bthn zu mehreren beisammen; B. getheilt.
  4. Bthn in Quirlen oder Aehren; Wasserpfl. mit kammfg-fiederigen untergetchtn B. . . . . § 29. *Myriophyllum* (XXI.)
  4*. Bthn in würfelfgn Köpfch.; nach Moschus riechends Kraut mit lappig fingerfgn B. . . . . § 65. *Adora* (X. 5).

IX. Kl. ENNEANDRIA.

1. Strch mit immergrünen B. u. kleinen blattwinkelstdgn büschligen, gelblichen Blthn; Frkn. 1. . . . . § 98. **Laurus**.
1*. Sumpfgewächs mit röthl. Bthn in endstdgn Dolden; Frkn. u. Griff 6.
§ 125. **Butomus**.

X. Kl. DECANDRIA.

1. Ordn. Monogynia.

1. Blattlose schuppige wachsgelbe Pfl. m. traubig gestellten Bthn.
§ 84. *Monotropa* (VIII. 1).
1*. Beblätterte Pfl.
  2. B. mehr oder weniger eingeschnitten oder getheilt.
    3. Griffel mit 1 Narbe.
      4. Nebenb. fehlend.
        5. Bthn ungleichmässig, weiss oder röthlich. § 10. **Dictamnus**.
        5*. Bthn völlig gleichmässig, gelbgrün. . . . § 9. **Ruta**.
      4*. B. m. bleibdn Nebenb. Fr. holzig dornig, langgestielt; Btbn gelb.
§ 11. **Tribulus**.
    3*. Gr. mit 5 Narben; Frknoten 5, einsamig zuletzt von der gemeinschaftlichen Axe sich ablösend. § 22. *Geraniaceae* (XVI.)
  2*. B. unzertheilt.
    6. B. rundlich nierenfg.
      7. Bthn schmetterlgsfg; Strch m. ganzrdgn B.; Fr. c. Hülse.
§ 2. **Cercis**.
      7*. Bthn gleichmässig; Blkr. fehld; Krtr. m. gelbgrün. gekerbt. B.
§ 31. *Chrysosplenium*.
    6*. B. schmal, meist gegenstdg oder quirlig.
      8. Bthn mit Kch u. Krone; Nebenb. fehld. § 83. **Ericaceae**.
      8*. Blkrone fehld: 5 Stbfädn beutellos; B. m. trockenhäutign Nebenb.
§ 37. *Paronychieae* (V. 1).

2. Ordn. Digynia.

1. Bthn mit Kch u. Krone.
  2. Frkn. 2; Kch am Grde m. Dornen besetzt; B. wechselst. m. Nebenb.
§ 6. *Aremonia* (XI. 2).
  2*. Frkn. 1; Nebenb. fehld.
    3. Griffel bleibd, nebst dem oft unterstdgn Frkn zu e. 2hörnigen Kpsl sich entwickelnd; B. meist wechselst., selt. gegenstdg.
§ 31. **Saxifrageae**.
    3*. Gr. fadenfg, welkd, B. gegenstdg einfach.
      4. Kch 5zähnig. . . . . § 33. **Sileneae**.
      4*. Kch 5blättrig. . . . . § 34. *Möhringia* (X. 2).
1*. Blkrone fehld.
  5. B. sitzend; Gr. fadenfg. . . . . § 38 **Scleranthus**.
  5*. B. gestielt, nierenfg lappig, nebst d. ganzen Pfl. gelbgrün; Gr. bleibd.
§ 31. **Chrysoplenium**.

3—5 Ordn. Tri-Pentagynia.

1. B. einfach, meist ganzrdg.
2. Frkn. 5; B. fleischig. . . . . § 32. **Crassulaceae**.
2*. Frkn. 1; B. gegenstdg.
   3. Kch 5blättrig. . . . . § 34. **Alsineae**.
   3*. Kch 5zähnig. . . . . § 33. **Sileneae**.
1*. B. zusammengesetzt oder lappig getheilt.
   4. Blkrb. frei; B. wechselstdg.
      5. B. 3zählig; Kräuter.
         6. Frkn. 5; Blättch. gesägt. . . . . . § 6. *Sibbaldia* (X. 2).
         6*. Frkn. 1; B. ganzrdg, rundl. herzfg. . . . . § 20. **Oxalis**.
      5*. B. gefiedert; Baum. . . . . § 8. *Ailantus* (V. 3).
   4*. Blkr. radfg 4—5lappig; Bthn in würfelfgn Köpfch; Pfl. klein v. Moschusgeruch; B. lappig, gegenstdg. . . . . . § 65. **Adoxa**.

6. Ordn. Polygynia.

1. Bthn gelb mit Kch u. Krone; B. 3zählig. . . . § 6. **Sibbaldia**.
1*. Bthnhülle 5blättr. gefärbt, B. eifg lanzettl., ganzrdg; Fr. e. Beere.
§ 39. **Phytolacca**.

XI. Kl. DODECANDRIA.

1. Ordn. Monogynia.

1. Kch 2blättrig; Stglb. fleischig; Bthn gelb. . . § 36. **Portulaca**.
1*. Kch oder (b. fehldr Blkrone) Bthnhülle nicht bis z. Grde getheilt; B. nicht fleischig.
   2. B. wechselstdg.
      3. Strch mit immergrünen lanzettl. B. . . § 98. *Laurus* (IX. 1).
      3*. Kräuter.
         4. B. glänzd, herzfg, nierenfg; Bthnh. 3spalt.; Bthn einzeln, blattwinkelst. . . . . § 111. **Asarum**.
         4*. B. gefiedert; Bthnh. 4spaltig; Bthn in Köpfchen.
§ 5. *Sanguisorba* (IV. 1).
   2*. B. gegenstdg; Kch oder Bthnhülle röhrig 8—12zähnig.
§ 30. **Lythrarieae**.

2. Ordn. Digynia.

Kch am Grde mit geraden oder hakenfgn Dornen.
(Agrimonia u. Aremonia) § 6. **Rosaceae**.

3. Ordn. Trigynia.

1*. Griffel deutlich bemerklich.
   2. Gr. gespalten; Frkn. gestielt, aus d. Bthe heraushängend, diese glockig mit drüsenartig. Blkrb. Giftige Pfl. mit weissem Milchsaft.
§ 17. *Euphorbia* (XXI.)

2*. Gr. ungespalten; Pfl. nicht milchd; Frkn. sitzd; Kch u. Krone 5blättrig, letztere gelb, nicht drüsig. . § 42. *Hypericum* (XVIII.)
1*. Gr. fehld; Bthn mit Kch u. Krone, letztere ungleichmässig, zerschlitzt; Bthn in Trbn; Fr. an der Spitze offen; B. wechselstdg.
§ 54. **Reseda.**

4—5. Ordn. *Tetra-Polygynia.*

1. B. fleischig, völlig unzertheilt. . . . . . § 32. **Crassulaceae.**
1*. B. krautig, eingeschnitten oder 3—5zählig. . § 6. *Potentilla* (XII.)

XII. Kl. ICOSANDRIA.

1. Ordn. Monogynia.

1. Kch mit d. Frkn. verwachsen.
   2. Pfl. fleischig. Blkrb. zahlreich. . . . . . § 48. **Nopaleae.**
   2*. Pfl. nicht fleischig; Blkrb. 4—5—7; Sträucher.
      3. B. gegenstdg, nebenblattlos.
         4. B. durchscheinend punktirt, immergrün, ganzrandig.
         § 26. **Myrtaceae.**
         4*. B. nicht punktirt, abfallend.
            5. B. ganzrandig; Frknoten mit e. doppelten Quirl v. übereinander liegdn Frfächern; Bthn einzeln, scharlachroth.
            § 26 c. **Punica.**
            5*. B. gesägt; Fr. e. mehrfächerige Kapsel, Bthn weiss, in Trbn.
            § 27. **Philadelphus.**
      3*. B. wechselstdg, lappig, am Grd mit Nebenb.
      § 7. *Crataegus* (XII. 2).
1*. Kch nicht mit dem Frkn. verwachsen; B. wechselstdg mit Nebenb., einfach, gesägt. . . . . § 3. **Amygdaleae.**

2. Ordn. Digynia-Polygynia.

1. Kch mehr od. weniger mit d. Frkn. verwachsen.
   2. B. fleischig, gegenstdg od. quirlig. § 32 b. **Mesembrianthemum.**
   2*. B. wechselstdg, mit Nebenb. . . . . . § 7. **Pomaceae.**
1*. Kch nicht mit d. meist zahlreichen Frkn. verwachsen.
   3*. B. wechselstdg mit Nebenb.
      4. Bthn mit Kch u. Krone.
         5. Frkn. 1samig. . . . . § 6. **Rosaceae.**
         5*. Frkn. mehrsamig, aufspringend. . . . . . § 4. **Spiraea.**
      4*. Blkr. fehld; Bthnhülle 4gliederig. . . . . . § 5. **Poterium.**
   3*. B. gegenstg, nebenb.los; Strauch. . . . § 26 b. **Calycanthus.**

XIII. Kl. POLYANDRIA.

1. Ordn. Monogynia.

1. Blkrone nie gespornt.
   2. Blkrb. 4—5—9.

    3. Blkrb. 4.
       4. Kchb. 2, oder durch Verwachsung mützenfg nebst Blkronb.
         u. Staubgef. sehr leicht abfalld. . § 53. **Papaveraceae**.
    4*. Kchb. 4.
       5. Kraut m. weissen traubig. Bthn u. 3zählig doppelt gefiedert. B.
                                          § 58. *Actaea*.
      5*. Strauch mit weissen oder röthlichen einzelstehenden Bthn,
         eifgn ganzrandig B. u. dornigen Zweigen.
                                    § 51. *Capparis*.
 3*. Blkrb. 5 oder mehr.
    6. Bthnstiel mit e. bandfgn Deckb.; Bäume m. schief-herzfgn B.
                                        § 25. *Tilia*.
   6*. Bthnstiel nicht von e. Deckb. gestützt.
    7. Kchb. ungleich gross; Stbgef. frei. . . § 47. **Cistineae**.
    7*. Kchb. gleichgross; Stbgef. am Grd mit e. verbunden; Strch
        mit immergrünen lederartig. B. . § 25 b. *Camellia* (XVI.)
2*. Blkrb. zahlreich, allmählig in d. Kchb. übergehend. Wasserpfl.
   mit grossen eifgn B. . . . . . . § 57. **Nymphaeaceae**.
1*. Bthn am Grd gespornt; B. vielfach zertheilt. . § 58. **Delphinium**.

2. Ordn. Di-Polygynia.

1. Frkn. einer, Gr. oder Narben mehrere.
   2. Blkronb. gleichmässig.
     3. B. einfach, gegenstdg, oft dchscheinend punktirt.
                                    § 42. *Hypericum* (XVIII.)
     3*. B. wechselstdg, graugrün, zerschlitzt: Kch verwachsenblättrig,
        mützenfg, abfalld. . . . . . § 53. *Eschscholtzia* (XIII. 1).
   2*. Blkrb. ungleichmässig zerschlitzt; Frkn. mit 3 Narben, z. Frzeit
     an der Spitze offen. . . . . § 54. *Reseda* (XI. 3).
1*. Frkn. mehrere. . . . . § 58. **Ranunculaceae**.

XIV. Kl. DIDYNAMIA.

1. Ordn. Gymnospermia.

Blkr. lippenfg (selt. trichterfg); B. gegenstdg, Stgl 4kantig.
                                                    § 76. **Labiatae**.

2. Ordn. Angiospermia.

1. Pfl. blattlos, auf d. Wzln anderer Pfl. schmarotzd.
                                              § 78. **Orobancheae**.
1*. Pfl., wenigst. am Grd. mit grünen B. besetzt.
   2. Frkn. unterstdg; Bthn weiss mit grünen Strfn; liegendes Krt mit
     immergrünen B. . . . . § 66. **Linnaea**.
   2*. Frkn. in der Bthe eingeschlossen.
     3. Frkn. 4fächerig, mit 1samigen Fächern oder zuletzt in 4 ein-
       samige Frchtch. zerfalld, übr. trocken od. steinfruchtartig.
                                          § 77. **Verbenaceae**.
     3*. Frkn. 1—2fächerig, meist mehrsamig.

4. Blkrone einlippig, weiss oder bläulich, Kch 4blättrig, 2 Abschnitte
      viel grösser; Bthn in Aehren, B. gross, fiedertheilig.
      § 80. **Acanthus.**
   4*. Blkr. nicht- oder 2lippig. . . . . § 79. **Scrophularineae.**

XV. Kl. TETRADYNAMIA.

Kch u. Blkrone 4blättr. selt. fehld; Fr. e. Schote oder e. Schötchen.
§ 52. **Cruciferae.**

XVI. Kl. MONADELPHIA.

1. Stbgef. 5, 8, oder 10.
2. Blkrone gleichmässig.
3. Strchr.
   4. Wuchs kletternd; Bthn einzeln, weiss mit e. blauen Nebenkrone.
      § 50 b. **Passiflora.**
   4*. W. aufrecht; Bthn in Aehren endstdg rosenroth, ohne Nebenkr.;
       B. klein fast nadelartig. . . . . § 43. **Myricaria.**
3*. Kräuter.
   5. B. einfach, länglich oder eifg.
      6. Frkn. einsamig; Bthnstd kuglig kopffg purpurroth.
         § 40. **Gomphrena.**
      6*. Frkn. mehrsamig; Bthnstd nicht kugl. kopffg.
         7. Gr. 1; Frkn. 1fächerig; Blkrb. am Grd zusammenhängend.
            § 82. **Lysimachia.**
         7*. Gr. 5, Frkn. mehrfächerig.
            8. Frkn. 1; B. schmal. . . . . . § 21. *Linum* (X. 5).
            8*. Frkn. 5, B. rundlich od. lappig, Fr. storchschnabelartig
                (s. u. 9*) . . . . § 22. **Geraniaceae.**
   5*. B. mehr oder weniger eingeschnitten od. getheilt.
      9. B. 3zählig, wechselstg oder grundstdg; Fr. e. Kapsel.
         § 20. *Oxalis* (X. 5.)
      9*. B. lappig, eingeschnitten, fingerfg od. fiederthlg; Frkn. 5
          einsamig, nebst d. Griffeln von der zuletzt storchschnabel-
          artig verlängerten Axe von unten nach oben sich ablösend.
          § 22. **Geraniaceae.**
2*. Blkrone ungleichmässig.
   10. Stbgef. 8; Kchabschnitte sehr ungleich, 2 gross flügelartig,
       3 klein grün. . . . . § 56. *Polygala* (XVII.)
   10*. Stbgef. 10, Kch glockig oder 2lippig. § 1. **Papilionaceae.**
1*. Stbgef. zahlreich.
   11. Stbbtl einfächerig; Kchb. in der Knospe klappig, B. abfalld.
       § 24. **Malvaceae.**
   11*. Stbbtl 3fächerig; Kchb. in d. Kn. dachig, Strch mit immergrünen
        lederart. B. . . . . § 25 b. **Camellia.**

XVII. Kl. DIADELPHIA.

1. Stbgef. 6, je 3 mit einander verbunden. . § 55. **Fumariaceae.**
1*. Stbgef. 8, je 4 mit e. verbunden. . . . . . § 56. **Polygala.**
1***. Stbgef. 10, 9 mit e. verbunden, d. 10. frei. § 1. **Papilionaceae.**

XVIII. Kl. POLYADELPHIA.

1. Krtr oder Halbsträucher mit gegenstdgn B. u. gelb. Bthn.
§ 42. **Hypericineae**.
1*. Bäume oder Strchr mit wechselstdgn B. weissen Bthn u. wohlriechd. vielfächerig. Beeren. . . . . § 8 b. **Citrus**.

XIX. Kl. SYNGENESIA.

1. Bthnstd völlig eingeschlechtig; männliche Bthn in e. Korb, weibl. einzeln od. paarweise beisammen blkronlos; Fr. einsamig.
§ 89. *Xanthium* (XXI.)
1*. Bthustd zwittrig oder polygamisch; Bthn in e. Korb.
2. Frkn. gestielt, mehrsamig; Bthn glockig, blau mit tief getheilt. Krone in kugligen Köpfchn; B. alle grundstdg.
§ 86. *Jasione* (V. 1).
2*. Frkn. sitzd, einsamig; Bthn mit röhrenfgr od. zungenfgr Krone.
§ 88. **Synantherene**.

XX. Kl. GYNANDRIA.

1. Stbgef. 1—2; Bthnhülle mehrblättr. . . . . § 115. **Orchideae**.
1*. Stbgef. 6, Bthnhülle verwachsenblättrig, B. herzfg, gestielt.
§ 111. **Aristolochia**.

XXI. Kl. MONOECIA.

1. Bäume u. Sträucher.
2. Strch auf anderen Bäumen schmarotzd, mit gegenstdgn B. u. gablig. Aesten, nebst d. B. gelbgrün. . . . . . . § 62. **Viscum**.
2*. Pfl. nicht schmarotzd.
3. Bthn in e. hohlen birnfgn Frbehälter eingeschlossen.
§ 101. **Ficus**.
3*. Bthn nicht eingeschlossen.
4. B. nadelfg oder schuppig, immergrün; Fr. zapfenfg oder e. falsche Beere; Samen nicht von e. Frkn. umgeben; Bthn unvollstdg.
5. Stbgef. mehrere in e. Bthe; Fr. e. Scheinbeere, B. schuppig dachig. . . . . § 109. **Cupressineae**.
5*. Stbgef. 2 in e. Bthe; Fr. trocken, B. nadelfg, abstehd.
§ 110. **Abietineae**.
4*. B. flach ausgebreitet (od. z. Bthezeit noch nicht entwickelt).
6. B. zusammengesetzt.
7. B. gefingert gegenstdg; Bthn in Trbn.
§ 17 b. *Aesculus* (VII. 1).
7*. B. gefiedert.
8. B. gegenstdg; Bthn in Büscheln. § 63. *Fraxinus* (II. 1).
8*. B. wechselstdg, gewürzhaft; männliche Bthn in walzig. Kätzch., weibl. mit Kch u. Krone, einzeln, oberstdg.
§ 103 b. **Juglans**.

6*. B. einfach, höchstens lappig getheilt.
9. Bthn mit Kch u. Krone.
10. B. immergrün.
11. B. ganzrandig.
12. B. schmal, fast nadelartig; Bthn blattwinkelstdg, mit 3thlgm Kch u. 3blättr. weisser oder röthlicher Blkr.; Beere.
§ 16. **Empetrum.**
12*. B. länglich eifg; Bthn gelblich, blattwinkelstdg, gehäuft; Fr. e. Kapsel. . . . . § 17. **Buxus.**
11*. B. dornig gezähnt; Bthn weiss, blattwinkelst. § 14. *Ilex* (IV. 1).
10*. B. abfallend, eifg od. längl.; Fr. e. Beere. § 15. *Rhamnus* (V. 1).
9*. Bthn unvollstdg.
13. Bthn knäulig, die weibl. blattwinkelstdg, d. männlich. in endst. Aehren. Pfl. graufilzig sternhaarig mit liegdn Aesten.
§ 41. **Eurotia.**
13*. Wenigstens die männlichen Bthn in Kätzchen.
14. Fr. e. durch Fleischigwerden der Bthnhüllen entstandene falsche Beere, B. glänzend, lappig od. doppelt gesägt.
§ 101. **Morus.**
14*. Fr. trocken bleibend.
15. Männliche Kätzchen kuglig, rosenkranzartig gegliedert, lang herabhängd; Bäume m. abblätternder Rinde u. lappig. B.
§ 101. **Platanus.**
15*. Männl. Kätzchen, meist länglich (b. Fagus kuglig, aber nicht rosenkrzartig gegliedert.)
16. Weibl. Bthn von einer verschieden gestalteten mehr oder weniger becherfgn Hülle umgeben. § 104. **Cupuliferae.**
16*. Weibl. Bthn in Aehren, ohne solche Hülle.
§ 105. **Betulaceae.**
1*. Kräuter oder Gräser.
17. Schwimmende od. untergetauchte Wasserpfl. (vgl. § 122. Typhaceae).
18. B. quirlig, kammfg oder gablig getheilt.
19. Bthn einzeln, blattwinkelstdg, B. gablig getheilt.
§ 113. **Ceratophyllum.**
19*. Bthn in endst. Achren; B. kammfg fiederthlg.
§ 29. **Myriophyllum.**
18*. B. einfach, höchstens dornig gezähnt.
20. Bthn von 2 Deckb. umgeben; B. gegenstdg, eifg od. lineal, die oberen meist rosettenfg gehäuft. . . § 29. **Callitriche.**
20*. Bthnhülle ungetheilt oder fehld; B. quirlig, gegenstdg oder wechselstdg, d. ober nicht rosettenfg. § 128. **Najadeae.**
17*. Land- od. aufrechte Wasserpflanzen.
21. Pfl. blattlos, auf d. Wzln der Cistusarten schmarotzd.
§ 112. **Cytinus.**
21*. Pfl. beblättert (wenigst. am Grunde).
22. B. gefiedert; Bthn in Köpfch. . . . . . § 5. **Poterium.**
22*. B. einfach, höchstens lappig.
23. Gräser mit rispigem oder ährenfgm Bthnstd u. balgartiger Bthnbülle.
24. Bthuhülle doppelt, aus 2 Paar Bälgen bestehend; Bscheiden gespalten, Halm knotig gegliedert.
§ 132. **Gramineae.**
24*. Bthnh. einfach, aus nur 1 Schuppe bestehd; Bscheiden ungespalten; Halm nicht knotig. . § 131 **Cyperaceae.**
23*. Kräuter.

25. Frknoten gestielt; Männliche Bthn v. e. becherfgn Hülle umgeben; Bthnstd doldig; Pfl. milchd; Gr. 3, gespalten. § 17. **Euphorbia.**
25*. Frkn. sitzd; Bthnstd nicht doldig.
  26. Bthn auf e. fleischigen von einer flachen oder tütenfgn Scheide umgebenen Kolben. . . . . § 124. **Callaceae.**
  26*. Bthnscheide fehlend.
    27. Wenigstens d. männlich. Bthn mit Kch u. Blkrone.
      28. Kch u. Blkrone 3blättrig, Frkn u. Stbgef. zahlreich; Sumpfpfl. mit grundstdgn pfeilfgn B. . . . . § 126. **Sagittaria.**
      28*. Blkrone 4—5blättrig oder -theilig.
        29. B. lineal grundstdg; männl. Bthn langgestielt mit 4thlgm Kch u. 4spaltiger Blkrone; wbl Btbn am Grd d. Pfl. sitzd. § 94. **Litorella.**
        29*. Pfl. beblättert.
          30. Frkn. 4; B. fleischig wechselstdg. . § 82. **Rhodiola.**
          30*. Frkn. 1.
            31. B. gegenstdg, Kpslfr. . . . . . § 33. **Sileneae.**
            31*. B. wechselstdg.
              32. Fr. saftig; meist rankende Krtr mit lappig. B. § 50. **Cucurbitaceae.**
              32*. Fr. trocken 3knotig, mit 3, je 2sam. Fächern; weibl. Bthn unvollstdg. Liegds Krt m. eifgn kurzzugespitzt. B. § 17. **Andrachne.**
27*. Bthn unvollstdg.
  33. Männliche Bthn zahlreich in Körbchen von e. vielblättr. Hülle umgeben; weibl. Bthn paarweise in e. verwachsenblättr. zur Frzeit dornigen Hülle. . . . . § 89. **Xanthium.**
  33*. Männl. Bthn einzeln oder in Köpfch., Kolben oder Knäueln.
    34. B. gegenstdg.
      35. Gelbgrüner auf Bäumen schmarotzendr Hlbstrch; Fr. e. Beere. § 62. **Viscum.**
      35*. Wasserliebde Pfl. mit eifgn od. linealen B. u. einzelsthdn Bthn, Fr. in 4 Frchtch. zerfalld. . . § 29. **Callitriche.**
    34*. B. wechselstdg oder gegenstdg u. dann nicht wie oben.
      36. Bthnhülle undeutl. oder fehld, männl. u. weibl. Bthn in walzig. oder kugl. Kolben. Wasserlbde Pfl. m. schilfart. B. § 122. **Typhaceae.**
      36*. Bthnh. deutlich; B. nicht schilfartig.
        37. Frkn. 4; B. fleischig. . . . . . § 32. **Rhodiola.**
        37*. Frkn. 1; B. nicht fleischig.
          38. Stbgef. 4—5 in e. Bthe.
            39. Narben pinselfg, kopfig. . § 100. **Urticaceae.**
            39*. N. nicht pinselfg, 2—3sp. § 41. **Chenopodiaceae.**
          38*. Stbgef. zahlreich, am Grd verwachsen; Kapsel 3knöpfig mit 1samigen Knöpfen; B. lappig. . § 17. **Ricinus.**

XXII. Kl. DIOECIA.

1. Bäume u. Strchr.
  2. Schmarotzerpfl. auf anderen Bäumen; B. gegenstdg od. fehld. § 62. **Loranthaceae.**
  2*. Pfl. nicht schmarotzd.
    3. Pfl. blattlos, s. ästig mit ruthenfgn Zwgn. . § 107. **Ephedra.**
    3*. Pfl. mit B. besetzt.

4. Bthn mit Kch u. Blbrone; B. einfach.
5. B. quirlstdg, fast nadelartig . . . . . § 10. **Empetrum.**
5*. B. wechselstdg. flach. . § 15. *Rhamnus* u. § 49. *Ribes* (V. 1).
4*. Bthn unvollstdg.
  6. B. gefiedert.
    7. B. gegenstdg; Fr. geflügelt.
    8. Stbgef. 2; Bthn in schwärzlichen Büscheln vor d. B. erscheinend; Fr. 1flüglig. . . . . § 63. *Fraxinus* (II. 1).
    8*. Stbgef. 4—5; Weibl. Bthn in hängendn Trbn, männl. in Büscheln, m. od. kz v. Laubausbruch erscheinend; Fr. 2flügl.
        § 18. **Negundo.**
  7*. B. wechselstdg.
    9. Blttch. eifg stumpf, obersts glänzd; Fr. e. Hülse.
        § 2. *Ceratonia* (V. 1).
    9*. B. spitz, eifg, längl. oder lanzettlich; Steinfrcht.
        § 8. **Pistacia.**
  6*. B. nicht gefiedert.
    10. B. nadelartig oder schuppig; Fr. eine falsche Beere.
    11. Weibl. Bthn in Kätzch.; B. zu 3 od. mehr quirl., od. 4reihig.
        § 109. **Juniperus.**
    11*. Weibl. Bthn einzeln; B. scheinbar 2zeilig. § 108. **Taxus.**
  10*. B. flach, laubartig.
    12. Bthn im Innern einer fleischigen birnfgn Hülle; B. lappig.
        § 101. *Ficus* (XXI.)
    12*. Bthn nicht so.
      13. Bthn in Kätzchen.
        14. Kätzchenschuppen 4thlg blüthenartig; Fr. e. falsche zusammengesetzte Beere. . . § 101. *Morus* (XXI.)
        14*. Ktzchschuppen einfach oder zerschlitzt; Fr. trocken.
          15. Frkn. 1samig; Honigdrüsen fehld; B. u. Kätzchenschuppen mit gelben, wachsglänzdn Drüsen besetzt.
            § 106. **Myrica.**
          15*. Frku. mehrsamig; Samen mit e. Haarschopf.; Wachsdrüsen fehld. . . . . . § 103. **Salicineae.**
      13*. Bthn nicht in Kätzchen, Fr. meist saftig.
        16. Bthn auf d. Mittelrippe eines blattartig erweiterten Zweiges eingefügt. . . . . . § 119. **Ruscus.**
        16*. Bthn end- oder seitenstdg.
          17. Stgl stachlig, kantig; B. fast spiessfg-herzfg, stachlig gezähnt, lederartig; Bthn grünlich.
            § 119. **Smilax.**
          17*. Stgl meist, B. stets wehrlos, diese meist länglich oder eifg, nie spiessfg oder herzfg.
            18. Stbgef. 3, Bthnhülle 3 spaltig, gelblich, oberstdg.
              § 96. (s. Nachtrag) **Osyris.**
            18*. Stbgef. 4—5—9; Bthnh. d. Frkn. einschliessd.
              19. B. unterwts silberweiss, schuppig, abfalld, männliche Bthn mit 2blättr., weibl. mit röhrenfgn 2lappigen Bthnb4lle. . . § 97. **Hippophaë.**
              19*. B. nicht silberweiss schuppig.
                20. Stbgef. 4—5; Fr. 2—4steinig; B. abfalld od. blbd.
                  § 15. *Rhamnus* (V. 1).
                20*. Stbgef. 9, Beutel mit Klappen aufsprgd; Fr. 1samig; B. bleibd, immergrün.
                  § 98. *Laurus* (IX. 1).

1*. Kräuter u. Gräser.

21. Gräser mit balgartiger Bthnhülle u. ährenfgm Bthnstd.
§ 131. *Carex* (XXI.)
21*. Kräuter.
  22. Bthn in e. Korb. . . . . . . § 88. **Synanthereae** (XIX.)
  22*. Bthn nicht in e. Korb.
  23. Bthe mit Kch u. Krone.
    24. Wasserpfl.; Kch u. Blkr. 3blättr. § 114. **Hydrocharideae.**
    24*. Landpfl.
      25. Blkrone mehrblättrig.
        26. Frkn. mehrere; Bthnthle 4zählig; B. fleischig.
§ 38. **Rhodiola.**
        26*. Frkn. 1, Bthnthle 5zählig.
          27. Bthn in Doppeldolden, B. zusammengesetzt, wechselst.
§ 61. *Trinia* (V. 2).
          27*. Bthn nie in Dolden.
            28. B. gesetzt wechselst. . . . § 4. *Spiraea* (XII. 2).
            28*. B. gegenstdg einfach. . . . § 33. *Sileneae* (X.)
(*Silene* (X 3.) u. *Lychnis* (X. 5).
      25*. Blkr. verwachsenblättrig.
        29. Pfl. aufrecht, B. gegenstdg. . § 91. *Valeriana* (III. 1).
        29*. Pfl. kletternd; B. wechselstdg lappig. § 50. **Bryonia** (XXI).
  23*. Bthn unvollständig (Kch, Krone od. beide fehld).
    30. Wasserpfl in lineal oder dornig gezähnt. B.
      31. Bthn langgestielt, B. grasartig lineal, grundstdg.
§ 114. **Vallisueria.**
      31*. Bthn in d. Winkeln d. gegenstdgn, dornig gezähnt., sitzdn B.
§ 128. **Najas.**
    30*. Landpfl. mit breiten B.
      32. Stgl windend.
        33. Stglb. gegenstdg, lappig, d. oberen ungethlt, männl. Bthn in Rispen mit 5thlgr kchartiger Hülle, weibl. in Kätzchn. Unter jeder Ktzchnschppn e. Frkn. mit 2 Griffeln.
§ 100. **Humulus.**
        33*. Stglb. wechselstdg. herzfg, ganzrandig; Bthn grünlich in blattwinkelstdgn Trbn mit 6blättr. kchart. Bthnhülle.
§. 119. **Tamus.**
      32*. Stgl aufrecht.
        34. B. fingerfg gethlt; Blättch. 3—9, sägezähnig; männliche Bthn in endstdgn Trbn, weibl. einzeln blattwinkelstdg.
§ 100. **Cannabis.**
        34*. B. ungetheilt.
          35. Bstiel am Grd mit in e. Scheide verwachsenen Nebenb.; B. wechselstdg. . . . . . § 99. *Rumex* (VI. 3).
          35*. Bstiel ohne oder mit freien Nebenb.
            36. B. wechselstdg, nebenb.los. . . . § 41. **Spinacia.**
            36*. B. gegenstdg.
              37. Stbgef. 4; Frkn. 1, 1samig; B. mit Brennborsten.
§ 100. **Urtica.**
              37*. Stbgef. 9—12; Frkn. 1, 2samig, zuletzt 2knotig mit gespaltenem Griffel; B. ohne Brennborsten.
§ 17. **Mercurialis.**

XXIII. Kl. POLYGAMIA.

1. Bäume u. Strchr.
2. Bthn mit Kch u. Krone.

3. Rankende Strchr mit lappig. oder fingerfgn B.; Fr. saftig.
§ 19. *Sarmentaceae* (V. 1).
3*. Stamm aufrecht.
 4. B. zusammengesetzt.
  5. B. gefiedert.
   6. Stbgef. 5. . . . . § 8. *Rhus* (V. 3).
   6*. Stbgef. zahlreich . . . . § 4. *Spiraea* (XII. 2).
  5*. B. gefingert; Bthn ungleichmässig; Stbgef. meist 7.
§ 17 b. *Aesculus* (VII. 1).
 4*. B. einfach.
  7. B. immergrün, dornig gezähnt. . . . § 14. *Ilex* (IV. 1).
  7*. B. abfallend.
   8. B. handfg lappig, Fr. geflügelt. . § 18. *Acer* (VIII. 1).
   8*. B. nicht lappig.
    9. Kch flach, radfg. . . . . § 8. *Rhus* (V. 3).
    9*. Kch glockig. . . . . § 15. *Rhamnus* (V. 1).
2*. Blkr., oft auch d. Kch fehld.
 10. B. gegenstdg, gefiedert. . . . . . § 63. *Fraxinus* (II. 1).
 10*. B. wechselstdg, einfach.
  11. Bthn in e. fleischigen birnfgn Hülle eingeschlossen.
§ 101. *Ficus* (XXI.)
  11*. Bthn nicht eingeschlossen.
   12. B. immergrün, lederartig. . . . . § 98. *Laurus* (IX. 1).
   12*. B. abfällig weich.
    13. Fr. geflügelt; B. am Grund schief herzfg.
§ 102. *Ulmus* (V. 2).
    13*. Fr. e. Steinfr.; B. eifg. . . . § 15. *Rhamnus* (V. 1)
1*. Kräuter u. Gräser.
 14. Stbbtl in e. Röhre verwachsen; Bthn v. e. korbfgn Hülle umgeben.
§ 88. *Synanthereae* (XIX.).
 14*. Stbbtl frei; Bthn nie in Körben.
  15. Bthn mit Kch u. Blkrone.
   16. Blkr. lippenfg, B. gegenstdg. . § 76. *Labiatae* (XIV. 1).
   16*. Blkr. gleichmässig.
    17. Blkr. verwachsenblättrig.
     18. B. grundstdg. . . . . § 82. *Primula* (V. 1).
     18*. B. wechselstdg. . . . . . § 71. *Pulmonaria* (V. 1).
     18**. B. quirlstdg. . . . . . . § 67. *Galium* (IV. 1).
    17*. Blkr. 4—5blättr.
     19. Bthnstd doldig, B. zusammengesetzt wechselstdg.
§ 61. *Umbelliferae* (V. 2).
     19*. Bthnstd nicht doldig.
      20. B. zusammengesetzt, wechselst., Bthnstd rispig; Stbgef.
       u. Frkn. zahlreich. . . . . § 4. *Spiraea* (XII. 2).
      20*. B. einfach, gegenstdg. . . . . § 33. *Silene* (X. 3).
  15*. Bthn unvollstdg oder balgartig.
   21. Wasserpfl. mit 1—2 Stbgef. in jeder Bthe.
    22. Stgl blattartig. linsenfg, auf dem Wasser schwimmend.
§ 129. *Lemna*. (II 1).
    22*. Stgl verlängert; B. gegenstdg, d. oberen rosettenfg gehäuft.
§ 29. *Callitriche* (XXI).
   21*. Landpfl. mit wenigsts 3 Stbgef. in jeder Bthe.
    23. Gräser mit Balgbthn. . . . § 132. *Gramineae* (III. 2).
    23*. Kräuter.
     24. B. gefiedert. . . . . § 5. *Poterium* (XXI.)
     24*. B. einfach.

25. Bthnthle 4zählig; Narbe kopffg pinselfg; Stbfäden elastisch aufsprgd.
§ 100. *Parietaria* (IV. 1).
25*. Bthnthle 2—5zählig; weibl. Bthnhülle 2klappig; Narbe nicht pinselfg.
§ 41. *Chenopodiaceae* (XXI).

XXIV. Kl. KRYPTOGAMIA.

1. Fr. kuglig, an oder zwischen d. Wzln sitzd.
2. Fr. nicht von B. verhüllt.
3. Fr. einfächerig; B. in d. Knospe v. d. Seite her eingerollt.
§ 134. **Salviniaceae**.
3*. Fr. mehrfächerig; B. in der Knospe spiralig eingerollt.
§ 133. **Marsileaceae**.
2*. Fr. v. B. verhüllt: Stgl scheibenfg verkürzt; B. binsenartig.
§ 135. **Isoëteae**.
1*. Fr. in Achren, Trbn oder Blattwinkeln. (s. u. 1**)
4. Stgl blattlos, gegliedert; Fruchtstand ährenfg.
§ 137. **Equisetaceae**.
4*. Stgl beblättert, nicht gegliedert.
5. Fr. in d. Bwinkeln, ährenfg od. dch Schuppen v. e. geschieden.
§ 136. **Lycopodiaceae**.
5*. Fr. nicht durch Schuppen v. e. geschieden.
6. Stgl meist einblättrig; Frstd ährenfg oder traubig; Sporenbehälter queraufsprgd. . . . . . § 139. **Ophioglosseae**.
6*. Stgl reichblättr., Frstd rispig, Sporenbeh. längsaufsprgd.
§ 138. **Osmundaceae**.
1**. Fr. mit d. B. verbunden, weder ährenfg noch rispig.
7. Sporenbehälter einzeln, am oberen Rande d. Blatteinschnitte sitzd u. v. e. 2klappigen becherfgn Hülle umgeben.
§ 141. **Hymenophylleae**.
7*. Sporenbeh. mehrere auf d. Unters. d. B. in linealen od. rundlichen Häufchen. . . . . § 140. **Polypodiaceae**.

---

b. Nach dem DeCandolle'schen System.

1. **PHANEROGAMAE**. Bthn deutl., Stbgef. u. Stempel enthaltend; Samenkörner mit einem deutlich ausgebildeten Keim.
2. *DICOTYLEDONEAE*. Keimb. 2, gegenstdg; Pfahlwrzln: Gefässbündel in concentrischen Kreisen, B. meist netzrippig, zuletzt abfalld; Bthntheile vorherrschend 5zählig.
3. Bthn mit Kch u. Blkrone.
4. **Eleutheropetalae**. Blkronb. mehrere, nicht mit einander verwachsen.
5. Kch den Frknoten einschliessend u. nicht mit demselben verwachsen.
6. Frkn. mehrere, od. 1, einfächerig m. e. seitenstdgn Samentrgr.
7. Same eiweisslos, Stbgef. m. Blkrb. dem Kch eingefügt.
8. B. wechselstdg, meist mit Nebenb.
9. Fr. e. Hülse; Stbgef. nicht mehr als 10; Blkronb. mehr od. weniger ungleich. *Leguminosae*.

10. Keim gebogen; Stbgef. oft mit den Fäden verwachsen; Blkr. schmetterlgsfg. . . . . § 1. **Papilionaceae**.
10*. K. gerade; Stbgef. frei; Blkrb. weniger ungleich.
§ 2. **Caesalpinieae**.
9*. Fr. nie hülsenfg; Keim gerade; Stbgef. meist zahlreich; Blkrb. 4—5 gleichmässig. *Rosiflorae*.
11. Frkn. mehrere,
12. Fr. kapselartig aufsprgd, mehrsamig. § 4. **Spiraeaceae**.
12*. Fr. einsamig, nussartig, nicht aufspringd.
§ 6. **Rosaceae**.
11*. Frkn. einer.
13. Stbgef. zahlreich; Bthn mit Kch u. Blkr.; Holzgewächse.
§ 3. **Amygdaleae**.
13*. Stbgef. wenige; Bthn unvollständig (s. u. 115).
§ 5. **Sanguisorbeae**.
8*. B. gegenstdg. nebenb.los, Keimb. gedreht; Strchr.
§ 26 b. **Calycanthaceae**.
7*. S. mit Eiweiss; Nebenb. fehld.
14. Kchb. mit e. verwachsen; Frkn. am Grd mit Schuppen; Stbgef. u. Blkrb. d. Kch eingefügt; Keim so gross u. grösser als d. Eiweiss; Stglb. fleischig. . . . . § 32. **Crassulaceae**.
14*. Kchb. frei; Stbg. u. Blkrb. dem Frboden eingefügt; Keim gerade, im Verhältniss z. Eiweiss meist s. klein.
15. Stbgef. meist sehr zahlreich, Stbbtl mit Längsritzen aufsprgd; Blkrb. oft honiggefässartig oder fehld.
§ 58. **Ranunculaceae**.
15*. Stbgef. nicht mehr als Blkrb., Stbbtl m. Klappen aufspringd; Strchr oder Krtr mit wimprig gesägten B. . § 59. **Berberideae**.
6*. Frkn. 1.
16. Frkn. mehrfächerig.
17. Kchb. in d. Knospe dachig.
18. Kch verwachsenblättrig, Bäume u. Strchr m. gegenstdgn B. u. wenigsamigen Fr.; Same eiweisslos; Nebenb. fehld. *Malpighinae*.
19. Fr. 2—3flügelig; Blkrb. gleichmässig, auf einer d. Frkn. umgebdn Scheibe eingefügt; B. lappig oder gefiedert.
§ 18. **Acerineae**.
19*. Fr. ungeflügelt; Blkrb. ungleichmässig, Bäume m. gefingert. B.
§ 17 b. **Hippocastaneae**.
18*. Kch freiblättrig.
20. Blkronb. ungleichmässig, gespornt. *Gruinales* z. Thl.
21. Stbgef. 5, oft mehr od. weniger zusammenhgd; Fr. e. vielsamige, elastisch aufsprgde Kpsl; Gr. fehld.
§ 23. **Balsamineae**.
21*. Stbgef. 8; Fr. 3knotig; B. schildfg.
§ 23 b. **Tropaeoleae**.
20*. Blkrb. gleichmässig, ohne oder nur mit einem an d. Bthnstiel gewachsenen Sporn.
22. Stbgef. mehr oder weniger mit einand. verwachsen.
23. Stbgef. einbrüderig, nicht mehr als 10. *Gruinales* z. Thl.
24. Fruchtfächer 1-wenigsamig.
25. Frknoten aus 5 Einzelfrüchtch. gebildet, welche an d. zur Frzeit storchschnabelartig verlängrtn Fruchtraxe sitzen, u. sich nebst d.Griffeln v. urt. nach ob. ablösen.
§ 22. **Geraniaceae**.

25*. Frkn. 1, Fr. e. Kpsl; Krtr m. einfachen meist schmal. B.; Stbgcf. 5.
§ 21. **Lineae.**
24*. Frfächer vielsamig; Stbgef. 10; Krtr mit 3—4zählg. B.
§ 20. **Oxalideae.**
23*. Stbgef. 1brüderig, zahlreich; Strchr mit immergrünen B.
§ 25 b. **Camelliaceae.**
23**. Stbgef. mehrbrüderig, meist zahlreich.
26. Frkn. 1—3fächerig; Krtr oder Halbstrchr mit gegenstdgn B.
§ 42. **Hypericineae.**
26*. Frkn. vielfächerig; Fr. e. dickriudige Beere. Gewürzhafte Bäume u. Strchr mit wechselstdgn immergrünen B.
§ 8 b. **Aurantiaceae.**
22*. Stbgef. nicht mit einander verwachsen.
27. Bthn zwittrig.
28. Griffel 1; Stbgef. oft auf einer unter d. Frkn. stehenden Scheibe eingefügt.
29. Stbgef. doppelt so viele als Blkronb.
30. Pfl. beblättert; B. grün, meist gefiedert, gewürzhaft. *Terebinthinae.*
31. Nebenb. fehlt, B. wechselstdg.
32. Innere Fruchthaut der Samenfächer v. d. äusseren elastisch abspringd; Bthn ungleichmässig.
§ 10. **Diosmeae.**
32*. Inn. Frh. nicht abspringd; Bthn gleichmässig.
§ 9. **Rutaceae.**
31*. B. mit Nebenb., gegenstdg; Fr. holzig.
§ 11. **Zygophylleae.**
30*. Pfl. gelbbraun. schuppenblättrig.
(s. u. 104.) § 84. **Monotropeae.**
29*. Stbgef. so viele als Blkronb.; Sträucher.
33. Stbgef. den Blkronb. gegenstdg; Fr. e. Beere; Rankde Sträucher. . . . . § 19. **Sarmentaceae.**
33*. Stbgef. mit den Blkronb. wechselnd; Wuchs aufrecht. *Tricoccae* z. Thl.
34. Samen mit e. fleischig. Mantel.
§ 13. **Celastrineae.**
34*. S. mantellos
35. Fr. trocken. . . . . § 12. **Staphyleaceae.**
35*. Fr. fleischig. . . . . § 14. **Aquifoliaceae.**
28*. Gr. mehrere; B. gegenstdg; Stbgef. nicht mehr als 8, d. Frboden eingefügt. . . . . §. 35. **Elatineae.**
27*. Bthn eingeschlechtig, Frkn. wenigsamig. *Tricoccae* z. Thl.
36. Fr. e. 3—6—9samige Beere; Narbe strahlig lappig; Kleine Strchr mit immergrünen B.; S. aufrecht.
§ 16. **Empetreae.**
36*. Fr. trocken; S. hängend. . § 17. **Euphorbiaceae.**
17*. Kch in der Knospe klappig.
37. Stbgef. nicht mehr als 20, meist wenige, d. Kch eingefügt.
38. Fr. e. wenigsamige Steinfrcht; Same eiweisshaltg, Btbnth. 4—5zähl.; Strchr. . . . . § 15. **Rhamneae.**
38*. Fr. e. vielsamige Kpsl, S. eiweisslos; Kch glockig oder röhrenfg; Bthntheile meist 6zählig; B. gegenstdg. § 30. **Lythrarieae.**
37*. Staubgef. meist zahlreich, mehr als 20. *Columniferae.*
39. Stbgef. frei od. mehrbrüderig; Stbb. 2fächrg; Keimb. flach; Bäume; § 25. **Tiliaceae.**

C*

39*. Stbgef. einbrüdrig; Stbbtl einfächerig; Keimb. gefaltet; Krtr.
§ 24. **Malvaceae.**
16*. Frkn. einfächerig, selt. (b. 53*) 2fächerig.
40. Samenträger als freie Säule in der Mitte der Frucht stehend.
41. Same eiweisshaltig; Keim um dasselbe gebogen. *Caryophyllinae* z. Thl.
42. Stbgef. u. Blkronb. d. Fruchtboden eingefügt.
43. Kchb. verwachsen; Blkrb. oft nagelfg. § 33. **Sileneae.**
43*. Kchb. frei 3—5. . . . . § 34. **Alsineae.**
42*. Stbgef. u. Blkronb. d. Kch eingefügt.
44. Kch 3—5blättrig; Blkrb. oft verkümmert u. sterilen Stbfdn ähnlich. . . . . § 37. **Paronychieae.**
44*. Kch 2blättrig; Blkrb. deutlich, Pfl. oft fleischig.
§ 36. **Portulaceae.**
41*. S eiweisslos, einzeln; Keim gerade.
45. Stbgef. wenige, Kch tief getheilt. . . § 8. **Cassuvieae.**
45*. Stbgef. zahlreich; Kch verwachsenblättr.
(s. ob. 13). § 3. **Amygdaleae.**
40*. Samenträger wandstdg.
46. Stbgef. u. Blkronb. d. Frboden eingefügt.
47. Blkronb. zahlreich, allmählig in die Stbgef. übergehend; Eiweiss doppelt; Wasserpfl. mit grossen schildfgn B.
§ 57. **Nymphaeaceae.**
47. Blkronb. 4—5.
48. Samenträger den Rändern der Fruchtklappen angeheftet. *Rhoeadeae.*
49. Kch 2blättrig, nebst d. Blkrb. u. Stbgef. sehr leicht abfallend.
50. Bthn ungleichmässig; Stbgef. 2brüdrig.
§ 55. **Fumariaceae.**
50*. Bthn gleichmässig; Stbgef. frei, 4 od. zahlreich.
§ 53. **Papaveraceae.**
49*. Kch 4—6thlg.
51. Stbgef. 2brüdrig; Kch mit 2 grösseren fast flügelart. B.
§ 56. **Polygaleae.**
51*. Stbgef. frei.
52. Blkrb. ungleichmässig, z. Thl zerschlitzt; Kpsl an d. Spitze mit offener Mündung. § 54. **Resedaceae.**
52*. Blkr. 4, meist gleichmässig, nicht zerschlitzt.
53. Frkn. 1fächerig; Stbgef. 6, tetradynamisch oder zahlreich; Fr. e. Beere. § 51. **Capparideae.**
53*. Frkn. 2fächerig; Fr. e. Schote; Stbgef. tetradynamisch.
§ 52. **Cruciferae.**
48*. Samenträger auf der Mitte der Frklappen angeheftet. *Cistiflorae.*
54. Same eiweisshaltig, nicht mit e. Haarschopf.
55. Stbgef. 5—10.
56. Griffel 1. Blkrb. meist ungleichmässig.
§ 46. **Violarieae.**
56*. Gr. od. Narben mehrere; Blkrb. gleichmässig.
57. Bthn mit e. drüsig-fransigen Nebenkrone, einzeln.
§ 44. **Parnassieae.**
57*. Bthn ohne Nebenkr. . . § 45. **Droseraceae.**
55*. Stbgef zahlreich; Gr. 1; Blkrb. gleichmässig; Kchb. ungleich gross. . . . . § 47. **Cistineae.**

54*. S. eiweisslos, mit e. Haarschopf u. geschnäbelt; Strchr oder Bäume mit kleinen, fast nadelart. büschl. B.
                                      § 43. **Tamariscineae.**
  46*. Stbgef. u. Blkrb. d. Kch eingefügt; Bthn mit e. aus zahlreichen Fäden od. Schuppen bestehdn Nebenkrone; Stbfäden 1brüdrig, meist 5; Rankde Strchr mit eifgn od. lappigen B.; Fr. e. Beere.
                                      § 50 b. **Passifloreae.**
5*. Kch mit d. Frkn. verwachsen.
  58. Frkn. 1fächerig; Samentrgr wandstdg; Fr. e. Beere.
  59. Pfl. nicht schmarotzd. *Peponiferae.*
    60. Bthn zwittrig.
      61. Same eiweisshaltig; Stbgef. u. Blkrb. 5; Strchr.
                                    § 49. **Grossularieae.**
      61*. S. eiweisslos; Kchb. u. Stbgef. meist zahlreich; Pfl. fleischig; statt d. B. meist Borstenbüschel.
                                    § 48. **Nopaleae.**
  60*. Bthn eingeschlechtig, Same eiweisslos, meist rankde Kräuter.
                                    § 50. **Cucurbitaceae.**
59*. Auf Bäumen schmarotzde Strchr mit 1sam. Frkn.
                                    § 62. **Loranthaceae.**
58*. Frkn. mehrfächerig oder in 2—4 Frchtch. zerfalld.
  62. Stbgef. nicht mehr als 12.
    63. Frknfächer vielsamig.
      64. Fr. durch die bleibdn Griffel 2hörnig, zuweilen einfächerig; Blkrb. in d. Knospe dachig, Same eiweisshaltig.
                                    § 31. **Saxifrageae.**
      64*. Fr. mit fadenfg welkendm Griffel; Blkrb. in der Knospe gedreht; S. mit Eiweiss. . . § 28. **Onagrarieae.**
    63*. Frknotenfächer wenigsamig; S. mit Eiweiss.
      65. Keim so gross als d. Eiweiss; Griff fehld; Fr. in 4 Frchtch. zerfalld. Wasserliebde Krtr mit meist quirlst. B. u. oft fehldr Blkrone. . . . . . . § 29. **Halorageae.**
      65*. K. viel kleiner als d. Eiweiss; Bthnstd meist doldig. *Umbelliflorae.*
        66. Frkn. z. Frzeit in 2 Frchtch. zerfalld, Stbgef. 5; Gr. 2; Kräuter m. meist wechselstdgn B.
                                    § 61. **Umbelliferae.**
        66*. Fr. e. Steinfrcht od. Beere; Bthnth. 4—5zählig; meist Strchr mit gegenstdg. B. . . . § 60. **Corneae.**
    62*. Stbgef. meist sehr zahlreich.
      67. B. wechselstdg, am Grd mit Nebenb., Kchb. in d. Knospe dachig; Same eiweisslos. . . . . . § 7. **Pomaceae.**
      67*. B. gegenstdg od. quirlig, Nebenb. fehld.
        68. B. fleischig; S. mit Eiweiss. . . § 32 b. **Ficoïdeae.**
        68*. B. nicht fleischig; Gr. 1.
          69. Gr. unzertheilt; Keim eiweisslos; Fr. saftig.
            70. B. punktirt; Kchb. in der Knospe dachig.
                                  § 26. **Myrtaceae.**
          70*. B. nicht punktirt; Kchb. in der Knospe klappig; Fr. m. e. doppelten Quirl v. über einander liegdn Frfächern.
                                  § 26 c. **Granateae.**
          69*. Gr. mit 4 Narben; Kpslfrucht; Same m. Eiweiss.
                                  § 27. **Philadelpheae.**
4*. **Gamopetalae.** Blkrb. mit einander verwachsen.
  71. Kch über d. Frknoten stehd, u. mit demselben verwachsen.
  72. Frknoten 1fächerig, 1samig, od. noch mit 2. leeren Fächern.

73. Stbbeutel frei *Aggregatae* z. Thl.
74. Frkn. 3fächerig, 2 Fächer leer; B. gegenstdg.
§ 91. **Valerianeae**.
74*. Frkn. 1fächerig.
75. Bthn zwittrig 4thlg, in Köpfch. v. e. Hüllkch umgeben; besonderer Kch doppelt; B. gegenstdg. § 90. **Dipsaceae**.
75*. Bthn eingeschlechtig, d. männlich. in Körbch., d. weibl. meist zu 2 in e. z. Frzeit dornig. Hülle; B. wechselstdg.
§ 89. **Ambrosiaceae**.
73*. Stbbtl in e. Röhre verwachsen; Bthn in Körbchen v. e. Hüllkch umgeben. . . . . § 88. **Synanthereae**.
72*. Frkn. mehrfächerig.
76. B. gegenstdg od. quirlstdg. *Rubiacinae*.
77. Bthn in d. Knospe dachig; Fr. e. Beere, Frfächer mehrsamig.
78. Blkrb. glockig, trichterfg od. 2lippig; Gr. 1 fadenfg.
§ 66. **Caprifoliaceae**.
78*. Blkr. radfg; Gr. fehld; Narb. 2—3. . § 65. **Viburneae**.
77. Bthn in d. Knospe klappig; Fr. trocken od. saftig, oft in 2 einsamige Frchtchn zrfalld; B. quirlstdg. § 67. **Stellatae**.
76*. B. wechselstdg od. grundstdg.
79. Fr. e. Kapsel *Campanulinae*.
80. Bthn glockig; N. 2—3. . . § 86. **Campanulaceae**.
80*. Bthn lippenfg; N. einzeln. . . . § 87. **Lobeliaceae**.
79*. Fr. e. Beere.
81. Stbbtl verwachsen; Krtr. rankd; (s. ob. 60*).
§ 50. **Cucurbitaceae**.
81*. Stbbtl frei, oft mit 2hörnigen Beuteln; Stbgef. einer über d. Frkn. stehdn Scheibe eingefügt. . § 85. **Vaccinieae**.
71*. Kch den Frknoten einschliessd.
82. Frkn. 1, 1fächerig.
83. Frkn. 1samig *Aggregatae* z. Thl.
84. Stbgef. 5; Gr. od. Narben 5. . . § 93. **Plumbagineae**.
84*. Stbgef. 4; Gr. u. Narb. einzeln. . § 92. **Globularieae**.
83*. Frkn. mehrsamig, Samentrgr mittelpunktstdg.
85. Stbgef. 4—5; Bthn gleichmässig.
86. Blkr. krautig od. gefärbt; Stbgef d. Abschnitt. derselb. gegenstdg. . . . . § 82. **Primulaceae**.
86*. Blkr. trockenhtg; Stbgef. m. d. Abschnitt. derselb. wechselstg.
§ 94. **Plantagineae**.
85*. Stbgef. 2; Blkr. lippenfg. . . § 81. **Lentibularieae**.
82*. Frkn. 1, mehrfächerig od. einfächerig m. wandstdgn Samentrgrn, od. 2—4 einfächerige Frknoten.
87. Blkrone 1—2lippig, od. rachenfg od. sonst ungleichmässig.
88. Bthn durch 2flügelartig vergrösserten Kchb. fast schmetterlgsfg; B. einfach, wechselstdg, Stbgef. 8. (s. ob. 51).
§ 56. **Polygaleae**.
88*. Bthn lippen- od. rachenfg; Stbgef. 2 oder 4 didynamisch.
Labiatiflorae.
89. Frkn. 1 mit endstdgm Griffel.
90. Pfl. schuppenblättrig, nie grün, auf andern Pfl. schmarotzd; Frkn. 1fächerig m. 2—4 wandstdgn Samentrgrn.
§ 78. **Orobancheae**.
90*. Pfl. mit grünen B. besetzt; Frkn. 2—4fächerig.
91. Same eiweisshltg; Frfächer 2. meist vielsamig; Fr. e. Kpsl.
§ 79. **Scrophularineae**.
91*. S. eiweisslos; Frfäch. 1-wenigsamig.

92. Frkn. 1—2fächerig; Kapselfr.; Samen oft an hakigen od. becherfgn Haltern befestigt. . . . . . . § 80. **Acanthaceae**.
92*. Frkn. 4fächerig, zuletzt e. Steinfr. oder in 4 Nüsschen zerfalld.
§ 77. **Verbenaceae**.
89*. Frkn. 4, je einsamig; Keim aufrecht, B.gegenstdg; Stgl meist 4kantg.
§ 76. **Labiatae**.
87. Blkr. fast od. völlig gleichmässig.
93. Stbgef. 5 od. mehr.
94. Stbgef. d. Blkr. eingefügt.
95. B. meist wechselstdg; Blkronb. abfalld.
96. Meist Kräuter, selt. Strchr m. abfalldn B. *Tubiflorae*.
97. Frkn. 4, je einsamig, od. 2, 2samig, Keim hängd; B. wechselstdg, oft rauhhaarig. . . . § 71. **Boragineae**.
97*. Frkn. 1.
98. Frkn. wenigsamig; Blkr. in d. Knospe gefaltet, Stgl meist windend.
99. Pfl. blattlos, schmarotzd. . . § 73. **Cuscuteae**.
99*. Pfl. beblättert, nicht schmarotzd.
§ 74. **Convolvulaceae**.
98*. Frkn. vielsamig.
100. Frkn. mehrfächerig.
101. Blkr. in d. Knospe gefaltet; Frkn. 2—4—8fächerig.
§ 72. **Solaneae**.
101*. Blkr. in d. Knospe klappig. oder gedreht; Frkn. 3fächrig; B. oft gegenstdg. § 75. **Polemoniaceae**.
100*. Frkn. 1fächerig; Blkr. im Schlde mit Schuppen; B. fiederthlg, oft gegenstdg.
§ 76 b. **Hydrophylleae**.
96*. Strchr od. Bäume mit immergrünen dornig gezähnten B.; Steinfrcht (s. ob. 35*). . . . § 14. **Aquifoliaceae**.
95*. B. gegenstdg. selt. wechselstdg. *Contortae*.
102. Frkn. 1; Blkrone bleibd, welkd; Pollenmassen staubig.
§ 70. **Gentianeae**.
102*. Frkn. 2, an d. Spitze mit e. verwachsen u. mit 1 gemeinschaftlichen Narbe; Blkr. abfallend.
103. Blkrabschn. in d. Knospe gedreht; Pollenmassen staubig.
§ 68. **Apocyneae**.
103*. Blkronabschnitte in d. Knospe dachig; Pollenmassen wachsartig zusammenklebend. § 69. **Asclepiadeae**.
94*. Stbgef. einer vor d. Frkn. stehenden Scheibe eingefügt; Stbbtl oft 2hörnig. *Ericinae*.
104. Pfl. schuppenblättrig; Blkr. freiblättr. (s. ob. 30*).
§ 84. **Monotropeae**.
104*. Pfl. mit grünen, einfachen, nebenblattlosen B.
§ 83. **Ericaceae**.
93*. Stbgef. 2, Bäume u. Sträucher. *Ligustrinae*.
105. Blkrabschn. 2—4 in d. Knospe klappig, Frknfächer 2samig, S. hängd, B. wechselstdg. od. gegenstg. § 63. **Oleaceae**.
105*. Blkronabschn. 5—8, in d. Knospe gedreht; Frknfächer 1samig; S. aufrecht; B. gegenstdg. . . . . . § 64. **Jasmineae**.
3*. **Apetalae**. Blkrone fehlend (oft auch der Kelch).
106. Bthn nicht in Kätzchen.
107. Bthnhülle über d. Frknoten stehend. od. m. demselben verwachsen.
108. Frkn. vielsamig. *Aristolochieae*.
109. Frkn. 1fächerig; Bthn eingeschlechtig, Pfl. blattlos; Stbfäden in e. walzige Röhre verwachsen. . . § 112. **Cytineae**.

109*. Frkn. 3—6fächerig; Bthn zwittrig; Pfl. beblättert; B. wechselst.
§ 111. **Asarineae.**
108*. Frkn wenigsamig, einfächerig.
110. Wasserpfl. mit quirlstdgn B. u. 1sam. Frkn. (s. ob. 65).
§ 29. **Haloragene.**
100*. Landpfl. mit 2—4sam. Frkn. u. 3—5spaltiger innen gefärbter Bthnhülle. . . . . § 96. **Santalaceae.**
110**. Schmarotzerpfl. (s. ob. 59*). . §. 62. **Loranthaceae.**
107*. Frkn v. d. Bthnhülle eingeschlossen.
111. Frkn. in mehrere Fr. zerfalld od. bei d. Reife elastisch aufspringd; Bthn eingeschlechtig (s. ob. 65 u. 36*).
§ 29. **Haloragene** u. § 17. **Euphorbiaceae.**
111*. Frkn. weder in Frchtch. zerfalld, noch bei d. Reife elastisch aufspringd.
112. Bthnh. blkronartig, von einer kchartigen Aussenhülle umgeben; Fr. nussartig, von d. bleibdn Basis d. Bthnhülle eingeschlossen; Keim um das Eiweiss ringfg gebogen. Krtr mit gegenstdgn, nebenblattlos. B. . § 99 b. **Nyctagineae.**
112*. Bthnhülle nicht von e. Aussenh. umgeben.
113. B. mit Nebenb.
114. Nebenb. in e. tütenfge Scheide verwachsen, Frkn. 1, einsamig, nicht aufsprgd; Keim seitenstdg, wenig gebogen.
§ 99. **Polygoneae.**
114*. Nebenb. nicht tütenfg.
115. Nebenb. mit d. Bstiel verwachsen, Kchabschnitte in d. Knospe klappig (s. ob. 13). § 5. **Sanguisorbeae.**
115*. Nebenb. frei; Kch in d. Knospe dachig *Urticinae.*
116. Kräuter mit trockner 1fächeriger Fr. Same eiweisshaltig, aufrecht; Keim gerade. § 100. **Urticaceae.**
116*. Bäume u. Strchr.
117. Fr. e. fleischige, birn- od. brombeerartige Scheinfr. B. lappig. . . . . § 101. **Artocarpeae.**
117*. Fr. e. wirkliche trockne od. saftige Fr., B. eifg od. längl. am Grd ungleich. § 102. **Ulmaceae.**
113*. Nebenb. fehld (s. ob. 8*. § 26. Calycanthaceae).
118. Keim gerade; Gr. u. Narben einzeln.
119. Bthn zwittrig; B. einfach wechselstdg, Landpfl. *Proteinae.*
120. Same eiweisslos; Stbgef. in Klappen aufspringd.
§ 98. **Laurineae.**
120*. S. mit Eiweiss; Stbgef. im Spalten aufsprgd.
121. S. aufrecht; B. silberweiss schuppig.
§ 97. **Elaeagneae.**
121*. S. hängd. . . . . . § 95. **Thymeleae.**
119*. Bthn eingeschlechtig, Wasserpfl. m. quirlstdgn gablig getheilt. B. . . . § 113. **Ceratophylleae.**
118*. Keim ringfg oder spiralig um d. Eiweiss gebogen. *Caryophyllinae* z. Thl.
122. Bthnhülle glockig röhrenfg; B. gegenstdg.
§ 35. **Scleratheae.**
122*. Bthnh. fast bis z. Grd gethlt; B. meist wechselstdg.
123. Bthnhülle krautig.
124. Frkn. mehrfächerig; Stbgef. u. Gr. 10; Fr. e. Beere.
§ 39. **Phytolaccaceae.**
124*. Frkn. 1fächerig; Stbgef. 3—5; Gr. 1—2.
§ 41. **Chenopodiaceae.**

123*. Bthnh. trockenhtg; Frku. 1fächerig, 1-mehrsamig.
§ 40. **Amarantaceae**.
106*. Wenigstens d. männlichen Bthn in Kätzchen; Holzgewächse.
125. Samenkörner in e. Frkn eingeschlossen.
126. Frkn. vielsamig; S. m. e. Haarschopf; männl. u. weibl. Bthn in Kätzchen. . . . . § 103. **Salicineae**.
126*. Frkn. wenigsamig, 1—2fächerig *Amentaceae*.
127. Weibl. Bthn mit Kch u. Krone, einzeln oder zu 2—3; B. gefiedert. . . . . § 103 b. **Juglandeae**.
127*. Männl. u. weibl. Bthn unvollstdg; B. einfach.
128. Weibl. Bthn v. e. mannigfach gestalteten, z. Frzeit vergrösserten Hülle umgeben: Frkn. 1—2fächerig.
§ 104. **Cupuliferae**.
128*. Bthn nicht von e. solchen Hülle umgeben.
129. Frkn. 2-mehrfächerig; Bthn einhäusig.
§ 105. **Betulaceae**.
129*. Frkn. 1fächerig; Bthn 2häusig. § 106. **Myricaceae**.
125*. Samenkörner frei, nicht in e. Frknoten eingeschlossen; B. nadelartig, schuppig oder ganz fehld *Coniferae*.
130. Pfl. blattlos; Stbkolb. 2fächerig. . § 107. **Ephedrineae**.
130*. Pfl. mit B. besetzt; Stbkolb. 1fächerig.
131. Stbgef. mehrere in einer Bthe.
132. Weibl. Bthn einzeln. . . . . § 108. **Taxineae**.
132*. Weibl. Bthn in Kätzchen. . . § 109. **Cupressineae**.
131*. Stbg. 2 in e. Bthe. . . . . . . § 110. **Abietineae**.
?*. *MONOCOTYLEDONEAE*. Keim m. einem meist walzenfgn Keimblatt, aus welchem das Blattfederchen durch eine seitenstdge Spalte hervortritt; Faserwurzeln; Gefässbündel d. Stgls nicht in concentrischen Kreisen, d. neueren sich nicht an d. früheren anlegend; B. meist parallelrippig, u. ungetheilt, nur abwelkend. Bthntheile vorherrschend 3zählig.
133. Frkn. unter d. Bthnhülle stehend.
134. Bthn diöcisch.
135. Bthn m. Kch u. Krone (b. Vallisneria unvollst.) S. eiweisslos; Wasserpfl. . . . . § 114. **Hydrocharideae**.
135*. Bthn unvollstdg; S. eiweisshaltig; Landpfl.; Fr. e. Beere.
§ 119. **Dioscoreae**.
134*. Bthn zwittrig.
136. Bthn ungleichmässig. Stbgef. 2, d. dritte verkümmert, am Griffel befestigt. . . . . § 115. **Orchideae**.
136*. Bthn gleichmässig, Stbgef. frei *Ensatae*.
137. Stbgef. 3, nach aussen aufsprgd. . . § 117. **Irideae**.
137*. Stbgef. 6, nach einwrts aufsprgd.
§ 116. **Amaryllideae**.
133*. Frkn. in d. Bthnhülle.
138. Keim eiweisslos; meist Wasserpfl. *Helobieae*.
139. Bthnhülle gefärbt, 6thlg; Frkn. mehrere.
140. Fr. mehrsamig, aufsprgd; Bthnhülle gefärbt; Stbgef. 9.
§ 125. **Butomeae**.
140*. Fr. 1samig, nicht aufsprgd; Bthn mit Kch u. Blkr. Stbgef. 6.
§ 126. **Alismaceae**.
139*. Bthnhülle kchartig, undeutlich od. ganz fehld.
141. Stgl deutlich.
142. Frkn. mehrere, Bthnhülle 6thlg. § 127. **Juncagineae**.
142*. Frkn. 1 od. mehr, Bthnh. 4thlg od. fehld.
§ 128. **Najadeae**.
141*. Stgl blattartig schwimmend; Frkn. 1. § 129. **Lemnaceae**.

138*. Keim m. Eiweiss; meist Landpfl.
143. Bthn auf einem Kolben, oft v. e. grossen Deckb. (Bthnschde) gestützt; Keimwzlchn kurz: Bthnhülle undeutlich, schuppig od. fehld. *Aroideae.*
144. Frkn. 2-mehrsamig.
145. Blthnschde bleibd; Bthn eingeschlechtig; Kolben endstdg.
§ 124. **Callaceae.**
145*. Bthnscheide abfalld, kz; Bthn zwittr., K. seitenstdg.
§ 123. **Orontiaceae.**
144*. Frkn. 1samig; Bthn eingeschlechtig; Bthnsch. kz, abfalld.
§ 122. **Typhaceae.**
143*. Bthn meist nicht in Kolben; Keimwzlchn lang; Bthnhülle blkronartig, kchartig od. aus wenigsts 1—2 Bälgen bestehd.
146. Bthnhülle meist 6blättrig, blkronartig.
147. Frkn. 1; Stbkolb. Stbk. einwts aufsprgd. *Liliaceae.*
148. Griffel meist ungethlt; Kpslfrcht.
§ 120. **Asphodeleae.**
148*. Gr. mehr od. weniger gethlt; Beere.
§ 118. **Smilaceae.**
127*. Frkn. u. Gr. meist mehrere; Stbk. auswts aufsprgd.
§ 121. **Colchicaceae.**
146*. Bthnhülle mehr oder weniger trockenhtg, oder aus Kch u. Kr. bestehd.
147. Bthnhülle 6blättrig; Stbgef. 6; Kpslfr.
148. Kch u. Blkr. 3blättrig. § 129 b. **Commelinaceae.**
148*. Bthnhülle trockenhtg, 6blättr. . § 130. **Juncaceae.**
147*. Bthnhülle aus 1—2 Paar Bälgen gebildet, Frkn. 1samig; Stbgef. meist 3. *Glumaceae.*
149. Bthnhülle aus 1 Schuppe bestehend; Halm nicht knotig, meist 3kantig; Stbbtl nicht xfg. § 31. **Cyperaceae.**
149*. Bthnh. meist aus 2 Paar Bälgen gebildet; Halm oft knotig gegliedert; Stbbtl xfg. . . . § 133. **Gramineae.**
1*. **KRYPTOGAMAE.** Bthn undeutlich (s. Kl. XXIV. L.)

Uebersicht

über die

Reihenfolge der zur deutschen Flora gehörigen natürlichen Ordnungen und Familien des Gewächsreichs.

I. **Leguminosae**
  1. Papilionaceae.
  2. Caesalpininieae.
II. **Rosiflorae.**
  3. Amygdaleae.
  4. Spiraeaceae.
  5. Sanguisorbeae.
  6. Rosaceae.
  7. Pomaceae.
III. **Terebinthinae.**
  8. Cassuvieae.
    Aurantiaceae.
  9. Rutaceae.
 10. Diosmeae.
 11. Zygophylleae.
IV. **Tricoccae.**
 12. Staphyleaceae.
 13. Celastrineae.
 14. Aquifoliaceae.
 15. Rhamneae.
 16. Empetreae.
 17. Euphorbiaceae.
X. **Malpighinae.**
    Hippocastaneae.
 18. Acerineae.
VI. **Ampelideae.**
 19. Sarmentaceae.

VII. **Gruinales.**
 20 Oxalideae.
 21. Lineae.
 22. Geraniaceae.
 23. Balsamineae.
    Tropaeoleae.
VIII. **Columniferae.**
 24. Malvaceae.
 25. Tiliaceae.
IX. **Myrtinae.**
    Camelliaceae.
 26. Myrtaceae.
X. **Calycanthinae.**
    Calycanthaceae.
    Granateae.
XI. **Calyciflorae.**
 27. Philadelpheae.
 28. Onagrarieae.
 29. Halorageae.
 30. Lythrarieae.
XII. **Succulentae.**
 31. Saxifrageae.
 32. Crassulaceae.
    Ficoïdeae.
XIII. **Caryophyllinae.**
 33. Sileneae.
 34. Alsineae.

 35. Elatineae.
 36. Portulaceae.
 37. Paronychieae.
 38. Sclerantheae.
 39. Phytolacceae.
 40. Amarantaceae.
 41. Chenopodiaceae.
XIV. **Guttiferae.**
 42. Hypericineae.
XV. **Cystiflorae.**
 43. Tamariscineae.
 44. Parnassieae.
 45. Droseraceae.
 46. Violarieae.
 47. Cistineae.
XVI. **Peponiferae.**
 48. Nopoleae.
 49. Grossularieae.
 50. Cucurbitaceae.
    Passifloreae.
XVII. **Rhoeadeae.**
 51. Capparideae.
 52. Cruciferae.
 53. Papaveraceae.
 54. Resedaceae.
 55. Fumariaceae.
 56. Polygaleae.

XVIII. **Hydropeltidae.**
57. Nymphaeaceae.
XIX. **Polycarpicae.**
58. Ranunculaceae.
XX. **Coccnlinae.**
59. Berberideae.
XXI. **Umbelliflorae.**
60. Corneae.
61. Umbelliferae.
XXII. **Loranthinae.**
62. Loranthaceae.
XXIII. **Ligustrinae.**
63. Oleaceae.
64. Jasmineae.
XXIV. **Rubiacinae.**
65. Viburneae.
66. Caprifoliaceae.
67. Stellatae.
XXV. **Contortae.**
68. Apocyneae.
69. Asclepiadeae.
70. Gentianeae.
XXVI. **Tubiflorae.**
71. Boragineae.
Hydrophylleae.
72. Solaneae.
73. Cuscuteae.
74. Covolvulaceae.
75. Polemoniaceae.
XXVII. **Labiatiflorae.**
76. Labiatae.
77. Verbenaceae.
78. Orobancheae.
79. Scrophularineae.
80. Acanthaceae.
81. Lentibularieae.
XXVIII. **Myrsinae.**
82. Primulaceae.
XXIV. **Ericinae.**
83. Ericaceae.
84. Monotropeae.
85. Vaccinieae.

XXX. **Campanulinae.**
86. Campanulaceae.
87. Lobeliaceae.
XXXI. **Compositae.**
88. Synantherene.
XXXII. **Aggregatae.**
89. Ambrosiaceae.
90. Dipsaceae.
91. Valerianeae.
92. Globularieae.
93. Plumbagineae.
94. Plantagineae.
XXXIII. **Proteinae.**
95. Thymeleae.
96. Santalaceae.
97. Elaeagneae.
98. Laurineae.
XXXIV. **Fagopyrinae.**
99. Polygoneae.
Nyctagineae.
XXXV. **Urticinae.**
100. Urticaceae.
101. Artocarpeae.
102. Ulmaceae.
XXXVI. **Iteoïdeae.**
103. Salicineae.
XXXVII. **Amentaceae.**
Juglandeae.
104. Cupuliferae.
105. Betulaceae.
106. Myricaceae.
XXXVIII. **Coniferae.**
107. Ephedrineae.
108. Taxineae.
109. Cupressineae.
110. Abietineae.
XXXIX. **Aristolochieae.**
111. Asarineae.
112. Cytineae.
XL. **Ceratophyllinae.**
113. Ceratophylleae.

XLI. **Hydrocharidinae.**
114. Hydrocharideae.
XLII. **Orchidinae.**
115. Orchideae.
XLIII. **Ensatae.**
116. Amaryllideae.
117. Irideae.
XLIV. **Liliacinae.**
118. Dioscoreae.
119. Smilaceae.
120. Asphodeleae.
121. Colchicaceae.
XLV. **Aroïdeae.**
122. Typhaceae.
123. Orontiaceae.
124. Callaceae.
XLVI. **Helobieae.**
125. Butomeae.
126. Alismaceae.
127. Juncagineae.
128. Najadeae.
129. Lemnaceae.
XLVII. **Junciuae.**
Commelinaceae.
130. Juncaceae.
XLVIII. **Glumaceae.**
131. Cyperaceae.
132. Gramineae.
XLIX. **Rhizocarpae.**
133. Marsileaceae.
134. Salviniaceae.
L. **Lycopodinae.**
135. Isoëteae.
136. Lycopodiaceae.
LI. **Goniocaulae.**
137. Equisetaceae.
LII. **Filices.**
138. Osmundaceae.
139. Ophioglosseae.
140. Polypodiaceae.
141. Hymenophylleae.

II. Tabellen zum Bestimmen der Gattungen und Arten.

1. Abtheilung. PHANEROGAMAE (Blüthenpflanzen).

Pfl. m. Stbgefässen u. Fruchtknoten, letztere mit Samenkörnern, welche einen deutlich entwickelten Keim enthalten.

1. Unterabtheilung. DICOTYLEDONEAE (Zweikeimblättrige).

Keim mit zwei gegenständigen Blättern. Gefässbündel der Stengel in concentrischen Kreisen, von denen sich die neueren an die älteren anlegen; Blätter meist netzrippig, zuletzt stets abfallend; Pfahlwurzeln. Blüthentheile vorherrschend 5zählig.

1. Classe. *Eleutheropetalae* (Freikronige).

Blüthendecke aus Kelch und Krone gebildet; Blätter der Letzteren nicht mit einander verwachsen.

I. Ordn. LEGUMINOSAE Juss. „Hülsenpflanzen." Kch. 4—5thlg, meist verwachsenblättrig; Blkronb. 5, mehr od. weniger ungleichmässig, selten verwachsenblättrig oder fehleud. Staubgefässe meist **doppelt so viele als Blumenkronb.** Pistill aus einem Fruchtblatte gebildet; Frucht eine einfache oder gegliederte **Hülse** (im gewöhnlichen Leben oft fälschlich Schote genannt); Same eiweisslos. Blätter meist zusammengesetzt, am Grund oft mit Nebenblättern.

§ 1. PAPILIONACEAE. *DC.*

Kch 5zähnig, selten 1—2lippig; Blkr. **schmetterlingsförmig**, 5blättrig (das obere grösste Blkronb. wird Fahne, die beiden seitlichen kleineren am Grund in einen Nagel verschmälerten werden Flügel und die beiden untersten, meist der Länge nach mit einander verwachsenen, werden Kiel oder Schiffchen genannt), in d. Knospe dachig und nebst den 10 mehr oder weniger mit einander verwachsenen Staubgefässen dem Kch eingefügt. Keim **gebogen**. Bäume, Sträucher u. Kräuter mit meist zusammengesetzten wechselstdgn B. (Meist XVI od. XVII, selten X Cl. L., letztere nur ausländisch).

Eine der grössten, schwierigsten u. wichtigsten Familien des Gewächsreiches, viele als Culturpflanzen wichtige Gewächse enthaltend.

PAPILIONACEAE.

§ 1. 1. Staubgefässe einbrüdrig (alle 10 mit d. Fäden in ein Bündel verwachsen XVI 4 L.)
2. Kch 1—2lippig od.-theilig; Flügel d. Blkrone am Grund gefaltet.
3. Blätter einfach oder dreizählig; Schiffchen d. Krone nicht geschnäbelt; meist goldgelb blühende Sträucher.
4. Kch bis z. Grund 2theilig, aussen m. 2 kleinen Deckblättch. Gelbblühender Strauch m. kantigen Aesten u. kleinen fast nadelartigen B. . . . . 1. **Ulex.**
4*. Kch. nicht bis z. Grund 2theilig.
5. einlippig mit vorgezogener fein 5zähniger Unterlippe. Gelbblühender Strauch mit einfachen lanzettl. B. u. ruthenfgen Zweigen . . . . 2. **Spartium.**
5*. zweilippig.
6. Griffel kreisfg eingerollt. Gelbblühender Strch m. ruthenfgn kantigen Zweigen u. theils einfachen (oberen) theils 3zähligen (unteren) B. . . . . 3. **Sarothamnus.**
6*. Griffel nicht eingerollt.
7. B. alle einfach; Griffel mit einwärts (gegen d. Fahne hin) gekehrter Narbe, nebst d. Staubgefässen zuletzt aus d. Blüthe heraustretend. . . . . 4. **Genista.**
7*. B. 3zählig; Griffel m. kopffgr oder auswër s (gegen d. Schiffchen hin) gewendeter Narbe; nebst d. Staubgefässen bis zuletzt in d. Blthe eingeschlossen. . . 5. **Cytisus.**
3*. B. fingerfg 5—9zählig; Schiffch. d. Krone geschnäbelt. Meist Kräuter mit bläulichen oder weissen, selten gelben Blthn.
6. **Lupinus.**
2*. Kch gleichmässig 5zähnig; Flügel d. Blkr. nicht gefaltet.
8. B. 3zählig; Schiffchen geschnäbelt. Halbsträucher od. Kräuter mit meist röthlichen, selten gelben Blthn. . . . 7. **Ononis.**
8*. B. unpaarig gefiedert; Schiffchen stumpf od. ganz fehld.
9. Hülsen 1—2samig, im bleibdn Kch eingeschlossen. Blthn in buschligen, von handfg getheilt. Deck-B. gestützten Köpfch. Krtr. . . . . 8 **Anthyllis.**
9*. Hülsen mehrsamig, länger als d. Kch; Blthn bläulich, in blattwinkelständigen Trauben.
10. Blthn vollständig; Kraut. . . . . 17. **Galega.**
10*. Blthn unvollständig, nur aus d. Fahne bestehend; Strauch.
18. **Amorpha.**
1*. Staubgefässe zweibrüdrig (9 am Grunde mit einander verwachsen, der 10. frei XVII 3 L.)
11. Blätter ohne Endblättchen, mit 1 bis mehr Paar v. Seitenblättchen; statt des Endblättchens meist in eine Wickelranke od. eine Krautborste endend, selten ganz einfach (d. h. dann eigentlich ein geflügelter Blattstiel).
12. Griffel kahl; B. in eine Krautborste endend. Strauch m. gelb. büschligen Blthn. . . . . 18c. **Caragana.**
12*. Griffel behaart; Kräuter (sehr nahe mit einander verwandte Gattungen).
13. Griffel walzig rund, unter d. Narbe ringsum gleichmässig od. unters. stärker behaart; B. meist vielpaarig u. meist in eine Wickelranke endd. . . . . 29. **Vicia.**
13*. Gr. flach od. 3kantig.
14. unterseits rinnenfg; B. m. Wickelranken, am Grund m. sehr grossen Nebenb. . . . . 32. **Pisum.**
14*. unters. flach; Nebenb. klein.
15. B. einfach, od. in eine Ranke endend. 30. **Lathyrus.**

PAPILIONACEAE.   3

15*. B. in eine Krautborste endend. . . . . . . 31. **Orobus.**   § 1.
11*. B. mit einem Endblättch., 3zählig od. gefiedert, sehr selten einfach.
  16. Hülse gegliedert od. nicht aufspringend; B. meist unpaar gefiedert, selten (b. Scorpiurus) einfach od. (b. Coronilla 5) 3zählig.
  17. Bthn. in Dolden, selten einzeln.
  18. Hülsen nicht gegliedert, nicht aufspringend, flach zusammengedrückt; Bthn. gelb zu 3—6 in Dolden; Schiffch. geschnäbelt. . . . . 26. **Securigera.**
  18*. Hülsen in Querglieder zerfallend.
    19. dornig, kreisfg eingerollt, längsfurchig; Schiffchen geschnäbelt, lineal lanzettl. von Ged. von 2 dornigen Nebenb. gestützt. Bthn gelb, B. einfach.
          22. **Scorpiurus.**
    19*. nicht dornig.
      20. Schiffchen geschnäbelt.
        21. Hülse zusammengedrückt; Glieder derselben mehr od. weniger hufeisenfg.; Bth. gelb.
          25. **Hippocrepis.**
        21*. Hülse walzig oder 4kantig; Glieder derselben mehr od. weniger hufeisenfg; Bthn gelb od. bunt.
          23. **Coronilla.**
      20*. Schiffchen ungeschnäbelt stumpf; Hülsen vogelkrallenartig gebogen. . . . . . . 24. **Ornithopus.**
  17*. Bthn in Aehren od. Trauben; roth od. bläulich. Schiffchen ungeschnäbelt.
    22. Hülsen einsamig, grubig, netzstreifig, dornig.
        28. **Onobrychis.**
    22*. Hülsen mehrsamig gegliedert, Glieder linsenfg.
        27. **Hedysarum.**
16*. Hülse nie in Querglieder zerfallend, meist der Länge nach aufspringend.
  23. B. unpaar gefiedert; Hülse immer mehrsamig.
    24. Griffel kahl; Kräuter.
      25. Hülse gedunsen.
        26. Schiffchen in ein Spitzchen endend; Bthn in kopffgn Büscheln; Hülse 1—2fächerig; meist stengellose Pfl.
          20. **Oxytropis.**
        26*. Schiffchen stumpf.
          27. Hülse mehrsamig; Bthn in Trauben od. Büscheln.
            28. Hülsen durch eine mehr od. weniger vollständige Längsscheidewand 2fächerig. 21. **Astragalus.**
            28*. Hülse fast od. völlig einfächerig. . 19. **Phaca.**
          27*. Hülse 2samig; Bthn einzeln, langgestielt, blattwinkelständig. . . . . 28b. **Cicer.**
      25*. Hülse nicht gedunsen.
        29. Nebenb. trockenhäutig; Kch 5zähnig; Fahne zurückgeschlagen. . . . . 17. **Galega.**
        29*. Nebenb. fehlend; Kch 2lippig; Fahne vorgestreckt; Bthn klein. . . . . 16b. **Glycyrrhiza.**
    24*. Griffel behaart; Bäume und Sträucher.
      30. Hülse zusammengedrückt; Blthn weiss od. rötlich in vielblthgn Trbn; Nebenb. oft dornig. 18b. **Robinia.**
      30*. Hülse aufgeblasen; Bthn. gelb in wenigbthgn Trauben.
          18. **Colutea.**

1*

PAPILIONACEAE.

§ 1. 23*. B. 3zählig, kleeartig (oder s. selten fingerfg 5zählig).
  31. Griffel kahl, nicht gewunden „Kleearten".
   32. Nebenb. gross, d. eigentl. Blättchen ähnlich; diese dadurch 5fingrig od. 2paarig erscheinend.
    33. Schiffch. geschnäbelt.
     24. Hülse 4kantig od. 4flüglig; Bthn langgestielt, zu 1—2 Blattwinkelstdg. . . . . . 16. **Tetragonolobus**.
     34*. Hülse ungeflügelt; Bthn gelb, meist in Dolden.
                  15. **Lotus**.
    33*. Schiffch. ungeschnäbelt. Bthn in Dolden.
     35. Flügel der Blkr. blasenartig aufgetrieben; Bthn vorherrschend weiss; Blättch. sitzend, scheinbar 5zählig.
            13. **Dorycnium**.
     35*. Flügel d. Blkr. über ihrem Nagel in einen hohlen Zahn eingedrückt; Bthn vorherrschend röthlich; Blättch. gestielt; Pfl. graufilzig.. . . . . . . 14. **Bonjeania**.
   32*. Nebenb. klein, d. Blättch. der eigentl. B. nicht ähnlich; Schiffch. ungeschnäbelt.
    36. Hülsen kürzer als der Kch, gerade; Bthn in kopffgn Aehren od. Trauben; Blkrb. bleibend, welkend, unter sich u. mit d. Säule d. Staubgefässe verwachsen.
            12. **Trifolium**.
    36*. Hülsen länger als d. Kch; Blkrb. frei abfallend.
     37. Hülsen 1 bis wenigsamig.
      38. sichelfg, nierenfg od. schneckenfg gewunden.
            9. **Medicago**.
      38*. kuglich od. eifg., nicht gewunden; Bthntrbn eifg od. verlängert ährenfg. . . . . . . 11. **Melilotus**.
     37*. Hülse 4 bis vielsamig, gerade oder gebogen; Bthn einzeln, in Trauben od. Dolden. . 10. **Trigonella**.
  31*. Griffel bärtig, nebst Schiffch. u. Stbgefäss. spiralig gewunden.
            32b. **Phaseolus**.

  1. *LOTEAE.* Keimb. flach, b. Keimen nicht über der Erde hervortretend. Hülse längsaufspringend und nicht in Querglieder zerfallend.

  a. *Genisteae.* Staubgefässe einbrüdrig; Kch 1—2lippig oder 2blättrig; Flügel d. Blkr. am Grund runzlich gefaltet.

  1. **Ulex europaeus** *L.* (4). Kch 2blättrig am Grund mit 2 kleinen Deckblättchen. Aestiger, 2—4' hoher Strauch mit kantig gefurchten, sparrigen in eine Spitze endenden Zweigen, lineal nadelartigen B., gelben, zu 1—2 blattwinkelständigen Blüthen und zottig behaarten Hülsen.
   Sandfelder, besonders in Norddeutschland, auch als Zierpfl. (4—6) ♄.

  2. **Spartium junceum** *L.* (5). Kch einlippig m. vorgezogener fein 5zähniger Unterlippe. Kahler 2—6' hoher Strauch mit ruthenfgn wenig beblätterten Zweigen, länglich lanzettl. wehrlosen B., grossen gelben Bthn in endstdgn Trauben und kahlen Hülsen.
   Bergabhänge der südlichen Alpengegenden, auch als Zierpfl. (5—6) ♄.

3. **Sarothamnus scoparius** *Kch* (6) (Spartium scop *L.*) § 1.
Kch glockig, 2lippig; Bthn gross, goldgelb, einzeln seitenstdg mit kreisfg eingerolltem u. nebst den Hülsen behaartem Griffel. In der Jugend seidenhaariger 2—4' hoher Strauch m. ruthenfgn kantigen Zweigen und theils einfachen (die oberen), theils 3zähligen (die unteren) B.
Sandfeller, Hügel, Wälder, nicht selten (5—6) ♄ „Besenginster."

4. **Genista.** *L.* (7). Griffel nicht eingerollt, mit einwärts (gegen die Fahne hin) gewendeter Narbe, nebst den Stbgefässen zuletzt aus d. Bthe heraustretend. Gelbblühende Sträucher mit einfachen lanzettl. od. elliptisch. B.
 1. Stgl wehrlos.
 2. nebst den Aesten zweischneidig, häutig geflügelt, gegliedert 1/2—1' hoch; Bthn in endstdgn Trauben; Pfl. kahl od. behaart. *Wälder, Wiesen,* selt. (5—6) ♄.
  (Cytisus *Kch*). 1. *G.* **sagittalis** *L.*
 2*. Stgl nicht geflügelt u. nicht gegliedert.
 3. Oberlippe des Kchs kurz 2zähnig, Bthn kahl, zu 1—5 in seitenständigen beblättert. Büscheln.
  4. Pfl. kahl od. wenig behaart, liegend 1—1 1/2' lang. *Bergwiesen d. südl. Alpenggdn* (5—6) ♄. 2. *G.* **diffusa** *Willd.*
  4*. Pfl. behaart (wohl var v. 2).
   5. abstehend behaart. *Bgwiesen d. westl. Schweiz* (5—6) ♄.
   3. *G.* **Halleri** *Reyn.*
   5*. anliegend behaart. *Bgwiesen u. stein. Abhänge in höheren Gebgsggdn. s. s. (Mähren, Canton Waadt)* (5—6) ♄.
   4. *G.* **procumbens** *W. K.*
 3*. Oberlippe d. Kchs tief gespalten.
  6. Fahne u. Schiffchen d. Blkrone nebst d. Hülsen u. d. Unterseite d. B. angedrückt seidenhaarig.
   7. Bthnstiele u. Kch anliegend seidenhaarig; Bthn an d. Spitze d. Aeste in beblättert. Büscheln; *Bergwälder, selt.* (5—6) ♄.
   5. *G.* **pilosa** *L.*
   7*. Bthnstiele u. Kch abstehend zottig; Bthn zu 2—4 in endstdgn Trbn. *Felsen u. steinige Abhge d. südl. Alpenggdn* (5—6) ♄ . . . . 6. *G.* **sericea** *Wulf.*
  6*. Bthn unbehaart, in endstdgn Trbn.
   8. B. u. Stengel völlig kahl, Aeste 3kantig, fast geflügelt; B. m. durchscheinendem Rande. *Stein. Abhge d. südl. Alpenggdn* (6—7) ♄ . . . . 7. *G.* **scariosa** *Viv.*
   8*. B. mehr od. weniger behaart, nicht mit durchscheinendem Rande.
    9. Hülsen kahl; B. u. Stgl kahl od. flaumig behaart.
     10. Stgl liegend 1—2' hoch m. aufrechten, kantig gefurchten Aesten, *Wiesen, Wälder, nicht selten* (6—7) ♄.
     8. *G.* **tinctoria** *L.*
     10*. Stgl aufrecht 2—4' hoch m. runden feingestreiften Aesten (ob var?) *Wiesen, Wälder d. südl. Alpenggdn ss.* (6—7) ♄.
     9. *G.* **elatior** *Koch.*
    9*. Hülsen u. ganze Pfl. abstehend zottig; *Hügel, Abhänge d. südl. Alpenggdn* (6—7) ♄ . . . 10. *G.* **ovata** *W. K.*
 1*. Stgl dornig; Bthn kahl in endständigen Trauben.
  11. Stgl unterwärts blattlos, ästig, mehrere Blüthentrbn tragend.
  12. Aeste rauhhaarig, Deckb. kürzer als die Bthnstielchen. *Wälder, nicht selt.* (6—7) ♄ . . . . 11. *G.* **germanica** *L.*

§ 1.   12*. Aeste kahl; Deckb. länger als d. Bthnstielch. *Sumpfwiesen,
       Wälder, bes. im nördl. u. östl. Deutschland* (5—6) ♄.
                                            12. *G.* **anglica** *L.*
       11*. Stgl von Grund an beblättert; einfach, rasig. Bthntrbn einzeln.
       13. Dornen feingestr. gerade; Stgl angedrückt behaart. *Bgwiesen
       u. Abhänge d. südl. Alpenggdn* (5—6) ♄.
                                            13. *G.* **silvestris** *Scop.*
       13*. Dornen vierkantig (wohl var. v. 13).
       14. bogig; Stgl angedrückt behaart; *Felsen u. stein. Abhge
       am adr. Meer* (5—6) ♄. . . . . . 14. *G.* **arcuata** *Kch.*
       14*. gerade; Stgl abstehend behaart; *Felsen u. stein. Abhge
       auf d. Inseln d. adr. Meeres*. . . 15. *G.* **dalmatica** *Bartl.*

5. **Cytisus** *L.* (7*). Griffel nicht eingerollt, m. kopffgr od.
auswärts (gegen d. Schiffch. hin) gewendeter Narbe, nebst d. Stbgef. nicht aus d. Blüthe hervortretend. Meist Sträucher m. gelben,
selt. (b. 11) rothen Blüthen u. 3zählig. B.
   1. Bthntrauben unbeblättert; Blthn gelb; Kchröhre kurz.
   2. Trauben hängend, seitenständig, reichblüthig; Strchr. 10 bis
      20' hoch.
   3. Bthn u. Hülsen angedrückt behaart; *Bgwälder, bes. d. Alpen,
      auch als Zierstrauch* (5—6) ♄ „*Goldregen.*"
                                            1. *C.* **laburnum** *L.*
      3*. Bthn u. Hüls. kahl, letztere an der oberen Naht m. einen
          flügelfgn Kiel; *Bgwälder, bes. d. Alpen, auch als Zierstrch*
          (5—6) ♄. . . . . 2. *C.* **alpinus** *Mill.*
   2*. Trauben aufrecht, endständig; Strchr 1—6' hoch.
      4. Bthntrauben vielblthg; Kch m. 1 od. ohne Deckb.
      5. Blättchen u. Hülsen kahl; Oberlippe d. Kchs tief gegespalt.
         Bgwälder in Istrien (5) ♄. . . . . 3. *C.* **Weldeni** *Vis.*
      5*. Blättchen u. Hülsen behaart; Oberlippe d. Kchs 2zähnig.
          Aeste schwärzlich; Bthn beim Trocknen sich schwarz färbd;
          Wälder, bes. in Gebirgsggdn, auch als Zierpfl. (5—6) ♄.
                                            4. **nigricans** *L.*
      4*. Bthntrbn 6—10blüthig, kurz u. dicht; Kch von 3 Deckblättch.
          umgeben, nebst d. Bthnstielch. kahl; Aeste purpurroth; Bthn
          beim Trocknen nicht schwarz werdend; Oberlippe d. Kchs
          ungespalten; *Bgwälder d. südl. Alpenggdn, auch als Zierpfl.*
          (5—6) ♄. . . . . 5. *C.* **sessilifolius** *L.*
1*. Bthn in beblättert. Trbn od. seitenstdgn Büscheln.
   6. Bthn alle od. zum grössten Theile seitenständig.
      7. Kchröhre kurz glockig; Bthn in seitenständigen Büscheln.
         Bthnstielch. 4mal so lang als d. Kch; Stgl wehrlos, ausgebreitet nebst d. ganzen Pfl. angedrückt, behaart. *Bgabhge
         d. südl. Schweizer Alpen (C. Tessin)* (5—6) ♄.
                                            6. *C.* **glabrescens** *Lart.*
      7*. Kch v. d. Aufblühen schlauchfg, kurz lippenfg, bei d. Entwicklung d. Bthn ringsum abspringend; Bthn büschlich, Stgl
          gefurcht mit pfriemlich, zuletzt dornig werdend. Aesten. *Stein.
          Abhge auf d. Inseln des adr. Meeres.* (5—6) ♄.
                                            7. *C.* **spinosus** *Lam.*
      7**. Kch langröhrig.
          8. Bthn zu 2—3 büschlg beisammen.
          9. Bthn gelb; Pfl. rauh- od. seidenhaarig.
          10. Pfl. rauhhaarig; Blättch. beiderseits behaart.

11. Bthn z. Thl endständig; Stgl u. Aeste liegd. *Bgwälder u.* § 1.
Abhge d. südl. Alpenggdn (5—6) ♄. 8. *C.* **prostratus** *Scop.*
11*. Bthn alle seitenstdg; Stgl aufrecht od. aufstrebend (ob var
v. 8?) *Bgabhge s. selt. (Böhmen, Krain)* (5) ♄.
           9. *C.* **hirsutus** *L.*
10*. Pfl. angedrückt seidenhaarig, m. aufstgdn Stgl (ob var v. 15?)
Bgwälder u. stein. Abhge ss. (4—5) ♄.
  10. *C.* **biflorus** *L. Her* od. **ratisbouensis** *Schäf.*
9*. Bthn purpurroth; meist zu 2 seitenstdg; Pfl. kahl od. wenig
behaart. *Bgwälder u. stein. Abhge d. Alpenggdn* (5—6) ♄.
          11. *C.* **purpureus** *Scop.*
8*. Bthn einzeln, Stgl sehr ästig mit pfriemlich, zuletzt dornig
werdenden Aesten, nebst Kch, Hülsen u. B. silberweiss seidenhaarig. *Stein. Abhge auf d. Inseln d. adr. Meeres* (5—6) ♄.
      12. *C.* **spinescens** *Sieb.*
6*. Bthn alle endständig, büschlich od. doldig.
12. Kch röhrenfg; Lippen desselben kürzer als d. Kchröhre.
13. Bthn zu 6 od. mehr kopffg doldig.
14. B. u. ganze Pfl. anliegend grauseidenhaarig. Stamm 2—3'
hoch m. aufrecht. Aesten. *Bgwälder (Böhmen, Oesterreich)*
(7—8) ♄ . . . . 13. *C.* **austriacus** *L.*
14*. B. u. ganze Pfl. abstehend behaart; Aeste aufrecht abstehend.
Bgwälder (Böhmen, Schlesien, Alpen) 6—7) ♄.
        14. *C.* **capitatus** *Jcq.*
13*. Bthn zu 2—4 doldig; Pfl. abstehend behaart; Blättch. obers.
kahl, grün; Stgl u. Aeste liegend od. aufsteigend. *Wälder,
Gebüsch sss. (um Wien)* (4—5) ♄. . . 15. *C.* **supinus** *L.*
12*. Kch fast 2lappig, tief getheilt.
15. B. gegenständig; Nebenb. fehld; Strch ½—1½' hoch.
16. Fahne tief ausgerandet; Flügel kürzer als d. Schiffchen.
Bgwälder d. südl. Alpenggdn (5—6) ♄.
      16. *C.* **radiatus** *Koch.*
16*. Fahne abgerundet. Flügel so lang als d. Schiffch. *Bgwälder,
d. südl. Alpenggdn ss. (Krain)* (5—6) ♄.
      17. *C.* **holopetalus** *Flschm.*
15*. B. wechselstdg m. krautig. Nebenb.; 3—6'' hoher Halbstrauch
m. rasigem Stgl; Köpfch. 2—4blüthig; Unters. d. B. nebst
Stiel u. Hülsen seidenhaarig. *Bgwälder d. südl. Alpenggdn*
(4—5) ♄. . . . . 18. *C.* **argenteus** *L.*

6. **Lupinus** *L.* „Wolfsbohne" (5*). Kch 2lippig; Schiffchen
d. Krone geschnäbelt. Einjährige Kräuter m. fingerfg zertheilt. B. u. traubenfg gestellt. Bthn.
1. Stengel wenig od. angedrückt behaart.
 2. Bthnstiele quirlig gestellt.
  3. Bthn gelb; Blättch. länglich rund. *Zierpfl. a. Nordamerika*
(6—8) ☉ . . . . a. *L.* **luteus** *L.*
  3*. Bthn röthlich od. blau.
   4. Unterlippe d. Kchs ungespalten, B. beiderseits fein behaart.
Zierpfl. a. Oberitalien (6—8) ☉. . . . b. *L.* **pilosus** *L.*
   4*. U. d. Kchs fein 3zähnig; B. nur unters. fein behaart. *Zierpfl.
a. Südeuropa* (6—8) ☉. . . . . c. *L.* **varius** *L.*
 2*. Bthnstiele spiralig gestellt.
  5. Oberl. d. Kchs ganzrandig; B. eifg längl. Bthn weiss. *Zierpfl.
aus d. Orient* (6—8) ☉. . . . . d. *L.* **albus** *L.*

§ 1.   5*. Oberl. d. Kchs gespalten, Unterl. ganzrandig; B. lineal; Btbn
       bläulich. *Aecker im C. Waadt, sss., auch als Zierpfl.* (5—6) ⊙.
                                              1. *L.* angustifolius *L.*
       1*. Stgl abstehend behaart, Blättch. keilfg; Bthn bläulich, spiralig
       od. halbquirlig gestellt. *Aecker am adr. Meer, auch als Zierpfl.*
       (6—7) ⊙. . . . . 2. *L.* hirsutus *L.*

       b. *Anthyllideae.* Stbgef. einbrüdrig, Flügel d. Blkrone nicht
   runzlich gefaltet; Kch 5zähnig od. 5theilig.

       7. **Onónis.** *L.* (8). Kch 5theilig, zur Fruchtzeit geschlossen;
       Schiffchen geschnäbelt; Hülse im Kch sitzend. Niedrige, meist
       behaarte Halbsträucher od. Kräuter mit theils einfachen, theils
       3zähligen B. u. blattwinkelstdgn Bthn.
         1. Hülsen eifg, nebst d. Bthnstiel, aufrecht.
         2. Bthn röthlich od. weiss.
         3. einzeln; Stgl mehr od. weniger dornig.
         4. liegend am Grund wurzelnd, ringsum zottig; Hülsen kürzer
            als d. Kch. *Aecker, Hügel, Wege, häufig* (6—7) ♄ od. ♃.
                                              1. *O.* repens *L.*
         4*. aufstrebend, einreihig zottig, Hülse so lang u. länger als d.
            Kch. *Aecker, Hügel, Wege, seltener* (6—7) ♄ od. ♃.
                                              2. *O.* spinosa *L.*
         3*. meist zu 2 beisammen; Stgl wehrlos aufrecht, überall zottig
            (ob var v. 1?) *Aecker, Hügel, Wege, seltener (bes. in Nord-
            dtschld)* (6—7) ♃ . . . . 3. *O.* hircina *Jacq.*
         2*. Bthn gelb, einzeln, sitzd; Pfl. flaumig. *Stein. Abhge d. südl.
            Alpengydn* (6—8) ♃ . . . . 4. *O.* Columnae *All.*
       1*. Hülsen hängend, lineal, nebst d. Bthn. langgestielt.
         5. Bthn zu 2—3 beisammen, röthlich, blattwinkelstdg, m. einer
            seitenstdigen Borste; B. fast kreisrund. *Stein. Abhge d. Alpen-
            ggdn* (5—6) ♃ . . . . 5. *O.* rotundifolia *L.*
         5*. Bthn einzeln.
         6. gelb, aussen mit rothen Streifen, Bthnstiele zuletzt länger als
            d. B. m. einer seitenstdgn Borste. *Hügel, Wege, Abhge d.
            Alpenggdn* (6—7) ♃ . . . . 6. *O.* natrix *Lam.*
         6*. röthlich, Bthst. kürzer als d. B. ohne Borste. *Hügel, Wege
            am adr. Meer* (5) ⊙ . . . . 7. *O.* reclinata *L.*

       8. **Anthyllis.** *L.* (8*). Kch 5zähnig, zur Fruchtzeit offen;
   Fr. im Kch gestielt; Schiffch. nicht od. kurz geschnäbelt; Stbfädn
   an d. Spitze breiter. Bthn in Köpfch. v. e. vieltheilig. Hülle um-
   geben. Weichbehaarte Kräuter m. unpaar gefiederten B.
         1. Kch bauchig mit ungleichem Saum; Kchzähne kürzer als d.
            Kchröhre; Bthn meist gelb. *Wiesen, Hügel, Wege, häufig*
            (5—6) ♃ . . . . 1. *A.* vulneraria *L.*
              var. Stgl einfach blattlos, od. 1—2blättr. .   α. vulgaris.
              Stgl höher, oft ästig. . . . . . .   β. maritima.
              Bthn durchaus blutroth. . . . . . .   γ. rubriflora.
              Schiffch. an d. Spitze blutr.; Pfl. reichbl.   δ. polyphylla.
         1*. Kch röhrig m. gleichem Saum; Kchz. so lang als d. Kchr.
            Bth. röthl. *Bgabhge d. südl. Alpenggdn* (5—6) ♃ .
                                              2. *A.* montana. *L.*

c. *Trifolieae.* Stbgef. 2brüdrig; B. 3zählig, Griffel kahl. § 1.

9. **Medicago** *L.* „Schneckenklee" (38). Kch 5spaltig od. 5zähn.; Schiffch. stumpf. Hülsen sichelfg, nierenfg od. schneckenfg gewunden, wenigsam.. Bikr. abfällig. Kleeartige Kräuter.
1. Hülsen mit im Mittelpunkte offenen Windungen, meist wehrlos.
2. Bthn 5 od mehr traubenfg beisammen.
  3. Trauben vielbthg (in einander übergehende Arten).
    4. Bthn violett od. bläulich in lockeren Trauben. Hülse meist m. 3 Windungen. *Wiesen häufig, auch als Futterpfl. cult.* „*Lucerne*" (6—8) ♃. . . . . 1. *M.* **sativa** *L.*
    Zwischenform: Bthn gelb, zuletzt grünlich od. bläulich; Hülse m. 1½ Windungen. . . . . . . *M.* **versicolor** *Kch.*
    4*. Bthn gelb in dicht. kopffgn Trbn, Hülse sichelfg m. ½—1½ Windungen. *Wiesen, Hügel, häufig* (6—8) ♃.
                              2. *M.* **falcata** *L.*
  3*. Trauben 5—10bthg, Bthn gelb.
    5. Hülsen u. ganze Pfl. wollig filzig; Blättch. vorne gezähnelt. *Sandige Ufer am adr. Meer* (5—6) ♄. . 3. *M.* **marina** *L.*
    5*. Hülsen u. ganze Pfl. kahl od wenig behaart. *Hügel, Wege am adr. Meer* (6—8) ♃. . . . . 4. *M.* **prostrata** *Jacq.*
2*. Bthn zu 2—4 beisammen, gelb; Hülsen blattartig flach, m. d. Enden sich berührend.
  6. Bthn meist zu 4, Hülsen behaart, am vorderen Rande gezähnt, am hinteren ganzrandig. B. scheinb. 2paarig gefiedert. *Hügel, Wege in Istrien* (6—8) ☉. . . 5. *M.* **circinata** *L.*
  6*. Bthn meist zu 2; Hülsen kahl, am Vorderrande dornig, am Hinterrande fransig zerfetzt. *Hügel, Wege in Istrien* (6—8) ☉.
                              6. *M.* **radiata** *L.*
1*. Hülse m. 1 bis mehreren im Mittelpunkte geschlossenen Wingen; Bthn gelb.
  7. Hülsen wehrlos od. nur in d. Jugd m. kurzen Dornen besetzt.
    8. Köpfch. reichbthg; Neben. fast ganzrandig; Hülsen nierenfg, 1samig, schwarz, kahl od. behaart. *Aecker, Hügel, Wiesen, sehr häufig* (4—8) ☉. . . . . . . 7. *M.* **lupulina** *L.*
    8*. Köpfch. 1—3blthg; Hülsen mehrmals gewunden.
      9. Windungen meist 6, locker an einander liegd.
      (*M. polymorpha L.* z. Thl.)
        10. Nebenb. eifg, gezähnt, Hülsen unters. convex, obers. flach. *Hügel, Wege in Istrien* (5—6) ☉. . 8. *M.* **scutellata** *All.*
        10*. Nebenb. borstig vielspaltig (2 sehr äbnl. Arten).
          11. Hülsen beiderseits convex. *Hügel, Wege, Aecker in Istrien* (5—6) ☉. . . . . . 9. *M.* **orbicularis** *All.*
          11*. Hülsen beiders. flach. *Hügel, Wege, Aecker in Istrien* (5—6) ☉. . . . . 10. *M.* **marginata** *Willd.*
      9*. Windgn 3—5, dick, dicht auf einander liegend, am Rande in d. Jugend m. kurzen Dornen, später m. stumpfen Warzen; Nebenb. eiförmig, borstig gezähnt. *Hügel, Aecker, Wege in Istrien* 5—6) ☉. . . . . . 11. *M.* **tuberculata** *Willd.*
  7*. Hülsen dicht m. Dornen besetzt.
    12. Bthnstiele 1—5 Blthn tragend.
      13. Dornen d. Hülse ohne Längsfurche, Windgn dicht, Nebenb. eifg, borstig gezähnt.
        14. Hülsen kahl, od. flaumig behaart, meist mit 5 Windgn.

§ 1.
15. Blättch. vkeifg; Fahne d. Blkr. fast doppelt so lang als d. Schiffchen. *Aecker, Sandfelder am adr. Meer, auch b. Spaa in Belgien* (5—6) ☉..... 12. *M.* **tribuloïdes** *Lam.*
15*. B. vkherzfg; Fahne d. Blkr. nicht länger als d. Schiffch. *Aecker, Sandfelder am adr. Meer* (5—6) ☉.
            13. *M.* **littoralis** *Rode.*
14*. Hülsen filzig behaart, meist m. 6 Windgn; Blättch. vkherzfg nebst d. ganzen Pfl. abstehend behaart. *Hügel, Aecker in Istrien, auch b. Spaa in Belgien* (5—6) ☉.
            14. *M.* **Gerardi** *W. K.*
13*. Dornen d. Hülse mit einer Längsfurche; Windungen meist 5.
16. Oberfl. d. Windgn einfach rippig od. glatt; Nebenb. eifg, kurz gezähnelt.
17. Oberste Windg d. Hülse wehrlos. *Aecker, Hügel in Istrien* (5—6) ☉......... 15. *M.* **disciformis** *DC.*
17*. Alle Windgn m. Dornen besetzt. *Aecker, Hügel, bes. auf Kalkboden, selten* (5—6) ☉.... 16. *M.* **minima** *Lam.*
16*. Oberfläche d. Windgn netzrippig.
17. Nebenb. eifg, gezähnelt. *Aecker, Hügel, sss. (Istrien, b. Strassbg u. b. Spaa in Belgien)* (5—6) ☉.
            17. *M.* **maculata** *Willd.*
17*. Nebenb. borstig fiederspalt. *Aecker b. Spaa in Belgien* (5—6) ☉......... 18. *M.* **terebellum** *Willd.*
12*. Köpfchen vielblüthig.
18. Windgn 2—3.
19. Nebenb. eifg kurz gezähnt; Windgn m. kronenartig einwürts gebogenen Dornen. *Hügel, Wege in Istrien* (5—6) ☉.
            19. *M.* **coronata** *Lam.*
19*. Nebenb. fiederspaltig; Windungen m. netziger Oberfläche. Blättch. d. Zweige vkherzfg.
20. Dornen gerade, kürzer als d. halbe Querdchmesser d. Hülse; Köpfchenstiele kürzer als d. B. *Aecker, sss. (Thüringen, Hessen, Rheinggda)* (5—6) ☉.
            20. *M.* **apiculata** *Willd.*
20*. Dornen m. hakiger Spitze, so lang als d. halbe Querdurchmesser d. Hülse; Köpfchenstiele so lang als d. B. *Aecker, Hügel s. selt. (Rheinggda, Hessen)* (5—6) ☉.
            21. *M.* **denticulata** *Willd.*
18*. Windgn 5 mit von ein. abstehenden Rändern; Nebenb. spitz gezähnt; Blättch. vkeifg gestutzt. *Bewälder u. Gebüsch der südl. Alpenggda* (5—() ♃.... 22. *M.* **carstiensis** *Jacq.*

10. **Trigonélla** *L.* „Bocksklee" (37*). Hülsen lineal, sichelfg od. gerade; 6—vielsamig. Aromatische Kräuter m. kleinen Bthn.
1. Bthn weiss zu 1—2 beisammen.
2. Hülsen flaumig, meist 10samig; Blättch. länglich, vkeifg geschärft gefügt. *Sonnige Abhge auf d. Inseln d. adr. Meeres* (6—7) ☉......... 1. *T.* **gladiata** *Stev.*
2*. Hülsen kahl, meist 20samig; Blättch. längl. keilfg, vorn gezähnelt. *Futterpfl. aus Südeuropa, cult. u. verwildert bes. b. Erfurt, in Oberbaden etc.* (6—7) ☉. 1b. *T.* **foenum graecum** *L.*
1*. Bthn gelb.
3. in sitzenden Dolden; Hülse flaumig; Stgl liegd. *Hügel, Wege ss. (Böhmen, Oesterreich, C. Wallis)* (6—7) ☉.
            2. *T.* **monspeliaca** *L.*

3*. in gestielten Trauben; Hülse kahl; Stgl aufr. *Hügel, Wege am adr. Meer* (6—7) ☉. . . . . 3. **T. corniculata** *L.* §1.

11. Melilótus *Lam.* „Steinklee" (38*). Hülse eifg od. kugl. 1—4samig, länger als d. Kch. Aromatische Kräuter m. traubenfg gestellten Bthn.
1. Bthn hängend in meist lockeren Trauben, weiss od. gelb; Hülsen netzartig od. bogig gestreift.
 2. Flügel kürzer als d. Fahne.
  3. Nebenb. pfriemlich, am Grund eingeschnitten gezähnt; Hülsen kahl; Blättch. ungleich, fast dornig gesägt. *Wiesen, selten* (7—8) ☉. . . . . 1. *M.* **dentata** *Pers.*
  3*. Nebenb. ganzrandig od. wenig gezähnt.
   4. Bthn weiss; Hülsen eifg. stumpf, aber m. krzr Stachelspitze. *Wege, Hügel. Aecker, häufig* (7—8) ☉. . 2. *M.* **alba** *Desr.*
   4*. Bthn gelb; Hülsen stumpf.
    5. Hülsen netzig gestreift, fast kuglig. *Wege, Hügel am adr. Meer* (5—7) ☉. . . . . 3. *M.* **parviflora** *Desf.*
    5*. Hülsen bogig gestreift m. parallel. Streifen. *Aecker, Hügel, Wege am adr. Meer* (6—7) ☉. . . 4. *M.* **sulcata** *Desf.*
 2*. Flügel d. Krone nicht od. wenig kürzer als d. Fahne. Nebenb. ganzrandig; Bthn meist gelb.
  6. Flügel länger als d. Schiffchen, Hülse eifg kahl. *Wiesen, Wege, nicht selt.* (6—8) ☉.
   5. *M.* **petitpierrana** *Koch* = **officinalis** *Desrouss.*
  6*. Flügel u. Schiffch. etwa gleichlang.
   7. Hülsen eifg, kurz zugespitzt, flaumig. *Wiesen, Wege, Gruben, nicht selt.* (6—8) ☉.
    6. *M.* **officinalis** *Willd.* = **macrorrhiza** *Pers.*
   7*. Hülsen kuglig, langgeschnäbelt. *Aecker, Wege am adr. Meer* (6—7) ☉. . . . . 7. *M.* **gracilis** *DC.*
1*. Bthn aufrecht, bläulich in gedrungen eifgn Trauben; Hülsen d. Länge nach gestreift. *Wiesen d. Alpengydn* (6—7) ☉. „Schabziegerklee.". . . . . 8. *M.* **caerulea** *Lam.*

12. Trifolium *L.* „Klee" (36). Hülse kuglig od. eifg, 1—4samig, kürzer als d. Kch; Blkrb. bleibend, unter sich u. m. d. Säule d. Stbgefässe am Grd verwachsen. Kräuter m. kopffg gehäuft. Bthn
1. Kch im Schlunde durch eine erhabene Schwiele od. e. Ring v. Haaren verengert; Bthn alle sitzend, meist roth od. weiss; Hülsen im Kchgrd sitzend; Kch besonders an d. Zähnen behaart; Griffel an d. Spitze hakig.
 2. Köpfch. alle endständig.
  3. Nebenb. eifg, plötzlich in e. Granne endend, Kchröhre behaart, 10streifig; Köpfch. meist v. Hüllb. umgeben.
   4. Ffi. abstehend zottig behaart; Bthn weiss od. blassroth. *Wiesen, Hügel am adr. Meer* (5—6) ☉.
    1. *T.* **pallidum** *W. K.*
   4*. Pfl. anliegd behaart; Bthn purpurroth. *Wege, Wiesen s. häufig, auch häufig als Futterpfl. cult.* (5—6) ☉.
    2. *T.* **pratense** *L.*
     var. Köpfch. nicht v. Hüllb. umgeben. . . α. **sativum.**
     Bthn weisslich. . . . . β. **nivale.**
  3*. Nebenb. eifg, lanzetil. od. pfrieml. nicht od. nur allmählig in e. Spitze endend.

§ 1. 5. Kchröhre kahl; Kchzähne behaart.
   6. Kch 10streifig; Köpfch. kuglig, unbchüllt.
   7. Kchz fadenfg, z. Fruchtzeit aufrecht, Blättch. ellipt. Bthn purpurroth. *Bgwiesen, Wälder, stein. Abhge nicht selt.* (5—7) ♃.
   3. *T.* **medium** *L.*
   7*. Kchz. lanzettl., schwach 3rippig, zur Fruchtzeit abstehend, Blättch. längl. od. kei'fg; Bthn weiss od. hellroth. *Aecker, Wege am adr. Meer* (5—7) ⊙. . . . 4. *T.* **maritimum** *Huds.*
   6*. Kch 20streifig.
   8. Köpfchen länglich walzig, meist zu 2, am Grd v. einer Hülle umgeben; Pfl. meist kahl. Bthn purpurroth. *Bgwälder, selt.* (6—7) ♃. . . . . 5. *T.* **rubens** *L.*
   8*. Köpfch. kuglig, einzeln; Kchz. so lang od. fast so lang als d. Blkrone. *Bgwälder u. stein. Abhge am adr. Meer* (6—7) ⊙.
   6. *T.* **lappaceum** *L.*
 5*. Kchröhre flaumig od. zottig behaart.
   9. 10streifig.
   10. Kch kürzer als d. halbe Krone.
    11. Nebenb. mit kurzer, 3eckig eifgr Spitze; Köpfch. einzeln, kuglig, nickend, am Grund v. Hüllb. umgeben. Bthn weiss; Pfl. zottig. *Aecker, Wege d. südl. Alpenggdn* (5—7) ⊙.
   7. *T.* **noricum** *Wulf.*
    11*. Nebenb. lanzettl. od. pfriemlich.
     12. Köpfch. kuglig, unt. Kchzahn hinabgebogen; Bthn gelblich weiss. *Wiesen, Wälder, selt., auch als Zierpfl.* (6—8) ♃.
   8. *T.* **ochroleucum** *L.*
     12*. Köpfch. eifg od. länglich.
      13. Kch v. abstehenden Haaren zottig; Zähne z. Fruchtzeit aufrecht; Bthn gelblich weiss. *Bgwiesen d. südl. Alpenggdn, auch als Zierpfl. cult.* (6—7) ♃.
   9. *T.* **pannonicum** *Jacq.*
      13*. Kch v. aufrechten Haaren flaumig; Kchzähne zuletzt sichelfg; Blkrone mit sehr verlängerter Fahne, Bthn weiss. *Bgwiesen am adr. Meer* (6—7) ⊙.
   10. *T.* **alexandrinum** *L.*
   10*. Kch länger als d. halbe Krone, Köpfch. nicht von Hüllb. umgeben; Pfl. zottig.
    14. Blättch. vkeifg od. vkherzfg.
     15. Köpfch. kugl., Kchzähne zur Fruchtzeit sternfg auseindr stehend, Blthn weiss. *Wiesen, Hügel, Aecker am adr. Meer* (6—7) ⊙. . . . . 11. *T.* **stellatum** *L.*
     15*. Köpfch. eifg od. kegelfg walzig; Bthn purpurroth, selten weiss. *Wiesen u. Wege d. südl. Alpen, auch als Futter- u. Zierpfl. cult. u. verwild.* (6—8) ⊙.
   12. *T.* **incarnatum** *L.*
    14*. Blättch. lineal lanzettl.; Bthn blassroth. *Bgwiesen d. südl. Alpenggdn* (6—8) ⊙. . . . . 13. *T.* **angustifolium** *L.*
 9*. Kch 20streifig.
   16. nicht länger als die halbe Krone; Blättch. längl. lanzettl. Bthn purpurroth. *Stein. Abhge, Gebüsch, bes. d. Alpenggdn* (6—8) ♃. . . . . 14. *T.* **alpestre** *L.*
   16*. so lang oder länger als d. Krone; Blättch. vkherzfg. *Hügel, Wege am adr. Meer* (5—6) ⊙. . . . 15. *T.* **Cherleri** *L.*
 2*. Köpfch. theils end- theils seitenständig; Kch 10rippig, länger als die halbe Krone.

17. Köpfch. am Grund nicht von Hüllb. umgeben, eifg walzig, Bthn röthlich; Blättch. lineal lanzettlich, Pfl. zottig behaart. *Aecker, Sandfelder s. häufig* (7—8) ⊙ . . . . . 16. *T.* **arvense** *L.*
17*. Köpfch. am Grund von Hüllb. umgeben.
  18. B. von deutlichen, gegen d. Rand hin sich verdickenden Strfn dchzogen; Bthn röthlich; Köpfch. eifg od. länglich.
  19. Kchzähne und Blattstreifen gerade.
   20. Kchzähne angedrückt; flaumhaarig; Nebenb. lanzetti. pfriemlich. *Gebüsch auf d. Inseln d. adr. Meeres* (6—7)⊙.
     17. *T.* **Bocconii** *Sav.*
   20*. Kchzähne abstehend, zottig behaart; Kchröhre bauchig; Nebenb. eifg m. haarfgr Spitze. *Hügel, Wiese, ss.* (6—7 ⊙.
     18. *T.* **striatum** *L.*
  19*. Kchzähne zuletzt in e. Bogen abstehend; Blattstreifen bogig; Kch länger als d. Krone m. walziger Röhre. *Hügel, Wiesen, ss.* (6—7) ⊙. . . . . 19. *T.* **scabrum** *L.*
 18*. B. fast streifenlos mit tief ausgerandeter Spitze. Köpfchen kuglig; Bthn weiss; Nebenb. gross, schwarzfleckig. *Stein. Abhge d. höchsten Alpen (bes. d. Schweiz)* (7—8) ♃.
     20. *T.* **saxatile** *All.*
1*. Kch im Schlunde weder m. e. Haarringe, noch e. Schwiele.
 21. zur Fruchtzeit bauchig aufgeblasen.
  22. Bthn blassroth, von e. vieltheiligen od. lappigen Hülle umgeben; Kch z. Frchtzeit kuglig, netzstreifig, behaart; Köpfch. zuletzt kuglig.
   23. Kch zottig behaart, d. 2 ober. Kchz. gerade.
    24. Hülle vieltheilig, so lang als d. Kch. *Wiesen, Gräben selten* (6—8) ♃. . . . . . . 21. *T.* **fragiferum** *L.*
    24*. H. 10—12lappig, so lang als d. Bthnstielch. *Wiesen am adr. Meer* (6—8) ⊙ . . . . . 22. *T.* **resupinatum** *L.*
   23*. Kch weissfilzig; d. 2 ober. Kchzähne sehr kurz u. fast ganz v. Filz bedeckt, Hülle wie b. vorhergehend. *Wiesen am adr. Meer* (6—8) ⊙. . . . 23. *T.* **tomentosum** *L.*
  22*. Bthn weiss, vielstreifig, bald braun werdend; Kch kahl, 24rippig; Köpfch. eifg; Bthn am Grd m. Deckb. *Wiesen, Ufer am adr. Meer* (7—8) ⊙. . 24. *T.* **multistriatum** *Kch.*
 21*. Kch z. Frzeit nicht bauchig, meist kahl.
  25. Frtragde Bthn zu 3—5 doldig. aufrecht, nach d. Verblühen zurückgebogen, d. unfrbaren später erscheinend, ein kugliges Köpfch. bildend u. d. frtragenden bedeckend; Pfl. kriechend, rauhhaarig; Blättch. vkherzfg; Bthn weiss od. röthlich. Griffel an d. Spitze hakig. *Wiesen am adr. Meer* (7—8) ⊙.
     25. *T.* **subterraneum** *L.*
  25*. Bthn alle fruchtrgd, in meist vielbthgn Aehren, Trauben od. Dolden.
   26. Bthn roth od. weiss; Hülsen im Kchgrund sitzend; Kchzähne gleichlang, od. d. 2 oberen länger.
    27. B. alle grundständig; Köpfch. langgestielt, locker doldig; Bthn gross, meist purpurn. *Hügel, Bgwiesen d. südl. Alpenggdn* (6—8) ♃. . . . . . . 26. *T.* **alpinum** *L.*
    27*. Stgl beblättert, einfach od. ästig; Bthn meist weiss.
     28. B. 5zählig, gefingert, Blättch. kzgestielt, lineal lanzettl. scharf gesägt. *Wälder sss. (Prov. Preussen)* (6—7) ♃.
       27. *T.* **lupinaster** *L.*
     28*. B. 3zählig.

Trifolium. PAPILIONACEAE.

§ 1.   29. Einzelbthn sitzd od. sehr kurz gestielt.
      30. völlig sitzend; Köpfch. seitenstdg, sitzd, genähert, kuglig u.
          nebst d. sehr kurzen Stgl an d. Erde angedrückt; Kch länger als d. Krone. *Hügel, Wege am adr. Meer* (5—6) ☉.
                            28. *T.* **suffocatum** *L.*
      30*. kurz gestielt; Bthnstielchen kürzer als d. Kchröhre.
      31. Griffel hakig; Stgl ausgebreitet. Kchz. ungleichlang.
         32. die 2 unteren Kchzähne länger, herabgebogen; B. u. Nebenb. drüsig gezähnelt. *Hügel, Wege am adr. Meer* (5—6) ☉. . . . . 29. *T.* **strictum** *W. K.*
      32*. d. 2 oberen Kchz. länger; Blättch. geschärft-gefügt; Kch. länger als d. Krone. *Wiesen, Hügel (Böhmen, b. Halle n. a.)* (5—7) ♃ . . . 30. *T.* **parviflorum** *Ech.*
      31*. Gr. nicht hakig; Kchzähne gleichlang.
      33. Kchzähne u. ganze Pfl. behaart u. aufrecht; Blättchen elligt. länglich, vielstreifig. *Hügel, Wiesen, bes. in Gebirgsggdn* (6—7) ☉. . . . . . 31. *T.* **montanum** *L.*
      33*. Kchz. u. ganze Pfl. kahl, diese ausgebreitet.
      34. Köpfch. sitzend, end- und seitenständ.; Kchzähne, am Grund herzfg. *Wiesen, Hügel am adr. Meer* (6—7) ♃.
                          32. *T.* **glomeratum.** *L.*
      34*. Köpfch. auf langen blattwinkelstdgn Stielen. *Bgwiesen u. stein. Abhge d. Alpenggdn* (7—8) ♃.
                          33. *T.* **caespitosum** *Reyn.*
29*. Einzelbthn deutlich gestielt; Bthnstiele nach d. Verblühen herabgebogen; Kch kahl.
      35. Bthnstielch. so lang als d. Kchröhre; Bthn zuletzt bräunlich werdend
      36. Stgl liegd, wurzeltrbd, ob B. lang gestielt. *Wiesen, Aecker, Wege, sehr häufig, auch als Futterpfl. cult.* (5—8) ♃.
                          34. *T.* **repens** *L.*
      36*. Stgl aufstrebend: ob B. kürzer gestielt.
      37. Kch ⅓ so lang als d. Blkrone; Köpfchenst. schmächtig, gestreift; Bthn gelblich od. weiss. *Wiesen d. südl. Alpenggdn* (6—8) ♃ . . . 35. *T.* **pallescens** *Schr.*
      37*. Kch halb so lg als d. Krone; Köpfchenstiele gefurcht, dick; Hülsen am unteren Rande gekerbt. *Bgwiesen, Wege d. südl. Alpenggdn* (5—6) ☉.
                        36. *T.* **nigrescens** *Vis.*
35*. Bthnstielch. 2—3mal länger als d. Kchröhre; Bthn erst weiss, dann rosenroth, zuletzt bräunlich.
      38. Blättch. fast rhombisch eifg. m. etwa 20 Streifen auf jeder Seite; Stgl aufstrebend, röhrig. *Wiesen, Wege, Hecken nicht selten* (6—8) ♃. . . . 37. *T.* **hybridum** *L.*
      38*. Blättch. vkeifg m. 30—40 Streifen auf jeder S., Stgl in c. Kreis ausgebreitet (ob var?) *Wiesen, Wege, Hecken s. selt. (Rheinpfalz, b. Triest* (6—7) ♃.
                          38. *T.* **elegans** *Savi.*
26*. Bthn goldgelb od. bald braun werdend; Hülsen im Kchgrund gestielt; die 2 oberen Kchzähne kürzer.
      39. Köpfch. endständig, kurz gestielt, vielbthg.
      40. zuletzt walzig; obere Nebenb. lanzettl. *Sumpfige Wiesen, selt.* (7—8) ☉. . . . . 39. *T.* **spadiceum** *L.*
      40*. zuletzt eifg; obere Nebenb. fast eifg. *Bgwiesen d. Alpen* (7—8) ☉. . . . . 40. *T.* **badium** *Schreb.*

39*. Köpfch. seitenständig; meist länger gestielt (in einander übergehende Arten). § 1.
41. vielbthg; Fahne gefurcht, nach vorne löffelfg erweitert.
42. Köpfch. gedrungenblüthig.
43. Nebenb. länglich lanzettl. Blättch. alle sitzend od. kurzgestielt. *Bgwiesen, Waldränder, nicht häufig* (6—7) ♃.
     41. *T.* **aureum** *L.* = *T.* **agrarium** *Kch.*
43*. Nebenb. eifg; mittleres Blättchen deutlich längergestielt. *Aecker, Wiesen, Wege, häufig* (6—8) ⊙.
    42. *T.* **agrarium** *L.* = **procumbens** *Kch.*
  var. Stengel aufrecht. . . . . α. **majus.**
   „   liegend. . . . . β. **minus.**
42*. Köpfch. lockerblüthig; Nebenb. gross. herzeifg; Blättchen alle sitzend. *Bgwiesen d. südl. Alpengyd* (6—8) ⊙.
        43. *T.* **patens** *Schreb.*
41*. K. armblüthig; Fahne fast glatt.
44. Köpfch. 10—20blüthig; Nebenb. eifg; mittler. Blättch. oft länger gestielt. *Wiesen. Hügel, Wege, häufig* (5—8) ⊙.
    44. *T.* **procumbens** *L.* = **filiforme** *Kch.*
44*. K. 4—6bthg; Nebenb. lineal lanzettl., am Grd nicht breiter. *Wiesen u. Hügel in Istrien* (5—6) ⊙.
      45. *T.* **micranthum** *Viv.*

13. **Dorycnium** *Tournef.* (35). Flügel d. Blkr. vorn m. e. verwachsen u. beiderseits d. Quere nach blasenartig gewölbt. Schiffchen ungeschnäbelt m. schwarzvioletter Spitze, behaart. Pfl. mit kleinen doldigen vorherrschend weissen Bthn u. sitzenden durch d. gleichgestalteten Nebenb. scheinbar 5zähligen B. (Lotus dorycn. *L.*)
 1. Blättch. lineal keilfg, anliegd behaart. Dolde meist 12blthg; Stgl mehr strauchig ½—1½′ hoch. *Stein. Abhge d. südl. Alpengyd* (5—6) ♄. . . . . . 1. *D.* **suffruticosum** *Vill.*
 1*. B. länglich keilfg, abstehend behaart; Dolde meist 20blthg; Stgl mehr krautig (ob var?). *Stein. Abhge d. südl. Alpengyd* (5—6) ♃. . . . . 2. *D.* **herbaceum.** *Vill.*

14. **Boujeania hirsuta** *Rchbch* (35*) (Lotus *L.*, Dorycnium *DC.*) Flügel d. Blkr. nicht verwachsen, am oberen Rande m. einem vorn berandeten längl. Eindruck. Schiffch. ungeschnäbelt mit schwarzer Spitze. Filzig behaartes ½—1½′ hohes Kraut mit vorherrschd röthlichen, doldig gestellt. Bthn u. kurz gestielten, dch die gleichgestalt. Nebenb. 2paarig gefiedert erscheinend. B. *Felsen, stein. Abhge d. südl. A'pengqdn* (5—6) ♃.

15. **Lotus** *L.* (34*). Schiffch. d. Krone geschnäbelt; Hülsen ungeflügelt mit beim Aufspringen gewundenen Klappen. Gelb blühende Krtr m. d. Blättchen gleichen Nebenb.
 1. Bthn zu 3—12 in Dolden.
 2. Dolden meist 5 blüthig.
  3. Hülsen zusammengedrückt, lineal, gekrümmt, fast gegliedert; Stgl flaumig, ausgebreitet. Blättchen rauten-eifg. *Hügel, Wiesen am adr. Meer* (4—6) ⊙. 1. *L.* **ornithopodioides** *L.*
  3*. Hülse walzig rund.
   4. Bthnstiele doppelt so lang als d. sie stützdn B. Pfl. von angedrückt. Haaren grau. *Hügel, Wiesen am adr. Meer* (4—6) ⊙. . . . . 2. *L.* **cytisoïdes** *L.*

Lotus. PAPILIONACEAE.

§ 1. 4*. Bthnst. 4—5mal so lang als d. B. Pfl. kahl od. rauhhaarig.
5. B. u. Nebenb. lineal od. lanzettl. lineal. *Hügel, Wiesen, bes. auf Salzboden* (5—8) ♃. . . . . . . 3. *L.* **tenuifolius** *L.*
5*. B. u. Nebenb. breit lanzettl. od. eifg. *Wiesen, Hügel, Gräben, sehr häufig* (5—8) ♃. . . . 4. *L.* **corniculatus** *L.*
  var Pfl. kahl . . . . α. **vulgaris.**
  Blättch. am Rande behaart. . . . β. **ciliatus.**
  Pfl. rauhhaarig. . . . . γ. **hirsutus.**
2*. Dolden 6—12bthg, lang gestielt; Stgl zieml. aufrecht. Pfl. meist kahl. *Sumpfwiesen, Gräben, nicht selt.* (6—7) ♃.
          5. *L.* **uliginosus** *L.*
1*. Bthn einzeln oder zu 2 beisammen.
6. Bthnstiele etwa doppelt so lang als d. B.; Kchzähne rauhhaarig; Hülsen gedunsen, 2—3mal länger als d. Kch. *Wiesen, Hügel am adr. Meer* (5—7) ☉. . . . . 6. *L.* **edulis** *L.*
6*. Bthnstiele 3—4mal so lang als d. B. Kchz. gewimpert; Hülse schlank, 5—6mal länger als d. Kch. *Wiesen, Hügel am adr. Meer* (5—7) ☉. . . . . 7. *L.* **angustissimus** *L.*

16. **Tetragonólobus** *Scop.* (34) (Lotus *L.*) Schiffch. geschnäbelt, Hülse m. 4 Flügeln. Kräuter m. grossen an den Stgl angewachsenen Nebenb. u. zu 1—2 stehenden Bthn.
1. Bthnstiele 2—3mal so lang als d. B. Hülsen m. schmalen geraden Flügeln; Bthn gelb; Pfl. meist kahl. *Wiesen, nicht häufig* (5—6) ☉. . . . . 1. *T.* **siliquosus** *Rth.*
1*. Bthnstiele so lang als d. B.; Hülsen m. breit. wellig. Flügeln; Bthn purpurbraun; Pfl. rauhhaarig. *Culturpfl. aus Südeuropa, theils als Küchengewächs, theils als Zierpfl.* (7—8) ♃.
          1b. *T.* **purpureus** *Mch.*

d. *Galegeae.* Stbgef. meist 2brüdrig (b. Galega u. Amorpha einbr.) B. unpaar gefiedert. Gr. kahl od. behaart; Hülse einfächerig ohne eingedrückte Naht od. Längsscheidewand.

16b. **Glycýrrhiza glabra** *L.* (29). Kch 2lippig, Schiffch. 2blättrig. Griffel kahl, Hülse wenigsamig, kahl; Bthn röthlich od. violett in kurzgestielten armblüth. Trauben. Blättchen eifg 13—17 unters. etwas klebrig. nebst d. 2—4' hohen Stengel kahl. *Wegen d. Wzl „Süssholz" bes. b. Bamberg cultiv.* (6—7) ♃.

17. **Galéga officinalis** *L.* (10 u. 29*). Kch 5 zähnig; Schiffch. verwachsenblättr. Griffel u. Hülsen kahl. Bthn bläulich in langgestielten vielbthgn Trauben. Blättch. lanzettl. 13—21 nebst d. breit lanzettl. Nebenb. u. d. 2—4' hohen Stgl kahl. *Sumpfwiesen, Gräben, Ufer, selt., auch als Zierpfl.* (6—7) ♃.

18. **Colútea** *L.* „Blasenstrauch" (30). Hülse aufgeblasen, im Kch gestielt; Griffel v. Grund an gewimpert; Bthn gelb in blattwinkelst. Trbn; Sträucher.
1. Hülsen völlig geschlossen, Bthn hellgelb; Stamm 6—10' hoch. *Bgwälder s. selten, häufig als Zierstrch* (5—6) ♄.
          1. *C.* **arborescens** *L.*
1*. Hülsen an d. Spitze klaffd; Bth. röthlichgelb; Stamm niedriger. *Zierstrch aus Südeuropa, ob um Halle wild?* (5—6) ♄.
          1b. *C.* **cruenta** *L.*

18b. **Robinia** *L.* „Robinie", fälschlich „Akazie" (30). Hülsen zusammengedrückt; Griffel nur an der Spitze behaart. Sträucher od. Bäume m. weissen od. rosenrothen Bthn in hängenden Trauben u. oft dornigen Nebenb. § 1.
1. Bthn weiss; Aeste u. Blattstiele kahl; Stamm 30—50' hoch. *Zierbaum aus Nordamerika* (6) ♄. . . a. *R.* **pseudacacia** *L.*
1*. Bthn rosenroth; Stamm 10—30' hoch.
2. Aeste u. Blattstiele rauhhaarig. *Zierstrauch od. Baum aus Nordamerika* (6) ♄. . . . . b. *R.* **hispida** *L.*
2*. Aeste u. Bst. klebrig behaart. *Zierstrch od. Baum aus Nordamerika* (6) ♄. . . . . c. *R.* **viscosa** *L.*

18c. **Caragána arborescens** *Lam.* (12). Hülse walzig; Gr. kahl. Strauch 6—10' hoch m. seitenstdgn gebüschelt. gelb. Bthn u. gleichpaarig gefiedert. B. m. 8—12 Blättch. Statt d. Endblättch. e. krautige Borste. *Zierstrch aus Sibirien* (5—6) ♄.

18d. **Amórpha fruticosa** *L.* (10*). Bthn dunkelviolett od. bräunlich, nur aus d. Fahne bestehend in dicht. endstdgn Trauben. Stgl 5—8' hoch m. 5—10paarig gefiedert. B. *Zierstrauch aus Nordamerika* (6) ♄.

e. *Astragaleae.* Stbgef. 2brüdrig; Hülsen 2fächerig oder wenigstens an d. unteren od. oberen Naht eingedrückt. B. unpaar gefiedert.

19. **Phaca** *L.* (28*). Hülse gedunsen im Kch gestielt, einfächerig od. dch Einbiegen d. ober. samentrgdn Naht unvollkommen 2fächerig, vielsamig; Samen rundlich; Schiffch. stumpf. Bthn in kurzen gedrungenen Trbn; Bthnstiele, Kch und Hülsen von kurzen schwarzen Haaren besetzt.
1. Hülse vollkommen einfächerig, Bthn gelblichweiss od. gelb.
2. B. 4—5paarig, am Grd m. grossen eifgn stengelumfassenden Nebenb. Stgl einfach 2—6" hoch. *Bergwiesen der höheren Alpen* (7—8) ♃. . . . . 1. *Ph.* **frigida** *L.*
2*. B. 9—12paar. Nebenb. lineal lanzettl. Stgl aufrecht 1/2—1 1/2' hoch, oberwts ästig. *Felsen, stein. Abhge d. Alpen* (7—8) ♃.
  2. *Ph.* **alpina** *Jacq.*
1*. Hülse durch d. untere einwärts flügelart. verbreiterte Naht unvollkommen zweifächerig; Stgl liegd od. aufsteigend 1/4—1/2' h. (Astragalus *Koch.*)
3. Bl. 8—10paarig, Flügel d. Blkrone weiss, ganz, kürzer als d. Schiffchen, dieses nebst d. Fahne violett; H. behaart. *Bergwiesen d. Alpen* (7—8) ♃. (*Astr.* alpinus *L.*)
  3. *Ph.* **astragalina** *DC.*
3*. B. 4—5paarig; Flügel länger als d. Schiffchen.
4. Bthn weiss, nur d. Schiffch. m. violetter Spitze, Flügel ausgerandet od. gespalten; Hülse kahl. *Bergwiesen d. Alpen* (7—8) ♃. . . . . , 4. *Ph.* **australis** *L.*
4*. Bthn ganz violett, Flügel nicht ausgerandet; Hülse behaart, kurz gestielt. *Bgwiesen d. Alpen s. selt. (Tyrol)* (7—8).
  5. *Ph.* **oroboides** *DC.*

20. **Oxýtropis** *DC.* (26). Hüls. mehr od. wenig. aufgeblasen 1—2fächerig; Schiffchen unter d. stumpfen Spitze m. einer kleinen Stachelspitze. Behaarte Krtr m. traubenfgn Bthn.

§ 1.   1. Bthn gelb, Hülsen 2fächerig, im Kch sitzd, m. e. durch d. untere Naht gebildeten Scheidewand.
   2. Stgl deutlich, reichblättr., zottig, meist einfach, aufrecht $1/2-1\frac{1}{2}'$ hoch; Trbn blattwinkelstdg; Nebenb. nicht m. d. Bstiel verwachsen. *Sandige Hügel, stein. Abhge, selt.* (6—7) ♃.
   1. *O.* **pilosa** *DC.*
   2*. Stgl verkürzt; Nebenb. m. d. Bst. verwachsen.
   3. B. etwa 20paarig, Pfl. etwas behaart u. durch sitzende Drüsen klebrig. *Stein. Abhge d. höchsten Schweizer Alpen sss. (bei Zermatt)* (7—8) ♃. . . . . 2. *O.* **foetida** *DC.*
   3*. B. etwa 12paarig; Bthnst. u. Kch. m. aufrechten, fast angedrückten Haaren. *Stein. Abhge d. Alpenggdn* (7—8) ♃.
   3. *O.* **campestris** *DC.*
   var Bthn blau m. gelbgefleckter Fahne.
   1*. Bthn röthl. od. blau; Pfl. fast od. ganz stengellos. B. vielpaarig.
   4. Hülsen im Kchgrd sitzend, durch d. beiden e. Längsscheidewand bildenden Nähte 2fächerig. *Stein. Abhge d. Alpenggdn* (7—8) ♃.
   4. *O.* **Halleri** *Bunge.*
   4*. Hülsen im Kchgrd gestielt, einfächerig.
   5. hängend, Trbnstiele zuletzt noch einmal so lang als d. B. Bthn röthlich. *Stein. Abhge d. höchsten Alpen* (7—8) ♃.
   5. *O.* **lapponica** *Gaud.*
   5*. aufrecht; Trbnst. so lang als d. B.
   6. Fruchtträger so lg als d. Kch; Bthn röthlich. Fahne doppelt so lang als d. Schiffch. Trbn vielbthg. *Bgwiesen d. Alpenggdn* (7—8) ♃. 6. *O.* **montana** *DC.*
   6*. Frtrgr kürzer als d. Kch; Fahne kürzer. Bthn dunkelblau.
   7. Trbn vielbthg. *Bgwiesen d. höchst. Alpen ss.* (7—8) ♃.
   7. *O.* **cyanea** *M. Bieb.*
   7*. Trbn 2—4bthg (ob var?) *Bergwiesen d. höchsten Alpen ss.* (7—8) ♃. . . . . 8. *O.* **triflora** *Hoppe.*

   21. **Astrágalus** *L.* (28). Hülsen dch Einbiegung d. unteren nicht samentragdn Naht mehr od. weniger vollständig 2fächerig, im Kch nicht od. kurz gestielt. Kahle od. behaarte Krtr. m. trbnfg od. büschlig gestellt. Bthn.
   1. Nebenb. nicht od. nur am Grund m. d. Bstiel verwachsen.
   2. Bthn röthlich od. bläulich.
   3. Nebenb. unter sich in ein blattgegenstdgs verwachsen. Stgl meist liegend, nebst d. ganzen Pfl. behaart.
   4. Blättch. 6—12paarig; Trbenstiele länger als d. B. Hülsen meist kurz, eifg rundlich.
   5. Frknoten u. Hülsen im Kchgrund gestielt. Fahne $1\frac{1}{2}$mal so lang als d. Flügel.
   6. Hülsen aufrecht.
   7. Blättch. 10—12paar. an d. Spitze 2zähn. Zähnch. spitz. *Fels. Abhge d. südl. Tyr. Alp.* (7—8) ♃. 1. *A.* **purpureus** *Lam.*
   7*. B. 8—10paarig; stumpf m. nicht od. wenig ausgerandeter Spitze. *Wiesen s. selt. (Mitteldtschld)* (5—6) ♃.
   2. *A.* **hypoglottis** *L.*
   6*. Hülsen hängend s. 19. *Phaca* 3 u. 5.
   5*. Frknoten u. Hülsen im Kch sitzend.
   8. Fahne $1\frac{1}{2}$mal so lang als d. Flügel; B. 6—9paar. Bthn hellblau; Pfl. angedrückt behaart m. in d. Mitte angeheft. Haaren. *Bgwiesen u. Abhge d. Alpen, selt.* (7—8) ♃.
   3. *A.* **leontinus** *Wulf.*

8*. Fahne 3mal so lang als d. Flügel; B. 8—12paar. Bthn bläul. § 1.
roth. *Bergwiesen u. Abhge d. Alpen u. höheren Gebirge
(Mähren)* (6—7) ♃ . . . . 4. **A. onobrychis** *L.*
4*. Blättch. 3—5paarig, Trbnstiele meist kürzer als d. B. Hülsen
lineal längl. nebst d. ganzen Pfl. grauseidenhaarig. *Hügel,
Sandfelder ss. (Norddtschld, auch um Nürnberg)* (6—7) ♃.
                                                              5. **A. arenarius** *L.*
3*. Nebenb. alle od. wenigstens d. oberen frei.
9. Pfl. kahl od. fast kahl, B. 7—10paarig, Bthntrbn locker.
10. Stgl ausgebreitet; Deckb. kürzer als d. Bthnstielch. Flügel
d. Blkr. gespalten. *Wiesen, Hügel (bes. im östl. Dtschld)*
(6—8) ♃ . . . . 6. **A. austriacus** *Jacq.*
10*. Stgl aufrecht, Deckb. länger als d. Bthnstielch. Flügel ungespalten. *Sumpfwiesen, Gebüsch (Unterösterreich)* (5—6) ♃.
                                                       7. **A. sulcatus** *L.*
9*. Pfl. behaart; Stgl ausgebreitet.
11. B. 5—7paarig.
12. Trbn locker; Hülse doppelt so lang als d. Kch, fast
3kantig, grau; Bthn blau. *Stein. Abhge d. Inseln d. adr.
Meeres* (5) ♃ . . . . 8. **A. argenteus** *Bert.*
12*. Trbn dicht kopffg; Hülse wenig länger als d. z. Frzeit
aufgeblasene Kch. *Stein. Abhge d. südl. Alpenggdn* (5—6) ♃.
                                                    9. **A. vesicarius** *L.*
var. Bthn gelb.
11*. B. 9—10paarig, Bthn bläulich in sitzdn od. kurzgestielten
kopffgn Trbn; Hülsen sternfg ausgebreitet. *Sand. Hügel am
adr. Meer* (5—6) ☉ . . . . 10. **A. sesameus** *L.*
2*. Bthn gelblichweiss od. gelb.
13. B. 5—7paarig; Stgl ausgebreitet.
14. Kch z. Frzeit aufgeblasen, Hüls. rauhhaar. 9. **A. vesicarius** *L.*
14*. Kch z. Frzeit nicht aufgeblasen. Hülsen u. ganze Pfl. kahl.
15. Flügel ausgerandet od. gespalten; Schiffch. an d. Spitze
schwarzviolett. H. elliptisch s. 19. *Phaca* 4.
15*. Fl. stumpf; H. lineal, gebog.; Bthn zuletzt schwärzlichgrau.
Wälder, nicht selt. (6—7) ♃ . . 11. **A. glycyphyllos** *L.*
13*. B. 8- bis vielpaarig.
16. Stgl ausgebreitet od. fast fehlend.
17. Hülse fast kuglig nebst d. ganzen Pfl. rauhhaarig, Nebenb.
unter sich verwachsen. *Bgwiesen, Wälder, selt.* (6—7) ♃.
                                                   12. **A. cicer** *L.*
17*. Hülse verlängert; Nebenb. frei.
18. Hülsen hakenfg gebogen, an d. Spitze pfrieml. *Stein.
Abhge auf d. Inseln d. adr. Meeres* (5—6) ☉.
                                                  13. **A. hamosus** *L.*
18*. Hülsen gerade; Pfl. m. liegdn Stgl od. fast stengellos.
Stein. Abhge d. südl. Alpenggdn (5—6) ☉.
                                              14. **A. depressus** *L.*
16*. Stgl steif aufrecht, oberwärts ästig m. aufrechten Aesten u.
angedrückten, in d. Mitte angeheftet. Haaren. Bthntrbn lang
gestielt, Flügel ausgerandet oder gespalten. *Wiesen in
Oesterreich* (5—6) ♃ . . . . . . 15. **A. asper** *Jacq.*
1*. Nebenb. fast bis zur Mitte m. d. Bstiel verwachsen.
19. B. 6—10paarig m. bleibdn zuletzt dornig werdenden Bstielen;
Trbnstiele kürzer als d. B., 5—8blüthig. Pfl. zottig. *Stein.
Abhge d. Schw. Alpen ss. (Cant. Waadt u. Wallis)* (5—6) ♄.
                                          16. **A. aristatus** *L.'Her.*

§ 1. 19*. B. 12—20paarig, Bstiele nicht dornig werdend. Stgl verkürzt
od. fehld.
20. Bthn gelb; Pfl. zottig behaart. *Wiesen*, *Wälder*, *Sandfelder*
(Thüringen, Böhmen) (5—6) ♃. . . . . . 17. *A.* **excapus** *L.*
20*. Bthn roth od. bläulich; Pfl. flaumig behaart od. kahl.
21. Hülse aufwärts gebogen, 11—20samig, fast kahl. *Bgwiesen*
d. südl. Alpenggdn (4—5) ♃. 18. *A.* **monspessulanus** *L.*
21*. Hülse abwärts gebogen, 24—30samig, angedrückt grauhaarig.
Wiesen u. stein. Abhge (Istrien) (5) ♃.
19. *A.* **Wulfenii** *Koch. syn.* = **incurvus** *Desf.*

II. ***HEDYSAREAE.*** Hülse nicht d. Länge nach aufspringd,
einsamig od. in Querglieder zerfalld, Keimb. w. b. I.

f. *Coronilleae.* Bthn einzeln od. in Dolden.

22. **Scorpiurus subvillosa** *L.* (19). Hülse verlängert,
längsfurchig, zirkelfg eingerollt, die äusseren Rippen derselb.
m. 6—8 an d. Spitze hakigen Dornen besetzt; Liegds Krt m.
einfachen, gestielt., längl. lanzettl., am Grd v. 2 dornig. Nebenb.
gestützten B.

† 23. **Coronilla** *L.* „Kronwicke" (21*). Hülsen walzig od.
4kantig, gerade od. gebogen, nicht dornig; Schiffch. geschnäbelt; Kch kurz glockig.
1. Nagel d. Blkr. 3mal so lang als d. Kch, Hüls. fast walzig rund,
gestreift. Aufrechter. 3—5' hoher Strch m. aufrecht. Aesten,
2—4paarigen B. u. gelben zu 2—3doldigen Bthn; Nebenb. frei.
†† *Bgwälder, selt.* (5—6) ♄. . . . . 1. *C.* **emerus** *L.*
1*. Nagel d. Blkr. nicht länger als d. Kch, Hülse 4kant. od. 4flügl.
Kräuter od. Halbstrchr.
2. Nebenb. m. e. verwachsen; Bthn gelb; Pfl. blaugrün.
3. B. unpaar gefiedert.
4. Nebenb. d. ob. B. in e. breite, häutige, stglumfassende
Scheide verwachsen; B. 4—6paarig, Stgl liegd, am Grd
holz.; Dold. 4—10bthg. *Bgwälder, bes. d. Alpen* (5—7) ♄.
2. *C.* **vaginalis** *Lam.*
4*. Nebenb. sehr klein; B. 3—4paarig.
5. Dolden 4—8bthg, Stgl liegd, am Grd holzig. *Stein.*
Abhge d. südl. Alpenggdn (6—8) ♄. 3. *C.* **minima** *L.*
5*. D. 15—20bthg, Stgl aufrecht, völlig krautig. *Kalkhge,*
stein. Abhge ss. . . . . 4. *C.* **montana** *Scop.*
3*. B. 3zählig, d. unpaarige sehr gross; Nebenb. klein, Hülsen
bogig gekrümmt, Dold. 3—4bthg. *Aecker, Hügel d. südl.*
Alpenggdn (5—6) ☉. . . . . 5. *C.* **scorpioïdes** *Koch.*
2*. Nebenb. frei; Bthn röthlich, weiss od. bunt; Schiffch. an d.
Spitze fast schwarz.
6. Dolden 3—6blüthig, Bthnstielch. so lang als d. Kch; B.
6—8paarig. *Wiesen u. Wege am adr. Meer* (5—6) ☉.
6. *C.* **cretica** *L.*
6*. D. reichbthg; Bthnstielch. 3mal länger als d. Kch; B. meist
† 10paarig. *Wiesen, Gräben, Gebüsch, nicht selt.* (6—7) ♃.
7. *C.* **varia**. *L.*

24. **Ornithopus** *L.* „Vogelkralle" (20*). Schiffch. stumpf, § 1.
Kch röhreufg; Hülse gerade od. gebogen, zusammengedrückt.
Behaarte Krtr mit langgestielten v. e. gefiedert. Deckb. gestützten
Dolden u. liegdn od. aufrechten Stgl.
  1. B. 7—12paarig; Dold. 1—5bthg, Bthn weisslich, Stgl 2—9" lg.
  Sandige Hügel (Rheinggdu, Norddtschld) (5—6) ⊙.
  1. *O.* **perpusillus** *L.*
  1*. B. 12—18paarig; Dold. 5—10bthg; Bthn röthl. u. gelb gefleckt;
  Stgl 1/2—1½' lg. *Culturpfl. aus Portugal* (8) ⊙. *„Serradella".*
  1b. *O.* **sativus** *Brot.*

  25. **Hippocrepis** *L.* „Hufeisenklee" (21). Schiffch. geschnäbelt; Kch kurz glockig; Hülse m. an d. oberen Naht buchtig
ausgeschnitteneu u. gelappten Gliedern, zusammengedrückt.
Kahle, ästige, gelb blühende Krtr.
  1. Dolden 4—8bthg, langgestielt; Glieder d. Hülse halbmondfg, an
    einander liegd. glatt. *Hügel, Wege, bes. auf Kalkb.* (5—7) ♃.
  1. *H.* **comosa** *L.*
  1*. Bthn einzeln, kurzgestielt, Glied. d. H. fast kreisfg dch breite
  Zwischenlappen v. e. getrennt, in d. Mitte weichstachlig - rauh.
  Hügel, Wege in Istrien (5—6) ⊙. . . 2. *H.* **unisiliquosa** *L.*

  26. **Securigera coronilla** *DC.* (18). Schiffch. geschnäbelt; Bthn gelb zu 3—6 in Dolden; Hülsen verlängert, flach zusammengedrückt, an beiden Rändern vorspringend, lang und
hakig geschnäbelt; zwischen d. Samen mit Eindrücken bezeichnet, aber nicht in Glieder zerfalld; Samen längl 4eckig. Kahles,
ästiges Kraut m. unpaarig gefiedert. B. *Aecker in Istrien* (5—6) ⊙.

g. *Hedysareae.* Bthn in Trauben.

  27. **Hedysarum** *L.* (22*). Schiffch. schief abgeschnitten;
Hülse mehrgliedrig. Behaarte Krtr m. purpurrothen Bthn in
langgestielt. Trbn.
  1. Stgl einfach, e. endstdge Trbe tragd, 3—10" hoch; Hüls. weichflaumig. *Bgwiesen d. Alpen, Sudet. u. Mähr. Gebge* (7—8) ♃.
  1. *H.* **obscurum** *L.*
  1*. Stgl ästig; mehrere Bthntrbn tragd, 1—1½' hoch. Hülsen kurz
  krautstachl. *Zierpfl. a. Südenr.* (5—6) ♃. 1b. *H.* **coronarium** *L.*

  28. **Onobrychis** *Tournef.* „Esparsette, Esperklee" (22). Schiffch.
schief abgeschnitten, Hülsen einsamig, grubig, netzstreifig, d. ob.
Rand dicker, gerade; d. unt. dünner, halbkreisfg. dornig gezähnt od. lappig. Meist kahle Krtr m. purpurrothen Bthn in langgestielten Trbn.
  1. Trbn reichbthg; Flügel kzr, übrige Blkrb. länger als d. Kch.
  2. Zähne d. Hülse alle halb so lang, als d. Breite d. Kieles;
    Bthn rosenroth m. dunkler. Streifen (Hedys. onobrych *L.*)
    Kalkhügel, Wiesen, auch als Futterpfl. cultiv. (5—7) ♃.
    1. *O.* **sativa** *Lam.*
    var. Stgl ausgebreitet, Pfl. grauflaumig. **montana**.
  2*. Mittlere Zähne d. H. so lang als d. Breite d. Kieles. Bthn
    heller roth od. fast weisslich. *Hügel u. Bgwiesen am adr.
    Meer* (6—7) ♃. . . . . 2. *O.* **arenaria** *DC.*
  1*. Trbn meist 5bthg; Blkrb. kürzer als d. Kch, Bthn purpurroth;
  Hülsen m. hakigen Dornen. *Aecker, selt. (Schweiz, Rheinggdn),
  auch cult.* (6—7) ⊙. . . . . . . 3. *O.* **caput galli** *Lam.*

§ 1.   III. *VICIEAE.* Keimb. fleischig, dick, b. Keimen nicht über d. Erde hervortretd, B. meist gleichpaarig (b. Cicer ungleichpaarig) gefiedert.

28b. **Cicer arietinum** *L.* „Kichererbse" (27*). Stgl aufrecht 1—2′ hoch, nebst d. 7—8paarigen B. klebrig behaart; Blättchen u. Nebenb. gesägt. Bthn einzeln langgestielt, klein, röthlich. Hülsen aufgeblasen, 2samig; Samen widderhornartig gefurcht; Griffel kahl. *Culturpfl. aus Südeuropa* (6—7) ☉.

29. **Vicia** *L.* „Wicke" (13). Griffel walzig od. fadenfg, unt. d. Narbe ringsum gleichmässig od. auf d. unteren Seite stärker behaart. Rankde Krtr m. meist vielpaarig gefiedert. B.
1. Bthn langgestielt, einzeln od. in Trbn.
2. Bthnstiele 1—6bthg.
3. B. 3—mehrpaar, Bthn meist klein, blassviolett; Gr. rundum gleichmässig behaart. (Ervum *L.*)
4. Nebenb. unter sich ungleich, d. e. lineal sitzd, d. andere halbmondfg od. fingerfg zertheilt, gestielt, B. meist 7paarig; Bthnstiele 1bthg; Bthn ansehnlich, bläulich. m. dunkler. Streifen. *Aecker, selt. (Rheinggdn), auch als Futterpfl. cult. u. verwild.* (6—7) ☉. 1. *V.* **monanthos** *Kch.*
4*. Nebenb. beide gleichartig, halbspiessfg.
5. Hülse behaart, zweisamig; Kchzähne u. Kchröhre gleichlang, Ob. B. 3—6paarig; Bthnst. 2—6bthg. *Aecker, Gebüsch, häufig* (6—7) ☉. . . . 2. *V.* **hirsuta** *Kch.*
5*. Hülse kahl.
6. Kchz. länger als d. Kchröhre, B. 10—12paarig, m. e. Stachelspitze endend; Bthnst. 2bthg. *Aecker, selt. (Schweiz, Rheinggdn), auch cult.* (6—7) ☉. 3. *V.* **ervilia** *Willd.*
6*. Kchz. kürzer als d. Kchr., B. 3—4paarig.
7. Bthnstiele einbthg, unbegrannt, so lang als d. B. Hülse 4samig. *Aecker, bes. auf Sandboden* (6—7) ☉. 4. *V.* **tetrasperma** *Kch.*
7*. Bthnst. 1—4bthg, begrannt, zuletzt doppelt so lang als d. B. *Aecker, selt. (Rheinggdn, Thüringen)* (6—7) ☉. . . . . . 5. *V.* **gracilis** *Koch.*
3*. Wenigst. d. ob. B. 2paar., Bthn purpurr. 17. *V.* **bithynica** *L.*
2*. Trbnstiele vielbthg.
8. Nebenb. am Rande spitz gezähnt.
9. Griffel unter d. Narbe rundum gleichmässig behaart. (Ervum *Peterm.*)
10. B. 6—8paarig, Bthn weiss, violett gestreift. *Bgwälder, selt.* (7—8) ♃. . . . . . . 6. *V.* **silvatica** *L.*
10*. B. 3—5paar. Bthn gelblich; d. unterste Blättchenpaar d. Stgl anliegd u. d. Nebenb. verbergd. *Bgwälder, selt.* (6—8) ♃. . . . . . 7. *V.* **pisiformis** *L.*
9*. Gr. auf d. unter. Seite stärker behaart: B. meist 5paarig, Bthn purpurroth, oft nur 5 in e. Traube. *Bgwälder, selt.* (5—7) ♃. . . . . . . 8. *V.* **dumetorum** *L.*
8*. Nebenb. m. nicht od. nur undeutl. gezähnten Rande.
11. Trbn dicht, vielbthg.
12. B. 10—12paarig m. e. Stachelspitze endd; Bthn weiss m. violett. Streifen; Griffel rundum gleichmässig beh. (Ervum *Peterm.*) . . . . . . 9. *V.* **orobus** *DC.*

PAPILIONACEAE. *Vicia.* § 1.

12*. B. m. e. Ranke endd; Gr. auf d. unter. Seite stärker behaart;
  Bthn purpurn od. violett.
13. Platte d. Fahne halb so lg als ihr Nagel, B. meist 8paar.;
  Pfl. meist absthd behaart. *Aecker, selt., bes. in Nord-
  dtschld* (6—8) ⊙ . . . . 10. *V.* villosa *Rth.*
  var. Pfl. fast kahl.. . . . . glabrescens.
13*. Pl. d. F. so lang od«lr länger als d. Ngl.
14. doppelt so lang, Trbnstiele länger als d. 10paarig. B.
  Wiesen, Wälder, selt. (6—7) ♃. 11. *V.* tenuifolia *Rth.*
14*. beide etwa gleichlang; Trbnstiele kürzer.
15. Pfl. absthd behaart; B. 15paarig. *Bgwälder d. südl.
  Alpenggdn (C. Wallis, b. Triest)* (6—7) ♃.
            12. *V.* Gerardi *DC.*
15*. Pfl. anliegd behaart; B 10paarig. *Wiesen, Ufer, Ge-
  büsch, sehr häufig* (6—7) ♃. . . 13. *V.* cracca *L.*
11*. Trbn locker, 6—12bthg, B. rankd, Bthn purpurroth.
16. Trbnstiel kürzer als d. 10—12 paarigen B. Griffel rundum
  gleichmässig behaart. (Ervum *Peterm.*) *Bgwiesen, selten*
  (6—7) ♃. . . . . 14. *V.* cassubica *L.*
16*. Trbnst. länger als d. 6—8paarig. B.; Griffel unters. stärker
  behaart; Nebenb. m. 2—3 kzn Zähnen. *Aecker d. südl.
  Alpenggdn (C. Wallis, b. Triest)* (6—7) ♃.
            15. *V.* onobrychioïdes *L.*
1*. Bthn kurzgestielt, einzeln, paarweise od. zu 3—8 in kzgest. Trbn.
17. Bthnstiele 2—8bthg, traubig.
18. B. mit e. Stachelspitze endend, 2—3paarig.
19. Blättch stumpf; Trbn 2—4bthg; Bthn weiss, Flügel m.
  e. grossen schwarzen Flecken. *Culturpfl. aus Südeuropa*
  (6—7) ☉ „*Saubohne*". . . . . 15b. *V.* faba *L.*
19*. Blättch. spitz, Trbn 3—6bthg, Bthn blassgelb. *Bgwälder,
  bes d. Alpenggdn* (6—7). . . . 16. *V.* oroboïdes *Wlf.*
18*. B. m e. Wickelranke endd.
20. B. 2—3paarig.
21. Trbnstiele halb so lang als d. B. od. länger; 1—2bthg;
  Bthn purpurn; Hülsen behaart, Blättch. spitz. *Wiesen,
  Aecker am adr. Meer* (5—6) ⊙. 17. *V.* bithynica *L.*
21*. Trbnst. kürzer; Bthn grauviolett, Hülse àm Rande ge-
  wimpert; Blättch. stumpf *Aecker am adr. Meer* (5—6) ⊙.
            18. *V.* narbonensis *L.*
20* B. mehrpaarig (meist 5—8 paar.)
22. Fahne u. Hülsen behaart; Trbn 2—4bthg; Bthn meist
  weisslich m. braunen Strfn, selt. hellpurpurroth. *Aecker
  im östl. Dtschld* (5—7) ⊙. . 19. *V.* pannonica *Jacq.*
22*. F. u. H. kahl; Trbn meist 5bthg; Bthn blassviolett od.
  gelblich. *Hecken, Gebüsch, s. häufig* (4—6) ♃.
            20. *V.* sepium *L.*
17*. Bthnst. einzeln od. 2, je eine Bthe trgd (vgl. 17.)
23. Bthn gelblich; B. 4—7paarig, nebst d Stgl kahl.
24. Fahne u. Hülsen behaart, Haare d.Hülse auf kleinen Knötchen
  sitzd. *Aecker, Bgwiesen d. südl. Alpenggdn* (5—6) ⊙.
            21. *V.* hybrida *L.*
24*. Fahne kahl.
25. Hülsen rauhhaarig, abwärts gerichtet, Haare auf grossen
  Knötch. sitzd. *Aecker, ss. (Rhnggdn,südl.Schweiz)* (6—7)⊙.
            22. *V.* lutea *L.*

§ 1. 25*. Hülsen flaumig od. kahl, wagrecht; Bthn grösser m. oft rauchgrauer Fahne. *Aecker u. Wiesen d. südl. Alpengydn* (5—7) ⊙.
. . . . 23. *V.* **grandiflora** *Scop.*
23*. Bthn röthlich, bläulich od. weiss.
  26. B. 5—7paarig; Bthn kurz gestielt.
  27. Kchzähne pfriemlich od. lineal lanzettl., alle gerade vorwärts gerichtet.
    28. B. meist 7paarig.
      29. Blättch. vkeifg, seicht ausgerandet; Bthn m. hellvioletter Fahne, purpurrothen Flügeln u weissl. od. roth gefleckt. Schiffch. Pfl. weichhaarig. *Aecker d. südl. Alpengydn, auch als Futterpfl. cult.* (5—6) ⊙. . 24. *V.* **sativa** *L.*
      29*. Blättch. an d. Spitze 2lappig, d. unt. vkherzfg, d. ober. fast keilfg lineal, Bthn einfarbig purpurroth *Aecker d. südl. Alpengydn* (5—6) ⊙ . . 25. *V.* **cordáta** *Wlf.*
    28*. B. meist 5paarig; Blättch. lineal, Bthn purpurroth; Pfl. kahl. *Aecker, häufig* (6) ⊙. . 26. *V.* **angustifolia** *Rth.*
  27*. d. 4 oberen Kchzähne aufwärts gebogen; Blättch. lineal; Bthn purpurroth. *Aecker d. südl. Alpengydn* (5—6) ⊙.
. . . . 27. *V.* **peregrina** *L.*
  26. B. 2—3- (selten 5-) paarig, alle od. wenigst. d. unter. in eine Stachelspitze endend; Bthn klein sitzd; Stgl liegd ¼—1′ lang, Pfl. kahl. *Hügel, Wiesen, selt.* (4—5) ⊙. 28. *V.* **lathyroïdes** *L.*

30. **Láthyrus** *L.* (15) Gr. nach d. Spitze hin meist breiter, flach, auf d. oberen Seite behaart. Krtr m. eckigem od. geflüg. Stgl u. 1—wenigpaarigen, meist in e. Wickelranke endend. B.
1. B. mehrpaarig; Bthnstiele 1—2bthg, Hülsen 2samig, fast rautenfg; Gr. an d. Spitze nicht breiter (Ervum *L.*)
2. B. meist 6paarig, Bthnstiele 1—2bthg, m. einer seitenstdgn Borste, Kch so lang als d. bläulichweisse Krone, Hüls. kahl. *Häufige Culturpfl. aus d. Orient „Linse"* (6—7) ⊙.
. . . . a. *L.* **lens** *Kittel.*
2*. B. meist 3paarig, Bthnstiele 1bthg unbegrannt. Kch kürzer als d. bläulichweisse Krone; Hülsen flaumig. *Hügel, Wiesen am adr. Meer* (4—5) ⊙. . . . , 1. *L.* **lenticula** *Kitt.*
1*. B. 1—2paarig, od. nur aus e. geflügelt. od. rankenartigen Blattstiele besthd.
3. Bstiele ohne Seitenblättch., als Wickelranke od. einfaches lineal lanzettl. B. ausgebildet. Stgl kahl, kantig; Bthnstiel 1bthg. (Nissolia *Tournef)*
4. Bthn gelb, langgestielt. Bstiel rankd, am Grd m. 2 grossen pfeilfg geöhrt. Nebenb. *Aecker, selt. (Mittel- u. Süddtschld)* (6—7) ⊙. . . . . 2. *L.* **apháca** *L.*
4*. Bthn purpurroth, kzgestielt; Bstiel nicht rankd, geflügelt, u. daher e. einfach. lineal lanzettl. B. gleichend. *Aecker, Hecken, Gebüsch, selt.* (5—7) ⊙. . . . 3. *L.* **nissólia** *L.*
3*. Wenigst. d. ob. Bst. m Seitenblättch. u. rankd.
5. d. unteren Bstiele blattartig, nicht rankd u. ohne Seitenblättchen.
6. Bthn gelblichweiss. Btbnst. 1bthg, Hülse am oberen Rande m. 2 häutig. Flügeln. *Aecker am adr. Meer, auch als Futterpfl. cult.* (5—6) ⊙. . . 4. *L.* **ochrus** *DC.*
6*. Bthn purpurroth; Bthnst. 1—3bthg; Hülse am oberen Rande m. 2 stumpf. Rippen. *Aecker auf den Inseln des adr. Meeres* (6—7) ⊙. . . . 5. *L.* **auriculatus** *Bert.*

PAPILIONACEAE.   *Lathyrus.*   25

5*. Bstiele alle gleichartig, rankd u. blättchentrgd.   § 1.
  7. Bthnsticle 1—3bthg.
    8. kürzer als d. B.
      9. Hülse 8—10samig, Bthn purpurroth.
        10. Bthnstiele unbegraunt, Sam. m. runden Nabel
          11. Frkn. seidenhaarig, Hülse flaumig, Samen eifg, Bthn klein. *Aecker in Istrien* (6—8) ⊙.
                                        6. **L. inconspicuus** *L.*
          11*. Frkn. u. Hülse kahl; Samen rundl. *Aecker in Istrien* (6—8) ⊙. . . . . 7. **L. stans** *Vis.*
        10*. Bthnstiele begrannt, Samen m. länglich. Nabel; Bthn ziegelroth. *Aecker u. Bgwiesen d. südl. Alpenggdn* (5—6) ⊙.
                                        8. **L. sphaericus** *Retz.*
      9*. Hülse 2—6samig.
        12. Bthn purpurroth.
          13. Stgl geflügelt; Samen glatt.
            14. Stgl liegd; ob. Rand d. Hülse ungeflügelt, gerade. *Aecker d. südl. Alpenggdn, auch als Culturpfl.* (4—6) ⊙.
                                        9. **L. cicera** *L.*
            14*. Stgl aufrecht; oberer Rand d. Hülse m. 2 häntigen Flügeln, bogig. *Aecker d. südl. Alpenggdn, auch als Culturpfl.* (5—6) ⊙. . . . 10. **L. sativus** *L.*
          13*. Stgl kantig, Samen knotig rauh. *Hügel, Aecker am adr. Meer* (5—6) ⊙. . . . . 11. **L. setifolius** *L.*
        12*. Bthn gelb; Stgl geflügelt, Samen knotig rauh. *Hügel, Aecker am adr. Meer* (5—6) ⊙. . . 12. **L. annuus** *L.*
    8*. länger als d. B., Bthn meist purpurroth od. weissl.
      15. Bthnstiele einbthg, an d. Spitze begrannt u. gegliedert; Stgl kantig. Hülse kahl. *Hügel, Aecker d. südl. Alpenggdn* (5—6) ⊙.
                                        13. **L. angulatus** *L.*
      15*. Bthnst. 2—3bthg; Stgl geflügelt.
        16. Hülse u. ganze Pfl. behaart.
          17. Blättch. lineal lanzettlich, H. behaart. *Aecker*, selt. (5—6) ⊙. . . . . 14. **L. hirsutus** *L.*
          17*. B. eifg. stachelspitzig, H. kurzhaar. *Zierpfl. aus Spanien „Spanische Wicke"* (6—7) ⊙. . 14b. **L. odoratus** *L.*
        16*. H. u. ganze Pfl. kahl. B. eifg. *Zierpfl. aus Nordafrica* (7—8) ⊙. . . . . 14c. **L. tingitanus** *L.*
  7*. Bthnstiele vielbthg. traubig, länger als d. B.
    18. Stgl kantig, nicht geflügelt, B. einpaarig.
      19. Bthn purpurroth, wohlriechd; Wurzelstock m. hängenden essbaren Knollen; Pfl. kahl. *Aecker, bes. d. Kalkboden häufig* (7—8) ♃. . . . . 15. **L. tuberosus** *L.*
      19*. Bthn gelb, geruchlos; Wzl kriechend, faserig, Pfl. meist oberwts flaumig. *Wiesen, Gebüsch, häufig* (7—8) ♃.
                                        16. **L. pratensis** *L.*
           var. Pfl. kahl. . . . β. **sepium**.
    18*. Stgl deutlich geflügelt; Bthn purpurroth od. bläulich.
      20. B. einpaarig.
        21. Flügel d. Stgls breiter als d. d. Bthnstiele; Blättchen 3rippig, schmal lanzettlich. *Wälder, Gebüsch, häufig* (7—8) ♃. . . . . 17. **L. silvestris** *L.*
        21*. Fl. d. Stgls u. d. Bthnstiele gleichbreit; Blättch. breiter.

§ 1. 22. Nabel d. Hälfte d. schwach knotigen Samens umgebd; Blättch.
meist 7rippig; Stgl schmalgeflügelt. *Wälder, Gebüsch (Nord-
u. Mitteldtschld)* (7—8) ♃. . . . 18. **L. platyphyllos** *Retz.*
22*. Nabel 1/3 d. knotig runzlichen Samens umgebd; Blättch. meist
5rippig; Stgl breit geflügelt. *Wälder, Gebüsch (Oesterreich)*
(7—8) ♃. . . . . 19. **L. latifolius** *L.*
20*. Alle od. wenigstens d- oberen B. 2—mehrpaarig.
  23. Flügel d. Stgls nicht gewimpert, Nebenb. klein.
    24. Blattstiele geflügelt; unt. B. einpaarig. *Wälder, Gebüsch,*
    selt. (7—8) ♃. . . . . 20. **L. heterophyllos** *L.*
    24*. Bstiele nicht geflügelt; Bthn bläulich; B. 2—3paar. *Sumpf-*
    wiesen, selt. (7—8) ♃. . . . . . . 21. **L. palustris** *L.*
  23*. Flügel d. Stgl gewimpert; Nebenb. gross, fast grösser als d.
  Blättch. d. 3—6paarig gefiedert. B. *Ufer sss. (an d. Weichsel*
  b. Marienwerder) (6—7) ♃. . . . . 22. **L. pisiformis** *L.*

31. **Orobus** *L.* „Walderbse" (15*). Griffel wie b. Lathyrus.
Meist aufrechte Krtr m. kantig od. geflügelten Stgl, 2—8paarigen
in e. krautige Borste endenden B. u. traubenfgn Bthn.
 1. Hülse 2samig, Bthnstiele 1—2bthg m. e. seitenstdgn Borste;
 Bthn bläulichweiss. (Ervum *L.*) *Hügel am adr. Meer* (4—5) ☉.
                                        1. **O. nigricans** *Lor.*
 1*. Hülse mehrsamig; Bthn in lockeren Trauben.
  2. Bthn purpurroth od. bläulich.
    3. B. 2—3paarig, Blättch. eifg-lanzettl. spitz.
     4. Stgl kantig, nicht geflügelt; B. untersts glänzd.
       5. Trauben locker, 3—8bthg; Blättch. schmal. *Bgwälder,*
       häufig (5) ♃. . . . . 2. **O. vernus** *L.*
       5*. Trauben dicht, vielbthg; Blättchen breit. *Bgwälder*
       (Oesterreich) (6—7) ♃ . . . . 3. **O. variegatus** *Ten.*
     4*. Stgl breit geflügelt, Blättch. lanzettl. unters. blaugrün,
     glanzlos; Wurzelstock m. knollig verdickten Fasern.
     Wälder, häufig (6—7) ♃ . . . . 4. **O. tuberosus** *L.*
    3*. B. 3—6paarig, unters. blaugrün, glanzlos. Stengel ästig.
    Wälder, seltener (6—7) ♃. . . . . . 5. **O. niger** *L.*
  2*. Bthn gelblich od. weiss.
    6. B. 2—3paarig; Blättch. lanzettlich; Bthn meist gelblich-
    weiss, selten bunt (= var: versicolor.) *Bgwälder, steinige*
    Abhge, s. selt. (5—6) ♃. . . . . . 6. **O. albus** *L.*
    6*. B. 4—5paarig, Blättch. eifg; Bthn gelbl. *Bgwälder, bes.*
    d. Alpenggdn (6—7) ♃. . . . . . . 7. **O. luteus** *L.*

32. **Pisum** *L.* „Erbse" (14). Griffel 3kantig, untersts rin-
nenfg, oberseits an d. Spitze bärtig. Kahle, oft bereifte Kräuter
m. grossen blattartigen Nebenb.
 1. Nebenb. eiherzfg m. stumpf. Oehrch. umfassd, B. 2—3paarig;
 Bthnstiele 1—2bthg.
 2. Nebenb. 2—3mal kürzer als d. Bthnstiele; B. meist 3paarig.
 Hecken in Istrien (6) ☉. . . . . . 1. *P.* **elatius** *M. B.*
 2*. Nebenb. so lang als d. Bthnstiele.
  3. Samen kantig, graugrün, punktirt; Bthn oft purpurn,
  Blättchen fein gekerbt; Hülse fast walzig (H. zusammen-
  gedrückt = var: quadratum). *In zahlreichen Variet. als*
  Gemüsepfl. cult.; aus d. Orient? „Stockerbse" (5—7) ☉.
                                         1b. *P.* **arvense** *L.*

3*. Samen rund, weissgelb; Bthn weiss; Hülsen fast walzig (H. zusammengedrückt = var: saccharinum). *In zahlrchn Variet. cult.; aus d. Orient? „Zuckererbse"* (5—7) ⊙. 1c. **P. sativum** *L.* §1.
1*. Nebenb. pfeilfg m. spitz. Oebrch.; Bthn purpurroth in 4—7bthgn Doldentrbn; B. 4paarig. *Meerufer, (Ostsee, Istrien) ursprüngl. aus Nordamerica* (6—7) ♃. . . . . . 2. *P.* **maritimum** *L.*

IV. *PHASEOLEAE.* Keimb. dick, wie b. III.; B. 3zählig, d. mittlern grösser u. länger gestielt.

32b. **Phaseolus** *L.* „Bohne" (31*). Griffel an d. Spitze bärtig nebst Schiffch. u. Stbgefässe spiralig gewunden. Behaarte Krtr m. meist windendem Stgl u. trbnfgn Bthn. *Aus d. Orient.*
1. Trbn vielbthg, länger als d. Blkr., meist feuerroth; Hülse rauhhaarig. *In zahlreich. Variet. cult. „Feuerb."* (7—8) ⊙.
a. *Ph.* **multiflorus** *Willd.*
1*. Trbn wenigbthg, kürzer als d. B. Blkrb. meist weiss, Hülse glatt; Stgl aufrecht od. windd. *In zahlreich. Varietäten cult. „Schwertb., Zwergb. u. a."* (7—8) ⊙. . . b. *Ph.* **vulgaris** *L.*

§ 2. CAESALPINIEAE. *R. Br.*

Kch 5zählg od. 5theilig; Blkrb. u. Stbgef. d. Kch eingefügt; d. ersteren ungleich, mehr od. weniger schmetterlingsfg, selt. fehld. Stbgef. 5 od. 10, frei: Fr. e. einfache od. gegliederte Hülse; Keim gerade. Bäume od. Sträucher m. wechselstdgn B. u. Nebenb.
1. Stbgef. 5; Bthn polygamisch. B. gefiedert.
 2. Blkrb. fehld; Narb. sitzd, Hülsen geglied. 1. **Ceratonia.**
 2*. Blkrb. grünlich. . . . . 1b. **Gleditschia.**
1*. Stbgef. 10; Bthn röthl. m. Kch u. Krone, B. einfach. 2. **Cercis.**

1. **Ceratonia siliqua** *L.* (V. 1). Wehrloser Strauch od. Baum m. gefiedert. B., eifg stumpf. oberseits glänzde Blättch. u. braunroth. blumenkronlos., traubenfg gestellten Bthn. *Hügel, Abhge (Istrien)* (7—8) ♄. *Fr. essbar „Johannisbrod".*

1b. **Gleditschia triacanthos** *L.* (V. 1. od. XXII) Baum 15—30' hoch. an d. Zweigen meist m. einfachen od. 3theiligen über d. Bwinkeln stehenden Dornen, einfach od. doppelt gefiedert. B. u. grünl., traubenfg gestellt. Bthn. *Zierstrch aus Ndamerica* (6—7) ♄.

2. **Cercis siliquastrum** *L.* (X. 1.) Strch od. Baum 10—15' h. m. gestielt., herzfg rundl., ganzrandigen, zuletzt lederartigen B. u. rosenroth. vor d. B. erscheinenden, schmetterlingsfgn Bthn in seitenstdgn Büscheln. *Hügel, stein. Abhge d. südl. Alpenggdn, auch als Zierstrch* (4—5) ♄.

II. Ordn. **ROSIFLORAE** *Bartl.* Kch 4—5spaltig, meist nicht m. d. Frknoten verwachsen; Blkrb. 4—5 gleichmässig selt. fehld; Stbgef. meist zahlreich; Pistill aus mehreren Fruchtb. gebildet; Keim eiweisslos, gerade. B. wechselstdg am Grund meist mit Nebenb.

§ 3. AMYGDALEAE. *Juss.*

Kch 5spaltig, abfalld, nicht m. d. Frknoten verwachsen, Blkrb. 5, gleichmässig, nebst d. zahlreich. Stbgef. d. Kch eingefügt; Griffel einer; Fr. e. Steinfrucht. Keim m. nach ob. gerichteten Würzelch. Bäume u. Sträucher mit einfachen gesägt. B. u. oft essbar. Frücht. „Steinobst" (XII 1.)
1. Steinfrucht saftlos; b. d. Reife unregelm. zerreissd.
   1. **Amygdalus.**
1*. Steinfr. saftig.
   2. Mit löcherig u. v. Furchen dchzogen. Kern. 1b. **Persica.**
   2*. Mit v. Furchen durchzog. aber nicht löcherig. Kern.
   2. **Prunus.**

1. **Amygdalus** *L.* „Mandelbaum". Sträucher od. Bäume m. meist röthlichen von Entwicklung d. B. erscheinenden Bthn u. lanzettl. B.
   1. Blatstiel so lang als d. Querdchmesser d. drüsig gesägt. B. Stamm 10—20' hoch. *Culturpfl. aus Italien* (3—4).
      a. *A.* communis *L.*
   1*. Bst. kürzer als d. Querdchm. d. drüsenlos gesägt. am Grund ganzrand. B. Strch 1—3' hoch m. dunkler roth. Bth. *Stein. Abhge s.s. (Donauufer), auch als Zierstrch* (3—4). 1. *A.* nana *L.*

   1b. **Persica** vulgaris *Mill.* (Amygdalus persica *L.*) Bstiel kürzer als d. Querdchmesser d. spitz u. doppelt gesägten B. Baum 8—20' hoch m. rosenroth vor d. B. erscheinend. Bthn. *Culturpfl. aus d. Orient „Pfirsichbaum"* (4) ħ.

2. **Prunus** *L.* Sträucher u. Bäume m. meist weissen Bthn.
   1. Bthn zu 1—2 beisammen; jüng. B. zusammengerollt.
      2. Bthn sehr kurz gestielt; Bthnstielch. v. ei-herzfgn B. eingeschlossen; Fr. m. Sammethaaren. *Culturpfl. aus Armenien „Apricosenbaum"* (3—4) ħ. . . . . . a. *P.* armeniaca *L.*
      2*. Bthn deutl. gestielt; Fr. kahl, bereift.
         3. Bthnstiele fein flaumig; Bthn meist 2 beisammen.
            4. Zweige kahl; Blkrb. eifg längl.; Fr. eifg-elliptisch; Baum 10—30' h. *Culturpfl. aus d. Orient „Zwetschgenb."* (5) ħ.
            b. *P.* domestica *L.*
            4*. Zweige sammetartig flaumig; Blkrb. rundlich; Fr. fast kugl. Zweige oft dornig; Stamm 6—30' h. *Culturpfl. aus d. Orient. Stammpfl. d. Eierpflaumen, Reineclauden etc.* (5) ħ. . . . . c. *P.* insititia *L.*
         3*. Bthnstiele kahl; Fr. kuglig; Bthn meist einzeln.
            5. Zweige flaumig, dornig; Bthn zu 1—3, Frucht aufrecht, Stamm strauchig. *Hecken, Wälder, stein. Abhge, nicht selt. „Schlehenstrauch, Schwarzdorn"* (4—5) ħ.
            1. *P.* spinosa *L.*
            5*. Zweige kahl; Fr. langgestielt, hängd; Stamm 10—15' h. *Culturpfl. aus America „Kirschpflaume"* (5) ħ.
            1b. *P.* cerasifera *Ehrh.*
   1*. Bthn zu 2 od. mehr beisammen; Fr. unbereift.
      6. Bthn zu 2—5 in sitzdn Dolden; langgestielt; jung. B. gefaltet.
      7. B. etwas runzlich. unters. flaumig, am Grd d. Bfläche m. 1—2 Drüsen; Baum 50—60' h. *Wälder, auch cult. Stammpfl. d. süssen Kirschen* (5) ħ. . . . . 2. *P.* avium *L.*
      7*. B. glatt, völlig kahl, am Grd meist drüsenlos.

8. alle zugespitzt; Baum von 6—20' Höhe. *Culturpfl. aus Kleinasien; Stammpfl. d. Weichseln* (5) ♄. . . 2b. *P.* **cerasus** *L.* § 3.
8*. die d. seitenstdgn Triebe abgerundet stumpf; Strauch 1—3' h. *Hecken, stein. Abhge s. s. (Alpen, Rhinggdn, Böhmen)* (5) ♄.
          3. *P.* **chamaecerasus** *Erh.*
6*. Bthn in Trbn od. Doldentrauben.
9. Doldentrauben 5—10bthg; B. rundl. eifg, fast herzfg; Strauch 6—12' h. *Bgwälder, selt. (Rhnggdn, b. Regsbg), auch cult.* (5) ♄.
         4. *P.* **mahaleb** *L.*
9*. Trauben hängd, vielbthg, B. am Grd m. 2 Drüsen; Baum od. Strauch. *Wälder, Hecken, Ufer, nicht selt., auch cult. "Traubenkirsche, Drudenbthe"* (5) ♄. . . . . . . 5. *P.* **padus** *L.* ††

§ 4. SPIRAEACEAE. *Knth.*

Kch 5spaltig. bleibd; Blkrb. 5 gleichmässig. nebst d. zahlreich. Stbgef. d. Kch eingefügt. Frknoten mehrere, nicht m. e. verwachsen; Früchtch. balgkapselartig aufsprgd (XII 2.)
1. Bthn röthlich od. weiss, in Trbn od. Doldentrbn. 1. **Spiraea**.
1*. Bthn gelb, einzeln. . . . . 1b. **Corchorus**.

Spiraea *L.* Kräuter od. wehrlose Strchr m. weissen od. röthl. Bthn in meist vielbthgn Trauben od. Rispen u. mehrsam. Fr.
1. Nebenb. fehld.
 2. B. einfach; Bthn zwittrig; Sträucher.
  3. Bthn in endstdgn gedrungenen pyramidal. Risp.
   4. B. längl. lanzettlich, ungleich gesägt; Bthn röthl. *Hecken, Ufer, Gebüsch d. südl. Alpenggdn, häufig cult.* (6—8) ♄.
        1. *S.* **salicifolia** *L.*
   4*. B. vkeifg ellipt. halb so lang als b. vor. Bth. weiss. *Gebüsch, Sumpfwiesen b. Hamburg* (7—8) ♄.
        2. *S.* **carpinifolia** *Willd.*
  3*. Bthn in Doldentrbn, weiss, B. eifg.
   5. Doldentrbn endstdg, vielblthg.
    6. B. spitz, ungleich gesägt, kahl; Aeste kantig, Doldentrbn einfach. *Stein. Abhge d. südl. Alpenggdn, häufig cult.* (5—6) ♄. . . . . . . 3. *S.* **ulmifolia** *Scop.*
    6*. B. stumpf, Aeste abgerundet.
     7. Doldentrbn einfach; B. am Rande gewimpert. *Stein. Abhge d. südl. Alpenggdn, häufig cult.* (5—6) ♄.
        4. *S.* **chamaedryfolia** *L.*
     7*. Doldentrbn zusammengesetzt; B. am Grd ganzrandig, kahl; Stgl liegd. *Stein. Abhge d. südl. Alpenggdn, auch cult.* (5—6) ♄ . . . 5. *S.* **decumbens** *Koch.*
   5*. Doldentrbn z. Thl seitenstdg wenigbthg.
    8. gestielt; Kchz. zurückgebogen, B. lanzettl. spitz. *Bgwälder, stein. Abhge d. südl. Alpenggdn, auch cult.* (6) ♄.
        6. *S.* **oblongifolia** *W. K.*
    8*. sitzd; Kchz. anliegd, B. eifg lanzettlich. *Bgwälder u. stein. Abhge d. südl. Alpenggdn* (6) ♄.
        7. *S.* **ovata** *W. K.*
 2*. B. mehrfach zusammengesetzt m. eingeschnitten gesägten Blättch. Bthn rispig, vielbthg, polygam. *Bgwälder, Gebüsch, auch als Zierpfl.* (6—7) ♃. . . . . . 8. *S.* **aruncus** *L.*

§ 5.   1*. B. unterbroch. gefiedert, am Grd m. Nebenb. Btbn in Doldentrbn.
9. Blättch. unzertheilt, breit eifg; Stgl reichblättr. Früchtch. gewunden. *Ufer, Gebüsch, s. häufig, auch als Zierpfl. „Bocksbart"*
(6—7) ♃. . . . . 9. *Sp.* **ulmaria** *L.*
9*. Blättch. länglich, eingeschnitten; Stglb. wenige; Früchtch. nicht gewunden; Wurzelfasern am Ende knollig verdickt. *Wiesen, selt.* (5—7) ♃. . . . . 10. *Sp.* **filipendula** *L.*

1b. **Córchorus japonicus** *L.* (**Kerria** *DC*). Strch 4—6′ hoch m. eingeschnitt. gesägt. unters. rauhhaarig. B. u. einzelstehenden grossen meist gefüllt. gelben b. Welken weiss werddn Bthn. Früchte einsamig. (Wird von Manchen zu § 25 Tiliaceae gezogen. *Zierpfl. aus Japan* (7—8) ♄.

§ 5. SANGUISORBEAE. *Lindl.*

Perigon 4—8spaltig m. in d. Knospe klappigen Abschnitten, im Schlund dch einen die Stbgefässe tragenden Ring verengert; Griffel einer; Frkn. 1 od. mehr., 1samig, nussartig; Kräuter m. lappigen od. gefiederten B., am Grd m. Nebenb.
1. Perigonsaum 8spaltig m. abwechsld kleineren Abschnitt; Stbgefässe 1—2—4; Griffel 1, seitenstdg; Bthn grünlich, geknäuelt; B. lappig od. gefingert. . . . . 1. **Alchemilla**.
1*. Pgn 4spaltig; Stbgef. 4—30; Gr. endstdg; Bthn in Köpfch. od. Aehren; B. gefiedert.
2. Frkn. 1; Narbe kopffg m. Wärzch. besetzt. Stbgef. 4—6 od. 12.
2. **Sanguisorba**.
2*. Frkn. 2—3; N. pinselfg; Stbgef. 20—30. . 3. **Poterium**.

1. **Alchemilla** *L.* (IV. 1). Pgnsaum 8spaltig; kleine Krter m. lappigen od. gefingerten B. u. grünl. geknäuelten Bthn.
1. B. nicht bis zum Grd gespalten.
2. B. am Grd nierenfg; Bthn endständig, doldentrbg; Stglb. wenige, kzgestielt.
3. Abschnitte d. grundst. B. fast halbkreisfg, ringsum gesägt; Stglb. deutl. gestielt. Pfl. kahl od. behaart. *Wiesen, Hügel, Wege, s. häufig* (7—8) ♃. . . . . . 1. *A.* **vulgaris** *L.*
3*. Abschn. d. grundst. B. kurz vkeifg, an d. Seiten ganzrandig; Stglb. fast sitzd.
4. Grdst. Blättch. bis z. dritten Thle gespalten. Pfl. meist weichhaarig. *Bgwiesen d. höchst. Alpen* (6—8) ♃.
2. *A.* **pubescens** *M. B.*
4*. Grdst. B. bis z. Hälfte gespalten; Pfl. meist kahl. *Bergwiesen d. Alpen u. Sudet.* (6—7) ♃. 3. *A.* **fissa** *Schummel.*
2*. B. am Grund keilfg, 3theilig m. 3—5zähnig. Abschnitt. Stgl dicht beblättert; Bthn sehr klein u. meist nur 1—2 Stbgef. enthaltd, in seitenstdgn Knäulen. *Aecker, nicht selt.* (5—8) ⊙. (Aphanes *L.*) . . . . 4. *A.* **arvensis** *Scop.*
1*. B. bis z. Grd in 5—7 fingerfge unters. seidenhaarige Abschnitte getheilt.
5. Stgl, B. u. Bthnstiele angedrückt seidenhaarig, Zähne d. B. anliegd. *Bgwiesen, Hügel, bes. d. Alpen* (6—8) ♃.
5. *A.* **alpina** *L.*

5*. Stgl, B. u. Bthnst. abstehend behaart; mittl. Blättch. m. 2—4 § 5.
abstchenden Zähnen. *Bgwiesen d. höchst. Alpen* (7—8) ♃.
                                        6. *A.* **pentaphylla** *L.*

  2. **Sanguisórba** *L.* (IV. 1 od. VI. 1 od. XII. 1). Perigonsaum 4spaltig, am Grd m. 2—3 Deckb.; Stbg. 4, selt. 6 od. 12; Narbe kopffg warzig. Kahle Kräuter m. gefiedert. B. u. kopffg od. ährenfg gehäuften, vorherrschd zwittrigen Bthn.
    1. Stbgef. 4, etwa so lang, als d. Perigonabsch.; Bthn dunkelroth in kopffgn Aehren. *Sumpfwies., nicht s.* (6—8) „*Wiesenknopf"* ♃.
                                        1. *S.* **officinalis** *L.*
    1*. Stbg. 6—12, länger als d. Pgnabschn., Bthn grünl. od. röthl. in walzigen Aehren. *Wiesen d. südl. Alpenggdn sss.* (6—8) ♃.
                                         2. *S.* **dodecandra** *Mor.*

  3. **Poterium** *L.* (XXI.) Perigons. 4spaltig, am Grd m. 2—3 Deckb.; Stbgef. 20—20; Narbe pinselfg. Kahle od. am Grd behaarte Krtr m. gefiedert. B. u. vorherrschd einhäusigen kopffg gehäuften grünlichen Bthn.
    1. Perigon z. Frzeit m. 4 stumpfen Kant. *Hügel, Wiesen, nicht selt.* (5—7) ♃. . . . . 1. *P.* **sangnisorba** *L.*
    1*. Pgn z. Frz. m. 4 geflügelt. Kant. Pfl. in allen Theilen grösser (ob var?) *Bgwiesen d. südl. Alpenggdn ss. (Krain)* (5—7).
                                         2. *P.* **polygamum** *L.*

§ 6. ROSACEAE. *Juss.*
(nebst *Spiraeaceae.*)

    Kch 4—5 od. 8—10spaltig m. e. d. Röhre od. d. Schlund desselben auskleidenden Scheibe. Blkrb. gleichmässig, nebst d. meist zahlreich. Stbgef. d. Kch eingefügt. Frknoten meist mehrere, einsamig, nicht aufspringd, m. seitenstdgn Griffel u. nicht m. d. Kch verwachsen. (Meist XII 2.)
    1. Frknoten nicht im Kch eingeschlossen.
    2. Griffel u. Frknoten zahlreich; Kch aussen nicht stachlig.
      3. Kchzähne alle gleich gross.
        4. Frknoten ungeschwänzt; Kch meist 5zähnig.
          5. Fr. kapselartig, aufspringd. § 4. *Spiraeaceae.*
          5. Fr. saftig, nicht aufsprgd. Meist rankende Strchr, selt. Kräuter m. lappigen, 3zähligen, fingerfgn od. gefiedert. B. u. weissen od. röthlichen Bthn. . . . 1. **Rubus.**
        4*. Fr. v. bleibdn Griffel geschwänzt; Kchzähne u. Blkrb. 8—9; Kräuter m. eifg längl., gekerbten, unterseits weissfilzigen B. u. weissen Bthn. . . . . 2. **Dryas.**
      3*. Kchz. 8—10, zweireihig, die äussere Reihe kleiner.
        5. Stbgef. u. Griffel zahlreich.
          6. Fr. v. bleibdn Griffel geschwänzt; Bthn röthl. od. gelb.
                                                  3. **Geum.**
          6*. Fr. ungeschwänzt.
            7. Frboden zuletzt saftig, abfalld; Krtr m. weissen Bthn u. 3zähligen B. . . . . 4. **Fragaria.**
            7*. Frb. schwammig; Krtr m. rothbraun. Bthn u. gefied. B.
                                                  5. **Comarum.**
            7**. Frb. trocken bleibend u. nicht abfalld; Bthn meist gelb, selten weiss od. röthl. . . 6. **Potentilla.**

§ 6.   5*. Stbgef. u. Griffel meist 5, selt. 10; liegds Kraut m. gelben
       Btbn; Blkrb. lanzettl. . . . . 7. **Sibbaldia**.
   2*. Griffel u. Frkn. 2; Kch 5spaltig, aussen am Grund m. Stacheln
       besetzt. Gelbblühende Kräuter.
       8. Stacheln zahlreich, hakig gebogen. . . 8. **Agrimonia**.
       8*. Stacheln 5, gerade. . . . . 9. **Aremonia**.
   1*. Frkn. in d. zuletzt fleischig werdenden krugfgn Kchröhre einge-
       schlossen. Meist stachlige Strchr m. gefiederten B. 10. **Rosa**.

I. *DRYADEAE*. Kch z. Frzeit trocken od. krautig; Frboden fleischig od. trocken.

  1. **Rubus** L. Fruchtboden kegelfg; Frchtcben saftig mit einander zu einer zusammengesetzt. Beere verwachsen. Meist Sträucher m. rankdn stachligen Zweigen, lappigen oder fingerfg zertheilt. B. u. weissen od. röthl. Bthn.
   1. Wehrlose Krtr m. beiders. grünen B.
   2. B. einfach, rundlich, lappig, Stgl einfach, einbthg, Beeren roth, essbar. *Sumpfwiesen in Norddtschld* (5—6) ♃.
                         1. *R.* **chamaemorus** *L.*
   2*. B. 3zähl., Stgl ästig m. kriechdn Ranken, Beeren roth, sauer. *Bgwälder, selt.* (5—7) ♃ . . . . . . 2. *R.* **saxatilis** *L.*
   1*. Sträucher.
     3. Blkrb. aufrecht, schmal, obere B. 3zählig, untere 2—3paarig gefiedert. Beeren roth, essbar „Himbeeren". *Wälder, Hecken, auch cult.* (6—7) ♄. . . . . 3. *R.* **idaeus** *L.*
     3*. Blkrb. ausgebreitet, eifg od. rundl.
       4. B. handfg 5lappig; Zweige wehrlos, drüsig borstig; Bthn in vielbthgn Rispen, gross, wohlriechd, röthlich; Beeren roth, sauer. *Zierstrch aus Nordamerica* (5—8) ♄.
                         3b. *R.* **odoratus** *L.*
       4*. B. 3—5zählig, fingerfg, Beeren schwarz od. bläul., essbar „Brombeeren".
         5. Stgl u. Frucht blau bereift; Kchb. filzig; Bthn weiss, B. 3zählig. *Wälder. Gebüsch, häufig* (5—7) ♄.
                         4. *R.* **caesius** *L.*
         5*. Stgl u. Fr. unbereift, letztere glänzd schwarz; Pfl. sehr vielgestaltig. *Wälder, Hecken, Gebüsch, häufig* (5—7) ♄.
                         5. *R.* **fruticosus** *L.*
         var (von Vielen z. B. Willkomm*) als Art. betrachtet).
           6. Aeste, Stämme u. Ranken walzigrund od. stumpfkant.
           7. Untere Blättch. e. jed. B. sitzd od. krzgestielt.
           8. B. alle 3zählig; Kch z. Frzeit wagrecht abstehend; Pfl. meist drüsig. *Selten* (5—6). α. **serpens** *Godr.*
           8*. Alle od. wenigst. d. d. Ranken 5zählig.
           9. Bthn rispig traubig; Kchz. zurückgeschlagen, Pfl. oft filzig behaart. *Häufig* (5—6).
                         β. **corylifolius** *Sm.*
           9*. Bthn dicht doldentrbg; Kchz. abstehd; Pfl. kahl od. drüsig. *Häufig* (5—6). γ. **dumetorum** *Weihe.*
           7*. Untere Blättch., bes. d. 5zähligen B. langgestielt.
           10. B. meist alle 3zählig, Blkrb. schmal, eifg lanzettl.

---

*) dessen Uebersicht hier zu Grunde gelegt wurde.

11. Bthn schön violett, Kchz. filzig. dicht drüsig, nicht stachl. § 6.
sss. *(Rheinpreussen)* (8). . . . . . . δ. **lilacinus** *W'tg.*
11*. Bthn röthl. od. weiss ; Kchz. stachlig.
12. Kchz. zuletzt zurückgebogen, dicht stachlig. ss. *(Rheinggdn)* (5). . . . . ε. **rivularis** *W'tg.*
12*. Kchz. aufrecht od. wenig absthd. *Häufig* (5—6). ζ. **glandulosus** *Bell.*
10*. Wenigst. d. an d. Ranken befindl. B. 5zählig. Blkrb. grösser, rundl. eifg.
13. Blkrb. grünl. weiss ; Pfl. meist rauhhaar. ss. *(Ndldtschld)* (7—8). η. **scaber** *Whe.*
13*. Blkrb. röthl.; Pfl. meist kahl od. filzig beh. *(Rheinggdn)* (6—7). ϑ. **roseus** *W'kmm.*
6*. Stämme u. besonders d. Ranken scharfkantig.
14. Ranken bogig aufsteigd u. sich dann auf d. Boden legd.
15. Stämme u. Ranken drüsig stachlig u. ausserdem zottig od. rauhhaarig.
16. Bthn klein, weiss od. röthlich; Stacheln gerade. *Häufig (bes. in Mittel- u. Norddtschld)* (6—7). . ι. **hirtus** *Whe.*
16*. Bthn grösser, weiss ; Stchln gebogen. *Nicht häufig (Rheinggdn)* (6—7). . . . . χ. **carpinifolius** *Whe.*
15*. Stämme od. wenigst. d. Ranken ausser d. Stacheln kahl, oft glänzend.
17. Bthn gross; Blättch. dünnfilzig, d. endstdgn plötzlich zugespitzt. *selt. (bes. d. Rheinggdn)* (6—7). λ. **discolor** *Whe.*
17*. Bthn klein; Blättch. meist dickfilzig, d. endst. nicht so zugespitzt. *(Rhein- u. Mainggdn)* (6—7).
μ. **tomentosus** *Borkh.*
14*. R. aufrecht, nur an d. Spitze bogig.
18. Kche weissfilzig.
19. Bthn traubig rispig, sehr reichbthg; Rkn tief gefurcht.
20. Bthnstiele dicht stachlig borstig, wagrecht abstehd. *Rheinggdn* (7). . . . . ν. **anomalus** *Müll.*
20*. Bthnst. wenig stachlig, aufrecht od. abstehd.
21. aufrecht; Blkrb. vkeifg. *(Rheinggdn, Norddtschld, Schlesien)* (6—7). . . . ξ. **thyrsoïdeus** *Wimm.*
21*. weit abstehd; Blkrb. kreisrund. *(Norddtschld)* (6—7).
ο. **cordifolius** od. **rhamnifolius** *Whe.*
19*. Bthnrispen locker ausgebreitet; Ranken nicht od. wenig gefurcht.
22. Bthnstiele, Aeste u. Ranken reichlich m. starken Stacheln besetzt. *Rheingjdn* (7—8). π. **silvaticus** *Whe.*
22*. Bthnstiele, Aeste u. Rkn m. schwachen Stchln besetzt. *(Rheinggdn), selt.* (7—8). . . ρ. **macrophyllus** *Whe.*
18*. Kche grün, weissgerandet.
23. Stämme, Ranken u. Bthnstiele kahl od. wenig m. Stchln besetzt. *Zieml. selt.* (5—7). . . . σ. **suberectus** *And.*
23*. St., R. u. Bthnst. reichlich m. Stchln besetzt.

§ 6. 24. Bthn in fast einfach. Doldentrbn; Kch z. Frzt zurückgeschlagen, Beere aus zahlrchn Frchtchn gebildet. *Nicht selt.* (6—8).
τ. **nitidus** *Sm.*
24*. Bthn in verlgrtn Rispen, Kch angedrückt, B. aus wenig. Frchtch. gebildet. *(Norddtschld)* (6—7). . . . . . υ. **affinis** *Weihe.*

2. **Dryas octopetala** *L.* Kch 8—9spaltig; Blkrb. 8—9; Früchtchen langgeschwänzt. Bergpfl. m. liegdm fast holzigen Stgl, eifgn, gekerbten, am Rande umgerollt., obersts glänzend grün., unters. weissfilzigen B. u. langgestielten weissen Bthn. *Bgwiesen u. Abhge d. höher. Gebge. bes. d. Alpen* (7—8) ♃.

3. **Geum** *L.* Kch 10spaltig m. abwechselnd kleineren Abschnitt. Blkrb. 5, gelb od. rothgelb; Früchtchen langgeschwänzt. Behaarte Krtr m. fiederthlgn B.
  1. Stgl mehrblthg; Griffel gegliedert (durch Bastardbildg in e. übergehende Arten).
    2. Bthn aufrecht; Kchb. abstchd od. zurückgebogen.
      3. Bthn gelb, flach ausgebreitet; Kch zurückgeschlagen.
        4. Untere Hälfte d. Griffels kahl, obere am Grd dicht weichhaarig. *Hecken, Gräben, Mauern* (7—8) ♃.
          1. *G.* **urbanum** *L.*
        4*. Untere Hälfte d. Gr. d. ganzen Länge nach behaart, ob. durchaus feinborstig (wohl var). *Wiesen, Hecken sss. (b. Königsbg. b. München)* (6—8) ♃. 2. *G.* **hispidum** *Fries.*
      3*. Bthn rothgelb, selten gelb u. nickd; Kch z. Frzeit abstbd (wohl hybrid). *Hecken, Gebüsch ss. (Norddtschld)* (6—7) ♃.
          3. *G.* **intermedium** *Ehr.*
    2*. Bthn nickd; Kchabschn. braunroth, aufr. zusammenschliessd; Stglb. 3zählig.
      5. Blkrb. gelb, kurz benagelt; Frboden im Kch fast sitzd (wohl hybrid). *Bgwiesen d. Alpen u. Sudeten* (6—7) ♃.
          4. *G.* **inclinatum** *Schlch.*
      5*. Blkrb. rothgelb, am Grd keilfg. m. langem Nagel; Frboden im Kch langgestielt. *Wiesen, Ufer, häufig* (4—5) ♃.
          5. *G.* **rivale** *L.*
  1*. Stgl einfach, einbthg; Blkrb. gelb, aufrecht, flach ausgebreitet; Gr. nicht gegliedert; B. unterbrochen gefiedert.
    6. Auslfr. trbd; Grundst. B. m. spitz gesägten Blättch. *Stein. Abhge d. höchst. Alpen* (6—8) ♃. . . . 6. *G.* **reptans** *L.*
    6*. Auslfr. fehld; Grundst. B. m. stumpfen gekerbt. Blättchen u. sehr grossen Endblättchen. *Stein. Abhge d. höheren Gebge (Alpen u. Sudeten)* (6—8) ♃. . . . 7. *G.* **montanum** *L.*

4. **Fragaria** *L.* „Erdbeere". Kch 10spalt. m. abwechsld kleineren Abschnitten; Blkrb. 5, weiss, eifg; Frboden zuletzt saftig werdd u. e. essbare abfallende falsche Beere (Erdbeere) darstlld. Krtr m. dreizähligen B. eingeschnitten gesägt. Blättch. u. kriechdn Ausläufern. (Vgl. Potentilla fragariastrum.)
  1. Kch z. Frzeit wagrecht abstehend od. zurückgeschlagen.
    2. Bthnstiele angedrückt behaart, Bstiele absthd behaart. *Hügel, Hecken, Wälder, häuf.* (4—5), *auch cult.* „Kleine Walderdbeere."
          1. *F.* **vesca** *L.*

2*. Bstiele u. Bthnstiele abstehd behaart; Pfl. grösser. *Hügel, Hecken, Wälder, häuf.* (4—5), *auch cult.* „*Grosse W., Gartenerdb."*
§ 6.
            2. **F. elatior** *L.*
1*. Kch z. Frzeit aufrecht od. aufrecht abstehend.
 3. anliegend.
  4. Bthnstiele angedrückt behaart. Bstiele absthd behaart; Blättch. beidersts flaumhaar. *Hügel, Hecken, bes. in Gebgsggdn* (4—5) ♃.
            3. **F. collina** *L.*
   var. Mittelst. Blättch. gestielt. *α.* **Hagenbachiana** *Schlz.*
  4*. Bthnstiele u. Bstiele m. aufrechten abstehdn Haaren. Blättch. obersts kahl. *Culturpfl. aus Surinam* „*Ananaserdb."* (5—6) ♃.
           3b. **F. grandiflora** *Erh.*
 3*. aufrecht abstehend; Beeren sehr gross.
  5. Bthnst. m. angedrückten, Bstiele m. aufrecht-abstehenden Haaren; Blättch. obers. kahl. *Culturpfl. aus Nordam.* (5—6) ♃.
           3c. **F. virginiana** *Erh.*
  5*. Bthnst. u. Bstiele m. aufrecht abstehenden Haaren; Blättch. beiders. zottig. *Culturpfl. aus Chili* „*Mammoutherdb."* (5—6) ♃.
           3d. **F. chiloënsis** *Erh.*

5. **Cómarum palustre** *L.* Frboden z. Frzeit schwammig werdd. Blkrb. lanzettl., kleiner als d. Kch, nebst diesem, d. Stbgef. u. d. Griffel rothbraun. Liegds od. aufstgds Kraut m. unpaarig gefiedert., untersts grauseidenhaarig. B. *Sumpfwiesen, häuf.* (6—7) ♃.

6. **Potentilla** *L.* „Fingerkraut". Frboden trocken bleibd, nicht abfalld. Meist Krtr m. gelben, selten weiss od. röthl. Bthn, meist herzfgn Blkrb. u. 3zähligen, fingerfgn od. gefiederten B.
 1. Wenigst. d. grundst. B. gefiedert.
  2. Bthn weiss, in lockeren Doldentrbn; Stgl aufrecht, gablig getheilt, roth; obere B. 3zählig m. cifg rundl. gesägt. Blättch.; Blkrb. lgr als d. Kch. *Felspalt. stein. Abhge, selt.* (5—7) ♃.
           1. *P.* **rupestris** *L.*
 2*. Bthn gelb, einzeln.
  3. Stglb. 3zählig, d. grundst. 2paarig gefiedert. Bthn fast traubenfg; Stgl aufrecht nebst d. B. absthd behaart; Pfl. 1—2jährig. *Sandfelder, Gräben, ss.* (6—7) ☉ od. ⊙.
           2. *P.* **norvegica** *L.*
  3*. B. alle gefiedert od. nur d. obersten 3zählig.
   4. B. wenigpaarig m. tief fiederspalt. Blättchen, Abschnitte lineal, unters. filzig; Stgl aufstrbd, Wurzel ausdauernd. *Stein. Abhge an Gletschern im C. Wallis ss.* (6—8) ♃.
           3. *P.* **multifida** *L.*
   4*. B. mehrpaarig m. nicht über d. Mitte gespalten. Blättch.; Stgl liegd od. aufstgd.
    5. B. 2—5paarig, beiders. grün; Stgl bogig aufstgd od. liegend; Blkrb. kürzer als d. Kch; Pfl. einjährig; Bthnstiele z. Frzeit zurückgebogen. *Aecker, Sandfelder, selten* (6—7) ⊙ . . . . 4. *P.* **supina** *L.*
    5*. vielpaarig, unterbrochen gefiedert, unters. meist weissfilzig, Stgl kriechd, Blkrb. länger als d. Kch, Pfl. ausdauernd. *Gräben, Wiesen, Hügel, s. häufig* (5—8) ♃.
           5. *P.* **anserina** *L.*
1*. B. 3zählig od. fingerfg m. 5—7 Blättch.
 6. Bthn gelb; Früchtchen kahl.

3*

§ 6. 7*. Bthntragdr Stgl endstdg, verlängert, aufstrbd od. aufrecht; Bthn in Doldentrbn od. Rispen; Bthnthle 5zählig; Blättchen zu 5—7 fingerfg.
  8. B. beiderseits grün u. nebst d. Stgl rauhharig; Haare auf Knötch. sitzd, Frchtch. m. e. flügelfgn od. kielfgn Rande.
  9. Blättch. bdrsts etwa 4zähnig, an d. Spitze am breitesten u. v. dort nach d. Grd hin keilfg verschmälert; Stglhaare drüsenlos. *Wälder, Hügel d. südl. Alpenggdn* (6—7) ♃.
  6. *P.* **hirta** *L.*
  9*. B. vielzähnig, in d. Mitte am breitest. u. v. dort nach bdn Enden schmäler; Stglhaare oft drüsig. *Wälder, Hügel s. selt.* (6—7) ♃. . . . . 7. *P.* **recta** *L.*
    var. Bthn schwefelgelb. . . α. **obscura** *Koch.*
    Stglhaare nicht drüsig. . β. **pilosa** *Willk.*
 8*. B. unters. grau- od. weissfilzig.
  10. nebst Stgl, Bthnstiel u. Kch dünn graufilzig u. langhaarig; Früchtchen m. e. kielfgn Rand. *Wälder, Hügel, Abhge s. selt.* (6—7) ♃. . . . . 8. *P.* **inclinata** *Vill.*
  10*. unterseits nebst Stgl, Bthnst. u. Kch dicht weissfilzig; Fr. unberandet; Blättch. am Rande umgerollt. *Hügel, Sandfelder, s. häufig* (6—7) ♃. . . . . 9. *P.* **argentea** *L.*
7*. Bthnrgdr Stgl verkzt, seitenstdg, kriechd, ausgebreitet od. aufstgd; Bthn einzeln od. büschlich, B. am Grund mehr od. weniger rosettenbildd.
  11. Bthnthle 4zählig. (Tormentilla *L.*)
   12. Stgl ausgebreitet od. aufsteigd; nicht rankend; Stglb. meist 3zählig; Pfl. behaart (*T.* erecta *L.*) *Wälder, häufig* (6—7) ♃.
      10. *P.* **tormentilla** *Sibth.*
   12*. Stgl rankenartig kriechd, ästig; Bthn einzeln.
    13. B. meist 3zählig, nur d. unterst. 5zählig; d. ober. kzgest. *Wiesen, Wälder, selt. (Norddtschld, Schweiz)* (6—7) ♃.
      11. *P.* **procumbens** *Sibth.*
    13*. B. theils 5zählig, theils 3zählig, langgestielt. *Wiesen, Trichufer, sss. (Holstein)* (6—7) ♃. 12. *P.* **mixta** *Nolte.*
  11*. Bthntheile 5zählig, Früchtchen unberandet.
   14. Stgl rankenartig kriechd, einfach, Bthn einzeln; Pfl. angedrückt behaart. *Wiesen, Gräben, Gebüsch, häufig* (6—8) ♃.
      13. *P.* **reptans** *L.*
   14*. Stgl ausgebreitet od. aufsteigd, nicht kriechd.
    15. Alle od. wenigstens d. unteren B. 5—7zählig.
     16. untersts weissgrau filzig, am Rande flach; Stglb. zahlreich (ob var v. 9?) *Hügel, Sandfelder, ss. (Schlesien, Böhmen, Rhein- u. Mainggdn)* (5—6) ♃. 14. *P.* **collina** *L.*
     16*. beiders. ziemlich gleichfarbig grünl.; Stglb. wenige.
      17. Kchabschnitte ungleich, die inneren breiteifg, fast kahl, d. äusseren lineal, rauhbaar. *Hügel, Abhge, ss. (Schlesien)* (5) ♃. . . . . 15. *P.* **patula** *W. K.*
      17*. Kchabschnitte alle ziemlich gleich.
       18. Blättch. m. vielzähnig. Rande, meist 7fingerig.
        19. auf jeder Seite m. 5—10 absthdn Zähnen. *Stein. Abhge d. südl. Schweiz* (5—6) ♃,
          16. *P.* **heptaphylla** *Mill.*
        19*. auf jeder Seite m. 9—12 gerade vorgestreckt. Zähn. *Stein. Abhge, ss. (Thüringen, Böhmen, Schweiz)* (5—6) ♃. . . . . 17. *P.* **thuringiaca** *Bernh.*

ROSACEAE.   *Potentilla.*

18*. B. auf jeder Seite m. 3—4 Zähnen am Rande.
20. Pfl. anliegd behaart; Blättchen kahl, nur am Rande mit silberglzdn Haaren besetzt, Bthn goldgelb. *Bgwiesen, bes. d. Alpen, selten* (6—8) ♃. . . . . . 18. *P.* **aurea** *L.*
20*. Pfl. kahl od. abstehd od. flaumig behaart.
21. kahl od. aufrecht flaumig behaart (in einander übergehende Arten u. wohl nur var. v. *P.* verna.)
22. Nebenb. eifg.
23. Blättch. nicht über d. Mitte getheilt, ziemlich breit. *Bgwiesen d. Alpen, Vogesen u. Sudet.* (6—8) ♃.
19. *P.* **salisburgensis** *Hänke.*
23*. B. fast fiedertheilig. *Bgwiesen sss. (b. Zermatt im Cant. Wallis)* (7—8) ♃. . 20. *P.* **ambigua** *Gand.*
22*. Nebenb. lineal lanzettl.
24. Pfl. kahl od. flaumig behaart, grün. *Hügel, Wege, häufig* (4—5) ♃. . . . . . . 21. *P.* **verna** *L.*
24*. Pfl. spinnewebig od. filzig gran. *Hügel, Abhge, bes. in Gebgsggdn* (4—5) ♃. . . 22. *P.* **cinerea** *Chaix.*
21*. Pfl. m. wagrecht abstehdn Haaren. Stgl roth. *Wälder, stein. Abhge, Gebüsch, ss.* (5—6) ♃. 23. *P.* **opaca** *L.*
15*. B. alle 3zählig.
25. Stglb. zahlreich, d. grundst. 2paarig gefiedert; Bthn klein, traubig, Pfl. rauhhaarig. . . . s. ob. 2. *P.* **norvegica** *L.*
25*. Stglb. wenige.
26. Blättch. unters. schneeweissfilzig, obers. grün, kahl od. rauhhaarig; Stglb. 1—2, Bthn 1—4. *Stein. Abhänge d. höchsten Alpen* (7—8) ♃. . . . . . 24. *P.* **nivea** *L.*
26*. B. graufilzig, kahl od. abstehend behaart.
27. Bthn gross, zu 3—8 in e. endstdgn Trugdolden. *Stein. Abhge d. Alpen* (7—8) ♃. . . 25. *P.* **grandiflora** *L.*
27*. Bthn klein, zu 1—2; kleine rasenbildde Alpenkräuter.
28. Pfl. graugrün, zottig behaart. *Stein. Abhge d. höchst. Alpen* (7—8) ♃. . . . . . 26. *P.* **frigida** *Vill.*
28*. Pfl. schön grün; Stgl flaumig. B. nur am Rande u. auf d. unter. Seite behaart. *Bgwiesen u. Abhge d. Alpen.*
 27. *P.* **minima** *L.*
6*. Bthn nie gelb, Früchtch behaart.
29. Bthn weiss.
30. Stgl 1—4bthg. wenig beblätt. Stbfdn kahl.
31. Stgl liegd; Grundst. B. lang gestielt; Früchtch. nur am Nabel behaart; Pfl. absthd behaart.
32. Blättch. d. 3—5zähl. B. nur an d. Spitze gesägt.
33. Blkrb. wenig länger als d. Kch; Blättch. unterseits silberweiss, B. 5zählig. *Wälder, selt.* (5—6) ♃.
 28. *P.* **alba** *L.*
33*. Blkrb. nicht länger als d. Kch, B. unterseits grau, 3—4—5zählig. abstehend behaart (ob Bastardfm v. 28 u. 30?) *Wälder, sss. (Thüringen)* (5—6) ♃.
 29. *P.* **splendens** *Rmd.*
32*. Seitenstdge Blättch. d. 3zähl. B. v. Grund an gesägt; Kch u. Blkrb. gleichlang.
34. B. alle 3zählig; Pfl. m. Ausläufern (vom Ansehen d. Erdbeerarten, daher *Frag.* sterilis *L.,* aber durch herzfge Blkrb. u. trocken bleibdn Fruchtboden von ihnen unterschieden). *Hügel, Wälder, selt.* (4—5) ♃.
 30. *P.* **fragariastrum** *Erh.*

§ *6.*

§ 6.   34*. Stglb. einfach, Auslfr. fehld. *Stein. Abhge in Gbgsggdn ss. (Alpen, Nahethal)* (4—5) ♃. 31. *P.* **micrantha** *Ram.*
31*. Stgl aufsteigd; nebst d. Bstielen abstehend behaart; Grdst. B. kurzgestielt; kahl od. unters. u. am Rande angedrückt behaart; Frchtch. überall zottig. *Felsspalt. d. höchst. Alpen ss.* (7—8) ♃. . . . . 32. *P.* **Clusiana** *Jacq.*
30*. Stgl reichbthg u. reichblättr.; Stbfdn zottig behaart.
35. Blättch. sitzd, längl. lanzettl. etwas zottig, obere 3zählig, untere 5zählig; Stgl aufstgd. *Kalkfels. d. Alpen* (7—8) ♃.
         33. *P.* **caulescens** *L.*
35*. B. etwas gestielt (ob var?) *Felsspalt. sss. (Salève b. Genf)* (7—8) ♃. . . . . 34. *P.* **petiolulata** *Gdn.*
29*. Bthn röthl.; B. 3zählig.
36. Bthn rosenroth; Stgl aufr., vkürzt, dicht rasig, einbthg; ganze Pfl. seidenhaarig glänzd. *Felsspalt. u. stein. Abhge d. höchst. Alpen* (7—9) ♃. . . . . 35. *P.* **nitida** *L.*
36*. Bthn dunkelblutroth, Stgl liegd od. aufsteigd, verlängert, ästig, unters. schneeweissfilzig. *Zierpfl. uns Nepal in Asien* (7—8) ♃. . . . . 35b. *P.* **atrosanguinea** *Lodd.*

7. **Sibbaldia procumbens** *L.* (V. 5). Stbgef. u. Griffel meist 5, selt. 10. Kleines, rasenbildds Krt m. liegdm Stgl, 3zählig. B. u. kleinen zu 3—6 doldentrbgn gelben Bthn. *Stein. Abhge d. Alpen u. Vogesen* (7—8) ♃.

8. **Agrimónia** *L.* (XI. 2). Kch 5spaltig, z. Frzeit geschlossen, aussen mit zahlreichen hakigen Stacheln besetzt. Stbg. meist 16; Griffel 2; Kchschlund dch e. drüsigen Ring verengert. Behaarte Krtr m. unterbrochen gefiederten B. u. ährenfgn gelben Bthn.
1. Kch z. Frzeit vkkegelfg, bis z. Grunde tief gefurcht; Bthn geruchlos, Stgl 1—2' hoch. *Hecken, Gebüsch, häufig* (6—8) ♃.
         1. *A.* **eupatorium** *L.*
1*. Kch z. Frchtz. glockig, bis z. Mitte seicht gefurcht; Bthn wohlriechd; Pfl. in allen Thln grösser (ob var?) *Hecken, Gebüsch, ss. (Rheinggdn)* (6—8) ♃. . . . 2. *A.* **odorata** *Ait.*

9. **Aremonia agrimonioïdes** *Neck.* (V. 2, X. 2 od. XI. 2). Kch längl.; aussen m. 5 pfriemenfgn geraden Stacheln. Behaarte Pfl. m. zu 3—6 doldentrbgn gelben Bthn, unterbrochen gefiedert. unteren, 3zählig. oberen B. u. 2—8" hohen Stgl. *Stein. Abhge d. südl. Alpenggdn* (6—8) ♃.

II. *ROSEAE.* Kch z. Frzeit saftig, becherfg, d. einsam. Frchtch. einschliessend.

10. **Rosa** *L.* „Rose." Kch 5spaltig m. 5 gleichgrossen, aber oft abwechselnd m. Fiederblättch. versehenen Abschnitt *). Frchtch.

---

*) Die eigenthümliche Kelchbildung d. Rosen, indem nehmlich bei vielen derselben 2 Abschnitte beiderseits mit Fiederblättchen besetzt, eines nur einseitig und zwei ganz kahl sind, hat zu der Entstehung folgenden lateinischen Räthsels Veranlassung gegeben:
        Quinque sumus fratres, sub eodem tempore nati,
        Bini barbati, bini sine crine creati,
        Quintus habet barbam, sed tantum dimidiatam.

in d. zur Frzeit saftigen, becherfgn, eine falsche Frucht (Rosen- § 6.
frucht, Hagebutte) darstellenden Kchröhre eingeschlossen. Meist
stachlige, wegen häufiger Bastardbildung und Unbeständigkeit der
Merkmale oft schwierig zu unterscheidende, übrigens dch Schönheit
der Bthn ausgezeichnete u. daher vielfach cultiv. Sträucher.
1. Nebenb. gleichgestaltet.
 2. Griffel nicht mit einander verwachsen.
  3. Bthn weiss, selten röthlich; Kchabschnitte nicht mit An-
  hängseln, lineal zugespitzt; beidersts kahl, meist einfach u.
  nicht drüsig gesägt. Zweige m. dünnen geraden Stchln, Fr.
  schwarz. *Hügel, Hecken, Gebüsch, auch cult. u. verw.* (6—7) ♄.
  1. *R.* **pimpinellaefolia** *L.*
  3*. Bthn roth od. gelb; Frkch. meist roth, Kchabschn. m. deutl.
  Anhängseln.
   4. Blättch. einfach u. nicht drüsig gefügt; Stacheln gebog.
   v. d. Seite zusammengedrückt; Bthn rosenroth. *Zierpfl.
   aus dem Orient „Monatrose" z. Thl* (4—8) ♄.
   1b. *R.* **damascena** *L.*
   4*. Blättch. doppelt u. drüsig gesägt.
    5. Bthn gelb od. aussen roth; Stbkolb. am Grd breiter
    pfriemenf. *Zierpfl. aus d. Orient* (6) ♄.
    1c. *R.* **eglanteria** *L.* = **lutea** *Mill.*
    5*. Bthn rosenroth od. purpurroth.
     6. B. beidersts weichhaarig flaumig; Bthn stets gefüllt;
     Fr. daher stets unentwickelt. *Zierpfl. aus d. Orient* (?)
     (6—8) ♄ *„Centifolie, Königin der Blumen."*
     1d. *R.* **centifolia** *L.*
     6*. B. obers. kahl, glänzend.
      7. am Rande m. kurzen eifgn Zähnen, unters. drüsen-
      los, feinfilzig. *Hecken, Gebüsch, ss. häufig cult.
      „Essigr., Burgunderr."* (6—7) ♄. 2. *R.* **gallica** *L.*
      7*. am Rande m. vorgezog. spitz.Zähnch., unterseits
      drüsig, flaumig od. kahl. *Wälder, Gebüsch (Rhein-
      ggdn)* (6—7) ♄ . . 3. *R.* **trachyphylla** *Rau.*
 2*. Griffel in e. Säule verwachsen; Frkch roth, Bthn meist weiss,
 einzeln od. doldentraubig.
  8. Kchabschn. kürzer als d. Blkr. nicht m. Anhängseln.
   9. B. bleibd, immergrün, beidersts glänzend. *Stein. Abhge,
   Gebüsch am adr. Meer* (6—7) ♄. 4. *R.* **sempervirens** *L.*
   9*. B. abfallend, untersts glanzlos.
    10. Griffelsäule behaart; Frkch. drüs. borstig; Blättch. drüs.
    gezähnt. *Stein. Abhge, Gebüsch, ss. (Schlesien)* (6—7) ♄.
    5. *R.* **arvina** *Krock.*
    10*. Griffels. kahl, Frkch kahl; Blättch. am Rande drüsenlos
    gezähnt. *Hecken, Wälder, selt.* (6—7) ♄.
    6. *R.* **arvensis** *Huds.*
  8*. Kchabschn. m. Anhängseln, so lang als d. Krone; Frkch.
  kahl. Bthn v. Moschusgeruch, meist einzeln; Griffelsäule
  kahl, länger als d. Stbgef., Nebenb. an d. blühend. Aesten
  oft breiter. *St. Abhge, Gebüsch d. südl. Alpenggdn* (5—6) ♄.
  7. *R.* **systyla** *Bast.*
1*. Nebenb. an d. blühenden Zweigen deutlich breiter als d. nicht
blühenden. Griffel frei.
 11. Frkn. im Kch kurzgestielt.
  12. Kchabschnitte nicht od. nur am Grund m. wenig Anbgsln
   13. Kchabschn. krzr als d. Krone; Stacheln d. Stämme gerade.

§ 6.
14. Blättch. 9—11; Frkch. hochroth, Nebenb. ausgebreitet; Bthnst. z. Frzeit nickend. *Stein.Abhge am adr. Meer* (6—7) ♄.
              8. *R.* **gentilis** *Stbg.*
14*. B. 5—7; Frkch. schwarz, hängend, Nebenb. am Grd rinnenfg zusammengefaltet. *Stein. Abhge, bes. d. Alpenggdn* (6—7) ♄. . . . . 9. *R.* **reversa** *W. K.*
13*. Kchabsch. so lang u. länger als d. Kr.
15 Frkch. hängd; Stämme zuletzt fast stachellos. Blättch. 7—11. *Stein. Abhge in Gebgsggdn, bes. d. Alpen* (6—7) ♄.
              10. *R.* **alpina** *L.*
15*. Frkch. aufrecht
16 Blättchen untersts flaumig behaart.
17. Bthnstiele u. Kche drüsig borstig; Nebenb. flach; Frkch. kreiselfg; Aeste grün, zuletzt wenig stachlig. *Gebüsch, Abhge, sss. (um Wien), häufig cult.* (6—7)♄.
              11 *R.* **turbinata** *Ait.*
17*. Bthnst. u. Kche kahl; Nebenb. d. nicht blühenden Zweige röhrenfg eingerollt; Frkch. kuglig; Aeste zimmetbraun. *Gebüsch, selt wild, meist cult. „Zimmentr."* (6—7) ♄ . . . . 12. *R.* **cinnamomea** *L.*
16*. B. beidersts kahl, einfach gesägt.
18. B. beidersts grün; Kchabschn an d. Spitze gesägt; Frkch. zuletzt schwarzbraun; Zweige m.gerad. Stachlen. *Hügel, Gebüsch, ss. (an d. Nord- u. Ostsee)* (6—7) ♄.
              13 *R.* **lucida** *Ehrh.*
18*. B. nebst Zweigen u. Nebenb. bläulich bereift; Frkch. roth; Zweige m mehr sichelfgn Stach. B. oft röthl. *Stein. Abhge, Gebüsch, ss. wild, meist cult.* (6—7) ♄.
              14. *R.* **rubrifolia** *Vill.*
12*. Kchabschnitte abwechselnd m. Anhängseln, so lang u. lgr als d. Krone.
19. Blättch. untersts kahl, rundlich, Bthnstiele u. Kche drüsig borstig. *Bgwälder, stein. Abhge, bes d. Alpenggdn* (6—7) ♄.
              15. *R.* **glandulosa** *Bell.*
19*. B. unters. m. fast dornigen Drüsen besetzt, ellipt. *Bergwälder, Hecken, Gebüsch (Schweiz)* (6—7) ♄.
              16. *R.* **spinulifolia** *Dematra.*
11*. Früchtch. alle, auch d. mittelst. langgestielt. (Stiel so lang u. länger als diese); Kchz. abwechselnd m. Anhängseln; B. ellipt.
20 Blättch. unters kahl od. flaumig behaart, Frkch. kahl, Stchln sichelfg (in e. übergehende Arten).
21. Bthn weiss od. sehd hellrosenroth; Blättch. obers. dunkelblaugrün; Kchzähne kürzer als d. Krone; Frkch. roth, eifg (ob var v. 18?) *Wälder, Hecken, Gebüsch, ss. meist cultiv. „Weisse R."* (6—7) ♄. . . . . 17. *R.* **alba** *L.*
21*. Bthn rosenroth, B. lebhaft grün.
22. Frkch. länglich od. elliptisch; Kchz. so lang als d. Krone. *Hecken, Gebüsch, s. häufig „Wilde R., Hundsr."* (5—7) ♄.
              18. *R.* **canina** *L.*
  var. Pfl. völlig kahl. . . . . . α. **vulgaris.**
    Blättch. unters. blaugrün. . . β. **glauca.**
    Blättch. u. Bstiele flaumig . . γ. **pubescens.**
    Bthnst. u Kche drüsig, B. kahl. δ. **setosa.**
    Bthnst. u. K. drüsig, B. flaumig ε. **collina.**

22*. Frkch. kuglig; Kchz. meist kürzer (ob var v. 18?) *Hecken,* § 6.
stein. Abhge (bes. d. Rheinggdn) (5—7) ♄.
         19. *R.* dumetorum *Thuill.*
20*. Blättch. unters. drüsig od. filzig behaart; Frkch. nebst Bstiel
 u. Bthnstiel oft drüsig borstig; Bthn meist roth.
* 23. Blkrb. am Rande nicht drüsig.
 24 Blktchn untersts dicht drüsig punktirt u. gewimpert.
  25. Frkch. drüsig borstig, eifg, Stacheln pfriemlich gerade
  (ob var v. 18?) *Hecken, Gebüsch, bes. d. Rhnggdn* (6—7) ♄.
         20. *R.* sepium *Thuill.*
 25*. Frkch. kahl, kuglig od. elliptisch; Stacheln z. Thl sichelfg,
  B. untersts rostroth. *Hecken, Gebüsch, selt* (6—7) ♄.
         21. *R.* rubiginosa *L.*
24*. Blättch unters. filzig behaart.
 26. Kch zurückgeschlagen, zuletzt abfalld; Fr. kug ig; Blättch.
  obers. kurzhaarig; Stacheln gerade. *Wälder, Hecken,*
  Gebüsch, nicht selt. (6—7) ♄. . . 22. *R.* tomentosa *Sm.*
 26*. Kchz. aufrecht, bleibd; Blättch. obers. fast kahl; Stacheln
  sichelfg. *Hecken, Gebüsch, sss. (b. Hamburg)* (6—7) ♄.
        23. *R.* coriifolia *Fries.*
23*. Blkrb. am Rande dicht drüsig gewimpert; Frkch. kuglig,
 violett, drüsig, nickend; Blättch. unters. fein filzig u. nebst
 d. Bstiel u. Bthnstiel dicht drüsig; Stacheln pfriemlich; B.
 eifg-lanzettl. *Bgwälder, s.(Rhnggdn, Alpen) auch cult.* (6—7) ♄.
        24. *R.* pomifera *Herm.*
 . var. B. breiter, Fr. aufrecht. ciliatopetala *Bess.*

§ 7. POMACEAE. *Lindl.*

Kch 5spaltig m. d. Frknoten verwachsen u. mit demselben zu
einer zuletzt fleischigen, 2—5fächerigen, oft essbaren unächten
Frucht (Apfelfrucht) werdend. Blkrb. 5, gleichmässig, Stbgef. zahl-
reich; Gr. meist 2—5, selt. 1. Bäume u. Sträucher m. wechselständ.
B., in ihren Gattungen schwierig zu begrenzen (XII. 2).
1. B. gefiedert. . . . . 6. **Sorbus.**
1*. B. nicht gefiedert.
 2. B. lappig od. doppelt gesägt.
  3. Stamm m. dornlosen Zweigen. . . . . . . 6. **Sorbus.**
  3*. Stamm m. dornigen Zweigen. . . . . 1. **Crataegus.**
 2*. B. einfach gesägt, gekerbt, od. ganzrandig.
  4. Bthn einzeln, Blkrb. eifg, rundlich.
   5. B. lanzettl. gesägt; Kchzähne lanzettl., länger als d.
    Krone; Gr. kahl. . . . . 3. **Mespilus.**
   5*. B. eifg, ganzrandig; Kchz. kürzer als d. Kr.
    6. Griffel in d. unter. Hälfte dch e. dichte Wolle verbunden.
             3b **Cydonia.**
    6*. Gr. kahl, B. untersts weissfilzig. 2. **Cotoneaster.**
  4*. Bthn in Trauben, Doldentrbn od. Büscheln.
   7. Blkrb. rundl. eifg, wenig länger als breit.
    8. B. ganzrandig; Blkrb. aufrecht. 2. **Cotoneaster.**
    8*. B. gesägt; Blkrb. ausgebreitet. . 4. **Pyrus.**
   7*. Blkrb. lanzettl. od. länglich, 4—5mal länger als breit;
    Bthn in Trauben. . . . . 5. **Aronia.**

§ 7.　　I. *Steinfrüchtige.* Fächer d. Fr. aus e. zuletzt verholzenden Haut gebildet.

  1. **Crataegus** *L.* „Hagedorn, Weissdorn." Steine überall v. Fleisch umgeben, an d. Spitze m. e. schmalen Scheibe. Strchr m. vkeifgn 3lappigen od. 3spaltigen B., weissen od. röthlichen Bthn in aufrechten Doldentrauben, dornigen Zweigen u. grossen Nebenb
  1. Bthnstiele nebst d. jüngeren Zweigen und meist auch d. B. kahl; Kchz. abstehend, Fr eifg, 2steinig; Griffel 2 (var. Bthn gefüllt, weiss od. rosenroth). *Hecken, Gebüsch, s. häufig, auch cult.* (5—6) ♄ . . . . 1. *C.* **oxyacantha** *L.*
 1*. Bthnstiele zottig
  2. Jüngere Zweige u. meist auch d B. kahl; Kch zurückgeschlagen; Fr. kuglig, meist 1samig; Gr. 1. *Hecken, Gebüsch, nicht selt. auch cult.* (6), *blüht 14 Tage später als d. vor.* ♄.
          2. *C.* **monogyna** *Jacq.*
 2* Zweige nebst B., Bthnstiel u. Kche krauszottig. *Hecken, Gebüsch d. südl. Alpenggdn, auch cult.* (5—6) ♄.
          3. *C.* **azarolus** *L.*

  2 **Cotoneáster** *Lindl.* Steine an d. Spitze nicht v. Fleisch umgeben. Dornlose Sträucher m. rundl. eifg ganzrand. B. u. rosenrothen, meist doldigen Bthn. Kalkfelsen liebde Strchr.
  1. Kche u. Bthnstiele kahl; Fr. 3steinig. *Felsen, stein. Abhge, selt., auch cult.* (5) ♄ . . . . 1. *C.* **vulgaris** *Lindl.*
 1*. Kch u. Bthnst. filzig; Fr. 4—5steinig. *Felsen, stein. Abhge d. Alpenggdn, auch cult.* (5—6) ♄. . . 2. *C.* **tomentosa** *Lindl.*

  3. **Méspilus germanica** *L.* Steine überall v. Fleisch umgeben, an der Spitze m. breiter Scheibe. Wehrloser od. wenig dorniger Strauch od. Baum m. länglich-lanzettl., spitzen ganzrandigen od. gesägt., unters. graufilzig. B., einzelstehend, endstdgn, kurzgestielten weissen Bthn u. essbaren Frücht. „Mispeln." Kchz. länger als d. Kr. *Stein. Abhge u. Gebüsch d. Alpenggdn, auch cult.* (5—6) ♄.

  II. *Kernfrüchtige.* Fruchtfächer aus einer pergamentartigen Haut gebildet.

  3b. **Cydonia** *Tourn.* (Pirus *L.*) Fruchtfächer vielsamig; Strchr od. kleine Bäume m. einzelsthdn Bthn.
  1. Bthn weiss od. röthlich; B. eifg. ganzrandig, unters. grau weissfilzig; Fr. gross, wohlriechd, wollig behaart. *Culturpfl. aus d. Orient „Quittenb."* (5—6) ♄ (P. cydonia *L.*)
         a. *C.* **vulgaris** *Pers.*
 1*. Bthn scharlachroth; B. gekerbt-gesägt, kahl, glänzend; Fr. klein, geruchlos. *Häufige Zierpflanze aus Japan* (4—5) ♄.
         b. *C.* **japonica** *Pers.*

  4. **Pirus** *L.* Frfächer 1—2samig; Bäume u. Sträucher m. eifgn gesägt. B., meist wehrlosen (zuweilen im wilden Zustande dornspitzig) Zweigen u weissen od. röthl. doldentrb. Bthn; Fr. nur bei d. cult. Pfl. essbar.

1. Griffel frei; Fr. am Grd nicht nabelartig vertieft. Bthn weiss. „Birnb." § 7.
2. B. eifg, so lang als d. Bstiel, meist kahl. *Bgwälder „Holzbirne",
háufig in zahlrchn Variet. cult.* (4—5) ♄. 1. *P*. **communis** *L*.
   var. B. untersts nebst Bthnstiele u. Kch filzig. **Pollveria.**
2*. B. lanzettl. 3—4mal so lang als d. Bstiel, unters. filzig behaart.
St. Abhge, Gebüsch in Istrien (4—5) ♄. 2. *P*. **amygdaliformis** *Vill*.
   var. B. länglich-vkeifg. . . . . **nivalis.**
1*. Gr. am Grd m. e. verwachsen; Fr. am Grunde nabelartig vertieft:
B. eifg, doppelt so lang als d. Bstiel, kahl od. filzig; Bthn röthlich, „Apfelb." *Wälder, Hecken, „Holzapfel", häufig in zahlrchn Variet. cult* (4—5) ♄. . . . . 3. *P*. **malus** *L*.

III. *Beerenfrüchtige.* Fächer d. Fr. aus e. sehr dünnen, zuletzt fast verschwindenden Haut gebildet.

5. **Arónia rotundifolia** *Pers.* (Amelanchier vulgaris *Mch.*)
Fruchtfächer durch e. unvollkommene Scheidewand fast 2theilig;
3—6' hoher, wenig beblätterter Strauch m. eifg, gesägten, unterseits
weichhaarigen B., weissen, traubenfg gestellt. Bthn m. schmal
lanzettl.-keilfgn Blkrb. u. kleinen, schwarzblauen, beerenartig.,
essbaren Fr. *Bywälder, Felsen, ss. (Rheingydn, Alpen), auch als
Zierpfl. cult.* (4—5) ♄.

6. **Sorbus** *L.* Frfächer ungetheilt. Wehrlose Bäume und
Strchr m. gefiederten, lappigen od. doppelt gesägt. B. u. röthlichen
od. weissen Bthn in zusammengesetzten Doldentrauben.
1. Bäume m. gefiederten B.
2. Knospen kahl, klebrig; Bthn gross; Fr. gross, birnfg, essbar,
gelblich. *Bgwälder d. südl. Alpengydn, auch cult.* (5—6).
                                                1. *S.* **domestica** *L.*
2*. Knospen filzig; Bthn kleiner; Fr. klein, scharlachroth, herbe
schmeckd; Blättch. sitzd. *Bgwälder, Felsen, s. häufig, auch
cult. „Vogelbeerb."* (5—6). . . . . . 2. *S.* **aucuparia** *L.*
1*. Meist Sträucher, selten Bäume m. nicht od. nur unvollstdg gefiederten B.
3. B. am Grd fiederthlg, unters. filzig (ob Bastard v. 2 u. 4?)
Bgwälder, Felsen, selt., auch cult. (5—6). 3. *S.* **hybrida** *L.*
3*. B. eifg, lappig. (Pirus *Erh.*)
4. Blkrb. weiss, ausgebreitet.
5. B. unterseits filzig, breit-eifg; Fr. kuglig, scharlachroth.
6. B. seicht lappig; Lappen u. Sägezähne gegen d. Spitze
hin an Grösse zunehmend, unters. weiss- od. graufilzig.
Bgwälder, Kalkfelsen, auch als Zierstr. cult. (5—6).
                                                   4. *S.* **aria** *Crtz.*
    6*. B. tiefer gelappt (ob var?)
7. Lappen abgerundet, gesägt, in d. Mitte m. e. Stachelsp.,
d. mittl. am grössten. *Bgwiesen, sss. (b. Danzig,
Riesengebge), auch als Zierstr.* (5—6).
          5. *S.* **intermedia** *Erh.* = **scandica** *Fries.*
7*. Lappen 3eckig, spitz, d. unter. am grössten. *Bergwälder, ss (Thüringen, Württemberg), auch als
Zierstr. cult.* (5—6). . . . . 6. *S.* **latifolia** *Pers.*
5*. unters. flaumig, zuletzt kahl, meist 7lappig; d. unteren
Lappen grösser, 3eckig, spitz; Beeren braun. *Bgwälder,
bes. auf Kalkboden, auch als Zierstrch cult.* (5—6).
                                              7. *S.* **torminalis** *Crtz.*

§ 7.   4*. Blkrb. purpurroth, aufrecht; B. längl.-ellipt, doppelt gesägt; Fr.
roth. Kleiner, aufrechter 3—6' h. Strauch. *Bgwälder*, *Kalkfels.
selt.* (5—6). . . . . 8. *S.* **chamaemespilus** *Crtz.*

III. Ordn. TEREBINTHINAE *Bartl.*   Kch u. Krone
4—5gldrg., letztere nebst d. 4, 5, 8 od. 10, selten mehr Stbgef. d.
Kch od. einer d. Frknoten. umgebdn drüsigen Scheibe eingefügt;
Pistill meist aus **mehreren** Frblätt. gebildet; Frkn. meist **mehrfächerig** m. **mehrsamig.** Fächern. Same meist eiweisslos m.
geradem Keim; Sträucher od. Bäume, selt. Kräuter m. meist zusammengesetzten, nebenblattlosen, drüsig-punktirten, gewürzhaften B.

§ 8. CASSUVIEAE. *R. Br.*

Fr. einsamig, nuss- od. steinfruchtartig, nicht aufspringend.
Bäume od. Strchr m. wechselstdgn B. u. meist grünlich, oft 2häusig.
od. polygamisch. Bthn in end- od. blattwinkelst Trbn
1. Blkrb. u. Stbgef. d Kch eingefügt; Fr. e. einsamige Steinfr.
2. Blkrb. fehld; Bthn 2häusig; Perig d. männl. Bthn 5spaltig;
    b. d. weibl. 3—4spaltig; B. gefiedert. . . . . 1. **Pistacia.**
   2*. Blkr. 5blättr.; Kch 5spaltig; Bthn zwitterig od. polygamisch;
    B. einfach, 3zählig od. gefiedert. . . . . . . 2. **Rhus.**
 1*. Blkrb. u. Stbgef. vor einer d Frknoten umgebdn Scheibe eingefügt; Fr. nussartig, geflügelt.
   3. Stbgef. 4—5; B. 3zählig. Bthn weiss. . . . 2b. **Ptelea.**
   3*. Stbgef. 5 od. 10; B. gefiedert. Bthn grünlich. 2c. **Ailantus.**

I. *Cassuvieae*. Blkrb. 5 od. fehld, nebst d. Stbgef. d. Kch
eingefügt; Steinfr.

A. *Anacardieae*. Keimb fleischig m. e. auf d. Rücken ders.
liegdn Wzlchn.

1 **Pistacia** *L.* (XXII. 5). Sträucher od. Bäume m. grünlich.
zweihäusigen Bthn in blattwinkelstdgn Traub. Blkrb. fehld.
1. B. unpaar gefiedert m. meist 7 spitz. Blättch. *Stein. Abhge d.
südl. Alpenggdn* (4—5) ♄. . . . . . . 1. *P.* terebinthus *L.*
1*. B. paarig gefiedert m. meist 8 stumpfen lederartigen Blättchen.
Stein. Abhge am adr. Meer (4—5) ♄ . . 2. *P.* lentiscus *L.*

B. *Sumacineae*. Keimb. flach m. e. an d. Rändern liegdn
Würzelchen

†† 2. **Rhus** *L.* (V. 3). Sträucher u. Bäume m. klein. grünl. Bthn
in end- od. blattwinkelstdgn Trauben od. Risp. Kch u. Kr. 5gliedr.
1. B. unzerthlt, rundlich, eifg, ganzrandig, kahl; Bthn zwittr grünl.
in endstdgn ausgebreitet. Risp. *St. Abhge d. südl. Alpenggdn* (5) ♄.
1. *R.* cotinus *L.*
1*. B. zusammengesetzt.

2. B. 3zähl., sehr langgestielt m. eifg od. herzeifg, ganzranu. Blättch.; § 8.
Bthn zweihäusig in blattwinkelstdgn Trauben; Fr. kahl, weiss,
rundlich, giftig. *Zierstrauch aus Nordamerika* (5) ♄.
            1b. *R.* **toxicodendron** *L.* ††
2*. B. gefiedert; Bthn polygamisch, erstere nebst d. Zweigen behaart;
Trbn dicht, knäulig.
3. Jüngere Zweige gelblichweiss, Bstiel gegen d. Spitze hin geflügelt. *Zierstrch aus Nordamerika* (5) ♄. 1c. *R.* **coriaria** *L.* ††
3*. Jüngere Zweige rothdrüsig; Bst. nicht geflüg. *Zierstrch aus Nordamerika* (5) ♄. . . . . 1d. *R.* **typhina** *L.*

II. **Xanthoxyleae** *A. Juss.* Blkrb. u. Stbgef. einer den Grund
d. Frknotens umgebdn drüsigen Scheibe eingefügt, Fr. geflügelt.

 2b. **Ptélea trifoliata** *L.* (IV. 1). Strauch 8 — 10' hoch,
m. 3zähl. B., fast ganzrandig, längl., eifgn Blättch. u. grünlichweissen, wohlriechdn Bthn in zusammengesetzten Doldentrbn. Kch
u. Kr. aussen behaart. *Zierstrch aus Nordamerika* (6—7) ♄.

 2c. **Ailántus glandulosa** *Desf.* (V. 3 od. X. 3). Baum
30—50' h. m. unpaar gefiederten B., groben, drüsig-gezähnten
od. fast ganzrandigen Blättch. u. gelblichgrünen Bthn in endstdgn
Rispen. Blkrb. am Grund zusammengewickelt. *Zierbaum aus China*
(6—7) ♄.

§ 8b. AURANTIACEAE. *Correa de Serra.*

Kch u. Kr. 3—5gliedrig; Blkrb. u. Stbgef. vor einer am Grund
d. Frknotens stehenden Scheibe eingefügt. Stbgef. meist zahlreich,
polyadelphisch: Fr. e. vielfächerige Beere m. lederiger od.
schwammiger Schale u. saftig. Zellgewebe, in welchem sich d. eiweisslosen Samen befinden. Sträucher u. Bäume m. immergrünen,
einfachen B., wohlriechdn Bthn u. oft essbaren Fr.

 a. **Citrus** *L.* (XVIII. 3). Kch 3—5spaltig, napffg; Gr. walzig
m. halbkugl. Narbe.
 1. Bstiel ungeflügelt; Fr. blassgelb, elliptisch, an beiden Enden
gebuckelt „Citrone". *Culturpfl. aus d. Orient* (3—8) ♄.
              a. *C.* **medica** *L.*
 1*. Bstiel breitgeflügelt; Fr. rothgelb, kuglig, an beiden Enden
eingedrückt „Orange". *Häuf. Culturpfl. aus d. Orient* (3—8) ♄.
              b. *C.* **aurantium** *L.*

§ 9. RUTACEAE. *Bartl.*

Kch u. Kr. 4—5thlg; Blkrb. genagelt u. nebst d. Stbg. auf e.
d. Frboden umgebdn Scheibe eingefügt. Stbg. 8—10; Fr. e. 3 bis
5fächerige Kapsel; Fächer vielsamig, einwärts aufspringend. Meist
Kräuter m. nebenblattlosen, meist fiederthlgn, gewürzhaft. B.

 1. **Ruta** *L.* „Raute" (VIII. 1 od. X. 1). Aestige Krtr m. 1—2'
hohen Stgl, wechselstdgn B. n. gelblichgrün., genagelt., völlig
gleichmässig. Blkrb.; Kchb. bleibd; Bthn in Doldentrbn.

§ 9. 1. B. fast 3fach gefiedert.
2. Blkrb. ganzrandig od. gezähnelt, Kapsel m. stumpfen Lappen.
B. gestielt
3. Blättch. eifg, länglich, d. endst. vkeifg. *Stein. Abhge, selt. auch cult.* (6—7) ♃ . . . . 1. *R.* **graveolens** *L.*
3*. B. lineal, länglich, d. endst. Blättch. d. unter. B. verlängert-vkeifg (ob ver?) *Stein. Abhge d. südl. Alpenggdn* (6—7) ♃.
2. *R.* **divaricata** *Ten.*
2*. Blkrb. am Rande fransig gespalten; Kapsel m. spitz. Lappen;
B. fast sitzd. *Stein. Abhge am adr. Meer* (6—7) ♃.
3. *R.* **bracteosa** *DC.*
1*. B. 3zählig, sitzd; Blättch. lanzettl. od. lineal; Lappen d. Kapsel stumpf, aussen m. c. Hörnchen; Stgl, Kch u. Bthnstiele zottig; Blkrb. ganzrandig. *Hügel, Abhge am adr. Meer* (6—7) ♃.
4. *R.* **patavina** *L.*

§ 10. DIOSMEAE. *Juss.*

Von d. Rutac. nvr dadurch unterschieden, dass die innere Frhaut elastisch von d. äusseren abspringt.

1. **Dictamnus fraxinella** *Pers.* (X. 1). (*D. albus L.*)
Bthn gross, röthlich od. weiss, etwas ungleich in endstdgn Trbn. Stbg. abwts geneigt; Frknoten auf e. dicken Träger; Kch 5theilig abfällig; 2—3' hohes, oberwärts dicht m. schwarzrothen Drüsen besetztes, sehr aromatisches Kraut m. einfachen Stgl, 7—9zähligen, gefiedert. B. u. fein gesägten, spitzen od. stumpfen Blättch. *Bergwälder, selt., auch als Zierpfl.* (5—6) ♃.

§ 11. ZYGOPHYLLEAE. *R. Br.*

Kch u. Kr. 4—5gliedrig; Blkrb. m. d. Kchabschnitt. abwechselnd; Stbgef. doppelt so viele als Blkrb.; Frknoten 5fächerig m. 3—4sam. Fächern. B. gegenstdg, am Grd m. bleibdn Nebenb.

1. **Tribulus terrestris** *L.* (X. 1). Kch u. Krone 5blättrig. Kurzhaariges, liegds Kraut m. ästigem Stgl, meist 6paarig gefiedert. B., eifg-längl., stumpf., ganzrandig. Blättch.; gelben, blattwinkelstdgn, langgestielten Bthn u. 5eckigen, holzigen Kapseln m. stechenden spitz. Ecken. *Aecker, Wege d. südl. Alpenggdn* (6—8) ⊙.

IV. Ordn. **TRICOCCAE** *Bartl.* Kch u. Krone 2—5gliedrig, zuweilen fehld; Pistill aus meist 3 m. e. verwachsenen Fruchtb. gebildet; Fr. e. wenigsamige Kapsel od. Beere. Keim gerade, meist m. Eiweiss. B. meist einfach, nicht punktirt, am Grund oft m. m. Nebenb.

§ 12. STAPHYLEACEAE. *Lindl.*

Kch 5gliedrig, frei, in d. Knospe dachig; Blkrb. 5 nebst d. 5 dazwischenstehenden Staubgef. auf d. Frboden befestigt; Kapsel 2—3fächerig m. 2—3samigen Fächern. Same mantellos. Strchr m. zusammengesetzt., gegenstdgn B.

1. **Staphylea pinnata** *L.* (V. 3). Strauch 8—20' hoch m. § 12.
unpaar gefiedert. B., 5—7 länglich., lanzettl., gesägt., kahl. Blättch., †
weissen Bthn in hängdn Trbn u. kugl. hellgrünen Kapseln. *Bgwälder, bes. d. Alpen, auch als Zierstrch* (5—6) ♄.

§ 13. CELASTRINEAE. *R. Br.*

Kch u. Krone 4—5gliedrig, in d. Knospe dachig, Blkrb. nebst d. dazwischenstehenden Stbgef. auf einer d. Frknoten umgebenden drüsigen Scheibe eingefügt. Fr. e. 2—5fächerige Kapsel; Same aufrecht in e. fleischigen Mantel eingeschlossen. Meist Sträucher m. einfach.. gegenst. B.

1. **Evonymus** *L.* „Spindelbaum" (IV. 1 od. V. 1.) Fr. e. 3fächerige kantige Kapsel „Pfaffenhütchen"; Fächer 1samig; Strchr m. gegenst. B. u. Zweigen u. grünlichen od. bräunl. Bthn.
   1. Blkrb. länglich; Aeste glatt, mehr od. weniger 4kantig; B. elliptisch, kleingesägt, kahl; Kpsln ungeflügelt, stumpf, 4lappig, zuletzt rosenroth; Mantel gelb, d. ganzen Samen bedeckend; Bthn kurzgestielt. *Hecken, Wälder, Gebüsch* (5—6).
   1. *E.* **europaeus** *L.* †
   1*. Blkrb. rundlich; Aeste walzig, rund.
   2. Aeste warzig; Bthn bräunlich; Kapsel ungeflügelt, stumpf 4kantig, honiggelb; Mantel d. halb. Sam. bedeckd. *Wälder, Gebüsch, östl. Deutschld* (5—6). . 2. *E.* **verrucosus** *Scop.* †
   2*. Aeste glatt, etwas zusammengedr.; Kapsel geflügelt, 5kantig, zuletzt purpurroth; Bthn langgestielt. *Bgwälder, bes. d. Alpen, auch als Zierstrch* (5—6). . 3. *E.* **latifolius** *Scop.* †

§ 14. AQUIFOLIACEAE. *DC.*

Kch 4—5gliedrig, frei, in d. Knospe dachig; Stbgef. 4—6 zwischenstdg, nebst d. Blkrb. d. Frboden eingefügt. Frkn. 2—6fächerig. Fächer einsamig; Samen hängd, mantellos; Fr. e. Steinfr. Sträucher m. einfachen, immergrünen, oft dornig gezähnten lederartigen B.

1. **Ilex aquifolium** *L.* (IV. 1). Strauch 6—12' hoch m. immergrünen, wechselstdgn, eifgn, meist dornig gesägt. B., kleinen weissen Bthn in blattwinkelstdgn Doldentrbn u. rother Steinfrucht. *Bgwälder, bes. d. Alpen, auch als Zierstrch* (5—6) ♄ „Stechpalme".

§ 15. RHAMNEAE. *R. Br.*

Kch 4—5spaltig, mehr od. weniger m. d. Frknoten verwachsen m. in d. Knospe klappigen Abschnitt. Blkrb. 4—5. d. Kch eingefügt; Stbgef. ebensoviele. d. Blkrb. gegenstdg, auf e. d. Frknoten umgebdn fleischigen Scheibe eingefügt. Gr. 1 m. 2—4 Narben od. 2—3. Fr. e. Kapsel od. Beere. Strchr m. einfach. B. u. oft stachligen Nebenb.
1. Griffel 2—3, kegelfg; Kch radfg; Blkrb. spatelfg; Steinfr. einsteinig, nicht aufspringend; Nebenb. stachlig.
2. Steinfr. saftig, flügellos; Bthn fast sitzd; Gr. 2. 1. **Zizyphus**.

§ 15. 2*. Steinfr. trocken, v. e. kreisfgn Flügel umzog.; Bthn gestielt; Gr. 3.
2. **Paliurus.**
1*. Gr. 1 ungethlt od. m. 2—4thlgr Narbe; Kch röhrig od. glockig;
Blkrb. schuppenfg; Steinfr. mehrsam., aufspringd. 3. **Rhamnus.**

1. **Zizyphus vulgaris** *Lam.* (V. 2). (Rhamnus ziz. *L.*)
Kch flach, fast radfg, rundum absprgd; Gr. 2; Steinfr. saftig,
flügellos. 4—8' hoher Strauch m. stachligen, kahlen Zweigen, eifgn,
gezähnten, wechselstdgn B., fast sitzdn, geknäuelt. gelbgrünen Bthn
u. hellroth. Fr. *Felsen u. stein. Abhge d. südl. Alpenggdn, urspr.
aus Syrien* (6—7) ♄ „*Judendorn*".

2. **Paliurus aculeatus** *Lam.* (V. 3). (Rhamn. pal. *L.*) Kch
w. b. vor. Gr. !3; Steinfr. trocken m. breitem Flügelrande;
4—5' hoher Strch m. kahlen, stachligen Zweigen, wechselstdgn, eifgn,
gekerbten, 3rippigen B. u. gelbgrün., gestielt. Bthn in blattwinkelst.
Doldentrbn. *Gebüsch u. stein. Abhge d. südl. Alpenggdn* (6—7) ♄.

†   3. **Rhamnus** *L.* „Wegedorn" (IV. 1, V. 1 od. XXII.) Kch
glockig od. röhrenfg, rundum abspringd; Gr. 1; Steinfr. mehrsteinig, saftig, d. Länge nach aufspringd; Bthnthle 4—5zählig; Blkrb.
oft sehr klein.
    1. Aeste u. B. gegenstdg; erstere dornspitzig; Bthn grünlich;
Bthnthle 4zählig; B. kleingesägt, eifg.
    2. Bstiele 2—3mal so lang als d. Nebenb.; letztere hinfällig,
pfrieml. Steinfr. auf e. convexen Kchbasis sitzd; Samen m.
e. geschlossenen Ritze; Strch 5—15' hoch. *Wälder, Gebüsch,*
†   *häufig* (5—6) ♄ „*Kreuzdorn*". . . . 1. *R.* **cathartica** *L.*
    2*. Bst. so lang als d. Nebenb.
    3. Steinfr. auf e. halbkugl. Kchbasis sitzend, Samen m. einer
klaffenden Ritze. *Stein. Abhge, Gebüsch d. südl. Alpenggdn
(Unterösterreich)* (5) ♄ . . . . 2. *R.* **tinctoria** *W. K.*
    3*. Steinfr. auf e. flachen Kchbasis sitzd. (wohl var.)
      4. Samen m. e. geschlossenen Ritze. *Stein. Abhge, Gebüsch
am adr. Meer* (5—6) ♄ . . . . 3. *R.* **infectoria** *L.*
    4*. Samen m. e. klaffenden Ritze; Strch liegd. *Stein. Abhge,
Gebüsch (Süddeutschld)* (5) ♄. . . 4. *R.* **saxatilis** *L.*
1*. Aeste u. B. wechselstdg; erstere wehrlos.
    5. Bthn grünlich, 2häusig; Bthnthle 4zählig; Gr. m. 2—3lappiger
Narbe.
    6. B. abfallend; Bthn in Büscheln.
      7. Strauch aufrecht m. 5—10' hohen Stämmen; B. am Grd
fast herzfg. auf jeder Seite m. 12 schiefen Rippen. *Stein.
Abhge d. Alpenggdn* (5—6) ♄ . . . . 5. *R.* **alpina** *L.*
      7*. Strauch liegd m. ½—2' langen, anliegdn Stämmen, B.
eifg, auf jeder Seite m. 6 schiefen Rippen. *Felsen, stein.
Abhge d. Alpenggdn* (5—6) ♄ . . . . 6. *R.* **pumila** *L.*
    6*. B. immergrün; Bthn in kurzen, blattwinkelstdgn Trauben.
*Felsen u. stein. Abhge am adr. Meer, auch als Zierstrch
cult.* (3—4) ♄ . . . . 7. *R.* **alaternus** *L.*
    5*. Bthn zwittrig, weiss, Bthnthle 5zählig; Gr. ungetheilt.
      8. B. gekerbt, gesägt, am Grd abgerundet; Fr. erst roth, dann
schwarz; Strch 2—6' hoch. *Felsen, stein. Abhge d. südl.
Alpenggdn* (5—8) ♄ . . . . . . 8. *R.* **rupestris** *Scop.*

8*. B. ganzrandig, an beiden Enden spitz zulaufend; Fr. erst grün, dann roth, zuletzt schwarz; Strch 4—10' hoch. *Wälder, Gebüsch, bes. an Ufern häufig* (5—6)§ „*Faulbaum, Pulverholz*". §15.
9. *R.* **frangula** *L.*

§ 16. EMPETREAE. *Nutt.*

Bthn eingeschlechtig; Kch u. Kr. 3blättrig, unterstdg; Frkn. 3—6—9fächerig; Fächer einsamig; Narbe strahlig lappig; Same aufrecht; Fr. e. Beere. Den Ericaarten ähnliche Sträucher m. kleinen, immergrünen, gedrängt stehenden, linealen B.

1. **Empetrum nigrum** *L.* (XXII. 3). Liegendes, ästiges Sträuchlein m. immergrünen, linealen, am Rande umgerollten, zu 3—4 quirl. B., kleinen, röthlich., einzeln in d. Bwinkeln stehend. Bthn; d. männl. m. 3 langen Stbgefässen, die weibl. m. 6—9 strahliger Narbe u. kugligen, schwarzen, essbaren Beeren. *Torfwiesen d. Alpen u. höheren Gebge* (4—5) ♄.

§ 17. EUPHORBIACEAE. *Juss.*

Bthn eingeschlechtig, m. od. ohne Bthnhülle; Frknoten meist 2—3fächerig m. 2—3 an d. Spitze gespaltenen Griffeln; Fächer 1—2samig. Frkn. 2—3knöpfig m. oft elastisch abspringdn Samen. Oft einen giftigen Milchsaft enthaltende Pfl.
1. Wenigstens d. männl. Bthn m. Kch u. Kr., einhäusig; Frknfächer 2samig.
2. Stbgef. 4; Holzgewächs m. immergrün., ganzrandig. B.
  3. **Buxus.**
2*. Stbg. 5; liegds Krt m. eifgn ganzrand. B. 4. **Andrachne.**
1*. Bthn alle unvollstdg; Frknotenfächer einsamig.
3. Bthn einhäusig; Kapsel 3knöpfig.
4. Stbgef. einzeln; Bthn von e. becherfgn Hülle umgeben, e. unächte Zwitterbthe darstellend; Pfl. m. weissen Milchsaft, B. nicht lappig. . . . . 1. **Euphorbia.**
4*. Stbg. m. e. verwachsen; Bthn traubenfg, rispig, nicht v. e. Hülle umgeben; B. handfg. 7—9lappig. . 2b. **Ricinus.**
3*. Bthn 2häusig; Kapsel meist 2knöpfig, borstig; Pfl. nicht milchd; Stbg. frei. . . . . 2. **Mercurialis.**

1. **Euphorbia** *L.* „Wolfsmilch" (XI. 3 od. XXI. 1). Bthn einhäusig, d. männlichen sich nach u. nach zu 10—20 um eine centrale, langgestielte weibl. Bthe entwickelnd, aus je einem Stbgef. u. einem Deckb. gebildet u. sämmtlich von einer glockigen od. becherfgn Hülle (Bthnbecher od. Kch nach älterer Anschauung) eingeschlossen, welche am Rande 4—5 eifge od. halbmondfge Drüsen (Blkrb. nach älterer Anschg) trägt. Weibl. Bthn einzeln, langgestielt, nickd. Fr. e. 3knöpfige, in 3 einsamige Fächer elastisch aufsprgde Kapsel. Milchende giftige Kräuter (wenigstens d. einheimischen) m. einfach. B. u. meist endstdg grünlich. Bthn in gablig verzweigten Trugdolden, an deren Grunde sich besondere v. d. Stglb. oft verschieden gestaltete B. befinden, welche, je nachdem sie den unteren od. oberen Verzwggn angehören, als Deckblätter (Hüllb.) od. Deckblättchen (Hüllblättchen) bezeichnet werden.

††

§ 17. 1. Drüsen d. Bthnbechers rundl. od. eifg, weder halbmondfg noch 2hörnig.
    2. Bthn blattwinkelstdg; B. m. Nebenb., gegenstdg: Drüsen roth.
    3. B. rundlich, am Grd schief, an d. Spitze seicht gekerbt; Samen runzlich. *Aecker, Sandfelder am adr. Meer* (6—8) ○.
†   1. *E.* **chamaesyce** *L.*
    3*. B. länglich m. stumpfer od. ausgerandeter Spitze; S. glatt.
†   *Aecker, Sandfelder am adr. Meer* (6—8) ○. 2. *E.* **peplis** *L.*
    2*. Bthn in endstdgn Trugdolden; Nebenb. fehlend; B. wechselstdg.
    4. Same vertieft punktirt; Kapseloberfl. glatt; Dold. 3—5strahl., B. keilfg, kahl: Stgl zerstreut behaart; Drüs. grün. *Aecker, Wege, häufig* (6—8) ⊙. . . . . . 3. *E.* **helioscopia** *L.*
†   4*. S. glatt.
    5. Kapseloberfl. warzig.
    6. Dolden 3—5strahlig.
    7. Hüllblättch. stachelspitzig; B. sitzd, d. ober. am Grd herzfg; Pfl. einjährig; Drüsen gelb.
    8. Warzen d. Kapsel abgerundet, halbkuglig. *Aecker,*
††   *Wege, häufig* (6—8) ⊙. . . 4. *E.* **platyphylla** *L.*
    8*. Warzen d. Kpsl kurz walzig (ob var?) *Gebüsch,*
††   *selt.* (6—8) ⊙. . . . . 5. *E.* **stricta** *L.*
    7*. Hüllb. stumpf; B. herzfg, kurzgestielt od. sitzd.
    9. Hüllb. am Grd abgeschnitten, 3eckig.
    10. Stgl rund od. stumpfkantig einfach gablig; Drüsen roth. *Wälder, Gebüsch, selt.* (6—8) ♃.
†   6. *E.* **dulcis** *L.*
    10*. Stgl geschärft kantig; Drüsen erst grün, zuletzt rothgelb. *Bgwälder, selt. (Oesterreich)* (5—6) ♃.
†   7. *E.* **angulata** *Jacq.*
    9*. Hüllb. am Grd schmäler, eifg od. elliptisch.
    11. Warz. d. Kpsl halbkuglig od. kz walzig; Drüs. gelb.
    12. Doldenäste lang, schlaff herabhängd; Warzen halbkuglig; Pfl. kahl. *Aecker, Hügel, Wege d.*
†   *südl. Alpenggdn* (5—6) ♃. 8. *E.* **carniolica** *Jacq.*
    12*. Doldenäste kurz, aufrecht; Pfl. meist behaart.
    13. Warzen kurzwalzig; Kpsln kahl. *Aecker,*
†   *Wege, selt. (Süddtschld, Rheinggdn)* (5—6) ♃.
                                             9. *E.* **verrucosa** *Lam.*
    13*. Warzen halbkuglig; Kpsln behaart (ob var?) *Sumpfw., Gebüsch, selt. (Süddtschld)* (5—6) ♃.
†   10. *E.* **pilosa** *L.*
    11*. Warzen d. Kapsel verlängert walzig, fadenfg.
    14. Kapseln länglich, Drüsen gelb. *Bgwälder d.*
†   *östl. Alpenggdn* (5—6) ♃. 11. *E.* **epithymoïdes** *L.*
    14*. Kapseln kuglig, nebst d. Drüs. zuletzt braunroth. *Bgwälder, Abhge d. südl. Alpenggdn* (4—5) ♃.
†   12. *E.* **fragifera** *Jan.*
    6*. Dolden vielstrahlig; Hüllb. am Grund schmäler; Warzen kurz walzig; Pfl. kahl, wenigästig. *Wiesen, Ufer, Gebüsch,*
††   *selt.* (5—6) ♃. . . . . 13. *E.* **palustris** *L.*
    5*. Kapseloberfl. nicht warzig.
    15. Dolden vielstrahlig.
    16. B. lineal, ganzrandig; Doldenstr. wiederholt gespalt. *Wege, Sandfelder, s. selt. (Rhein-Mainggdn, Thürin-*
†   *gen)* (5—6) ♃. . . . . 14. *E.* **Gerardiana** *Jacq.*

16*. B. lanzettl., kleingekerbt; Doldenstr. einmal gespalt. *Wiesen,* § 17.
Gebüsch, sss. (um Wien) (5—6) ♃. 15. *E.* **pannonica** *Host.* †
15*. Dolden 3—5strahlig; Pfl. behaart; B. lanzettl. *Wälder, sss.*
(Oesterreich, Baden) (6—7) ♃. . . . 16. *E.* **procera** *M. B.* †
1*. Drüsen halbmondfg od. ?hörnig. Bthn in endstdgn Trugdolden.
17. Hüllblättch. verwachsen; Dolden vielstrahlig; Sam. glatt.
18. Kapseln kahl; Hüllblättch. e. flache Scheibe darstellend;
Drüsen gelb od. roth. *Laubwälder, ss.* (4—5) ♃.
17. *E.* **amygdaloïdes** *L.* ††
18*. Kapseln dicht behaart; Hüllblättch. gekräuselt; B. beiders.
sammethaarig - filzig. *Stein. Abhge u. Bgwälder am adr.*
Meer (4—5) ♃. . . . . . . 18. *E.* **Wulfenii** *Hopp.* †
17*. Hüllb. frei.
19. Same glatt; Dolden meist vielstrahlig; Pfl. ausdauernd.
20. Wzl kriechd, horizontal; Dold. vielstrahl., wiederh. gespalt.
21. B. völlig glanzlos.
22. kahl.
23. genau lineal od. an d. Spitze etwas breiter. d. d.
seitenstdgn Aeste breiter. *Aecker, Hügel, Wege,*
häufig (4—8) ♃. . . . . 19. *E.* **cyparissias** *L.* ††
23*. lanzettlich an Basis u. Spitze schmäler. *Wiesen,*
Gräben, selt. (5—8) ♃. . . . 20. *E.* **esula** *L.**) ††
22*. flaumig behaart, lanzettl. *Aecker, Wege, selt. (östl.*
Deutschld) (7—8) ♃. . . . 21. *E.* **salicifolia** *Host.*
21*. B. glänzend, lanzettlich. *Aecker, Gräben, Wege (östl.*
Dtschld) (7—8). . . . . . . 22. *E.* **lucida** *W. K.* †
20*. Wurzel senkrecht hinabstgd.
24. Dolden vielstrahlig.
25. wiederholt gespalten; B. lanzettl., glanzlos, kahl, am
Grd gleichbreit; Kpsln fein warzig punktirt. *Wiesen,*
Wege (Oesterreich) (5—7) ♃. 23. *E.* **virgata** *W. K.* †
25*. einfach gespalten; B. wie b. vor. Kapseln runzlich,
übrigens glatt, nicht warzig punktirt. *Wiesen, Wege*
d. südl. Alpenggdn (5—7) ♃. 24. *E.* **nicaeensis** *All.* †
24*. Dolden 3—6strahlig; B. lineal längl. blaugrün.
26. Kapseln feinpunktirt; Drüsen wachsgelb m. 2 kurzen,
stumpfen Hörnchen; Hüllb. fast herzfg. *Wege, Abhge*
d. südl. Alpenggdn (7—8) ♃. 25. *E.* **saxatilis** *Jacq.* †
26*. Kapseln runzlich, übrigens glatt; Drüsen rothgelb,
halbmondfg; Hüllb. quereifg. *Aecker am adr. Meer*
(5—7) ♃. . . . . 26. *E.* **parallas** *L.* †
19*. Same höckerig, grubig punktirt od. runzlich.
27. Dolden 5—8strahlig; B. blaugrün, wechselstdg.
28. B. alle an d. Spitze breiter; Pfl. ausdauernd.
29. Obere B. nebst d. Hüllb. fast nierenfg. *Felsen u. stein.*
Abhge auf d. Inseln d. adr. Meeres (6—7) ♃.
27. *E.* **myrsinites** *L.* †
29*. Obere B. nebst d. Hüllb. fast 3lappig. *Felsen u. stein.*
Abhge auf d. Inseln d. adr. Meeres (6—7) ♃.
28. *E.* **pinea** *L.* †
28*. Wenigstens d. unteren B. lineal; Hüllb. rautenfg, Pfl.
einjährig. *Aecker, selt.* (6—7) ☉. 29. *E.* **segetalis** *L.* †

---

*) Vom celtischen esu = scharf (wegen d. scharfen Milchsaftes) abgeleitet.

§ 17. 27*. Dolden 3—5strahlig; Pfl. einjährig.
30. B. wechselstdg.
31. B. kurz gestielt, breit, Hüllb. eifg.
32. B. stumpf, fast spatelfg.
33. Drüsen gelbgrün, d. 2 Rückenlinien d. Samens aus je 4 Punkten gebildet; Pfl. 1—1½' hoch, im Herbst auf Aeckern. *Aecker, Gärten, häufig* (7—8) ⊙.
†   30. *E.* **peplus** *L.*
33*. Drüsen braunroth, d. 2 Rückenlinien d. Sam. aus je 3 Punkten gebildet; Pfl. kleiner, im Mai unter Gebüsch
†   *Gebüsch in Istrien* (5) ⊙. . 31. *E.* **peploïdes** *Gouan.*
32*. B. spitz länglich lanzettlich; Samen m. 4 Reihen v. Quer-
†   streifen. *Aecker, selt.* (6—8) ⊙. . . 32. *E.* **falcata** *L.*
31*. B. sitzend, gedrängt stehd, nebst d. Hüllb. lineal lanzettlich, letztere am Grd herzfg. *Aecker, Gärten, nicht selt.* (6—8) ⊙.
†   33. *E.* **exigua** *L.*
30*. B. gegenständig, je 2 Paare m. ein. gekreuzt, lineal lanzettl. spitz; Pfl. kahl, graugrün. *Aecker, Gärten d. südl. Alpenggdn,*
†   *auch als Zierpfl.* (6—7) ⊙. . . . . . 34. *E.* **lathyris** *L.*

††   2. **Mercurialis** *L.* (XXII. 9). Bthn 2häusig m. 3theiligen Perig. Männliche Bthn m. 9—12 Stbgef., geknäuelt-ährenfg; weibl. m. 2 Narben u. 2knotig. Kpsl m. einsam. Fächern. Giftige, nicht milchende Kräuter m. gegenständigen, kerbsägigen B. u. aufr. Stgl.
1. Stgl einfach, unterwts blattlos; weibl. Bthn deutlich gestielt.
2. B. deutlich gestielt, eifg, länglich od. lanzettlich; Pfl. beim Trocknen stahlblau werdd. *Bgwälder, nicht selt.* (4—5) ♃.
††   1. *M.* **perennis** *L.*
2*. B. sitzd od. sehr kurz gestielt (ob var?) *Bgwälder, selt. (bes. im östl. Dtschld)* (4—5) ♃. 2. *M.* **ovata** *Stbg.* u. *Hppe.*
1*. Stgl ästig, v. Grd an beblättert; B. gestielt, weibl. Bthn fast
†   sitzd. *Hecken, Schuttpl., nicht selt.* (6—8) ⊙. 3. *M.* **annua** *L.*

††   2b. **Ricinus communis** *L.* (XXI.) Bthn rispig, d. oberen männl.; Perigon 3—5thlg; männl. Bthn m. vielbrüdrigen Stbgef., d. weibl. m. 3 gespaltenen federigen Narben. Pfl. 20' h. werdd m. handfg getheilt. B.; Kapsel 3knotig. *Zierpfl. aus d. Tropen* (6—7) ⊙.

†   3. **Buxus sempervirens** *L.* (XXI. 4). Bthn grünlichgelb, bwinkelstdg, geknäuelt, d. männl. m. 3theiligem Kch, 2 Blkrb. u. 4 Stbgef.; d. weibl. m. 3theilg. Kch u. 3 Blkrb. Strauch m. immergrünen, ganzrandig. eifgn B. *Stein. Abhge, ss. wild (Moselthal), häufig cutt. (3—4, aber selten blühend)* ♄.
var. Strch 3—10' h., stark aromat. duftd. α. **arborescens** *Lam.*
Str. 1—2' h., geruchlos „Zwergbuchs". β. **suffruticosa** *Lam.*

†   4. **Andrachne telephioïdes** *L.* (XXI.) Männliche Bthn m. 5thlgm Kch, 5 Blkrb. u. 5 Stbgef.; weibl. m. 5theilig. Perigon u. 3knotig. Kpsl. Liegds Kraut m. eifgn, kurz zugespitzten, kahlen, kurz gestielt. B. *Stein. Abhge auf d. Inseln d. adr. Meeres* (5—7) ⊙.

V. Ordn. **MALPIGHINAE** *Bartl.* Kch 4—5gliedrig, nicht § 17.
m. d. Frknoten verwachsen, in d. Knospe dachig; Blkrb. 4—5;
Stbgef. auf e. unter d. Frknoten stehenden Scheibe eingefügt.
Pistill aus mehreren Fruchtb. gebildet; Same meist eiweisslos; Keim
gebogen. Bäume od. Sträucher m. meist lappigen od. zusammengesetzten, gegenst. B.

§ 17b. HIPPOCASTANEAE. *DC.*

Kch abfallend; Blkrb. 4—5 ungleich; Stbgef. 7—8; Fr. e.
Kapsel m. lederigem Gehäuse u. 2—4 grossen Samen m. breitem
Nabel; Keimb. dick, m. e. verwachsen u. am Grde.m. e. Spalte,
aus welcher d. Keimfederchen hervortritt.

a. **Aesculus** *L.* „Rosskastanienb." (VII. 1). Bäume m.
fingerfg zertheilten, nebenblattlos. gegenstdgn B.
1. Kch glockig, Blkrb. ausgebreitet; Kapsel stachlig; Stbfäden
abwärts geneigt m. aufstrbdr Spitze; Blättch. vkeifg, gesägt;
Bthn weiss m. röthlichen u. gelben Punkten; Baum 40—60' h.
Häufiger Zierb. aus Mittelasien (5) ♄. a. *A.* **hippocastanum** *L.*
1*. Kch röhrig; Blkrb. zusammengeneigt; Stbgef. aufrecht; Kapsel
stachellos. (Pavia *Lam.*)
2. Bstiel kahl; Bthn röthl. (*P.* rubra *Lam*). *Zierb. aus Nordamerika* (5). . . . . b. *A.* **pavia** *L.*
2*. Bstiel flaumig; Bthn gelb. *Zierb. aus Nordam.* (5) ♄.
c. *A.* **flava** *Ait.*

§ 18. ACERINEAE. *DC.*

Kch u. Kr. 5spaltig; Stbgef. 4—5—8; Griffel 1; Fr. m. 2 verlängert. Flügeln, in zwei nussartige Früchtchen zerfallend.
Same eiweisslos, Keim gebogen. Sträucher od. Bäume m. knotigen
Aesten, gegenstdgn, handfg od. fingerfg getheilten B., abfallenden
Nebenb. u. meist grünlichen, traubenfgn od. doldentrbgn Bthn.
1. Bthn zwittr. od. polygamisch; B. lappig od. handfg getheilt.
1. **Acer.**
1*. Bthn 2häusig, d. männl. in Büscheln, d. weibl. in hängenden
Trauben; B. gefiedert. . . . . 1b. **Negundo.**

1. **Acer** *L.* „Ahornb.", Massholder" (VIII. 1). Bäume u. Strchr
m. polygamischen Bthn, 5thlgm Kch, 5blättr. Krone, meist 8 Staubgef.
und mehr od. weniger lappig getheilten, nebenblattlos. B.
1. Bthn in zusammengesetzten, meist aufrechten Doldentrbn.
2. B. klein, 3lappig m. ganzrandig. Lappen (ähnlich denen v.
Anemone hepatica); Doldentrbn aufrecht, schlaff, Frflügel
aufwärts gerichtet. *Bgwälder, bes. d. Rhein- u. Mainggdn*
(4—5) ♄. . . . . 1. *A.* **monspessulanum** *L.*
2*. B. gross, 5lappig; Frflügel ausgespreizt.
3. B. beiderseits grün.
4. Blappen m. 3—5 spitz. Zähnen; Btbn gelbgrün, meist
schon vor Entwicklung d. B. erscheinend. *Bgwälder,*
auch häufig cult. (4—5) ♄. . . 2. *A.* **platanoïdes** *L.*
4*. Blappen ganzrandig od. stumpf gezähnt.

§ 18.   5. Kchb. u. Blkrb. behaart, letztere dunkelgrün: Doldentrauben
aufrecht. *Bgwälder, Gebüsch, auch häufig cult.* (5) ♄.
   3. *A.* **campestre** *L.*
5*. Kch u. Blkrb. kahl, letztere weisslich, Doldentrbn hängend.
Bgwälder d. südl. Alpengyden bes. d. Schweiz, auch cult. (4—5) ♄.
   4. *A.* **opulifolium** *Vill.*
3*. B. unters. grau m. spitz. buchtig gezähnten Abschnitten; Bthn
grünlich in nickenden, kurz gestielten Doldentrbn. *Zierbaum
aus Nordamerika* (4—5) ♄. . . . 4b. *A.* **saccharinum** *L.*
1*. Bthn in verlängerten Trbn, gelbgrün; Frflügel aufrecht.
   6. Trbn aufrecht, kahl; B. fast eifg., einfach, seicht lappig, am
Grd herzfg. *Bgwälder, ss. (Krain, Ungarn), auch cult.* (5—6) ♄.
   5. *A.* **tartaricum** *L.*
6*. Trbn hängd; B. tief lappig m. stumpf gezähnt. Lappen, unters.
blaugrün, weichhaarig. *Bgwälder, auch cult.* (5) ♄.
   6. *A.* **pseudoplatanus** *L.*

   1b. **Negundo fraxinifolium** *Nutt.* (XXII. 5). (Acer ne-
gundo *L.*). Blkrb. fehld; Stbgef. 4—5; Bthn 2häusig, d. männl.
büschlig. d. weibl. in hängdn Trauben. Baum 40—50' hoch m. 1—2-
paarig gefiederten B. *Zierbaum aus Nordam.* (4—5) ♄.

VI. Ordn. **AMPELIDEAE** *Humb.* Kch 4—5gliedrig; Blkrb.
4—5, am Grd oft breiter, in d. Knospe klappig; Stbgef. so viele
als Blkrb. Fr. e. Kapsel od. Beere, 1—wenigsamig.

§ 19. **SARMENTACEAE.** *Vent.*

   Kch randartig; Stbgef. d. Blkrb. gegenstdg; Frknoten frei; Fr.
e. Beere. Same knochenhart, eiweisshaltig; Keim im Verhältniss
z. Eiweiss sehr klein, gerade. Meist rankende Sträucher m.
wechselstdgn, lappigen od. fingerfg. zertheilt. B. u. kleinen grünl.,
traubenfg. gestellten Bthn.
   1. Blkrb. an d. Spitze zusammenhängd, zuletzt v. Grund an sich
ablösd; Kch klein, 5zähnig. . . . . 1. **Vitis.**
1*. Blkrb. frei, zuletzt ausgebreitet; Kch fast ganzrandig.
   1b. **Ampelopsis.**

   1. **Vitis vinifera** *L.* (V. 1). Rankender Strch m. 5lappig.,
herzfg-rundlich., gezähnten, gestielten B. u. essbaren Beeren. Trbn
u. Ranken (letztere aus metamorphosirten Traubenstielen gebildet)
blattgegenstdg. *In zahlreichen Variet. cult. u. bes. in wärmeren
Gegdn verwildert; ursprünglich aus d. Orient stammend* (5—6) ♄.
„*Weinstock*".

   1b. **Ampelopsis hederacea** *Mich.* (V. 1). (Hedera quin-
quefol. *L.*) Klimmender Strauch m. 3—5zählig gefingerten,
kahlen, zuletzt roth werddn B., eifg-länglichen gezähnten Blättch. u.
kleinen bläulich-schwarzen, nicht essbaren Beeren. *Häuf. Zierstrch
aus Nordamerika* (5—6) ♄. „*Wilder Weinstock*".

VII. Ordn. **GRUINALES** *Bartl.* Kchb. in d. Knospe dachig; § 19. Blkrb. 4—5, in d. Knospe dachig od. gedreht, nebst d. 5 od. 10 oft m. d. Fäden verwachsenen Stbgefässen d. Frboden eingefügt; Fr. e. mehrfächerige Kapsel od. in mehrere 1—2samige Früchtch. zerfallend.

§ 20. OXALIDEAE. *DC.*

Blkrb. 5, in d. Knospe gedreht. Stbgef. 10, am Grd m. eindr verwachsen; Gr. 5; Frkn. 5fächerig, Fächer mehrsamig; Fr. e. 5klappige Kapsel od. Beere; Same eiweisshaltig, übereinanderliegd m. e. elastisch aufspringdn Samenmantel. Kräuter, selt. Strchr m. wechselst., 3—4 zähl. B.

1. **Oxalis** *L.* „Sauerklee" (X. 5). Stbgef. abwechselnd kleiner; † Kapsel längl. Kräuter m. meist 3zählig. B. u. ganzrandigen, sauerschmeckenden Blättch.
   1. Pfl. stengellos, Bthn weiss m. röthl. Streifen; Bthnstiele 1bthg, 3—8" hoch, über d. Mitte m. 2 Deckb. *Wälder, Hecken, Gebüsch, nicht selt.* (4—5) ♃ . . . . . 1. *O.* acetosella *L.* †
   1*. Stgl beblättert; Bthn gelb; Bthnst. 2—5bthg.
   2. Stgl einzeln, aufrecht m. aufrecht abstehdn Bthnstiel; Nebenb. fehlend. *Aecker, Gärten, häufig, nebst d. folgdn ursprüngl. aus Amerika stammend* (6—8) ⊙. . . . . 2. *O.* **stricta** *L.*
   2*. Stgl mehrere, ausgebreitet m. abwts gerichteten Bthnstiel u. aufrechter Kapsel; B. am Grd m. kleinen Nebenb. *Aecker, Gärten, selt.* (6—8) ⊙. . . . . . 3. *O.* corniculata *L.*

§ 21. LINEAE. *DC.*

Kch u. Kr. 4—5blätr., gleichmässig, letztere in d. Knospe gedreht; Stbgef. 4—5, dazwischen 4—5 verkümmerte. Gr. 4—5; Fr. e. 4—5fächerige Kpsl m. 1—2samig., dch e. Scheidewand unvollstdg getheilten Fächern. Same eiweisslos od. m. hornartigem Eiweiss. Keim gerade. Kräuter m. einfachen nebenblattlosen B. u. endstdgn Bthn.
1. Bthntheile 4zählig; Kch m. 2—3lappigen Abschnitten; Kapsel 8fächerig. . . . . 1. **Radiola.**
1*. Bthnthle 5zähl.; Kch ungespalt.; Kpsl unvollkommen, 10fächerig.
2. **Linum.**

1. **Radiola linoïdes** *Gmel.* (IV. 4). (Linum radiola *L.* R. millegrana *Sm.*) Kleines, 1—2" hohes Kraut m. eifgn, ganzrandigen, gegenstdgn B., gabeläst. Stgl u. weissen Bthn in dichten Trugdolden. *Teichufer, feuchte Sandfelder, häufig* (7—8) ⊙.

2. **Linum** *L.* „Lein" (V. 5). Kahle Krtr m. schmalen, ganzrandigen B. u. traubenfg od. trugdoldigen Bthn.
   1. Bthn gelb, B. wechselstdg.
   2. Kchb. am Rande drüsig gewimpert.
   3. Stgl nach oben scharfkantig; B. glatt, 3rippig, am Grd beiders. m. e. Drüse; Kchb. lanzettl. zugespitzt, länger als d. Kapsel. *Wiesen, Hügel, bes. d. südöstl. Dtschld* (7—8) ♃.
   1. *L.* **flavum** *L.*

§ 21.
3*. Stgl rund od. stumpfkantig.
    4. B. kahl, glatt, 3rippig, d. unteren gegenstdg, elliptisch; Kchb. eifg, fast kürzer als d. Kapsel. *Ufer am adr. Meer* (7—8) ♃ . . . . 2. **L. maritimum** *L.*
    4*. B. am Rande rauh.
        5. Frtragde Bthnstiele so lang u. länger als d. Kch.
        6. Aeste d. Rispe völlig kahl, Kchb. 1½mal so lang als d. Kapsel. *Hügel, Abhge am adr. Meer* (6—7) ♃.
                                    3. **L. gallicum** *L.*
        6*. Aestch. d. Rispe innen am Grd flaumig; Kchb. doppelt so lang als d. Kapsel. *Hügel, Abhge am adr. Meer* (6—7) ☉. . . . . . 4. **L. corymbulosum** *Rchb.*
        5*. Frtragende Bthnstiele kürzer als d. Kch; B. am Rande sehr rauh. *Wiesen, Hügel am adr. Meer* (6—7) ☉.
                                    5. **S. strictum** *L.*
    2*. Kchb. am Rande drüsenlos, verlängert-lineal, stachelspitzig, nebst d. B. am Rande rauh. *Hügel, Abhge am adr. Meer* (6—7)☉.
                                    6. **L. nodiflorum** *L.*
1*. Bthn bläulich, röthlich od. weiss.
    7. B. alle wechselständig.
        8. Kchb. am Rande m. Drüsen besetzt.
            9. Stgl zottig behaart; Kchb. lanzettlich.
            10. Kch u. B. zottig; Stengelhaare verfilzt; Bthn violett, am Grunde weisslich. *Wiesen, Hügel (östl. Dtschld)* (6—7) ☉.
                              7. **L. hirsutum** *L.*
            10*. Kch u. B. fast kahl; Stengelhaare absthd zottig; Bthn röthlich, am Grd m. bläulichen Streifen. *Bgwiesen d. Alpen* (6—7) ☉. . . . . 8. **L. viscosum** *L.*
        9*. Stgl kahl, B. lineal, am Rande gewimpert, übrigens kahl; Kchb. elliptisch m. pfriemlich. Spitze. *Hügel, Abhge, selt.* (6—7) ♃. . . . . 9. **L. tenuifolium** *L.*
    8*. Kchb. am Rande nicht drüsig; Bthn bläulich.
        11. Stengel einzeln, aufrecht; B. lanzettlich; Kchb. eifg, zugespitzt, fein gewimpert, fast so lang als d. Kapsel. *Culturpfl. aus d. Orient* (6—7) ☉. „Flachs".
                              9b. **L. usitatissimum** *L.*
        11*. Stgl mehrere aus e. Wurzel; B. lineal lanzettl.
            12. Kchb. alle zugespitzt, lanzettlich od. eifg.
                13. doppelt so lang als d. Kpsl, lanzettlich; B. am Rande rauh; Bthn gross, tiefblau. *Bgwiesen d. südl. Alpenggdn* (6—7) ♃. . . . . 10. **L. narbonense** *L.*
                13*. fast so lang als d. Kapsel; B. glatt. *Bgwiesen d. südl. Alpenggdn* (6—7) ♃. 11. **L. angustifolium** *Hds.*
            12*. Innere Kchb. breiter, stumpf u. merklich krzr als d. Kpsl.
                14. Frtragde Bthnstiele einseitig, abwärts gebogen; Blkrb. rundlich vkeifg, m. d. Rändern sich deckend, tiefblau. *Aecker, Wege (Oesterreich)* (6—7) ♃.
                              12. **L. austriacum** *L.*
                14*. Frtragende Bthnstiele aufrecht.
                    15. Blkrb. m. d. Rändern sich deckend, hellblau; Kpsl fast kuglig; Bthn traubig; Stgl 1—3' hoch. *Hügel, Wälder (Rheingdn)* (6—7) ♃. 13. **L. perenne** *L.*
                    15*. Blkrb. v. d. Mitte an auseinander tretend; tiefblau; Kapsel länglich-eifg; Bthn fast doldig; B. lineal; Stgl ¼—½' h. *Bgwiesen, bes. d. Alpen* (6—7) ♃.
                              14. **L. alpinum** *Jacq.*

7*. B. alle gegenstdg, d. oberen lanzettlich, d. unteren vkeifg; Stgl § 21.
fadenfg; Bthn klein, weiss; Kchb. am Rande schwach drüsig.
(Pfl. fast v. Ansehen e. Alsine). *Wiesen, Hügel, häufig* (5—8) ☉.
      15. **L. catharticum** *L.*

§ 22. GERANIACEAE. *DC.*

Kchb. 5, bleibd; Blkrb. 5, abfallend; Stbgef. doppelt so viele oft zum Theil unfrbar, am Grd m. e. verwachsen; Griffel 5, blbd, zuletzt nebst d. 5 einsamigen Früchtchen v. d. schnabelfg verlängerten Fruchtaxe von unten herauf sich ablösend. Same eiweisslos. Keim gebogen m. gefalteten od. zusammengerollten Keimb. B. gegenst. m. Nebenb. am Grunde (XVI.)
 1. Griffel z. Frzeit kreisfg aufwärts gerollt, innen kahl; Bthnstiele
  1—2bthg; Bthn gleichmässig. . . . . . 1. **Geranium.**
 1*. Griffel z. Frzeit schraubenfg gedreht, innen bärtig; Bthnstiele
  3—vielbthg. Staubgef. z. Theil beutellos.
  2. Bthn gleichmässig, nicht gespornt. . . . 2. **Erodium.**
  2*. Bthn mehr od. weniger ungleichmässig, 2lippig, od. wenigstens
   m. e. an d. Bthnstiel angewachsenen, honigführenden Sporn.
         2b. **Pelargonium.**

 1. **Geranium** *L.* „Storchschnabel, nebst d. folgdn." Einjährige od. ausdauernde, im letzteren Falle oft am Grund d. Blattüberreste d. vorig. Jahres tragde Kräuter m. meist rundlichen, lappigen od. handfg getheilten B., 1—2bthgn Bthnstielen u. meist röthlich, od. bläulichen, selten weissen od. schwärzlichbraunen Bthn.
 1. Wzlstock walzig, dick, m. langen Fasern besetzt, ausdauernd; Blkrb. meist gross u. 2—3mal länger als d. Kchb.; B. im Umriss rundlich od. nierenfg.
 2. Früchtch. querrunzlich; Wzl schief od. wagrecht; Bthnstiele 2bthg.
  3. Blkrb. spatelfg, am Grund in e. langen Nagel verschmälert, blutroth: Frchtch. kahl. Kchb. begrannt; B. tief handfg gespalten, kahl od. behaart. *Bgwälder, bes. d. Alpen, auch als Zierpfl. cult.* (5—6) ♃. . . 1. *G.* **macrorrhizon** *L.*
  3*. Blkrb. nicht spatelfg, schwarzbraun, am Rande wellig kraus m. vorgezogenen Spitzchen, ausgebreitet, rundlich; Kch stachelspitzig; B. bis etwa z. Mitte eingeschnitten, nebst d. ganzen Pfl. behaart. *Bgwälder, bes. d. Alpen, auch als Zierpfl. cult.* (5—6) ♃. . . . 2. *G.* **phaeum** *L.*
 2*. Frchtch. glatt, übrigens kahl od. behaart: Blkrb. röthlich, bläulich od. weiss, weder spatelfg, noch wellig kraus.
  4. Pfl. grün, kahl od. behaart.
   5. Blkrb. vkherzfg; Bthnst. 2bthg.
    6. Kchb. langbegrannt; B. im Umriss herzfg, d. stengelst. 3tblg; Bthnst. z. Frzeit aufrecht od. abwärts gebogen; Wrzlstock wagrecht. *Bgwälder, stein. Abhge d. südl. Alpenggdn* (6—7) ♃. . . . . . . 3. *G.* **nodosum** *L.*
    6*. Kchb. kurz stachelspitzig; B. im Umriss nierenfgrundlich, bis z Mitte in 7—9 stumpfgekerbte Abschnitte getheilt; Wzlstock senkrecht; Bthnst. z. Frzeit abwärts gebog. *Wiesen, Hecken, Gebüsch, ss. (ob verwildert?)* (6—7) ♃. . . . . 4. *G.* **pyrenaicum** *L.*
   5*. Blkrb. eifg od. an d. Spitze nur wenig ausgerandet.

Geranium. GERANIACEAE.

§ 22.
7. Bthnstiele auch z. Frzeit aufrecht, 2blüthig.
8. Früchtch., Schnabel u. ganze Pfl. drüsenlos flaumig; Bthn weiss, am Grd m. röthl. Streifen; B. bis z. Grund in 7—9 Abschnitte getheilt. *Bgwälder d. Alpen u. Sudeten, selt.* (6—7) ♃ . . . . 5. *G.* **aconitifolium** *L'Her.*
8*. Früchtch., Schnabel u. ganze Pfl. abstehend drüsenhaarig; Bthn purpurviolett; B. bis etwa z. Mitte gespalt. *Wälder, bes. in Gebirgsggdn* (6—7). . . . 6. *G.* **silvaticum** *L.*
7*. Bthnstiele z. Frzeit hinabgebogen.
9. drüsig-zottig, 2bthg; Stbfäden am Grd kreisfg erweitert; B. fast bis z. Grund in 5—7 eingeschnitten-gesägte Abschnitte getheilt. *Wiesen, Hecken, Gebüsch, nicht häufig* (6—8) ♃ . . . . 7. *G.* **pratense** *L.*
9*. drüsenlos behaart.
10. B. bis z. Grd in schmale, 3—5spalt. Abschnitte getheilt; Bthnst. meist 1bthg. *Felsen, stein. Abhge, selt.* (6—8) ♃ .
8. *G.* **sanguineum** *L.*
10*. B. meist nur bis z. Mitte in breite, eingeschnittene, gesägte Abschnitte getheilt.
11. Bthnstiele 2bthg. *Wiesen, Ufer, nicht häufig* (7—8) ♃ .
9. *G.* **palustre** *L.*
11*. Bthnst. 1bthg; Wurzel senkrecht. *Hügel, stein. Abhge sss. (Baden, Schlesien)* (7—8) ♃ . 10. *G.* **sibiricum** *L.*
4*. Pfl. grauseidenhaarig-filzig, stengellos od. m. 1—3blättrigen, 2—8" hohen Stgl. B. 5—7theilig, Bthn röthl. *Stein. Abhge d. südl. Alpenggdn* (7—8) ♃ . . . . . 11. *G.* **argenteum** *L.*
1*. Pfl. einjährig m. spindelfgr, dünner Wurzel; Bthn meist kleiner u. nicht od. nur wenig länger als d. Kch; Bthnstiele 2bthg.
12. B. im Umriss rundlich od. nierenfg.
13. bis z. Grd in schmale Abschnitte getheilt; Kchb. begrannt; Früchtch. glatt; Blkrb. vkherzfg.
14. Bthnstiele s. kurz u. kürzer als d. B.; Blkrb. nicht länger als d. Kch; Frchtch. u. Schnabel abstehend drüsenhaarig. *Aecker, Hecken, Gebüsch, häufig* (5—7) ☉.
12. *G.* **dissectum** *L.*
14*. Bthnstiele länger als d. B.; Blkrb. länger als d. Kch; Früchtch. kahl; Schnabel angedrückt-behaart. *Aecker, Hecken, Gebüsch, häufig* (6—7) ☉. 13. *G.* **columbinum** *L.*
13*. B. bis z. Mitte in breite Abschnitte getheilt.
15. Blkrb. vkherzfg.
16. Blkrb. am vorderen Rande gewimpert; Bthnstiele z. Frzeit aufrecht; Früchtch. glatt, drüsig, behaart; Kchb. begrannt; Pfl. lang-zottig-drüsig. *Bgwälder, stein. Abhge, bes. in Böhmen* (6—7) ♃ . . . 14. *G.* **bohemicum** *L.*
16*. Blkrb. am vorder. Rande nicht gewimpert; Bthnstiele z. Frzeit abwärts gerichtet.
17. Kchb. begrannt; Pfl. abstehend-zottig-behaart und zugleich flaumig; Früchtch. querrunzlich, kurzhaarig; Babschnitte gekerbt; Bthnstiele ausgespreitzt. *Stein. Abhge, Aecker (Sachsen, Mähren, Schlesien)* (6—7) ☉.
15. *G.* **divaricatum** *Erh.*
17*. Kchb. unbegrannt, stachelspitzig od. in e. Knötchen endend.
18. Pfl. kahl od. weichhaarig m. abstehenden Haaren; Früchtch. querrunzlich, kahl; Same glatt. *Wege, Hügel, Hecken, häufig* (6—8) ☉. 16. *G.* **molle** *L.*

18*. Pfl. dicht kurzbaarig-flaumig; Früchtchen u. Same glatt, § 22.
erstere angedrückt-behaart. *Wege, Schuttpl., Hügel, häufig*
(6—8) ⊙ . . . . 17. **G. pusillum** *L.*
15*. Blkrb. ungetheilt; Kchb. nicht od. kurz begrannt.
19. Stgl u. ganze Pfl. drüsig-zottig; Btbnstiele kürzer als d. B.;
Kchb. z. Bthezeit abstehend; Früchtch. glatt; Same bienenzellenartig punktirt. *Aecker, Hügel, Gebüsch, selt.* (5—8) ⊙.
18. **G. rotundifolium** *L.*
19*. Stgl u. ganze Pfl. kahl od. oberwärts kurzhaarig; Kchb. z.
Bthezeit zusammenschliessd; nebst d. Frchtch. querrunzlich;
B. glänzend, oft röthlich überlaufen. *Bgwälder, Felsen,
stein. Abhge, selt.* (5—8) ⊙. . . . 19. **G. lucidum** *L.*
12*. B. im Umriss länglich-3eckig, 3—5zählig m. 3zähligen od. fiederspaltigen Abschnitten, deren mittelster stets deutlich gestielt ist,
nebst d. ganzen Pfl. abstehend-drüsig-zottig, zuletzt röthlich
überlaufen u. v. eigenthümlich. Geruche; Stgl an d. Gelenken
geschwollen; Früchtch. querrunzlich; Blkrb. ungetheilt. *Wälder,
Hecken, Wege, s. häufig* (6—8) ⊙. . 20. **G. robertianum** *L.*

2. **Erodium** *L'Her.* Btbn gleichmässig od. nur wenig ungleich, ohne spornfge Honigröhre; Griffel z. Frzeit schraubenfg
gewunden, innen bärtig. Liegende, behaarte Krtr m. 3—vielbthgn,
doldigen Bthnstielen.
1. B. gefiedert.
2. Bthnstiele vielbthg; Stbfäden kahl; Bthn röthlich.
3. Blättch. gestielt, fast fiedertheilig, beuteltragde Stbgef. am
Grund ungezähnt. *Aecker, Hügel, Wege, s. häufig* (5—8) ⊙.
1. **E. cicutarium** *L'Her.*
3*. B. sitzend, eifg-lappig od. ungleich gezähnt, beuteltragde
Staubgef. am Grund m. 2 Zähnen; Pfl. v. Moschusgeruch.
Aecker, Hügel, Wege, sss. (5—8) ♃.
2. **E. moschatum** *L'Her.*
2*. Bthnstiele 3—5bthg; Stbfäd. am Grd bewimpert; Bthn violett.
Wege, Hügel am adr. Meer (5—8) ⊙. 3. **E. ciconium** *Willd.*
1*. B. gezähnt, herzfg; Stbgef. kahl; Bthn röthlich. *Wege, Hügel,
Schuttpl. am adr. Meer* (5—7) ⊙. . 4. **E. malacoides** *Willd.*

2b. **Pelargonium** *L.* Bthn mehr od. wenig. deutlich 2lippig,
d. oberen Kchb. in e. an d. Bthnstiel gewachsenen Sporn
(Honigröhre) verlängert. Kräuter od. Sträucher m. mehrblüthig.
doldigen Bthnstiel. u. rothen od. weissen Bthn. Von d. zahlreichen
Arten dieser Gattung werden folgende besonders häufig cultivirt:
1. Blkrb. sehr ungleich; Stgl deutlich.
2. d. 2 oberen Blkrb. kürzer als d. unteren; B. herzfg-rundl.,
9lappig, oberseits meist m. e. dunklen Streifen. *Häufige
Zierpfl. aus Südafrika* (4—5) ♄. . . a. *P.* **zonale** *Willd.*
2*. d. oberen Blkrb. länger u. breiter als d. übrigen; B. blaugrün, tief handfg getheilt. *Zierpfl. aus Südafr.* (4—5) ♄.
b. *P.* **radula** *Ait.* = **roseum** *Willd.*
1*. Blkrb. wenig ungleich; Stgl verkürzt.
3. B. fiedertheilig, kurzhaarig m. doppelt fiederspaltigen, lineal.
Abschnitten, (4—5) ♃. *Bthn grünlich, braungefleckt. Zierpfl. aus Südafrika* (4—5) ♃. . . . . c. *P.* **triste** *Ait.*
3*. B. fast kreisrund-herzfg, gekerbt, wohlriechend; Bthn klein,
röthl. od. weiss; Stgl fleischig. *Zierpfl. aus Südafr.* (4—5) ♃.
d. *P.* **odoratissimum** *Ait.*

§ 23. **BALSAMINEAE.** *Rich.*

Kch 5blättrig, nebst d. Blkrb. ungleichmässig, gespornt, abfallend; Stbgef. 5 m. d. Beuteln zusammenhängd; Griffel fehld; Narben 5lappig; Fr. e. elastisch aufspringde m. d. Klappen sich zusammenrollende, vielsamige Kapsel; Same eiweisslos; Keim gerade, m. dicken B. Saftige Kräuter m, einfachen B. u. knotig verdickten Gelenken.

1. **Impatiens** *L.* „Balsamine" (V. 1). Kch gefärbt; Kapsel verlängert, zuletzt m. einwärts gerollten Klappen.
  1. B. gestielt, eifg. grob gezähnt; Bthn hängd, zu 2—3 beisammen; Sporn gebogen; Bthn gelb. im Schlund m. rothen Punkten. *Gräben, Gebüsch, häufig* (7—8) ☉. . 1. *I.* **noli tangere** *L.*
  1*. B. sitzend, lanzettl., gesägt; Bthnstiele gehäuft; Sporn gerade; Bthn bunt. *Zierpfl. aus d. Orient* (7—8) ☉.
                              1b. *I.* **balsamina** *L.*

§ 23b. **TROPAEOLEAE.** *Juss.*

Kch 5gliedrig, nebst d. Blkrb. ungleichmässig, gespornt; Stbgef. 8, frei; Griffel 1; Fr. aus drei einsamig. Früchtch. gebildet. Kräuter m. meist kletterndem Stgl u. einzeln stehend. Bthn.

a. **Tropaeolum majus** *L.* (VIII. 1). Kahles Kraut m. kletterndem Stgl, langgestielten, schildfgn B. u. einzelstehdn, gelbrothen Bthn. *Häufige Zierpfl. aus Peru* (6—9) ☉ „*Kapuzinerkresse*".

VIII. Ordn. **COLUMNIFERAE** *Bartl.* Kch 3—7gliedrig m. in d. Knospe klappenfg aneinanderliegdn Abschnitten; Blkrb. d. Frboden eingefügt, in d. Knospe gedreht. Stbgef. meist zahlreich u. mehr od. weniger m. e. verwachsen; Pistill aus 3—7 Frblättern gebildet; B. wechselstdg, am Grd m. Nebenb.

§ 24. **MALVACEAE.** *R. Brown.*

Kch 3—5spaltig, oft v. e. Aussenkch umgeben; Blkrb. m. d. Kchabschnitten wechselnd; Staubgef. zahlreich, m. d. Fäden in e. Röhre am Grd verwachsen. Stbkolben einfächerig in e. Querritze aufspringend; Griffel zahlreich; Fr. eine Kapsel od. in mehrere Einzelfrüchtchen zerfallend; Same eiweisslos; Keim m. gefalteten B. (XVI.)
  1. Kch v. e. Aussenkch umgeben.
    2. B. d. Aussenkchs m. e. verwachsen.
      3. Aussenkch 3spaltig. . . . . 1. **Lavatera.**
      3*. Aussenkch 6—9spaltig. . . . . 2. **Althaea.**
    2*. B. d. Aussenkchs nicht m. e. verwachsen.
      4. Aussenkch 3blättrig.
      5. Blättch. desselben eifg; Früchtch. kreisfg. 3. **Malva.**

5*. B. d. Aussenkchs vkherzfg; Früchtch. kopffg gehäuft. § 24.
  3b. **Malope**.
4*. Aussenkch vielblättr.; Fr. e. Kapsel. . . . 4. **Hibiscus**.
1*. Kch ohne Aussenkch. . . . . 5. **Abutilon**.

1. **Lavatéra** *L.* Aussenkch 3spaltig, d. innere 5spaltig; Fr. zuletzt in zahlreiche, kreisfg gestellte Früchtch. zerfalld. Sternhaarige Kräuter m. langgestielten, einzeln in d. Bwinkeln stehend. rosenrothen Bthn.
  1. Untere B. 5lappig, obere 3lappig; Frchtch. m. spitz. Mittelfelde. *Bgwälder, stein. Abhge, selt.* (7—8) ♃. 1. *Lav.* **thuringiaca** *L.*
  1*. Untere B. rundlich herzfg, d. unteren eckig, d. obersten oft 3spaltig; Frchtch. m. flach scheibenfgm Mittelpunkte. *Zierpfl. aus Südenropa* (6—8) ☉. . . . . . . 1b. *L.* **trimestris** *L.*

2. **Althaea** *L.* „Eibisch". Aussenkch 6—12spaltig; behaarte Krtr m. meist ansehnlichen Bthn; Fr. wie b. Lavatera.
  1. Bthnstiele vie.bthg. kürzer als d. B.; Stgl 1—3' hoch, nebst d. ganzen Pfl. weichfilzig. Bthn röthl. *Früchte, Wiesen, bes. am Meer u. auf Salzbod., auch cult.* (7—8) ♃. 1. *A.* **officinalis** *L.*
  1*. Bthnst. 1—2bthg.
  2. länger als d. B.; Bthn meist blassröthlich; Aussenkch meist 8spaltig m. lanzettl. Abschnitten.
  3. B. filzig behaart, d. unteren handfg getheilt, d. mittleren fingerfg, d. oberen 3zählig. *Hecken, Gräben, ss. (Oesterreich)* (7—8) ♃. . . . . 2. *A.* **cannabina** *L.*
  3*. B. u. ganze Pfl. m. wagrecht abstehdn steifen Haaren besetzt, d. unteren nierenfg, 5lappig, d. oberen 3spaltig. *Aecker, stein. Abhge, selt.* (7—8) ☉. . 3. *A.* **hirsuta** *L.*
  2*. kürzer als d. B.; Bthnstand daher fast ährenfg traubig; Aussenkch meist 6spaltig m. eifgn Abschnitten; Pfl. filzig behaart.
  4. Blkrb. länger als breit, tief ausgerandet, am Grd kahl, röthl.; Stgl 1—4' hoch. *Aecker, Wege, sss. (um Wien)* (7—8) ☉.
  4. *A.* **pallida** *L.*
  4*. Blkrb. breiter, weniger tief ausgerandet, am Grd zottig, sehr verschieden gefärbt; Stgl 2—8' hoch. *Culturpfl. aus Südeuropa „Stockrose, schwarze Pappel"* (*d. var m. dunkl. Bthn*) (7—8) ☉. . . . . 4b. *A.* **rosea** *Cav.*

3. **Malva** *L.* Kch m. 3blättrigen Aussenkch; Blättch. desselben eifg od. lanzettl. Fr. w. b. Lavatera.
  1. Bthn einzeln od. am Ende d. Stgls gehäuft; B. fast bis z. Grd getheilt.
  2. Früchtch. querrunzlich, kahl; Bthnstiele u. Kche filzig behaart; Blättch. d. Aussenkchs lineal lanzettl. Bthn geruchlos, röthlich. *Hügel, Wege, stein. Abhge, selt. auch als Zierpfl.* (7—8) ♃. . . . . 1. *M.* **alcea** *L.*
  var. B. nicht über d. Mitte getheilt. **bismalva** *Bernh.*
  2*. Fr. rauhhaarig, nicht querrunzlich; Bthnstiele u. Kche steifhaarig; Blättch. d. Aussenkchs lineal lanzettl.; Pfl. v. Moschusgeruch. *Hügel, Abhge, Gebüsch, ss. (Rheinggdn)* (7—8) ♃.
  2. *M.* **moschata** *L.*
  1*. Bthn zu 2 od. mehr in bwinkelstdgn Büscheln; B. nicht über d. Mitte getheilt, rundl. 5—7lappig.

§ 24. 3. B. am Rande wellig kraus; Bthn klein, fast sitzd, geknäuelt; Stgl
aufrecht. *Zierpfl. aus Südeuropa, zuweilen verwildert* (7—8) ⊙.
2b. *M.* **crispa** *L.*
3*. B. am Rande flach.
  4. Bthnstiele z. Frzeit aufrecht; äussere Kchb. eifg; Fr. m. hervortretdm Rande.
  5. Stgl liegd od. aufsteigd; Bthn klein, blassroth. *Hügel, Wege (Istrien)* (7—8) ⊙. . . . . 3. *M.* **nicaeensis** *All.*
5*. Stgl aufrecht; Bthn gross.
  6. Stgl aufsteigd od. aufrecht, nebst Kch u. Bthnstielen zerstreut haarig. *Hügel, Wege, häufig* (6—8) ⊙.
  4. *M.* **silvestris** *L.*
  6*. Stgl steif aufrecht, nebst d. ganzen Pfl. kahl. *Zierpfl. aus Südeuropa* (6—8) ⊙. . . . 4b. *M.* **mauritiana** *L.*
4*. Bthnstiele z. Frzeit horizontal od. abwärts gebogen; äussere Kchb. lineal od. lanzettlich; Stgl meist liegd.
  7. Blkrb. fast doppelt so lang als d. Kch, tief ausgerandet, blassroth; Frchtch. glatt. *Hügel, Wege, Schuttplätze, sehr häufig* (6—8). . . 5. *M.* **vulgaris** *Fr.* = **rotundifolia** *L.*
  7*. Blkrb. kaum länger als d. Kch, wenig ausgerandet, fast weiss; Früchtch. runzlich. *Hügel, Wege, Schuttplätze bes. in Norddtschld* (6—8) ⊙. . . . . 6. *M.* **borealis** *Fr.*

3b. **Malope** *L.* Blättch. d. Aussenkchs herzfg; Fr. aus mehreren über einander gehäuften Früchtch. bestehend. Fast kahle Kräuter m. einzelstehenden, langgestielten, bwinkelständigen, purpurrothen Bthn.
  1. Stglb. rundlich eifg, gekerbt. *Zierpfl. aus Südeuropa (bes. in Griechenld häufig wild)* (7—8) ⊙. . . a. *M.* **malacoïdes** *L.*
  1*. Untere Stglb. gekerbt, obere 3lappig. *Zierpfl. aus Südeuropa* (7—8) ⊙. . . . . b. *M.* **trifida** *Cav.*

4. **Hibiscus** *L.* Aussenkch aus zahlreichen lineal. Blättch. gebildet; Fr. e. 5fächerige Kapsel; Bthn im Grd dunkler gefärbt.
  1. Kraut m. 1—2' hohem, aufstgdm ästigen Stgl; d. eigentliche Kch häutig aufgeblasen; Bthn gelblich m. purpurbraunem Grunde, bald verwelkd (daher: Stundenblume), obere B. in 3—5 tiefe Abschnitte gespalten, nebst d. ganzen Pfl. sternhaarig grau. *Aecker, Wege d. südl. Alpenggdn, auch als Zierpfl.* (7—8) ⊙.
  1. *H.* **trionum** *L.*
  1*. Strauch 4—6' hoch m. eifg rhombischen kerbsägigen B. u. weissen od. röthlichen, im Grd dunkleren Bthn. *Zierpfl. aus Südeuropa* (7—8) ♄. . . . . 1b. **syriacus** *L.*

5. **Abutilon Avicennae** *Gärtn.* (Sida abutilon *L.*) Aussenkch fehlend. Filzig behaartes, 2—5' hohes Kraut m. rundlichherzfgn, gezähnten B., gelben, kurzgestielten Bthn u. kreisfg gestellt. 2samigen, 2schnäbligen Früchtch. *Stein. Abhge auf d. Inseln d. adr. Meeres* (7—8) ⊙.

§ 25. **TILIACEAE**. *Juss.*

Kch u. Kr. 4—5blättr., abfalld; Blkrb. so viele als Kchb. u. mdenselben wechselstdg; Stbgef. zahlreich, frei od. in mehrere Bündel verwachsen; Stbkölbch. 2fächerig m. e. Längsritze aufspringd.

TILIACEAE. *Tilia.*

Griffel 1; Frkn. 1 m. 4—10 einsamigen Fächern; Keim gerade, in d. Axe d. Eiweisses; B. wechselstdg, am Grd m. Nebenb. § 24.

1. **Tilia** *L.* „Linde" (XIII. 1). Bäume m. schief-herzfgn B. u. doldentrbgn, gelbgrünen, wohlriechdn Bthn; Trbnstiel am Grd m. e. zungenfgn, z. Thl damit verwachsen. Deck b. (*T.* europaea *L.*)
 1. B. beiderseits kahl, unterseits bläulichgrün, in d. Winkeln d. Rippen m. e. rothbraunen Bärtchen; Doldentrauben 5—7bthg; Narbenlappen zuletzt wagrecht auseinander stehend. *Laubwälder, auch häufig cult.* „*Winterl.*" (5—6) ♄. 1. *T.* **parvifolia** *Erh.*
 1*. B. unterseits kurzhaarig, beiderseits grün; Bärtch. ungefärbt; Doldentrauben 2—3bthg; Narbenlappen aufrecht. *Laubwälder, auch häufig cult.* „*Sommerl.*" (6—7) ♄. 2. *T.* **grandifolia** *Erh.*

IX. Ordn. **MYRTINAE** *Bartl.* Kch in d. Knospe dachig; Stbgef. meist zahlreich; Griffel 1; Fr. e. Kapsel od. Beere. Holzgewächse m. immergrünen B.

§ 25b. **CAMELLIACEAE.** *DC.*

Kch 5—7blättrig, frei abfallend; Blkrb. u. Stbgef. d. Frboden eingefügt; Fr. e. 3fächerige Kapsel; Same eiweisslos; Sträucher m. immergrünen wechselstdgn B. (eigentlich zu e. besonderen Ordnung: Lamprophyllae *Bartl.* gehörend.)

a. **Camellia japonica** *L.* (XVI.) Stbfäden in e. Röhre verwachsen; Griffel 3—5spaltig; Fr. e. 3fächerige, 3samige Kapsel; Strauch 2—3' hoch m. immergrünen, gesägten B. u. weissen od. rothen einzelstehenden kurzgestielten Bthn. *Zierstrauch aus Japan* (4—5) ♄.

§ 26. **MYRTACEAE.** *R. Br.*

Kch 5spaltig m. d. Frkn. verwachsen; Blkrb. 5 nebst d. meist zahlreichen Stbgef. d. Kchschlund eingefügt, seltener fehlend; Fr. e. Kapsel od. Beere, mehrfächerige; Same eiweisslos; aufrechte Bäume od. Sträucher m. meist gegenstdgn, immergrünen, durchscheinend punktirten B.
 1. Bthn m. Kch u. Krone; Fr. e. Beere . . . . 1. **Myrtus.**
 1*. Blkrone fehld; Fr. e. Kapsel. . . . . 1b. **Callistemon.**

1. **Myrtus communis** *L.* (XII. 1). Strch od. Baum 3—8' hoch m. weissen, zu 1—2 stehenden, gestielten Bthn u. eifg-lanzettl., dicht durchscheinend punktirt. B. *Stein. Abhge am adr. Meer, auch cult.* (6—7) ♄. „*Myrte*".

1b. **Callistémon speciosus** *DC.* (XII.1). (Metrosideros *Hortor.*) Blkrb. fehld, Kch 5—6lappig, gelblich; Bthn sitzd in 3—4" langen Aehren m. langen rothen Stbfäden. *Zierstrch aus Neuholld* (5—6) ♄.

§ 26b. X. Ordn. **CALYCANTHINAE** *Bartl.* Stbgef. zahlreich, d. Kch eingefügt; unterer Theil d. Kchs bleibend, krugfg od. kreiselfg, zuletzt fleischig werdend u. d. Früchtch. einschliessend od. zu e. vielsamig. Beere werdend; Same eiweisslos; Keimb. gedreht; Sträucher m. einfachen, gegenstdgn, nebenblattlosen B.

§ 26b. CALYCANTHACEAE. *Lindl.*

Bthn m. vielblättrigem, lederigem, gefärbten Perigon; Stbgef. im Schlunde desselben auf e. Ring eingefügt; Griffel mehrere, Frchtch. zuletzt in d. bleibenden Kchröhre eingeschlossen (wie b. Rosa); Same mantellos.

a. **Calycánthus floridus** *L.* (XII. 2). Stbgef. zahlreich. Gewürzhafter, 3—6' hoher Strauch m. ganzrandigen, rauhhaarig. B. u. braunrothen, grossen, einzelstehend. Bthn. *Zierstrch aus Nordamerika* (6—8) ♄.

§ 26c. GRANATEAE. *Don.*

Kch 5spaltig, in d. Knospe klappig, m. d. Frknoten verwachsen; Blkrb. 5; Stbgef. zahlreich, ohne Ring; Griffel 1; Frknoten m. e. doppelten Quirl v. übereinanderliegenden Fächern; Fr. e. dickrindige vom bleibdn Kch gekrönte Beere; Samen v. e. fleischig. Mantel umgeben.

a. **Púnica granátum** *L.* (XII. 1). Baum od. Strauch v. 6—9' Höhe m. lanzettlich, ganzrandigen B., grossen, einzelstehenden, scharlachrothen Bthn u. rothen, essbaren, kahlen Fr. *Häufiger Zierstrauch aus Südeuropa* (6—7) ♄ „*Granatb.*"

XI. Ordn. **CALYCIFLORAE** *Bartl.* Kch meist m. d. Frknoten verwachsen; in d. Knospe klappig; Blkrb. u. Stbgef. d. Kch eingefügt; Frknoten einer, mehrfächerig; Fr. e. Kapsel od. Beere. Sträucher od. Kräuter m. meist einfach, gesägt. od. gezähnt. abfallenden B. ohne Nebenb.

§ 27. PHILADELPHEAE. *Don.*

Kch m. d. Frknoten verwachsen; Saum meist 4theilig; Blkrb. u. Stbgef. d. Kchschlund eingefügt; Griffel 1 m. 4 Narben; Stbgef. zahlreich; Fr. e. mehrfächerige Kapsel; Fächer vielsamig; Same eiweisshaltig; Strchr m. gegenstdgn B.

1. **Philadélphus coronarius** *L.* (XII. 1). Strauch 4—8' hoch m. eifg-elliptischen, zugespitzt, gesägten, unterseits kurzhaarig. B. u. weissen, wohlriechenden Bthn in gabligen, 3—5bthgn Trauben. *Bgwälder, sss. (Steiermark), häufig cult.* (5—6) ♄ „*Kandelblüthe, Pfeifenstrauch, wilder Jasmin.*"

§ 28. ONAGRARIEAE. Juss.

Kch m. d. Frknoten **verwachsen**; Saum meist 4theilig; Blkrb. 2—4 od. fehlend, nebst d. 2, 4 od. 8 **Stbgefässen** d. Kch eingefügt; Gr. 1; Fr. e. mehrfächerige Kapsel od. Beere; Fächer meist vielsamig; Same **eiweisslos**. Meist schönblühende Kräuter, selten Sträucher m. einfachen B.
1. Bthn m. Kch u. Krone.
  2. Fr. e. Beere; Kchröhre gefärbt, weit über d. Frknoten hinaus verlängert; Blkrb. um einander gewickelt; Stbgef. 8.
                                                a. **Fuchsia**.
  2*. Fr. e. Kapsel.
    3. Stbgef. 8, alle od. wenigst. 4 davon beuteltragd; Blkrb. 4.
      4. Blkrb. nicht benagelt; Kchb. grün.
        5. Samen m. e. Haarschopf; Bthn röthl. 1. **Epilobium**.
        5*. S. ohne Haarschopf; Bthn gelb, gross.
                                          2. **Oenothera**.
      4*. Blkrb. lang-benagelt. . . . . . . 2b. **Clarkea**.
    3*. Stbgef. 2; Blkrb. 2; Kpsl 2fächerig, 2samig. 4. **Circaea**.
  1*. Blkrb. fehld; Kchsaum 4theilig, bleibd; kahles Kraut m. liegdm 4kantigen Stgl. . . . . 3. **Isnardia**.

I. *FUCHSIEAE*. Kchröhre gefärbt, abfallend, über d. Frknot. hinaus verlängert; Fr. e. Beere.

  a. **Fuchsia coccinea** *Ait.* (VIII. 1). Kleiner Strauch m. gegenstdgn od. 3quirlig., eifgn, gezähnten, kurzgestielten B. u. langgestielten, hängend. Bthn Kchb. meist scharlachroth; Blkrb. meist violettroth. *Häuf. Zierpfl. aus Südamerika, in zahlreichen Variet.* cult. (4—8) ♄.

II. *OENOTHEREAE*. Kch abfalld, meist über d. Frknot. hinaus verlängert; Fr. e. Kapsel; Stbgef. 8, alle od. wenigst. 4 m. Beuteln; Fr. e. Kapsel.

  1. **Epilobium** *L.* „Weidenröschen" (VIII. 1). Kch m. 4theil. Saum; nicht od. nur wenig über d. Frknoten hinaus verlängert; Kapsel 4klappig m. zahlreichen **haarschopfigen** Samen. Blkrb. nicht benagelt. Sehr veränderliche u. wegen häufiger Bastardbildung oft schwierig zu unterscheidende Kräuter m. einfachen B. u. meist traubenfg gestellt. röthl. Bthn.
  1. Blkrb. flach, ausgebreitet; Stbgef. abwärts gebog.; B. wechselstdg.
    2. B. lanzettl. v. deutl. sichtbaren Querrippen dchzogen; Bthn in langen, dichten Trbn. *Sandige Wälder, steinige Abhge*, *häufig* (6—8). . . . . 1. *E.* **augustifolium** *L.*
    2*. B. lineal, rippenlos; Bthntrbn locker, wenigbthg.
      3. Gr. so lang als d. Stbgef. *Ufer, Abhge d. Alpen* (7—8) ♃.
                                                2. *E.* **Dodonaei** *Vill.*
      3*. Gr. kürzer, bis z. Mitte flaumig (ob var?) *Ufer, Abhge d. Alpen* (7—8) ♃. . . . . . . 3. *E.* **Fleischeri** *Hchst.*
  1*. Blkrb. aufrecht gespalten od. herzfg; wenigstens d. unter. B. gegenstdg od. quirlig; Stbgef. aufrecht.
    4. Griffel m. keulenfgr od. undeutlich getheilter Narbe.
    5. Pfl. schon z. Bthezeit verlängerte Ausläufer trbd.

Epilobium. ONAGRARIEAE.

§ 28.
6. Ausläufer unterirdisch, dick, fleischig, schuppig; B. gezähnelt; Stgl fast 4kantig. *Bachufer d. Alpen u. höher. Gebge* (7—8) ♃.
 4. *E.* **origanifolium** *Lam.*
6*. Auslfr. über d. Erde, fadenfg m. einzelnen grünen B. besetzt.
 7. Stgl dch 2—4 herablaufende Linien kantig.
 8. B. ganzrandig od. undeutlich gezähnt. *Bachufer, Sumpfwiesen d. Alpen u. höher. Gebirge* (7—8) ♃.
 5. *E.* **alpinum** *L.*
 8*. B. gezähnt. *Bachufer sss. (Schlesien, Holstein)* (7—8) ♃.
 6. *E.* **obscurum** *Schreb.* = **virgatum** *Fr.*
 7*. Stgl rund, flaumig; B. ganzrandig. *Gräben, Ufer, Gebüsch* (6—8) ♃ . . . . 7. *E.* **palustre** *L.*
5*. Pfl. z. Bthezeit ohne Ausläufer, diese erst viel später erscheinend od. ganz fehld; B. gezähnt.
 9. Statt d. Ausläufer am Grd m. Blattrosetten.
 10. Stgl 4kantig, ästig; B. sitzd. *Gräben, Wiesen, Gebüsch, selt.* (6—8) ♃ . . . . 8. *E.* **tetragonum** *L.*
 10*. Stgl rund. Pfl. graugrün. *Aecker, Gräben. Gebüsch (Rheinggd)* (6—7) ☉ . . . . 9. *E.* **Lamyi** *F. Schlz.*
 9*. Brosetten fehld; Ausläufer im Herbst erscheinend. Stgl kantig.
 11. B. alle gestielt, am Grd keilfg. *Gräben, Sumpfwiesen, nicht selt.* (7—8) ♃ . . . . 10. *E.* **roseum** *L.*
 11*. Obere B. sitzend, d. untern zu 3—4 quirlig. *Bgwiesen d. Alpen u. höher. Gebge* (7—8) ♃. 11. *E.* **trigonum** *Schrk.*
4*. Griffel m. z. Bthezeit kreuzweise ausgebreiteter Narbe; Stgl rund.
 12. Stgl kahl od. flaumig behaart; Bthn meist klein.
 13. Pfl. erst lange nach d. Bthezeit unterirdische, schuppenfge Ausläufer treibd, übrigens sehr vielgestaltig; Stgl ästig, B. sitzd, Bthn anfangs nickend.
 14. Ausläufer verlängert, walzig m. v. einander entfernten Schuppen; Stgl 1—2' hoch; B. meist gezähnt (var B. ganzrandig = **hypericifolium** *Tsch.*) *Wälder, Gebüsch, häufig* (6—7) ♃ . . . . 12, *E.* **montanum** *L.*
 14*. Ausläufer kurz, länglich od. keulenfg m. dicht dachigen Schuppen; Stgl 3—6" hoch (ob var?) *Stein. Abhge, ss. (Rheinggd)* (6—8) ♃ . . . . 13. *E.* **collinum** *Gm.*
 13*. Pfl. gleich nach d. Blühen kurze, überirdische m. kleinen B. besetzte Ausläufer treibend, einfach od. wenig ästig; B. gezähnt.
 15. B. alle langgestielt, am Grd keilfg, ganzrandig, nur gegen d. Spitze hin gezähnt; Stgl ½—1½' hoch; Bthn Anfangs nickd. *Stein. Abhge (Rheinggd)* (6—8) ♃.
 14. *E.* **lanceolatum** *Seb.* u. *Maur.*
 15*. Mittlere B. sitzd, alle am Grd abgerundet; Stgl 1½—3' h. Bthn immer aufrecht. *Gräben, Ufer, Gebüsch, häufig* (6—7) ♃.
 15. *E.* **parviflorum** *Schreb.*
 12*. Stgl langhaarig - zottig u. drüsig, 2—4' hoch, vielästig u. vielbthg; B. stengelumfassd sitzd, eifg-lanzettlich. *Gräben, Ufer, Gebüsch, meist häufig* (6—8) ♃ . . . 16. *E.* **hirsutum** *L.*

 2. **Oenothéra** *L.* „Nachtkerze" (VIII. 1). Frknoten weit über d. Frknoten hinaus verlängert; Samen ohne Haarschopf. Ansehnliche Kräuter m. einzelstehend., schwefelgelben, grossen Bthn, rundl. Blkrb. u. wechselständ., eifg-lanzettl. B. *Ursprüngl. aus Amerika eingewanderte Pfl.*

1. Stbgef. halb so lang als die 1—1½" breite Krone: Pfl. 1—4' h. §28.
Uferabhge, *nicht selt.* (6—8) ☉. . . . . . 1. *Oe.* biennis *L.*
1*. Stbgef. so lang als d. kleinere Krone; Stglb. meist schmäler.
Uferabhge, ss. (6—8) ☉. . . . . . . 2. *Oe.* muricata *L.*

2b. **Clarkea elegans** *Dougl.* (VIII. 1). Kahles, 2—3' hohes Kraut m. eifgn, kurz gestielten B. u. violettrothen Bthn. Blkrb. ausgebreitet, langgenagelt; Stbgef. alle beuteltragend, abwechsld kürzer, d. kürzeren am Grd m. e. behaarten Schuppe. *Zierpfl. aus Californien* (6—7) ☉.

III. *JUSSIEAE.* Kchröhre bleibend m. 4—6spaltigen Saum, nicht über d. Frknoten hinaus tretend.

3. **Isnardia palustris** *L.* (IV. 1). Kahles Kraut m. liegdm, kriechendem od. fluthdm 4kantig., ästigem Stgl, gegenstdg, gestielt. eifg-lanzettl., ganzrandigen B. u. kleinen gelbgrünen, einzeln in d. Bwinkeln sitzenden Bthn ohne Blkrone. *Trichufer, Sümpfe, ss. (Rheinggdn, Norddtschld, Mähren)* (7—8) ♃.

IV. *CIRCAEEAE.* Kch 2theilig, abfallend, nicht über d. Frkn. hinaus verlängert.

4. **Circaea** *L.* „Hexenkraut" (II. 1). Kchsaum 2thlg; Blkrb. u. Staubgef. 2; Kapsel 2fächerig, 2samig. Kräuter m. eifgn B., kleinen weissen od. röthlichen Bthn in end- od. blattwinkelstdgn Trauben u. hakig borstigen Kapseln.
1. Bthnstielch. am Grd ohne Deckb.; B. eifg, am Grd meist mehr od. weniger herzfg, wenig gezähnt; Stgl ½—2' hoch. *Wälder, Gebüsch* (7—8) ♃. . . . . 1. *C.* lutetiana *L.*
1*. Bthnst. am Grd m. kleinen pfrieml. Deckb.
2. Deckb. sehr klein, m. blossen Augen kaum erkennbar: Fr. vkeifg kuglig; Bstiele rundlich, rinnig (ob eigene Art od. Zwischenform?) *Wälder, Gebüsch* (7—8). 2. *C.* intermedia *Erh.*
2*. Deckb. deutlich; Fr. länglich keulenfg; Bstiele fast geflügelt flach; Pfl. meist nur 2—4" hoch. *Wälder, Gebüsch, bes. in Gebgsggdn* (7—8) ♃. . . . . 3. *C.* alpina *L.*

§ 29. **HALORAGEAE.** *R. Br.*

Kch m. d. Frknoten verwachsen, m. 2—4theilig. Saum; Blkrb. 2—4 od. fehlend, nebst Griffel u. Stbgef. d. Kchschlund eingefügt. Frknoten wenigsamig: Fr. e. Nuss od. in mehrere Früchtch. zerfallend. Same eiweisslos; Keimb. cylindrisch. Wasserliebende Kräuter m. meist quirlstdgn B.
1. Bthn alle od. wenigstens d. männl. m. Kch u. Kr. Stbgef. 3, 4 od. 8.
2. Bthn zwittr. Fr. e. dornige Nuss; obere B. einfach, rautenfg, m. aufgeblasenem Stiel, rosettenbildd. untergetauchte haarförmig-vielthlg. . . . . 1. **Trapa.**
2*. Bthn monöcisch iu Aehren; B. kammfg-fiederthlg; Frkn. in 4 einsam. Frchtch. zerfallend. . . 2. **Myriophyllum.**
1*. Bthn alle unvollständig; B. einfach.

§ 29. 3. Frkn. 1fächerig, 1samig; Stbgef. 1; B. zu 6—10 quirlig.
3. **Hippuris**.
3*. Frkn. 4fächerig, zuletzt in 4 Frchtch. zerfalld; B. gegenständig,
d. oberen sternfg gehäuft. . . . . 4. **Callitriche**.

I. *MYRIOPHYLLEAE*. Bthn m. Kch u. Krone; Staubgef.
3—4 od. 8.

1. **Trapa natans** *L.* (IV. 1). Schwimmende Pfl., deren untergetauchte B. haarfg gespalten u. deren obere schwimmende rautenfg gezähnt u. rosettenfg gestellt sind; Bstiel in d. Mitte bauchig aufgeblasen. Bthn klein, blattwinkelstdg m. 4zähnig. Kch u. 4blättr. weisser Blkrone. Fr. e. durch die bleibdn Kchzähne zuletzt **dornige** 1samige Nuss. *Teiche, Flüsse, selt., bes. in Norddtschld* (6—7) ⊙.
„*Wassernuss.*"

2. **Myriophyllum** *L.* „Tausendblatt" (XXI.) Bthn einhäusig, in Aehren, d. oberen männlich m. 4thlgm Kch, 4blättriger, leicht abfalldr Blkr. u. 8 Stbgef., d. unteren weibl. m. 4tblgm Kchsaum, kleinen zahnartig. Blkrb. u. zottiger Narbe. Frknoten in 4 einsamige Früchtch. zerfalld. Untergetauchte, nur zur Bthezeit m. d. Bthn über d. Wasserspiegel sich erhebde Pfl. m. kammfg fiederth. auf d. Rücken nicht dornigen B.
  1. Bthn quirlig in Aehren od. in d. Winkeln d. quirlstd. B.
    2. Oberste B. unzerthlt, ganzrandig, kürzer als d. Bthn, welche daher in scheinbar nackten Aehren geordnet erscheinen. *Gräben, Teiche, häufig* (6—8) ♃. . . . 1. *M.* **spicatum** *L.*
    2*. B. alle kammfg fiederthlg; Bthn daher blattwinkelständig erscheinend; bthnstdge B. v. sehr verschiedener Länge. *Gräben, Teiche, sehr gemein* (6—8) ♃. . . . 2. *M.* **verticillatum** *L.*
  1*. Männl. Bthn einzeln, meist zu 6 an d. Spitze d. langen nackten Aehrenspindel wechselstdg. d. weibl. quirlig, v. d. männlichen weit entfernt. *Gräben, Teiche, selt.* (6—8) ♃.
                                      3. *M.* **alterniflorum** *DC.*

II. *HIPPURIDEAE* Lk. Blkrb. fehld; Kchsaum verwischt; B. quirlig; Stbgef. u. Griffel einzeln; Frknoten einsamig.

3. **Hippuris vulgaris** *L.* (I. 1). Kahles Kraut m. einfach. 1—3' langen röhrig gegliederten, zur Bthezeit über d. Wasserspiegel sich erhebendem Stgl. 6—10 quirlig, linealen B. u. kleinen bräunlich. blattwinkelstdgn Bthn. *Gräben, Teiche, Bäche, selt.* (6—8)♃.

III. *CALLITRICHINEAE* Lk. Blkrb. fehld; Griffel 2; B. gegenstdg.

4. **Callitriche** *L.* „Wasserstern" (I. 2 od. XXI.) Stbgefässe 1—2; Griffel 2; Fr. zuletzt in 4 einsamige Früchtch. zerfallend. Wasserpfl. m. zwittrigen od. einhäusigen kleinen blattwinkelstdgn Bthn u. gegenständigen B., deren obere an d. Spitze d. Stgls sternfg od. rosettenfg gehäuft sind. Statt d. Blkr. 2 gegenstdge Deckb. In einander übergehende Arten.
  1. Obere B. vkeifg.
    2. B. alle vkeifg; Fr. geflügelt, Deckb. sichelfg, sich kreuzend. *Gräben, Bäche, Teiche, häufig* (5—8) ♃. 1. *C.* **stagnalis** *Scop.*
    2*. Untere B. lineal; Fr. nicht od. nur schmal geflügelt.

HALORAGEAE. *Callitriche*.

3. Deckb. m. d. hakig gebogenen Spitze sich kreuzend, halbkreisfg. *Gräben, Bäche, Teiche, seltener* (5—8) ♃. § 29.
2. *C.* **hamulata** *Kütz.*
3*. Deckb. an d. Spitze nicht hakig gebogen.
  4. m. gerader Spitze sich kreuzend; Griffel bleibend. *Gräben, Bäche, Teiche, seltener* (5—8). . . 3. *C.* **platycarpa** *Kütz.*
  4*. wenig gebogen: Gr. abfalld. *Gräben, Bäche, Teiche, häufig* (5—8) ♃. . . . . 4. *C.* **vernalis** *Kütz.*
1*. B. alle linealisch. gegen d. Spitze hin schmäler, d. obersten nicht od. nur undeutlich rosettenbildd. *Gräben, Bäche, Teiche, selten* (7—8) ♃. . . . . 5. *C.* **autumnalis** *L.*

§ 30. LYTHRARIEAE. *Juss.*

Kch frei, bleibend, röhrenfg od. glockig, oft gefärbt m. meist 6zähnigem Saum; Blkrb. oft fehlend, nebst d. 6 od. 12 Stbgef. d. Kchrande eingefügt. Fr. e. vielsamige Kapsel, Same eiweisslos, Keim gerade. Meist Kräuter m. gegenstdgn od. quirligen, einfachen, nebenblattlosen, meist ganzrandigen B.
  1. Kch röhrenfg: Griffel lang.
  2. Bthn m. Kch u. Krone, letztere 6blättrig, purpurroth od. bläulich. . . . . 1. **Lythrum**.
  2*. Blkr. meist fehld, Kch scharlachroth, am Grd höckerig.
1b. **Cuphea**.
1*. Kch glockig; Griffel kurz; Staubgef. 6; Blkrb. oft fehld.
2. **Peplis**.

1. **Lythrum** *L.* (XI. 1 od. VI. 1). Aestige Kräuter m. meist aufrecht. Stgl u. linealen od. eifg-länglich. B.
  1. Bthn einzeln, blattwinkelstdg, dunkelviolett; Stbgef. 6; Stgl liegend, aufsteigend od. aufrecht; Pfl. kahl; B. lineal länglich. *Gräben, feuchte Aecker, selt.* (7—8) ☉. 1. *L.* **hyssopifolium** *L.*
1*. Bthn in endstdgn beblättert. Aehren; Stbgef. 12.
  2. Kchzähne 12, d. äusseren kurz 3eckig, d. inneren länger, pfriemenfg; B. lanzettl., am Grd herzfg; Pfl. übrigens sehr vielgestaltig. *Gräben, Ufer, Gebüsch, häufig (nicht in d. Alpen)* (7—8) ♃. . . . . 2. *L.* **salicaria** *L.*
2*. Kchz. alle gleichlang; B. am Grd schmäler od. abgerundet. *Gräben, Ufer, Gebüsch (Oesterreich)* (7—8) ♃.
3. *L.* **virgatum** *L.*

1b. **Cuphea platycentra** *Benth.* (XI. 1). Kleiner Strauch m. zusammengedrückt. Aesten, gestielt. eifgn B. u. blattwinkelstdgn Bthn. Kch scharlachroth, am Grd höckerig, Blkrb. fehlend. *Zierpfl. aus Mexiko* (4—8) ♄.

2. **Peplis portula** *L.* (VI. 1). Kleines, kahles, liegds Kraut m. gegenstdgn, ganzrandigen, vkeifgn od. spatelfgn B. u. kleinen, blattwinkelstdgn Bthn m. oft fehlender Krone. *Feuchte Aecker, Gräben, Ufer* (7—8) ☉.

§ 31. XII. Ordn. **SUCCULENTAE** *Bartl.* Kch meist 5gliedrig; Blkrb. 3—20, nebst d. 3 bis zahlreichen Stbgef. d. Kch eingefügt. Pistill aus mehreren Fruchtb. gebildet; Griffel u. Frkn. meist mehrere, meist vielsamig; Same eiweisshaltig; B. oft fleischig, meist nebenblattlos.

§ 31. SAXIFRAGEAE. *Vent.*

Kch 4—5spaltig, bleibend, in d. Knospe dachig, meist m. d. Frkn. verwachsen; Blkrb. 4—5 d. Kch eingefügt u. m. d. Zähnen desselben wechselstdg. Stbgef. meist doppelt so viele als Blkrb., frei. Frknoten 1—2fächerig, vielsamig, dch d. bleibdn Griffel zuletzt 2schnäblig; Fr. e. Kapsel; Same eiweisshaltig.
  1. Kräuter.
    2. Bthn m. Kch u. Krone; Kapsel 2fächerig.
      3. Blkrb. mehr od. weniger gefärbt u. v. d. Kchb. verschieden.
                                           1. **Saxifraga.**
      3*. Blkrb. d. Kchb. ähnlich; ob. B. 3lappig, untere 5—7lappig.
                                           2. **Zahlbrucknera.**
    2*. Blkrb. fehld; Kapsel 1fächerig; wasserliebde Pfl. m. gelbgrünen, rundlich nierenfgn B. u. Bthn.
                                           3. **Chrysosplenium.**
  1*. Strauch m. weissen, grünlichen, röthl. od. bläulichen, z. Theil steril. Bthn in kugligen od. schirmfgn Doldentrbn.
                                          3b. **Hydrangea.**

1. **Saxifraga** *L.* „Steinbrech" (X. 2). Bthn m. Kch u. Krone; Kapsel 2fächerig. Meist kleine, vielgestaltige Kräuter (besonders Berg- u. Alpenpfl.) m. einfachen, ganzrandigen, gesägten od. eingeschnittenen B., deren unterste oft rosettenfg gestellt sind, und zierlichen, weissen, gelben od. röthl. Bthn.
  1. B. am Rande od. wenigstens gegen d. Spitze hin m. kalkabsondernden, weissen, zuletzt abfallenden Schuppen besetzt, stets unzertheilt; Stgl immer beblättert, rasig.
    2. B. gegenstdg, nur an d. Spitze m. 1—3 Kalkpunkten besetzt. Bthn meist röthlich.
      3. B. u. Kch kahl, erstere dachig 4zeilig, länglich-lanzettlich, an d. Spitze m. 3 Kalkpunkten besetzt; Stengel 1—4" hoch, 1—4bthg. *Felsspalten d. höchsten Alpen* (7—8) ♃.
                                                  1. *S.* **retusa** *W'hlbg.*
      3*. B. u. Kchabschnitte gewimpert, erstere nur m. 1 Kalkpunkt.
        4. Stgl 1bthg.
          5. Wimpern d. Kchs nicht drüsig. *Felsspalten d. Alpen u. höheren Gebge* (6—8) ♃. . 2. *S.* **oppositifolia** *L.*
          5*. Wimpern d. Kchs drüsig (ob var?) *Felsspalt. d. höchst. Alpen* (7—8) ♃. . . . 3. *S.* **Rudolphiana** *Hornsch.*
        4*. Stgl mehrbthg; B. u. Kchabschn. drüsig gewimpert.
          6. Blkrb. u. Stbgef. gleichlang. *Felsen u. stein. Abhge d. Alpen* (7—8) ♃. . . . . . . 4. *S.* **biflora** *All.*
          6*. Blkrb. 2—3mal länger als d. Stbgef. (ob var?) *Felsspalt. d. höchst. Alpen* (7—8) ♃. 5. *S.* **Kochii** *Hornsch.*
    2. B. wechselstdg, am Grd gewimpert, am Rande m. einer Reihe von wenigstens 5 Kalkpunkten besetzt.
      7. Kalkpunkte zahlreich; ansehnliche, ½—2' hohe, drüsig behaarte Pfl. m. reichbthgm Stgl.

8. Blkrb. orangegelb, lineal lanzettl., spitz; Bthn traubig rispig; § 31.
grundst. B. zungenfg. *Felsen u. stein. Abhge d. Alp.* (6—7) ♃.
            6. *S.* **mutata** *L.*
8*. Blkrb. weiss, vkeifg od. keilfg.
 9. Rosettenb. lineal od. lineal lanzettl., ganzrandig, am Rande
  m. e. dicken Kalkkruste ; Rispenäste 1—6bthg ; Blkrb. nicht
  punktirt. *Felsspalt. d. höchst. Alpen.* 7. *S.* **crustata** *Vest.*
 9*. Rosettenb. zungenfg, gesägt.
  10. Stgl fast v. Grunde an rispig-ästig m. vielbthgn Rispen-
   ästen; Blkrb. nicht punktirt. *Felsspalten d. höchsten
   Alpen, auch als Zierpfl.* (7—8) ♃. 8. *S.* **cotyledon** *L.*
  10*. Stgl erst gegen d. Spitze hin ästig; Blkrb. punktirt.
   11. Rosettenb. scharf gesägt; Rispenäste armbthg; Stgl
    ½—1' h. *Kalkfels. d. Alpen u. höher. Gebge* (5—8) ♃.
            9. *S.* **aizoon** *L.*
   11*. Rosettenb. stumpf gekerbt ; Rispenäste reichbthg; Stgl
    1—2' h. *Felsen u. stein. Abhge d. südl. Alpen* (7—8) ♃.
           10. *S.* **elatior** *Koch.*
7*. Kalkpunkte 5—7; kleine, höchstens 5" hohe, dichte Räschen
 bildde Pfl. m. armbthgm Stgl; Bthn weiss.
 12. Stgl einbthg 1—3" hoch, nebst d. Kchabschnitten drüsig
  behaart. *Kalkfelsen d. Alpen* (5—6) ♃. 11. *S.* **Burseriana** *L.*
 12*. Stgl mehrbthg, doldentraubig.
  13. B. gerade, aufrecht, am Rande m. 5 Kalkpunkten ; Stgl
   drüsig zottig, 3—9bthg; Bthn 6—8''' breit. *Felsen d. Alpen,
   selt.* (6—8) ♃. . . . . . . 12. *S.* **Vandellii** *Stbg.*
  13*. B. mehr od. weniger bogig zurückgekrümmt m. 7 Kalk-
   punkten ; Bthn 3—4''' breit.
   14. B. v. Grund an bogig zurückgekrümmt, d. unteren sehr
    gedrängt stehend, d. oberen v. e. entfernt. *Felsen u.
    stein. Abhge d. Alpen* (6—7) ♃. . . 13. *S.* **caesia** *L.*
   14*. B. nur an d. Spitze zurückgebogen.
    15. Stgl dicht klebrig behaart; Blkrb. v. zahlrchn Streifen
     dchzogen. *Felsen d. südl. Alpen, ss.* (6—7) ♃.
          14. *S.* **diapensoïdes** *Bell.*
    15*. Stgl zerstreut drüsenhaarig.
     16. B. stumpf, nur am Grd gewimpert; Blkrb. m. 5 ge-
      raden Längsstreifen. *Felsspalten d. höchst. Alpen*
      (6—8) ♃. . . . . . 15. *S.* **squarrosa** *Koch.*
     16*. B. spitz, bis z. Mitte gewimpert ; Blkrb. 3streifig, d.
      seitl. Streifen bogig. *Felsspalt. u. stein. Abhge d.
      Alpen* (6—8) ♃. . . . . . 16. *S.* **patens** *Gaud.*
1*. B. nicht m. kalkabsondernden Punkten besetzt, wechselstdg od.
 alle grundstdg.
 17. Pfl. am Grd m. ausdauernden Blattbüscheln od. Blattrosetten
  entwickelnden Trieben, meist in dichten Rasen wachsend.
 18. B. am Rande m. nicht gegliederten Wimpern besetzt, an d.
  Spitze m. e. Knötchen.
 19. Bthn gelb m. orangegelben Punkten; bthntragender Stgl
  beblättert. Kch unterstdg.
  20. Kchabschnitte zurückgeschlagen ; Stgl u. Bthnstiele kraus-
   haarig ; B. lanzettl. stumpf. *Feuchte Wiesen (bes. in
   Norddtschld)* (7—8) ♃. . . . . 17. *S.* **hirculus** *L.*
  20*. Kchabschn. aufrecht od. abstehd ; Stgl kahl od. zerstreut
   haarig ; B. lineal spitz. *Bgwiesen d. Alpen* (7—8) ♃.
          18. *S.* **aizoïdes** *L.*

§ 31. 19*. Bthn gelblichweiss od. weiss.
   21. Stgl beblättert; Kchabschn. aufrecht; Pfl. kahl.
      22. Kch unterstdg m. kurz-stachelspitzigen Abschnitt. Stglb.
         ziemlich breit. lineal lanzettl.
         23. Stgl mehrbthg; Bthn gelblichweiss. *Stein. Abhge d.
            Alpen* (7—8) ♃ . . . . 19. *S.* **aspera** *L.*
         23*. Stgl einbthg; Pfl. niedriger (ob var?) *Stein. Abhge d.
            höchst. Alpen* (7—8) ♃ . . . . . 20. *S.* **bryoïdes** *L.*
      22*. Kch halbunterstdg m. kurz-haarspitzigen Abschnitt. B.
         lineal pfriemlich; Stgl mehrbthg. 1—4" hoch, zart; Bthn
         weiss. *Stein. Abhge d. südl. Alpenggdn* (7—8) ♃.
                                  21. *S.* **tenella** *Wulf.*
   21*. Stglb. fehld, grdstdge keilfg; Kch zurückgeschlagen, unterstdg.
      24. B. fast sitzd, nur an d. Spitze gezähnt; Blkrb. lanzettlich,
         gelb punktirt. *Bgwiesen u. Abhge d. Alpen u. höher. Gebge*
         (7—8) ♃ . . . . 22. *S.* **stellaris** *L.*
      24*. B. deutlich gestielt. v. d. Mitte an gesägt; Blkrb. ungleich,
         3 breiter, gefleckt, 2 schmäler, ungefleckt. *Bergwiesen u.
         Abhge d. Alpen* (7—8) ♃ . . . 23. *S.* **Clusii** *Gouan.*
18*. B. am Rande m. gegliederten Wimpern.
   25. Kch unterstdg, zurückgeschlagen; Staubfäden gegen d. Spitze
      hin am breitesten; bthntragdr Stgl blattlos.
      26. B. spatelfg-keilfg, am Grd in e. kahlen Stiel verschmälert,
         unters. meist purpurroth; Blkrb. weiss m. 1 gelbem Punkt;
         Bthn in klebrig behaarten, v. schuppigen Deckb. gestützten
         Rispen. *Felsspalten u. Abhge d. Alpen* (7—8) ♃.
                                24. *S.* **cuneifolia** *L.*
      26*. B. eifg od. rundlich; Bstiel zottig gewimpert; Blkrb. weiss
         m. gelben u. rothen Punkten.
         27. B. eifg, am Grd fast keilfg, kurz gestielt. *Wälder, Fels.
            in Gebgsggdn, auch als Zierpfl. „Porcellanblümch."* (6—7)♃.
                                25. *S.* **umbrosa** *L.*
         27*. B. rundlich od. elliptisch, am Grd herzfg, lang gestielt.
            28. B. behaart. *Häufige Zierpfl. aus d. Pyrenäen „Jehora-
               blümch."* (6—7) ♃ . . . . . 25b. *S.* **hirsuta** *L.*
            28*. B. kahl (ob var?) *Häuf. Zierpfl. aus d. Pyrenäen* (6—7) ♃.
                                25c. *S.* **punctata** *L.*
   25*. Kch oberständig, aufrecht od. abstehend; Stbfäden pfriemlich,
      am Grund am breitesten.
      29. B. fast bis z. Mitte in 3—9 Abschnitte getheilt (z. Theil in
         einander übergehende Arten).
         30. Abschnitte stumpf, abgerundet; Stgl blattlos od. 1blättrig.
            31. Blkrb. langgenagelt, milchweiss; Stgl blattlos; Bthn in
               Doldentrauben. *Stein. Abhge d. höchst. Alpen sss. (M.
               Rosa)* (6—7) ♃ . . . . . . 26. *S.* **pedemontana** *All.*
            31*. Blkrb. eifg, sitzd, gelblichweiss-dunkelroth.
               32. B. glatt u. flach, trocken m. etwas hervortretenden
                  Rippen. *Stein. Abhge d. Alpen u. Sudet.* (6—7) ♄.
                                27. *S.* **muscoïdes** *Wulf.*
               32*. B. m. 3 Längsfurchen, getrocknet m. stark hervor-
                  tretdn Rippen; Bthn grösser. *Felsspalten d. Alpen,
                  nicht selt.* (6—7) ♃ . . . . 28. *S.* **exarata** *Vill.*
         30*. Abschnitte stachelspitzig od. begrannt; Stglb. 1—3.
            33. Bstiel auf d. unteren Seite flach.

34. Babschnitte fast stumpf, m. s. kurzer Stachelspitze. *Fels-* §|31.
spalten *u. stein. Abhge in Gebirgsggdn, selt.* (5—6) ⚇.
  29. *S.* **decipiens** *Erh.* = *S.* **caespitosa** *L.*
34*. Babschnitte m. deutlicher Stachelspitze (ob var?) *Fels-*
spalten *u. stein. Abhge ss. (Rheinggdn)* (5—6) ⚇.
  30. *S.* **sponhemica** *Schlz.*
33*. Bstiel auf d. untern Seite bauchig aufgeblasen. *Felsspalten,*
Gebüsch, sss. (b. Luxembg) (6—7) ⚇. 31. *S.* **hypnoïdes** *L.*
29*. B. völlig ungetheilt od. nur an d. Spitze in 2—3 kurze Zähne
gespalten.
  35. Blkrb. nicht od. nur wenig schmäler als d. Kchabschnitte.
  36. B. stachelspitzig; Btbn gelb.
    37. Bthntragender Stgl blattlos. *Felsen u. stein. Abhge d.*
    Alpen (7—8) ⚇. . . . . 32. *S.* **sedoïdes** *L.*
    37*. Bthntragdr Stgl beblättert. *Felsen u. stein. Abhge d.*
    Alpen (7—8) ⚇. . . . . 33. *S.* **Hohenwartii** *Stbg.*
  36*. B. stumpf abgerundet.
    38. Bthntrgdr Stgl m. 3—6 B. besetzt.
      39. Blkrb. eifg-rundlich, grösser als d. Kch. weiss. *Felsen*
      u. stein. Abhge d. höchsten Alpen (7—8) ⚇.
        34. *S.* **planifolia** *Lap.*
      39*. Blkrb. keilfg, nicht grösser als d. Kch, in d. Farbe
      sehr veränderlich. *Felsen u. stein. Abhge d. südl.*
      Tyroler Alpen (7—8) ⚇. . 35. *S.* **Facchinii** *Koch.*
    38*. Bthntragdr Stengel blattlos.
      40. B. lineal. . . . . 27. *S.* **muscoïdes** *Wulf.*
      40*. B. vkeifg od. spatelfg.
        41. Blkrb. länglich, gelb. *Felsen u. stein. Abhge d.*
        höchst. Alpen (7—8) ⚇. . 36. *S.* **Sequieri** *Spreng.*
        41*. Blkrb. eifg, weiss, doppelt so gross als b. vor. *Stein.*
        Abhge d. Alpen, nicht selt. (7—8) ⚇. 37. *S.* **androsacea** *L.*
35*. Blkrb. gelb, viel schmäler als d. Kchabschnitte; Bthntragdr
Stengel blattlos. *Stein. Abhge d. höchst. Alpen* (7—8) ⚇.
  38. *S.* **stenopetala** *Gaud.*
17*. Pfl. einjährig od. ausdauernd, aber weder in Rasen wachsend,
noch m. Blattbüscheln od. Brosetten am Grd.
  42. Stgl beblättert.
  43. Stgl aufrecht; Bthn weiss.
    44. zwischen d. Wurzelfasern kleine Brutknollen; Stgl klebrig
    flaumig.
      45. Stglb. zahlreich, in d. Winkeln kleine Zwiebeln tragd.
      46. Stgl 1btbg. *Bgwiesen, stein. Abhge d. Alpen* (7—8) ⚇.
        39. *S.* **cernua** *L.*
      46*. Stgl doldentrbg, 3—7btbg. *Hügel, Bgwiesen (Mähren,*
      Oesterreich) (5—6) ⚇. . . . 40. *S.* **bulbifera** *L.*
      45*. Stglb. wenige, an d. Spitze 2—4zähnig, ohne Zwiebeln
      in d. Winkeln; Bthn doldentraubig. *Wiesen, Hügel,*
      s. häufig, nicht in d. Alpen (5—6) ⚇.
        41. *S.* **granulata** *L.*
    44*. Pfl. weder in d. Bwinkeln, noch zwischen d. Wurzelfasern
    m. Brutknollen.
      47. Untere B. am Grd keilfg, obere B. handfg. 3—5spaltig;
      Blkrb. weiss, nicht punktirt; Stgl 4—10" hoch.
      48. Bthnstiele viel länger als d. fruchtragde Kch. *Felsen,*
      stein. Abhge, nicht selt. (4—6) ☉.
        42. *S.* **tridactylites** *L.*

§ 31.   48*. Bthnst. nicht länger als d. frtragde Kch. *Felsen, stein.*
Abhge d. Alpenggdn (4—6) ☉.
43. *S.* ascendens *Jacq.* — controversa *Stbg.*
47*. Untere B. nierenfg rundlich; Blkrb. weiss m. gelben und
rothen Punkten; Stgl ½—2' hoch. *Stein. Abhge in Gebgs-*
ggdn, auch als Zierpfl. (6—8) ♃. 44. *S.* rotundifolia *L.*
43*. Stgl liegend od. aufsteigend.
49. rispig ästig, vielblüthig; Bthn weiss; Pfl. klebrig flaumig,
4—10 h. *Stein. Abhge d. südl. Alpenggdn* (5—6) ☉.
45. *S.* petraea *L.*
49*. einfach ästig; Aeste einbthg; Bthn klein, citronengelb; Pfl.
dicht weisswollig, 2—4" hoch. *Stein. Abhge d. südl. Alpen-*
ggdn (5—6) ♃. . . . . 46. *S.* arachnoïdea *Stbg.*
42*. Bthntragdr Stgl völlig blattlos.
50. Pfl. sehr lange rosenrothe Ausläufer treibend; B. nierenfg ge-
rundet, meist weissgefleckt; Bthn oft ungleichmässig m. 3
eifgn kürzeren u. 2 lanzettlichen längeren, weissen od. röthl.
Blkrb. *Zierpfl. aus Japan* (5—6) ♃. 46b. *S.* sarmentosa *L.*
50*. Pfl. nicht m. solchen Ausläufern.
51. Bthn kopffg gehäuft, weiss, sehr klein; Stgl 3—6" hoch,
drüsig flaumig; B. spatelfg, kahl. *Felsen, stein. Abhge im*
Riesengebge (7—8) ♃. . . . . . . 47. *S.* nivalis *L.*
51*. Bthn in Trauben; Stgl ½—1' hoch.
52. Bthn klein grünlich, am Rande röthl.; B. eifg längl., am
Rande u. unterseits zottig. *Buchufer u. Abhge d. südl.*
Alpenggdn, ss. (7—8) ♃. . . 48. *S.* hieracifolia *W. K.*
52*. Bthn gross rosenroth; B. länglich, am Grd herzfg, nebst
d. Stgl kahl u. etwas fleischig; Bstiel scheidenfg. *Zierpfl.*
aus Sibirien (4—5) ♃. . . . . 48b. *S.* crassifolia *L.*

2. Zahlbrucknéra paradoxa *Rchbch.* (X. 2). Blkrb.
grünlich, d. Kchb. ähnlich, aber schmäler u. kürzer als diese.
Kahles, liegds Kraut m. ausgebreitet ästigem Stgl u. einzelstehenden
langgestielten Bthn; B. rundlich nierenfg, d. unteren 5—7lappig, d.
oberen 3lappig (denen d. Anemone hepatica ähnlich). *Buchufer,*
Gebüsch d. südl. Alpenggdn, ss. (7—8) ☉.

† 3. Chrysosplenium *L.* „Milzkraut" (VIII. 2 od. X. 2).
Blkrb. fehlend. Kchabschnitte 4, an d. endstdgn Bthn 5; Kapsel
einfächerig; Stbgef. in e. Viereck gestellt. Saftige, gelbgrüne Krtr
m. gestielt. rundl. B. u. doldentrbgn Bthn.
1. B. wechselstdg, nierenfg, tief gekerbt; Stgl u. B. meist mehr
   od. weniger behaart. *Ufer, Gräben, Gebüsch, s. häuf.* (4—5) ♃.
†   1. *Chr.* alternifolium *L.*
1*. B. gegenstdg, halbkreisfg, am Grd abgestutzt; Pfl. meist kahl
    u. schlanker als b. vor. *Ufer, Gräben, Gebüsch, selt.* (4—5) ♃.
†   2. *Chr.* oppositifolium *L.*

3b. Hydrangéa Hortensia *DC.* (X. 2). Niedriger Strch
m. gegenstdgn, eifgn, gezähnt. B. u. grünlichen, röthlichen od. bläu-
lichen, z. Thl sterilen Bthn in grossen, kugligen Doldentrbn. *Zierpfl.*
aus China „Hotensie" (6—7) ♄.

§ 32. CRASSULACEAE. *DC.*

Kchb. meist 5, am Grund m. e. verwachsen; Blkrb. 5—6, selten mehr od. weniger; Stbgef. so viele od. doppelt so viele als Blkrb. Griffel u. Frknoten mehrere; Früchtch. vielsamig; balgkapselartig. Meist Kräuter m. fleischigen, nebenblattlos. B.
1. Fr. 2samig, Bthntheile 3zählig. . . . . . . 1. **Tillaea.**
1*. Fr. mehrsamig.
  2. Bthntheile 4zählig.
    3. Bthn weiss, zwittrig, blattwinkelstdg. . 2. **Bulliarda.**
    3*. Bthn röthlich, diöcisch, dicht doldentrbg. 3. **Rhodiola.**
  2*. Bthnthle mehrzählig.
    4. Blkrb. nicht od. nur am Grd m. e. verwachsen.
      5. Stbgef. 5; Bthn einzeln in lockeren, einseitswendig. Aehren.
                                                       4. **Crassula.**
      5*. Stbgef. 10—12.
      6. Blkrb. völlig von e. getrennt; Brosetten fehld.
                                           5. **Sedum.**
      6*. Blkrb. am Grd zusammenhgd; unt. B. rosettenbildend.
                                           6. **Sempervivum.**
    4*. Blkrb. völlig m. e. verwachsen, e. 5spaltige Blkrone darstelld, gelbgrün, in hängdn Trauben ; B. kreisrund, concav.
                                           7. **Umbilicus.**

1. **Tillaea muscosa** *L.* (III. 3). Kleines, 1—2" langes, liegds od. aufsteigds ästiges Kraut m. gegenstdgn, eifgn B. u. zu 2—4 in d. Bwinkeln stehenden weissen od. röthl. Bthn. Bthnth. 3zählig; Fr. 2samig. *Feuchte Sandfelder, ss. (Westphalen)* (5—6) ☉.

2. **Bulliarda** *DC.* (IV. 4). (Tillaea *L.*) Kleines, liegds, 1—2" langes, kahles Kraut m. gegenstdgn linealen B. u. kleinen, einzeln in d. Bwinkeln stehenden weissen od. röthlichen Bthn. Bthnth. 4zählig; Frkn. mehrsamig.
  1. Bthn s. kurz gestielt. *Ufer, Gräben, ss. (Norddtschld)* (8) ☉.
                                                          1. *B.* **aquatica** *DC.*
  1*. Bthnstiel länger als d. B. *Ufer, ss. (Donauins. b. Wien)* (7—8)☉.
                                                         2. *B.* **Vaillantii** *DC.*

3. **Rhodiola rosea** *L.* (XXII. 4). Kahles Kraut m. aufrecht. $1/4$—$1/2'$ hobem dicken Stgl, wechselstdgn, länglich-keilfgn, flachen, am Rande gesägten B. u. kleinen, gelblichen od. röthlichen Bthn in endstdgn dichten Doldentrbn. Wurzelstock fleischig knollig, rosenartig riechd. *Stein. Abhge d. höher. Gebge (Alpen, Sudeten, Vogesen)* (7—8) ♃.

4. **Crassula** *L.* (V. 5). Bthn röthlich m. dunklerem Kiel; Stbgef. 5; aufrechte, 3—6" hohe Kräuter m. wechselstdgn, walzig. B. u. doldentrbgn, einseitswendigen Bthn.
  1. B. abstehend, zerstreut: Stgl nebst Bthnstiel u. Kch drüsig bebehaart. *Aecker, Hügel, ss. (Rheinggdn, südl. Alpen)* (5—6) ☉.
                                                          1. *C.* **rubens** *L.*
  1*. B. dicht dachig, anliegd; Pfl. völlig kahl. *Aecker, Hügel um adr. Meer* (4) ☉. . . . . 2. *C.* **Magnolii** *DC.*

76 *Sedum.* CRASSULACEAE.

§ 32. 5. **Sedum** *L.* (X. 5 od. XI. 5). Blkrb. 5—6, am Grd nicht zusammenhängd; Stbgef. 10—12. Kahle od. drüsig behaarte Krtr m. meist wechselstdgn B., d. grundstdgn nie rosettenbildend.
1. B. flach u. breit „Fetthennen".
2. Stgl mehrere aus e. ausdauernd. Wzl, Bthn in Doldentrbn; Pfl. meist kahl.
3. .B. gesägt, eifg od. länglich; Stgl aufrecht. (*S.* telephium *L.*)
4. Bthn gelbgrün od. weisslich. *Felsen, stein. Abhge, Wege* (7—8) ⚄. . . . . 1. *S.* **maximum** *Sut.*
4*. Bthn röthlich.
5. Obere B. am Grund abgerundet, sitzd; Blkrb. zurückgebogen. *Felsen, Mauern, ss.* (7—8) ⚄.
2. *S.* **purpurascens** *Kch.*
5*. B. alle am Grd keilfg; Blkrb. gerade abstchd. *Felsen, stein. Abhge, Gebüsch, ss. (Rhnggdn, Sudeten)* (6—7) ⚄.
3. *S.* **fabaria** *Kch.*
3*. B. nicht od. undeutl. gez., blaugrün; Stgl liegd; Bthn röthl.
6. B. vkeifg rundlich, ganzrandig. *Felsen d. südl. Alpenggdn, auch als Zierpfl.* (7—8) ⚄. 4. *S.* **anacampseros** *L.*
6*. B. fast kreisrund, am Rande röthlich, meist zu 3 quirlig. *Häufige Zierpfl. aus Japan* (7—8) ⚄.
4b. *S.* **Sieboldii** *Sweet.*
2*. Stgl einzeln, Wrzl einjährig, spindelfg. Bthn röthl. od. weiss.
7. B. eckig, gekerbt, Doldentrbn armbthg. *Felsen u. stein. Abhge d. südl. Alpenggdn (Schweiz)* (6—7) ☉.
5. *S.* **stellatum** *L.*
7*. B. ganzrandig, stumpf; Bthn rispig; Pfl. drüsig flaumig. *Felsen, stein. Abhge, selt.* (6—7) ☉. . . 6. *S.* **cepaea** *L.*
1*. B. walzig od. halbwalzig, schmal; Bthn in zusammengesetzten Doldentrbn „Mauerpfeffer".
8. Pfl. einzeln wachsend, ohne unfrbare Blattbüschel, einjährig; B. meist stumpf.
9. Blkrb. 6, haarspitzig, 4mal länger als d. Kch, weiss od. röthlich; Stbgef. 12; Pfl. kahl. *Felsen u. stein. Abhge d. südl. Alpenggdn* (7—8). . . . . . 7. *S.* **hispanicum** *L.*
9*. Blkrb. 5; Stbgef. 10.
10. Pfl. besonders nach d. Spitze hin drüsig behaart; Bthn weiss od. röthlich. *Sumpfwiesen, selt., bes. in Gebgsggdn* (6—7) ☉. . . . . 8. *S.* **villosum** *L.*
10*. Pfl. kahl; Bthn gelblich.
11. Stglb. keulenfg, nebst d. ganzen Pfl. zuletzt braunroth; Bthn meist grünlichgelb in einfach., gedrungenen Doldentrbn. *Felsen u. stein. Abhge d. Alpenggdn* (7—8)☉.
9. *S.* **atratum** *L.*
11*. Stglb. lineal; Bthn spitz, goldgelb in gabligen, schlaffen Doldentrauben. *Felsen, Mauern, stein. Abhge, bes. d. Alpenggdn* (6—8) ⚄. . . . . . 10. *S.* **annuum** *L.*
8*. Pfl. in dichten Rasen wachsend; blühende, alljährlich absterbende u. nicht blühende, dicht beblätterte, ausdauernde Stgl treibend.
12. Bthn röthlich od. weiss; B. stumpf.
13. B. längl. lineal, nebst d. ganzen Pfl. kahl. *Felsen, Mauern, nicht selt.* (6—7) ☉. . . . 11. *S.* **album** *L.*
13*. B. elliptisch; Pfl. oberwärts drüsig behaart. *Felsen, Mauern, bes. in Gebirgsggdn* (6—8) ⚄.
12. *S.* **dasyphyllum** *L.*

12*. Bthn goldgelb; Pfl. kahl. § 32.
 14. B. stumpf, eifg, lineal od. fast 3kantig, nicht od. undeutlich
     gespornt.
  15. Blkrb. doppelt so lang als d. Kch; B. an d. unfruchtbaren
      Trieben in 6 Reihen geordnet.
  16. B. eifg, auf d. Rücken etwas höckerig, am Grd völlig un-
      gespornt, brennend scharf schmeckd. *Felsen*, *Mauern*,
      Hügel, *s. häufig* (6—7) ♃. . . . . . . 13. *S.* **acre** *L.* †
 16*. B. lineal, am Grd etwas gespornt, nicht scharf schmeckd.
      Mauern, *Hügel*, *Sandfelder*, *nicht selt*. (6—7) ♃.
                                     14. *S.* **sexangulare** *L.*
 15*. Blkrb. wenig länger als d. Kch, B. an d. unfrbaren Trieben
      zerstreut, lineal, am Grd völlig ungespornt. *Felsen d. Alpen
      u. höheren Gebge* (7—8) ♃. . . . 15. *S.* **repens** *Schlch.*
 14*. B. spitz, am Grd merklich gespornt.
   17. Kchb. spitz.
    18. Blkrb. aufrecht. *Felsen*, *stein. Abhge*, *ss. (Schweiz*, *adr.
        Meer)* (6—7) ♃. . . . . . . 16. *S.* **anopetalum** *DC.*
   18*. Blkrb. abstehend, meist 6; unfrbare Stgl zurückgebogen.
        Felsen, *Mauern*, *Sandfelder*, *auch cultiv. „Tripmadam"*
        (6—8) ♃. . . . . 17. *S.* **reflexum** *L.*
        var. B. blaugrün. . . . . *rupestre L.*
  17*. Kchb. stumpf.
    19. Doldentrbn am Grd ohne Deckb. B. oft röthlich. *Hügel*,
        Wiesen, *sss. (b. Coblenz)* (6—7) ♃. 18. *S.* **aureum** *Wlf.*
   19*. Doldentrbn am Grd m. Deckb. *Felsen*. *Mauern*, *sss. (b.
        Spaa)* (6—7) ♃. . . . . . . 19. *S.* **elegans** *Lej.*

6. **Sempervivum** *L.* „Hauswurz" (XI. 5). Bthntheile 6- bis
mehrzählig; Blkrb. am Grd zusammenhängend; grundst. B. in
dichten Rosetten, ganzrandig, am Rande gewimpert; Bthn in
endstdgn Doldentrbn.
  1. Blkrb. sternfg ausgebreitet, nebst d. Kchb. u. Frknoten meist
     7—18.
    2. B. kahl, nur am Rande gewimpert.
      3. Bthn purpurroth, am Frknoten m. drüsigen Schuppen; Stgl
         oberwärts drüsenhaarig; Pfl. sehr vielgestaltig. *Felsen d.
         Alpen*, *auch häufig cultivirt u. verwildert* (7—8) ♃.
                                                1. *S.* **tectorum** *L.*
     3*. Bthn blassgelb m. plattenfgn Schuppen; Stgl oberwärts
         rauhhaarig. *Felsen d. höchsten Alpen* (7—8) ♃.
                                           2. *S.* **Wulfenii** *Hppe.*
    2*. B. auf d. ganzen Oberfläche drüsig flaumig.
      4. Bthn rosenroth,
        5. B. an d. Spitze ohne Haarbüschel.
          6. Blkrb. doppelt so lang als d. Kchb.; Rosettenb. lang
             gewimpert; Frknot. kreis-eifg. *Felsen d. Alpen* (7—8) ♃.
                                                3. *S.* **funkii** *Brn.*
         6*. Blkrb. 3mal so lang als d. Kchb.; Rosettenb. kurz ge-
             wimpert; Frkn. länglich, schief. *Felsen d. Alpen u.
             höher. Gebge* (7—8) ♃. . . . 4. *S.* **montanum** *L.*
        5*. B. (bes. die d. Rosetten) an d. Spitze m. Haarbüscheln
            u. oft ausserdem noch durch spinnewebenartige Fäden m.
            e. verbunden. *Felsen d. höchst. Alpen* (7—8) ♃.
                                          5. *S.* **arachnoideum** *L.*
     4*. Bthn gelblichweiss.

§ 32. 7. Stglb. abstehd; Pfl. 2—6" hoch. *Felsen d. südl. Alpen* (7—8) ♃.
6. *S.* **Braunii** *Funk.*
7*. Stglb. anliegd; Pfl. in allen Theilen grösser. *Felsen in Mähren*
(7—8) ♃. . . . . 7. *S.* **globiferum** *L.*
1*. Blkrb. glockig - zusammengeneigt, gelblichweiss, m. nach aussen
gebogenen Spitzen, nebst d. Frknoten meist 6.
8. Stglb. u. Kche kurz behaart. *Felsen d. Alpen u. mährisch-
schlesischen Gebge* (7—8) ♃. . . . . 8. *S.* **hirtum** *L.*
8*. Stglb. kahl, nur am Rande gewimpert; aus d. Winkeln d.
Rosettenb. wieder kleine, rosettenfge Sprossen sich ent-
wickelnd.
9. Rosettenb. eifg-kurz zugespitzt. *Felsen d. Alpen u. höher.
Gebge* (7—8) ♃. . . . . . 9. *S.* **soboliferum** *Sims.*
9*. Rosettenb. länglich-lanzettlich. *Wälder, stein. Abhänge in
Tyrol* (7—8) ♃. . . . . . 10. *S.* **arenarium** *Koch.*

7. **Umbilicus pendulinus** *DC.* (X. 5). Blkrone glockig,
5spaltig; 1—1½' hohes Kraut m. kreisrunden, schildfgn B. u.
grünlichweissen Bthn in hängdn Trbn. *Felsen u. Mauern d. südl.
Alpen u. am adr. Meer* (6—7) ♃.

§ 32b. FICOIDEAE. *Juss.*

Staubgefässe zahlreich, d. Kchschlund od. d. vielblättrigen
Perigon eingefügt; Griffel meist 5; Kapsel m. zahlreichen, oberwts
getrennten od. strahlig auseinanderstehenden, vielsamigen Fächern,
seltener e. nicht aufspringde Steinfr.; Samentrgr wandstdg; Keim m.
mehligem Eiweiss. Meist Krtr m. fleischigen B.

a. **Mesembrianthemum** *L.* (XII. 2). Fr. e. Kapsel.
Schönblühende Kräuter m. einfachen, nebenblattlosen, gegenstdgn B.
1. B. u. ganze Pfl. m. kleinen, eisartig.Bläsch. besetzt, eifg-wellig,
stglumfassd; Bthn weiss, blattwinkelstdg, sitzd. *Zierpfl. aus
Südafrika „Eiskraut"* (6—8) ☉. . . a. *M.* **crystallinum** *L.*
1*. B. nicht m. Bläschen besetzt, 3kantig, an d. Kanten dornig;
Bthn roth. *Zierpfl. aus Südafrika* (4—6) ♃. b. *M.* **deltoïdes** *Mill.*

XIII. Ordn. CARYOPHYLLINAE *Bartl.* Kch frei, in
d. Knospe dachig; Blkrb. 4—5, selten fehlend, nebst d. Stbgef. d.
Kch od. d. Frboden eingefügt; Staubgef. meist wenige; Frknoten
meist einfächerig m. mittenstdgm Samenträger; Pistill aus
mehreren Frblättern gebildet; Same meist eiweisshaltig m. ringfg
od. spiralig um dasselbe gebogenen Keim.

§ 33. SILENEAE. *DC.*

Kchb. verwachsen, Kch daher meist 5zähn.; Blkrb. so viele als
Kchb., am Grd meist nagelfg verschmälert. Stbg. 5 od. 10, nebst
d. Blkrb. u. Frknoten auf e. oft mehr od. weniger verlängerten

SILENEAE.   Gypsophila.

Frträger eingefügt; Frknoten 1; Griffel 2 od. mehr; Fr. e. Kapsel, § 33.
selten e. Beere. Krtr m. einfachen, meist schmalen **gegenstdgn**,
am Grd oft scheidenfg verwachsenen B. ohne Nebenb.
1. Stbgef. 10. Bthn zwittrig.
  2. Griffel 2.
    3. Kch m. 1—2 Paar Schuppen am Grd.
      4. Blkrb. keilfg . . . . 2. **Tunica.**
      4*. Blkrb. nagelfg . . . . 3. **Dianthus.**
    3. Kch ohne Schuppen am Grd.
      5. Blkrb. keilfg . . . . 1. **Gypsophila.**
      5*. Blkrb. nagelfg . . . . 4. **Saponaria.**
  2*. Gr. 3; Bthn b. einigen 2häusig, aber dann d. Blkrb. am Grd
    ohne Schuppen.
    6. Fr. e. Beere; Kch kurz, glockig . . . 5. **Cucubalus.**
    6*. Fr. e. Kapsel; Kch röhrig od. bauchig . . . 6. **Silene.**
  2**. Griffel 5; Bthn b. einigen 2häusig, aber dann d. Blkrb. am
    Schlund m. 1 Schuppe.
    7. Narbe unbehaart; Blkrb. länger als d. Kchzähne.
                                7. **Lychnis.**
    7*. Narbe drüsig behaart; Blkrb. kürzer als d. sehr langen
    Kchz. Bthn einzeln . . . . 8. **Agrostemma.**
1*. Stbgef. u. Gr. 5: B. lineal, stechd dornig . . . 9. **Drypis.**

1. **Gypsóphila** L. (X. 2). Kchz. m. trockenhäutig. Rande,
am Grd schuppenlos; Blkrb. keilfg. Aestige Krtr m. weissen
od. röthl. Bthn.
  1. Bthn einzeln, langgestielt, über d. ganze 2—6″ hohe Pfl. zerstreut, röthlich; Kch kreiselfg, nicht bis zur Mitte getheilt.
    Aecker, Sandfelder (7—8) ☉ . . . . . 1. *G.* muralis *L.*
  1*. Bthn dicht, büschlig-doldentraubig; Kch bis z. Mitte getheilt.
    2. Stgl z. Thl nicht blühend, d. blühenden höher; B. s. schmal lineal.
      3. Stgl am Grd liegd, 3—6″ hoch, nebst d. ganzen Pfl. kahl.
        Stein. Abhge, bes. d. Alpenggdn (6—8) ♃. 2. *G.* repens *L.*
      3*. Stgl aufstrbd, 1—2″ hoch, nebst d. ganzen Pfl. klebrig-flaumig; Stbgef. u. Griffel länger als d. Kr. *Stein. Abhge, Sandfelder, selt.* (6—8) ♃ . . . . . 3. **fastigiata** *L.*
    2*. Wurzel nur blühende Stgl treibd; B. lanzetttich, breiter; Stgl 1—4′ hoch.
      4. Kchzähne abgerundet stumpf, gerade; Blkrb. abgerundet.
        Sandfelder, ss. (Möhren, Oesterreich) (7—8) ♃.
                                  4. *G.* paniculata *L.*
      4*. Kchz. spitz, länglich, auswärts gebogen; Blkrb. ausgerandet.
        Hügel, Sandfelder, ss. (Möhren) (7—8) ♃.
                                  5. *G.* acutifolia *L.*

2. **Túnica saxifraga** *Scop.* (Dianthus 5 *L.*) (X. 2). Kch
5kantig, am Grd schuppig; Blkrb. keilfg. Kahles, blaugrünes,
½—1′ hohes Kraut m. ausgebreitet ästigem Stgl, lineal spitzen, d.
Stgl anliegdn B. u. röthlichen Bthn. *Stein. Abhge, ss.* (6—8) ♃.

3. **Dianthus** *L.* „Nelke" (X. 2). Kch meist rund, am Grund
v. Schuppen umgeben; Blkrb. genagelt, meist röthlich od. weiss.
Meist kahle, oft bläulich bereifte Kräuter m. schmalen, am Grund
scheidenfg verwachsenen B. u. knotig verdickten Gelenken.

§ 33. 1. Bthn büschlig gehäuft od. wenigstens zu 2 beisammen, kurzgestielt od. sitzd.
    2. d. d. Kch umgebenden Schuppen abgerundet stumpf; durchscheinend häutig, länger als d. Kch, ohne Stachelspitze; Bthn klein, blassroth, wohlriechd (Kohlrauschia *Kunth*.)
      3. Stgl kahl; Same glatt. *Hügel, Sandfelder, nicht selt.* (6—7)☉.
            1. *D.* **prolifer** *L.*
    3*. Mittlere Stglglieder zottig; Same kurz stachlig. *Hügel, Sandfelder am adr. Meer* (6—7) ☉. 2. *D.* **velutinus** *Guss.*
  2*. Kchschuppen stachelspitzig, lederartig od. krautig, meist nur 2.
    4. nebst d. ganzen Pfl. flaumig behaart; Bthn hellroth, am Schlunde weiss punktirt. *Hecken, Gebüsch, nicht selt.* (7—8)☉.
            3. *D.* **Armeria** *L.*
    4*. nebst d. ganzen Pfl. kahl.
      5. B. lanzettlich, kurz gestielt, alle spitz; Kchschuppen krautig, so lang als d. Kch. *Abhge u. Bgwiesen, bes. d. Alpenggdn, auch als Zierpfl.* (6—8) ♃. 4. *D.* **barbatus** *L.*
      5*. B. sitzd, lineal od. lineal-lanzettlich.
        6. Kch u. Kchschuppen braun, lederartig, trockenhäutig.
          7. Bthnbüschel 12—20bthg; Platte d. Blkr. halb so lang als ihr Nagel. *Bgwiesen d. südl. Alpenggdn* (6—8) ♃.
            5 *D.* **atrorubens** *All.*
          7*. Bthnbüschel 2—7bthg; Platte d. Blkr. so lang als ihr Nagel. *Wiesen, Hügel, sehr häufig "Karthäusern."* (6—8) ♃ . . . . . . 6. *D.* **Carthusianorum** *L.*
        6*. Kch u. Kchschuppen grün, krautartig.
          8. Stgl 4kantig; Bscheiden länger als breit. *Felsen, stein. Abhge d. südl. Alpenggdn* (7—8) ♃.
            7 *D.* **liburnicus** *Bartl.*
          8*. Stgl rund; Bscheiden nicht länger als breit. *Hügel, stein. Abhge, ss.* (6—8) ♃ . . 8. *D.* **Seguierii** *Vill.*
1*. Bthn einzeln od traubig, alle deutl. gestielt; Kchschuppen spitz.
    9. Blkrb. ganzrandig od. am Rande nur kurz gezähnt.
      10. Kchschuppen wenigstens halb so lang als d. Kchröhre.
        11. Stgl einbthg, sehr kurz od. fast ganz fehld; Pfl. kahl; B. lineal.
          12. B. spitz, am Rande rauh, unters. 3rippig; Pfl. 3—6" hoch. *Stein. Abhge d. höchst. Alpen ss.* (6—8) ♃.
            9. *D.* **neglectus** *Lois.*
          12*. B. stumpf, 1rippig; Pfl. 2—3" hoch.
            13. Blkrb. doppelt so lang als d. Kch, oberseits röthlich u. gefleckt, unters. grünlich; Griffel wenig hervorrgd. *Kalkfelsen d. Alpen* (7—8) ♃ . . 10. *D.* **alpinus** *L.*
            13*. Blkrb. 1½mal so lang als d. Kch, gleichfarbig röthl.; Gr. weit hervorragd; B. schmäler *Granitfelsen d. Alpen* (6—8) ♃ . . . . . . 11. *D* **glacialis** *Hke.*
      11*. Stgl meist mehrbthg, verlängert, ½—1' hoch.
        14.† nebst d. ganzen Pfl. flaumig behaart: Blkrb. vkeifg, am Rande gezähnelt, purpurroth, gefleckt. *Wiesen, Hügel, Wälder, häufig* (6—8) ♃. 12. *D.* **deltoïdes** *L.*
        14*. kahl: nur d. B. am Rande flaumig; Blkrb. lanzettl. länglich, spitz, rosenroth, nicht od undeutlich gezähnt. *Felsen u. stein. Abhge am adr. Meer* (6—8) ♃.
            13. *D.* **ciliatus** *Guss.*
  10*. Kchschuppen kürzer als d. halbe Kchröhre; Pfl. kahl.

15. B. hellgrün, lineal, spitz; Kchschuppen breit eifg, an d. abge-tutzten stumpfen Spitze m. c. kurzen Granne; Bthn geruchlos, am Schlunde nicht bärtig. *Felsen u. stein. Abhge d. Alpen* (6—8) ♃. . . . . 14. *D.* **silvestris** *Wulf.* §33.
15*. B. blaugrün.
  16. Blkrb. am Schlunde m. e. Bärtchen; B. am Rande rauh; Pfl. dicht rasig, ¹/₃—1' hoch. *Felsen, stein. Abhge, selten* (5—6) ♃. . . . . , 15. *D.* **caesius** *L.*
  16*. Blkrb. bartlos; B. am Rande glatt. *Häufige Zierpfl. aus Südeuropa* (6—8) ♃. . . . . 15b. *D.* **caryophyllus** *L.*
9*. Blkrb. am Rande tief fransig gespalten, röthl. od. weiss.
  17. Kchschuppen kürzer als d. halbe Kchröhre.
  18. Blkrb. höchstens bis zur Mitte getheilt. Pfl. dicht rasig.
    19. Platte d. Blkrone kürzer als d. Kch. *Bgwiesen, Hügel, selt.* (7—8) ♃. . . . . . 16. *D.* **serotinus** *W. K.*
    19*. Platte d. Krone so lang als d. Kch.
      20. B. grasgrün. *Sandfelder (Norddtschld)* (7—8) ♃.
                17. *D.* **arenarius** *L.*
      20*. B. blaugrün. *Hügel, Gebüsch, bes. d. Alpengydn, auch als Zierpfl.* (7—8) ♃. . . . . 18. *D.* **plumarius** *L.*
  18*. Blkrb. fast bis z. Grund getheilt. *Wiesen, Gebüsch, selten* (7—8) ♃. . . . . 19. *D.* **superbus** *L.*
  17*. Kchschuppen so lang als d. halbe Kchröhre. *Stein. Hügel, Abhge d. südl. Alpengydn* (6—7) ♃. 20. *D.* **monspessulanus** *L.*

4. **Saponaria** *L.* „Seifenkraut" (X. 2). Kch am Grd nicht v. Schuppen umgeben; Blkrb. genagelt. Aestige Kräuter m. lineal od. lanzettlich, am Grd nicht scheidenfg verwachsenen B.
1. Kch geflügelt 5kantig; Blkrb. ohne Schlundschuppen m. kleingekerbtem Rande; Pfl. blaugrün, kahl; Bthn röthl., langgestielt. *Aecker, selt. (westl. Dtschld)* (6—7) ☉. . 1. *S.* **vaccaria** *L.*
1*. Kch rund; Blkrb. m. Schlundschuppen; Pfl. reingrün; Bthn büschlig.
  2. Pflanze kahl; Stgl aufrecht; Bthn röthl. od. weiss; B. länglich ellipt'sch. *Hecken, Ufer, Gebüsch, auch cult.* (7—8) ♃.
                  2. *S.* **officinalis** *L.*
2*. Pfl. behaart.
  3. Bthn röthlich; B. lanzettl.; Stgl liegd. *Hügel, Sandfelder d. Alpengydn* (3—8) ♃. . . . . 3. *S.* **ocymoïdes** *L.*
  3*. Bthn gelb; Nägel u. Stbgef. dunkelviolett; Stgl aufrecht; B. lineal. *Bgwiesen u. stein. Abhge d. höchsten Schweizer Alpen (am Matterhorn)* (7—8) ♃. . . . 4. *S.* **lutea** *L.*

5. **Cucubalus bacciferus** *L.* (X. 3). Kch weit glockig; Beeren glänzend schwarz. Flaumiges Kraut m. liegendem od. kletterdm. 4—5' langem Stgl. eifg-lanzettl., kurzgestielten B. u. gelblichgrünen Bthn in gabligen Doldentrauben. *Hecken, Gebüsch, selten* (7—8) ♃.

6. **Siléne** *L.* (X. 3). Kch 5zähnig, am Grund meist schuppenlos; Blkrb. 5, genagelt, am Schlund oft m. e. Kranz v. Schuppen (Krönchen); Griffel 3; Kapsel 6zähnig, am Grund oft unvollkommen 3fächerig. Meist gablig-ästige Kräuter m. schmalen, am Grd oft verwachsenen B.

§ 33. 1. Pfl. fast od. völlig stengellos, dicht rasig, 1—2bthg; Bthn röthl., am Schlund m. e. Krönchen.
2. Kch kahl, kurzglockig, 10rippig; B. lineal pfriemlich. *Felsen u. stein. Abhge d. höchst. Alpen* (6—8) ♃. . 1. *S.* **acaulis** *L.*
2*. Kch zottig, aufgeblasen, vielrippig; B. stumpf lineal. *Stein. Abhge d. Alpen* (6—8) ♃. . . . . . 2. *S.* **pumilio** *Wulf.*
1*. Pfl. m. meist mehrblättrigem, ästig., aufrecht. od. liegdm Stgl.
3. Kch m. 20—30 Streifen. aufgeblasen od. eifg; Frtträger s. kurz.
4. Bthn weiss, ohne Schlundschuppen; Kch häutig. netzstreifig, eifg m. eifgn. spitzen Zähnen; Pfl. kahl. *Hügel, Wiesen, Wege, s. häufig* (7—8) ♃.
(Cucubalus behen *L.*) 3. *S.* **inflata** *Sm.*
4*. Bthn röthlich m. Schlundschuppen; Kch kegelfg m. spitzpfriemlichen Zähnchen; Pfl. drüsig flaumig.
5. Blkrb. vkherzfg; Kapsel ei-kegelfg. *Sandige Ufer, ss. (Rheinggdn, adriat. Meer)* (6—7) ☉. . . 4. *S.* **conica** *L.*
5*. Blkrb. ungetheilt, am Rande kleingekerbt; Kapsel flachkuglich-flaschenfg. *Aecker, ss. (b. Luxembg)* (6—7) ☉.
5. *S.* **conoïdea** *L.*
3*. Kch m. 10 meist stark hervortretdn, oft noch dch Querstreifen m. einander verbundenen Rippen, seltener bei starker Behaarg fast rippenlos, übrigens meist glockig, länglich od. keulenfg.
6. Bthn wechselstdg, meist sitzend od. kurzgestielt in einseitswendigen od. zweizeiligen, zuweilen gepaarten Trauben; Pfl. klebrig od. flaumig behaart.
7. Blkrb. ungetheilt od. am Rande gezähnelt, weiss od. röthl.; Kchz. lanzettl. pfrieml. B. lanzettlich. *Aecker, selt.* (6—7) ☉.
6. *S.* **gallica** *L.*
7*. Blkrb. herzfg od. gespalten.
8. Bthn in gepaarten Trauben.
9. Bthn weiss; Schlundschuppen abgestutzt; Kch rauhhaar. Trbn vielbthg. *Aecker, Wege, sss. (b. Wien)* (5—6) ☉.
7. *S.* **dichotoma** *Ehrh.*
9*. Bthn röthlich; Schlundschuppen spitz; Kch angedrückt flaumig; Trauben 5bthg. *Sandige Ufer am adr. Meer* (5—6) ⚲ . . . . *S. S.* **vespertina** *Retz.*
8*. Bthntrbn einzeln, Bthn röthlich.
10. Bthntrbn gedrungen; Bthn aufrecht, am Grd m. kurzen Deckb. *Zierpfl. aus Südeuropa* (5—6) ☉.
8b. *S.* **bipartita** *Desf.*
10*. Bthntrbn locker; Bthn zuletzt hängend m. langen Deckb. *Zierpfl. aus Südeuropa* (5—6) ⚲.
8c. *S.* **pendula** *L.*
6*. Bthn einzeln od. gegenstdg, übrigens traubenfg, doldentrbg od. rispig gestellt.
11. Blkrb. am Schlund ohne Schuppen, meist weiss od. grünl.
12. Blkrb. lineal, ungetheilt; Stgl einfach m. quirlig-trbgn, polygamischen Bthn. *Hügel, Sandfelder, selt.* (5—7) ♃.
9. *S.* **Otites** *Sm.*
12*. Blkrb. herzfg od. gespalten.
13. Bthn in schmal zusammengezogenen Trbn.
14. Pfl. klebrig zottig; Trbnäste quirlig. *Wege, Sandfelder, selt. (Mähren, Böhmen, Insel Rügen)* (6—7)☉.
10. *S.* **viscosa** *Pers.*
14*. Pfl. nicht klebrig.

15. Stglb. zahlreich, in d. Winkeln m. Blattbüscheln. *Wiesen,*
    Sandfelder (Odergebiet) (7—8) ♃. 11. *S.* **tartarica** *Pers.*
15*. Stglb. wenige, ohne Blattbüschel in d. Winkeln. *Wiesen,*
    Gebüsch, ss. (b. Wien) (6—7) ⊙. 12. *S.* **multiflora** *Pers.*
13. Bthn ausgebreitet, rispig; Pfl. fein flaumig od. oberwärts
    m. klebrigen Ringen; B. am Grd gewimpert.
16. Bthn grünlich; Frträger sehr kurz; untere B. eifg-spatelig.
    Stein. Abhge d südl. Alpen, ss. (Steiermark, Krain) (6—8) ♃.
    13. *S.* **viridiflora** *L.*
16*. Bthn weiss; Frträger lang.
17. Untere B. spatelfg-lanzettlich; Frträger nicht länger als
    d. Kapsel. *Hügel, stein. Abhge d. südl. Alpengyd* (6—7) ♃.
    14. *S.* **italica** *L.*
17*. Untere B. rundl. elliptisch; Frtrgr viel länger als d. Kpsl.
    Wälder, selt. (Böhmen, Oesterreich, Steiermark) (6—7) ♃.
    15. *S.* **nemoralis** *W. K.*
11*. Blkrb. am Schlund m. Schuppen.
18. Blkrb. m. 4lappigem Saum; Kchzähne stumpf; Pfl. rasig; Same
    kammfg gewimpert; Kch kreiselfg glockig, kurz; Bthn weiss.
19. Pfl. grauzottig-filzig; d. unteren B. spatelfg. *Hügel, stein.*
    Abhge, ss. (6—7) ♃. . . . . . 16. *S.* **eriophylla** *Jur.*
19*. Pfl. fast od. völlig kahl, oberwärts etwas klebrig.
20. B. lineal, d. unteren fast spatelfg; Kapsel nicht länger
    als d. Kch. *Hügel, stein. Abhge d. Alpen* (6—7) ♃.
    17. *S.* **quadrifida** *L.*
20*. B. eifg lanzettlich; Kpsl doppelt so lang als d. Kch; Bthn
    kleiner als b. vor. *Hügel, Gebüsch d. Alpen* (6—7) ♃.
    18. *S.* **alpestris** *Jacq.*
18*. Blkrb. ungetheilt, herzfg od. zweilappig.
21. Blkrb. ungetheilt od. nur sehr wenig u. stumpf ausgerandet,
    meist röthlich.
22. Pfl. drüsig kurzhaarig; untere B. eifg, obere länglich od.
    lanzettlich; Frtrgr kurz. *Felsen, stein. Abhge, Gebüsch*
    auf d. Inseln d. adr. Meeres (6—7) ♃.
    19. *S.* **sedoïdes** *Jacq.*
22*. Pfl. flaumig od. kahl.
23. Pfl. flaumhaarig; Frtrgr halb so lang als d. Kapsel;
    Bthn nicht sehr zahlreich. *Aecker, selt. (bes. zwischen*
    Flachs) (6—7) ⊙. . . . . . 20. *S.* **linicola** *Gmel.*
23*. Pfl. kahl, oberwärts klebrig, blaugrün; Frtrgr so lang
    od. länger als d. Kapsel; Bthn sehr zahlreich, dicht
    büschlig, doldentrbg. *Stein. Abhge, Gebüsch in Gebgs-*
    ggdn (7—8) ⊙. . . . . 21. *S.* **armeria** *L.*
21*. Blkrb. vkherzfg od. gespalten.
24. Abschnitte d. Blkrb. scharf gesägt; Schlundschuppen zer-
    schlitzt; Bthnstiele verdickt keulenfg; Pfl. fein flaumig
    m. 3—5″ hoh. aufstgdm Stgl. *Kalkbge d. südl. Alpen, ss.*
    (7—8) ♃. . . . . 22. *S.* **Elisabethae** *Jan.*
24*. Abschnitte d. Blkrb. nicht gesägt; Bthnstiele nicht keu-
    lenfg verdickt.
25. Samen am Rande kammfg gewimpert; Pfl. graugrün,
    abstehend- od. klebrig wollig zottig; Stgl 2—6″ hoch,
    aufstgd, v. d. Mitte an gablig getheilt; Bthn weiss, sehr
    langgestielt; Wuchs rasig.
    s. ob. 16. *S.* **glutinosa** *Zois.* = **eriophylla** *Juratz.*
25*. S. am Rande nicht kammfg gewimpert.

6 *

§ 33. 26. Bthn in einseitswendigen Trauben, nickd.
27. Bthn grünlich; Kchz. stumpf. *Sandige Hügel u. Wälder, selt.*
(6—7) ♃ . . . . 23. *S.* **chlorantha** *Erh.*
27*. Bthn weiss; Kchz. spitz. *Wiesen, Gebüsch, häufig* (6—7) ♃.
24. *S.* **nutans** *L.*
26*. Bthn einzeln od. gablig doldentrbg. aufrecht.
28. Kchzähne lineal pfriemlich; Bthn röthlich, zahlreich; Pfl. oberwärts klebrig zottig; Frtträger s. kurz. *Aecker, nicht häufig, urspr. aus Südeuropa eingewandert* (7—8) ☉.
25. *S.* **noctiflora** *L.*
28. Kchzähne eifg, wenig länger als breit; Bthn röthl. od. weiss.
29. Stgl 1—wenigbthg; Kch röhrig-keulenfg; Frtrgr so lang od. länger als d. Kapsel; Pfl. rasig.
30. B. u. Kch drüsig rauhhaarig. *Stein. Abhge d. höchsten Alpen (Matterhorn, Bernhard)* (6—7) ♃. 26. *S.* **vallesia** *L.*
30*. B. schmal lineal, nebst d. Kch kahl od. kurz flaumig. *Stein. Abhge, Gebüsch d. Alpengyd* (6—7) ♃.
27. *S.* **saxifraga** *L.*
29*. Stgl vielbthg; untere B. eifg; Pfl. kahl.
31. Kchzähne spitz; Kchröhre lang; Blkrb. tief gespalten; Frtrgr viel kürzer als d. Kapsel. *Hügel, Gebüsch d. südl. Alpengyd* (6—7) ☉. . . . 28. *S.* **annulata** *Thore.*
31*. Kchz. stumpf; Kchr. kurz-glockig, kreiselfg; Blkrb. herzfg. *Stein. Abhge d. Alpen u. Vogesen* (7—8) ♃.
29. *S.* **rupestris** *L.*

7. **Lychnis** *L.* (X. 5). Kch 5spaltig, kürzer als d. meist röthlichen od. selten weissen, am Grund nagelfgn, am Schlund m. Schuppen besetzten Blkrb. Griffel 5. Kapsel 5—10zähnig aufsprgd.
1. Blkrb. in 4 lineale, fingerfg ausgebreitete Abschnitte zerschlitzt; Stglb. lineal-lanzettlich; Pfl. kahl. *Wiesen, Gebüsch, sehr häufig „Guckgucksblume"* (5—7) ♃ . . . 1. *L.* **flos cuculi** *L.*
1*. Blkrb. ungetheilt od. einfach gespalten.
2. Pfl. kahl od. kurzhaarig; Bthn zwittrig.
3*. Blkrb. ungetheilt; Pfl. kahl, unter d. Gelenken klebrig; Bthn purpurroth in aufrechten Rispen; Krönchen weich. *Hügel, Wiesen, häufig* (5—6) ♃. „Pechnelke".
2. *L.* **viscaria** *L.*
3*. Blkrb. gespalten; Pfl. kurzhaarig; Stgl nach oben wenig beblättert.
4. B. lanzettlich; Bthn hellroth in kopffgn Büscheln; Pfl. 2—4" h. *Stein. Abhge d. höchst. Granitalpen* (7—8) ♃.
3. *L.* **alpina** *L.*
4*. Unt. B. eilanzettlich; Bthn scharlachroth, doldig, büschlig; Pfl. 1—3' h. *Zierpfl. aus Kleinasien* (6—8) ♃. „Feuernelke, brennende Liebe". . . 3b. *L.* **chalcedonica** *L.*
2*. Pfl. zottig od. filzig behaart.
5. Bthn zwittrig (Agrostemma *L.*)
6. Blkrb. ungetheilt; Bthn langgestielt m. stechend harten Krzschuppen. *Bergwälder, selten, auch als Zierpflanze „Vexirnelke"* (6—8) ♃. . . . 4. *L.* **coronaria** *Lam.*
6*. Blkrb. gespalten; Bthn kurz gestielt. *Bgwiesen d. südl. Alpengyd, auch als Zierpfl.* (7—6) ♃.
5. *L.* **flos Jovis** *Lam.*
5*. Bthn zweihäusig (*L.* dioica *L.*; Melandrium *Röhl.*)

7. **Kapsel** m. aufwärts gerichteten Zähnen; Bthn meist weiss, wohlriechd, Abds aufblühend. *Hügel, Wiesen, Gebüsch, nicht selten* (6—8) ☉ . . . . 6. *L*; **vespertina** *Sibth*. §33.
7*. **Kapsel** m. zurückgerollten Zähnen; Bthn meist purpurroth, selten weiss, geruchlos, b. Tage blühd. *Ufer, Gebüsch, nicht selt.* (5—6) ♃.
       7. *L*. **diurna** *Sibth*.

8. **Agrostémma githago** *L*. (X, 5). (Githago segetum *Desf*.) Kchzähne länger als d. grosse, purpurrothe Krone; Kranzschuppen fehld. Graufilziges, 1—3′ hohes Kraut m. einzelsthdn, langgestielt. Bthn u. lineal-lanzettl. B. *Unter d. Saat häufig „Kornrade"* (6—7) ☉.

9. **Drypis spinosa** *L*. (V. 3). Stbgef. 5; Gr. 3; Blkrb. tief gespalten. Kahles, 3—6″ hohes, rasiges Kraut m. lanzettlichpfriemlichen, steif dornspitzigen B. u. röthichen Bthn in gabligen Doldentrauben. *Stein. Abhge d. südl. Alpengudn* (6—7) ♃.

§ 34. ALSINEAE. *DC*.

(nebst *Polycarpon* und *Linum*.)

Kch 4—5blättrig, frei; Blkrb. so viele als Kchb., am Grund nicht od. nur sehr kurz genagelt. Stbgef. u. Blkrb. einem unter d. Frknoten stehenden Ring eingefügt. Kräuter m. einfachen, gegenstdgn, meist nebenblattlosen B. u. meist weissen, selten röthlichen Bthn, in ihren Gattungen schwierig zu begrenzen.
1. Bthntheile 4zählig.
  2. Stbgef. 4.
    3, Griffel 2; Kapsel 2samig. . . . . 1. **Buffonia**.
    3*. Gr. 4; Kpsl mehrsamig.
      4. Blkrb. ungespalten.
        5. Kapsel 8klappig; Kchb. wagrecht auseinanderstehd.
                                                   13. **Mönchia**.
        5*. Kapsel 4klappig; Kchb. aufrecht. . . . 2. **Sagina**.
      4*. Blkrb. gespalten; Kapsel 8klappig. 14. **Cerastium**.
  2*. Stbgef. 8.
    6. Kapsel 3klappig; Gr. 3; B. stumpf. . . . 7. **Alsine**.
    6*. Kapsel 4klappig; Gr. 2. . . . . 9. **Möhringia**.
1*. Bthntheile 5zählig.
  7. Blkrb. ungetheilt od. nur wenig ausgerandet.
    8. Griffel 3, selten 2.
      9. Stbgef. 3.
        10. Blkrb. kürzer als d. Kch; B. am Stgl scheinbar zu 4 stehend. . . . . § 38, 6. *Polycarpon*.
        10*. Blkrb. länger als d. Kch, an d. Spitze gezähnelt; Bthn in Dolden; Pfl. kahl, blaugrün. 11. **Holosteum**.
      9*. Stbg. 5 od. 10 (sehr selt. 3); B. gegenstdg; Blkrb. nicht gezähnelt.
        11. Kpsl 3klappig.
          12. Aeussere Staubfäden am Grd m. 2 Drüsen; Blkrb. meist fehld; Pfl. klein, moosartig, dicht rasig.
                                            8. **Cherleria**.
          12*. Drüsen sehr kurz od. fehld.
            13. Same nierenfg; Nebenb. fehld.
              14. S. m. e. spreuigen Haarkranz. C. **Facchinia**.

§ 34.
14*. S. ohne Haarkranz. . . . . 7. **Alsine.**
13*. Same 3eckig od. vkeifg.
  15. ohne Furche; B. m. Nebenb. . . . 4. **Lepigonum.**
  15*. m. e. Furche; B. fleischig ohne Nebenb.
                                          5. **Halianthus.**
11*. K. 6klappig.
  16. S. an d. Befestiggsstelle (d. Nabel) m. e. Anhängsel.
                                          9. **Möhringia.**
  16*. S. ohne Anhängsel. . . . . 10. **Arenaria.**
8*. Griffel 5.
  17. Stbgef. 10 od. 5. am Grd nicht m. e. verbunden; B. schmal.
  18. Kapsel m. 5 Klappen aufsprgd.
    19. Samen geflügelt; B. m. häutig. Nebenb. 3. **Spergula.**
    19*. S. ungeflügelt; Nebenb. fehld. . . . . 2. **Sagina.**
  18*. Kapsel 10klappig, aufsprgd. . . . . 13. **Mönchia.**
  17*. Stbgef. 5. am Grund m. e. verbunden; B. eifg.
                                    § 21, 2. *Linum.*
7*. Blkrb. tief gespalten.
  20. Griffel 3; Stbgef. 3—5 od. 10. . . . . . 12. **Stellaria.**
  20*. Gr. 5.
  21. Blkrb. bis z. Mitte gespalten. . . . . 14. **Cerastium.**
  21*. Blkrb. fast bis z. Grd gespalten. . . 15. **Malachium.**

1. **Buffonia tenuifolia** *L.* (IV. 2). Kchb. u. Blkrb. 4, letztere kürzer; Stbgef. 4; Griffel 2; Kapsel 2klappig, 2samig. Weiss blühendes Kraut m. pfriemlichen B. *Stein. Abhge, sss. (Cant. Wallis)* (7—8) ♃ od. ☉.

2. **Sagina** *L.* (IV. 4, V. 5 od. X. 5). Bthntheile 4—5 zählig; Blkrb. weiss, ungetheilt od. fehlend; Kapsel 4—5klappig, Same ungeflügelt. Kräuter m. lineal-pfriemlichen od. fadenfgn, gegenstdgn B. ohne Nebenb.
  1. Bthnthle 4zählig.
    2. Pfl. völlig kahl; Kchb. stumpf.
      3. Stgl liegd; Bthnstiele an d. Spitze hakig gebogen; Blkrb. klein od. fehld. *Feuchte Aecker, Sandfelder* (5—8) ♃.
                                      1. *S.* **procumbens** *L.*
      3*. Stgl od. wenigstens d. Aeste aufrecht; Bthnstiele gerade; Blkrb. klein; Pfl. mehr gelbgrün. *Ufer d. Nord- u. Ostsee* (5—8) ☉. . . . . 2. *S.* **stricta** *Fries.*
    2*. B. gewimpert.
      4. B. fast bis z. Spitze fein gewimpert; Kchb. ausgebreitet.
        5. Bthnstiele immer aufrecht; Blkrb. meist fehld; Stgl aufrecht od. aufsteigd. *Aecker, selten* (5—6) ☉.
                                      3. *S.* **apetala** *L.*
        5*. Bthnst. nach d. Verblühen hakig gebogen; Stgl kriechd; Blkrb. klein; Bwimpern kürzer. *Feuchte Abhge, bes. in Gebgsggdn (Alpen)* (6—7) ☉. . . 4. *S.* **bryoides** *Fröl.*
      4*. B. nur am Grund gewimpert, begrannt; Kchb. aufrecht abstehend; Bthnstiele hakig gebogen.
        6. Kchb. drüsig-flaumig, d. beiden äusseren stumpf m. e. Stachelspitze. *Feuchte Aecker, Hügel (Rheinggdn)* (6—7)☉.
                                      5. *S.* **depressa** *F. Sch.*
        6*. Kchb. kahl, d. beiden äusseren zugespitzt. *Feuchte Aecker, Wiesen, selt. (Norddtschld)* (6—7) ♃.
                                      6. *S.* **ciliata** *Fries.*

1*. Bthntheile 5zählig (Spergula *L.*) § 34.
  7. Blkrb. nicht länger als d. Kchb.
    8. Pfl. oberwärts drüsig flaumig; Blkrb. so lang als d. Kchb.;
    Stglb. pfrieml. borstig. *Sandfelder, selt.* (6—7) ♃.
                                     7. *S.* **subulata** *Wimm.*
  8*. Pfl. kahl; B. kurz stachelspitzig.
    9. Kapsel fast doppelt so lang, Blkrb. halb so lang als d.
    Kchb. *Feuchte Abhänge in Gebirgsgddn, ss. (südl. Tyrol,
    Erzgebge)* (7—8) ♃.. . . . . . 8. *S.* **macrocarpa** *Rchb.*
    9*. Kapsel wenig länger, Blkrb. wenig kürzer als d. Kchb.
    Stein. Abhge in Gbgsgydn (7—8) ♃. 9. *S.* **saxatilis** *Wimm.*
  7*. Blkrb. doppelt so lang als d. Kchb.
    10. Stglb. kleiner als d. grundstdgn; Bthnstiele immer aufrecht.
    Feuchte Sandfelder, Sumpfwiesen, nicht selt. (7—8) ♃.
                                       10. *S.* **nodosa** *C. Mey.*
    10*. B. alle gleich gross; Bthnstiele nach d. Verblühen hakig
    gebogen, länger als b. vor. *Feuchte Bgnbhge d. südl.
    Alpengydn* (7—8) ♃. . . . . . . 11. *S.* **glabra** *Koch.*

3. **Spergula** *L.* (X. 5 od. V. 5). Bthnstiele 5zählig; Kapsel
5klappig; Samen m. häutigem Flügelrande; Kräuter m.
pfrieml. linealen, etwas fleischigen, gebüschelt. B., breit-eifgn.
häutig. Nebenb. u. kleinen, weissen Bthn in gabligen Trugdolden.
  1. B. auf d. unteren Seite m. e. Furche; Blkrb. stumpf; Stbgef.
  meist 10. *Aecker, selt. (Rheingydn, Norddtschld)* (6—7) ☉.
                                       1. *S.* **arvensis** *L.*
  1*. B. auf d. unteren Seite ohne Furche; Blkrb. spitz.
    2. Stbgef. meist 5; Flügelrand d. Samen weiss; Blkrb. einander
    nicht bedeckd. *Aecker, Sandfelder, nicht häufig* (4—5) ☉.
                                      2. *S.* **pentandra** *L.*
    2*. Stbgef. meist 10; Flügelrand d Samen braun; Blkrb. einander
    z. Thl bedeckd (ob var?) *Aecker, Sandfelder, selt.* (4—5) ☉.
                                      3. *S.* **Morisonii** *Boir.*

4. **Lepigonum** *Wahlbg.* (X. 3). Bthntheile 5zählig; Kapsel
3klappig; Samen 3eckig od. vkeifg; Bthn weiss od. röthlich.
Meist kahle Kräuter m. fadenfgn B. u. weissbäutigen Nebenb.
  1. Kchb. trockenhäutig, weiss m. krautiger Mittelrippe; Bthn weiss,
  kürzer als d. Kch; Stgl aufrecht. 1—3′ hoch. *Aecker, selten
  (Rheingyda, Norddtschld)* (6—7) ☉.
                  (Alsine *L.*) 1. *L.* **segetale** *Koch.*
  1*. Kch krautig; Bthn röthl.; stgl ausgebreitet od. liegd, 1„—1′ lg.
    2. B. beiderseits flach, stachelspitz g; Samen ungeflügelt, fein
    warzig. *Hügel, Sandfelder, nicht selt.* (5—8) ☉.
                  (Alsine *L.*) 2. *L.* **rubrum** *Whlbg.*
    2*. B. halbrund, fleischig. (Arenaria *L.*)
      3. Same ungeflügelt; Stbgef. meist 5 in jeder Bthe. *Meerufer
      u. auf Salzboden* (5—8) ☉.
              3. *L.* **marinum** *M.* u. *K.* = medium *Whlbg.*
      3*. Same breitgeflügelt; Stbgef. meist 10 (ob var?) *Meerufer
      u. auf Salzboden, selt.* (5—8) ☉. 4. *L.* **marginatum** *Kch.*

5. **Halianthus peploides** *Fries.* (X. 3). (Honkenya *Ehrh.*)
Kapsel kuglig; Same vkeifg m. einer Furche. Kahles, blaugrünes,
liegds Kraut m. fleischigen, eifgn. spitzen, dicht gedrängten B.
u. einzelsthdn, bwinkelstdgn Bthn; Blkrb. weiss, länger als d. Kch.
Meerufer u. auf Salzboden, nicht häufig (6—7) ♃.

§ 43. **6. Facchinia lanceolata** *Rchb.* (X. 3). Blkrb. so lang als d. 5streifige Kch, ungetheilt, weiss; Samen nierenfg m. e. spreuigen Haarkranz. Kleine, in dichten Rasen wachsende Pfl. m. 2—10" langem, liegdm Stgl; spitzen, mehrrippigen, am Grd gewimperten, lanzettlichen B. u. weissen, kurz gestielten, zu 1—3 endstdgn Bthn. *Felsspalten d. höchst. Alpen* (7—8) ♃.

7. **Alsine** *L.* corrig. v. *Wahlbg.* *) (X. 3 od. V. 3). Bthntheile meist 5zählig; Blkrb. ungespalten, weiss; Kapsel 3klappig; Samen nierenfg ohne Anhang. Meist in Rasen wachsende Kräuter m. schmal linealen od. pfriemlichen, nebenblattlosen B.
   1. Kleine, 1—2" hohe, moosartige, in dichten Rasen wachsende Pfl. m. einzelsthdn. fast sitzdn Bthn.
      2. Bthntheile 4zählig: B. lanzettl. stumpf (Unterschied v. Möhringia muscosa). *Felsspalten d. höchst. Alpen* (6—7) ♃.
            1. *A.* aretioïdes *M. K.*
      2*. Bthntheile 5zählig; Gr. u. Kpslklappen meist 4 (Unterschied Facchinia lanceolata). B. spitz, lineal-lanzettlich; Kch 3streifig. *Stein. Abhge d. höchst. Alpen* (6—7) ♃. 2. *A.* sedoïdes *Fröl.*
   1*. Meist höhere, einzeln od. in lockeren Rasen wachsende Pfl.; Bthntheile 5zählig.
      3. Blkrb. kürzer als d. Kch.
         4. Bthn locker, doldentraubig; Kchb. alle gleichlang, 3streifig, am Rande häutig; B. lineal borstig; Pfl. einzeln. *Sandige Hügel u. Aecker, selt. bes. in Gebysggdn* (7—8) ⊙.
                3. *A.* tenuifolia *Wahlbg.*
         4*. Bthn dicht büschlig; Kchb. etwas ungleich, weisshäutig.
            5. Bthn m. 2 grünen Streifen; Kapseln kürzer als d. Kch; Pfl. nicht rasig. *Sand. Aecker, selt. (Rheinggdn, Alpen)* (6—8) ♃ . . . . 4. *A.* Jacquini *Koch.*
            5*. Bthn m. 1 grünen Streifen; Kapseln länger als d. Kch; Pfl. locker rasig. *Felsspalt. d. Tyroler Alpen* (6—7) ♃.
                5. *A.* rostrata *Koch.*
      3*. Blkrb. so lang u. länger als d. Kchb.
         6. Blkrb. nicht od. nur wenig länger als d. Kchb.
            7. Kchb. weisshäutig m. 2 grünen Streifen; Kapsel so lang als d. Kch; Pfl. kahl; B. fast borstig. *Stein. Abhänge, selt., bes. in Gebysggdn* (6—8) ♃. 6. *A.* setacea *M. K.*
            7*. Kchb. grün, nur am Rande trockenhäutig.
               8. Pfl. oberwärts drüsig flaumig; B. 3streifig.
                  9. Aeussere Kchb. 5—7streifig; B. an d. unfrchtb. Stgln sparrig zurückgebogen. *Stein. Abhge d. höchsten Alpen* (7—8) ♃. . . . . . 7. *A.* recurva *Whlbg.*
                  9*. Alle Kchb. 3streifig.
                     10. Bthn in lockeren Doldentrbn; B. abstehd, stumpf od. spitz. *Sandhügel, stein. Abhge, selt.* (6—8) ♃.
                            8. *A.* verna *Whlbg.*
                     10*. Bthn einzeln od. zu 2—3 endstdg; B. kurz, stumpf, d. Stgl fast angedrückt (ob var?) *Stein. Abhge (Alpen, Riesengebirg)* (6—8) ♃.
                            9. *A.* Gerardi *Whlbg.*
               8*. Pfl. völlig kahl; B. ungestreift.

---

*) Die hieher gehörigen Arten werden von Linné meist zu Arenaria gerechnet.

11. Bthn sehr lang gestielt, meist zu 3 endstdg; Kchb. eilanzettl., § 34.
ungestreift. *Torfwiesen d. Alpenggdn, selt.* (6—7) ♃.
  10. *A.* **stricta** *Whlbg.*
11*. Bthn kürzer gestielt, einzeln od. zu 2; Kchb. lineal, 3streifig *Stein. Abhge d. höchst. Alpen* (7—8) ♃. 11. *A.* **biflora** *Whlbg.*
6*. Blkrb. viel länger als d. Kch.
12. Kchb. stumpf; Bthn gross (8''' breit); B. lang, meist aufwärts gebogen. *Stein. Abhge d. Alpen u. höher. Gebge* (7—8) ♃.
  12. *A.* **laricifolia** *Whlbg.*
12*. Kchb. spitz; Bthn kleiner.
13. Kapsel länger als d. Kch; Stgl meist 2bthg; Blkrb. m. stumpf ausgerandeter Spitze. *Stein. Abhge d. Alpen* (7—8) ♃.
  13. *A.* **austriaca** *M. K.*
13*. Kapsel kürzer als d. Kch; Stgl meist 3bthg. *Stein. Abhge d. höchst. Alpen (Kärnthen)* (7—8) ♃. 14. *A.* **Villarsii** *M. K.*

8. **Cherleria sedoïdes** *L.* (X. 3). Aeussere Stbfäden am Grund m. 2 länglichen Schuppen. Kleine, moosartige, dicht dachig beblätterte, in dichten Rasen wachsende Pfl.; Kch 3streifig, trockenhäutig; Blkrb. meist fehld, selten klein grünlich od. grösser, weiss. *Felsspalten d. Alpen* (6—7) ♃.

9. **Möhringia** *L.* (X. 3). Blkrb. 4—5, ungetheilt; Griffel 2—3; Stbgef. 8 od. 10. Kapsel 4—6klappig, meist wenigsamig; Samen m. e. Anhängsel.
1. Bthntheile 4zählig; Blkrb. länger als d. Kch; B. fadenfg. spitz; Pfl. kahl, 2—6" hoch, in dichten Rasen wachsend. *Mauern, Felsspalt. d. Alpen u. Gebgsggdn* (6—8) ♃. 1. *M.* **muscosa** *L.*
1*. Bthntheile 5zählig.
  2. B. alle lineal; Blkrb. länger als d. Kch.
  3. Pfl. kahl.
  4. dichte, 1—2" hohe Rasen bildd; B. fast dachig gedrängt, stumpf; Bthn kurzgestielt, zu 1—2 endstdg. *Felsen d. Alpen, ss. (b. Botzen)* (6—8) ♃. 2. *M.* **sphagnoïdes** *Fröl.*
  4*. lockere, 2—6" h. Rasen bildd; Bthn zieml. langgestielt.
  5. B. grasgrün, flach lineal, dicht gedrängt. *Stein. Abhge d. Alpen, ss.* (7—8) ♃. . 3. *M.* **polygonoïdes** *M. K.*
  5*. B. blaugrün, stielrund, ziemlich entfernt v. einander; Same m. e. gefransten Anhängsel. *Felsen, stein. Abhge d. südl. Alpenggdn* (7—8) ♃. . 4. *M.* **ponae** *Fenzl.*
  3*. Pfl. flaumig behaart; B. spitz, lineal lanzettl. *Stein. Abhge d. südl. Alpenggdn* (7—8) ♃. . . . 5. *M.* **villosa** *Fenzl.*
  2*. Alle od. wenigstens d. unteren B. eifg od. eilanzettlich; Bthn doldentraubig.
  6. d. oberen B. lineal lanzettlich; Blkrb. so lang als d. Kch. *Felswände, Gebüsch d. Alpen* (6—7) ⊙.
    6. *M.* **diversifolia** *Döll.*
  6*. alle B. eifg, d. unteren gestielt, 3streifig; Blkrb. kürzer als d. lanzettl. spitzen Kchb. *Wälder, Gebüsch, nicht selten* (5—6) ⊙. . . . . 7. *M.* **trinervia** *Clairv.*

10. **Arenaria** *L.* (X. 3). Bthntheile 5zählig; Griffel 3; Kpsl 6klappig, vielsamig; Samen ohne Anhängsel. Weissblühende Kräuter m. meist eifgn B.

§ 34. 1. Blkrb. nicht länger als d. Kch; Pfl. nicht in Rasen wachsend.
2. B. eifg sitzd, kurz zugespitzt; Pfl. ausgebreitet, ästig, flaumig od. drüsig behaart; Bthnstiele wenigstens z. Frzeit länger als d. Kch. *Sandige Aecker, sehr häufig* (5—8) ⊙.
          1. *A.* **serpyllifolia** *L.*
2*. Untere B. kurzgestielt; Pfl. meist wenig ästig; Bthnstiele z. Frzeit kürzer als d. Kch. *Abhge d. höchst. Alpen* (7—8) ⊙.
          2. *A.* **Marshlinsli** *Koch.*
1*. Blkrb. länger als d. Kch; Pfl. in Rasen wachsend.
3. B. eifg od. länglich lanzettl. Stgl liegd.
4. B. spitz, am Grd schmäler; Bthnstiele so lang u. länger als d. Kch. *Stein. Abhge, Geröll d. Alpen* (7—8) ♃.
          3. *A.* **ciliata** *L.*
4*. B. stumpf, sehr gedrängt stehend; Bthnstiele kurz. *Felsen, feuchte Abhge d. Alpen* (7—8) ♃. . . . 4. *A.* **biflora** *L.*
3*. B. lineal lanzettlich; Stgl aufsteigend, ästig, drüsig flaumig; Bthn gross, langgestielt zu 1—3 beisammen. *Felsen, stein. Abhge d. Alpen u. Möhrischen Gebge* (7—8) ♃.
          5. *A.* **grandiflora** *All.*

  11. **Holosteum umbellatum** *L.* (III. 3 od. V. 3). Kchb. 5; Blkrb. 5, an d. Spitze gezähnelt; Stbgef. 3—5; Kpsl 6zähnig m. an d. Spitze zurückgerollten Zähnen; Same schildfg. Kahles od. drüsig behaartes, blaugrünes, wenig beblättertes, 1—8" hohes Kraut m. weissen od. röthlichen doldig gestellt. Bthn u. z. Frzett abwärts gerichteten Btbnstielen. *Hügel, Aecker, Wiesen, Wege, s. häufig* (3—4) ♃.

  12. **Stellaria** *L.* (III. 3, V. 3 od. X. 3). Bthntheile 5zählig; Blkrb. gespalten; Griffel 3; Kapsel 6klappig. Meist ästige Krtr m. weissen Bthn.
1. Untere B. d. blühenden Stgl gestielt; Stgl rund.
 2. Blkrb. länger als d. Kch.
  3. Blkrb. bis z. Mitte gespalten; B. länglich.
   4. Pfl. klebrig flaumig; Kapsel länger als d. Kch. *Trockne Hügel, in Gebgsgydn ss.* (5—6) ⊙. 1. *S.* **viscida** *M. B.*
   4*. Pfl. kahl od. flaumig; Kpsl so lang als d. Kch. *Feuchte Abhge, Bachufer d. Alpen* (7—8) ♃. 2. *S.* **cerastoïdes** *L.*
  3*. Blkrb. fast bis z. Grd gethlt; B. breit eifg od. fast herzfg. *Ufer, Gebüsch, nicht selt.* (6—7) ♃. . 3. *S.* **nemorum** *L.*
 2*. Blkrb. nicht länger als d. Kch.
  4. Blkrb. fast bis z. Grd gethlt; Pfl. einreihig behaart, übrigens meist kahl; Wurzel faserig. (Alsine m. *L.*) *Aecker, Hügel, Wege, überall gemein* (3—8) ⊙ „Hühnerdarm".
          4. *S.* **media** *Vill.*
  4*. Blkrb. bis z. Mitte getheilt; Pfl. kahl; Wurzel m. kleinen, rübenfgn Knollen besetzt. *Schattige Laubwälder d. südl. Alpengydn, ss.* (4—6) ♃ . . . . 5. *S.* **bulbosa** *Wulf.*
1*. B. alle ungestielt; Stgl 4kantig.
 5. Blkrb. bis z. Mitte gespalten; Bthn gross, langgestielt; Bthnstiele zuletzt hakig gebogen; B. lineal lanzettlich, lang zugespitzt, am Grd am breitest. *Hecken, Gebüsch, häufig* (5—6) ♃.
          6. *S.* **Holostea** *L.*
5*. Blkrb. fast bis zum Grund getheilt.
 6. B. lang zugespitzt, am Grund am breitesten.

7. B. blaugrün, nebst d. Deckb. kahl, Blkrb. doppelt so lang als d. Kch. *Nasse Wiesen, Teichufer, häufig* (6—7) ♃. § 34.
7. *S.* **glauca** *With.*
7*. B. grasgrün, nebst d. Deckb. am Grd gewimpert; Bthn kleiner. *Wiesen, Hecken, Gebüsch, häufig* (5—7) ♃. 8. *S.* **graminea** *L.*
6*. B. eifg od. ei-lanzettlich, etwa in d. Mitte am breitesten.
8. Blkrb. halb so lang als d. am Grund beckenfg verwachsene Kch; Pfl. kahl, blaugrün; Deckb. häutig. *Sumpfwiesen, Ufer, häufig* (6—7) ♃. . . . . 9. *S.* **uliginosa** *Murr.*
8*. Blkrb. u. Kchb. etwa gleichlang.
9. Deckb. grün; Pfl. grasgrün, oberwärts etwas rauh. *Bergwiesen, selt.* (7—8) ♃. . . . . . 10. *S.* **frieseana** *Ser.*
9*. Deckb. häutig; Pfl. blaugrün. *Sumpfwiesen, bes. in Nddtschld* (7—8) ♃. . . . . 11. *S.* **crassifolia** *Ehrh.*

13. **Mönchia** *Ehrh* (VIII. od. X. 5). Bthntheile 4—5zählig; Kapsel 8—10klappig. Bläulich bereifte Kräuter m. lineal lanzettl. B., häutig gerandeten Kchb. u. weissen Bthn m. ungetheilt od. stumpf ausgerandeten Blkrb.
1. Bthntheile 4zählig; Kchb. kürzer als d. Kr.; Stgl 1—6" hoch; 1—2bthg; Blkrb. eifg. *Bgwiesen, Wälder, selten* (4—5) ⊙.
1. *M.* **erecta** *Fl. d. W.*
1*. Bthntheile 5zählig; Kchb. länger als d. Kr; Stgl ¼—1' hoch, meist mehrbthg; Blkrb. fast herzfg. *Bgwiesen d. südl. Alpengyda* (4—6) ⊙. . . . . 2. *M.* **mantica** *Bartl.*

14. **Cerastium** *L.* (VIII. 4 od. X. 5). Bthntheile 4—5zählig; Blkrb. tief ausgerandet od. bis z. Mitte gespalten; Kapsel 8—10-zähnig, länger als d. Kch u. meist etwas gebogen. Meist behaarte, z. Thl sehr vielgestaltige Kräuter m. weissen Bthn u. eifg längl. B.
1. Blkrb. nicht länger als d. Kch, Stgl einzeln, nicht rasenbildd.
2. Bthntheile meist 4zählig; Stgl aufrecht, 3—4" hoch, einfach od. gablig getheilt; B. lanzettlich, d. unterst. kurz gestielt; Bthnstiele z. Frzeit abwärts gerichtet; Pfl. dicht-flaumig. *Sandfelder d. Ostseeinseln (Lyst u. Mannes)* (5—6) ⊙.
1. *C.* **tetrandrum** *Curt.*
2*. Bthntheile 5zählig.
3. Deckb. krautig, besonders gegen d. Spitze hin behaart.
4. Bthnstiele auch z. Frzeit nicht länger als d. Kch; Pfl. gelbgrün, drüsig od. zottig behaart. *Ufer, Gräben, Sumpfwiesen, nicht selt.* (5—8) ⊙. 2. *C.* **glomeratum** *Thuill.*
4*. Bthnstiele z. Frzeit 2—3mal länger als d. Kch; Pfl. graugrün, behaart. *Hügel, Bgwiesen, Gebüsch, selt.* (5—6) ⊙.
3. *C.* **brachypetalum** *Desp.*
3*. Wenigstens d. oberen Deckb. nebst d. Kchb. am Rande trockenhäutig, an d. Spitze kahl.
5. Stgl 4—15" hoch, aufstgd, d. unteren Aeste liegend, am Grd wurzelnd; Kchb. an d. Spitze ganz, nebst d. Deckb. m. schmal häutigem Rande. *Aecker, Wiesen, Ufer, häuf.* (5—8) ⊙ od. ⊙. . . . . . 4. *C.* **triviale** *Link.*
5*. Stgl 1—6" hoch, aufrecht, am Grd wurzelnd.
6. Kchb. u. Deckb. m. breit häutigem Rande, an d. Spitze gezähnelt; Blkrb. kürzer als d. Kch; Stbgef. oft nur 5. *Hügel, Wiesen, Wege, häufig* (5—8) ⊙.
5. *C.* **semidecandrum** *L.*

§ 34. 6*. Untere Kchb. u. Deckb. krautig od. schmal hautrandig. *Aecker,
Wiesen, Hügel, selt.* (4—5) ☉. . . 6. *C.* **glutinosum** *Fries.*
1*. Blkrb. länger, meist doppelt so lang als d. Kch.
7. Pfl. kurzhaarig od. flaumig, seltener kahl; Kapsel m. geraden
od. wenig gebogenen Zähnen.
8. Bthn einzelstehend, langgestielt, end- u. seitenstdg; B.
länglich; Pfl. in Rasen wachsend.
9. Deckb. krautig od. fehlend; Kchb. m. häutigem Rande;
Stgl 1—3" hoch, meist klebrig behaart; B. sitzd. *Stein.
Abhge d. höheren Alpen* (7—8). . 7. *C.* **latifolium** *L.*
9*. Deckb. am Rande häutig.
10. Blkrb. flach ausgebreitet; B. in d. Winkeln ohne
Büschel v. kleineren Blättch. *Stein. Abhge, Geröll
d. Alpen u. höher. Gebge* (7—8) ♃. 8. *C.* **alpinum** *L.*
10*. Blkrb. glockenfg zusammenschliessd; B. in d. Winkeln
m. Büscheln v. kleineren B.
11. Pfl. besonders gegen d. Spitze hin behaart. *Hügel,
Wege. Mauern, Wiesen, sehr häufig* (4—5) ♃.
9. *C.* **arvense** *L.*
11*. Pfl. fast völlig kahl (ob var?) *Felsen, sss. (b. Einsiedel in Böhmen)*(6—7) ♃. 10. *C.* **alsinefolium** *Tsch.*
8*. Bthn gehäuft, doldentraubig.
12. Untere B. gestielt; Pfl. 1—2jährig, nicht rasig.
13. Untere B. fast spatelfg. *Aecker, Bgwiesen, sss. (Cant.
Wallis)* (4—5) ☉. . . 11. *C.* **campanulatum** *Vir.*
13*. Untere B. eifg; seitenst. Zweige am Grund wurzelnd.
Feuchte Wälder, ss. (b. Wien, Triest) (6—7) ☉.
12. *C.* **silvaticum** *W. K.*
12*. B. alle sitzd; Pfl. rasenbildd, ausdauernd.
14. Deckb. krautartig, besonders gegen d. Spitze hin behaart; Kpsl 2—3mal länger als d. Kch. *Stein. Abhge,
sss. (b. Einsiedel in Böhmen)* (6—7) ♃.
13. *C.* **Kablikianum** *Wolfner.*
14*. Deckb. m. trockenstdgm Rande; Kpsl doppelt so lang
als d. Kch; Bthnstiele gerade, schief abstehd. *Stein.
Abhge d. südl. Alpenggdn* (6—8) ♃.
14. *C.* **ovatum** *Hoppe.*
7*. Pfl. filzig behaart, in Rasen wachsend.
15. B. lanzettlich od. lineal lanzettlich; äussere Kchb. völlig
krautig; Kapsel m. geraden Zähnen. *Stein. Abhge, Mauern,
ss. (b. Aachen, C. Wallis), auch als Zierpfl.* (5—6) ♃.
15. *C.* **tomentosum** *DC.*
15*. B. lineal, etwas fleischig; Kchb. trockenhäutig; Kapsel m.
auswärts gerollten Zähnen. *Stein. Abhge d. höheren Alpen,
ss. (Steiermark)* (7—8) ♃. . 16. *C.* **grandiflorum** *W. K.*

15. **Malachium aquaticum** *Fries.* (Cerastium L.) (X. 5).
Blkrb. fast bis z. Grund getheilt; Kapsel m. 5 zweizähnigen
Klappen aufspringd. Unterwärts kahles, oberwärts drüsig flaumiges
Kraut m. liegdm od- aufstgdm, 1—3' langem, ästigem Stgl u. eifgn
od. herzfgn, weichen B. (Pfl. v. Ansehen der Stellaria nemorum).

§ 35. ELATINEAE. *Cambessèdes.*

Kch 3—4—5blättrig od. -spaltig: Blkrb. so viele als Kchb. nebst d. ebensovielen od. doppelt so vielen Stbgef., d. Frboden eingefügt; Frknoten mehrfächerig; Griffel so viele als Frknotenfächer, diese vielsamig. Same eiweisslos; Keim gerade. Kleine Kräuter m. einfachen, nebenblattlosen, gegenstdgn od. quirlst. B.

1. **Elatine** *L.* (III. 3, VI. 3 od. VIII. 3). Kapsel flachkuglig. Kleine Kräuter m. liegdm, oft wurzelndem Stgl u. weissen od. röthl. Bthn.
  1. B. gegenstdg, gestielt; Stgl fadenfg, am Grd wurzld.
  2. Bthnthle 4zählig; Stbgef. 8; Kapseln 4klappig; Bthn sitzend, untere B. langgestielt. *Teichufer, selt.* (6—8) ☉.
     1. *E.* **hydropiper** *L.*
  2*. Bthnthle 3zählig; B. kürzer gestielt.
  3. Bthn sitzd, Stbgef. 3; Kpsl 2klappig. *Teichufer, selt.*(6—8)☉.
     2. *E.* **triandra** *Schlk.*
  3*. Bthn gestielt; Stbg. 6; Kpsl 3klappig. *Teichufer, selt.* (6—8)☉.
     3. *E.* **hexandra** *DC.*
  1*. B. zu 3—4quirlig, sitzend; Stbgef. 8; Stgl dick, saftig, aus d. Wasser hervorragd. *Teichufer, selt.* (6—8) ☉.
     4. *E.* **alsinastrum** *L.*

§ 36. PORTULACEAE. *Juss.*

Kchb. meist 2theilig, frei od. m. d. Frknoten verwachsen; Blkrb. 5, nebst d. 3 od. mehr Stbgef. d. Kchgrund eingefügt; Gr. 1 od. fehlend; Frknoten einfächerig, 3—mehrsamig; Samentrgr frei, mittenstdg; Keim eiweisslos, ringfg. Meist kable Kräuter m. nebenblattlosen, oft fleischigen B.
1. Blkrb. 5, nicht m. e. verwachsen; Stbgef. 8—15; Kch gespalten, d. obere Theil desselben abfällig; Kapsel vielsamig.
   1. **Portulaca.**
1*. Blkrb. 5lappig, bis z. Mitte verwachsen; Stbgef. meist 3; Kch 2blättrig, bleibd; Kapsel wenigsamig. . . . . 2. **Montia.**

1. **Portulaca** *L.* (VI. 1). Saftige Kräuter m. wechselstdgn, fleischigen B. u. gelben, nur im Sonnenschein geöffneten Bthn.
  1. Stgl u. Aeste auf d. Boden hinggestreckt; Kchabschnn. stumpf gekielt. *Aecker, Wege, cultiv. u. verwildert (ob ursprünglich an d. Meeresküsten einheimisch?)* (6—8). . 1, *P.* **oleracea** *L.*
  1*. Stgl u. Aeste aufstrbd od. aufrecht; Kchabschn. flügelartig gekielt (ob var?) *Aecker, Wege, cult. u. verwildert* (6—8) ☉.
     2. *P.* **sativa** *Haw.*

2. **Montia** *L.* (III. 3). Saftige Kräuter m. gegenstdgn, krautigen B. u. weissen Bthn. (*M. fontana L.*)
  1, Same glanzlos; Stgl 2—3″ hoch, steif aufrecht; Bthn in 2—5-bthgn Trauben. *Früchte, sandige Aecker* (5—6) ☉,
     1. *M.* **minor** *Gm.*
  1*. Same glänzend; Stglb. länger, im Wasser fluthd; Bthn einzeln, blattwinkelstdg (ob var?) *Bäche, Quellen* (5—8) ♃.
     2. *M.* **rivularis** *Gm.*

§ 37.   § 37. **PARONCHIEAE.** *St. Hil.*

Kchb. 5, am Grund m. e. verwachsen, bleibend, in d. Knospe dachig; Blkrb. so viele als Kchabschn., oft klein, kolbenlosen Staubfäden ähnlich, u. nebst d. meist 5 Stbgef. d. Kchgrund eingefügt. Fr. e. 1—vielsamige Kapsel od. Schlauchfrucht. Kleine, meist liegende Kräuter m. einfachen, am Grund m. trockenhäutigen Nebenb. besetzt. B.
1. B. wechselstdg; Bthn klein, weiss in Doldentrbn m. deutl. Blkrb.
2. Gr. 3. bogig auswärts gekrümmt; Kapsel 3klappig.
   1. **Telephium.**
2*. Gr. fehlt; N. 3, sitzd; Fr. einsamig, nicht aufsprgd.
   2. **Corrigiola.**
1*. B. alle od. wenigsts d. unter. gegenstdg od. quirlig.
3. Fr. einsamig; Stbgef. 5 od. 10; Blkrb. undeutlich od. staubfädenartig.
4. Kchabschnitte knorpelig, pfriemlich, hohl; Bthn s. klein in blattwinkelstdgn Quirlen v. weisshäutigen Deckb. umgeben.
   3. **Illecebrum.**
4*. Kchabschnitte krautartig, flach.
   5. Bthn in endstdgn Knäulen, von breiten, spitzen, silberweiss-häutigen Deckb. umgeben; Gr. 1.
   4. **Paronychia.**
5*. Bthn in blattwinkelstdgn Kn. ohne Deckb.; Gr. 2 od. fehlt.
   5. **Herniaria.**
3*. Frkn. vielsamig; Stbgef. 3; Blkrb. deutl. 6. **Polycarpon.**

I. *TELEPHIEAE Bartl.* Bthn weiss, in Doldentrbn; Blkrb. so gross als d. Kchb. B. wechselstdg.

1. **Telephium imperati** *L.* (V. 3). Kahles, grünes Kraut m. aufrechtem, ½—1' hohem Stgl, dicht gedrängten, elliptischen, kurzgestielten B.; kleinen, häutigen Nebenb. u. kurzgestielten Bthn in endstdgn Doldentrbn. *Felsen, stein. Abhge d. südl. Alpengyln* (7—8) ♃.

2. **Corrigiola littoralis** *L.* (V. 3). Kahles, graugrünes Kraut m. zahlreichen liegdn od. ausgebreiteten, ¼—1' langen Stgln, lanzettlich od. lineal keilfgn, ganzrandigen B. u. kleinen, weissen Bthn in end- od. seitenstdgn Doldentrauben. *Ufer, feuchte Sandfelder, selt.* (7—8) ☉.

II. *ILLEBEBREAE Bartl.* Bthn grünlich m. undeutl. Blkrb. Frkn. einsamig, wenigstens d. unteren B. gegenstdg.

3. **Illecebrum verticillatum** *L.* (V. 1). Kchabschnitte knorpelig verdickt. Kahles, 3—6" langes Kraut m. liegendem, ästigem Stgl; eifgn, gegenstdgn B. u. kleinen, blattwinkelstdgn, v. kleinen, eifgn silberweiss glänzenden Deckb. umgebenen quirlig-knäuligen Bthn. *Gruben, Torfwiesen, bes. in Ndtschld* (7—8) ☉.

4. **Paronychia capitata** *Lam.* (V. 1). Kleines, kahles, 3—6" hohes Kraut m. liegdm od. aufsteigdm Stgl. gegenstdgn, kurzgestielten, ellipt. od. lanzettl. gewimperten B. u. kleinen, grünlichen, von silberweiss glänzdn Deckb. verhüllten Bthn in endstgn Köpfchen. *Stein. Abhge am odr. Meer, ss.* (5—6) ♃.

5. Herniaria L. „Bruchkraut" (V. 1 od. 2). Deckb. fehld. §37.
Liegde Kräuter m. eifgn B., d. oberen B. wechselstdg, d. unteren
gegenstdg; Bthn grünl. in blattwinkelstdgn Knäulen.
 1. B. u. Kche kahl; Bthnknäule meist 10bthg; Kchzähne kürzer
    als d. Kapsel, stumpf; Pfl. gelbgrün, $1/4-1'$ lang. *Hügel, Sand-
    felder, nicht selt.* (6—8) ☉ od. ♃ . . . . . 1. *H.* **glabra** *L.*
 1*. B. u. Kche behaart; letztere länger als d. Kapsel.
 2. Stgl kahl; Kchzähne stumpf. kurzhaarig; Bthnknäule meist
    3bthg; Pfl. 2—6bthg. *Stein. Abhge d. höher. Alpen, selt.* (7—8)♃.
    2. *H.* **alpina** *L.*
 2*. Stgl u. B. abstehd kurzhaarig; Kchz. spitz; Pfl. $1/2-1'$ lang.
 3. Wenigsts d. äusseren Kchz. durch e. verlängerte Endborste
    stachelspitzig, begrannt; Bthnk. meist 10bthg; Pfl. grau-
    grün. *Sandfelder, selt.* (7—8) ♃. . . 3. *H.* **hirsuta** *L.*
 3*. Kchzähne ohne Endborste; Pfl. blaugrün; Bthnkn. meist
    3bthg. *Stein. Abhge (Oesterreich)* (7—8) ♃.
    4. *H.* **incana** *Lam.*

III. *POLYCARPEAE DC.* Frknoten vielsamig; Blkrb. deutlich; B. gegenst. od. quirlig.

6. Polycárpon *L.* (III. 3). Blkrb. kürzer als d. Kch.
Kable, aufrechte od. aufstgde Kräuter m. v. Grund an ästigem Stgl
u. kleinen, weissen, endstdgn Bthn.
 1. B. lanzettlich od. elliptisch, am Stgl zu 4 quirlig, an d. Aesten
    gegenstdg; Bthn rispig; Blkrb. ausgerandet. *Sandfelder, ss.
    (Baden, Schlesien)* (8) ☉. . . . . 1. *P.* **tetraphyllum** *L.*
 1*. B. rundl. eifg od. eifg; Bthn dicht gehäuft; Blkrb. nicht od.
    undeutlich ausgerandet. *Sandige Ufer am adr. Meer* (4—5) ☉.
    2. *P.* **alsinefolium** *DC.*

§ 38. SCLERANTHEAE. *Link.*

Blkrb. fehld; Kch (= Perigon od. Bthnhülle) glockig m. 4—5-
spaltigem Saum, im Schlund durch e. drüsigen Ring verengert. Gr.
1—2: Stbgef. 5 od. 10; Fr. e. in d. verhärtenden Kchröhre einge-
schlossene, durch Fehlschlagen einsamige Schlchfrucht. Same eiweiss-
haltig; Keim ringfg.

1. Scleranthus *L.* (X. 2). Kleine, graugrüne, ästige Kräuter
m. schmalen, fleischigen, gegenstdgn B. u. doldentrbigen, grün-
lichen Bthn.
 1. Kchb. spitz m. schmalem Hautrande, z. Frzeit offen; Deckb.
    lgr als d. Bthn; Pfl. einjähr. *Sandfelder, sand. Aecker* (5—8) ☉,
    1. *S.* **annuus** *L.*
 1*. Kchb. stumpf. m. breiterem Hautrande. z. Frzeit geschlossen;
    Deckb. kürzer als d. Bthn; Pfl. ausdauernd. *Hügel, steinige
    Abhge* (5—8) ♃. . . . . 2. *S.* **perennis** *L.*

§ 39. PHYTOLACCEAE. *R. Br.*

Kch 4—5thlg, in d. Knospe dachig, oft gefärbt, bleibd; Blkrb.
fehld; Stbgef. 10 od. mehr; Frknoten mehrfächerig; Gr. so viele als
Frknotenfächer; Fr. e. Beere. Meist Kräuter m. wechselstdgn B.

§ 39. **1. Phytolacca decandra** L. (X. 6). Griffel u. Stbgef.
† 10; Fr. e. schwarze Beere. Pfl. 3—6' hoch m. grossen, wechselstdgn,
eifg-lanzettl. ganzrandig. B. u. röthl. Bthn in langgestielt., seitenst.
Trbn. Im südl. Tyrol verwildert, auch als Zierpfl. cult., urspr. aus
Nordamerika stammend (7—8) ♃.

§ 40. AMARANTACEAE. Juss.

Blkrb. fehld; Kch 3—5theilig, trockenhäutig, in d. Knospe
dachig; Stbgef. 3—5. d. Frboden eingefügt; Frkn. einfächerig,
1 od. mehrsamig: Fr. e. Kapsel od. nicht aufspringd. Kräuter m.
wechselstdgn. nebenblattlos. B.
  1. Frknoten einsamig.
  2. Stbfdn einfach fadenfg; Bthn geknäuelt od. ährenfg.
                                                1. **Amarantus.**
  2*. Stbfdn 3zinkig, an d. Spitze breiter; Bthnstd kuglig kopffg.
                                             1b. **Gomphrena.**
  1*. Frkn. mehrsamig. . . . . 1c. **Celosia.**

    1. Amarantus L. (XXI. 3 od. 5). Stbgef. 3—5; Perigon
3—5thlg; Narben sitzend. Aestige Kräuter m. gestielten, breiten,
ganzrandigen B. u. geknäuelten, v. Deckb. umgebenen Bthn.
  1. Bthn m. 3 Stbgef., grünlich od. m. rosenrothem Anflug; Deckb.
    nicht länger als d. Bthn.
  2. Bthnknäule alle blattwinkelstdg. je 3bthg; B. eifg rhombisch.
    Aecker, Wege, selt. (Rheingyda) (7—8) ☉.
                          1. *A.* **silvestris** *All.* = *A.* **viridis** *Desf.*
  2*. Bthnkn. zu e. endstdgn Aehre vereinigt.
    3. Stgl kahl, ausgebreitet, aufstrebend; Deckb. kürzer als d.
      Bthn; Fr. rundl. eifg. Aecker, Wege, häufig (7—8) ☉.
                        2. *A.* **Blitum** *L.*
    3*. Stgl oberwärts behaart, liegd; Deckb. so lang als d. Bthn;
      Fr. länglich eifg. Aecker, Wege (am adr. Meer) (7—8) ☉.
                        3. *A.* **prostratus** *Balb.*
  1*. Bthn m. 5 Stbgef. in endstdgn Aehren; B. eifg, länglich od.
    rautenfg.
    4. Bthn u. ganze Pfl. grün; Deckb. länger als d. Bthn; Stgl
      aufrecht, an d. Spitze oft übergebogen. Aecker, Wege, nicht
      selt. (7—8) ☉ . . . . 4. *A.* **retroflexus** *L.*
    4*. Bthn u. ganze Pfl. tief roth gefärbt (Culturpfl.)
      5. Aehren od. Rispen aufrecht, dunkelroth. Zierpfl. aus d.
        tropischen Amerika (7—8) ☉ . . . 4b. *A.* **sanguineus** *L.*
†   5*. Aehren od. Rispen überhängend; heller roth. Zierpfl. aus
        Asien „Fuchsschwanz" (7—8) ☉ . . . 4c. *A.* **caudatus** *L.*

    1b. Gomphrena globosa *L.* (XVI. 5). Stgl behaart,
1—1½' hoch; B. eilanzettl., flaumhaarig; Bthn meist purpurroth,
seltener weiss od. gelb, in kuglig. Köpfch. Deckb. m. geflügelt.
Kiel. Zierpfl. aus Indien „Kugelamarant, rothe Immortelle." (7—8) ☉.

    1c. Celosia cristata *L.* (V. 1). Stgl kahl, ½—1' hoch;
B. eifg zugespitzt, am Grund m. sichelfgn Nebenb. Bthnstd (durch
Cultureinfl.) fleischig verdickt, zusammengedrückt, wellig hahnenkammartig, meist purpurroth. Zierpfl. aus Indien „Hahnenkamm"
(7—8) ☉.

§ 41. CHENOPODIACEAE. *Endl.*

Kchb. meist 4—5. selten weniger od. fehld; Stbgef. im Kch schld eingefügt, so viele als Kchabschnitte u. denselben gegenständig, selten weniger. Blkrb. fehld. Frknoten m. 2—3 Griffel od. Narben, einfächerig, 1samig, frei od. am Grund m. d. Kch verwachsen. Fr. nicht aufsprgd, meist trocken bleibd, selten e. m. d. fleischig werddn Kch verwachsende falsche Beere. Same eiweisshaltig; Keim ringfg od. spiralig um dasselbe gebogen. Meist Kräuter m. wechselstdgn, nebenblattlosen B. u. grünl. Bthn.

1. Bthn alle gleichartig, zwittrig.
   2. Bthnhülle aus 1 Schuppe bestehend; Stgl blattlos, gegliedert; Bthn je 3 beisammen, in e. endstdgn Aehre; Stbgef. 1—2.
                                                       3. **Salicornia.**
   2*. Bthnhülle aus mehreren Schuppen gebildet od. kchartig. Stgl nicht gegliedert, beblättert.
      3. B. schmal lineal, borstig, walzig od. pfriemlich.
         4. Bthn einzeln, blattwinkelstdg; B. stachelspitzig.
            5. Bthnhülle 2blättrig, durchsichtig-häutig od. fehlend; Fr. flach zusammengedrückt, m. im Umkreis geflügelt. Rande; B. lineal od. lineal lanzettlich.
                                                4. **Corispermum.**
            5*. Bthnhülle kchartig, nicht durchsichtig, 5theilig od. 5blättr.
               6. Bthnh. v. 2—3 Deckb. umgeben; Stbgef. meist 3; untere B. gegenstdg; Bthnh. 5blättrig.
                                                   5. **Polycnemum.**
               6*. Bthnh. ohne Deckb.: Stbgef. 5; Bthnhülle z. Frzeit m. e. trockenhäutig. Anhang, 5thlg. . 2. **Salsola.**
         4*. Bthn zu 2—3 od. mehr in d. Bwinkeln; B. nicht stachelspitzig.
            7. Pfl. kahl; B. fleischig, halbstielrund. 1. **Schoberia.**
            7*. Pfl. mehr od. weniger behaart.
               8. Perig. 5spaltig; Stbgef. 5; Bthn zu 2—3 beisammen.
                                                   6. **Kochia.**
               8*. Perigon 4spaltig; Stbgef. 4; Bthn ährenfg geknäuelt. 10. **Camphorosma.**
      3*. Wenigstens d. unteren B. v. deutlicher Breite.
         9. Stbgef. 5, auf e. im Schlund des am Grund glockigen Perigons befindlichen Ringe eingefügt; Narb. eifg od. lanzettlich. . . . . 9. **Beta.**
         9*. Stbgef. im Grd d. tief gethltn Perigons eingefügt. Narb. fadenfg.
            10. Fr. trocken bleibend; Stbgef. 1—5.
                                              7. **Chenopodium.**
            10*. Fr. m. d. zuletzt fleischig werddn Perigon zu e. röthl. Scheinbeere verwachsend. . . . . . 8. **Blitum.**
1*. Bthn nicht alle zwittrig, theils monöc., theils diöc., theils polygamisch; Stgl nicht gegliedert; B. v. deutlicher Breite.
   11. Stbgef. 4—5; männl. Bthn 4—5gliedrig.
      12. 4gliedrig.
         13. Bthn einhäusig; sternhaariger, filziger Halbstrauch m. lanzettl. B. . . . . 11. **Eurotia.**
         13*. Bthn zweihäusig; kahles Kraut m. pfeilfgn od. eifglängl. B. . . . . 10b. **Spinacia.**
   12*. 5gliedrig; Bthn einhäusig. Krtr.

§ 41. 14. Bthnhülle d. weibl. Bthn 2lappig, nicht über d. Mitte getheilt;
B. ganzrandig, alle od. wenigstens d. unteren gegenstdg.
12. **Halimus.**
14*. Bthnbülle d. weibl. Bthn wenigstens bis z. Mitte gespalten;
B. wechselstdg. . . . . 13. **Atriplex.**
11*. Stbgef. 12 od. mehr; männl. u. weibl. Bthn m. 2lappiger Bthnh.
14. **Theligonum.**

I. *SALSOLEAE.* Bthn zwittrig; Keim schraubenfg gewunden.

1. **Schoberia** C. A. Mey. (V. 2—3). Perigon 5theilig, ohne
Anhängsel; Samen m. krustenfgr Haut. Kahle Kräuter od. Halb-
sträucher m. halbwalzigen B. u. zu 2—mehr geknäuelt. Bthn.
 1. B. stumpf; Griffel 3; IfPfl. strauchig. *Am Ufer d. adr. Meeres*
 (7—8) ♄ od. ♃. . . . . 1. *S.* fruticosa C. A. Mey.
 1*. B. spitz; Gr. 2; Kraut. *Meerufer (Nordsee, adr. Meer)* (8) ☉.
 2. *S.* maritima C. A. Mey.

2. **Salsola** C. A. Mey. (V. 2). Perigon z. Frzeit m. e. häutig.
Anhängsel; Samen m. dünner Haut. Aestige Krtr m. stechend-
spitzen B. u. einzeln in d. Bwinkeln stehend. Bthn.
 1. Perigon z. Frzeit knorpelig; Pfl. kurzhaarig od. kahl m. aus-
gebreitet. Aesten. *Meerufer, Salzboden, Sandfelder, selt.* (7—8)☉.
 1. *S.* Kali *L.*
 1*. Perigon z. Frzeit häutig; Pfl. kahl m. aufrechten Aesten; un-
tere B. gegenstdg. *Meerufer, b. Triest u. Danzig* (7—8) ☉.
 2. *S.* Soda *L.*

II. *SALICORNIEAE.* Bthn zwittrig; K. ringfg, um d. Eiweiss
gebogen; Pfl. blattlos, gegliedert.

3. **Salicornia** *L.* (I. 1 od. II. 1). Perigon fleischig. un-
getheilt, durch e. Ritze geöffnet u. in d. Aushöhlungen e. fleischigen,
kolbenfgn Aehrenspindel eingesenkt. Stbgef. 1—2. Blattlose,
fleischige, gegliederte Krtr m. gegenstdgn Aesten.
 1. Stgl völlig krautig; Bthn je 3 beisammen, in e. Dreieck ge-
ordnet. *Meerufer u. auf Salzboden* (7—8) ☉.
 1. *S.* herbacea *L.*
 1*. Stgl am Grd holzig; Bthn je 3 beisammen, in e. Reihe stehend.
Meerufer b. Triest (7—8) ♄. . . . . . 2. *S.* fruticosa *L.*

III. *CHENOPODIEAE.* Bthn zwittrig; K. ringfg; Stgl nicht
gegliedert, beblättert.

4. **Corispermum** *L.* „Wanzensame" (V. 2). Perigon aus 1
od. mehr (meist 2) durchsichtigen Schüppchen gebildet od.
fehlend; Narben 2; Fr. e. flach zusammengedrückte, im Umkreis
geflügelte, oberseits etwas gewölbte, an d. Spitze 2zähnige Nuss.
Aestige Kräuter m. linealen, stachelspitzigen B. u. einzeln in d.
Bwinkeln stehenden Bthn.
 1. Perig. fehld; Fr. fast kreisrund.
  2. Frflügel am Rande ausgeschweift; an d. Spitze ausgeschnitten,
2lappig, m. 2 aus d. Ausschnitte hervortretdn Stachelspitzen.
Sandfelder (Rheinggdn) (7—8) ☉. . 1. *C.* Marschalli *Stev.*
 2*. Frflügel ganz; bthnstdge B. m. e. schmalen Hautrd. *Sandige
Ufer d. Nord- u. Ostserj* (7—8) ☉. 2. *C.* intermedium *Schultz.*

1*. Perigon 2—5blättrig; Frflügel ganz. Fr. rundl. eifg. §41.
3. Frflügel breit; bthnstdge B. m. e. schmalen Hautrde. *Kiesige Ufer d. Donauinseln b. Wien* (7—8) ○. 3. *C.* hyssopifolium *L.*
3*. Frflügel schmal; bthnstdge B. m. e. breiten Hautrde. *Kiesige Ufer d. Donauinseln b. Wien* (7—8) ○. . 4. *C.* nitidum *Kit.*

5. **Polycnemum** *L.* (III. 1). Perig. 5blättrig v. 2 Deckb. umgeben. Stbgef. 3, einem unter d. Frknoteu stehenden Ringe eingefügt; Gr. 1 m. 2 Narben; Fr. m. e. Deckelch. aufsprgd. Same aufrecht m. krustiger Samenhaut. Aestige Kräuter m. lineal pfrieml. B. u. zu 1—2 in d. Bwinkeln stehdn Bthn.
  1. Deckb. nicht länger als d. Bthn. Pfl. ¼—1' hoch. *Aecker, Hügel, Wege, selt.* (7—8) ○ . . . . 1. *P.* arvense *L.*
  1*. Deckb. länger als d. Bthn; Pfl. in allen Thln grösser. *Aecker, Hügel, Wege, ss.* (7—8) ○. . . . . . . 2. *P.* majus *Al. Br.*

6. **Kochia** *Rth.* (V. 2). Perigon 5spaltig, auf d. Rücken z. Fzeit m. e. querhäutigen Anhang; Stbgef. 5. am Grd d. Perigons eingefügt; Gr. 2; Same wagrecht m. dünner Samenhaut. Behaarte Kräuter m. pfriemenfg linealen B. u. blattwinkelstdgn, zu 2—3 zusammengehäuften Bthn.
  1. Perig. z. Frzeit m. rundlich od. kurz eckigen Anhängseln.
  2. B. pfriemlich fadenfg, etwas fleischig, unters. gefurcht; Pfl. rauhhaarig; Anhängsel d. Frperigons fast rautenfg. *Aecker, Sandfelder, ss. (Mähren, Rhnggd)* (5—6) ○ 1. *K.* arenaria *Rth.*
  2*. B. lineal od. schmal lanzettl., fast flach.
    3. Flaumiges Kraut m. gewimperten, lineal lanzettl. B.; Anhängsel kurz 3eckig. *Aecker, Sandfelder, ss. (Böhmen, Mähren)* (7—8) ○. . . . . . . 2. *K.* scoparia *Rth.*
    3*. Halbstrauchige Pfl. m. linealen B. u. rundlich. Anhängsel; untere B. dicht büschlig; Stgl aufsteigend. *Aecker, Sandfelder (Böhmen, Mähren)* (7—8) ♃ od. ♄.
      3. *K.* prostrata *Schrdr.*
  1*. Perigon z. Frzeit m. kurz kegelfgm, dornig. Anhgsl; B. schmal lineal, stumpf; Pfl. rauhhaarig. *Schuttplätze, Wege, Ufer d. Nord- u. Ostsee* (7—8) ○. . . . . . 4. *K.* hirsuta *Nolte.*

7. **Chenopodium** *L.* (V. 2). Perigon 5spaltig od. 5theilig, auf d. Rücken ohne Anhang; Stbgef. 5; d. Grde d. Perigons eingefügt; Bthn geknäuelt; Fr. trocken; Samen meist alle wagrecht (vgl. 8 Blitum). Kräuter m. aufrecht. od. aufstgdm Stgl u. flachen od. breiten B., welche nebst d. ganzen Pfl. oft v. e. mehlartigen Staube überzogen sind.
  1. B. alle ganz u. ganzrandig; Same glänzend, seltener fein punktirt.
  2. B. 3eckig; Bthnähren fast od. völlig blattlos; Samen alle aufrecht. *Schuttplätze, Gräben, häufig* (5—8) ♃.
    (Blitum *C. A. Meyer*) 1. *Ch.* bonus Henricus *L.*
  2*. B. nicht eckig; Samen wagrecht.
    3. B. eifg, stachelspitzig. nicht bestäubt, geruchlos; Perigon b. d. Frreife ausgebreitet. *Aecker, Wege, häufig* (5—8) ♃.
      2. *Ch.* polyspermum *L.*
    3*. B. rauten-eifg, mehlig bestäubt, v. starkem Häringsgeruch; Perig. z. Frzeit zusammenschliessd. *Wege, Mauern, nicht selt.* (6—8) ○. . . . . 3. *Ch.* foetidum *Lam.*

§ 41. 1*. Wenigst. d. unteren B. eingeschnitten od. gezähnt; Perigb. bei
d. Frreife zusammenschliessd.
4. B. fast fiederspaltig, nebst d. ganzen Pfl. drüsig flaumig, v.
aromatischem Geruch; Bthnrispe nur am Grund beblättert.
Wege, Schuttplätze, Ufer (Oesterreich) (7—8) ⊙.
4. *Ch.* botrys *L.*
4*. B. nicht fiederspaltig; Pfl. nicht drüsig flaumig.
5. Bthnknäuel fast bis z. Spitze m. B. gestützt; Pfl. kahl.
6. Pfl. aromatisch riechend; B. hellgrün, entfernt gezähnt.
Wege, Schuttplätze, Flussufer (6—7) ⊙.
5. *Ch.* ambrosioides *L.*
6*. Pfl. geruchlos; B. rautenfg-3eckig, glänzend-dunkelgrün,
tief u. spitz gezähnt; Samen d. endstdgn Bthn aufrecht.
Gräben, Schuttplätze, nicht selt. (7—8) ⊙.
(Blitum r. *C. A. Meyer*). 6. *Ch.* rubrum *L.*
5*. Bthnkn. nicht od. nur am Grund beblättert.
7. B. mehr od. weniger deutlich 3lappig.
8. Mittellappen nicht verlängert; B. kurz rautenfg rundl.,
nicht länger als breit; Samen glatt. *Schuttplätze,
Wege, selt.* (7—8) ⊙. . 7. *Ch.* opulifolium *Schrdr.*
8*. Mittellappen verlängert; B. daher fast spiessfg; Samen
eingestochen punktirt. *Aecker, Schuttplätze, Wege,
selt.* (7—8) ⊙. . . . . . . 8. *Ch.* ficifolium *Sm.*
7*. B. 3eckig, rautenfg od. länglich.
9. B. am Grd herzfg, im Umkreis m. 5—9 spitz. Zähnen.
Schuttplätze, Aecker, Hecken, nicht selt. (6—8) ⊙.
9. *Ch.* hybridum *L.*
9*. B. am Grd nicht herzfg.
10. B. 3eckig-rautenfg., im Umkreis m. 10—20 spitzen
Zähnen, glänzend.
11. Bthnrispen verlängert, aufrecht; Samen glatt,
glänzd. *Schuttpl., Aecker, Hecken, selt.* (6—8) ⊙.
10. *Ch.* urbicum *L.*
11*. Bthnrispen kurz, ausgebreitet doldentrbg; Same
etwas höckerig. *Schuttpl., Wege, nicht selt.*(7—8)⊙.
11. *Ch.* murale *L.*
10*. B. rhombisch od. länglich, meist mehlig bestäubt.
12. B. graugrün, beiders. ziemlich gleichfarbig, rauten-
eifg, gezähnt od. fast ganzrandig; Stgl aufrecht;
Pfl. sehr vielgestaltig. *Schuttpl., Aecker, Gärten,
sehr häufig* (6—8). . . . . 12. *Ch.* album *L.*
12*. B. länglich, oberseits dunkelgrün, unterseits grau-
grün; Stgl aufstgd; S. z. Thl aufrecht. *Schuttpl.,
Hügel, Wege, seltener* (6—8) ⊙.
(Blitum *C. A. Mey.*) 13. *Ch.* glaucum *L.*

8 **Blitum** *L.* „Erdbeerspinat" (I. 2, III. 2 od. V. 2). Perigon
5spaltig, ohne Anhängsel; Stbgef. 1—3—5; Bthn z. Theil einge-
schlechtig, in kugligen Knäulen, z. Frzeit **saftig werdend u. e.
rothe erd- od. himbeerartige Scheinfr.** darstellend. Same auf-
recht (wesshalb auch von Manchen Chenopodium 1, 6 u. 13 zu dieser
Gattung gerechnet werden).
1. Bthnknäule nicht v. Deckb. gestützt, in endstdgn Aehren; B.
3eckig, nicht od. wenig gezähnt. *Aecker, stein. Hügel, (süd-
westl. Deutschlands), selt., auch cultiv.* (6—8) ⊙.
1. *B.* capitatum *L.*

1*. Bthnkn. v. B. gestützt, diese tief gezähnt. fast spiessfg. *Aecker, Wege (Süddeutschld), auch cult.* (6—8) ⊙. 2. ***B.* virgatum** *L.* § 41.

9. Beta *L.* „Runkelrübe, Zuckerrübe, rothe Rübe, Mangold" (V. 2). Perigon 5spaltig, im Grd röhrenfg glockig; Staubgef. im Schlunde d. Kchs auf e. fleischig. Ring eingefügt; Bthn je 2—3 beisammen in langen, rautenfgn Rispen; Narben eifg od. lanzettlich; Same wagrecht. Kahle Kräuter m. breiten B.
1. Stgl aufrecht, einzeln; Narben eifg. *Meerufer, sowie überall cult.* (6—8) ⊙ od. ⊙. . . . . 1. ***B.* vulgaris** *L.*
    var. Wurzel schmächtig. . . . α. **cicla.**
    Wurzel dick fleischig. . . . β. **rapacea.**
1*. Stgl liegd, zahlreich aus e. Wurzel; Narbe lanzettlich. *Ufer d. Nord- u. Ostsee* (7—8) ♃. . . . . . 2. ***B.* maritima** *L.*

10. Camphorosma *L.* (IV. 1). Perigon 4thlg, glockig m. abwechsld grösseren u. kleineren Abschnitten; Stbgef. 4; Same senkrecht m. dünner Haut. Rauhhaarige Kräuter m. pfrieml. B.
1. Pfl. rauhaarig m. blattwinkelstdgn, geknäuelten, ährigen Bthn. *Sandige Ufer am adr. Meer* (7—8) ♃. 1. ***C.* monspeliaca** *L.*
1*. Pfl. zerstreuthaarig m. einzelstehenden, vkeifgn Bthn. *Hügel Wege, selt. (Ungarn)* (7—8) ⊙. . . . . 2. ***C.* ovata** *W. K.*

IV. ATRIPLICEAE. Bthn eingeschlechtig od. polygamisch.

10b. Spinacia oleracea *L.* (XXII. 4). Bthn zweihäusig, d. männl. m. 4thlgm Perigon u. 4 Stbgef., d. weibl. m. 2—3spaltig. Perigon u. 4 Griffeln; Same senkrecht. Kahles, 1—3' hohes Kraut m. geknäuelten Bthn. *Häufige Gemüsepfl. aus d. Orient* (5—6) ⊙ od. ⊙ „*Spinat*".
    var. Fr. wehrlos; B. eifg länglich. α. **inermis.**
    Fr. dornig; B. spiessfg. . . β. **spinosa.**

11. Eurotia ceratoïdes *C. A. Mey.* (XXI. 4). (Oxyris *L.*) Männl. Bthn m. 4spaltig. Perigon u. 4 Stbgef., weibl. dicht wollig m. krugfg-röhrenfgm Perigon. Aestiger, 1—2' hoher Halbstrauch m. lanzettl. ganzrandigen, graufilzigen B. u. bwinkelstdgn Bthnknäulen. *Ufer, Gräben, selt. (Mähren, Oesterreich)* (8) ♄.

12. Halimus *Wallr.* (XXI. 5). (Atriplex *L.*) Bthn einhäusig, d. weibl. m. 2klappigen, nicht über d. Mitte gespaltenem Perig. Klappen 3zähnig. Same senkrecht m. dünner Haut. Kräuter od. Halbstrchr m. ganzrandigen, weissgrau mehlig bestäubten B., alle od. wenigstens d. unteren gegenstdg.
1. Einfaches od. ästiges, ½—1' hohes Kraut m. lanzettl., unterwts wechselstdgn B.; weibl. Perigon z. Frzeit gestielt. vkdreieckig, 2lappig m. dazwischen stehenden Zähnchen. *Meerufer u. in d. Nähe v. Salinen (Thüringen)* (8) ⊙. 1. *H.* **pedunculata** *Wallr.*
1*. Am Grund holziger, ästiger, 2—4' hoher Halbstrch m. vkeifg längl. gegenstdgn B.; weibl. Perigon vkdreieckig, weichstachl. *Ufer d. Nord- u. Ostsee* (8) ♃. 2. *H.* **portulacoïdes** *Wallr.*

§ 41. 13. **Atriplex** *L.* „Melde" (XXI.) Bthn einhäusig, d. weibl. m. 2klappigen, fast bis z. Grd getheilt. Perigon u. ganzrand. od. gezähnten Klappen. Männl. Bthn m. 3—5 Stbgef. Samen senkrecht m. hart krustenartiger Haut. Aestige, kahle od. mehlig bestäubte, den Chenopodiumarten ähnliche Krtr m. meist gezähnten, wechselstdgn B.
1. B. beiderseits od. wenigstens auf d. unteren Seite m. grauen od. weissen silberglnzdn Schuppen, buchtig gezähnt.
   2. D. beiden Blättch. d. weibl. Perigou ganzrandig, fast völlig von e. getrennt; B. obers. glänzend dunkelgrün, unters. silberweiss, herzfg 3eckig; Bthnkn. in blattlosen Aehren, polygamisch. *Wege, Schuttplätze, ss.* (7—8) ⊙.
                                   1. *A.* **nitens** *Rebtsch.*
  2*. Perigb. fast bis z. Mitte m. e. verwachsen u. m. gezähntem Rande; Bthnkn. einhäusig.
   3. Bthnkn. in dichten, walzigen, blattlosen Aehren; untere B. 3eckig rautenfg, obere spiessfg längl. *Wege, Schuttpl., ss.* (7—8) ⊙. . . . . 2. *A.* **laciniata** *L.*
   3*. Bthnkn. v. B. gestützt; untere B. rautenfg, d. oberen eifg, nebst d. ganzen Pfl. oft röthlich überlaufen. *Wege, Schuttplätze, selt.* (7—8) ⊙ . . . . 3. *A.* **rosea** *L.*
 1*. B. nicht m. silberglänzdn Schuppen besetzt; Bthn meist einhsg.
  4. Alle od. wenigstens d. meisten 3eckig od. spiessfg.
   5. Blättch. d. weibl. Perig. kurz gezähnt od. ganzrandig.
    6. Perigonb. 3eckig; Aeste ausgebreitet; Bthnähren blattlos; B. meist buchtig gezähnt *Wege, Schuttplätze, Mauern, nicht selt.* (7—8) ⊙. 4. *A.* **patula** *Sm.* = **latifolia** *W'hlbg.*
    6*. Perigonb. rundlich eifg; Aeste aufrecht; Pfl. 3—5′ hoch m. polygamischen Bthn. *Wege, Schuttplätze, auch als Gemüsepfl. cultiv.* (7—8) ⊙. . . . 5. *A.* **hortensis** *L.*
   5*. Blättch. d. weibl. Perigon m. spitzen, pfriemlichen Zähnen; Bthn in kurzen, beblätterten Aehren; B. am Grd spiessfg, tief buchtig gezähnt. *Wege, Schuttpl., bes. in Norddtschld* (7—8) ⊙. . . . . 6. *A.* **hastata** *L.*
  4*. Alle od. wenigstens d. meisten B. (m. Ausnahme d. untersten) länglich, eifg od. lineal.
   6. B. eifg lanzettlich, d. oberen schmäler; Stgl u. Aeste aufrecht; Perigonb. eifg, ganzrandig, glatt. *Wege, Aecker, Hügel, selt. (Rheinggdn, Sachsen, Mähren)* (7—8) ⊙.
†   7. *A.* **tartarica** *L.* = **oblongifolia** *W. K.*
   6*. B. lineal lanzettlich.
    7. Aeste ausgebreitet; unterste B. gezähnt, fast spiessfg; Perigonb. rautenfg, spitz, meist weichstachlig. *Wege, Mauern, Hecken, s. häufig* (7—8) ⊙.
                      8. *A.* **patula** *L.* = **angustifolia** *Sm.*
    7*. Aeste u. Stgl steif aufrecht; B. alle lineal, ganzrandig od. entfernt gezähnt; Perigonb. gezähnt. *Ufer d. Nord- u. Ostsee* (7—8) ⊙ . . . . . 9. *A.* **littoralis** *L.*

14. **Theligonum cynocrambe** *L.* (XXI. 6). Männl. u. weibl. Bthn m. gelblichweissen, 2gliedrigem Perigon, d. männl. m. etwa 12 Stbgef.; d. weibl. m. einfachem Griffel u. Narbe. Einjähriges, kahles, fleischiges Kraut m. gestielten, eifgn, ganzrandigen B., d. unteren gegenstdg. *Felsspalten u. stein. Abhge d. Inseln d. adr. Meeres* (6—7) ⊙.

XIV. Ordn. GUTTIFERAE *Bartl.* Kchb. frei, in d. Knospe §41. dachig; Blkrb. 4—5, in d. Knospe gedreht, nebst d. 4—5 od. zahlreichen Stbgef. d. Frboden eingefügt; Griffel mehrere; Frkn. mehrsamig; Keim gerade.

§ 42. HYPERICINEAE. *DC.*

Kchb. 4—5; Blkrb. 4—5, bleibd u. nebst d. zahlrchn, mehr od. weniger deutl. in 3—5 Bündel verwachsenen Stbgef. d. Frboden eingefügt; Gr. meist 3; Frkn. 1, 1—mehrfächerig; Fächer vielsamig. Samen eiweisslos; Keim gerade. Kräuter od. Halbsträucher m. einfachen, gegenstdgn od. quirlstdgn, oft dchscheinend punktirten B. u. gelben Bthn (XIII. od. XVIII.)
  1. Fr. e. einfächerige Beere; Bthn gross in armbthgn Doldentrbn.
                                              1. **Androsaemum.**
  1*. Fr. e. 3—5fächerige Kapsel; Bthn meist rispig.
                                              2. **Hypericum.**

1. **Androsaemum officinale** *All.* Kahler Halbstrauch m. aufrechtem od. aufstgdm, rundem, ästigem Stgl, grossen, gegenstdgn, sitzdn, ei-herzfgn, stumpfen, dchscheinend punktirten B. u. grossen, gelben Bthn in armbthgn, endstgn Doldentrauben; Fr. e. erbsengrosse schwarze Beere. *Ufer, Gebüsch d. südl. Alpenggdn* (6—7) ♃.

2. **Hypericum** *L.* „Johanniskraut". Kräuter m. gegenstdgn od. quirlig., sitzdn, ganzrandigen B. u. gelben, meist rispigen Bthn. Bthnknospen beim Zerdrücken einen rothen Saft „Johannisblut" von sich gebend.
  1. Kchb. am Rande nicht gewimpert.
    2. Stgl 4kantig.
      3. Kanten geflügelt; Kchb. lanzettlich spitz; B. sehr fein dchscheinend punktirt. *Wiesen, Gräben, Ufer, nicht häufig* (7—8) ♃. . . . . 1. *H.* **tetrapterum** *Fries.*
      3*. Kanten nicht geflügelt; Kchb. elliptisch, stumpf; B. wenig od. nicht punktirt, dagegen am Rande m. e. Reihe schwarzer Punkte. *Wiesen, Gräben, Ufer, Wälder, häufig* (7—8) ♃.
                                  2. *H.* **quadrangulum** *L.*
    2*. Stgl 2schneidig od. rundl., B. durchscheinend punktirt.
      4. Stgl aufrecht; Stbgef. 20—30; Bthnstd vielbthg, rispig.
        5. Kchb. doppelt so lang als d. Frknoten; Blkrb. am Rande oft schwarz punktirt; B. eifg od. länglich; Pfl. sehr vielgestaltig. *Wiesen, Hügel, Wälder, sehr häufig* (7—8) ♃.
                                  3. *H.* **perforatum** *L.*
        5*. Kchb. u. Frknoten gleichlang; Stglb. schmäler (ob var?) *Trockne Hügel d. südl. Alpenggdn* (7—8) ♃.
                                4. *H.* **veronense** *Schrk.*
      4*. Stgl liegd od. ausgebreitet 3—6" lang, einfach od. ästig; B. eifg stumpf, am Rande schwarzpunktirt; Bthn klein in endstdgn, armbthgn Doldentrauben; Stbgef. 15—20. *Hügel, Wälder, Aecker* (6—8) ♃. . . . . 5. *H.* **humifusum** *L.*
  1*. Kchb. am Rande drüsig gewimpert od. gefranst.
    6. B. gegenstdg, eifg od. lanzettlich.
      7. B. nebst der ganzen Pfl. kahl.
      8. Kchb. drüsig gewimpert.

§ 42.
9. Kchb. vkeifg, stumpf; B. am Rande nicht schwarz - aber dchscheinend punktirt. *Bgwälder, selt. (bes. d. Rheinggdn)* (7—8) ♃. . . . . , 6. *H.* **pulchrum** *L.*
9*. Kchb. lanzettl. spitz, nebst d. Deckb. gesägt drüsig; B. am Rande schwarz punktirt; Stgl oberwärts blattlos. *Bgwälder, Gebüsch, nicht häufig* (7—8) ♃. 7. *H.* **montanum** *L.*
8. Kchb. drüsenlos gefranst.
10. Fransen lang, weisslich; Kchb. schwarzgefleckt; Blkrb. am Rande schwarz punktirt; Stglb. längl. lanzettl. *Bergwälder, Gebüsch, sss. (b. Wien, in Steiermark)* (7—8) ♃.
8. *H.* **barbatum** *L.*
10*. Fr. kurz, an d. Spitze schwarz; B. am Rande schwarz punktirt, eifg.
11. B. nicht durchscheinend punktirt; Deckb., Kchb. u. Blkrb. dicht schwarzfleckig. *Bgwälder d. südl. Alpen (Krain)* (7—8) ♃. . . . . . . 9. *H.* **Richeri** *Vill.*
11*. B. durchscheinend punktirt; Deckb., Kchb. u. Blkrb. wenig fleckig. *Hügel, stein. Abhge, ss. (Mähren, Thüringen* (7—8) ♃. . . . . 10. *H.* **elegans** *Steph.*
7*. B. nebst d. Stgl weichhaarig; erstere dchscheinend punktirt.
12. Stgl aufrecht; B. eifg od. länglich, fast kurzgestielt; Kchb. lanzettlich; Stbfäden nur am Grd verwachsen. *Wälder, Gebüsch, bes. in Gebgsggdn* (7—8) ♃. . 11. *H.* **hirsutum** *L.*
12*. Stgl liegend od. aufstgd; B. fast stengelumfassd; Kchb. eifg; Bthn klein, schwefelgelb in armbthgn Doldentrbn; Stbfäden deutl. verwachsen. *Sumpfwiesen, Torfboden, bes. im nördl. u. westl. Dtschld* (7—8) ♃. . . . . . 12. *H.* **elodes** *L.*
6*. B. zu 3—4quirlig, lineal stumpf, am Rande zurückgerollt, durchscheinend punktirt; Pfl. kahl. *Felsen, stein. Abhänge d. südl. Alpenggdn* (7—8) ♃. . . . . 13. *H.* **coris** *L.*

XV. Ordn. **CISTIFLORAE** *Bartl.* Kch frei, meist 5gliedr., nebst d. meist 5 Blkrb. in d. Knospe dachig od. gedreht. Stbgef. u. Blkrb. d. Frboden eingefügt; Frknoten einfächerig, mehrsamig; Fr. e. meist in Klappen aufsprgde **Kapsel** m. **wandständigen**, auf d. Mitte d. Klappen eingefügten Samenträgern. Samen meist eiweisshaltig.

§ 43. **TAMARISCINEAE**. *DC.*

Kch 5theilig, in d. Knospe dachig; Blkrb. bleibend, so viele als Kchb. u. m. diesen wechselstdg, d. Kchgrund eingefügt; Stbgef. so viele oder doppelt so viele als Blkrb.; Gr. 1; Frkn. 3kantig, einfächerig, vielsamig; Samen **schopfig** od. zottig, eiweisslos; Keim gerade. Sträucher m. **kleinen, schmalen, ganzrandigen, abfalldn** B. u. rosenrothen Bthn.
1. Bthn m. 5, am Grd nicht m. einander verwachsenen Stbgef.
1. **Tamarix**.
1*. Bthn m. 10, am Grd m. e. verwachsenen Stbgef.
2. **Myricaria**.

1. **Tamarix** *L.* (V. 3). Kahle Strchr m. eifgn, blaugrünen § 43.
B. u. rosenrothen Bthn in seitenstdgn Aehren.
1. Deckb. stumpf, eifg länglich od. lanzettlich; Stbbeutel stumpf (ob var v. 2?) *Gebüsch am Ufer d. adr. Meeres* (6—7) ♄.
                                                   1. **T. africana** *L.*
1*. Deckb. in e. Haarspitze endend; Stbbeutel stachelspitzig. *Gebüsch am Ufer d. adr. Meeres* (6—7) ♄.   2. **T. gallica** *Loir.*

2. **Myricária germanica** *L.* (XVI. 3). Kahler, 3—6' hoher Strch m. rautenfgn, dichtbeblätterten Zweigen, bläulichgrünen, lineal lanzettl. B. u. rosenrothen Bthn in endstdgn Aehren. *Ufer, Gebüsch, bes. d. Alpen u. Rheingqdn* (5—6) ♄.

§ 44. PARNASSIEAE. *Reichbch.*

Kchb. 5, in d. Knospe dachig; Blkrb. 5, gleichmässig m. einer drüsigen, fransigen Nebenkrone, nebst d. 5 Stbgef. d. Frboden eingefügt; Griffel fehlend; Narben 4: Kapsel 4klappig; Samen nicht schopfig, eiweisshaltig; Keim gerade.

1. **Parnassia palustris** *L.* (V. 4). Stgl einfach m. einem herzfg rundlichen, stengelumfassenden B. u. einer endstdgn, langgestielten, weissen, von wasserhellen Streifen durchzogenen Bthe. Grundstdge B. zahlreich, langgestielt, büschlig; Pfl. kahl, $^{1}\!/_{4}$—$^{1}\!/_{2}$' h. *Sumpfwiesen, häufig* (7—8) ♃.

§ 45. DROSERACEAE. *DC.*

Blkrb. 5, gleichmässig, ohne Nebenkrone; Stbgef. 5 od. 10; Griffel 2—5; Kapsel 3 od. 5klappig. Kräuter m. wechselstdgn, oft drüsig gewimperten B
1. Wasserpfl. m. quirlstdgn B., kuglig aufgeblasener Blattscheibe u. quirlig darunter stehenden Wimpern; Bthn langgestielt, blattwinkelstdg . . . . 1. **Aldrovánda.**
1*. Sumpfpfl. m. grundstdgn, rosettig gestellten, auf d. Oberfläche dicht m. rothen Drüsen besetzten B. u. ährenfgn, weissen Bthn.
                                                 2. **Drosera.**

1. **Aldrovánda vesiculosa** *L.* (V. 5). Schwimmende od. untergetauchte Wasserpfl. m. kahlem, wenig ästigem Stgl, quirlstdgn, gestielten B. m. kuglig aufgeblasener Blattscheibe u. 5—6 darunter stehenden langborstigen Wimpern u. kleinen, weissen, einzelstehenden, langgestielten, blattwinkelstdgn Bhn. *Teiche, sss.* (*Botzen, Schlesien, Bodensee*) (7—8) ☉.

2. **Drósera** *L.* „Sonnenthau" (V. 5). Kleine, kahle, saftige, † auf Sumpfboden wachsende Pfl. m. grundstdgn, rosettenfg gestellten, langgestielten, auf d. oberen Seite roth drüsig gewimperten B u. weissen Bthn in lockeren Aehren.
1. Blattscheibe fast kreisrund; Schaft fast 3mal so lang als d. B., aufrecht, 4—8" hoch. *Sumpfwiesen, häufig* (7—8) ♃.
                                          1. *D.* **rotundifolia** *L.* †
1*. Blattscheibe eifg od. lanzettlich

§ 45. 2. Blattscheibe eifg od. keilfg; Schaft 2—3" hoch, wenig länger als
d. B., am Grd bogig aufsteigd; Gr. 3, wiederholt 2lappig. *Sumpf-*
† *wiesen, selten* (7—8) ♃. . . . . . 2. *D.* **intermedia** *Hayne.*
2*. Blattscheibe lineal lanzettl. (var breiter u. schmäler); Schaft auf-
recht, doppelt so lang als d B., 4—8" hoch; Griffel einfach
† 2lappig. *Sumpfwiesen, selt.* (7—8) ♃. . . . 3. *D.* **longifolia** *L.*

§ 46. VIOLARIEAE. *DC.*

Kch 5thlg, nebst d. 5 Blkrb. meist ungleichmässig; Stbgef.
5; Griffel einer m. einfacher od. undeutlich 2lappiger Narbe; Kpsl
vielsamig; Same eiweisshaltig; Keim gerade. Kräuter m. meist
einfachen, wechselstdgn od. grundstdgn, am Grund m Nebenb. be-
setzten B.

1. **Viola** *L.* „Veilchen" (V. 1). Kch 5theilig od. 5blättrig m.
rückwärts verlängerten Blättchen; Blkrb. 5, ungleich, d. unterste in
einen hohlen Sporn verlängert; Stbbeutel oft m. e. verwachsen, an
d inneren Fläche der in e. trockenhäutige Spitze endend. Stbfäden
befestigt. Wegen Veränderlichkeit d. Merkmale oft schwierig zu
unterscheidende Krtr.
 1. Pfl. auch nach d Bthezeit stengellos; Kchb. stumpf; Bthn meist
 blau od. weiss, die ersten m. Kch u Krone, nicht frtragend.
 d. später erscheinenden frtragd, blkronlos.
 2. Gr. m. scheibenfg abgestutzter Narbe.
 3. B. fingerfg-vieltheilig, im Umriss rundl. m. stumpf., längl.,
 2—3zähnigen Abschnitten; Bthn klein, wohlriechend; Pfl.
 kahl. *Bgwiesen d. Alpen, ss* (6—7) ♃. 1. *V.* **pinnata** *L.*
 3*. B. ungetheilt, gekerbt, nierenfg od. herz-eifg rundlich.
 4. Pfl. mehrblättrig; Bstiele durch d. damit verwachsenen
 Nebenb. geflügelt *Torfwiesen, sss. (Schlesien, Thüringen)*
 (4—5) ♃. . . . . 2. *V.* **uliginosa** *Schrdr.*
 4*. Pfl. meist nur m. 2 B.; Bstiele nicht geflügelt.
 5. B. beide nierenfg; d. unpaarigen Blkrb. m. dunkleren
 Streifen. *Sumpfwiesen, Gräben, nicht selt.* (5—6) ♃.
† 3. *V.* **palustris** *L.*
 5*. d. untere B. herz-eifg; d. unpaarigen Blkrb. nicht
 dunkler gestreift. *Sumpfwiesen d. Alpen, sss.* (5—6) ♃.
 4. *V.* **epipsila** *Ledeb.*
 2*. Gr. m. hakiger od. krugfgr Narbe:
 6. Griffel keulenfg m. krugfgr Narbe; B. gekerbt, rundlich
 eifg, kleiner als d. grossen, tiefblauen Bthn; Kchb. spitz;
 Pfl. im Sommer blühend. *Bgwiesen u. Abhge d. höchsten*
 Alpen (7—8) ♃. . . . . . 5. *V.* **alpina** *Jacq.*
 6*. Griffel m. hakig gebogener Narbe; Pfl. im Frühjahr blühd.
 7. Pfl m. verlängerten Ausläufern.
 8. B. abgerundet, stumpf; Bthn meist blau od. violett,
 selten weiss.
 9. Nebenb. eilanzettlich, am Rande gefranst u. nebst d.
 Fransen kahl. *Wiesen, Hecken, Gebüsch, sehr häuf.,*
† *auch cult.* (3—4) ♃ *„Gartenr"* . 6. *V.* **odorata** *L.*
 9*. Nebenb. lanzettl., lang zugespitzt, nebst d. Fransen
 am Rande fein gewimpert *Ufer, Hügel, Gebüsch,*
 sss. (b. Frankft a. d. O., Salzbg u. a. O.) (3—4) ♃.
 7. *V.* **suavis** *M. B.*

8*. B spitz, im Umriss fast 3eckig, länger als breit; Bthn immer weiss. *Hecken, Gebüsch, Hügel* (d. *westl. Rheinufers?*) (3—4) ♃. §46.
             8. *V.* **alba** *Bess.*
7⁵. Pfl. ohne Ausläufer; B. spitz.
 10. B. am Grd m. tiefem Ausschnitt; Kapsel flaumig.
  11. Nebenb. eifg, kurz gefranst u. nebst d. Fransen am Rande kahl; Bthn geruchlos. *Hügel, Wiesen, Hecken, s. häufig* (3—4) ♃. . . . . 9. *V.* **hirta** *L.* †
  11*. Nebenb s. spitz, länger gefranst u. nebst d. Fransen am Rande flaumig; Bthn wohlriechend (ob var?) *Bgwiesen, Hecken, Gebüsch, bes. d. Alpen- u Gebgsggdn* (3—4) ♃.
          10. *V.* **collina** *Bess.*
 10*. B. am Grd m. breitem, offenem Ausschnitt.
  12. Kapsel flaumig; Nebenb. s spitz, lang gefranst. *Bergwiesen d Alpen, sss.* (4—5) ♃ (*Cant. Wallis.*)
          11. *V.* **ambigua** *W. K.*
  12*. Kapsel kahl; Nebenb. eifg od. lanzettlich, kurz gefranst; Bthn wohlriechd. *Wiesen, Gebüsch d. Alpenggdn* (4—5) ♃.
          12. *V.* **sciaphilla** *Kch.*
1*. Pfl. wenigstens nach d. Bthezeit m. e. deutlichen Stgl (*V.* mirabilis ist anfangs stengellos); Kchb. spitz.
 13. Griffel m hakenfg gebogener Narbe. Bthn verschiedenartig, wie b. 1.
  14. Nebenb. klein, kürzer als d. halbe Blattstiel; Stgl liegd.
   15. B. herzfg, nicht od. wenig länger als breit; Kapsel spitz.
    16. B. stumpf, klein, etwas steif, klein gekerbt; Nebenb. eifg, länglich; Pfl. klein, wenigbthg *Sandfelder, selt.* (*Rheinggdn*) (5—6) ♃. . . . . 13 *V.* **arenaria** *DC.*
    16*. B. spitz, weich, doppelt so gross (1/₂—1¹/₂" lg); Nebenb. lanzettlich od. lineal lanzettlich; Pfl. ¹/₂—1' lang, reichbthg. *Wälder, Gebüsch, häufig* (4—5) ♃.
         14. *V.* **silvestris** *Lam.*
   15*. B. viel länger als breit, am Grd herzfg, meist kahl; Kpsl stumpf, abgestutzt m kurz aufgesetztem Spitzchen; Pfl. sehr vielgestaltig. *Wälder, Hügel, Gebüsch, s. häuf.*(4—5)♃.
         15 *V.* **canina** *L.* †
  14*. Nebenb. alle od. wenigstens d. mittleren halb so lang als d. Bstiel, blattartig; Stgl aufrecht; B. meist schmal, eifg od. lanzettlich.
   17. Pfl. anfangs stengellos; Stgl u. Bstiele einzeilig behaart; B. breit, herzfg; grundstdge Bthn unfrbar m. Kch u. Krone; stengelständige blkronlos *Bgwälder, stein. Abhge, nicht häuf* (4—5) ♃. 16. *V.* **mirabilis** *L.*
   17* Pfl. v. Anfang an m. deutlich entwickeltem Stgl, kahl od. rundum flaumig.
    18. Sporn d Blkrone 2—3mal länger als d. Kchanhgsl; aufwärts gebogen; Bthn erst gelblich, dann weiss; B. herzeifg. *Sumpfwiesen, ss. (westl. Rheinufer)* (4—5) ♃. . . . . 17. *V.* **Schultzii** *Bill.*
    18*. Sporn d. Blkrone nicht od. wenig länger als d. Kchanhgsl, gerade. (*V.* recta *Gorcke.*)
     19 Nebenb. länger als d. Bstiele; B. eifg lanzettl.
      20. Pfl. anliegd flaumig; Stgl 1—1¹/₂' hoch. *Wälder, Gebüsch. ss. (Rheinggdn, Sachsen, Böhmen u. a. O.)* (4—5) ♃. . . . 18. *V.* **elatior** *Fries.*

§ 46. 20*. Pfl. kahl; Stgl 3—6" hoch; B. am Grd meist keilfg. *Wiesen,*
ss. (Thüringen) (4—5) ♃. . . . 19. *S.* **pratensis** *M. K.*
19*. Nebenb. kürzer als d. Bstiel; Pfl. kahl.
21. B. herzeifg; Bthn hellblau. *Wälder, ss.* (4—5) ♃.
20. *V.* **stricta** *Horn.*
21*. B. länglich lanzettlich; Bthn milchweiss. *Wälder, Sumpf-
wiesen, selt.* (4—5) ♃. , ... 21. *V.* **stagnina** *Kit.*
13*. Griffel m. krugfgr od. 2lappiger Narbe.
22. B. gekerbt; Bthn meist gelb od. bunt „Stiefmütterchen".
23. Sporn d. Blkr. 2—3mal länger als d. Kchanhängsel; Nebenb.
einfach od. fiedertheilig; Bthn blau (var gelb — *V.* Zoysii
Wulf.) Pfl. kahl. *Bgwiesen u. stein. Abhge d. Alpen* (7—8) ♃.
22. *V.* **calcarata** *L.*
23*. Sporn d. Blkr. höchstens doppelt so lang als d. Kchanhgsl.
24. Nebenb. klein, eilanzettlich, ganzrandig; B. nierenfg; Bthn
klein, gelb; Narbe 2lappig. *Bgwälder, stein. Abhge, ss.
(Alpen, Vogesen, Sudeten u. a.)* (4—8) ♃. 23. *V.* **biflora** *L.*
24*. Nebenb. eingeschnitten od. zertheilt.
25. Stgl ästig.
26. Stgl aufrecht od. aufsteigend; Nebenb. fiederspaltig m.
gekerbt. Mittellappen; Pfl. s. vielgestaltig. *Aecker,
Hügel, Wiesen, sehr häuf., auch cult. „Stiefmütterchen,
Pensée"* (4—8) ☉, ⊙ od. ♃. . 24. *V.* **tricolor** *L.*
† 26*. Stgl liegd, rauhhaarig (ob var?) *Aecker, Hügel, (an
d. belgischen Grenze b. Spaa* (5—8) ♃.
25. *V.* **rothomagensis** *Desf.*
25*. Stgl einfach.
27. Bthn gelb od. bunt; Sporn länger als d. Kchanhgsl.
*Bgwiesen, Hügel, bes. d. Alpen, auch cult. „Pensée
z. Thl"* (4—8) ♃. . . . . . . 26. *V.* **lutea** *Sm.*
27*. Bthn bläulich; Sporn kürzer. *Felsspalten u. stein.
Abhge d. südl. Alpenggdn* (5—6) ♃.
27. *V.* **heterophylla** *Bert.*
22*. B. ganzrandig; Nebenb. spatelfg; Bthn violett.
28. Obere Nebenb. am Grund gezähnt od. getheilt. Blkrsporn
nicht länger als d. Kchanhängsel. *Felsspalten u. stein.
Abhge d. südl. Alpenggdn* (7—8) ♃.. . 28. *V.* **cenisia** *L.*
28*. Nebenb. ungetheilt. Blkrsporn etwas länger als d. Kchan-
hängsel. *Felsspalten u. stein. Abhge d. Alpen, ss. (Veltlin)*
(7—8) ♃. . . . . 29. *V.* **comollia** *Mass.*

§ 47. CISTINEAE. *Dunal.*

Kch 5blättrig, bleibd; die zwei äusseren Kchb. meist kleiner od.
ganz fehld; in d. Knospe gedreht; Blkrb. 5, gleichmässig, in d.
Knospe in einer d. Kchb. entgegengesetzten Richtung gedreht, sehr
leicht abfalld; Stbgef. d. Frboden eingefügt, meist zahlreich; Gr.
1 m. einfacher Narbe; Kapsel 3—10klappig, vielsamig; Same m.
Eiweiss; Keim gebogen. Kleine Halbsträucher od. Kräuter m.
einfachen B. u. schönen Bthn.
1. Kpsl 5—10klappig; Bthn meist weiss od. purpurn. 1. **Cistus.**
1*. Kpsl 3klappig; Bthn meist gelb, selten weiss.
2. **Helianthemum.**

1. **Cistus** *L.* (XIII. 1). Aufrechte od. aufstgde Halbsträucher §47.
m. grossen, weissen od. rothen Bthn u. gegenstdgn, nebenblattlos. B.
1. Narben fast sitzd; Bthn weiss.
  2. B. lineal lanzettlich, beiderseits klebrig, flaumig; Bthn in
    einseitswendigen Trbn. *Stein. Abhge am adr. Meer* (5—6) ♄.
                                1. *C.* **monspeliensis** *L.*
  2*. B. eifg. kurzhaarig; Bthn zu 1—2 od. fast doldig. *Stein.*
    Abhge d. südl. Alpenggdn (5—6) ♄. 2. *C.* **salviaefolius** *L.*
1*. Griffel so lang als d. Stbgef. od. länger; Bthn purpurroth;
  B. eifg. stumpf, kurzhaarig filzig. *Stein. Abhge am adr. Meer*
  (5—6) ♄. . . . . 3. *C.* **creticus** *L.*

2. **Helianthemum** *Tournef.* „Sonnenröschen" (XIII. 1).
(Cistus *L.*) Liegde od. aufstgde Halbsträucher od. Kräuter m. meist
goldgelben od. weiss variirenden Bthn; Pfl. in d. Behaarung sehr
veränderlich.
1. B. am Grund ohne Nebenb.
  2. B. gegenstdg. eifg; Bthn traubig.
    3. Griffel fehlend; aufrechtes, 1/2—1' hohes Kraut m. vkeifg
      rauhhaarigen B., d. oberen wechselst. m. Nebenb. *Hügel,*
      Sandfelder (Norddtschld) (6—8) ☉. 1. *H.* **guttatum** *Mill.*
    3*. Griffel deutlich, so lang als d. Frkn.; B. unterseits filzig.
      Stein. Hügel, Abhge, bes. d. Alpenggdn (5—8) ♄.
                        2. *H.* **oelandicum** *Whlbg.*
  2*. B. zerstreut. schmal lineal; Bthn blattwinkelstdg, einzeln,
    ziemlich langgestielt. *Sonnige Hügel, Abhge, bes. d. Rhein-*
    u. Alpenggdn (5—8) ♄. . . . . . . 3. *H.* **fumana** *Mill.*
1*. B. am Grund m. deutlichen Nebenb.; Bthn in v. Deckb. ge-
  stützten Trbn.
  4. Griffel länger als d. Frknoten. Kleine Strchr.
    5. Innere Kchb. stumpf m. aufgesetzten Spitzchen; B. am
      Rande flach; Bthn meist goldgelb. *Stein. Abhge, Hügel,*
      nicht selt. (6—8) ♄. (Cistus hel. *L.*) 4. *H:* **vulgare** *Gärtn.*
    5*. Alle Kchb. sehr stumpf; B. am Rande meist ungerollt u.
      filzig behaart; Blkrb. meist weiss m. gelbem Nagel. *Stein.*
      Abhge, ss. (6—8) ♄. . . . . . 5. *H.* **polifolium** *Kch.*
  4*. Gr. kürzer als d. Frknoten; Kch auf d. weitabstehdn Bthn-
    stielchen aufstrebd; Pfl. einjährig. *Hügel, Abhänge d. südl.*
    Alpenggdn, ss. (4—5) ☉. . . . 6. *H.* **salicifolium** *Pers.*

XVI. Ordn. **PEPONIFERAE** *Bartl.* Kch 5gliedrig, frei
od. m. d. Frknoten verwachsen: Blkrb. meist 5 od. mehr, nebst d.
5 od. mehr Stbgef. d. Kch eingefügt; Fr. meist **saftig**; Pistill aus
2 od. mehr Frblättern gebildet. Samenträger wandstdg.

§ 48. **NOPALEAE** od. **CACTEAE.** *DC.*

Kch allmählig in d. Blkronb. übergehend, diese nebst d.
Stbgef. **zahlreich, frei,** d. Kch eingefügt; Gr. 1: Frknoten unter-
ständig; Fr. saftig; Keim eiweisslos, gebogen. Fleischige, meist
blattlose u. gegliederte Kräuter u. Strchr (XII. 1). Von d. zahl-
reichen Zierpfl. dieser Familie sind folgende besonders häufig:

§ 48. 1. Blkr. radfg m. nicht über d. Frknoten vorgezogener Röhre, gelb; Bthn nur m. Dornen besetzten Höckern entspringd.
1. **Opuntia.**
1*. Blkr. am Grund m. einer über d. Fruchtknoten hinaus verlängerten Röhre.
2. Stamm säulenfg od. schlangenfg, mehr od. weniger stachlig.
1b. **Cereus.**
2*. Stamm fast wehrlos, blattartig, flach. 1c. **Phyllocactus.**
2**. Stamm kuglig od. länglich eifg. . . . 1d. **Melocactus.**

1. **Opuntia vulgaris** *L.* Niedriger, sparrig ästiger, gegliederter, fleischiger Strauch m. eifgn, flach zusammengedrückten Gliedern, welche theils m. kurzen, büschligen, theils m. grösseren, einzelstehenden Stacheln bedeckt sind, grossen, gelben Bthn u. hellrothen, stachligen, süssen, feigenartigen Früchten. *Häuf. Zierpfl. aus Westindien (im südl. Tyrol verwildert)* (4—5) ♄.

1b. **Cereus flagelliformis** *L.* Mit fingerdünnen, schlanken, hängdn, höckerigen Aesten u. grossen, rothen Bthn. *Häufige Zierpfl. aus Südamerika "Schlangencactus"* (6—8) ♄.

1c. **Phyllocactus phyllanthoïdes** *DC.* Ausgebreitet ästiger Strauch m. stielrunden, älteren u. breitgeflügelten, jüngeren Aesten u. rothen Bthn. *Häufige Topfpfl. aus Mexiko "Flügelc."* (6—8) ♄.

1d. **Melocactus communis** *DC.* Stgl kuglig, melonenartig m. 8—10 stumpfen Rippen. *Häufige Topfpfl. aus Westindien "Melonencactus"* (6—8) ♄.

§ 49. GROSSULARIEAE. *DC.*

Kch 4—5spaltig, gleichmässig; Blkrb. 4—5, meist klein u. nebst d. 4—5 Stbgef. d. Kchschlund eingefügt; Frknoten einer einfächerig, vielsamig, unterständig; Samenträger 2, wandstdg; Fr. e. Beere; Same eiweisshaltig; Keim s. klein, gerade.

1. **Ribes** *L.* (V. 1). Griffel gespalten; Sträucher m. lappigen, wechselstdgn B. u. seitenstdgn Bthn.
1. B. am Grd m. einzeln od. zu 2—3 stehdn Stacheln, 3—5lappig m. gesägten Abschnitten; Bthn zu 1—3, blattwinkelstdg; Kch glockig, röthlichbraun od. grünlich; Beeren grün, gelb od. roth. *Stein. Abhge, Wälder, häufig, auch s. häufig cultiv. "Stachelbeerstrauch"* (4—5) ♄ . . . . . . 1. *R.* grossularia *L.*
1*. B. am Grd nicht stachlig; Bthn in blattwinkelstdgn Trauben.
2. Kch glockig od. beckenfg.
3. Deckb. kürzer als d. Bthnstielchen; Trbn wenigstens zuletzt hängend.
4. B. u. Kch nicht drüsig.
5. Kch beckenfg, gelbgrün, am Rande kahl; Beeren roth od. weiss, essbar. *Wälder, Gebüsch d. südl. Ggdn, meist cult. "Johannisbeerstr."* nebst d. folgdn (4—5) ♄.
2. *R.* rubrum *L.*
5*. Kch glockig, röthlich, am Rande zottig; Beeren sauer. *Felsen u. stein. Abhge d. Alpen u. höher. Gebge* (4—5) ♄.
3. *R.* petraeum *Wulf.*

4‘. B. nebst d. glockigen Kch flaumig drüsig (von Wanzengeruch); *§ 49.*
Beeren schwarz. *Wälder, Hecken, Gebüsch, auch cult.* (4—5) ♄.
            4. *R.* nigrum *L.*
3*. Deckb. länger als d. Bthnstielchen; Trbn aufrecht, polygamisch;
Kch flach glockig, kahl; Beeren roth. *Bywälder, Felsen, bes.
d. Alpen* (4—5) ♄. . . . . 5. *R.* alpinum *L.*
2*. Kch röhrenfg; Trbn hängd.
 6. Kchröhre kurz, purpurroth; B. unters. graufilzig. *Zierstrauch
aus Nordamerika* (5) ♄. . . . 5b. *R.* sanguineum *Pursh*.
 6*. Kchr. lang, goldgelb; Blkrb. zuletzt roth; B. 3lappig, wenig
gezähnt, kahl. *Zierstrch aus Nordamerika* (5) ♄.
          5c. *R.* aureum *Pursh*.

§ 50. CUCURBITACEAE. *Juss.*

Kch 5zähnig; Blkr. 5spaltig od. 5thlg, am Grd m. d. Kch ver-
wachsen; Bthn eingeschlechtig, d. männlichen m. 5 Stbgef.,
schlangenfg gebogenen Staubbeuteln u. oft paarweise ver-
wachsenen Stbfdn. Gr. 1 od. fehlend m. 3—5 Narben; Fr. e. meist
mehrfächerige, oft dickrindige, mehrsamige Beere; Same eiweiss-
los; Keim gerade. Meist rankende Kräuter m. eckig lappigen
B. (XXI. 9. *L.*)
 1. Pfl. m. Wickelranken.
  2. Bthn in blattwinkelstdgn Doldentrbn; Fr. erbsengross, 3—4-
samig; Winkelranken ästig. . . . . . . 1. **Bryonia.**
  2*. Bthn einzeln; Fr. gross, vielsamig.
   3. Samen m. wulstigem Rande; Stbbeutel in e. Röhre ver-
wachsen; Wickelranken ästig. . . . 1b. **Cucurbita.**
   3*. Samen m. flachem, scharfem Rande; Stbbeutel frei; Wickel-
ranken einfach. . . . . 1c. **Cucumis.**
 1*. Wickelranken fehld; Fr. e. vielsamige, beim Ablösen v. Frucht-
stiel sich elastisch zusammenziehende u. Saft u. Samenkörner
herausschleudernde Beere. . . . . . . 2. **Momordica.**

1. **Bryonia** *L.* Rauhhaarige, rankende Kräuter m. herzfgn, †
5—7lappigen B. u. doldentrbgn, blattwinkelstdgn, grünlichen od.
gelblichen Bthn.
 1. Bthn einhäusig; Kch so lang als d. Krone; Doldentrbn lang
gestielt, d. unteren männlich, d. oberen weiblich; Narben kahl;
Fr. schwarz. *Hecken, Gebüsch, nicht selt.* (6—7) ♄.
            1. *B.* alba *L.* †
 1*. Bthn meist 2häusig; Kchb. halb so lang als d. Krone, weibl.
Doldentrauben kurz gestielt; Narben drüsig behaart; Fr. roth.
Hecken, Gebüsch, seltener (6—7) ♄. . . . **2. *B.* dioïca *L.*** †

1b. **Cucurbita pepo** *L.* Liegds od. kletterndes, steifhaariges
Kraut m. herzfgn, 5lappigen B., grossen, gelben, einzelnen blatt-
winkelstdgn Bthn, 5spaltiger Blkr. u. grossen, kugl. od. längl.
Früchten; Wickelranken ästig. *Häufige Gemüsepfl. aus d. Orient
„Kürbis"* (5—6) ☉.

1c. **Cucumis** *L.* Rankde od. liegde, steifhaarige Kräuter m.
einfachen Wickelranken u. einzelstehenden, gelben Bthn m. fast
bis z. Grd getheilter Blkr.

§ 50. 1. B. 5eckig m. spitzen Ecken; Fr. länglich. *Häufige Gemüsepfl. aus d. Orient* (5—6) ☉ „*Gurke*". . . . . a. **C. sativus** *L.*
1*. B. 5eckig m. stumpf abgerundeten Ecken; Fr. kuglig. *Häufige, bes. in wärmeren Ggdn cult. Gemüsepfl. aus d. Orient* (€—8) ♄ „*Melone*" . . . . b. **C. melo** *L.*

2. **Momordica elaterium** *L.* (*Ecballion Rich.*) Rankenloses, niedriges Kraut m. herzfgn, stumpf gezähnten B. u. blassgelben Bthn. *Hecken, Gebüsch am adr. Meer, auch zur Zierde cult.* (7—8) ☉.

§ 50b. PASSIFLOREAE. *Juss.*

Kch 5theilig, unterstdg; Blkrb. u. Stbgefässe d. Kch eingefügt; erstere 5blättr. m. einer aus zahlreichen Fäden od. Schuppen bestehenden Nebenkrone, letztere 5 einbrüdrig; Griffel 3; Fr. e. einfächerige, vielsamige Beere. Rankende Kräuter m. nebenblättrigen, lappigen B.

a. **Passiflóra caerulea** *L.* (XVI. 5). Kletternder, 20—40' hoher Halbstrch m. 5—7lappigen, ganzrandigen B., fast nierenfgn Nebenb., 2—4 Drüsen am Blattstiel u. weissen, grossen, wohlriechdn, einzelstehdn Bthn m. blauer Nebenkrone. *Zierpfl. aus Westindien* (7—8) ♄.

XVII. Ordn. **RHOEADEAE** *Bartl.* Kch 2—4gliedrig, meist abfallend; Blkrb. u. Stbgef. d. Frboden eingefügt; Blkrb. 3—6, in d. Knospe dachig od. gedreht; Stbgef. 4 od. mehr, frei od. in 2 Bündel verwachsen; Griffel einer, m. 1—mehr Narben; Samenträger wandstdg, an d. Rändern d. Fruchtklappen stehend.

§ 51. CAPPARIDEAE. *Vent.*

Kch 4blättrig; Blkrb. 4, ungleich; Stbgef. zahlreich od. 6 tetradynamisch; Frknoten 1fächerig; Fr. e. 2klappige Kapsel od. Beere. Same eiweisslos; Keim gebogen. Krtr m. wechselstdgn, meist nebenblattlosen B.

1. **Cápparis spinosa** *L.* (XIII. 1). Kriechdr od. kletternder, ausgebreitet ästiger, 2—3' hoher, kahler Strch m. rundl. stumpfen od. eifg-spitzen, am Grund m. paarweise stehdn, hakigen Stacheln besetzten, blaugrünen B. u. langgestielten, blattwinkelstdgn, einzelstehenden, röthlichen od. weissen Bthn. *Felsen u. Mauern d. südl. Alpenggdn, auch als Zierpfl.* (6—7) ♄ „*Cappernstrauch*".

§ 52. CRUCIFERAE. *Juss.*

Kch u. Krone 4blättrig; Blkrb. meist gleichmässig, kreuzfg gestellt, selten fehlend; Stbgef. meist 6tetradynamisch, selten 2

od. 4; Fr. e einfache od. gegliederte Schote od. Schötchen. §52.
Same eiweisslos; Keim gebogen. Meist Kräuter m. wechselstdgn,
oft fiedertheiligen B. u. trbnfgm od. doldentrbgm Bthnstd. (XV. L.)
Eine der grössten v. abgeschlossensten natürlichen Familien,
deren Gattungen wegen der grossen Aehnlichkeit des Baues oft
schwierig zu begrenzen sind. Viele Arten sind als Küchengewächse,
einige als Zierpfl. wichtig, giftig ist keine.
1. Fr. e. Schote (viel länger als breit).
 2. Narben 2lappig; B. meist ungetheilt.
  3. Lappen d. Narbe flach od. kegelfg; Bthn meist röthlich.
   4. Narbe flach, Schoten rundl. walzig, lineal, etwas höckerig.
    9. **Hesperis**.
   4*. Narbe kegelfg; Schot. walzig, behaart. 10. **Malcolmia**.
  3*. Lappen d. Narbe verdickt.
   5. Lapp. nach aussen zurückgebogen; Schoten fast flach zusammengedrückt, 4kantig; Bthn gelb. 2. **Cheiranthus**.
   5*. L. nicht nach aussen gebogen; Schoten rundlich walzig;
    Bthn meist röthlich od. bläulich. . . 1. **Matthiola**.
 2*. Narbe nicht od. nur undeutlich 2lappig.
  6. Klappen d. Schote ohne Längsrippe; B. meist gefiedert.
   7. Samen in jedem Fach 2reihig; Bthn meist gelb, s. weiss.
    3. **Nasturtium**.
   7*. Samen in jedem Fach einreihig.
    8. Wurzel kriechend, fleischig, schuppig gezähnt; Kchb.
    geschlossen. . . . . 8. **Dentaria**.
    8*. Wurzel nicht so; Kchb. offen. . . 7. **Cardamine**.
  6*. Klappen d. Schote m. 1, 3 od. mehr Längsrippen.
   9. Schote 2schneidig od. m. flachen Klappen.
    10. Bthn weiss, röthlich od. bläulich; Klappe m. 1 Längsrippe od. zahlreichen feinen Längsstreifen; B. einfach.
     6. **Arabis**.
    10*. Bthn gelb; B. fiedertheil'g.
     11. Samen in jedem Fach 2reihig; B fiederthlg; Schot. langgestielt; Pfl. nur am Grund beblättert.
      19. **Diplotaxis**.
     11*. Sam. in jedem Fach einreihig; B. gefiedert m. gezähnten Fiedern. . . . . 12. **Hugueninia**.
   9*. Schote durch d. convexen Klappen 4kantig od. walzig.
    12. Schote nicht aufsprgd. 3—5rippig auf jeder Seite, lang geschnäbelt, oft in Querglieder zerfa!ld; Bthn gross; Blkrb. lang genagelt. . . . . . 51. **Raphanus**.
    12*. Schote d. Länge nach m 2 Klappen aufsprgd.
     13. Sch. langgeschnäbelt; Schnabel 2schneidig, schwertfg.
      14. Samen in jedem Fach 2reihig; Bthn gross, weiss m. violetten Streifen; Schote 1rippig. 20. **Eruca**.
      14*. S. in jedem Fach einreihig.
       15. Schote m. 3—5 stark. Längsripp. 17. **Sinapis**.
       15*. Schote m. 1 Längsrippe. . . 16. **Brassica**.
     13*. Schote nicht od. kurz u. rundlich geschnäbelt.
      16. Samen in jedem Fach einreihig.
       17. Klappen einrippig; Bthn meist gelb.
        18. Schote walzig od. undeutl. 4kantig; B. fiederthlg.
         19. Sch. walz.; Pfl. behaart. 18. **Erucastrum**.
         19*. Sch. fast 4kant.; Pfl. kahl. 4. **Barbarea**.
        18*. Sch. deutl. 4kant.; B. einf. 15. **Erysimum**.
       17*. Klappen 3—5rippig. . . 11. **Sisymbrium**.

§ 52.   16*. Samen in jedem Fach 2reihig.
    20. Schote 4kantig; Bthn gelb; B. ungetheilt.   14. **Syrenia.**
    20*. Schote nicht 4kantig.
    21. Schote zieml. kurz u. dick; Stgl ausgebreitet. 13. **Braya.**
    21*. Schote lang u. schmächtig; Pfl. v. steifem, aufr. Wuchs.
                                                     5. **Turittis.**
  1*. Fr. ein Schötchen (nicht od. wenig länger als breit).
    22. Schötchen nicht aufspringend od. quer in 2 einsamige Glieder
        zerfallend.
    23. Schötch. in 2 Querglieder zerfallend.
      24. Oberes Glied samentrgd, kuglig, unteres unfrbar, stielfg,
          kaum bemerklich.
        25. Stbfäden an d. Spitze meist gabelthlg; Pfl. kahl, blau-
            grün; Bthn weiss. . . . . 50. **Crambe.**
        25*. Stbfdn einfach; Pfl. steifhaarig; Bthn gelb.
                                                     49. **Rapistrum.**
      24*. Oberes Glied schwertfg. 2schneidig, unteres eifg; Pfl.
          blaugrün; Bthn weiss od. violett.. . . . 48. **Cakile.**
    23*. Schötch. nicht in Querglieder zerfallend.
      26. Schötch. nussartig gedunsen.
        27. Schötch. mehrfächerig.
          28. Schötch. m. 2 neben einander liegdn einsam. Fächern;
              Bthn klein, weiss in schmalen Trbn; Schötchen sitzd,
              gekrümmt, geschnäbelt u. am Rande stachlig gezähnt.
                                                     42. **Euclidium.**
          28*. Schötch. nur m. einem samentrgdn Fach, d. übrigen
              daneben od. darüber leer; Bthn gelb.
            29. Schötch. eifg, warzig od. geflügelt zackig, langgestielt.
                                                     47. **Bunias.**
            29*. Schötch. glatt.
              30. Schötch. birnfg, 3fächerig, über d. samentragenden
                  Fach noch 2 nebeneinander stehende leere.
                                                     44. **Myagrum.**
              30*. Schötch. kuglig 2—3fächerig, neben d. samentragdn
                  Fach noch 1—2 leere. . . . . . 45. **Neslia.**
        27*. Sch. völlig einfchg, eifg, erhaben gerippt; Bthn weiss.
                                                     46. **Calepina.**
      26*. Schötchen zusammengedrückt.
        31. Schötch. längl. 1sam.; Bthn gelb; Gr. abfalld. 43. **Isatis.**
        31*. Schötch. kreisrund od. nierenfg.
          32. Schötch. nierenfg, stark netzig-runzlich; Bthn weiss.
                                                     41. **Senebiera.**
          32*. Schötchen kreisrund.
            33. Stbfdn ungezähnt; Schötch. 2—3sam. 26. **Peltaria.**
            33*. Stbfdn gezähnt; Schötch. 1samig. 25. **Clypeola.**
  22*. Schötchen 2fächerig u. m. 2 Klappen aufspringend.
    34. Schötchen d. Scheidewand entgegen zusammengedr., diese
        daher sehr schmal.
      35. Frklappen nach d. Aufspringen d. Samen einschliessd.
        36. Schötchen durch d. beiden, fast kreisrunden Klappen
            brillenfg erscheinend; Bthn gelb. . 36. **Biscutella.**
        36*. Schötchen nierenfg, stark netzig-runzlich; Bthn weiss.
                                                     41. **Senebiera.**
      35*. Frklappen abfalld; Samen an d. Scheidewand bleibend.
        37. Aeussere Blkronb. d. Doldentrauben viel grösser als d.
            inneren, strahld.

38. Stbfäden am Grund gezähnt; Stglb. fehlend, grundst. fiederthlg. rosettenbildd. . . . . 34. **Teesdalia.** §52.
38*. Stbfdn am Grd nicht gezähnt; Stgl beblättert. 35. **Iberis.**
37*. Blkrb. alle ziemlich gleichgross.
  39. Stbfdn am Grund häutig geflügelt; Bthn klein, röthlich od. weiss; Schötchen rundl., 4samig m. 2lappigem Flügel.
                                       40. **Aethionema.**
  39*. Stbfdn am Grd nicht geflügelt.
    40. Frfächer je einsamig; Frrand meist geflügelt; Blkrb. oft s. klein od. fehld. . . . . 37. **Lepidium.**
    40*. Frfächer mehrsamig.
      41. Frrand geflügelt. . . . . 33. **Thlaspi.**
      41*. Frrand ungeflügelt.
        42. Frfächer vielsamig. . . . . . . 39. **Capsella.**
        42*. Frfächer je 2samig. . . . . . 38. **Hutchinsia.**
34*. Schötchen nicht od. d. Scheidewand parallel zusammengedrückt, diese daher sehr breit.
  43. Frklappen convex, wenig zusammengedrückt; Schötch. daher kuglig od. birnfg.
    44. Stbfdn am Grund gezähnt; Schötchen kuglig; Bthn gelb; B. einfach, ganzrandig. . . . . 22. **Vesicaria.**
    44*. Stbfdn am Grd ungezähnt.
      45. Klappen auf d. Rücken gekielt. Kleine Wasserpfl. m. pfrieml. B. u. weissen Bthn. . . . . 32. **Subularia.**
      45*. Klappen nicht gekielt.
        46. Schötchen birnfg; Griffel lang; Bthn gelblich.
                                          31. **Camelina.**
        46*. Schötch. kugl. od. eifg länglich.
          47. Bthn weiss; B. nicht od. unvollstdg gefiedert.
                                        30. **Cochlearia.**
          47*. Bthn gelb; B. gefiedert, selten einfach.
                                       3. **Nasturtium.**
43*. Frklappen flach, stark zusammengedrückt.
  48. Stbfäden am Grd gezähnt; Bthn weiss od. gelb.
    49. Frfächer 1—4samig; Bthn gelb. . . . 21. **Alyssum.**
    49*. Frfächer vielsamig. . . . . 24. **Farsetia.**
  48*. Stbfäden am Grd ungezähnt.
    50. Frfächer einsamig; B. lineal; Bthn weiss.
                                          23. **Lobularia.**
    50*. Frfächer mehrsamig.
      51. Frfächer 2samig; Bthn röthlich od. violett.
        52. B. alle grundstdg. . . . . . 28. **Petrocallis.**
        52*. Stgl beblättert; Schötchen s. gross. 27. **Lunaria.**
      51*. Frfchr vielsamig; Bthn weiss od. gelb; Stglb. meist fehld.
                                          29. **Draba.**

I. *SILIQUOSAE.* Schotenfr. aufspringd.

a. *Arabideae.* Keimb. flach m. seitenstdgm Würzelch.

1. **Matthiola** *R. Br.* „Levkoje" (5*) (Cheiranthus *L.*) Schoten lineal walzig od. etwas zusammengedrückt; Narbe 2lappig m. aufrechten, aneinanderliegdn, auf d. Rücken gewölbten, dicken Lappen. Meist roth- od. violettblühende, mehr od. weniger graufilzige Kräuter od. Halbsträucher m. einfachen od. wenig eingeschnittenen, stumpfen B.

Matthiola. CRUCIFERAE.

§ 52. 1. Bthn fast sitzd; Stgl einfach, 3—6' hoch, blattlos od. nur m. 1 B.; grundstdge B. lineal, ganzrandig; Pfl. graufilzig. *Felsspalt., Geröll d. südl. Alpenggdn* (5—6) ♃. . . . 1. *M.* varia *DC.*
1*. Bthn deutlich gestielt; Stgl beblättert, meist ästig.
  2. Untere B. buchtig gezähnt; Blkrb. vkherzfg; Pfl. filzig. *Felsspalten, Geröll am adr. Meer* (5—6) ♃. 2. *M.* sinuata *R. Br.*
  2*. B. ganzrandig od. wenig gezähnt; Blkrb. vkeifg.
    3. Stgl völlig krautig; Schoten am Ende spitz. *Häufige Zierpfl. aus Südeuropa "Sommerl."* (6—7) ⚬. 2b. *M.* annua *Sweet.*
    3*. Stgl am Grd holzig; Schoten stumpf
      4. Stgl 2—4' hoch, ästig. *Häufige Zierpfl. aus Südeuropa "Winterl."* (4—6) ♃ od. ♄. . . . 2c. *M.* incana *R. Br.*
      4*. Stgl 9—11" hoch, einfach od. wenig ästig; B. dicht gedrängt (ob var?) *Häufige Zierpfl. aus Südeuropa "Fensterl."* (4—6) ♃ . . . . 2d. *M.* fenestralis *R. Br.*

  2. **Cheiranthus cheiri** *L.* (5). Schoten lineal, zusammengedrückt-4kantig; Klappen derselben m. e. Längsrippe: Narbe 2lappig m. hornartig nach aussen zurückgebogenen Lappen. Behaartes, 1—2' hohes, am Grd holziges Kraut m. ästig beblättertem Stgl, lanzettl. ganzrandig, od. wenig gezähnten spitzen B. u. gelben od. gelbbraunen, wohlriechdn Bthn in dichten Trbn. *Felsen, Mauern, ss. (Rheinggdn), auch als Zierpfl. cult.* (5—8) ♃ „Goldlack".

  3. **Nasturtium** *R. Br.* „Brunnenkresse" (7 u. 47*). Schoten lineal od. elliptisch, meist kurz u. dick u. schötchenartig m. rippenlosen Klappen. Samen in jedem Fach 2reihig. Meist kahle u. wasserliebende Kräuter m. fiederheiligen B. u. weissen od. gelben Bthn.
1. Bthn weiss, doppelt so gross als d. Kch; Fr. e. Schote, länger als ihr Stiel; Stgl hohl, am Grund liegend, stark gefurcht; B. unpaar gefiedert, nebst d. ganzen Pfl. v. scharf. gewürzhaftem Geschmack. (Sisymbrium nasturtium *L.*) *Gräben, Ufer, Quellen, nicht selt.* (5—7) ♃ . . . . . . 1. *N.* officinale *R. Br.*
1*. Bthn gelb; Fr. e. Schötchen (v. Armoracia nur dch die gelben Bthn unterschieden). (Roripa *Scop.*)
  2. Blkrb. nicht od. wenig länger als d. Kch.
    3. Schötchen etwa so lang als ihre Stiele, länglich walzig; Blkrb. fast kürzer als d. Kch; Stgl aufrecht m. leierfg fiederthlgn B. *Sümpfe, Teichufer, nicht selt.* (6—7) ⊙.
                                            2. *N.* palustre *DC.*
    3*. Schötchen viel kürzer als ihre Stiele.
      4. Schötch. kugl., s. klein (v. Stecknadelkopfgr.); B. lanzettl., eingeschnitt. gezähnt. *Flussufer, Sumpfwiesen (Sachsen, Oesterreich)* (6—7) ♃ . . . 3. *N.* austriacum *Crantz.*
      4*. Schötch. eifg od. länglich.
        5. Stgl hohl, am Grd wurzelnd. *Gräben, Ufer, nicht selt.* (5—7) ♃ . . . . 4. *N.* amphibium *R. Br.* var. m. ganzrandigen, eingeschnitten, gezähnten od. fiederspaltigen B.
        5*. Stgl nicht hohl, aufsteigd od. aufrecht; B. unters. kahl (terrestre *Tausch*) od. rauhhaarig (ob var?) *Feuchte Wiesen (Böhmen)* (5—7) ♃. 5. *N.* armoracioides *Tsch.*
  2*. Blkrb. 2—3mal so lang als d. Kch.

6. Alle B. fiederspaltig eingeschnitten. § 52.
7. Schötchen etwa halb so lang als s. Stiel, längl. lineal od. lanzettlich, fast 2schneidig. *Ufer, Gräben, Sümpfe (mehr im nördl. Dtschld)* (5—7) ♃, ... 6. *N.* **anceps** *Rchb.*
7*. Schötchen etwa so lang als s. Stiel, lineal, meist etwas gebogen. *Stein. Ufer, Wege, Mauern, nicht selt.* (6—7) ♃.
7. *N.* **silvestre** *DC.*
6*. D. untersten B. einfach, eifg, langgestielt; Stglb. fiederspaltig.
8. Schötchen länglich, lineal, etwa so lang als sein Stiel. *Stein. Hügel u. Abhge d. südl. Alpenggdn (Krain)* (5—6) ♃.
8. *N.* **lippicense** *DC.*
8*. Schötch. länglich, eifg. 2—3mal kürzer als sein Stiel. *Wiesen, Sandfelder, ss.* (5—6) ♃. . . . . . 9. *N.* **pyrenaicum** *R. Br.*

4. **Barbaraea** *R. Br.* (19*). Schoten walzig od. undeutlich 4kantig m. einrippigen Klappen; Samen in jedem Fach einreihig. Kahle, wasserliebende Kräuter m. leierfg fiederspaltigen, am Grd herzfg umfassdn B., gelben Bthn u. aufrechten, aber nicht zusammenschliessdn Kcbb.
1. Obere B. ungetheilt.
2. Seitenlappen d. unt. B. 2—3, sehr klein; Endlappen s. gross, eifg; Schoten gerade, aufrecht, fast an d. Trbnstiel anliegd; Blkrb. wenig länger als d. Kch. *Flussufer, bes. in Norddtschld)* (4—6) ☉. . . . . 1. *B.* **stricta** *Andrz.*
2*. Seitenlappen 2—4, d. 3 oberen fast so breit als d. Endlappen; Blkrb. doppelt so lang als d. Kchb.
3. Trbn während d. Aufblühens dicht, jüngere Schoten schräg aufrecht. (Erysimum barbar. *L.*) *Feuchte Aecker, Ufer, Gräben, s. gemein* (4—5) ☉. . . 2. *B.* **vulgaris** *R. Br.*
3*. Trauben schon z. Bthezeit locker; jüngere Schoten bogig. *Ufer, Gräben, selt.* (5—5) ☉. . . . 3. *B.* **arcuata** *Rchb.*
1*. Obere B. tieffiederspaltig m. linealen, ganzrandigen Seitenlappen; Schoten nicht dicker als ihr Stielchen; untere B. m. 6—10paarigen Seitenlappen. *Ufer, Gräben (bes. d. Rheinggdn)* (4—5) ☉. . . . . 4. *B.* **praecox** *R. Br.*

5. **Turritis glabra** *L.* (21*). Stgl 1—3' hoch, kahl m. steif aufrechtem Wuchs; grundstdge B. schrotsägig, fiederspaltig, behaart; Stglb. kahl m. herzpfeilfgr Basis umfassend; Bthn gelblichweiss in langen, schmächtigen Trbn; Schoten lineal, walzig m. einrippigen Klappen u. in jedem Fach 2reihigen Samen. *Hügel, Abhge, Gebüsch* (6—7) ☉ „*Thurmkraut*".

6. **Arabis** *L.* (10). Schote flach zusammengedrückt m. meist einrippigen Klappen (zuweilen statt d. Mittelrippe zahlreiche Längsstreifen) u. in jedem Fach einreihigen Samen. Meist behaarte Kräuter m. einfachen B. u. weissen (seltener röthlichen od. blauen) Bthn.
1. Stglb. am Grd herzfg od. pfeilfg.
2. B. u. ganze Pfl. kahl, bläulich bereift; Stgl aufrecht, einfach, 1—3' hoch; untere B. gestielt, eifg od. länglich, obere sitzd, länglich lanzettl. spitz; Schoten steif aufrecht. *Bergabhge, Gebüsch, selt. (Harz, Thüringen, Alpen)* (5—8) ♃.
1. *A.* **brassicaeformis** *Wallr.*
2*. Pfl. mehr od. weniger behaart.

§ 52.
3. Bthn violett, kurz gestielt; grundstdge B. vkeifg, nebst d. Stgl steifbaarig; Trauben meist 6bthg. (Hesperis *L.*) *Stein. Abhge in Istrien* ss. (4—5) ☉. . . . . . 2. *A.* **verna** *R. Br.*
3*. Bthn weiss, gelblich od. grünlichweiss.
    4. Schoten seitwärts od. abwärts gebogen, meist einseitig, sehr lang (3—5"); Stgl einfach od. oberwärts ästig, 1—2' hoch; Pfl. graugrün. *Felsen, stein. Abhge, selt. (Alpen, Rheinggdn)* (5—6) ☉. . . . . 3. *A.* **turrita** *L.*
    4*. Schoten aufwärts gerichtet (1—2" lang); Samen m. schmalem Flügelrde.
      5. Schoten aufrecht abstehend.
        6. Pfl. rasig wachsend, blühende u. nicht blübde Stgl trbd; B. vielzähnig. *Felsen, stein. Abhge in Gebirgsggdn*, ss. (5—8) ♃. . . . . 4. *A.* **alpina** *L.*
      6*. Pfl. nicht rasig.
        7. Schötchen s. dünn, kaum breiter als ihr Stiel. *Felsen, stein. Abhge, selt.* (4—5) ☉. . 5. *A.* **auriculata** *Lam.*
        7*. Schote 3mal dicker als ihr Stiel. *Stein. Abhge d. südl. Alpenggdn* (7—8) ☉. . . . . . 6. *A.* **saxatilis** *All.*
  5*. Schoten fast am Stgl angedrückt; Pfl. steif aufrecht. (Turritis *L.*)
    8. B. in d. unteren Hälfte d. Stgl angedrückt. *Bnwiesen, Bgwälder*, ss. (5—7) ☉. . . . . 7. *A.* **Gerardi** *Bess.*
    8*. B. v. Stgl abstehd.
      9. B. am Grd tief-herzpfeilfg; Stgl 2—3' hoch, traubig ästig. *Stein. Abhge u. Bgwälder*, ss. (5—7) ☉ od. ♃. 8. *A.* **sagittata** *DC.*
      9*. B. am Grd abgerundet, herzfg; Stgl 1—2' hoch, meist einfach. *Wiesen, Hügel, Abhge, nicht selt.* (5—7) ☉.
                  9. *A.* **hirsuta** *Scop.*
1*. Stglb. am Grd abgerundet od. verschmälert, sitzd, zuweilen selbst stengelumfassend od. kurz gestielt, aber nie herzfg od. pfeilfg.
  10. B. meist nicht glänzend; Samen flügellos od. m. e. schmalem Flügelrande.
    11. Stglb. sitzd.
      12. Schoten an d. Spindel gedrückt, nebst d. B. unterwärts grauhaarig, d. grundstdgn stumpf gezähnt. *Felsen u. stein. Abhge d. südl. Alpenggdn*, sss. (5) ♃.
                  10. *A.* **muralis** *Bertol.*
      12*. Schoten nicht an d. Spindel angedrückt.
        13. Schoten aufrecht.
          14. Stgl kahl, am Grund steifhaarig; B. glänzend; Bthn gelblich in 5—7bthgn Trbn. *Feuchte Wiesen d. Alpenggdn, sss. (b. Genf)* (6—7) ♃. 11. *A.* **stricta** *Huds.*
          14*. Stgl schlänglich u. nebst d. B. v. ästigen Haaren fast graufilzig; B. eifg längl., ganzrdg od. wenig gezähnt. *Stein. Abhge d. höchst. Alpen, sss. (C. Waadt)* (7—8) ♃. 12. *A.* **serpyllifolia** *Vill.*
    13*. Schoten abstehend.
      15. Pfl. ausläuferartig, kriechd.
        16. B. in e. kurze Stachelspitze zugeschweift; Griffel kürzer als d. halbe Querdchmesser d. Schote. *Felsen, Gebüsch d. südl. Alpenggdn*, ss. (5—6) ♃.
                  13. *A.* **procurrens** *W. K.*

16*. B. spatelfg., stumpf od. m. kurz aufgesetzten Spitzchen; §52
Griffel v. Schotenbreite. *Felsen, Gebüsch d. südl. Alpengyda, ss.* (5—6) ♃ . . . . . 14. *A.* vochinensis *Sprg.*
15*. Pfl. nicht auslfrartig kriechd.
17. Stglb. am Grund abgerundet, grundstdge ganzrandig od. wenig gezähnt. *Bgwiesen u. Abhge d. Alpen* (6—7) ♃.
        15. *A.* **ciliata** *R. Br.*
17*. Stglb. am Grd schmäler; grundstdge meist buchtig gezähnt; Stgl kahl. *Felsen u. stein. Abhge in Gebgsygdn, selten* (4—6) ♃. 16. *A.* petraea *Lam.* : . *A.* **Crantziana** *Erh.*
11*. wenigstens d. unteren Stglb. kurz gestielt; Bthn weiss od. röthlich.
18. grundstdge B. e. d. Boden angedrückte Rosette bildend, leierfg fiederspaltig m. 3—9 Abschn. auf jeder Seite. *Stein. Abhge, Sandfelder, selten* (6—7) ⊙. 17. *A.* **arenosa** *Scop.*
18*. grundstdge B. u. untere Stglb. eifg od. fast fiederlappig; Schoten sehr höckerig; Pfl. sehr vielgestaltig. *Stein. Ufer, kiesige Abhge, bes. in Gebgsygdn, selt.* (6—7) ♃.
        18. *A.* **Halleri** *L.*
10*. B. glänzend, meist kahl; Samen m. breitem Flügelrande.
19. Bthn weiss.
20. Stglb. 2—3, nebst d. ganzen Pfl. zerstreut haarig. *Bgwiesen u. stein. Abhge d. Alpengydn* (6—7) ♃. 19. *A.* pumila *Jacq.*
20*. Stglb. mehrere, nebst d. ganzen Pfl. kahl. *Felsen, Mauern, stein. Abhge d. südl. Alpengydn, ss.* (5—6) ♃.
        20. *A.* **bellidifolia** *Jacq.*
19*. Bthn blau; Stglb. 2—3, nebst d. ganzen Pfl. kahl. *Steinige Abhge d. südl. Alpengydn, ss.* (7—8) ♃. 21. *A.* **caerulea** *Huds.*

7. **Cardamine** *L.* „Schaumkraut" (8*). Schoten lineal m. meist zusammengedrückten, rippenlosen Klappen. Meist kahle Kräuter m. gefiederten, selten einfachen od. 3zähligen B. u. weissen od. röthlichen Bthn. nicht fleischiger Wurzel u. offenen Kchb.
1. Wenigstens d. grundstdgn B. weder gefiedert noch 3zählig.
2. Alle B. einfach.
3. Stglb herzfg kreisrund, seicht gekerbt, lang gestielt; Stgl ½—1' h. *Bgabhge, Bachufer d. südl. Alpengydn* (6—8) ♃.
        1. *C.* **asarifolia** *L.*
3*. Stglb. eifg, rautenfg od. fast 3lappig, gestielt; Stgl 1—3" hoch. *Stein. Abhge, Bgwiesen d. höchst. Alpengydn* (7—8) ♃.
        2. *C.* **alpina** *Willd.*
3**. D. unter. B rundl., ganzrandig, d. oberen grob gezähnt m. pfeilfgr Basis umfassend; Stgl 1—3" hoch. *Bgwiesen d. Alpen, sss. (Ortlesspitze)* (6—8) ♃. . 3. *C.* **gelida** *Schott.*
2*. Stglb. theils 3lappig, theils 2—3paarig fiedertheilig. grundst. eifg od. rundlich, alle mehr od. weniger deutlich gestielt. *Bgwiesen d. Alpen u. Sudeten* (6—8) ♃. 4. *C.* **resedifolia** *L.*
1*. Alle B. 3zählig od. gefiedert.
4. B. 3zählig, langgestielt, meist alle grdstdg; Blättch. fast 3lappig. *Bgwälder, bes. d. Alpen* (5—6) ♃. . . . 5. *C.* **trifolia** *L.*
4*. B. alle od. wenigstens zum Thl gefiedert.
5. Blättchen nicht eingeschnitten.
6. Blattstiele am Grd pfeilfg geöhrt; Stglb. zahlreich; Bthn klein; Blkrb. oft fehld. *Bgwälder, nicht selt.* (5—6) ⊙.
        6. *C.* **impatiens** *L.*

§ 52.   6*. Bstiele am Grd nicht geöhrt.
   7. Blättchen ganzrandig, sitzd; Bthn klein. *Teichufer, Sumpfwiesen, ss. (Mähren, Schlesien u. a. O.)* (6—7) ⊙.
   7. **C. parviflora** *L.*
   7*. Blättchen gezähnt u. gestielt.
   8. Bthn 2—3mal länger als d. Kch. ausgebreitet.
   9. Stbbeutel vor d. Aufspringen dunkelviolett; Bthn weiss. *Sumpfwiesen, Bachufer, häufig* (5—6) ♃. 8. **C. amara** *L.*
   9*. Stbbtl gelb; Bthn meist blassviolett; Stgl rund. *Wiesen, sehr häufig* (4—5) ♃. . . . . . 9. **C. pratensis** *L.*
   8*. Bthn höchstens doppelt so lang als d. Kch. weiss; Stbbtl gelb; Stgl kantig.
   10. Stgl meist einfach, wenig beblättert. *Wälder, felsige Abhge, selten* (5—7) ♃. . . . . . 10. **C. hirsuta** *L.*
   10*. Stgl ästig, reichblättrig (ob var?) *Wälder, felsige Abhge, selt.* (5—7) ⊙. . . . . 11. **C. silvatica** *Link.*
   5*. Blättchen d. z. Theil oft 3zähligen B. tief eingeschnitten.
   11. Schoten lineal-lanzettlich; Uferpfl. m. sehr ästigem Stgl. *Ufer d. adr. Meeres* (5—6) ⊙. . . . . 12. **C. maritima** *Ptschl.*
   11*. Schoten lineal; Bergpfl. m. wenig ästigem Stgl. *Bgwälder in Istrien* (5—6) ⊙. . . . . . . 13. **C. thalictroïdes** *All.*

8. **Dentaria** *L.* (8). Schoten lanzettl. lineal, langgeschnäbelt m. flachen, meist rippenlosen Klappen; Keimb. am Rande gefaltet. Kahle Krtr m. gefiederten, gefingerten od. 3zähl. B., meist röthlichen od. gelblichweissen grossen Bthn, zusammenschliessenden Kchb. u. wagrechtem, fleischig schuppigem Wzlstock.
   1. Wenigstens d. unteren B. gefiedert.
   2. B. ober. B. unzertheilt, zahlreich; in d. Bwinkeln Brutknospen tragd; Bthn röthlich. *Bgwälder, bes. d. Alpen* (4—5) ♃.
   1. *D.* **bulbifera** *L.*
   2*. B. alle gefiedert, meist nur 2—5, ohne Brutknospen.
   3. Bthn röthl. od. weiss; B. wechselstdg. *Bgwälder d. Alpen u. höher. Gebge* (4—5) ♃. . . . 2. *D.* **pinnata** *Lam.*
   3*. Bthn gelblichweiss; B. wechselstdg od. quirlig. *Bgwälder d. südl. Alpen, sss. (Schweiz)* (4—5) ♃. 3. *D.* **polyphylla** *W. K.*
   1*. B. 3zählig od. fingerfg getheilt, meist wenige.
   4. B. quirlstdg. alle 3zähl.
   5. Bthn gelblichweiss; Stbgef. so lang als d. Blkrb. *Bgwälder (Alpen, Fichtelgeb. u. a.)* (4—5) ♃. 4. *D.* **enneaphyllos** *L.*
   5*. Bthn purpurroth; Stbgef. halb so lang als d. Blkrb.; zwischen d. Blattabschnitten e. Drüse. *Bgwälder, ss. (Schlesien)* (4—5) ♃. . . . . 5. *D.* **glandulosa** *W. K.*
   4*. B. wechselstdg.
   6. B. alle 3zählig; Bthn weiss. *Bgwälder d. südl. Alpengn, ss. (Steiermark)* (4—5) ♃. . . . 6. *D.* **trifolia** *W. K.*
   6*. D. unter. B. 5zählig; Bthn rosenroth. *Bgwälder d. Alpen, selten* (5—7) ♃. . . . . 7. *D.* **digitata** *Lam.*

b. *Sisymbrieae*. Keimb. flach m. rückenstdgm Wzlchn.

9. **Hesperis** *L.* „Nachtviole" (4). Schoten lang lineal, etwas höckerig m. schwachen, 1rippigen Klappen u. e. aus 2 flachen, aneinanderliegenden Läppchen gebildeten Narbe. Behaarte, schönblühde Krtr m. einfachen B.

1. Schote kahl. §52.
2. Schote ziemlich walzig; Bthn schön violett od. weiss.
3. Stgl kahl od. flaumig behaart; B. eifg od. lanzettl. gezähnt. *Wälder, Felsen, Gebüsch, bes. im östl. Dtschld, meist cultiv.* (5—6) ⊙. . . . . 1. *H.* **matronalis** *L.*
3*. Stgl klebrig drüsig, untere B. buchtig gezähnt od. schrotsägig fiederspaltig (ob var?) *Wälder (b. Wien)* (5—6) ⊙.
2. *H.* **runcinata** *W. K.*
2*. Schote flach zusammengedrückt; Bthn grünlich m. violetten Streifen; B. eilanzettlich, ganzrandig od. gezähnt. *Wälder, Gebüsch, Aecker, ss. (Mähren, Oesterreich, b. Coblenz), auch cult.* (5—6) ⊙. . . . . 3. *H.* **tristis** *L.*
1*. Schote drüsig flaumig; untere B. buchtig, fiederspaltig; Bthn röthlich od. gelblich. *Felsige Abhge am adr. Meer (Insel Veglia)* (4—5) ⊙. . . . . 4. *H.* **laciniata** *All.*

10. **Malcolmia** *R. Br.* (4*). Schoten lineal walzig m. kegelfgr, aus 2 verwachsenen Platten gebildeter Narbe. Behaarte Kräuter m. purpurrothen Bthn u. einfachen B.
1. B. elliptisch, stumpf, ganzrandig; Schoten flaumig behaart. *Ufer d. adr. Meeres, auch als Zierpfl. cult.* (5—8) ⊙.
1. *M.* **maritima** *R. Br.*
1*. B. lanzettlich spitz, d. unteren gezähnt; Schoten rauhhaarig. *Ufer d. adr. Meeres* (4—5) ⊙. . . . 2. *M.* **africana** *R. Br.*

11. **Sisymbrium** *L.* (17*). Schote lineal od. pfriemlich, ungeschnäbelt m. 3 rippigen Klappen. Vielgestaltige, meist behaarte, gelb od. weiss blühende Kräuter.
1. Stglb. nicht herzfg umfassd, meist behaart.
2. Bthn gelb.
3. B. nicht od. nur unvollstdg gefiedert.
4. B. schrotsägig-fiedertheilig.
5. Schoten pfriemlich, spitz zulaufend, meist am Stgl angedrückt; B. schrotsägig-fiedertheilig m. 2—3paarigen Abschnitten; Pfl. grauflaumig. *Wege, Schuttplätze, Gräben, Mauern, s. gemein* (6—8) ⊙.
1. *S.* **officinale** *Scop.*
5*. Schoten lineal abstehend.
6. Bthnstielch. schlank; Babschnn. am Grd nicht geöhrt; Kchb. absthd.
7. Pfl. kahl od. zerstreut borstig.
8. Stgl stumpfkantig od. rund; Schoten gerade. *Stein. Abhge, Hecken, Mauern, ss.* (5—6) ⊙.
2. *S.* **austriacum** *Jacq.*
8*. Stgl scharfkantig; Schoten bogig. *Felsen, stein. Abhge (b. Aachen)* (5—6) ⊙.
3. *S.* **acutangulum** *DC.*
7*. Pfl. dicht borstig.
9. Schoten doppelt so lang als ihr Stiel. *Schuttpl., Mauern, stein. Abhge* (6—7) ⊙. 4. *S.* **Loeselii** *L.*
9*. Schoten wenigstens 4mal so lang als ihr Stiel. *Schuttpl., Mauern, ss. (b. Suhl in Thüringen, Oesterreich, Böhmen)* (5—7) ⊙. . 5. *S.* **irio** *L.*
6*. Bthnstielchen fast so dick als d. Schote; Babschnitte am Grd geöhrlt.

122 Sisymbrium. CRUCIFERAE.

§ 52.
10. Kchb. aufrecht; B. alle schrotsägig-fiedertheilig. *Schuttplätze, Mauern (Oesterreich)* (6—7) ⊙. 6. *S.* **columnae** *L.*
10*. Kchb. abstehend, obere Babschn. lineal. *Hügel, Aecker, stein. Abhge, ss.* (5—6) ⊙. . 7. *S.* **pannonicum** *Jacq.*
4*. B. unzertheilt, längl. lanzettl. sägezähnig; Kchb. u. Schote absthd; Samen lineal verlängert. *Ufer, Gebüsch, ss.* (6—7) ♃.
8. *S.* **strictissimum** *L.*
3*. B. 2—3fach gefiedert m. schmal linealen Fiederchen; Bthn klein; Schoten schmal, fast fadenfg. *Mauern, Hecken, Wege, häufig* (5—8) ⊙ . . . . 9. *S.* **sophia** *L.*
2*. Bthn weiss.
11. B. herzfg-nierenfg. gestielt, grobgesägt, b. Zerreiben nach Knoblauch riechend; Schoten kurzgestielt; Stgl 1—3' hoch. (Erysimum a. *L.* Alliaria officinalis *DC.*) *Hecken, Gebüsch, Gräben, häufig* (5) ⊙. . . . . . 10. *S.* **alliaria** *Scop.*
11*. B. längl. lanzettlich, sitzd, d. grundstdgn e. Rosette bildd; Schoten etwa doppelt so lang als ihr Stiel, nebst d. ganzen ¼—1' hohen Pfl. sehr schmächtig (von Ansehen e. Arabis, desshalb *A. thaliana L.*) *Aecker, Sandfelder, nicht selten* (4 u. 8) ⊙. . . . . 11. *S.* **thalianum** *Gaud.*
1*. Stglb. herzfg umfassend, kahl, blaugrün; Bthn gelb.
s. 15. *Erysimum.*

12. **Hugueninia tanacetifolia** *L.* (11*). Schote lineal, zschneidig m. einrippigen Klappen. Bthn gelb; B. gefiedert m. lanzettl. eingeschnitten-gesägten Fiederblättchen. *Stein. Abhge d. südl. Alpen (C. Wallis)* (7—8) ♃.

13. **Braya** *Sthg.* u. *Hoppe* (21). Schote lineal, walzig m. einrippigen Klappen, kurz u. dick. Samen in jedem Fach 2reihig. Kleine behaarte Kräuter m. weissen od. gelben Bthn.
1. B. lineal lanzettl., ganzrandig; Stgl flaumig, 1—3" hoch, aufrecht; Bthn weiss in kurzen Trbn; Schoten gerade. *Felsen a. stein. Abhge d. höchsten Alpen, ss.* (6—8) ♃.
1. *B.* **alpina** *Sthy.* u. *Hoppe.*
1*. Wenigstens d. oberen B. buchtig-fiederspaltig.
2. Grundstdge B. vkeifg, gezähnt; Bthntrbn unbeblättert. *Felsen a. stein. Abhge d. höchsten Alpen, sss. (Schweiz)* (6—8) ♃.
2. *B.* **pinnatifida** *Kch.*
2*. B. alle fiederspaltig; Bthntrauben beblättert. *Sandfelder, sss. (Elsass, Schweizer Jura)* (7—7) . . . 3. *B.* **supina** *Kch.*

14. **Syrenia** *Andrz.* (20). Schoten lineal, 4kantig m. 1rippigen Klappen; Samen in jedem Fach 2reihig. Mehr od. weniger behaarte Krtr m. e. 1—2' hohen, beblätterten Stgl u. kleinen, gelben Bthn in langen, dichten Trbn.
1. Pfl. graugrün; Stglb. wenige, lineal, ganzrandig. *Sandfelder, ss. (Oesterreich)* (6—8) ⊙. . . . . 1. *S.* **angustifolia** *Rchb.*
1*. Pfl. grasgrün; Stglb. zahlreich, buchtig gezähnt, längl. spitz, d. grundstdgn fiederspaltig. *Sandfelder, ss. (Frankfurt am Main)* (6—8) ⊙. . . . . . . 2. *S.* **cuspidata** *Rchb.*

15. **Erysimum** *L.* (18*). Schoten lineal 4kantig m. 1rippig. Klappen. Samen in jedem Fach einreihig. Kahle od. behaarte Krtr m. einfachen, höchst. buchtig gezähnten B. u. gelben Bthn.

1. B. längl. lanzettlich od. fast lineal, angedrückt-behaart, nicht § 52.
stglumfassd; Bthn gelb.
  2. Bthnstiele viel länger als d. Kch. z. Frzeit fast halb so lang als d. Schote; Bthn klein (3—5''' im Dchmesser): Stgl ästig, 1—2' hoch; B. m. 3gabligen Haaren, *Aecker, Hügel, Schuttplätze, nicht selt.* (6—7) ☉ . . . 1. *E.* **cheiranthoïdes** *L.*
  2*. Bthnstiele nicht länger od. kürzer als d. Kch.
    3. B. nur od. wenigsts z. grössten Theil m. gabligen Haaren besetzt.
      4. B. ganzrandig, graugrün; Schoten aufrecht; Bthn klein. *Hügel, Schuttpl., selt.* (6—7) ☉. 2. *E.* **virgatum** *Roth.*
      4*. B. geschweift-gezähnt, oft fast fiederspaltig.
        5. Schoten aufrecht; Bthn klein; B. grasgrün. *Hügel, Mauern, Schuttpl., Flussufer, selt.* (6—7) ☉. 3. *E.* **strictum** *Erh.*
        5*. Schoten absthd; Bthn gross (6—8''' im Dchmesser).
          6. Schoten grau m. grünen Kanten; Bthn wohlriechd. *Kalkfelsen, stein. Abhge, ss.* (5—7) ☉. 4. *E.* **odoratum** *Erh.*
          6*. Schoten gleichfarbig, graugrün, etwas zusammengedrückt, 4kantig; Bthn geruchlos. *Kalkfelsen, stein. Abhge, ss.* (5—7) ☉. 5. *E.* **crepidifolium** *Rchb.*
    3*. B. nur od. wenigstens z. grössten Thl m. einfachen Haaren besetzt.
      7. Schoten kaum dicker als d. Stiel, fast wagrecht absthd; Bthn klein; B. zugespitzt. *Aecker, Wege, Hügel, ss.* (6—7) ☉ . . . . 6. *E.* **repandum** *L.*
      7*. Schoten dicker als ihr Stiel; B. meist ganzrandig od. wenig gezähnt.
        8. Pfl. **m.** sterilen Bbüscheln in d. Blattwinkeln.
          9. Bthn klein; Bthnstiele so lang als d. Kch. *Hügel, Abhge (Oesterreich, Alpen)* (6—7) ☉.
              7. *E.* **canescens** *Rth.*
          9*. Bthn gross; Bthnstiele 2—3mal kürzer als d. Kch. *Stein. Abhge d. südl. Alpengg'da* (5—6) ♃.
              8. *E.* **rhaeticum** *DC.*
        8*. Keine Bbüschel in d. Bwinkeln; Bthn gross.
          10. Bthnst. 2—3mal kürzer als d. Kch.
            11. Schote im Querschn. rechtwinklig 4kantig.
              12. Griffellänge v. Schotenbreite. *Felsen, steinige Abhge, bes. d. Alpen* (5—6) ♃.
                9. *E.* **cheiranthus** *Pers.*
              12*. Gr. 2—3mal länger (ob var?) *Felsen, steinige Abhge, ss. (C. Wallis)* (5—6) ♃.
                10. *E.* **helveticum** *DC.*
            11*. Schoten zusammengedrückt-4kantig; Bthn bald strohgelb werdd. *Hügel, stein. Abhge (Schweizer Jura)* (6—8) ♃ . . . 11. *E.* **ochroleucum** *DC.*
          10*. Bthnstiele so lang als d. Kch; Schoten grau m. grünen Kanten. *Aecker, Hügel, Wege (b. Limburg)* (5—6) ☉ . . . . . 12. *E.* **suffruticosum** *Sprg.*
1*. B. kahl, elliptisch, ganzrdg, blaugrün, stglumfassd. (*Conringia DC.*)
  13. Bthn gelblichweiss; Schoten m. einrippigen Klappen, abstehend, 4kantig. *Thonige Aecker* (5—8) ⚇.
                13. *E.* **orientale** *R. Br.*

§ 52. 13*. Btbn citrongelb; Schoten m. 3rippigen Klappen, aufrecht, 8kant. Aecker *(Unter - Oesterreich)* (5—8) ⊙ u. ⊙.
14. *E*. **austriacum** Baumg.

c. *Brassicaceae*. Keimb. rinnig gefaltet od. eingerollt m. rückenstdgn Würzelchen.

16. **Brássica** *L*. „Kohl" (15*). Schoten langgeschnäbelt m. einrippigen Klappen u. schwertfg 2schneidigem Schnabel; Samen kuglig, in jedem Fach einreihig. Aufrechte Kräuter m. leierfg gefiederterten B. Wichtige Culturpfl.!
1. Schoten abstehend; obere B. sitzd.
  2. Bthn in schon vor d. Aufblühen verlängerten Trauben; B. blaugrün, alle kahl u. glatt.
    3. Kchb. aufrecht, zusammenschliessd; Stbgef. alle aufrecht; Bthn schwefelgelb. *Häufig als Gemüse- u. Futterpfl. cult. (aus Südeuropa)* (5—6) ⊙. . . . . a. *B*. **oleracea** *L*.
      var. Stgl verkürzt, obere B. kopffg zusammenschliessd.
        B. blasig, locker zusammenschliessd. *Wirsing*.
        B. glatt, dicht zusammenschliessd. *Weisskraut*.
      Stgl m. offenen B.
        Stgl kuglig, knollig verdickt. . . . *Kohlrabi*.
        Stgl nicht kugl. knollig.
          Bthnstd monströs, fleischig. . . *Blumenkohl*.
          Bthnstd nicht so. *Gemeiner Kohl (Sauerkraut)*.
    3*. Kchb. halb offen, d. 2 kürzeren Stbgef. abstehend; Bthn citronengelb. *Allgemein, theils wegen d. B., theils wegen d. Wurzel, theils wegen d. Samen cult., aus Südeuropa (?) stammende Pfl. „Reps"* (5—8) ⊙ od. ⊙. b. *B*. **napus** *L*.
  2*. Bthntrbn während d. Blühens flach, doldentrbg; Kchb. zuletzt wagrecht; untere Stglb. grasgrün, behaart; Bthn gelb. *Häufige, besonders wegen d. Wzl „weisse Rübe, Teltower R. etc." in zahlreichen Variet. cult. Gemüsepfl.* (5—6) ⊙ od. ⊙.
  c. *B*. **rapa** *L*.
1*. Schoten aufrecht, d. Trbnstiel anliegd; B. alle gestielt, d. unt. leierfg gezähnt, d. oberen lanzettlich, ganzrandig; Kchb. wagrecht abstehend. *Aecker, Flussufer, Gebüsch, nicht häufig* (6—7) ⊙, *auch cult. (bes. in Frankreich) „schwarzer Senf."*
(Sinapis *L*.) 1. *B*. **nigra** Koch.

17. **Sinápis** *L*. „Senf" (15). Schoten langgeschnäbelt m. 3- od. 5rippigen Klappen u. langem, schwertfg-zweischneidigem Schnabel. Samen kuglig, in jedem Fach einreihig. Behaarte Kräuter m. meist leierfg fiedertheiligen B. u. gelben Bthn.
1. B. alle leierfg fiederspaltig od. tief getheilt.
  2. Kchb. aufrecht, zusammenschliessend; Bthn schwefelgelb; Schoten meist kurz geschnäbelt, kahl; Klappen 3rippig. *Sandfelder, stein. Abhge, ss. (Rheinggdn)* (6—8) ⊙.
  1. *S*. **cheiranthus** *Kch*.
  2*. Kchb. wagrecht abstehend; Bthn citrongelb; Schoten m. sehr langem, meist gebogenem Schnabel u. 5rippigen Klappen, steifborstig. *Sandfelder, ss., meist cult.* (6—7) ⊙ *„Weisser S."*
  2. *S*. **alba** *L*.

1*. Obere B. ungleich buchtig gezähnt; Schoten kahl od. behaart m. **§ 52.**
langem, geraden Schnabel u. 3rippigen Klappen (Klappen jedoch
länger als d. Schnabel), (v. Raphanus ausser d. Schote auch
durch wagrecht od. aufrecht abstehende Kchb. unterschieden).
Wiesen, Wege, Aecker, s. gemein (6—7) ⊙. . 3. *S.* **arvensis** *L.*

18. **Erucastrum** *Presl.* (19). Schoten meist kurz-
u. undeutlich geschnäbelt m. einrippigen Klappen u.
länglich einreihigen Samen. Behaarte Kräuter m. leierfgn od.
fiedertheiligen B. u. hellgelben od. gelblichweissen Bthn.
 1. Schoten mehr od. weniger abstehend; Bthn ziemlich gross;
  B. tief fiedertheilig.
  2. Kchb. wagrecht; Bthn am Grund nicht m. Deckb.; B. fast
  kammfg fiedertheilig. *Mauern, Abhge, Schuttplätze, ss. (bes.
  d. Rheinggdn)* (6—8) ♃. . . . 1. *E.* **obtusangulum** *Rchb.*
  2*. Kchb. aufrecht; Bthn am Grund m. Deckb.; Schoten mehr
  aufrecht. *Mauern, Abhge, Schuttpl., ss. (Rhein- u. Donau-
  ggdn)* (5—8) ⊙ od. ⊙. . . . 2. *E.* **Pollichii** *Sch.* u. *Sp.*
 1*. Schoten am Trbnstiel anliegd, untere B. leierfg, obere lineal
  lanzettlich; Bthn klein; Pfl. s. rauhhaarig. *Mauern, Hügel,
  Schuttpl., ss. (Rheinggdn)* (5—9) ⊙. . 3. *E.* **incanum** *Koch.*

19 **Diplotaxis** *DC.* (11). Schoten lineal abstehend m. ein-
rippigen Klappen u. in jedem Fach zweireihigen, länglichen
Samen. Kahle od. wenig behaarte Kräuter m. liegdm od. aufstgdm,
meist nur am Grd beblättertem Stgl, fiedertheiligen B., gelben,
zuletzt braun werdenden Bthn u. kurz- u. undeutl. geschnäbelt.
Schoten.
 1. Stglb. zahlreich; Stgl ästig, am Grund halbstrauchig; Bthn
  ziemlich lang gestielt; B. ganz od. fiederspaltig m. linealen
  Abschnitten. *Hügel, Wege, Mauern, selt.* (6—8) ♃.
   1. *D.* **tenuifolia** *DC.*
 1*. Stglb. fehld od. wenige; Bthn kürzer gestielt.
  2. Blkrb. vkeifg, am Grund in e. kurzen Nagel verschmälert;
  Bthnstielchen so lang als d. Bthn; Stgl ½—1' lang. *Hügel,
  Mauern, Aecker, ss.* (5—8) ⊙. . . . . 2. *D.* **muralis** *DC.*
  2*. Blkrb. länglich, am Grd keilfg; Bthnstielchen kürzer als d.
  Bthn; Stgl ¼—½' lg. *Aecker, Hügel, Abhge (Mainufer)* (6—7)⊙.
   3. *D.* **viminea** *DC.*

20. **Eruca sativa** *Lam.* (14). Schoten lineal, langgeschnä-
m. einrippigen Klappen u. kugligen, in jedem Fach zwei-
reihigen Samen; Pfl. ästig, 1—2' hoch, beblättert; B. leierfg
fiedertheilig; Bthn schmutzig weiss od. gelblich, violett gestreift.
Wege, Schuttplätze d. südl. Alpenggdn, meist cult. (5—6) ⊙.

II. *LATISEPTAE.* Schötchenfrucht aufspringend m. breiter
Scheidewand.

 d. *Alyssineae.* Keimb. flach m. seitenstdgn Würzelchen.

21. **Alyssum** *L.* (49). Schötchen rundlich od. eifg m. zu-
sammengedrückten Klappen u. 1—4 Samen in jedem Fach;
Stbfäden am Grund m. e. stumpfen od. pfriemlichen Zahn. Meist
filzig behaarte Kräuter m. e. beblätterten Stgl., einfachen, ganzrand.
B. u. gelben Bthn.

§ 52. 1. Bthn goldgelb; Kchb. abfallend; Schötchen meist eifg; Pfl. ausdauernd.
    2. Schötchen kahl; B. fast weissfilzig.
       3. Platte d. Blkrb. fast bis z. Mitte gespalten. *Stein. Abhge d. südl. Alpenggdn* (5—8) ♃. . . . 1. *A.* **petraeum** *Ard.*
       3*. Platte d. Blkrb. seicht ausgerandet; Pfl. fast strauchig.
         4. Trbn z. Frzeit verlängert; Schötchenfchr 4samig. *Stein. Abhge d. südl. Alpenggdn* (5—8) ♃. z. *A.* **medium** *Host.*
         4*. Trbn auch z. Frzeit gedrungen; Schötchenfchr 2samig. *Stein. Abhge u. Kalkfels., ss.* (5—6) ♃. 3. *A.* **saxatile** *L.*
    2*. Schötchen flaumig (wenigstens anfangs).
      5. Schötchenfchr einsamig; Bthn klein, flach trbg.
      6. Samen m. breitem Flügelrande; B. oberseits grün, unters. filzig grau. *Hügel. Abhge (Belgien)* (5—6) ♃.
         4. *A.* **argenteum** *Vitm.*
      6*. Samen ungeflügelt; B. u. ganze Pfl. durchaus silbergrau filzig. *Felsen u. stein. Abhge d. südl. Alpenggdn* (6—8) ♃.
         5. *A.* **alpestre** *L.*
    5*. Schötchenfchr 2—4samig; Bthn gross.
      7. Stglb. nebst d. Schötchen v. angedrückten Sternhaaren grau, obere B. lanzettl. *Hügel, stein. Abhge, selt.* (5—6) ♃.
         6. *A.* **montanum** *L.*
      7*. Stglb. grün, d. oberen lineal; Schötchen zuletzt kahl. *Stein. Abhge d. südl. Alpen* (5—6) ♃.
         7. *A.* **Wulfenianum** *Bernh.*
   1*. Bthn klein, hellgelb, zuletzt weiss; Schötchen kreisrund m. 2samigen Fächern; Pfl. 1—2jährig..
      8. Kchb. bleibd; Schötch. kurzhaarig; längere Stbfäden zahnlos. *Hügel, Sandfelder, nicht selt.* (5—6) ⊙. 8. *A.* **calycinum** *L.*
      8*. Kchb. abfallend.
        9. Schötchen kurzhaarig; Stgl 4—12" hoch; Blkrb. ausgerandet. *Hügel, Sandfelder, sss. (b. Spaa v. Frankfurt a. O.)* (5—6) ⊙. . . . . 9. *A.* **campestre** *L.*
        9*. Schötchen kahl; Stgl 1—4" hoch; Blkrb. nicht ausgerandet. *Hügel, Sandfelder (Oesterreich)* (5—6) ⊙.
         10. *A.* **minimum** *Willd.*

22. Vesicaria *Lam.* (Alyssum *L.*) (44). Schötch. fast **kuglig** od. eifg m. sehr convexen Klappen; Stbgef. am Grund m. **kurzen Zähnchen**. Gelbblühende Kräuter m. einfachen, stengelstdgn B.
   1. B. kahl, ganzrandig, fast spatelfg; Blkrb. eifg. *Felsen d. Alpen, ss. (C. Wallis, auch b. Godesbg am Rhein)* (4—6) ♃.
         1. *V.* **utriculata** *Lam.*
   1*. B. weichfilzig, an d. nicht blühenden Stgln mehr od. weniger eingeschnitten gesägt; Blkrb. vkherzfg. *Felsen am adr. Meer* (4—6) ♃. . . . . 2. *V.* **sinuata** *L.*

23. Lobularia maritima *Desv.* (50). Stbfäden am Grund **nicht gezähnt**; Schötchen wenigsamig m. **flachen Klappen**. Liegendes, behaartes Kraut m. linealen B. u. **weissen Bthn.** *Ufer d. adr. Meeres* (6—7) ♃.

24. Farsetia *R. Br.* (49*) (Alyssum *L.*) Stbfäden am Grund **gezähnt**; Schötchen 6—**mehrsamig** m. **flachen Klappen**, graugrün. Behaarte Kräuter m. weissen od. gelben Bthn u. lanzettl. B.

1. Blkrb. gespalten. weiss; Schötchen klein. *Hügel, Wege, Sandfelder* (6—8) ⊙. . . . (Berteroa *DC.*) 1. *F.* **incana** *R. Br.*
1*. Blkrb. ungespalten, gelb; Schötchen gross, sehr flach. *Stein. Hügel u. Abhge d. südl. Alpenggdn* (4—5) ⊙.
2. *F.* **clypeata** *R. Br.*

25. Clypéola Jonthlaspi *L.* (33*). Schötchen kreisrund, flach, einfächerig, einsamig, nicht aufsprgd; Stbfäden geflügelt gezähnt. Liegendes od. anfsteigds Kraut m. s. kleinen, gelben, zuletzt weissen Bthn. *Im Ufer d. adriat. Meeres* (4—5) ⊙.

26. Peltaria alliacea *L.* (33). Schötchen kreisrund, flach zusammengedrückt, 1fächerig, 2—3samig, nicht aufspringd; Stbfdn ungezähnt. Kahles, blaugrünes Kraut m. herzfg umfassdn, ganzrdgn, nach Knoblauch riechenden B. u. weissen Bthn. *Stein. Abhge u. Buchnfer d. südl. Alpenggda* (5—6) ♃.

27. Lunaria *L.* „Mondviole" (52*). Frkn. im Kch gestielt; Schötch. gross, rundl. od. längl., flach zusammengedrückt m. wenigsamigen Fächern. Beblätterte Kräuter m. tief-herzfg gezähnten B. und grossen, violetten, wohlriechdln Bthn.
1. Schötchen an beiden Enden spitz, elliptisch lanzettlich; Samen nierenfg. breiter als lang. *Bgwälder, stein. Abhge, selt., nicht selten als Zierpfl.* (5—6) ♃. . . . . . . 1. *L.* **rediviva** *L.*
1*. Schötchen an beiden Enden stumpf, breit eifg; Samen herzfg rundlich, so breit als lang. *Wälder, sss., meist als Zierpfl. cult.* (4—5) ⊙. . . . . 2. *L.* **biennis** *Mönch*.

28. Petrocállis pyrenaica *R. Br.* (Draba *L.*) (52). Schötch. ellipt., flach zusammengedrückt m. 2samig. Fächern, ohne Fruchtträger. Kleines, in dichten Rasen wachsendes Alpenkraut m. violetten Bthn u. grundstdgn, 3—5spalig. gewimperten B. *Felsspalt. d. höchst. Alpen* (5—6) ♃.

29. Draba *L.* „Hungerblümchen" (51*). Schötchen eifg od. längl. flach zusammengedrückt, vielsamig. Meist kleine, behaarte Krtr m. weissen od. gelben Bthn.
1. Bthn gelb; B. starr, immergrün, gewimpert, e. grundständige Rosette bildd; Blkrb. ungespalten; Stglb. fehld.
2. Stbgef. so lang als d. Blkrb.; B. lineal.
3. Schötchen u. B. beiders. kahl.
4. Griffel so lang u. länger als d. Querdurchmesser d. Schötchen. *Kalkfelsen d. Alpen* (3—5) ♃.
1. *D.* **aizoïdes** *L.*
4*. Gr. kürzer als d. Querdchmesser d. Schötchen (ob var?) *Granitfelsen d. höchsten Alpen* (3—5) ♃.
2. *D.* **Zahlbruckneri** *Host.*
3*. Schötch nebst d. Unterseite d. B. steifhaarig; Griffel kurz (ob var?) *Kalkfelsen in Gebgsggdn, ss.* (3—5) ♃.
3. *D.* **aizoon** *Whlbg.*
2*. Stbgef. kürzer als d. Blkrb.; B. lanzettlich. *Kalkfelsen d. höchsten Alpen* (5—7) ♃ . . . . . 4. *D.* **Sauteri** *Hppe.*
var. Stgl abstehend weichhaarig. **Spitzelli** *Koch.*
1*. Bthn weiss (b. 14 hellgelb).

§ 52. 5. Blkrb. ungespalten.
    6. Stglb. wenige (1—3) od. fehlend; grundstdge B. in dichten Rosetten.
       7. Schötch. eifg od. lanzettl.; B. meist sternhaarig flaumig od. filzig.
        8. Stgl nebst d. Bthnstielen durchaus sternhaarig flaumig.
         9. Schötchen wimperhaarig. *Felsen d. Alpen* (6—7) ♃.
                                 5. *D.* **tomentosa** *Whlbg.*
        9*. Schötch. kahl; B. graugrün. *Felsen d. höchst. Alpen* (6—7) ♃.
                                 6. *D.* **frigida** *Saut.*
            var. B. gelbgrün. . **Pacheri** *Stur.*
       8*. Stgl oberwärts, nebst Bthnstiel u. Schötchen kahl.
        10. Schötchen eifg; Bthn ziemlich gross (2—3''' lang).
          11. Blkrb. kurzgenagelt. *Kalkfelsen d. Alpen* (6—7) ♃.
                               7. *D.* **stellata** *Jacq.*
          11*. Blkrb. langgenagelt (ob var?) *Felsen d. höchsten Alpen. ss.* (6—8) ♃. . . . . 8. *D.* **nivea** *Saut.*
        10*. Schötchen lanzettlich; Bthn kleiner.
          12. Griffel deutlich. *Felsen d. höchst. Alpen, ss.* (6—7) ♃.
                            9. *D.* **Traunsteineri** *Hoppe.*
          12*. Griffel undeutlich od. fehld.
            13. Stgl unterwärts sternhaarig. *Granitfelsen d. höchst. Alpen* (7—8) ♃. . . . 10. *D.* **Johannis** *Host.**)
           13*. Stgl u. meist auch d. B. kahl. *Felsen u. steinige Abhge d. höchst. Alpen* (7—8) ♃.
                          11. *D.* **Wahlenbergii** *Hartm.*
      7*. Schötchen lineal (bildet nach Koch desshalb einen Uebergang zu Arabis); B. am Rande gewimpert, übrigens kahl. *Felsen, Abhge d. Alpen, sss. (Krain)* (5—6) ♃. 12. *D.* **elliata** *Scop.*
    6*. Stglb. zahlreich, grundstdge B. in lockeren, bald welkenden Rosetten.
       14. Schötchen langgestielt.
         15. Schötch. etwa halb so lang als sein Stiel, abstld, kahl; Bthn weiss; Stglb. umfassd. *Hügel, Mauern, Wege, sell.* (5—6) ☉.
                           13. *D.* **muralis** *L.*
         15*. Schötchen 2—3mal kürzer als sein Stiel. flaumig; Bthn gelblich. *Sandfelder, sss. (Mähren)* (5—6) ☉.
                           14. *D.* **nemoralis** *Erh.*
      14*. Schötch. kurzgestielt; Stiel kürzer als d. Schötch., aufrecht, dicht beblättert.
        16. Schötchen schief gedreht, kahl; Stgl 1fch od. wenigästig. *Stein. Abhge d. südl. Alpen, ss.* (5—6) ♃.
                   15. *D.* **incana** *L.* + **contorta** *Erh.*
       16*. Schötchen nicht gedreht, flaumig; Stgl ästig, wenig beblättert. *Felsen d. südl. Alpen, ss.* (5—6) ♃.
              16. *D.* **confusa** *DC.* — **Thommasii** *Koch.*
  5*. Blkrb. gespalt.; Stglb. fehld, grundst. B. in Rosetten. *Sandfelder, Aeckrr, Wege, häufig* (3—4) ☉ . . . . . ; 17. *D.* **verna** *L.*

    30. **Cochlearia** *L.* (47). Schötchen m. gedunsenen Klappen, fast kuglig; Stbfäden ungezähnt. Weissblühende Kräuter m. beblättertem Stgl u. langgestielten, grundstdgn u. kurzgestielten od. sitzdn nicht od. unvollstdg gefiederten Stglb.
    1. Klappen d. Schötchen m. e. deutlichen Längsrippe u. ausserdem netzstreifig; Stgl ¼—1' hoch.

---

*) Nach dem ehemaligen Reichsverweser, Erherzog Johann, benannt.

2. Stbgef. nicht rechtwinklig gebrochen; grundstdge B. nicht in § 52.
Rosetten, langgestielt.
3. Obere Stglb. am Grund herzfg umfassd, einfach, geschweift-
gezähnt.
4. Grundstdge B. eifg od. seicht herzfg.
5. Schötchen kuglig od. vkeifg m. kurzen Griffel. *Meerufer*
u. auf Salzboden (5—6) ⊙. . . . 1. **C. officinalis** *L.*
5*. Schötchen längl. m. langem Griffel; untere B. am Grund
in d. Bstiel verschmälert. *Ufer d. Nord- u. Ostsee* (5—6) ⊙.
2. **C. anglica** *L.*
4*. Grundstge B. tief herzfg, fast nierenfg, nur d. obersten
Stglb. sitzd; Schötchen kuglig (ob var?) *Stein. Abhge, sss.*
(b. Aachen, b. Marienzell in Steiermark) (5—6) ⊙.
3. **C. pyrenaica** *DC.*
3. Alle B. gestielt, oft mehr od. weniger 3—5lappig. *Meerufer*
(Holstein, Oldenbg) (5—6) ♃. . . . . 4. **C. danica** *L.*
2*. D. längeren Stbgef. in d. Mitte rechtwinklig gebrochen; grdst.
B. vkeifg lanzettlich, rosettenbildd, nebst d. Stglb. gestielt, oft
mehr od. weniger eingeschnitten, d. oberen sitzd, ganzrandig.
Kalkfelsen, bes. d. Alpen (am Hohenstaufen in Würtembg (5—6)♃.
(Kernera *Rchb.*) 5. **C. saxatilis** *Lam.*
1*. Klappen d. Schötch. ohne Rippe.
6. Trbn m. Deckb.; Schötchen ohne Netzstreifen. Kleine, 1—2″
hohe Pfl. m. büschlig beblättertem einfachem Stgl u. länglichen,
fast spatelfgn gewimperten B. *Kalkfelsen, stein. Abhge d. südl.*
Alpenggdn (7—8) ♃. (Rhizobotrya *Tsch.*) 6. **C. brevicaulis** *Facch.*
6*. Trauben ohne Deckb.; Schötchen netzstreifig. Rispig ästige,
1½—4′ hohe Pfl. m. sehr grossen, langgestielten, grundstdgn,
fast kammfg fiederspaltigen unteren u. länglich sitzdn oberen
Stglb. *Meerufer, häufig cult. u. verwildert* (6—7) ♃. „*Meerrttig*".
(Armoracia rusticana *DC.*) 7. **C. armoracia** *L.*

e. *Camelineae*. Keimb. flach m. rückenstdgm Würzelchen.

31. **Camelina** *Crtz.* (46). Schötchen birnfg; Griffel m. d.
Klappen desselben abfallend; 1—2′ hohe Kräuter m. kleinen, **hell-
gelben** Bthn u. oberen pfeilfg sitzdn B.
1. Mittlere Stglb. ganzrandig od. wenig gezähnt; Schötch. 2—3‴
lang, meist 8samig. *Aecker, Sandfelder, nicht selt.* (5—7) ⊙.
1. **C. sativa** *Crtz.*
1*. Mittlere Stglb. buchtig gezähnt od. fiederspaltig; Schötchen
3—5‴ lang, meist 12samig. *Aecker, seltener* (5—7) ⊙.
2. **C. dentata** *Pers.*

f. *Subularieae*. Keimb. in d. Mitte zurückgeschlagen.

32. **Subularia aquatica** *L.* (45). Schötchen eifg, auf d.
Rücken m. e. Furche (nicht Kiel?) u. 4samigen Fächern. Kleines,
1—2″ hohes Pflänzch. m. schmal lineal grundstdgn B., kleinen,
wenigbthgn. blattlosen Stgl u. weissen Bthn. *Teichufer, sss.*
(Erlangen, Holstein) (6—7) ⊙.

§ 52.　III. *ANGUSTISEPTAE.* Schötch. aufspringend m. schmaler Scheidewand.

g. *Thlaspideae.* Keimb. flach m. seitenstdgn Würzelchen.

33. **Thlaspi** *L.* (41). Schötchen geflügelt m. 2—vielsamigen Fächern; Stbfäden ungezähnt. Meist kahle, beblätterte Kräuter m. weissen od. violetten Bthn u. am Grd pfeilfgn B.
1. Bthn violett, auch z. Frzeit doldentrbg.
    2. B. rundlich od. spatelfg, d. stglstdgn am Grd geöhrt. *Stein. Abhge d. höchst. Alpen* (7—8) ♃. 1. *Th.* **rotundifolium** *Gaud.*
    2*. B. länglich, d. stglstdgn am Grund nicht geöhrt. *Felsen u. stein. Abhge d. südl. Alpenggdn, ss.* (5—6) ♃.
        2. *Th.* **cepaefolium** *Koch.*
1*. Bthn weiss; Schötchen z. Frzeit in verlängerten Trbn.
    3. Stgl wenigstens gegen d. Spitze hin ästig.
        4. Fächer d. Frknoten vielsamig; B. am Grd pfeilfg.
            5. Schötchen flach, breitgeflügelt; Same bogig runzlich; Pfl. geruchlos. *Aecker, Wege, Schuttpl., s. häuf.* (5—8) ☉.
                3. *Th.* **arvense** *L.*
            5*. Schötchen bauchig, schmalgeflügelt; Same grubig netzig; Pfl. v. Knoblauchgeruch. *Aecker, selten* (5—6) ☉.
                4. *Th.* **alliaceum** *L.*
        4*. Fächer d. Frknoten 2samig; Schötchen mit fast sitzender Narbe; B. blaugrün, am Grd herzfg, tief umfassd; Same glatt. *Thonige Aecker, nicht häufig* (4—5) ☉.
            5. *Th.* **perfoliatum** *L.*
    3*. Stgl einfach, am Grd oft m. Brosetten; Same glatt; Schötch. m. deutlichem Griffel.
        6. Fächer d. Schötchen 2samig; Schötchen breit geflügelt; Stbbeutel gelb; Kchb. grün; Gr. hervorragd. *Stein. Abhge, Felsen, selt.* (4—5) ♃ . . . . . 6. *Th.* **montanum** *L.*
        6*. Fächer d. Schötchen mehrsamig.
            7. Frflügel breit.
                8. Griffel nicht über d. Frflügel hervorragend; Stbbeutel rothviolett. *Hügel, Gebüsch, stein. Abhge, selt* (4—5) ♃.
                    7. *Th.* **alpestre** *L.*
                8*. Gr. hervorragend; Stbbeutel gelb; Kchb. purpurroth. *Felsen u. stein. Abhge d. südl. Alpenggdn* (4—5) ♃.
                    8. *Th.* **praecox** *Wulf.*
            7*. Frflügel sehr schmal, kaum bemerklich; Gr. lang. *Stein. Abhge d. Bgwiesen d. höchsten Alpen* (5) ♃.
                9. *Th.* **alpinum** *Jacq.*

34. **Teesdalia nudicaulis** *R. Br.* (38) (Iberis *L.*) Schötch. geflügelt; Fächer 2samig; Stbfäden am Grund m. e. blkronblattartigen Anhängsel. Meist kahles, 1—6″ hohes Kraut m. blattlosem Stgl. ungetheilten od. fiederspaltigen grundstdgn B., weissen, nach aussen strahlig vergrösserten Bthn u. am Grd beckenfg verwachsenen Kchb. *Sandfelder, nicht selt.* (5) ☉.

35. **Iberis** *L.* (38*). Schötchen geflügelt; Fächer einsamig; Stbfäden am Grund ungezähnt; Blkrb. nach aussen strahlig vergrössert. Meist kahle, beblätterte Kräuter m. weissen, röthl. od. violetten Bthn.

1. Schötchen m. stumpfen Lappen. § 52.
2. Stgl strauchig; B. lineal, ganzrandig, d. oberen spitz, d. unter. stumpf. *Fels., stein. Abhge d. Schw. Jura (b. Solothurn)* (6) ♄.
              1. *I.* **saxatilis** *L.*
2*. Kraut m. breit keilfgn B., d. oberen ganzandig, d. unteren grob gezähnt; Kchb. roth. *Hügel, Abhge, ss. (Odenwald b. Heidelberg)* (6) ☉ . . . . 2. *I.* **bicolor** *Rchb.*
1*. Schötchen m. spitzen Lappen.
 3. Untere B. nicht über d. Mitte getheilt.
  4. Doldentrbn auch z. Frzeit kurz, eifg; Bthn röthlich, obere B. ganzrandig. *Felsen, stein. Abhge am adr. Meer, auch als Zierpfl.* (6—7) ⊙ . . . . 3. *I.* **umbellata** *L.*
  4*. Doldentrbn verlängert; Bthn meist weiss.
   5. Obere B. ganzrandig, untere beiders. 1—2zähnig, lanzettl. Lappen d. Schötchen ausgespreizt. *Hügel, Aecker, ss. (adr. Meer, am Rhein)* (6—7) ⊙. 4. *I.* **intermedia** *Guers.*
   5*. B. keilfg, gegen d. Spitze hin eingeschnitten gesägt; Lappen d. Schötchen zusammenneigend. *Aecker, Hecken, Gebüsch, selten, häufig als Zierpfl.* (6—8) ⊙.
            5. *I.* **amara** *L.*
 3*. Untere B. 2—3paarig fiedertheilig m. linealen Abschnitten; Bthn weiss. *Felsen, Abhge, ss. (b. Wien u. Triest, ob wild?) häufig als Zierpfl.* (6—8) ⊙ . . . . . 6. *I.* **pinnata** *L.*

36. **Biscutella** *L.* (36). Schötchen brillenfg, aus 2 kreisrunden, ringsum geflügelten, 1samigen, b. Aufspringen d. Samen einschliessenden Klappen gebildet. Gelbblühende Kräuter m. einfachen B.
 1. D. beiden äusseren Kchb. gespornt; Pfl. steifhaarig. *Bgwälder auf d. Inseln d. adr. Meeres* (7—8) ⊙. . 1. *B.* **hispida** *DC.*
 1*. Kchb. ungespornt; Pfl. kahl od. nur am Grd steifhaarig. *Bergwälder, stein. Abhge, ss.* (7—8) ♃ . . . . 2. *B.* **laevigata** *L.*

h. *Lepidineae*. Keimb. flach m. rückenstdgm Wzlchn.

37. **Lepidium** *L.* (40). Schötchen mehr od. weniger deutlich geflügelt m. einsamigen Fächern; Stbfäden am Grd ungezähnt. Aestige, beblätterte Kräuter m. kleinen weissen od. grünl. Bthn, oft fehlender Blkr. u. einfachen od. fiederspaltigen B.
 1. Schötchen an d. Spitze deutlich ausgerandet.
  2. Wenigstens d. oberen Stglb. pfeilfg od. herzfg umfassend.
   3. B. länglich od. lanzettlich, weichhaarig, d. unteren meist leierfg-fiedertheilig; Schötchen breit geflügelt. *Aecker, Hügel, Abhge* (6—7) ⊙. . . . 1. *L.* **campestre** *R. Br.*
   3*. B. rundl. eifg, d. unteren 2—3fach fiederthlg m. schmalen, linealen Abschnitten; Schötchen kaum geflügelt. *Wiesen, Wege, ss. (Oesterreich)* (5—6) ⊙. 2. *L.* **perfoliatum** *L.*
  2*. B. nicht umfassend, kahl, untere fiederspaltig, obere ungethlt, lineal.
   4. Schötchen abstehd, schmal geflügelt; Blkrb. meist fehlend; stbgef. oft nur 2; Pfl. von unangenehmem Geruch. *Schuttplätze, Mauern, Wege* (5—7) ⊙. . . 3. *L.* **ruderale** *L.*
   4*. Schötchen aufrecht, breit geflügelt; Blkrb. doppelt so lang als d. Kch. *Gemüsepfl. aus Südeuropa, auch verwildert* (6—7) ⊙ „Kresse". . . . . 3b. *L.* **sativum** *L.*

§ 52. 1*. Schötchen an d. Spitze nicht od. kaum merklich ausgerandet, nicht od. undeutlich geflügelt.
 5. Untere B. eingeschnitten od. fiederspaltig, obere lineal ganzrdg; Schötchen eifg m. kurzem Griffel. *Wege, Mauern, Schuttpl., ss. (Rheinggdn, südl. Alpenggdn)* (6—8) ☉.
               4. *L.* **graminifolium** *L.*
5*. B. alle gleichartig.
 6. B. fein behaart, d. oberen pfeilfg, umfassend, eifg länglich, geschweift gezähnt. *Wiesen, Mauern, Wege, selt.* (5—6) ♃.
               5. *L.* **draba** *L.*
6*. B. kahl, nicht umfassd.
 7. B. dick, fleischig, ganzrandig, d. unteren eifg lanzettlich, d. oberen längl. lineal. *Bgwiesen, Hägel, ss. (Oesterreich)* (5—6) ♃. . . . . 6. *L.* **crassifolium** *L.*
 7*. B. krautig, gezähnt (wenigstens d. unteren), d. oberen ganzrandig; Pfl. 1½—3' hoch. *Ufer d. Nord- u. Ostsee n. auf Salzboden* (6—7) ♃. . . . . . . 7. *L.* **latifolium** *L.*

  38. **Hutchinsia** *R. Br.* (42*) (Lepidium *L.*) Schötchen ungeflügelt m. 2samigen Fächern; Stbfdn ungezähnt. Kleine, weissblühende Gebgskräuter m. gefiederten B.
 1. Stgl ästig, beblättert, 1—6" hoch; Blkr. wenig lgr als d. Kch. *Felsen, stein. Abhge, ss.* (4—5) ☉. . . 1. *H.* **petraea** *R. Br.*
1*. Stgl einfach, blattlos; Blkr. doppelt so lang als d. Kch.
 2. Schötchen 4samig in verlängerten Trauben, an beiden Enden spitz m. kurzem Griffel. *Kalkfelsen, stein. Abhge d. Alpen* (4—8) ♃. . . . . 2. *H.* **alpina** *R. Br.*
2*. Schötchen 2samig in gedrungenen Trbn, stumpf m. sitzender Narbe. *Granitfelsen d. Alpen* (4—8) ♃.
             3. *H.* **brevicaulis** *Hoppe.*

  39. **Capsella** *Vent.* (42). Schötchen ungeflügelt, vkeifg od. 3eckig m. vielsamigen Fächern. Kleine, beblätterte Kräuter m. weissen Bthn.
 1. Bthn zahlreich in verlängerten Trauben.
  2. Schötchen vkherzfg 3eckig; Pfl. schwach behaart, sehr vielgestaltig (einfach od. ästig). (Thlaspi *L.*) *Aecker, Hügel, Wege, s. gemein* (3—8) ☉ „Hirtentäschchen".
          1. *C.* **bursa pastoris** *Mönch.*
 2*. Schötch. eifg; Pfl. kahl, 1—4" hoch. *Feuchte Wiesen, ss. (Thüringen, südl. Tyrol)* (5—8) ☉. 2. *C.* **procumbens** *Fries.*
1*. Bthn zu 3—4, doldentrbg; Schötchen rundlich herzfg. *Stein. Abhge d. südl. Alpenggdn* (5—8) ☉. . 3. *C.* **pauciflora** *Koch.*

  40. **Aethionéma saxatile** *R. Br.* (39) (Thlaspi *L.*) Stbfdn häutig geflügelt, Schötchenfchr 2—mehrsam. Ausgebreitet ästiges, blaugrünes Kraut m. lineal-lanzettl. ganzrandigen B. u. kleinen, röthlichen Bthn in zuletzt verlängerten Trbn. *Kalkfelsen u. stein. Abhge d. Alpen* (5—6) ♃.

  i. *Brachycarpeae.* Keimb. in d. Mitte zurückgeschlagen.

  41. **Senebiéra** *Pers.* (32 u. 36*). Schötch. netzig runzlig, nierenfg od. fast 2knotig, nicht aufsprgd od. m. b. Aufspringen d. Samen einschliessdn Klappen. Kleine, liegde, ausgebreitet ästige Kräuter m. weissen Bthn u. fiederspaltigen B.

1. Bthn u. Schötchen s. kurz gestielt, fast geknäuelt; Schötchen § 52.
nierenfg m. d. bleibdn Griffel gekrönt. *Gräben, Wege, Schuttpl.,
nicht häufig* (7—8) ☉. . . . . 1. *S.* **coronopus** *Poir.*
1*. Bthn u. Schötchen deutlich gestielt in Trbn, letztere griffellos,
fast 2knotig. *Ufer, Gräben, Aecker, sss. (Hamburg, b. Bern,
ursprüngl. aus Nordamerika)* (7—8) ☉. . 2. *S.* **didyma** *Pers.*

IV. *NUCAMENTACEAE.* Schötch. nicht aufsprgd, eingliedr.

k. *Euclidieae.* Keimb. flach m. seitenstdgm Würzelchen.

42. **Euclidium syriacum** *R. Br.* (28). Schötchen fast
kuglig, gedunsen in e. gebogenen Schnabel (d. bleibenden Griffel)
endend, am Rande stachlig gezähnt m. 2 einsamigen neben e. liegdn
Fächern. Rauhhaariges, ausgebreitet ästiges, $\frac{1}{2}$—1' hohes Kraut m.
längl. lanzettl. gestielten B. u. kleinen, weissen Bthn in verlgrtn
Trbn. *Wege, Aecker, sss. (b. Wien)* (5) ☉.

l. *Isatideae.* Keimb. flach od. etwas nierenfg m. rückenstdgm
Würzelchen.

43. **Isatis tinctoria** *L* (31). Schötch. zusammengedr.,
länglich 1fächerig, 1samig. Kahles od. unterwärts rauhhaariges,
$1\frac{1}{2}$—4' hohes, bläulich bereiftes Krt m. länglich lanzettl. ganzrdgn,
am Grd pfeilfgn B. u. kleinen, gelben Bthn in zusammengesetzten
Doldentrbn. *Felsen, stein. Abhge, auch cult.* (5—6) ⊙.

44. **Myagrum perfoliatum** *L.* (30). Schötchen birnfg,
3fächerig, d. 2 oberen nebeneinanderstehdn Fächer leer, d. untere
samentrgd, aussen ziemlich glatt. Kahles, bläulich bereiftes, 1—2'
hohes Kraut m. langgestielten, grdstdgn u. am Grd pfeilfgn, sitzdn,
stglstdgn B. u. gelben Bthn in lockeren Trbn. *Aecker, ss. (Rhein-
ggdn u. a. O.)* (5—6) ⊙.

45. **Neslia paniculata** *Desv.* (30*) (Myagrum *L.*) Schötch.
kuglig, samentragend. 3fächerig, m. einem samentrgdn u. 2
daneben stehenden leeren Fächern. Stgl 1—2' hoch, aufrecht ästig
m. pfeilfg sitzdn, länglich ganzrandigen B. u. gelben, doldentrbgn
Bthn. *Aecker, nicht selt.* (6—7) ☉.

m. *Zilleae.* Keimb. um das Wzlchn rinnig gefaltet.

46. **Calepina Corvini** *Desv.* (27*). Schötchen völlig ein-
fächerig, verkehrtbirnfg m. netzig-runzlicher Oberfläche; Pfl.
kahl, 1—$1\frac{1}{2}$' hoch, ausgebreitet ästig, m. gestielten, buchtig fieder-
spalt. grundstdgn u. länglichen, am Grd pfeilfg umfassdn, gezähnten
od. ganzrdgn Stglb. u. kleinen, weissen Bthn in langen Trauben.
Aecker, Wege, ss. (Rheingydn) (6—7) ☉.

n. *Buniadeae.* Keimb. um d. Wzlchn gerollt.

47. **Bunias** *L.* (29). Schötch. zackig geflügelt od. warzig
m. 2 od. 4 einzeln od. paarweise übereinander liegdn einsam.
Fächern. Ansehnliche, gelb blühende Kräuter m. meist buchtig ge-
zähnten B.

§ 52. 1. Schötch. 4kantig, gezähnt-geflügelt, 4fächerig; Stgl 1½—1' hoch. *Aecker (d. südl. Alpnggdn)* (6—7) ☉. . . . . 1. ***B.* erucago *L*.**
1*. Schötch. nicht kantig, warzig, 2fächerig; Stgl 1½—3' h. *Wälder, Hügel, Bergwiesen, ss. (bes. in Norddtschld)* (6—7) ☉.
2. ***B.* orientalis *L*.**

V. **LOMENTACEAE.** Schote od. Schötchen in Querglieder zerfallend.

o. *Cakilineae.* Keimb. flach m. seitenstdgm Wzlchn.

48. Cákile marítima *Scop.* (24*). Schötchen 2gliedrig, d. untere Glied eifg, d. obere 2schneidig schwertfg, beide samentrgd. Kahles, fleischiges, blaugrünes Kraut m. violetten Bthn u. fiederthlgn B. *Meerufer (sowohl d. Nord- u. Ostsee, als d. adr. Meeres)* (7—8) ☉.

p. *Raphaneae.* Keimb. rinnig gefaltet.

49. Rapistrum *DC.* (25*) Schötch. kurzgestielt 2gliedrig m. über einander liegenden einsamigen Gliedern, d. unteren fast stielfg. d. obere kuglig. Aestige, steifhaarige Kräuter m. gelben Bthn.
  1. Schötch. kahl m. kurzem, kegelfgm Griffel; B. fiedertheilig m. länglich gezähnten Abschnitten. *Aecker, Wege (bes. im östl. Dtschld)* (6—7) ♃. . . . . 1. ***R.* perenne *All*.**
  1*. Schötchen behaart m. langem, fadenfgm Griffel; untere B. leierfg fiederthlg m. grossen, eifgn Endlappen. *Aecker d. südl. Alpen u. d. Rheinggdn* (6—7) ☉. . . . . 2. ***R.* rugosum *All*.**

50. Crambe *L.* (25). Schötchen 2gliedrig, langgestielt; d. obere Glied eifg-kuglig, einsamig. d. untere verkümmert stielartig, leer. Längere Staubfäden an d. Spitze gablig gespalten. Meist kahle, 1—3' hohe Kräuter m. grossen grundstdgn u. kleinen entfernt stehenden Stglb. u. kleinen, weissen Bthn.
  1. Grdstdge B. buchtig gezähnt, wellig; Pfl. kahl, blaugrün. *Ufer d. Nord- u. Ostsee* (5—6) ♃. . . . . . 1. ***C.* maritima *L*.**
  1*. Grdstdge B. doppelt fiederspaltig, anfangs steifhaarig, später kahl. *Aecker, Wiesen, ss. (Mähren)* (4—5) ☉.
2. ***C.* tataria *Jacq*.**

51. Ráphanus *L.* „Rettig" (12). Schote lineal, nicht od. in mehrere Querglieder aufspringend. Kahle od. zerstreutborstige Kräuter m. leierfg fiederspaltigen, grundstdgn u. eifg od. länglich gezähnten Stglb., ziemlich grossen Bthn und zusammenschliessenden Kchb.
  1. Schoten länglich, perlschnurartig, längsfurchig, zuletzt in Querglieder zerfalld; Bthn weiss od. gelblich, oft m. violetten Strfn (Wegen d. Aehnlichkeit m. Sinapis arv. s. dies.) *Aecker, Wege, häufig* (6—7) ☉. . . . . 1. ***R.* raphanistrum *L*.**
  1*. Schoten dick, wenig gefurcht, nicht aufspringd, kaum eingeschnürt; Bthn blassviolett m. dunkleren Streifen. *Häufige Culturpfl. aus China* (6—7) ☉ „*Radieschen, Sommerrettig u. s. w.*
1b. ***R.* sativus *L*.**

§ 53. PAPAVERACEAE. DC.

Kch b. meist 2; Blkrb. meist 4; Stbgef. frei, 4 od. zahlreich, d. Frboden eingefügt, nebst Kch u. Krone sehr leicht abfallend, Frknot. einer, frei m. wandstdgn Samenträgern; Fr. e. vielsamige Kapsel; Samen sehr klein, eiweisshaltig; Keim gerade. Meist milchende Kräuter, oft giftig m. meist tief gespaltenen, wechselstdgn B.
1. Stbgef. zahlreich; Blkrb. alle gleichartig.
2. Narbe schildfg. 4—vielstrahlig; Frkn. kuglig, eifg od. keulenfg. Bthn einzeln. . . . . 1. **Papaver**.
2*. Narbe nicht schildfg; Frkn. längl. lineal.
3. Bthn einzeln ; Frkn. 2fächerig.
4. Kch 2blättrig; Narbe 2lappig. . . . 2. **Glaucium**.
4*. Kch v. Grd an mützenfg sich ablösend; Narbe aus 4 od. mehr fadenfgn Anhgsln gebildet. 2b. **Eschscholtzia**.
3*. Bthn in Dolden; Frkn. einfächerig; Pfl. m. gelbem Saft. 3. **Chelidonium**.
1*. Stbgef. 4; Blkrb. ungleich, d. 2 äusseren eifg-elliptisch, d. 2 inneren 3lappig. . . . . 4. **Hypecoum**.

1. **Papáver** *L.* „Mohn" (XIII. 1). Kch 2blättrig, abfallend; † Frknoten kuglig eifg od. länglich keulenfg, z. Frzeit unter der schildfgn, 4—20strahligen Narbe m. Löchern aufsprgd. Meist beblätterte Krtr m. grossen, einzelstehenden, langgestielten Bthn.
1. Frkn. u. Kpsln steifhaarig borstig; B. fiederthlg.
2. Stbfäden gegen d. Spitze hin schmäler; Stgl 1bthg, nur am Grund beblättert. *Stein. Abhge d. höchsten Alpen* (6—7) ♃.
 1. *P.* **alpinum** *L.*
 var. Bthn weiss; Narbe mehrstrhlg; Kpsl fast kugl.
 α. **Burseri** *Crtz.*
 Bthn gelbroth; Narben 4strahlig; Kpsln lglich ;
 Pfl. ¼—½′ hoch; Blkr. 1—2″ breit.
 β. **flaviflorum** *Kch.*
 Pfl. 2—3″ hoch; Blkrb. ½—1″ brt. γ. **minus**.
2*. Stbfdn gegen d. Spitze hin breiter; Stgl mehrbthg, beblättert; Bthn meist roth.
3. Kapsel kuglig m. 6—10strahliger Narbe, nebst d. ganzen Pfl. abstehd borstig. *Aecker, selten (ob einheimisch oder aus Südeuropa eingewandert?)* (5—7) ⊙. 2. *P.* **hybridum** *L.*
3*. Kapsel länglich keulenfg m. 4—5strahliger Narbe, nebst d. Bthnstiel anliegd borstig. *Aecker, W ege, nicht selt.* (5—6) ⊙.
 3. *P.* **argemone** *L.* †
1*. Frkn. u. Kapseln kahl; Stgl mehrbthg, beblättert.
4. Stbfäden pfriemlich; B. fiederthlg; Bthn hochroth; Pfl. meist steifhaarig borstig.
5. Kapseln vkeifg m. 7—14strahliger Narbe, deren Läppchen am Rande sich decken; Bthnstiele meist abstehd steifhaarig. *Aecker, s. häufig, auch als Zierpfl.* „Klatschrose" (6—7) ⊙.
 4. *P.* **rhoeas** *L.* †
5*. Kapseln länglich keulenfg m. 5—7lappiger Narbe, deren Läppchen am Rande sich nicht decken. *Aecker, nicht selt.* (5—7) ⊙. . . . . 5. *P.* **dubium** *L.*

Papaver. PAPAVERACEAE.

§ 53. 4*. Stbfdn an d. Spitze breiter; B. ungleich gezähnt, nebst d. ganzen
†† Pfl. kahl, bläulichgrün, d. oberen herzfg umfassend; Bthn weiss;
Kapseln fast kuglig. *Culturpfl. aus d. Orient* (6—7) ⊙.
5b. *P.* **somniferum** *L.*

2. **Glaucium** *Tournef.* (XIII. 1). Kch 2blättrig, abfallend;
Frkn. lang lineal schotenfg m. von d. Spitze nach dem Grd hin
aufspringdr Klappe, 2fächerig. Beblätterte Kräuter m. grossen, end-
stdgn, einzelsthdn Bthn u. fiedertheiligen B.
  1. Bthn gelb; Pfl. blaugrün, obere B. m. tief herzfgn Grd. *Hügel,
Sandfelder, selten, auch als Zierpfl.* (6—8) ⊙.
1. *G.* **luteum** *Scop.*
  1*. Bthn roth, am Grd oft schwarz gefleckt; Pfl. grasgrün, obere
B. am Grd abgestutzt. *Hügel, stein. Abhge, auch als Zierpfl.*
(6—8) ⊙. . . . . 2. *G.* **corniculatum** *Pers.*

2b. **Eschscholtzia californica** *L.* (XIII. 1). Kch v. Grd
mützenfg sich ablösend; Frkn. wie b. Glaucium. Beblättertes
Kraut m. grossen, einzelstehenden, gelben Bthn u. tief fiederthlgn,
blaugrünen B. *Häufige Zierpfl. aus Californien* (6—7) ⊙.

†† 3. **Chelidonium majus** *L.* (XIII. 1). Kch 2blättr. abfalld;
Kapsel schotenfg. einfächerig, vom Grund nach d. Spitze hin
aufspringend. Aestiges, in allen Theilen einen gelben Saft ent-
haltendes, weichhaariges Kraut m. buchtig fiederlappigen B. u.
gelben, doldenfg gestellten Bthn. *Mauern, Hecken, Schuttplätze,
sehr häufig „Schöllkraut"* (4—8) ♃.

† 4. **Hypécoum pendulum** *L.* (IV. 2). Kch 2blättrig;
innere Blkrb. 3lappig; Fr. gegliedert, hängend. Kahles, ½—1′
hohes, blaugrünes Kraut m. wenig beblättertem Stgl, doppelt fieder-
theiligen B. u. gelben, doldigen Bthn. *Aecker (zwischen Daucus
carota), sss. (Rheinpfalz)* (6—7) ⊙.

§ 54. RESEDACEAE. *DC.*

Kch 4—5—6gliedrig, bleibd; Blkrb. ungleichmässig, m.
d. Kchb. wechselstdg; Stbgef. frei, 10—20, einem oberwärts in e.
Honigschuppe verbreiterten Fruchtträger eingefügt; Frknoten 1 od.
mehrere, einfächerig, mehrsamig; Same meist eiweisslos; Keim ge-
bogen. Kräuter m. wechselstdgn, nebenblattlosen B.

1. **Reséda** *L.* (XI. 3). Blkrb. zerschlitzt; Frknoten 1, an d.
Spitze offen, m. 3—5 Narben. Fr. e. Kapsel. Kleine Krtr m. gelb-
lichen Bthn in endstdgn, allseitswend. Trauben.
  1. Kch u. Kr. 4—5gliedrig.
  2. Kch u. Kr. 4gliedrig, d. einzelnen Blkrb. verschied. geformt;
Bthn in langen, schmalen Trbn; B. einfach, länglich lanzettl.
Schuttpl., Hügel, Wege, nicht häufig, auch cult. (7—8) ⊙.
1. *R.* **luteola** *L.*
  2*. Kch u. Kr. 5gliedrig; B. fast kammfg fiederthlg; Bthn fast
weiss. *Schuttpl., Hügel d. südl. Alpengdn* (6—8) ♃.
2. *R.* **alba** *L.*

1*. Kch u. Kr. 6gliedrig. § 53.
3. B. ganzrandig od. d. oberen 3lappig.
4. Kch z. Frzeit nicht vergrössert.
5. Bthn sehr wohlriechend, in dichten Trauben; Stgl ästig. Häufige Zierpfl. aus Nordafrika (6--8) ♃ od. ☉.
2b. *R.* odorata *L.*
5*. Bthn geruchlos, in lockeren, spitzen Trbn; Stgl einfach od. wenig ästig. *Meist zwischen d. vorigen verwild.* (6—8) ☉.
3. *R.* inodora *Rchb.*
4*. Kch z. Frzeit viel grösser; Bthn geruchlos, in lockeren, stumpfen Trbn; Stgl ästig. *Bgabhänge, Wege, Aecker, ss. (Rheinggdn, Oesterreich)* (6—8) ☉. . 4. *R.* phyteuma *L.*
3*. Mittl. Stglb. doppelt fiederspaltig, unten ganz od. 2—3lappig; Bthn in langen, spitzen Trbn. *Schuttpl., Wege, ss.* (6—8) ☉.
5. *R.* lutea *L.*

§ 55. FUMARIACEAE. *DC.*

Kch 2blättr. abfalld; Blkr. 4blättrig, ungleichmässig; Blkronb. oft mehr od. weniger m. e. verwachsen; Stbgef. 6, je 3 m. einander m. d. Fäden verwachsen; Frkn. 1fächerig, 1 od. mehrsamig; Same eiweisshaltig; Keim gerade. Meist kahle Krtr m. blaugrünen, vielfach eingeschnittenen B. (XVII. *L.*)
1. Von d. beiden äusseren Blkrb. nur eines am Grd sackfg od. gespornt.
2. Frkn. länglich, mehrsamig; Blkrb. am Grd gespornt.
1. **Corydalis.**
2*. Frkn. kuglig, einsamig; Blkrb. am Grund sackfg.
2. **Fumaria.**
1*. Beide äussere Blkrb. am Grd gespornt, diese dadurch mehr od. weniger herzfg erscheinend. . . . . . . 2b. **Dicentra.**

1. **Corydalis** *DC.* Blkr. am Grd gespornt; Frkn. u. Fr. † länglich, mehrsamig. Einfache od. wenig ästige Kräuter m. weissen, gelblich od. rothen Bthn in einseitswendigen Trbn.
1. Wzl knollig; Bthn meist purpurn, selten weiss in endstdgn Trbn; Gr. abfalld.
2. Deckb. unzertheilt.
3. Trbn überhängd, wenigbthg; Sporn fast gerade; Pfl. 3—6" hoch. *Hecken, Gebüsch, ss.* (3—4) ♃. 1. *C.* fabacea *Pers.*
3*. Trauben aufrecht, vielbthg; Sporn hakenfg gebogen; Pfl. ½—1' h.; Wrzlknollen hohl. *Hecken, Gebüsch, häuf.*(3—4)♃.
2. *C.* cava *Schw. u. Kört.*
2*. Deckb. fingerfg zertheilt.
4. Trbn überhängd, wenigbthg m. geradem Sporn; Pfl. 3—6" hoch. *Hecken, Gebüsch, selt.* (3—4) ♃. 3. *C.* pumila *Host.*
4*. Trbn aufrecht, vielbthg m. etwas gebogenem Sporn; Pfl. ¼—1' hoch. *Hecken, Gebüsch, häufig* (3—4) ♃.
4. *C.* solida *Sm.*
1*. Wurzel nie knollig; Stgl meist ästig; Bthn gelblich od. weiss in seitenstdgn Trbn; Gr. bleibend.
5. Bstiele nie in Ranken endend; Stgl aufrecht.
6. Pfl. m. deutlich beblättertem Stgl.

§ 54. 7. Untere Deckb. fingerfg getheilt; Sporn fast so lang als d.
Blkrone. *Stein. Abhge im südl. Tyrol* (6—7) ⊙.
5. *C.* **capnoïdes** *Pers.*
7*. Deckb. ungetheilt, länglich haarspitz; Sporn kürzer.
  8. Bstiele beiders. m. e. hervortretdm Rande; Bthn gelblichweiss. *Felsen u. stein. Abhge d. südl. Alpen u. am adr. Meer* (7—8) ♃ . . . . 6. *C.* **ochroleuca** *Kch.*
  8*. Bstiele flach, aber ohne hervortretdn Rand; Bthn citrongelb; Same glänzend. *Felsen, Mauern, stein. Abhänge d. südl. Alpengyda* (7—8) ♃, *auch als Zierpfl. cultivirt.*
7. *C.* **lutea** *DC.*
†
6*. Pfl. stgllos; B. u. Trauben langgestielt; Bthn grünlichweiss; Same glanzlos. *Felsen u. Mauern d. südl. Alpen* (6—7) ⊙.
8. *C.* **acaulis** *Pers.*
5*. Bstiele in Ranken endend; Stgl fadenfg kriechd od. kletternd. *Hecken, Gebüsch, (nordwestl. Deutschld)* (6—8) ⊙.
9. *C.* **claviculata** *DC.*

2. **Fumaria** *L.* Blkrone am Grd kurz sackfg; Frkn. u. Fr. 1samig. fast kuglig. Aestige Krtr m. meist röthl. Bthn in allseitswend. Trbn.
1. Wenigst. d. reife Fr. glatt, stumpf; Bthn 5—6''' lang.
  2. Kchb. so lang u. länger als d. halbe Blkr.; Bthn fast weiss od. gelblich m. e. purpurrothen Flecken. *Hecken, Schuttpl., sss.* (6—8) ⊙ . . . . 1. *F.* **capreolata** *L.*
  2*. Kchb. viel kürzer als d. purpurrothe Blkr. *Mauern, sss. (b. Hamburg)* (6—8) ⊙ . . . . 2. *F.* **muralis** *Sond.*
1*. Auch d. reife Frucht höckerig runzlich.
  3. Kchb. so lang od. wenig kürzer als d. halbe Blkr. u. breiter als diese.
    4. Bthn weiss od. blassrosenfarbig, 5—6''' lang; Babschnitte längl. *Mauern, Aecker, Hecken (am adr. Meer)* (6—8) ⊙.
3. *F.* **agraria** *Lag.*
    4*. Btl.n rosenroth, an d. Spitze m. e. dunklen Flecken, 2—4''' lang; Babschn. lineal, fast fadenfg (*F. densiflora DC.*).
      5. Aeussere Blkrb. an d. Spitze m. e. ziemlich langen, gebogenen Schnäbelch. *Aecker, sss. (b. Hamburg)* (6—8) ⊙.
4. *F.* **rostellata** *Knf.*
      5*. Aeussere Blkrb. an d. Spitze nicht geschnäbelt (ob var?) *Aecker, sss. (Böhmen)* (6—8) ⊙. 5. *F.* **micrantha** *Lag.*
  3*. Kchb. kürzer als d. halbe Kr. u. nicht breiter als diese; Lohn klein.
    6. Kchb. breiter als d. Bthnstielchen.
      7. Bthn weiss; Kchb. so breit als die Krone, aber 6mal kürzer: Fr. m. e. Spitzchen. *Aecker (Rhein- u. Maingyda* (6—8) ⊙ . . . . . 6. *F.* **parviflora** *Lam.*
      7*. Bthn rosenroth; Kchb. schmäler; Fr. stumpf.
        8. Fr. kuglig eifg, an d. Spitze nicht eingedrückt. *Aecker (Rheingyda, Norddtschld, Böhmen)* (6—8) ⊙.
7. *F.* **Wirtgeni** *Kch.*
        8*. Fr. nierenfg kuglig, v. d. Seite u. an d. Spitze etwas eingedrückt. *Aecker, s. häufig* (5—8) ⊙.
8. *F.* **officinalis** *L.*
    6*. Kchb. schmäler als d. Bthnstielchen; Fr. fast kuglig, nicht eingedr. *Aecker, bes. auf Kalkboden, nicht häuf.* (6—8) ⊙.
9. *F.* **Vaillantii** *Lois.*

FUMARIACEAE. *Dicentra.*

26. **Dicentra spectabilis** *Borkh.* (Diclytra nicht Diclytra §55.
DC.) Btbn durch die beiden äussern gespornten Blkrb. herzfg,
hängend in einseitigen Trauben. purpurroth; B. graugrün, doppelt
3zählig *Häufige Zierpfl. aus China* (5) ♃.

§ 56. POLYGALEAE. *Juss.*

Btbn ungleichmässig, fast schmetterlingsfg: Kchb. 5, in d.
Kn. dachig, 2 davon grösser, flügelartig; d. unter. Blkrb. kielfg,
oft m. e. kammfgn Abhang; Stbgef. 8 m. d. Fäden in 2 Bündel
verwachsen: Stbbeutel einfächerig; Frkn. 1—2fächerig m. einsam.
Fächern.

1. **Polygala** *L.* (XVII). Stbkolben an d. Spitze m. e. Pore
aufspringd; Fr. e. häutige zusammengedrückte Kapsel. Kräuter od.
kleine Sträucher m. einfachen, ganzrandigen, lanzettl. wechsel-
stdgn B.
   1. Btbn in meist vielbthgn Trbn m. vielspaltigem Kamme; Kch-
   flügel vorgestreckt. Krtr.
   2. Btbn klein, ziemlich gerade, wenig länger als die Kchflügel,
   meist blau, selten rosenroth od. weisslich.
   3. Unterst B. eifg od. spatelfg, oft in Rosetten, viel grösser
   als d. Stglb, stumpf; Pfl. meist nur 2—6" hoch.
      4. Btbn tiefblau; Pfl. am Grd m. kriechdn verlgrtn Ausltrn;
      Seiten- u. Mittelstrfn d. 3streifigen Kchflügel netzstreifig
      m. e. verbunden. *Hügel, stein. Abhge, ss. (Rheinpfalz)*
      (5—6) ♃ . . . . 1. *P.* **calcarea** *F. Schultz.*
      4*. Btbn hellblau od. röthlich; Auslfr kurz rosettenbildend.
         5. Btbn in dichten, ährenfg spitzen Trauben; Seiten- u.
         Mittelstrfn d. Kchflügel nicht m. e. verbunden. *Torf-
         wiesen, selten* (4—8) ♃ . . . . . 2. *P.* **amara** *L.*
         5*. Btbn in lockeren, stumpf abgerundeten Trbn. *Hügel,
         Wiesen (Belgien)* (6—7) ♃ . . . 3. *P.* **Lejeunii** *Boir.*
      3*. Untere B. nie in Rosetten; Seiten- u. Mittelrippe d. Kchb.
      durch e. einfachen Querstreifen m. e. verbunden.
         6. Stgl s. ästig, liegd bis 4" lang; Trauben wenigbthg, z.
         Bthezeit zwischen d. obersten Stglb. versteckt. *Sumpf-
         wiesen, Hügel, ss. (Rheingdn, Hessen, Erzgebge u. a. O.)*
         (5—6) ♃ . . . . 4. *P.* **depressa** *Wdr.*
         6*. Stgl 1fach, aufrecht od. aufstgd; Trbn vielbthg.
            7. Deckb. kürzer als d. Bthnknospen; Btbn meist blau;
            Trbn stumpf. *Wiesen, Wälder, s. häufig* (5—6) ♃.
            . . . . 5. *P.* **vulgaris** *L.*
            7*. Deckb. lgr als d. Bthnknospen; Btbn meist rosenroth,
            kleiner; Trbn spitzer (ob var?) *Wiesen, Hügel, seltner*
            (5—6) ♃ . . . . 6. *P.* **comosa** *Schk.*
   2*. Btbn ziemlich gross (6—8'" lang), meist rosenroth, aufwärts
   gebogen, viel länger als d. Kchflügel, langgestielt. *Wiesen,
   Hügel, ss. Oesterreich, Mähren)* (5—6) ♃. 7. *P.* **major** *Jacq.*
1*. Btbn zu 1—2 endstdg od. blattwinkelstdg, meist gelblich od.
zuletzt rothbr. Kchflügeln; kleiner, sehr ästiger, liegdr Halb-
strch m. eifgn, immergrünen B. *Hügel, stein. Abhge, Kalkfels.,
ss.* (4—5) ♄ . . . . 8. *P.* **chamaebuxus** *L.*

§ 57. XVIII. Ordn. **HYDROPELTIDAE** *Bartl.* Kchb. 3—6, nebst d. 3—vielblättrigen Blkr. in d. Knospe dachig, d. Frbdn eingefügt; Stbgef. meist zahlreich; Pistill aus mehreren Frblättern gebildet; Fr. e. Beere, Kapsel od. aus mehreren Früchtchen gebildet; Keim in einem besondern Sack eingeschlossen; Eiweiss doppelt od. fehlend. Schön blühende Wasserpfl. m. grossen, schildfgn, schwimmenden B.

§ 57. NYMPHAEACEAE. *DC.*

Kch 4—6blättrig; Blkrb. nebst d. Stbgef. zahlreich u. allmählig in dieselben übergehend; Frknoten einer, 1 od. mehrfächerig, vielsamig; Samen an den Wänden d. Fächer. Keim ausserhalb d. Eiweisses in einem besonderen Sacke (XIII. 1 *L.*)
   1. Bthn weiss, ohne Honiggefässe; Kchb. 4.   1. **Nymphaea.**
 1*. Bthn gelb, kleiner, mit Honiggefässe; Kchb. 5.   2. **Nuphar.**

    1. **Nymphaea** *L.* „Wasserrose". Kch 4blättrig; Blkrb. weiss, ohne Honiggrube; Narbe vielstrahlig.
    1. Frkn. dichtbehaart, halbkuglich, bis z. Spitze m. Stbgef. besetzt; Narbe 6—8strahlig; B. unters. roth. *Teiche*, sss. *(b. Franzensbad in Böhmen)* (6—8) ♃.. . 1. *N.* **Kosteletzkyi** *Palliardi.*
  1*. Frkn. kahl; B. unters. grün.
    2. Frkn. kuglig, bis z. Spitze m. Stbgef. besetzt.
    3. Narbe vielstrahlig, blassgelb; Blappen auseinander stehend. *Teiche*, häufig (6—8) ♃ . . . . 2. *N.* **alba** *L.*
  3*. Narbe 5—10strahlig, in d. Mitte blutroth (ob var?) *Teiche*, ss. *(b. Salzburg, Obersteiermark)* (6—8) ♃. 3. *N.* **biradiata** *Sommer.*
  2*. Frkn. nicht bis z. Spitze m. Stbgef. besetzt.
    4. Blattlappen auseinander stehend; Frkn. eikegelfg; Narbe 8strahlig. *Teiche*, ss. *(Böhmen)* (6—8) ♃.. 4. *N.* **candida** *Presl.*
  4*. Blappen genähert; Frkn. eifg; Narbe 6—14strahlig. *Teiche*, selt. *(Preussen, Schlesien, Bayern u. a. O.)* (6—8) ♃. 5. *N.* **semiaperta** *Klggr.*

    2. **Nuphar** *Sm.* Kch 5blättrig; Blkrb. gelb, auf d. Rücken m. e. Honiggrube; Narbe ganzrdg od. ausgeschweift-gezähnt.
    1. Narbe flach, ganzrandig, 10—20strahlig, purpurroth; B. unters. grün; Blkr. 1½—2" breit. *Gräben, Teiche,* häufig (6—8) ♃. 1. *N.* **luteum** *Sm.*
  1*. Narbe zuletzt halbkugl. m. spitz gezähntem Rande; B. unters. dunkelroth.
    2. Stbkolb. 4eckig, wenig länger als breit; Blkr. 1" breit. *Gräben, Teiche, selt.* (7—8). . . . . . 2. *N.* **pumilum** *Sm.*
  2*. Stbkolb. lineal, 4mal länger als breit; Blkr. etwa ½" breit. *Gräben, Teiche, ss. (Schwarzwald, Voges., Schliersee)* (6—8) ♃. 3. *N.* **Spennerianum** *Gaud.*

XIX. Ordn. **POLYCARPICAE** *Bartl.* Kchb. frei, 3—6; § 57.
Blkrb. 2—viele u. nebst d. meist zahlreichen Stbgef. d. Frboden
eingefügt; Pistill aus zahlreichen, meist freien, selten m. e.
verwachsenen Frblättern gebildet; Frkn. 1—mehrsamig; Same eiweisshaltig; Keim gerade, im Verhältniss zum Eiweiss sehr klein.

§ 57. RANUNCULACEAE. *Juss.*

Bthntheile meist 5zählig; Kchb. oft blumenkronartig; Blkrb.
oft honiggefässartig od. ganz fehlend; Stbkolben d. ganzen Länge
nach am Stbfaden befestigt, m. e. doppelten Ritze aufspringend;
Eiweiss hornartig. Meist schönblühende Kräuter, selten Sträucher
m. meist wechselstdgn B. (Meist XIII. 2 *I.*.)
 1. Blkrone gleichmässig.
 2. Gr. u. Frkn. mehrere.
  3. Blkrb. alle ungespornt.
   4. Meist Sträucher m. gegenstdgn B.; Frkn. einsamig.
   5. Blkrb. fehld; Perigon meist 4blättrig gefärbt.
               1. **Clematis.**
   5*. Blkrb. zahlreich, gelblich, kleiner als d. 4 grossen,
    violetten Kchb. . . . . 2. **Atragene.**
  4*. Kräuter m. wechselstdgn od. grundstdgn B.
   6. Stbgef. nicht v. e. Kranze v. linealen Schppn umgeben.
    7. Kchb. gefärbt, blkronartig; Blkrb. fehld.
     8. Frkn. einsamig.
      9. Perig. 4blättr., kürzer als d. Stbgef.; Stgl beblätt.
               3. **Thalictrum.**
      9*. Perigon 5—6blättrig, länger als d. Stbgef.
               4. **Anemone.**
    8*. Frkn. mehrsamig; Bthn gelb; B. nierenfg, am Rde
     gekerbt. . . . . 5. **Caltha.**
    7*. Bthn m. Kch u. Krone; Kchb. grün od. gefärbt.
     10. Blkronb. 5—20 (vgl. Anemone hepatica).
      11. Blkrb. am Grd m. e. Honiggrube od. -schuppe.
       12. Blkrb. so gross od. grösser als d. Kchb.
        13. Frbod. verlängert; Frkn. m. 2 leeren Fäch.
        B. grundstdg, eingeschnitten.
              7. **Ceratocephalus.**
        13*. Frbod. flach od. halbkugl.; Frkn. 1fächerig.
        Stgl beblättert. . . . 8. **Ranunculus.**
      12*. Blkr. kleiner als d. Kchb.; Frb. zuletzt walzig.
      B. grundstdg, lineal. . . 9. **Myosurus.**
     11*. Blkrb. am Grd ohne Honiggef.
      14. Frkn. zahlreich, 1samig; Babschnitte schmal.
              5. **Adonis.**
      14*. Frkn. 2—5, mehrsamig; Babschnitte breit.
              20. **Paeonia.**
    10*. Blkrb. 4; Bthn in rispigen Trauben.
              19. **Cimicifuga.**
   6*. Stbgef. m. e. Kranz v. linealen od. röhrenfgn Schuppen
   (Blkronb. od. Honiggef.) umgeben.
    15. Frkn. m. e. verwachsen; Schuppen gespalten; Bthn
    bläulich od. weiss. . . . . . . 14. **Nigella.**
    15*. Frkn. frei; Schuppen ungespalten.

§ 57.
16. Kchb. 16 u. mehr, gelb. . . . . . . 15. **Trollius.**
16*. Kchb. 5—8; Schuppen röhrig.
17. Kchb. bleibd. . . . . 12. **Helleborus.**
17*. Kchb. abfallend.
18. Kchb. gelb, v. e. Hülle umgeben. . 11. **Eranthis.**
18*. Kchb. weiss, ohne Hülle. . . . . 13. **Isopyrum.**
3*. Blkrb. trichterfg. gespornt; Kchb. gefärbt, blkronartig.
    . . . . 15. **Aquilegia.**
2*. Gr. u. Frkn. einer; Keh u. Kr. 4blättrig, sehr leicht abfalld.
    . . . . 18. **Actaea.**
1*. Blkr. ungleichmässig; Kch gefärbt, blkronartig; Blkrb. kleiner,
    honiggefässartig.
19. . D. oberste d. 5 Kchb. gespornt u. 1—2 gespornte Blkrb. ein-
    schliessend. . . . . 16. **Delphinium.**
19*. D. oberste d. 5 Kchb. helmfg od. kappenfg u. 2 langgestielte,
    gespornte Blkrb. einschliessend. . . . . 17. **Aconitum.**

a. *Clematideae*. Kchb. in d. Knospe klappig; Fr. einsamig.
Meist Sträucher m. gegenstdgn B.

† 1. **Clematis** *L.* Blkrb. fehld; Kchb. meist 4, blumenkron-
artig, meist weiss od. violett. *Häufige Zierpfl.*
  1. Aufrechte Kräuter; Fr. langgeschwänzt.
  2. B. ganz u. ganzrdg, eifg od. lanzettl. spitz; Bthn endstdg,
     dunkelviolett, nickend. *Sumpfwiesen, ss. (bes. d. Donau- u.*
†   *südl. Alpengyda* (6—7) ♃. . . . . 1. *C.* integrifolia *L.*
  2*. B. gefiedert; Blättch. eifg ganzrandig spitz; Bthn weiss,
      rispig-doldentrbg. *Stein. Abhge, Gebüsch, sell.* (6—7) ♃.
†   . . . . 2. *C.* recta *L.*
  1*. Schlingende Strchr, 4—12' lang; B. gefiedert.
    3. Bthn weiss; Fr. langgeschwänzt.
      4. Kchb. beiderseits filzig; B. einfach gefiedert. *Hecken,*
†   *Gebüsch, nicht sell.* (6—7) ♄. . . . . 3. *C.* vitalba *L.*
      4*. Kchb. innen kahl; B. doppelt gefiedert. *Hecken. Gebüsch*
†   *d. südl. Alpengyda* (6—7) ♄. . . . . 4. *C.* flammula *L.*
    3*. Bthn roth od. violetr, einzeln od. zu 1—3 endstdg, langge-
        stielt; Früchtchen ungeschwänzt. *Hecken, Gebüsch d. südl.*
        Alpengyda (5—8) ♄. . . . . 5. *C.* viticella *L.*

† 2. **Atragene alpina** *L.* Kchb. 4, blumenkronartig, meist
violett, selten weiss, grösser als die zahlreichen spatelfgn,
gelblichweissen Blkrb.; Fr. langgeschwäazt. Kletterader, 6' langer
Strauch m. doppelt 3zähligen B. u. ungleich gesägten Blättch. *Bo-
wälder, Gebüsch d. Alpengyda* (5—7) ♄.

b. *Anemoneae*. Kchb. in d. Knospe dachig; Fr. 1samig;
Kräuter m. wechselstdgn od. grundstdgn B.; Blkrb. fehld od. ohne
Honiggefässe.

† 3. **Thalictrum** *L.* Kchb. 4—5, leicht abfalld, blumenkron-
artig, kürzer als d. Stbgef.; Blkronb. fehld; Früchtch. ungeschwänzt,
auf e. kleinen, scheibenfgn Frboden. Rispig ästige, wegen häu-
figer Zwischenformen oft schwierig zu unterscheidende Kräuter m.
meist vielfach zusammengesetzten B.

1. Stbgef. nebst d. Pgub. meist violett; Stbbeutel gelb; Fr. glatt, §57. nicht gefurcht. 3kantig: Bthn rispig; B. 2—3fach gefiedert m. eifgn od. rundl. lappigen od. gekerbten Blättchen; Stgl 1—3′ h. *Flussufer, Abhge, Gebüsch in Gebgxggdn* (5—7) ♃.
         1. *Th.* **aquilegifolium** *L.*
1*. Stbgef. gelb; Fr. m. Längsfurchen.
 2. Frkn. im Kch kurz gestielt m. hakig gebogener Narbe; Stgl einfach, fast blattlos, m. 1—2fach gefiederten meist grundstdgn B.; Bthn nickend in einfachen Trbn. *Feuchte Bgwiesen d. Alpen* (6—7) ♃.
         2. *Th.* **alpinum** *L.*
 2*. Frkn. im Kch sitzd m. gerader Narbe; Stgl meist ästig, beblättert.
  3. Bthn in lockeren, pyramidalen Rispen, mehr od. weniger hängend od. nickend.
   4. B. 3zählig zusammengesetzt.
    5. Stgl u. B. grauflaumig drüsig; Pfl. ½—1′ hoch. *Felsen, stein. Abhge in Gebgsqqdn, bes. d. Alpen* (7—8) ♃.
         3. *Th.* **foetidum** *L.*
    5*. Stgl u. B. kahl. (*Th.* minus *L.*)
    6. Besondere Blättchenstiele nicht od. rundlich kantig; Wurzel kriechend. *Wälder, ss. (Rheinpfalz, Odergebiet, Tyrol n. a.)* (6—7) ♃. 4. *Th.* **silvaticum** *Kch.*
    6*. Besondere Blättchenstiele deutlich kantig; Wurzel nicht kriechd.
     7. Stgl am Grd blattlos.
      8. Stgl hin u. her gebogen, 1—1½′ hoch. *Bergwiesen, Hügel, selt.* (5—6) ♃. 5. *Th.* **minus** *L.*
      8*. Stgl fast gerade, 2—4′ hoch. var. **majus** *Jacq.*
     7*. Stgl v. Grd an beblättert. *Bgwiesen, Hügel, selt.* (5—6) ♃. . . . . 6. *Th.* **Jacquinianum** *Koch.*
   4*. B. fiederig zusammengesetzt; Wurzel kriechend: Pfl. kahl; B. längl. keilfg. matt; Pfl. 1—2′ hoch. *Bgwiesen, Hügel, ss. (Harz, Holstein)* (5—7) ♃. 7. *Th.* **simplex** *L.*
    var. Blättchen lineal glänzd. **galioïdes** *Nestl.*
  3*. Bthn aufrecht, dicht doldentrbg gehäuft; Pfl. 2—4′ hoch, meist kahl.
   9. B. 3zählig zusammengesetzt.
    10. B. rundlich; Oehrch. d. Blattscheiden kurz abgerundet. *Hügel, Bgwiesen (am adr. Meer)* (6—7) ♃.
         8. *Th.* **elatum** *Jacq.*
    10*. B. lineal; Oehrchen d. Bschdn spitz eifg. *Sumpfige Wiesen, selt.* (6—7) ♃. 9. *Th.* **angustifolium** *Jacq.* †
   9*. B. fiederig zusammengesetzt.
    11. Wurzel kriechend.
     12. B. unters. blasser, nicht drüsig; Pfl. s. vielgestaltig. *Sumpfwiesen (bes. in Norddtschld)* (6—7) ♃.
         10. *Th.* **flavum** *L.* †
     12*. B. unters. drüsig. *Wiesen, Ufer (Schweiz)* (6—7) ♃.
         11. *Th.* **exaltatum** *Gaud.*
    11*. Wurzel nicht kriechd; B. kahl; Brippen u. Stgl oft röthlich. *Wiesen, Hügel, sss. (b. Spaa an d. belg. Grenze)* (6—7) ♃. . . . . 12. *Th.* **rufinerve** *Lej.*

§ 57. 4. **Anemóne** L. „Windröschen". Kch blumenkronartig, 5 od.
† mehrblättrig, länger als d. Stbgef.; Blkrb. fehlend; Früchte auf
einem flachen od. halbkuglichen, verdickten Frboden. Meist
behaarte Kräuter m. einfachem, meist 1bthgm Stgl, und einer entweder dicht unter der Blüthe stehenden, fast kchartigen od. von
derselben entfernten, blattartigen Hülle. Eigentliche Stglb.
fehld, grundst. meist langgestielt, selten fehld.

   1. Bthnhülle klein, fast kchartig, 3lappig, dicht unter d. blauen
(selten weissen od. rothen) Bthe sitzd; B. 3lappig, nebst Bstiel.
u. Bthnstielen zottig behaart; Pfl. 1—5" hoch. (Hepatica triloba *DC.* — nobilis *Mch.*) *Wälder, Gebüsch, auch als Zierpfl.*
(3—4) ♃ „*Leberblümchen*". . . . . 1. *A.* **hepatica** *L.*
  1*. Bthnhülle v. d. Bthe entfernt u. meist etwa in der Mitte d.
Stgls befindlich, fingerfg vielthlg od. blattartig.
    2. Frchtch. v. bleibend., federigen Griffel geschwzt; Pfl. seidenhaarig zottig. (Pulsatilla *Tournefort*) „Küchenschelle".
     3. Bthn wenigstens auf d. Aussenseite violett; Hüllb. d.
grundstdgn B. nicht ähnlich, am Grund scheidenfg fingerfg
vieltheilig (in einander übergehende Arten).
      4. Grundstdge B. 1—3fach fiedertheilig, meist später erscheinend.
       5. Grdstdge B. 1fach gefiedert, m. eifgn od. länglich eingeschnitten gezähnten B.; Bthn innen meist weiss.
† *Bgwälder, bes. d. Alpen* (4—5) ♃. 2. *A.* **vernalis** *L.*
      5*. Grdst. B. 2—3fach fiedertheilig; Bthn dchaus violett.
       6. Bthn aufrecht, heller od. dunkler violett; Kchb.
doppelt so lang als d. Stbgef.; Babschnitte lineal;
Pfl. s. vielgestaltig. *Hügel, stein. Abhänge, nicht*
†† *selten* (4—5) ♃ . . . . 3. *A.* **pulsatilla** *L.*
        Babschn. breiter, lanzettl. var. **Halleri** *All.*
      6*. Bthn nickd, braunviolett.
       7. Kchb. doppelt so lang als d. Stbgefässe. *Hügel,*
stein. Abhge d. südl. Alpen (4—5) ♃.
               4. *A.* **montana** *Hppe.*
       7*. Kchb. u. Stbgefässe ziemlich gleichlang, erstere
glockig zusammenschliessend. *Hügel, stein. Abhge,*
†† *ss. (Nord- u. Mitteldtschld)* (4—5) ♃.
               5. *A.* **pratensis** *L.*
     4*. Grundständige B. fast 3zählig, m. 2—vielzähnigen Abschnitten; Bthn aufrecht, blauviolett, zieml. ausgebreitet.
Hügel, Abhge, selt.(Preussen, Böhmen, Schlesien) (4—5) ♃.
†   6. *A.* **patens** *L.*
    3*. Bthn völlig weiss, selten gelb; Hüllb. d. grundstdgn B.
ähnlich, doppelt 3zählig, eingeschnitten gesägt. *Stein.*
Abhge u. Bgwiesen d. Alpen u. höher. Gebirge „Brocken-
† *blume"* (5—8) ♃ . . . . 7. *A.* **alpina** *L.*
  2*. Frchtch. nicht geschwänzt.
    8. Bthn tiefblau, sternfg 9blättr., einzeln, langgestielt, nickd;
grundstge B. doppelt-, Hüllb. einfach 3zählig; Fr. kahl.
Zierpfl. aus Südeuropa (4—5) ♃. . 7b. *A.* **apennina** *L.*
    8*. Bthn weiss, gelb, röthlich od. violett.
     9. Stbbeutel blau.

10. Bthn 8—14blättrig, rosenroth od. violett; Früchtch. filzig behaart; Hüllb. 3, einfach, ganzrandig; grundstdge B. doppelt, 3zählig. *Stein. Abhänge, Gebüsch d. südl. Alpenggdn, auch als Zierpfl.* (3—4) ♃ . . . . 8. **A. hortensis** *L.* §57.
10*. Bthn 6—7blättrig, innen weiss, im Grd m. e. rothen Kranze; grdstdge B. 2—3fach fiedertheilig. *Zierpfl. aus Südeuropa* (3—5) ♃. . . . . 8b. **A. coronaria** *L.*
9*. Stbbeutel gelb od. weiss.
11. Kchb. auf d. unteren Seite seidenhaarig, weiss; Pfl. behaart.
12. Bthn zu 3—8 in Dolden; Fr. kahl. *Bgwiesen d. Alpen u. höheren Gebge (Vogesen, Sudeten)* (5—7) ♃.
 9. **A. narcissiflora** *L.*
12*. Bthn einzeln; Fr. wollig.
13. Grundstdge B. handfg, 5theilig; Hüllb. langgestielt; Stgl $1/2$—$1\frac{1}{2}'$ hoch. *Bgwiesen, Hügel, selten, auch als Zierpfl.* (4—5) ♃. . . . . 10. **A. silvestris** *L.* †
13*. Grundstdge B. 3zählig m. 3theiligen, 3zähnigen Blättchen; Hüllb. sehr kurzgestielt; Stgl 2—4" hoch. *Bgwiesen u. stein. Abhge d. höchsten Alpen, ss.* (7—8) ♃.
 11. **A. baldensis** *L.*
11*. Kchb. beiderseits kahl; Bthn 1—3; grdstdge B. fehld.
14. Kchb. weiss, meist 6; Hüllb. deutlich gestielt.
15. Blättch. d. 3zähligen Hüllb. wieder über d. Mitte gespalten; Stgl kahl. *Waldwiesen, Gebüsch, sehr häufig* (4—5) ♃.
 12. **A. nemorosa** *L.* †
15*. Blättch. d. 3zähl. Hüllb. ungetheilt, eifg od. länglich, am Rande gesägt; Stgl nebst B. u. Btbnst. behaart. *Waldwiesen, Gebüsch d. Alpenggdn* (4—5) ♃. 13. **A. trifolia** *L.*
14*. Kchb. gelb, meist 5; Bthn meist 2 beisammen; Hüllb. fast sitzd. *Waldwiesen, Gebüsch d. Alpenggdn* (4—5) ♃.
 14. **A. ranunculoïdes** *L.* ††

5. **Adonis** „Blutströpfchen" *L.* Kcb 5blättrig; Blkrb. 5 od. mehr, ohne Honiggefässe am Grd; Frkn. sehr zahlreich. Meist kahle Kräuter m. gelben od. scharlachrothen Bthn u. sehr fein zertheilten B.
 1. Blkrb. 6—8 (Bthn $1/2$—1" breit); Stgl v. Grd an beblättert.
 2. Blkrb. blutroth, am Grund schwarz gefleckt, halbkuglig zusammenschliessd; Kchb. abstehd. *Aecker d. südl. Alpenggdn, häufig als Zierpfl.* (6—8) ⊙. . . . 1. **A. autumnalis** *L.* †
 2*. Blkrb. scharlachroth od. gelb, ausgebreitet; Kch anliegend; Frschnabel etwas gebogen.
 3. Kch kahl; Frchtch. ganz grün. *Aecker, nicht selt.* (5—7) ♃.
 2. **A. aestivalis** *L.* †
 3*. Kch rauhhaarig; Frschnabel schwarz, *selt.* (6—7) ⊙.
 3. **A. flammea** *Lagn.* †
 1*. Blkrb. zahlreich, gross (Bthn $1\frac{1}{2}$—3" breit) hellgelb; untere Stglb. fast scheidenfg schuppig; Frschnabel stark gebog. *Hügel, stein. Abhge, selt.* (4—5) ♃. . . . . . . 4. **A. vernalis** *L.* †

c. *Ranunculeae.* Blkrb. am Grund m. e. Honiggefässe, übrigens w. bei b.

6. **Myosurus minimus** *L.* Kchb. 5, am Grd spornfg verlängert; Blkrb. am Grund in einen schmalen Nagel verengert, m. e. röhrenfgn Honiggef., kleiner als d. Kchb.; Frboden z. Frzeit

§ 57. **verlängert.** Kleines, 1—4" hohes, kahles Pflänzchen m. einzelstehenden, kleinen, gelblichen, langgestielten Bthn u. grundstdgn linealen B.; Stglb. fehld; Stbgef. meist nur 5—10. *Feuchte Aecker, nicht selt.* (5—6) ☉.

7. Ceratocephalus *Mönch. L.* Kchb. 5, am Grund nicht spornfg verlängert; Blkrb. am Grd m. e. Honiggrube, meist länger als d. Kchb., gelb; Frboden walzig; Früchtch. 3 fächerig, einsamig, m. 2 leeren Fächern. Kleine, behaarte Kräuter m. handfg getheilten, grundstdgn B.; Stglb. fehld.

1. Frschnabel gerade. *Trockne Hügel, ss. (Wien, Prag)* (3—4) ☉.
          1. *C.* **orthoceras** *DC.*
1*. Frschnabel sichelfg gebogen. *Aecker, ss. (b. Wien, Ulm)* (3—4) ☉.
          2. *C.* **falcatus** *Pers.*

† ### 8. Ranunculus *L* Kchb. 5, am Grd nicht spornfg; Blkrb. am Grund m. einer Honiggrube od. Schuppe, meist länger als d. Kchb.; Frboden flach, halbkuglig od. kegelfg, m. einfächerigen u. einsamigen Früchtch. Meist beblätterte Kräuter m. einfachen od. zusammengesetzten B. u. gelben, weissen od. anders gefärbten Bthn.

1. Bthn weiss m. gelben Nagel od. hellröthlich (b. 20 gelb); Honiggefäss ohne od. m. häutiger Schuppe.
2. Honiggefäss ohne Schuppe. Kahle, schwimmende od. untergetauchte, vielgestaltige Wasserpfl. m. seitenstdgn Bthn.
3. B. alle gleichartig, nierenfg 5lappig, langgestielt schwimmd. *Gräben, Ufer, selt. (Rheingyd, Nddtschld)* (5—7) ♃.
†   1. *R.* **hederaceus** *L.*
3*. B. alle od. z. Theil untergetaucht, borstig, vielspaltig.
4. Obere B. lappig schwimmend; Blkrb. 5, vkeifg.
5. B. etwa bis z. Mitte in 3—5 ganzrandige od. gekerbte Abschnitte getheilt, im Umriss nierenfg. *Teiche, Gräben, s. häufig* (5—7) ♃. . . . . 2. *R.* **aquatilis** *L.*
†   var. B. alle untergetaucht. β. **submersus.**
5*. B. fast bis z. Grund in 3, meist keilfge Abschnitte getheilt.
6. Bthnstiele nicht od. wenig länger als d. B.; Stbgef. länger als d. Frknotenköpfch. *Gräben, sss. (Holstein)* (5—7) ♃. . . . . . 3. *R.* **hololeucus** *Lloyd.*
6*. Bthnstiele viel länger als d. B.
7. Stbgef. länger als d. Frknotenköpfchen. *Gräben, Teiche (Nddtschld)* (5—8) ♃. 4. *R.* **Petiveri** *Koch.*
7*. Stbgef. kürzer als d. Frknköpfch.; Früchtch. sehr zahlreich. *Gräben, Teiche, sss. (Rheinpfalz, Ostseegydn)* (5—7) ♃. . . . 5. *R.* **Baudotii** *Godr.*
4*. B. alle untergetaucht, borstig, vielspaltig.
8. Stbgef. länger als d. Frknotenköpfchen.
9. Bthnstiele wenig länger als d. B.; Stbgef. meist wenige. *Gräben, Teiche, selt.* (5—7) ♃.
       6. *R.* **paucistamineus** *Tausch.*
9*. Bthnstiele viel länger als d. sehr starren B. *Gräben, Teiche, selt.* (5—7) ♃. . 7. *R.* **divoricatus** *Schrk.*
8*. Stbgef. kürzer als d. Frknotenköpfchen.

10. Frkntrgr kahl, kuglig; Blattabschn. ausser d. Wasser zu- §57.
sammenfalld, schlaff. *Gräben, Teiche, nicht selt.* (5—7) ♃.
            8. *R.* fluitans *L.* †
10*. Frkntrgr borstig, ei-kegelfg; Bubschn. starr. *Gräben, Teiche,
ss. (Oberbayern)* (5—7) ♃. . . . . 9. *R.* Rionii *Lagg.*
2*. Honiggef. v. e. häutigen, oft gespaltenen Schuppe bedeckt;
Landpfl. m. endstdgn Bthn.
 11. B. mehr od. weniger eingeschnitten od. gezähnt.
  12. Blkronb. 7—10. (Callianthemum *C. A. Meyer.*)
   13. Blkrb. vkeifg ; grdstdge B. z. Bthezeit entwickelt, doppelt
gefiedert; Stgl 2—6" hoch. *Stein. Abhge d. höchsten
Alpen* (7—8) ♃. . . . . . 10. *R.* rutaefolius *L.*
   13*. Blkrb. länglich, keilfg; grdstdge B. 2—3fach, 3zählig,
z. Bthezeit noch unentwickelt; Stgl 3—10" hoch. *Stein.
Abhge d. höchsten südl. Alpen* (7—8) ♃.
          11. *R.* anemonoïdes *Zahlbr.*
  12*. Blkrb. 5.
   14. Stglb. u. Bthn 1—3; Pfl. ¼—1' hoch.
    15. Kch rauhhaarig; Pfl. kahl od. zerstreut behaart; Bthn
oft röthlich. *Stein. Abhge d. höchst. Alpen* (7—8) ♃.
           12. *R.* glacialis *L.*
    15*. Kch kahl.
     16. Pfl. behaart, aufstgd; B. alle gestielt, handfg, fie-
derspaltig. *Stein. Abhge d. höchst. Alpen* (7—8) ♃.
           13. *R.* Seguieri *Vill.*
     16*. Pfl. kahl, aufrecht.
      17. Grundstdge B. nierenfg, rundlich, gekerbt; Stglb.
einfach od. handfg getheilt. *Stein. Abhänge d.
höchst. südl. Alpen* (7—8) ♃. 14. *R.* crenatus *W. K.*
      17*. Grdstdge B. wenigstens bis zur Mitte gespalten.
       18. Grdstdge B. etwa bis z. Mitte gespalten; Kchb.
herz-eifg. *Stein. Abhge d. Alpen* (6—8) ♃.
           15. *R.* alpestris *L.*
       18*. Grdstdge B. fast bis z. Grund getheilt; Kchb.
länglich-lanzettl. *Stein. Abhge d. Alpen* (6—8) ♃.
           16. *R.* Traunfellneri *Hppe.*
   14*. Stglb. u. Bthn zahlreich, erstere 5—7thlg; Stgl 1—3' h.
Bgwälder d. höher. Gebge (5—8) ♃.
          17. *R.* aconitifolius *L.*
11*. B. einfach u. ganzrandig; Stgl ¼—¾' hoch.
 19. Bthn weiss.
  20. B. eifg od. herzfg, nebst d. ganzen Pfl. mehr od. weniger
behaart. *Bgwiesen u. Abhge d. höchst. Alpen* (6—8) ♃.
          18. *R.* parnassifolius *L.*
  20*. B. länglich lanzettl. geradrippig, kahl; Bthnstiel oberwts
abstehend behaart. *Bgwiesen u. stein. Abhge d. Alpen*
(7—8) ♃. . . . . 19. *R.* pyrenaeus *L.*
 19*. Bthn satt gelb; B. lineal; Fr. runzlich. *Bgwiesen d. Alpen,
ss. (Canton Wallis)* (5—8) ♃. . . 20. *R.* gramineus *L.*
1*. Bthn gelb; Honigschuppe fleischig, selten fehlend (b. 25 u. 26).
 20. B. alle einfach, od. wenigstens nicht über d. Mitte getheilt,
meist kahl.
  21. Wenigstens d. oberen B. elliptisch lanzettl. od. lineal; Wzl
nicht knollig.
   22. Früchte glatt.

10*

§ 57.
23. Stgl schwach, aufstgd od. liegd; Wurzel faserig büschlig.
24. Frspitze gerade; Stgl ½—1½' hoch, aufstgd. *Feuchte
Wiesen, Gräben, Ufer, häufig* (6—8) ♃.
†   21. *R.* **flammula** *L.*
24*. Frspitze gebogen; Stgl liegd (ob var?) *Feuchte Sandfelder, Ufer, ss.* (6—8) ♃. . . . 22. *R.* **reptans** *L.*
23*. Stgl stark aufrecht, 2—4' hoch; Wurzel walzig, senkrecht, hohl, fast gegliedert. *Ufer, Gräben, nicht häufig* (7—8) ♃.
†   23. *R.* **lingua** *L.*
22*. Fr. knotig rauh; untere B. herzeifg. *Gräben, Ufer (am adr. Meer)* (5—6) ☉. . . 24. *R.* **ophioglossifolius** *Vill.*
21*. B. rundlich od. nierenfg m. meist gekerbtem Rande; Wurzel m. büschligen Knollen; Fr. glatt; Pfl. kahl (vgl. unten 46 bis 48.)
25. Kchb. 3; Blkrb. 6—9; Honigschuppe fehld (Ficaria *Mönch.*)
26. B. geschweift, gezähnt, am Grund m. e. breiten, offenen Bucht (*F. ranunculoïdes Mch.*) *Wiesen, Hecken, Gräben,*
†   *Gebüsch, sehr häufig* (3—5) ♃. . . . 25. *R.* **ficaria** *L.*
26*. B. fast ganzrdg, am Grund m. e. durch die übereinanderliegdn Blappen geschlossenen Bucht. *Aecker, Hecken, ss. (Oesterreich, Elsass)* (3—5) ♃.
         26. *R.* **calthaefolius** *Bluff.*
25*. Kchb. u. Blkrb. 5.
27. Grdstdge B. langgestielt; Stgl ¼—½' hoch. *Stein. Abhge*
†   *d. Alpen* (6—7) ♃. . . . . . 27. *R.* **hybridus** *Bis.*
27*. Grdstdge B. fehlend; Stgl ½—1' hoch. *Stein. Abhge u.*
††   *Bgwiesen d. Alpen* (6—7) ♃. . . . . 28. *R.* **thora** *L.*
20*. Wenigstens d. Stglb. bis z. Grd getheilt.
28. Wzl m. büschligen Knollen.
29. Pfl. anliegd behaart od. kahl.
30. Stgl ästig, vielbthg; B. 3theilig, seidenhaarig. *Wiesen, Hügel, Wege, ss.* (5—6) ♃. . . . 29. *R.* **illyricus** *L.*
30*. Stgl einfach, 1bthg, anliegd behaart; B. vieltheilig, kahl. *Wiesen, Wege. ss. (Oesterreich)* (4—5) ♃.
         30. *R.* **millefoliatus** *Desf.*
29*. Pfl. abstehd kurzhaarig; Stgl meist einfach, einbthg; Bthn in verschiedenen Farben, meist roth, violett od. gelb. *Zierpfl. aus d. Orient* (5—6) ♃. . . 30b. *R.* **asiaticus** *L.*
28*. Wzl nicht knollig büschlig.
31. Blkrb. 6—12''' breit, meist doppelt so lang als d. Kch.
32. Bthnstiele ungefurcht.
33. Frkn. u. Fr. m. gelben Sammthaaren besetzt; grdstdge B. v. d. Stglb. verschieden, ungetheilt od. breit lappig; Pfl. meist völlig kahl.
34. Grundstdge B. mehrere; Frschnabel v. Grd an hakig; sehr vielgestaltig. *Wiesen, Hecken, Gebüsch, s. häuf.* (4—5) ♃. . . . . 31. *R.* **auricomus** *L.*
34*. Grundstdge B. einzeln; Frschnabel gerade m. hakiger Spitze (ob var?) *Wälder, Gebüsch, ss. (Schlesien)* (4—5) ♃. . . . . 32. *R.* **cassubicus** *L.*
33*. Frkn. u. Fr. kahl.
35. Pfl. anliegd, behaart od. kahl.
36. Frboden borstig; Stgl einfach, wenigblüthig; grdst. B. w. b. 30.

37. Grundstdge B. m. stumpf gekerbten Abschnitten; Pfl. s. §57.
vielgest. *Bgwälder u. stein. Abhge d. Alpen* (5—8) ♃.
33. *R.* **montanus** *Willd.*
37*. Grdstdge B. m. spitz gezähnten Abschnitten (ob var?)
Bgwälder, Abhge, ss. (6—7) ♃. 34. *R.* **Villarsii** *DC.*
36*. Frboden kahl; Pfl. vielbthg, ästig; B. alle ziemlich gleich.
Wiesen, sehr gemein (5—8) ♃. . . . 35. *R.* **acris** *L.* †
35*. Stgl u. Bthnst. m. abstehenden, goldgelben Haaren.
38. Kchb. aufrecht; Frschnabel lang. *Wälder, Hecken, Gebüsch* (5—6) ♃. . . . . . . 36. *R.* **lanuginosus** *L.* †
38*. Kchb. zurückgeschlagen; Frschnabel kurz. *Wälder, Gebüsch (Istrien)* (5—6) ♃. . . . 37. *R.* **velutinus** *Ten.*
32*. Bthnstiele tief gefurcht.
39. Kchb. nicht zurückgeschlagen.
40. Pfl. kriechend, Auslfr treibd; grundstdge B. 3zählig od. doppelt 3zähl. *Wiesen, Gräben, Wege, Mauern, s. häufig, auch cult. (mit gefüllter Bthe "Goldknopf")* (4—6) ♃.
38. *R.* **repens** *L.* †
40*. Pfl. nicht kriechd; grundstdge B. handfg getheilt.
41. Frschnabel lang, stark gebogen; Pfl. nicht scharfschmckd.
Bgwiesen, stein. Abhge, selt. (5—6) ♃.
39. *R.* **nemorosus** *DC.* †
41*. Frschnabel kurz, wenig gebogen; Pfl. scharfschmeckd.
Wälder, Waldwiesen, selt. (5—6) ♃.
40. *R.* **polyanthemus** *L.* †
39*. Kchb. zurückgeschlagen.
42. Stgl am Grd zwiebelartig verdickt; Pfl. anliegd behaart; Fr. glatt. *Wiesen, Hügel, Wege, s. häufig* (5—6) ♃.
41. *R.* **bulbosus** *L.* †
42*. Stgl am Grd nicht zwiebelig verdickt; Pfl. absthd behaart; Fr. knotig. *Wiesen, Gräben, Ufer, selt.* (5—8) ♃.
42. *R.* **philonotis** *Ehrh.* †
31*. Blkrb. 2—4''' breit, wenig od. nicht länger als d. Kch.
43. Früchtch. glatt; Pfl. kahl.
44. Stglb. u. Bthn meist einzeln; Pfl. ½—1" hoch; Frknotenköpfchen kuglig, kürzer als d. Stbgef. *Bgwiesen u. Abhge d. höchsten Alpen, ss.* (6—7) ♃. 43. *R.* **pygmaeus** *Wahlbg.*
44*. Stgl ästig, vielbthg u. vielblättrig, ½—1½' hoch; Frknotenköpfch. walzig ährenfg, d. Bthe überrgd; Bthn blassgelb. *Gräben, Ufer, häufig* (5—8) ♃. . . 44. *R.* **sceleratus** *L.* ††
43*. Früchtch. stachlig; Bthn blassgelb.
45. Pfl. kahl od. wenig behaart; B. 3theilig; Frknotenköpfchen kürzer als d. Bthn. *Aecker, nicht selt.* (6—7) ☉.
45. *R.* **arvensis** *L.* †
45*. Pfl. absthd behaart; B. nicht über d. Mitte getheilt, lappig od. gekerbt.
46. Fr. langgeschnäbelt; Kchb. absthd; Stgl gefurcht. *Aecker, Hügel, Schuttplätze d. südl. Alpenggdn* (5—7) ☉.
46. *R.* **muricatus** *L.*
46*. Fr. kurz hakig-geschnäbelt; Kchb. zurückgeschlagen; Stgl rund; Bthn nur 2''' breit.
47. Bthnst. walzig, meist gerade. *Aecker, Hügel, Schuttplätze d. südl. Alpenggdn* (5—7) ☉. . . 47. *R.* **parviflorus** *L.*
47*. Bthnst. keulenfg, gebogen. *Wege, Wiesen am adriat. Meer* (5—6) ☉. . . . . 48. *R.* **chius** *DC.*

§ 57.   d. *Helleboreae.* Frknoten mehrsamig, zuletzt aufspringend; Stbgefässe m. auswärts aufspringenden Beuteln.

† 9. **Caltha palustris** *L.* Kch blkronartig, goldgelb; Blkrb. u. Honiggef. fehld. Kahles, glänzendes Kraut m. liegdm od. aufsteigendem Stgl u. herzfg rundlichen od. nierenfgn am Rande gekerbten B. *Gräben, Ufer, nasse Wiesen, s. gemein* (3—4) ♃ „*Schmalzblume, Dotterbl.*"

10. **Trollius** *L.* Kchb. zahlreich, blumenkronartig, gelb, meist kuglig zusammenschliessend; Blkrb. zahlreich, klein, honiggefässartig, flach zungenfg, am Grd röhrig. Kahle Krtr m. aufrechtem Stgl u. handfg getheilten, 5—7spaltigen B.; Frknoten zahlreich.
1. Stgl einfach, wenig beblättert; Bthn citronengelb; Blkrb. nicht länger als d. Stbgef. *Wiesen, selten, auch als Zierpfl.* (5—7) ♃.
1. *T.* **europaeus** *L.*
1*. Stgl ästig, reichblättrig; Bthn orangegelb; Blkrb. länger als d. Stbgef. *Zierpfl. aus Asien* (5—6) ♃.   1b. *T.* **asiaticus** *L.*

† 11. **Eránthis hiemalis** *Salisb.* (Helleborus *L.*) Kchb. blumenkronartig, 5—8, gelb; Blkrb. klein, honiggefässartig, röhrenfg 2lippig; Frkn. 5, auf e. besonderen Stiel. Kahles Kraut m. 2—4" hohem Stgl u. e. von e. besonderen vieltheiligen Hülle gestützten Bthe; eigentl. B. alle grundstdg, langgestielt, handfg 5spaltig. *Schattige Wälder, ss.* (3—4) ♃.

12. **Isópyrum thalictroïdes** *L.* Kchb. blumenkronartig, 5, abfallend, weiss, sternfg ausgebreitet; Blkrb. 5, klein, honiggefässartig, röhrig 2lippig, m. d. Kchb. wechsld; Frkn. zahlreich. Kahles, ½—1' hohes, ästiges, beblättertes Kraut m. doppelt 3zähligen B. u. langgestielten Bthn. *Bgwälder, ss. (östl. Dtschld)* (4—5) ♃.

13. **Helléborus** *L.* „Niesswurz". Kchb. blumenkronartig, 5, bleibd, grünlich, röthlich od. weiss; Blkrb. klein, honiggefässartig, röhrig 2lippig, zahlreich; Frknoten 4—5. Kahle, giftige Kräuter m. schuppiger Wurzel, wenig beblättertem Stgl u. fa**s**fg getheilten grundstdgn B.
1. Stgl einfach od. wenig ästig, 1—2bthg: Stglb. klein, eifg, schuppig, ganzrdg od. ganz fehld; Bthn weiss od. blassröthlich. *Bgwälder, ss., auch als Zierpfl. „Weihnachtsblume"* (12—2) ♃.
†† 1. *H.* **niger** *L.*
1*. Stgl beblättert, mehrbthg: Bthn grünl. od. bräunlich.
2. Stgl. v. Grund an beblättert, vielbthg; Stglb. bis z. Mitte in 3 Abschn. gethlt, klein. *Bgwälder, Gebüsch, ss.* (3—5) ♃.
†† 2. *H.* **foetidus** *L.*
2*. Stgl unterwärts blattlos; Stglb. bis z. Grd getheilt, d. grdst. ähnlich. *Bgwälder, Gebüsch, ss.* (3—4) ♃. 3. *H.* **viridis** *L.*
†† var. Narbe wagrecht. . . . . α. **odorus**.
    Nebenrippen d. B. eingesenkt vertieft. β. **dumetorum**.

14. Nigélla *L.* Kchb. blumenkronartig, 5, bläulich od. weiss; §57. Blkrb. zahlreich, honiggefässartig, am Grd kniefg gebogen u. m. gespaltenem Saum; Frkn. meist 5, wenigstens bis z. Mitte m. e. verwachsen. Beblätterte Krtr m. vielfach in haarfeine Abschnitte getheilten B.
1. Bthn v. e. vielfach zertheilten Hülle umgeben; Frkn. bis z. Spitze m. e. verwachsen, glatt; Stbkolben unbegrannt; Pfl. kahl. *Aecker am adr. Meer*, häufig als Zierpfl. „Gretchen im Busch" (7—8) ☉. . . . . 1. *N.* **damascena** *L.*
1*. Bthn ohne Hülle.
  2. Stbkolben begrannt; Frkn. bis z. Mitte verwachsen, glatt; Pfl. meist kahl. *Aecker*, *selt.* (7—8) ☉. 2. *N.* **arvensis** *L.*
  2*. Stbkolben unbegrannt; Frkn. bis z. Spitze verwachsen, drüsig, rauh; Pfl. behaart. *Culturpfl. aus d. Orient* „Schwarzkümmel" (7—8) ♃. . . . . 2b. *N.* **sativa** *L.*

15. Aquilégia *L.* „Aklei". Kchb. 5, blumenkronartig; Blkrb. 5, m. d. Kchb. abwechselnd, trichterfg, am Grund gespornt; Frkn. 5, frei. Ansehnliche Kräuter m. 3—mehrbthgm Stgl u. 1—2fach 3zählig grundstdgn B.
1. Blkrb. m. hakig gekrümmtem Sporn.
  2. Bthn blau, selten röthlich od. weiss.
    3. Blättch. breit, 3lappig m. abgerundeten, gekerbten Lappen; Pfl. sehr vielgestaltig. *Wälder, nicht selt.* (5—6) ♃.
         1. *A.* **vulgaris** *L.*
    3*. Blättch. tief getheilt m. abgestutzten, eingeschnitten gekerbten Theilstücken (ob var?) *Bgwälder d. südl. Alpen, ss.* (5—6) ♃. . . . . 2. *A.* **Haenkeana** *Kch.*
  2*. Bthn schwarzviolett od. fast bräunlich; Stbgef. viel lgr als d. Platte d. Blkr. (ob var?) *Bgwälder d. Alpen, ss.* (5—6) ♃.
         3. *A.* **atrata** *Kch.*
1*. Blkrsporn gerade od. wenig gebogen.
  4. Platte d. Blkr. abgestutzt, kürzer als d. Sporn; Bthn ansehnlich, schön blau. *Bgwälder d. Alpen (nur in d. Schweiz)* (5—6) ♃. . . . . 4. *A.* **alpina** *L.*
  4*. Platte d. Blkr. abgerundet; Pfl. mehr od. wen. klebrig beh.
    5. B. kahl m. eifgn op. vkeifgn Abschnitten; Sporn behaart. *Bgwälder d. Alpen* (5—6) ♃.
         5. *A.* **pyrenaica** *Kch.* = **Bauhini** *Schott.*
    5*. B. nebst d. Stgl belderseits klebrig flaumig; Sporn kahl. *Bgwälder d. Alpen* (5—6) ♃.
         6. *A.* **viscosa** *Kchb.* — **thalictrifolia** *Schlch.*

16. Delphinium *L.* „Rittersporn". Kchb. 5, blumenkronartig, † d. obere gespornt; Blkrb. honiggefässartig, 4, frei od. m. e. verwachsen, d. 1—2 oberen gespornt m. e. v. d. Kchb. eingeschlossenen Sporn; Frkn. 1—3—5. Beblätterte Kräuter m. handfg od. fingerfg eingeschnittenen B. u. meist blauen Bthn.
1. Frkn. einer; Sporn d. Kchs ungespalten; Blkrb. verwachsen.
2. Traube armbthg, locker; Frkn. kahl.
3. Stgl ausgebreitet ästig; Bthnstielch. länger als d. Deckb. *Aecker, häufig, auch als Zierpfl.* (6—7) ☉.
         1. *D.* **consolida** *L.* †

§ 57.
  3*. Stgl rispig ästig; Bthnstielchen viel länger als d. Deckb.
†   Aecker (am adr. Meer) (6—8) ☉. 2. *D.* **paniculatum** *Host.*
  2*. Trbn reichbthg, dicht; Frkn. flaumig. *Zierpfl. aus Südeuropa*
†   (6—7) ☉ od. ☉. . . . . 2b. *D.* **ajacis** *L.*
  1*. Frkn. 3—5; Kchsporn an d. Spitze gespalten, d. Sporne d. 2 ob.
   Blkrb. einschliessend.
   4. Blkrb. getrennt, d. 2 unteren auf d. Fläche behaart.
   5. B. m. 5 Hauptabschnitten; Bstiele nicht scheidig. *Bgwälder*
    d. südl. Alpenggdn, auch als Zierpfl. (6—7) ♃.
†   3. *D.* **elatum** *L.*
   5*. B. m. 3 Hauptabschnitten.
    6. Bstiele am Grund scheidenfg. *Bgwälder (am adr. Meer)*
†   (6—7) ♃. . . . . 4. *D.* **hybridum** *Willd.*
    6*. Bstiele nicht scheidenfg. *Zierpfl. aus Nordamerika* (6—7) ♃.
†   4b. *D.* **exaltatum** *Ait.*
  4*. Blkrb. am Grd m. e. verwachsen, auf d. Fläche kahl; Sporn
   sehr kurz; Stgl einfach od. wenig ästig. *Bgwälder um adr.*
††   *Meer* (6—7) ♃. . . . . 5. *D.* **staphisagria** *L.*

††   17. **Aconitum** *L.* „Eisenhut". Kchb. blumenkronartig, d. obere
helmfg; Blkrb. klein, honiggefässartig, d. 2 oberen langgestielt,
gespornt, d. 3 andern sehr klein od. ganz fehlend. Giftige Kräuter
m. handfg getheilten B.
  1. Helm verlängert, kegelfg; Sporn d. Blkrb. zirkelfg eingerollt;
   Bthn meist gelb, übrigens auch anders gefärbt. *Bgwälder, selt.*
††   (6—8) ♃. . . . . 1. *A.* **lycoctonum** *L.*
  1*. Helm gewölbt, meist nicht länger als breit.
   2. Bthn gelb, nebst Bthnstiel u. Stgl flaumig; B. meist kahl.
††   *Bgwälder, stein. Abhge, selt.* (6—8) ♃. . 2. *A.* **anthora** *L.*
   2*. Bthn meist blau od. weiss (in einander übergehende Arten.)
    3. Pfl. kahl od. flaumig haarig.
     4. Bthn in lockeren Trbn.
      5. Helm fast kegelfg. u. länger als breit, vorn m. e.
       kurzen, spitzen Schnabel; Blkrb. auf e. bogigen Stiel.
       Bgwälder, stein. Abhge, ss. (6—8) ♃.
††   3. *A.* **variegatum** *L.*
      5*. Helm so lang als breit; Blkrstiel fast gerade. *Berg-*
††   *wälder, stein. Abhge, ss.* (6—8) ♃.
           4. *A.* **Störkeanum** *Rchb.*
     4*. Bthn in dichten Trbn; Helm breiter als lang. *Bgwälder,*
††   *stein. Abhge, selt.* (6—8) ♃. . . . 5. *A.* **napellus** *L.*
    3*. Pfl. oberwärts klebrig drüsig; Bthn zuletzt fast rispig.
     Bgwälder, stein. Abhge, selt. (6—8) ♃.
††   6. *A.* **paniculatum** *Lam.*

  e. *Paeoniaceae.* Stbgef. m. einwärts aufspringdn Beuteln,
alles übrige w. b. d.

†   18. **Actaea spicata** *L.* (XIII. 1.) Kchb. 4, nebst d. 4—6
flachen Blkrb. u. zahlreichen Stbgef. sehr leicht abfallend;
Frkn. einer; Fr. e. einfächerige Beere m. 2reihig. Samen. Kahles
od. oberwärts flaumiges Kraut m. 1—2' hohem, oberwärts ästigem
Stgl, doppelt 3zähligen B., weissen Bthn in kurzen, eifgn, dichten
Trauben u. schwarzen, giftigen Beeren. *Wälder, Gebüsch, bes.
in Gebgsggdn* (5—7) ♃.

19. **Cimicifuga foetida** *L.* Kchb. 4, nebst d. 4 fast §57. krugfgn Blkrb. u. zahlreichen Stbgef. leicht abfalld; Frkn. 2—5; Früchte trocken, kapselartig aufspringend. Oberwärts flaumiges, 2—4' hohes Kraut m. doppelt 3zähligen B. u. weissen od. grünlichen stinkenden Bthn in vielbthgn, walzigen Rispen. *Wälder, ss. (Mähren, Preussen), auch als Zierpfl.* (7—8) ♃.

20. **Paeonia** *L.* „Pfingstrose". Kchb. 5, oft ungleich, fast †
lederartig, bleibend; Blkrb. 5—10, gross; Frkn. 2—5; Fr. balgkapselartig, meist behaart. Ansehnliche Kräuter od. Sträucher m. doppelt 3zähligen B. u. meist rothen, einzelstehenden Bthn.
  1. Kräuter m. einfachem od. wenig ästigem Stgl u. meist purpurrothen Bthn.
    2. Frkn. u. Kapseln meist 5; Blattabschnitte elliptisch lanzettl. ganz, unters. kahl od. behaart. *Felsen, Bgwälder d. Alpen, sss. (Reichenhall)* (5—6) ♃. . . . 1. **P. corallina** *Kchb.*
  2*. Frkn. u. Kapseln 2—3.
    3. B. unters. kahl, m. an d. Spitze oft 2—3spalt. Abschnitten. *Felsen, Bgwälder d. Alpen, auch als Zierpfl.* (5—6) ♃.
      2. **P. officinalis** *L.* = **peregrina** *Mill.* †
    3*. B. unters. weichhaarig m. lanzettl. spitzen Abschnitten (ob var?) *Felsen, Bgwälder d. südl. Alpen, ss.* (5—6) ♃.
      3. **P. pubens** *Sims.*
1*. Aestiger, 2—4' hoher Strauch m. weissen od. hellrosenrothen Bthn. *Häufige Zierpfl. aus China* (5—6) ♃. 3b. **P. Moutan** *Sims.*

XX. Ordn. **COCCULINAE** *Bartl.* Kchb. frei, 4—6; Blkrb. ebensoviele, nebst d. Stbgef. d. Frboden eingefügt, in d. Knospe dachig, abfalld; Frkn. meist einer; Fr. e. Beere, Kapsel od Steinfrucht; Same eiweisshaltig: Stbgef. meist 4—6, d. Blkrb. gegenständig, selten mehr.

§ 58. **BERBERIDEAE.** *DC.*

Kchb. 4—6; Blkrb. so viele als Kchb. u. nebst d. ebensovielen Stbgef. diesen gegenständig, am Grd m. Honiggef.; Stbkolben v. Grund bis z. Spitze in Klappen aufsprgd; Keim im Verhältniss z. Eiweiss s. klein; Bthn zwittrig. Kräuter od. Sträucher m. oft wimprig gesägten B.
  1. Bthntheile 6zählig; Honiggef. fehld, dorniger Strauch m. gelben Bthn in hängenden Trauben. . . . . . . 1. **Berberis.**
1*. Bthntheile 4zählig m. becherfgm Honiggefäss.
                            2. **Epimedium.**

1. **Berberis vulgaris** *L.* (VI. 1). Bthntheile 6zählig; Bthn gelb, in hängenden Trauben; Fr. e. rothe Beere; Strauch 4—6' hoch m. eifgn, wimprig gesägten, büschligen, von einfachen

§ 59. od. 3—5theiligen Dornen gestützten B.*) *Wälder, Hecken, Gebüsch, häufig* (5—6) ♃ *auch cult. "Berberitzenstrch, Sauerdorn."*

2. **Epimedium alpinum** *L*. (IV. 1). Bthntheile 4zählig; Bthn roth, m. gelber Nebenkrone (Honiggefäss) in aufrechten Trbn; Fr. e. Kapsel. Kahles, oberwärts drüsig behaartes Kraut m. ½—2' hohem Stgl u. einem doppelt dreizähligem Stglb.; Blättch. herzeifg, stachelspitzig, gezähnt. *Wälder d. südl. Alpenggdn, auch als Zierpfl.* (4—5) ♃.

XXI. Ordn. **UMBELLIFLORAE** *Bartl.* Kch m. d. Frkn. verwachsen m. 5zähnigem od. undeutl. Saum; Blkrb. 4—5, d. Kch eingefügt, in d. Knospe eingerollt od. klappig; Stbgef. meist wenige, kchständig; Frkn 1, meist 2fächerig, wenigsamig; Same eiweisshaltig; Keim gerade, im Verhältniss zum Eiweiss sehr klein; Bthnstd oft doldig.

§ 59. **CORNEAE.** *DC.*

Blkrb. in d. Knospe klappig, 4—5; Griff. 1; Fr. e. Beere od. Steinfrucht. Meist Sträucher m. wechselstdgn od. gegenstdgn, einfachen B. u. Nebenb.
1. Bthntheile 5zählig; Gr. m. 5 Narben; Fr. e. Beere. Klimmdr Strauch m. 5lappigen, wechselstdgn B. . . . . 1. **Hedera.**
1*. Bthntheile 4zählig; Gr. m. einfacher Narbe; Fr. e. Steinfrucht. Kräuter od. aufrechte Sträucher m. einfachen, ganzrandigen B.
                                                        2. **Cornus.**

A. *Hederaceae.* Fr. e. Beere.

1. **Hedera helix** *L*. (V. 1). Kletternder, oft 30—50' hoher Strauch m. immergrünen, 5eckig lappigen B., grünlichen Bthn in aufrechten Dolden u. schwarzen Beeren. *Wälder, Felsen, häufig (8, blüht aber selten)* ♄ *"Ephen"*.

B. *Corneae.* Fr. e. Steinfrucht.

2. **Cornus** *L*. "Hartriegel" (IV. 1). Aufrechte Sträucher od. Kräuter m. gegenstdgn, ganzrandigen, bogig rippigen B.
  1. B. deutlich gestielt; Sträucher.
    2. Bthn gelb, vor d. B. erscheinend, in kugl. Dolden v. e. grünen, 4blätrigen Hülle umgeben; Fr. roth, essbar. *Bgwälder, selt., häufig cult.* (3—4) ♄ *"Cornelkirschenstrauch."* 1. *C.* **mas** *L*.
    2*. Bthn weiss od. grünlich, nach d. B. erscheinend.

---

*) Die Stbgefässe sind bei dieser Pfl. v. einer ausserordentlichen Reizbarkeit, indem sie, sobald die Fäden innen am Grunde nur leise mit einer Nadel oder dergl. berührt werden, sofort auf d. Narbe klappen.

3. Bthn weiss, ohne Hülle, in Doldentrauben. § 59.
4. B. beiderseits grün; Zweige oft blutroth, gerade; Fr. schwarz
m. weissen Punkten. *Wälder, Gebüsch, nicht selt.* (6—7) ♄.
2. **C. sanguinea L.**
4*. B. unters. dünn graufilzig; Zweige zurückgebogen; Fr. weiss.
Häuf. Zierstrch aus Nordamerika (6—7) ♄. 2b. **C. alba L.**
3*. Bthn grünl. in kugl. Dolden v. e. 4blättrig. weissen Hülle umgeben; Fr. scharlachroth. *Häuf. Zierstrch aus Nordamerika*
(6—7) ♄. . . . . 2c. **C. florida L.**
1*. B. sitzend; kleines, 2—8″ hohes Kraut m. purpurrothen, v. e. 4blättrigen, blumenkronartigen Hülle umgebenen Bthn. *Wälder, Torfboden (Norddtschld)* (6—7) ♃. . . 3. **C. suecica L.**

§ 60. UMBELLIFERAE. *Juss.*

Kch über d. Frknoten stehend m. 5zähnigem od. undeutlichem Saum; Blkrb. 5, dem Kch eingefügt, in d. Knospe einwärts gerollt; Stbgef. 5, nebst d Blkrb. abfallend; Griffel 2, am Grund in eine d. Frknoten stehende Scheibe (Stempelpolster) sich ausbreitend. Fr. zuletzt von der Basis gegen die Spitze hin in 2, an einem gabelfgn Halter hängde einsamige Früchtchen auseinandertretd, rippenlos oder m. 5 zuweilen flügelartigen oder stachligen Rippen (Hauptrippen), in deren dazwischenliegenden Vertiefungen (Thälchen) häufig entweder Oelstreifen (Striemen) bemerklich sind, od. welche auch abermals m. flügelfgn od. stachlichen, oft sogar stärker hervortretenden Rippen (Nebenrippen) besetzt sind. Keim sehr klein, in der Spitze des hornartigen Eiweisses. Kräuter mit meist zusammengesetzten, wechselständigen B. v. doppeldoldigem Bthnstand, wobei häufig sowohl die Doldenstiele, resp. die allgemeine Dolde, als auch die einzelnen Bthnstiele, die Döldchen, von einer aus 1 od. mehreren B. bestehenden Hülle (Doldenhülle u. Döldchenhülle od. Hüllchen) gestützt sind. Mit Ausnahme von Trinia alle V. 2. *L.*

Eine der grössten und ausgezeichnetsten natürlichen Familien, deren Arten theils aromatisch, theils giftig, übrigens wegen der grossen Aehnlichkeit des Baues oft schwierig von einander zu unterscheiden sind. Zur sicheren Bestimmung derselben ist in der Regel die entwickelte Frucht nothwendig.

1. Bthn in Köpfchen od. einfachen Dolden, nie in regelmässigen Doppeldolden.
2. Blkrb. eifg. spitz m. gerader Spitze; Fr. v. d. Seite zusammengedrückt, aus 2 schildfgn Früchtchen bestehend Wasserliebende Pfl. m. kreisrunden, schildfgn B.; Kch undeutlich.
1. **Hydrocotyle.**
2*. Blkrb. durch d. eingeknickte Spitze vkherzfg; Fr. im Querschnitte rundlich; Kch 5zähnig
3. Bthn gelb, in kopffgn Doldeu v. e. grossen, 5—7blättrigen Hülle umgeben; Stglb. fehld. . . . . 2. **Hacquetia.**
3*. Bthn röthlich od. weiss; Stgl behlättert.
4. Bthn sitzend, kopffg gehäuf..
5. Frboden m. Spreublättchen; Hüllb. fiederspaltig, dornig gezähnt; Pfl. distelartig. . . . . . **Eryngium.**
5*. Frboden ohne Spreublättchen; Früchtch. hakig stachlig; Pfl. nicht distelartig. . . . . . . 4. **Sanicula.**
4*. Bthn langgestielt, v. e. gefärbten Hülle umgeben; Früchtchen m 5 hohlen Rippen; grundstdge B handfg lappig.
5. **Astrantia.**

§ 60. 1*. Bthnstd immer e. vollkommene Doppeldolde.
  6. Fr. stachlig od. geschnäbelt.
   7. Fr. ungeschnäbelt, stachlig.
    8. Eiweiss auf d. Berührungsfläche d. beiden Früchtch. (Fugenseite) flach od. convex; B. d. Doldenhülle gross, blattartig.
     9. Nebenrippen aus e. einfachen Reihe v. Stacheln gebildet; B. d. Doldenhülle fiedertheilig. . . . . 51. **Daucus.**
     9*. Nebenrippen aus e. 2—3fachen Stachelreihe gebildet; B. d. Doldenhülle ungetheilt; Blkrb. d. randst. Bthn viel grösser, strahlend. . . . . 50. **Orlaya.**
    8*. Eiweiss auf d. Berührungsfläche eingerollt od. rinnenfg vertieft; Hüllb. klein od fehlend.
     10. Nebenrippen deutlich; Stgl kantig gefurcht.
      11. Nebenrippen stärker hervortretend als d. Hauptrippen, m. 1—3 Stachelreihen. . . . . . 52. **Caucalis.**
      11*. Nebenrippen eben so hoch als d. 3 mittleren Hauptrippen, m. 2—3 Stachelreihen. . . 53 **Turgenia.**
     10*. Nebenripp. undeutl.; Fr überall dicht stachlig; Stgl rund. 54. **Torilis.**
   7*. Fr. geschnäbelt, stachlich od. glatt; Eiweiss auf d. Berührungsfläche eingerollt.
    12. Frboden nicht hohl.
     13. Fr. m. 5 stumpfen Rippen; Frschnabel sehr lang; Dold. wenigstrahlig. . . . . 55. **Scandix.**
     13*. Fr. rippenlos, sehr kurz, oft fast undeutlich geschnäbelt; Dolden meist vielstrahlig. . . . . 56. **Anthriscus.**
    12*. Frboden hohl, die geschnäbelte Fr. einschliessd.
      62. **Echinophora.**
 6*. Fr. weder stachlig noch geschnäbelt
  14. Fr. linsenfg od m. flügelfg erweiterten Rippen.
   15. Fr. durch die aneinander schliessenden Flügelränder linsenfg.
    16. Fr. von zahlreichen Oelstreifen durchzogen. Kahles Kraut m. gelben Bthn. rundl. eifgn Blkrb., deutlichen Kehzähnen u. vielblättrigen Hüllen. . 39. **Ferulago.**
    16. Thälchen d. Fr. v. 1—2 Oelstreifen durchzogen.
     17 Blkrb. ausgerandet herzfg; Hüllen meist vorhanden.
      18 Kchzähne deutlich.
       19. Frrand knorpelig verdickt. Meist behaarte Krtr m. kleinen, wenigstrahlig. Dolden u. weissen Bthn. 47. **Tordylium.**
       19*. Frrand nicht knorpelig verdickt.
        20. Oelstreifen d. ganze Fr. d. Länge nach durchziehend, fadenfg
         21 Oelstreifen auf d. Oberfläche d. Fr.; B. nicht milchend. . . . . . 41. **Peucedanum.**
         21*. Oelstreifen v. d. Frgehäuse bedeckt; Babschn. milchend. . . . . . 40. **Thysselinum.**
        20*. Oelstreifen keulenfg, nur bis zur Mitte d. Fr. gehend; Bthn weiss od. grünl. in grossen, vielstrahligen Dolden, d. randst. oft grösser, strahlig. 46. **Heracleum.**
      18*. Kchz. undeutlich; Bthn weiss in vielstrahl. Dolden. 42. **Imperatoria.**
     17*. Blkrb. eingerollt, 4eckig rundlich, gelb; Hüllen fehld.

22. Kchz. deutlich; Babschnitte breit. . 43. **Tommasinia**. *§60*.
22*. Kchz. undeutlich.
23. Babschnitte breit. . . . . 45. **Pastinaca**.
23*. Babschn. schmal fadenfg; Pfl. sehr gewürzhaft.
              44. **Anethum**.
15*. Fr. m. flügelfg erweiterten klaffenden Rippen.
 24. Jedes Früchtch. m. 9 abwechsld mehr u. weniger erhabenen, flügelfgn Rippen; Bthn weiss in vielbthgn Dolden u. meist dreilappigen Blättchen; Hüllen fehlend. . . . 48. **Siler**.
24*. Jedes Früchtchen höchstens m. 4 od. 5 Flügeln.
 25. Jedes Früchtchen m. 4 Flügeln (Nebenrippen flügelfg; Hauptrippen undeutlich); Bthn weiss od. röthl. in grossen, vielstrahligen Dolden. . . . . . 49. **Laserpitium**.
25*. Jedes Früchtch. m. 3 rückenstdgn u. 2 randstdgn Flügeln od. d. rückenstdgn Rippen fadenfg.
 26. Eiweiss auf d. Berührungsfläche d. beiden Früchtchen eingerollt; Kchz. deutlich; Blkrb. eifg od. lanzettlich; Doldenhülle vielblättrig.
 27. Fruchtrippen hohl, wellig gekerbt; Fr. eifg; Blkrb. rundl. eifg. . . . . . 64. **Pleurospermum**.
27*. Frrippen nicht hohl od. wellig; Fr. länglich; Blkrb. lanzettl. spitz. . . . . 61. **Molopospermum**.
26*. Eiweiss auf d. Berührungsfläche flach od. gewölbt; Doldenhülle meist fehld od. armblättrig.
 28. D. randstdgn Flügel nicht od. nur wenig breiter als d. rückenstdgn.
 29. Eiweiss frei in d. Höhle d. Frgehäuses. Kahles Kraut m. 3fach 3zählig stechenden B. u. grünl. Bthn.
             33. **Crithmum**.
29*. Eiweiss m. d. Frgehäuse verwachsen. Kahle Kräuter m. 2—3fach fiedertheiligen B. u. weissen Bthn in vielstrahligen Dolden. . . . . 26. **Cnidium**.
28*. D. randstdgn Flügel wenigstens doppelt so breit als d. rückenstdgn, oft nur fadenfgn Rippen.
 30. Frrippen hohl; Kchzähne deutlich; Blkrb. vkherzfg; Pfl. wenig beblättert. . . . . 36. **Ostericum**.
30*. Frrippen nicht hohl; Kchzähne undeutlich.
 31. Blkrb. vkherzfg, weiss. . . . 35. **Selinum**.
31*. Blkrb. nicht vkherzfg.
 32. Blkrb. rundl. gelblich; Früchtch. m. 5 Flügeln; Doldenhülle reichblättrig. 34. **Levisticum**.
32*. Blkrb. spitz, weiss od. grünlich; Doldenhülle fehlend.
 33. Blkrb. weiss; Stempelpolster flach; Eiweiss m. d. Frgeh. verwachsen. . 37. **Angelica**.
33*. Blkrb. grünlich; Stempelpolster gewölbt; Eiweiss frei. . . . . 38. **Archangelica**.
14*. Fr. weder linsenfg noch geflügelt.
 34. Eiweiss sowohl d. Länge als d. Quere nach auf der Verbindungsfläche concav; Blkrb. vkherzfg, d. äusseren viel grösser, strahlend, weiss; Dolden wenigstrahlig m. meist 3blättriger, einseitig herabhängdr Döldchenhülle; Fr. kuglig od. 2knotig.
 35. Fr. völlig kuglig; Kch 5zähnig. . . 68. **Coriandrum**.
35*. Fr. 2knotig; Kchz. undeutlich. . . . . . 67. **Bifora**.
34*. Eiweiss auf dem Querschnitt eingerollt od. rinnenfg vertieft. (s. u. 34**).

UMBELLIFERAE.

§ 60. 36. Fruchtrippen wellig gekerbt; Fr. eifg; Döldchenhülle 1seitig, 3blättrig. Kahles, bläulich bereiftes Kraut m. rundem, hohlem, unterwärts oft roth gefleckten Stgl u. weissen Bthn.
 63. **Conium.**
36*. Frrippen nicht wellig gekerbt.
 37. Frrippen stumpf od. ganz fehld; Fr. lineal.
 38. Gr. deutlich; Fr. m. 5 stumpfen, flachgedrückten Rippen. Meist behaarte Kräuter m. weissen Bthn u. 5blättriger, zurückgeschlagener Döldchenh. 58. **Chaerophyllum.**
 38*. Gr. fehlend; Narbe unmittelbar auf d. kegelfgn Stempelpolster sitzd. . . . . 57. **Physocaulus.**
 37*. Frrippen scharf, oft fast flügelartig.
  39. Fr. lineal; Bthn weiss.
   40. Kchzähne deutlich blattartig; Blkrb. lanzettlich; Doldenhülle reichblättr. . . . . 61. **Molopospermum.**
   40*. Kchz. undeutlich; Doldenhülle fehld.
    41. Frrippen hohl; Pfl. behaart, v. Anisgeruch.
 60. **Myrrhis.**
    41*. Frrippen nicht hohl; Pfl. kahl; Wurzel knollig rundl.
 59. **Biasolettia.**
  39*. Fr. eifg od. gedunsen.
   42. Bthn weiss; Kchz. deutl.; Stgl kantig. 65. **Malabaila.**
   42*. Bthn gelb od. grünlich; Kchz. undeutlich; Fr. 2knotig; Blkrb. lanzettlich od. elliptisch. . 66. **Smyrnium.**
34**. Eiweiss im Querschnitt auf d. Berührungsfläche flach od. gewölbt.
 43. Fr. auf d. Querschnitte mehr od. weniger kreisfg rundlich, ungeflügelt; Bthn meist weiss, selten gelb; Döldchen meist m. einer mehrblättrigen Hülle.
  44. Blkrb. eingerollt, gelb m. gestutztem, fast 4eckigen Läppch.; Döldchenhülle fehld; Kchz. undeutlich. 23. **Foeniculum.**
  44*. Blkrb. nicht eingerollt.
   45. Blkrb. spatelfg m. langem Nagel; Kch 5zähnig; Früchtch. m. 5 fast flügelartigen Rippen u. 3—4striemig. Thälchen.
 27. **Trochiscanthes.**
   45*. Blkrb. nicht genagelt.
    46. Blkrb. vkherzfg od. eifg.
     47. Kchzähne deutlich.
      48. Griffel auch z. Frzeit aufrecht.
       49. Thälchen 1striemig; Kchz. s. gross, Sumpfpfl.
 21. **Oenanthe.**
       49*. Thälch. 2—3striemig; Kchz. kleiner, Alpenpfl.
 28. **Athamantha.**
      48*. Gr. zurückgebogen.
       50. Kchz. pfriemlich; Thälchen 1striemig.
 25. **Libanotis.**
       50*. Kchz. kurz 3eckig; Thälchen 1—3striemig.
 24. **Seseli.**
     47*. Kchz. undeutlich.
      51. Döldchenhülle 3blättrig, 1seitig herabhängend; Fr. eifg m. dicken Rippen u. 1striemig. Thälchen.
 22. **Aethusa.**
      51*. Döldchenhülle mehrblättrig, nicht einseitig.
       52. Thälchen d. Fr. ohne Oelstriemen; B. grundstdg; Dolde einzeln. . . . . 32. **Gaya.**
       52*. Thälchen d. Fr. 1—3striemig; Stgl beblättert, mehrdoldig.

53. Thälch. 1striemig; Rippen d. Fr. fast flügelartig; Bthn weiss. § 60.
26. **Cnidium.**
53*. Thälch. 3striemig; Frrippen nicht flügelartig.
54. Blkrb. eifg. grünlichgelb; Stgl kantig. . . 30. **Silaus.**
54*. Blkrb. herzfg, weiss od. röthlich; Stgl rund, zart gestreift.
29. **Ligusticum.**
46*. Blkrb. elliptisch lanzettlich, an beiden Enden spitz; Gebgspfl. m. fein zertheilten B. . . . . **Meum.**
43*. Fr. 2knotig od. von d. Seite zusammengedrückt, im Querschnitt daher eifg od. fast brillenfg.
55. Kchzähne undeutlich.
56. Blkrb. vkherzfg ausgerandet m. eingebogenem Spitzchen, meist weiss.
57. Randbthn grösser strahlend; Hüllen reichblättrig, d. d. Dolden oft 3theilig. . . . . 14. **Ammi.**
57*. Randbthn nicht strahlend.
58. Fr. striemenlos; Hüllen fehlend; B. 2—3fach 3zählig m. eifgn Blättch. . . . . . . 15. **Aegopodium.**
58*. Fr. m. Oelstriemen; B. 1—3fach gefiedert.
59. Striemen keulenfg; Bthn klein in wenigstrahligen Dolden m. 2—3blättriger Döldchenhülle. 12. **Sison.**
59*. Striemen fadenfg.
60. Fr. länglich, 1—3striemig; B. 2—3fach gefiedert m. schmalen Abschnitten. . . . . . 16. **Carum.**
60*. Fr. eifg od. 2knotig, 3striemig; B. meist einfach gefiedert; Hüllen fehld.. . . 17. **Pimpinella.**
56. Blkrb. nicht vkherzfg.
61. Bthn polygamisch; Blkrb. sternfg spitz, weiss; Fr. eifg m. hohlen Rippen. Kleine, kahle Pfl. m. fadenfgn Babschnitten u. ohne od. m. armblättriger Döldchenhülle.
9. **Trinia.**
61*. Bthn alle gleichartig zwittrig.
62. Fr. rundlich; Hüllen fehlend; Bthn weiss, eifg rundlich m. eingerollter Spitze. . . . . 7. **Apium.**
62*. Fr. eifg; Hüllen vielblättrig.
63. Blkrb. vorn abgerundet, gelb od. weiss; B. mehrfach fiedertheilig. . . . . 8. **Petroselinum.**
36*. Blkrb. m. abgestutzter Spitze, gelb; B. einfach u. ganzrandig. . . . . 20. **Bupleurum.**
55*. Kch deutlich, 5zähnig; Bthn weiss.
64. Blkrb. sternfg ausgebreitet. spitz od. rundlich; Fr. eifg od. länglich m. 1striemigen Thälchen. Liegende, kahle Kräuter m. blattgegenstdgn Dolden u. einfach gefiederten B.
10. **Helosciadium.**
64*. Blkrb. herzfg od. eingerollt.
65. Fr. 2knotig; Kchzähne sehr gross; B. doppelt gefiedert; Doldenhülle meist fehlend; Döldchenhülle reichbl.
6. **Cicuta.**
65*. Fr. länglich od. eifg; Kchz. kleiner; Hüllen meist vorhanden u. mehrblättrig.
66. Thälchen d. Fr. einstriemig; Dolden endstdg.
67. Fr. eifg; Läppchen d. Blkrb. aus e. Querfalte hervortretd. Gabelästige Krtr m. sehr kleinen, fadenfg zertheilten Stglb. . . . . 11. **Ptychotis.**

§ 60. 67*. Fr. lineal; Läppchen d. Blkr. aus d. Ausrandg hervortretend. Aestige Kräuter m. 3fingerigen, lederartigen, lineal-lanzettl., gesägten Blättchen. . . . . 12. **Falcaria**.
66*. Thälchen d. Fr. 3striemig; B. 3zählig od. einfach gefiedert.
  68. Striemen auf d. Oberfläche d. Fr. sichtbar; Stgl kantig; Dolden endstdg. . . . . 19. **Sium**.
  68*. Striemen v. d. Frhaut verdeckt; Stgl rund; Dolden z. Theil blattgegenstdg. . . . . 18. **Berula**.

I. *ORTHOSPERMEAE*. Eiweiss auf d. Berührungsfläche flach od. gewölbt.

a. *Hydrocotyleae.* Dolden unvollkommen, kopffg; Fr. v. d. Seite zusammengedrückt.

† 1. **Hydrocotyle vulgaris** *L.* (2). Kehrand undeutlich; Blkrb. eifg spitz m. gerader Spitze; Fr. v. d. Seite zusammengedrückt in 2 schildfge Früchtchen zerfalld. Kleines, kahles Krt m. kriechdm Stgl, schildfg-kreisrunden langgestielten B. u. etwa halb so lang gestielten, blattwinkelstdgn, 5—10bthgn kopffgn Dolden; Bthn klein, weiss od. röthlich. *Teichufer, Sumpfwgdn, selt.* (7—8) ♃.

b. *Saniculeae.* Dolden einfach od. unvollkommen, kopffg; Fr. auf d. Querschnitt fast kreisfg rund.

2. **Sanicula europaea** *L.* (5*). Kch 5zähnig; Blkrb. durch d. eingeknickte Spitze vkherzfg; Fr. fast kuglig, dicht m. hakigen Stacheln besetzt, rippenlos, nicht in 2 Früchtchen zerfallend. Kahles Kraut m. aufrechten, 1—1½′ hohen, wenig beblättertem Stgl u. weissen Bthn in kopffgn, doldig gruppirten Döldchen; grdstge B. langgestielt, handfg, lappig, stglstdge (wenn vorhanden) 3theilig, sitzd. *Wälder, nicht selt.* (5—6) ♃.

3. **Hacquetia epipactis** *DC.* (3) (Dondia *Rchb.* Astrantia *Scop.*) Kch 5zähnig; Blkrb. vkeifg m. eingeknicktem Läppchen; Früchtchen höckerig, convex m. hohlen Rippen. Kahles Kraut m. 4—8″ hohem, blattlosem, einfachem, an d. Spitze eine von 5—8 langen, grobgesägten Hüllb. umgebene Dolde tragenden Stgl; Bthn gelb, polygamisch. *Bgwälder d. Alpen u. höher. Gebge* (4—5) ♃.

† 4. **Astrantia** *L.* (4*). Kch 5zähnig; Blkrb. vkeifg m. eingeknicktem Läppchen; Früchtchen m. 5 hohlen, gezähnten od. höckerigen Rippen. Kahle, wenig beblätterte Kräuter m. weissen od. röthlichen Bthn in einfachen, von weissen od. röthl. Hüllb. umgebenen Dolden u. langgestielten grundstdgn u. kurzgestielten od. sitzdn Stglb.
  1. Grundstdge B. bis z. Grd in 7—9 schmale, lanzettliche, spitz gesägte Blättch. getheilt. *Bgwälder d. höher. Alpen* (7—8) ♃.
          1. *A.* **minor** *L.*
  1*. Grdstdge B. nicht bis z. Grd od. in breite, lappige Abschnitte getheilt.
  2. Kchz. kurz eifg stumpf m. kurzer Stachelspitze.
  3. Grundstdge B. 3theilig; Zähne d. Rippen kegelfg spitz. *Bgwälder d. Alpen, ss. (Krain)* (7—8) ♃.
          2. *A.* **gracilis** *Bartl.*

3*. Grdst. B. handfg 5lappig; Zähne d. Rippen stumpf. *Bgwälder* § 60.
d. *Alpen, selt.* (7—8) ♃. . . . . . 3. *A.* **carniolica** *Wulf.*
2*. Kchz. lanzettl. lang zugespitzt; Zähne d. Rippen stumpf; grdst.
B. handfg 5lappig. *Bgwälder d. Alpen u. Gebgsggdn* (6—7) ♃,
auch als Zierpfl. . . . . 4. *A.* **major** *L.* †

5. **Eryngium** *L.* (5). Kch 5zäbnig; Blkrb. längl. vkeifg m.
eingeknicktem Läppchen; Fr. vkeifg, rippenlos; Bthn weisslich,
bläulich od. grünlich in kopffgn Dolden dch stechendsteife Schuppen
v. e. getrennt. Distelartige, kahle Kräuter m. dornig gezähnten,
lederartigen B. u. doldentraubigen Köpfchen.
  1. B. alle fiedertheilig, stglumfassend.
    2. Köpfchen u. ganze Pfl. graugrün; Pfl. sehr ästig, ½—2′ hoch.
    Hügel, Wege, Schuttplätze (7—8) ♃. . 1. *E.* **campestre** *L.*
    2*. Köpfchen nebst Stgl u. Köpfchenstiel amethystblau; Pfl. we-
    niger ästig. *Hügel u. Abhge d. südl. Alpenggdn, auch als*
    Zierpfl. (7—8) ♃. . . . . . . 2. *E.* **amethystinum** *L.*
  1*. Grdstdge B. ungetheilt.
    3. Hüllb. ungetheilt.
    4. Hüllb. breit eifg, dornig gezähnt, fast 3lappig, länger als
    d. Köpfch. *Sand. Meerufer (Nordsee, adr. Meer)* (6—7) ♃.
                                           3. *E.* **maritimum** *L.*
    4*. Hüllb. lineal lanzettl. dornspitzig. ganzrandig od. wenig ge-
    zähnt, nebst Btbn u. Stgl amethystblau. *Sandfelder, selt.*
    (Norddtschld) (6—7) ♃, *auch Zierpfl.* . 4. *E.* **planum** *L.*
    3*. Hüllb. vieltheilig fiederspaltig, meist bläulich; Bthn weisslich.
    Bgwiesen d. Alpen, ss. (7—8) ♃. . . . 5. *E.* **alpinum** *L.*

c. *Ammineae.* Bthn in vollkommenen Doppeldolden; Fr. v.
d. Seite zusammengedrückt od. 2knotig. auf d. Querschnitt eifg od.
fast brillenfg; Früchtch. rippenlos od. m. 5 einander gleichen, meist
fadenfgn Rippen.

6. **Cicúta virosa** *L.* (65). Kch 5zäbnig; Blkrb. weiss, ††
vkherzfg m. eingebogenem Läppchen; Fr. 2knotig m. 1striemig.
Thälchen. Kahles, 2—5′ hohes Kraut m. 2—3 gefiederten B., lineal
lanzettl. spitzen, gesägten Blättchen u. rautenfg fleischiger, innen
fächerfg hohler Wurzel; Doldenhülle meist fehld; Döldchenh. meist
vielblättrig. *Teichufer, Gräben, häufig* (6—7) ♃ „*Wasser-
schierling.*"

7. **Apium graveolens** *L.* (62). Kchz. undeutlich; Blkrb.
weiss, rundlich; Fr. 2kotig m. einstriemig. Thälch. Kahles, 1—2′
hohes, sehr ästiges Kraut m. kantig gefurchtem Stgl, gefiederten,
grundstdgn u. 3zähligen Stglb.; Blättchen keilfg, eingeschnitten ge-
zähnt; Hüllen fehlend. *Meerufer u. Gräben auf Salzboden, auch
als Gemüsepfl. cult.* „*Selleri*" (7—8) ☉.

8. **Petroselinum** *Hoffm.* „Petersilie" (63). Kchz. undeutl.;
Blkrb. m. eingerolltem, vorgezogenem Läppchen; Fr. eifg
m. einstriemigen Thälch. Kahle, aufrechte Kräuter m. 1—mehrfach
zusammengesetzten B. u. mehrblättriger Doldenhülle.

§ 60. 1. Stgl kantig gefurcht, 2—4' hoch; B. 3fach gefiedert, glänzendgrün; Bthn gelbgrün; Doldenh. vielblättrig (Apium petros. *L.*) *Häufige Gemüsepfl. aus Südeuropa* (6—7) ♃.
  a. *P.* **sativum** *Hoffm.*
1*. Stgl rund, fast blattlos; B. 1—2fach gefiedert; Bthn weiss od. röthlich; Doldenhülle 2—3blättrig; Doldenstrahlen sehr ungleich, lang. *Aecker, ss. (Schweiz)* (7—8) ☉. . 1. *P.* **segetum** *Kch.*

9. **Trinia** *Hoffm.* (61). Kchz. undeutlich; Bthn polygamisch; bei d. männlichen m. lanzettlichen, bei d. weiblichen m. eifgrundlich weissen Blkrb.; Fr. eifg m. hohlen, striemigen Rippen. Kahle, ästige Kräuter m. schopfigem Wurzelstock u. 2—3fach fiederthlgn B.
  1. Döldchenhülle fehlend od. hinfällig einblättrig. (Pimpinella dioïca *L.*) *Hügel, stein. Abhge, ss. (auf Kalkboden in d. Alpen, Rhein- u. Mainggdn)* (4—5) ☉. . . . . 1. *T.* **vulgaris** *DC.*
  1*. Döldchenhülle 4—5blättrig. (Seseli pumilum *L.*; Pimpin. glauca *W. K.*) *Hügel, Wiesen, sss. (Mähren)* (5—6) ☉.
  2. *T.* **Kitaibelii** *DC.*

10. **Helosciadium** *Koch* (64). Kch 5zähnig od. undeutlich; Blkrb. lanzettlich, sternfg ausgebreitet od. m. eingebogener Spitze; Fr. eifg od. länglich m. einstriemigen Thälch. Schwimmde, kriechende od. aufsteigende unscheinbare, kahle Kräuter m. blattgegenstdgn, wenigstrahligen Dolden u. kleinen, weissen Bthn.
  1. Stgl in Wasser schwimmend; untergetauchte B. haarfein zertheilt (wie bei d. Wasserranunkeln § 57, 8); obere einfach fiedertheilig; Dolde 2—3strahlig, ohne Hülle. *Gräben, Sümpfe, ss. (Rheinggdn)* (6—8) ♃. . . . . . 1. *H.* **inundatum** *Kch.*
  1*. Stgl kriechend od. aufsteigend; B. alle gleichartig, einfach gefiedert; Dolden mehrstrahlig. (Sium *L.*)
    2. Blättch. eifg lanzettlich, gleichfg, stumpf gesägt; Bthn grünlichweiss; Dolden meist länger gestielt. *Ufer, Gräben, ss (Rheinggdn)* (6—8) ♃. . . . . 2. *H.* **nodiflorum** *Kch.*
    2*. B. rundl. eifg, ungleichsägezähnig od. lappig; Bthn weiss; Dolden s. kurzgestielt; Doldenh. 2—3blättrig. *Ufer, Gräben, selt. (Rhnggdn, Nldtschld, Mähren, Salzburg u. a.)* (7—8) ♃.
    3. *H.* **repens** *Kch.*

11. **Ptychotis** *Kch.* (67). Kch 5zähnig; Blkrb. vkherzfg m. e. Querfalte, aus welcher d. eingeknickte Läppchen hervortritt. Gabelästige Kräuter m. weissen Bthn u. kleinen, borstig vielspaltigen Stglb.
  1. Grundstdge B. einfach gefiedert m. rundl. ungleich eingeschnitt. gesägten Blättchen; B. d. Döldchenhülle alle borstig. *Stein. Abhge d. südl. Alpenggdn* (7—8) ♃. 1. *Pt.* **heterophylla** *Kch.*
  1*. Grundstdge B. m. lineal keilfgn Abschnitten; Stglb. w. b. vor. B. d. Döldchenhülle meist 5, ungleich, 2 spatelfg, haarspitz; 3 borstig lineal. *Aecker, Hügel am adr. Meer* (4—5) ☉.
  2. *Pt.* **ammioïdes** *Kch.*

12. **Falcaria** *Host.* (67*). Kch 5zähnig; Blkrb. vkherzfg m. eingeknickt. Läppchen; Fr. lineal m. einstriem. Thälch. Kahle, ästige Kräuter m. weissen Bthn, borstigen Dolden- u. Döldchenhüll. u. tief 1—2fach 3thlgn B. m. gesägten lederartigen Abschnitten.

1. Bschnitte lang lineal. oft schwach sichelfg gebogen. (Sium *§ 60.*
falcaria). *Aecker, Gebüsch, bes. auf Thonboden, nicht selt.*(7—8) ☉.
            1. **F. Rivini** *Host.*
1*. Bschn. d. unteren B. eifg, ungleichtiefgesägt, d. oberen lineal
keilfg. *Aecker, Gebüsch d. südl. Alpen, ss.* (6—7) ☉.
            2. **F. latifolia** *Kch.*

13. **Sison amomum** *L.* (59). Kchz. undeutlich; Blkrb.
rundl. vkherzfg m. eingebogenem Läppchen; Fr. eifg m. keulenfgn,
nur etwa bis z. Mitte gehenden Striemen. Kahles, 1—2′ hohes,
ästiges Kraut m. meist 4strahligen Dolden, ungleichlangen Doldenstrahlen, 2—3blättrigen Hüllen u. einfach gefiederten B.;
Bthn weiss. *Aecker, Abhge d. südl. Alpengydn* (7—8) ☉.

14. **Ammi majus** *L.* (67). Kchz. undeutlich; Blkrb.
2lappig herzfg m. ungleichgrossen, strahldn Lappen; Fr. eifg
m. fadenfgn Rippen u. 1striemig. Thälch. Kahles, ästiges Kraut m.
1—3′ hohen, runden Stgl, vielstrahligen Dolden, vielblättrigen Hüllen
u. 2—3fach 3zähligen od. gefiederten B.; B. d. Doldenhülle 3thlg;
Bthn weiss. *Aecker, sss. (Wien, Triest)* (7—8) ☉.

15. **Aegopodium podagraria** *L.* (58). Kchz. undeutl.;
Blkrb. vkherzfg m. eingebogenem Läppchen; Fr. länglich eifg,
striemenlos. Kahles Krt m. 1—3′ hohen, gefurchten Stgl, hüllenlosen, vielstrahligen Dolden, doppelt 3zähligen grundstdgn u.
3zählig. Stglb.; Blättch. eifg gezähnt; Bthn weiss. *Aecker, Wiesen,
Gebüsch, s. häufig* (6) ♃.

16. **Carum** *L.* (60). Kchz. undeutl.; Blkrb. vkherzfg m.
eingebogenem Läppchen; Fr. eifg m. 1—3striemigen Thälch. Kahle
Kräuter m. mehrfach zusammengesetzten B. u. schmalen Bschn.
1. Hüllen fehld; B. 2—3fach gefiedert, d. unteren Abschnitte am
Bstiel einander kreuzweise gegenüberstehend; Stgl kantig.
Wiesen, sehr häufig (5—6) ☉ „Kümmel." . . 1. **C. carvi** *L.*
1*. Hüllen mehrblättrig; Stgl rund.
 2. B. fast 3fach gefiedert; Wurzel kuglig knollig. (Bunium *L.*)
 3. Thälch. einstriemig.
  4. Dolden 12—24strahlig; Hüllen vielblättr. *Aecker (Rheingydn, Hessen)* „Erdkastanie" (6—7) ♃.
         2. **C. bulbocastanum** *Koch.*
  4*. Dolden 5—12strahlig; Hüllen 3—6blättrig; frtragende
Bthnstiele ausgespreizt, d. äusseren wagrecht. *Aecker
d. südl. Alpengydn* (5—7) ♃. 3. **C. divaricatum** *Koch.*
 3*. Thälch. 3striemig; Dolden 6—10strahlig; Hüllen 5—6blättr.;
frtragende Bthnstielch. aufrecht abstehend. (Bunium montanum *DC.*) *Aecker d. südl. Alpengydn* (5—7) ♃.
         4. **C. montanum** *Kch.*
2*. B. einfach gefiedert m. quirlfg gestellten, fadenfgn, vielthlgn
Abschnitten; Wzl faserig; Stgl am Grd schopfig. (Sison *L.*)
Wiesen, sss. (b. Aachen) (7—8) ♃. 5. **C. verticillatum** *Kch.*

17. **Pimpinella** *L.* (60*). Kchz. undeutlich; Blkrb. vkherzfg
m. eingebogenem Läppch.; Fr. eifg od. 2knotig m. mehrstriem.
Thälchen. Kahle od. wenig behaarte, ästige, wenig beblätterte
Kräuter m. kleinen, vielstrahligen, hüllenlosen Dolden, weissen
od. röthl. B. u. meist einfach gefiederten Stglb.

Pimpinella. UMBELLIFERAE.

§ 60.   1. Fr. kahl, glänzend; B. alle gefiedert; Pfl. ausdauernd.
  2. Stgl kantig gefurcht, 1—3' hoch, beblättert. *Wiesen, Hügel, Mauern, sehr häufig* (5—7) ♃ . . . . . . 1. *P.* **magna** *L.*
     var. m. mehr od. weniger eingeschnittenen B. dissecta, laciniata etc.
  2*. Stgl rund, zart gestreift, 1—2' hoch.
  3. Bthnstiele u. ganze Pfl. kahl; B. etwas glänzend. *Wiesen, Hügel, Mauern, s. häufig* (6—7) ♃ . . 2. *P.* **saxifraga** *L.*
  3*. Bthnstiele u. ganze Pfl. feinflaumig; B. glanzlos; Wurzel b. Zerschneiden schwarzblau werdend (ob var?) *Hügel, Wiesen, ss.* (b. *Berlin, Danzig*) (6—7) ♃. 3. *P.* **nigra** *Willd.*
  1*. Fr. feinflaumig behaart.
  4. B. alle gefiedert; Frhaare abstehend, gerade. *Hügel, Wege* (am adr. *Meer*) (6—8) ⊙. . . . . . 4. *P.* **peregrina** *L.*
  4*. Untere B. herzfg rundlich, eingeschnitten; Frhaare flaumig kraus. *Häufige Culturpfl. aus d. Orient* (7—8) ⊙ „*Anis*".
                                      4b. *P.* **anisum** *L.*

  18. **Berula angustifolia** *Kch.* (68*). (Sium *L.*) Kch 5 zähnig; Blkrb. vkherzfg m. eingebogenem Läppchen; Fr. eifg od. fast 2knotig, m. 1striemigen Thälchen; Striemen v. d. rindenartigen, dicken Frhaut verdeckt. Kahle, 1—3' hohe Sumpfpfl. m. rundem, röhrigem, ästigem Stgl, einfach gefiederten B., gesägten Blättch. u. weissen Bthn in theils end-, theils blattgegenstdgn Dolden; Hüllb. zahlreich, d. d. Dolde oft 3theilig od. fiedertheilig. *Gräben, Ufer, nicht selt.* (7—8) ♃.

† 19. **Sium** *L.* (65). Kch 5zähnig; Blkrb. vkherzfg m. eingebogenem Läppchen; Fr. eifg m. 3striem. Thälchen u. dünner Frhaut; Striemen daher durchscheinend. Kahle Kräuter m. 3zählig. od. gefiederten B., kantig gefurchtem Stgl u. weissen Bthn in endstgn Dolden.
  1. B. d. Doldenhülle zahlreich; Stglb. alle gefiedert, d. unteren fast doppelt fiedertheilig; Wzl faserig; Frhalter m. d. beiden Früchtch. völlig verwachsen. *Gräben, Ufer, nicht selt.* (7—8) ♃.
†   1. *S.* **latifolium** *L.*
  1*. B. d. Doldenhülle wenige (1—5); unterste u. oberste B. 3zählig; Frhalter frei; Wurzel knollig büschlig. *Culturpfl. aus d. Orient* (7—8) ♃. . . . . 1b. *S.* **sisarum** *L.*

  20. **Bupleurum** *L.* (63*). Kchz. undeutlich; Blkrb. eingerollt m. abgestutzter Spitze; Fr. länglich od. eifg m. 1striemig. od. striemenlosen Thälchen. Kahle, gelb blühende Kräuter m. einfachen, ganzrandigen B. u. grossen Döldchenhüllb.
  1. B. nicht vom Stgl durchwachsen.
  2. Fr. körnig rauh; Pfl. einjährig.
  3. Fr. deutlich rippig; B. lineal lanzettlich lang zugespitzt; Stgl 3—12" hoch, zart fadenfg. *Wiesen, ss., besonders auf holzhaltigem Boden* (7—8) ⊙. . . 1. *B.* **tenuissimum** *L.*
  3*. Fr. undeutlich gerippt, untere B. stumpf m. kurzer, aufgesetzter Spitze. *Wiesen, Hügel am adr. Meer* (7—8) ♃.
                                    2. *B.* **semicompositum** *L.*
  2*. Fr. glatt.

4. Stgl meist ästig, beblättert u. mehrere Dolden tragend. § 60.
5. Stglb. lineal od. an beiden Enden schmäler.
6. Längsrippen d. B. ohne Querstreifen: Pfl. einjährig.
7. B. d. Döldchenhülle lanzettlich pfriemlich, unbegrannt; Dolden wenigstrahlig.
8. B. länger als als d. Döldchen.
9. Fr. eifg, länger als ihr Stiel; Aeste aufrecht, fast anliegd. *Aecker, Wege, Schuttpl., ss. (b. Wien)* (7—8)☉.
                            3. *B.* **affine** *Sadl.*
9*. Fr. längl., nicht länger als ihr Stiel; Aeste ausgebreitet. *Stein. Abhge, Aecker, ss. (Oesterreich)* (7—8) ☉.
                            4. *B.* **Gerardi** *Jacq.*
8*. B. kürzer als d. Döldchen. *Stein. Abhge, ss. (am adr. Meer)* (7—8) ☉. . . . . 5. *B.* **junceum** *L.*
7*. B. d. Döldchenhülle elliptisch od. lanzettlich, deutlich begrannt, doppelt so lang als d. Döldchen; Dolden meist 5strahlig. *Stein. Abhge d. südl. Alpenggdn* (7—8) ☉.
                            6. *B.* **aristatum** *Bartl.*
6*. Längsrippen d. B. durch Querstreifen verbunden; Pfl. ausdauernd, 1—3' hoch.
10. Grundstdge B. lanzettlich lineal, viel länger als breit. *Stein. Abhge d. südl. Alpenggdn* (7—8) ♃.
                            7. *B.* **exaltatum** *M. B.*
10*. Grdstdge B. eifg längl., höchstens 3mal so lang als breit, oft sichelfg gebogen. *Hügel, Hecken, Gebüsch (Kalku. Thonboden)* (7—8) ♃. . . . . 8. *B.* **falcatum** *L.*
5*. Stglb. am Grund tief herzfg umfassend; Pfl. ausdauernd.
11. Grundstdge B. u. Hüllb. breit eifg. *Wälder d. niedrigen Bggdn (nicht in d. Alpen)* (7—8) ♃. 9. *B.* **longifolium** *L.*
11*. Grdstdge B. lanzettl. lineal. *Stein. Abhge d. südl. Alpenggdn* (7—8) ♃. . . . . . . 10. *B.* **ranunculoïdes** *L.*
4*. Stgl einfach, blattlos od. einblättrig, nur eine Dolde tragend; Pfl. ausdauernd.
12. B. d. Döldchenhülle frei, eifg spitz, so lang als d. Döldch.; grundstdge B. lineal lanzettl. *Stein. Abhge in Gebgsggdn* (7—8) ♃. . . . . 11. *B.* **graminifolium** *Vahl.*
12*. B. d. Döldchenhülle m. e. verwachsen, e. 7—9 lappige Hülle bildend. *Stein. Abhänge d. Alpen* (7—8) ♃.
                            12. *B.* **stellatum** *L.*
1*. B. v. Stgl durchwachsen; Pfl. einjährig.
13. B. d. Döldchenhülle abstehend; Stgl v. Grd an ästig; Fruchtthälchen körnig. *Aecker, Wege (am adr. Meer)* (6—7) ☉.
                            13. *B.* **protractum** *Lk. u. Hoffm.*
13*. B. d. Döldchenh. zuletzt zusammenschliessd; Stgl erst oberwärts ästig; Frthälchen nicht körnig. *Thonige Aecker, nicht selt.* (6—7) ☉. . . . . 14. *B.* **rotundifolium** *L.*

d. *Seselinea*. Fr. auf d. Querschnitt kreisfg rundlich; Früchtch. m. 5, einander meist gleichen, zuweilen etwas flügelfgn Rippen.

21. **Oenanthe** *L.* (49). Kch 5zähnig m. sehr grossen Zähnen; Blkrb. herzfg m. eingebogenem Läppchen; Gr. aufrecht; Fr. länglich m. 1striemigen Thälchen; Sumpfpfl. m. kahlem, aufrechtem, ästigem Stgl, meist vielfach zertheilten B. u. weissen Bthn. †

§ 60.   1. Wurzel büschlig m. knollig verdickten Fasern; Stgl 1—2' hoch;
seitenstdge Dolden meist unfrbar m. strahlenden Randbthn;
Dolden meist wenig (—10) strahlig; Gr. d. Zwitterbthn s. lang.
2. Stglb. einfach gefiedert; Blättchen stielfg rundlich u. nebst
d. Bstielen röhrenfg hohl; grundstdge B. 2—3fach gefiedert;
endstdge Dolde frtragend, 2—3strahlig, seitenstdge unfrbar,
† 3—7strahlig. *Sumpfwiesen, selt.* (6—7) ♃. 1. *Oe.* fistulosa *L.*
2*. Bstiele u. Blättchen nicht röhrig, hohl; Dolden 5—10strahlig.
3. Fr. eifg länglich. am Grund schmäler.
4. Strahlde Blkrb. bis z. Hälfte gespalten. *Sumpfwiesen,
ss. (Rheinggdn, Norddeutschland)* (6—7) ♃.
† 2. *Oe.* Lachenalii *Gm.*
4*. Strahlde Blkrb. bis zu ⅓ gespalten. *Sumpfwiesen, ss.
(Rheinggdn, Norddeutschland)* (6—7) ♃.
† 3. *Oe.* peucedanifolia *Poll.*
3*. Fr. lineal, am Grd m. e. Schwiele.
5. Strahlde Blkrb. bis z. Hälfte gespalten; Wurzelfasern längl.
od. längl. keulenfg. *Sumpfwiesen, ss. (Tyrol, Krain)* (6—7) ♃.
4. *Oe.* silaifolia *M. B.*
5*. Strahlde Blkrb. nicht od. nur bis zu ⅓ gespalten; Wurzelfasern fadenfg, am Ende eine kugl. od. eifge Knolle tragd.
Sumpfwiesen, ss. (Oesterreich) (6—7) ♃.
5. *Oe.* pimpinelloides *L.*
1*. Wurzel m. fadenfgn Fasern; Fr. eifg länglich m. sehr kurzen
Griffeln; Stgl 2—5' hoch; B. alle 2—3fach gefiedert m. eifgn,
eingeschnitten gezähnten, spreizdn Abschnitten; Bthn weiss,
alle fruchtbar, in vielstrahligen Dolden. *(Phell. aquaticum L.)
Teichufer, Gräben, nicht selten* (6—7) ♃.
† 6. *Oe.* phellandrium *Lam.*

†† 22. **Aethusa** *L.* „Hundspetersilie, Gartenschierling" (51). Kch
undeutlich; Blkrb. vkherzfg m. eingebogenem Läppchen; Fr. eifg
kuglig m. dicken Rippen u. einstriemigen Thälchen. Kahle, weissblühende Krtr m. 2—3fach fiedertheiligen B. u. einseitig herabhängender, 3blättriger Döldchenhülle; Doldenhülle fehlend;
Pfl. v. Schierlingsgeruch.
1. B. d. Döldchenhülle länger als d. Döldchen; Stgl 1—3' hoch.
†† *Aecker, Gärten, Hecken, s. häufig* (6—8) ⊙. 1. *Ae.* cynapium *L.*
1*. B. d. Döldchenhülle kürzer als d. Döldchen; Stgl 5—6' hoch
(ob var?) *Aecker, Gärten, ss. (Böhmen)* (6—8) ⊙.
†† 2. *Ae.* cynapioides *M. B.*

23. **Foeniculum officinale** *All.* (44). (Anethum foenic. *L.*)
Kch undeutlich; Blkrb. rundlich m. eingerollter Spitze; Fr.
eifg m. 1—3striemigen Thälchen. Kahles, gewürzhaftes Kraut m.
3—5' hohen, runden, ästigen Stgl, 3—mehrfach fiedertheiligen B. m.
lineal borstigen Abschnitten u. gelben Bthn in vielstrahligen,
hüllenlosen Dolden. *Felsen am adr. Meer, häufig als Gewürzpfl.
cult.* (7—8) ⊙ „*Fenchel*".

24. **Seseli** *L.* (50*). Kch 5zähnig; Zähne kurz, dick u.
bleibd; Blkrb. vkherzfg m. eingebogenem Läppchen; Griffel
zurückgebogen; Fr. eifg od. länglich m. 1—3striemfgen Thälch.
Meist weissblühende Kräuter m. rundem, am Grund schopfigem
Stgl u. feinzerthltn B.; Doldenhülle meist fehld od. wenigblättr.

1. B. d. Döldchenhülle beckenfg m. e. verwachsen; Dolden 9—12 §60.
strahlig; Stgl 1—2' hoch, nebst d. 2—3fach fiedertheiligen B.
bläulich bereift. *Felsen, stein. Abhge, ss. (Thüringen)* (7—8) ♃.
        1. *S.* **hippomarathrum** *L.*
1*. B. d. Döldchenhülle frei.
 2. Strahlen d. Dolde rund, kahl; Stgl 1—4' hoch, ästig.
 3. Dolden 3—6strahlig; Thälchen d. Fr. 3striemig; Blattstiele
  nicht rinnenfg gefurcht. *Felsen d. südl. Alpengggdn* (7—8) ⊙.
        2. *S.* **Gouani** *Koch.*
 3*. Dolden wenigstens 10strahlig; Thälchen einstriemig.
  4. Doldenstr. 10—15; Blattstiel nicht rinnenfg gefurcht.
   Bgwälder (Oesterreich) (7—8) ⊙. 3. *S.* **glaucum** *Jacq.*
  4*. Doldenstr. 15—25, Bstiele rinnenfg. *Felsen, stein. Abhge
   (Oesterreich)* ⟨7—8) ⊙. . . . . . 4. *S.* **varium** *Trev.*
 2*. Strahlen d. Dolde kantig u. nebst d. Früchtchen nach innen
  fein flaumig.
  5. Dolden 6—12strahlig.
  6. B. d. Döldchenbülle m. schmalem Hautrande, kürzer als
   d. Döldchen; Stgl 1fach ästig. *Kalkfelsen, ss. (Elsass)*
   (7—8) ♃. . . . . 5. *S.* **montanum** *L.*
  6*. B. d. Döldchenhülle m. breitem Hautrande, so lang als d.
   Döldchen; Stgl sehr ausgebreitet ästig. *Felsen, stein.
   Abhge am adr. Meer* (6—8) ♃. . 6. *S.* **tortuosum** *L.*
 5*. Dolden 15—30strahlig; B. d. Döldchenh. m. breitem Haut-
  rande, so lang od. länger als d. Döldchen; Pfl. blaugrün,
  ½—2' hoch. m. einfach. od. wenig ästig. Stgl. *Wiesen u.
  Wälder in Gebgsgdn, selt.* (7—8) ♃. 7. *S.* **coloratum** *Erh.*

25. **Libanótis** *Crtz.* (50). (Seseli *Kch*) Kch 5zähnig; Zähne
lang, pfriemlich, zuletzt abfallend; Blkrb. vkherzfg m. ein-
gebogenem Läppchen; Griffel zurückgebogen; Fr. eifg m.
einstriemigen Thälchen. Den vor. ähnliche Kräuter m. kantig
gefurchtem Stgl, weissen Bthn in vielstrahligen Dolden u. reich-
blättrigen Hüllen.
 1. B. 2—3fach fiedertheilig; untere Abschnitte kreuzfg gestellt
  (wie b. Carum cari).
 2. Fr. kurzhaarig. *Bgwälder, selt.* (7—8) ⊙. 1. *L.* **montana** *Crtz.*
 2*. Fr. kahl (ob var?) *Bgwälder d. Alpen* (7—8) ♃.
        2. *L.* **athamantoïdes** *DC.*
 1*. B. 1fach gefiedert m. grob eingeschnittenen Blättchen; Fr. be-
  haart. *Wälder, sss. (b. Danzig)* (7—8) ⊙. 3. *S.* **sibirica** *Kch.*

26. **Cnidium** *Cass.* (29*, 53). Kchz. undeutlich; Blkrb.
eiherzfg m. eingebogenem Läppchen; Fr. m. fast häutig geflü-
gelten Rippen u. einstriemigen Thälchen. Kahle, 1—2' hohe
Kräuter m. 2—3fach gefiederten B., schmalen Blattabschnitten, weissen
Bthn in vielstrahligen Dolden u. reichblättrigen, borstigen Hüllen.
 1. B. d. Stgl in e. lockeren Scheide umfassend.
  2. Stgl kantig, ästig; B. d. Döldchenhülle borstig rauh; Brippen
   nicht durchscheinend. *Gebüsch d. Alpenggdn, ss.* (7—8) ⊙.
        1. *C.* **Monnieri** *Cass.*
  2*. Stgl rund, feingestreift: B. d. Döldchenhülle kahl: B. m.
   m. durchscheinenden Rippen. *Felsen u. stein. Abhge d. südl.
   Alpenggdn* (7—8) ♃. . . . . . 2. *C.* **apioïdes** *Sprg.*

§ 60. 1*. Obere B. d. Stgl m. straff anliegender Scheide umfassd; Stgl einfach od. wenig ästig; Babschnitte unters. m. e. hervortretenden Mittelrippe. *Wiesen, Ufer, Gebüsch* (bes. *in Norddtschld*) (7—8) ♃.
3. *C.* **venosum** *Kch.*

27. **Trochiscanthes nodiflorus** *Kch.* (45). Kch 5zähnig; Blkrb. spatelfg m. langem Nagel, an d. Spitze m. e. 3eckigen, einwärts gebogenem Läppchen; Fr. m. etwas geflügelten Rippen u. 3—4striemigen Thälchen. Kahles Kraut m. 2 — mehrfach 3zähl. B., spitzig gesägten Blättch. u. weissen Blthn in zahlreichen, wenigstrahligen Dolden. *Wälder u. stein. Abhge d. südl. Schweizer Alpen, sss.* (6—8) ♃.

28. **Athamanta** *L.* (49*). Kch 5zähnig; Blkrb. herzfg m. eingebogenem Läppchen; Fr. behaart, eifg od. länglich m. 2—3striemigen Thälch., aufrechten Griffeln u. 2theiligem Frhalter. Weissblühende Kräuter m. rundem, 1—2′ hohem Stgl u. feinzertheilten B.; Doldenhülle armblättrig od. fehlend.
  1. Dolden meist 6—9strahlig; Fr. abstehend dicht filzig behaart, übrige Pfl. feinflaumig. *Felsen u. stein. Abhge d. Alpen* (7—8) ♃.
                               1. *A.* **cretensis** *L.*
  1*. Dolden meist 15—25strahlig; Fr. aufrecht, sammethaarig, übrige Pfl. kahl. *Felsen u. stein. Abhge d. südl. Alpen* (7—8) ☉.
                             2. *A.* **Matthioli** *Wulf.*

29. **Ligusticum** *L.* (54*). Kch 5zähnig od. undeutlich; Blkrb. herzfg m. eingebogenem Läppchen; Fr. eifg m. häutigen Rippen u. mehrstriemigen Thälchen. Kahle Kräuter m. 2—4′ hohem, zartgestreiftem, rundem Stgl u. weissen Bthn in vielstrahl. Dolden, Hüllen, armblättrig od. fehld.
  1. B. d. Döldchenhülle an d. Spitze 3theilig od. fiederthlg. *Stein. Abhge d. südl. Schweizer Alpen, sss.* (b. *Genf, Jura*) (6—7) ☉.
                             1. *L.* **ferulaceum** *All.*
  1*. B. d. Döldchenh. ungetheilt. *Stein. Abhge d. südl. Alpengydn* (7—7) ♃. . . . . 2. *L.* **Seguieri** *L.*

30. **Silaus pratensis** *Bess.* (54). (Peucedanum silaus *L.*) Kchz. undeutlich; Blkrb. m. breiter Basis sitzend, an d. Spitze m. eingebogenem Läppchen. Kahles Kraut m. 1—3′ hohem, kantigem, ästigem Stgl, gelblichen Bthn in vielstrahligen Dolden u. mehrfach gefiederten B. m. lineal lanzettl. stachelspitzen Abschnitten; Doldenhülle armblättrig od. fehlend; Döldchenhülle reichblättrig; Fr. eifg m. starken Rippen u. 3striemigen Thälchen. *Wiesen, Gräben, häuf.* (6—8) ♃.

21. **Meum** *Tournef.* (46*). Kchz. undeutlich; Blkrb. elliptisch lanzettlich, an beiden Enden spitz; Fr. eifg m. fast häutig geflügelten Rippen u. mehrstriemigen Thälchen. Kahle, gewürzhafte Kräuter m. rundem, am Grund schopfigem Stgl, vielfach zertheilten B. u. weissen od. röthlichen Bthn; Doldenhülle armblättrig od. fehld; Döldchenhülle reichblättrig.
  1. Blattabschnitte haarfg dünn; Bthn weiss; Doldenstrahlen ungleich lang; Stgl ½—1′ hoch. *Bywiesen d. Alpen u. höheren Gebirge* (7—8) ♃. . . . . . 1. *M.* **athamanticum** *Jacq.*
  1*. Babschn. lineal lanzettlich; Bthn meist röthlich; Doldenstrahlen ziemlich gleichlang; Stgl 1—10″ hoch. *Bywiesen d. Alpen u. höheren Gebirge* (7—8) ♃. . . . 2. *M.* **mutellina** *Gärtn.*

32. **Gaya simplex** *Gaud. Kch* (52). Kch 5zähnig; Blkrb. *§ 60.* m. eingebogenem Läppchen, ei-herzfg; Fr. eifg, starkrippig, m. striemenlosen Thälchen. Kahles Kraut m. einfachem, meist blattlosen, $1_2—4''$ hohem, eindoldigem Stgl, 2—3fach gefiederten, grundstdgn B. u. weissen Bthn in e. mehrstrahligen Dolde; Hüllen reichblättrig. *Bgwiesen d. höher. Alpen* (7—8) ♃.

33. **Crithmum maritimum** *L.* (29). Kchz. undeutlich; Blkrb. rundlich m. eingerollter Spitze; Fr. vielstriemig m. etwas geflügelten Rippen. Kahles, blaugrünes Kraut m. rundem, ästigem, 1—2' hohem Stgl, 2fach gefiederten B. m. fleischigen, stechenden Abschnitten u. grünlichen Bthn in vielstrahligen Dolden; Hüllen mehrblättrig. *Abhge am adr. Meer* (7—8) ♃.

e. *Angeliceae.* Fr. vom Rücken her zusammengedrückt; Früchtch. 5rippig, m. mehr od. weniger flügelfg erweiterten Rippen; randstdge Rippen d. beiden Früchtch. klaffend; rückenstdge entweder auch geflügelt od. fadenfg.

34. **Levisticum officinale** *Koch* (33). (Ligusticum levisticum *L.*) Kchz. undeutlich; Blkrb. rundlich, eingerollt. Kahles, gewürzhaftes, 4—6' hohes Kraut m. einfach gefiederten B., grob gezähnten od. lappig eingeschnittenen Blättchen u. gelben Bthn in vielstrahligen Dolden; Hüllen reichblättrig; Frthälch. 1striemig. *Bgabhge (Schweiz, Belgien), häufig cult.* (7—8) ♃.

35. **Selinum** *L.* (31). Kch undeutlich; Blkrb. vkherzfg m. eingebogenem Läppchen; Frthälchen 1—3striemig. Kahle, ästige Kräuter m. 2—3fach fiedertheiligen B. u. weissen Bthn in vielstrahligen Dolden; Doldenhülle armblättrig od. fehld; Döldchenhülle vielblättrig.
 1. Stgl rund, röhrig, 3—6' hoch; Frthälchen 3striemig. (Conioselinum tartaricum *Fisch.*) *Feuchte Wälder, sss.(Riesengebge*(7—8)♃.
 1. *S.* **Gmelini** *Bray.*
 1*. Stgl scharf, fast geflügelt-kantig, 1—3' h.; Frthälch. 1striemig. *Feuchte Wälder, nicht selt.* (7—8) ♃. . . 2. *S.* **carvifolia** *L.*

36. **Ostericum palustre** *Bess.* (30). Kch 5zähnig; Blkrb. vkherzfg m. eingebogenem Läppchen, am Grund kurz nagelfg; Frrippen hohl, d. randstdgn doppelt so breit als die rückenstdgn. 2—4' hohes Kraut m. 2—3fach gefiederten B., herzeifg, grob kerbsägigen, unters. auf d. Rippen feinhaarigen Blättchen, kantig gefurchtem Stgl u. weissen Bthn in vielstrahligen Dolden; Doldenhülle einblättrig od. fehld; Döldchenhülle reichblättrig. *Sumpfwiesen, sss. (Thüringen)* (7—8) ♃.

37. **Angelica** *L.* (33). Kchz. undeutlich; Blkrb. lanzettl. spitz, ausgebreitet od. eingerollt; Frrippen nicht hohl, d. rückenstdgn fadenfg; Thälch. einstriemig; Kern m. d. Frhaut verwachsen. Aufrechte Kräuter m. röhrigem Stgl, 2—3fach gefiederten B. u. weissen od. röthlichen Bthn in reichbthgn Dolden; Döldchenhülle reichblättrig; Doldenhülle armblättrig od. fehld; Blattscheiden sehr gross, bauchig.

Angelica. UMBELLIFERAE.

§ 60. 1. Stgl rund, oberwärts ästig, m. mehreren B. besetzt; Babschnitte
eifg od. lanzettlich; Dolden vielstrahlig.
    2. Obere B. am Grund nicht herablaufend; Stgl 1—3' hoch;
Pfl. bläulich bereift. *Wiesen, Wälder, s. häufig „Engelwurz"*
(7—8) ♃. . . . . 1. *A.* **silvestris** *L.*
    2*. Obere B. am Grd etwas herablaufend; Babschnitte schmäler,
übrigens w. b. vor. (ob var?) *Wälder, bes. d. Alpen u.
höher. Gebge* (7—8) ♃. . . . . . . 2. *A.* **montana** *Schlch.*
1*. Stgl kantig gefurcht. einfach. blattlos od. 1blättrig, 1doldig;
Babschnitte lineal od. lineal lanzettl. *Bgwiesen, sss. (Vogesen)*
(7—8) ♃. . . . . 3. *A.* **pyrenaica** *Sprg.*

    38. **Archangelica officinalis** *Hoffm.* (33*). (Angelica
archangelica *L.*) Kchz. undeutlich; Blkrb. rundlich od. spitz m.
eingebogener Spitze. Eiweiss frei, in d. Höhlung d. Frgehäuses.
Kahles, 2—6' hohes Kraut m. 2—3fach gefiederten B. m. eifgn od.
lanzettl. Blättchen, röhrigem, oberwärts ästigem Stgl u. kleinen,
grünlichen Bthn in vielstrahligen Dolden; Doldenhülle fehlend;
Döldchenhülle reichblättr.; Bscheiden bauchig. *Sumpfwiesen, Hecken,
Gebüsch, ss., auch als Arzneipfl. cult.* (7—8) ♃.

    e. *Peucedaneae.* Fr. vom Rücken her linsenfg zusammen-
gedrückt m. zusammenschliessenden Flügelrändern; Rückenrippen
undeutlich od. fadenfg.

    39. **Ferulago galbanifera** *Kch.* (16). Kch 5zähnig; Blkrb.
rundlich eifg m. eingebogener Spitze; Eiweiss überall v. zahlrei-
chen Striemen bedeckt. Kahles, 2—4' hohes Kraut m. vielfach
in feine lineale Abschnitte gethltn B., rundem, oberwärts quirlästigem
Stgl u. gelben Bthn in 5—10strahlig. Dolden; Hüllen reichblättrig;
Fr. sehr gross (6—9''' lang u. 3''' breit), zuletzt braun werdend.
Stein. Abhge d. südl. Alpenggdn (6—7) ♃.

    40. **Thysselinum palustre** *Hoffm.* (21*). (Peucedanum *L.*)
Kch 5zähnig; Blkrb. vkherzfg m. eingebogenem Läppchen; Früchtch.
m. 5 gleichweit v. e. entfernten, fadenfgn Rippen; Striemen v. d.
dicken, rindenartigen Frhaut bedeckt. Kahles, 3—5' hohes Kraut
m. röhrigem, gefurchtem, beblättertem Stgl. 2—3fach fieder-
theiligen, milchenden B. u. weissen Bthn in vielstrahligen, flachen
Dolden; Hüllen reichblättrig, zurückgeschlagen. *Sümpfe, Teichufer,
nicht selt.* (7—8) ☉.

    41. **Peucedanum** *L.* (21). Kch meist 5zähnig; Blkrb. vkherzfg
m. eingebogenem Läppchen; Früchtch. m. dünner Haut; Striemen
daher auf d. Oberfläche derselben erscheinend. Kahle, ästige,
verschiedengestaltige Kräuter m. meist mehrfach zusammengesetzten
B., weissen od. gelben Bthn u. am Grd oft schopfigen Stgl.
    1. Doldenhülle reichblättrig.
        2. Frrand so breit als d. Frucht selbst, durchscheinend; Stgl
2—4' hoch, gefurcht, nicht hohl, glänzend, weiss gestreift.
        3. Babschnitte länglich lineal. *Felsen u. stein. Abhänge d.
südl. Alpenggdn* (7—8) ♃. . . . 1. *P.* **austriacum** *Kch.*
      3*. Babschnitte schmal lineal (ob var?) *Felsen u. stein. Abhge
d. südl. Alpenggdn* (7—8) ♃. . . . 2. *P.* **rablense** *Kch.*

2*. Frrand höchstens halb so breit als d. Frucht: Stgl 1—3' hoch, *§ 60.*
oberwärts blattlos.
  4. Stgl rund; Bthn weiss. (Athamanta *L.*)
  5. Blättchen blaugrün, eifg m. dornig gesägt. Rande. *Wälder,*
Wiesen, selt. (7—8) ♃ . . . . . . 3. *P.* **cervaria** *Lap.*
  5*. Blättch. glänzend, eingeschnitten od. fiederspaltig gezähnt;
Blattverzweigungen sehr sparrig (einen rechten od. stumpfen
Winkel m. d. Mittelrippe bildend.) *Bgwiesen, Wälder, selt.*
(7—8) ♃ . . . . 4. *P.* **oreoselinum** *Mch.*
  4*. Stgl gefurcht, nicht röhrig; Pfl. nicht milchend.
  6. Bthn gelbl.; Doldenstrahlen kahl. *Hügel, .Abhge, selt.* (7—8)♃.
                                                  5. *P.* **alsaticum** *L.*
  6*. Bthn weiss; Doldenstrahlen auf d. inneren Seite flaumig
rauh. *Hügel, stein. Abhge d. südl. Alpenggdn* (7—8) ♃.
                                                6. *P.* **venetum** *Koch.*
1*. Doldenhülle armblättrig od. fehlend; Stgl ästig m. wechselstdgn
Aesten.
  7. B. 3—5mal 3fach zusammengesetzt m. ganzrandigen, ungetheilt.
lineal lanzettl. Blättchen; Stgl rund.
  8. Bthn gelb; Frstiele 2—3mal länger als diese. *Wiesen, selt.*
(7—8) ♃ . . . . 7. *P.* **officinale** *L.*
  8*. Bthn weiss; Frstiele u. Fr. etwa gleichlang. *Bgwiesen d.*
südl. Alpenggdn n. am adr. Meer (7—8) ♃.
                                         8. *P.* **parisiense** *DC.*
7*. B. 1—mehrfach fiedertheilig m. vielspaltigen, am Grd kreuz-
weise an d. Mittelrippe d. B. stehdn Abschnitten.
  9. Stgl rund, gestreift; B. blaugrün, glanzlos; Doldenstrahlen
kahl; Bthn weiss. *Felsen, stein. Abhge d. südl. Alpen, ss.*
(7—8) ♃ . . . . 9. *F.* **Schottii** *Bes.*
  9*. Stgl gefurcht; B. glänzend; Doldenstrahlen auf d. inneren
Seite behaart; Bthn gelblich. *Wiesen, Wälder, ss. (Rhein,*
Donauggdn, Alpen) (7—8) ♃ . . 10. *P.* **Chabraei** *Rchb.*

    42. **Imperatoria** *L.* (18*). Kchz. undeutlich; Blkrb.
vkherzfg m. eingebogenem Läppchen. Kahle od. behaarte, gewürz-
hafte Krtr m. rundem, oberwärts ästigem, 2—4' hohem Stgl. weissen
Bthn in vielstrahligen Dolden u. doppelt 3zähligen B.; Doldenhülle
fehlend; Döldchenhülle armblättrig; Blättchen borstig; Bscheiden
bauchig.
  1. Blättchen d. 2—3fach 3zähligen B. breit eifg, doppelt gesägt.
Bgwälder, selt. (Alpen, Sudeten, auch in Pommern) (6—7) ♃.
                                              1. *I.* **Ostruthium** *L.*
  1*. Blättch. am Grund schmäler m. 2—3 tiefen Einschnitten; Ab-
schnitte länglich, vorn eingeschnitten, zugespitzt. *Bgwälder d.*
Schweizer Alpen, sss. (wo?) (6—7) ♃. 2. *I.* **angustifolia** *Bell.*

    43. **Tommasinia verticillaris** *Bert.* (22). Kch 5zähnig;
Blkrb. m. eingerollter Spitze; Fr. w. b. Peucedanum. Kahles,
4—8' hohes, sehr ästiges Kraut m. rundem, röhrigem Stgl, 2—3fach
fiedertheiligen B. m. eifgn od. längl. grob gesägten Abschnitten u.
gelbgrünen Bthn in vielstrabligen Dolden; Hüllen fehld; obere
doldentragende Aeste quirlig gestellt. *Bgwälder u. stein. Abhge*
d. südl. Alpenggdn (7—8) ♃.

§60. **44. Anéthum graveolens** *L.* (23*). Kch undeutlich; Blkrb. rundlich eingerollt. Kahles, bläulich bereiftes Kraut m. vielfach in schmale, fadenfge Abschnitte getheilten B., rundem, 1—3' hohem Stgl u. gelben Bthn in vielstrahligen, hüllenlosen Dolden. *Aecker (Istrien), allgemein als Gewürzpfl. cultivirt* (7—8) ☉ „*Gurkenkraut.*"

45. Pastináca *L.* „Pastinak" (23). Kch undeutlich; Blkrb. rundl. eingerollt; randstdge Frrippen weiter von d. mittleren entfernt, als diese unter sich. Aestige, 1—3' hohe Kräuter m. kantig gefurchtem Stgl, breiten Blattabschnitten u. gelben Bthn in vielstrasligen, hüllenlosen Dolden.
  1. B. einfach gefiedert.
    2. Blättchen glänzend; obers. kahl, unters. kurzhaarig. *Wiesen, sehr häufig, auch cult.* (7—8) ☉. . . . . . 1. *P.* **sativa** *L.*
    2*. Blättchen glanzlos, beiders. behaart. *Wiesen am adr. Meer* (7—8) ☉. . . . . 2. *P.* **opaca** *Bernh.*
  1*. B. doppelt gefiedert m. ellipt. lanzettl., fiederspalt. Abschnitten, kahl. *Stein. Abhge, sss. (Schlossby b. Laibach)* (7—8) ☉.
                            3. *P.* **Fleischmanni** *Hladn.*

† **46. Heracléum** *L.* (20*). Kch 5zähnig; Blkrb. vkherzfg m. eingebogenem Läppchen, d. randstdgn oft strahlend; Fr. m. kurzen, meist nur bis zur Hälfte gehenden Striemen, übrigens wie Pastinaca. Grossblättrige, rauhhaarige Krtr m. kantig gefurchtem Stgl, weissen od. grünlichen Bthn in flachen, vielstrahligen Dolden; Doldenhülle armblättrig od. fehld; Döldchenhülle reichblättrig.
  1. B. 3zählig od. fiederfg getheilt.
    2. Babschnitte handfg od. lappig getheilt; Blattscheiden gross bauchig.
      3. Bthn weiss, d. randstdgn strahlend; Frkn. flaumig; Fr. eifg; Stgl 2—5' h. *Wiesen, Gebüsch, sehr häuf.* (7—8) ☉.
†   1. *H.* **spondylium** *L.*
      3*. Bthn grünlich, nicht od. wenig strahld; Frkn. kahl, kreisfg rundlich; Stgl 8—10' hoch. *Bgwiesen d. Alpen, auch als Gartenzierpfl.* (7—8) ☉.
            2. *H.* **sibiricum** *L.* = **giganteum** *hort.*
    2*. Blattabschnitte gesägt; Blattscheiden nicht bauchig; Striemen d. Berührungsfläche sehr kurz od. fehlend; Bthn weiss od. röthlich; Stgl 1—2' hoch. *Bgwiesen d. Alpen* (7—8) ♃.
                      3. *H.* **austriacum** *L.*
  1*. B. einfach, handfg lappig (wenigstens d. grundstdgn).
    4. Blattabschnitte zugespitzt, gesägt; Fr. eifg. *Bgwiesen u. Wälder d. Alpen* (7—8) ♃.
            4. *H.* **pyrenaicum** *Lam.* = **asperum** *M. B.*
    4*. Blattabschnitte abgerundet stumpf; Fr. kreisfg rundlich. *Bgwälder d. südl. Alpen (Cant. Wallis, im Jura)* (7—8) ♃.
                    5. *H.* **alpinum** *L.*

47. Tordylium *L.* (19). Kch 5zähnig; Blkrb. ausgerandet eiherzfg m. eingebogenem Läppchen; Fr. m. weissem, knorpelig verdicktem Rande. Behaarte Kräuter m. gefiederten B., lappigen Blättchen, gefurchtem, ästigem Stgl u. weissen Bthn in kleinen, wenigstrahligen Dolden; Hüllen mehrblättrig, borstig lineal.

1. Hüllb. so lang u. länger als d. Dolde; Pfl. m. verlängerten, § 60.
blattlosen Aesten; Fr. 5rippig m. einstriemigen Thälch. *Stein.*
Abhge, Gebüsch, sss. (Inseln d. adr. Meeres) (5—6) ⊙.
                               1. *T.* **officinale** *L.*
1*. Hüllb. kürzer als d. Dolde.
2. Stgl m. steifen, abwärts gekehrten Haaren besetzt; Fr. m. 1striemigen Thälch. *Stein. Abhge, Gebüsch, ss.* (7—8) ⊙.
                               2. *T.* **maximum** *L.*
2*. Stgl kahl, nur am Grund zottig; Frthälch. 3striemig. *Hügel, Abhge (am adr. Meer)* (5—6) ⊙. . . . 3. *T.* **apulum** *L.*

g. *Selerineae.* Früchtchen m. 5 flügelfgn Haupttrippen u. 4 weniger hervortretenden, aber ebenfalls mehr od. weniger flügelfgn Nebenrippen.

48. **Siler trilobum** *Crtz.* (24). Kch 5zähnig; Blkrb. eiherzfg m. eingebogenem Läppchen; Thälchen unter d. Nebenrippen einstriemig. Kahles, 2—5' hohes Kraut m. rundem, feingestreiftem, oberwärts ästigem Stgl, 2—3fach 3zähligen B. m. rundl. ganzen od. lappigen Blättchen u. weissen Bthn in grossen, vielstrahligen Dolden; Hüllen fehld. *Bgwälder, ss.* (7—8) ♃.

h. *Thapsieae.* Früchtchen ausser d. 5 fadenfgn Haupttrippen m. noch 4 stärker hervortretenden, flügelfgn Nebenrippen.

49. **Laserpitium** *L.* (25). Kch 5zähnig; Blkrb. vkherzfg m. eingebogener Spitze; Thälchen unter d. flügelfgn Nebenrippen einstriemig. Meist kahle Kräuter m. fiedertheiligen B. u. weissen od. gelblichen Bthn in vielstrahligen Dolden.
1. Blkrb. gelblich m. rothem Saum, Doldenhülle fehlend; Stgl rund, zart gestreift.
2. Doldenstrahlen innen m. kurzen, rauhen Haaren; Haupttrippen kurzhaarig; Babschnitte eifg. *Byabhge d. südl. Alpenggdn* (7—8) ♃. . . . . 1. *P.* **marginatum** *W. K.*
2*. Doldenstrahlen nebst d. Frrippen kahl; B. wie b. vor. *Bgabhge d. südl. Alpenggdn* (7—8) ♃. 2. *L.* **Gaudini** *Moretti.*
1*. Blkrb. weiss; Doldenhülle reichblättrig.
3. Stgl rund, zart gestreift.
4. B. d. Doldenhülle ungespalten.
5. Abschnitte d. Stglb. eifg gezähnt.
6. Doldenstrahlen innen kurz rauhhaarig. *Bgwälder, selt.* (7—8) ♃. . . . . 3. *L.* **latifolium** *L.*
6*. Doldenstrahlen innen kahl.
7. Doldenstrahlen gleichlang. *Bgwälder, sss.* (7—8) ♃.
                                 4. *L.* **alpinum** *W. K.*
7*. Doldenstrahlen ungleichlang, obere Aeste oft quirlig. *Bgwälder u. Abhge am adr. Meer* (7—8) ♃;
                               5. *L.* **verticillatum** *W. K.*
5*. Abschnitte d. Stglb. lanzettl. lineal.
8. Doldenstrahlen kahl; Babschnitte ganzrandig.
9. Haupttrippen d. B. schief; Gr. an d. Fr. angedrückt. *Bgwälder d. Alpen, auch in Würtemberg* (7—8) ♃.
                                 6. *L.* **siler** *L.*
9*. Haupttrippen m. d. Rande d. B. parallel; Gr. aufrecht od. etwas spreitzend. *Bgwälder d. Alpen* (6—7) ♃.
                               7. *L.* **peucedanoïdes** *L.*

174 *Laserpitium.* UMBELLIFERAE.

§ 60. 8*. Doldenstrahlen kurzhaarig; B. vielfach getheilt. *Stein. Abhge
d. höheren Alpenggdn* (7—8) ♃. . . 8. **L. hirsutum** *Lam.*
4*. B. d. Doldenhülle 2—3theilig; Stglb. 2—3fach fiedertheilig m.
lappigen, scharf gesägten Abschnitten, oberste glänzd. *Felsen
u. stein. Abhänge d. südl. Alpenggdn* (7—8) ♃.
9. **L. nitidum** *Zant.*
3*. Stgl kantig gefurcht.
10. Doldenstrahlen u. Hüllb. behaart; Babschnitte eifg. gesägt;
Stgl 3—7' hoch. *Bywälder d. Alpen u. höchst. Sudeten* (7—8) ♃.
10. **L. archangelica** *Wulf.*
10*. Doldenstrahlen u. Hüllb. kahl; Babschnitte fiederspaltig; Stgl
1—2' hoch. *Bywälder, ss.* (7—8) ♃. 11. **L. pruthenicum** *L.*

i. *Daucineae.* Früchtch. ausser d. 5 Hauptrippen noch m. 4
stärker hervortretenden m. e. 1—3fachen Reihe von Stacheln besetzten Nebenrippen.

50. **Orlaya** *Hoffm.* (9*). Kch 5zähnig; Blkrb. vkherzfg, die
äusseren grösser, strahlend; Nebenrippen m. e. 2—3fachen
Reihe v. Stacheln besetzt. Aestige Kräuter m. 2—3fach gefiederten
B. u. weissen Bthn in langgestielten, blattgegenstdgn, wenigstrahligen Dolden; Hüllen mehrblättrig m. ungespaltenen
Blättchen; Stgl gefurcht.
1. Blkrb. länger als d. kleine Frknoten; B. d. Döldchenhülle
m. weissem, häutigem Rande. (Caucalis gr. *L.*) *Aecker, auf
Kalkboden, selt.* (7—8) ☉. . . . 1. **O. grandiflora** *Hoffm.*
1*. Blkrb. kleiner u. nicht länger als d. sehr grosse (z. Frzeit
5—6''' lange) Frknoten; B. d. Döldchenhülle ohne Hautrand.
Aecker um adr. Meer (7—8) ☉. . . 2. **O. platycarpos** *Kit.*

51. **Daucus carota** *L.* (9). Kch 5zähnig; Blkrb. vkherzfg,
d. randstdgn etwas strahlend; Nebenrippen aus e. einfachen
Stachelreihe gebildet. Rauhhaariges Krt m. 1—2' hohem, gefurcht.
ästigem Stgl, 2—3fach gefiederten, in lineale Abschnitte getheilte
B. u. weissen Bthn in vielstrahligen, z. Frzeit nestfg zusammengereigten Dolden; B. d. Doldenhülle 3—fiedertheilig; mittelste
Bthn oft unfruchtbar, purpurroth. *Feuchte Wiesen, Hügel, sehr
gemein, m. fleischiger Wurzel, auch cult. „gelbe Rübe, Mohrrübe"*
(7—8) ☉.

II. *CAMPYLOSPERMEAE.* Eiweiss auf d. Berührungsfläche
d. beiden Früchtch. rinnenfg eingerollt.

k. *Caucalineae.* Früchtch. stachlich, ungeschnäbelt, meist
eifg rundlich u. v. d. Seite zusammengedrückt.

52. **Caucalis** *L.* (11). Kch 5zähnig; Blkrb. vkherzfg m. eingebogenem Läppchen; Frrippen m. Stacheln besetzt, d. der Nebenrippen 1—3reihig, stärker hervortretend. Kahle od.
zerstreuthaarige Krtr m. ¼—1' hohem, ausbreitet ästigem, gefurchtem
Stgl, 2—3fach gefiederten, in schmale Abschnitte getheilte B. u.
kleinen weissen od. röthlichen Bthn in wenigstrahligen Dolden;
Doldenhülle fehlend od. aus wenigen, borstigen B. gebildet.

1. Stacheln d. Nebenrippen glatt, v. e. entfernt, in einfacher § 60.
Reihe.
2. Stacheln so lang u. länger als d. Querdurchmesser d. Fr.
Aecker, nicht häufig (6—7) ☉. . . . 1. *C.* **daucoïdes** *L.*
2*. Stacheln kürzer als d. Querdurchmesser d. Fr. *Aecker, sss.
(bei Wien)* (6—7) ☉. . . . . . . 2. *C.* **muricata** *Bisch.*
1*. Stacheln d. Nebenrippen rauh, dicht gedrängt, in 3facher Reihe,
an d. Spitze pfeilfg widerhakig. *Aecker, ss. (Rheingegenden,
Lüttich, Göttingen)* (6—7) ☉. . . . . 3. *C.* **leptophylla** *L.*

53. **Turgenia latifolia** *Hoffm.* (11*). Früchtch. 7rippig m.
3 rückenstdgn Haupttrippen u. 4 ebenso stark hervortretdn
Nebenrippen, alle m. e. 2—3fachen Reihe gleichhoher Stacheln
besetzt. Rauhhaariges, 1—1½′ hohes Kraut m. aufrechtem, einfachem
od. ästig., gefurchtem Stgl, einfach gefiederten B. u. weissen
od. röthl., strahldn Bthn in wenigstrahligen Dolden; B. d. Döldchen-
hülle m. breit häutigem Rande; Frstacheln rötblich. *Aecker, ss.*
(7—8) ☉.

54. **Tórilis** *Adans* (10*). Fr. überall dicht stachlig
ohne besonders hervortretenden Reihen v. Stacheln; Rippen daher
undeutlich. Rauhe od. behaarte Kräuter m. rundem, ästigem Stgl,
2—3fach gefiederten B. u. kleinen weissen od. röthlichen Bthn in
wenigstrahligen Dolden.
1. Dolden langgestielt, end- u. blattgegenstdg; Stgl aufrecht, ½
bis 2′ hoch.
2. Doldenhülle reichblättrig, borstig; Frstacheln nicht widerhakig,
etwas aufwärts gebogen. *Hecken, Gebüsch, s. häufig* (6—8) ☉.
1. *T.* **anthriscus** *Gmel.*
2*. Doldenhülle armblättrig od. fehlend, fast widerhakig, gerade.
(*T.* infesta *Auctor.*)
3. Blkrb. strahld, doppelt so lang als d. Frknoten; Pfl. aus-
gebreitet ästig. *Aecker, Waldränder, sss. (Unterösterreich)*
(7—8) ☉. . . . . 2. *T.* **neglecta** *R.* u. *S.*
3*. Blkrb. nicht länger als d. Frkn.
4. Blkrb. so lang als d. Frknoten; Pfl. ausgebreitet ästig.
Aecker, selt. (7—8) ☉. . . . . . 3. *T.* **helvetica** *Gmel.*
4*. Blkrb. krzr als d. Frkn.; Pfl. aufrecht ästig; ob. B. 3zählig.
Aecker, Hecken (Istrien) (5—6) ☉. 4. *T.* **heterophylla** *Guss.*
1*. Dolden seitenstdg sitzd, geknäuelt, blattgegenstdg; äussere Fr.
stachlig widerhakig, innere körnig rauh; Hüllb. fehlend; Stgl
liegd od. aufsteigend. *Aecker, ss. (Istrien, Oldenbg)* (4—5) ☉.
5. *T.* **nodosa** *Gärtn.*

1. *Scandicineae.* Fr. langgestreckt, oft geschnäbelt, meist
glatt, v. d. Seite zusammengedrückt; Früchtch. rippenlos od. m. 5
fadenfgn od. geflügelten Rippen.

55. **Scandix** *L.* (13). Kchz. undeutlich; Blkrb. eiherzfg m.
eingebogener Spitze; Fr. sehr lang geschnäbelt. Aestige Krtr
m. 2—3fach federtheiligen B. u. weissen Bthn in wenigstrahligen
Dolden; Döldchenhülle mehrblättrig; Doldenhülle fehld.
1. Frschnabel v. Rücken her zusammengedrückt, 2reihig, steifhaarig.
Aecker, nicht häufig (5—6) ☉. . . 1. *S.* **pecten Veneris** *L.*
1*. Frschnabel v. d. Seite her zusammengedrückt, ringsum steif-
haarig. *Aecker (am adr. Meer)* (5—) ☉. 2. *S.* **australis** *L.*

§ 60.   56. **Anthriscus** *Hoffm.* (12). Kch undeutlich; Blkrb. herzeifg m. eingebogener Spitze; Fr. rippenlos m. 5rippigem, kurzem Schnabel. Aestige Kräuter m. 2—3fach gefiederten B. u. weissen Bthn; Doldenhülle fehld; Döldchenhülle mehrblättrig.
1. Dolden vielstrahlig; Döldchenhülle 5blättrig, nicht halbseitig; Frschnabel sehr kurz; Stgl gefurcht. (Chaerophyllum *L.* u. a. Aut.)
2. Stgl unterwärts rauhhaarig, oberwärts kahl: B. d. Döldchenhülle lang gewimpert.
3. Fr. zerstreut knotig od. glatt; Gr. länger als d. Stempelpolster. *Wiesen, Hecken, Gebüsch*, *nicht selt.* (5—6) ⚥.
  1. *A.* **silvestris** *Hoffm.*
3*. Fr. knotig weichstachlig; Gr. w. b. vor.; B. hellgrün. *Wälder, Hecken, sss. (b. Frankfurt a. O.)* (5—6) ⚥.
  2. *A.* **nemorosa** *M. B.*
2*. Stgl u. ganze Pfl. flaumig sammethaarig; B. d. Döldchenhülle kurz flaumig wimperig; Fr. w. b. 2. *Bgwälder am adriat. Meer* (5—6) ⚥. . . . . 3. *A.* **fumarioïdes** *Sprg.*
1*. Dolden wenigstrahlig m. 2—4blättr. halbseitiger Döldchenhülle; Frschnabel länger; Stgl rund. (Scandix *L.*)
4. Griffel länger als d. Stempelpolster.
  5. Fr. glatt, etwa doppelt so lang als ihr Schnabel; B. hellgrün. *Aecker u. stein. Abhge d. südl. Alpenggdn, auch häufig als Gemüsepfl. cult. „Kerbelkraut"* (5—6) ☉.
    4. *A.* **cerefolium** *Hoffm.*
  5*. Fr. borstig steifhaarig; Pfl. übrig. w. vor. u. wohl nur var. *Hecken, Gebüsch, sss. (Böhmen)* (5—6) ⚥.
    5. *A.* **trichosperma** *Schultes.*
4*. Gr. sehr kurz m. fast sitzender Narbe; Bscheiden gefranst u. m. weisshäutigem Saum; Fr. stachlig borstig. *Mauern, Schuttplätze, Wege, nicht häufig* (6—7) ☉.
  6. *A.* **vulgaris** *Pers.*

57. **Physocaulus nodosus** *Tausch.* (38*). Kch undeutlich; Blkrb. herzeifg m. eingebogener Spitze; Fr. ungeschnäbelt knotig steifhaarig m. kegelfgm Stempelpolster u. fast sitzdn Narben. Weiss blühendes Kraut m. 3zählig doppelt gefiederten B., eifgn fiederspaltig eingeschnitten gezähnten Blättch. u. unter d. Gelenken stark aufgeblasenem Stgl. (Chaerophyllum n. *Lam.*) *Gebüsch u. stein. Abhänge d. südl. Alpenggdn v. am adr. Meer* (5—6) ☉.

58. **Chaerophyllum** *L.* (38*). Kch undeutlich; Blkrb. vkherzfg; Fr. ungeschnäbelt, rippenlos od. m. 5 gleichfgn stumpfen Rippen u. fadenfgn Griffeln. Aufrechte Kräuter m. rundem, hohlem, ästigem Stgl, mehrfach zusammengesetzten B. u. weissen Bthn in langgestielten, vielstrahligen Dolden; Doldenhülle fehlend; Döldchenhülle mehrblättrig, meist zurückgeschlagen.
1. Blättchen d. 2—3fach gefiederten B. wieder bis über d. Mitte getheilt.
2. Blkrb. kahl.
  3. Griffel nicht länger als d. Stempelpolster; Stgl unter d. Gelenken deutlich geschwollen u. besonders abwärts steifhaarig u. roth gefleckt.

4. B. d. Döldchenhülle gewimpert; Stgl 1—3' hoch, **unbereift**; Babschnitte lappig stumpf, kurz stachelspitzig. *Wälder, Hecken, Gebüsch, häufig* (6—7) ⊙. . 1. *Ch.* **temulum** *L.* ⚥
4*. B. d. Döldchenhülle ungewimpert; Stgl 3—6' hoch, bereift; Babschnitte schmal, lineal lanzettl. *Wälder, Hecken, Gebüsch, häufig auch cult. „Kerbelrübe"* (6—7) ⊙.
  2. *Ch.* **bulbosum** *L.*
3*. Gr. länger als d. Stempelpolster; Stgl unter d. Gelenken wenig geschwollen, 2—4' hoch, kantig gerippt, kahl od. behaart: Babschnitte eifg lanzettlich, gegen d. Spitze hin gesägt; reife Fr. gelbbräunlich. *Wälder, Wiesen, Gebüsch, selt.* (6—7) ♃ . . . . 3. *Ch.* **aureum** *L.*
2*. Blkrb. gewimpert; Gr. länger als d. Stempelpolster; Stgl unter d. Gelenken wenig geschwollen.
5. Abschnitte d. doppelt fiederspaltigen B. länglich od. lanzettl.; Döldchenhüllb. mehr od. weniger häutig; Stgl 2—4' hoch; Frbalter tief getheilt.
6. Döldchenhüllb. völlig häutig, gewimpert. *Bergwälder d. Alpen, ss. (Schweiz, Vorarlberg)* (6—7) ♃.
  4. *Ch.* **elegans** *Gaud.*
6*. Döldchenhüllb. nur am Rande häutig, übrigens w. b. vor. *Wiesen, Wälder d. Alpen* (6—7) ♃. 5. *Ch.* **Villarsii** *Kch.*
5. Abschnitte d. 3fach 3zähligen B. eifg-länglich; Döldchenhüllb. krautig, gewimpert; Stgl 1—2' hoch m. e. nur an d. Spitze gespaltenem Frhalter. *Wiesen, Ufer, Gebüsch, nicht selt.* (7—8) ♃ . . . . 6. *Ch.* **hirsutum** *L.*
1*. Blättch. d. 2—3fach 3zähligen B. gesägt (ähnlich denen v. Aegopodium podagraria); Blkrb. kahl; Stgl 1—3' hoch, unter d. Gelenken geschwollen; B. d. Döldchenhülle gewimpert; Pfl. wohlriechend. *Ufer, Gebüsch, selt. Öes. im östl. Dtschld)* (7—8) ♃.
  7. *Ch.* **aromaticum** *L.*

59. **Biasolletia tuberosa** *Kch.* (41*). Kchz. undeutlich; Blkrb. eiherzfg m. fast **flügelfgn, scharfen, nicht hohlen Rippen, ungeschnäbelt**; Thälchen einstriemig. Kahles Kraut m. fast einfachem ½—1½' hohem Stgl, doppelt gefiederten B., **knollig rund** l. Wzl u. weissen Bthn in 2—3 endstdgn, meist 10strahligen Dolden; Döldchenhülle mehrblättrig, abstehend, nicht gewimpert; Fr. schwarz. *Stein. Abhge in Istrien, ss.* (7—8) ♃.

60. **Myrrhis odorata** *Scop.* (41). (Chaerophyllum *L.*) Kchz. undeutlich; Blkrb. vkherzfg m. eingebogener Spitze; Frrippen hohl; Striemen fehld. Wohlriechds, 2—3' hohes Kraut m. 2—3fach gefiederten, weichhaarigen B., weissen Bthn in vielstrahligen Dolden u. fast zolllangen, glänzend braunen Früchtchen; Doldenhülle fehld; Döldchenhülle 5—7blättr., zurückgeschlagen, gewimpert. *Bgwiesen, Gebüsch, bes. d. Alpenggda* (7—8) ♃.

61. **Molopospermum cicutarium** *Kch.* (27*, 40). (Ligusticum peloponesiacum). Kch 5zähnig; Blkrb. lanzettlich zugespitzt m. aufstrebdr Spitze; Frrippen häutig, nicht hohl; Thälch. einstriemig. Kahles, 3—6' hohes, ästiges Kraut m. 3fach gefiedert. B. u. weissen Bthn in vielstrahligen Dolden; Hüllen 6—9blättrig. *Bgwiesen u. stein. Abhge d. südl. Alpenggda* (7—8) ♃.

Echinophora. UMBELLIFERAE.

§ 61.   m. *Smyrneae.* Fr. gedunsen, kuglig od. eifg, nicht stachlig.

62. **Echinophora spinosa** *L.* (12*). Kch 5zähnig; Blkrb. herzeifg m. eingebogener Spitze, d. äusseren oft strahld; Randbthn männlich, mittlere weiblich: Fr. eifg, kurz geschnäbelt m. welligen Rippen; im hohlen Frboden eingeschlossen u. nur m. d. Schnabel hervorragend. Kahles Kraut m. gefiederten B. u. linealen 3kantig dornigen Blattabschnitten; Bthn weiss. *Abhge am Ufer d. adr. Meeres* (6—7) ♃.

†† 63. **Conium maculatum** *L.* (86). Kch undeutlich; Blkrb. vkherzfg m. eingebogener, s. kurzer Spitze; Fr. eifg m. stumpfen, wellig gekerbten Rippen. Kahles Krt m. 2—3' hohem, aufrechtem, ästigem, am Grd oft braunroth gefleoktem Stgl, 2—3fach gefiederten B. u. weissen Bthn in vielstrahligen Dolden; Doldenhülle reichblättrig; Döldchenhülle einseitig, 3blättrig, kürzer als d. Döldchen. *Hecken, Wege, Schuttplätze* (6—8) ♃ „*Schierling*".

64. **Pleurospermum austriacum** *Hoffm.* (27). (Ligusticum *L.*) Kch 5zähnig; Blkrb vkeifg ungetheilt; Frrippen hohl, flügelartig, fein wellig gestreift. Kahles Kraut m. 2—5' hohem, am Grund schopfigem, gefurchtem, röhrigem, ästigem Stgl, 2—3fach gefiederten B. u. weissen Bthn in grossen, vielstrahligen Dolden; Hüllen reichblättrig, d. d. Dolde oft fiedertheilig, zurückgeschlagen. *Bgwälder, bes. an Ufern, in Schluchten d. höher. Gebge* (6—8) ♃.

65. **Malabaila Hacquetii** *Tsch.* (42). Kch 5zähnig; Blkrb. eiherzfg m. eingebogener Spitze: Fr. m. 5 häutigen, nicht gekerbten Rippen. Kahles Kraut m. aufrechtem, rundem, 2—3' hohem Stgl, 2—3fach gefiederten B. u. weissen Bthn in vielstrahligen Dolden; Hüllen vielblättrig m. häutigem Rande. *Bgwälder, stein. Abhge d. südl. Alpengyda* (6—8) ♃.

66. **Smyrnium** *L.* (42*)· Kchz. undeutlich; Blkrb. lanzettl. elliptisch m. eingebogener Spitze; Fr. 2knotig; Früchtch. nierenfg kuglig m. scharfen Rippen u. vielstriemigen Thälen. Kahle Kräuter m. gelben od. grünlichen Bthn.
1. Stglb. einfach, herzeifg, umfassend, gekerbt; Bthn gelb; Stgl oberwärts geflügelt kantig. *Stein. Abhge, Wälder am adr. Meer* (4—5) ☉. . . . . 1. *S.* **perfoliatum** *L.*
1*. Stglb. 3zählig od. doppelt 3zählig m. eifzu ungleich eingeschnitten gesägten Blättchen; Bthn grünlich. *Felsen. Schuttpl. am adr. Meer* (4—5) ♃. . . . . . . 2. *S.* **olus atrum** *L.*

III. *COILOSPERMEAE.* Eiweiss schüsselfg od. sackartig, also sowohl der Länge als d. Quere nach vertieft.

n. *Coriandrieae.* Fr. kuglig od. 2knotig m. 5 Haupt- u. 4 Nebenrippen, alle flügellos, oft kaum bemerkbar.

67. **Bifora radians** *M. B.* (35*). Kchz. undeutlich; Blkrb. vkherzfg, d. äusseren oft strahlend; Fr. 2knotig, undeutl.

gerippt. Kahles Kraut m. ½—1' hohem, aufrechtem, gefurchtem, ästigem Stgl, 2—3fach gefiederten B. u. weissen Btbn in 5—8strahlig. Dolden; Doldenhülle fehld: Döldchenh. 2—3blättrig, einseitig. *Aecker d. südl. Alpengyda* (6—7) ☉. *§ 61.*

68. **Coriandrum sativum** *L.* (35). Kch 5zähnig; Blkrb. vkherzfg, d. äusseren strahld; Fr. fast völlig kuglig m. fadenfgn schlängeligen Haupt- u. kielfgn, etwas mehr hervortretenden Nebenrippen. Kahles Kraut m. 2—3' hohen, runden, feingestreiftem Stgl, 2—3fach gefiederten B. u. weissen Btbn in 5—8strahligen Dolden; Doldenhülle fehld; Döldchenhülle halbseitig, 3blättr. *Aecker d. südl. Alpengyda, auch als Gewürzpfl. cult.* (6—7) ☉.

XXII. Ordn. **LORANTHINAE** *Bartl.* Kch m. d. Frkn. verwachsen; Bthntheile 4—6—8zählig; Blkrb. in d. Knospe klappig; Stbgef. d. Blkrb. gegenständig u. m. denselben verwachsen; Griffel 1 od. fehlend; Frknoten einer, einfächerig, einsamig; Same eiweisshaltig; Keim gerade. Nur 1 Familie.

§ 62. **LORANTHACEAE.** *DC.*

Gabelästige, immergrüne, auf anderen Holzpflanzen schmarotzende Halbsträucher m. gegenstdgn B.
1. Bthntheile 4—5zählig; Btbn knäulich. . . . . . 1. **Viscum.**
1*. Bthntheile 6zählig; Btbn in Trauben. . . 2. **Loranthus.**

1. **Viscum** *L.* „Mistel" (XXII 4). Bthntheile 4zählig; b. d. männlichen Btbn d. Kcb fehld; Gr. fehld; Btbn 2häusig, gelblich.
1. Stgl m. B. besetzt; Beeren kuglig, weiss, Aeste rund. *Auf Obst- u. Waldbäumen schmarotzend* (3—4) ♄. . . 1. *V. album L.*
1*. Pfl. blattlos: Beeren länglich, bläulich; Aeste etwas zusammengedrückt. *Auf Juniperus oxycedrus schmarotzend (blüht?)* ♄.
2. *V. oxycedri DC.*

2. **Loranthus europaeus** *L.* (VI. 1 od. XXII. 6). Bthntheile 6zählig; Btbn zwittrig od. durch Fehlschlagen 2häusig, in Trauben; Stbkolben nur am Grund in d. Blkrb. verwachsen; Griffel fadenfg; Beere gelblich birnfg; B. eifg-länglich. *Auf Buchen und Linden schmarotzend (Oesterreich)* (4—5) ♄.

§ 63.

2. Classe. *Gamopetalae* (Verwachsenkronige).

Blüthendecke aus Kch u. Krone gebildet, d. Blätter d. letzteren mit einander verwachsen.

XXIII. Ordn. **LIGUSTRINAE** *Bartl*. Kch 5—10zähnig, nicht m. d. Frkn. verwachsen; Blkr. 4—5—8spaltig, trichterfg; Stbgef. 2; Griffel 1; Frkn. 2fächerig, trocken od. fleischig; Keim gerade; Sträucher u. Bäume m. gegenstdgn B.

§ 63. **OLEACEAE.** *Lindl.*

Kch 4zähnig od. 4theilig; Blkr. m. 4spaltigem Saum od. 4blättrig m. paarweise durch d. Stbgef. verbundenen Blättchen, selten ganz fehlend; Stbgef. 2, an d. Blkrone angeheftet; Fr. e. Kapsel, Beere od. Steinfrucht; Same eiweisshaltig; Keim gerade; Sträucher od. Bäume m. gegenstdgn B.

1. B. einfach.
  2. B. immergrün; Steinfrucht; Bthn blattwinkelstdg, büschlig.
    3. B. beiderseits grün, oft wechselstdg; Frschale zerbrechlich.
                                      1. **Phillyrea.**
    3*. B. unterseits graufilzig; Frschale hart. . . . 2. **Olea.**
  2*. B. abfallend; Bthn in endstdgn, reichbtbgn Rispen.
    4. Stbgef. aus d. Blkronröhre hervorragend; B. lanzettlich; Fr. e. Beere; Bthn weiss. . . . . . 3. **Ligustrum.**
    4*. Stbgef. in d. Blkronröhre eingeschlossen; Fr. e. Kapsel; Bthn weiss od. bunt; B. meist breiter. . 3b. **Syringa.**
1*. B. gefiedert; Bthn polygamisch; Fr. geflügelt.
  5. Bthn m. Kch u. Krone, letztere weiss. . . . 5. **Ornus.**
  5*. Bthn unvollstdg, bräunlich, vor Entwicklung d. B. erscheinend.
                                        4. **Fraxinus.**

1. **Phillyrea media** *L.* (II. 1). Steinfr. schwarz, kuglig m. zerbrechlicher Schale; 4—5′ hoher Strauch m. eilanzettl. beiders. grünen ganzrandigen od. gezähnelten bleibdn B. u. gelblichweissen Bthn in blattwinkelstdgn Büscheln. *Wälder, stein. Abhge, Gebüsch d. südl. Alpenggdn* (3—4) ♄.

2. **Olea europaea** *L.* (II. 1). Steinfr. schwarz m. harter Frschale; Baum od. Strauch 25—40′ hoch m. ruthenfgn Zweigen, lanzettl. unters. graufilzigen B. u. gelblichweissen Bthn in blattwinkelstdgn Büscheln. *Südl. Gegdn cult. u. verwildert* (5—5) ♄ „Oelbaum".

3. **Ligustrum vulgare** *L.* (II. 1). Fr. e. schwarze Beere; ästiger, 6—10′ hoher Strauch m. ruthenfgn Zweigen, lanzettlichen ganzrand. abfalldn B. u. weissen Bthn in endstdgn, vielbthgn Rispen; Staubbeutel hervortretend. *Wälder, Hecken, Gebüsch, nicht selt.* (6—8) ♄ „Rainweide".

3b. **Syringa** *L.* „Flieder" (II. 1). Fr. e. 2klappige Kapsel; § 63.
Sträucher od. Bäume m. gestielten ganzrandigen B. u. weissen od.
röthlichen Bthn in dichten, endstdgn Rispen; Stbgef. in d. Blkrone
verborgen.
  1. Saum d. Blkr. concav; B. herzfg. *Häufiger Zierstrauch aus d. Orient „türkischer Fl."* (4—6) ♄. . . . a. *S.* **vulgaris** *L.*
  1*. Saum d. Blkr. flach.
  2. B. eifg; Bthn grösser als b. vor. *Zierstrch aus China* (4—6) ♄.
                                                                            b. *S.* **chinensis** *Willd.*
  2*. B. eilanzettl. od. lanzettlich, nebst d. Bthn kleiner als bei B. *Zierstrauch aus Persien* (5—6) ♄. . . . c. *S.* **persica** *L.*

4. **Fraxinus excelsior** *L.* (II. 1). Bthn polygamisch, nackt (d. h. Kch u. Kr. fehld) m. röthl. Stbbeuteln, vor Entwicklung d. B. erscheinend, in seitenstdgn Büscheln; 60—100' hoher Baum m. 3—6paarig gefiederten B. u. länglich lanzettl. gesägten, fast sitzdn Blättchen; Fr. länglich lineal, geflügelt. *Bgwälder, auch cult.* „Esche" (4—5) ♄.

5. **Ornus europaea** *L.* (II. 1). Bthn polygamisch, m. Kch u. Krone; 10—20' hoher Baum m. meist 3paarig gefiederten B. u. elliptisch lanzettl. gesägten Blättch. u. weissen Bthn in dichten endstdgn Rispen. *Bgwälder d. südl. Alpenggdn* (4—5) ♄.

§ 64. JASMINEAE. *R. Br.*

Kch 5—8zähnig; Blkr. 5—8spaltig, unterstdg, gleichmässig; Frkn. 2fächerig; Fächer 1samig; Fr. e. Beere; Sträucher m. gegenstdgn B.

  1. **Jasminum officinale** *L.* (II. 1). Kchzähne fadenfg, länger als d. halbe Krone. Weiss blühender Strauch m. gegenst. gefiederten B. u. zugespitzten Blättchen. *Hügel, Mauern, stein. Abhge d. südl. Alpenggdn, cult. u. verwild.* (7—8) ♄.

--

XXIV. Ordn. **RUBIACINAE** *Bartl.* Kch m. d. mehrfächerigen Frknoten verwachsen; Blkrb. d. Kch eingefügt, in d. Knospe klappig od. dachig; Stbgef. 4—5—10, d. Blkroue eingefügt; Fr. verschieden; Krtr od. Sträucher m. gegenstdgn od. quirlstdgn B.; Same eiweisshaltig; Keim gebogen.

§ 65. VIBURNEAE. *Bartl.*

Blkr. radfg od. glockig, gleichmässig, in d. Knospe dachig; Griffel fehlend; Narben 3—5, sitzend; Fr. e. mehrsamige Beere; Same hängend.
  1. Stbgef. 8 od. 10; Gr. 4; Kch b. d. endstdgn Bthn 2spaltig, b. d. seitenstdgn 3spaltig; Blkrone 4—5spaltig. Kleines Kraut m. lappigen B. u. grünlichen Bthn in würfelfgn Köpfchen.
                                                                                        1. **Adoxa.**

§ 65. 1*. Stbgef. 5; meist Sträucher m. traubenfg od. trugdoldig gestellten weissen od. gelblichen Bthn.
  2. B. einfach; Beeren 1samig. . . . . . . 2. **Viburnum.**
 2*. B. gefiedert; Beeren vielsamig. . . . . . 3. **Sambucus.**

  1. **Adóxa moschatéllina** *L.* (VIII. 4). Kch halboberstdg m. 3spaltig. Saum; Blkrone 4—5spaltig m. kurzer Röhre; Stbgef. 8—10; Narbe 4—5. Kleines, nach Moschus riechendes Kraut m. lappigen, gegenstdgn B. u. grünlichen Bthn in würfelfgn Köpfch., d. endstdgn 4gliedrig, d. seitenstdgn 5gliedrig. *Hecken, Gebüsch, selt.* (4) ♃ „*Bisamkraut, Moschuskraut.*"

  2. **Vibúrnum** *L.* „Schneeball" (V. 3). Kch 5zähnig; Blkr. radfg 5spaltig; Stbgef. 5; Narben sitzd; Beeren einsamig. Sträucher m. einfachen B. u. meist trugdoldigen Bthn.
  1. B. ganzrandig eifg, immergrün; Beeren schwarz. (Laurus tinus *hort.*) *Bgwälder d. südl. Alpenggdn, auch als Zierpfl. cult.* (3—4) ♄ . . . . 1. *V.* **tinus** *L.*
 1*. B. gezähnt od. gesägt, abfallend.
  2. B. eifg, fein gekerbt, unters. graufilzig; Beeren zuletzt schwarz werdend. *Bgwälder* (5) ♄ . . . . . 2. *V.* **lantana** *L.*
 2*. B. 3—5lappig beiders. grün; Randbthn meist grösser, unfrbar; Beeren roth. *Hecken, Ufer, Gebüsch, auch cult.* (5—8 ♄.
†   3. *V.* **opulus** *L.*

  3. **Sambucus** *L.* „Hollunder" (V. 3). Kch 5zähnig; Blkrone radfg 5spaltig; Stbgef. 5; Narben sitzd; Beeren 3—5samig. Meist Sträucher m. gefiederten B.
  1. Bthn gelblich in Trauben; Beeren roth; Nebenb. klein, warzenartig; Aeste m. rothgelb. Mark. *Bgwälder* (4—5) ♄.
           1. *S.* **racemosa** *L.*
 1*. Bthn weiss, in Trugdolden; Beeren schwarz.
  2. Dolde m. 5 Hauptstrahlen; Nebenb. fehlend; Holzgewächs. *Wälder, auch cult.* (6—7) ♄ . . . . . . 2. *S.* **nigra** *L.*
 2*. Dolde m. 3 Hauptstrahlen; Nebenb. eifg gesägt; Kraut. *Wälder, Gebüsch* (7—8) ♃ „*Attich*". . . 3. *S.* **ebulus** *L.*

§ 66. CAPRIFOLIACEAE. *Juss.*

Blkrone röhrenfg, meist ungleich; Gr. 1; Fr. e. Kapsel od. e. Beere. Sträucher od. Halbsträucher m. einfachen, gegenstdgn. meist ganzrandigen B.; Keim hängend; Same eiweisshaltig.
  1. Stbgef. 5; aufrechte od. klimmende Sträucher m. abfalldn B.
  2. Blkrone röhrenfg m. ungleichem Saum; Frkn. 3fächerig m. vielsamigen Fächern; Bthn paarweise beisammen od. quirlig kopffg. . . . . 1. **Lonicera.**
 2*. Blkr. kurz glockig röhrenfg m. meist gleichmässigem Saum; Frkn. vierfächerig, durch Fehlschlagen zweisamig; Bthn in blattwinkelstdgn, büschlig. Trbn. 1b. **Symphoricarpus.**
1*. Stbgef. 4, je 2 länger; Gr. abwärts geneigt. Kriechdr Halbstrch m. immergrünen B. u. paarweise stehdn langgestielt. Bthn.
           2. **Linnaea.**

CAPRIFOLIACEAE. *Lonicera.* 183

1. **Lonicera** L. (V. 1). Kchs. 5zähnig; Blkrone röhrenfg m. §66.
ungleichem Saum; Stbgef. 5; Frkn. 3fächerig, vielsamig. Aufrechte
od. windende Sträucher m. blattwinkelstdgn, paarweise stehenden
od. endst. kopffgn Bthn.
  1. Bthn quirlig kopffg; Stgl windend; Kchsaum bleibd.
  2. Wenigstens d. oberen gegenstdgn B. m. e. verwachsen; Bthn
    weiss od. röthlich.
  3. D. endstdgn Köpfchen sitzend.
    4. B. immergrün; Griffel rauhhaarig. *Gebüsch in Istrien*
      (5—6) ♄. . . . . 1. **L. implexa** *Ait.*
    4*. B. abfallend; Gr. kahl. *Gebüsch d. südl. Alpenggdn,*
      häufig cult. (5—6) ♄ „*Gaisblatt*". 2. **L. caprifolium** *DC.*
    3*. D. endstdgn Köpfch. gestielt; B. abfalld; Gr. kahl. *Hecken,*
      Gebüsch d. südl. Alpenggdn. (7—8) ♄. **L. etrusca** *Sav.*
  2*. B. nicht m. e. verwachsen; Bthn. gelblich weiss. *Wälder,*
    Gebüsch nicht selt. (4—5) ♄. . 4. *L.* **periclymenium** L.
  1*. Bthn. zu 2 beisammen ; Stgl. aufrecht; Kchsaum. abfalld; Frkn.
    d. beiden Bthn. mehr od. weniger m. e. verwachsen.
  5. Frkn. nur am Grd m. e. verwachsen.
  6. Bthn gelblich, nebst d. Bthnstiel, u. B. flaumig; Beer. roth.
    Hecken, Wälder nicht selt (6) ♄. . . L. **xylosteum** L. †
  6*. Bthn röthlichweiss, nebst Bthnst. u. B. kahl.
  7. B. länglich, spitz; Beeren blauschwarz. *Stein. Abhge. d.*
    Alpen u. höher. Gebge. . . . . L. **nigra** L.
  7*. B. eifg. stumpf, Beer. roth. *Zierpfl. aus Asien* (5—6) ♄
                                   L. **tartarica** L.
  5*. Frkn u. Fr. fast völlig (bis über d. Mitte) m. e. verwachsen.
  8. Bthnst. kürz. als d. gelblichweissenBthn Beeren blaubereift.
    Bgwälder d. Alpen, auch cult. (5—6) ♄. **L. caerulea** L.
  8*. Bthnst. länger als d. gelblichgrün od. röthliche Blthn;
    Beeren roth. *Bgwälder d. Alpen, auch cult.* (5—6) ♄
                                   L. **alpigena** L.

1b. **Symphoricarpus racemosus** Mich. V. 1. Blkrone
kurz glockig, inwendig behaart. Beeren schneeweiss, kuglich,
nicht zusammenhgd. Aufrechter 3—5′ hoher Strauch m. eifg rundl.,
kurz gestielt B. u. röthl Bthn in büschlig Trauben. *häufiger
Zierstrauch aus Nordam.* (6—7) ♄

2. **Linnaea borealis** Gronov. (XIV 2) Kchsaum 5thlg; Stbgf.
4 didynamisch; Frkn. 3fächerig m 1samigen Fächern. Krie-
chdr. Halbstrch m. immergrünen, gegenstgn, vkeifgn kurzgestielt
B. u. langgestielten, paarweise stehenden v. 2 kurzen Deckb. um-
gebenen nickdn weiss. Blthn. *Nadelwälder selt. (Norddeutschland,
Alpen)* (5—7) ♄.

§. 67. Stellatae. *R. Br.*

Kch oberstdg, undeutlich od. m. 4—6zähnig. Saum. Blkrone
radfg od. trichterfg. über d. Frkn. stehend, in der Knospe klappig
Stgef. der Blkr. eingefügt, so viele als Blkrontheile u. denselb.
wechselstdg. fr. 1—3 fächerig, oft 2knopfig; Fächer einsamig m.
aufrecht Samen. Gr. 1, oft gespalt. Narben 2. Same eiweiss-
haltig; Keim etwas gebogen. Meist Krtr. m. nebenblattlos. oft
quirlstdgn. B. Meist IV. 1.
  1. Blkr. trichterfg od. glockig.

CAPRIFOLIACEAE.

§ 67. 2. Bthn mit deutlich 6zähnig Kch; Bthn. röthl. od. violett in büschlig. Trugdolden. . . . . 1. **Sherardia**.
2*. Kch undeutlich.
3. Blkrb. ausgebreitet, weiss od. röthl.; Fr. kugl. od. 2knotig.
2. **Asperula**.
3*. Blkrb. einwärts gekrümmt, gelbl. od. grünl. Früchtch. längl.
3. **Crucianella**.
1*. Blkr. radfg, flach.
4. Kch. undeutlich; fr. 2knotig.
5. Fr. trocken; Bthn meist weiss, seltener gelb oder röthl m. 3—4 spalt. Saum. . . . . 4. **Galium**.
5. Fr. Beerenfg; Bthn gelblich, meist 5spalt. . 5. **Rubia**.
4*. Kch ungleich 6—8zähnig; Bthn zu 3, d. endst. zwittr. m. 4spalt. Blkrone, d. seitenst. männl. m. 3spalt. Kr., grüngelb; Fr. 3hörnig. . . . . 6. **Vaillantia**.

1. **Sherardia arvensis** *L*. Kch 6 zähnig; Blkr. trichterfg. glockig. Liegds ausgebreitet ästiges Kraut m. 4 kantig. Stgl., zu 4—8 quirl. lanzettl. B. u. röthlich büschlig gehäuft. Bthn. Ganze Pfl. von abwärtssthndn Haaren rauh. *Thon. Aecker, Hecken u. selt.* (6—8) ⊙

2. **Asperula** *L*. Kchz. undeutlich; Blkrone trichterfg m. deutl. Röhre u. ausgebreitetem Saum. Fr. kuglich od. 2knotig. Aestige Kräuter m. büschlig doldentrbg gestellt. Bthn.
   1. Blthn. sitzd m. 6—8 lineal borstig gewimpert, lang Deckb., bläulich, büschlig. *Aecker, s. selt. (Rheingydn)* (5—7) ☉
   A. arvensis *L*.
   1* Bthn gestielt m. kurzen nicht gewimpert. Deckb.
   2. B. alle 4ständig; Bthn. ebensträussig.
   3. B. elliptisch, zugespitzt, 3rippig, behaart; Bthn. weiss. *Bgwälder d. s. Alpggdn* (5—6) ♃ . . . 2. **A. taurina** *L*.
   3*. B. lineal kahl. Bthn. röthlich.
   4. Blkronröhre länger als d. Saum.
   5. Blkrone behaart; Stgl aufstrbd; Fr. kurzhaar. od. kahl *Bgwälder d. südl. Alpen selten* (5—6) ♃
   3. **A. canescens** *Vis*.
   5*. Blkr. kahl, aussen roth, innen gelblich; Stgl. aufrecht; Fr. körnig rauh. *Stein. Abhge auf d. Inseln d. adr. Meeres* (8) ♃ . . . . . . 4. **A. longiflora** *Wil*.
   4*. Blkronröhre so lang als ihr Saum, aussen körnig; Stgl äst. aufstrbd, ob. B. oft nur gegenstdg. *Steinige Abhänge in Gebirgsgegenden* (6—7) ♃ . . . 5. **A. cynanchica** *L*.
   2*. B. zu 5—8 stehend; Bthn. weiss.
   6. Pfl. rckwt. klein stachlich; B. lanzettlich; fr. gekörnelt. *Ufer, Gebüsch s. selt. (Mähren, Schlesien)* (6—8) ♃
   6. **A. aparine** *M. B.*
   6*. Pfl. nicht stachlich.
   7. B. lanzettlich, am Rande u. auf d. Mittelrippe rauh, wohlriechd.; Fr. mit hakig. Börstchen besetzt. *Wälder nicht selt.* (5—6) ♃ „*Waldmeister*". . . 7. **A. odorata** *L.*
   7*. B. lineal, geruchlos, Fr. kahl.
   8. Stgl. rund; Blkrröhre kürzer als d. Saum. B. unters. blaugrün. *Bgwälder, Stein. Abhge. selt.* (6—7) ♃
   8. **A. galioïdes** *M. B.*
   8*. Stgl. 4kantig; Blkr so lang als d. S. B. gleichfarbig Wzl. kriechd, gelb *Bgwälder selt.* (6—7) ♃
   9. **A. tinctoria** *L*.

3. **Crucianella** *L.* Kch undeutlich; Blkr. trichterfg m. § 67.
zusammengeneigt. Saume; Fr. längl. od. eifg
  1. Bthn gelb, in verlängert. Aehren; Aeussere Deckb. am Grd
m. e. verwachsen, am Rande kahl; B. zu 6 stehend. *Sandfelder am adr. Meer* (6—7) ♃ . . . . 1. *C.* **augustifolia** *L.*
  1*. Bthn. grünlichweiss, in blartwinkelst. und endst. Köpfchen,
Deckb. eifg, am Rande zottig; Bthnthle meist 5zählig. *Steinige Abhg. sss. (b. Laibach)* 7—8 ♃. 2. *C.* **molluginoïdes** *M. B.*

4. **Rubia** *L.* Kch undeutl. Blkr. radfg, meist 5spaltig, Fr.
e. schwarze Beere. Gelb blühende Krtr. m. am Rande rückwts.
stachlig. zu 4—6 stehend. B. u seitenstgn Bthn.
  1. B. etwas gestielt, mehrstrfg; *cult. u. an Hecken u. Zäunen verwildert* (6—7) ♃ „*Krapp*" . . . 1. *R.* **tinctorum** *L.*
  1*. B. sitzd. *Hecken u. Abhge am adr. Meer* (5—6) ♃
                                          2. *R.* **peregrina** *L.*

5. **Galium** *L.* Kchz. undeutlich; Blkrone **radfg flach**; fr.
trocken, 2knotig kuglich od. länglich. Vielgestaltige Krtr mit zu
4 od. mehr quirlig. C.
  1. Fr. kuglich; Bthn. in end- od. blattwinkelstgn Risp.
  2. Bthnstiele nach d. Verblühen abwts gerichtet.
    3. Bthn. polygamisch, d. endst. zwittrig, d. seitenstdgn
männlich (Vaillantia L); Stgl 4kant.
    4. Stgl kahl od. behaart, aber nicht stachlig; B. zu
4 quirlig, breit, 3rippig.
      5. Bthnstiele m. Deckb; Bthn. gelb; Stgl zottig behaart
Waldwiesen, Hecken, Gebüsch (4—5) ♃
                            1. *G.* **cruciata** *Scop.*
      5*. Bthnst. ohne Deckb; Bthn gelblichweiss; Stgl kahl od.
kzhaarig. *Wälder, Wiesen (südöstl. Dtschld)* (5—6) ♃
                            2. *G.* **vernum** *Scop.*
    4*. Stgl v. abwts. gerichteten Stacheln rauh.
      6. B. zu 4 quirlig; Bthn. gelb. *Sandfelder d. südl. Alpengegd* (5—6) ♃ . . 3. *G* **pedemontanum** *W.*
      6. B. zu 6—8; Bthn weiss; Randstacheln d. B. vorwts
gerichtet; Frstiele kürzer als d. Fr. *Aecker ss.* (5—6) ☉
                            4. *S.* **saccharatum** *W.*
  3. Blthn alle zwittrig; weiss; Stgl v. abwtsstehenden Stacheln
rauh, 4kantig; Bthnstiele meist 3 Bthn.
    7. B. zu 4 quirlig stumpf. *Sumpfwiesen sss. (Steiermk.)*
(7—8) ♃ . . . . 5. *G.* **trifidum** *L.*
    7*. B. zu 6—8 quirl. m. n. Stachelspitze. *Aecker (Thonboden)* (7—8) ☉ . . . . . . *G.* **tricorne** *With.*
  2*. Bthnstiele auch nach dem Verblühen gerade; Bthn alle
zwittrig.
    8. Stgl 4kantig; an d. Kanten v. abwts gerichtet. Stacheln
rauh, B. 1rippig; Bthn vorherrschd blattwinkelstdg.
    9. B. stachelspitzig. zu 6—8 quirlig.
    10. Blkr. weiss; Randstacheln d. B. rückwts gerichtet.
    11. Blkr. schmäler als d. Frknoten; B. auf d. Oberfl.
borstig behaart; Pfl. sehr vielgestaltig. *Aecker, Hecken, Gebüsch sehr häufig.* (6—8) ☉
                                  7. *G.* **aparine** *L.*

§ 67.
11. Blkr breiter als die Frkn. B. auf d. Oberfl. kahl. Fr kahl, feinwarzig. *Gräben, Sumpfwiesen nicht selt* (5—7) ♃.
8. *G.* **uliginosum** *L.*
10*. Blkrb. gelbgrün; Randst. d. B. vorwts gerichtet; Fr. warzig od. borstig. *Aecker, bes. d. südl. Ggdn.* 6—8 ☉.
9. *G.* **parisiense** *L.*
9*. B. stumpf. meist zu 4—5 stehend u. ungleich gross. *Gräben, Ufer nicht selt.* (5—7) ○. . . . . . 10. *G.* **palustre** *L.*
8*. Stgl u. B. kahl, Bthn endständig.
12. B. 3rippig, zu 4 stehend; Stgl 4kantig; Bthn weiss.
13. B. eifg, stachelspitzig; Bthn arm- u. lockerbthg. *Wälder, Gebüsch, s. selt.* 7—8 ♃.
11. *G.* **rotundifolium** *L.*
13*. B. lanzettl. stumpf; Bthnstd. reich- u. dichtbthg.
14. Fr. glatt, kahl od. behaart; Stgl steif aufrecht. *Wälder, Gebüsch, selt.* (7—8) ♃. 12. *G.* **boreale** *L.*
14*. Fr. runzlich, kahl; Stgl ausgebreitet *Ufer, Wiesen d. südl. Alpenggda (Krain)* (5—6) ♃
13. *G.* **rubioides** *L.*
12. B. einrippig, seltener rippenlos, zu 6—8 quirlig.
15. Stgl rund (besonders nach unten hin) od. nur undeutlich 4kantig
16. B. lineal, Fr. glatt: Bthn gelb od. roth.
17. Bthn gelb: Frstiel wagrecht absthd; Stgl flaumig nig rauh; B. unters. flaumig. *Wiesen, Wälder, Hügel s. häufig.* (6—8) ♃ . . . 14. *G.* **verum** *L.*
var. B. obers. wenig glänzd; Stglglieder länger als d. Blthnäste . . . . . . **Wirtgeni** *Fr. Sch.*
17*. Bthn blutroth auf haarfeinem z. Frzeit nickdem. Stielch: B. sehr schmal; Stgl flaumig. *Bzwiesen d. südl. Alpenggdn* (6—7). . . 15. *G.* **purpureum** *L.*
16*. B. länglich lanzettl. stumpf; Fr. etwas runzlich, Bthn weiss in ausgebreitet. Rispen. *Wälder sehr häufig* (5—7) ♃. . . . . *G.* **silvaticum** *L.*
15*. Stgl deutlich kantig.
18. Abschnitte 1. Blkrone in e. Haarspitze endend.
19*. Fr. körnig; Bthn meist roth, selt. weiss, zuletzt gelblich werdd; B. lineal lanzettl. 6—8 quirl. Stgl schlaff, liegd; Bthn in ausgebreitet Risp. *Bzwiesen d. südl. Alpengyda.* (6—7) ♃. 17. *G.* **rubrum** *L.*
19*. Fr. glatt od. etwas gefurcht; Bthn weiss od. gelblichweiss.
20. B. lanzettlich.
21. B. unters. bläulich; Stgl aufrecht. *Bgwälder d. südl. Alpenggda* (7—8) ♃. 18. *G* **aristatum** *L.*
21*. B. beiders glaichfarbig, Aeste reichblthgStgl liegd. *Wiesen, Hügel, Wege sehr häufig* (5—8) ♃.
19. *G.* **mollugo** *L.*
var. Aeste armblthg . . . **insubricum** *Gaud.*
20*. B. lineal, spiegelglänzend; Stgl straff aufrecht. *Stein. Abhänge d. südl. Alpenggdn.* (5—7) ♃
20. *G.* **lucidum** *All.* **-erectum** *Thuill.*
18*. Abschn. d. Blkr. spitz, aber ohne Haarspitze; Rispenäste aufrecht abstehend, meist wenige; Stgl liegd; Bthn weiss.
22. B. einrippig.

23. B. gegen d. Spitze hin breiter; Stgl ½—2' lang. §67.
24. Stgl aufsteigend; B. meist zu 8. *Wälder, Gebüsch, nicht selt.* (6—7) ♃ . . . . *G.* **silvestre** *Poll.*
24*. Stgl liegd; Fr. körnig; B. meist zu 6, vorwts gezähnt. *Feuchte Wiesen; bes. im nördl. u. westl. Dtschld* (7—8)♃
22. *G.* **saxatile** *L.*
23*. B. lineal pfriemlich, zu 6—8 stehd. *Hügel, Wege, bes. d. Alpengydn ss.* (6—7) ♃ . . . 23. *G.* **pumilum** *Lam.*
22*. B. fast rippenlos, d. ober. lanzcttl. d. unt. fast spatelfg, am Rande fein rückwts gezähnt; Stgl liegd. *Stein. Abhg. d. Alpengydn ss.* (7—8) ♃ . . 24. *G.* **helveticum** *Wgl.*
1*. Fr. länglich, mebr od. weniger behaart; Blthn blattwinkelstdg. je 2 einander gegenüber; Stgl liegd; B. ellipt. stachelspitzig, d. unter. zu 6, d. ober. zu 4quirlig. *Wege, Mauern am adr. Meer* (5—6) ☉ . . . . *G.* **murale** *L.*

6. **Vaillantia muralis.** *L.* Kch 4—6zähnig, bleibd; Bthn polygamisch, je 3 beisammen. d. männl. seitenst. mit 3spaltig, d. mittl. zwittr. m. 4spaltiger radfgr. Krone. Fr. 3hörnig aus. d. 3 verwachsenen Frkn. gebildet. Kables Kraut m. gelb-grünen Blthn. *Wege, Hügel, Mauern am adr. Meer* (5—8) ☉.

XXV Ordn. **CONTORTAE** Bartl. Kch frei, bleibd. Blkrone meist gleichmässig, 5lappig, unterstdg, in d. Knospe dachig od. gedreht. Stbgef. 4—9. d. Blkrone eingefügt u. mit d. Abschn. ders. wechselnd. Griffel u. Frknoten 1—2, letzter. meist vielsamig Same m. geradem eiweisshaltig. Keim. Sträucher od. Krtr. m. nebenblattlos., meist gegenst. B.

§. 68 APOCYNEAE. *R. Br.*

Kch 5theilig, bleibd.; Blkr. verwachsen, 5spaltig, in d. Knospe schief gedreht, abfalld.; Stbkolb. d. Narbe aufliegd m. körniger Staubmasse. Frkn. 2, an d. Spitze deh. e. gemeinschaftliche Narbe m. e. verbunden. Pfl. m. meist immergrünen B.
1. Blkrone tellerfg, m. ungezähnt. Schlund; Kriechd. Krtr. m. blauen, selt. weissen Blthn. . . . . 1. **Vinca.**
1*. Blkrone im Schlunde m. e. Kranz v. Zähnen. Bthn. rosenroth.
2. Zähnchen ungetheilt 5, spitz; Frkn. v. Anfang an 2. Kraut.
2. **Apocynum.**
2*. Z. 3theilig; Frknoten erst zur Frzeit sich trennend. Blkr. glockig. Baum oder Strauch . . . . 3. **Nerium.**

1. **Vinca** *L.* „*Immergrün*" V. 1. Kch 5thl; Blkr. m. 5lappig. schiefabgeschnitten. Saum, tellerfg, im Schld ohne Kranzschupp. Sam. ohne Haarschopf. Liegde Krtr. m. einzelnstehend. blattwinkelstdgn lang gestielten meist blauen, selt. weissen Blthn.
1. Kch kahl; Bl. B., beidersts. spitz zulaufend Stgl am Grd holz. *Hecken, Wälder* (4—5) ♃. . . . . 1. *V.* **minor** *L.*
1*. Kchz. gewimpert.

§ 68. 2. Stgl am Grd holzig; B. eifg, am Grd abgerundet fast herzfg. Hecken, Wälder d. südl. Alpenggdn. (4—5) ♃. 2. *V.* **major** *L.*
2* Stgl völlig krautig, nicht kriechd; Unt. B. eifg; ob lanzettlich. Hecken, Wälder sss. (b. Wien.) (4—5) ♃. 3. *V.* **herbacea** *W. K.*

† 2. **Apocynum venetum** *L.* V. 2. Kch 5thlg; Blkrn. glockig, im Schlunde, mit 5 spitzen d. Abschnitt. d. Blkrone gegenstdgn Zähnen. Frkn. 2; Gr. fehld. Aufrechtes Kraut m. röthlichen, rispig doldig. Bthn u. länglich lanzettlich. stachelspitz. am Rande gezähnt B. *Sumpfwiesen am adr. Meer* (7—8) ♃.

† 3. **Nerium Oleander** *L.* V. 1. Kch 5thlg; Blkrone trichterfg. im Schlunde mit zerschlitzt. Schuppen; Samen m. e. haarschopf. Aufrechter 6—8' hoher Strauch od. Baum mit lanzettlich, ganzrandig. stachelspitzig, meist zu 3 quirlig. B. u. röthl. Bthn. in endstdgn. armbthn. Trauben. *Felsen d. südl. Alpenggdn, hfg cult. „Oleander"* (7—8) ♄.

§. 69. ASCLEPIADEAE. *R. Br.*

Blkr. in d. Knospe dachig, abfalld; Stbgef. 5, oft m. verwchsenen Beuteln u. wachsartig zusammenfliessden Bthnstaubmassen, welche an die 5 Drüsen der grossen 5kantigen Narbe angeheftet u. nebst dieser meist von e. honiggefässartigen 5lappig. Kranz (Honigkranz od. Stbfnkranz) eingeschlossen sind. Frkn 2 Gr. 2 mit einer gemeinschaftlichen Narbe. Fr. in 2 Balgkapseln auseinandertretd. V. 2.
1. Bthnstaubmassen hängend.
2. Blkrone radfg; Bthn in end. od. blattwinkelst. Trugdolden.
1. **Cynanchum.**
2*. Blkr. tellerfg m. kurzer Röhre; Bthn in hängdn. Dolden.
1 b. **Asclepias.**
1*. Bthnstaubmassen aufrecht. Windender Strauch m. dicken fleischigen B. . . . . 1 c. **Hoya.**

1. **Cynanchum** *R. Br.* Kahle od. wenig behaarte Krtr. m. eiherzfgn od. lanzettl. spitzen B.
1. Stgl. windd; Bthn röthlich, B. tiefherzfg. Stbfdnkrz doppelt.
† *Ufer am adr. Meer* (7—8) ♃. . . . . 1. *C.* **acutum** *L.*
1*. Stgl aufrecht; Stbfadenkranz einfach, 5lappig; Bthn weiss.
2. Abschnitte d. Stbfdnkrzs. durch e. dchsichtige Zwischenhaut m. e. verbunden.
3. B. eiherzfg; Blkr. m. eifgn Abschnitten. Dolden ziemlich lang gestielt. *Felsen, stein. Abhänge selt.* (5—8) ♃.
† 2. *C.* **vincetoxicum** *B. Br.*
3. Mittlere B. länglich lanzettlich, am Grd herzfg; Abschnitt. d. Blkrone länglich; Stgl oberwts windend. Dolden zieml. kurz gestielt (ob var?). *Felsen, stein. Abhge am adr. Meer*
† (6—8) ♃. . . . . 3. *L.* **laxum** *Bartl.*
2*. Abschn. d. Honigkranzes ohne Zwischenhaut, aneinanderliegd. B. herzeifg. *Wiesen am adr. Meer* (6—8) ♃.
† 4. *C.* **contiguum** *Koch.*

† 1 b. **Asclepias Cornuti** *DC.* (A. syriaca *L*.) Pfl 5—6' hoch m. längl. eifgn untersts weissgraufilzig. B. u. röthlichen Bthn. in blattwinkelstdgn Dolden. *Zierpfl. aus America (nicht a. Syrien, wie Linne fälschlich glaubte)* (7—8) ♃.

1 c. **Hoya carnosa** *R. Br.* Windender Strauch m. eifgn. dick § 69. wachsartig B. u. weissen doldg Bthn mit röthlichem Staubfadenkrz. Zierpfl. aus Neuholland (7—8) ♄. „*Wachsblume*".

§ 70. GENTIANEAE. *Juss.*

Kchb verwachsen, bleibend, oft einseitig gespalten. Blkr. 4—9-spaltig, bleibd. welkend. Stbgef. so viele als Blkronabschnitte u. mit denselben abwechselnd. Frknoten 1 mit 2 Griff. oder Narben. Kapsel 1—2fächerig, vielsamig. Kräuter mit meist einfachen nebenblattlosen B.

1. B. wechselstdg; Frknoten auf einer drüsigen Scheibe oder v. Schuppen umgeben. Wasserpfl.
 2. Blkrone trichterfg glockig, auf d. inn. Fläche zottig behaart. **1. Menyanthes.**
 2*. Blkrone radfg, am Rande gewimpert. . . **2. Villarsia.**
1*. B. gegenstdg; Frknoten weder auf e. drüsigenScheibe noch v. Schuppen umgeben.
 3. Stbgef. 8: Blkrone gelb, tellerfg m. 8spaltigem Saum; Gr. kurz m. 2 Narben; Bthn in locker. Trugdold. **3. Chlora.**
 3*. Stbgef. 4—5 (s. s. mehr).
  4. Blkrone radfg, 5theilig: Narbe sitzend.
   5. Blkrone am Grd ohne Honiggrube. Blthn einzeln, langgestielt, meist 3 beisammen. **4. Lomatogonium.**
   5*. Blkrone m. e. gewimp. Honigef. am Grd; Bthn in lock.Trb. **5. Swertia.**
  4*. Blkrone trichterfg od. glockenfg, s. selt. radfg; Griff meist deutlich m. 1—2 Narben.
   6. Blkrone röhrig od. glockenförmig; Gr. 1 mit 2 Narben, od. 2. Bthn einz. od. büschl. 4—9spalt. **6. Gentiana.**
   6*. Blkr trichterfg od. tellerfg; Narbe meist einf. kopffg.
    7. Stbgef. 5, mit nach d. Verblühen seilartig gedreht. Stbbtln. Bthn meist röthl in gabl.Doldentr. m. 5splt. Saum. **7. Erythraea.**
    7*. Stbgef. 4; m. rundl. Stbbtln. Bthn klein, gelb, einzeln, langgestielt, mit 4spaltigem Saum. . **8. Cicendia.**

I. *MENYANTHEAE.* Abschn. der Blkrone in der Knospe klappig; B. wechselstdg; Frkn von Schuppen umgeben oder auf e. Scheibe stehend.

1. **Menyanthes trifoliata.** *L.* V. 1. Kahles Sumpfgewächs m. langgestielten 3zähligen fastgrundst.B. u. weissen od. röthl Bthn in aufrechten Trauben. Blkrone auf d. inneren Fläche zottig. *Teichufer häufig* (4—5) ♃.

2. **Villarsia nymphoïdes** *Vent.* V. 1. Wasserpfl. mit langgestielt, herzfg rundlich. ganzrandig. B. u. gelb. langgestielten, doldig gestellten Bthn. Blkrone am Rande gewimpert. (Pfl. v. Ansehen d. Nuphar luteum). *Ufer, selt.* (6—8) ♃.

II. *GENTIANEAE.* Abschn. d. Blkr. in d. Knospe gedreht; B. gegenstg; Frkn weder v. Schuppen umgeb., noch auf e. Scheibe sthd.

§ 70. 3. **Chlora** *L.* VIII 1. Kch 8spaltig; Blkrone gelb, tellerfg. m. 8theilig. Saum; Stbgf 8; Frkn. 1fächerig. Kahle blaugraue Krtr m. doldentrbg gablig. Bthn; grundst. B. in Rosetten.
1. Stglb eifg 3eckig, spitz, am Grd d. ganzen Breite n. m. e. verwachsen; Kchz lineal, merklich kürzer als d. Blkrone. *Sumpfwiesen ss. (Rheingegenden, Böhmen, Steiermark* (6—8) ☉.
1. *Ch.* **perfoliata** *L.*
1*. Stglb eilanzettlich am Grd nur wenig m. e. verwachsen. Kchz. lineal lanzettlich, fast so lang als d. Blkrone. *Sumpfwiesen ss. (Rheingegenden)* (7—8) ☉. . . . 2. *Ch.* **serotina** *Koch.*

4. **Lomatogonium carinthiacum** *Al. Br.* V. 1. Blkr. radfg, im Schlunde bärtig, aber ohne Honiggef. Gr. fehlend. Kahles ästiges Kraut m. langgestielten end. u. blattwinkelstgn. hellblauen Bthn u. eifg spitz B. *Steinige Abhänge, Bachufer, d. Alp.* selt. (7—8) ⊙.

5. **Swertia perennis** *L.* V. 1. Blkrone 5theilig, radfg, am Grd m. e. gewimperten Honiggrube. Kahles Kraut m. einf. 4kantig, ½—1½' hohen Stgl, 5rippig. B. u. grauvioletten Bthn in lockeren zusammengesetzten Trauben. *Torfwiesen d. Alpen und höher. Gbge; auch in Norddtschld* (7—8) ♃.

6. **Gentiana** *L.* V. 2. Blkrone röhrig od. glockig, selt. radfg m. 4—6 spalt. Saum. Gr. 2. od. 1 m. 2 Narben. Frknoten einer einfächerig; Stbbtl nach d. Bthn nicht gedreht. Kahle Krtr. mit meist ansehnlichen Bthn.
1. Blkrone am Rande oder im Schlunde gefranst, blau od. violett.
2. Blkr im Schlunde gefranst, am Rande nicht.
3. B. spitz.
4. Kchz sehr ungleich, d. äussen breit eifg, blattartig, die inneren lineal, viel kleiner, Bthnth 4z. *Bgwiesen, bes. d. Alpenggdn* (7—8) ♃ . . . . . 1. *G.* **campestris** *L.*
4*. Kchabschnitte alle gleichgross, lineal lanzettl.
5. Bthnthle 5zählig; Kch 5zähnig; Stgl ästig, mehrbthg.
6. B. eifg, etwa in der Mitte am breitesten. Blkr weitröhrig; Frkn sitzd.*Bgwiesen, Wälder nicht selt.* (7—8) ☉
2. *G.* **germanica** *L.*
6*. B. am Grund am breitesten, u. von da aus spitz lanzettlich; Blkr engröhrig; Frknot. gestielt. *Wiesen im nördl. u. östl. Dtschld* (7—8) ☉. 3. *G.* **amarella** *L.*
5*. Bthnth 4zählig; Kch fast bis zum Grd getheilt. Stgl einf. od. wenig ästig, meist einblth. *Bgabh d. Alp*(7—8)☉
4. *G.* **tenella** *Kottb.*
3*. B. alle od. wenigst. d. unt. stumpf eifg.
7. Kch 5zähnig; Stgl vielblthg, ob B. lanzettl, unt. spatelfg. *Bgwiesen der Alpen und höherer Gebirge* (7—8) ☉.
5. *G.* **obtusifolia** *Willd.*
7*. Kch fast bis zum Grd getheilt; B. eifg od. rundl. Stgl einfach, 1bthg, ½—1½" hoch. *Abhg d. höchst. Alp.* (7—8) ♃
6. *G.* **nana** *L.*
2*. Abschnitte der meist 4spalt. Blkr am Rande fransig gewimpert, im Schlunde nicht; B. lineal lanzettlich. *Bergwiesen und Abhänge* (7—8) ☉. . . . . 7. *G.* **ciliata** *L.*
1*. Blkrone weder am Rande noch im Schlunde mit Fransen.

8. Bthn mehrere büschlig beisammen §70.
9. Blkrone gelb oder purpurn m. 5—6spalt. Saum.
10. Kche einseitig gespalten (9, 10 und 11 sind wohl nur Zwischenformen von 8 und 12).
11. Staubkolb. frei; Blkrsaum 5spaltig.
12. Bthn radfg gelb.
13. Kch völlig ungezähnt. *Bgwiesen und Abhänge der Alpen u. höher. Gebirge* (7—8) ⚥. 8. *G* **lutea** *L.*
13*. Kch mit 2—3 Zähnen. *Wiesen der Alpen sss. (Berers in der Schweiz)* (7—8) ♃.
9. *G.* **Charpentieri** *Thom.*
12*. Blkrone purpurroth radfg. *Wiesen der Alpen sss. (Rhonegletscher)* (7—8) ♃. 10. *G.* **Thomasii** *Gall.fil.*
11*. Stbkolb. m. e. verwachsen; Blkronsaum 6spaltig mit glockiger Röhre, purpurroth.
14. Kchabschnitte auf jeder Seite 2—3zähnig. *Wiesen d. Alpen sss. (b. Bex in der Schweiz)* (7—8) ♃.
11. *G.* **Gaudiniana** *Thom.*
14*. Kchabschn. ungezähnt; Blkr innen gelb. *Bgwiesen d. südl. Schweizer Alpen* (7—8) ♃. 12. *G.* **purpurea** *L.*
10* Kche alle oder wenigsten d. meisten glockig, 6spaltig.
15. Bthn purpurroth; Kchz zurückgebogen. *Bgwiesen der Alpen und höherer Gebirge* (7—8) ♃.
13. *G.* **pannonica** *Scop.*
15*. Bthn gelb; Kchz grd. *Bgwies. d. Alp. u. Sudet.* (7—8)♃.
14. *G.* **punctata** *L.*
9*. Bthn violett m. meist 4spaltigen Saum. *Hügel, Abhänge, Bergwiesen selten* (7—8) ♃ . . . . 15. *G.* **cruciata** *L.*
8*. Bthn einzeln oder paarweise zusammen, blau.
16. Blkrone mit nach oben allmählig erweiterter Röhre.
17. Narbe länglich oder lineal; Grdstdge B. nicht rosettenbildend.
18. Bthn je 2 beisammen; einander gegenstdg; B. aus eifgm. Grunde lanzettlich zugespitzt, nicht mit e. verwachsen. *Abhänge der höheren Gebirge* (7—8) ♃.
16. *G.* **asclepiadea** *L.*
18*. Bthn einzeln; B. am Grd mehr od. weniger m. einand. verwachsen.
19. Bscheiden kurz; unt. B. schuppig; ob lineal od. lin. lanzettlich 1rippig. Bthn innen dunkelblau m. grünen Puncten. *Wiesen selten* (7—8) ♃.
17. *G.* **pneumonanthe** *L.*
19*. Bschdn oberwts erweitert, B. dicht gedrängt; Stgl 1—2bthg.
20. Stbkolb verwachsen; Gr. halb so lang als d. Frkn. Bthn hellblau, nicht punktirt. *Bergwiesen und Abhänge der höchsten Alpen* (7—8) ♃.
18. *G.* **Fröhlichii** *Hladn.*
20*. Stbk frei; Gr. viel kürzer als d Frkn. Bthn weissl. punktirt, innen m. 5 bläulich. Streifen. *Rgwiesen und Abhänge der höchsten Alpen* (7—8) ♃.
19. *G.* **frigida** *Hänke.*
17*. Narbe halbkreisfg; Grundst. B. in Rosett Stgl 1bthg
21. Kchz an die Blkrone angedr.; am Grd breiter. *Bergwiesen und Bachufer der Alpengegenden* (7—8) ♃
20. *G.* **acaulis** *L.*

§70.   21*. Kchz v. d. Blkrone abstehd; am Grd schmäler (wohl var?)
                Bgwiesen der höchst. Alpen (7—8) ♃. 21 *G.* **excisa** *Prsl.*
        16*. Blkrone mit deutlich abgesetzter, walziger od. bauchig. Röhre,
            tiefblau.
        22. Bthntragdr Stgl einfach, einbthg; Pfl. ausdauernd in dicht.
            Rasen wachsend.
        23. Griffel tief gespalten; B. vkeifg, abgerundet stumpf.
            Feuchte Abhge der Alpengydn (7—8) ♃. 22. *G.* **bavarica** *L.*
        23* Gr. ungetheilt.
            24. B. am Grund u. d. Spitze schmäler.
                25. Die unteren in Rosetten und grösser als die ober
                    stengelstdgn.
                    26. B. rundl. eifg, stumpf (var v. 24?). *Steinige Ab-
                        hänge der höchsten Alpen* (7—8) ♃.
                                                23. *G.* **brachyphylla** *Vill.*
                26*. B. ellipt lanzettl. spitz.
                    27. Kch m. schmal geflügelt. Kanten. Auf feuchten
                        Wiesen wachsend. *Wiesen, bes. in Gbgdn* (5—6)♃.
                                                24. *G.* **verna** *L.*
                    27*. Kch m. breiter geflügelt. Kanten. Auf Felsen wach-
                        send (wohl var?). *Abhge d. südl. Alpengydn* (5—6)♃.
                                        25. *G.* **alata** *Gris* = **aestiva** *Kch.*
            25*. B. alle gleichgross, dachig gedrängt. *Steinige Abhänge
                der höchsten Alpen* (7—8) ♃. 26. *G.* **imbricata** *Fröl.*
            24*. B. lineal, am Grd kaum schmäler, d. unter. gedrungen,
                viel grösser, als die übrigen. *Bergwiesen und Abhänge
                der höchsten Alpen* (7—8) ♃. . 27. *G.* **pumila** *Jacq.*
    22*. Stgl von Grund an ästig, nicht rasenbild.
        28. Stgl liegd od. aufstrebend meist einbthg; unt B. vkeifg,
            dicht dachig; Gr. 2theilig, zurückgerollt. Bthn hellblau
            zwischen d. Abschnitt m. Anhängseln von halber Länge
            Bergwiesen der höchsten Alpen (7—8) ⊙.
                                        28. *G.* **prostrata** *Hke.*
        28*. Stgl aufrecht; Bthn tiefblau, ohne Anhängsel.
            29. Kch aufgeblasen, geflügelt kantig; Gr. ziemlich lang.
                Bgwiesen und Abhänge der Alpen (7—8) ⊙.
                                        29. *G.* **utriculosa** *L.*
            29*. Kch walzig, gekielt kantig; Gr. kurz. *Bergwiesen und
                Abhänge der Alpen* (6—8) ⊙.   . . 30. *G.* **nivalis** *L.*

7. **Erythraea** *Rich.* V. 1. „*Tausendguldenkraut*" Blkrone
trichterfg. 5spaltig. Stbkolb. nach dem Verblühen *s* eilartig ge-
dreht. Frkn. 2fächerig m. 2lappig. Narbe. Aestige Krtr. mit
sitzd. B. u. 4kantig. Stgl.
    1. Narben rundlich, 3—4mal kürzer als der Griff; Bth röthl.
        2. Abschnitte der Blkr eifg; B. grün; Stgl einfach, erst nach
            oben hin ästig, Bthn in gablich. Doldentrbn.
        3. B. eifg od. länglich; Doldentrbn auch nach Blüthen gleich-
            hoch. *Wälder, Sumpfwiesen häufig* (7—8) ⊙.
                                        1. *E.* **centaurium** *Pers.*
        3*. B. lineal; D. nach den Bthe ungleich. *Sandfelder, Salz-
            boden, Meerufer* (7—8) ⊙. . 2. *E.* **linariaefolia** *Pers.*
    2*. Abschn. d. Blkr lanzettl.
        4. Stgl von Grund an ästig; B. eifg, bläulichgrün, Bthn blatt-
            winkelstdg. *Wälder, Sumpfwiesen selt.* (7—8) ⊙.
                                3. *E.* **ramosissima** *Pers* = **pulchella** *Fries.*

4*. Stgl wenig ästig; Bthn in verlängert. Aehren. Kch ungleich 5spalt.
Sumpfwiesen am adr. Meer (7—8) ⊙.   4. E. spicata Pers.
1*. N. fadenfg. länger als d. Gr.; Bthn gelbl.; B. eifg. Sumpf-
wiesen am adr. Meer (6—7) ⊙. . . . . 5. E. maritima Pers.

1. **Cicendia filiformis** Adans. IV. 1. (Exacum f. Willd.)
Kch röhrig 4spaltig-4thlg; Blkrone 4spalt. trichterfg: Frkn
1fächerig m. kopfgr Narbe. Kahles Kraut m. 1—4″ hoh. einfach.
od. wenig ästig. Stgl. kleinen gegenstdgn angedrückt., lanzettl'ch
B. u. gelb. langgestielten einzelstehenden Bthn. Feuchte
Sandfelder bes. in Norddtschl (7—8) ⊙.

XXIV. Ordn. **TUBIFLORAE**. Bartl. Kch frei, Blkr abfal-
lend, meist 5lappig röhrig, in der Knospe dachig od. gefaltet,
unterstdg. Stbgef. 5, d. Blkr eingefügt: Frkn. mehrfächerig.
Meist Krtr selt Sträucher m. wechselstdgn B.

§ 71. **BORAGINEAE**. Juss.

Kch 5spaltig od. 5thlg; Blkrone meist trichterfg oder glockig
5spaltig. Stbgef 5; Gr. 1; Frkn 1, 4samig, 2, 2samig od. 4 1sa-
mige. Keim eiweisslos. gerade mit nach oben gerichtetem Wzlch.
Meist rauhhaarige Pfl. mit wechselstdgn nebenblattlos. B. V. 1.
1. Frkn einer, erst b. d. Reife in 4 Frcht zerfalld; Bthn bläulich
od. weiss in dicht, einseitswendig. Trbn od. Doldentrbn; Deckkl.
fehld.   1. **Heliotropium**.
1*. Frkn 2 od. 4.
2. Blkrone ungleich, rachenfg, mit weit daraus hervorrgdn. Gr.
und St gef. . . . . 13. **Echium**.
2*. Blkrone völlig gleichmässig; Stbg u. meist auch d. Gr. in
d. Blkronröhre verborgen.
3. Blkrone im Schlund ohne Schuppen (Deckklappen).
4. Blkrone trichterfg.
5. Kch etwa bis z. Mitte gespalten.
6. Bthn röthlichbraun od. gelb in beblätterten Aehren.
9. **Nonnea**.
6*. Bthn erst roth, dann blau in blattlosen Aehr. od. Trb.
14. **Pulmonaria**.
5*. Kch fast bis z. Grd getheilt. 15. **Lithospermum**.
4*. Blkrone walzig od. bauchig, gelblichweiss; Kch fast bis
z. Grd getheilt.
7. Frkn 2, 2samig; Pfl. kahl, blaugrün. 12. **Cerinthe**.
7*. Frkn 4, 1samig; Pfl. borstig behaart. 13. **Onosma**.
3*. Blkrone im Schlund mit Schuppen besetzt.
8. Blkrone flach radfg m. spitz. Abschn.. . 6. **Borago**.
8*. Abschn. d. Blkr stumpf.
9*. Blkrone walzig-bauchig; Schlundschuppen spitz.
10. **Symphytum**.
9. Blkr. trichterfg, Schlundschuppen stumpf, abgerunde..

Heliotropium. BORAGINEAE.

§71.
10. Kch z. Frzeit flach zusammengedrückt; Bthn blau, einzeln blattwinkelstdg; Stgl liegd, nebst d. B. v. abwts stehenden Stacheln rauh. . . . . 11. **Asperugo.**
10*. Kch auch z. Frzeit gleichmässig röhrenfg.
 11. Fr. stachlig.
  12. Fr. 3kantig; Bthntrbn beblättert; Bthn blau tellerfg.
   3. **Echinospermum.**
  12*. Fr. flach zusammengedrückt; Bthntrbn unbeblättert, Bthn bräunl. od. blau m. braunroth. Schlundschuppen.
   4. **Cynoglossum.**
 11*. Fr. glatt, nicht stachlig; Bthn meist blau.
  13. Blkröhre gebogen; . . . . .6. **Lycopsis.**
  13*. Blkrröhre gerade.
   14. Griffel m. d. Frkn. verwachsen; Fr. m. eingebogenem Hautrande; grdst B. spatelfg oder herzeifg.
    5. **Omphalodes.**
   14*. Gr. frei zwischen d. Frkn. stehend.
    15. Deckklappe behaart, weiss.. . . . . 7. **Anchusa.**
    15*. Deckkl. kahl, gelb, klein.
     16. Nüsse ohne Hautrd. . . . . . . 16. **Myosotis.**
     16*. N. m. Hautrd; Pfl. kln. seidenhaar.
      17. **Eritrichium.**

 a. *Heliotropieae.* Frknoten 1, erst z. Frzt in 4 Frcl.tch zerfäll.

1. **Heliotropium** L. Blkrone trichterfg, ohne Schlundschuppen, 5zähnıg; Kch 5theilig.
 1. Einjähriges Kraut m. eifg stumpf. dünnfilzig B u. kleinen weissen od. bläul. Bthn in e¹nfach. od. gedoppelt. Aehren, Fr. etwas behaart (var. Fr. kahl: commutat. *in Istrien.*) *Aecker ss. (Rheingegenden, Schweiz, Oesterrch.)* (7—8) ☉. 1. *H.* **europaeum** *L.*
 1*. Kurzhaariger Halbstrch m. unterseits grauzottigen B. u. meist dunkelblauen wohlriechdn dicht doldentraubig gehäuft. Bthn. *Zierpfl. a. Peru* (5—6) ♃.   1 b. *H.* **peruvianum** *L..*

 b. *Cynoglosseae.* Frkn. v. Anfg. an 4, am bleibdn Griffel befest.

2. **Asperugo procumbens** *K.* Kch 10zähnig, z. Frzeit nebst d. Fr. flach zusammengedrückt. Stgl ausgebreitet ästig, nebst d. B. v. abwärts gerichtet. Stacheln rauh; Bthn blau zu 1—2 blattwinkelstdg, mit Schlundschuppen, z. Frzeit abwärts gebogen. *Hügel, Wiesen, Schuttpl.* selt. (5—6) ☉.

3. **Echinospermum** *L.* Fr. 3kantig, mit weichen widerhakigen Stacheln besetzt; Bthn blau, im Schlund mit Schuppen, v. Deckb. gestützt.
 1. Bthn immer aufrecht; Pfl. steifhaarig. *Hügel, Abhg* selt (7—8)☉.
  1. *E.* **lappula** *Lehm.*
 1*. Bthn nach d. Verblühen hinabgebogen. Pfl. weichhaarig. *Hügel, Gebüsch ss. (Mittl. u. südl. Deutschland* (5—6) ☉.
  2. *E.* **deflexum** *Lehm.*

4. **Cynoglossum** *L.* Fr. plattgedrückt, weichstachlig; Bthn braunroth od. blau mit braunroth Schlundschuppen, in blattlos. Trbn.

BORAGINEAE. *Cynoglossum*. § 71.

1. B. u. ganze Pfl. weichfilzig grau.
2. Bthn braunroth; Fr. v. e. hervortrtdn Rande umgeben. *Stein. Abhge, nicht häufig (Kalkboden)* (5—6) ☉.
   1. *C.* **officinale** *L.*
2*. Bthn hellblau m. roth. Streifen; Fr. unberandet. *Steinige Abhänge am adr. Meer* (5—6) ☉. . . . 2. *C.* **pictum** *Ait.*
1*. B. obers. fast glänzd, nebst d. ganz. Pfl. zerstreuthaarig. Bthn klein rothviolett. *Bgwälder, d. südl. Alpengqdn.* (6—7) ☉.
   3. *C.* **germanicum** *Jacq*-**montanum** *Lam.*

5. **Omphalódes** *Lehm.* Fr. glatt v. e. Hautrande umgeben; Blkrone tellerfg; Wenig behaarte Krtr m. weissen od. blauen Bthn in locker. blattlosen Trauben, und grossen Schlundschuppen.
   1. Bthn blau: B. rein grün.
   2. Grundstdgn B. herzeifg, langgestielt; Schlundschuppen weiss. *Bgwälder selt. auch als Zierpfl.* (4—5) ♃. 1. *O.* **verna** *Mch.*
   2*. Grdst. B. spatelfg, gegenst. Schlundschppn gelb. *Bgwälder selt. auch als Zierpfl.* (4—5) ☉. . 2. *O.* **scorpioïdes** *Lehm.*
   1. Bthn weiss m. röthl. Schlundschppn; B. schmal, blaugrün, d. unt. keilfg. *Zierpfl. aus Südamerika* (6—7) ☉.
   2 b. *O.* **linifolia** *Mch.*

c. *Anchuseae.* Griffel frei zwischen d. 4 auf d. Frboden befestigten und am Grunde hohlen Frknoten stehend.

6. **Borágo officinalis** *L.* Blkrone radfg mit spitzen Abschnitten u. stumpfen kurzen Schlundschuppen. Borstig behaartes Kraut v. gurkenartigem Geruch mit grossen eifg-ellipt. B. u. blauen Bthn in vielbthg Trauben. Stbfdn dick. *häufig cult. und verwildert* (6—7) ☉ „*Borretsch.*"

7. **Anchusa** *L.* Blkr. trichterfg m. gerader Röhre, im Schlund dch behaarte weisse Schuppen geschlossen. Bthn dunkelblau in beblättert. Trbn.
   1. Deckklppn eifg, sammetartig behaart; Deckb. eifg lanzettlich; B. graugrün.
   2. Kch u. Bthnstiele absthd behaart; Kchz spitz. *Schuttplätze, Hügel, Wege, häufig* (6—8) ☉ od. ♃. 1. *A.* **officinalis** *L.*
   2*. Kch u. Bthnst. anliegd behaart; Kchz stumpf. *Aecker, Wege, d. südl. Alpengqdn* (6—8) ☉. . 2. *A.* **leptophylla** *R. u. S.*
   1*. Deckklppn länglich, pinselfg behaart; Deckb. lineal lanzettl. B. glänzend. *Aecker, Hügel, Wege d. südl. Alpengqdn* (6—8) ☉.
   3. *A.* **italica** *Retz.*

8. **Lycopsis** *L.* Blkr. trichterfg od. tellerfg m. eingeknickt gekrümmter Röhre, im Schlund dch Deckkl. verschlossen. Borstig behaarte Krtr m. blauen Bthn in beblättert. Trbn.
   1. B. lanzettl. ausgeschweift gezähnt.
   2. Blkronröhre stark eingeknickt gebogen; Bthn einfarbig blau; Stgl aufrecht. *Aecker, Wege sehr häufig* (6—8) ☉.
   1. *L.* **arvensis** *L.*
   2*. Blkr wenig gekrümmt; Saum schief; Bthn blau m. weissen Linien; Stgl aufstrbd. *Aecker, Wege am adr. Meer* (5—7) ☉.
   2. *L.* **variegata** *L.*

§ 71. 1*. B. eifg. od. länglich eifg, ganzrandig. *Aecker an d. belgisch. Grenze* (5—7) ⊙ *(eingewandert und wieder verschwunden.)*
3. *L.* **orientalis** *L.*

9. **Nonnea** *DC.* (Lycopsis *L.*) Blkrone trichterfg m. gleichem Saum u. wenig gebogener Röhre, ohne Deckklppn im Schlund. Frchtch. runzlich gegittert. Aestige behaarte Krtr. m. gelb. oder rothbraunen Bthn in beblättert. Trbn u. welligen B.
  1. Bthn rothbraun; B. angedrückt behaart. *Aecker, Wege (Mitteldeutschland)* (5—6 ⊙). . . . . 1. *N.* pulla *DC.*
  1*. Bthn gelb, B. wimprig, steifhaarig *Aecker, Wege (Ungarn)* (5—6) ⊙. . . . . 2. *N.* lutea *DC.*

10. **Symphytum** *L.* Blkrone walzig glockig m. 5spalt. Saum u. spitzen kegelfg zusammenschiessdn Deckklppn. Borstig behaarte Krtr m. violett od. gelblich. Bthn in blattlosen überhängden Trauben.
  1. Stgl ästig; Wzl nicht knollig; Trbn gepaart.
  2. Obere B. an den Aesten lang herablaufd; Bthn violett oder weiss mit nicht hervorrgdn Deckkl. *Wiesen, Ufer, Gräben, häufig* (5—7) ♃. . . . . 1. *S.* **officinale** *L.*
  2*. B. nicht herablaufend; Bthn erst roth, dann blau. Pfl. stechend borstig. *Zierpfl. aus dem Orient* (5—7) ♃.
1 b. *S.* **asperrimum** *M. B.*
  1*. Stgl einfach od. wenig ästig; Bthn gelblich. B. nicht herablfd.
  3. Deckklppn u. Griffel lang hervorragd, Wzl kriechd, runde Knollen tragend; Trbn einfach. *Aecker, Weinbge sss. (b. Heidelbg, C. Tessin)* (6—7) ♃. . . 2. *S.* **bulbosum** *Schimp.*
  3*. Deckkl. nicht hervorrgd; Wzl dick, keine Kn. tragd; Trbn gepaart. *Schattige Bgwälder* (4—5) ♃. . 3. *S.* **tuberosum** *L.*

  d. *Lithospermeae* Frknoten 4, am Grunde nicht ausgehöhlt, Gr. wie bei c.

11. **Onosma** *L.* Blkr walzig glockig, ohne Deckkl. im Schld. Frkn 4, einsamig. Borstig behaarte Krtr m. gelben Bthn in beblätterten Trauben.
  1. Stgl ästig; Blattborsten auf e. kahlen Höcker sitzd.
  2. Stbkolben kahl; Pfl. nur blühende Stgl trbd. *Hügel, Abhge ss. (südl. und östl. Dtschld)* (6—7) ⊙. 1. *O.* **echioïdes** *L.*
  2*. Stbk. gezähnelt; Pfl. ausser d. blühend. Stgln auch nicht blühende dicht büschlig beblätterte trbd. *Sandige Wälder sss. (b. Mainz)* (6—7) ⊙. . . 2. *O.* **arenarium** *W. K.*
  1*. Stgl einfach; Bborsten auf e. sternfg behaart. Knötchen sitzd. *Steinige Abhge d. südl. Alpengdn* (6—7) ♃.
3. *O.* **stellulatum** *W. K*

12. **Cerinthe** *L.* Blkr walzig glockig, ohne Deckklppn im Schld. Frknoten 2, je 2samig. Kahle, blaugrüne Krtr m. stengelumfassenden B. u. gelben Blthn.
  1. Stfäden u. Stbkolb. gleichlang; Zähne d. Blkrone kz. eifg zurückgebogen. *Bgwälder d. südl. Alpengdn (sss. C. Bern)* (7—8)⊙
1. *C.* **major** *L.*
  1*. Stbfdn viel kgr. als d. Stbkolben.
  2. Zähne d. Blkr pfriemlich, aufrecht zusammenschliessd. *Aecker, Wege selt. (Donauggdn, Böhmen)* (5—7) ⊙. 2. *C.* **minor** *L.*
  2*. Z. d. Blkr. kurz eifg, auswrts zurückgebogen; *Steinige Abhänge u. Flussufer d. Alpen* (6—8) ♃. . 3. *C.* **alpina** *Kit.*

13. **Echium** *L.* Blkrone rachenfg glockig, meist ungleichmässig m. weit hervorragdn Stbgef. und Griffel; letzterer meist gespalten. Deckklappen fehld. Borstig behaarte Krtr m. einseitswendig. Bthn in beblättert. Aehren. §71.
  1. B. lanzettlich.
    2. Bthähren einzeln.
      3. Blkronröhre kürzer als d. Kch; Gr. gespalten Bthn meist blau, selt. roth od. weiss. *Hügel, Abhänge, Schuttplätze, häufig* (6—8) ☉ . . . . 1. *E.* **vulgare** *L.*
      3*. Blkrone länger als der Kch.
        4. Gr. an der Spitze gespalten; Bthn blau. *Hügel, Abhge (Insel Veglia im adr. Meer)* (5—7) ☉.
          2. *E.* **pustulatum** *Sibth u. Sm.*
        4*. Gr. ungespalten; Bthn roth. *Wälder, Wiesen, ss. (Oesterreich, Mähren)* (5—6) ☉ . . 3. *E.* **rubrum** *Jacq.*
    2*. Bthnähren paarweise stehend; Gr. gespalten Bthn meist weiss. *Hügel u. Abhänge d. südl. Alpenggdn* (6—7) ☉.
      4. *E.* **italicum** *L.*
  1*. Ob. B. am Grd herzfg umfassd; Bthn blau in einfch. Aehren; Stbgef u. Blkr etwa gleichlg. *Wege, Aecker am adr. Meer* (5—6) ☉
    5. *E.* **violaceum** *L.*

14. **Pulmonaria** *L.* Blkrone trichterfg im Schlund ohne Deckklappen. Kch 5zähnig. Bthn in dicht, blattlosen Trbn, erst roth, zuletzt blau. Behaarte Kräuter, theils blühende, theils nicht blühende Stgl treibd, letztere m. gestielt. B. u. geflügelt. Bstiel.
  1. B. d. nicht blühend. Stgl am Grd herzfg. *Laubwälder, nicht selt.* (4—5) ♃ . . . . 1. *P.* **officinalis** *L.*
  1*. B. d. nicht blühend. Stgl eifg od. lanzettl.
    2. B. eifg, weiss gefleckt; Stglmeist borstig behaart, unt. Stglb. sehr gross (—9" lang). *Wälder, stein. Abhge s. selt. (Pommern, Steiermark)* (4—5) ♃ . . . . 2. *P.* **saccharata** *Mill.*
    2*. B. lanzettlich, ungefleckt.
      3. Stgl und ganze Pfl. weich drüsig behaart. Bthn lichtviolett. *Wälder, stein. Abhge sehr selten* (4—5) ♃.
        3. *P.* **mollis** *Wolff.*
      3*. Stgl u. g. Pfl. steif borstig behaart.
        4. Haare z. Thl drüsig; Schld d. Blkr unterhalb d. bärt.Ringes behaart. *Stein. Abhge ss.* (4—5) ♃. 4. *P.* **angustifolia** *L.*
        4*. H. alle drüsenlos; Schlund der Blkr unterhalb des bärtigen Ringes kahl; Bthn schön azurblau. *Wälder s. selt.* (4—5) ♃ . . . . 5. *P.* **azurea** *Bess.*

15. **Lithospermum** *L.* Blkrone trichterfg, im Schld dch haarige Falten verengert. Kch fast bis z. Grd getheilt; Rauhhaarige Krtr mit meist weissen od. gelblich., selt. blauen Bthn in beblätterten Trauben.
  1. Nüsschen glatt, glänzd; B. lanzettl. spitz.
    2. Stgl sehr ästig, Bthn grünlichweiss. *Stein. Abhge, selt.* (5—7)♃.
      1. *L.* **officinale** *L.*
    2*. Stgl wenig ästig; Bthn roth, dann blau. *Bgwälder selt.* (5—6)♃
      2. *L.* **purpureo-caeruleum** *L.*
  1*. Nüsschen runzlich; Stgl wenig ästig.
    3. Bthn weiss, selt. blau; B. lanzettl., d. unter. längl. lanzettl. *Aecker, sehr häufig* (4—6) ☉ . . . . 3. *L.* **arvense** *L.*
    3*. Bthn gelb, B. lineal, d. unteren fast spatelfg. *Aecker in Istrien* (4—6) ☉ . . . . 4. *L.* **apulum** *Vahl.*

§ 71.   16. **Myosótis** *L.* „Vergissmeinnicht" Blkrone trichterfg od. tellerfg m. kahlen, gelb. Deckklappen; Bthn meist blau in Trbn. letztere meist gepaart.
    1. Kch m. angedrückt. geraden Haaren besetzt, nach dem Verblühen offen. Trauben vielblth. *)
      2. Stgl kantig; Gr. so lg als d. Kch; Bthntrbn blattl. Wzl fasrg. *Wiesen, Gräben, häufig* (5—7) ♃. . . 1. *M.* palustris *With.*
      2*. Stgl rund; Gr. kürzer, B. schmäler und stumpfer; Wzl rasig kriechd (ob var?). *Gräben Sümpfe, seltner* (5—7) ♃ od. ⊙.
                                            2. *M.* caespitosa *Schlz.*
    1*. Kch abstehend behaart, d. Haare am Grd d. Kchs. abstehd. und hakig einwts gebogen.
      3. Bthnstiele z. Frzeit länger als d. Kch.
        4. Trbn vielbthg, am Grd nicht beblättert.
          5. Blkronsaum flach; Bthn gross, tiefblau. *Bgwülder, stein. Abhänge* (5—7) ⊙. . . . . . .3. *M.* silvatica *Hoffm.*
          5*. Blkrons. concav.; Bthn kleiner, lgr. gest. *Aecker* (6—8)⊙.
                                          4. *M.* intermedia *Link.*
        4*. Trbn 5—10bthg, am Grd. beblätt.; Bthn lang gestielt. *Wälder, Gebüsch d. nordöstl. Dtschlds* (5—7) ⊙.
                                          5. *M.* sparsiflora *Mikan.*
    3*. Bthnstiele auch z. Frzeit nicht länger als d. Kch.
      6. Bthntrbn am Grd nicht beblättert.
        7. Bthn anfangs gelb, erst später blau werdd.
          8. Stbk über d. Deckklappen hervorragd; Bthn gross Frstiel u. Kch gleichlang. *Bgwülder der Alpen sss. (Steiermark)* (5—7) ⊙. . . . 6. *M.* variabilis *Ang.*
          8*. Stbk in d. sehr kleinen Bthn eingeschlossen. *Aecker, Wiesen, Ufer* (5—6) ⊙. . . 7. *M.* versicolor *Pers.*
        7*. Bthn von Anfang blau, Frstiel so lang als der Kch. *Aecker, häufig* (5—6) ⊙.. . 8. *M.* hispida *Schlchtd.*
      6*. Bthntrbn am Grd beblättert; Frstiel sehr kurz. *Sandige Hügel und Aecker, häufig* (4—5) ⊙.   9. *M.* stricta *Link.*

    17. **Eritrichium nanum** *Schrdr* (Myosotis n. *Wulf.*) Früchtch. m. e. hervortrdn Flügelrande. Kleines seidenhaariges Kraut mit blauen zu 3—6 büschlig. Bthn. *Stein. Abhänge d. höchst. Alpen* (7—8) ♃.

§ 71b. HYDROPHYLLEAE. *R. Br.*

Kch 5spaltig; Blkrone 5lappig, in d. Kn. dachig. Stbg 5; Gr. 1 mit 2theiliger Narbe. Frknoten 1, einfächerig; Fr. e. 2klappige Kapsel. Samentrgr wandstdg, Same eiweisshaltig; Keim gerade.

    a. **Nemophila** *Nutt.* V. 1. Kch 5theilig, zwischen d. Abschn. m. auswts gebogenen Anhängseln. Blkr radfg glockig; Stbfdn am Grd m. Schuppen. Meist blaublühende Krtr m. fiedrig zertheilten B.
    1. Samentrgr vielsamig; Ob. B. gegenstdg; Kchanhgsl 3mal kürz. als d. Abschnitte desselb. a. *Zierpfl. aus Nordamerica* (6—8)⊙
                                            a. *N.* insignis *Benth.*

---

*) Myosotis Rehsteineri *Wartm.* Pfl. klein. doldentrbg armblthg, schon im März blühend (Bodensee) ob eigne Art od. zu 1 gehörig?

1*. S. 2—4samig; B. alle wechselstdg; Stgl aufstgd; Kchanhängs. *871.*
etwa halb so lang als dessen Abschnitte. *Zierpfl. aus Nordamerika* (6—8) ⊙. . . . . b. *N.* **phaceloïdes** *Nutt.*

§ 72. SOLANACEAE. *Juss.*

Kch 5spaltig od. 5theilig, meist **abfallend**. Blkr radfg., tricht. fg od. glockig, in d. Knospe **gefaltet**, dem Frboden eingefügt u. mit d. Abschnitt derselb. wechselnd. Gr. 1; Narbe meist einfach kopffig; Frknoten 2—4fächerig Fr. e. Kapsel od. Beere mit **vielsamigen** Fächern. Keim **ringfg**; Same eiweisshaltig. Meist Kräuter m. einfachen B. ohne Nebenb. V. 1.

1. Blkrone radfg; Fr. e. Beere.
2. Frknoten zuletzt vom vergrösserten bleibdn Kch eingeschloss. Stbbtl längs aufsprgd. . . . . 3. **Physalis.**
2*. Frkn nicht eingeschlossen; Kcbb abfallend.
3. Stbbeutel zusammenhängd, an d. Spitze meist m. 2 Löchern aufspringd. . . . . 2. **Solanum.**
3*. Stbbtl nicht zsammnhgd, d. ganzen Länge nach aufsprgd.
2 b. **Capsicum.**
1*. Blkrone trichterfg od. glockenfg.
4. Strauch m. röthlich Bthn u. dornig. Aesten. Beerenfr. B. länglich lanzettl. ganzrdg . . . . 1. **Lycium.**
4*. Dornlose Kräuter.
5. Blkrone glockig m. nicht gefaltet. Saume.
6. Fr. e. Beere; Bthn violettroth gestielt, Pfl.
7. B. buchtig gezähnt; Bthn blau.. . . 3 h. **Nicandra.**
7*. B. ganzrdg; Bthn violettbrn, gestielt. Pfl. drüsig flaumig
4. **Atropa.**
6. Fr. e. Kapsel. m. e. Deckel aufsprgd.
8. Kch länglich glockig, Bthn hängd, gestielt; grünl. od. bräunl. Pfl. kahl. . . . . 5. **Scopolia.**
8*. Kch krugfg. an d. Mündg enger; Bthn sitzd, aufrecht in Aehren, gelb m. violett. Streifn; Pfl. drüsig behaart.
6. **Hyoscyamus.**
5*. Blkr trichterfg gefaltet: Fr. e. Kapsel.
9. Kch bleibd; Kpsl glatt. N. ungethlt.
10. Stbg gleichlang, Kchabschn. lineal. Bthn roth od. gelb.
6 b. **Nicotiana.**
10*. Stbg ungleich lang, Kchabschn. spatelfg.
6 c. **Petunia.**
9*. Kch abfalld; Kpsl. stachlig; N. 2lappig; Bth weiss.
7. **Datura.**

A. *Atropeae* mit Beerenfrucht.

1. **Lycium** *L.* Blkrone trichterfg. Meist dornige **Strchr** m. ruthenfgn Zweigen, lanzettl. od. eifgn B., röthl. Bthn und länglichen scharlachroth. Beeren.
1. Blkronsaum ½ so lang als die Röhre. *Gebüsch auf d. Insel Veglia im adriat. Meere* (5—6) ♄ . . 1. *L.* **europaeum** *L.*
1*. Blkrs. so lang als die Röhre; Bthn dunkler. *Häufig in Hecken cult u. verwild., ursprgl a. Südeuropa* (6—7) ♄. 2. *L.* **barbarum** *L.*

2. **Solanum** *L.* Blkrone **radfg**; Stbbtl zusammenhängd, an d. Spitze meist in 2 **Löcher** aufspringd.; Kch z. Frzeit nicht grösser.

§ 72
1. B. gefiedert.
2. Stgl aufrecht; Unterirdische Zweige knollentragd; Fr. grün. häufige Culturpfl aus Südamerica (6—7) „Kartoffel".
          a. *S.* **tuberosum** *L.*
2*. Stgl liegd od. aufstgd; Fr. sehr gross, meist scharlachroth; Pfl. ohne knollentrgde Auslfr; Stbbtl längsaufsprgd. (Lycop. esculentum *Mill.*) *Zierpfl aus Südamerica* (6—7) ☉.
          b. *S.* **lycopersicum** *L.*
1*. B. nicht gefiedert.
3. Rankender Strauch; Aeste u. B. angedrückt behaart, Bthn violett m. grünen Punkten; Beeren länglich, roth. *Ufer, Gebüsch, nicht selt.* (6—7) ♄ „*Bittersüss.*"
         1. *S.* **dulcamara** *L.*
3*. Aufrechte od. liegde Krtr.
4. Pfl. filzig behaart.
5. Beeren gelb. *Wege, Schuttplätze, selt.* (7—8) ☉.
         2. *S.* **villosum** *Lam.*
5*. Beeren roth . . . . var. **miniatum** *Bernh.*
4*. Pfl. kahl od. wenig behaart. Beeren schwarz od. dunkelgrün (gelbgrün = var: humile *Bernh.*) *Wege, Schuttplätze, häufig* (7—8) ☉ . . . . 3. *S.* **nigrum** *L.*

2b. **Capsicum annuum** *L.* Blkrone radfg; Stbbtl nicht zsmmhgd d. Länge nach aufsprgd; Bthn weiss, bwinkelstdg; Beeren gross eifg, kegelfg, zuletzt scharlachroth. B. eifg-lanzettl. spitz, nebst d. aufr. ästig Stgl kahl. *Culturpfl. aus Westindien* (6—8) ☉ „*spanischer Pfeffer.*"

3. **Physalis Alkekengi** *L.* Bthn klein, weiss, radfg; Kch z. Frzeit vergrössert aufgeblasen, scharlachroth, d. rothe Beere einschliessd. Stbkolb. d. Länge nach aufspringd. Kurzhaariges Krt m. eifgn gestielt ganzrandig. B. u. einzelsthdn blattwinkelstdgn Bthn. *Bgabhänge, Gebüsch selt. (Kalkboden) „Judenkirsche"* (6—7) ♃.

3b. **Nicandra physaloïdes** *Gärtn.* Blkrone glockig; blau; Kch z. Frzeit vergrössert, d. grüne, wenig saftige Beere einschliessd. Aestiges 2—6' hohes Kraut m. buchtig gezähnt. B. u. nickdn blattwinkelstdgn Bthn. *Zierpfl aus Peru* (7—8) ☉.

Atropa belladonna *L.* Blkr glockig, purpurbraun; Beere glänzd schwarz kirschenartig, vom 5theil. sternfg ausgebreitet. Kch umgeben. Aestiges 3—5' hohes drüsig-flaumig. Kraut m. eifgn ganzrandig B. u. blattwinkelstgn Bthn. *Wälder* (6—7) ♃ „*Tollkirsche*".

B. *Datureae.* Mit Kapselfrucht.

5. **Scopolia** *Schult.* Kapsel am Grd m. e. Deckel aufsprgd; Blkrone glockig; Kch länglich; nicht eingeschnürt; Kahle Krtr m. eifg langgestielt. ganzrandig B. und blattwinkelstdgn hängdn Bthn.
1. Bthn aussen glänzd braun, innen grün. *Wälder d. südl. Alpenggdn ss. (Krain)* (4—5) ♃ . . . 1. *S.* **atropoïdes** *Schult.*
1*. Bth bdrsts grün (wohl nur var.) *Wälder d. Alpenggdn ss. (Krain)* (4—5) ♃ . . . . 2. *S.* **viridiflora** *Freye.*

6. **Hyoscyamus** *L.* „Bilsenkraut" Kapsel an d. Spitze † §72.
mit e. Deckel aufspringd; Blkrone trichterfg-glockig; Kch eingeschnürt krugfg. Klebrig behaarte Krtr m. sitzdn aufrecht.
Bthn in beblätterten Aehren u. buchtig gezäbnt. B.
  1. Untere B. stengelumfassd. Bth.n gelblich m. violett. Streifen
    im Schlund violett. *Schuttpl, Aecker*, *Wege* (6—7) ⊙ od. ⊙.
                                                 1. *H.* **niger** *L.* ††
  1*. B. gestielt; Bthn gleichfarbig gelbl. (ob var?) *Schuttplätze,
    Wege (Istrien)* (5—6) ⊙. . . . . 2. *H.* **albus** *Kit.* ††

6b. **Nicotiána** *L.* „Tabak" Bthn trichterfg m. gefaltet. ††
Saum. gelb od. röthl. Stbfdn gleichlang; Bthn in Trbn od. Rispen; Pfl. drüsig behaart m. länglich od. eifgn B.
  1. B. gestielt; Bthn gelblich; kurzröhrig; Stgl 1—3' hoch.
    2. B. eifg, stumpf: Blkronsaum abgerundet stumpf. *Culturpflanze aus Nordamerika* (7—8) ⊙. . . a. *N.* **rustica** *L.* ††
    2*. B. am Grd mehr od. wen. herzfg.
       3. Bthnstd einseitig. *Culturpfl aus Peru* (7—8) ⊙.
                                                 b. *N.* **glutinosa** *L.* ††
       3*. Bthnstd allstg ausgebreitet. *Culturpfl aus Nordamerica* (7—8) ⊙
                                                 c. *N.* **paniculata** *L.* ††
  1*. B. sitzd; Bthn röthlich m. spitz. Blkronabschnitten.
    4. B. länglich lanzettlich, d. unter. am Grd schmäler. *Culturpflanze aus Nordamerica* (7—8) ⊙ . . d. *N.* **tabacum** *L.* ††
    4*. B. eifg länglich, am Grd geöhrt; herablfd. *Culturpflanze aus Nordamerica* (7—8). . . . . . e. *N.* **latissima** *L.* ††

6c. **Petúnia nyctaginiflóra** *Juss.* Bthn trichterfg weiss
od. purpurn. Kchzähne zurückgeschlagen spatelfg; Stbgef ungleich lang. Kurzhaariges Kraut m. sitzdn eifgn ganzrandig. B.
Zierpfl aus Südamerika (7—8) ⊙.

7. **Datúra strammónium** *L.* Blkr am Grd m. kurzer   †
Röhre; Kch abfalld; Frkn stachlig; Narbe 2lappig. Aufrecht. ästig.
Kraut m. dunkelgrünen kahl buchtig gezähnt. B. u. einzeln sthdn
blattwinkelst. weiss. Bthn. *Aecker, Schuttpl. selten* (7—8) ⊙
„Stechapfel."

§ 73. CUSCUTEAE. *Link.*

Blkrone mit lappigem in d. Knospe gefaltet. Saum. Kch.
5spaltig, bleibd; Frkn 1, wenigsamig; Keim schraubenfg, ohne
Keimb, blattlose schlingde Schmarotzerpfl.

  1. **Cúscuta** *L.* V. 2. Blkronröhre am Grde m. fleischigen
gezähnt. Schuppen.
    1. Gr. einer mit kopffgr Narbe; Bthn röthlich, in Aehren Blkrone
      m. angedrückt Schuppen; Stgl. ästig. *Hecken, besonders zwischen Weiden selt.* (7—8) ⊙ . . . . 1. *C.* **monogyna** *Vahl.*
    1*. Gr. 2.
       2. Bthn sitzd, knäulig.
         3. Stgl ästig; Bthn röthlich.
           4. Blkrone m. walziger Röhre; Stgl röthlich.

5. Schlund d. Blkr dch die gegen einander geneigt. Schuppen geschlossen. *Wiesen (auf Thym. serpyll u. Trifolarten)* (7—8) ☉ . . . . 2. **C. epithymum** *L.*
5*. Schlund der Blkr offen; Schuppen an der Blkronröhre angedrückt. *Gebüsch (auf Hopfen, Nesseln etc.)* (7—8) ☉
                            3. *C.* **europaea** *L.*
4*. Blkr bis zur Mitte gespalten, m. kugl. glockiger Röhre; *Gebüsch im südl. Tyrol (Auf Colutea arborescens)* (7—8)☉
                            4. *C.* **planiflora** *Ten.*
3*. Stgl einfach, gelbgrün; Blkronröhre kuglig. *Aecker, zwischen Flachs* (7—8) ☉ . . . . . 5. *C.* **epilinum** *Whe.*
2*. Bthn gestielt in büschlig. Trbn, weiss; Stgl rothgelb. *Aecker, sss. (Um Cassel u. anderwärts, wohl aus Nordam. eingewand.* (7—8) ☉. . . . . 6. *C.* **hassiaca** *Pfffr.*

§ 74. CONVOLVULACEAE. *Juss.*

Kch 5spaltig, bleibd; Blkr trichterfg mit in d. Knospe gefaltetem Saum. Stbgef. 5, dem Schlund der Blkrone eingef. Gr. 1, meist m. 2—3 Narben. Frkn wenigsamig m. unvollstdgu Scheidewänden. Keim fast eiweisslos, m. zerknittert. Keimb. Stgl meist windend mit wechselstdgn nebenblosen Blttrn. V. 1.
  1. Frkn 2fäch.; r. m. 2—3lappig. Narbe. . 1. **Convolvulus.**
1*. Frkn 3—4fächerig, Gr. m. kopffig. Narbe.
  2. Stbbtl hervorragend. . . . . 1b. **Quamoclit.**
  2. Stbbtl eingeschlossen. . . . . 1c. **Pharbitis.**

†   1. **Convolvulus** *L.* „*Winde.*" Meist kahle windende Krtr m. 1bthgn Bthnstielen.
  1. Bthn dicht unt. d. Kch v. 2 Deckb. umgeben (Calystegia *R. Br.*)
  2. Stgl kletternd, aufsteigd; B. kurz gestielt, herzfg, fast 3eckig.
†   3. Bthn weiss; B. am Grd fast pfeilfg m. spitz. Abschnitt; Pfl. kahl. *Hecken, Ufer, häufig* (6—8) ♃. 1. *C.* **sepium** *L.*
  3*. Bthn röthlich; B. am Grd abgerundet herzfg Pfl. flaumig behaart. *Zierpflanze aus Asien* (7—8) ♃.
                        1b. *C.* **dahurica** *R. Br.*
  2. Stgl liegd; B. langgestielt, nierenfg; Bthn röthlich, Pflze kahl. *Ufer des adr. Meeres, auch als Zierpfl* (6—8) ♃.
                        2. *C.* **Soldanella** *L.*
1*. Deckb. von d. Bthn ziemlich weit entfernt.
  4. Stgl windend.
†   5. B. pfeilfg; Bthn röthl. od. weiss m. 5 röthlich. Streifen. *Aecker, Hecken, Gebüsch* (6—7) ♃. . 3. *C.* **arvensis** *L.*
  5*. B. herzfg, nebst d. ganz. Pfl. weiss seidenhaar., d. unter. ungetheilt, die ob. fast fussfg gethlt. Bthn röthlich. *Hügel, Abhänge am adr. Meer* (6—7) ♃. . 4. *C.* **althaeoïdes** *L.*
  4*. Stgl nicht od. sehr wenig windend.
    6. Bthn kurz gestielt, röthl; B. lineal lanzettl. *Hügel, stein. Abhge d. südl. Alpenggdn* (6—7) ♃. 5. *C.* **cantabrica** *L.*
    6*. Bthn lang gestielt, blau m. gelbem Schlund. B. eifg lanzettlich. *Zierpfl aus Südeuropa* (6—8) ☉.
                        5b. *C.* **tricolor** *L.*

1b. **Quamoclit vulgaris** *Choisy.* B. fiedertheilig m. lineal §74.
Abschnitt; Blkrone brennend roth. *Zierpflanze aus Südamerika*
(6—8) ☉.

1c. **Pharbitis hispida** *Chois.* (Ipomoea purpurea *Lam.*)
B. ungethlt herzfg; Stgl windd 10—16' hoch; Bthn meist purpurn.
Zierpfl aus d. tropischen America (6—8) ☉.

§ 75. POLEMONIACEAE. *Lindl.*

Kch spaltig, bleibd; Blkrone in 5lappigem Saum; Stbgef. 5;
Gr. 1; Frkn. 3fächerig; Kpfl. 3klappig m. 1 — mehrsamig. Fäch;
Same eiweisshaltig; Keim gerade. V. 1.
 1. Blkrone radfg m. s. kurzer Röhre u. ziemlich gleichhoch im
 Schlunde derselben befestigt. Stbgef. B. gefiedert wechselstdg.
  1. **Polemonium.**
 1*. Blkr tellerfg, m. langer Röhre und ungleich hoch darin einge-
 fügt. Stbgef. B. einfach, gegenst. 1b. **Phlox.**

 1. **Polemonium caeruleum** *L.* Kahles od. oberwärts
 drüsenhaariges 1—2' hohes Krt m. gefiedert, wechselstdgn
 B, eifg-lanzettlich, ganzrandig. Blättch. und meist blauen, selt. weiss.
 Bthn in kurzen dichten Trauben.

 2. **Phlox** *L.* Blkrone tellerfg m. langer Röhre und ungleich
 hoch darin eingefügt. Stbgef. Kpsl 3samig. Kräuter m. einfach
 gegenstdgn B.
 1. Stgl kahl, oberwts rispig ästig 5—6' hoch; Kchz gerade.
 Zierpflanze aus Nordamerika (7—8) ♃. a *Ph.* paniculata *L.*
 1*. Stgl u. ganze Pfl. drüsig behaart; Kchz. zurückgerollt; Pfl.
 niedrig einjährig. *Zierpflanze aus Texas* (7—8).
  b. *Ph.* Drummondii *Hook.*

XXVII. Ordn **LABIATIFLORAE** *Bartl.* Kch nicht
m. d. Frknoten verwachsen; Blkrone ungleichmässig, meist
2lippig; Stbgef 2, od. 4 didynamisch, selt. 5 ungleiche.
Keim gerade.

§ 76. LABIATAE. *Juss.*

Kch röhrenfg od. glockig, bleibd; Blkrone meist lippenfg.
selt. fast gleichmässig; Stbgef. 2 od. 4, der Blkronröhre eingefügt.
Frkn 4. auf einer Scheibe eingefügt m. gemeinschaftlichem aus
ihrer Mitte hervortretdn an der Spitze gespaltenem Griffel. Früchtch.
1fächerig, 1samig, nicht aufspringd (Nüsschen). Same eiweisslos,
Keim gerade m. nach unten gerichtetem Wzlchen Meist Kräuter
m. 4kantig. Stgl u. gegenstdgn B. Keine Art giftig, viele aro-
matisch. XIV, 1. selt. II 1.

LABIATAE.

§ 76. 1. Stbgef. 2.
2.. Blkrone trichterfg m. fast gleichmässigem Saum. Stbgef. auseinandertrdt, oft noch 2 unfrbare. . . . 5. **Lycopus**.
2*. Blkrone 2lippig; Stbgef. parallel.
3. Oberlippe d. Blkrone tief gespalten; Stbfäden am Grd m. e. Zähnch. Aestiger Halbstrauch m. lineal immergrünen unters. weissfilzig. B. . . . . . . 6. **Rosmarinus**.
3*. Oberl d. Krone ungetheilt; B. meist breiter.
4. Die beiden Fächer d. Stbbtl durch ein wagbalkenartig verlängertes Mittelband von e. getrennt Bthn meist blau oder weiss, selten gelb.. . . . . . 7. **Salvia**.
4*. Stbbtlfächer nicht durch e. solches Mittelband v. e. getrennt; Bthn scharlachroth.. . . . . . 6. **Monarda**.
2*. Stbgef. 4, didynamisch.
5. Blkrone fast gleichmässig trichterfg.
6. Stbbtlfächer divergirend; Bthn einseitswendig von herzeifgn 2reihig stehend. Deckb. gestützt; Kch 5zähnig.
2. **Elsholtia**.
6*. Stbbtlfächer parallel; Bthn nicht einseitswendig.
7. Kch 5zähnig; Blkr ungleichmässig 4lappig.
4. **Mentha**.
7*. Kch 2lippig, z. Frzeit geschlossen; Blkr ungleichmässig 5lappig. . . . . 3. **Pulegium**.
5*. Blkr deutlich 1—2lippig.
8. Oberlippe d. Blkrone s. klein od. fehlend.
9. Kronröhre innen m. e. Haarleiste; Oberlippe sehr klein: Unterlippe 3lappig. . . . . . 34. **Ajuga**.
9*. Kronr. innen ohne Haarl. Oberl. ganz fehld; statt derselben e. Spalte. Unterl. 5lappig. 35. **Teucrium**.
8*. Oberl. der Krone deutlich, meist länger als d. Stbg.
10. Griffel und Stbgef. in der Blkronröhre eingeschlossen.
11. Kch z. Frzeit dch v. kleinen deckelartigen Anhang geschlossen; Bthn blau in Aehren.
1. **Lavandula**.
11*. Kch z. Frzeit offen; Bthn meist weiss.
12. Fr. abgerundet; Kch 2lippig od. 5zähnig, dornig; Bthn gelb od. weiss, ohne Deckb.
26. **Sideritis**.
12*. Fr. 3kantig; Kch 5zähnig, nicht dornig; Bthn weiss v. zahlrch lineal. Deckb. umgeb.
27. **Marrubium**.
10*. Gr. u. Stbgef. nicht in d. Blkronröhre eingeschlossen.
13. Stbgef. nicht parallel m. e. laufend.
14. Stgef. nach oben auseinander tretend.
15. Mittelzipfel d. Unterlippe breiter, vkherzfg; Bthn in einseitswendigen Aehren; von lineal. Deckb. gestützt. . . . . 16. **Hyssopus**.
15*. M. d. U. nicht breiter.
16. Kch ungetheilt oder 3—5zähnig; Bthn von breit eifgn Deckb gestützt. 8. **Origanum**.
16*. Kch 2lippig; Bthn nicht von Deckb. gestützt.
9. **Thymus**.
14*. Stbg. nach oben wieder in einen Bogen zusamneigend.
17. Kch 5zähnig oder undeutlich 2lippig.
10. **Satureja**.

LABIATAE.

17*. Kch deutlich 2lippig.
 18. Säckch d. Stbkolb. v. ein. getrennt.
  19. Bthn von zahlreich. lineal Deckb. umgeben.
   12. **Clinopodium.**
  19*. Deckb. fehlend.   11. **Calamintha.**
  18*. S. d. Stbk. m. e. verwachsen.
   20. Blkronröhre im Schld m. e. Haarleiste, gross violett.
    14. **Horminium.**
   20*. Blkronröhre ohne Haarleiste, weiss. . 13. **Melissa.**
13*. Stgef. parallel m. ein. laufend.
 21. Oberlippe der Blkrone 4spaltig; Unterlippe ungespalten. Stbgef. abwärts geneigt. . . . . . . a. **Ocymum.**
 21*. Oberl. d. Kr. nicht 4spaltig.
  22. Unterlippe der Krone 2lappig, ausserdem meist noch m. 2 kleinen zahnartig. Seitenlappen; Schld d. Blkrone meist mit e. Haarleiste; Kch 5zähnig. . . . 20. **Lamium.**
  22*. Unterl. d. Blkr ungetheilt od. 3lappig.
   23. Blkronröhre mit e. Haarring im Schlunde.
    24. Unterlippe d. Blkrone m. spitz. Abschn. Bthn gelb.
     21. **Galeobdolon.**
    24*. Unterl. d. Blkrone mit stumpf abgerund. Abschn.
     25. Kch 5zähn., gleichmässig.
      26. Früchte kantig, oben flach.
       27. Unterlippe d. Blkrone m. rückwts zusammengerollt. Rändern; Blkrone länger als d. Kch; B. mit 2—4 tiefen Einschnitten.
        28. **Leonurus.**
       27*. Unterl. d. Blkrone nicht m. eingerollt. Rändrn. Blkr nicht od. nur wenig lgr als d. Kch B. grob gekerbt . . . . 30. **Phlomis.**
      26*. Fr. abgerundet.
       28. Bthnquirle sitzd; Stbfdn nach den Blühen nach aussen gedreht. . . . . . . 23. **Stachys.**
       28*. Bthnqu. gestielt; Stbfdn nicht gedreht. Kch 5zähnig, 10streifig. . . . . 24. **Ballota.**
     25*. Kch 2lippig.
      29. Kch zur Frzeit geschlossen. . 32. **Prunella.**
      29*. Kch zur Frzeit offen, Fr. fleischig. 33. **Prasium.**
   23*. Blkronröhre ohne Haarring im Schlunde.
    30. Unterlippe der Blkr beiderseits am Schlunde m. e. hohlen Zahn; Stbbtl in Klappen aufsprd. Kch 5zähn.
     22. **Galeopsis.**
    30*. Unterl. d. Blkr nicht m. e. hohlen Zahn; Stbbtl. längsaufspringd.
     31. Kch gleichmässig 5zähnig.
      32. Oberl. d. Krone flach, gespalten.
       33. Unterlippe d. Krone 3lappig. 17. **Glechoma.**
       33*. Unterl. d. Krone ungeth., am Rande gekerbt.
        16. **Nepeta.**
      32*. Oberl. d. Kr. nicht gespalten, gewölbt.
       34. Fr. 3kantig, oberwärts flach. 29. **Chaiturus.**
       34*. Fr. abgerundet; Bthn lgr als d. Kch.
        25. **Betonica.**
     31*. Kch 2lippig od. ungleich 5zähnig.
      35. Kch ungezähnt; Oberlippe desselben m. e. Schuppe.
       31. **Scutellaria.**

LABIATAE.

§ 76. 35*. Oberlippe des Kchs 2zähnig, Unterlippe 3zähnig.
36. Oberl. d. Kr. ungespalten; Bthn sehr gross, weiss. od. röthl.
19. **Melittis**.
36*. Oberlippe d. Kr. gespalten; Bthn blau.
18. **Dracocephalum**.

a. *Ocymoideae*. Stbgef. abwts geneigt; Stbkölbch. mit ein. halbkreisfg. Spalte aufspringd, und nach Ausstreuung der Bthnstaubes kreisfg.

a. **Ocymum** *L.* (21) Oberl. des Kchs ungespalten, Unterlippe 4spaltig. Unterl. d. Blkrone ungetheilt, Oberl. 4zähnig. Weissblühde Krtr m. eifgn gestielt. B.
1. Bstiele gewimpert. *Häufige Topfpfl aus Ostindien „Basilienkraut"* (7—8) ⊙ . . . . a. *O.* **basilicum** *L.*
1*. Bst. kahl, Pfl. kleiner. *Topfpfl aus d. Orient* (7—8) ⊙.
b. *O.* **minimum** *L.*

2. **Lavandula vera** *DC* (11). Kch ungleich gezähnt, z. Frzeit geschlossen. Blkrone blau, 2lippig mit gespaltener Oberlippe u. 3zähniger. Unterl. Stbgef. u. Gr. in d. Blkronröhre verborgen. Aestiger Halbstrch m. lineal lanzettl. unters. graufilzig B., rautenfgn Deckb. und ährenfg Bthn. *Hügel u. Abhge ss. (südl. Alpen, Rhein u. Moselggdn.) auch cult* (7—8) ♃.

b. *Menthoideae*. Stbgef. parallel od. auseinandertrd, nie abwärts geneigt. Stbkölbchen in Klappen od. meist mit m. e. Längsritze aufspringd; Blkrone glockig-trichterfg, fast gleichmässig

2. **Elsholtia cristata** *Willd.* (3). Blkrone fast trichterfg., 4spalt. d. obere Zipfel d. Blkrone aufrecht, d. übrg. abstehend. Stbbtlfächer divergirend. Kahles 1—1½ hohes Kraut m. eifg lanzettl. gesägt B. u. röthlichen von breit eifgn Deckb. gestützt. Bthn in einseitswendigen Trauben. *Aecker, Gärten sss. (um Hamurspr. aus Asien eingewandert* (7—8) ⊙.

3. **Pulegium vulgare** *Mill.* (Mentha pulegium *L*) (3). Kch 2lippig, z. Frzeit geschlossen; Blkr 4lappig. Kahles oder flaumig behaartes ½—1' hohes Kraut mit ellipt. gestielt B. u. röthlich. Bthn in kuglich. Quirl. *Ufer, Sumpfwiesen s. selt.* (7—8) ♃.

3. **Mentha** *L* (7). „Minze" Kch gleichmässig 5zähnig; zur Frzeit offen. Blkrone trichterfg glockig; Stbbtlfchr parallel. Meist behaarte stark aromatische Krtr mit ährenfg oder kugl. quirlig oft polygamischen Bthn. Schwierig zu begrenzende Arten.
1. B. fast sitzend, Bthnst. ährenfg walzig.
2. Deckb. lanzettlich; Kch zur Frzeit kuglig bauchig; B. rundl. eifg. *Feuchtes Gebüsch, sehr selten* (7—8) ♃.
1. *M.* **rotundifolia** *L.*

LABIATAE. *Mentha.*

2*. Deckb. lineal pfrieml; Kcb länglich; B. länglich eifg. *Ufer,* §76.
   feuchtes Gebüsch, sehr selt. (7—8) ♃.   2. *M.* **silvestris** *L.*
     var. B. filzig . . . α **vulgaris.**
        B. wellig. . . β **undulata.**
        B. flaumhaarig γ **pubescens.**
        Pfl. kahl. . . δ **glabra.**
        B. gekräuselt . ε **crispata.**
1*. B. deutlich gestielt.
  3. Bthnst ährenfg walzig.
    4. B. eifg gesägt; Deckb lineal pfriemlich. *Ufer, feuchtes*
      Gebüsch, n. selt. (7—8) ♃. . . . 3. *M.* **nepetoïdes** *Lej.*
    4*. B. länglich eifg oder länglich Deckbl lanzettl. *Gräben, Ufer*
      s. s. meist cult. „Pfefferm." (7—8) ♃. 4. *M.* **piperita** *L.*
      var. B. flaumig . . α **Langii** *Steud.*
        B. kahl . . . β **officinalis.**
        B. kraus. . . γ **crispa.**
  3*. Unt. Bthn in kuglichen v. B. gestützt. Quirl.
    5. D. oberen in e. endstdg. Aehre.
    6. Alle Bthnquirle einander genähert. *Ufer, Gräben s.*
      häufig (7—8) ♃. . . . . 5. *M.* **aquatica** *L.*
      var Pfl. stark behaart. α **hirsuta.**
        Pfl. kahl od. d. Stgl kzhaarig;
        v. Citronengeruch β **citrata.**
        B. wellig kraus. . γ **crispa.**
    6*. Unt. Bthnqu. von einander entfernt Pfl. oft purpurroth.
      Ufer, Gräben (Rheinggd) (7—8) ♃. 6. *M.* **rubra** *Wirtg.*
  5*. Bthn alle in kuglich Quirlen; Stgl m. e. Büschel von B.
    endend.
    7. Kch röhrig; Zähne desselben bemerklich länger als
      breit.
    8. Blattzähne auswärts gerichtet; B. eifg ellipt. *Ufer,*
      Gräben, auch cult. (7—8) ♃. . . . . 7. *M.* **sativa** *L.*
      var. Pfl. angedrückt behaart α **vulgaris.**
        Pfl. fast kahl . . . β **glabra.**
        Pfl. absthd behaart. . γ **pilosa.**
        B. runzlich δ **crispo-glabra** u. ε **cripso-pilosa**
        Bthn sehr klein. . . ζ **parviflora.**
    8*. Bzähne vorwts gericht, B. längl. eifg (wohl nur var v. 7).
      Ufer, Gräben selt. (7—8) ♃. . . 8. *M.* **gentilis** *L.*
  7*. Kch kurz glockig; Kchz nicht länger als breit. *Ufer,*
    Gräben, feuchte Äcker, häufig (6—8) ♃. 9. *M.* **arvensis** *L.*

5. **Lycopus** *L.* (2) Blkrone fast gleichmässig trichterförmig; Stbg 2 auseinandertretend, oft noch 2 verkümmerte daneben. Flaumige Krtr m. kleinen weiss. Bthn in blattwinkelstdgn Quirlen.
  1. Unt. B. fiederthlg, obere tief gezähnt; Stgl 2—3' hoch. *Ufer,*
    feuchtes, Gebüsch nicht selt. (7—8) ♃. . 1. *L.* **europaeus** *L.*
  1*. B. alle fiederspaltig; Stgl 3—5' hoch. *Ufer, feuchtes Gebüsch,*
    s. selt. (b. Mainz, in Böhmen, am adr. Meer) (7—8) ♃.
                              2. *L.* **exaltatus** *L.*

§ 76. c. *Monardeae.* Blkrone 2lippig; Stbgef. 2.

6. Rosmarinus officinalis *L.* (3). Kch 2lippig, Blkr. rachenfg m. 2lappiger Oberlippe. Immergrüner Halbstrauch mit 2—4' hohem ästig Stengel, ruthenfgn Zweigen, lineal sitzd unterseits weissfilzig B. und kleinen hellblauen Bthn in endstdgn Aehren. *Steinige Abhänge der südlichen Alpengegenden, meist cultivirt.* (4—5) ♄.

6 b. Monarda *L.* (4*.) Kch 5zähnig; Blkrone rachenfg. Stbgef. von der Oberlippe der Krone eingeschlossen. Stbbeutel nicht dch e. verlängertes Mittelband v. e. getrennt. Meist behaarte Krtr m. eifg B. u. quirlst. von Deckb. gestützt. B.'
1. Deckb. und Kch röthlich; Blkrone scharlachroth. *Zierpflanze aus Nordamerika* (6—7) ♃ . . . . a. *M.* **didyma** *L.*
1*. Deckb. und Kche nicht oder kaum gefärbt; Blkr violettroth. *Stein. Abhänge der südl. Alpenggdn auch cult.* (6—7) ♃.
b. *M.* **fistulosa** *L.*

7. Salvia *L.* (4). „Salbei" Kch 2lippig; Blkr rachenfg; Stbgef. parallel. Stbbeutelfächer durch e. wagbalkenartiges Mittelband von ein. getrennt, d. eine meist unfrbr. Meist behaarte ästige Krtr m. eifgn kerbsägig B. und blauen oder gelben Bthn in von Deckb gestützt. Quirlen.
1. Halbstrauch —2' hoch m. graufilzig lanzettl. runzlich. B. und blauen Bthn in 4—6bthgn Quirlen ; Kchz lang, dornig. *Steinige Abhänge der südl. Alpenggdn, auch cult.* (6—7) ♄.
1. *S.* **officinalis** *L.*
1*. Kräuter.
2. Bthnstdquirle 4—10 (meist 6)blüthig.
3. B. herzspiessfg (bes. d. unter), Pfl. drüsig klebrig. Bthn gelb m. braun. Punkt. Kchz kurz. *Wälder, bes. d. Alp* (6—7) ♃
2. *S.* **glutinosa** *L.*
3*. B. nicht herzspiessfg; Bthn meist weiss, röthl od. blau; selten gelblich-weiss.
4. Kchz lang dornig; Deckb. herzfg rundlich.
5. B. und Kch weisswollig; Deckb. meist grauweiss ; Bthn weiss. *Hügel, stein. Abhge (Oestrch)* (6—7) ☉.
3. *S.* **aethiopis** *L.*
5*. B. und Kch drüsig klebrig; Deckb rosenroth; Bthn blassblau. *Hügel, Wege d. südl. Alpenggdn* (6—7) ♃.
4. *S.* **sclarea** *L.*
4*. Kchzähne kurz stachelspitzig.
6*. Stbgefässe aus d. Blkrone weit hervorrgd. Stglb. wenige; Bthn blassgelb oder weiss; Deckb. grün ; Pfl. zottig behaart; alle B. gestielt. *Hügel, Wege, (Oestereich)* (5—6) ♃ . . . . 5. *S.* **austriaca** *L.*
6*. Stbgef. nicht so weit aus den meist blauen od. röthl. Bthn hervorragend; ob B. sitzd.
7. Deckb länger als d. Kch, purpurroth; Pfl. flaumig grauhaarig. *Wiesen, Hügel s. selt.* (5—7) ♃.
6. *S.* **silvestris** *L.*

LABIATAE. *Salvia.* §76.

7*. Deckb, grün, kürzer als d. Kch.
8. Pfl. klebrig zottig. Deckb. eifg.
9. Seitenlappend. Unterlippe abwts gebog ; Bthn 10—12'''lg.
Wiesen, Hügel, häufig (5—7) ♃. . . **7. S. pratensis** *L.*
9*. S. d. U. aufrecht, Bthn —6''' lang. *Hügel, Wege (Istrien)*
(5—6) ♃. . . . . **8. S. Bertolonii** *Vis.*
8*. Pfl. flaumhaarig; Deckb. rundlich; Oberlippe d. Kch abgerundet, s. kurz 3zähnig; Bthn hellblau. *Wiesen, Hügel,*
(Istrien) (5—6) ♃. . . . . . . **9. S. clandestina** *L.*
2*. Bthnstquirle 10—20blüthig, fast kuglich; Gr. auf d. Unterlippe
d. Blkr. liegd; B. alle gestielt; Pfl. kurz rauhhaarig.
Wege, Hügel der südl. Dtschld. selt. (7—8) ♃.
10. **S. verticillata** *L.*

d. *Satureineae.* Blkrone 2lippig; Stbgef. 4, auseinander
tretd. oder nach oben wieder in einen Bogen zusammengeneigt
Säckchen d. Stbkolben durch ein 3—4eckiges Mittelband von einander getrennt.

8. **Origanum** *L.* (16). Stbgef 4, divergirend; Kch 3—5zähn.
od. schief gespalten und dann ungezähnt. Aromatische Krtr mit
kleinen v. breiten gefärbt. Deckb umgebenen Bthn in dichten
Aehren oder Büscheln u. gestielten ganzrandigen B.
 1. Kch 3—5zähnig; Bthn meist purpurroth.
 2. Deckb. auf d. inneren Seite nicht drüsig. *Hügel, Abhänge,*
  Wege (7—8) ♃. . . . . **1. O. vulgare** *L.*
 2*. Deckb. beiderseits m. drüsig. Punkt. besetzt. *Hügel, Wege*
  am adr. Meere (6—8) ♃. . . . . . **2. O. hirtum** *Link.*
 1*. Kch ungezähnt, salbirt 2lippig; Deckb. gefurcht; Bthn. meist
  weiss. *Häufige Gewürzpfl. aus d. nördl. Africa* (6—8)
  „Majoran". . . . . 2 b. *O.* **majorana** *L.*

9. **Thymus** *L.* „Thymian" (16*). Stbgef. divergirend;
Kch 2lippig, gezähnt; Aromatische Halbsträucher m. kleinen
lineal od. eifgn B. und kleinen weiss od. rothen nicht v. Deckb.
umgebenen Bthn.
 1. B. am Rande umgerollt, spitz, drüsig punktirt. Bthn weiss.
  Stein. Abhänge am adr. Meer, auch als Gewürzpfl. cult. (5—6) ♄.
   1. *Th.* **vulgaris** *L.*
 1*. B. am R. flach, lineal od. ellipt, stumpf; Bthn weiss, purpurroth; Pfl. sehr vielgestaltig. *Hügel, Wege, sehr häufig* (7—8) ♄.
   2. *Th.* **serpyllum** *L.*

10. **Satureja** *L.* (17). Staubgefässe an d. Spitze wieder in
einem Bogen zusammentretend. Kch 5zähnig, od. undeutlich
2lippig. Aestige Kräuter od. Halbsträucher m. röthl. od. weiss Bthn
in meist 3—5bthgn Quirlen.
 1. B. kahl, drüsig punktirt, lineal od. lanzettlich, ganzrandig;
  Kch 10streifig.
 2. Einjähriges Kraut m. stumpfen lineal-lanzettl. B. *Bgabhänge*
  d. südl. Alpenggdn auch cult. „Bohnenkraut" (7—8)⊙. (7—8).
   1. *S.* **hortensis** *L.*

§ 76. 2*. Halbstrchr; obere B. kurz stachelspitzig, lanzettl.
   3. B. beiderseits drüsig punktirt; Stgl fast rund, flaumig behaart.
   4. Zipfel d. Unterlippe fast gleichgross. *Bgabhänge d. südl.*
   Alpenggdn (7—8) ♃. . . . . 2. *S.* **montana** *L.*
   4*. Mittelzipfel d. Unterlippe d. Blkrone deutlich breiter als
   d. seitlichen. *Bgabhänge d. südl. Alpenggdn* (7—8) ♃.
                                3. *S.* **variegata** *Host.*
   3*. B. nur auf der unter. Seite spärlich drüsig punktirt; Stgl
   4kantig, kahl; Mittelz. d. Unterlippe deutlich breiter, als d.
   übrigen, vkherzfg. *Bgabhänge d. südl. Alpengdn* (7—8) ♃.
                                4. *S.* **pygmaea** *Sieb.*
   1*. B flaumhaarig, d. unter. eifg; Kch 13—15streifig; Stbfdn paar-
   weise genähert; Halbsträucher (Micromeria *Benth*)
   5. Bthnquirle gestielt, einseitig; Frchtch. stumpf, länglich. *Bgab-
   hänge, Fels. d. Alp (C. Tessin)* (7—8) ♃. . 5. *S.* **graeca** *L.*
   5*. Bthnqu. fast sitzd, allseitswendig; Frchtch. spitz. *Felsen auf
   d. Inseln d. adr. Meeres* (7—8) ♃. . . . 6. *S.* **juliana** *L.*

   11. **Calamintha** *Mönch* (19*). Kch 2lippig; Staubgef. unter
   d. Spitze in e. Bogen zusammenneigend. Behaarte Krtr. m. meist
   violett. Bthn in blattwinkelstdgn Quirlen.
   1. Blthnstiele 1 blthg, quirlig, höchstens zu 6 beisammen (Thymus *L.*)
   2. Kch. z. Frzeit geschlossen; Stgl einzeln aus e. Wzl. *Hügel,
   Wege, nicht sel.* (6—8) . . . . 1. *C.* **acinos** *Clairv.*
   2*. Kch z. Frz. offen; Stgl mehrere aus e. Wzl. *Bgabhänge,
   d. Alpen* (7—8) ♃. . . . . 2. *C.* **alpina** *Lam.*
   1*. Bthnstiele gablig, 3—5, selbst 12—15 Bthn tragd (Melissa *L.*
   z. Thl.)
   3. B. spitz, tief u. spitzig gesägt; Bthnstiele 3—5blthg. *Fel-
   sen, Wälder d. Alpenggdn* (7—8) ♃. 3. *C.* **grandiflora** *Mch.*
   3*. B. stumpf; schwach u. ungedrückt gesägt.
   4. B. eifg; Bthn violett od. röthl.
   5. Blthnstiele 3—5blthg; Fr. fast kuglich. *Wälder, Ab-
   hänge, selt.* (7—8) ♃. . . . 4. *C.* **officinalis** *Mch.*
   5*. Bthnst. 12—15blthg; Fr. länglich. *Felsen, stein. Abhge
   selt.* (7—8) ♃. . . . . 5. *C.* **nepeta** *Clairv.*
   4*. B. ellipt-lanzettlich; Bthn weiss m. violett. Punkt. Bthnst.
   3—5blthg; Frchtch. länglich. *Felsen d. südl. Alpenggdn*
   (7—8) ♃. . . . . 6. *C.* **thymifolia** *Rchb.*

   12. **Clinopodium vulgare** *L.* (19). Kch 2lippig; Stbgef.
   in e. Bogen zusammenneigend; Bthn v. e. borstigen Hülle um-
   geben. Weichhaariges Kraut m. purpurroth. Bthn in vielblthgen
   Quirlen u. eifgn, stumpf gekerbten B. *Bgwälder, Abhge* (7—8) ♃.

      e. *Melisseae.* Stbgefässe w. b. d, aber mit wenigstens an d.
   Spitze sich berührenden Stbkolbensäckchen.

   13. **Melissa officinalis** *L.* (20*). Stbfäden an d. Spitze
   bogig zusammenneigd; Kch 2lippig; Blkrone im Schlund ohne
   Haarring. Aestiges Kraut m. eifg. kerbsägigen B. u. weissen, von
   eifgn Deckb. gestützten Bthn in einseitig. Quirlen. *Wälder, Hecken,
   Gebüsch, auch cult.* (7—8) ♃.

14. **Horminum pyrenaicum** *L.* (20). Stbfäden an der §76. Spitze bogig zusammenneigd; Kch 2lippig; Blkrone im Schlund m. e. Haarring. Kahles Kraut m. einfach. Stgl. eifg-rundl. grobgesägt B. u. violetten Bthn in quirlig. Trauben. *Bgwiesen v. Abhge d. Alpen (7—8)* ♃.

15. **Hyssopus officinalis** *L.* (15). Stbfäden divergirend; Blkr. im Schld ohne Haarring; Kch 5zähnig. Kahler Halbstrch m. lineal lanzettl ganzrandig B. u. dunkelblauen od. violett. Bthn in einseitswendigen Quirlen u. weit hervorragendn Stbgef. *Felsen, stein. Abhge d. Alpen auch cult. (7—8)* ♃.

f. *Nepeteae*. Stbgef. parallel laufd; d. inneren länger. Kchz. z. Frzeit zusammengeneigt; Oberl. d. Blkrone gespalten.

16. **Nepeta** *L.* (33*). Kch röhrig 5zähnig; Oberlippe d. Krone 2lappig flach; Unterlippe mit grossem concaven am Rande gekerbten Mittellappen u. abgerundeten Seitenlappen. Behaarte Krtr. m. gekerbt. B. u. weisslich, röthl. punktirt Bthn.
 1. Kch m. schiefer Mündung; Pfl. weichhaarig. B. gestielt.
 2. B. unters. graufilzig eifg; Kchz. stachelspitzig. Fr. kahl u. glatt. *Wege, Abhge, Schuttpl.* (6—7) ♃.. 1. *N.* **cataria** *L.*
 2*. B. beiders. graufilzig; Kchz. nicht stachelspitzig. Fr. knotig rauh. *Hügel, Abhänge d. Alpengegdn* (7—8) ♃.
  2. *N.* **nepetella** *L.*
 1*. Kch m. gerader Mündg; B. sitzd grasgrün, nebst d. ganzen Pfl. fast kahl; Fr. knotig rauh, an d. Spitze behaart. *Hügel, Wege s. s. (Oesterreich)* (7—8) ♃. . . . . . 3. *N.* **nuda** *L.*

17. **Glechoma** *L.* „Gundermann" (33). Kch 5zähnig; Stbfäden paarweise genähert; Stbkölbchen paarweise zwei Kreuze bildd; Oberlippe d. Krone flach, seicht 2lappig; Unterlippe 3lappig m. vkherzfgm Mittellappen. Meist kahle Kräuter m. gestielt. herzfg rundlichen gekerbt. B. u. viol. Bthn in meist 6bthgn Quirlen.
 1. Kchz. kürzer als d. halbe Kchröhre. *Wälder, Hecken, Gräben, Gebüsch* (4—5) ♃. . . . . 1. *G.* **hederacea** *L.*
 1*. Kchz. länger als d. halbe Kchr. *Wälder, Hecken, Gebüsch, (Oesterreich)* (5—6) ♃. . . . . . . 2. *G.* **hirsuta** *W. K.*

18. **Dracocephalum** *L.* (36*). Kch 2lippig; Oberlippe d. Krone ausgerandet, gewölbt. Bthn blau od. violett in dicht. endstdgn quirlig Trauben.
 1. B. lineal lanzettlich, ganzrandig, stumpf. Pfl. meist kahl. *Bgabhänge d. Alpen ss. auch als Zierpfl. cult.* (7—8) ♃.
  1. *D.* **ruyschiana** *L.*
 1*. B. nicht ganzrandig; Pfl. behaart.
 2. B. tief eingeschnitt. gesägt; Pfl. feinflaumig. *Hin u. wieder als Küchengewächs cult. urspr. aus d. Orient* (7—8) ☉.
  1 b. *D.* **moldavica** *L.*
 2*. B. fiedertheilig; Pfl. rauhhaarig. *Stein. Abhge bes. d. Alpengegendn* (5—7) ♃. . . . . 2. *D.* **austriacum** *L.*

14*

§ 76.   *g. Stachydeae.* Stbgef. parallel laufd, d. inneren kürzer;
Kch z. Frzeit offen, 5zähnig od. 2lippig.

19. Melittis melissophyllum *L.* (36). Kch glockig mit
ungleich 2—4—5spaltig. Saum. Blkrone sehr gross, im Innern
ohne Haarring, weiss od röthl. oft m. dunkl. Flecken u. abgerundeter Oberlippe; Stbkolben paarweise e. Kreuz bildend. Behaartes
Krt m. eifg. länglich grobgesägt. B. u. einzeln stehdn Bthn. *Wälder, Gebüsch selt.* (6—8) ♄.

20. Lamium *L.* (22). „Taubnessel". Kch 5zähnig; Oberlippe d. Krone gewölbt. Unterlippe mit herzfgm Mittellappen und
kleinen zahnartigen od. auch ganz fehlde Seitenlappen. Behaarte Kräuter m. rundl. od. eifgn gekerbt od. gesägt. B. u. weissn
od. roth. Blthn. in blattwinkelstdgn Quirlen.
1. Blkronröhre gerade.
  2. Stbkölbch. kahl; Blkrone sehr gross, purpurroth, m. weisser
  u. in derselben m. e. Haarringe. B. spitz. u. doppelt gesägt.
  Wälder, Hecken, Gebüsch d. südl. Alpenggdn. (4—5) ♃.
  1. *L.* Orvala *L.*
  2*. Stbkölbch. bärtig; B. stumpf kerbsägig; Bthn purpurroth.
    3. D. obersten B. nierenfg-rundlich, stengelumfassd; Blkronröhre weit aus d. Kch hervorragd, im Grund ohne Haarring. *Aecker, Gärten s. gemein* (3—8) ☉.
    2. *L.* amplexicaule *L.*
    3*. Auch d. oberst. B. noch kurz gestielt; Blknröhre nicht
    länger als d. Kch
      4. Blkronr. im Grd ohne Haarring (wohl Bastardformen v.
      2 u. 5).
        5. B. eingeschnitten gekerbt, d. ober. fast rautenfg. *Aecker, Gärten s. s. (Norddeutschland)* (3—8) ☉.
        3. *L.* incisum *Willd.*
        5*. B. stumpf gekerbt, d. ober. nierenfg-rundlich. *Aecker, Gärten s. s. (Norddeutschland)* (3—8) ☉.
        4. *L.* intermedium *Fries.*
      4*. Blkr. im Grund mit e. Haarring; B. herzeifg. stumpf gekerbt. *Aecker, Gärten, Hecken s. häufig* (4—8) ☉.
      5. *L.* purpureum *L.*
1*. Blkronröhre bauchig gebogen, im Grund m. Haarleiste, B. eifg,
spitz gesägt; Stbk. bärtig.
  6. Blkrone purpurroth. Haarleiste querliegd; B. ungleich doppelt gesägt oft weiss gefleckt. *Hecken, Gebüsch häufig* 4—8 ♃.
  6. *L.* maculatum *L.*
  6*. Blkr. weiss m. grünl. Flecken; Haarleiste schief aufsteigend;
  B. einfach gesägt. *Hecken, Mauern, Wege sehr häufig* (4—8)♃.
  7. *L.* album *L.*

21. Galeobdolon luteum *Huds.* (24). Kch 5zähnig; Oberlippe d. Blkr. gewölbt; Unterlippe in 3 spitze Abschnitte getheilt.
Behaartes Kraut m. eifgn spitz gesägt. B. u. goldgelben Bthn
in meist 8 bthgn Quirlen. *Hecken, Gebüsch, Wälder nicht selt.*
(5—6) ♃.

22. **Galeopsis** *L.* (30). Staubkolben m. 2 Klappen aufspringd; Unterlippe d. Blkrone beiderseits m. e. hohlen Zahne oder Höcker. Behaarte Krtr m. meist ästig. Stgl u. purpurroth od. zugleich gelblich gefleckt. Bthn. §76.
  1. B. lanzettlich od. schmal eifg mit 5—8 Sägezähnen auf jeder Seite; Stgl wenig flaumig, unter den Verzweigungen nicht verdickt.
   2. Bthn purpurroth m. gelb. od. weissen Flecken; Pfl. kahl od. behaart, sehr vielgestaltig. *Aecker, häufig (7—8)*⊙.
     1. *G.* **ladanum** *L.*
    2*. Bthn gelblich weiss; B. meist breiter u. nebst d. Stgl seidenhaarig. *Aecker, ss. (Rheinggda, Alpen)* (7—8) ⊙.
     2. *G.* **ochroleuca** *Lam.*
  1*. B. breit eifg m. 10—16 Zähnen auf jeder Seite; Stgl unter d. Verzweiggn merklich dicker.
   3. Stgl durchaus steifhaarig.
    4. Kchzähne wenigstens bis z. Schlund d. Balkronröhre reichend; Bthn meist purpurroth.
     5. Mittlerer Abschnitt d. Unterlippe 4eckig kleingezähnelt. *Wege, Hecken, Schuttpl. sehr häufig* (6—8) ⊙.
      3. *G.* **tetrahit** *L.*
     5*. Mittl. Abschnitt d. Unterl. länglich, gespalten; Bthn kleiner als bei vor. übrigens wohl nur var. *Wege, Hecken, selt.* (6—8) ⊙. . . . 4. *G.* **bifida** *Bönn.*
    4*. Kchzähne nicht über d. Hälfte der Blkronröhre hinausgehend; Bthn. gelb m. purpurroth. Flecken. *Abhänge, Ufer, Gebüsch* (5—8) ⩟. . . 5. *G.* **versicolor** *Court.*
   3*. Stgl nur unter d. Verzweigungen steifhaar. aber ausserdem noch m. weichen abwrts gerichteten Haaren; Bthn purpurroth m. gelb. oder weiss. Flecken. *Hecken, Mauern, Wege, sehr häufig* (7—8) ⊙ . . . . . . 6. *G.* **pubescens** *Bess.*

23. **Stachys** *L.* (28). Kch 5zähnig; Blkrone im Schlunde m. Haarring, mit gewölbter Oberlippe u. 3lappiger Unterlippe, letztere m. vkherzfgm Mittellappen. Staubfäden nach dem Verblühen nach aussen gedreht; Früchtch. abgerundet. Behaarte Krtr mit meist gekerbt. B. u. sitzenden Bthnquirlen. Bthn v. kleinen Deckb. umgeben.
 1. Blüthenquirle vielblthg; Bthn purpurroth od. bräunlich; Dckb. wenigstens halb so lang als d. Kch
  2. Stengel wollig zottig; Obere B. sitzd
   3. B. lanzettlich. d. unter. eiherzfg, gekerbt. *Wege, Abhänge, selten* (7—8) ⊙. . . . . 1. *S.* **germanica** *L.*
   3*. B. 3eckig eifg. d. unter. kleingekerbt, längl. m. eiherzfgm Grunde. *Stein. Abhänge am adr. Meer* (7—8) ♃.
      2. *S.* **italica** *Mill.*
  2*. Stgl oberwts drüsig rauhhaarig; B. gestielt, ei- herzfg, spitz gesägt. *Bergwälder, bes. d. Alpen* (7—8) ♃.
    3. *S.* **alpina** *L.*
 1*. Bthnquirle höchstens 12blthg; Deckb. s klein.
  4. Bthn purpurroth.
   5. B. stumpf gekerbt, d. blüthenstgn viel länger als d. Quirle, Bthn hellroth. klein. *Wälder, Ufer, Aeckers. selt.* (7—8) ♃.
    4. *S.* **arvensis** *L.*

§ 76.   5*. B. spitz gesägt: Bthn braunroth, grösser.
        6. B. gestielt; Bthnquirle unterbrochen.
        7. B. herzeifg. dicht behaart. *Wälder, Ufer, Gebüsch nicht
           selten* (6—8) ♃. . . . . 5. *S.* **silvatica** *L.*
        7*. B' herzfg-länglich, wenig behaart od kahl (wohl Bastard
           v. 5 u. 7.) *Wälder, Ufer, Gebüsch, s. selt.* (6—8) ♃.
                                              6. *S.* **ambigua** *Sm.*
        6*. B. sitzd od. sehr kz gestielt, kurzhaarig od. kahl; Bthnquirle
           nach oben hin e. ununterbrochene Aehre bildd. *Gröben,
           Aecker, Gebüsch, Sumpfwiesen* (6—8) ♃.
                                              7. *S.* **palustris** *L.*
        4*. Bthn gelblichweiss, B. kerbsägig.
        8. Kchzähne m. e. flaumig behaarten Spitze.
        9. Stgl kurzhaarig, B. kahl, d. blthnstgn lanzcttl. spitz. *Aecker
           selt.* (7—8) ♃. . . . . 8. *S.* **annua** *L.*
        9*. Stgl nebst B. oberwts filzig zottig; blthnstdge B. länglich,
           stumpf. *Meerufer b. Triest* (6—8) ♃. 9. *S.* **maritima** *L.*
        8*. Kchz. m. e. kahlen Stachelspitze; B. rauhhaarig, die bthnstdgn
           lanzcttl. eifg. spitz.
        10. Kch rauhhaarig; Stglb. gekerbt, d. ober. blthnstdgn be-
           grannt, ganzrandig. *Bgalbhänge, Felsen, selt.* (6—8) ♃.
                                              10. *S.* **recta** *L.*
        10*. Kch kurzhaarig; Stglb. entfernt gekerbt od. ganzrandig.
           Hügel, Aecker, Abhänge am ndr. Meer (6—8) ♃.
                                              11. *S.* **suberenata** *Vis.*

24. **Ballota nigra** *L.* (28.) Kch 5zähnig, 10streifig; Zähne
eifg begrannt; Blkrone im Schlund m. e. Haarring; Stbfdn nach d.
Blühen nicht gedreht; Fr. obgerundet stumpf. Rauhhaariges
Krt m. eifgn grobgezähnt. B. u. purpurrothen Bthn in gestielten
blattwinkelstdgn Quirlen. *Hecken, Wege, Schuttpl. sehr häufig*
(6—8) ♃.
        var. Kchzähne schmal; Pfl. geruchlos . . α **ruderalis.**
           Kchz. breit eifg; Pfl. starkriechd. .   β **foetida.**

25. **Betonica** *L.* (313.) Kch 5zähnig; Oberlippe d. Blkrone
gewölbt; Unterl. 3lappig m. gekerbt. Mittellappen; Blkronröhre
ohne Haarleiste im Schlund; Fr. stumpf abgerundet. Kahle
od. behaarte Krtr m. einfachem Stgl. grobgekerbt. B. u. gelblichen
od. roth Bthn in blattwinkelstdgn nach oben ährenfg gehäuften
Quirlen, von denen der unterste von d. übrigen meist weit ent-
fernt ist.
        1. Bth purpurroth, behaart.
        2. Kch netzstreifig; Stbgefässe kürzer als d. halbe Oberlippe
           d. Blkrone; Pfl. sehr vielgestaltig. *Wiesen, Hecken, Gräben,
           häufig* (6—8) ♃. . . . . 1. *B.* **officinalis** *L.*
           var. Pfl. rauhhaarig . . . α **hirta.**
              Pfl. fast kahl . . . β **glabra.**
              Pfl. grösser, gestreckt γ **stricta.**
              Pfl. gedrungen . . . δ **latifolia.**

2°. Keh glatt, ungestreift: Stbgef. so lang als d. Oberl. d. Krone; §76.
Stgl fast blattlos; Bthn in kurzen Aehr. Pfl. sehr rauhhaarig.
Abhnge, Bywiesen d. südl. Alpengegenden (7—8) ♃.
2. **B. hirsuta** *L.*
1*. Bthn gelblichweiss, nur an den Lippen behaart. *Abhge, Bergwiesen d. südl. Alpenggdn.* (7—8) ♃. . 3. **B. alopecurus** *L.*

26. **Sideritis** *L.* (12). Staubgef. u. Griffel in d. Blkronröhre
verborgen; Fr. abgerundet stumpf. Behaarte o.l. fast kahle
Pfl. m. längl. eifg B.
1. Bthn gelb od. braun.
  2. Keh 5zähnig; Halbstrauch mit breit eifg., dornig gezähnt.
  bthnstdigen B. *Hügel, Abhge ss. (nur im Juraybg)* (7—8) ♃.
  1. **S. scordioïdes** *L.*
  2*. Keh 2lippig; Einjähriges Kraut m. kleinen gelb. bald braun
  werddn Bthn; B. lanzettl. ganzrdg od. gesägt, d. bthstdgn
  nicht dornig gez. *Hügel, Aecker (Oesterrch, b. Halle)* (7—8);.
  2. **S. montana** *L.*
1*. Bthn weiss od. röthlich; Keh 2lippig, so lang als d. Krone mit
ungethltr Oberl. u. 4zähniger Unterlippe. *Aecker am adr.
Meer* (7—8) .. . . 3. **S. romana** *L.*

27. **Marrubium** *L.* (12*). Stbgef. u. Gr. in d. Blkronröhre
verborgen; Blkrone länger als d. 5—10zähnige Keh, mit schmaler
gespaltener Oberlippe. Früchteh. m. 3kantiger Oberfläche. Sehr
ästige filzig behaarte Kräuter m. gekerbten B. m. weissen v. schmalen borstigen Deckb. umgebenen Bthn.
  1. Kchz. nebst d. Deckb. filzig behaart, pfriemlich, gerade.
  2. Bthn in gleich hohen Quirlen; Pfl. graufilzig v. Grd an ausgebreitet ästig. *Hügel, Schuttplätze ss. (Oesterreich) b.
  Halle)* (7—8) ♃. . . . . 1. **M. peregrinum** *L.*
  2*. Bthn in halbkuglich. Quirlen; Pfl. weissfilzig v. Grd an in
  einfache Aeste getheilt. *Hügel, Abhge am adr. Meer.* (7—8) ♃.
  2. **M. candidissimum** *L.*
1*. Kchz. nebst d. Deckb. v. d. Mitte an kahl mit nach aussen
hackig umgebogener Spitze; Pfl. filzig behaart v. Grd an in
einfache Aeste gethlt. *Sandfelder, Wege, s. selt.* (7—8.) ♃.
3. **M. vulgare** *L.*

28. **Leonurus cardiaca** *L.* (13). Keh 5zähnig; Blkrone m.
concaver, aussen stark behaarter Oberlippe u. zusammengerollter u. dadurch spitz erscheinender Unterlippe, im Schld m. e.
Haarleiste, länger als d. Keh. Frchteh. m. e. flach 3kantiger
Oberfläche. Aest. Kraut m. kleinen hellroth. Bthn in blattwinkelstdgn
Quirlen u. oberseits dunkelgrünen. unters. dünngraufilzig B.; d.
unter. tief 5thlg m. grobgesägt, d. ober. 3thlg m. ganzrand Abschn.
Hecken, Schuttplätze nicht selten (7—8) ♃.

29. **Chaiturus marrubiastrum** *Rchbch.* (34*). Blkrone
im Schlund ohne Haarleiste; Fr. m. e. flach 3kantig. Oberfläche.
Aestiges 2—3′ hohes Krt m. eifg lanzettl. grobgesägt. B. u. kleinen
weissen od. röthlichen Bthn in vielblthgn von ein. entfernt. blattwinkelstdgn Quirlen. *Wege, Schuttpl. s. selt. (Oesterreich, Norddeutschld)* (7—8) ♂.

§ 76.   30. **Phlomis tuberosa** *L.* (27). Kch 5zähnig m. lineal am Grd beiders. geöhrt. Zähnen. Blkrone im Schld m. e. Haarleiste, wenig länger als d. KchStbgef. im Grd m. e. Anhängsel. Aestiges 2—5' hohes Kraut m. herzfg-3eckig. B., purpurroth, Bthn und knolliger Wzl. *Wälder, Abhänge, Wege s. selt. (Oesterreich)* (6—7) ♃.

h. *Scutellarineae*. Kch 2lippig, z. Frzeit geschlossen.

31. **Scutellaria** *L.* (35). Kch 2lippig m. ungezähnt. Rande, d. Oberlippe aussen m. e. Schuppe; Blkrone 2lippig, im Schld ohne Haarring. Meist kahle Krtr m. blauen Bthn.
  1. Bthn in 4seitigen dachigen Aehren v. häutig. Deckb. umgeben. *Stein. Bgabhänge d. westl. Schweizer Alpen* (7—8) ♃.
                                      1. *S.* **alpina** *L.*
  1*. Bthn einseitswdg, blattwinkelstdg.
  2. Blkronröhre gekrümmt.
    3. Kch kahl; Unt. B. herzfg gekerbt. *Ufer, feuchtes Gebüsch* (7—8) ♃. . . . . . . 2. *S.* **galericulata** *L.*
    3*. Kch drüsig flaumig; Unt. B. spiessfg, fast ganzrandig. *Wiesen, Gräben, selt.* (7—8) ♃ . . . 3. *S.* **hastifolia** *L.*
  2*. Blkronröhre gerade; Kch kahl od. drüsenlos behaart; Unt. B. spiessfg, ganzrdg. *Sumpfwiesen,(Rhnggdn, Norddschl.)* (7—8)♃
                                        4. *S.* **minor** *L.*

32. **Prunella** *L.* (29). Kch 2lippig m. gezähnt. (2,0) Lippen; Blkr. 2lippig, im Schlund m. e. Haarring. Bthn v. breit-eifgn Deckb. umgeben.
  1. Bthn meist violett (selt. weiss) B. meist unzrthlt, Kchzähne undeutlich gewimpert.
  2. Blkrone höchsens doppelt so lg als d. Kch; Stbgef. begrannt; Bthnähren v. 2 Deckb. gestützt. *Wiesen, Gräben s. häuf.* (7—8)♃
                                      1. *P.* **vulgaris** *L.*
  2*. Blkr. 3—4mal lgr als d. Kch; Stbgef. wehrlos; Bthnähren gestielt *Stein. Abhänge selt.* (7—8) ♃.
                                      2. *P.* **grandiflora** *L.*
  1*. Bthn gelblich weiss; B. alle od. wenigst. d. Stglb. fiederthlg; Kchz. m. weissen kammfgn Wimpern. *Bgabhänge selt. (Alpen, Rheingegenden)* (7—8) ♃. . . . . 3. *P.* **alba** *Pollich.*

i. *Prasieae*. Kch 2lippig, z. Frzeit offen; Frchtch. steinfrchtartig.

33. **Prasium majus** *L.* (29*). Kch z. Frzeit offen, 2lippig; Blkrone 2lippig, im Schlund ohne Haarring. Halbstrauch m. eifgn kerbsägigen B. u. weisser auf d. Unterlippe purpurn punktirt. Blkrone. *Steinige Abhge am adr. Meer* (3—5) ♄.

k. *Ajugoideae*. Blkrone deh d. fast od. ganz fehlende Oberlippe einlippig.

34. **Ajuga** *L.* (39). Oberlippe d. Blkrone sehr klein aus 2 kleinen Läppchen gebildet, Blkrone im Schlund m. e. Haarleiste u. 3lappiger Unterlippe. Meist behaarte Krtr m. einfach. Stgl.

1. Bthn meist blau, selt. roth od. weiss, zu 6—12 in blattwinkel- §76.
stdgn ährenfg gehäuft. Quirlen; B. ganz od. 3lappig.
2. Stgl m. kriechdn Ausläufern, kahl od. zweireihig behaart;
B. wenig eingeschnitten. *Wiesen, Gräben, Wälder, sehr
häufig* (5—6) ⚁. . . . . 1. *A.* **reptans** *L.*
2*. Pfl. ohne Auslfr, nebst d. Kehn wollig zottig.
3. Obere Deckb. kürzer als d. Blthnquirle, 3lappig. Stglb. ein-
geschnitten gezähnt. *Sandfelder, Wälder* (5—6) ⚁.
2. *A.* **genevensis** *L.*
3*. Alle Deckb. länger als d. Blthnqu. u. diese vor d. Auf-
blühen verdeckd, ungethlt. Stglb. wenig eingeschnitten.
Wälder ss. (Alpenggdn, Norddtschld) (5—6) ⚁.
3. *A.* **pyramidalis** *L.*
1*. Blthn gelblich, einzeln in d. Bwinkeln; B. 3spalt. m. lineal.
Abschnitten.
4. Blkronröhre doppelt so lang als d. Keh; Bthn kzr als ihr
Deckb. *Abhänge, Wege selt.* (7—8) ⊙.
(Teucrium Ch. L.) 4. *A.* **Chamaepitys** *Schreb.*
4*. Blkronr. 3mal so lang als d. Keh.; Bthn so lang als ihre
Deckb. *Aecker, Wege am adr. Meer* (6—7) .
5. *A.* **chia** *Schreb.*

35. **Teucrium** *L.* (9*). Oberl. d. Blkrone ganz fehld; an deren
Stelle eine tiefe Spalte, aus welcher Griffel u. Stbgef. hervortreten;
Röhre d. Blkronröhre ohne Haarleiste im Schlund. Meist behaarte
ästige Kräuter.
1. Keh 2lippig mit ungetheilter Oberlippe; Bthn grünlichweiss
m. braunroth Stbgefäss, einseitswendig; B. gestielt, herzeifg,
gekerbt, flaumig. *Stein. Abhänge selt* (5—8) ⚁.
1. *T.* **scorodonia** *L.*
1*. Keh gleichmässig 5zähnig.
2. Bthn purpurroth, in blattwinkelst. Quirlen od. traubig.
3. B. doppelt fiederthlg; Pfl. flaumig behaart. *Aecker, nicht
häufig* (7—8) ⊙. . . . . 2. *T.* **Botrys** *L.*
3*. B. nicht über d. Mitte getheilt, gekerbt.
4. Bthnquirle alle blattwinkelstdg v. e. entfernt. B. sitzend
alle gleichartig; Pfl. zottig behaart.
5. B. länglich, am Grd schmäler od. abgerundet. *Sumpf-
wiesen, Gräben selt. (Rheinggdn)* (7—8) ⚁.
3. *T.* **scordium** *L.*
5*. B. am Grd herzfg, eifg. *Ufer am adr. Meer sss. (b.
Monfalcone in Istrien.)* (6—7) ⚁.
4. *T.* **scordioïdes** *Schreb.*
4*. Bthn in endstdgn Trauben; B. gestielt; d. ober. deck-
blattartig, v. d. unteren verschieden; Stgl liegd m. auf-
strebenden Aesten; Pfl. flaumig. *Steinige Abhge, Mauern
selt.* (7—8) ⚁. . . . . . . 5. *T.* **chamaedrys** *L.*
2*. Bthn gelblichweiss, weiss, od. gelb.
6. Bthn gestielt in Trauben. gelb; B. gestielt. d. unteren
3eckig eifg, gekerbt, d. ober. deckblartig. *Steinige Ab-
hänge am adr. Meer* (7—8) ⚁. . . . 6. *T.* **flavum** *L.*
6*. Bthn in endstdgn Köpfchen; Halbstrchr m. sitzendn B.
7. B. gekerbt, am Rande umgerollt, filzig behaart, Bthn
gelblich weiss. *Felsen, stein. Abhge am adr. Meer* (7—8) ⚄.
7. *T.* **polium** *L.*

§ 77.   7*. B. lineal ganzrandig; Bthn weiss. *Hügel, steinige Abhänge selt. (bes. d. Alpen)* (6—8) ♃.
S. *T.* **montanum** *L.*

§ 77. VERBENACEAE. *Juss.*

Kch röhrenfg, bleibd; Blkrone röhrenfg m. ungleichem fast 2lippig. Saum. Stbgef. 4, didynamisch od. 2, d. Blkrone eingefügt, Frknoten einer. 4fächerig, steinfruchtartig oder zuletzt in 4 Früchtch. zerfalld. Same aufrecht eiweisslos, Keim gerade mit nach unten gerichtetem Wzlchen. Kräuter od. Strchr m. gegenstdgn B. und traubig. Bthn.
   1. Frkn. in 4 Früchtch. zerfalld, Kch 5spaltig; Krtr m. einfach. B.
                                                  1. **Verbena**.
  1*. Frkn. 4samig; Kch 5zähnig; Strauch m. 5—7zählig. B.
                                                    2. **Vitex**.

    1. **Verbéna** *L.* (XIV. 2.) Same aufrecht; Frkn. trocken, zuletzt in 4 Frchtch. zerfalld.
    1. Bthn klein, hellviolett in ruthenfgn Aehren. B. 3theilig, nebst d. 4kant. Stgl kahl od. wenig behaart. *Wege, Schuttplätze nicht selten* (6—8) . . . . 1. *V.* **officinalis** *L.*
   1*. Bthn gross meist scharlachroth in kopffgn Aehren B. grobgesägt längl. lanzettl. nebst d. Kch u. Stgl rauhhaar. *Zierpfl. aus Südamerica* (6—8) ♃. . . 1 b. *V.* **chamaedryfolia** *L.*

    2. **Vitex agnus castus** *L.* (XIV. 2.) Kch 5zähnig; Blkrone tellertg m. schief 5lippig. Saum. 8, hängd. Strauch m. 5—7 zählig gefingert B., lanzettlich ganzrandig, unterseits graufilzig. Blättch. u. violett. Bthn in ununterbrochenen Aehren. *Felsen, stein. Abhge am adr. Meer* (7—8) ђ.

§ 78. OROBANCHEAE. *Juss.*

Kch 4spaltig od. 2blättrig; Blkrone rachenfg, abfallend; Stbgef. 4, didynamisch. Frknoten einer einfächerig mit 2 od. 4 wandstdgn Samenträgern; Samen klein, zahlreich. Schuppenblättrige auf d. Wurzeln anderer Pflanzen schmarotzende nie grüne Gewächse. XIV. 2.
   1. Blüthentrauben allseitswendig; Blkrone mit Zurücklassung ihrer Basis abfallend. . . . . 1. **Orobanche**.
  1*. Bthntrbn einseitswendig; Blkrone zuletzt völlig abfalld.
                                                      2. **Lathraea**.

    1. **Orobánche** *L.* Mit kurzen schuppigen B. besetzte niemals grüne Krtr mit oberwts drüsenhaarigem nach unten zwiebelartig verdickt. Stgl u. allseitswendigen Bthn in meist kurzen vielblthgn Trauben.
    1. Jede Bthe von einem Deckb. gestützt; Kch auf d. Rücken gespalten und dadurch 2blättrig erscheinend. (In einander übergehende Arten, daher O. polymorpha *Schrk*.)

2. Röhre d. Blkr. am Grunde bauchig.
3. Oberlippe d. Krone nicht ausgerandet; Blkr. aussen dunkel wachsgelb, innen dunkelblutroth. *Auf Lotus cornic. v. Hippocrepis comosa s. selt.* (6—7) ⚇. . . 1. *O.* **cruenta** *Bertol.*
3*. B. d. Kr. ausgerandet; Blkr. beiders. gleichfrbg.
  4. Kchb. so lang als d. Krone; Mittellappen d. Unterlippe doppelt so gross, als d. Seitenlppn. *Auf Sarothamnus scopar. selt. (Rheingegenden)* (6—7) ⚇.
                            2. *O.* **rapum** *Thuill.*
  4*. Kchb. viel kürzer als d. Kr. Mittellappen d. Unterl. wenig länger als d. Seitenlppn. *Auf Cirsium arvense ssn. (b. Mannheim)* (6—7) ⚇. . . . . - . 3. *O.* **procera** *Koch.*
2*. Röhre d. Blkr. am Grd nicht bauchig.
  5. Narbe gelb od. weisslich.
    6. Bthn bläulich od. ins violette ziehd.
      7. Pfl. nach oben spinnwebig wollig. Bthn am Grd eifg. über d. Frknot eingeschnürt; Narbe weisslich. *Auf Artemisia campestris s. s. (b. Regensbg, Odergebiet* (5—6) ○.
                            4. *O.* **caerulescens** *Steph.*
      7*. Pfl. nicht spinnewebig wollig.
        8. Kchb. kürzer als d. Blkronröhre. *Auf Peucedan. cervaria s. s. (b. Oldenburg)* (6—7) ⚇.
                          5. *O.* **brachysepala** *Fr. Schltz.*
        8*. Kchb. schmal, länger als d. Blkrröhre. *Auf Hedera helix ss. (Rheingegenden)* (7—8) ⚇.
                          6. *O.* **hederae** *Duby.*
  6*. Blkrone gelblich od. gelbroth.
    9. Auf d. Rücken gerade, gross, am Grunde eingeknickt; Kchb. mehrrippig; Pfl. rothbraun. *Auf Medicago arten nicht selten* (5—7) ⚇. . . . . 7. *O.* **rubens** *Wallr.*
    9*. Auf d. Rücken gebogen.
      10. Oberlippe d. Blkrone höchstens seicht ausgerandet Kchb. mehrrippig, halb so lang als die Blkrone; Stbfäden wenig behaart. *Auf Medicago s. s. (b. Frankfurt a. O.)* (6—7) ⚇. . . . . 8. *O.* **Buekiana** *Kch.*
      10*. Oberl. d. Blkr. klappig; Kchb. einrippig; Stbfäden dicht behaart.
        11. Kchb. so lang als d. Blkrröhre; Oberlippe der Blkr. zurückgebogen; Pfl. blassgelb. *Auf Alpenpfl. ss. (Oberbayern, Salzburg)* (7—8) ⚇.
                          9. *O.* **flava** *Mart.*
        11*. Kchb. länger als d. Blkronr.; Oberl. d. Blkr. vorgestreckt; Pfl. röthlich.
                          10. *O.* **alpestris** od. **salviae** *Fr. Schltz.*
5*. Narbe rothbraun, bräunlich od. violett.
  12. Stbgef. in d. Mitte d. Blkronr. eingefügt.
    13. Blkrone in d. Mitte kniefg gebogen m. krausen spitz gezähnt. Lipp. Pfl. violett. *Auf Eryngium campestr. s. s. (Rheingegenden)* (6—7) ⚇.
                        11. *O.* **amesthystea** *Thuill.*
    13*. Blkr. nicht kniefg gebogen
      14. Auf d. Rücken bogig; Kchb. 3—5rippig.
        15. Kchb. so lang als d. Blkronröhre; Blkrone gelblich m. röthl. Streifen. *Auf Trifol. pratense selt.* 6—7 ♃.
                        12. *O.* **minor** *Sutt.*

§ 78.   15*. Kchb. kürzer als d. Blkrr., Blkr. vorne gelbbraun. *Auf Centaurea scabiosa* ss. *(Schlesien, Oesterr.)* (7—8) ♃.
                                                13. *O.* **stigmatodes** *Wimm.*
       14*. Auf d. Rücken gerade, blassgelb.
         16. Kchb. 3—5rippig; Oberl. d. Kr. 2lappig. *Auf Artemisia camp. (Thüringen; Böhmen, Tyrol)* (6—7) ☉.
                                                14. *O.* **loricata** *Rchb.*
       16*. Kchb. 1—2rippig; Oberl. d. Kr. ungetheilt. *Auf Picris hieracioïdes* selt. *(Pfalz, Oesterreich)* (6—7) ♃.
                                                15. *O.* **picridis** *F. Schltz.*
    12*. Stbgef. im unteren Drittheil d. Blkronröhre eingefügt.
       17. Oberlippe d. Blkr. nicht ausgerandet; beide Lipp. ungleich gezähnt; Kch kürzer als d. Blkronröhre.
         18. Kchb. einrippig, aus eifgrn Grunde pfrieml. kürzer als d. Blkronröhre; Pfl. gelbbraun. *Auf Abies pectinat* s. s. *(Salzbg)* (7—8) ♃. . . . . 16. *O.* **neottioïdes** *Saut.*
         18*. Kchb. mehrrippig.
           19. Stbfäden am Grd wenig behaart; Bthn grauviolett; Pfl. braunroth, hin und hergebogen. *Auf Hyperic. quadrang.* s. s. *(Tyrol)* (6—8) ♃.
                                                17. *O.* **Hyperici** *Ung.*
           19*. Stfdn unterwts dicht behaart; Bthn bräunlich, röthlich od. violett.
             20. Blkronröhre gerade; Blkr. gelblichbraun od. violett; Kchb. kürzer als d. Blkronröhre Stgl ½—1' h. *Auf Teucrium arten* s. *(Rheingg.ln, Alpen)* (6—7) ♃.
                                                18. *O.* **Teucrii atrorubens** *F. Schltz.*
             20*. Blkronr. gebogen; Stgl 1—3' h.
               21. Kchb. länger als d. halbe Blkronr; Unterlippe der letzteren m. fast gleich grossen Mittellappen. Bthn gelblichroth. *Auf Galium mollugo nicht selt.* (6—7) ♃.
                                                19. *O.* **galii** *Dubs.*
               21*. Kchb. halb so lang als d. Blkronr; Unterlippe d. letzter. m. eifg rundl. Mittellappen u. lanzettl. Seitenlappen; Bthn blassrosenroth od. weissl. *Auf Lychnis diurna* ss. *(Salzbg)* (6—7) ♃.
                                                20. *O.* **erubescens** *Saut.*
     17*. Oberlippe d. Blkrone ausgerandet od. 2lappig; Kchb. so lang od. länger als Blkronröhre.
         22. Kchb. einrippig gekielt; Blkr. gelblich am Rücken violett, wenig gebogen. *Auf Carduus defloras.* ss. *(Radstatter Tauern in Tyrol)* (8) ♃. . . . . 21. *O.* **Sauteri** *F. Schltz.*
         22*. Kchb. 2 od. mehrrippig.
           23. Kch. 2rippig, so lang als d. röhrig glockige auf d. Rücken gebogene Blkronröhre. *Auf Berberis u. Rubusart (Alpengegenden)* (5—7) ♃. . . . . 22. *O.* **lucorum** *A. Br.*
           23*. Kchb. mehrrippig, so lang od. länger als d. Blkronröhre.
             24. Mittellappen d. Unterlippe d. Blkrone fast noch einmal so lang als d. seitlichen.
               25 Blkrone röhrig mit ausgerandeter Oberlippe. *Auf Peucedanum cervaria* s. s. *(Elsass)* (7—8) ♃.
                                                23. *O.* **macrosepala** *F. Schltz.*
               25*. Blkr. glockig m. tief 2lappiger Oberl.
                 26. Blkrone gelbbrn m. roth. Streifen, Bthn in walzigen dichtblthgn Aehr. Stgl 1—3' hoch, oberwts wie mehlig

bestäubt. *Auf Vicia faba s. s. (Schlesien u. am adr.* § 78.
Meer) (6) ♃........ 24. *O.* **pruinosa** *Lup.*
26*. Blkr. rosenroth; Bthn in kurzen armblthgn Aehren; Stgl
3—8'' hoch. *Auf Thymus serpyllum s.* (?) ♃.
25. *O.* **epithymum** *DC.*
24*. Abschnitte d. Unterlippe alle ziemlich gleichlang, am Rande
spitz gezähnelt; Stgl 1--1½' hoch.
27. Blkrone blass gelbbraun auf d. Rücken violett, innen drüsig
behaart. *Auf Scabiosa columbaria u. Carduus defloral selt.
(Rheingela, Thüringen)* (6—7) ♃... 26. *O.* **Scabiosae** *Kch.*
27*. Blkr. gelblichweiss m. violett. Streifen.
28. Blkr innen kahl, am Grd kniefg. *Auf Carex panicea sss. (Um
München)* (6—7) ♃..... 27. *O.* **hygrophila** *Bryym.*
28*. Blkr innen drüsig behaart. *Auf Cirsium arvense ss. (Schlesien)*
(6—7) ♃....... 28. *O.* **pallidiflora** *Wim & Gr.*
1*. Jede Bthe mit drei Deckb.; Kch 4—5spaltig.
29. Blkrone gekrümmt nebst Stgl, Deckb. u. Kch stahlblau, Abschnitte derselb. spitz. *Auf Achillea millefolium selt.* (6—7) ♃.
29. *O.* **caerulea** *Vill.*
29*. Blkr. mit gerader Röhre u. stumpfem Abschnitt.
30. Stgl ästig; Bthn klein m. weisser od. bläulicher Narbe. *Auf
Cannabis sativa, Nicotiana art u. Solan. nigr.* (6—8) ⊙.
30. *O.* **ramosa** *L.*
30*. Stgl einfach. Bthn grösser m. gelber Narbe. *Auf Artemisia
campestr* (7—8) ♃...... 31. *O.* **arenaria** *Borkh.*

2. **Lathraea squamaria** *L.* Blkrone zuletzt ganz abfalld;
vor d. Frkn. e. fleischige Drüse. Eirfaches ½' hohes Kraut m.
weiss od. röthlich. Blthn in einseitswendig. Trauben. *Auf den
Wurzeln v. Laubhölzern (Fagus etc.)* (3—5) ♃.

§ 79. SCROPHULARINEAE. *R. Br.*

(Nebst d. Gattungen verwandter Familien.)

Kch 4—5spaltig od. theilig; Blkr. ungleich od. rachenfg. abfalld.
Stbgef. 2. 4 didynamische, selt. 5. Frknoten 1 m. e. endstdgn
Griffel. Fr. e. 1—2fächerige mehrsamige Kapsel; Samen eiweisshaltig, ungeflügelt; Keim meist gerade.
1. Stbgef. 2, od. 4 u. zwei davon beutellos.
2. Griffel m. zweitheiliger Narbe; Blkrone langröhrig gelblich
weiss; Kch tief 5theilig am Grd m. Deckblättch.; Stbgef. 4,
zwei davon beutellos.......... 3. **Gratiola.**
2*. Gr. m. ungetheilter Narbe; Blkrone meist trichterfg od.
radfg.
3. Frkn. z. Frzeit in 4 Früchtch. zerfallend; Blkrone 5lappig,
fast trichterfg........... § 77. 1. *Verbena.*
3*. Fr. e. mehrsamige Kapsel.
4. Blkr. m. schuhfg aufgeblasener Unterlippe.
2 b. **Calceolaria.**
4*. Blkr. nicht m. schuhförmig aufgeblasener Unterlippe.
5. Stbkölbch nierenfg, z. Frzeit scheibenfg. Blkr. 2lippig;
B. alle grundstdg....... 13. **Wulfenia.**

§ 79. 5ᵇ. Stbk. mit 2 Längsritzen aufsprgd; Stgl beblättert.
       6. Kapsel spitz; Blkrone deutlich 2 lippig. 12. **Paederota**.
       6*. K. stumpf 2lappig: Blkr. fast gleichmässig trichterfg od. radfg.
                                                    13. **Veronica**.
  1*. Stgef. 4, alle benteltrgd (vgl. 17³ unten).
       7. Kch in 4. meist ganzrandige Abschnitte gethlt.
       8. Blkrone einlippig, blaulichweiss , Bthn in Aehren, B. fieder-
          spaltig m. buchtig gezähnt. Abschnitten, am Grd herzfg.
                                                    § 80,1. *Acanthus*.
       8*. Blkr. mehr od. weniger deutlich zweilippig.
       9. Kapsel einfächerig, einsamig; Kch 4—5zähnig; Oberlippe
          d. Blkrone gespalten m. 2 breit. Lappen; Unterlippe gold-
          gelb, roth punktirt; Pfl. saftig, glänzend. . 14. **Tozzia**.
       9*. Kpsl 2-mehrfächerig.
       10. Kch aufgeblasen; Oberlippe d. Blkrone unter d. Spitze
           mit zwei Zähnchen. . . . . . 17. **Rhinanthus**.
       10*. Kch nicht aufgeblasen.
       11. Oberlippe d. Blkrone am Rande zurückgeschlagen;
           Unterlippe 3furchig; Frknotenfächer 1—2samig.
                                                    15. **Melampyrum**.
       11*. Oberl. d. Blkr. nicht zurückgeschlagn; Kpslfächer
            vielsamig.
       12. Samen ungeflügelt.
       13. Kpsl stumpf; Blkronröhre kz. gerade. Bthn gelb-
           lichweiss od. purpurroth in dicht. Aehren.
                                                    20. **Euphrasia**.
       13*. K. spitz; Ob. B. handfg getheilt, untere gekerbt;
            Bthn purpurroth in fast kopffg gehäuft. Aehren.
                                                    18. **Trixago**.
       12*. S. geflügelt; Bthn purpurroth, sitzd; Blkronröhre
            lang, gebogen. . . . . 19. **Bartsia**.
  7*. Kch in 5 oft gekerbte Abschnitte getheilt.
       14. B. 3—7zählig gefingert m. ganzrandigen lanzettlich. untersts.
           graufilzig. Blättchen. Strch m. violett. 2lippig. Bthn.
                                                    § 77. 2. *Vitex*.
       14*. B. nie fingerfg getheilt.
       15. Blkrone im Schlund durch e. sogenannte Larve ver-
           schlossen.
       16. Blk. am Grund gespornt. . . . . . . 5. **Linaria**.
       16*. Blk. am Grd m. e. stumpf. Höcker.
                                                    6. **Antirrhinum**.
       15*. Blkr. im Schlund offen.
       17. Blk. am Grund gespornt; Grundst. B. gezähnt, Stglb.
           5—7theilg. . . . . 7. **Anarrhinum**.
       17*. Blkr. am Grd nicht gespornt.
       18. Blkronröhre kürzer als d. Kch; Blkrone deutlich 2lip-
           pig; B. gegenständig; Bthn gestielt, klein, röthlich-
           weiss, blattwinkelstdg. . . . . . 9. **Lindernia**.
       18*. Blkronröhre länger als d. Kch.
       19. Blkrone fast kuglig, m. kurzem Saum; Kch glockig,
           5lappig. . . . . 2. **Scrophularia**.
       19*. Blkr. trichterfg, glockig od. zweilippig.
       20. Kch 5zähnig. nicht bis z. Grund getheilt.
           21. Frknot. m. 4 einsamigen Fächern; Blkrone
               trichterfg, 5lappig; Bthn in Doldentrbn od. ru-
               thenfgn Aehren . . . § 77. 1. *Verbena*.

21*. Frkn. 2fächerig.   § 79.
  22. Blkrone fast gleichmässig 5lappig, meist gelb m. röthl. od. braunen Punkten. . . . . 3 b. **Mimulus**.
  22*. Blkr. deutlich lippig.
    23. Oberlippe helmfg zusamm ngedrückt, B. fiedertheilig. 16. **Pedicularis**.
    23*. Oberl. flach gewölbt, B. gegenstdg, einfach; Bthn gelb. 14. **Tozzia**.
20*. Kch bis z. Grd getheilt; Blkr. nicht lippenfg.
  24. Blkrone trichterfg m. ausgebreitet. Saum. . 8. **Erinus**.
  24*. Blkr. glockenfg.
    25. Blk. mit schief 4spaltig. Saum; Pfl. beblättert; B. lanzettl.; Bthn in einseitswdgn Trbn. . . . . . . 6. **Digitalis**.
    25*. Blkr. mit 5spalt. fast gleichmässig. Saum; B. spatelfg, alle grundstdg; Bthn einzeln, langgestielt, klein. 10. **Limosella**.
1**. Stgef. 5 ungleich lang, alle oder wenigstns d. längeren wollig behaart. . . . . 1. **Verbascum**.

1. *VERBASCEAE*. Stbbeutel einfächerig, quer od. schief auf den an d. Spitze verbreiterten Staubfäden aufgewachsen.

1. **Verbascum** *L.* (V. 1.) „Wollkraut" (1**.) Kch 5theilig, Blkrone **radfg** mit ungleichem 5lappig. Saum; Kpsl an d. Spitze zweiklappig; Stbfäden 5, **ungleich** alle oder wenigstens u. längeren mit wollig behaarten Fäden. Meist behaarte Krtr mit eifg länglichen sitzd. B. u. traubenfg oder büschlig. Bthn, deren Arten sehr zur Bastardbildg geneigt sind.
  1. Bthn kurzgestielt, in Büscheln; meist gelb od. weiss.
    2. B. am Stgl mehr od. weniger herablaufend.
      3. B. völlig von B. zu B. herablaufend; Bthn gelb; Stbfäden mit weisser Wolle.
        4. Abschnitten d. Blkrone länglich, diese fast trichterfg $\frac{1}{2}-\frac{3}{4}''$ breit; d. 2 längeren Stbfdn 4mal so lang als ihr Kölbchen. *Hügel, Sandfelder, häufig*. (7—8) ☉.
                      1. *V*. **Thapsus** *L.*=**Schraderi**. *Mey*.
        4*. Abschn. d. Blkr. rundlich, diese radfg. 1—2'' breit d. 2längeren Stbgef. etwa 1—2mal so lang als ihr Kölbchen. *Hügel, Sandfelder, häufig*. (7—8) ☉.
                      2. *V*. **thapsiforme** *Schr*.
    3*. B. nicht bis zum nächsten B. herablaufend.
      5. Stbfdn mit weisser Wolle; Bthn gelb.
        6. Die 2 längeren Stbfdn 1—2mal so lang als ihr Kölbchen; Blkrone radfg m. flachem Saum, 1—2'' breit. *Hügel, Sandfelder, selt*. (7—8) ☉.
                      3. *V*. **phlomoïdes** *L.*
        6*. D. 2 längeren Stbfäden 4mal so lang als ihr Kölbch; Blkrone trichterfg mit $\frac{1}{2}-\frac{3}{4}''$ breitem Saum. *Bergwälder d. südl. Alpen ss*. (7—8) ☉.
                      4. *V*. **montanum** *Schrdr*.
      5*. Stbfäden m. violetter Wolle.
        7. Unt. B. buchtig eingeschnitten; Bthn gelb. *Abhänge am adr. Meer*. (5—6) ☉. . . . . 5. *V*. **sinuatum** *L*.

§ 79.   7*. B. alle gekerbt, graufilzig; Bthn braunroth (wohl Bastardform
           v. 1 u. 15). *Hügel, Abhge ss. (b. Prag)* (7—8) ☉.
                                        6. *V.* **versiflorum** *Schrdr.*
       2*. B. gar nicht herablaufend; Stbfäden alle behaart.
         8. Staubfäden mit weisser Wolle.
           9. B. beiderseits filzig behaart; Bthn gelb.
             10. Filz bleibend, staubartig; Stgl u. Aeste kantig. *Berg-
                wälder, stein. Abhänge ss. (Unterösterr)* (7—8) ☉.
                                        7. *V.* **speciosum** *Schrdr.*
             10*. Filz ablöslich, flockig-klumpig; Stgl u. Aeste rund.
                Steinige Hügel, Abhänge, Ufer selt. (7—8) ☉.
                                        8. *V.* **floccosum** *W. K.*
           9*. B. oberst. fast kahl, unterseits bleibd filzig. Stgl u. Aeste kan-
                tig; Bthn gelb od. weiss. *Stein. Abhge. Wege selt.* (7—8)☉.
                                        9. *V.* **lychnitis** *L.*
         8*. Stbfdn mit violetter Wolle.
           11. B. beiderseits filzig, m. oberseits dünnerer Behaarung (wohl
                Bastardform v. 8 u. 11). *Hügel, Wege, (Elsass, Rheingdn,
                Oesterreich)* (7—8) ☉. . . . 10. *V.* **Schottianum** *Schrdr.*
           11*. B. obers. fast kahl.
             12. Stgl kantig; Bthnstielch. doppelt so lg als d. Kch.
               13. Unt. u. mittl. B. eifg länglich, am Grd herzfg, einfach
                   gekerbt. *Steinige Abhge, Wege, häufig.* (7—8) ☉.
                                        11. *V.* **nigrum** *L.*
               13*. Unt. u. mittl. B. fast doppelt gekerbt buchtig, länglich;
                   dichter wollig (wohl var. v. 11). *Stein. Abhge, Wege,
                   ss. (Hamburg, Tyrol)* (7—8) ☉. 12. *V.* **lanatum** *Schrdr.*
             12*. Stgl rund; Bthnstielch. kürzer.
               14. B. seicht gekerbt. *Brgabhge d. südl. Alpggdn.* (7—8)☉.
                                    13. *V.* **orientale** *M. B.* = **austriacum** *Schrdr.*
               14*. B. tief buchtig leierfg; Bthn grösser (ob var v. 13 ?)
                   Bgabhge der südl. Alpenggdn ss. (7—8) ☉.
                                        14. *V.* **Chaixii** *Vill.*
       1*. Bthn in lockeren Trauben, langgestielt. Stbfdn m. violetter Wolle;
          Bthnstiele drüsig.
         15. Bthn violett; Stgl locker beblättert. *Hügel, Abhänge selt.,
            auch als Gartenpfl. cult.* (6—7) ☉ od. ♃.
                                        15. *V.* **phoeniceum** *L.*
         15*. Bthn gelblichweiss; Ob. B. halb stengelumfssd; bis z. Traube
            gehend. *Stein. Abhge, Schuttplätze selten, auch als Garten-
            zierpflanze.* (6—7) ☉. . . . . . . 16. *V.* **Blattaria** *L.*

    2. **Scrophularia** *L.* XIV. 2. (191). Blkrone fast kuglich
  m. 5lappig. Saum; Stbgef. 4, didynamisch; ausserdem noch ein An-
  satz zu e. 5 Stbfdn. Meist kahle Krtr m. gegenstdgn B.
    1. Bthn in e. endständigen länglichen aus gabligen Aesten zu-
       sammengesetzten Rispe; Kchabschnitte m. e. häutigen Rande.
    2. B. nicht fiederthlg od. lappig; Bthn olivenbraun; Ansatz d.
       5. Stbgefässes rundlig nierenfg od. querlängl.
    3. Pfl. kahl.
      4. Stgl 4kantig, aber nicht geflügelt; B. doppelt gesägt;
         Kchabschn. m. schmal. Hautrande. *Bgwälder, Abhänge
† nicht selt.* (7—8) ♃. . . . . . . 1. *S.* **nodosa** *L.*
      4*. Stgl geflügelt-kantig; Kchbschn. m. breitem Hautrande.
         (S. aquatica L. var.:)

5. B. scharf gesägt, spitz. *Ufer, Gräben nicht selt.* (6—8) ♃ §79.
2. *S.* **Ehrharti** *Stev.*
5*. B. stumpf, gekerbt. *Ufer, Gräben selt* (*Rheingqd*) (6—8) ♃.
3. *S.* **Balbisii** *Hornem.*
5**. Ob. B. spitz, scharf gesägt, unt. stumpf. gekerbt. *Ufer, Gräben selt.* (*Rheingegenden*) (6—8) ♃. . . 4. *S.* **Neesii** *Wirtg.*
3*. Stgl, B. u. Bstiele weichhaarig; Stgl 4kantig, B. doppelt gekerbt. *Brgwälder selt.* (*Böhmen, Schlesien, Alpen*) (6—7) ♃.
5. *S.* **Scopolii** *Hoppe.*
2*. B. lappig eingeschnitten u. am Grd fiederthlg oder gefiedert; Rispenäste drüsig behaart.
6. Anhängsel d. 5. Stbkolbens rundlich; Bthn olivenbraun. *Felsen, Mauern, am adr. Meer* (4—5) ♃. . . 6. *S.* **laciniata** *W. K.*
6*. A. d. Stbk. spitz, lanzettlich od. ganz fehld; Bthn violettroth, klein.
7. Oberlippe d. Blkrone 3mal so lang als die Röhre; seitl. Abschnitte der Blkr. weiss, d. unterste m. weiss. Rande; Stgl stumpf 4kantig; Bthnstiele z. Frzeit kürzer als d. Kch. *Ufer, Abhge sx.* (*Alpen, Rheingegenden*) (6—7) ♃. 7. *S.* **canina** *L.*
7*. Oberlippe d. Blkr. etwas länger als d. halbe Röhre. Stgl rund Frstiele länger als d. Kch. *Bgabhänge d. südl. Alpen.* (7—8) ☉. . . . . 8. *S.* **Hoppei** *Kch.*
1*. Bthn blattwinkelstdg, in wenig: aber dichtblthgn Trugdolden v. kleinen gesägt. B. umgeben; Kchabschnitte ohne Hautrand; B. herzfg.
8. Bthn blassgelblich; Pfl. flaumig od. zottig behaart. *Gräben, Gebüsch, selt.* (5—6) ☉. . . . . 9. *S.* **vernalis** *L.*
8*. Bthn dunkelblutroth; Pfl. kahl. *Schuttplätze, Aecker am adr. Meer.* (4—5) ♃. . . . . 10. *S.* **peregrina** *L.*

2 b. **Calceolária** *L.* (II. 1.) (4.) Kch 4theilig; Blkrone 2lippig mit schuhfg aufgeblasener Unterlippe; Stbgef. 2, od. 4 u. davon 2 beutellos.
1. B. gefiedert mit gezähnt Blättchen; Bthn fast einlippig, schwefelgelb, doldentrbg; Pfl. zottig behaart. *Zierpfl. aus Peru.* (5—6) ☉.
a. *C.* **pinnata** *L.*
1*. B. einfach; Oberlippe d. Kr. deutlich.
2. Stglb. wenige, eifg. kerbt; Bthn gelb m. roth Streifen. Pfl. zottig behaart. *Zierpfl. aus Chili* (5—6) ♃.
b. *C.* **corymbosa** *Rz.*
2*. Stglb. zahlreich, meist ganzrandig; Bthn gelb; Pfl. klebrig behaart. *Zierpfl. aus Chili.* (5—6) ♄.
c. *C.* **integrifolia** *Murr.*

II. *ANTIRRHINEAE.* Staubbtl 2fächerig, m. divergirenden oder von einander entfernten Fächern, am Grunde ohne zahnartigen Fortsatz.

3. **Gratiola officinalis** *L.* (II 1. od. XIV 2.) (2). Kch ††
5thlg, Blkrone glockig 2lippig mit zurückgebogener Oberlippe; Stbgef. 4, davon 2 beutellos. Kahles Kraut m. kriechdr. Wzl, aufstgdn ½—1' h. Stgl, kreuzstdgn, sitzdn, eifg-längl., gesägt. B. u. einzeln in d. Bwinkeln stehend. weissen od. röthlich. Bthn. *Ufer, selt. (Rheinggenden, Alpen)* (6—7) ♃.

§ 79. 3 b. **Mimulus luteus** *L.* (XIV 2.) (22). Kch 5zähnig; Blkr. trichterfg. doppelt so lang, meist gelb m. roth. Punkten. Kahles oder klebrig kurzhaariges Kraut mit eifgn. ausgebissen gezähnt B.; d. unt. langgestielt, fast leierfg gefiedert. *Zierpfl aus Chili* (6—7).

4. **Digitalis** *L.* XIV. 2. „Fingerhut" (25.) Kch 5thlg; Blkr röhrenfg glockig mit schief 4paltigen Saum. Meist behaarte Krtr mit einfachem beblättert. Stgl, wechselstdgu B. u. endstdgn Bthn in vielblthgn Trauben.
  1. Blkrone auf d. Aussenseite kahl; Bthntrbn einseitswdg.
    2. Unt. Blattfläche nebst Stgl u. Bthnstielen filzig behaart; Blkr. rosenroth im Schlunde mit dunkleren weissgerandet. Flecken.
††   *Bergwälder, auch als Zierpfl.* (6—7) ☉. 1. *D.* **purpurea** *L.*
    2*. Unt. Bfläche nebst Stgl u. Bthnstln kahl od. drüsig behaart; Bthn gelb od. gelbroth.
†   3. Bthn gelb m. röthl. Anfluge: Stgl u. B. behaart. *Bergwälder (Rheinpfalz)* (6—7) ☉. 2. *D.* **purpurascens** *Rth.*
††   3*. Bthn hellgelb; Stgl u. B. kahl. *Bgwälder, stein. Abhänge (Alpen, Rheingegenden)* (6—8) ♃. . . . 3. *D.* **lutea** *L.*
  1*. Blkrone auf d. Aussenseite od. überall drüsig flaumig, gelb m. rothbraunen Zeichngn.
    4. Mittellappen d. Unterlippe viel kürzer als d. langröhrig-glockige Krone; Trbn einseitswendig.
    5. Kch nebst d. ob. Thl d. Stgls u. d. Blthnstielen drüsig behaart.
†   6. B. kahl; Blkrone röhrig glockig (ob Bastard v. 3 u. 5?) *Bgwälder, stein. Abhänge (Rheinggdn)* (7—8) ♃.
                                      4. *D.* **media** *Lam.*
†   6. B. flaumhaarig; Blkr. erweitert glockig. *Felsen, stein. Abhänge* (6—7) ☉.
             5. *D.* **grandiflora** *Rth.* = *D.* **ambigua** *Murr.*
††   5*. Kch nebst d. ob. Thl d. Stgls u. d. Bthnst. wollig zottig; B. kahl, gewimprt. *Felsen, stein. Abhge am adr. Meer* (6—7)☉
                    6. *D.* **fuscescens** *W. K.*
    4*. Mittellppn d. Unterlippe länger als d. halbe kurz glockige Blkrone.
    7. Kchabschnitte spitz.
†   8. Kch wollig zottig; B. lanzettl. ganzrandig. Blkr. weissl. m. braunroth. Zeichngn. *Bgwälder, stein. Abhge d. südl. Alpenggdn* (6—7) ☉. . . . . . 7. *D.* **lanata** *Ehrh.*
      8*. Kch. kahl od. drüsig flaumig, Bthntrbn einseitswendig; *Stein. Abhänge d. südl. Alpengegenden* (7—8) ☉.
†   8. *D.* **laevigata** *W. K.*
    7*. Kchabschnitte abgerundet stumpf; Bthntrbn allseitswendig. *Stein. Abhge d. südl. Alpenggdn* (7—8) ☉.
†   9. *D.* **ferruginea** *L.*

5. **Antirrhinum** *L.* (XIV. 2.) „Löwenmaul" (163.) Kch 5thlg; Blkrone am Grd m. e. stumpfen Höcker, im Schlund durch e. Larve verschlossen. Kpsl an d. Spitze m. 3 Oeffngn aufsprgd. Aestige drüsig behaarte Krtr m. gegenst. od. wechselstdlgn ganzrandig. B. u. weiss od. purpurn. Bth.

1. Kchz. eifg; viel kürzer als d. Blkrone, Bthn in endstdgn Trbn. §79.
  Manern, Felsen, stein. Abhge auch als Zierpfl. cult. (6—8) ⊙.
                                                             1. *A.* **majus** *L.*
1*. Kchz. lanzettlich, länger als d. Blkrone; Bthn einzeln. *Aecker, Sandfelder nicht selt.* (7—8) ⊙. . . . 2. *A.* **Orontium** *L.*

6. **Linaria** *L.* (XIV. 2.) (16.) Kch 5thlg; Blkrone im Schlund durch e. Larve verschlossen, am Grunde gespornt; Kpsl mit 2 Klappen aufspringend. (Antirrhinum L.)
  1. B. breit, gestielt; Stgl rankend od. kriechend, sehr ästig; Bthn einzeln blattwinkelstdg.
     2. B. 5lappig kahl; Bthn hellviolett m. 2 gelb. Flecken. *Mauern, Felsen, selt.* (6—8) ⊙. . . . . . 1. *L.* **cymbalaria** *Mill.*
     2*. B. nicht lappig, behaart; Bthn weisslich.
  3. Bthnstiele kahl; B. spiessfg.
     4. Blkronsporn gerade; Bthn klein. *Aecker, auf Kalk- u. Thonboden selt.* (7—8) ⊙. . . 2. *L.* **elatine** *Mill.*
     4*. Blkrsp. hakig gebogen, Bthn noch einmal so gross. *Aecker am adr. Meer.* 7—8) ⊙.
                                                             3. *L.* **commutata** *Bernh.*
  3*. Bthnstiele zottig; B. rundl. eifg ganzrandig; Blkronsporn gebogen. *Aecker, auf Kalk- u. Thonboden, selt.* (7—8) ⊙
                                                             4. *L.* **spuria** *Mill.*
1*. B. schmal lanzettlich, alle sitzend; Stgl aufrecht od. aufsteigend.
  5. Bthn einzeln violett; Pfl. überall drüsig flaumig.
     6. Bthnstle 3mal so lang als d. Kch. *Aecker, nicht selt.* 7—8) ☉
                                                             5. *L.* **minor** *Desf.*
     6*. Bthnst. nicht länger als d. Kch. *Meerufer in Istrien* (4—5) ♃.
                                                             6. *L.* **littoralis** *Bernh.*
  5*. Bthn in Aehren od. Trauben; Pfl. meist völlig kahl od. nur oberwts drüsig behaart.
     7. Wenigstens d. unteren B. gegenstdg oder zu 3—4 quirlig.
        8. B. je 3 beisammen, fast kleeartig, eifg-länglich, 3rippig; Bthn gelblichweiss m. dottergelbem Gaumen u. violett. Sporn; Samen 3kantig; Stgl einfach ½—1' hoch. *Aecker in Istrien, auch als Zierpfl. cult.* (6—7) ⊙.
                                                             7. *L.* **triphyllos** *Mill.*
        8*. Nur d. unt. B. gegenstdg od. quirlig, alle schmal, 1rippig.
           9. Pfl. völlig kahl; Kchzähne spitz.
              10. Samen flach; Unt. B. zu 4 beisammen.
                 11. Kchzähne kürzer als d. Kapsel; Bthn tiefblau m. safrangelbem Gaumen. *Stein. Abhänge u. Flussufer d. Alpggenden* (7—8) ⊙. 8. *L.* **alpina** *Mill.*
                 11*. Kchz. länger als d. Kpsl; Bthn hellblau. *Stein. Abhänge in Istrien* (5—6) ⊙.
                                                             9. *L.* **pelliseriana** *Mill.*
              10*. S. 3kantig.
                 12. Kchz. länger als d. Kpsl; Btln weisslich. Unt. B. quirlig. *Stein. Abhänge am adr. Meer* (5—6) ⊙.
                                                             10. *L.* **chalepensis** *Mill.*
                 12*. Kchz. kürzer als d. Kpsl; Bthn bläulich. *Stein. Abhge (Rheinggdn, b. Danzig)* (7—8) ♃.
                                                             11. *L.* **striata** *DC.*

§79.   9*. Kch u. Bthnstiele drüsig behaart; Kchz. stumpf; Samen flach.
   13. Bthn hellblau m. weissem Gaumen; Sporn d. Blkr. stark
       gebogen; Same glatt. *Aecker, Sandfelder, nicht selt.* (6—8)⊙.
                                         12. *L.* **arvensis** *Desf.*
   13*. Bthn hellgelb m. violett Streifen, tiefgelbem Gaumen u. Un-
       terlippe, und wenig gekrümmten Sporn; S. knotig rauh.
       Aecker sss. (nur b. Lüttich) (6—8) ☉. 13. *L.* **simplex** *DC.*
7*. B. alle wechselständig; Bthn gelblich.
   14. Pfl. bläulichgrün, bereift; Bthn in locker. Trbn.
   15. Same flach; Stgl einfach od. ästig 1—1½' hoch; B. undeutl.
       3rippig. *Sandige Ufer d. Ostsee ss.* (7—8) ♃.
                                         14. *L.* **Loeselii** *Schwgr.*
   15*. S. 3kantig; Stgl 1—4' hoch, rispig ästig; B. stark 3—5rip-
       pig. *Hügel, Abhänge, bes. im östl. Deutschl.* (7—8) ♃.
                                         15. *L.* **genistaefolia** *Mill.*
   14*. Pfl. grün, nicht bereift; Samen flach, breit geflügelt.
   16. Bthnstiele und Kche drüsig; B. u. Trbn. dicht gedrängt.
       Wege, Hügel Aecker, s. häufig (6—8) ♃.
† (Antirrhinum Linaria *L.*) 16. *L.* **vulgaris** *Mill.*
   16*. Bthnst. u. Kch kahl; Bthn kleiner in lockerer. Trbn (ob var?)
       Steinige Abhänge d. südl. Alpenggdn (Tyrol) (6—) ♃.
                                         17. *L.* **italica** *Trev.*

   7. **Anárrhinum bellidifolium** *Desf.* (XIV. 2.) (17). Kch
5thlg; Blkrone 2lippig, im Schlunde offen, am Grunde gespornt.
Kahles Kraut m. 1—2' hohem einfachem od. oberwts ästig. Stgl u.
bläulichweissen Bthn in langen deckblättr. Trauben; Grundstdge B.
vkeifg gezähnt, stumpf; Stglb. 5—7thlg mit lineal. ganzrandig.
Abschnitt. *Steinige Abhgr s. selt. (Moselthal, b. Genf)* (7—8) ♃.

   8. **Érinus alpinus** *K.* (XIV. 2.) (24). Kch 5thlg; Blkrone
tellerfg mit ungleich 5spaltig. Saum u. walziger Röhre. Kurz-
haariges Kraut mit 2—5'' hoh. Stgl. verkehrt eifgn gekerbt. wech-
selst. B., die untere rosettenbildd, u. rothviolett. doldentrbgn Bthn.
Steinige Abhänge d. Tyroler Alpen (4—5) ♃.

   9. **Lindernia pyxidaria** *All.* (XIV. 2.) (18). Kch 5thlg,
Blkr 2lippig mit sehr kurzer Röhre, weiss m. hellroth. Saum
Frkn. 1fächerig; Stgl ausgebreitet 1—4'' lang. Kahles Krt m. g e-
genstdgn eifgn spitz B. u. blattwinkelstgn Bthn. *Sumpfggdn, san-
dige Ufer ss.* (7—8) ⊙.

   10. **Limosella aquatica** *L.* XIV. 2. (25*). Kch 5zähnig;
Blkrone glockig 5spaltig grün m. fast gleichem röthlich. Saum
Frkn. 1fächerig. Kahles stengelloses Kraut mit eifg längl. lang-
gestielt grundstdgn B. u. kurzgestielt z. Frzeit niedergebogenen Bthn.
Sandige Ufer, Sumpfggdn s. selt. (7—8) ⊙.

   III. **VERONICEAE.** Staubbeutelfächer parallel laufend, am
Grund ohne Anhängsel; Sthgef. 2.

11. **Veronica** *L.* (II. 1.) „Ehrenpreis" (6*). Kch 5theilig; Blkr. §79. radfg oder fast trichterfg mit ungleich vierspaltigem Saum, leicht abfallend; Stbg. 2; Staubbeutel mit Längsritzen aufspringend; Narbe ungetheilt. Kapsel an d. Spitze ausgerandet. Beblätterte Krtr m. vorherrschend blauen od. weisslichen Bthn.
1. Blüthen in gestielt, blattwinkelstdgn Trauben; alle od. wenigst. d. meist. B. gegenstdg.
2. Kch 4theilig.
3. B. lineal lanzettlich, sitzend, spitz, entfernt rückwts gezähnelt; Kpsl zusammengedrückt, ausgerandet 2lappig; Bthn blassröthl. od. bläul.; Pfl. kahl od. behaart. *Gräben, Ufer, häufig* (6—8) ♃. . . . . 1. *V*. **scutellata** *L.*
3*. B. meist eifg, od. länglich, gekerbt, gesägt od. ganzrndg.
4. Bthntrbn meist einzeln, armblüthig, langgestielt; Stgl verkürzt. B. eifg, kurz gestielt, Bthn tiefblau. *Stein. d. Alpen u. Sudeten* (6—7) ☉ . . . 2. *V*. **aphylla** *L.*
4*. Bthntrbn meist vielbthg, mehrere.
5. Pfl. kahl, wasserliebend.
6. B. sitzend, halbumfassend, spitz; Kpsl kreisrund; Bthn hellblau. *Bäche, Ufer, Teiche* (5—7) ♃.
   3. *V*. **anagallis** *L.*
6*. B. gestielt, eifg, stumpf; Bthn meist dunklerblau. *Bäche, Gräben, Ufer „Bachbunge"* (5—7) ♃.
   4. *V*. **beccabunga** *L.*
5*. Pfl. mehr od. weniger behaart.
7. Stgl mit 2 besonders hervortretdn Reihen v. Haaren; B. eifg, eingeschnitten kerbsägig; Bthn schön blau dunkler gestreift. *Wiesen, Hecken, Gebüsch, sehr häufig* (4—5) ♃. . . . 5. *V*. **chamaedrys** *L.*
7*. Stgl rundum gleichmässig behaart.
8. B. sitzd, eifg, gekerbt gesägt, d. ober. lang zugespitzt; Kpsl fast kreisrund. Bthn röthlich u. hellblau. *Bgwälder d. Alpen* (5—7) ♃.
   6. *V*. **urticaefolia** *L.*
8*. B. mehr od. weniger deutlich gestielt.
9. B. kurzgestielt, elliptisch od. länglich, gesägt; Kpsl 3eckig, vkherzfg; Bthn hellblau oft m. dunkler. Streif. *Wiesen, Wälder, nicht selt.* (6—7) ♃.
   7. *V*. **officinalis** *L.*
9*. B. langgestielt; Traube armblthg; Kpsl rundlich; Bthn hellbl. *Wälder, s.* (5—7) ♃. 8. *V*. **montana** *L.*
2*. Kch 5theilig, d. 5te Abschnitt kleiner.
10. Die nicht blühenden Stgl liegd, die blühdn aufstrebend; B. kurzgestielt, lineal lanzettl. gekerbt-gesägt od. ganzrandig; Bthn hellblau. *Bergwiesen, selt.* (5—8) ♃.
    9. *V*. **prostrata** *L.*
10*. Stgl alle aufrecht od. aufstrebend; Bthn tiefblau.
11. B. 1—2fach fiedertheilig, kurz gestielt. *Bergwiesen, bes. d. Alpen selt.* (6—7) ♃. . . 10. *V*. **austriaca** *L.*
11*. B. nicht über d. Mitte getheilt
12. B. kurz gestielt, schmal, lineal lanzettl. meist eingeschnitten gezähnt (ob var. v. 10?). *Bgwiesen d. Alp. selt.* (6—7) ♃. . . . . 11. *V*. **dentata** *L.*
12*. B. sitzend, breit eifg od. eifg länglich, am Grund abgerundet od. herzfg. *Wiesen, stein. Abhge nicht häufig* (6—7) ♃. . . . . 12. *V*. **latifolia** *L.*

§ 79. 1*. Bthn einzeln od. in endständige Trauben.
 13. Blkronröhre so lang als breit; B. gegenstg od. zu 3—4
  quirlig; Bthn meist tiefblau; Stgl aufrecht.
 14. Bthn in lockeren Trauben; B. einfach- od. doppeltgesägt.
  Gebüsch sss. (b. Halle u. b. Limburg) (7—8) ♃.
            13. *V.* **spuria** *L.*
 14*. Bthn in dicht ährenfgn Trbn (Pfl. s. vielgestaltig).
 15. B. bis zur Spitze spitz- u. doppelt gesägt meist zu 3—4
  quirlig. v. sehr verschied. Breite. *Wiesen, Gräben, Ufer,
  auch als Zierpfl., selt.* (7—8) ♃. 14. *V.* **longifolia** *L.*
 15*. B. am R. stumpf gekerbt, gegen die Spitze hin ganz-
  randig, gegenstdg. *Hügel, Wiesen, selt.* (7—8) ♃.
            15. *V.* **spicata** *L.*
13*. Blkronröhre sehr kurz, breiter als lang.
 16. Bthnstielchen kürzer als das sie stützde B. Bthn daher
  traubig erscheinend; obere Stgl-B. lanzettlich deckblattartig,
  d. unteren mehr od. weniger eingeschnitten od. gezähnt.
 17. Bthntrauben armblthg, fast doldig; B. meist gegenst.
 18. Untere B. grösser, als d. von einander entfernt stehen-
  den Stglb.; alle vkeifg länglich. Bthn trübblau. *Berg-
  wiesen d. Alpen u. höh. Gebgn selt.* (7—8) ♃.
          16. *V.* **bellidioïdes** *L.*
 18*. Unt. B. kleiner als d. oberen.
 19. Traube u. ganze Pfl. drüsig behaart, B. längl. stumpf;
  Bthn röthlich. *Bgwiesen d. Alpengdn* (7—8) ♃.
          17. *V.* **fruticulosa** *L.*
 19*. Trbn u. ganze Pfl. drüsenlos flaumig od. rauhhaarig
  zottig; Bthn blau.
 20. Haare flaumig kraus; Kapsel wenig ausgerandet
  eifg; kürzer als d. Bthnstiele. Bthn am Schlund m.
  e. purpurrothen Ringe (ob var v. 17?). *Bgwiesen
  d. Alpen u. höher. Gebirge* (7—8) ♃.
          18. *V.* **saxatilis** *Jacq.*
 20*. Haare abstehend, langzottig gegliedert; Kpsl deut-
  lich ausgerandet, länger als d. Bthnstiele; B. eifg.
  Bgabhänge d. Alpen u. Sudeten (7—8) ♃.
          19. *V.* **alpina** *L.*
17*. Bthn in vielblthgn verlängerten Trauben.
 21. Stglb. nicht über d. Mitte getheilt, meist gekerbt u. we-
  nigstens d. ober wechselstdg.
 22. Bthnstielch. auch z. Frzeit kürzer als d. Kch.
 23. Pfl. behaart; Unt. B. herzeifg; Bthn tiefblau. *Aecker,
  Hügel, Wege nicht selt.* (3—8) ♃.
          20. *V.* **arvensis** *L.*
 23*. Pfl. kahl: B. alle v. Grunde an keilfg; Bthn hell-
  blau od. fast weiss. *Aecker sss. (am Hamburg, b.
  Würzbg o a. O.)* (7—3) ⊙. 21. *V.* **peregrina** *L.*
 22*. Bthnstielchen so lang u. länger als d. Kch.
 24. Pfl. kahl; Bthn blassblau od. weiss m. bläulich.
  Streifen. *Aecker, Wälder, Gräben häufig* (4—8) ♃.
          22. *V.* **serpyllifolia** *L.*
 24*. Pfl. drüsig behaart.
 25. Samen flach; Bthn hellblau, klein; Kpsl zusam-
  mengedrückt; B. eifg od. länglich. schwachgekerbt.
  Aecker ss. (Rheinggdn, Rhonethal, Istrien) (4—5)⊙.
          23. *V.* **acinifolia** *L.*

25*. S. concav, beckenfg; Bthn tiefblau; Kpsl aufgeblasen; B. §79.
  tiefgekerbt. *Aecker nicht häufig* (4—5) ☉.
    24. V. **praecox** *All.*
21*. Mittlere Stglb. fast bis zum Grunde fingerfg gethlt.
  26. Bthnstielchen kürzer als d. Kch; Same flach. *Hügel,
    Wiesen, Aecker, Wege, häufig* (3—4) ☉. 25. V. **verna** L.
  26*. Bthnst. länger als d. Kch; S. concav, beckenfg. *Aecker,
    Hügel, Wege, sehr häufig* (3—5) ☉. 26. V. **triphyllos** L.
16*. Bthnstielch. länger als das, sie stützende B., z. Fruchtzeit
  herabgebogen; B. alle gleichartig; Bthnstand daher blatt-
  winkelstdg erscheinend.
  27. Kapsel ausgerandet herzfg, vielsamig; Kchb. eifg; B? eifg-
    rundlich, gekerbt.
    28. Kapsel m. spitzer Bucht; Unt. B. gegenstdg.
    29. Kapsel m. geraden abstehend. Haaren, Lappen derselben
      aufgedunsen, undeutlich gekielt.
      30. Bthn milchweiss, blaugestreift, d. obere Lappen bläu-
        lich; B. gelbgrün; Kpsl zerstreut drüsenhaarig. *Aecker,
        Hügel, Wege, sehr häufig* (3—7) ☉. 27. V. **agrestis** L.
      30*. Bthn tiefblau; B. dunkelgrün; Kpsl dicht flaumhaarig.
        Aecker, Hügel, seltener (3—6) ☉. 28. V. **polita** *Fries.*
    29*. K. mit gekräuselten Haaren u. am Rande zusammenge-
      drückt gekielten Lappen; Bthn tiefblau. *Aecker, selt.*
      (3—6) ☉. . . . . 29. V. **opaca** L.
    28*. K. mit stumpfer Bucht; Bthn tiefblau. *Aecker, nicht
      häufig* (4—8) ☉. . . . . 30. V. **Buxbaumii** *Tenor.*
  27*. Kpsl kuglich 4lappig; B. herztg rundlich od. fast 5lappig;
    Bthn blassblau.
    31. Kchabschnitte herzfg; B. herzfg. 5lappig. *Aecker,
      Hecken, Mauern sehr häufig* (3—5) ⊙.
        31. V. **hederifolia** L.
    31*. Kchabschn. elliptisch; B. halbkreisfg. *Aecker, Hecken,
      Mauern (b. Triest)* (3—5) ☉.
        32. V. **cymbalaria** *Bodard.*

12. **Paederóta** L. (II 1.) (6). Kch 5theilig; Blkrone deutlich
2lippig m. 4spaltigem Saum; Kapsel geschnäbelt spitz; Stb-
beutel m. Längsritzen aufspringd. Behaarte Krtr m. gegenstdgn fast
sitzdn eingeschnitten gesägt od. gezähnt. B. u. endstdgn Bthn in
ährenfgn Trbn; Pfl. 4—8" hoch.
  1. Blkrone blau m. ausgebreitet. Saum u. ungetheilt. Oberlippe;
    Kch u. Deckb. purpurroth. *Stein. Abhge d. Alpen* (6—7) ♃.
      1. P. **Bonaróta** L.
  1*. Blkr. gelb m. aufrecht. Saum u. 2lappiger Oberl.; Kch u. Deckb.
    grün. *Stein. Abhänge d. Alpen* (6—7) ♃. . 2. P. **ageria** L.

13. **Wulfenia carinthiaca** *Jacq.* (II 1.) (5). Kch 5theilig;
Blkr. 2lippig; Stbbeutel nierenfg. z. Frzeit scheibenfg ausge-
breitet. Am Grd zottig behaartes Krt mit grundstdgn kahlen
*keifg länglichen B.; blattlosem 1—1½" hoh. Stgl u. blauen Bthn in
dicht. ährenfg Trauben. *Steinige Abhge d. Alpen ss. (Kärnthen)*
(6—7) ♃.

IV. *RHINANTHEAE.* Staubgef. 4, mit parallel laufendn
staubbtlfäch. Staubbeutel am Grd m. dornfgn Anhängseln.

§ 79. **14. Tozzia alpina** *L.* (XIV. 2.) (9. 14). Kch 4—5zähnig ; Kpsl einsamig; Blkrone 2lippig m. flach gewölbter 2lappiger Oberlippe. Aufrechtes ½—1' hohes Krt m. ästigem 4kant., rückwts behaartem Stgl, gegenstdgn sitzdn eifgn meist grobgesägt B. u. goldgelb, einzeln in d. Winkeln d. ober. B. stehenden Bthn mit rothpunktirter Unterlippe. *Feuchte Abhänge d. Alpen u. Sudeten.* (7—8) ♃.

15. Melampyrum *L.* (XIV. 2.) (11). Kch 4 zähnig; Blkr. 2lippig m. zusammengedrückt-zurückgeschlagener Oberlippe; Kapselfächer 1—2samig. Aufrechte Krtr m. gegenstdgn B., u. meist ährenfg gehäuften Bthn.
1. Bthnähren allseitswendig; B. lanzettlich.
  2. Bthnähr. geschärft 4kantig, dicht dachig; Deckb. breit-herzfg, kammartig gesägt, zurückgebog. Kch 2reihig behaart; Bthn gelblich od. roth. *Bgwälder* (6—7) ♃. 1. *M.* **cristatum** *L.*
2*. Aehren kegelfg, gedrungen; Deckb. eifg-lanzettl.
  3. Kch flaumig, Deckb. auf d. Unterseite am Grd schwarz punktirt, flach nebst d. Bthn meist purpurroth. *Thonige Aecker, nicht selt.* (6—7) ⚆ . . . . 2. *M.* **arvense** *L.*
  3*. Kch wollig zottig; Deckb. nicht punktirt, am Grund rinnig, mit einwts gebogener Spitze und nebst d. Bthn meist gelblich. *Aecker, (Oesterreich)* (5—6) . 3. *M.* **barbatum** *W. K.*
1*. Bthnähren einseitswendig, locker.
  4. Kch wollig od. zerstreut behaart, Deckb. violett am Grd herzfg, eingeschnitten gezähnt od. ganzrandig; Bthn gelb m. rostbrauner Röhre; Stglb. herzeifg, lanzettl. od. lineal. *Bgwälder* (7—8)). . . . . . . 4. *M.* **nemorosum** *L.*
  4*. Kch kahl; Deckb. grün ; Bthn gelb.
    5. Kch viel kürzer als d. Blkr; Deckb. gezähnt. *Wälder, Wiesen, häufig* (6—7) . . . . . 5. *M.* **pratense** *L.*
    5*. Kch etwa halb so lang als die Blkr; Deckb. ganzrandig. *Bgwälder d. Alpen v. höher. Gebirge* (6—7) ⚆.
    6. *M.* **silvaticum** *L.*

16. Pediculáris *L.* (XIV. 2.) (23). Kch 5zähnig aufgeblasen, mit meist blattartigen, gekerbten od. fiederspaltig. Zähnen. Blkrone 2lippig mit helmfg zusammengedrückter Oberlippe. Krtr m. 1—2fach gefiedert. B. u. meist ährenfg Bthn.
  1. Lippen d. Blkrone nicht zusammenschliessend, d. unt. herabgebogen; Kapseln zusammengedrückt.
  2. Oberlippe d. Blkrone in einen mehr od. weniger deutlichen Schnabel verlängert; Stglb. wechselstdg od. fehlend.
  3. Oberl. d. Blkr. ausser diesem meist ansehnlich verlängerten Schnabel ohne weitere Fortsätze.
    4. Kchzähne zurückgebogen; Stgl niedrig (1—4" hoch); Bthn röthlich.
      5. B. kammfg. doppeltfiedertheilig; mit länglich ganzrandigen oder klein gesägt. Abschnitten ; Unterlippe d. Kr. gewimpert; Stbfäden behaart; übrige Pfl. meist völlig kahl. *Feuchte Bgabhänge d. Alpen* (7—8) ♃.
      1. *P.* **Jacquini** *Kch.*
      5*. B. einfach fiedertheilg m. ungleich gezähnt. Abschnitt. Unterlippe d. Blkr. nicht gewimpert (sehr ähnl. Art).

6. Kch behaart; Schnabel lang. §79.
7. Stgl liegd od. aufsteigd, 1—2reihig behaart, Stbfäden behaart. *Feuchte Abhänge d. Alpen* (7—8) ♃. . 2. *P.* **rostrata** *L.*
7*. Stgl aufrcht, ringsum behaart; Stbfdn kahl. *Feuchte Abhge d. Alpen* (7—8) ♃. . . . 3. *P.* **asplenifolia** *Flörke.*
6*. Kch kahl; Schnabel d. Oberl. kurz kegelfg. Stbfdn bärtig; Stgl 1—2reihig behaart. *Feuchte Abhge d. höchst. Alp.* (6—8)♃.
           4. *P.* **Portenschlagii** *Saut.*
4*. Kchzane gerade; Pfl. meist höher.
 7. Kchz. blattartig, fiederspaltig; Bthnähren dicht büschlig.
 8. Bthn röthlich od. weiss; Schnabel d. Oberl. kurz kegelfg. *Abhänge d. südl. Alpen ss.* (7—8) ♃.
          5. *P.* **fasciculata** *Bell.*
 8*. Bthn gelb; Schnabel d. Oberl. verlängert lineal; Wzl knollig. *Feuchte Abhge d. Alpen* (7—8) ♃. 6. *P.* **tuberosa** *L.*
7*. Kchzähne ganzrandig oder kleingezähnelt.
 9. Bthn gelb in lockeren Aehren: Schnabel d. Oberlippe verlängert lineal. *Feuchte Abhge d. Berner Alpen.* (7—8) ♃.
          7. *P.* **Barrelieri** *Rchb.*
 9*. Bthn röthlich.
 10. Bthnähren locker; Oberl. m. verlängert linealem Schnabel; Bthn rosenroth; Stbfdn kahl. *Feuchte Abhänge d. Alpen sss.* (7—8) ♃ (*St. Bernhardt*).
          8. *P.* **incarnata** *Jacq.*
 10*. Bthnähren gedrungen; Oberl. m. kurz kegelfgm Schnabel; Bthn dunkelroth. *Feuchte Abhge d. Alpen* (7—8) ♃.
          9. *P.* **atrorubens** *Schlchr.*
3*. Oberl. d. Krone mit e. kurzen am Grund auf jeder Seite noch mit einem spitzen Zahn versehenem Schnabel.
 11. Bthn röthlich, selt. weiss.
 12. Stgl vom Grund an in mehrere Aeste getheilt.
 13. Kch 5zähnig; Stgl v. Grd an blüthentragend 1—6" h. m. grundstdgn liegdn Aesten; Seitenzähne d. Schnabels 3eckig pfrieml. *Wälder, bes. in Gebirgsggdn* (5—7) .
          10. *P.* **silvatica** *L.* †
 13*. Kch 2lappig m. krausen Lappen; Stgl aufrecht, ½—1' h. v. Grd an bis etwa z. Mitte m. aufrecht abstehdn Aesten; Z. d. Schnabels sehr klein Babschnitte länglich. *Sumpfwiesen, häufig* (5—7) ☉ od. ♃. . 11. *P.* **palustris** *L.* †
 12*. Stgl einfach; Kch 5spaltig, an d. Kanten zottig; Kchz. lanzettlich; Babschnitte klein gesägt. *Feuchte Bgubhänge d. Sudeten* (6—7) ♃. . . . . . 12. *P.* **sudetica** *Willd.*
 11*. Bthn gelblich, Stgl einfach.
 14. Kchzähne lanzettlich, nebst d Kch wollig behaart. *Feuchte Abhge u. Bgwiesen d. südl. Alpengdn* (5) ♃.
          13. *R.* **Friderici-Augusti** *Tomm.*
 14*. Kchz. rundl. eifg, stumpf; flaumhaarig. *Abhänge d. südl. Alpengdn* (6—8) ♃. . . . . . 14. *P.* **comosa** *L.*
2*. Oberlippe d. Blkr. weder geschnäbelt noch gezähnt.
 15. Pfl. m. beblättert. Stgl.
 16. B. nebst Deckb. u. Bthn wechselständig.
 17. Oberlippe d. Blkrone rauhhaarig; Kch glockig ungetheilt, an d. Kanten zottig, kurz 5zähnig; Bthn gelblich. *Bgabhge d. Alpen u. Vogesen* (7—8) ♃. . . 15. *P.* **foliosa** *L.*
 17*. Oberl. d. Blkr. kahl od. wenig behaart.

§ 79.
18. Kch glockig halb 2spaltig, auf d. Vorderseite zottig 3—5zähnig, mit sehr kz 3eckig Zähnen. Pfl. kahl; Bthn gelblich. *Bgwldge d. südl. Alpengydn (Krain u. am adr. Meer)* (5—4) ♃. . . 16. *P.* **Hacquetii** *Graf.*
18*. Kch 5zähnig od. fast bis z. Mitte 5spaltig.
19. Kch glockig kahl; Kchz. ungleich, lanzettl. spitz Babschnitte lanzettl; Bthn röthlbraun. *Feuchte Abhänge d. Alpengydn* (7—8) ♃. . 17. *P.* **recutita** *L.*
19*. Kch röhrig glockig, wollig od. zottig behaart, Oberl. d. Kr. fast sichelfg.
20. Babschnitte schmal lanzettl. spitz gesägt; Kchz. gleich; Bth. rosenroth. *Feuchte Abhge d. Alpengegenden* (6—7) ♃. . . . 18. *P.* **rosea** *Wulf.*
20*. Babschn. eifg; Kchz. ungleich; Bthn gelb m. roth. Flecken. *Feuchte Abhänge d. Alpengydn* (6—7) ♃.
19. *P.* **versicolor** *Wahlbg.*
16*. B. nebst d. Deckb. u. Bthn quirlstdg; letztere purpurroth; Kch aufgeblasen rauhhaarig *Feuchte Abhge d. Alpengydn* (6—7) ♃. . . . . 20. *P.* **verticillata** *L.*
15*. B grundständig; Bthnst. einzeln, kürzer als d. B.; nebst d. Kch rauhhaar. Bthn weiss ins röthliche spield. *Feuchte Abhge, Gebüsch d. südl. Alpengydn* (4—5) ♃. 21. *P.* **acaulis** *Scop.*
1*. Blkronröhre glockig, durch d. zusammenschliessdn Lippen geschlossen; Bthn schwefelgelb, d. Unterlippe m. blutrothem Rande; Kch kahl; Babschn. stumpf, doppeltgekerbt, eifg. längl. *Torfwiesen Oes. im nördl. Dtschld; Oberbayern u. d. O.)* (6—8) ♃.
22. *P.* **sceptrum Carolinum** *L.*

17. **Rhinanthus** *L.* (XIV. 2.) (10). Kch aufgeblasen 4zähnig; Blkrone gelb, 2lippig; Oberlippe unter d. Spitze beiderseits m. e. Zähnchen; Fruchtfächer vielsamig; Samen geflügelt. Krtr. m. gegenstdgn B. u. gelben Bthn in endständigen Aehren.
1. Zähne d Deckb, nicht oder nur wenig zugespitzt. Ober- und Unterlippe d. Blkrone einander genähert, d. Schlund fast verschliessend; B. kerbsäglg (*R. crista galli L.*)
2. Kch länger als die halbe Blkrone, letztere meist einfarbig gelb; B. lineal lanzettlich, nebst den Deckb. dunkelgrün, oft fast bräunlich; Griffel richt aus d. Blkrone hervorragd: Pfl. kahl ½—1' h. *Wiesen häufig* (5—6) ☉. 1. *R.* **minor** *Ehr.*
2*. Kch höchstens halb so lang, als d. Blkrone, letztere mit blauen Zähnchen; B. eifg-länglich, d. obere nebst d. Deckb. weissgrün; Griffel ein wenig aus d. Blkrone hervorragend.
3. Kch kahl. *Wiesen häufig* (5—6) ☉. . 2. *R.* **major** *Ehr.*
3*. Kch zottig behaart (ob var? übrigens viel weiter nach Norden verbreitet u. nur auf Aeckern, daher doch wohl als gute Art zu betrachten) *Aecker häufig* (5—6) ☉.
3. *R.* **alectorolophus** *Poll.*
1*. Z. d. Deckb. lang haarspitzig; Ober- u. Unterlippe d. Blkrone von einander abstehend, daher letztere m. offenem Schlunde. Deckb. nebst d. Stgl oft schwarzfleckig. *Bgwälder d. Alpen u. höheren Gebirge* (7—8) ☉. . . . . 4. *R.* **alpinus** *Baumg.*

18. **Trixágo latifolia** *Rchb.* (XIV. 2.) (13*). Kpsl spitz geschnäbelt. Same ungeflügelt; ob. B. handfg gethlt, untere gestielt. eifg; Bthn purpurroth, kopffg gehäuft. *Hügel, Abhänge am adr. Meer* (4—5) ☉.

19. **Bartsia alpina** *L.* (XIV. 2.) (12*). Kch 4spaltig, glockig; §79. Frknotenfächer vielsamig; Same m. geflügelt. Rückenrippen. Drüsig zottiges Kraut m. beblättert. 3—8" hoh. Stgl. gegenst., ei-herzfgn, grobgesägt. B. u. violett. sitzenden Bthn in endst. beblättert. Aehren. *Bgwiesen d. Alpen u. höher. Gebirge* (7—8) ♃.

20. **Euphrasia** *L.* (XIV. 2.) (13). Kch 4zähnig od. 4spaltig; Blkrone 2lippig m. nicht zusammengedrückter Oberlippe. Kapsel stumpf od. ausgerandet; Same ungeflügelt; Bthn gestielt in endständig Trbn; B. sitzd. d. unter. gegenstdg.

1. Blkrone mit 2lappig ausgerandeter Oberlippe; Unterlippe 3thlg mit tief ausgerandetem Mittellappen; Untere Staubbeutel mit längeren Stachelspitzen besetzt; Bthn meist weiss m. gelb. u. blauen Punkten.
2. B. breit, beiderseits 5zähnig.
3. Lappen d. Oberlippe auseinandertretd; Bthn meist m. gelben u. blauen Punkten. Pfl. sehr vielgestaltig. *Wiesen, Hügel, s. häufig* (6—8) ☉ „Augentrost". 1. *E.* **officinalis** *L.*

    var. drüsig abstehend behaart α **pratensis**.
    drüsig abstehend . . . β **neglecta**.
    flaumig kraushaarig
    B. dornig gesägt . . γ **nemorosa**.
    B. schwach gezähnt . δ **alpestris**.

3*. L. d. Oberlippe zusammeneigd; Oberlppe d. Blkr. blau, Unterl. gelb (ob var v. 1 ?). *Bgwiesen d. Alpenggdn* (7—8) ☉.   2. *E.* **minima** *Schlch.*

2*. B. schmal, lanzettlich, beiderseits 1—3zähnig.
4. Ob. B. nebst d. Kchn haarspitzig gezähnt. B. lanzettlich, beiders. 2—3zähnig; Brhn bläulich. *Bgwiesen d. Alpengydn* (7—8) ☉ . . . . 3. *E.* **salisburgensis** *Frk.*
4*. Ob. B. nebst d. Kchn wehrlos gezähnt. B. lineal, beidersts 1zähnig. Bthn weiss. *Bgwiesen d. Alpen (südl. Tyrol)* (7—8) ☉.   4. *E.* **tricuspitata** *L.*

1*. Oberl. d. Blkrone abgestutzt stumpf; Mittellappen d Unterlippe nicht ausgerandet; Stbbtl alle gleichlang stachelspitzig; B. lanzettl. lineal. (Odontites *Dubois.*)
5. Bthn purpurroth; Stbgef. dch e. Wolle mit einander verbunden; B. alle gesägt.
6. B. am Grd am breitesten u. von da aus lineal lanzettl. verschmälert; Deckb. länger als d. Bthn (O. rubra *Pers.*). *Gräben, Aecker, nicht selt.* (6—8) ☉. 5. *E.* **odontites** *L.*
6*. B. in d. Mitte am breitesten, am Grd verschmälert; Deckb. kürzer als d. Bthn. *Bgabhge d. südl. Alpengyda* (7—8) ☉.   6. *E.* **serotina** *L.*
5*. Bthn gelb; Stbkölbch. kahl; Ob. B. ganzrandig.
7. Blkrone am Rande bärtig gewimpert, Stbgefässe über dieselbe hervortretd. *Bgwälder, Abhge selt.* (7—8) ☉.   7. *E.* **lutea** *L.*
7*. Blkr. am Rande kahl; Stbgef. kürzer. *Bergwälder d. Alpen sss. (C. Wallis)* (7—8) ☉ . . . . 8. *E.* **viscosa** *L.*

§ 80.

§ 80. ACANTHACEAE. *Juss.*

Kch u. Krone 1—2lippig; Frkn. 2fächerig; Same eiweisslos, oft an hakigen od. becherfgn Haltern befestigt.

1. **Acanthus** *L.* (XIV. 2.) Blkr. 1lappig m. 3lippiger Unterlippe; Kchb. 4 ungleich; Kapsel 2fächerig, 4samig. Ausdauernde meist behaarte Krtr m. grossen tief flederthlgn B. u. grossen weissen od. bläulichen Bthn in entständigen Aehren.
 1. Babschnitte nicht od. nur kurz dornig; Bthnähren locker.
  2. Babschn. wehrlos, nicht breit eifg, flaumhaarig. *Am Ufer d. adr. Meeres, auch als Zierpfl.* (5—7) ♃ . . 1. *A.* **mollis** *L.*
  2*. Babschn. kurzdornig, schmäler u. tiefer; Bthn kleiner als b. 1 (ob var v. 1?.) *Am Ufer d. adr. Meeres* (5—7) ♃
  2. *A.* **longifolius** *Host.*
 1*. Babschnitte mit langen (6''' langen) Dornen besetzt; Bthnähren dichter. *Am Ufer d. adr. Meeres (?) auch als Zierpfl.* (5—7) ♃
  3. *A.* **spinosus** *L.*

§ 81. LENTIBULARIEAE. *Rich.*

Kch bleibd, 5theilig od. 2blättrig; Blkr. 2lippig, gespornt. Stbgef. 2; Gr. 1. Frknoten einfächerig m. freiem mittelpunktstdgm Samenträger; Fr. e. Kapsel: Samen zahlreich eiweisslos; Kleine wasserliebde Pfl. m. grundst. B.
 1. Kch 5spaltig. Blkr. rachenfg, ohne Larve im Schld; Kpsl 2klappig aufsprgd. Schaft 1—2bthg; Sumpfpfl. m. eifgn od. lanzettl. B.
  1. **Pinguicula.**
 1*. Kch 2blättr.; Blkr. im Schld deh e. Larve verschlossen. Kpsl m. e. Deckbl. aufspringd; Schaft mehrbthg Wasserpfl. mit vielfach haarfg zertheilt, zwischen d. Verästelungen mit Bläschen besetzt. B. . . . . 2. **Utricularia.**

  1. **Pinguicula** *L.* (II. 1.) Kch 5spalt. Blkr. ohne Larve im Schld.
 1. Bthn blau; Sporn pfrieml. ziemlich gerade. *Sumpfwiesen, selt.* (5—6) ♃. . . . . 1. *P.* **vulgaris** *L.*
 1*. Bthn gelbl. Sporn kegelfg, gekrümmt, dick. *Sumpfwiesen d. Alpengegenden s.* (4—5) ☉. . . . . . . 2. *P.* **alpina** *L.*

  2. **Utricularia** *L.* (II.1.) Kch 2blättr. Blkr. im Schld deh e. Larve geschlossen.
 1. Sporn sehr kurz; Oberlippe ausgerandet. Bthn blassgelb, Schaft 2—4bthg; Pfl. klein.
  2. Unterlippe eifg m. zurückgerollt. Rande; Blkr. m. braunen Streifen. *Ufer, Gräben, selt.* (6—8) ♃ . . 1. *U.* **minor** *L.*
  2*. U. rundlich m. flachem R. Blkr. einfarbig. *Ufer, Gräben. s. selt.* (6—8) ♃ . . . . 2. *U.* **Brehmii** *Heer.*
 1*. Sporn länger, kegelfg; Oberlippe nicht ausgerandet.
  3. Oberlippe nicht länger als d. Gaumen; B. allseitig auseinanderstehend; Bthn tiefgelb. *Ufer, Gräben, selt.* (6—8) ♃
  3. *U.* **vulgaris** *L.*

3*. O. länger als der Gaumen. § 81.
5. B. zweizeilig, im Umriss nierenfg; Oberl. noch einmal so lang als d. Gaumen. *Gräben, Teiche, selt.* (6—8) ☉.
   4. *U.* **intermedia** *Hayne.*
5*. B. allseitswendig, im Umriss länglich; Oberl. 2—3mal länger als d. Gaumen; Trbn 7—8bthg. *Gräben, Teiche s. selt.* *(Hamburg, Oldenburg* (7—8) ♃... 5. *U.* **neglecta** *Lehm.*

XXVIII. Ordn. **MYRSINAE** *Bartl.* Kch meist **nicht mit d. Frknoten verwachsen; Blkrone gleichmässig. 4—7spaltig d. Frboden eingefügt; Stbgef. 4—7 den Abschnitten d. Blkr. gegenständig. Griffel u. Frkn. 1, letzterer kuglich; 1fächerig mit freiem mittelpunktstdgm Samenträger.** Samen mit Eiweiss; Keim gerade, quer in demselben liegend.

§ 82. PRIMULACEAE. *Vent.*

Kräuter mit Kapselfrucht.

1. Bthn mit Kelch u. Krone.
2. Frknoten frei im Grunde d. Kchs.
   3. Blkrone mit nicht nach aussen zurückgeschlagenem Saum.
      4. Blkronsaum nicht fransig zerschlitzt.
         5. Blkrone radfg am Grd ohne oder nur mit e. sehr kurzen Röhre; Stgl. beblättert; B. gegenst. od. quirlig, einfach.
            6. Bthntheile meist 7zählig; Bthn weiss; B. an der Spitze quirlig. . . . . 1. **Trientalis.**
            6*. Bthnthle 5zählig.
               7. Kapsel mit Klappen aufspringd; Bthn gelb. selt. weiss, B. gegenst. od. quirlig. 2. **Lysimachia.**
               7*. K. m. e. Deckel aufspr. Bthn roth od. blau; B. gegenstdg. . . . . 3. **Anagallis.**
         5*. Blkrone mit deutlicher Röhre am Grund; Stglb. meist fehld; selt. wechselstdg od. quirlig.
            8. Bthntheile 4zählig; Blkrröhre fast kuglich bauchig m. abstehend. Saum. Kleines kahles Krt m. eifgn ganzrandig. wechselst. B. . . 4. **Centunculus.**
            8*. Bthnthle 5zählig; Blkrone m. eifgr walziger od. glockiger Röhre; B. grundstg od. quirlig.
               9. Stbgef. nicht auf e. Ring eigefügt.
                  10. Kch 5spaltig; Landpfl. m. einfachen grundst. B.
                  11. Blkrone mit eifgr Röhre; meist rasenbildde Krtr m. rosettenfg gestellt. B.
                     5. **Androsace.**
                  11*. Blkrröhre walzig od. glockig tricherfg.
                     12. Frkn. 5samig; Bthn einzeln gelb; Kleines rasenbildendes Kraut mit lineal. B. in dichten Rosetten. . . . . . . 6. **Aretia.**
                     12*. Frkn. vielsamig; Bthn meist in Dold. selt. einzeln; Pfl. meist nicht rasenbildd.
                        7. **Primula.**

§ 82.
    10*. Kch bis z. Grund getheilt; Was-erpfl. mit kammfg
        fiederthlgn quirlstdgn B. u. weissen traubig gestellt.
        Bthn. . . . . 8. **Hottonia**.
    9*. Stbgef. dch e. Ring mit einander verbunden, Kch 5thlg;
        Blkrone trichterfg m. spitz. Abschn. Kapsel 2klappig;
        Bthn in Dolden; B. langgestielt grundstdg, eckig lap-
        pig, im Umriss nierenfg. . . . . . 9. **Cortusa**.
    4*. Blkrone mit fransig zerschlitzt. Saum glockenfg; B.
        grundstg rundlich od. nierenfg. . 10. **Soldanella**.
    3*. Blkronsaum nach aussen zurückgeschlagen nebst d. Kch
        5theilig; Bthn purpurroth; B. grundst. 11. **Cyclamen**.
    2*. Frkn. mit dem Kch z. Thl verwachsen; Blkrone trichterfg m.
        5thlg abstehend. Saum; Stbfäden 10. 5 davon beutellos; Bthn
        in lockeren Trauben, klein weiss Bthnstiele in d. Mitte mit
        e. Deckblättchen. . . . . 12. **Samolus**.
    1*. Blkrone fehld; Kch glockig 5lappig; innen röthlich; B. lanzettl.
        fleischig, gegenstg, paarweise gekreuzt. . . . 13. **Glaux**.

1. **Trientális europaea** *L.* (VII. 1.) Bthnthle meist 7zäh-
lig (auch 5—9zählig) Blkrone weiss, fast freiblättrig, mit am Grd
dch e. Abschnitt verbundenen Abschnitt. Bthn langgestielt. Kahles
Krt mit einfachem 4—8" hoh. Stgl u. quirlfg gegen d. Spitze hin
gehäuften B. ganzrandig. B. *Bywälder ss.* (6—7) ♃.

2. **Lysimachia** *L.* (V. 1 od. XVI.) Bthn radfg od. trichterfg;
meist gelb, selt. weiss; Stbfäden am Grd oft verwachsen; Kpsl
in Klappen aufspringd. Krtr m. ganzrandigen gegenstdgn oder
quirlständigen B.
    1. Bthn in dichten blattwinkelstdgn Trbn mit kleinen Zähnen
        zwischen d. Abschnitt. d. Blkrone, diese fast trichterfg, gelb.
        gegen d. Spitze hin rothpunktirt. Kahles od. behaartes Krt m.
        einfachem Stgl u. zu 2—3 stehend. lineal lanzettl. B. *Sümpfe,
        Gräben, Ufer ss.* (6—7) ♃. . . . . . 1. *L.* thyrsiflora *L.*
    1*. Bthn einzeln od. in endstdgn Trbn, ohne Zähnchen zwischen
        d. Abschnitten d. Blkrone.
        2. Stengel aufrecht.
        3. Bthn gelb.
            4. Stbgef. 10, davon 5 kleiner u. beutellos. B. eifg längl.
                fast herzfg.; Bthnstiele blattwinkelst. gegenstdgn und
                quirlig; B.stiele gewimpert. *Gräben, Ufer sss. (b. Spaa)*
                (6—7) ♃. . . . . 2. *L.* ciliata *L.*
            4*. Stbgef. 5, alle beuteltragend; Fäden am Grd mit e. ver-
                wachsen u. d. Frknot. bedeckend.
            5. Bthn im Trauben; Abschnitte d. Blkr. kahl. *Ufer,
                Sumpfgegenden, häufig* (9—7) ♃. . 3. *L.* vulgaris *L.*
            5*. Bthn zu 1—3 beisammen; Abschn. d. Blkr. drüsig ge-
                wimpert. *Ufer, Sumpfggdn selt. (Oesterreich, Böh-
                men, Schweiz)* (6—7) ♃. . . . . 4. *L.* punctata *L.*
        3*. Bthn fast weiss, einzeln, blattwinkelstdg. Kchz. länger als
            die Krone. B. lanzettl. *Ufer, selten (Istrien)* (6—7) ♃.
                                        5. *L.* linum stellatum *L.*
    2*. Stgl liegd u. kriechd; Stbgef. d. Frkn. nicht bedeckend. Bthn
        gelb.

6. B. rundl. stumpf; Kchb. herzfg; Bltnstiele kürzer als d. B. §79.
Gräben, Wiesen (6—7) ♃. . . . . 6. *L.* **Nummularia** *L.*
6*. B. eifg spitz; Kchb. lineal lanzettl. Bthnstiele länger als d. B.
Wälder, Gräben, Sümpfe selt. (6—7) ♃. 7. *L.* **nemorum** *L.*

3. **Anagallis** *L.* (V. 1.) Blkrone radfg; Stbfdn am Grd bärtig
nicht verwachsen; Kpsl m. e. Deckel aufspringd. Blau od. roth
blühende Krtr m. gegenst. B. u. langgestielt. blattwinkelstdgn Bthn.
  1. Stgl am Grund nicht wzlnd; Kch u. Krone gleichlang; B.
    sitzend.
  2. Bthn röthlich; Kpsl so lang als d. Kch; Abschnitte d. Blkrone
    fein drüsig gewimpert. *Aecker s. häufig* (7—8) ☉. „Korallen-
    blümchen" . . . . 1. *A.* **arvensis** *L.*
  2*. Bthn blau od weiss; Kpsl kürzer als d. Kch; Abschnitte d.
    Blkr. kahl. *Aecker seltner* (6—8) ☉. . 2. *A.* **caerulea** *L.*
  1*. Stgl am Grd wzlnd; Kch 3mal kürzer als d. Kr. B. gestielt
    rundlich eifg, Bthn röthlich; *Torfwiesen ss. (nordwestl. Dtschld.,
    Sachsen, Vogesen u. a. O.)* (7—8) ☉. . . 3. *A.* **tenella** *L.*

4. **Centunculus minimus** *L.* (IV. 1.) Kch 4theilig; Blkr.
4lappig m. kuglich-bauchiger Röhre; Stbgef. 4; Kpsl mit e.
Deckel aufspringend. Kleines 1—2" hohes Krt m. eifg. wech-
selst. B. u. klein. weissen od. röthl. blattwinkelstdgn Bthn. *Sand-
felder selt.* (7—8) ☉.

5. **Andròsace** *L.* (V. 1.) Kch 5spaltig; Blkr. trichterfg od.
tellerfg m. eitgr Röhre; Schld d. Blkrone m. Deckklappen ver-
schlossen; Kpsl 5klappig. Kleine Krtr m. grundst. einfachen
B. u. weissen od. röthlich. Bthn in von Hüllb. umgebenen Dolden,
seltener einzeln.
  1. Bthnstiele 1blüthig; Pfl. dicht rasig; blühende u. nicht blühende
    Stgl treibd, kurzhaarig; Kchbz. länger als d. Blkronröhre.
    (Aretia *L.*)
    2. B. stumpf.
      3. B. länglich, sehr klein u. kurz, grün m. abwts gerichteten
        Haaren besetzt; Bthn weiss m. gelben Deckklappen im
        Schlunde; Kchabschn. u. Blkr. etwa gleich lang. *Felsspalt
        d. höh. Alpen* (7—8) ♃. . . . . 1. *A.* **helvetica** *Schk.*
    3*. B. lanzettlich.
      4. B. nebst Kch u. Bthnstielen filzig grau; Blkronsaum weiss,
        mit röthlichen Deckklppn u. Röhre. *Felsspalt d. höchst.
        Alpen* (6—7) ♃. . . . . . . 2. *A.* **imbricata** *Lam.*
      4*. B. mit einfachen u. gabligen abstehend. Haaren besetzt.
        5. Bthn rosenroth m. gelb. Schlund. *Felsspalt d. Alpen
        sss. (nur im C. Glarus)* (7—8) ♃. 3. *A.* **Heerii** *Koch.*
        5*. Bthn weiss; Bhaare zieml. lang. *Felsspalt d. Alpen*
        (6—7) ♃. . . . . 4. *A.* **pubescens** *DC.*
  2*. B. spitz, mit sehr kzn sternfgn Haaren besetzt. Bthn rosen-
    roth od. weiss m. gelb. Schlunde. *Felsspalt d. Schweizer
    Alpen* (6—7) ♃. . . . . . . 5. *A.* **glacialis** *Schlch.*
    var. Bthn fast sitzd. . . . . . . α Hausmanni *Leyb*
    Bthn deutl. gestielt dunkelroth β Wulfeniana *Sieb.*

§ 82.   1*. Bthn in Dolden.
  6. Pfl. rasenbildend, blühende u. nicht blühende Stgl trbd; B. ganzrandig; Blkrb. länger als d. Kch.
  7. B. lanzettlich, am Grd schmäler; Bthn meist weiss, selt. rotb.
  8. Pfl. langhaarig zottig, Bthnstiele kürzer als d. Hüllb.
  9. B. überall zottig behaart in kuglich Rosetten; Bthn weiss od. röthlich. *Felsspalt d. Alpen* (6—8) ♃.
          6. *A.* villosa *L.*
  9*. B. nur am Rande zottig behaart m. deutlich gegliedert. Haaren; Rosett. flach; Bthn weiss. *Felsen d. niedrigeren Alpengegenden* (6—7) ♃.
          7. *A.* chamae jasme *Host.*
  8*. Pfl. u. besonders d. B. kurzhaarig od. kahl; Btbnstiele länger als d. Hüllb.
  10. Pfl. kurzhaarig; B. stumpf lanzettlich; Bthn weiss od. röthlich. *Felsen d. Alpen u. Sudeten* (6—8) ♃.
          8. *A.* obtusifolia *All.*
  10*. Pfl. (wenigstens d. Stgl, Kch u. Bthnstiel) völlig kahl; Bthn weiss m. gelbem Schld. *Felsspalt d. Alpengyän* (7—8) ♃. . . . . 9. *A.* lactea *L.*
  7*. B. lineal an d. Spitze zurückgebogen, glänzend am Grund am breitesten; Bthn röthlich. *Granitfelsen d. Alpen (bes. d. Schweiz)* (7—8) ♃. . . . . . . 10. *A.* carnea *L.*
  6*. Pfl. nicht rasenbildend, mit einzelstehenden Rosetten, B. meist gezähnt lanzettl. Bthn weiss mit gelbem Schlund.
  .11. Stgl sternhaarig flaumig, Bthn lang gestielt; Stgl sternhaarig flaumig.
  12. Kch länger als d. Blkrone; Pfl. ¼—½' hoch. *Hügel, Abhänge s. selt.* (7—8) ☉. . . . 11. *A.* elongata *L.*
  12*. Kchz. kürzer als d. Blkrone; Stgl ½—1' hoch. *Hügel, Aecker s. selt.* (6—8) ☉. . 12. *A.* septentrionalis *L*
  11*. Stgl zottig behaart u. nebst d. ganzen Pfl. fast klebrig, Kch grösser als d. Blkr. u. besonders z. Frzeit sehr gross, blattartig; Bthenstiele kurz. *Hügel, Aecker ss. (Rheingegenden, Oesterreich, C. Wallis* (4—5) ☉.
          13. *A.* maxima *L.*

6. **Aretia vitaliana** *Gaud.* (V. 1.) Primula v. *L.* Gregoria v. *Duby.* Kch 5spaltig; Blkrone mit langer walzig eifgr Röhre; Frkn. 5samig. Kleines in dichten Rasen wachsendes Kraut mit lineal flaumig behaarten B. in dicht. Rosetten u. einzelstehenden kurzgestielt. gelben Bthn. *Granitfelsen d. höchst. Alpen ss.* (7—8) ♃.

7. **Primula** *L.* (V. 1.) „Schlüsselblume, Primel" Kch 5spaltig, Blkrone m. walziger Röhre u. tellerfgm od. trichterfgm Saum; Frkn. vielsamig. Meist schönblühende Krtr m. grundst. B. u. einzelnen od. doldig gestellten, oft polygamischen Bthn. Die einzelnen Arten sind wegen vielfacher Uebergänge und Zwischenformen oft schwierig zu unterscheiden.
  1. Kch 5kantig; Blkrone am Schlund mit Deckklppn; Jüngere B. nach aussen zusammengerollt, eifg.
    2. B. wenig runzlich, oberseits kahl, grün, unterseits mehlig bestäubt; Bthn röthl.; Hüllb. am Grund sackfg.
    3. Dolden reichblthg. Blkrone 3—4''' breit m. kurzer Röhre. *Sumpfwiesen nicht häufig* (6—8) ♃. . 1. *P.* farinosa *L.*

PRIMULACEAE. *Primula.* 241

3*. Dolden meist wenig (3—5)blthg; Blkrone 6—8''' breit m. § 82.
sehr verlängerter Röhre. *Bgwiesen d. höchst. Alp.* (6—8)♃.
              2. *P.* **longiflora** *L.*
2*. B. runzlich, behaart, nicht mehlig bestäubt; Bthn meist gelb
 (P. veris *L.*)
 4. Bthn meist einzeln, langgestielt; Bthnstiele lang, zottig
  behaart; B. ungestielt. *Bgwälder u. Wiesen d. höchsten*
  Alpenggdn (3—4) ♃. . . . . . . 3. *P.* **acaulis** *Jacq.*
 4*. Bthn in Dolden; Blthnstiele kurzhaarig; B. gestielt.
  5. Bthn schwefelgelb mit dottergelb. Schlunde (als Gartenpfl. verschieden gefärbt) mit flachem 8—12''' breit. Saum,
   meist aufrecht. *Wiesen, Wälder, Hecken häufig, auch*
   als Zierpfl. (3—4) ♃. . . . . . 4. *P.* **elatior** *Jacq.*
  5*. Bthn tiefgelb m. 5 orangegelben Punkt. u. trichterfg concavem 4—5''' breit. Saum.
   6. B. auf d. Unterseite nebst d. Schaft sammtartig kurzhaarig; Bthndold. meist hängend. *Wiesen, Wälder,*
    Hecken häufig (4—5) ♃. . 5. *P.* **officinalis** *Jacq.*
   6*. B. unters. schneeweissfilzig. *Bgwiesen am adr. Meer*
    (4—5) ♃. . . . . 6. *P.* **suaveoleus** *Bartl.*
1*. Kch nicht kantig; Blkrone am Schlund ohne Deckklppn; Jüng.
 B. einwärts zusammengerollt.
 7. B. eifg od. länglich, nicht lappig, meist ungestielt; Kch nicht
  aufgeblasen.
  8. Dolden reichblthg, Blthnstiele meist 2—3mal länger als d.
   Kch; B. d. Doldenhülle eifg, stumpf u. kürzer als d.
   Bthnstiele.
   9. B. klebrig od. flaumig behaart.
   10. Schlund d. Blkr. dicht m. Puder bestäubt.
    11. Bthn gelb (wenigstens b. d. wild. Pfl., bei der cultiv. in allen Farben) mit 8—10''' breit. Saum. Stbgef. im Schld d. Blkronr. eingefügt; B. eifg gezähnt
     gesägt od. fast ganzrandig. *Bgwiesen u. Abhänge*
     d. Alpengydn, auch als Zierpfl. „Aurikel" (4—5) ♃.
              7. *P.* **auricula** *L.*
    11*. Bthn röthlich; Stbgef. über d. Mitte d. Blkrröhre
     eingefügt; B. eifg-länglich, an d. Spitze gezähntgesägt. *Bgabhänge d. südl. Alpggdn ss.* (4—5) ♃.
             8. *P.* **pubescens** *Jacq.*
   10*. Schlund d. Blkr. nicht bestäubt; Bthn röthlich.
    12. Stgl u. Bthnstiele kahl od. mit ganz kleinen sitzenden Drüsen besetzt; B. an d. Spitze gezähnelt. *Abhänge d. rhätischen Alpen sss.* (6—7) ♃.
            9. *P.* **rhaetica** *Gaud.*
    12*. Stgl u. Bthnst. mit kurzen Drüsenhaaren besetzt.
     13. B. schwach ausgeschweift gezähnt, am Rande m.
      meist röthl. Drüsen. *Bergabhänge d. Schweizer*
      Alpen ss. (6—7) ♃. 10. *P.* **pedemontana** *Thom.*
     13*. B. v. d. Mitte bis z. Spitze gesägt-gezähnt.
      14. B. beiders. klebrig flaumig; Kch z. Frzeit doppelt so lang als d. Kpsl. *Felsen u. Abhänge d.*
      höher. Alpen (5—6) ♃. 11. *P.* **villosa** *Gaud.*
      14*. B. beiders. kurzhaarig; Kch z. Frzeit etwas kzr
       als d. Kpsl. *Felsen u. Abhänge d. Schweizer*
       Alpen (6—7) ♃. . . 12. *P.* **latifolia** *Lapeyr.*
 9*. B. beiderseits kahl, mehlig bestäubt; Bthn röthlich.

Neger, Excursionsflora v. Deutschland. 16

§ 82.
15. Kchzähne am Rande u. innen dicht mehlig bepudert; B. meist sägezähnig, meist gerandet. *Bgabhänge d. Alpen, (Krain Istrien)* (4—5) ♃. . . . 13. *P*. **venusta** *Host*.
8*. Blüthen einzeln od. in armblthgn Dolden, meist sehr kurz gestielt; Hüllblättch. länglich od. lineal, so lang od. länger als Bthnstielch. Abschnitte d. Blkrone meist tief gespalten, purpurroth.
  16. B. mit knorpelig verdicktem Rande.
    17. B. ganzrandig.
      18. Abschnitte d. Blkrone ausgerandet herzfg.
        19. B. blaugrün, nicht punktirt, am Rande drüsig flaumig. *Abhge d. südl. Alpenggdn* (5—6) ♃.
          15. *P*. **Wulfeniana** *Schtt*.
        19*. B. rein grün, obersts punktirt. *Abhge d. südl. Alpengegenden* (5—6) ♃.
          16. *P*. **spectabilis** *Trattinick*.
      18*. Abschn. d. Blkrone tief gespalten (ob var. v. 15?) *Kalkfelsen d. Alpen* (5—6) ♃.
        17. *P*. **Clusiana** *Tausch*.
    17*. B. grob gesägt. *Granitfelsen d. Alpen ss.* (6—7) ♃.
      18. *P*. **Facchinii** *Schott*.
  16*. B. nicht mit knorpelig verdickt. Rande.
    20. B. nebst d. Schaft mehr oder weniger drüsig, zottig od. flaumig behaart.
      21. B. nicht klebrig, ganz randig od. stumpf ausgeschweift gezähnt.
        22. B. ellipt od. länglich, am Rande nebst d. Schaft zottig behaart; Hüllb. lineal. *Stein. Abhänge s. höchst. Alpen* (7—8.) ♃. . 19. *P*. **integrifolia** *L*.
        22*. B. längl. od. lanzettl. keilfg. flaumig behaart hüllb. länglich eifg. *Bgabhänge d. höchst. Alpen s. selt. (Graub.)* (7—8) ♃. . . . 20. *P*. **Dinyana** *Lagg*.
      21*. B. vkeifg, u. nebst d. Schaft beiderseits drüsig behaart u. klebrig, stachelspitzig gezähnt; Hüllb. keilfg. *Felsspalt d. südl. Tyroler Alpen ss.* (6—7) ♃.
        21. *P*. **Allionii** *Loiseleur*.
    20*. B. gezähnt nebst d. Schaft völlig kahl, wenn auch klebrig.
      23. B. stumpf gezähnt, von d. Mitte bis z. Spitze keilfg lanzettlich, klebrig; Dolden 3—5blthg. *Bgabhänge d. höh. Alpen* (7—8) ♃. . . 22. *P*. **glutinosa** *Wulf*.
      23*. B. stachelspitzig gezähnt.
        24. Stgl 3—5blthg; Hüllb. eifg länglich; B. vkeifg fast v. d. Mitte an bis z. Spitze gesägt. *Felsspalt d. höchst. Alpen* (7—8) ♃. 23. *P*. **Flörckeana** *Schrdr*.
        24*. Stgl 1—2bthg; Hüllb. lineal; B. keilfg, an d. Spitze am breitesten u. da eingeschnitt. gezähnt. *Felsen u. Abhge d. höher. Gebge (Alpen, Sudeten)* (7—8) ♃.
          24. *P*. **minima** *L*.
7*. B. im Umkreis rundlich 7—9lappig, am Grd herzfg m. deutlich abgesetzt. Stiel; Kch aufgeblasen bauchig, kegelfg-walzig; Bthn purpurn od. weiss in reichblthgn quirlig. Dolden. *Zierpfl. aus China* (2—11) ☉. . . . . 24 b. *P*. **chinensis** *Lindl*.

8. **Hottonia palustris** *L*. (V. 1.) Kch 5theilig; Blkr. 5lappig mit walziger Röhre u. tellerfgm. Saum. Kahle Wasserpfl. in.

quirlstdgn, kammfg fiederthlg. B. u. röthlich weiss. Brhn in quirligen Trauben. *Gräben, Ufer, selt.* (5—6) ♃. § 82.

9. Cortusa Matthioli L. (V. 1.) Kch 5thlg; Blkrone 5lappig trichterfg; Stbgef. auf e. hervortretdn Ring eingefügt. Kapsel 2klappig. Behaart. Kraut m. herzfg rundlich, lappig eingeschnittenen langgestielt. B. u. purpurroth. Bthn in 3-mehrbthgn v. kl. Hüllb. umgebenen Dold. Bgabschnitte gezähnt. *Bgwiesen, Bachufer d. Alpengegenden* (5—6) ♃.

10. Soldanella L. (V. 1.) Kch 5thlg, Blkrone glockig trichterfg mit 5spaltig. Saum u. fransig vielspalt. Abschnitten. Kpsl an d. Spitze rundum aufsprgd, nach abgefallenem Deckelch. vielzähnig. Kahle Krtr m. grundstdgn langgestielt. rundl. nierenfg B. u. blauen od. violetten, hängdn Bthn.
1. Griffel lang, aus d. Blkrone hervorragd; Bthn violett 2—10 in einfach. Dolden; B. unters. punktirt.
 2. Bthnstielch flaumhaarig drüsig; B. rundlich, seicht entfernt gekerbt; D. 4—10blthg *Wälder, Sumpfwiesen in Gbgsggdn* (5—7) ♃. . . . . **1. S. montana** W.
 2*. Bthnstielch. v. sitzdn Drüsen rauh; B. rundl. nierenfg. fast ganzrandig; D. 2—5bthg. *Bgwälder, Wiesen d. Alpen u. höher. Gebirge* (5—7) ♃. . . . . **2. S. alpina** L.
1*. Gr. kurz, nicht aus d. Blkr. hervorragd; Bthn einzeln; B. unters. nicht punktirt.
 3. B. herznierenfg; Bthnstielch. drüsig rauh; Bthn violett. *Bgwiesen d. höheren Alpen* (5—7) ♃.   **3. S. pusilla** Baumg.
 3*. B. kreisrund; Bthnstielch. flaumig rauh, Bthn hellblau. *Bergwiesen d. Alpen* (6—7) ♃. . . . . **4. S. minima** Hoppe.

11. Cyclamen L. (V. 1.) „Alpenveilchen, Erdscheibe". Kch 5theilig; Blkronröhre kurz glockig m. zurückgeschlagen 5lappigem Saum; Kpsl 5klppg. Kahle Krtr m. grundst. herzfg rundlich B., einzelstehend. langgestielt. Bthn u. scheibenfg knolligem Wzlstock.
1. B. stumpf gekerbt, eckig.
 2. Blkrone im Schlund nicht gezähnt.
  3. B. eifg am Grd tiefherzfg m. spitz. Bucht. Abschnitte d. Blkr. eifg lanzettl. meist spitz; Bth. wohlriechend. *Bergwälder d. Alpen u. höheren Gebirge* (7—8) ♃.
           1. C. europaeum L.
  3*. B. im Umkreis rundlich od. nierenfg, am Grd seicht herzfg m. stumpfer Bucht; Abschn. d. Blkrone eifg rundl. stumpf; Bth. geruchlos. *Zierpfl. aus Südeuropa (ob in d. Schweiz wild?)* . . . . **1 b. C. coum** Mill.
 2*. Blkr. im Schlund m. 10 Zähnen; B. eifg, am Grd tief herzfg. *Bgabhänge d. Alpen sss. (C. Wallis)* (7—8) ♃.
          2. C. hederifolium Ait.
1*. B. stachelspitzig gekerbt herzfg; Blkr. im Schlund nicht gezähnt. *Bgwälder in Istrien* (4—5) ♃.
         3. C. repandum Sibth & Sm.

12. Samolus Valerandi L. (V. 1.) Kch 5spaltig m. d. Frknoten verwachsen; Blkrone 5lappig m. abstehend. Saum; Stbg.

§ 82. 10 abwechselnd beutellos; Fr. e. 5klappige m. e. Deckel abspringde Kpsl. Kahles ¼—1½ hoh. Krt m. kleinen weissen Bthn in lockeren Trbn u. ganzrandig. vkeifg längl. B., d. grundst. in Rosetten, d. stengelstdgn abwechselnd. *Gräben, Sümpfe, bes. auf Salzbod. u. im Meere* (6—8) ♃.

13. Glaux maritima *L.* V. 1. Kch glockig 5spaltig, blumenkronartig, Blkr. fehlend; Stbgef. d. Kch eingefügt., d. Kchabschnitt. gegenstdg. Kahles Krt m. am Grunde liegdn, ästig Stgl, gegenstdgn, dicht gedrängt., fleischig, länglich B. u. kleinen blattwinkelstdgn fast sitzdn einwrts röthlich. Bthn. (bezügl. d. Bthnbaues bildet diese Pfl. d. Uebergang zu d. Paronychieen). *Meerufer, Salzboden* (5—6) ♃.

XXIX. Ordn. *ERICINAE. Bartl.* Kch meist frei u. bleibend; seltener m. d. Frkn. verwachsen u. abfallend; 4—5theilig. Blkrone 4—5theilig, d. Kch eingefügt. Stbgef. so viele od. doppelt so viele als Bthntheile, meist d. Frboden od. einer d. Frknoten umgebenden oder auch über demselb. stehenden Scheibe eingefügt. Stbbeutel oft mit 2spitzen Fortsätzen; Griffel 1; Frkn. mehrfächerig, Fächer meist vielsamig. Fr. e. Kapsel od. Beere. Same eiweisshaltig; Keime gerade.

§ 83. ERICACEAE. *DC.* *)

Kch 4—5spaltig, frei; Blkrone 4—5spaltig od. fast freiblättrig, in d. Knospe dachig; Stbgef. nicht m. d. Blkrone verwachsen, sondern meist vor derselben auf einer d. Frknoten umgebenden Scheibe eingefügt. Stbbeutel 2fächerig. Fr. e. mehrfächerige Kapsel, Beere od. Steinfrcht. Kleine Sträucher od. Krtr m. einfach. meist immergrünen nebenblattlosen B.
  1. Blkrone kuglich glockig; Stbg. 10; Bthnthle 5zählig.
    2. Fr. eine Beere od. Steinfrcht.
      3. Beere 4—5fächerig, Fächer 4—5samig; Stamm aufrecht m. gesägt. B. u. weissl. Bthn in hängend. Rispen.
1. **Arbutus.**
      3*. Steinfr. 5steinig; Steine 1samig; Stamm liegd m. ganzrandig. od. gesägt. am R. flachen B.
2. **Arctostaphylos.**
    2*. Fr. e. Kapsel; Blkr. abfallend; Halbstrchr m. lineal lanzettl. am Rande mehr od. weniger umgerollt. ganzrandig. B.
3. **Andromeda.**
  1*. Blkrone trichterfg od. fast radfg, gegen d. Spitze hin nicht enger (bei einigen Ericaarten eifg-röhrig).

---

    *) Der einer verwandten Familie (Ebenaceae) angehörige, im C. Tessin vorkommende Diospyros lotus *L.* ein 2häusiger Strauch m. purpurrothen Blüthen, eifg längl. B. u. kuglich schwarzen pflaumenart. Früchten ist im Orient einheimisch und dort wohl nur verwildert.

4. Blkr. welkend; Stbgef. 8; Fr. m. einfachen Scheidewänden. § 93.
  5. Kch länger als d. Krone, 4blättrig, nebst d. Blkr. meist rosenroth. Kapsel mit auf d. Rändern d. Klppn stehenden Frscheidewänden. Kleine Halbstrch m. lineal lanzettl. gegenst. 4zeilig dachig. B. . . . . 4. **Calluna.**
  5*. Kch kürzer als d. glockige od. fast krugfge, röthliche od. bläuliche Blkrone; Kapsel m. auf d. Mitte d. Klappen stehenden Frscheidewänden. Halbstrchr mit zu 3—4 quirlig. B. 5. **Erica.**
4*. Blkrone abfallend, Frscheidewände doppelt; Stbg. 10 od. 5.
  6. Blkrone trichterfg nicht über d. Mitte getheilt.
    7. Stbg. 5, gerade, Stbkolb. m. 2 Längsritzen aufspringend; Kpsl 4klappig, 4fächerig. . . . . 6. **Azalea.**
    7*. Stbg. 10. meist abwärts gebog. Stbkolben an d. Spitze m. 2 Löchern aufspringd; Kch trichterfg od. radfg. 7. **Rhododendron.**
  6*. Blkrone fast od. bis z. Grunde getheilt.
    8. Stbgef. auf einer unter d. Frkn. stehenden Scheibe eingefügt; Kchb. verwachsen. Immergrüner Halbstrch m. lineal lanzettl. B. . . . . 8. **Ledum.**
    8*. Stbgef. nicht auf e. Scheibe eingefügt. (*Pyrolaceae* Lindl.) Kch fast 5blättr. Kahle Krtr m. immergrün. eifg rnadl. B. 9. **Pyrola.**

I. *ARBUTEAE.* Fr. e. Beere.

1. **Arbutus unedo** L. (X. 1.) Kch 5spaltig; Blkrone eifg m. 5zähnig Saum; Beere 4—5fächerig, Fächer, 4—5samig. Aufrechter Strchm elliptisch-lanzettlich, gesägt. B., röthlich od. grünlichweiss. Bthn in rispigen Trbn u. kuglich scharlachroth. Beeren. *Fels. u. stein. Abhge d. südl. Alpenggdn* (4—5) ♄.

2. **Arctostaphyllos** *Adam.* (Arbutus L.) Kch 5spaltig; Blkr. eifg m. 5spaltigem Saum; Steinfr. 5steinig. Liegende Halbstrchr m. wechselstdgn meist ganzrandig. am Rande nicht umgerollt. B. u. traubenfgn Blthn.
  1. Bthn weiss im Schlunde grünlich; Beere schwarz; B. klein gesägt, welkend. *Felsen u. stein. Abhge d. Alpenggdn* (5—7) ♄.
    1. *A.* **alpina** *Sprg.*
  1*. Bthn röthl., Beeren roth. B. ganzrandig, immergrün. *Wälder, Abhge, bes. im östl. Deutschld u. d. Alpen* (5—6) ♄.
    2. *A.* **uva ursi** *Sprg.*

II. *ANDROMEDEAE.* Fr. e. Kapsel, Scheidewände einfach; Blkrone abfällig.

3. **Andromeda** L. (X. 1.) Kch 5spaltig; Blkr. eifg; Kpsl 5fächerig. Kahle Halbstrchr. m. ganzrandig. wechselst, am Rande mehr od. weniger umgerollt. B.
  1. B. oberseits glänzend, unters. blaugrau, lineal lanzettlich, m. stark umgerollt. Rande; Bthn u. Kch rosenroth od. weiss, langgestielt, fast doldig. *Sumpfwiesen, Teichufer selt.* (5—6) ♄.
    1. *A.* **polifolia** *L.*

§ 83. 1*. B. beiders. schuppig, unters. rostfarben od. weissl., eifg-lanzettl. m. wenig umgerollt. Rande; Bth. weiss, kurzgestielt in einseitig. Trbn.; Kch blassgrün gross. *Sumpfwiesen sss. (Ostpreuss.)* (4—5) ♄ . . . . 2. *A.* **calyculata** *L.*

III. *ERICEAE.* Blkr. welkend, Bthntheile 4zählig, übrig. w. b. II.

4. **Calluna vulgaris** *Salisb.* (VIII. 1.) (Erica v. *L.*) Kch 4theilig, doppelt, d. innere gefärbt u. grösser als d. 4spalt. Blkr.; Scheidewände d. Kapsel, d. Rändern ihrer Klappen gegenständig. Kleiner 1—2' hoher Strauch mit ruthenfgn Aesten, kleinen linealen 3kantig stumpfgekielt. 4zeilig gegenstdgn B. u. rosenroth. Bthn in einseitswendig. Trbn. *Sandige Hügel, Wälder häufig (nebst d. folgdn „Heidekraut")* (7—8) ♄.

5. **Erica** *L.* (VIII. 1.) Kch 4blättr.-4theilig einfach, Blkr. länger als d. Kch m. 4zähn. od. 4spalt. Saume, oft krugfg.; Scheidewände d 4fächerig. 4klappig. Kpsl auf der Mitte d. Klappen befestigt. Meist kleine Halbstrchr m. klein. lineal nadelartig. zu 3—4quirlig. B. u. doldenfg od. traubenfgn gestielt. nickend. Bthn.
 1. Blkrrone krug-eifg od. fast röhrenfg, röthlich; Narbe klein kopffg.
 2. B. u. Kchabschnitte steifhaarig gewimpert, erstere meist zu 3 quirlig; Bthn in fast kopffgn Dolden. Stbk. in d. Blkr. eingeschlossen, begrannt. *Torfwiesen selt. (bes. in Norddeutschld.)* (7—8) 2↓ . . . . 1. *E.* **tetralix** *L.*
 2*. B. u. Kchabsch. kahl.
 3. Stbkölbch in d. Blkronr. eingeschlossen, m. e. grannenfgn Anhängsel; B. z. 3 quirlig; Blkr. violett in quirl. Trbn. *Wälder sss. (bei Bonn)* (6—7) ♄. . . 2. *E.* **cinerea** *L.*
 3*. Stbkölbch. aus d. Blkrone hervortrtetd: ohne Anhäugsel; B. zu 4quirlig., Bth. röthlich in einseitsw. Trbn. *Wälder, bes. in Gebirgsgydn selt. (Regensbg, Böhmen, Alpen u. a. O.)* (4—5) ♄ . . . . 3. *E.* **carnea** *L.*
 1*. Blkr. glockig, in quirlig Trbn; Stbk. unbegrannt.
 4. Bthn röthl., Narbe klein kopffg; B. zu 4 stehend; Stbkölb aus d. Blkr. hervorstehend. *Gebüsch auf den Inseln d.* adr. *Meeres* (4—5) ♄ . . . . 4. *E.* **vagans** *L.*
 4*. Bthn weiss. Narbe schildfg; Stbkölbch. in d. Blkr. eingeschlossen; B. zu 3 quirlig; Pfl. 3—8' hoch. *Stein. Abhänge im südl. Tyrol* (5—6) ♄ . . . . 5. *E.* **arborea** *L.*

IV. *RHODOREAE.* Blkr. abfallend; Bthnth. 5zählig; Fr. nt. doppelten Scheidewänden.

6. **Azalea** *L.* (V. 1.) Kch 5theilig; Blkrone trichterfg glockig; Stbgef. 5, gerade mit 2porig od. in Längsritzen aufspringenden Beuteln; Narbe kopffg v. e. Ring umgeben, an d. Spitze 2—4drüsig. Halbstrchr mit immergrün. od. abfalldn gegenstdgn B.

ERICACEAE. *Azalea.* 247

1. Bthn klein, rosenroth, glockig. Kleiner kriechdr kahler Halb- §83.
strch m. dicht beblätt. Zweigen u. eifg od. lanzettl. am Rand
umgerollt. immergrün. B. *Bgabhänge d. Alpen* (7—8) ♃.
             1. *A.* **procumbens** *L.*
1*. Bthn gross, goldgelb, fast 2lippig; Aufrechte Strchr mit ab-
falldn behaart. B.
 2. B. unterseits blaugrün; Stbfdn kürzer als d. Blkr. *Zierpfl.*
  aus China (5—6) ♃. . . . . 1 b. *A.* **chinensis** *Sweet.*
 2*. B. beiders. ziemlich gleichfarbig; Stbfäden aus d. Blkr. her-
  vorragend. *Zierpfl. aus Kleinasien* (5—6) ♃.
            1 c. *A.* **pontica** *L.*

7. **Rhododendron** *L.* (X. 1.) „Alpenrose" Kch 5theilig;
Blkr. trichterfg glockig oft fast 2lippig od. radfg; Stbgef. 10,
abwts gebogen mit 2porig aufspringdn Beuteln. Narbe kopffg
m. e. Loche an d. Spitze. Der vorig Gattung oft sehr ähnliche
Strchr od. Halbstrchr m. wechselstdgn od. büschl. immergrünen B.
 1. Kleine 1/2—1' hohe liegende od. aufsteigende Halbstrchr mit
  höchstens 1½" langen B. u. rosenroth. Bthn.
 2. Blkr. radfg; Bthn einzeln oder zu 2—3 am Ende der Zweige;
  B. unters. weisspunktirt (Rhodothamnus *Rchb.*) *Bgabhge d.*
  Alpen (Kalk) selt. (5—7) ♃ . . 1. *Rh.* **chamaecistus** *L.*
 2*. Blkrone glockig, etwas 2lippig, nebst d. Bthnstielen aussen
  drüsig punktirt; Bthn nickd. doldentraubig.
  3. B. am Rande fein gewimpert u. kleingekerbt unterste drü-
   sig punktirt, flach, breit lanzettl. bis eifg-rundlich; Kchz.
   breiter als lang. *Bgabhänge d. Alpen (Kalk)* (5—8) ♃.
            2. *Rh.* **hirsutum** *L.*
  3*. B. am Rande kahl od. wenig u. kurzgewimpert, lanzettl.
   ganzr.
  4. B. unterseits dicht drüsig gedüpfelt. (Zwischenform v. 2
   u. 4.) *Bgabhänge d. Alpen selt.* (7—8) ♃.
          3. *Rh.* **intermedium** *Tsch.*
  4*. B. unters. rostfarben schuppig, Kchz. länger als breit.
   Bgabhänge d. Alpen (Granit) (6—8) ♃.
          4. *Rh.* **ferrugineum** *L.*
1*. Grosse 3—8' hohe Strchr m. grossen ganzrandgn 3—8" langen
B. (Zierpfl.); Bthn roth od. verschied. gefärbt.
 5. Bthnstd halbkuglich büschlig, Pfl. kahl.
 6. B. stumpf, unters. blassgrün; Kchabschn. stumpf. *Zierpfl.*
  aus Nordamerica (6) ♃. . . . 4 b. *Rh.* **maximum** *L.*
 6*. B. an beid. End. spitz. *Zierpfl. a. Kleinasien* (5—6) ♃.
          4 c. *Rh.* **ponticum** *L.*
 5*. Bthn zu 1—3; B. angedrückt behaart (Azalea i. *L.*), *Zierpfl.*
  aus Indien. . . . . 4 d. *Rh.* **indicum** *Sweet.*

8. **Ledum palustre** *L.* (X. 1.) Kch klein 5zähnig; Blkr. am
Grund 5theilig. Aufrechter Halbstrch m. lineal lanzettl. unters. rost-
roth filzig. B. u. weiss radfgn Bthn.

V. *PYROLACEAE Lindl.* Frknoten nicht v. drüsigen Scheibe
umgeben; Same geflügelt.

§ 83. 9. **Pyrola** *L.* (X. 1.) Kch u. Blkrone bis z. Grd 5theilig. Stbgef. nicht auf e. Scheibe eingesägt; Krtr m. immergrünen lederart. eifgn B. u. weissen grünlichen od. röthlich. Bthn. auf e. oberwts blattlos. Stgl.
  1. Bthn in Trauben od. Doldentrauben.
  2. Bthn in einfach. endstdgn Trauben.
    3. Bthntrauben allseitswendig.
      4. Stbgef. aufwrts. Griffel abwärts gebogen, letzterer weit aus d. Blkr. hervorragend.
        5. Bthn weiss, radfg; B. rundlich.
          6. Trauben vielbthg (10—12), lang; Kchz. spitz. *Wälder, häufig* (6—7) ♃. . . . . . 1. *P.* **rotundifolia** *L.*
          6*. Trbn armbthgr (3—10), kurz; Kchz. stumpf (ob var?) *Sandfelder (auf d. Insel Norderney)* (6—7) ♃.
                              2. *P.* **arenaria** *Scheel.*
        5*. Bthn grünlich, halbkuglig in 3 kzn 3—8bthgn Trauben. *Wälder selt.* (6—7) ♃. 3. *P.* **chlorantha** *Schwartz.*
      4*. Stbgef. u. Griffel fast od. völlig gerade; B. rundl. eifg; Blkr. kugl. od. halbkuglich.
        7. Bthn weiss; Griffel aus d. Bthn hervorragend, etwas schief; Bthnstiel breit geflügelt. *Wälder selt.* (6—7) ♃.
                          4. *P.* **media** *Sw.*
        7*. Bthn röthlich; Gr. völlig gerade; nicht aus d. Bthn hervorragend; Bstiel schmal geflüg. *Wälder nicht selt.* (6—7) ♃. . . . . . . 5. *P.* **minor** *L.*
    3*. Bthntrauben einseitswendig m. zuletzt nickd. grünlich-weiss. eifgn Bthn u. hervorragendem Gr. B. eifg od. eifg-längl. spitz. *Wälder nicht selt.* (6—7) ♃. . . 6. *P.* **secunda** *L.*
  2*. Bthn doldentrbg; B. gesägt, vkeifg lanzetlich. Blkr. weiss, radfg. *Wälder selt.* (6—7) ♃ . . . . 7. *P.* **umbellata** *L.*
1*. Bthn einzeln, gross, nickd, weiss. radfg glockig, B. rundl. spatelfg. *Wälder selt.* (6—7) ♃ . . . . . . 8. *P.* **uniflora** *L.*

§ 84. MONOTROPEAE. *Nutt.*

Kch 4—5blättrig bleibd; Blkr. 4—5blättrig, bleibd, in d. Knospe dachig; Stbg. doppelt so viele mit einfächerigen queraufspringenden Beuteln. Frkn. frei, halb-5fächerig. Gr. 1. m grosser trichterfg Narbe; Schuppenblättr. d. Orobanche arten ähnl. zwischen d. Wzln v. Waldbäumen wachsende, aber nicht eigentlich darauf schmarotzende Pfl.

    1. **Monotropa hippopitys** *L.* (X.1.)Bthntheile d. endstdgn Bthn 5zählig, d. seitenst. 4zählig; Blkrb. am Grd höckerig, fast gespornt, honigabsondernd. Flaumhaariges oder kahles (=var: hypophegea *Wallr.*), fleischiges, bräunlich weisses Krt m. 3—8" hoh. schuppenblättrig. Stgl u. röhrig glockig. Btln in lockeren anfangs nickdn Trbn. *Wälder nicht häufig* (7—8) ♃.

§ 85. VACCINICAE. *DC.*

Kch oberständig 4—5spaltig; Blkr. 4—5lappig abfalld; Stbgefässe auf e. über d. Frknoten stehenden Scheibe eingefügt

Frkn. 4—5fächerig. Fächer mehrsamig. Fr. e. Beere. Kleine Strchr § 85.
m, wechselst. einfach. B.

1. **Vaccinium** *L.* (VIII. 1.) Kch 4—5spaltig od. -zähnig;
Blkr. kuglig, glockig od. radfg; Fr. e. kuglige Beere.
  1. Blkr. kuglich od. glockig, röthlich od. weiss.
    2. Blkr. unter d. Mündung nicht eingeschnürt: B. immergrün;
      Beer. roth.
      3. B. unters. punktirt; Gr. hervorragend. *Wälder häufig,*
        „Preisselbeere, Kronsbeere" (5—7) ♃.
                                              1. *V.* **vitis idaea** *L.*
     3*. B. unters. nicht od. nur wenig punktirt; Gr. eingeschlos-
       sen. (ob Bastardform v. 1 u. 3?) *Wälder sss. (b. Berlin)*
       (5—6) ♄. . . . . 2. *V.* **intermedium** *Ruthe.*
    2*. Blkr. unter d. Mündung eingeschnürt; B. abfalld; Beeren
      schwarz od. bläulich.
      4. B. gesägt, Bthn einzeln, mit kugliger Krone. *Wälder,*
        häufig „Schwarzbeere, Heidelbeere" (4—5) ♄.
                                      3. *V.* **myrtillus** *L.*
     4*. B. ganzrandig, Bthn in Trbn m. eifgr Kr. *Wälder, Grä-*
       ben, Sumpfggdn nicht selt. (5—6) ♄.
                                        4. *V.* **uliginosum** *L.*
 1*. Blkr. radfg mit fast bis z. Grund getheilt zurückgebogenen
    Abschnitten, rosenroth; Bthn langgestielt einzeln, nickd. Liegdes
    Krt m. fadenfgm Stgl u. eifg länglich am Rand umgerollt B.;
    Beeren scharlach roth. *Torfwiesen, Sümpfe, Wälder, nicht*
    häufig (6—7) ♃. . . . . 5. *V.* **oxycoccos** *L.*

XXX. Ordn. **CAMPANULINAE** *Bartl.* Kch meist m.
d. Frknoten verwachsen, bleibend; Blkrone d. Kchschlund ein-
gefügt. in d. Knospe klappig; Stbgef. 5 auf einer über d. Frk-
noten stehenden Scheibe eingefügt. Frkn. meist vielsamig, Fr
e. mehrfächerige Kapsel; Samen eiweisshaltig, Keim gerade. Meist
Kräuter m. wechselstdgn nebenblosen B.

§ 86. **CAMPANULACEAE.** *Juss.*

Blkr. meist verwachsenblättrig, glockig od. radfg, d. Kch
eingefügt; Gr. m. 2—5theiliger Narbe. Fr. e. mehrfachen Kapsel.
Stbkolb. frei od. mehr od. weniger m. e. verwachsen. V. 1.
  1. Blkrone fast bis zum Grd in lineale Abschnitte getheilt, die
    anfangs röhrenfg m. einander verwachsen sind, und v. unten
    nach oben hin sich trennen. Bthn meist kopffg od. ährenfg
    gehäuft.
    2. Staubfäden pfriemlich; Stbkölbchn am Grund m. einand. ver-
      wachsen, zuletzt nach oben sternfg auseinandertretd; Bthn
      gestielt in Köpfch. . . . . 7. **Jasione.**
    2*. Stbfdn am Grd breit 3eckig häutig; Stbkölbch nicht m. e.
      verwachsen; Kpsl an d. Seite mit mehreren Löchern aufsprnd.
                                    6. **Phyteuma.**

§ 86. 1*. Blkr. glockig od. radfg. meist nicht üb. d. Mitte getheilt; Bthn meist einzeln od. in locker. Trben (Campanula *L.*)
 3. Staubfäden am Grund nicht breiter.
  4. Blkrone radfg od. flach glockenfg. Kapsel prismatisch kantig.
   2. Specularia.
  4*. Blkr röhrig glockig, Kapsel unregelmässig aufspringend; liegds Krt m. 5lappig rundl. B. u. hellblauen Bthn.
   1. Wahlenbergia.
 3*. Stbfäden am Grund breiter; Blkr. glockig.
  5. Auf d. Frknoten e. kurze d. Griffel umgebdn Röhre; dieser weit hervorragend, keulenfg; Bthn in Trbn.
   3. Adenophora.
  5*. Griffel nicht v. e. Röhrchen umgeben; Narben 2—3, v. e. getrennt.
   6. Kapsel unregelmässig aufspringd; Bthn büschlig v. breit häutigen Deckb. umgeben. . . . **4. Edrajanthus.**
   6*. Kpsl an d. Seite 3—5 Löchern aufspringend.
    5. Campanula.

1. Wahlenbergia hederacea *Rchbch.* (Campanula h. *L.*) Blkrone röhrig glockig 5spaltig; Kapsel an d. Spitze mehr od. weniger u n r e g e l m ä s s i g k l a p p i g aufspringd; Stbfäden am Grd n i c h t breiter. Liegends Krt von 3—6″ langen fadenfgm ästig. Stgl. rundl. herzfgn 5—7eckig lappig. B. u. langgestielten einzelstbdn hellblauen Bthn. *Torfwiesen sss. (Rheinggdn, Norddeutschland)* (7—8) ⚘.

2. Specularia *Heist.* (Prismatocarpus *L.'Herit.* Campanula *L.*) Blkr. r a d f g od. f l a c h glockig; Kapsel lineal länglich, prismatisch. Kahle od. kzhaarige 3—6″ hohe Krtr m. eifgn-längl. B. u. kurzgestielt. rothviolett. Bthn. Kchz so lang und länger als die Blkrone.
 1. Kchz. Blkrone u. Frknoten etwa gleichlang; Stgl ausgebreitet ästig. *Aecker nicht selt.* (6—8) ⌣ . . 1. *S.* **speculum** *DC.*
 1*. Blkr. kürzer als Kch u. Frknoten; Stgl kurzästig. *Aecker ss. (Rheinggdn, Thüringen u. a.)* (6—8) ⚘.
   2. *S.* **hybrida** *Alf. DC.*
 2. Kchz. lanzettlich; Frkn. unter d. Spitze eingeschnürt.
 2*. Kchz. lineal-lanzettl. an d. Spitze bogig; Frkn. nicht eingesehn. *Aecker, Istrien* (6—8) ⌣ . . 3. *S.* **falcata** *Alf. DC.*

3. Adenophora suaveolens *Meyer.* (Campanula liliifolia *L.*) Griffel keulenfg. abwts geneigt, am Grund v. e. kleinen R ö h r c h e n umgeben. Kapsel mit seitlich. L ö c h e r n aufspringd. Kahles od. kurzhaariges 1—3′ hohes Krt m. eifg länglich meist gesägt B u. grossen hellblauen traubig gestellt. Bthn. Kchzähne lanzettl. spitz. drüsig gesägt. *Wälder, Gebüsch ss. (Schlesien, Böhmen u. a.)* (7—8) ○.

4. Edrajanthus *A. DC.* (Campanula graminifolia *W. K.*) Blkr. g l o c k i g; Kpsl u n r e g e l m ä s s i g aufspringd. Wimperhaarige Krtr m. lineal. B. u. blauen büschlig. v. b r e i t e i f g n D e c k b. umgebenen Bthn.

1. B. nebst d. Deckb. borstig gewimpert; Stgl behaart. *Steinige* §86.
   Abhänge am adr. Meer (7—8) ♃.   1. *E.* **tenuifolius** *A. DC.*
1*. B. nebst d. Deckb. weichwollig gewimp. Stgl flaumig. *Steinige*
   Abhänge d. südl. Alpenggdn (7—8) ♃.
                         2. *E.* **kitaibelii** *A. DC.*

5. **Campanula** *L.* „Glockenblume". Kapsel unter d. Spitze mit Löchern aufspringend; Blkr. glockig od. fast röhrig, 5spaltig, im Grund durch die breit häutigen Staubgefässe geschlossen. Kahle od. behaarte Krtr mit vorherrschend blauen Bthn u. einfach. wechselstdgn B.
   1. Kch mit auswärts gebogenen Anhängseln in d. Buchten, Bthn nickend.
   2. Anhängsel fast so lang als d. Kchröhre.
      3. Blkrone an d. Spitze dicht bärtig; B. länglich, lanzettl. fast ganzrandig. *Bgwiesen d. Alpenggdn* (6—7) ♃.
                            1. *C.* **barbata** *L.*
      3*. Blkr. an d. Spitze kahl; B. lanzettl. wellig halbumfassend. *Bergwiesen, bes. im östl. Deutschld* (5—6) ♃.
                            2. *C.* **sibirica** *L.*
   2*. Anhgsl viel kürzer als d. Kchröhre; B. lineal fast ganzrandig; Pfl. oberwts zottig behaart. *Bergwiesen u. stein. Abhge d. Alpen* (7—8) ♃. . . . . . 3. *C.* **alpina** *Jacq.*
1*. Kch ohne Anhängsel zwischen d. Abschnitten.
   4. Bthn gestielt, meist blau od. violett, selten weiss.
      5. Bthn bes. z. Frzeit nickend.
         6. Blkrone fast krugfg röhrig glockig, unter d. Mündg eingeschnürt m. bärtigem Saum, Pfl. 2—4" hoch m. einzelnen end. u. blattwinkelstdgn Bthn u. eifgn-lanzettl. lineal B. *Felsspalt d. südl. Alpenggdn (7—8)* ♃.
                               4. *C.* **Zoysii** *Wulf.*
         6*. Blkr. erweitert glockig, nicht mit bärtig. Saum; Kpsln am Grunde aufspringend.
            7. Kchabschnitte pfrieml. od. lineal borstig.
               8. Kleines 1—4" hohes im Rasen wachsendes Krt m. einblüthigem Stgl. dunkelviolett. Bthn u. eifgn-ellipt. od. lanzettlichen gekerbt. gleichartig. B. *Bgwiesen d. Alpenggdn* (7—8) ♃. . . . . . 5. *C.* **pulla** *L.*
               8*. Pfl. meist höher, nicht od. nur in lockeren Rasen wachsend, oder m. ungleichartigen B.
                  9. B. ungleichartig, d. unterste rundlich herzfg od. eifg, d. ob. lineal ganzrandig; Pfl. ½—4' h. in lockeren Rasen.
                     10. Unt. B. eifg, kurz gestielt.
                        11. Stgl 1—3blüthig mit bauchig glockiger, bis zu ⅓ gespaltener Blkrone. *Felsspalt. der höchst. Alpen sss. (C. Wallis)* (7—8) ♃.
                                              6. *C.* **excisa** *Schlch.*
                        11*. Stgl mehrblth, mit länglich-glockiger unter d. Einschnitten verengerter Krone. *Felsspalt. d. Alpen* (7—8) ♃. . . 7. *C.* **caespitosa** *Scop.*
                     10*. Unt. B. nierenfg, langgestielt.
                        12. Stgl rispig-vielblthg; Kchz. höchsts ½ so lang als d. Krone; Ob. Stg. B. lineal lanzettlich, unt. lanzettl. *Hügel, Wiesen, Wege sehr häufig* (6—8) ♃. . . 8. *C.* **rotundifolia** *L.*

252   *Campanula.*   CAMPANULACEAE.

§ 86.
  12*. Stgl wenigblthg oder einzelbthg.
    13*. Kchz. höchstens halb so lang als d. Blkrone.
      14. Unt. Stglb. elliptisch gesägt; Blkrone halbkuglig
          glockig hellblau 1/2" lang. *Steinige Abhänge, Buch-
          ufer d. Alpen u. höher. Gebirge* (6—7) ♃.
                                  9. *C.* **pusilla** *Hke.*
      14*. Unt. Stglb. meist ganzrandig. Blkr. walzig- od. trich-
           terfg glockig, dunkelblau. *Bgwiesen d. Alpen u.
           höher. Gebirge* (7—8) ♃.
                                 10. *C.* **Scheuchzeri** *Vill.*
    13*. Kchz. borstig lineal, fast so lang als d. Blkr. nach
         aussen gebogen, Llkr. gross (- 1" lg). *Felsspalt. d.
         südl. Alpnggdn* (6—7) ♃.   .   11. *C.* **carnica** *Schde.*
  9*. B. alle gleichartig, rhombisch eifg.-lanzettlich, gesägt;
      Bthn rispig einseitswdg Stgl 1—3' hoch, nicht rasenbildd.
      Bgwiesen d. Alpen (bes. im Schweizer Jura) (7—8) ♃.
                                 12. *C.* **rhomboïdalis** *L.*
  7*. Kchabschnitte v. deutlicher Breite, lanzettlich-eifg.
    15. Wenigstens d. unter B. mehr od. weniger deutlich herzfg;
        Pfl. rauhhaarig.
      16. Stgl einfach, rund od. stumpfkantig; Bthn in einseits-
          wendgn Trbn.
        17. Bthntrauben dicht; Gr. in d. Blkr. eingeschlossen, B.
            unters. dünn graufilzig. *Wiesen, Hügel ss.* 6—7) ♃.
                                 13. *C.* **bononiensis** *L.*
        17*. Bthntrbn locker; Gr. aus d. Blkr. hervortrtd; B. nicht
             filzig behaart. *Wälder, Hügel, Mauern nicht selt.*
             (6—8) ♃.   .   .   .   .   14. *C.* **rapunculoïdes** *L.*
      16*. Stgl ästig, scharfkantig; Bthntrbn allseitswendig, B.
           grob gesägt. *Hecken, Gebüsch nicht s.* (6—5) ♃.
                  15. *C.* **urticifolia** *Schmidt.* — **trachelium** *L.*
    15*. B. alle nicht am Grunde herzfg.
      18. Bthn gross (1 1/2—2" lang) Stgl einfach, 3—5' hoch, B.
          eifg-lanzettl. grob doppelt gesägt. *Wälder ss.* (7—8) ♃.
                                 16. *C.* **latifolia** *L.*
      18*. Bthn klein, Stgl gabelästig 1/2—1' hoch; B. vkeifg läng-
           lich, wenig gezähnt. *Hügel, Abhänge (Elsass)* (6—7) ⊙.
                                 17. *C.* **Erinus** *L.*
5*. Bthn u. Fr. aufrecht.
  19. Kchz. lanzettlich breit.
    20. Stengel einfach.
      21. Niedrige in Rasen wachsende Pfl.
        22. Stgl 1—2blthg, aufstrebd od aufrecht.
          23. Blkrone nicht über d. Mitte getheilt. Kapsel am
              Grund aufspringend.
            24. B. entfernt gekerbt, länglich vkeifg d. unter. spa-
                telfg; Bthn nickend. *Felsspalt der höher. Alpen
                ss.* (7—8) ♃.   .   .   .   .   18. *C.* **Raineri** *Perp.*
            24*. B. einfach gesägt, d. d. nicht blühenden Stgl
                 langgestielt, herzfg; Bthn aufrecht. *Felsspalt d.
                 südl. Alpenggdn ss.* (7—8) ♃.
                                 19. *C.* **Morettiana** *Rchb.*
          23*. Blkrone fast bis zum Grd in 5 Abschnitte getheilt;
               Kapsel nach oben aufspringend; Behaartes Krt m.
               ganzrandig. vkeifg-längl. B. *Felsspalt d. Alpen ss.
               (C. Wallis, Vorarlbg)* (7—8) ♃. 20. *C.* **cenisia** *L.*

22*. Stgl mehrblüthig liegend; Kpsl am Grd aufsprgnd. §86.
  25. Blkrone wenig getheilt; Kchz. lineal lanzettl. B.
      gesägt, ciherzfg. *Felsspalt (auf d. Insel Cherso
      am adr. Meery* (5—6) ♃. . 25. *C.* **elatines** *L.*
  25. Blkr. fast bis zum Grund 5theilig; Kchz. lanzettl.;
      B. eifg. *Felsspalt (auf d. Insel Cherso im adr.
      Meery* (5—6) ♃. . . . 22. *C.* **garganica** *Ten.*
21*. Stgl aufrecht 2—3' hoch. nicht rasenbildend. Unt. B.
    lanzettl. eifg. gekerbt od. ganzrandig, ob. lineal lan-
    zettlich; Bthn gross, halbkugl. zu 2—6 in einseitswen-
    digen Trauben (selten einzeln). *Wälder, Gebüsch
    nicht selt.. auch als Zierpfl.* (6—7) ♃.
                                23. *C.* **persicifolia** *L.*
20*. Stgl traubig ästig, vielblüthig, Bthn in pyramidalen
    Trbn; B. gesägt, d. unt. herzfg, die ober. eifg. *Stein.
    Abhänge d. südl. Alpenggdn, auch als Zierpfl.* (7—8) ☉.
                                24. *C.* **pyramidalis** *L.*
19*. Kchz. lineal pfriemlich; Grundst. B. in d. Bstiel ver-
    schmälert; Bthn in zusammengesetzten Trbn.
  26. Rispenäste ausgebreitet, fast doldentrbg. *Wiesen, Hü-
      gel häufig* (57—) ☉. . . . . . 25. *C.* **patula** *L.*
  26*. R. fast traubenartig verlängert, am Grd m. 2 kzgestielt.
      unentwickelt. Bthn. *Wiesen, Hügel häufig* (5—8) ☉.
                                26. *C.* **rapunculus** *L.*
4*. Bthn sitzd. kopffg od ährenfg gehäuft.
  27. Bthn gelblichweiss; Gr. hervorragend.
  28. Bthn in Köpfchen; B. ellipt. lanzettl. unters. graufilzig,
      scharf gezähnelt. *Bgwiesen d. südl. Alpggdn* (6—8) ☉.
                                27. *C.* **petrae** *L.*
  28*. Bthn in länglich. od. walzigen Aehren; B. länglich lan-
      zettl. ganzrandig. *Bgwiesen d. Alpen* (7—8) ☉.
                                28. *C.* **thyrsoïdea** *L.*
  27*. Bthn violett; Gr. eingeschlossen.
    29. Stgl steifhaarig; B. am Grd in d. Bstiel verschmälert.
    30. Bthn in unterbrochenen Aehren, die unter. zu 3 bei-
        sammen, d. ob. einzeln. *Stein. Abhänge d. südl. Al-
        penggdn* (7—8) ☉ . . . . . 29. *C.* **spicata** *L.*
    30*. Bthn in end- u. seitenstdgn Kpfchn. *Wälder selt.*
        (7—8) ☉. . . . . . . 30. *C.* **cervicaria** *L.*
  29*. Stgl u. ganze Pfl. flaumhaarig od. kahl; B. am Grd
      herzfg, d. grundstdgn lang gestielt; Bthn kopffg od.
      ährenfg gehäuft; Pfl. sehr vielgestaltig. *Wiesen, Hügel,
      bes. in Gebirgsggdn* (6—7) ♃. 31. *C.* **glomerata** *L.*

6. **Phyteuma** *L.* Blkrone 5theilig mit lineal. anfangs
an d. Spitze mit einander verwachsenen Abschnitten; Stbbtl
frei, Stbfäden am Grunde breiter; Narbe 2—3theilig; Kapsel
2—3fächerig m. seitlich. Löchern aufsprgd. Meist Alpenpfl. m.
einfach. Stgl u. ährenfg od. kopffg, seltener doldenfg od. traubig
gehäuft. Bthn.
  1. Bthn sitzend, in ein von grünen blattart. Deckb. umgebenes
     Köpfchen od. Aehre gehäuft.
  2. Bthn in kuglichen Köpfch. blau od. violett, selt. weiss.
    3. Köpfch. wenig (5—6)blthg B. vkeifg, lanzettl. stumpf, ganz-
       randig od. an d. Spitze 2kerbig; Deckb. stumpflich. *Bg-
       abhänge d. höchst. Alpen* (7—8) ♃. 1. *Ph.* **pauciflorum** *L.*

§ 86.
3*. Köpfch 10-mehrblthg; B. d. Hülle spitz; Gr. m. 3 Narben.
4. Blättch. d. Hülle eifg od. eifg lanzettl.
5. B. lineal od. lanzettl. lineal; Köpfch. meist 12blthg; Deckb. zottig gewimpert.
6. B. ganzrandig od. nur an d. Spitze gekerbt, d. der Hülle nur halb so lang als d. Köpfchen; Stgl wenig beblätt. 2—5" hoch. *Bgabhänge d. Alpen* (7—8) ♃.
2. *Ph.* **hemisphaericum** *L.*
6*. Ob. B. entfernt gezähnelt, die d. Hülle fast so lang als d. Köpfch.; Stgl reich beblättert 1—4" hoch. *Felsspalt d. höchst. Alpen (Granit)* (7—8) ♃.
3. *Ph.* **humile** *Schlch.*
5*. B. d. unfrb. Büschel nebst d. unter. Stglb. langgestielt, herzeifg, od. eifg-lanzettlich, die d. Hülle gesägt.
7. Obere Stglb. rauteneifg; äussere Hüllb. geschärft gesägt (ob var v. 5?) *Bgwiesen d. höchst. Alpen* (6—8) ♃. . . . . 4. *Ph.* **Sieberi** *Sprgl.*
7*. Ob. Stgl. lineal; äussere Hüllb. lanzettl. wenig gesägt; Pfl. vielgestaltig. *Bgwiesen d. niedr. Ggndn, nicht häufig* (5—8) ♃. . . 5. *Ph.* **orbiculare** *L.*
4*. B. d. Hülle lineal, länger als d. Köpfch. ganzrandig od. wenig gezähnt. *Felsspalt d. Alpen* (7—8) ♃.
6. *Ph.* **Scheuchzeri** *All.*
2*. Bthn in eifgn od. walzigen dicht. Aehren, am Grd v. lineal. Hüllb. umgeben; Narb. m ist 2. B. herzeifg. länglich, kerbsägig; Stgl 1—2' hoch.
8. B. einfach- od. wenig kerbsägig.
9. Aehre anfngs rundlich eifg, Bthn hellviolett. Ob. Stglb. lineal lanzettl., fast ganzrdg. *Bgwiesen d. Alpen* (7—8) ♃.
7. *Ph.* **Michelii** *Bert.*
9*. Aehre länglich; Bthn dunkelviolett, obere Stglb. eifglanzettl. einfach kerbsägig. *Laubwälder, nicht selten (bes. Rheinpfalz)* (5—6) ♃. . . 8. *Ph.* **nigrum** *Schm.*
8*. B. doppelt kerbsägig.
10. Bthn gelblichweiss, an d. Spitze grünlich. *Laubwälder, häufig* (5—6) ♃. . . . . . . 9. *Ph.* **spicatum** *L.*
10*. Bthn dunkelviolett. *Bgwiesen d. Alpen u. Sudeten* (7—8) ♃.
10. *Ph.* **Halleri** *All.*
1*. Bthn gestielt, blau.
11. Blthn in e. endstdgn büschlig. Dolde. B. gezähnt, die grundstdgn nierenfg. *Felsspalt d. Alpen, s.* (7—8) ♃.
11. *Ph.* **comosum** *L.*
11*. Bthn einzeln, zerstreut rispig; unt. B. eifg, kerbsägig. *Hügel, Gebüsch sss. (b. Cilli in Steiermark)* (6—8) ♃.
12. *Ph.* **canescens** *W. K.*

7. **Jasione** *L.* Blkr. 5thlg, mit lineal. an d. Spitze anfgs mit ein. verwachsenen Abschnitten; Stbbeutel anfgs in e. Röhre verwachsen, zuletzt sternfg ausgebreitet u. nur noch am Grunde zusammenhängd, Stbfäden am Grd nicht breiter; Gr. keulenfg; Kpsl 2fächerig, an d. Spitze mit e. Loche aufspringd. Krtr m. oberwts wenig beblättert. Stgl u. blauen, kzgestielten von e. gemeinschaftlichen Hülle umgebenen, kopffg doldig gehäuft. Bthn.
1. Wzl einfach, mehrere blüthentrgde Stgl treibd. Pfl. flaumig, B. wellig, seicht gekerbt. *Hügel, Sandfelder nicht selt.* (6—7) ☉.
1. *J.* **montana** *L.*

CAMPANULACEAE. *Jasione*.

1*. Wzl auslfrtrcibd, m. blühenden u. nicht blühdn Stgln. Pfl. kahl § 86.
od. wimperhaarig; B. flach ganzrdg. *Hügel, stein. Abhänge s.*
(6—8) ♃. . . . . 2. *J.* **perennis** *L.*

§ 87. LOBELIACEAE. *Juss.*

Kch oberstdg, 5spaltig od. ungetheilt. Blkrone 5spaltig, d. Kch
eingefügt, 2lippig; Lappen d. Oberlippe oft dch e. tiefe Spalte von
einander getrennt; Stbgef. 5, oft mit einand. verwachsen; Gr. 1. m.
einer, von einem gewimperten Kranze umgebenen Narbe. Fr. e.
Kapsel od. Steinfrcht.

1. **Lobelia** *L.* (V. 1.) Kch 5lappig; Blkr. 2lippig, d. Lap- ††
pen d. Oberlippe dch e. tiefe Spalte v. einander getrennt.
  1. Btbn blau.
  2. Sumpf- od. Wasserpfl. mit oberwts blattlosem Stgl, blauen
    traubenfg gestellt. Btbn u. lineal. stumpfröbrig 2fächerig un-
    tergetaucht. büschlig. B. *Teiche (nordwestl. Deutschland)*
    (7—8) ♃. . . . . 1. *L.* **dortmanna** *L.* ††
  2*. Kleine Landpfl. m. weit ausgebreitet ästig beblättertem Stgl
    u. eifg-lanzettl. wenig gezähnt. B. Btbnstielch. 2schneidig,
    am Grd m. 2 Drüsen. *Häufige Zierpfl. aus Südafrica* (7—8) ☉.
                                       1 b. *L.* **erinus** *L.*
1*. Btbn scharlachroth in ährenfgn Trbn.
  3. Pfl. flaumhaarig.
    4. Bthnstielch. viel kürzer als d. Deckb. *Zierpfl. aus Mexico*
    (7—8) ♃. . . . . 1 c. *L.* **fulgens** *Willd.*
    4*. Bthnst. etwa so lg als d Deckb. *Zierpfl. aus Carolina*
    (7—8) ♃. . . . . 1 d. *L.* **cardinalis** *L.*
  3*. Pfl. kahl; Bthnst. etwa so lg als d. Deckb. *Zierpfl. aus*
    Mexico (7—8) ♃. . . . . . 1 e. *L.* **splendens** *Willd.* †

XXXI. Ordn. **COMPOSITAE** *Juss.* Bthn in Köpfch.
dicht gehäuft meist von einem Hüllkch. umgeben; die einzelnen
Btbn röhrenfg glockig od. zungenfg, über d. Frknot. stehend, in d.
Knospe klappig. Stbgef. 5. mit d. Beuteln in eine Röhre ver-
wachsen; Gr. u. Frkn. 1. Frucht einsamig, nicht aufspringend
(Achene), an d. Spitze oft mit einer Haarkrone (Pappus), am Grund
oft von spreuigen Borsten od. Blättchen umgeben.

§ 88. SYNANTHEREAE. *Richd.*

Keim aufrecht, eiweisslos, Gr. m. 2theiliger Narbe.
Meist Krtr. Die grösste aller Familien, mehr als 9000 über die
ganze Erde verbreitete Arten enthaltend.
  1. Blüthen alle gleichartig.
    2. Btn alle zungenfg.
      3. Fruchtkrone weder haarfg noch federig.
        4. Frkr. aus mehreren kurzen Borsten od. Schuppen be-
          stehend.

§ 88.
5. Bthn blau, selt. weiss od. röthlich; Hüllkchb. 2reihig, d. äuss. aus 5, d. innere aus 8 Blättch. gebildet; Frkr. aller Frücht. aus kzn stumpf Spreublättch. bestehd; Fr. 4kantig.
 . . . . 66. **Cichorium.**
5*. Bthn gelb; Frkr. d. Randfr. kurz borstig, d. Mittelfr. aus 3—5 lanzettl. Schuppen gebildet; Hüllkchb 1reihig 7—10; Köpfchenst. keulig verdickt.
6. Fr. theils rundl. walzig, theils zusammengedrückt geflügelt; Stglb. fehld. . . . . . . 67. **Hyoseris.**
6*. Fr. alle gleichartig, rundl. walzig; Stgl beblättert.
 . . . . 68. **Hedypnois.**
4*. Frkr. völlig fehld, oder nur als ein kurzer Rand hervortretend. od. 2borstig.
7. Frboden spreublättrig; Frkr. 2borstig; dorniges Krt m. 1—4 blattwinkelstdgn Köpfch. . . . 61. **Scolymus.**
7*. Frboden nackt; Pfl. nicht dornig.
8. Stgl blattlos 1—3köpfig.
9. Hüllkchb. z. Frzeit kuglich zusammenschliessd; Frkrone kz 5kantig; Köpfenstiele oberwts keulig verdickt.
 . . . . 64. **Arnoseris.**
9*. Hüllkchb. z. Frzeit cylindrisch; Fr. 5rippig; Köpfchenst. nicht verdickt. . . . . 63. **Aposeris.**
8*. Stgl beblättert.
10. Hüllkch. z. Frzeit sternfg ausgebreitet, Fr. gebogen.
 . . . . 65. **Rhagadiolus.**
10*. Hüllkch. z. Frzeit cylindrisch. . . 63. **Lapsana.**
3*. Frkrone wenigstens bei d. irneren Fr. haarfg, borstig od. federig.
11. Frkrone nur aus federig. Strahlen gebildet.
12. Frboden mit Spreublättch. besitzt; Hüllchb. dachig, mehrreihig; Fr. meist geschnäbelt; Bthn gelb.
 . . . . 78. **Hypochoeris.**
12*. Frboden nicht spreublättrig.
13. Hüllkchb. gleichlang in einfacher Reihe; Fr. geschnäbelt.
14. Federn d. Frkr. nicht mit e. verwebt.
 . . . . 73. **Urospermum.**
14*. F. d. Frkr. mit e. verwebt. . 74. **Tragopogon.**
13*. Hkchb. dachig, mehrreihig.
15. Federn d. Frkr. mit e. verwebt; Stgl beblättert.
16. Fr. am Grund m. einer kzn Schwiele; Stgl einfach.
 . . . . 75. **Scorzonera.**
16*. Fr. am Grd m. e. verlängert. Schwiele; B. fiederthlg.
 . . . . 76. **Podospermum.**
15*. Federn d. Frkr. nicht mit ein. verwebt.
17. Frkrone d. Randfrchtch. kurzzähnig, d. Mittelfr. federig; B. grundstdg. . . . 69. **Turincia.**
17*. Frkr. bei allen Fr. gleichartig.
18. Frkrone am Grd in e. abfalldn Ring verwchsen; Fr. querrunzlich geschnäbelt. Aeussere Hüllkchb. absthd; Pfl. mit B. besetzt. . . . 71. **Picris.**
18*. Frkr. bleibd.
19. Fr. ungeschnäbelt; Pfl. m. meist nur grundst. B.
 . . . . 70. **Leontodon.**
19*. Fr. geschnäbelt; Pfl. m. beblättert. Stgl u. einzelsthdn v. herzfgn Deckb. eingehüllt. Köpfch.
 . . . . 72. **Helminthia.**

SYNANTHEREAE. 257

11*. Frkrone aus einfachen höchstens am Grd etwas zottigen §85.
Haaren gebildet.
 20. Haare d. Frkr. rauh, mehrreihig, d. äusseren haarfein,
  d. inneren am Grd lanzettl. und zottig. Zottig behaartes
  Krt m. lineal. B. . . . . 77. **Galasia.**
 20*. H. d. Frkr. alle einfach borstig.
  21. Frboden spreublättrig; Haarkrone abfalld; Randfr. 3kan-
   tig od. 3flügelig. Stglb. fehld; grundst. fiederthlg.
    88. **Pterotheca.**
  21*. Frb nackt.
   22. Fr. in einen am Grd mit Schüppchen besetzten Schna-
    bel endend.
    23. Bthn 2reihig, 7—12 in e. Köpfch. Hkchb. meist 8.
     Beblättert. Krt m. ruthenfgn Aesten.
      81. **Chondrilla.**
   23*. Bthn vielreihig, zahlreich in e. Köpfch.
    24. Strahlen d. Frkr. in einfacher Reihe. Frschnabel
     am Grd mit e. feingekerbten Krönchen; Pfl. mit
     nicht röbrigem oberwts nebst Hüllkch schwärzlich
     zottig Stgl. . . . . . . 79. **Willemetia.**
    24*. Strahlen d. Frkr. in mehrfacher Reihe; Frschnabel
     am Grd weichstachlig-schuppig od. feinknotig. Krtr
     röhrigen milchdm blattlos. Stgl.
      30. **Taraxacum.**
  22*. Fr. nicht geschnäbelt oder in einem am Grd nicht
   schuppigen Schnabel endend.
   25. Randfr. am Rücken sehr höckerig; Hkch mit e.
    Aussenkch, z. Frzeit kantig wulstig mit fleischigen
    Blättch u. d. Randfr. einschliessend. Aestiges fast
    kahles Krt m. lineal zugespitzt am Grd pfeilfgn
    Stglb. u. leierfg schrotsägigen grundst. B. Mittelfr.
    rundlich walzig. . . . . . . 87. **Zacyntha.**
  25*. Fr. alle gleichgestaltet.
   26. Fr. flach zusammengedrückt.
    27. Fr. geschnäbelt; Bthn 5-zahlrch in e. Köpfch.
     gelb . . . . 83. **Lactuca.**
    27*. Fr. nicht geschnäbelt; Köpfch vielblthg.
     28. Frkr. weich, schneeweiss; Bthn gelb.
      84. **Sonchus.**
     28*. Frkr. gelblich, zerbrechlich, am Grd v. e.
      schuppig. Krönchen umgeben; Bthn blau.
       85. **Mulgedium.**
   26*. Fr. walzig rundlich od. 4kantig.
    29. Fr. 4kantig rippig, mit tief dazwischen liegen-
     den Furchen; Rippen gekerbt. Ob. B. stengel-
     umfassend. . . . . . . 86. **Picridium.**
    29*. Fr. walzig rundlich.
     30. Köpfch. 3—5blthg, rispig; Bthn purpurroth.
      82. **Prenanthes.**
     30*. K. vielbthg; Bthn meist gelb, s. roth.
      31. Frücht- gegen d. Spitze hin schmäler, zu-
       weilen geschnäbelt; Hüllkch m. e. Aussen-
       kch, selten etwas dachig; Haare d. Frkr.
       meist schneeweiss u. biegsam.
      32. Haare d. Frkr. überall gleich dick.
       89. **Crepis.**

SYNANTHEREAE.

§ 88.
32*. H. d. Frkr. am Grd merklich verdickt; Pfl. 1köpfig m.
sehr rauhhaarig, Hkchb . . . . . . 90. **Soyera.**
31*. Fr. überall gleichdick, rundl. od. fast kantig; Haare d. Frkr.
gelblichweiss, zerbrechlich; Hüllkchb. mehrreihig dachig.
91. **Hieracium.**
2*. Bthn alle röhrenfg od. trichterfg glockig (d. randständigen zuweilen grösser).
33. Blüthen durchaus eingeschlechtig; Männl. Bthn zahlrch in
Körbch., weibl. paarweise stehd. . § 89. 1. **Xanthium.**
33*. Bthn zwittrig od. polygamisch (bei 26 diöc.)
34. Jedes Blüthchen mit e. besonderen Kch.
35. Besonderer Kch über d. vielsamigen Frkn. stehend; Pfl.
wehrlos. . . . . § 86. 7. **Jasione.**
35*. Bes. Kch schuppig, d. Frknoten umgebend; Hüllkch fehld
Bthn bläul. od. weiss in kuglig. Köpfchen. Pfl. distelartig . . . . 45. **Echinops.**
34*. Bthn nur von e. Hüllkch umgeben.
36. Frkrone deutlich vorhanden, haarfg od. federig.
37. Frboden spreuborstig od. blättrig.
38. Spreuborsten blattartig, stumpf, abgestutzt, bienenzellig mit e. verwachsen.
39. Bthn purpurn; Pfl. stachlig, distelartig.
50. **Onopordon.**
39*. Bthn gelb; Pfl. wehrlos. . . . 6. **Linosyris.**
38*. Spreuborst. spitz, meist nicht mit einander verwachsen
40. Strahlen der Frkrone ästig; Spreublättch. tief gespalten.
41. Aeste d. Frkr. einfach borstig. Pfl. m. lineal
unterseits graufilzig. B. u. roth. Bthn.
53. **Staehelina.**
41*. A. d. Fr. federig; Innere Hüllkchb. trockenhäutig einen Scheinstrahl bildend
52. **Carlina.**
40*. Str. d. Frkr. einfach, haarfg, borstig od. federig.
42. Innere Blättch. d. Hüllkchs. grösser, trockenhäutig, einen Scheinstrahl um d. eigentl. Bthn
bildd. Kahle Krtr m. rosenroth. Bthn.
60. **Xeranthemum.**
42*. Innere B. d. Hkchs nicht strahld.
43. Hkchb. 1—2reihig; Stglb. gegenst.
44. Frkrone 2—4borstig; Bthn gelb.
23. **Bidens.**
44*. Frkr. spreuig. . . . 22. **Galinsoga.**
43*. Hüllkchb. dachig mehrreihig.
45. Hkchb. alle od. wenigst. d. inneren m. hakiger Spitze. . . . . . . 51. **Lappa.**
45*. Hkchb. nicht hakig.
46. Randbthn unfrbar, ohne Griffel u. Stbgef.
oft grösser.
47. Bthnköpfch. v. grossen häutigen Deckb.
umgeben; B. d. Hüllkchs in e. gefiedert.
Dorn endend; Bthn blassgelb.
56 c. **Cnicus.**
47*. Bthnk. nicht v. Deckb. umgeben; Pfl.
wehrlos.

48. Fr. stielrund. mit grundständiger Befestigungsstelle; §93.
Hkchblättch. lanzettlich zugespitzt, ohne Anhängsel,
wehrlos. . . . . 59. **Crupina.**
48*. Fr. zusammengedrückt, m. seitenstdgr Befestiggsstelle;
Hkchb. am Rande trockenhäutig gewimpert od. mit e.
trockenhäutig. Anhgsl. . . . . . 58. **Centaurea.**
46*. Randblthn weiblich od. zwittrig, frtragend.
49. Frkr. haarfg borstig.
50. Frkrone bleibd, am Grd nicht in einen Ring verwachsen.
51. Fr. zusammengedrückt; d. innerste Reihe d. Haare
d. Frkr. länger. Wehrlose Krtr m. purpurroth. od.
weiss. Bthn. . . . . 56. **Serratula.**
51*. Fr. 4kantig, d. innerste Reihe d. Frkrhaare kürzer.
zusammenneigd; dornige distelart, Pfl. m. citrongelb. Bthn. . . . . 57. **Kentrophyllum.**
50*. Frkr. am Grd in einen Ring od. in ein Knötch. vereinigt u. mit diesen abflld.
52. Frkrone auf einem Knötch. sitzd; Frchtch. 4kantig. Wehrlose Krtr m. oberseits blattlos. wenig
köpflg. Stgl. u. purpurroth. Bthn. 55. **Jurinea.**
52*. Frkr. am Grd dch e. Ring verbunden. Dornige Krtr.
53. Stbfdn frei. B. ungefleckt. . . 49. **Carduus.**
53*. Stbfdn verwachsen; B. meist weissfleckig.
54. Strahlen d. Frkr. fast od. völlig glatt Hüllkchb.
in e. kurzen geraden Dorn endd; B. herablaufd.
48. **Tyrimnus.**
54*. Str. d. Frkr. fast federig gezähnt. Hüllkchb. zurückgebogen, am Rand stachlig, d äusseren
gross. blattartig. . . . . . . 47. **Silybum.**
49*. Frkr. federig; Stbfdn frei.
55. Hüllkchb. nicht ausgerdet. krautig. Bthn meist purprrth.
56. Frkrone abfällig, vielreihig; Meist dornige Krtr.
46. **Cirsium.**
56*. Frkr. bleibd. 2reihig; Pfl. wehrlos.
54. **Saussurea.**
55*. Hkchb. an d. Spitze ausgerandet dornspitzig am Grd
fleischig; Bthnk. einzeln stehd, sehr gross; Bthn blau.
46 b. **Cynara.**
37*. Frboden nackt.
57. Hüllkchb. einreihig.
58. Pfl. m. beblättert. Stgl.
59. Schenkel d. Griff. dchaus flaumig; Bthn purpurroth in
wenigbthgn Köpfch. B. herznierenfg.
2. **Adenostyles.**
59*. Sch. d. Gr. kahl, nur d. Narbe flaumig, Bthköpfch.
vielbthg. Bth. meist gelb.
60. Hüllkch. v. e. (oft nur 1blättr.) Aussenkch umgeben;
Blättch. desselb. an d. Spitze braun.
43. **Senecio.**
60*. Aussenkch fehld. . . . . . . 42. **Cineraria.**
58*. Stglb. fehld; statt derselben kze Schuppen; eigentl.
B. grundstdg, meist erst nach dem Verblühen erscheinend, herz- od. nierenfg.
61. Bthnk. rispig traubig, polygamisch; Randbth. weibl.
bei d. Zwittr. mehrreihig. . . . . . 4. **Petasites.**

17*

§ 88. 61*. Bthnk. 1—3; Randbthn weibl., bei d. zwittrig. in einfacher Reihe . . . . 4. **Homogyne.**
57*. Hüllkchb. dachig mehrreihig.
  62. Hkchb. völlig krautig.
    63. B. gegenstdg, 3—5thlg: Bthn röthlich; Schenkel d. Gr. durchaus flaumhaarig. . 1. **Eupatorium.**
  63*. B. wechselstdg; Bthn gelb.
    64. Bthn alle gleichartig, zwittrig; B. lineal.
      6. **Chrysocoma.**
    64*. Randbthn weiblich, ungleichmässig 3spaltig.
      21. **Inula.**
  62*. Hüllkchb. mehr od. weniger trockenhäutig.
    65. Hüllkch 5kantig, mit krautgn nur am Rande trockenhäutig. B.: Randbth. weibl.; Mittelbthn 4zähnig. Weissfilzige Krtr. . . . . 25. **Filago.**
    65*. Hüllkch halbkuglich od. eifg, nicht kantig, Blättch. desselb. fast völlig trockenhäutig, Randbthn weibl.
      66. Randbthn in einfach. Reihe.
      67. Hüllkchb. weiss; Stgl geflügelt.
        27 b. **Ammobium.**
      67*. Hkchb. gelb. . . . . 27. **Helichrysum.**
    66*. Randbthn in mehrfacher Reihe.
      26. **Gnaphalium.**
36*. Frkrone fehld, od. höchstens nur als kurzer Rand bemerklich.
  68. Hüllkchb. 1—2reihig: Bthnköpfe knäulig; Frbdn nackt; Mittelbthn unfrbar. Kleine filzig behaarte Krtr.
    69. Randbthn weibl., 5—9; Mittelbthn 5spaltig; Fr. zur Frzeit v. d. Hüllkchb. eingewickelt. 14. **Micropus.**
    69*. Randbthn weiblich, zahlrch; Mittelbthn wenige 4spaltig; Frboden zwischen d. weibl. Bthn. spreublättrig.
      15. **Evax.**
  68*. Hkchb. dachig mehrreihig.
    70. Frboden nackt oder (bei einigen Arten v. Artemisia) zottig behaart.
      71. Bthnköpfch. einzeln; Bthn goldgelb.
        72 Fr. ungeschnäbelt, d. randstdgn flach blattartig; Köpfch. aufrecht, B. fiedersp. . . 30. **Cotula.**
        72*. Fr. geschnäbelt; Köpfch. nickd; B. einfah.
          24. **Carpesium.**
      71*. Bthnk. doldentrbg, traubig-rispig, oder ährenfg-traubig; randstdge Bthn nicht grösser.
        73. Hkch kuglich od. eifg: Frchtch. an d. Spitze m. e. kleinen Scheibe; Bthnköpfch. s. klein (1—2''' breit) in Trbn od. Aehr. . . . . 28 **Artemisia.**
        73*. Hkch halbkuglich; Frchtch an d. Spitze m. breiter Scheibe; Köpfch. 4—5''' breit in flach zusammengesetzt. Doldentrbn. . . . . 29. **Tanacetum.**
  70*. Frboden spreublättrig od.-borstig.
    74. Randbthn grösser, unfrbar; Hkchb. m. trockenhäut. Anhgsl. . . . . 58. **Centaurea.**
    74*. Randbthn nicht grösser; Bthnk. einzeln.
      75. Hkch kuglich, sehr gross ($1_2''$ breit); Bthn safrangelb, alle gleichartig zwittrig; B. dornig gezähnt.
        45 b. **Carthamus.**

SYNANTHEREAE.

75*. Hkch halbkuglig. kleiner; Bthn gelb. d. randstdgn weiblich; § 88.
   B. lineal 4reihig gezähnt. . . . . . 31 **Santolina.**
1*. Bthn ungleichartig, d. inneren (Scheibenblthn) röhrenfg od. trichterfg glockig, d. randstdgn (Strahlenblüthen) zungenfg.
  76*. Stengelb. fehlend; Stengel einfach.
    77. Schaft einblthg.
      78. Strahlenblthn gelb, sehr schmal u. zahlreich. Schaft m. kzn Schuppen besetzt; eigentl. B. grundstdg, herz-nierenfg, erst nach d. Blüthe erscheinend; Fr. m. e. Krone.
         3. **Tussilago.**
      78*. Strahlenblüthen weiss od. röthlich; Schaft völlig glatt u. kahl.
        79. Frkrone fehld. . . . . 10. **Bellis.**
        79*. Frkr. haarfg borstig; Pfl. in allen Thln doppelt grösser.
         9. **Bellidiastrum.**
    77*. Schaft mehrblüthg. rispig traubig; Bthn weiss od. röthl. Fr. mit e. Haarkrone. . . . . . . 5. **Petasites.**
  76*. Stengel stets m. B. besetzt.
    80. Fruchtboden nicht spreuig.
      81. Frkrone fehld od. nur sehr kurz randartig.
        82. Früchtch. gebogen; Mittelbthn unfrbar; Hüllkchb. 2reihig; Bthn gelb. . . . . 44. **Calendula.**
        82*. Frchtch. gerade; Bthn alle frbar; Hkchb. dachig.
          83. Frchtch. nicht geflügelt.
            84. Frkrone als kurzer schüsselfgr Rand hervortretend . . . . 36. **Pyrethrum.**
            84*. Frkrone völlig fehlend.
              85. Frboden flach. nicht hohl.
               35. **Chrysanthemum.**
              85*. Frb. halbkugl. od. kegelfg. hohl.
               34. **Matricaria.**
          83*. Randfr. geflügelt u. in e. dornige Spitze endd; Bthn gelb; B. doppelfiederthlg.
           37. **Pinardia.**
      81*. Frkrone wenigstens bei d. inneren Fr. deutl. haarfg od. borstig.
        86. Hüllkchb. einreihig.
          87. Hkchb. in einen glockigen od. walzigen an d. Spitze gezähnten Becher verwachsen; Frkrone 5borstig; B. gegenstdg. Pfl. ästig wenigköpfig.
           23 i. **Tagetes.**
          87*. Hkchb. nicht verwachsen; Frkr. aus zahlreichen Borsten gebildet; B. wechselstdg.
            88. Hkch v. e. Aussenkch umgeben, mit an d. Spitze schwärzlich Blüttchen. . 43. **Senecio.**
            88*. Hkch nicht von e. Aussenkch umgeben.
              89. Bthn doldentrbg; Griffel an d Spitze kahl.
               42. **Cineraria.**
              89*. Bthn in einfachn Trbn; Gr. bis zur Sp. flaumig; B. am Grd herzfg. 41. **Ligularia.**
      87*. Hüllkchb. 2-mehrreihig.
        . 90. Randbltbn gelb.
          91. Hüllkchb. 2—3reihig.

§ 88.
92. Hkch walzig; Narben mit kegelfgr Spitze; drüseuhaariges Krt m. ganzrandig, meist gegenst. B. u. einzelstehndn grossen Bthnköpfchen . . . . 40. **Arnica**.
92*. Hkch halbkuglich; Narb. kopffg abgeschnitt. Meist weichhaarige Krtr mit wechselstdgn, buchtig od. ausgeschweift gezähnt B.
93. Randfrüchte ohne Krone. . . . 38. **Doronicum**.
93*. Fr. alle m. e. Haarkrone. . . . . 39. **Aronicum**.
91*. Hüllkchb. dachig vielreihig; Stglb. wechselstdg.
94. Strahlenbthn 5—8; Bthnk. rispig. . . 13. **Solidago**.
94*. Strahlenbthn zahlreich; Stbkölbch. am Grd mit Anhängseln. Bthnk. einzeln od. doldentrbg.
95. Frkr. d. Randfr. doppelt; d. äussere kz krönchenartig, d. innere haarfg; Hüllkchb. lineal borstig.
20. **Pulicaria**.
95*. Frkr. einreihig, haarfg; Hkchb. eifg od. lanzettl, von deutlicher Breite. . . . . 21. **Inula**.
96*. Randbthn nie gelb (meist weiss, bläulich od. röthl.)
96. Hüllkchb. 2—3reihig; Strahlenbth. weiss, 2reihig.
11. **Stenactis**.
96*. Hüllkchb. dachig mehrreihig.
97. Strahlenbthn meist röthl. od. bläulich, einreihig.
98. Strahlbthn unfrbar; graufilziges Krt m. lanzettl. stachelspitzig getüpfelt. B. . . . . . . 7. **Galatella**.
98*. Bthn alle frtrgd; Pfl. kahl od. flaumhaarig. 8. **Aster**.
97*. Strahlenbthn mehrreihig, weiss, röthl. od. bläulich.
12. **Erigeron**.
80*. Frchtboden spreuborstig od. blättrig.
99. Stglb. wechselstdg.
100. Hüllkchb. dachig mehrreihig.
101. Frkrone fehlend; Stbkölbch. am Grd ohne Anhgsl.
102. Strahlenbthn breit. höchst. 10 in jedem Köpfch. meist weiss, ss. gelb; Frb. flach. . . . 32. **Achillea**.
102*. Strahlenbthn schmal, meist zahlreich; Frboden kegelfg, hohl.
103. Fr. ungeflügelt, länglich 4kantig od. kegelfg; Frkr. völlig fehlend. . . . . 33. **Anthemis**.
103*. Fr. vkherzfg, zusammengedrückt: Fr. m. e. kzn randartig. Krönchen; Randbthn weiss.
33 b. **Anacyclus**.
101*. Frkr. deutlich, haarfg, borstig od. kronenartig; Bthn gelb.
104. Hkchb. sparrig abstehend; Frkr. ?borstig, abfalld; Randbthn unfrbar; Stbbtl ohne Anhängsel; Bthnk. gross.
23 h. **Helianthus**.
104*. Hkchb. anliegd, Fr. mit einem kzn spreuigen bleibdn Krönchen; Stbbtl am Grd mit Anhängseln.
105. Randbthn 2reihig; Randfr. flach, 2flügelig; Hkchb. in einen Dorn endend. . . . . . . 19. **Pallenis**.
105*. Randbthn in einfchr Reihe; Randfr. 3seitig od. walzig-rund.
106. Randbthn nicht sehr zahlreich; Randfrüchte 3kantig; B. lanzettlich.
107. Mittelbthn am Grd d. Röhre verdickt, Hkchb. länger als d. Strahlenbthn, stumpf wehrlos.
17. **Asteriscus**.

107*. Mittelbthn am Grd d. R. schmäler, Hkchb. kzr als die §8S.
    Strahlenbthn, haarspitzig. . . 16. **Buphthalmum**.
106. Strahlenbthn zahlreich; Fr. alle walzig sund.
                                            18. **Telekia**.
100*. Hüllkchb. 2—3reihig.
108. Frkrone fehld od. kurz randartig; Randbthn nicht gespalt.
                                    23 e. **Rudbeckia**.
108*. Frkr. spreuborstig; Randbthn 3lappig.
                                    23. m. **Gaillardia**.
99*. Stglb. alle od. (bei Madia) wenigstens d. unteren gegenstdg.
109. B. einfach, ganzrandig.
110. Pfl. klebrig behaart; Frkr. fehld. . . . 23 b. **Madia**.
110*. Pfl. nicht klebrig behaart; Frbod. gewölbt kegelfg.
111. Fr. ungeflügelt m. e. 1—2borstig. Frkrone; Stgl aufrecht.
                                    23 i. **Zinnia**.
111*. Fr. geflügelt, flachgedrückt; liegde Krtr m. gelben Strahlen- u. fast schwarzen Scheibenbthn.
                                    23 k. **Sanvitalia**.
109*. B. mehr od. weniger eingeschnitten oder zertheilt.
112. Frkrone deutlich vorhanden.
113. Frkrone. 2—4borstig; Fr. ungeflügelt.
114. Hkchb. 2reihig.
115. Borsten d. Frkr. abwärts gezähnt. . 23. **Bidens**.
115*. B. d. Frkr aufwärts gezähnt. . 23 c. **Coreopsis**.
114*. Hkchb. dachig, sparrig absthd; Fr. geflüg.
                                    23 g. **Silphium**.
113*. Frkrone spreuig 8—12borstig; kahles Krt m. eifgn grobgesägt. B.; Randbthn weiss. . . . 22. **Galinsoga**.
112*. Frkr. fehld; Hüllkchb. dachig, mit einander verwachsen.
116. Scheibenbthn braun; Fr. gebogen; Griff. pinselfg.
                                    23 d. **Calliopsis**.
116*. Scheibenbthn gelb; Fr. gerade. . . . 23 f. **Dahlia**.

I. *CORYMBIFERAE*. Blüthen alle oder wenigstens die inneren röhrenfg, (selten und nur ausnahmsweise durch sog. Cultureinfluss verdrängen die ranfstdgn. zungenfgn. die inneren röhrenfgn, so dass alle Bthn zung n'r erscheinen); Griffel an der Spitze nebst den Narben nicht knot' : verdickt; Bthnköpfchen vorherrschend in zusammengesetzten Doldentrbn: selten einzeln od. traubig rispig; Pfl. weder milchend noch dornig.

a. *Eupatorieae*. Griffeläste keulenfg, von Grund an behaart. Bthn alle gleichartig zwittrig; Frboden nackt.

1. **Eupatorium cannabinum** *L*. (63). Hkchb. dachig walzig, wenig blthg; Bthn alle röhrig trichterfg; B. gestielt 3—5thlg, gegenstdg mit lanzettl. gesägt. Abschnitten, der mittlere verlängert. *Wälder, Gräben, Ufer nicht selten* (7—8) ♃.

2. **Adenóstyles** *Cass*. (59). Hkchb. einreihig m. undeutlich. Aussenkch, wenige röhrenfge Bthn enthaltd. Aufrechte ästige Krtr m. nierenfg-rundlich. oder 3eckig. B. (Cacalia *L.*)

Adenostyles. SYNANTHEREAE.

§89. 1. Köpfch. 3—6blüthig.
2. B. ungleich od. doppelt gezähnt, unters. filzig behaart. *Bergwälder d. Alpen* (7—8) ♃. . . . . . 1. *A.* **albifrons** *Rchb.*
2*. B. gleichmässig gezähnt, unters. wenig behaart. *Bgabhänge d. Alpen* (7—8) ♃. . . . 2. *A.* **alpina** *Bluff* u. *Fingerht.*
1*. K. 10—20blthg.
3. B. ungleich gezähnt, obers. kahl. Bthn in lockeren Doldentrbn. *Bgabhänge d. südl. Schweizer Alpen (C. Wallis, Graubündten)* (7—8) ♃. . . . . 3. *A.* **hybrida** *DC.*
3*. B. fast gleichgezähnt, beiders. filzig behaart. Bthnstd gedrungen rundlich. *Bgwiesen d. höchst. Alpen sss. (Zermatt)* (7—8) . . . . 4. *A.* **leucophylla** *Rbch.*

b. *Tussilagineae.* Bthn polygamisch. übr. w. b. a.

3. **Tussilágo farfara** *L.* (78). Hkch einfach mit undeutl. Aussenkch; Bthn gelb, d. randstdgn zungenfg, sehr schmal u. zahlreich. Wzl vielköpfig, zahlreiche 3—6" hohe schuppig beblätterte einköpfige Stgl treibd; Grundst. B. herzfg rundlich gezähnelt, erst z. Frzeit erscheinend, unters. graufilzig. Frkrone haarfg; Spreuborst. fehld. *Lehmige Aecker, Hügel* (3—4) ♃.

4. **Homógyne** *Cass.* (61*). Bthnk. undeutlich strahlig, die rundstdgn weiblich, oder alle röhrenfg. röthlich. Hkchb. einreihig. Gebirgspfl. mit einfachem, einköpfig schuppenbl. Stgl und grundstdgn herzfg rundlichen B. (Tussilago alpina *L.*)
1. B. lappig, herznierenfg mit 3zähnfgem Mittellappen. *Wälder der niedr. Alpenggdn* (5—6) ♃. . . . 1. *H.* **silvestris** *Cass.*
1*. B. nicht lappig, gezähnt-gekerbt.
2. B. unters. kahl od. flaumhaarig. *Bgwälder d. Alpen u. höher. Gebirge* (5—6) ♃. . . . . . . 2. *H.* **alpina** *Cass.*
2*. B. unters. filzig behaart. *Bgwälder u. Abhge d. höchst. Alpen* (5—7) ♃. . . . . 3. *H.* **discolor** *Cass.*

5. **Petasites** *Gärtn.* (61, 77*). Bthnköpfch. nicht od. undeutlich strahlig, diöcisch-polygamisch, röthlich od. weiss; Hkchb. einreihig; Frkr. haarfg. Meist filzig od. wollig behaarte Krtr. mit schuppenblättr. Stgl, traubig rispig Bthn, u. grundstdgn nach d. Bthn erscheinenden herzfg rundl. od. 3eckig spiessfgn meist s. grossen B. (Tussilago *L.*)
1. B. unters. dünngraufilzig od. wollig, im Umriss rundlich.
2. Bthn nebst d. Hkchb. u. Stgschuppen röthlich. *Wiesen, Ufer, nicht selt* (4—5) ♃. (T. petasites *L.*) 1. *P.* **officinalis** *Mch.*
2*. Bthn nebst d. Hkchb. u. Stglschuppen grünlich.
3. B. untersts fast kahl (Zwischenf. v. 1 u. 3). *Wiesen, Ufer (Sudeten)* (4—5) ♃. . . . 2. *P.* **Kablikianus** *Tsch.*
3*. B. unters. wollig grau. *Buchufer, Bgwiesen in Gbgsggdn* (4—5) ♃. . . . . 3. *P.* **albus** *Gärtn.*
1*. B. unters. schneeweissfilzig, 3eckig herzfg, stachelsp. gezähnt.
4. B. am Grund mit auseinandertretdn Lappen B. ungleich gezähnt. *Buchufer d. Alpen* (4—5) ♃.
4. *P.* **niveus** *Baumg.*

4*. B. am Grd mit einwts gekrümmt. 2—3thlgn Lappen. gleich- § 38.
mässig gezähnt. *Flussufer (Norddeutschld)* (4—5) ♃.
5. *P.* **spurius** *Rchb.*

c. *Astereae*. Griffeläste fadenfg. oberwts flaumig behaart.
Stbkolb. am Grd ohne Anhängsel; Bthn alle od. wenigstens d. d.
Scheibe gelb; randst. zungenfg strahlend; seltener alle röhrenfg.

6. **Chrysócoma linósyris** *L.* (39,* 66). (Linosyris vulgaris *Cass.*) Hkchb. dachig; Bthn alle röhrig zwittrig; Fr. zusammengedrückt, schnabellos, m. haarfgr Frkrone. Frboden bienenzellig vertieft. 1—2′ hohes Krt m. dicht beblättert. Stgl, lineal sitzd spitzen B. u. kleinen gelben Bthn in dichten Doldentrauben. *Hügel, Wege selt.* (7—8) ♃.

7. **Aster** *L.* (98*) Hkchb. dachig. Randbthn einreihig, strahld bläulich, röthl. od. weiss. Fr. zusammengedrückt, schnabellos, mit haarfgr Krone. Frbod. nackt. Einfche od. ästige Krtr m. einfachen B. u. gelb. Scheibenbth.
 1. Hkchb. klein, schuppig, grün od. gefärbt; B. ganzrandg oder fein gesägt.
 2. Pfl. einbthg 1—8″ hoch: d. untere B. länglich-lanzettl. in d. Bstiel verschmälert. d. übrig. lanzettlich, behaart. *Bergwiesen d. Alpen u. höher. Gebirge* (7—8) ♃.
  1. *A.* **alpinus** *L.*
 2*. Pfl. ästig, mehrköpfig.
 3. Hüllkchb. stumpf abgerundet.
 4. B. u. ganze Pfl. flaumig rauhhaarig, 3rippig. Stgl 1—2′ hoch. *Bgwälder, Flussufer selt.* (7—8) ♃.
  2. *A.* **amellus** *L.*
 4*. B. u. g. Pfl. kahl. erstere fleischig; Pfl. ½—1′ hoch. *Sumpfwiesen, Ufer, (Nord- u. Ostseegdn)* (7—8) ♃.
  3. *A.* **tripolium** *L.*
 3* Hkchb. spitz; Pfl. kahl; B. nicht fleischig.
 5. Stglb. am Grd mehr od. weniger scheidenfg stglumfassd, lanzettl. spitz; Hkchb. locker absthd.
 6. B. völlig sitzd; Bthnk. etwa 1‴ breit m. dunkl. Strahl.
 7. Köpfch. pyramidalästig traubig. *Flussufer, verwildert, auch als Zierpfl. (aus Nordamerica stammend)* (7—8) ♃. . . . . 4. *A.* **brumalis** *NE.*
 7*. K. doldentrbg ästig. *Flussufer, verwildert, urspgl. aus Nordamerica* (7—8) ♃. . 5. *A.* **Novi Belgii** *L.*
 6*. Untere B. gestielt, mit längs d. Bstiels angewachsen herablfdr Fläche; Bthnk. ¾‴ breit. pyramidal ästig m. weissem od. blassviolett. Strahl. *Flussufer, verwildert, auch als Zierpfl., urspr. aus Nordamerica* (7—8) ♃.
  6. *A.* **abbreviatus** *N. E.*
 5*. Stglb. sitzd, aber nicht umfassend; Hkchb. anliegd.
 7. Bthnstand doldentrbg m. bläulich Randbthn. *Flussufer, verwildert, auch als Zierpfl., urspr. aus Nordamerica* (7—8) ♃. . . . . . 7. *A.* **salignus** *Willd.*
 7*. Bthnstd traubig pyramidal m. zuletzt röthl. od. weissen Strahlenbthn.

266 *Aster.* SYNANTHEREAE.

§ 88. 8*. B. verlängert, lineal lanzettl., Bthnköpfch. etwa 10''' breit.
Flussufer, verwildert, auch als Zierpfl., urspr. *aus Nordamerica* (7—8) ♃. . . . . 8. *A.* **leucanthemus** *Desf.*
8*. B. lanzettlich, an den Zweigen s. klein, etwa halb so gross.
Flussufer, verwildert, auch als Zierpfl., urspr. *aus Nordamerica* (7—8) ♃. . . . . . 9. *A.* **parviflorus** *N. A.*
1*. Hkchb. gross, blattartig, spatelfg. B. keilfg, grobgezähnt.
Häufige Zierpfl. aus China (7—8) ☉. . 9 b. *A.* **chinensis** *L.*

8. **Galatella cana** *Ness.* (98). (Aster *C. W. K.*) Randbthn geschlechtlos, übr. w. b. Aster. Graufilziges Krt mit 1—2' hohem reichblättr. Stgl, lanzettlich. ganzrandig. 3rippig. stachelspitzig. punktirten B. u. doldentrbgn Bthnköpfch m. blauen Strahlen- u. gelb. Scheibenbthn. *Sumpfwiesen sss., auch als Zierpfl. (Mähren)* (7—8) ♃.

9. **Bellidiastrum Michelii** *Cass.* (79*). Hkchb. gleichlang, 2reihig, Randbthn einreihig, strahld, weiss; Frkr. haarfg, Frboden nackt, kahles Krt vom Ansehen der Gänseblümchen (Bellis perennis) aber in allen Thln doppelt grösser, mit 1köpfigem blattlosem Stgl u. vkeifgn gezähnt, grundst. B. *Bgabhänge, Flussufer, bes. der Alpen* (6—7) ♃.

10. **Bellis** *L.* (79). „Gänseblümchen, Maasliebchen". Hkchb. 2reihig; Randbthn einreihig, strahlend, röthl. od. weiss (selten durch Cultur alle röhrenfg od. zungenfg). Frkrone fehld, Frboden nackt; Frchtch. zusammengedrückt. schnabellos. Kleine kahle od. flaumhaarige Krtr m. blattlos. 1köpfig. Stgl u. spatelfgn gekerbt. B. in grundstdgn Rosetten.
   1. Ausdauerndes Krt mit schwach 3rippigen B. u. ausläufertrbdr Wzl. *Wiesen, Gräben, Gebüsch, sehr häufig* (3—8) ♃.
                                                         1. *B.* **perennis** *L.*
   1*. Einjähr. Krt m. netzrippigen B. u. nicht auslfrtrbdr Wzl. *Wiesen, Gebüsch (Istrien)* (3—8) ☉. . . . . 2. *B.* **annua** *L.*

11. **Stenactis bellidiflora** *All. Br.* (96). Hkchb. 2reihig, Randbthn weiss strahld; Frkrone kz borstig, bei d. Scheibenbthn doppelt. Aufrechtes 1—2' hohes Krt m. einfachem Stgl, kleinen, lanzettl. Stglb., eifg länglich doppelt gesägt grundst. B. u. langgestielt. Köpfch. in einfach. Doldentrbn. *Bgwälder, Abhge, selt.* (6—7) ♃.

12. **Erigeron** *L.* (97*). Hkchb. dachig. Randbthn weiblich, sehr zahlreich, mehrreihig, strahld, meist weiss od. röthlich: Frboden nackt, Fr. ungeschnäbelt m. haarfgr Kr. Aufrechte Krtr. m. einfchn ganzrandigen B. u. einzelsthdn oder doldentrbgn Bthnköpfchen.
   1. Strahlenbthn klein mit aufrechter Zunge; Stgl mehrköpfig.
   2. Köpfch. klein in vielbthgn Rispen; Strahlbth. weiss, B. lineal lanzettl. gedrängt; Stgl 1—3' hoch. *Aecker, Flussufer, sehr häufig, ursprgl. aus Amerika eingewandert* (7—8) ☉.
                                                         1. *E.* **canadensis** *L.*

2*. K. grösser in einfachen wenigbthign Trbn; Strahlenbthn § 88.
rötblich od. violett.
3. B. rauhhaarig, breit. *Hügel, Wege, Abhänge nicht selt.*
(7—8) ⊙ od. ♃. . . . . 2. *E.* **acris** *L.*
3*. B. kahl, nur am Rande gewimpert, schmäler Strahlenbthn
grösser als b. vor. *Buchufer, bes. d. Alpenggdn, auch am
Rhein* (7—8) ⊙ od. ♃. . . 3. *E.* **Droebachensis** *Mill.*
1*. Strahlenbthn mit horizontal absthdr Zunge, meist röthl. od.
bläulich; Stgl wenig köpfig.
4. Köpfch 2—3, od. doldentrbg; Stgl drüsig behaart. *Thäler
der südl. Alpenggdn* (7—8) ♃. . . . 4. *E.* **Villarsii** *Bell.*
4*. Köpfch. einzeln; Stgl einfach, kahl od. rauhhaarig.
5. Scheibenbthn gelb; Hkchb. rauhhaarig; Stgl 3—8' h.
6. Stgl nebst d. Unterseite d. B. rauhhaarig; Röhrenbthn
z. Thl weibl. *Abhge u. Bachufer d. Alpenggdn* (7—8) ♃.
5. *E.* **alpinus** *L.*
6*. Stgl nebst d. unters. d. B. kahl od. wenig behaart;
Scheibenbthn alle zwittr. (ob. var?). *Bgwiesen u. Abhge
der Alpenggdn* (7—8) ♃.
6. *E.* **glabratus** *Hoppe & Hornsch.*
5*. Schbnbthn grünlich, Hkch wollig; Stgl 1—3'' hoch. *Berg-
wiesen d. Alpen* (7—8) ♃. . . . . 7. *E.* **uniflorus** *L.*

13. **Solidago** *L.* (94). Hkchb. dachig, Randbthn 5—8 nebst
denen d. Mittelfeldes gelb; Frboden nackt; Fr. ziemlich walzig
rund m. haarfgr Krone. Aufrechte Krtr m. ganzrand. od. gesägt.
lanzettl. B.
1. Bthnköpfch. in aufrecht. nicht einseitswendigen Trbn. m. ziem-
lich langen Strahlenbthn; Pfl. sehr vielgestaltig. *Wälder nicht
selt.* (7—8) ♃. . . . . 1. *S.* **virga aurea** *L.*
1*. Bthnk. sehr klein, rispig gehäuft einseitswendig u. vor d. Auf-
blhn in fast scorpionartig eingeroll. Trbn; Strahlenbthn s. kurz;
Pfl. 3—4' hoch, sehr vielgestaltig. *Zierpfl. aus Nordamerica*
(7—8) ♃. . . . . 1 b. *S.* **canadensis** *L.*

d. *Tarchonantieae.* (Griffel wie b. c.; Stbkolben mit An-
hängseln am Grunde; Bthn alle rötrig, d. inneren unfrbar.

14. **Micropus** *L.* (69). Hkchb. einreihig, 5—9, zuletzt die
Randfrüchte einschliessend; innere Bthn 5spaltig, unfrbar.
Kleine graufilzige Krtr mit stumpf ganzrandig. B. u. geknäuelt. Bthn.
1. Pfl. grauwollig-filzig; B. wechselstdg, länglich lanzettl.; Hkch-
schppn ganzrandig gewölbt. *Aecker (um Wien)* (6—7) ⊙.
1. *M.* **erectus** *L.*
1*. Pfl. anliegd seidenhaarig; B. gegenstdg spatelfg. Hkchschppn
strahlig gezähnt. *Gräben, Hügel d. südl. Alpenggdn* (6—7) ⊙.
2. *M.* **supinus** *L.*

15. **Evax pygmaea** *Gärtn.* (69*). Hkchb. 1—2reihig; Bthn
alle röhrig, die inneren männnlich, unfrbar, 4zähnig; Frbod. zwi-
schen den weibl. Bthn spreublättrig; Frkrone fehld. Kleines grau-
filziges Krt mit vkeifgn Hüllb., welche um die geknäuel-doldigen

§ 88. Köpfchen einen Scheinstrahl bilden. *Felsen u. stein. Abhge auf den Inseln d. adr. Meeres* (6—7) ♃.

e. **Buphthalmeae.** Griffel wie b. c; Stbkölbch. am Grund mit Anhängseln, Scheibenbthn frbar; Frboden sprenig; Frkrone zahnartig, kürzer als d. Früchtch.

16. **Buphthalmum salicifolium** *L.* (10*). Hkchb. dachig. nicht länger als d. nicht sehr zahlreich. Strahlenbthn, haarspitzig; Mittelfrchtch. 4seitig kahl. Ein- od. wenigköpfiges aufrechtes 1--2' hohes Krt mit länglich lanzettl. weichhaarig. B. u. gelb. Bthn. *Bgwälder, Kalkfelsen d. südl. u. mittleren Dtschld.* (7—8) ♃.

17. **Asteriscus aquaticus** *Less.* (107). Hkchb. stumpf wehrlos, d. inneren länger als d. Strahlenbthn; Mittelbthn am Grd d. Röhre verdickt; Mittelfrchtch. walzig rund, seidenhaarig. Gelbblühendes Krt mit lanzettl. stumpf. B. u. endst. gablig. Bthnköpfch. *Aecker, Gräben, Schuttpl. am adr. Meer* (6—7) ♃.

18. **Telekia** *Baumg.* (106*). Hkchb. dachig vielreihig, nicht länger als d. sehr zahlreichen Strahlenbthn. Frchtch. lineal, walzig rund. Grossblättr. Krtr m. mehr oder weniger herzfgn B. u. gelb Bthn.
   1. Stgl 2—5köpfig; B. ungleich-doppelt gezähnt, unters. weichhaarig, unt. gestielt. *Bgwälder ss. (Böhmen, adr. Meer)* (7—8) ♃.
       1. *T.* **cordifolia** *DC.* = **speciosa** *Baumg.*
   1*. Stgl 1köpfig; B. spitz gesägt, kahl, d. unteren kz gestielt. *Bgwälder d. südl. Alpengegenden ss.* (6—8) ♃.
      (Buphthalmum sp. *Ard.*) 2. *T.* **speciosissima** *DC.*

19. **Pallénis spinosa** *Cass.* (105). Hkchb. dachig. Randbthn 2reihig; Randfr. flach zusammengedrückt. Wollig zottiges Krt m. 1köpfig. Stgl. gelb Bthn u. dornigen Hkchb. *Aecker, Hügel am adr. Meer* (6—7) ☉.

f. **Inuleae.** Gr. wie b. c. Stbkölbch. wie bei d. u. e; Frkrone haarfg. länger als d. Fr. Frboden nackt.

20. **Pulicaria** *Gärtn.* (95). Frkrone doppelt, d. innere haarfg borstig, d. äussere kz kronartig, klein gekerbt oder borstig zerschlitzt; Hkchb. dachig, lineal borstig. Aestige Krtr mit spitzganzrandig. länglich; lanzettl. wollig. B. u. gelb. Bthn. (Innula *L.*)
   1. Bthnköpfch. doldentrbg; B. wollig od. zottig behaart.
   2. B. am Grd abgerundet, sitzd; Strahlenbthn sehr kurz. *Hügel, Wiesen, Gräben nicht selt.* (7—8) ☉.
      (J. pulicaria *L.*) 1. *P.* **vulgaris** *Gärtn.*
   2*. B. am Grd tief herzfg umfassd; Strahlenbthn verlängert. *Wiesen, Gräben selt.* (7—8) ♃. 2. *P.* **dysenterica** *Gärtn.*
   1*. Blthnköpfch. verlängert traubig; nebst Stgl u. B. klebrig; B. gesägt. *Stein. Abhge (am adr. Meer)* (7—8) ♃.
      3. *P.* **viscosa** *Cass.*

21. **Inula** *L.* (95*). Hllkchb. dachig, breit blattartig; Frkr. §88. einfach haarfg; einfache od. ästige Krtr mit gelben Bthn u einfachen B.
  1. Hkchb. breit blattartig, spatelfg, mit zurückgebogener Spitze, am Grd v. kleinen Deckb. umgeben. Pfl. 3—5′ hoch, ästig m. unters. graufilzig, ungleich gezähnt B. *Wiesen, Gräben (bes. in Norddeutschld)* (7—8) ♃. . . . . . . 1. *I.* **Helenium** *L.*
  1*. Hkchb. spitz zulaufend, ganzrandig od. wenig gezähnt.
    2. B. länglich, lanzettlich, oder eifg, weder fleischig, noch klebrig.
    3. B. am Grund verschmälert, sitzd od. kzgestielt, etwa in d. Mitte am breitesten.
      4. Hkchb. mit auswrts gekrümmter abstehender Spitze.
        5. Strahlenbthn sehr kurz u. undeutlich; Bthnköpfch. doldentrbg rispig, zahlreich, Fr. behaart. *Hügel, Abhge selt.* (7—8) ♃.
        (Conyza squarrosa *L.*) 2. *I.* **conyza** *DC.*
        5*. Strahlenbthn deutlich; Bthnk. meist einzeln; Fr. kahl. *Stein. Abhänge in Gebirgsggdn (Oesterreich, Böhmen, Mähren)* (7—8) ♃. . . . . . . 3. *I.* **ensifolia** *L.*
      4*. Hüllkchb. mit anliegender Spitze.
        6. Stgl einfach 1—3köpfig.
          7. Fr. kahl.
            8. Stglb. u. Hkchb. borstig steifhaarig. *Hügel, stein. Abhge (Rheingyqdn)* (5—6) ♃. 4. *I.* **hirta** *Baumg.*
            8*. Stglb. u. Hkch filziggrau; auch die ob. B. etwas gestielt. *Flussufer, Gebüsch ss. (südwestl. Schweiz)* (7—8) ♃. . . . . . . 5. *I.* **Vaillantii** *Vill.*
          7* Fr. behaart; Stgl u. B. fast seidenhaarig zottig, d. ober. sitzd. *Bgwälder ss. (südl. Schweiz)* (7—8) ♃.
          6. *I.* **montana** *L.*
        6*. Stgl doldentrbg 5-mehrköpfig; B. schmal lanzettlich (wohl Zwischenf. v. 3 u. 10.) *Hügel, stein. Abhge sss. (Kahlenberg b. Wien)* (7—8) ♃. 7. *I.* **hybrida** *Bmg.*
    3*. Wenigstens d. ob. B. am Grund abgerundet od. herzfg, am Grund am breitesten.
      9. Hkebschppn angedrückt lineal, d. äusseren kzr als die inneren; seidenhaarig wolliges Krt m. aufrecht. 1—3kopfig. Stgl u. längl. meist ganzrandgn B. *Hügel, Abhänge d. südl. Alpenggqn, auch als Zierpfl.* (6—7) ♃.
      8. *I.* **oculus Christi** *L.*
      9*. Hkchschuppen mit absthdr Spitze.
        10. Aeussere Hkchb. kürzer als d. inneren, nebst d. ganzen Pfl. wollig kurzhaarig; Stgl 1-mehrkopf. *Gräben, Ufer nicht selt.* (7—8) ♃. . . . 9. *I.* **britanica** *L.*
        10*. Aeussere Hkchb kürzer als d. inneren
          11. Randbthn kurz zungenfg; Bthnk. dicht doldentrbg. B. unters. wollig behaart. *Stein. Abhge, Wege selt.* (7—8) ♃. . . . . . . 10. *I.* **germanica** *L.*
          11. Randbthn verlängert zungenfg, etwa doppelt so lang als d. Scheibendurchmesser; B. unters. kahl oder wenig behaart.
            12. Stgl 1—3köpfig; B. glänzd, steif, gezähnelt. *Wiesen, Gräben, nicht selt.* (7—8) ♃.
            11. *I.* **salicina** *L.*
            12*. Stgl doldentrbg vielköpfig; B. nicht glänzend.

§ 88. 13. B. am Grund abgerundet, ganzrandig: Doldentrauben dicht. *Stein. Abhge u. Gebüsch d. südl. Alpenggdn* (7—8) ♃.
12. *I.* **squarrosa** *L.*
13*. B. am Grund herzfg, gezähnelt; Doldentrb. locker. *Bergwiesen ss. (Thüringen, Rheinpfalz)* (7—8) ♃.
13. *I.* **media** *M. B.*
2*. B. lineal, fleischig od. klebrig behaart: Fr. behaart.
14. B. fleischig, kahl, d. stengelstdgn 8zackig, d. astständ. ganzrandig. *Im Ufer des adr. Meeres* (7—8) ♃.
14. *I.* **crithmoïdes** *L.*
14*. B. und ganze Pfl. klebrig flaumig, mit ruthenfgn Aesten. *Aecker (in Istrien)* (8) ☉.
(Erigeron gr. *L.*) 15. *I.* **graveolens** *Desf.*

g. *Helenieae.* Griffeläste abgestutzt od. kegelfg pinselhaarig. Frkrone aus 8—12 Spreuborsten bestehd, Frboden spreuig.

22. **Galinsóga parviflora** *Cav.* (43*. 114*). Hkch halbkuglich 5—6blättrig; Frboden kegelfg. Fast kahles ästiges Krt m. gegenstdgn eifgn grobgesägt. B. u. kleinen Bthnköpfch in 3gablig. Doldentrbn. Randbthn klein, weiss, meist 5. *Aecker, verwildert, ursprüngl. aus Peru stammend* (7—8) ♃.

h. *Heliantheae.* Griffeläste w. b. g. Frkrone aus 2—4 Borsten besthd od. ganz fehld; Stbkolb. schwärzlich, ohne Anhängsel.

23. **Bidens** *D.* (44, 115). Hkch 2reihig, vielblättrig, d. äusseren B. abstehd; Strahlenbthn oft fehld; Frboden flach spreuig; Frkrone aus 2—4 rückwärts-borstigen Zähnen bestehend. Gelbblühende Krtr m. gegenstdgn B.
  1. B. einfach oder 3—5theilg; Btlnköpfch kz gestielt, am Grd v. Deckb. umgeben; Fr. nicht länger als d. Hkchb, am Rande strahlig.
    2. B. gestielt, 3—5theilig m. lanzettl. gesägt. Abschnitten; Bthnköpfch. meist aufrecht und ohne Strahlenbthn. *Gräben, Schuttpl. nicht selt.* (7—8) ☉ . . . 1. *B.* **tripartita** *L.*
    2*. B. sitzd ungethlt, grobgesägt; Bthnk. nickd, meist mit Strahlenbthn. *Gräben, Schuttpl. nicht selt.* (7—8) ☉.
2. *B.* **cernua** *L.*
  1*. B doppelt fiederthlg; Bthnk. langgestielt, ohne Deckb.; Strahlenbthn klein. *Aecker, (südl. Tyrol)* (6—8) ☉.
3. *B.* **bipinnata** *L.*

23 b. **Madia sativa** *Mol.* (109). Hkchb. 2reihig, Frkrone fehld; Frboden spreuig. Klebrig behaartes Krt m. elliptisch sitzendn B. u. fast kugligen knäulig doldentrbgn Köpfchen. Bthn gelb mit einwts gebogenen Strahlenbthn. *Culturpfl. aus Chili (wegen d. oelreichen Samen)* (7—8) ☉.

23 c. **Coreopsis** *L.* (115*). Hkch mehrreihig dachig; Frkr. 2—4borstig, aufwärts gezähnt, Fr. flach: Frboden spreu-

borstig. Aufrechte ästige Krtr mit gegenst. od. quirlst. meist tief §39. getheilt B. u. einzelsthdn Köpfch.; Randbthn gelb, Scheibenbthn braun.
1. B. gegenstdg 3zählig od. tief 3thlg, grundst. fiederthlg. *Häufige Zierpfl. aus Nordamerica (7—8)* ♃. . . . a. **C. tripteris** *L.*
1*. B. zu 3quirlig, alle tief fiederthlg. *Häufige Zierpfl. a. Nordamerica (7—8)* ♃. . . . . b. **C. verticillata** *L.*

23 b. **Calliopsis tinctoria** *Rchb.* (116). Hkcbb. 2reihig, d. inneren m. e. verwachsen; Frkrone fehld; Fr. gebogen, Frboden spreuig. Aestiges Krt m. zu 3quirlig; fiederthlgn B. u. einzelsthdn Köpfch. Randbthn gelb. *Häufige Zierpfl. aus Nordamerica (7—8)* ♃.

23 e. **Rudbeckia laciniata** *L.* (108). Hkchb. 2reihig, frei, absthd; Frboden kegelfg, spreuig; Frkr. kz unglch 5borstig, gezähnt; Randbthn unfrbar. Kahles 4—6' hohes Krt mit wechselst. B., d. unteren fiederthellig. d. oberen eifg lappig, u. gross. Köpfchen. Randbthn gelb, Scheibenbthn braun. *Zierpfl. aus Nordamerica, zuweilen verwildert (7—8)* ♃.

23 f. **Dahlia variabilis** *Desf.* (116b). (Georgina v. *Willd.*) Hkchb. dachig, m. einand. verwachseu; Frkrone fehld; Fr. gerade, Frboden spreuig, flach. Grosse (4—6' hohe) Krtr m. knolliger Wzl, hohlem Stgl, gegenst. fiederthlgn B. m. eingeschnitt. gesägt. Abschnitten und grossen (3'' Dchmesser) Bthnköpfch. m. meist gelben Scheibenbthn u. verschieden gefärbt. Randbthn. *Häufige Zierpfl. aus Nordamerica (7—8)* ♃.

23 g. **Silphium connatum** *L.* (114*). Hkch dachig mehrreihig, Frkrone spreuig, abfalld; Randbthn frbar; Frboden spreuig. Aufrechtes 4—6' hohes Krt mit eifgn gegenstgn am Grd verwachsenen gesägt rauhen B. u. grossen Bthnköpfch., Bthn gelb. *Häufige Zierpfl. aus Nordamerica (7—8)* ♃.

23 h. **Helianthus** *L.* (104). „Sonnenblume". Hkch dachig mehrreihig; Frkrone aus 2 oder mehr abfalldn Spreublättch gebildet; Frboden spreuig. Randbthn unfrbar. Grosse (3—10' hohe) Krtr mit aufrecht. Stgl, wechselst., eifgn, rauhhaarig. B. u. grossen Bthnköpfch. m. flachen braunen Scheibenbthn u. gelb. Strahlenbthn.
1. Einjähriges Krt mit 2—7' hohen Stgl, und nickdn 4—10'' breit. Bthnköpfch.; B. herzfg. grobgesägt; Hkchschupp. breit eifg, plötzlich zugespitzt. *Häufige Zierpfl. aus Peru (7—9)* ♃. d. *H.* **amnus** *L.*
1*. Ausdauerndes Krt mit 3—10' hoh. Stgl u. aufrecht, 2'' breit. Kpfch. Ob. B. eifg-lanzettlich. Hkchschppn lineal-lanzettl., Wzlstock knollig. *Culturpfl. aus Peru (wegen d. essbar. Knollen, „Topinambur") 8 blüht selt.* ♃. . . b. **H. tuberosus** *L.*

23 i. **Tagetes** *Tournef.* (87). „Studentenblume". Hkchb. einreihig becherfg glockig mit einand. verwachsen, Frkrone spreuig 5borstig; Frboden nackt. Gelbblühende ästige Krtr mit 1köpfigen Bthnstielen und gegenst. fiederspalt. B. m. lineal gesägt. Abschnitten.

§ 88. 1. Aeste aufrecht, Blüthenstiele an d. Spitze keulenfg verdickt; Hkch. 5kantig. *Häufige Zierpfl. aus Nordamerica* (7—8) ⊙.
a. *T. erecta L.*
1*. A. abstehd; Bthnstiele an d. Spitze nicht od. wenig verdickt; Hkch. walzig rund. *Häufige Zierpfl. a. Nordamerica* (7—8) ⊙.
b. *T. patula L.*

23 k. **Sanvitalia procumbens** *Lamk.* (111*). Hkchb. dachig, 2—3reihig, d. äuss. oft verlängert blattartig; Frboden kegelfg, spreublättrig; Fr. zusammengedrückt geflügelt, ohne od. mit e. aus 2 feinen Börstch. gebildeten Frkrone. Liegendes Krt mit eifg gegenstdgn ganzrandig. B. und einzelsthdn seitenst. Bthnköpfch. mit gelben Zungen- u. fast schwarzen Scheibenbthn. *Häufige Zierpfl. aus Mexico* (7—8.) ⊙.

23 l. **Zinnia elegans** *Jacq.* (111.) Hkchb. dachig, am Rande trockenhäutig; Fr. zusammengedrückt, ungeflügelt, Frkrone 2borstig. Frboden kegelfg, spreuig. Aufrechtes Krt m. gegenst. ganzrandig. B. u. einzelsthdn Köpfch. mit meist scharlachroth. Bthn *Häufige Zierpfl aus Mexico* (7—8) ⊙.

23 m. **Gaillardia picta** *Foug.* (108*) Hkchb. 2—3reihig, krautig, Frboden spreuborstig; Frkrone spreuig; Randbthn geschlechtlos, an d. Spitze handfg 3spaltig, behaartes Krt m. wechselstdgn ganzrand. B. und 3farbig. Bthn. Scheibenbthn fast schwarz, Randbthn roth m. gelber Spitze. *Häufige Zierpfl. aus Texas* (7—8) ⊙. „Deutsche Cocarde"

i. *Gnaphalieae.* Griffeläste wie b. g. Stbkolben mit Anhängseln; Bthn alle röhrenfg.

24. **Carpesium** *L.* (72*). Hkchb. dachig; Bthn alle röhrenfg, d. randstdgn weiblich mehrreihig, Fr. geschnäbelt, ohne Frkrone, Frboden nackt. Gelbblühende Krtr m. eifg-länglichen gestielten B.
1. Bthnköpfch. einzeln, endstdg, nickd. *Wälder d. südl. Alpengegenden* (7—8) ⊙. . . . . 1. *C. cernuum L.*
1*. Bthnk. blattwinkelstg, einseitswdg traubig. *Bgwälder u. Abhänge am adr. Meer* (7—8) ⊙. . . 2. *C. abrotanoïdes L.*

25. **Filago** *L.* (65). Hkch. dachig, pyramidal 5kantig, ganz od. nur mit Ausnahme d. trockenhäutigen Spitze krautig. Bthn alle röhrig d. randstdg weibl. mehrreihig, d. inneren zwittr. 4spaltig; Fr. ungeschnäbelt mit haarfg Krone. Fleine filzig behaarte Krtr mit sitzdn spitzen B. und meist knäulig Blüthenköpfch.
1. Hkchb. spitz, in eine meist röthliche Borste endd.
2. Spitze d. Hkchb. aufrecht zusammenschliessend, B. lanzettl. od. lineal, nebst dem 3—12" hohen Stgl wollig filzig; Pfl. sehr vielgestaltig. *Hügel, Wege, Aecker* (7—8) ⊙.
1. *F. germanica L.*

SYNANTHEREAE. *Filago.*

2*. Spitze d. Hkchb. bogig nach aussen gekrümmt, B. spatelfg lanzettl. graufilzig; Stgl 2—6'' hoch, weissfilzig. *Hügel, Wege, Aecker (Rheingegenden)* (7—8) ☉.
          2. *F.* **spathulata** *Presl.*
1*. Hkchb. stumpf.
 3. B. lineal pfriemlich, seidenhaarig filzig. d. ober. viel länger als die Bthnknäule.
 4. B. fadenfg pfriemlich. *Aecker selt. (Rheinggndn. Böhmen)* (6—8) ☉. . . . . 3. *F.* **gallica** *L.*
 4*. B. breit, lineal flach. *Aecker ss. (Rheinggdn)* (7—8) ☉.
          4. *F.* **neglecta** *DC.*
3*. Hkchb. lanzettl. lineal, d. ober. nicht länger als d. Bthnkn.
 5. Stgl einfach od. erst gegen die Spitze hin verästelt; Hkch. an d. Kanten kahl, grünl. *Aecker, Sandfelder* (7—8) ☉.
          5. *F.* **minima** *Fries.*
 5*. Stgl v. Grund an aufrecht absthd ästig, Hkchb. dicht wollig. *Aecker, Sandfelder* (7—8) ☉. . . . 6. *F.* **arvensis** *L.*

26. **Gnaphalium** *L.* (66*). „Strohblume, Immortelle" Hkchb. dachig trockenhäutig, halbkuglig oder eifg; Bthn alle röhrenfg, d. randstdgn weibl. mehrreihig; Frkrone meist haarfg, Frboden nackt. Filzig behaarte Krtr m. einfach. wechselstdgn B.
1. Hkchb. dunkel gefärbt, grünlich od. bräunlich.
 2. Stgl einfach od. wenig ästig; Bthnköpfch. ährenfg od. traubig gehäuft.
  3. Bthnk. einhäusig; Haare d. Frkr. an der Spitze nicht od. nur wenig verdickt; Bthnk. ährenfg od. kopffg knäulig.
   4. Aeussere Hkchb. 3mal kürzer als d. Köpfch. 1—2' hoch aufrecht.
    5. Ob. B. lineal, unters. weissfilzig, obers. fast kahl, die unter. lanzettl. *Wälder nicht selt.* (7—8) ♃.
          1. *G.* **silvaticum** *L.*
    5*. Alle B. lanzettlich, obers. filzig 3rippig.
     6. B. obers. dünnfilzig, kurzgestielt. *Bgwälder u. Abhge (bes. d. Alpenggdn)* (7—8) ♃.
          2. *G.* **norvegicum** *Gouan.*
     6*. B. obers. dichtfilzig, länger gestielt. *Bgwälder u. Abhänge (bes. d. Alpenggdn)* (7—8) ♃.
          3. *G.* **Hoppeanum** *Koch.*
   4*. Aeussere Hkchb. etwa halb so lang als d. Köpfchen; Stgl z. Thl liegend, fadenfg; B. 1rippig, lanzettl. lineal. *Felsen, stein. Abhge (Alpen u. Sudeten)* (7—8) ♃.
          4. *G.* **supinum** *L.*
  3*. Bthnk. 2häusig, doldentraubig, Haare d. Frkrone an d. Spitze verdickt; Stgl einfach 2—6'' hoch, nebst d. lanzettlich. B. weissfilzig. *Feuchte Abhänge (Alpen, Carpathen)* (7—8) ♃. . (Antennaria *DC.*) 5. *G.* **carpathicum** *Whlbg.*
 2*. Stgl ausgebreitet v. Grd an ästig; Bthn in endstdgn beblttt. Knäulen; B. lineal lanzettl., graulich. *Gräben, Wälder, Sumpfwiesen* (7—8) ♃. . . . . . 6. *G.* **uliginosum** *L.*
  var. α. Pfl. kahl, Fr. glatt . **glabrum.**
  β Fr. kurzböckerig.
1*. Hkchschuppen weisslich, gelblich oder röthlich.

§ 88. 6. Köpfchen von weissfilzigen sternfg ausgebreiteten Deckb.,
welche länger als die Köpfch. sind, umgeben Haare d. Frkr.
an die Spitze verdickt; Stgl einfach nebst d. lineal lanzettl.
B. weissfilzig. *Stein. Abhänge der höheren Alpen* (7—8) ♃.
„*Edelweiss*".
(Leontopodium alpinum *DC*.) 7. *G.* **leontopodium** *Scop.*
6*. Köpfch. nicht v. sternfg ausgebreiteten Deckb. umgeben.
7. Bthnk. geknäuelt, klein mit strohgelb. zusammenschliessen-
den Hkchb.; B. lineal lanzettl. lrippig; Pfl. einhäusig. *Wäl-
der, Sandfelder* (7—8) ♃. . . . . 8. *G.* **luteoalbum** *L.*
7*. Bthnk. doldentrbg.
8. Hkchschppn weiss; Pfl. einhäusig. *Häufige Zierpfl. aus
America, zuweilen verwildert* (7—8) ♃.
9. *G.* **margaritaceum** *L.*
8*. Hkchschppn röthlich, b. d. männl. Pfl. weiss; Pfl. diöcisch
polygamisch, Auslfr trbd; unter B. stumpf spatelfg, ob.
lanzettl. oder lineal, spitz. *Wälder, Hügel, Sandfelder*
(6—7) ♃. „*Katzenpfötchen*".
(Antennaria *DC*.) 10. *G.* **dioïcum** *L.*

27. **Helichrysum** *Gärtn.* (67*). „Strohblume, Immortelle".
Hkch trockenhäutig, dachig, meist gelb. Bthn alle röhrenfg, d.
randstdgn weiblich, einreihig gelb, flaumig filzige Krtr m. ein-
fchn B. u. einzelstbdn od. doldentrbgn Köpfchen. (Gnaphalium *L.*)
1. Bthnk. doldentraubig.
2. Hkchschppn weiss. . . . . 26. *Gnaphalium* 9.
2*. Hkchschppn gelb.
3. Hkchschuppen stumpf.
4. Krt m. stumpf. ganzrand. B., d. unteren vkeifg lan-
zettlich, d. ob. lanzettl. lineal. *Sandfelder, Hügel nicht
selt.* (7—8) ♃. . . . . . . 1. *H.* **arenarium** *DC*
4*. Strch m. lineal. graubaar. B. *Hügel, Wege in Istr.* (7—8) ♄.
2. *H.* **angustifolium** *DC*.
3*. Hkchschppn spitzlich eifg; B. lineal am Rande umgerollt,
b. Zerreiben wohlriechend. *Hügel, Wege, (Böhmen, Schle-
sien, auch als Zierpfl.)* (7—8) ♄. . 3. *H.* **Stoechas** *DC*.
1*. Bthnk. einzeln gross, an d. Enden d. Aeste d. 1—2' h. Stgls,
B. lanzettl. od. lineal. *Zierpfl. aus Neuholland* (7—8) ☉.
3 b. *H.* **bracteatum** *Willd*.

27 b. **Ammobium alatum** *RBr.* (67). Hkchschppn weiss;
Stgl geflügelt. *Zierpfl. aus Neuholland* (7—8) ☉.

k. *Anthemideae*. Frkr. fehld od. kzzähnig; Stbk. gelb ohne
Anhängsel; Bthn alle röhrig od. d. randst. strahld.

28. **Artemisia** *L.* (73). „Beifuss". Hkchb. dachig, eifg halb-
kuglig od. kuglig; Bthn röhrig, alle zwittr. od. d. randstdgn weibl.
Frchtch. vkeifg mit schmaler Endscheibe. Krtr od. Halbstrchr
m. meist vielfach zertheilten B. ruthenfgn Zwgn u. rispig oder
traubig gestellten kleinen Köpfchen.
1. Randbthn weiblich, Mittelbthn zwittrig (jedoch zuweilen fehl-
schlagd u. unfrbar).

2. Frboden zottig behaart; Unt. B. 2—3fch fiederthlg. §89.
  3. Aufrechte meist ästige Krtr m. ruthenfgn Zweigen u. rispig traubigen kuglig. Bthnköpfchen.
    4. Oberste B. unzertheilt.
      5. Bstiel am Grd ohne Oehrchen; Babschn. lanzettl., meist beiders. seidenhaarig grau. *Bgwälder, stein. Abhänge, Felsen ss. (südl. Alpen, Moselthal), auch cult. „Wermuth"* (7—8) ♃ . . . . . . 1. **A. absinthium** *L.*
      5*. Bst. am Grd m. e. Oehrch.; Babschnitte lineal, kahl od. dünn graufilzig; Pfl. v. Camphergeruch. *Bgwälder, Felsen, stein. Abhge ss. (südl. Alpen, Elsass)* (7—8) ♃.
                                   2. *A.* **camphorata** *Vill.*
    4*. B. alle bis über d. Mitte getheilt kahl, d. unter. doppelt gefiedert, d. ober. kammfg fiederspaltig; Aeussere Hkchb. absthd. *Hügel, Abhge ss. (Thüringen, Harz)* (8) ♃.
                                             3. *A.* **rupestris** *L.*
  3*. Niedrige rasenbildde weissfilzige od. seidenhaarige Krtr m. einfach. Stgl u. ährenfg, traubig od. kopffg gedrängt. Bthnkpfch.
    6. Köpfch. hängend, alle gestielt, in verlängert. endstdgn Trbn. Ob. B. sitzd. *Stein. Abhänge, Bgwälder d. südl. Alpengydn* (7—8) ♃ . . . . . 4. *A.* **lanata** *Willd.*
    6*. K. aufrecht, d. ob. sitzd; B. alle gestielt.
      7. Köpfch. meist 15bthtg in kzn traubig. Aehren, Stgl 3—9" hoch. *Stein. Abhänge, Felsspalt der höchsten Alpengydn* (7—8) ♃. „Jochraute".
                                      5. *A.* **mutellina** *Vill.*
      7*. K. 30—40bthg, in endst. Knäulen; Stgl 2—4" hoch. *Stein. Abhge d. Schweiz. Alpen (C. Wallis)* (7—8) ♃.
                                        6. *A.* **glacialis** *L.*

2* Frboden nackt.
  8. Köpfch, aufrecht; Unt. B. gestielt, fingerfg gethlt, oberste sitzd, ungethlt, beiders. filzig. *Felsen u. stein. Abhänge d. Alpen* (7—8) ♃ . . . . . . 7. *A.* **spicata** *Wulf.*
  8*. K. nickend.
    9. B. vielspaltig fiederthlg.
      10. B. am Grd d. Bstiels nicht geöhrt; B. kahl od. wenig behaart.
        11. Pfl. in Rasen wachsd, d. blühde Stgl einfach, aufstrebd, Köpfch in einer einfachen od. wenig zusammengesetzten Trbe; Hkchb. eifg stumpf.
          12. Bthnk. meist 20blthg. *Wiesen, Hügel auf Salzboden (Thüringen u. anderwärts)* (6—7) ♃.
                                  8. *A.* **laciniata** *Willd.*
          12*. Btbnk. meist 40blthg. *Stein. Abhänge d. höchst. Alpen* (7—8) ♃ . . 9. *A.* **tanacetifolia** *All.*
        11*. Pfl. nicht rasig mit steif aufrecht. kahl, Stgl, ruthenfgn Zweig u. rispig. Bthnk. Pfl. dicht beblтt. *Häufige Culturpfl. aus Südeuropa* (7—8) ♃. „Eberraute".
                         9 b. *A.* **abrotanum** *L.*
      10*. B. am Grd d. Bstiels mit einem Oehrchen.
        13. B. dopp. gefiedert m. lineal. Abschnitten.
        14. Bthnk. rauhhaarig filzig od. grau, kugl.; B. dicht gedrängt.

Artemisia. SYNANTHEREAE.

§ 88.
15. B. oberseits kahl od. wenig behaart, unters. graufilzig. *Hügel, Abhänge selt.* (7—8) ♃.
10. **A. pontica** L.
15*. B. beiderseits dicht weissgraufilzig. *Hügel, Abhänge (Oesterreich)* (7—8) ♃. . . . 11. **A. austriaca** *Jacq.*
14*. Bthnk. kahl.
16. Pfl. in Rasen wachsend, d. bthntrgdn Stgl aufstrebend.
17. Köpfch. kuglig. *Stein. Abhge d. Schweiz. Alpen sss. (C. Wallis)* (7—8) ♃. . . . . 12. **A. nana** *Gaud.*
17*. K. eifg. *Felder, Hügel, Wege sehr häufig* (7—8) ♄.
13. **A. campestris** L.
16*. Pfl. nicht rasenbildd; Stgl aufrecht; Bthnk. in kurz. gedrängten Trbn, länglich. *Hügel, Sandfelder (Böhmen, Mähren, Steiermark)* (7—8) ⊙. . . 14. **A. scoparia** L.
13*. B. fiederspaltig, mit lanzettl. zugespitzten eingeschnitt. gesägt. Abschnitt, obers. grün, unters. filzig. Köpfchen längl. *Hügel, Wege, Ufer häufig* (7—8) ♃. . 15. **A. vulgaris** L.
12*. B. unzertheilt, lanzettl. lineal, kahl, grundstdge mit 3zackiger Spitze. *Gewürzpfl. aus d. Orient* (8) ♃.
15 b. **A. Dracunculus** L.
1*. Bthn alle zwittrig, gleichartig; Bthnk. länglich.
18. B. 2—3fach fiederthlg, beiders. weissfilzig m. stumpf. lineal. Abschnitten. *Wiesen, Sumpfggdn, bes. am Meer u. auf Salzboden* (8) ♃. . . . . 16. **A maritima** L.
18*. B. unzerthlt, grau, lanzettl. an d. nicht blühde Stgln eingeschnitten od. fiederspalt. *Sumpfwiesen am adr. Meer* (8) ♃.
17. **A. caerulescens** L.

29. **Tanacétum** L. (73*) „Rainfarren". Hkch. halbkuglig od. dachig; Frkrone meist fehlend od. kurz spreuig; Frboden nackt; Frchtch. 3kantig m. breiter Endscheibe. Gelbblühende aromatische Krtr mit doldentrbgn Köpfch. Randbthn 3spaltig.
1. B. doppelt fiederspaltig mit gesägt. Abschnitten. Frkrone fehld. *Hügel, Wege, Gebüsch* (7—8) ♄. . 1. **T. vulgare** L.
1*. B. unzerthlt, eifg, gesägt; Frkr. randart. *Häufige Gartenpflanze aus Südeuropa* (7—8) ♄. *„Frauenblatt".*
1 b. **T. balsamita** L.

30. **Cótula coronopifolia** L. (72). Hkchb. dachig, halbkuglich, Bthn alle röhrenfg, die randstdgn weiblich od. unfrbar. Randfr. blattartig flach; Frkrone fehld, Frbod. nackt. Liegds Krt m. gelb. Blthn, einköpfig. Aesten u. lineal lanzettlich, fiederspaltig gezähnt. B. *Gräben, Ufer an d. Nordsee* (7—8) ⊙.

31. **Santolina chamaecyparissus** L. (75*). Hkch. dachig, halbkuglig; Bthn alle röhrenfg, Frb. spreuborstig. Kleiner, filzig behaarter Halbstrch m. 1köpfig. Aest. gelb. Bthn und linealen 4reihigen, gezähnt, etwas fleischig. B. *Hügel, Wege, Aecker d. südl. Alpenggdn, auch als Zierpfl.* (7—8) ♃ od. ♄.

32. **Achilléa** L. (102). „Schafgarbe". Hkchb. dachig, eifg od. länglich; Randbthn zungenfg breit, meist nur 5 od. 10; Frkr. fehld od. randartig. Meist weiss blühde Krtr m. dolden-

traubigen Btbnk. und einfachen oder zusammengesetzten wech- § 88.
selstdgn B.
1. Strahlenbthn meist 10, so lang als d. Hkch, nebst d. Scheibenbthn weiss.
2. B. unzerthlt, lineal lanzettlich, gesägt; Doldentrbn zusammengesetzt.
3. Sägezähne d. B. angedrückt kz.
4. Pfl. kabl. *Ufer, Gebüsch s. häufig* (7—8) ♃.
1. *A.* **ptarmica** *L.*
4*. Pfl. behaart. *Ufer, Gebüsch sss.* (b. *Danzig*) (7—8) ♃.
2. *A.* **carthilaginea** *Led.*
3*. S. d. B. bis z. Mitte d. B. gehend, u. absthd. *Bgabhänge, d. Schweizer Alpen sss. (St. Gotthard)* (7—8) ♃.
3. *A.* **alpina** *L.*
2*. B. zusammengesetzt 1-mehrfach fiederthlg. Meist niedrige ¼—1′ hohe Alpenpfl.
3. Fiedern d. einfach gefiedert. B. nicht oder nur wenig gezähnt.
4. Doldentrbn zusammengesetzt vielköpflg.
5. Fiedern länglich.
6. Fied. stumpf; Pfl. seidenhaarig grau; Stgl einfach. *Bgabhänge d. höher. Alp.* (7—8) ♃.
4. *A.* **clavennae** *L.*
6*. Fied. spitz; Pfl. kahl od. wenig behaart. *Bgabhge d. Alpen sss. (am Rhonegletscher)* (7—8) ♃.
5. *A.* **vallesiaca** *Suter.*
5*. Fiedern keilfg; grundst. B. doppelt fiedersp. flaumig. *Bgabhge d. Alp. ss. (Rhonegletscher, C. Wallis)* (7—8) ♃.
6. *A.* **Thommasiana** *Hall fil.*
4*. Doldentrbn einfach.
7. B. kahl od. wenig behaart. *Bgabhge d. Alpen* (7—8) ♃.
7. *A.* **moschata** *Wulf.*
7*. B. wollig od. zottig.
8. Fiedern d. untern B. ganzrandig oder wenig gezähnt; Doldentrbn locker, (ob. var v. 9?). *Höchste Abhänge d. Alpen (Schweiz, Tyrol)* (7—8) ♃.
8. *A.* **hybrida** *Gaud.*
8*. Fied. d. unt. B. gezähnt oder tief eingeschnitten; Doldentrbn sehr gedrungen, fast kuglig. *Felsen u. Abhänge d. höchsten Alpen* (7—7) ♃.
9. *A.* **nana** *L.*
3*. Fiedern d. 1-mehrfach gefiedert. B. bei allen eingeschnitten od. gezähnt; B. u. Stgl kahl od. wenig behaart.
9. Doldentrbn zusammengesetzt; Stgl 1—3′ hoch, kahl, B. sehr gross. *Bgwälder d. Alpen* (7—8) ♃.
10. *A.* **macrophylla** *L.*
9*. Doldentrbn einfach; Stgl ¼—1′ hoch, behaart.
10. B. einfach gefiedert, mit 2—3spalt. Fiedern; Zähne lineal, stachelspitzig, zu 3—5 an den grösseren Fiedern. *Feuchte Abhänge d. Alpenggdn* (7—8) ♃.
11. *A.* **atrata** *L.*
10*. B. doppelt gefied. mit 2—3spalt. Fiedern. Zähne zu 12—15 an d. grösser. Fiedern. *Feuchte Abhänge d. Alpenggdn* (7—8) ♃. . . . 12. *A.* **Clusiana** *Tsch.*

§ 88.   1*. Strahlenbthn meist 5, halb so lg als d. Hkch; B. u. Doldentrbn mehrfach zusammengesetzt.
   11. Bthn gelb; B. gefiedert, sehr zottig, Fied. d. unter. B. 3thlg, d. ob. ungethlt. *Stein. Abhänge u. Bachufer d. südl. Alpenggdn* (5—6) ♃ . . . . 13. *A.* **tomentosa** *L.*
   11*. Bthn weiss oder (var) röthlich, selten gelblichweiss.
     12. B. einfach fiederthlg, im Umriss längl. mit geflügelt. gez. Spdl.
       13. Babschnitte lineal lanzettlich, gesägt; Stgl ¼—1′ hoh. nebst d. B. wollig zottig mit dicht gedrängt. Babschnit. *Bgwiesen d. südl. Alpenggdn* (7—8) ♃.
               14. *A.* **lanata** *Sprg.*
         var. B. grün mit v. e. entfernt. Abschn. **distans** *W. K.*
       13*. Babschnitte eifg lanzettlich; Stgl 1—3′ hoch. *Bgwiesen d. südl. Alpenggdn* (7—8) ♃.
               15. *A.* **tanacetifolia** *All.*
     12*. B. 2-mehrfach gefiedert.
       14. Blattspindel ungezähnt.
         15. B. im Umriss lanzettlich, Fiederchen 3—5spaltig; Stgl 1—2′ hoch. *Wiesen, Hügel, Wege, s. gem.* (6—8) ♃.
               16. *A.* **millefolium** *L.*
         15*. B. im Umriss eifg, Fiederch. ganzrandig; Stgl ½—1½′ h. *Bgwiesen am adr. Meer* (7—8) ♃.
               17. *A.* **odorata** *L.*
       14*. Bspindel von d. Spitze bis z. Mitte gezähnt; B. im Umriss eifg; Randbthn zurückgerollt, sehr kurz; Stgl ½—1′ hoch. *Bgwälder, Abhge selt.* (7—8) ♃.
               18. *A.* **nobilis** *L.*

33. **Anthemis** *L.* (103). „Hundskamille" Hkch halbkuglig, dachig; Randbthn zahlreich, mit schmal zungenfgm Strahl; Frboden spreuig, Fr. nicht od. nur schmal geflügelt; Frboden spreuig; Frkr. fehld. Aufrechte od. liegende Krtr m. 1-wenigköpfig. Stgl, 1—3fach fiederthlgn B. u. meist weiss. (b. 1 gelb) Randbthn u. gelb. (b. 11 weissen) Scheibenbthn.
   1. Spreublättch. in eine deutliche Spitze endend.
   2. Spreubl. blattartig, lanzettl. oder länglich, st. m. deutl. Mittelrippe.
     3. Frboden gewölbt od. halbkuglig; Fr. zusammengedrückt 4seitig, 2schneidig, m. e. scharfen Rand endend.
       4. Frtchtch. schmal geflügelt.
         5. Spreublättch. länglich.
           6. Blattabschnitte gesägt, kammfg gestellt; Frchtch. beiderseits 5streifig.
             7. Strahlenbthn kaum halb so lang als der Dchmesser d. Scheibe, meist gelb; B. unters. graufilzig. *Hügel, Aecker, auf Kalkboden* (6—8) ♃ od. ☉.
               1. *A.* **tinctoria** *L.*
             7*. Strahlenbthn weiss, so lang als d. Dchmesser d. Scheibe. *Bgabhänge am adr. Meer* (7—8) ♃.
               2. *A.* **Triumfetti** *All.*
           6*. Babschnitte ganzrandig, wollig flaumig; Fr. beiders. 3strfg. *Aeckers. (Oesterreich, b. Regensbg)* (7—8) ☉.
               3. *A.* **austriaca** *Jacq.*

5*. Spreubl. vkeifg, plötzlich in e. starre Stachelspitze zusammengezogen; Federch. gezähnt; Frchcb. bdrsts 10strfg. *Aecker in Istrien* (7—8) ☉. §89.
           4. *A.* **altissima** *L.*
4*. Frchtcb. ungeflügelt, bdrsts 5streifig; Spreubl. m. e. kzn Stachelspitze. *Sandige Aecker* (6—8) ☉.
           5. *A.* **cota** *Viv.*
3*. Frboden verlängert kegelfg; Frcbtch. stumpf 4kantig; Pfl. flaumig wollig.
 8. Spreublättch. ganzrandig; Frcbt. ohne Krone, Pfl. grün. *Sandige Aecker* (6—8) ☉. . . . . 6. *A.* **arvensis** *L.*
8*. Spreubl. am Vorderrande gezähnelt; Fr. m. c. hautart. Krönchen. *Aecker s. (Oesterreich, Böhmen)* (5—7) ☉.
           7. *A.* **ruthenica** *M. B.*
2*. Spreubl. lineal borstig, ohne Mittelrippe, Frboden verlängert kegelfg; Pfl. kahl; B. 2—3fach fiederthlg. *Aecker, Schuttplätze* (6—8) ☉. . . . . 8. *A.* **cotula** *L.*
1*. Spreubl. stumpf od. zerfetzt gezäbnt u. brandfleckig mit gegen d. Spitze bin verschwinddr Mittelrippe.
 9. Scheibenbthn gelb.
  10. Stgl ästig mehrköpfig. *Stein. Abhge ss. (Alpen, Rheinggdn) auf cult. „römische Kamille"* (7—8) ♃.
           9. *A.* **nobilis** *L.*
  10*. Stgl einfach einköpfig. *Bgabhge d. Alpen (Steiermark)* (7—8) ♃. . . . . 10. *A.* **montana** *L.*
 9*. Scheibenbthn weiss; Stgl meist 1köpfig; Stglb. 10—12paarig gefiedert. *Bgabhge d. höchst. Alpen* (7—8) ♃.
           11. *A.* **alpina** *L.*

33 b. **Anacyclus officinalis** *Hayne.* (103*) Frgeflügelt, vkberzfg; Hkchb. halbkuglig od. fast flach, dachig; Randthn meist zungenfg m. länglich. Strahl; Frboden spreuig, kegelfg. Kables grünes Krt mit meist 1köpfig. Stgl, weissen Strahlen- und gelben Scheibenthn u. 2—3fach gefied. B. *Häufig als Arzneipfl. cult. (bes. in Thüringen), ursprüngl. aus Südeuropa* (5—6) ☉.

34. **Matricaria** *L.* (85*). „Kamille". Hkcb halbkuglig m. am Rande nicht trockenhäutigen Blättch. Frboden kegelfg walzig, nicht spreublättrig; Frkr. fehld. Kahle aromatische Krtr mit feinzerthltn 2—3fach fiederthlgn B., halbkuglig gestellten, gelben Scheibenbthn u. weissen od. fehld Randbthn.
 1. Frchtboden hohl; Randbthn strahld, weiss. meist zurückgeschlagen. *Aecker häufig* (5—7) ♃. . . 1. *M.* **chamomila** *L.*
 1*. Frb. nicht hobl; Randbthn nicht strahld. *Ursprüngl. a. Asien stammend; um Berlin verwildert* (7—8) ♃.
           2. *M.* **discoïdea** *DC.*

35. **Chrysanthemum** *L.* (85). Hkch. halbkuglig dachig; Blättch. desselb. am Rande trockenhäutig; Frboden flach od. halbkuglich; Frkrone fehld od. kz randartig. Meist kable Krtr m. einzelsthdn Köpfch. u. wenig eingeschnittenen B.
 1. Strahlenbthn weiss.
  2. B. alle einfach, eingeschnitt., od. gekerbt.

§ 88.
3. Frkrone b. allen Frchtch. fehld; Unt. B. langgestielt, gekerbt- od. fast lappig. Pfl. 1—2' hoch. *Wiesen, Wälder sehr häufig* (6—7) ♃. „*Grosse Gänseblume*".
   1. *Ch.* **leucanthemum** *L.*
3*. Frkr. gezähnelt u. wenigst bei d. Randfrchtch. vorhanden; Pfl. viel kleiner.
4. Unt. B. längl.-keilfg, gekerbt, d. mittleren u. ober. gesägt; Mittelfr. ohne Frkrone (ob var v. 1?). *Bgwiesen, besond. d. südl. Alpenggdn* (6—7) ♃.
   2. *Ch.* **voutanum** *L.*
4*. Unt. B. vkeifg-keilfg. eingeschnitten 5—7zähn. Stglb. eingeschnitten gesägt m. lanzettl. pfriemlich. Zähnen. Alle Fr. m. e. Krönchen. *Abhge u. Ufer d. Alpggdn* (7—8) ♃.
   3. *Ch.* **coronopifolium** *L.*
2*. B. alle od. wenigstens d. grundstdgn B. fiedertheilig.
5. Stglb. lineal ganzrandig, grundst. kammfg fiederthlg; Stgl 1—4" hoch. *Felsen u. stein. Abhge d. höher. Alp.* (7—8) ♃.
   4. *Ch.* **alpinum** *L.*
5*. Alle B. buchtig fiederspaltig; Stgl 4—10" hoch (ob var v. 3?). *Felsen u. Abhänge d. Alpen* (7—8) ♃.
   5. *Ch.* **ceratophylloïdes** *All.*
1*. Strahlenbthn gelb, od. weiss m. gelb. Grunde Frchtch. geflügelt; ob. B. sägezähnig, am Grd herzfg umfassend, Fr. 2flüglich; Pfl. kahl, ästig 1—2' hoch. *Aecker* (*Thüringen*) (7—8) ☉.
   6. *Ch.* **segetum** *L.*

36. **Pyrethrum** *L.* (84). Hkchb. dachig, am Rande nicht trockenhäutig; Frboden nicht spreuborstig; Frkr. kz häutig randartig. Kahle od. zerstreuthaarige Krtr mit 1-mehrfach gefiedert. B. u. doldentrbg gehäuft. Köpfch. Randbthn weiss, Scheibenbthn gelb. (Chrysanthemum *Kch*.)
   1. Babschnitte lanzettlich od. eifg.
   2. Strahlenbthn länglich lineal.
   3. Babschnitte stumpf. ellipt länglich, ungleich eingeschnitten, gekerbt, nebst d. Stgl flaumig. *Wälder, Schuttplätze, stein. Abhänge, auch als Zierpfl., cultiv.* (6—7) ♃.
   1. *P.* **parthenium** *Sm.*
3*. Babschnitte spitz, fiederthlg, spitz gesägt, nebst d. Stgl meist zerstreuthaarig. *Wälder, bes. in Gbgsggdn* (6—7) ♃.
   2. *P.* **corymbosum** *Willd.*
2*. Strahlenbthn rundlich eifg sehr kurz; B. einfach fiederthlg m. lanzettlich, fiederspaltig od. gesägt. Abschn. *Wälder der südl. Alpenggdn sss.* (6—7) ♃. 3. *P.* **macrophyllum** *Willd.*
1*. Babschnitte lineal fadenfg, spitz: B. 2—3fach fiedertheilig; Frboden kegelfg, nicht hohl (hiedurch u. dch Geruchlosigkeit von der sehr ähnlichen Matricaria chamomilla unterschieden); Frchtch. auf der inneren Seite 3rippig. (Tripleurospermum *Schultz*.) *Gräben, Aecker nicht selt.* (6—8) ☉ u. ☉.
   4. *P.* **inodorum** *Sm.*

27. **Pinardia coronaria** *Cass.* (83*). Randfr. 3 flügelig an d. Spitze dornig. Kahles gelbblühendes Krt mit fiederthlgn B. u. eingeschnitten gezähnt. Abschnitt. (Chrysanthemum c. *L.*)

I. Senecioneae. Frkrone haarfg, Stbk. ohne Anghängsel. § 88. gelb.

38. **Doronicum** L. (93). Hkch. halbkuglig od. flach m. 2—3-reibig. Blättch. Frbod. nackt; Randfr. ohne Haarkrone. Aufrechte Krtr m. einfachen wechselst. B. u. gelb. Bthnköpfch.
1. Grundstdge B. langestielt.
2. Pfl. mit schlanken an d. Spitze verdickt, u. blättertrgdn, unterirdischen Auslfrn; grdstdge B. tief herzfg; nebst d. ganzen Pfl. weichhaarig. *Bgwälder*, *auch als Zierpfl.* (5—6) ♃.
                              1. *D.* **pardalianches** *L.*
2*. Pfl. ohne Auslfr, flaumig od. kahl.
3. Grdst. B. tiefherzfg. *Stein. Abhänge d. Alpen* (6—8) ♃.
                        2. *D.* **cordifolium** *Stbg.*
3*. Grdst. B. am Grd abgerundet od. seicht herzfg. *Bgabhge der Alpen sss. (Salève b. Genf)* (5—6) ♃.
                            3. *D.* **scorpioïdes** *Willd.*
1*. Grdst. B. fehld; unt. Stglb. kleiner als d. ober. *Bgabhänge d. Alpen u. österr. Gebirge* (6—8) ♃.   4. *D.* **austriacum** *Jacq.*

39. **Aronicum** *Neck.* (93*). Fr. alle mit e. Haarkrone, übrig. w. b. 38. Gelbblühde behaarte Krtr m. einfach. wechselst. B. u. meist einfachem einköpf. Stgl. (Arnica *L.*)
1. B. spitz gezähnt, nebst d. Stgl meist drüsig raubhaarig; Haare d. Bthnst. stumpf gegliedert. *Feuchte Abhge d. Alpen* (7—8) ♃.
                          1. *A.* **scorpioïdes** *Kch.*
1*. B. ganzrdg od. entfernt gezähnt, nebst d. Stgl rauhhaarig od. kahl; Haare d. Bthnst. spitz, gegldrt; Gldr. entferut.
2. Stgl röhrig, Wzl wagrecht; B. krautig weich; Strahlenbthn b. Nacht zusammengeschlgn. *Feuchte Ahge d. Alp.* (7—8) ♃.
                          2. *A.* **Clusii** *Koch.*
2*. Stgl nicht hohl, nur unter d. Kpfch. Wzl schief; B. dicklich u. starr; Bthn auch b. Nacht ausgebreitet. *Stein. Abhänge d. Alpen* (7—8) ♃. . . . . 3. *A.* **glaciale** *Rchb.*

40. **Arnica montana** L. (92). Hkch walzig m. 2reibig. Blättch.; Randbthn strahld, Frchtch. ungeflügelt. Drüsig weichhaariges Krt mit gelb. Bthn in ziemlich grossen (ca. 2″ breit) Köpfch. u. einfachen, ganzrandgn, meist gegenst. Grundstdge B. elliptisch, in Rosetten. *Wälder*, *besond. in Gebirgsggdn* (6—7) ♃.

41. **Ligularia sibirica** *Cass.* (89*). (Cineraria *L.*) Griff. bis z. Spitze flaumhaarig; Hkchb. am Grde m. 2 gegenst. Blättchen. Kahles 2—4′ hohes Krt m. herzpfeilfg gezähnt. B. u. traubenfg geste!lt. gelb. Btlnköpfch. Pfl. oberwts oft braunroth überlfn. *Sumpfwiesen (in Böhmen)* (7—8) ♃.

42. **Cineraria** *L.* (60* 88*). Hkch walzig od. kegelfg, einreibig, ohne Aussenkch; Narbe abgeschn. kopfig, Griffel oberwts kahl. Meist filzig wollige Krtr m. einfachen, wechselst. B.
1. Bthn gelb od. rothgelb.
2. Wenigstens d. unt. B. gestielt; Stgl einfach od. wenig ästig, kahl od. spinnenwebig wollig. (In e. übergbnde sehr ähnl. Art.)

Cineraria. SYNANTHEREAE.

§ 88.
    3. Bthn meist rein gelb, Hüllkchb. meist grün.
        4. B. grob buchtig u. ungleich gezähnt, oft wellig kraus. *Bergwiesen d. Alpen* (5—6) ♃. . . . 1. *C.* **crispa** *Jacq.*
        4*. B. ganzrandig od. ausgeschweift gezähnelt.
          5. Frkn. kahl od. flaumig behaart.
            6. Unt. Stglb. eiherzfg. *Bgwiesen d. Alpenggdn* (5—6) ♃.
              2. *C.* **alpestris** *Hoppe.*
            6*. Unt. Stglb. längl. (ob. var?).
              7. Frkn. flaumhaarig. *Bgwiesen d. Alpen* (5—6) ♃.
                3. *C.* **longifolia** *Jacq.*
              7*. Frkn. kahl. *Sumpfwiesen d. Alpenggdn* (5—6) ♃.
                4. *C.* **pratensis** *Hoppe.*
          5*. Frkn. mit kzn steifen Borsten besetzt.
            8. Unt. B. langgestielt. *Bgwälder ss.* (5—6) ♃.
              5. *C.* **spathulaefolia** *Gmel.*
            8*. Auch d. unterst. B. nur kz gestielt. *Bergwiesen, Hügel, besond. d. Alpen* (5—8) ♃.
              6. *C.* **campestris** *Retz.*
    3*. Bthn rothgelb; Grdst. B. kzgestielt; Frkn steif borstig; Hkchb. oft bräunlich. *Bgwiesen, bes. d. Alpen* (5—7) ☉
              7. *C.* **aurantiaca** *Hoppe.*
    2*. B. alle sitzd, lanzettlich; Stgl ästig; Doldentrbn zusammengesetzt. *Sumpfwiesen, bes. in Norddeutschl.* (6—7) ☉.
              8. *C.* **palustris** *L.*
  1*. Bthn meist bläulich, violett od. weiss.
        9. B. lappig, deb d. geflügelt. Bstiel am Grd geöhrt, unters. oft dunkelrothviolett.. *Häufige Zierpfl. a. Teneriffa* (7—8) ♃.
              8 b. *C.* **cruenta** *DC.*
        9*. B. fiederthlg, gestielt m. eifgn. stumpf., bucht. gezähnt. Lappen. *Häufige Zierpfl. aus Südafrica* (3—8) ☉.
              8 c. *C.* **elegans** *L.*

    43. Senecio *L.* (60, 88). Hkch walzig mit an d. Spitze oft trockenhäutig. Blättch., am Grd m. e. aus 1-mehrer. Blättchen gebildeten Aussenkch. Meist gelbblühende Krtr m. einfach od. fiederthlgn wechselst. B.
      1. B. alle oder wenigst. d. ob. fiederthlg. gefiedert od. wenigsts bis z. Mitte eingeschnitt.
        2. Randbthn nicht od. nur kz zungenfg.
          3. Randbthn nicht zungenfg, alle Bthn daher röhrenfg glockig; Pfl. kahl od. spinnenwebig wollig, 1″—1′ hoch; Babschnitte eckig gezähnt. *Hügel, Aecker, Wege, s. gemein* (1—12) ☉.
              1. *S.* **vulgaris** *L.*
          3*. Randbthn zungenfg, abwts gerollt; Babschn. buchtig gezhnt.
            4. Pfl, drüsig flaumhaarig, Aussenkch. etwa halb so lang als d. Hkch; Frchtch. kahl. *Sandige Wälder, stein. Abhänge* (6—8) ☉. . . . . 2. *S.* **viscosus** *L.*
            4*. Pfl. spinnenwebig flaumig; Aussenkch viel kzr als der Hkch. *Sandige Wälder* (6—8) ☉.   3. *S.* **silvaticus** *L.*
      2*. Randbtdn abstehend zungenfg.
        5. Blattabschnitte v. deutlicher Breite.
          6. B. u. ganze Pfl. weiss- od. grau seidenhaarig filzig; Pfl. 1—4″ hoch.
            7. B. schneeweiss, wollig filzig.
              8. Bthnk. doldentrbg. *Stein. Abhänge d. höchst. Alpen* (7—8) ♃. . . . . 4. *S.* **incanus** *L.*

6*. Bthnk. einzeln (ob var?) *Stein. Abhänge d. höchst.* § 59.
Alpen (7—8) ♃. . . . . . 5. *S.* **uniflorus** *All.*
7*. B. grauseidenhaarig, zuletzt kahl, Bthnk. doldentrbg.
Stein. Abhänge d. höchst. Alpen (7—8) ♃.
6. *S.* **carniolicus** *Willd.*
6*. B. nicht seidenhaarig, meist grün, kahl od. flaumig.
  9. Bspindel gezähnt; Fr. grauflaumig.
  10. Babschnitte lineal; Aussenkch 1blättr. *Aecker, Abhänge am adr. Meer* (6—7) ☉.
  7. *S.* **squalidus** *L.*
  10*. Babschnitte länglich eifg; Aussenkch. 6—12blättr.
  11. B. beiderseits absthnd zottig behaart, am Rande kraus gezähnt. *Thonige Aecker, Wälder sss. (Schlesien)* (4—5) ☉. . . 8. *S.* **vernalis** *W. K.*
  11*. B. nebst d. Stgl kahl, um Rande nicht kraus. *Kalkfelsen d. Alpenggdn* (5—7) ☉ od. ♃.
  9. *S.* **nebrodensis** *L.*
 9*. Bspindel nicht gezähnt.
  12. B. fiederthlg m. lineal Abschnitt. Aussenkch halb so lang als d. Hkchb. Alle Fr. rauhhaarig; Wzl kriechd. *Bgwälder, Wiesen. Wege auf Thon- u. Kalkboden* (7—8) ♃. . . 10. *S.* **erucifolius** *L.*
  12*. Alle od. wenigst. d. unt. B. leierfg fiederthlg od. unzertbeilt, Aussenkchb. sehr kurz, meist 2blättrg.
  13. B. mit leierfg vielthlgn Oehrch. halbumfassd; Seitenlappen länglich sägezähnig, Köpfchenstiele unbeblttrt; Fr. beh. *Bgwiesen u. Abhänge der Alpenggndn* (9—7) ♃. 11. *S.* **lyratifolius** *Rchb.*
  13*. Unt. B. gestielt; Kpfchst. m. Deckb. besetzt; Randfr. kahl (in einander überg. Arten).
  14. Stgl 2—3' hoch an d. Spitze doldentrg ästig, vielköpfig, straff aufrecht m. aufrecht absthndn bis z. Spitze beblättert. Aesten.
  15. B. meist alle leierfg fiederthlg; Mittelfr. kzhaarig. *Wiesen, Hügel, Gräben, s. gem.* (6—8)☉
  12. *S.* **Jacobaea** *L.*
  15*. Grundst. B. unzerthlt. od. lappig, im Umriss länglich eifg; Mittelfr. flaumig. *Feuchte Wiesen, Sumpfggdn selt* (7—8) ☉.
  13. *S.* **aquaticus** *Huds.*
  14*. Stgl ½—1' hoch mit ausgebreiteten oberwts wenig beblättert., wenig köpfig. Aesten. *Wiesen, Gräben, Ufer (selt. Rheingegenden, Alpen)* (7—8) ☉.
  14. *S.* **barbareaefolius** *Cr.* = *S.* **erraticus** *Bert.*
5*. B. doppelt gefiedert m. schmal lineal. Abschnitt. Bthnstiele nicht geöhrt, Köpfch. doldentrbg 3—6btlg. *Kalkfelsen, stein. Abhänge d. Alpen* (7—8) ☉.
  15. *S.* **abrotanifolius** *L.*
1*. Alle B. einfach u. nicht über d. Mitte getheilt.
  16. B. herzfg, gestielt, d. ob. eingeschnitten gesägt od. fast fiederspaltig; Fr. u. meist auch d. ganze Pfl. kahl od. letztere flaumig wollig.
  17. B. 1½mal so lang als breit; Bstiel d. ober. B. schmal, ganzrandig, m. kurzem kaum umfassdn Oehrchen. *Bergwiesen d. Alpen* (7—8) ♃. . . 16. *S.* **cordatus** *Koch.*

284 Senecio.   SYNANTHEREAE.

§ 88.   17*. B. so lang als breit, d. ober. mit breit geflügeltem am Grd
Oehrchenartig umfassenden Bstiel. *Bergwiesen d. Alpen
u. Sudeten* (7—8) ♃. . . . . 17. *S.* **subalpinus** *Kch.*
16*. B. eifg od. lanzettlich.
  18. Randbthn nicht strahld; Röhrenbthn gelblichweiss; Stgl
  3—6' hoch, straff aufrecht m. ellipt. lanzettlich gesägt. B.
  Bgwiesen, Abhänge d. südl. Alpenggdn (7—8) ♃.
            18. *S.* **cacaliaster** *Lam.*
18*. Randbthn strahld; Mittelbthn gelb.
  19. Strahlenbthn 5—13; Bthn doldentrbg; Pfl. 2—6' hoch.
  20. Aussenkch fast so lang als d. Hkchb., Frchtch. kahl,
  Strahlenbthn meist 5—8.
  21. B. lanzettl. ellipt. mit gerade abstbndn Zähnen. Pfl.
  sehr vielgestaltig; Stgl rundlich kantig. *Bergwälder
  nicht selt.* (7—8) ♃. . . . 19. *S.* **nemorensis** *L.*
  21*. B. länglich lanzettl. mit vorwts gekrümmt. Sägezähnen; Stgl tief gefurcht. *Bgwälder, Flussufer, Gebüsch* (6—8) ♃. . . . . 20. *S.* **sarracenicus** *L.*
  20*. Aussenkch viel kzr als d. Hkchb.; Frchtch. flaumhaarig.
  22. Strahlenbthn meist 5; Aussenkchb. sehr kz. *Bgwiesen
  ss. (Oestreich)* (7—8) ♃. . . , 21. *S.* **Doria** *L.*
  22*. Strahlenbthn meist 13; Aussenkchb. etwa halb so lg
  als d. Hkch. *Ufer, Gebüsch, Sumpfggndn s.* (7—8) ♃.
            22. *S.* **paludosus** *L.*
19*. Strahlenbthn zahlreich; Stgl 1—3 köpfig ½—1½' hoch;
Aussenkch so lang als d. Hkchb.; Pfl. kahl oder etwas
wollig.
  23. B. lederartig, kzhaarig; Hkchb. kahl od. wenig wollig;
  Bthn dunkelgelb. *Steinige Abhge d. Alpen* (7—8) ♃.
            23. *S.* **Doronicum** *L.*
  23*. B. weich; Hkchb. dicht wollig; Bthn citrongelb. *Stein.
  Abhge d. südl. Alpenggdn* (7—8) ♃.
            24. *S.* **lanatus** *Kch.*

II. **CYNAREAE.** Bthn meist alle röhrenfg (nur b. Calendula d.
randstdgn zungenfg); Griffel an d. Spitze knotig verdickt. B. u.
Hkch oft dornig gezähnt.

m. *Calendulaceae.* Randbthn strahld, frbar; Mittelbthn unfruchtbar; Frb. nackt.

44. **Calendula** *L.* (82). „Ringelblume". Hkch halbkuglig m.
2reihig. Blättch. Randbthn zungenfg, Scheibenbthn röhrig 5spaltig,
fehlschlgd; Fr. meist kahnfg od. ringfg g e b o g e n. Gelbblühende
drüsig weichhaarige Krtr mit einfchn wechselstgn B. u. einzelsthdn
Köpfchen.
  1. Pfl. ausgebreitet m. länglich lanzettl. B. u. citronengelb. Köpfch.
  Aecker, Weinberge, bes. d. Rheinggdn (6—7) ☉.
            1. *C.* **arvensis** *L.*
  1*. Pfl. aufrecht, 1' hoch m. spatelfgn B. u. rothgelben Bthnköpfch.
  Häufige Culturpfl. aus Südeuropa (7—8) ☉.
            1 b. *C.* **officinalis** *L.*

n. *Echinopsideae.* Bthn nicht v. e. gemeinschaftlichen Hkcb §89. umgeben; jedes Bthchn mit e. besonderen Kch.

45. Echinops *L.* (35*). „Kugeldistel". Frkrone aus kzn am Grd verwachsenen Borsten gebildet. Dornige distelart. Krtr m. einfachem aufrecht., wenig köpfig. Stgl, wechselstdgn fiederthlgn B. u. weissen od. blauen Bthn in kuglig. Köpfchen.
1. Hüllb. auf d. Rücken drüsig behaart; B. einfach fiederspaltig, von etwas klebrigen Haaren, flaumig unters. grauwollig filzig; Bthn bläulich od. weiss. Stgl 2—5' hoch. *Bgabhge, Wälder, selt. häufig als Zierpfl.* (7—8) ☉. 1. *E.* sphaerocephalus *L.*
1*. Hüllb. auf d. Rücken kahl.
2. B. doppeltfiederspaltig, untersts. schneeweissfilzig, obers. kahl od. spinnenwebig wollig; Bthn tiefblau; Stgl 1—2' hoch. *Bgwälder d. südl. Alpengydn auch als Zierpfl.* (7—8) ♃.
2. *E.* ritro *L.*
2*. B. einfachfiedersp. unters. graufilzig, oberseits spärlich borstig; Stgl 2—5' hoch.
3. Strahlen d. Frkrone fast bis z. Spitze mit eindr verwchsn, gleichlg. *Bgwälder, Abhge am adr. Meer* (7—8) ♃.
3. *E.* exaltatus *Schrad.*
3*. Str. d. Frkr. nur am Grd mit einander verwachsen, ungleichlg. fein gewimpert. *Bgwälder, Abhge am adr. Meer* (7—8) ♃. . . . . 2. *E.* commutatus *Jur.*

o. *Carduineae.* Hkchb. vielbthg; Bthn alle gleichartig zwittrig; Frkr. nicht ästig, haarfg od. federig, einreibig, zuletzt abfallend.

46. Cirsium *Tournef.* (56). „Distel". Frkrone federfg, abfallend; Stbfäden frei; Frboden spreuig, borstig. Aufrechte Krtr mit meist fiederthlgn dornig. B., deren Arten wegen häufiger Bastardformen meist schwierig zu begrenzen u. unterscheiden sind.
1. B. fiederspaltig, auf d. oberen Seite mit starren fast stechdn Borsten besetzt; Hkchb. m. absthndr Spitze; Bthn purpurroth, Köpfch. einzeln.
2. B. herablaufd; Köpfch. eifg. *Wege, Schuttpl. häufig* (6—7) ☉.
1. *C.* lanceolatum *Scop.*
2*. B. nicht herablfd; Kpfch. kuglig. *Bergabhänge nicht selt.* (7—8) ♃. . . . . 2. *C.* eriophorum *Scop.*
1*. B. oberstr. kahl kahl od. weichhaarig.
3. Hkchb. mit meist anliegender nicht oder nur kurz dorniger Spitze.
4. Bthn rötblich od. bläulichviolett, selt weiss.
5. B. alle oder wenigstens d. unter. am Stgl herablaufend.
6. Köpfchen ca. ½" breit in gedrungenen Trbn od. Doldentrbn zahlreich beisammen.
7. B. alle tief fiederspaltig; Stgl bis z. Spitze v. d. herablfdn B. geflügelt. *Sumpfwiesen häufig* (7—8) ☉.
3. *C.* palustre *Scop.*
7*. Unt. B. unzrthlt; Stgl oberwts blattlos; Hkchb. in e. ziemlich langen richtig absthdn Dorn endd, weissfilzig; übr. Pfl. meist kahl. *Sumpfwiesen (um Wien)* (7—8) ☉.
4. *C.* brachycephalum *Jur.*

§ 88.
6*. Köpfch. einzeln 1—1½" breit.
 8. Innere Hkchb. an d. Spitze eifg-lanzettlich verbreitert, trockenhäutig, Köpfch. kuglig eifg; Pfl. besond. auf d. unteren Seite grau-spinnenwebig wollig. *Bachufer, Wiesen in Gbgsggdn* (7—8) ♃ . 5. *C.* **canum** *M. B.*
 8*. Innere Hkchb. an d. Spitze schmäler, Köpfch. länglich walzig. *Bergwiesen d. Alpen u. höher. Gebge* (6—7) ♃
       6. *C.* **pannonicum** *Gaud.*
5*. B. alle nicht herablfd.
 9. B. alle unzerthlt, eifg, sehr gross, d. grundstdgn gestielt, d. übrig. m. tief herzfgm Grde stglumfssd sitzd; Köpfch. 2—5, eifg, kuglig m. absthdn Hkchb. *Bgwiesen d. Alpen (Obersteiermark)* (7—8) ♃ . 7. *C.* **pauciflorum** *Gaud.*
 9*. B. fiederspaltig, wenigst d. unteren.
   10. Stgl verkürzt od. ganz fehld; Kpfch. zu 1—3 zwischen d. fiederthlgn, eine grundst. Rosette bilddn, kahlen B. *Wiesen, bes. in Gebirgsggdn* (7—8) ♃. 8. *C.* **acaule** *L.*
 10*. Stgl 1—6' hoch.
   11. Stgl reichköpfig, ästig, bis z. Spitze beblättert; Kpfch. doldentrbg, eifg; diöcisch, Pfl. sehr vielgestaltig. *Aecker, Wege, Schuttplätze sehr häufig* (7—8) ♃.
       9. *C.* **arvense** *Scop.*
       (Serratula arv. *L.*)
     var. Pfl. sehr dornig . α **horridum**.
     Pfl. wenig dornig . β **mite**.
     B. fast ganzrandig γ **integrifolium**.
     B. unters. schneeweiss filzig δ **vestitum**.
 11*. Stgl 1—3köpfig, wenig ästig.
   12. B. obers. grün, untersts schneeweissfilzig, mehr od. weniger eingeschnitt. *Bergwiesen, Ufer, in Gebirgsggdn* (6—7) ♃ . 10. *C.* **heterophyllum** *All.*
   12*. B. beiders. grün od. unters. spinnenwebig wollig; Stgl oberwts blattlos.
     13. Wzln knollig, spindelfg; Köpfch. kuglig eifg. *Wiesen, Ufer, bes. in Gbgsggdn* (6—7) ♃.
         11. *C.* **bulbosum** *DC.* = **tuberosum** *All.*
     13*. Wzl fadenfg; Hkchb. eifg.
       14. Hkch nebst d. B. spinnenwebig wollig, Stgl 1köpfig ½—1½' hoch. *Bgwiesen, Ufer* (6—7) ♃.
           12. *C.* **anglicum** *Lam.*
       14*. Hkch kahl; B. kurzhaarig, mehr od. wenig eingeschnitten; Stgl 1—3' hoch, meist mehrköpfig. *Sumpfwiesen, bes. in Gbgsggdn* (6—7) ♃.
           13. *C.* **rivulare** *Lk.*
4*. Bthn gelblich od. fast weiss.
 15. Bthnk. aufrecht, von Deckb. umgeben.
   16. Deckb. breit häutig. eifg, gelbgrün; Stgl 1-mehrköpfig. *Wiesen, Ufer sehr häufig* (7—8) ♃.
       14. *C.* **oleraceum** *Scop.*
   16*. Deckb. schmal mit abstehd Dornen besetzt.
     17. Stgl oberwts nebst d. Deckb. u. Köpfenstiel rostfarbig zottig; unt. B. eifg, gestielt; die ober. m. herzfgm Grde umfassend. *Bgwiesen d. südl. Alpenggdn* (7—8) ♃.
         15. *C.* **carniolicum** *Scop*

17*. Pfl. oberwts nicht rostfarbig zottig; Stgl dicht beblättert § 89.
mit fiederspalt. zerschlitzt. starkdornigen B. *Bgwiesen u.
Bachufer der Alpenggdn* (7—8) ♃.
      16. *C.* **spinosissimum** *Scop.*
15*. Bthnköpfch. nickend; Hkchb. gekielt. am Kiele klebrig; B.
zerstrt flaumig. stglumfassend tief fiederspaltig. *Bgwiesen
u. Bachufer d. Alpenggdn* (7—8) ♃.
      17. *C.* **erisithales** *Scop.*
3*. Innerer Hkchb. in einen gefiederten Dorn endd; Blkrone am
Grd m. e. 5seitig. Honigbehälter. Grauwolliges Krt m. lanzettl.
herablfdn gezähnt. B. u. purpurroth. Bthn in doldentrbg od.
knäulig gehäuft. Köpfch. Picnomon *Cass.* Cnicus *L. Felsen
u. stein. Abhge am adr. Meer* (7—8) ♃. 18. *C.* **acarna** *Mch.*

46 b. **Cynara** *L.* (55*). „Artischoke". Hkchb. an der Spitze
ausgerandet, mit e. aus d. Ausrandung hervortrtdn S t a c h e l-
s p i t z e, am Grd fleischig; Frkrone federig; Frboden spreuborstig;
Stbfdn frei. Dornige Krtr m. blauen od. violetten Bthn in grossen
einzelsthdn kuglig. Köpfch.
 1. Hkchb. wehrlos; Stgl meist einköpfig ½—1′ h. B. fast wehrlos.
  Gemüsepfl aus Südeuropa (8) ♃. . . . a. *C.* **scolymus** *L.*
 1*. Hkchb. nebst d. B. langdornig; Stgl ästig 1—2′ h. meist mehr-
  köpfig. *Gemüsepfl. aus Südeuropa* (8) ♃.
      b. *C.* **cardunculus** *L.*

47. **Silybum marianum** *Gärtn* (Carduus m. *L.*) (54*).
Stbfäden mit einand. v e r w a c h s e n; Frkrone mit g e z ä b n e l t e n
Borsten. K a b l e s dorniges Kraut m. stengelumfassdn. w e i s s m a r-
m o r i r t. B., 3—5′ hoh. ästig. Stgl; Aeuss. Hkchb. gross blattartig,
nach aussen gebogen. Bthn purpurroth. *Bgwiesen d. südl. Alpen-
ggdn, auch als Zierpfl., cult. u. verwildert.* (7—8) ☉. „Marien-
distel".

48. **Thyrimus leucographus** *Cass.* (Carduus l. *L.*) (54).
Stbfäden verwachsen; Haare d. Frkrone e i n f a c h b o r s t i g od.
sehr kurzhaarig. Aestiges spinnenwebig w o l l i g e s Krt mit fieder-
spalt. dornig gezäbnt weiss marmorirt. B. u. länglich. Hkchb. *Wege,
Schuttpl. auf der Insel des adr. Meeres* (5—6) ☉.

49. **Carduus** *L.* (53). „Distel". Stbfäden frei; Haare d. Fr-
krone e i n f a c h h a a r f g b o r s t i g, am Grd dch e. Ring verbunden
und mit demselben abfallend; Frboden spreuborstig. Dornige Krtr
m. meist purpurrothen (selt. meist variird.) Bthn.
 1. Köpfchen gross (1½—2″ breit) meist nickd kuglig; Hkchb.
  unter d. Spitze eingeknickt, langdornig.
 2. Köpfch. einzeln, nickd; B. fiederspalt. am ½—3′ hoh. Stgl
  herablfd. stark dornig. *Wege, Schuttpl. s. häufig* (7—8) ♃.
      1. *C.* **nutans** *L.*
 2*. Köpfch. meist 2—3 beisammen, d. eine nickd, d. andere auf-
  recht (ob var?). *Aecker, Wege, Schuttpl. Alpenggdn* (5—6) ☉.
      2. *C.* **platylepis** *Saut.*

§ 88. 1*. K. kleiner (höchst. 1" breit); Hüllkchb. nicht eingeknickt und
nicht od. nur kurzdornig.
3. Kpfch. eifg od. kuglich.
4. Stgl bis etwa z. Mitte beblättert, od. wenigst. d. Köpfchen-
stiele blattlos; Köpfch. einzeln od. zu 2 beisammen.
5. B. wenigst. auf d. oberen Seite kahl.
6. B. tief fiederspaltig m. lanzettlichen Abschn.; Bthnk.
aufrecht. *Abhge, Bachufer d. Alpenggndn* (7—8) ♃.
3. *C.* **arctioïdes** *Willd.*
6*. B. meist unzertheilt; Bthnk. oft übergebogen. *Felsen,
stein. Abhge in Gbgsggdn* (7—8) ♃.
4. *C.* **defloratus** *L.*
5*. B. meist beiders. filzig behaart, fiedersp. mit eifgn Ab-
schnitten.
7. Hkchb. aufrecht, ungedrückt od. absthd Pfl meist ästig,
mehrköpfig. *Abhge d. südl. Alpenggdn* (7—8) ♃.
5. *C.* **collinus** *W. K.*
7*. Innere Hkchb. hakenfg zurückgebogen; Pfl. meist ein-
fach einköpf. *Wege, Abhge (Oesterreich)* (6—8) ♃.
6. *C.* **hamulosus** *Ehrh.*
4*. Stgl bis z. Spitze beblättert.
8. Unt. B. fiederspaltig, mit länglichen spitzen lappig ge-
zähnt. Abschnitten; obere unzerthlt eifg od. lanzettlich.
Köpfch. zu mehreren knäulig gehäuft *Bachufer, stein.
Abhge in Gbgsggdn* (7—8) ♃. 7. *C.* **personata** *Jacq.*
8*. B. alle gleichartig, fiederthlg.
9. B. beiderseits kahl od. rückwts auf d. Ripp. zerstr.
wollhaarig; K. einzeln. *Hecken, Wege, Schuttpl.
nicht selt.* (7—8) ☉. . . . 8. *C.* **acanthoïdes** *L.*
9*. B. unters. od. beiders. wollig filzig; Kpfch. meist
knäulig gehäuft.
10. Unt. B. d Hkchs bogig; Stgl dch d. herablfdn B.
kraus geflügelt. *Wege, Schuttpl., Ufer nicht selt.*
(7—8) ☉. . . . . 9. *C.* **crispus** *L.*
10*. Unt. B. d. Hkchs sparrig absthd; Köpfch. eifg.
*Wege, Schuttpl. selt. (Schweiz. Jura, Rheinggdn,
b. Triest)* (7—8) ☉. . 10. *C.* **multiflorus** *Gd.*
3*. Köpfch. länglich eifg od. fast walzig; B. fiederthlg.
11. Köpfch. zu 2—3 beisammen. *Wege, Schuttpl. sss. (b.
Swinemünde, am adr. Meer* (7—8) ☉.
11. *C.* **pycnocephalus** *Jacq.*
11*. K. zu 4—5beisammen (wohl var. v. 11.) *Weje, Schuttpl.
sss. (Westphalenn, C. Wellis u. a.)* (7—8) ☉.
12. *C.* **tenuiflorus** *Curtis.*

50. **Onopórdon** *L.* (39). „Eselsdistel". Hkch dachig; Bthn
alle röhrenfg glockig, meist purpurroth; Frboden bienenzellen-
artig vertieft; Frkrone aus einfachen am Grd verwachsenen
Borsten bestehend. Filzig behaarte, dornige Krtr mit 2—6' hoh. dch
d. herablfdn B. breit geflügelt. Stgl u. aufrcht. Köpfch.

1. Hkchb. aus eifgm Grd lineal pfriemlich, d. unt. absthd, B. buch-
tig gezähnt. *Hügel, Wege, Schuttpl. häufig* (7—8) ☉.
1. *O.* **acanthium** *L.*

1*. Hkchb. eifg lanzettlich d. unter. bogig herabgekrümmt. B. fiederspalt. *Wege, Schuttpl. am adr. Meer* (7—8) ☉. §88.
            2. *O.* **illyricum** *L.*

51. **Lappa** *Lam.* (45). _Klette*. (Arctium lappa *L.*) Hkchb. dachig, alle od. wenigst. d. äusseren an d. Spitze. h a k e n f g g e - b o g e n ; Bthn alle zwittrig, röhrig glockig; Frboden spreuig; Frkrone einfach haarfg, kz vielreihig. Wehrlose Krtr mit gross. herzfg od. eifg rundl. B. und meist purperroth. Bthn.
 1. Hkchb. alle grün u. kahl.
 2. Köpfch. doldentrbg, v. Haselnussgrösse. *Wege. Schuttpl.*
  häufig (7—8) ♃. . . . . 1. *L.* **major.**
 2*. K. traubig, v. Wallnussgrösse. *Wege, Schuttpl. s.* (7—8) ♃.
          2. *L.* **macrocarpa** *Wallr.*
 1*. Hkchb. spinnenwebig wollig, d. inneren rötblich.
 3. Kpfch. traubenfg gestellt, wenig wollig, ¹⁄₂" breit. *Wege, Schuttpl., Gräben* (7—8) ☉. . . . . . 2. *L.* **minor** *DC.*
 3*. Kpfch. doldentrbg: d'cht wollig, 1—1½" breit. *Wege, Schuttpl., Gräben* (7—8) ☉. . . . 3. *L.* **tomentosa** *Lam.*

p. *Carlineae*. Frkrone einreihig, ästig, abfalld, am Grund ringfg mit ein. verwachsen; Frboden spreuig m. gespaltenen Blättch.

52. **Carlina** *L.* (41*). Hkchb. dachig, d. inner. trockenhäutig, verlängert, einen S c h e i n s t r a h l bildend; Strahlen d. Frkr. mit f e d e r i g e n Aesten; Frboden spreuig m. an d. Spitze gespaltenen Spreublättch. Dornige Krtr m. einfach. od. fiederthlgn B. u. meist einfachem Stgl.
 1. B. alle od. wenigstens d. äusseren tief fiederthlg; Pfl. einköpfig; Strahlende Hkchb. weiss, kahl.
 2. B. unters. grauwollig, d. inner. ungetheilt; Pfl. stengellos; Spreublättch. spitz. *Bgwiesen, Abhge, am adr. Meer* (7—8) ♃.
         1. *C.* **acanthifolia** *All.*
 2*. B. kahl od. unters. dünn spinnenwebig wollig, alle fiederthlg; Spreub. s'umpf.
 3. Pfl. fast od. völlig stenggellos. *Bgwiesen, Abhänge auf Kalkboden seit.* (7—8) ☉. . . . . 2. *C.* **acaulis** *L.*
 3*. Pfl. m. deutlich (bis 1' hoch) Stgl (ob var?). *Bgwiesen d. südl. Alpengg la* (7—8) ☉. . . . 3. *C.* **simplex** *W. K.*
 1*. B. alle nicht über d. Mitte getheilt; Stgl meist mehrköpfig.
 4. Strahlende Hkchb. kahl.
 5. Stgl meist 3köpfig; Strahlende Hkchb. obers. purpurroth. *Bgwiesen in Istrien* (7—8) ☉. . . . . . 4. *C.* **lanata** *L.*
 5*. Stgl doldentrbg; Strahlende Hkchb. obers. gelblich. *Hügel, Bgwiesen am adr. Meer* (7—8) . . 5. *C.* **corymbosa** *L.*
 4*. Strahlende Hkchb. v. Grunde bis z. Mitte gewimpert.
 6. Deckb. kürzer als d. Köpfch; B. buchtig gezähnt; Strahlende Hkchb. hellgelb. *Hügel, Abhge, Gebüsch nicht selt.* (7—8) ☉. . . . . 6. *C.* **vulgaris** *L.*
 6*. Deckb. länger als d. Kpfch. B. lanzettl. entfernt gezähnt; Strahlde Hkchb. weiss. *Bgwiesen d. Alpen u. Vogesen ss.* (7—8) ☉. . . . . 7. *C.* **nebrodensis** *Guss.*

53. **Staehelina dubia** *L.* (41). Hkchb. dachig; Frkrone mit e i n f a c h b o r s t i g. Aesten. Graufilzig behaartes Krt m. lineal.

§ 88. entfernt gezähnelt. B. u. purpurroth. Bthn. *Hügel, Abhänge auf d. Inseln d. adr. Meeres* (6—7) ♄.

q. *Serratuleae.* Frkrone bleibend, die innere Reihe länger als die äussere. Pfl. meist wehrlos, übr. w. b. d. vorherghdn.

54. **Saussurea** *DC.* (56*). Hkchb. dachig; Bthn alle röhrenfg trichterig; Frkrone federig bleibd; Frboden spreuborstig. Wehrlose filzig behaarte Alpenpfl. m. purpurroth. Bthn.
  1. Köpfch. doldentrbg; Grdstdge B. eifg lanzettlich, gestielt, d. ober. sitzend.
  2. B. unters. spinnenwebig wollig, d. grundst. an d. Basis abgerundet. *Bgabhänge d. höher. Alpen* (7—8) ♃.
                                  1. *S.* **alpina** *DC.*
  2*. B. unterstr. schneeweiss filzig, d. grundstdgn an d. Basis herzfg. *Bgabhänge d. südl. Alpen* (7—8) ♃.
                                  2. *S.* **discolor** *DC.*
  1*. K. einzeln; B. lineal lanzettl. od. lineal, oberseits zerstreut-, unterstr dicht rauhhaarig. *Kalkfelsen u. stein. Abhge d. Alpen* (7—8) ♃. . . . . 3. *S.* **pygmaea** *Sprgl.*

55. **Jurinea** *Cass.* (52). Hkchb. dachig. Haare d. Frkrone auf einem Knötchen sitzend u. mit demselben zuletzt abfallend. Wehrlose Krtr mit fiederspaltig. am Rande umgerollt unters. filzig. B. u. purpurroth. Bthn in einzelsthdn Köpfchen.
  1. Fr. gefaltet. Hkchschppn an d. Spitze umgebrochen, dicht weiss wollig; B. oft nicht od. wenig eingeschnitt. d. grundst. in dicht. Rosetten. *Hügel, Wege s. (Oesterreich, Böhmen)* (5—6) ♃.
                                  1. *J.* **mollis** *Rchb.*
  1*. Fr. glatt; Hkchschppn gerade sparrig absthd, fast kahl; B. tiefer eingeschnitt. d. grundstdgn in locker. Rosetten. *Hügel, Sandfelder ss. (Rheingydn, Thüringen u. a. O.)* (6—7) ♃.
                                  2. *J.* **cyanoïdes** *Rchb.*

56. **Serratula** *L.* (51). Hkchb. dachig; Bthn alle röhrenfg glockig, oft polygamisch. Haare d. Frkrone zuletzt einzeln abfallend. Wehrlose meist kahle Krtr. m. purpurroth. Bthn.
  1. Hkchb. m. e. trockenhäutigen Anhgsl; Bthn hellpurpurroth in etwa 2″ breit. Kpfch. 2—3′ hohes Krt m. einfach. einkopfig. Stgl u. unters. weisswollig filzig B., d. unter. herzeifg länglich, gezähnt, obere lanzettl. sitzend. *Bgwälder d. Alp. s.* (7—8) ♃.
                               1. *S.* **rhaponticum** *DC.*
  1*. Hkchb. ohne trockenhäutig. Anhängsel.
    2. Stgl einkopfig od. wenigkopfig, einfach od. wenig ästig.
    3. Stgl bis zur Spitze beblättert; B. alle kammfg fiederthlg. *Kalkhügel sss. (Wien)* (7—8) ♃. . 2. *S.* **radiata** *M. B.*
    3*. Stgl an d. Spitze blattlos; B. alle od. wenigstens d. unter. nicht über d. Mitte gethlt.
      4. Ob. B. fiederspaltig; Hkchb. fast kuglich m. stachelspitzig. Blättch. *Bgwiesen, stein. Abhänge sss. (Wien, Mähren)* (7—8) ♃. . . . 3. *S.* **heterophylla** *Desf.*

4*. B. alle ungetheilt; Hkch eifg mit dornig-haarspitzig. Blättch.; § 99.
d. inneren an d. Spitze trockenhäutig. *Bergwiesen*, *stein*.
Abhge ss. (Saline b. Genf) (6—7) ♃. 4. *S.* **nudicaulis** *DC.*
2*. Stgl ästig, an d. Spitze doldentrbg vielköpfig. Hkch länglich;
B. ungetheilt od. fiederspalt., sehr verschieden geformt. *Wälder nicht selt., auch als Färbepfl. cult.* (7—8) ♃.
5. *S.* **tinctoria** *L.*

r. *Centaureae*. Aeussere Reihe d. Frkronstrahlen länger als d. innere, od. auch ohne Frkrone; übrig. wie b. vor.

56 b. **Carthamus tinctorius** *L.* (15). Hkch dachig; Bthn alle zwittr; Frkrone fehld. Kahles Krt m. oberwts ästig. 1—3' h. Stgl, sitzdn, längl., entfernt dornig-gezähnt. B. u. orangegelb. Bthn in eifgn v. Deckb. umgebenen Kpfchn. *Culturpfl. aus Aegypten* (7—8) ☉.

56 c. **Cnicus benedictus** *Gärtn.* (47). Hkchb. in e. gefiederten Dorn endend, Randbthn unfrbar. Dorniges Krt mit spinnenwebig zottigem Stgl, dornig gezähnt. B. u. gelblichen Bthn in kuglig, v. grossen häutig. Deckb. umhüllten Köpfchen. *Culturpflanze aus Südeuropa* (7—8) .. „*Benedictendistel*".

57. **Kentrophyllum lanatum** *L.* (51*). Hkch dachig, Bthn alle zwittrig. Dorniges Krt m. einfachem oder wenig ästig spinnenwebig wollig. Stgl, fiederthlgn B. u. citrongelb. Bthn in kuglig. eifgn von d. oberst. Stglb. eingehüllt. Köpfch. Aeussere Hkchb. d. Stglb. ähnlich, innere trockenhtg, dornspitzig. *Bawälder d. Alpen u. am adr. Meer* (7—8) ☾.

58. **Centauréa** *L.* (48*, 74). Hkchb. dachig, d. randstdgn unfrbar meist grösser. Frkrone borst. od. ganz fehld; Früchtch. zusammdngedrückt m. seitlicher Befestiggsstelle. Meist ästige Krtr m. wechselst. B. u. meist einzeln stehdn Köpfch.
1. Hkchb. an d. Spitze nicht od. nur kz dornig, mit trockenhäutigem oft fransig gespaltenem Rande.
2. Hkchb. an d. Spitze in ein grosses verschieden gestaltetes trockenhäutiges Anhängsel endend, welches den krautigen Theil d. Hkchs meist völlig verdeckt. Unt. B. gestielt, ob. sitzd; Bthn hellpurpurn.
3. Anhängsel d. Hkchb. breiter als diese selbst mit unregelmässig zerrissenem Rande; rundlich od. eifg.
4. Ob. B. einfach fiederspaltig, untere doppelt fiederspaltig; Frkrone so lg als d. Fr. *Abhge am adr. Meer* (6—8) ♃.
1. *C.* **splendens** *L.*
4*. B. einfach, od. höchst. d. unterst. buchtig gezähnt oder fiederspaltig; Frkrone fehld.
5. Anhängsel d. Hkchb. anliegend, unregelmässig eingerissen.
6. B. lanzettlich. d. untere oft buchtig gezähnt oder fiederspaltig; Frchtch. kz borstig; Pfl. vielgestaltig. *Wiesen, Hügel, Wege sehr häufig* (6—8) ♃.
2. *C.* **Jacea** *L.*

§ 88.
6*. B. lineal lanzettlich, ganzrandig od. wenig gezähnt. nebst d. Stgl mehr od. wenig flockig filzig; Fr. kahl. *Hügel, Abhge d. südl. Alpgyda* (7—8) ♃. 3. *C.* **amara** *L.*
5*. Anhängsel d. Hkchb. absthd, strahlig gezähnt schwarzbraun; B. eifg od. länglich, gezähnelt, d. unt. oft leierfg buchtig. *Bgwiesen d. Alpen u. höh. Gebirge ss.* (7—8) ♃.
   4. *C.* **nigrescens** *Willd.*
3*. Anhgl d. Hkchb. lanzettlich od. pfriemlich.
7. Anhängsel zurückgebogen, lang borstig gefranst. Randst. Bthn grösser;
8. Stgl mehrköpfig ästig: Frkr. fehld od. kzr als d. Fr.
9. Frkrone fehld; Anhängsel schwarzbraun, nur an der Spitze nach aussen gebogen. *Aecker, Hügel, Wege sss. (Oberschles.)* (7—8) ♃. 5. *C.* **microptilon** *Gren-Gdr.*
9*. Frkr. vorhanden; Anhängsel dunkler od. heller braun, stark zurückgebogen (2 sehr ähnliche Arten).
10*. Aeussere Hüllkchb. d. inneren nicht bedeckd; Kpfch. eifg; B. längl. ellipt. od. lanzettlich, sägezähnig. *Bgabhänge, Wiesen ss.* (7—8) ♃.
   6. *C.* **austriaca** *Willd.*
10*. Aeussere Hkchb. d. inneren bedeckd; B. eifg elliptisch, gezähnelt. *Bgabhänge, bes. d. Alpen* (6—8) ♃.
   7. *C.* **phrygia** *L.*
8*. Stgl einköpfig, einfach, Frkrone so lg als d. Fr. B. lanzettlich, d. oberen am Grd tief gezähnt. *Bgwiesen d. südl. Alpenggda* (7—8) ♃. . . 8. *C.* **nervosa** *Willd.*
7*. Anhängsel d. Hkchb. aufrecht, schwarzbraun. Randst. Bthn nicht grösser. Stgl einfach od. wenig ästig u. wenig kopfig nebst d. lanzettl. B. kahl od. rauhhaarig. *Bgwälder ss. (Rheingda, Oesterreich, Preussen)* (7—8) ♃.
   9. *C.* **nigra** *L.*
   var.: Anhängsel d. Hkchb. gelblichbraun **palleus.**
2*. Hkchb. krautig, nur an d. Spitze m. trockenhäutigem, kammfg gesägt od. fransig oft in einem kurzen Dorn endend. Saum.
11. B. alle od. wenigst. d. ober. unzerthlt; Randbthn blau, selt. roth od. weiss.
12. B. herablfd, alle unzertheilt.
13. Stgl breitgeflügelt, nebst d. B. grün u. spinnwebig wollig. *Bgwälder, bes. d. Alpen, auch als Zierpfl.* (6—7) ♃.
   10. *C.* **montana** *L.*
13*. Stgl schmal geflügelt nebst d. B. graufilzig *Bgwälder, bes. d. Alpen* (5—7) ♃. . . 11. *C.* **axillaris** *Willd.*
12*. B. nicht herablfd; d. unterst. leierfg fiedertheilig. *Aecker sehr häufig, auch als Zierpfl.* (6—7) ⊙ „*blaue Kornbl.*"
   12. *C.* **cyanus** *L.*
11*. B alle fiedertheilig.
14. Bthn meist hellroth, selt trübgelb.
15. Frkrone deutlich vorhanden.
   16. Hkch kuglig eifg, rippenlos; Babschn. mit e. schwieligen Knötch. od. Stachelspitzchen endend; Köpfch. 1—1½" breit.
   17. Hkchb. an d. Spitze m. e. breit. 3eckigen Anhngsl, d. inneren Hkchb. verdeckd; Fransen länger als d. Querdchmesser d. Anhgsls; Bthn dunkelviolett; Stgl bis z. Spitze beblätt. weiss einfch einköpfig. *Bergd. Alpen ss.* (7—8) ♃. . 13. *C.* **Kotschyana** *Kch.*

17*. Hkchb. mit eifg rundl. Anhängsel, welches d. inner. §89.
Hkchb.nicht verdeckt. Fransen nicht länger als dessen
Querdchmesser; Stgl oberwts blattlos, meist in mehrere
einköpfige Aeste getheilt.
18. Babschnitte lanzettl. m. e. schwielig. Punkt endend.
Hügel, Bgwälder nicht selt. (7—8) ♃.
        14. *C.* **scabiosa** *L.*
18*. Babschnitte lineal mit e. borstig. Stachelspitze. Bthn
schmutzigroth oder gelb. (Zwischenf v. 14. u. 20).
Bergwiesen d. südl. Alpenggdn (6—7) ♃.
        15. *C.* **sordida** *Willd.*
16*. Hkchb. länglich eifg, Blättch. desselb. mit e. erhabenen
Rippe; Babschnitte an d. Spitze nicht schwielig.
19. Anhängsel d. Hkchb. m. e. dreieckig-schwarzen Flecken;
B. rauh etwas wollig m. lineal. Abschn. Köpfch. dicht
doldentrbg; Bthn hellviolett. Hügel, Abhge s. (7—8) ♃.
        16. *C.* **maculosa** *Lam.*
19*. Anhängsel d. Hkchb. ohne schwarze Flecken.
20. Stgl oberwts rispig ästig; Frkrone ⅓ so lang als d.
Frchtch. Hkch länglich; Babschnitte d. ob. B. lineal.
Hügel, Abhge ss. (C. Wallis) (7—8) ♃.
        17. *C.* **paniculata** *Lam.*
20*. Stgl v. Grd an sehr ästig, rasig; Frkrone so lang als
d. Fr. Hkch eifg; Babschnitte nebst d. ober. B. lan-
zettlich, vorn breiter. Hügel, Abhge am adr. Meer
(7—8) ☉. . . . . . . 18. *C.* **Karschtiana** *Scop.*
15*. Frkrone fehlt; B. rauh, d. unteren fast 3fach gefiedert, d.
ober. einfach gefiedert; Babschnitte nebst der oberst. B.
lineal; Stgl sehr ästig, ausgebreitet; Hkchb mit breit eifg
rundlich. Anhängsel. Stein. Abhge am adr. Meer (7—8) ☉.
        19. *C.* **cristata** *Bartl.*
14*. Bthn citrongelb; Unt. B. doppelt-, ob. einfach fiedertheilig.
Anhängsel d. Hkchs kurz, länglich eifg, bräunlich. Stein.
Abhge am adr. Meer (6—7) ♃. . . . 20. *C.* **rupestris** *L.*
1*. Hkchb. an d Spitze in einem langen am Grd handfg- od. fiederig-
dornigen Dorn endend.
21. Bthn gelb.
22. Stgl durch d. herablfdn B. geflügelt, ausgebreitet ästig, nebst
d. B. wollig filzig; Grdst. B. leierfg, ob. unzertheilt lineal
sitzd, Aecker, Wege, bes. d. südl. Alpenggdn (6—8) ♃.
        21. *C.* **solstitialis** *L.*
22*. Stgl nicht geflügelt, wenig ästig, nebst d. B. kzrauhhaarig.
Wiesen, Hügel sss. (bei Cassel) ursprgl. aus Südenropa
(7—8) ☉. . . . . 22. *C.* **melitensis** *L.*
21*. Bthn purpurn; Stgl sehr ästig nebst d. fiedertheilgn B. grau-
wollig flaumig. Aecker, Wege ss. (7—8) ☉.
        23. *C.* **calcitrapa** *L.*

  59. **Crupina vulgaris** *Pers.* (48). (Centaurea crupina *L.*)
Hkch. dachig, am Rande ohne Anhgsl m. lanzettl. zugespitzt.
Blättch. Frboden spreuig; Randbthn unfrbar, grösser, Fr. wal-
zig rund m. grundstdger Befestigungsstelle. Einfaches od. wenig
ästiges Krt mit 2—3' hoh. Stgl, gefiedert B., kleingesägt. lineal
rauhen Babschnitt. u. purpurroth. Bthn. Hügel, Wege, (Schweiz,
adriat. Meer) (7—8) ☉.

§ 88.   s. *Xeranthemeae*. Randbthn weiblich, unfrbar. Mittelbthn zwittrig, Frbar; Hkch vielblhg.

60. **Xeranthemum** *L.* (42). „Strohblume". Hkchb. dachig, die inneren länger, strahld rothviolett. Randbthn 2lippig, ohne Frkrone, weibl. unfrbar; Mittelbthn zwittrig, frbar. 5zähnig m. aus 5—10 Spreublättch. bestehndr Frkrone. Filzig behaarte Krtr m. lineal B. u. einzeln stehdn Köpfchen.
  1. Hüllkch halbkuglich; innere Blättch. desselben lanzettl., doppelt so lang als d. Bthnscheibe, alle kahl stachelspitzig. *Hügel, Wege der südl. Alpenggdn, auch als Zierpfl.* (6—7) ⊙.
  1. *X.* **radiatum** *Lam.* = annum *L.*
  1*. Hkch. mehr od. weniger walzig, die inneren Blättch. desselb. 1½mal so lang als d. Bthnscheibe.
  2. Hkchb. wollig kahl, stachelspitzig. *Hügel, Wege d. südl. Alpenggdn ss. (C. Wallis)* (5—6) ⊙.
  2. *X.* **inapertum** *Willd.*
  2*. Hkchb in d. Mitte filzig behaart; d. äussere stumpf. *Hügel, Wege am adr. Meer (b. Pola)* (5—6) ⊙.
  3. *X.* **cylindraceum** *Sm.*

III. **CICHORIACEAE**. Blüthen alle gleichartig, zwittrig, zungenfg. Gr. ungegliedert mit fadenfg zurückgerollt. flaumig behaarte Schenkeln.

t. *Scolymeae*. Frboden spreublättrig, m. d. Frchtch. einschliessdn Spreub. Frkrone hautrandartig od. 2borstig.

61. **Scólymus hispanicus** *L.* (7). „Golddistel". Hkchb. dachig, zugegespitzt, Frkr. 2borstig. Dorniges Krt m. 1—3' hoh. sparrig ästig. Stgl. herablaufdn B. und gelb. einzeln in der ober Bwinkeln stehdn Köpfch. *Wege, stein. Abhge d. südl. Alpenggdn, auch als Zierpfl.* (7—8) ⊙.

u. *Lapsaneae*. Frkr. fehld, oder statt deren e. hervortretdr Rand; Frbod. nackt.

62. **Lápsana commúnis** *L.* (10*). Hkchb. z. Frzeit cylindrisch aus e. einfach. Reihe von 8—10 Blättch. gebildet mit e. kurz. Aussenkch; Fr. 20rippig. Rispig ästiges Krt m. gelb. Bthn, gezähnt Stglb. u. leierfg fiederthlgn grundstdgn B. *Aecker, Gebüsch nicht selt.* (7—8) ☉.

63. **Apóseris foétida** '*DC.* (9*). Hkch z. Frzeit cylindrisch. Fr. 5rippig. Kahles od. wehig behaartes Krt blattlosen 1köpf. überall gleich dicker 3„4' hohohem Stgl, u. rosettenfg gestellt. schrotsägig fiederspalt. grundst. B. u. gelb. Bthn. *Bergwälder d. Alpen* (7—8) ♃.

64. **Arnóseris pusilla** *Gärtn.* (9). Hkchb. einreihig, zahlreich, z. Frzeit kuglich. Frchtch. 5rippig. Meist kahles Krt m.

blattlosem 1—2köpfig, unt. d. Köpfcb. keulenfg **aufgebla-** §88.
senen Stgl, buchtig gezähnt grundst. B. u. gelb. Bthn. *Sandige*
Aecker sehr häufig (7—8) ☉.

65. **Rhagadiolus stellatus** *Gärtn.* (10). Hkchb. einreihig
5—8, nebst d. äusseren Frchtch. z. Frzeit **sternfg ausgebrei-**
tet. Kahles od. kurzborstiges Krt mit beblätt. Stgl, ungetheilt od.
leierfg B. u. gelb. Bthn. *Wiesen, Wege am adr. Meer* (4—5) ☉.

v. *Cichorieae.* Frkrone aus kurzen stumpf. Spreuen ge-
bildet.

66. **Cichorium** *L.* (5*). Hkch. doppelt, d. äussere 5blättrig,
d. innere 8blättr. Fr. m. e. kzn **Krönchen**; Frboden nackt. Meist
blau (selten weiss oder roth) blühende Krtr mit ästig, wenig be-
blättert. Stgl u. ruthenfgn Aesten.
  1. Bthnstdge B. am Grd abgerundet, ganzrdg; Stgl 1—2' hoch;
  Wzl holzig od. fleischig. *Wege, Aecker, Gräben s. häufig, auch*
  cult. (7—8) ♃. „*Cichorie*.“ . . . . . . 1. *C.* **Intybus** *L.*
  1*. Bthnst B. am Grd herzfg. mit gezähnt. Rande; Stgl 2—4' h.;
  Wzl dünn spindelfg. *Culturpfl. aus Indien* (7—8) ♃. „*Endivie*“.
    1 b. *C.* **endivia** *L.*

w. *Hyoserideae.* Frkrone aus kzn in e. Haar verschmälert.
Spreublättchen bestehend. Frboden nackt.

67. **Hyóseris scabra** *L.* (6). Hkchb. einreihig 7—10, mit
e. Aussenkch; Früchtch. verschiedenartig, d. äussere u. innerst.
rund, der mittl. geflügelt zusammengedrückt. Rauhhaariges
Krt mit oberwts keulenfg verdickt. **blattlos**. Stgl, schrotsägig-
fiederspalt. grundst. B. u. gelb. Bthn. *Aecker, Wege am adr. Meer*
(5—6) ☉.

68. **Hedypnois cretica** *Willd.* (6*.) Fr. alle **gleich-**
artig. walzig. Behaartes Krt mit ausgebreitet. ästig, **beblättert**.
Stgl, keulig verdickt. Köpfchstielen buchtig, gezähnt. grundst. B. u.
gelb. Bthn. *Aecker, Wege, Hügel am adr. Meer* (5—6) ♃.

x. *Leontodonteae.* Frkrone wenigst. d. inner. Früchtch. m.
federfgn u. nicht m. einander verwebten Haaren. Frboden nackt.

69. **Thrincia** *Rth.* (17). Hkchb. dachig; Fr. in e. Schnabel
verschmälert; Frkrone d. randst. Fr. kz kronenartig, gezähnt,
d. Mittelfr. federig. Blattlose Krtr m. 1/4—1/2' hoh. blattlos. 1köpfig.
Stgl und gelb. Bthn. (Leontodon *L.*)
  1. Wzl am Grund mit starken fadenfgn Fasern; Früchtch. nur an
  d. Spitze in e. Schnabel endend. *Sandfelder, Ufer, Wiesen*
  nicht häufig (7—8) ♃. . . . . 1. *Th.* **hirta** *Rth.*
  1*. Wzlfasern rübenfg; Fr. von der Mitte an in e. Schnabel endd.
  Wiesen am adr. Meer (5—6) ♃. . . 2. *Th.* **tuberosa** *DC.*

§ 88. 70. **Leóntodon** *L.* (19). Hkchb. dachig; Frchtch. allmählig in e. Schnabel endend. Frkrone m. federig. Haaren oder die äusseren haarfg. Gelbblühende Krtr m. blattlosem od. wenig beblättert. Stgl.
  1. Wzl kz walzig, wie abgebissen, m. dicken Wzlfasern besetzt.
    2. Strahlen d. Frkrone mehrreihig, alle federig, bräunlich; Stgl meist mehrköpfig; Bthnköpfch. auch vor d. Aufblühen aufrecht, Pfl. ½—1½' hoch. *Wiesen, Hügel, Wege sehr häufig.* (7—8) ♃. . . . . 1. *L.* **autumnalis** *L.*
    2*. Aeussere Strahlen d. Frkrone kürzer, rauhhaarig, nicht federig; Stgl 1köpfig.
      3. Strahlen d. Frkr. schneeweiss, Köpfch. auch vor d. Aufblühen aufrecht; Pfl. 1—4'' hoch. *Bgwälder d. südl. Alpengegenden* (7—8) ♃. . . . . . 2. *L.* **taraxaci** *Lois.*
      3*. Str. d. Frkr. gelblich; Köpfch. v. d. Aufblühen nickd; Stgl ¼—1' hoch, unt. d. Köpfch. verdickt.
        4. Stgl mit mehreren Schuppenb. besetzt, oberwts mit schwarzen Borsten besetzt; B. mit ungeflügelt. Stiel und mit einfach. Haaren besetzt od. kahl. *Bergwälder d. Alpen u. höher. Gebirge* (7—8) ♃.
. . . . 3. *L.* **pyrenaicus** *Gaum.*
        4*. Stgl höchstens mit 1—2 Schupp. und oberwts nicht mit schwarzen Haaren. Bstiel geflügelt; B. kahl oder mit 2—3gablig. Haaren. Pfl. sehr vielgestaltig. *Wiesen, Wege sehr häufig* (6—8) ♃. . . . . . 4. *L.* **hastilis** *L.*
          var. Pfl. kahl . . . . . α **glabratus.**
          Pfl. rauhhaarig . . . β **hispidus.**
          B. fast fiederspaltig . γ **hyoseroïdes** u. a.
  1*. Wzl verlängert, spindelfg, senkrecht; Köpfch. v. d. Aufblühen nickend. (Apargia *L.*)
    5. B. filzig, kurzhaarig, nicht od. wenig eingeschnitt.
      6. Aeussere Strahlen d. Frkr. kürzer, nicht federig; B. kurzhaarig m. 2—3gabl. Haar. *Bgwiesen d. Alpen sss. (C. Tessin)* (6—7) ♃. . . . . . . 5. *L.* **tenuiflorus** *DC.*
      6*. Strahl. d. Frkr. alle federig; B. filzig kurzhaar.
        7. Stgl einfach, einköpfig ½—1'' hoch, unt. d Köpfch. nicht verdickt. *Felsspalten, stein. Abhänge ss. (Alpen, fränk. Jura)* (7—8) ♃. . . . 6. *L.* **incanus** *Schrk.*
        7*. Stgl meist gelblich 2köpfig 2—4'' hoch, unt. d. Köpfch. verdickt, an d. Aesten m. e. B. gestützt. *Buchwfer d. südl. Alpenggdn sss. (am Isonzo)* (7—8) ♃.
. . . . 7. *L.* **Berinii** *Rth.*
    5*. B. steifhaarig borstig, tief buchtig-fiederspalt.
      8. Frkrone kürzer als d. Fr. *Felsen, stein. Abhne d. Alpen sss. (b. Zermatt)* (7—8) ♃. . . . . 8. *L.* **crispus** *Vill.*
      8*. Frkr. länger als d. Fr. Stgl unt. d. Kpfch. merklich dicker. *Stein. Abhänge am adr. Meer* (6—8) ♃.
. . . . 9. *L.* **saxatilis** *Rchb.*

71. **Picris** *L.* (18). Hkchb. dachig; Fr. geschnäbelt, Frkrone abfällig. 2reihig, am Grd in e. Ring verwachsen, federig. Aufrechte 1—2' hohe Krtr m. beblätt. Stgl, lanzettlich stglumfssdn B. u. gelb. Bthn in dicht doldentrbgn Köpfchen.

1. Aeussere B. d. Hkchs am Rande kahl, auf d. Rücken steif- § 99.
haarig; Mittlere Stglb. am Grd abgeschnitten od. spiessfg.
2. B. am Rande wellig; Hkchb. grün; Köpfenstiele nicht verdickt. *Hügel, Abhänge, Gebüsch* (7—8) ☉.
            1. *P.* **hieracioïdes** *L.*
2*. B. am R. nicht wellig; Hkchb. schwärzlich behaart; Köpfchenst. an der Spitze etwas verdickt. *Bergabhänge ss. (Vogesen, Alpen)* (7—8) ☉. . . . var: **crepoïdes** *Sout.*
1*. Aeussere Hkchb. borstig bewimpert; B. am Grd herzfg stengelumfssd. *Sandige Ufer auf d. Inseln d. adr. Meeres* (6—8) ☉.
           2. *P.* **hispidissima** *Bert.*

72. **Helminthia echioïdes** *Gärtn.* (19). (Picris e. *L.*)
Hkch doppelt, d. innere 8bl., d. äussere 5blättr. Fr. geschnäbelt.
Frkrone bleibd, federig. Steifhaariges gabelästiges beblättertes
Krt mit gelb. Bthn in v. grünen Deckb. dicht eingehüllt, doldentrbgn
Köpfchen. *Aecker, Schuttpl. im nordwestl. Deutschl.* (7—8) ☉.

73. **Urospermum** *Juss.* (14*). Hkchb. 1fach, 1reihig,
8blättrig; Frchtch. geschnäbelt; Frkrone federig. Gelbblühende Krtr.
1. Hüllkchb. weichflaumig, Frschnabel v. Grund bis z. Mitte allmählig schmäler nordd. *Stein. Abhänge auf d. Inseln d. adr. Meeres* (5—6) ♃. . . . . . . 1. *U.* **Dalechampii** *Desf.*
1*. Hkchb. borstig steifhaarig; Frschnabel abgesetzt verschmälert.
Aecker, Abhge auf d. Inseln d. adr. Meeres (5—6) ♃.
           2. *U.* **picroïdes** *Desf.*

γ. *Scorzonereae.* Haare d. Frkrone mehr od. weniger federig u. mit einander verwebt; Frboden nackt.

74. **Tragopógon** *L.* (14). Hkchb. in einfacher Reihe; Fr. geschnäbelt. Kahle milchende Krtr m. grasart. lineal lanzettl. B. u. einzelsthden Bthnköpfch.
1. Köpfchenstiele nach oben allmählig dicker werdd.
 2. Bthn blauviolett; Hkchb. 8. Pfl. 2—4' hoch. *Bgwiesen am adr. Meer, auch cult.* (5—7) ☉ . . 1. *T.* **porrifolius** *L.*
 2*. Bthn hellgelb, Hkchb. meist 12; Pfl. 1—2' h. *Wiesen, Hügel sell.* (6—7) ♃. . . . . 2. *T.* **major** *Jacq.*
1*. K. oberwts nicht dicker werdend.
 3. Hkchb. 8; Bthn gelb.
  4. Stgl. besonders am Grde d. B. mit weiss wolligen Flocken besetzt.
   5. Frchtch. fast ungeschnäbelt. Stgl einfach od. ästig 2—5" hoch. *Ufer d. Ostsee ss.* (6—7) ☉. 3. *T.* **floccosus** *W. K.*
   5*. Frchtch. langgeschnäbelt; Stgl einzeln, einfach aufrecht 7—8" hoch. *Bgwiesen d. südl. Alpggdn (Krain)* (6—7) ☉.
          4. *T.* **Tommassinii** *Schltz.*
  4*. Stgl ohne weisswollige Flocken; Fr. langgeschnäbelt.
   6. Hkchb. fast um die Hälfte länger als d. randstdgn Bthn; B. locker herabhängend; Köpfch. 1" breit. *Wiesen sss. (Hamburg, Böhmen, Rheingdn)* (5—6) ☉.
          5. *T.* **minor** *Fries.*

§ 88. 6*. Hkchb.nicht od. wenig länger als d. Randbthn; B. steif od. an d. Spitze zurückgebogen, oft wellig, gedreht oder eingerollt.
   7. Frchtch. u. dessen Schnabel gleichlang; Köpfch. 1½" breit. *Wiesen, sehr häufig* (5—7) ☉. . . . . 6. *T.* **pratensis** *L.*
   7*. Frchtch. doppelt so lg als sein Schnabel; Köpfch. 2" breit. *Wiesen selt.* (6—7) ☉. . . . . 7. *T.* **orientalis** *L.*
   3*. Hkchb. 5; Bthn violett m. gelber Spitze. *Bgwiesen d. Alpen sss. (am grossen St. Bernhardt)* (6—7) ☉.
   8. *T.* **crocifolius** *L.*

75. **Scorzonéra** *L.* (16). Hüllkchb. dachig; Frkrone in e. Schnabel verschmälert, am Grd auf einer sehr kzn Schwiele sitzend. Milchende Krtr m. einfachen ganzrand. lineal lanzettlich B.
1. Bthn gelb.
  2. Stgl einfach; Stglb. fehld od. nur wenige.
   3. Stgl wollig behaart; äussere Hüllkchb. eifg lanzettlich; Fr. glatt. *Feuchte Wiesen selt.* (7—8) ♃.
   1. *S.* **lanata** *Schrck.* = **humilis** *L.*
   3*. Stgl kahl.
   4. Wzlstock an d. Spitze stark faserig schopfig; Stgl meist einköpfig, m. 2—3 schuppig. B. besetzt. *Bgwiesen ss. (Alpen, Mähren)* (4—5) ♃. . . 2. *S.* **austriaca** *Willd.*
   4*. Wzlstock an d. Spitze kz schuppig od. schuppenlos.
    5. Hkchb. eifg od. lanzettl., nicht m. pfriemlicher Spitze; Bthn 7—12"' breit. *Feuchte Wiesen (Böhmen, Mähren, Oesterreich)* (5—7) ☉. . . 3. *S.* **parviflora** *Jacq.*
    5*. Hkchb. mit verlängert pfriemlicher Spitze; Stgl einfach, einköpfig, blattlos; Köpfch. 1½—2" breit. *Bergwiesen d. Alpen* (7—8) ♃. . . 4. *S.* **aristata** *Ramd.*
  2. Stgl ästig, bis z. Mitte mit zahlrchn B. besetzt (var. mit schmäler u. breiter. B.) *Wiesen, selt. auch cult.* (6—7) ♃.
   5. *S.* **hispanica** *L.*
1*. Bthn roth.
   6. Fr. mit glatten Rippen; Grundst. B. rinnig. *Wiesen, Hügel, bes. auf Kalkboden, selt.* (5—7) ♃. . 6. *S.* **purpurea** *L.*
   6*. Frchtch. m. nach oben feingezähnelt. Rippen. Grundst. B. flach. (ob var?) *Bgwiesen d. südl. Alpen ss. (Krain)* (7—8) ♃.
   7. *S.* **rosea** *W. K.*

76. **Podospermum** *L.* (16*). Hkchb. dachig; Fr. nicht od. undeutl. geschnäbelt, auf einer hohlen verlängerten Schwiele sitzd. welche dicker als d. Fr. selbst äst. Aestige milchde Krtr mit meist fiederthlgn B. u. gelb. Bthn in einzelsthdn Köpfchen.
 1 Babschnitte lineal lanzettlich, v. einander entfernt.
  2. Randbthn doppelt so lg als die Hkchb. Wzl blühde u. nicht blühde Stgl trbd; Stgl nebst den Aesten nach oben hin gefurcht. *Wiesen, Hügel (östl. Dtschld)* (6—8) ☉.
   1. *P.* **Jacquinianum** *Rch.*
  2*. Randbthn nicht od. wenig länger. als d. Hkchb. Wzl nur blühende Stgl treibd, diese nebst den Aesten oberwts rund. *Hügel, Aecker ss.* (5—7) ☉. . . . 2. *P.* **laciniatum** *DC.*

1*. Babschnitte eifg länglich, obere B. meist unzerthlt; übr. w. b. 2. *§ 88.*
Stgl gestreckt od. aufstgd. *Kalkberge ss. (Elsass)* (5—6) ⊙.
      3. *P.* **calcitrapaefolium** *DC.*

77. **Galasia villosa** *Cass.* (20). Hkchb. dachig; Fr. nicht geschnäbelt; Frkrone mehrreihig; d. äusseren Strahlen derselben haarfg, d. inneren am Grd breiter u. mit e. verwebt. Federchen. Aestiges Krt mit gelb. Bthn u. lineal., gekielt, zottig behaart. B. *Steinige Abhge d. südl. Alpenggdn* (5—6) ♃.

 z. *Hypochoerideae.* Frkrone aus federigen Strahlen gebildet, Frboden mit abfallenden Spreub. besetzt.

78. **Hypochoéris** *L.* (12). Hkchb. dachig cylindrisch; Fr. mehr od. weniger deutlich geschnäbelt; Frkrone federig. Gelbblühende Krtr mit hohlen unt. d. Köpfch. keulenfg verdickt. Stielen.
 1. B. u. Stgl, wenigstens d. letztere, oberwts kahl, erstere alle grundstdg, mehrköpfig; Frkrone aus mehreren Haarreihen gebildet, d. äussere kz einfach. d. innere federig.
 2. B. m. schmaler grüner Mittelrippe; Randfr. ungeschnäbelt; Köpfch. klein 5—6''' breit; Wzl dünn, Slgl ½—1' h. *Aecker, Sandfelder* (7—8) ⊙. . . . . 1. *H.* **glabra** *L.*
 2*. B. mit starker gelblichweisser Mittelr.; Fr. alle langgeschnäbelt; K. 1—1½'' breit; Stgl 1—2' hoch; Wzl stark. *Aecker, Wien* (7—8) ♃. . . . . 2. *H.* **radicata** *L.*
 1*. B. u. Stgl dicht kzsteifhaarig, letzterer mit 1—3 B. am Grunde, 1—2köpfig; Frkrone aus lauter federigen Haaren gebildet.
  3. Hkchb. am Rande zerrissen fransig; Köpfchenst. keulig verdickt. *Bergwälder ss. (Alpen, Böhmen, Schlesien, Baden)* (7—8) ♃. . . . . 3. *H.* **uniflora** *Vill* = **helvetica** *Jacq.*
  3*. Hkchb. am Rande ganz; Köpfchnst. wenig verdickt. *Waldwiesen selt.* (7—8) ♃. . . . . 4. *H.* **maculata** *L.*

 a. *Chondrilleae.* Frkrone haarfg; Fr. geschnäbelt m. e. am Grunde v. Schüppchen od. e. Krönchen umgebenen Schnabel; Frboden nackt.

79. **Willemetia apargioides** *Neck.* (24). Bthn vielreihig; Fr. an d. Spitze mit e feingekerbt. Krönchen; Strahlen d. Frkr. einreihig. Meist ästiges 1—2' hohes nur am Grund beblättert. Krt mit gelb. Bthn in einz*lsthdn Köpfch. u. nicht röhrig oberwts sammt d. Hkchb. schwärzlich zottigem Stgl. *Bergwiesen, Wälder der Alpenggdn selt.* (7—8) ♃.

80. **Taráxacum** *L.* (24). „Kuhblume, Löwenzahn". Hkchb. dachig, doppelt, die äussere meist zurückgeschlagen. Bthn zahlreich in Köpfch. Frchtch. an der Spitze weichstachlig schuppig oder fein knotig. Frkr. mehrreihig. Milchde Krtr m. blattlosem, röhrig. 1köpfig. Stgl; B. grundstg, schrotsägig bucht. fiederthlg.
 1. Fr. vkeifg, an d. Spitze schuppig weichstachlig; Pfl. meist kahl od. wenig behaart.

§ 88. 2. Der ungefärbte Thl d. Frschnabels länger als diese mit d. gefärbten Theil d. Schnabels; Pfl. sehr vielgestaltig (Leontodon tarax. *L.*) *Wiesen, Wege, sehr häufig* (5—8) ♃.
. . . . 1. *T.* **officinale** *Wigg.*
2*. D. ungef. Thl d. Frschr. kürzer als diese m. d. gef. Thl d. Schnbls; B. lineal. *Feuchte Wiesen am adr. Meer* (4—5) ♃.
2. *T.* **tenuifolium** *Hoppe.*
1*. Fr. länglich lineal, an d. Spitze fein knotig; B. längl. Stgl wenigst. unter den Bthnköpfch. mit weissen Wollflockn besetzt. *Bgabhänge (Mähren u. b. Wien)* (7—8) ♃.
3. *T.* **serotinum** *Poir.*

81. **Chondrilla** *L.* (23). Hkchb. 8blättr. einreihig, meist nur 7—12 in 2 Reihen stehde Bthn enthaltend. Gelbblühende Krtr mit rispig od. doldentrbg Köpfchen.
1. Grundst. B. schrotsägig, d. ob. lineal od. lanzettlich, zahlreich; Stgl ausgebreitet ästig, mit rispig knäulig. Köpfch. Frschnabel am Grd v. 5 Zähnchen umgeben. *Hügel, Aecker nicht häufig* (7—8) ♃. . . . . 1. *Ch.* **juncea** *L.*
1*. Grdst. B. fast unzerthlt; Stglb. wenige, Stgl einfach mit zahlreichen kleinen doldentrbg gehäuft. Köpfchen Frschnabel am Grd mit e. gekerbt. Krönchen. *Abhge u. Bachufer d. Alpengegenden* (7—8) ♃. . . . . . 2. *Ch.* **prenanthoïdes** *Vill.*

bb. *Lactuceae*. Frkrone einfach haarfg; Fr. flachgedrückt.

82. **Prenanthes purpurea** *L.* (30). Hkchb. meist 8, dachig, 5 einreihig gestellte Bthn einschliessend; Fr. ungeschnäbelt, wenig zusammengedrückt. Kahles beblättert. Krt m. am Grund herzfg umfassd B. u. purpurroth. Bthn in rispig gestellt. Köpfchen. *Bgwälder, nicht selt.* (6—8) ♃.

83. **Lactuca** *L.* (27). Hkchb. dachig, mehrreihig; Fr. geschnäbelt. Milchde kahle beblätterte Krtr m. rispig od. traubig gehäuft. Köpfchen.
1. Bthn gelb; Fr. beiderseits mehrrippig.
2. Köpfchen wenig (meist 5) Bthn enthaltd (Prenanthes *L.*)
3. B. gestielt, leierfg fiederspaltig m. eifgn winklich gezähnt. Abschn. *Wälder, Gebüsch, Schuttpl. nicht s.* (7—8) ♃ od. ♃.
. . . . 1 *L.* **muralis** *Fres.*
3*. B. herablfd, d. unter. tief fiederspalt. m. lineal. Abschn.: ob. ungethlt. *Stein. Abhänge d. süd-östl. Deutschlands* (7—8) ☉ od. ♃. . . . . . . 2. *L.* **viminea** *Schlz.*
2*. Köpfch. meist reichblthg; B. sitzd. nicht herablaufd.
4. Schnabel z. Frzeit weiss. so lang od. lgr als d. Frchtch.; B. unters. meist stachlig.
5. B. lineal, ganzrandig, zugespitzt, der unt. schrotsägig fiederspaltig; Bthnköpfch. sitzd. *Aecker, Wege, Raine, selt* (7—8) ☉. . . . . 3. *L.* **saligna** *L.*
5*. B. eifg od. länglich, gezähnelt.
6. Rispe doldentrbg flach; B. am Grd herzfg umfassend, unters. meist glatt. *Häufige Culturpfl. aus d. Orient?* (6—8) ☉. „*Grüner Salat*". . . . 3 b. *L.* **sativa** *L.*

6*. R. pyramidal; B. unters. auf d. Mittelr. stachlich. § 88.
7. B. spitz, meist fiedersp. schrotsägefg, Stgl 1—3' hoch.
Schuttplätze, stein. Abhänge, nicht häufig (7—8) ⊙.
           4. *L.* **scariola** *L.*
7*. B. meist ungethlt, stumpf; Stgl 3—6' hoch. *Bgwälder,
stein. Abhänge auch cult. selt.* (7—8) ⊙.
           5. *L.* **virosa** *L.*
4*. Frschnabel schwarz. kürzer als d. Frchtch. B. unterseits
glatt; doldentrbg rispig; Hkchb. rothgefleckt.
8. Stglb. ungethlt. *Bgwälder ss. (Oesterreich)* (6—8) ♃.
           6. *L.* **sagittata** *W. K.*
8*. Stglb. fiederthlg (ob var?). *Bgwälder ss* (7—8) ⊙.
           7. *L.* **stricta** *W. K.*
1*. Bthn. blauviolett in Doldentrbn. Fr. beiders. m. 1 Mittelrippe.
Kahles Krt m. fiedersp. B. u. lineal-lanzettl. Abschn. *Felsen,
stein. Abhänge ss.* (7—8) ♃. . . . . . 8. *L.* **perennis** *L.*

84. **Sonchus** *L.* (28). Hkchb. dachig; Köpfch. reichblthg;
Frchtch. ungeschnäbelt mit schneeweisser weicher und
biegsamer Frkr. Milchende Krtr mit gelb. Bthn in meist dolden-
trbgn Köpfch.
1. Stgl ästig.
  2. Stglb. gestielt, fiederthlg. Bstiele am Grd pfeilfg umfassd,
Hkchb. am Grd schneeweiss flockig. *Stein. Abhge am adr.
Meer* (6—7) ♃. . . . . 1. *S.* **tenerrimus** *L.*
  2*. Stglb. sitzd, am Grd herzfg od. pfeilfg; Hkchb. am Grd meist
kahl od. (b. 2) etwas flockig.
   3. Fr. querrunzlich; B. schlaff, graugrün meist fiederthlg.
Wege, Aecker, Schuttpl. s. häufig (6—8) ⊙.
           2. *S.* **oleraceus** *L.*
   3*. Fr. nur m. Längsrippen; B. glänzend dunkelgrün, starr,
meist ungethlt. *Wege, Aecker, Schuttpl. häufig* (6—8) ⊙.
           3. *S.* **asper** *Vill.*
1*. Stgl einfach.
  4. Hkchb. kahl, Wzl kriechd; Stgl 1-wenigköpfig. *Ufer, Sumpf-
wiesen am adr. Meer* (7—8) ♃. . . . 4. *S.* **maritimus** *L.*
  4*. Hkchb nebst d. Kpfchenstiel. drüsig borstig; Stgl mehrköpfig.
   5. Stglb. am Grund herzfg, Wzl kriechd; Drüsen gelblich.
Aecker, nicht selt. (7—8) ♃. . . . . 5. *S.* **arvensis** *L.*
   5*. Stglb. am Grd pfeilfg; Wzl nicht kriechd, Drüsen schwärz-
lich. *Sumpfwiesen, Ufer selt.* (7—8) ♃.
           6. *S.* **palustris** *L.*

85. **Mulgedium** *Cass.* (23*). (Sonchus *L.*) Hkchb. dachig
mit e. Aussenkch; Köpfch. reichbthg; Fr. ungeschnäbelt m. zer-
brechlichen Haaren, am Grd noch von e. kurzen Krönchen
umgeben. Milchende Krtr m. einfachen od. wenig ästig. Stgl, leierfg
od. schrotsägig fiederth. am Grd. herzfg umfassdn B. u. blauen
Bthn in traubig od. doldentraubgn Köpfchen.
1. Kpfchst. u. Hkchb. drüsig behaart; Stgl 2—5' hoch; Fr. viel-
rippig; Kpfch. traubig. *Bgwälder d. Alpen u. höher. Gebirge*
(6—8) ♃. . . . . 1. *M.* **alpinum** *Cass.*
1*. Kpfchnst. nebst d. Hkchb. kahl; Stgl 1—2' hoch, Fr. 5rippig;
Kpfch. doldentrbg *Bgwälder, stein. Abhänge ss. (Vogesen)*
(7—8) ♃. . . . . 2. *M.* **Plumieri** *DC.*

§ 88. cc. *Crepideae.* Frchtch. walzig rund od. 4kant. geschnäbelt, od. wenigst. ohne Schppn am Grde d. Schnabels.

86. **Picridium vulgare** *Desf.* (20). Hkchb. dachig; Fr. 4kantig prismatisch m. tief gekerbten Kanten. Gelbblühendes Krt mit buchtig fiederspalt. unter., fast ganzrandig. stglumfassdn ober. B., u. unt. d. Kpfch. verdickten Stielen. *Aecker, Wege am adr. Meer* (4—5) ☉.

87. **Zacyntha verrucosa** *Gärtn.* (25.) Hkch m. e. Aussenkch z. Frzeit kantig wulstig, d. inneren Blättch. fleischig verdickt u. die auf d. Rücken sehr höckerig. Randfr. einschliessnd. Gelbblühds Krt m. meist leierfg schrotsägig. grundst. u. lineal. zugespitzt, am Grund pfeilfgn Stglb. *Aecker, Wege am adr. Meer* (5—6) ☉.

88. **Pterotheca nemauensis** *Cass.* (21). Hkchb. m. e. Aussenkch; Frboden m. borstig. Spreuen besetzt; Mittelfr. geschnäbelt d. randst. auf d. Rücken convex, auf der inneren Seite 2—5flügelig gekielt. Niedriges ästiges Krt mit gezähnt. od. leierfgn grundst. und kleinen schuppigen Stglb. *Hügel, Wege, Schuttpl. am adr. Meer* (5—6) ☉.

89. **Crepis** *L.* (32.) Hkchb. mit e. Aussenkch; Frchtch. geschnäbelt od. wenigstens an der Spitze schmäler; Frkr. aus meist schneeweiss n. weich., am Grd nicht verdickt. Haaren gebildet. Meist mehrköpfige gelb. selt. röthlich blühnde Krtr.
  1. Alle od. wenigst. d. mittlere Frchtch. in e. deutlich. Schnabel endend. (Barkhausia *Mch.*)
  2. Bthnk. vor d. Aufblühen nickend.
  3. Bthn gelb; B schrotsägig-fiederspaltig.
    4. Hkchb. zottig grau. *Hügel, Schuttpl. ss.* (6—8) ⚲.
                                        1. **C. foetida** *L.*
    4*. Hkchb. nebst Stgl u. B. borstig steifhaarig (ob. var?) *Hügel, Schuttpl. sss. (Mähren)* (6—7) ⚲.
                                          2. **C. rhoeadifolia** *M. B.*
    3*. Bthn hellpurpurroth; Stgl nur am Grde beblättert; B. schrotsägig fiederspalt. *Hügel, Abhge am adr. Meer, auch als Zierpfl.* (6—7) ⚲ . . . . 3. **C. rubra** *L.*
  2*. Bthnk. auch vor d. Aufblühen aufrecht; Bthn gelb. Hkchb. steifhaarig od. fast dornig; Stgl beblättert.
    5. Hkchb. z. Frzeit halb so lang als die Frkrone, steifhaarig; Aussenkchb. nebst d. Deckb. kahl.
    6. Aussenkchb. nebst d. Deckb. am Rande häutig. *Wiesen. stein. Abhge ss. (Rheinggdn, Schweiz)* (5—7) ☉.
                                    4. **C. taraxacifolia** *Thuill.*
    6*. Aussenkchb. nebst d. Deckb. fast od. völlig häutig, letztere m. e. krautig. Mittelstrfn. *Wiesen, Hügel, Wegr am adr. Meer* (5—6) ☉. . . . . 5. **C. vesicaria** *L.*
    5*. Hkchb. z. Frzeit so lang als d. Frkrone; B. d. Aussenkchs lanzettl. spitz, nebst d. Rande d. Deckb. u. d Köpfchenstiel fast dornig steifhaar. *Aecker, Wege ss.* (7—8) ⚲.
                                        6. **C. setosa** *Hall.*

1*. Frchtch. nicht od. sehr kurz geschnäbelt. § 99.
7. B. alle grundständig, rosettenfg gestellt.
  8. Stgl mehrköpfig.
    9. Bthnköpfch. gelb, in Trbn; B. eifg länglich,, am Grund schmäler, gezähnt, flaumig; Wzl wie abgebissen. *Bergwiesen u. Abhänge s.* (5—6) ♃. 7. *C.* **praemorsa** *Tsch.*
    9*. Bthnk. meist röthl., s. gelb in Doldentrbn B. gezähnelt. *Bgwiesen u. Abhge d. südl. Alpenggdn* (6) ♃.
                            8. *C.* **incarnata** *Tsch.*
  8*. Stgl mit 1 od. nur wenigen Köpfchen, B. nicht od. undeutlich gestielt (vgl. unt. 24).
    10. Wzlfasern knollig verdickt; Stgl gegen d. Spitze hin kzhaarig; B. kahl. *Wiesen, Hügel, am adr. Meer* (4—5)♃.
    10*. Wzlfasern nicht knollig.
      11. Bthn rothgelb, Stgl oberwts nebst d. Hkchb. m. schwarzen Haaren besetzt. *Stein. Abhänge d. höchst. Alpen* (7—8) ♃ . . . . '. 10. *C.* **aurea** *Cuss.*
      11*. Bthn hell-goldgelb.
        12. Stgl oberwts filzig behaart; Stgl am Grd oft noch mit 1—2 sitzd nicht stglumf. B. *Stein. Abhänge, bes. d. Alpen* (7—8) ♃. . 11. *C.* **alpestris** *Tsch.*
        12*. Stgl oberwts m. gelblichen Haar. besetzt. *Stein. Abhänge d. höchst. Alpen ss.* (7—8) ♃.
                          12. *C.* **jubata** *Kch..*
7*. Stgl wenigstens unterwts m. einigen B. besetzt; Bthn gelb.
  13. Stgl reichköpfig, doldentrbg.
    14. B. sitzend od. kzgestielt mit ungezähnt. Bstiel.
      15. Frkrone schneeweiss weich.
        16. Unt. B. kammfg fiederthlg mit lineal ganzrandig. spitz. Abschnitten, ob. lineal B. ganzrandig. *Kalkfelsen, stein. Abhänge d. südl. Alpenggdn* (6—7) ♃.
                     13. *C.* **chondrilloïdes** *Jacq.*
        16*. B. gezähnt od. schrotsägig fiederthlg mit breit. Abschnitten.
      17. Hkchb. kahl od. grauflaumig behaart; Fr. 10rippig.
        18. Aussenkch 2—3mal kürzer als die grauflaumigen Hkchb.
        19. Aussenkchb. v. d. Hkchb. abstehend.
          20. B. alle flach ; Hkchb. spitz.
            21 D. inneren Hkchb. auf d. inner. Seite seidenhaarig. *Wiesen, Wege s. häufig* (6—7) ☉. . . . . 14. *C.* **biennis** *L.*
            21*. Inn. Hkchb. auf der innneren S. kahl. *Wiesen, Aecker ss. (Wien, Belgn)* (4—5) ☉.
                      15. *C.* **nicaeensis** *Balb.*
          20*. B. am R. umgerollt, Hkchb. stumpf, die inner. auf der inner. Seite seidenhaarig. *Aecker häufig* (5—6) ☉.
                      16. *C.* **tectorum** *L.*
        19*. Aussenkchb. an d. Hkchb. angedrückt.
          21. Bthn vor d. Aufblühen hängend. *Aecker, Wege am adr. Meer* (6—8) ☉.
                17. *C.* **cernua** *Ten.* = **neglecta** *L.*
          21*. Bthn auch v. d. Aufblühen aufrecht. *Hügel, Aecker* (6—7) ☉. 18. *C.* **virens** *Vill.*

§ 88.
16. Aussenkch viel kzr als d. kahle walzige Hkch, ungedrückt. Bthnk. klein doldentrbg rispig. *Hügel, Aecker, Gebüsch (Rheingda, südl. Tyrol)* (5—7) ☉.
  19. *C.* **pulchra** *L.*
17*. Hkchb. m. schwärzl. Drüsenhaaren besetzt: Fr. 20rippig, B. länglich, d. ober sitzd, die unt. kzgestielt, alle ausgeschweift-gezähnt. *Bywiesen, Gebüsch* s. (7—8) ♃.
  20. *C.* **succisaefolia** *Tsch.*
15*. Frkr. gelblichweiss, zerbrechlich; Fr. 10rippig, Hkchb. schwarzborstig; B. kahl, buchtig gezähnt, die ober. am Grd herzfg stengelumfassend. *Wiesen, Ufer, Sumpfggdn* (6—7) ♃. . . . . 21. *C.* **paludosa** *Mnch.*
14*. B. eifg länglich, gezähnt, d. unt. in einen kzn breitgeflügelt u. gezähnt. Stiel verschmälert; d. ober. mit fast herzfgm Grde sitzend ; Fr. 30rippig. *Bgwälder (Sudeten)* (7—8) ♃.
  22. *C.* **sibirica** *L.*
13*. Stgl 1-wenigköpfig.
22. Frkrone gelblichweiss; Grundst. B. spatelfg ganzrandig od. wenig gezähnt; unt. u. mittl. Stglb. fiederspaltig m. entfernt. lineal. spitz. Abschnitten, alle kahl; Stgl 1—1½" hoch; Bthnk. m. schwarzborstig. Hkchb. *Felsen, stein. Abhänge d. Alpen (Kalkboden)* (7—8) ♃. . 23. *C.* **Jaquini** *Tsch.*
22*. Frkr. schneeweiss weich; B. alle od. wenigst. d. unteren meist buchtig gezähnt; Fr. 20rippig
23. Stgl liegd, 1—3" lang; B. fast alle grundstdg m. geflügeltem meist buchtig gezähnten Stiel, Pfl. meist einfach, 1köpfig. *Stein. Abhge d. höchst. Alpen (7—8)* ♃.
  24. *C.* **pygmaea** *L.*
23*. Stgl aufrecht 1—1½' hoch; Stglb mit pfeilfgm Grunde umfassd (vgl oben 11.)
24. Stglb. lineal ganzrdg, d. unt. krzgestielt, grob buchtig gezähnt; Pfl. drüsig behaart. *Bywiesen d. Alpen u. höheren Gebirge* (7—8) ♃. . 25. *C.* **grandiflora** *L.*
24*. B. alle ziemlich gleichartig; Pfl. rauhhaarig. *Stein. Abhge d. Alpen u. höher. Gebge (Kalkboden)* (7—8) ♃.
  26. *C.* **blattarioides** *Vill.*

90. **Soyera** *Bronn.* (32*.) Strahlen d. Frkrone schneeweiss, weich, am Grunde merklich dicker. Krtr mit einfach. 1köpf. schwarz zottig behaart. Stgl u. buchtig gez. B.
  1. Stglb. zahlreich, bis z. Spitze d. Stgls; B. längl. lanzettlich, schrotsägig fiederthlg m. geflügelt. Bstiel. *Stein. Abhänge d. Alpen* (7—8) ♃. . . . . . . 1. *S.* **hyoseridifolia** *Kch.*
  1*. Stglb. wenige fast grundst. Köpfchenstiele verdickt. *Bergwiesen d. Alpen* (7—8) ♃. . . . . 2. *S.* **montana** *Monn.*

91. **Hieracium** *L.* (31*). Hkchb. dachig, ungleichlang; Fr. an d. Spitze nicht verschmälert mit gelblichweiser od. röthlichweisser zerbrechlicher Frkrone. Vielgestaltete Krtr mit meist einfachen B. und gelben Bthn, deren Arten wegen häufiger Zwischenbildungen oft ausserordentlich schwer von einander zu unterscheiden sind und desshalb auch von verschiedenen Botanikern sehr verschieden begrenzt werden.
  1. Bhaare einfach od. gablich; Strahlen d. Frkr. 1reihig gleichlang; B. meist ganzrandig, grundständig, u. bis z. Frreife bleibend.

2. Stgl 1- wenigköpfig. Bthn gelb (vgl. 13).   § 88.
3. Stgl 1köpfig, völlig blattlos; Pfl. auslfrtrbd. Bthn aussen
m. röthl. Streifen. *Hügel, Wege* (5—8) ♃. 1. *H.* **pilosella** *L.*
3*. Stgl 2—5köpfig, meist m. 1 Stglb.
    4. Kpfchstiele aufrecht, gablig.
      5. Pfl. m. kriechdn Ausläufern.
        6. Hkchb. z. Frzeit eikegelfg; B. blaugrün; Randbthn
meist beiders. gelb. *Hügel, Wege s.* (5—8) ♃.
          2. *H.* **bifurcum** *M. B.*
      6*. Hkchb. z. Frzeit flachkuglich; B. hellgrün: Randbthn unters. m. e. roth. Streifen. *Wiesen, Wege s.*
(7—8) ♃. . . . . . 3. *H.* **stoloniferum** *W. K.*
    5*. Pfl. ohne od. nur mit sehr kzn Auslfrn; Hkchb. zur
Frzeit kuglig. *Bgwiesen d. Alpengdn* (7—8) ♃.
          4. *H.* **furcatum** *Hoppe.*
4*. Kpfchstiele doldentrbg nicht gablig, absthd.
    7. Pfl. ohne od. nur mit sehr kzn Auslfrn.
    8. B. beiders. sternhaarig grau u. borstig steifhaarig
(wohl var v. 6). *Bergwiesen d. Alpen sss. (Schweiz)*
(7—8) ♃. . . . . . . 5. *H.* **breviscapum** *DC.*
    8*. B. grün, kahl od. wenig behaart. *Bgwiesen d. Alp.*
(7—8) ♃. . . . . 6. *H.* **angustifolium** *Hoppe.*
    7*. Pfl. m. liegenden verlgrten Auslfrn; B. blaugrün. *Wiesen, Hügel, Wege sehr häufig* (6—8) ♃.
        7. *H.* **auricula** *L.*
2*. Stgl an d. Spitze doldentrbg vielköpfig (20—100 K. trgd),
B. meist borstig od. sternhaarig flaumig.
  9. B. blaugrün; Bthn gelb.
    10. Stgl 5—12blättrig. *Hügel, Bgwiesen, (bes. in Norddeutschland)* (6—8) ♃. . . 8. *H.* **echioïdes** *W. K.*
    10*. Stgl höchstens m. 5 B.
      11. Kpfch. in gedrungenen Doldentrbn; Stgl kahl oder
spärlich behaart. (*H.* **florentinum** *Gaud.*)
      12. Hkchb. z. Frzeit walzig; B. schmal lanzettl. beiders. sternhaarig od. borstig. *Felsen, Bachufer,
stein. Abhänge besond. d. Alpen* (6—7) ♃.
          9. *H.* **piloselloïdes** *Vill.*
      12*. Hkchb. z. Frzt kegelfg; B. vkeifg lanzettl. obers.
kahl od. behaart. *Wiesen, Hügel, Wege* (6—7) ♃.
        10. *H.* **praealtum** *Kch.*
    11*. K. in lockeren Doldentrbn, drüsig raubhaar.
      13. Stengel u. B. sternhaarig flaumig. *Felsen, stein.
Abhänge ss.* (6—7) ♃.
        11. *H.* **cymosum** *L.* = **Nestleri** *Vill.*
      13*. Stgl u. B. verlängert borstig. *Hügel, Wiesen,
ss. (Rheinggdn, Norddeutschland)* (6—8) ♃.
        12. *H.* **pratense** *Tsch.*
  9*. B. rein grün. rauhhaarig.
    14. Bthn rothgelb; Stgl 2—20köpfig; Hkchb. schwärzlich
behaart. *Bergwiesen d. Alpen u. höhr. Gebirge, auch
als Zierpfl.* (5—7) ♃. . . 13. *H.* **aurantiacum** *L.*
    14*. Bthn rein gelb od. röthl.; Doldentrbn 10—30köpfig.
Bgwiesen d. Schweiz. Alpen u. am adr. Meer (6—8) ♃.
        14. *H.* **sabinum** *Seb. & M.*
1*. Blatthaare gezähnelt, federig od. drüsig; Strahl. d. Frkr. ungleichlang, fast 2reihig.

§ 88. 15. B. ungleichlang 2reihig.
  16. Bhaare gezähnelt, nicht (nur b. 37) mit Drüsenhaar gemischt, auch nicht federig.
  17. B. meist ungestielt, schmal elliptisch, ganzrdg od. nur klein- und wenig gezähnt, blaugrün.
  18. Zähne d. Blkrone kahl.
  19. Stgl flaumig, zottig od. kahl.
    20. Wzl kriechd; Stglb. fehld, d. grundst. lineal; Stgl 2—6köpfig. *Hügel Bgwiesen d. Alpenggdn* (6—7) ♃.
      15. *H. staticefolium* Vill.
    20*. Wzl nicht kriechd; Stgl beblättert (vgl. 20).
      21. B. lineal-lanzettl. Köpfch. 20—30 Bthn enthlaltd, sparrig verzwgt. *Hügel u. Bgwiesen d. Alpenggdn* (7—8) ♃. . . . 16. *H.* **porrifolium** *L.*
      21*. B. lanzettlich.
        22. Stgl 2—6köpfig.
          23. Kpfchst. sparrig verzweigt. Köpfch. 50—60bthg. *Bachufer, Abhänge d. Alpenggdn* (6—8) ♃.
            17. *H.* **glaucum** *All.*
          23*. Kpfchenst. aufrecht.
            24. Stgl kahl. *Hügel, Bergwiesen d. Alpenggdn* (6—8) ♃. . . 18. *H.* **bupleuroïdes** *Gmel.*
            24*. Stgl rauhhaar. *Hügel, Bergwiesen d. Alpenggdn* (6—8) ♃. . 19. *H.* **speciosum** *Horn.*
        22*. Stgl 1—3köpfig.
          25. Stgl einzeln od. fehld. *Bgwiesen d. Alp.* (6—8) ♃.
            20. *H.* **Schraderi** *Schlch.*
          25*. Stglb. 3—6.
            26. B. rauhhaarig, geschweift gezähnt. *Hügel u. Bgwiesen d. Alpen* (6—8) ♃.
              21. *H.* **dentatum** *Hoppe.*
            26*. B. wenig gezähnt.
              27. Rauhhaarig. *Bgwiesen u. Abhänge d. Alp.* (6—7) ♃. . . . 22. *H.* **villosum** *L.*
              27*. Fast kahl (ob var?) *Bgwiesen u. Abhänge d. Alpen* (6—8) ♃.
                23. *H.* **glabratum** *Hoppe.*
  19*. Stgl drüsig behaart, 1köpfig, Stglb. wenige oder fehld, grundst. hellgrün. *Bgabhge d. höchst. Alpen* (6—8) ♃.
    24. *H.* **glanduliferum** *Hppe.*
18*. Z. d. Bthnkrone v. kzgegliedert. Haaren bärtig; Ilkchb. spitz.
  28. Stgl v. Grd an ästig; Aeste v. e. B. gestützt. *Stein. Abhänge d Alpen sss.* (C. *Wallis*) (5—6) ♃.
    25. *H.* **saxatile** *Vill.*
  28*. Stgl erst oberwts doldentrbg ästig. (*H.* **cerinthoïdes** *Bach.*)
    29. Wenigstens die unterst· B. langgestielt. *Bgwiesen u. Abhge d. Alpen (Schweiz)* (7—8) ♃.
      26. *H.* **longifolium** *Schl.*
    29. B. alle sitzend oder kurzgestielt. *Bgabhänge sss.* (*Hoheneck d. Vogesen*) (7—8) ♃.
      27. *H.* **decipiens** *Fröl.*
17*. B. meist deutlich gestielt, graugrün oder hellgrün, selt. blaugrün, meist tief u. grob gezähnt; (s. u. 32 u. 36).

30. Stgl aufrecht, doldentrbg od. gablig mehrköpfig; Bhaare §83.
alle nicht drüsig.
31. Stgl meist mehrere (3–5) B. tragend. (s. ob. 26).
32. Köpfchenstiele nebst Hkchb. mit drüsigen kohlschwarzen Haaren besetzt; B. reingrün. *Wälder, Hügel, Wege sehr häufig* (6–7) ♃. . . . 28. **H. vulgatum** *Kch.*
32*. Kpfchst. und Hkch mit einfachen, höchstens am Grund schwarzen Haaren besetzt.
33. B. reingrün. *Wälder (Schweiz)* (6–8) ♃.
29. *H.* **ramosum** *W. K.*
33*. B. blaugrün. ? *(Schweiz)* (7–8) ♃.
30. *H.* **pallescens** *W. K.*
31*. Stglb. einzeln oder fehlend.
34. Köpfchenst. nebst d. Hkchb. mit drüsigen kohlschwarzen Haaren besetzt; K. doldentrbg.
35. B. blaugrün.
36. B. gezähnt, nur am Grunde und unters. rauhbaarig. *Felsspalten sss.* (6–8) ♃. 31. *H.* **Schmidtii** *Tsch.*
36*. B. fast ganzrdg, beiderseits langbaarig rauh. *Bgabhge d. südl. Alpgydn* (6–7) ♃.
32. *H.* **lasiophyllum** *Kch.*
35*. B. reingrün, übr. wie b. 31. *Wälder, Mauern, Wege sehr häufig* (6–7) ♃. . . . 33. *H.* **murorum** *L.*
34*. Köpfchenst. nebst d. Hkchb. mit einfachen grauen höchstens am Grd schwarzen Haaren besetzt; B. blaugrün.
37. Stgl doldentrbg; B. am Grund stumpf, fast herzfg. *Bgwälder, Abhänge d. Alpen* (6–8) ♃.
34. *H.* **incisum** *Hoppe.*
37*. Stgl gablig mit aufrecht. verlängerten Kpfchnstiel; B am Grund verschmälert.
38. B. deutlich gezähnt. *Felsspalt d. Alpen* (7–8) ♃.
35. *H.* **bifidum** *Kitbl.*
38*. B. spärlich gezähnt (wohl var). *Felsspalt d. Alpen ss.* (6–7) ♃. . . 36. *H.* **rupestre** *All.*
30*. Stgl niedrig, aufstrbd, reichblättrig: B. reingrün nebst den Stgl v. einfach u. drüsigen Haare rauh. *Felsspalt d. Alpen, stein. Abhänge* (6–7) ♃. . . . 37. *H.* **Jacquinii** *Vill.*
16*. B. mit fiederigen Haaren besetzt; blaugrün oder filzig zottig, grau; Stgl 2–6köpfig.
39. Wenigst. d. unteren B. am Grd gezähnt. *Felsen, stein. Abhänge d. Schweizer Alpen ss.* (b. *Genf*) (6–7) ♃.
38. *H.* **andryaloïdes** *Vill.*
38*. B. ganzrandig oder wenig gezähnt, dick eifg. *Felsen, stein. Abhänge d. Alpen sss.* (*C. Wallis*) (5–6) ♃.
39. *H.* **lanatum** *Vill.*
16**. B. u. meist auch d. Stgl u. ganze Pfl. drüsig behaart; Zähne d. Blkrone v. kzgegliedert. Haaren bärtig.
40. Stglb. am Grd tief herzfg umfassend. *Felsen, Bgabhänge sss. (C. Wallis)* (6–7) ♃. 40. *H.* **Pseudocerinthe** *Gaud.*
40*. Stglb. am Grd schmäler, oder undeutl. herzfg.
41. B. u. Stgl m. gelblichen wasserhellen Drüsenhaaren besetzt; Köpfch. doldentrbg.
42. B. dick und starr. *Bgwiesen u. Abhge d. Alpen* (6–7) ♃.
41. *H.* **amplexicaule** *L.*
42*. B. dünn u. weich (wohl var.) *Bgabhge d. Alp.* (6–7) ♃.
42. *H.* **pulmonarioïdes** *Vill.*

§ 88.   41*. B. u. Stgl grauhaarig flaumig, u. zugleich schwarz-drüsigzottig.
   43. Pfl. 1-wenig köpfig. *Bgwiesen d. Alpen u. höheren Gbge* (6—7) ⚇. . . . . 43. **H. alpinum** *L.*
   43*. Pfl. doldentrbg vielköpfig. *Bgwiesen sss. (Tyrol, Riesengebirg)* (6—7) ⚇. . . 44. **H. cydoniaefolium** *Fröl.*
15*. Grundst. B. z. Bthnzeit nicht mehr vorhanden; Stglb. zahlreich.
   44. B. m. drüsig. Haaren besetzt; Bthnk. hellgelb.
   45. Stgl 1-wenigköpfig mit verlängerten Köpfchenstiel. Zähne der Blkr. aussen kahl. *Felsen, stein. Abhänge d. Alpen u. höheren Gebirge* (7—8) ⚇. . 45. **H. albidum** *Vill.*
   45*. Stgl doldentrbg vielköpfig; Unt B. fast geigenfg; Z. der Blkrone von gegliedert. Haaren bärtig. *Stein. Abhänge der höchsten Alpen* (7—8) ⚇.
     46. **H. ochroleucum** *Schlchr.*
   44*. B. nicht drüsig behaart; Stgl vielköpfig.
   46. Zähne der Blkrone aussen v. gegliedert. Haaren bärtig.
   47. B. besonders am Grund tief eingeschnitten gezähnt. *Wälder sss. (Karlsruhe, Freiburg, Stettin)* (7—8) ⚇.
     47. **H. lycopifolium** *Fröl.*
   47*. B. entfernt gezähnt. *Bgwälder der Alpen u. höheren Gebirge* (7—8) ⚇. . . . 48. **H. prenanthoïdes** *Vill*
   46*. Z. der Blkrone kahl.
   48. Bthnstd v. der Mitte d. Stgls an trbg ästig; Köpfchenstiele meist kürzer als d. hin stützde B. Hkchb. fast kahl; Stgl glatt. *Wälder d. Alp. sss. (Steiermark)* (7—8) ⚇
     49. **H. racemosum** *W. K.*
   48*. Bthnstd oberwts doldig oder doldentrbg; Kpfchenstiele länger als die sie stützden B.
   49. Hkchb. dicht angedrückt; ob. B. am Grd breiter.
   50. Ob. B. am Grund herzfg umfassend, völlig sitzd; Hkchb. am Rande heller. *Hügel, Abhänge, Gebüsch ss.* (7—8) ⚇. . . . . 50. **H. sabaudum** *L.*
   50*. Ob. B. eifg lanzettlich, genau sitzd.
   51. Hkchb. dunkelgrün, am Rande nicht heller; Köpfchenstiele gegen d. Spitze merklich verdickt. *Hügel, Gebüsch nicht selt.* (7—8) ⚇.
     51. **H. boreale** *Fr.*
   51*. Hkchb. am Rande heller (blüht ½ Monat früher, als die vorherghndn, ob var?) *Wälder, Abhänge nicht selt.* (6—8) ⚇. . 52. **H. rigidum** *Hartm.*
   49*. Hkchb. an der Spitze zurückgebogen; B. lanzettlich oder lineal; Bthnstd fast doldig. *Ufer, Gebüsch, Wälder* (6—8) ⚇. . . . . 53. **H. umbellatum** *L.*

XXXII. Ordn. **AGGREGATAE** *Bartl.* Bthn meist in Kpfch. Stbbeutel frei, 4 od. 5, oder die Fäden verwachsen; Kch meist mit den Frknoten verwachsen, selt. frei. Blkrb. in d. Knospe dachig od. klappig. Fr nicht aufspringd, meist einsamig.

§ 89. AMBROSIACEAE. *Link.*

Bthn eingeschlechtig, die männlichen in Köpfchn, von e. reichblättrig. Hkch umgeben, die weibl. einzeln, od. zu 2 in e. gemeinschaftlichen Hkch eingeschlossen. Blkr. bei den weiblichen Bthn fehlend, b. d. männl. 5zähnig, in der Knospe klappig. Stbgef. 5, mit den Fäden verwachsen: Frkn mit 2 Griffeln; Fr. nussartig von erhärtdn Kch eingeschlossen.

1. **Xanthium** *L.* (XXI). Bthn eingeschlechtig: Hkch der männlichen Bthn reichblättr.; Bthn röhrig durch Spreublättch. getrennt, Frköpfch. 2schnäblig, mit widerhakig. Borsten besetzt. Aestige behaarte Krtr mit wechselst. gestielt. B. u. grünlichen Bthn.
  1. B. beiders. grün im Umkreis dreieckig ei-herzfg, doppelt gekerbt, am Grd nicht mit Dornen besetzt.
     2. Frhülle länglich mit stark hakenfg eingebogenen Schnäbeln besetzt, welche nebst den widerhakig. Borsten gelb sind. *Schuttplätze, Wege ss. (Oesterreich)* (7—8) ⊙.
         1. *X.* macrocarpum *DC.*
     2*. Frhülle eifg rundlich mit geraden nur an der Spitze einwts gebogenen Schnäbeln, völlig grün.
        3. Frhüllen besonders an der Spitze wenig stachlig, B. tief 3lappig. *Schuttplätze, Wege selt.* (7—8) ⊙.
           2. *X.* strumarium *L.*
        3*. Frh. bis zur Spitze dicht bestachelt; B. undeutl. od. nicht lappig. *Schuttplätze, Hügel, Wege ss.* (7—8) ⊙.
           3. *X.* saccharatum *Wallr.*
  1*. B. untersts weissgrau, 3lappig m. verlängert. Mittellappen, am Grd mit 3theiligen gelb. Dornen besetzt. *Schuttplätze, Hügel, Wege ss.* (7—8) ⊙. . . . . 4. *X.* spinosum *L.*

§ 90. DIPSACEAE. *DC.*

Bthn in Kpfchn v. e. reichbl. Hülle umgeben, die einzelnen Bthn durch Borsten oder Spreub. von e. getrennt; Kche der Einzelbthn doppelt, die äussere d. reife Fr. dicht umgebend, die innere mit der Röhre an den Frknoten angewachsen. Saum oberstdg, schlüsselfg oder beckenfg, ganz, gezähnt oder borstenfg. Blkr. 4—5spaltig m. ungleichem Saum; Stbgef. 4, frei; Gr. 1; Frknoten einfächerig, einsamig. Fr. nicht ausprgd. Same eiweisshaltig, Keim gerade. Aufrechte Krtr m. gegenst. B.
1. Frboden walzig; Zwischen den Bthn gekrümmte stechdsteife Spreublättchen . . . . 1. **Dipsacus.**
1*. Frb. flach oder halbkuglig, Pfl. wehrlos. (Scabiosa *L.*)
   2. Frb. mit nicht stechdn Spreublättchen besetzt.
      3. Hkchb. dachig, d. äuss. Kch vielzähnig; Blkr. 4spaltig; Randbthn strahld . . . . 2. **Cephalaria.**
      3*. Hkchb. 1reihig, zahlreich; d. äuss. Kch 4lappig.
         4. Blkrone 4spaltig; Randbthn nicht strahlend. Aeusserer Kch mit 4lappig krtgm S. . . . . . 4. **Succisa.**
         4*. Blkr. 5spaltig. Randbthn strahld; Aeusserer Kch mit trockenhäutigem Saum . . . . 5. **Scabiosa.**

§ 90. 2*. Frboden mit rauhen Borstenhaaren besetzt; Blkr. 4spaltig.
Randbthn strahlend. . . . . 3. **Knautia**.

1. **Dipsacus** *L.* (IV. 1). „Kardendistel". Die innere Kch
beckenfg, vielzähnig oder ganzrandig, der äussere an der Spitze
mit e. gekerbten Krönchen. Hkchb. länger als die Spreuborst.:
Frbod. walzig. Distelartige Krtr mit kantigem stachlig. Stgl u.
von Deckb. umgebenen länglich und kuglig. Bthnkpfchen.
  1. Stglb. am Grund mit einander verwachsen, an der Mittelrippe
    unterts krautstachlich; Hüllb. steif, stechd.
  2. Spreublätter mit gerader Spitze.
    B. am Rande zerstreut, stachlig oder kahl; Bthn meist hell-
      violett. *Wege, Aecker, Gräben* (7—8) ⊙.
          1. *D.* **silvestris** *Mill.*
    3*. B. am R. borstig gewimpert; Bthn fast weiss. *Aecker,
      Wege, Gräben ss.*(7—8) ⊙. . . . 2 *D.* **laciniatus** *L.*
  2*. Spreub. an der Spitze hakig gebogen; Bthn hellviolett.
    Culturpfl. aus Südeuropa (7—8) ⊙. . 2 b. *D.* **fullonum** *L.*
  1*. Stglb. am Grd geöhrt, nicht verwachsen; Hüllb. und Spreub.
    weich borst. gewimpert; Bthn röthl. *Hecken, Gebüsch s.*(7—8)⊙.
          3. *D.* **pilosus** *L.*

2. **Cephalaria** *Schrdr.* (IV. 1). Hülle dachig; innerer Kch
beckenfg vielzähnig oder ganzrandig, die äussere mit 4 oder mehr
Zähnen; Blkrone 4spaltig, Frbod. spreuig.
  1. Hüllb. nebst d. Spreub. spitz, Aussenkch mit 8 pfrieml. Zähnen.
  2. Bthn gelblich, d. randstdgn nicht od. wenig strahld. *Aecker,
    (südwestl. Schweiz)* (6—7) ⊙. . . . 1. *C.* **alpina** *Schrdr.*
  2*. Bthn weiss od. violett, die randst. strahld. *Aecker, Abhänge
    am adr. Meer* (7—8) ♃. . . 2. *C.* **transsylvanica** *Schr.*
  1*. Die äusseren Hüllb. nebst d. Spreub. abgerundet stumpf; die
    inneren spitz. Aussenkch trockenhtg mit vielspaltig. Saum. Bthn
    weiss, wenig strahld in halbkugl. Köpfch. *Stein. Abhänge d.
    südl. Alpengydn* (7—8) ♃. . . . 3. *C.* **leucantha** *Schrdr.*

3. **Knautia** *Coult.* (IV. 1). Innerer Kch 8—16 zähnig mit
pfriemlich borstigen Zähnen, die äusseren kz gestielt, nicht gefurcht,
Frboden rauhhaarig; Blkrone 4spaltig, violettroth, die randstdgn
Bthn meist strahlend.
  1. Innerer Kch 4mal kürzer als die Fr., meist 16zähnig; B. läng-
    lich, ganz oder eingeschnitten. *Hügel, Aecker am adr. Meer*
    (6—7) ♃. . . . . 1. *K.* **hybrida** *Coult.*
  1*. Innerer Kch ½ so lang als die Fr., meist 8zähnig.
    2. B. unzrthlt oder nicht über die Mitte gethlt.
      3. Stgl gegen die Spitze hin von kzn Drüsenhaaren klebrig;
        B. länglich lanzettlich. *Bgwiesen d. Alpen* (6—7) ♃.
                  2. *K.* **longifolia** *Koch.*
      3*. Stgl nach der Spitze hin nicht klebrig, sondern flaumig
        behaart; B. elliptisch länglich. *Gebirgswälder* (6—7) ♃.
                  3. *K.* **silvatica** *Dub.*
    2*. Mittlere Stglb. fiederspaltig; Stgl behaart. *Wiesen, Felder*
      (6—7) ♃. . . . . 4. *K.* **arvensis** *Coult.*
      Randbthn nicht od. undeutl strahlnd. *Hügels s. (Kärnthen)*
      (7—8) ♃. . . . . var: **Fleischmanni** *Hladn.*

4. Succisa *M. K.* (IV. 1). Innerer Kch ganzrandig oder mit § 90.
5 borstigen Zähnchen, der äussere mit 8 tief. Furchen und 4 lappig
krautigem Saum. Frboden spreuig, Bthn 4spaltig. die randst.
nicht strahld.
1. Aussenkch mit 4 spitzen Zähnen, die innere 5borstig. *Wiesen,*
   Wälder (7—8) ♃. . . . . 1. *S.* **pratensis** *Mch.*
1*. Aussenkch kahl, stumpf 4lappig, d. innere ohne Borst. *Sumpf-*
   wiesen d. südl. Alpengyda (7—8) ♃. . 2. *S.* **australis** *Rb.*

5. Scabiosa *L.* (IV. 1). Innerer Kch mit 5—8 borstig. Zähnen,
die äussere mit 8 tief. Furchen oder Rippen, trockenhtg; Frboden
spreublättrig; Bthn 5spaltig, die randstdgn strahld, meist
röthlich oder blau, od. b. 5b. dunkelrothbraun.
1. Abschnitte der fiederspalt. Stglb. gezähnt, grundst. B. gesägt,
   gekerbt oder eingeschnitten; Fr. mit 8 tief. Furchen.
2. Innerer Kch sitzd, Bthn meist röthl.-violett od. gelblichweiss,
   nie dunkelschwarzroth.
   3. Borsten d. inneren Kchs höchstens doppelt so lang als der
      Saum d. äusseren; Stglb. 2—3fch fiederthlg. *Bgwiesen d.*
      südl. Alpengydn (6—7) ♃. . . . . 1. *S.* **gramuntia** *L.*
   3*. B. der inneren Kchs 3—4mal so lang als d. S. d. äusseren;
      Stglb. einfch fiedersp.
      4. Borst. der inneren Kchs ohne Rippe.
         5. Bthn gelblichweiss; Kchborst. hellbraun (ob var v. 3?)
            Bgwiesen selt. (7—8) ♃. od. ⊙. 2. *S.* **ochroleuca** *L.*
         5*. Bthn roth oder violett, selt. weiss; Kchborst. schwarz-
             braun. *Hügel, Aecker nicht selt.* (6—8) ⊙ od. ♃.
                                              3. *S.* **columbaria** *L.*
      4*. Borst. des inneren Kchs mit einer kielartigen Rippe, B.
          glänzend.
          6. Stglb. mit lineal. oder lineal-lanzettlich. Abschnitten.
             Bgabhänge d. Alpen u. höher. Gebirge (7—8) ♃.
                                              4. *S.* **lucida** *Vill.*
          6* Stglb. leierfg mit sehr grossen Endlappen (ob var?)
             Bgabhänge d. südl. Alpengydn (7—8) ♃.
                                              5. *S.* **Hladnikiana** *Host.*
2*. Innerer Kch auf einem Stielchen; Bthn schwarzpurpurroth
   m. weissen Stbbeuteln. *Häufige Zierpfl. aus Ostind.* (6—8) ⊙.
                                              5 b. *S.* **atropurpurea** *L.*
1*. Stglb. unzertblt oder, wenn fiederthlg, mit ganzrandigen Ab-
   schnitten; grundst. meist einfch, ganzrdg.
   7. Fr. mit 8 tiefen Furchen.
      8. Saum der äusseren Kchs ganzrandig oder seicht gekerbt.
         9. B. der nicht blühdn Stgl länglich, Bthn tiefblau, wohl-
            riechd; Borst. d. inn. Kchs höchst. doppelt so lang als
            d. Saum. *Hügel, Wälder selt.* (7—8) ♃.
                                              6. *S.* **suaveolens** *Desf.*
         9*. B. d. nicht blhndn Stgl spatelfg; Borst. des inneren Kchs
             3—4mal so lang als d. Saum d. äusseren. *Bgwälder d.*
             südl. Alpengydn ss. (7—8) ♃. . 7. *S.* **vestina** *Facch.*
      8*. S. der äusseren Kchs bis zur Mitte 4lappig; Unt. B. vkeifg
          keilfg; Stglb. mit grossen Endlappen. *Bgwälder d. südl.*
          Alpengydn ss. (7—8) ♃. . . . 8. *S.* **silenifolia** *W. K.*
7*. Fr. undeutlich gefurcht. glatt oder schwach 8rippig.

§ 90. 10. Fr. zottig behaart; B. alle oder wenigst. d. unteren lineal-
od. lineal-lanzettlich, silberweiss seidenhaar.
   11. Stglb. fiederthlg. *Sandfelder, Ufer am udr. Meer* (7—8) ♃.
                                        9. *S.* **ucranica** *L.*
   11*. B. alle lineal oder lineal-lanzettlich. *Stein. Abhge d. südl.
       Alpenggndn* (7—8) ♃. . . . . 10. *S.* **graminifolia** *L.*
   10*. Fr. flaumig, innerer Kch aus 10 kammfg-borstig gewimperten
       Zähnen bestehnd; Unt. B. vkeifg oder leierfg fiederthlg. *Wie-
       sen im südl. Istrien* (5—7) ♃. . . . . 11. *S.* **multiseta** *Vis.*

§ 91. VALERIANEAE. *DC.*

Kch oberstdg, mit e. mehr oder weniger undeutlich gezähntem
oder eingerollt und zuletzt in eine Haarkrone ausgebreitetem Saum.
Blkrone auf d. Frknoten sitzd mit ungleich 3—5spaltigem Saum;
Gr. 3; Frkn. 1, 1—3fächerig, und im letzteren Falle 2 Fächer leer.
Same hängend; Keim eiweisslos, gerade. Krtr m. gegenst. neben-
blattlos. B.
  1. Kch zuletzt e. Frkrone darstellnd.
  2. Blkrone ungespornt, am Grd mit e. kzn seitenstdgn Höcker,
     trichterfg 5spaltig, Stbg. 3; starkriechende Krtr m. einfch. Stgl.
                                                  1. **Valeriana.**
  2*. Blkr. gespornt; Stbgef. 1. . . . . . . 2. **Centranthus.**
  1*. Kch undeutlich oder zahnartig; Gabligästige Krtr m einfch. B.
                                                  3. **Valerianella.**

   1. **Valeriana** *L.* (III. 1). „Baldrian". Kchsaum z. Frzeit in e.
Haarkrone ausgebreitet; Blkr. trichterfg m. 5lappig. Saum, am Grd
kz höckerig; Stbgef. 3; Narben 3, sehr lang. Aromatische Krtr
mit einfachem Stgl und doldentrbgn Bthn.
  1. Bthn alle gleichartig, zwittrig.
     2. B. alle gefiedert; Stgl gefurcht.
        3. B. 7—10paarig.
           4. Stgl mehrere aus e. nicht auslftrbdn Wzlstock. *Feuchte
              Wälder selt.* (7—8) ♃. . . . . 1. *V.* **exaltata** *Mikan.*
           4*. Stgl einzeln mit e. auslfrtrbdn Wzlstock.
              5. Babschnitte lanzettlich gesägt. *Ufer, Gräben, Gebüsch*
                 (7—8) ♃. . . . . 2. *V.* **officinalis** *L.*
              5*. Babschnitte lineal ganzrandig (ob var.) Pfl. schlanker.
                 Stein. Abhänge ss. (bes. im östl. Deutschld) (6—8) ♃.
        3*. B. 3—5paarig; Wzlstock auslfrtrbd. *Ufer, Gebüsch ss.*(7—8) ♃.
                                              4. *V.* **sambucifolia** *Mik.*
     2*. Grdst. B. nicht gefiedert, länglich lanzettlich eingeschnitten
        oder ungethlt; Stglb. 2—3spalt. Stgl glatt, rund. *Wälder
        sss. (Limburg)* (5—6) ♃. . . . . 5. *V.* **phu** *L.*
  1*. Bthn 2häusig oder polygamisch, d. grösseren männlich, d. klei-
     ner. weiblich; Wenigst. die grundst. B. ungetheilt.
     6. Stglb. bis über die Mitte getheilt.
        7. Stglb. 3zählig, d. grundst. rundl. herzfg. *Stein. Abhänge d.
           Alpen u. höher. Gebirge* (5—8) ♃. . 6. *V.* **tripteris** *L.*
        7*. D. unter. Stglb. fiederthlg oder 3—4paar.

8. Grundst. B. eifg, Wzl faserig. *Sumpfwiesen, Gräben* (6—7) ♃. §91.
7. *V.* **dioïca** *L.**)
8*. Grundst. B. elliptisch-lanzettlich; Wzl knollig. *Abhänge, Bergwiesen d. südl. Alpengegenden* (7—8) ♃.
8. *V.* **tuberosa** *L.*
6. Stglb. nicht oder wenig getheilt.
  9. Bthn in Doldentrbn, B. v. deutlicher Breite.
  10. Bthn röthlich.
    11. Doldentrbn zusammengesetzt: B. eifg, ganzrandig oder gezähnt. *Feuchte Abhge d. Alpen s.* (7—8) ♃.
9. *V.* **montana** *L.*
    11*. Doldentrbn kopffg klein; Stglb. oft 3zählig.
      12. Grdständige B. eifg, kahl. *Stein. Abhge d. höher. Alpen* (7—8) ♃. . . . . . 10. *V.* **saliunca** *All.*
      12*. Grdst. B. spatelfg gewimpert; Stgl 1—3" h. *Feuchte Abhänge d. Alpen selt.* (7—8) ♃. 11. *V.* **supina** *L.*
  10*. Bthn gelblich oder weiss.
    13. B. gewimpert, die grundstdgn lanzettlich ganzrandig; Bth. weiss. *Stein. Abhge d. Alpen* (6—7) ♃.
12. *V.* **saxatilis** *L.*
    13*. B. kahl, grob gezähnt; Bthn schmutzig gelb. *Steinige Abhge d. Alpen* (7—8) ♃. . . 13. *V.* **elongata** *Jacq.*
9*. Bthn ährenfg quirlig, gelbl.; Stglb. schmal lineal, meist nur 2. *Stein. Abhge d. höchst. Granitalpen* (7—8) ♃.
14. *V.* **celtica** *L.*

2. **Centranthus** *L.* (I. 1.) Kchsaum z. Frzeit in e. Haarkrone ausgebreitet, am Grd in e. Sporn endend. Bthn purpurn in gabl. Doldentrbn.
  1. B. lineal lanzettlich; Sporn der Blkr. so lang als der Frkrn *Stein. Abhge d. Alpen ss.* (7—8) ♃. 1. *C.* **angustifolius** *DC.*
  1*. B eifg. lanzettlich; Sporn d. Blkrone doppelt so lang als der Frknoten. *Felsspalt d. südl. Alpen, auch als Zierpfl.* (7—8) ♃.
2. *C.* **ruber** *DC.*

3. **Valerianella** *Poll.* (Fedia *Gärtn.*) (III. 1). Kchsaum gezähnt oder undeutlich. Blkrone trichterfg m. 5spalt. Saum, am Grund ohne Höcker. Kleine geruchlose gabelästige Krtr mit meist spatelfgn B. u. kleinen weissen oder bläulichen Bthn in gabligen Doldentrbn.
  1. Kchzähne z. Frzeit undeutlich.
    2. Fr. fast kreisrund, ohne Furche. *Gärten, Felder, auch cult.* (4—5) ☉ „*Schafmäuler*". . . . . . 1. *V.* **olitoria** *Poll.*
    2*. Fr. auf d inneren Seite mit e. tiefen Furche. *Aecker, bes. in Gbysggdn* (4—5) ☉. . . . . . 2. *V.* **carinata** *Lois.*
  1*. Kch wenigstens z. Frzeit mit einigen deutlich. Zähnen.
    3. Kchz. z. Frzeit zurückgebogen. *Aecker, Hügel d. südl. Alpengegenden* (4—5) ☉. . . . . . 3. *V.* **echinata** *DC.*
    3*. Kchz. nicht zurückgebogen.
      4. Kch mit krautigem, schief abgeschnittenem Saum; 1 Zahn grösser.
      5. Fr. einfächerig.

---

*) B. alle ungethlt, Pfl. m. kriechdn Auslfrn. *V.* **simplicifolia** *Kabl.*

§ 91.   6. Kchsaum so lg als d. Fr. breit ist; Bthnst. geflügelt. *Aecker*
(*Rheinggndn*) (5—5) ☉. . . . . 4. *V.* **eriocarpa** *Desv.*
6*. Kchsaum halb so lang als die Fr.; Bthnstiele gefurcht.
Aecker (7—8) ☉. . 5. *V.* **dendata** *Poll.* = **Morisonii** *DC.*
5*. Fr. mehrfächerig; m. 2 leer. Fäch., gefurcht. *Aecker* (7—8) ☉.
6. *V.* **auricula** *DC.*
4*. Kch mit trockenhäutigem Saum u. 6—12 borst. Zänen.
7. Kchsaum becherfg; Zähne desselben 6, an d. Spitze hakig gebogen. *Aecker ss. (bes. d. südl. Alpenggdn, auch bei Lüttich,
Göttingen, Stettin)* (5—7) ☉. . . . . 7. *V.* **coronata** *DC.*
7*. Kchs. aufgeblasen, Zähne desselb. einwts gerichtet, gerade.
Aecker sss. (Lüttich) (5—8) ☉. . . 8. *V.* **vesicaria** *Mch.*

§ 92. GLOBULARIEAE. *DC.*

Kch 5spaltig, in d. Knospe dachig; Blkr. 5spaltig, nnterstdg, meist ungleich. Stbgef. 4, der Blkronröhre eingefügt, und mit deren Abschnitt. abwechselnd. Frkn. frei, einfächerig, einsamig S. hängd. K. eiweisshaltig, gerade.

1. **Globularia** *L.* (IV. 1). Blau-, selt. weissblühende Krtr in kuglig. Köpfch. mit einfachen B. *Kalkboden liebde Pfl.*
    1. Stglb. zahlreich, grundstge büschlig, spatelfg abgerundet, ausgerandet oder an d. Spitze 3zähn. Stglb. lanzettlich dünner, kleiner. *Bergwiesen u. Felsenabhänge* (5) ♃.
    1. *G.* **vulgaris** *L.*
    1*. Stglb. fehld od. wenige, dünnhäutig schuppig.
    2. Grdst. B. meist eben so lang als d. Stgl, 2—5" lang, eifglanzettl. ganzrandig. *Felsen, stein. Abhge d. Alpggdn* (5—6) ♃.
    2. *G.* **nudicaulis** *L.*
    2*. Grdst B. klein, spatelfg, gestielt, abgerundet oder tief ausgerandet, nebst den Stielen 6—9''' lg und viel kürzer als der Stgl. *Bgwiesen, Abhänge d. Alpenggdn* (5—6) ♃.
    3. *G.* **cordifolia** *L.*

§ 93. PLUMBAGINEAE. *Juss.*

Kch 5zähnig, gefaltet, bleibd; Blkr. gleichmässig mit 5thlg. Saum oder 5blättr. mit nagelfgn Blkrb. Stbgef. 5, d. Abschnitt. d. Blkrone gegenstdg. Frkn. 1fächerig, 1samig. Samen von der Spitze d. verlängert. Frträgers herabhängend; Gr. 1 m. 5 Narb. od. 5. Fr. e. an d. Spitze 5klappig aufsprgd. Kpsl. Keim eiweisshaltig, gerade.
    1. Gr. 1 mit 5 Narben; Blkrone 5spaltig. . 1. **Plumbago.**
    1*. Gr. 5; Blkrb. 5; Stglb. fehld. . . . . . . 2. **Statice.**

1. **Plumbago europaea** *L.* (V. 1). Kch röhrig, 5zähnig; Blkr. trichterfg 5lappig; Stbgef. am Grd breiter. Gr. 1 mit 5 Narb. Kpsl an d. Spitze 5klappig aufspringd. Bthn violett. Stgl ästig, mit umfassenden, am Rande rauhen, lanzettl. B., d. grundstdgn gestielt, vkeifg. *Hügel, Aecker, Gebüsch, am adr. Meer* (8) ♃.

2. **Statice** *L.* (V. 5). Kch oberwts trockenhäutig; Blkrb. 5 §93.
röthlich, zuweilen am Grund verwachsen; Gr. 5. Kpsl nicht aufspringend. Meist kahle Krtr mit grundstdgn lineal- oder lanzettl. B.
  1. Bthnstd kopffg. m. e. Hüllkch; Stgl einfach, einköpfig, unter d. Köpfch. v. e. röhrenfgn Scheide umgeben.
    2. B. lanzettlich 3—5rippig; Innere Hkchb. eifg, dch d. auslaufdn Rippen stachelspitzig. Aeussere Hkchb. sehr spitz. *Sandige Wälder sss. (b. Mainz, C. Wallis)* (6—7) ♃.
                                                                  1. *S.* **plantaginea** *All.*
  2*. B. lineal, 1—3rippig.
    3. Blkrb. ungethlt, m. nicht ausgerandeter Spitze, Stgl 1—1½′ hoch.
      4. Blkr. hellroth; Innere Hkchb. stachelspitzig. *Sandfelder selt.* (5—8) ♃. . . . . . . 2. *S.* **armeria** *L.*
    4*. Blkr. purpurroth; Innere Hkchb. wehrlos (wohl var?) *Sumfwiesen sss. (b. Memmingen)* (7—8) ♃.
                                                       3. *S.* **purpurea** *Kch.*
    3*. Blkrb. an der Spitze ausgerandet; Pfl. ½—1′ hoch. Innere Hkchb. stumpf.
      5. B. einrippig, stumpf; Pfl. flaumig. *Meerufer sss. (bei Cuxhafen) auch als Gartenpfl.* (7—8) ♃.
                                                   4. *S.* **maritima** *Mill.*
      5*. B. meist 3rippig, spitz, Pfl. kahl. *Bergwiesen d. Alpen* (7—8) ♃. . . . . 5. *S.* **alpina** *Hppe.*
  1*. Bthnstd einseitswendig ährenfg.
    6. B. mit e. Spitze endend; Stgl kahl.
      7. B. einrippig.
        8. Aeste abstehend. *Am Ufer d. adr. Meeres* (7—8) ♃.
                                                     6. *S.* **Gmelini** *Will.*
        8*. Aeste aufrecht, doldentrbg. *Am Ufer d. Nord- u. Ostsee* (7—8) ♃. . . . . 7. *S.* **Limonium** *L.*
      7*. B. 3—5rippig.
        9. Stgl völlig glatt. *Am U'er d. adr. Meeres* (5—7) ♃.
                                             8. *S.* **globulariaefolia** *Dsf.*
        9*. Stgl körnig rauh. *Am Ufer d. adr. Meeres* (7—8) ♃.
                                             9. *S.* **caspia** *Willd.*
    6*. B. an der Spitze ausgerandet; Pfl. filzig; Stgl. hin- u. hergebogen. *Am Ufer d. adr. Meeres* (5—6) ♃.
                                          10. *S.* **cancellata** *Bernh.*

§ 94. PLANTAGINEAE. *Juss.*

Kch 3—4thlg, bleibd; Blkr. 4spalt. m. gleichem Saum, trockenhäutig. Stbgef. 4, der Frboden oder d. Blkrone eingefügt und mit d. Abschnitt. derselb. wechselnd. Stbfdn sehr lang, in der Knospe einwts geknickt. Frkn. frei, 1-mehrfäch. m. 2-mehrsam. Fäch. Gr. 1; Keim eiweisslos gerade.
  1. Bthn monöcisch, zu 1-wenigen beisammen.   1. **Litorella.**
  1*. Bthn zwittrig, in Köpfch. . . . . 2. **Plantago.**

  1. **Litorella lacustris** *L.* (XXI. 4). Männliche Bthn einzeln, langgestielt, d. weiblichen am Grd d. B. zu 2—4 beisammen, sitzend. Kleines Krt mit linealen 1—3″ lgn grundstdgn B. *Teichufer ss.* (6—7) ♃.

§ 94. **2. Plantago** *L.* (IV. 1.) Bthn zwittrig in Köpfch. oder Aehren mit kleiner tellerfgr. trockenhäutiger, gelblich oder bräunlich. Krone mit gegenstd. od. grundst. B.
1. Stgl beblättert; B. lineal ganzrdg, Kpfchnstiele bwinkelst.
   2. Kchz. alle gleichartig, lanzettl., allmählig zugespitzt; Aehren eifg, zieml. locker. Deckb. aus eifgm Grde pfriemlich. *Sandfelder am Ufer d. adriat. Meeres* (7—8) ⊙.
   1. *P.* **psyllium** *L.*
   2*. Kchz. ungleichartig.
   3. Die vorderen Kchz. schief spatelfg, ganz stumpf, d. hinteren lanzettlich spitz, die oberen Deckb. spatelig stumpf. *Sandfelder ss.* (7—8) ⊙. . . . 2. *P.* **arenaria** *W. K.*
   3*. D. vorderen Kchz. breit eifg, stumpf, stachelspitz, die hinteren schmäler, gekielt u. mit gewimpert. Kiele. Ob. Deckb. stachelspitzig; Stgl strauchig, am Grd liegd. *Sandfelder, Hügel sss. (b. Wien, C. Waadt)* (7—8) ♄. 3. *P.* **Cynops** *L.*
1*. Stglb. fehld; Stgl einfach, eine meist walzige Aehre trgd.
   4. B. einfach, grundstdg, Kpsl 2fächerig.
   5. Blkronröhre kahl; B. kahl von deutlicher Breite.
   6. B. eifg, mit deutlich abgesetzt Stiele.
   7. B. und Bthnschaft ziemlich gleichlang, erstere meist bahl; Samentr. jeders. 2—4samig. Schaft scharf gerippt. *Aecker, Wege* (6—8) ♃. . . . 4. *P.* **major** *L.*
   7*. B. kürzer als der Stgl.
   8. B. kahl; Samenträger jeders. 2—4samig. Schaft tief gefurcht. *Wiesen, am adv. Meer* (7—8) ♃.
   5. *P.* **cornuti** *Gouan.*
   8*. B. beiders. kurzhaarig, kz gestielt; Samentrgr beiders. 1samig; Schaft nicht gefurcht. *Wiesen, Wege* (5—7) ♃. . . . . 6. *P.* **media** *L.*
   6*. B. lanzettlich od. lineal-lanzettlich, in der Bstiel verschmälert; Samentrgr w. b. 6.
   9. Deckb. trockenhäutig.
   10. Deckb. kahl oder in der Mitte zerstreuthaarig, eifg. Schaft gefurcht.
   11. Schaft gefurcht.
   12. Schaft mit zahlreichen Furchen, 2—3' h. *Bergwiesen d. südl. Alpenggdn* (4—5) ♃.
   7. *P.* **altissima** *L.*
   12*. Sch. mit 5 Furchen, 1/2—1' hoch. *Wiesen, Wege* (4—8) ♃. . . . . . 8. *P.* **lanceolata** *L.*
   11*. Sch. völlig rund; Pfl. seidenhaarig. *Hügel, Abhge (am adv. Meer)* (4—5) ⊙.
   9. *P.* **argentea** *Chaix.* = **victorialis** *Poir.*
   10*. Deckb. wenigstens an der Spitze bärtig.
   13. Deckb. spitz; Schaft gefurcht. *Hügel, Abhänge (am adv. Meer)* (4—5) ⊙. . 10. *P.* **lagopus** *L.*
   13*. Deckb. stumpf mit kurzer Stachelspitze; Schaft rund. *Bgwiesen, Abhge d. Alpggdn u. Sud.* (7—8) ♃.
   11. *P.* **montana** *Lam.*
   9. Deckb. krautig; Schaft zottig behaart, nicht gefurcht; B. 3rippig, lanzettlich oder lineal-lanzettlich, rauhhaar. *Hügel, Wege, am adv. Meer* (6—7) ⊙.
   12. *P.* **pilosa** *Pour.*
   5*. Blkronröhre flaumig oder zottig behaart; B. lanz.-lineal.
   14. Deckb. so lang und länger als die K.

15. Seitenrippen d. B., d. Rande näher, als die Mittelr.; Pfl. *§ 94.*
2—3" hoch. *Bgwiesen d. Alpenggdn* (5—7) ⚥.
13. *P.* alpina *L.*
15*. Seitenr. d. B. in gleicher Entfernung v. Rande und der Mittelrippe.
16. B. fadenfg lineal, halbstielfg 3kantig. am R. fein borstig gewimpert; Deckb. etwas länger als die Kch; Pfl. 1—4" hoch. *Sandige Ufer am Meer u. auf Salzbod.* (6—8) ⚥.
14. *P.* serpentina *Lam.* = carinata *Schr.*
16*. B. lineal od. lineal lanzettl., 3rippig, zugespitzt, ganzrandg od. etwas gezähnt, fleischig; Deckb. eifg, spitzlich, etwa so lang als die Kch. Pfl. 2"—1' hoch. *Felsen, stein. Abhänge der südl. Alpen* (7—8) ⚥.
15. *P.* maritima *L.*
14*. Deckb. kürzer als d. Kch, eifg spitz; B. am Rande kahl. *Sandfelder, Wiesen am adr. Meer* (7—8) ⚥.
16. *P.* recurvata *L.*
4*. B. fiederspaltig, grdstdg; Kchz. geflügelt; Deckb. am Grd eifg pfriemlich. *Sandfelder, Meerufer* (7—8) ☉. 17. *P.* coronopus *L.*

---

3. Classe. *Apetalae* (Kronenlose).

Kch, Krone oder beides fehlend.

XXXIII. Ordn. **PROTEINAE** *Bartl.* Bthn zwittrig, meist gefärbt, gleichmässig glockig oder trichterfg. Stbgef. so viele oder doppelt so viele als Perigonabschnitte. Griff und Frkn 1. Fr. 1-mrhrsamig; Keim gerade. Krtr oder Strchr mit einfach. nebenl. losen B.

§ 95. **THYMELEAE.** *Juss.*

Perigon röhrig m. 4—5spalt. Saum; Stbgef. meist 8, d. Perigonschlund eingefügt. Stbkolb. m. Längsritz. aufsprgnd Frkn. 1fächerig; Fr. nicht aufsprgd; Same hängd mit od. ohne Eiweiss.
1. Bthnhülle bleibd; Fr. trocken; Krt mit lineal lanzettl. B.
2. **Passerina.**
1*. Bthnh. abfällig; Fr. e. Beere; Strchr. . . . 1. **Daphne.**

1. **Daphne** *L.* „Seidelbast". (VIII, 1). Bthnhülle glockig, 4spaltig. abfalld, Fr. e. Beerenartige Steinfr. Strchr m. einfchn ganzradgn B.
1. Bthn seitenstdg; Stgl mit B. endend.
2. Bthn sitzd, meist zu 3, rosenroth vor der R. erscheinend. *Wälder, bes. in Gbgsggdn nicht selt.* (3—4) ♄.
1. *D.* mezereum *L.* ††
2*. Bthn in hängdn gestielt. blattwinkelstdgn Trbn, gelbgrün, m. der B. erscheinend. *Bgwälder d. Alpenggdn* (3—4) ♄.
2. *D.* laureola *L.* †
1*. Bthn endstdg, doldig od. büschlig, mit d. B. erscheinend.
3. Bthn gelblich oder weiss.

§ 96.   4. B. sitzend, in d. Jugend flaumig. zuletzt kahl; Stgl ästig 1—4'
hoch. *Felsen u. Bergwälder d. Alpen* (5—7) ♄.
† 　　　　　　　　　　　　　　　　　　　3. *D.* **alpina** *L.*
　　4*. B. kz gestielt, büschlig, immer kahl; Stgl einfach 1' hoch.
† 　　*Bgwälder d. Alpen ss.* (5—7) ♄.　.　4. *D.* **Blagayana** *Frey.*
　　3*. Bthn rosenroth.
　　5. B. untersts rauhhaarig; Bthn aussen zottig behaart; St. 1—3'
　　　hoch. *Felsen, stein. Abhänge d. südl. Alpenggdn sss.* (6—7) ♄.
† 　　　　　　　　　　　　　　　　　　　5. *D.* **collina** *Sm.*
　　5*. B. kahl, lineal keilfg.
　　6. B. ohne Stachelspitze, am Rande wulstig verdickt; Bthn
　　　flaumig. *Felsen u. stein. Abhge im südl. Tyrol* (7—8) ♃.
† 　　　　　　　　　　　　　　　　　　　6. *D.* **petraea** *Leyb.*
　　6*. B. mit e. Stachelspitzch. am R. nicht wulstig.
　　7. Bthn sitzd, kahl. *Felsen u. stein. Abhge d. Alpenggdn ss.*
† 　　(5—6) ♄.　.　.　.　.　.　.　.　.　7. *D.* **striata** *Trat.*
　　7*. Bthn kzgestielt, nebst den Stgl u. d. Deckb. flaumhaarig.
　　　Bgwiesen, Wälder, Abhge in Gebirgsggdn (6—7) ♄.
† 　　　　　　　　　　　　　　　　　　　8. *D.* **cneorum** *L.*

　　2. **Passerina** *L.* (VIII. 1). Bthnhülle 4spaltig, bleibend;
Fr. e. Nüsschen. Krtr od. Halbstrchr mit einfchn wechselst. B. u.
grünlich. blattwinkelstdgn Bthn. Stbkölbch. herzfg.
　　1. Stgl nebst d. lanzettl. lineal, spitz B. kahl. *Aecker, Wege ss.*
　　　(7—8) ⊙.　.　.　(Stellera passerina *L.*) 1. *P.* **annua** *Wickstr.*
　　1*. Stgl nebst den eifgn, fleischig B. filzig behaart. *Aecker, Wege
　　　auf d. Insel d. adr. Meeres* (5—6) ♃ od. ♄.　2. *P.* **hirsuta** *L.*

§. 97. ELAEAGNEAE. *R. Br.*

Bthnhülle unterstdg, bleibd, innen gefärbt, 2 od. 4spaltig. in d.
Knospe dachig; Stbgef. d. Schlunde d. Bthnhülle eingefügt, so viele
als Perigonabschnitte, und mit ihnen wechselstdg od. doppelt so
viele. Stbkölbch. m. 2 Längsritzen aufspringd. Frkn. frei, ein-
samig. Same aufrecht. Fr. e falsche aus d. fleischig gewor-
denen Perigon u. e. krustigen Nuss gebildete Steinfr. Strchr mit
silberweiss-schuppig. lineal-lanzettlichen B.
　　1. Bthn alle od. wenigst. d. meist. zwittrig, mit 4spaltig glocki-
　　　gem Saum; Zweige wehrlos.　.　.　.　.　.　1. **Elaeagnus.**
　　1*. Bthn alle diöcisch, die männlich. 2theilig. die weibl. röhrenfg,
　　　2spaltig; Zweige dornig.　.　.　.　.　.　.　2. **Hippophaë.**

　　1. **Elaeagnus angustifolia** *L.* (IV. 1). Baum oder Strch
6—10' hoch m. wechselst. ganzrdgn beiders. silberweiss schup-
pigen lineal-lanzettl. spitz. B. u. blattwinkelstdgn meist büschligen,
wohlriechenden aussen silberweiss schuppig, innen gelblich. Bthn.
Wälder u. Abhge d. Inseln d. adr. Meeres, auch als Zierpfl. (5—6) ♄.

　　2. **Hippophaë rhamnoïdes** *L.* (XXII. 4). Sparrig ästi-
ger 8—12' h. Strauch m. stumpfn lineal-lanzettlich, oberste dunkel-
grünen, unters. schuppig. B. Bthn klein. gelb; blattwinkelstdg;
Zweige dornig. *Sandige Ufer d. Nord- u. Ostsee, auch d. Alpen-
gegenden* (4—5) ♄.

§ 98. LAURINEAE. *DC.*

Perigon 4—6spaltig, unterstdg, in d. Knospe dachig: Stbgef. d. Grd d. Bthnhüllabschnitte eingefügt. Stbkolb 2fächerig mit Klappen vom Grd nach d. Spitze hin auspringend. Frknoten frei, einsamig, S. hängend. Keim eiweisslos gerade.

1. **Laurus nobilis** *L.* (IX. 1. od. XXII. 9). B. immergrün, länglich lanzettlich wechselstdg; Bthn klein gelbgrün in kleinen blattwinkelstdgn, paarweise gestellt. Döldchen. *Häufig als Zierstrch cult. u. in d. südl. Gqndn verwildert, ursprgl. in Südeuropa einheimisch* (4—5) ♄. „Lorbeerb."

XXXIV. Ordn. **FAGOPYRINAE** *Bartl.* Bthn meist zwittrig einzeln. Bthnhülle gefärbt m. gleichmss. Saum, unterstdg. Frknoten 1fächer., 1sam. Fr. nuss- oder kapselartig. Same eiweisshaltig; Keim gebogen.

§ 99. POLYGONEAE. *Juss.*

Bthnhülle 3—6thlg, in d. Knospe dachig. Stbgef 3—9; Griffel od. Narben meist mehrere. Frkn 1fächerig, 1samig, meist 3kantig. Frchtch. nussartig, nicht aufspringd, von der bleibdn Bthnhülle eingeschlossen. Keim seitenstdg, wenig gebogen, Same mit mehligem Eiweiss. Krtr mit wechselstdgn einfachen B., u. den Stgl am Grund scheidenfg umfassdn Nebenb.
1. Bthnhülle bis z. Grund getheilt.
  2. Stbgef. 9. . . . . a. **Rheum**.
  2*. Stbgef. 6; Narben pinselartig, sternfg.
  3. Bthnhülle 6blättrig; Gr. 3; Nüssch. 3eckig, v. d. z. Frzeit grösseren inneren Bthnhüllb. verdeckt. . 1. **Rumex**.
  3*. Bthnhülle 4blättrig; Gr. 2; Nüssch. zusammengedrückt geflügelt. Kahles Krt mit grundst. langgestielt. nierenfg B.
                                                      2. **Oxyria**.
1*. Bthnh. 4—5spaltig; Stbgef. 5—6—8; Narben kopffg 2—3, oft in eine 3lappige verwachsen. . . . . **Polygonum**.

a. **Rheum** *L.* (IX. 3). „Rhabarber". Bthnhülle 6thlg, krautig; Stbbeutel schwebend; Frkn. 1 mit fast sitzdn, ganzrandig. Narben, fast scheibenfg. Nüssch. fast geflügelt 3schneidig. Grossblättr. 3—6' h. Krtr m. rispig trbgn Bthn.
1. Bthn nebst d. Aesten d. Rispe roth; B. herzfg rundl. roth gerippt, fast grdstd. *Zierpfl. aus Ostindien* (5—6) ♃.   a. *Rh.* **australe** *Don.* = *R.* **Emodi** *Wall.*
1*. Bthn gelb od. gelblichweiss.
  2. B. handfg gespalten, zugespitzt mit breiter Bucht am Grde. *Zierpfl. aus China* (5—6) ♃ . . . . b. *Rh.* **palmatum** *L.*
  2*. B. ungetheilt.

§ 99. 3. B. herzfg, wellig, beiders. etwas rauhhaarig; Rispe locker. *Zierpflanze aus China* (5—6) ♃. . . . . c. *Rh.* **undulatum** *L.*
3*. B. keilfg herzfg, kahl; Rispe dicht. *Zierpfl. aus Asien* (5—6) ♃.
d. *R.* **rhaponticum** *L.*

1. **Rumex** *L.* (VI. 3 od. XXII. 6). Bthnhüllb. 6, bis z. Grd getheilt, d. 3 inneren grösser und dicht zusammenschliessend. Stbgef. 6; Gr. 3. Frchtch. ?kantig m. pinselfgn Narben.
  1. B. am Grund in d. Blattstiel verschmälert, abgerundet oder herzfg, nie pfeilfg od. spiessfg u. nicht sauer schmeckd; Bthn zwittrig.
    2. Innere B. d. Bthnhülle z. Frzeit deutlich gezähnt und alle mit e. Schwiele.
      3. B. alle in der Bstiel verschmälert; Bthntrbn v. B. gestützt.
        4. Innere B. d. Bthnhülle z. Frzeit auf jeder S. mit 2 borst. Zähnen, eifg länglich.
          5. B. hellgrün; Bthntrbn zuletzt gelb; Zähne d. Frperigons so lang als dieses. *Sumpfwiesen, Ufer, Schuttpl.* (7—8) ☉. . . . . 1. *R.* **maritimus** *L.*
          5*. B. dunkelgrün; Bthntrbn zuletzt grünlich. Z. d. Frperigons kürzer. *Sumpfwiesen, Ufer* (7—8) ☉.
          2. *R.* **palustris** *Sm.*
        4*. I. B. d. Bthnh. z. Frzeit auf jeder Seite 3zähnig, rautenfg. *Ufer d. nordöstl. Detschl. (an d. Weichsel)* (7—8) ☉.
        3. *R.* **ucranicus** *Bell.*
      3*. Wenigsts d. unter. B. am Grund abgerundet od. herzfg.
        6. Bthntrbn locker, aus von ein. entfernt. Bthnquirl gebildet.
          7. Nur der unterst. Quirl. von B. gestützt; innere B. d. Frperigons m. 2 borstig. Zähnen auf jeder S. *Ufer sss. (bei Frankfurt a. M.)* (7—8) ♃. 4. *R.* **Steinii** *Beck.*
          7*. Bthnquirle fast bis z. Spitze m. B. gestüzt; inn. Perigonb. z. Frzeit dornig vielzähnig. *Aecker, stein. Abhänge ss. (Baden, Elsass, am adr. Meer)* (5—6) ☉.
          5. *R.* **pulcher** *L.*
        6*. Bthnquirle besonders nach oben dicht quirlig u. blattlos, nach d. Grunde zu unterbrochen und beblättert. Frperigon vielzähn. mit kurzen Zähnen.
          8. Unterste B. 3—4mal länger als breit, spitz; B. d. Frperigons am Grunde sehr breit. *Wiesen ss. (Rheinggdn bei Halle)* (7—8) ♃. . 6. *R.* **pratensis** *M. K.*
          8*. Unterste B. wenig länger als brt, stumpf; B. d. Frperigons verlängert. *Wiesen, Wege, Schuttpl.* (7—8) ♃.
          8. *R.* **obtusifolius** *L.*
    2*. Inn. B. der Bthnhülle zur Frzeit ganzrandig oder wenig gezähnt.
      9. Alle oder wenigstens eines d. inn. Perigonb. m. e. Schwiele.
        10. Bthntrbn beblttrt, locker, aus unterbrochenen Quirl, bestehd. *Ufer, Gräben sehr häufig* (7—8) ♃.
        8. *R.* **conglomeratus** *Murr.*
        10*. Bthntrbn blattlos oder wenig beblättert.
          11. Bthntrbn unterbrochen quirlig; nur 1 Perigonb. mit e. Schwiele. *Feuchte Wälder* (7—8) ♃.
          9. *R.* **nemorosus** *Schrd.*
          var. m. blutroth. Stgl. . . . **sanguineus** *L.*

11*. Bthntrbn gegen d. Spitze hin ununterbrochen. §99.
  12. B. wellig kraus; Nur ein Perigonb. mit einer Schwiele. *Aecker, Wiesen, Ufer* (7—8) ♃. . 10. *R.* **crispus** *L.*
12*. B. nicht wellig kraus.
  13. Bthnstiele obersts. mit e. Rinne; nur 1 Btbnhüllb. am Grd mit einer Schwiele; B. länglich. *Gräben, Schuttplätze, Wege, auch als Gemüsepfl. cult. u. verwild.* (7—8) ♃. . . . . 11. *R.* **patientia** *L.*
13*. Bthns. obers. flach; Blthnhüllb. alle mit e. Schwiele.
  14. B. allmählig in den Bstiel übergehend. *Sümpfe, Teichufer, Gräben* (7—8) ♃.
                        12. *R.* **hydrolapathum** *Huds.*
14*. B. am Grd abgerundet od. schief herzfg. *Gräben, Teichufer* (7—8) ♃. . . 13. *R.* **maximus** *Schreb.*
9**. Alle B. d. Bthnhülle ohne Schwiele.
  15. Bsticle obersts flach; B. wellig kraus. *Ufer sss. (bei Hamburg)* (7—8) ♃. . . 14. *R.* **domesticus** *Hartm.*
15*. Bstiele oberstr rinnig; B. nicht wellig.
  16. Unt. B. herzeifg 3eckig, spitz, obere lanzettlich; Stgl 3—6' hoch. *Gräben, Teiche selt.* (7—8) ♃.
                        15. *R.* **aquaticus** *L.*
16*. Unt. B. herzfg rundlich, stumpf; Stgl 1—3' hoch. *Schuttplätze, Abhänge, Wege, bes. in Gebirgsggdn* (7—8) ♃.
                        16. *R.* **alpinus** *L.*
1*. B. pfeilfg od. spiessfg, sauer schmeckd; Bthn diöc. od. polygamisch.
  17. Stgl liegend, nebst d. B. blaugrün bereift; Bthn polygamisch; B. am Grd herzfg od. spiessfg. *Felsen, Mauern, meist cult. u. verwildert* (5—7) ♃. . 17. *R.* **scutatus** *L.*
17*. Stgl aufrecht, nebst d. B. grün; Bth. diöcisch.
  18. Bthntrbn blattlos, quirlig einfach; Stgl ¼—½' hoch wenig beblättert; Aeussere B. d. Bthnhlle zurückgeschlagen. *Stein. Abhänge d. höher. Alpenggdn* (7—8) ♃.
                        18. *R.* **nivalis** *Hey.*
18*. Bthntrbn rispig blattlos, z. Frzeit meist roth.
  19. Aeussere B. d. Bthnhülle nicht zurückgeschlagen. B. spiessfg; Stgl ½—1' h. *Aecker, Sandfelder, Mauern, Gebüsch sehr häufig* (5—7) ♃. 19. *R.* **acetosella** *L.*
19*. Aeussere B. d. Bthnhülle zurückgeschlagen. Stglb. pfeilfg.
  20. B. mit starken Rippen, ausserd. netzrippig; Nebenb. zerschlitzt gezähnt *Wiesen, Hügel, Wege, Gebüsch, sehr häufig* (5—8) ♃. . . . . 20. *R.* **acetosa** *L.*
20*. B. m. 5—7 starken Rippen. Nebenb. ganzrandig. *Wiesen, Hügel, Wege, Gebüsch, sehr häufig* (5—8) ♃.
                        21. *R.* **arifolius** *All.*

3. **Oxyria reniformis** *Hooker.* (VI. 2). (Rumex digynus *L.*) Bthnhülle 4blättrig; Gr. 2, m. pinselfg vielspalt. Narbe: Fr. zusammengedrückt geflügelt. Kahles Krt mit aufrecht 3—6" h. blattlos. Stgl. nierenfgn langgestielt., grundst. B. u. z. Frzeit roth Bthn in blattlos. quirlig Trbn. *Felsen u. stein. Abhänge d. Alpen* (6—7) ♃.

4 **Polygonum** *L.* (VIII. 1). Bthnhülle 4—5spaltig, glockig. meist röthlich, grünlich oder weiss. Narben 2—3. kopffg kahl. Fr. 3kantig. Beblätterte Krtr mit einfach. ganzrdgn B.

§ 99. 1. B. am Grund meist schmäler, höchstens abgerundet, nie pfeilfg
od. herzfg.
  2. Bthn alle oder wenigstens d. unter. blattwinkelst.
    3. Nüsschen runzlich glanzlos, Gelenkscheiden 6rippig; B.
    flach.
      4. Aeste bis z. Spitze beblättert; Bthn blattwinkelst. *Hügel,
      Wege, Aecker, sehr gemein* (7—8) ⊙.
                                    1. *P.* **aviculare** *L.*
      4*. Aeste oberwts blattlos.
        5. B. länglich, nach dem Grunde hin lang verschmälert.
        Aecker, Wege ss. (Oesterreich, Ungern) (8) ♃.
                                    2. *P.* **arenarium** *W. K.*
    5*. B. elliptisch, d. ober. lanzettl. zugespitzt. *Aecker,
    Wege, am adr. Meer* (7—8) ⊙. 3. *P.* **Bellardi** *All.*
    3*. N. glänzend, glatt; Gelenkschdn 12rippig; B. am Rande
    zurückgerollt. *Sandfelder am adr. Meer* (7—8) ⊙.
                                    4. *P.* **maritimum** *L.*
  2*. Bthn in unterbrochenen Aehren, büschlig od. trbg.
    6. Stgl einfach, einährig.
      7. Blattstiel geflügelt; B. eifg, wellig; Stgl 1—2' h. *Feuchte
      Wiesen, nicht selten* (6—7) ♃. . . 5. *P.* **bistorta** *L.*
      7*. Bst. nicht geflügelt; B. lanzettlich klein gekerbt, d. un-
      tere Thl d. Stgls Zwiebeln tragd; Stgl 3—8" höch. *Ufer,
      Sümpfe, Gräben* (6—7) ♃. . . . 6. *P.* **viviparum** *L.*
    6*. Stgl ästig, mehrährig od. rispig.
      8. Stbgef. 5—6, ährenfg gehäuft.
        9. B. am Grunde abgerundet, fast hrzfg.
          10. Aehren cylindrisch gedrungen, Gelenkscheiden, kahl.
          Wzl kriechd; Stbgef. 5. *Ufer, Gräben, Sumpfggdn,
          sehr häufig* (6—7) ♃. . . . 7. *P.* **amphibium** *L.*
          10*. Aehren locker, überhängd; Gelenkschdn gewimpert;
          Wzl einjährig; Stbgef. 6. *Ufer, Gräben, Sumpfggdn,
          nicht selten* (7—8) ⊙. . . . 8. *P.* **minus** *Hds.*
        9*. B. am Grd spitz zulaufend.
          11. Aehren gedrungen, aufrecht od. wenig nickd.
            12. Bthnstiel u. Bthnhülle drüsig; Gelenkschdn kurz
            gewimpert. *Ufer, Gräben, Sumpfggdn, nicht selt.*
            (7—8) ⊙. . . . . . . 9. *P.* **lapathifolium** *L.*
            12*. Bthnstielch. u. Bthnhülle nicht drüsig; Gelenkschdn
            lang gewimpert. *Ufer, Gräben, sehr häufig* (7—8) ⊙.
                                    10. *P.* **persicaria** *L.*
          11*. Aehren locker, überhängd.
            13. Bthnstiele drüsig; Pfl. von brennendem Geschmack,
            Gelenkschdn gewimpert. *Ufer, Gräben häufig* (7—8) ⊙.
                                    11. *P.* **hydropiper** *L.*
            13*. Bthnst. drüsenlos; Pfl. nicht schmeckd; Gelenk-
            schdn kurz gewimpert. *Ufer, Gräben, selt.* (7—8) ⊙.
                                    12. *P.* **mite** *Schrk.*
      8*. Stbgef. 8; Bthn rispig büschlig; B. wellig, gewimpert,
      unters. flaumig, in d. Bstiel verschmälert; Gelenkschdn
      rauhhaarig. *Bywiesen d. Alpen, bes. d. Schweiz* (7—8) ♃.
                                    13. *P.* **alpinum** *All.*
1*. B. mehr od. weniger 5eckig, am Grd herzfg od. pfeilfg.
  14. Stgl windend; Bthnbüschel blattwinkelstdg.

POLYGONEAE. *Polygonum.*

13. Bthnb. wenigbthg; Bthnhülle zur Frzeit stumpf gekielt; Stgl 1—2' h. *Aecker, nicht selt.* (7—8) ⊙.
        14. *P.* **convolvulus** *L.*
15*. Bthnb. reichbthg; Bthnhülle z. Frzeit m. geflügelt. Kiele; Stgl 3—8' lang. *Hecken, Gebüsch nicht selten* (7—8) ⊙.
        15. *P.* **dumetorum** *L.*
14*. Stgl aufrecht, Aehren endstdg.
16. Bthn weiss od. röthlich in Trbn od. Doldentrbn; Fr. mit ganzrandigen Kanten. *Häufige Culturpfl. aus dem Orient „Buchweizen"* (7—8) ⊙. . . . 15 b. P. **fagopyrum** *L.*
16*. Bthn gelbgrün in unterbrochenen bängdn Trbn; Fr. mit geflügelten Kanten. *Aecker, (nordwestl. Deutschl.) ss.* (7—8) ⊙.
        16. *P.* **tartaricum** *L.*

§ 99 b. NYCTAGINEAE.

Bthn von e. mehrblättrigen kehartigen **Decke** umgeben, eigentliche Bthnhülle blumenkronartig, in der Knospe dachig; Fr. ausartig; Keim ringfg um das Eiweiss gebogen.

 a. **Mirabilis jalappa** *L.* (V. 1.) Decke glockig. 5spaltig, nur 1 Bthe enthaltd; Bthnhülle röbrig trichterfg., kronenart., meist purpurroth od. weiss, am Grd kuglig bauchig. *Häufige Zierpfl. aus Ostindien* (7—8) ⊙.

XXXIV. Ordn. **URTICINAE** *Bartl.* Bthn meist eingeschlechtig oft knäulig oder büschlig gehäuft. Bthnhülle klein, kehartig oder ganz fehld. Frknoten 1-mehrfächerig. Fächer meist einsamig, Fr. nicht aufspringend. nuss-, steinfr. od. schlauchfruchtartig. Staubgef. so viele als Bthnthle und denselben gegenstdg. B. mit freien abfalldn Nebenb.

§ 100. URTICACEAE. *Juss.*

Fr. trocken nicht geflügelt; Krtr.
1. B. einfach.
2. Stgl nicht windend; männl. Bthnb. 4gliedr., weibl. 2gliedr
3. B. gegenstdg gesägt; Bthn eingeschlechtig. 1. **Urtica.**
3*. B. wechselst. ganzrdg, dchscheinend punktirt, ohne Brennborsten; Bthn polygamisch. . . . . 2. **Parietaria.**
2*. Stgl windend; weibl. Bthuhülle schuppig, zwischen d. Schuppen einer fast zapfenfgn Aehre. . . . . 3. **Humulus.**
1*. B. fingerfg gethlt; Blättch. lanzettl. gesägt; Stgl aufrecht.
        3 b. **Cannabis.**

1. *Urticaceae.* Keim gerade; Samen eiweisshaltig; Stbgef. 4, beim Aufspringen elastisch zurückschnellend.

 1. **Urtica** *L.* (XXI. od. XXII.) „Brennnessel". Bthn 1—2häufig, d. männlichen mit 4thlgr., d. weiblich mit 2thlgr Hülle. Narbe

§ 100. pinselfg Aufrechte mit Brennborst. besetzte Krtr m. 4kantig. Stgl, gegenstdgn gesägt B., u. grünlichen Bthn in blattwinkelstdgn Köpfch,. Aehr. oder Büscheln.
1. Bthn einhäusig; B. eifg, grob eingeschnitten gezähnt; Stgl ½—1½' hoch.
    2. Weibl. Bthn in lang gestielt, kuglig. Köpfchen d. männlichen in einfchn od. verzweigt. Aehr. *Aecker, Wege, Schuttpl. ss.* (6—8) ☉. . . . . 1. *U.* **pilulifera** *L.*
    2*. Weibl. Bthn gleich d. männl. in einfach. oder verzweigt. Aehren. *Aecker, Wege nicht selt.* (7—8) ☉.
                                                                           2. *U.* **urens** *L.*
1*. Bthn zweihäusig, männl. u. weibl. in langen Aehren od. Risp. B. herzfg, lang zugespitzt; Stgl 2—5' hoch. *Aecker, Wege, Hecken, Schuttpl.* (7—8) ♃. . . . . 3. *U.* **dioica** *L.*

2. **Parietaria** *L.* (IV. 1). Bthn polygamisch, theils zwittrig. thls weibl., erstere m. 4thlgr, letztere m. 2thlgr Bthnhülle. Meist kahle Krtr mit stumpfkantig. Stgl u. ganzrdgn wechselst. B.
1. Stgl aufrecht einfach. *Mauern, Schuttpl, Wege s.* (7—8) ♃.
                                                     1. *P.* **erecta** *M. K.*
1*. Stgl ausgebreitet ästig. *Mauern, Wege ss. (Rheingaus, Alpen)* (7—8) ♃. . . . , ... 2. P. **diffusa** *M. K.*

II. *Cannabineae.* Keim gebogen, S. eiweisslos; Stbgef. 5 in e. Bthn. B. gegenstdg.

3. **Humulus lupulus** *L.* (XXII. 5). Bthn 1—2häusig, in Rispen, d. männlich. mit 5thlr Bthnhülle, die weibl. in kuglig-eifgn Kätzchen v. lockeren dachig. Schuppen umgeben. Klebriges Krt m. links windendem, 40' langem Stgl u. 3—5lappig od. ungethlt. B. *Hecken, Gebüsch, meist cult.* (7—8) ♃. „Hopfen."

3 b. **Cannabis sativa.** (XXII. 5). Bthn 2häusig, die männl. mit 5thlgr, die weiblich. mit einseitig gespaltener Bthnhülle. Aufrechtes starkriechendes 2—5' hoh. Krt mit gegenst. fingerfg getheilt B. u. 3—8 lanzettl., sägezähnig. Blättch. *Culturpfl. aus Indien* (7—8) ☉. „Hanf."

§ 101. ARTOCARPEAE. *DC.*

Fr. fleischig, unecht, aus dem Frboden oder aus diesem u. der Bthnhülle gebildet; S. hängend. Oft milchende Holzpfl., mit mehr od. weniger herzfgn oder lappigen glänzdn B.
1. Bthn in e. fleischigen, hohlen birnfgn Frbehälter eingeschlossen.
                                                                         1. **Ficus.**
1*. Bthn nicht von e. birnfgn Frbehälter eingeschlossen.
    2. Männl. Bthn in 4 Stbgef.; Bthn in Kätzchen, die weibl. zuletzt zu e. falschen zusammengesetzten Beere werdend.
                                                                      a. **Morus.**

2*. Männl. Bthn m. zahl. Stbgef. in kugl. herabhgdn Kätzchn; Gr. fast § 101.
seitenstdg, verlängert pfriemlich; Frchtch. um Grde m. e. Frkr.,
trocken nussartig. Bäume mit sich ablösdr Rinde u. lappig fast
ahornart. B. . . . . 1 b. **Platanus.**

1. *Moreae.* Keim gebogen; S. mit Eiweiss.

a. **Morus** *L.* (XXI. 4). „Maulbeerb." Perigon 4thlg; Stbgef. 4;
Frkn 2fächerig, Fächer 1samig, zuletzt zu e. zusammengesetzt,
falschen Beere werdd. Bäume m. gestielt. eifgn grobgesägt, od.
lappig glänzenden B. u. blattwinkelst., aufrecht, kurzgestielt, Bthn-
kätzchen.
  1. B. am Grd nicht undeutl. od. herzfg; Bthnhüllb. und Narben
  kahl; Scheinfr. weiss. *Culturpfl. aus Asien* (5—6) ♄.
  a. *M. alba L.*
  1*. B. am Grd tief herzfg; Bthnhüllb. u. Narben behaart; Scheinfr.
  dunkelroth. *Culturpfl. aus Asien* (5—6) ♄. . b. *M. nigra L.*

1. **Ficus carica** *L.* (XXI. 1). „Feigenbaum". Bthnhülle in
einem fleischigen birnfgn od. kugligen Frbehälter eingeschlos-
sen; Bthnhülle 4blättrig. d. männlich. mit 1—6 kzn Stbgef.; die
weiblich. 5thlg mit 1fächerig. Frkn. Milchdr Baum m. raubhaarig.
lappig. B. *Felsspalt d. südl. Alpen, auch cult.* (7—8) ♄.

II. *Platanea.* Same eiweisslos; Keim gerade; Fr. trocken.

1 b. **Platanus** *L.* (XXI. 4). Männliche Bthn langgestielt, in
häugdn kuglig Kätzchen, d. weiblich zuletzt verholzend. Fr.
nussartig; Bäume mit beständig sich ablösender Rinde u. handfg
lappig. B.
  1. B. herzfg 5lappig, entfernt gezähnt, am Grd abgestutzt, Bstiele
  grün. *Culturpfl. aus dem Orient* (4—5) ♄.
  a. *P. orientalis L.*
  1*. B. 5eckig, wenig lappig. buchtig gezähnt, am Grund keilfg;
  Bstiele bräunlich. *Culturpfl. aus Nordamerica* (4—5) ♄.
  b. *P. occidentalis L.*

§ 102. **ULMACEAE.** *Mirb.*

Fr. trocken, geflügelt, od. fleischig, steinfrartig 1—2fäche-
rig. Fächer einsamig; Same hängd. Bäume m. eifgn od. lanzettl.
am Grd ungleichen sägezähnig. B.
  1. Bthn mit d. B. erscheinend, blattwinkelstdg, einzeln od. büsch-
  lig; Fr. e. einsamige Steinfr. . . . . 1. **Celtis.**
  1*. Bthn vor d. B. erscheinend, im kugl. Büscheln; Fr. e. geflü-
  gelte trockne Nuss. . . . . 2. **Ulmus.**

I. *Celtideae.* Fr. saftig, steinfrchtartig.

1. **Celtis australis** *L.* (VI. 2 od. XXIII.) Bthn gestielt,
blattwinkelstdg, einzeln od. büschlig; B. lanzettlich scharf gesägt,

§ 102. am Grund schief; Steinfr. schwarz; Baum. *Bgwälder d. südl. Alpengyda, auch als Zierpfl. cult. (4—5)* ♄.

II. Ulmaceae. Fr. trocken.

2. **Ulmus** *L.* (V. 2. VI, 2 od. VIII. 2). „Ulme, Rüster". Bthn zwittrig, kuglig büschlig, vor d. B. erscheinend, mit 4—5spaltiger glockiger Bthnhülle; Fr. trocken nussartig mit e. runden oder länglich Flügel umzogen. Bäume od. Strchr mit doppelt gesägt. am Grd ungleichen meist rauhhaarig. B.
  1. Bthn fast od. völlig sitzd in halbkugl. oder kuglig. Büscheln; Fr. kahl: Rinde d. älter. Stämme rissig, aber nicht abblättrd.
  2. Bthn m. 3—4—5 Stbgef.; Fr. vkeifg; Zweige kahl. *Wälder, häufig, auch cult.* (3—4) ♄. . . . 1. *U.* **campestris** *L.*
    var. B. fast kahl . . . . α glabra.
    B. sehr rauhhaarig, gross . . . β montana.
    Zweige u. Aeste m. korkartgr Rinde γ suberosa.
  2*. Bthn meist meist m. 6 Stbgef., Zweige drüsig; Fr. länglich eifg, am Grde u. an d. Spitze mit etwas zusammgezogenen Flügeln. *Wälder ss. (Oesterreich, Böhmen) auch cult.* (3—4) ♄.
        2. *U.* **major** *Gm.*
  1*. Bthn langgestielt, in locker flattrig. Büscheln m. 6—8 Stbgef. Fr. eifg, m. gewimpert. Flügelrändern. *Wälder, Flussufer, nicht selt., auch cult.* (3—4) ♄.
    U. **effusa** *Willd.* = 3. *U.* **ciliata** *Ehrh.*

XXXVI. Ordn. **ITEOÏDEAE** *Bartl.* Bthn 2häusig, die männl. u. weibl. in Kätzchen; Fr. e. 2klappige, vielsamige Kpsl. Same hängend. Bäume mit einfachen wechselstdgn B.

§ 103. SALICINEAE. *Rich.*

Samen m. e. Haarschopf, eiweisslos; K. gerade. Frkn. einfächerig, vielsamig.
  1. Stbgef. 2—5 in einer Blthe; Bthnhülle fehld, statt derselben am Grde der Stbgef. oder des häufig gestielt. Frkn. 1—2 Drüsen.
        1. **Salix.**
  1*. Stbgef. meist 8 in e. Blthe; Bthnhülle schief becherfg, auf e. Kätzchenschuppe eingefügt. . . . . . . 2. **Populus.**

1. **Salix** *L.* (XXII.) „Weide". Stbgef. 2—5 in einer Blthe; Bthnhülle fehld, statt derselben 1—2 Drüsen; Kätzchenschuppen einfach, nicht gewimpert. Bäume od. Strchr m. einfachen meist länglich. wechselst. B., am Grd mit Nebenb. Eine ausserordentlich schwierige Gattung, deren Arten wegen Unbeständigkeit der Merkmale u. häufiger Zwischenformen aufs mannigfaltigste mit einander verbunden sind.
  1. Kätzchen seitenständig.

2. Kätzchnschppn gleichfarbig. gelbgrün. mit den B. erschei- § 103.
nend. Meist hohe Bäume oder Strchr m. kahlen od. seidenhaarig. B.
  3. Kätzchenschppn abfallend; Aeste bes. z. Brhnzeit an der Anheftgsstelle glasartig brüchig (Fragiles).
    4. Stbgef. mehr als 2; B. kahl.
      5. Nebenb. eifg. gerade; Männl. Ktzch. sehr dichtblthg; B. eifg elliptisch. *Bachufer in Gebirgsggdn* (4—5) ♄.
                          1. *S.* **pentaudra** *L.*
      5*. Nebenb. halbherzfg. schief; Männl. K. schlank lockerblthg; B. eifg-lanzettlich. lang zugespitzt. *Waldwiesen, Sumpfggdn* (4—5) ♄. 2. *S.* **cuspidata** *Schltz.*
    4*. Stbgef. 2 unter jeder Ktzchnsch.
      6. B. kahl. obersts glänzd grün, unters. heller, bläulich; Nebenb. halbherzfg. *Ufer, an Bach u. Flüssen, auch cult.* (4—5) ♄. . . . . 3. *S.* **fragilis** *L.*
      6*. B. wenigst. auf d. unteren Seite weiss seidenhaarig; Nebenb. lanzettl. Zweige schlank, oft hängend. *Flussufer, häufig cult.* (4—5) ♄. . . . . 4. *S.* **alba** *L.*
            var. Zweige gelb . . . *α* **vitellina.**
  3*. Kätzchenschppn bis z. Frreife bleibd; Zweige ruthenfg, biegsam; B. lanzettl., lang zugespitzt, Nebenb. halbherzfg. (Amygdalinae.)
    7. Aeste aufrecht.
      8. Stbfäden 3 unter jeder Kätzchenschppe.
        9. Griffel sehr kz; Kätzchenschppen an d. Sp. kahl. *Flussufer, nicht selt.* (4—5) ♄. 5. *S.* **amygdalina** *L.*
        9*. Gr. verlängert; Ktzchen an d. Sp. bärtig. *Flussufer (Norddeutschld.)* (4—5) ♄.
                        6. *S.* **undulata** *Ehrh.*
      8*. Stbfdn 2 unter jeder Kätzchensch.; diese rauhhaarig; B. grün, unters. blässer. *Flussufer selt.* (3—4) ♄.
                        8. *S.* **hippophaëfolia** *Thuill.*
    7*. Aeste lang herabhängd; B. blaugrün; Nebenb. schief lanzettlich. *Culturpfl. aus Südeuropa, bes. an Gräbern, „Trauerweide", nur weibl. Stämme* (3—4) ♄.
                     7 b. *S.* **babylonica** *L.*
2*. Kätzchenschppn an der Spitze meist bräunl. od. schwärzlich (bei 20 gleichfarbig, dieses mit lineal.-lanzettl. obers. graugrünen unters. weissfilzig. B.)
  10*. Kützch. sitzd od. kurzgestielt.
    11. Frkn. sitzd. od. kzgestielt; Frknstiel kzr als d. ihn stützdn Drüsen.
      12. Innere Rinde d. Zweige, bes. im Sommer citrongelb; Kätzchen meist vor Entwicklg d. B. erscheinend.
        13. Stbkolb. nach d. Aufspringen gelb; Zweige meist bläulich bereift. Meist lebhaft grüne höhere Strchr mit lanzettlich, lang zugespitzt, meist kahl. B. (Pruinosae.)
          14. Nebenb. lanzettl.; B. lineal-lanzettl., nebst den Aesten kahl. *Flussufer (Schlesien, Pommern)* (3-4) ♄. . . . . . 8. *S.* **acutifolia** *Willd.*
          14*. Nebenb. halbherzfg; B. längl.-lanzettl. nebst d. jünger. Aesten zottig behaart. *Flussufer (Rheinggdn, Donauggdn)* (3—4) ♄. 9. *S.* **danoïdes** *Vill.*

§ 103.   13*. Stbkolb. purpurroth, nach dem Verblühen fast schwarz.
Meist Strchr mit dunkelgr. B. (Purpureae.)
15. Stbfdn völlig mit einander verwachsen; B. lanzettlich
geschärft, klein gesägt; kahl. *Flussufer*, *sehr häufig*
(3—4) ♄. . . . . 10. *S.* **purpurea** *L.*
15*. Stbfdn höchsts bis z. Mitte verwachsen; jüngere B.
flaumhaarig.
16. Narbe eifg. ausgerandet; Nebenb. halbherzfg (ob.
Zwischenf. v. 10 u. 22). *Bachufer ss.* (3—4) ♄.
11. *S.* **pontederana** *W.*
16*. N. lineal-fadenfg, Nebenb. lineal (wohl Zwischenf. v.
10 u. 14). *Flussufer selt.* (3—4) ♄.
12. *S.* **rubra** *Hds.*
12*. Innere Rinde d. Zweige grünlich, diese nicht bläulich bereift; Stbk. gelb. Meist höhere aufrechte Strchr m. lineallanzettl. B. u. ruthenfgn Zweigen. (Viminales.)
17. Kapseln völlig sitzd mit verlängerten Gr.
18. Narbe lineal, gespalten; B. entfernt ausgeschweift gezähnelt, d. jüngeren fein filzig. glanzlos; Nebenb. eifg
(ob Zwischenform v. 10 u. 23). *Flussufer*, *bes. in
Norddeutschld*, *selt.* (4—5) ♄. 13. *S.* **mollissima** *Ehrh.*
18*. Narben fadenfg, ungetheilt; B. ganzrdg od. wenig gezähnt.
19. Nebenb. lineal-lanzettl. kzr als der Bstiel; Ktzchnschppn schwärzend schwarzbraun, B. untersts glänzend seidenhaarig. *Flussufer häufig* (3—4) ♄. „*Korbweide.*"
14. *S.* **viminalis** *L.*
19*. Nebenb. aus halbherzfgm Grde verlängert, lanzettlich;
so lang als d. Bstiel; B. unterseits filzig. *Flussufer
selt.* (3—4) ♄. . . . . 15. *S.* **stipularis** *Sm.*
17*. Frkn. kzgestielt; Stielch. etwa halb so lg.
20. B. unters. seidenhaarig (ob Zwischenf. v. 14 u. 24).
Flussufer, *Gebüsch* (3—4) ♄. 16. *S.* **Smithiana** *W.*
20*. B. unters. blaugrün, glanzlos filzig. *Flussufer*, *Gebüsch* (4) ♄. . . . . 14. *S.* **acuminata** *Sm.*
11*. K. langgestielt; Stielch. etwa 2—6mal so lg als d. sie stützdn
Drüsen. Höhere od. niedere verschieden gestaltete Strchr m.
meist breiter. B. (Capreae.)
21. Weibl. Kätzchen gekrümmt, sitzd; Kpsln eifg-lanzettlich;
Stielch. etwa doppelt so lang als d. Honigdrüsen. Hohe
Bäume u. Strchr.
22. B. unters. dicht weissfilzig. *Bachufer d. Alpen* (4—5) ♄.
18. *S.* **Seringiana** *W.*
22*. B. unters. dünn graufilzig.
23. B. eifg-länglich; Kätzchenschppn und Frkn. behaart.
Ufer, *Sumpfygdn d. Alpen* (4—5) ♄.
19. *S.* **salviaefolia** *L. K.*
23*. B. lineal-lanzettlich, Ktzchnsch. u. Frk. fast od. völlig
kahl. *Bachufer*, *bes. d. Alpen* (4—5) ♄.
20. *S.* **incana** *Schrk.*
21*. Weibl. Kätzch. nicht gekrümmt; Stielch. d. Frkn. wenigsts
doppelt so lang als d. Honigdrüse.
24. B. untersts. weder runzlich, noch netzadr., noch seidenhaarig, Strchr v. meist aufrecht 4—20' hoh. Wchs. (b.
27 liegd)

25. B. unters. filzig weichhaarig; Ktzch. meist vor d. B. er- § 103.
scheinend.
26. B. lanzettlich, geschärft-gezähnelt, unters. filzig behaart;
Nebenb. stumpf halbeifg. *Flussufer, feuchte Wiesen ss.*
(4—5) ♄. . . . . 21. *S.* **holosericea** *Willd.*
26*. B. rundlich eifg, am R. wellig gesägt, gekerbt oder
ganzrandig.
27. Bknospen flaumig; Kätzch. alle dick walzig. *Hecken.*
Ufer, Sumpfggdn, Gebüsch ss. (4—5) ♄.
22. *S.* **cinerea** *L.*
27*. Bknosp. kahl; männl. Kätzch. länglich, weibl. dick
walzig.
28. Stiel d. Frkn. so lang u. länger als d. Ktzchnschppn.
Wälder, Gebüsch sehr häufig (3—4) ♄. „*Sahlweide.*
Palmweide." . . . . 23. *S.* **caprea** *L.*
28*. St. d. Frkn. etwa halb so lang als d. Ktzchnschppn,
Nebenb. nierenfg. stumpf gezähnt. *Wälder, Wiesen,*
Sumpfggdn, Ufer, häufig (4—5) ♄. 24. *S.* **aurita** *L.*
25*. B. unters. meist kahl oder flaumig, nicht filzig behaart;
Kätzchen meist mit den B. erscheinend.
29. B. beidersts ziemlich gleichfarbig, eifg oder eifg-lanzettl.,
in der Jugend untersts seidenhaarig. *Bgwälder d. Alpen*
u. höher. Gebirge (5—6) ♄ . . 25. *S.* **silesiaca** *Willd.*
29*. B. unters. heller gefärbt.
30. Griffel sehr kz: Nebenb. nierenfg; Narb. eifg, gespal-
ten; Frkn gestielt, am Frd eifg. lanzettlich.
31. B. 3—5" lang, schwach wellig gesägt, Wuchs auf-
recht. *Bgwälder d. Alp. u. d. Schwarzwaldes* (3—4) ♄.
26. *S.* **grandifolia** *Ser.*
31*. B. 1—2" lg, ganzrdg oder entfrnt gezähnt; Wuchs
liegd. *Torfwiesen ss. (Schlesien)* (4—5) ♄.
27. *S.* **depressa** *L.*
30*. Gr. verlängert.
32. Kätzchenschuppen kahl od. mit nicht krausen zottigen
Haaren besetzt.
33. Nebenb. kzr als d. Bstiel oder ganz fehlend.
34. B. seicht gekerbt; Frkn. filzig behaart. *Bach-*
ufer, Sumpfwiesen in Gebirgsggdn (5—6) ♄.
28. *S.* **phylicifolia** *L.*
34*. B. scharf gesägt; Frkn. kahl od. kzhaar.
35. Nebenb. nierenfg rundl., scharf, hakig gezähnt;
Kätzchnschppn vkeifg. *Wälder, Sumpfwiesen.*
selt. (4—5) ♄ . . . 29. *S.* **nigricans** *Fries.*
35*. Nebenb. drüsenfg od. fehld; Ktzchnschppn an
der Sp. röthlich. *Bgwälder d. Alp.* (5—5) ♄.
30. *S.* **glabra** *Scop.*
33. Nebenb. so lang als d. Bstiel. *Flussufer d. Alpen*
sss. (C. Uri, im Reussthale) (4—5) ♄.
31. *S.* **Hegetschweileri** *Heer.*
32*. Kätzchnschppn mit zottig krausen Haaren besetzt.
Bachufer, Bgwiesen d. Alpen (6) ♄.
32. *S.* **hastata** *L.*
24*. B. unters. runzlich netzstreifig od. seidenhaarig. Liegde höch-
stens 5' hohe Strchr.
36. B. kahl, ganzrandig. *Sumpfwiesen, Torfmoor* (5—6) ♄.
33. *S.* **myrtilloïdes** *L.*

§ 103. 36*. B. wenigstens auf d. unter. Seite mehr oder weniger behaart.
37. Stbfäden mit einander verwachsen.
38. B. eifg ellipt., höchsts 3mal so lg als breit.
39. B. obers. mattgrün, unters. zottig behaart (wohl Zwischenf. v. 24 u. 35) *Sumpfwiesen selt.* (4—5) ħ.
34. *S.* **ambigua** *Ehrh.*
39*. B. obers. glänzendgrün, unters. seidenhaarig. *Sandige Wälder, Gräben häufig* (4) ħ.
35. *S.* **repens** *B.*
38*. B. lineal, lanzettlich, viel länger als breit (Zwischenformen v. 14 u 35).
40. B. am Rande zurückgerollt. *Feuchte Wiesen (östl. u. nördl. Deutschld)* (5) ħ. 36. *S.* **angustifolia** *Wulf.*
40*. B. am Rande flach. *Sumpfwiesen, Wälder, (Norddeutschld)* (5) ħ. . . . 37. *S.* **rosmarinifolia** *L.*
37*. Stbfdn mit einander verwachsen; B. lineal- od. lanzettl., obers. glänzend grün, unters. seidenhaarig (Zwischenf. v. 10 u. 35). *Feuchte Wiesen (Harz)* (4—5) ħ.
38. *S.* **Doniana** *Sm.*
10*. Kätzch. wenigst. z. Frzeit deutlich gestielt; Frkn sitzd oder kurzgestielt. Niedrige kriechne Strchr mit knorrig. älter. u. ruthenfgn jüngeren Aesten. (Frigidae.)
41. B. wenigstens auf der oberen Seite nicht blaugrün.
42. B. kahl.
43. B. obers. tiefgrün, glänzd. unters. blaugrün, glanzlos. *Feuchte Abhänge d. Alpen* (6—7) ħ.
39. *S.* **arbuscula** *L.*
43*. B. beiders. glänzd grün; Stbgef. bläul. *Feuchte Abhge d. Alpen* (5—6) ħ. . . . . . 40. *S.* **myrsinites** *L.*
42*. B. wenigst. auf der unteren S. dicht weissfilzig.
44. Nebenb. halbhzfg; Kätzch. kurzgestielt od. fast sitzd. *Stein. Abhge d. Alpen u. höher. Gebirge* (6—7) ħ.
41. *S.* **lapponum** *L.*
44*. Nebenb. eifg, spitz gerade; Ktzch langgestielt. *Bgabhänge d. höchst. Alpen* (6—7) ħ. . 42. *S.* **glauca** *L.*
41*. B. beiders, blaugrün, glanzlos, kahl. *Bgabhge d. höchst. Alpen* (6—7) ħ. . . . . 43. *S.* **caesia** *Vill.*
1*. Kätzch. endstdg, gestielt; kleine Zwergstrchr mit unt. der Erde kriechdn Stamm u. 2—6" lgn Aesten. (Glaciales.)
45. B. unters. weissfilzig. netzstreifig, obersts glänzend grün, ellipt. ganzrandig; Kätzchen langgestielt walzig. *Felsen d. Alpen* (7—8) ħ. . . . . 44. *S.* **reticulata** *L.*
45*. B. beiders. grün, kahl glänzend; kzgestielt länglich, lockerblthg.
46. B. ganzrandig, parallelrippig, abgestumpft, ausgerandet od. kurz zugespitzt. *Felsen d. Alpen* (7—8) ħ.
45. *S.* **retusa** *L.*
46*. B. fein gekerbt. netzstrfg, ellipt. rundlich. *Felsen d. Alpen u. Sudeten* (7—8) ħ. . . . . . . 46. *S.* **herbacea** *L.*

2. **Populus** *L.* (XXII.) „Pappel". Stbgef. 8—30 in einer Bthe; Bthnhülle schief becherfg; Kätzchenschppn fingerfg eingeschnitten, oft gewimpert. Bäume mit meist rundl. lappig od. eckig. B.

SALICINEAE.   *Populus.*

1. Kätzchen dichtbthg.
2. Ktzchnschppn grauzottig gewimpert.
3. B. unters. filzig behaart.
4. B. unters. schneeweiss-filzig, an d. endst. Zweigen herzig 3lappig; Ktzchnschppn gezähnt. *Wälder, selt. auch cult.* (3—4) ♄. „*Silberp.*" . . . . 1. *P.* **alba** *L.*
4*. B. unters. graufilzig, an d. endst. Zweigen herzfg. ab. nicht lappig; Ktzchnsch. tiefer gezähnt. *Feuchte Wälder ss.* (3—4) ♄ . . . . 2. *C.* **canescens** *Sm.*
3*. B. unters. kahl, sehr lang gestielt, fast kreisrund, stumpf, eingeschnitten gezähnt; Bstiel höher als breit. B. daher sehr beweglich. *Wälder, sehr häufig* (3—4) ♄. „*Zitterp., Espe*" . . . . 3. *P.* **tremula** *L.*
2*. Kätzchensch. nicht gewimpert; B. langegestielt, eckig.
5. B. rautenfg; Aeste aufrecht. *Häufig, cult. als Alleebaum, aber stets nur d. männl. Pfl. aus d. Orient* (4) ♄.
   3 b. *P.* **pyramidalis** *Rotz.*
5*. B. 3eckig; Aeste ausgebreitet. *Wälder, Ufer, selt. auch cult.* (4) ♄ . . . . 4. *P.* **nigra** *L.*
1*. Bes. d. weibl. Kätzch. lockerbthg m. kahlen Schuppen.
6. B. sehr lang gestielt, kahl. *Häufige Culturpfl. aus Nordamerica* (3—4) ♄. . . . . . 4. b. *P.* **monilifera** *Ait.*
6*. B. kzr gestielt, nebst d. Knospe klebrig. *Häufiger Culturbm aus Nordamerica* (3—4) ♄. . . . 3 c. *P.* **balsamifera** *L.*

XXVII. Ordn. **AMENTACEAE** *Juss.* Bthn eingeschlechtig. 1—2häusig u. wenigsts d. männlich. immer in Ktzchn. Bthnhülle fehld od. unvollstdg; Frkn 1—mehrfächerig m. 1—2samig. Fächrn. Strchr od. Bäume, nebst d. Gliedern der vorhergehenden Familien d. Hauptbestandtheil d. deutschen Laubwälder bildd.

§ 103 b. **JUGLANDEAE.** *DC.*

Bthn einhäusig, die männlich. in Kätzchen mit 2—6theiliger Bthnhülle. Stbgef. mehrere; weibl. einzeln od. z. 2—3 an d. Spitze der Aeste mit 4blättrig. Kch u. 4blättr. krautiger Blkrone. Frkn. 1-samig; S. aufrecht; eiweisslos. Fr. e. Steinfrcht mit 2—4klappiger harter Schale. Keim mit dicken, faltig gewundenen Keimb., Bäume mit gefiedert gewürzhaft. nebenblattlosen B.

a. **Juglans regia** *L.* (XXL) Grossblättr. Baum mit aus 5—9 lanzettl. gesägt kahl. Blättch. zusammengesetzt B. u. grün. glatt. kahlen Fr. *Häufiger Culturb. aus Persien* (5) ♄. „*Wallnussb.*"

§ 104.   **CUPULIFERAE & BETULACEAE.** *Rich.*

Bthn einhäusig, alle unvollstdg, d. männlich. u. oft auch d. weibl. in Kätzchen. Bthnhülle mit den Frknoten verwachsen, mit undeutlich od. gezähnelt. Saum. Frkn 2—9fächerig; Fächer 2samig od. durch Fehlschlagen einfächerig-einsamig. Same hängd. Fr. v.

§ 104. e. mannigfaltig gestalteten Hülle umgeben, oft e. falsche
Frcht darstelld. Same eiweisslos, Keim gerade. Strchr u. Bäume mit
eintch. B. (XXI. 1. L.)
1. Weibl. Bthn in Kätzchen.
2. Männl. und weibl. Bthn in einzelstbdn Kätzch.
3. Weibl. Kätzch. sehr locker, z. Frzeit schlaff herabhängend,
alle endstdg; Fr ungeflügelt, z. Frzeit v. e. flachen od.
schlauchfgn Hülle umgeben.
4. Hülle flach blattartig, tief 3lappig. . . 5. **Carpinus**.
4*. H. krugfg, d. Fr. umgebend; weibl. Kätzchen z. Frzeit
vom Ansehen e. Hopfenfr. . . . . . . 6. **Ostrya**.
3*. Weibl. Ktzch. dicht walzig, z. Frzeit aufrcht, thls end. thls
blattwinkelstdg; Fr. geflügelt ohne Hülle.
§. 105. 1. *Betula*.
2*. Männl. u. weibl. Kätzch., zu 3—5traubenfg gehäuft, letztere
zuletzt holzig werdend. . . . . . §. 105. 2. *Alnus*.
1*. Weibl. Bthn nicht in Kätzch.
5. Bthn vor d. Laubausbruch erscheinend, d. männlich in walzig.
lang herabhängdn gelbbräunlich. Kätzch.; d. weibl. knos-
penfg m. purpurrothen Griffeln. . . . . . 4. **Corylus**.
5*. Bthn mit d. Laubausbrch erscheinend.
6. Männl. Kätzch. fast kuglig, langgestielt, hängd seitenstdg;
weibl. Bthn einzeln aufrecht, Fr. 3kantig in e. 4spaltig.
meist stachlig. Hülle. . . . . 1. **Fagus**.
6*. Männl. Kätzch walzig.
7. Männl. Kätzch. aufrecht, dicht walzig; Frhülle stachlig;
Frschl lederartig, innen seidenhaar. . 2. **Castanea**.
7*. M. Ktzch. hängd, unterbrochen fadenfg; Frhülle nicht
stachlg, nur am Grund d. Fr. umschliessend, schuppig.
3. **Quercus**.

1. **Fagus silvatica** *L*. Männliche Bthn in lang herabhgdn
fast kuglig Ktzchen. Schuppen klein abfallend, Bthnhülle 5—6spalt.
Weibl. Bthn einzeln, mit 2blthger 4spalt. Hülle. Frknoten mit d.
kleinen Perigon gekrönt. Fr. 3fächerig mit 2samigen Fächern. 3kan-
tig, u. von d. vergrösserten fast holzigen Frhülle eingeschlossen.
Baum 100′ hoch mit glatter silbergrauer Rinde und elliptisch am
Rande undeutlich gezähnt. B. *Wälder, bes. in Gebirgsgydn* (5—6) ♄.
„Rothbuche".

2. **Castanea vesca** *Gärtn*. (Fagus cast. *L*.) Männliche
Kätzch. aufrecht walzig in v. Deckb. gestützt geknäuelt. Bthn.
Bthnhülle 6thlg; Stbgef. 10—20; Weibl. Bthn zu 2—3 v. e. 4spalti-
gen zuletzt stachlig Hülle umgeben. Fr. 1samig mit lederiger innen
seidenhaariger Schale. Niedriger Baum m. länglich-lanzettlichen
zugespitzten stachelspitzig, gesägten, kahlen B. *Wälder der südl.
Alpengydn, auch cult*. (6) ♄. „*Essbare Kastanie*".

3. **Quercus** *L*. „Eiche". Männliche Bthn in schlaff herab-
hängenden unterbrochen fadenfgn Kätzchen; Bthnhülle 5—9-
blättr. Stbgef. 5—9. Weibl. Bthn mit kleinen oberstdgm Perigon
und 3fächerigem, am Grde v. m. einander verwachsenen Schppn
umgebenen Frkn. Fr. eifg.-längl., 1fächerig, einsamig. Bäume m.
meist buchtig lappig. B.

1. B. abfallend, buchtig lappig. § 104.
 2. B. lappen stumpf, wehrlos; Schppn d. Frbechers anliegd.
  3. B. kahl; (Qu. Robur L.)
   4. Fr. an blattwinkelstgn kzn Stielen einzeln od. geknäuelt sitzd; B. langestielt am Grd oft keilfg od. wenig herzfg. *Wälder, besond. in Gebirgsggdn* (5) ħ.
   1. *Q.* **sessiliflora** *L.*
   4*. Fr. an langen Stielen einzeln od. trbg sitzd; B. s. kurzgestielt od. sitzd, am Grd tief herzfg *Wälder (in mehr ebenen Gggdn)* (s) ħ. . . 2. *Q.* **pedunculata** *Ehrh.*
  3*. B. besonders in d. Jugd auf d. unter. Seite graufilzig. *Hügel, Wälder, bes. d. Alpenggdn* (5) ħ.
   3. *Q.* **pubescens** *Willd.*
 2*. Blappen spitz 3eckig; B. unters. filzig, am Grd m. fadenfgn Nebenb.; Schppn d. Frbechers sparrig abstehend. *Wälder d. südl. Alpen* (5) ħ. . . . . 4. *Q.* **cerris** *L.*
1*. B. bleibd, immergrün, ganzrdg od. gezähnt.
 5. B. unters. grau- od. filzig behaart, stachelspitzig gezähnt od. ganzrdg.
  6. Rinde schwammig rissig. *Wälder, Abhge am adr. Meer* (5) ħ.
   5. *Q.* **suber** *L.*
  6*. R. flach, eben. *Abhänge, Bgwälder d. südl. Alpggdn* (5) ħ.
   6. *Q.* **Ilex** *L.*
 5*. B. kahl, dornig gezähnt. *Bgwälder am adr. Meer* (5) ħ.
   7. *Q.* **coccifera** *L.*

4. **Corylus** *L.* „Haselstrauch". Bthn vor d. Laubausbruch erscheinend, d. männlich walzig m. eifg Schppn u. 8 ihnen eingefügten Stbgef. Weibl. Bthn knospenfg mit purpurrothen Griffeln. Frkn in d. Frboden eingeschenkt, zuletzt hervortretend und von e. 2lappigen eingeschnittenen Hülle umgeben. Fr. nussartig 1—2samig. Meist Sträucher mit gestielt., breit., doppelt gesägt, am Grd herzfgn B.
 1. Frbecher glockig, nicht od. wenig länger als die Fr. *Hecken, Wälder, Gebüsch* (3) ħ. . . . . 1. *C.* **avellana** *L.*
 1*. Frb. walzig röhrig, viel länger als d. Fr. *Hecken, Gebüsch am adr. Meer, auch cult.* (3) ħ. . . 2. *C.* **tubulosa** *Willd.*

5. **Carpinus** *L.* (XXI). „Weissbuche". Männl. u. weibl. Bthn in Kätzchen, d. männl. m. 8—20 den Ktzchenschppe eingefügt. Stbgef.; d. weibl. mit lanzettl. hinfäll. Deckb. u. in deren Winkeln mit je 2 gestielt. zur Frzeit flachen, d. Frcht am Grund umgebenden Schuppen. Bäumen od. Strchr m. doppelt gesägt. B.
 1. Schuppen z. Frzt tief 3lappig. Baum m. eifg längl. B. *Wälder, besond. in Gebirgsggdn* (4—5). . . . . 1. *C.* **betulus** *L.*
 1*. Sch. z. Frzeit eifg, ungleich gezähnt; Strch. *Wälder am adr. Meer* (4—5). . . 2. *C.* **orientalis** *Lam.* — **duinensis** *Scop.*

6. **Ostrya carpinifolia** *Scop.* (Carpinus ostrya *L.*) (XXI.) Männliche und weibl. Bthn in Kätzchen. letztere mit e. zuletzt schlauchfg. hohlen, d. Fr. völlig einschliessdr Hülle. Kätzch. z. Frzeit eifg (denen d. Hopfens ähnlich) Stamm 20—50' hoch mit gestielt. eiherzfgn doppelt gesägt. spitz. B. *Flussufer, Gebüsch d. südl. Alpenggdn* (4—5) ħ „Hopfenbuche."

§ 105. **BETULACEAE**. *Rich*.

Bthn einhäusig, d. männl. u. weibl. in Kätzchen; Frknoten 2fächerig; Fächer 1samig; Fruchthülle fehld. Bäume u. Strchr m. wechselst. einfachen meist doppelt gesägt. B.

1*. Kätzch. zu 3—5traubg, d. männlich. walzig m. schildfgn Schuppen, unter jeder derselben 3 aus e. 4spaltig. Kch u. 4 Stbgef. besthde Bthn; weibl. Kätzch. kzr. längl. eifg m. zuletzt verholzdn Schppn. . . . . 2. **Alnus**.
1*. K. einzeln, d. männl. mit gestielt. Schppn, darunter eine 3thlge Hülle m. 2—6 Stbgef.; d. weibl. z. Frzeit aufrecht; Fr. geflügelt.
   1. **Betula**.

1. **Betula** *L.* (XXI.) „Birke." Bthnkätzch. einzeln, d. männlichen m. 1blthgn gestielt. Schuppen; d. weibl. z. Frzeit aufrecht dicht walzig; Fr. nussartig, geflügelt.
   1. Blätt. lang-gestielt, spitz, undeutl. netzrippig. Bäume mit oft weisser, in bandfgn Streifen sich ablösender Rinde.
      2. B. kahl, 3eckig rautenfg. *Wälder häufig, auch cult.* (4—5) ♄.
         1. *B. alba L.*
      2*. B. bes. in der Jugend flaumhaarig, ei-rautenfg. *Wälder, seltener, auch cult.* (4—5) ♄ . . . 2. *B. pubescens Ehrh.*
   1*. B. stumpf, rundl.-eifg, bes. unters. deutlich netzrippig, meist kürzer gestielt. Strchr mit meist brauner Rinde.
      3. Kätzchenstiele wenigstens halb so lang als diese; B. rundl. eifg. *Torfboden ss. (im Schweizer Juragcb.)* (4—5) ♄.
         3. *B. intermedia Thom.*
      3*. Kätzch kürzer gestielt od. sitzd.
         4. Zweige warzig rauh, d. jüngeren zugleich m. Sammethaaren besetzt. *Torfwiesen, bes. im nördl. Deutschland* (4—5) ♄.
            4. *B. fruticosa Pall.*
         4*. Zw. glatt.
            5. Weibl. Ktzch. kz gestielt, Strch aufrecht. *Torfwiesen, ss. (Süddeutschland)* (4—5) ♄. 5. *B. humilis Schrk.*
            5*. Wbl. Ktzch. sitzd; Stch liegd. *Torfmoore in Gebrgsygdn* (5) ♄. . . . . 6. *B. nana L.*

2. **Alnus** *Tourn.* (XXI.) „Erle." Bthnkätzch. zu 3—5traubig gehäuft, die männlich. mit schildfgn Schppn, jede derselben unterst 3 aus e. vierlappig. Blthnhülle u. 4 Stbgef. bestehenden Bthn tragd; d. weiblich. eifg längl. mit je 2 Stempeln unter d. zuletzt verholzenden Schppn. Bäume od. Strchr m. eifg rundl. doppelt gesägt. B.
   1. Bthn m. d. B. erscheinend (im Mai). Fr. schmalgeflügelt. *Stein. Abhge d. Alp. u. d. Schwarzw. (Granitb.)* (5) ♄. (Betula viridis *L.*)
      1. *A.* **viridis** *DC.*
   1*. Bthn vor d. B. erscheinend (im Februar u. März) Frucht ungeflügelt.
      2. B. beiders. kahl, obers. klebrig, eifg-rundl. stumpf ausgerandet; Hätzch. zieml. dicht, braunroth; Stämme m. dunkler rissiger Rinde. *Ufer, Sumpfwiesen, s. häufig* (3) ♄.
         2. *A.* **glutinosa** *Gärtn.*
      2*. B, unters. flaumig, obers. nicht klebrig; Rinde d. Stämme glatt.

3. B. spitz. untersts grau; Baumrde glänzd. silbergrau. *Ufer*, § 106.
Sumpfgzdn. selt. (3) ♄ . . . . . . 3. *A.* **incana** *DC.*
3*. B. stumpf, beiders. grün; Baumrinde graubraun. *Ufer*,
Sumpfgydn ss. (3) ♄. . . . . 4. *A.* **pubescens** *Tsch.*

§ 106. MYRICACEAE. *Rich.*

Bthn meist 2häusig, in Kätzchen; Frkn. 1fächerig. 1samig; Samen aufrecht, eiweisslos; Griffel m. 2 pfriemlich verlängert. Narb. Keim gerade.

1. **Myrica gale** *L.* (XXII.) Strch 2—4′ hoch mit lanzettl. gesägt, nebst den Kätzchenschppn mit glänzend gelb. Drüsen besetzt. B. und vor Entwicklung d. B. erscheinend, traubig gehäuft. Bthn. *Torfwiesen (Norddeutschld)* (3—4) ♄.

XXXVIII. Ordn. **CONIFERAE** *Juss.* Bthn eingeschlechtig, die männlich. in Kätzchen, die weibl. einzeln oder zu mehreren beisamen, in letzterem Falle zur Frzeit eine zapfenfge od. b;e erenartige Scheinfr. darstllnd. Samen nicht v. e. Frknoten eingeschlossen, eiweisslos; Keim gerade. Bäume oder Strchr mit nadelartig. od. schuppig, immergrünen einfachen B., seltner blattlos oder mit gefiederten B. „Nadelhölzer."

§ 107. EPHEDRINEAE. *Nees.*

Blthn in Kätzchen, die männlich. rundlich sitzd, die weibl. gestielt, gegenstdg, Stbkolb. 2fächerig; Samen von Schuppen umgeben, deren oberste zuletzt fleischig werden und e. saftige Scheinfr. darstellen. Blattlose, gegliederte 1—2′ hohe Strchr.

1. **Éphedra** *L.* (XXII.) Sehr ästige gegliederte Strchr mit 1—2′ hohen Stamm u. ziegelrothen Scheinfr.
1. Kätzchen einzeln, langgestielt. *Bgabhänge (Ungarn)* (6—8) ♃.
1. *E.* **monostachya** *L.*
1*. K. zu 2—3, kzgestielt. *Bgabhänge, Felsen d. südl. Alpenggdn* (4—5) ♃. . . . . 2. *E.* **distachya** *L.*

§ 108. TAXINEAE. *Richd.*

Männliche Bthn in Kätzch., weibl. einzln; Samen von e. zuletzt saftig werddn Hülle umgeben, aufrecht, Bäume oder Strchr mit immergrünen Nadelb.

1. **Taxus baccata** *L.* (XXII.) Männl. Bthn in kugl. Kätzch. mit 4—8 Stbgef. unter jeder Kätzchenschppe; die weibl. bwinkelstdg, einzeln, Same z. Frzeit v. e. z. Frzeit beerenfgn, becherart.

§ 109. Hülle umgeben. Baum oder Strch mit scheinbar 2zeilig, lineallanzettlich. nadelfg spitzen obers. dunkelgrün, unters. blaugrauen B. *Wälder, bes. in Gebirgsggdn* (3—4) ♄.

§ 109. CUPRESSINEAE. *Rich.*

Männl. u. weibl. Bthn in Kätzchen, b. d. männl.; unter jeder Ktzchnschuppe 4—7 Stbgef.; Stbkolb. einfächerig; weibl. Kätzchen zuletzt zu e. beeren- oder zapfenartig. Scheinfr. werdd. Same aufrecht.
1. Bthn einhäusig; Scheinfr. trocken; B. schuppig.
2. Wchs mit 2schneidig zusammengedrückt. Aesten; S. geflügelt.
           1 c. **Thuja.**
2*. Aeste nicht zweischneidig zsammendrückt; S. nicht geflügelt.
           1 b. **Cupressus.**
1*. Bthn 2häusig, d. weibl. zu 3, v. e. zuletzt fleischig werddn u. eine falsche Beere darstelldn Hülle umgeben.
           1. **Juniperus.**

1. **Juniperus** *L.* (XXII.) „Wachholder." Bthn diöcisch; Männl. Kätzchensch. mit 4—7 Stbbgef., weibl. Bthn meist zu 3 beisammen, z. Frzeit durch e. fleischig werdende Hülle mit einander verwachsen u. eine falsche Beere darstelld.
1. B. zu 3quirlig, mehr od. weniger lineal. nadelartig mit stechdr Spitze.
2. B. obers. seicht rinnenfg, unters. mit 2 stumpfen dicht nebeneinander laufdn Rippen; Fr. schwarz, bläul. bereift.
3. Stamm liegd; B. einwts gekrümmt, lanzettlich lineal; Beeren gross. *Felsen, stein. Abhge, bes. d. Alpggdn* (7—8) ♄.
           1. *J.* **nana** *Willd.*
3*. St. aufrecht; B. absthd pfriemlich lineal; Beere 2—3mal kürzer als d. B. *Wälder, nicht selt.* (4—5) ♄.
           2. *J.* **communis** *L.*
2*. B. obers. 2furchig, unters. mit e. spitzen Kiel.
4. Beere rothbraun, sehr gross. *Felsen, stein. Abhge am adr. Meer* (5) ♄. . . . . . 3. *J.* **macrocarpa** *Sibth.*
4*. Beere glänzendroth. *Felsen, stein. Abhge am adr. Meer* (5) ♄.
           4. *J.* **oycedrus** *L.*
1*. B. dachig, 4—6reihig.
5. B. sechsreihig, kurz eifg, stumpf, auf d. Rück. stumpf. *Felsen, stein. Abhänge am adr. Meer* (5) ♄. 5. *J.* **phoenicea** *L.*
5*. B. 4reihig, rautenfg, spitz, auf dem Rücken eine Drüse tragend; Fr. blau. *Felsen, stein. Abhänge d. südl. Alpenggdn* (5) ♄. „*Sadebaum.*" . . , ... 6. *J.* **sabina** *L.*

1 b. **Cupressus sempervirens** *L.* (XXI.) Bthn einhäusig, die männlich. mit 4 Stbgef., die weiblich. mit 8 oder mehr ungeflügelt. Samen. Baum oder Strch mit aufrecht. 4kantigen Zweigen m. kleinen stumpf. in 4 Reihen dicht überein. liegdn B. *Häufig cult. u. in südl. Ggdn verwildert* (3) ♄. „*Cypressenb.*"

1 c. **Thuja** *L.* (XXI). „Lebensbaum". Bthn einhänsig, die männl. mit 4 Stbgef., die weibl. zwei geflügelte Samen tragend.

zuletzt holzig Bäume oder Strchr mit plattgedrückter Ver- §110.
zwgg u. stumpfen dicht 4reihig. dachigen B.
1. B. auf d. Rücken m. e. Höcker. *Häufge Culturpfl. a. Nordam.*
                                 u. Th. **occidentalis** *L.*
1*. B. auf d. R. m. e. Furche. *Häufig. Culturpfl. a. dem Orient.*
                                 b. Th. **orientalis** *L.*

§ 110. ABIETINEAE. *Rich.*

Bthn einhäusig, in Kätzchen, b. d. männl. d. Stbk. sitzd.
ifächerig und mit d. Kätzchenschppn verwachsen, d. weibl. z. Frzeit
zapfenfg, holzig. Samen geflügelt, hängd, am Grd d. Kätz-
chenschppn aussen angewachsen. Bäume u. Strchr mit lineal. nadel-
artig. B.
1. Flügel d. Samen abfallend; B. zu 2—5 aus einer Scheide.
                                                    1. **Pinus.**
1*. Fl. d. S. bleibend.
  2. B. einzein immergrün. . . . . 2. **Abies.**
  2*. B. büschlig zu 20—30, abfallend. . . . . . 3. **Larix.**

1. **Pinus** *L.* (XXI.) „Föhre, Kiefer." Samenflügel abfallend
oder ganz fehld; Zapfenschuppen an der Spitze höckerig verdickt;
Strchr und Bäume mit immergrünen zu 2 oder mehr aus einer
Scheide entsprgdn B.
1. B. zu 2 aus einer Scheide entspringend.
  2. Zapfen glanzlos, auf einem hakenfgn Stiel von der Länge
     d. Zapfen; B. graugrün. *Wälder, bes. in sand. Ggdn* (5—6) ♄.
                                                    1. *P.* **silvestris** *L.*
  2*. Z. glänzend; B. meist tiefgrün (B. 6 blaugrün)
    3. Stiel d. Zapfens halb so lang als dieser.
      4. Zapfen überall gleichmässig ausgebildet.
        5. Zapfen meist länger als die Nadeln, wagrecht od. ab-
           wts gerichtet; Höcker d. unter. Schuppen meist in der
           Mitte des Schildes. *Bgwälder. bes. d. Alpen* (6—7) ♄.
                                                    2. *P.* **mughus** *Scop.*
        5*. Z. meist kürzer als die Nadeln, aufrecht; Höcker d. unter.
            Schppn meist in der unteren Hälfte d. Schildes.
            Bgwälder d. Alpen u. höher. Gebirge (6—7) ♄ *nebst
            d. For. „Legföhre, Krummholz, Latsche."*
                                                    3. *P.* **pumilio** *Hke.*
      4*. Z. auf der Lichtseite stärker entwickelt, Scheidenb. eifg
          mit sehr schmalem weissen Hautrande. *Bgwälder ss.
          bes. d. südl. Alpen* (6—7) ♄ . . 4. *P.* **uncinata** *Ram.*
    3*. Zapfen sehr krz gestielt.
      6. Samenflügel 3mal länger als d. Same; Männl. Kätzch. lang,
         walzig. *Bgwälder, d. südl. Alpengydn* (6—7) ♄.
                                                    5. *P.* **laricia** *Poir.* = *P.* **nigricans** *Host.*
      6*. Samenfl. 3mal kzr als d. S.; männliche Kätzch. eifg oder
          länglich; B. bläulichgrün. *Wälder, am adr. Meer, wohl
          verwildert* (5—6) ♄ „Pinie." . . . 6. *P.* **pinea** *L.*
1*. B. zu 3—5 aus e. Scheide entsprgd.
    7. Junge Triebe rostbraun filzig, Nadeln kurz, Zapf. aufrecht.
       Bgwälder d. höher. Alpen (6—7) ♄ . . 7. *P.* **cembra** *L.*

§ 140. 7*. Junge Triebe kahl; Nadeln lang. Zapfen hängend. *Häufig cult. ursprgl. aus Nordamerica* (5—6) ♄. „*Weymouthkiefer.*"
  7 b. *P.* **strobus** *L.*

2. **Abies** *DC.* (XXI.) „Tannenb." B. immergrün, einzeln aus einer Scheide. Samenflügel bleibd.
  1. B. in einer Fläche liegd, an der Spitze gespalt., flach, unters. mit 2 weissgrauen Streifen; Zapfen aufrecht mit abfallenden Schuppen. *Wälder, bes. in Gebirgsggdn, nicht selt.* (4—5) ♄. „*Edeltanne Weisst.*" (*P.* picea *L.*) . . . 1. *A.* **pectinata** *DC.*
  1*. B. nach allen Seiten hin gerichtet, 4kantig walzig, spitz beiders. gleichfarbig; Z. hängd mit bleibdn Schppn. *Wälder, bes. in Gebirgsggdn, nicht selt.* (4—5) ♄. „*Fichte, Rothtanne.*" (*P.* abies *L.*) . . . . 2. *A.* **excelsa** *DC.*

3. **Larix europaea** *DC.* (*P.* larix *L.*) B. büschlig, spitz zu 20—30 aus einer Scheide, nebst den Flügeln d. Samens abfallend. Baum v. 20—60' Höhe. *Wälder, besond. d. Alpenggdn, auch cult.* (4—5) ♄. „*Lärche.*"

XXXII. Ordn. **ARISTOLOCHIEAE** *Juss.* Bthn gefärbt, obenstdg. Frkn. vielsamig; Same eiweisshaltig, Keim gerade. Stbgef. u. Pistill mehr oder weniger mit e. verwachsen.

§ 111. ASARINEAE. *Bartl.*

Bthn zwittrig, in der Knospe klappig; Stbgef. auf d. Frkn. oder selbst auf der Narbe befestigt. Frknot. 3fächerig; Samentrgr mittelstdg; Fr. e. Kapsel; Keim gerade. Strchr od. Krtr mit wechselstdgn. ungetheilt. breit. B. u. blattwinkelstdgn Bthn.
  1. Bthnhülle röhrig, am Grd bauchig, an der Spitze in e. Zunge endend; Stbkölbch. 6 sitzd. u. m. d. 6thlgn Narbe verwachsn.
           1. **Aristolochia.**
  1*. Bthnh. glockig meist 3spalt. m. einwts gebogenen Abschnitten; Stbgef. 12 auf d. Frknot. sitzd. . . . . . . 2. **Asarum.**

  1. **Aristolochia** *L.* (XX. 6). „Osterluzei." Strchr od. Krtr mit tief herzfgn B.
    1. Kräuter; Bthn gelb.
      2. Wzlst. kriechd; Bthn büschlig, gleichfarbig gelb, B. kahl. *Hecken, Gebüsch, nicht häufig* (5—6) ♃. 1. *A.* **clematitis** *L.*
      2*. Wzlst. knollig; Bthn einzeln, innen mit schwärzlichrothen Streifen.
        3. Lippe d. Bthnhülle eifg abgerundet. *Hecken, Gebüsch, am adr. Meer* (5—6) ♃. . . . . . 2. *A.* **rotunda** *L.*
        3*. L. d. Bthnh. eifg-lanzettl. spitz. *Hecken, Gebüsch, am adr. Meer* (5—6) ♃. . . . . . 3. *A.* **pallida** *Willd.*
    1*. Strauch mit windend. Stamm und braunen Bthn. *Zierstrauch aus Nordamerica* (5—6) ♄. . . . . . 3 b. *A.* **sipho** *L.*

9. **Asarum europaeum** *L.* (XI. 1). Stbk. auf der Mitte d. § 112. Stbfäden eingefügt; Narbe strahlig. Liegendes Krt mit nierenfgn glänzend dunkelgrün. B. u. blattwinkelst. röthlichbraunen Bthn. *Wälder, Gebüsch nicht selt.* (4—6) ♃.

§ 112. CYTINEAE. *Brogn.*

Bthn eingeschlechtig in der Knospe dachig. Stbgef. 8—16 oder mehr, m. e. centralstdgn Säule (c. verkümmerten Pistill) verwachsen. Frkn. 1fächerig mit wandstdgn Samentrgrn, Eiweiss fleischig. Blattlose Schmarotzerpfl.

1. **Cytinus hypocistus** *L.* (XXI. 5). Pfl. röthlichgelb. *Auf d. Wzln d. Cistusarten schmarotzd am adr. Meer* (5) ♄.

XL. Ordn. CERATOPHYLLINAE *Bartl.* Bthn eingeschlechtig: Bthnhülle b. d. männl. Bthn fehld, b. d. weibl. unter den Frknot. stehd. 8—12blättr. Fr. nussartig, Same eiweisslos; Keim gerade.

§ 113. CERATHOPHYLLEAE. *Gray.*

Frkn. einfächerig, einsamig. Same hängend. Untergetauchte Wasserpfl. mit gablig getheilt. B.

1. **Ceratophyllum** *L.* (XXI. 5). Fr. mit e. Dorn endend; B. auf dem Rücken dornig gezähnt.
  1. Fr. ausser d. 2 dornigen Griffeln ohne Seitendornen; Babschn. hellgrün. weich. *Teiche, Gräben, selt.* (7—8) ♃.
  1. *C.* submersum *L.*
  1* Fr. ausser d. dornig. Gr. noch mit 2 Seiten Dornen; Babschn. starr zerbrechlich. dunkelgrün.
  2. Frchtch. eifg ungeflügelt. *Teiche, Gräben, s. häufig* (7—8) ♃.
  2. *C.* demersum *L.*
  2*. Fr. vkeifg. geflügelt. *Teiche, Gräben ss. (Berlin)* (7—8) ♃.
  3. *C.* platyacanthum *Cham.*

---

2. Unterabtheilung. MONOCOTYLEDONEAE.
(Einkeimblättrige.)

Keim mit einem meist walzigen platten Keimblatt das Keimfederchen spaltenfg umschliessend. Stengel mit zerstreuten Gefässbündeln, die neueren sich nicht an die früheren anlegend. Blattrippen meist parallel laufend u nicht verästelt; Wzln faserig; Bthntheile vorherrschend 3—6zählig.

§ 114. XLI. Ordn. **HYDROCHARIDINAE** *Bartl.* Bthn 2 häusig, gleich mässig, meist aus Kch und Krone bestehend. Frkn. unterstdg. Fr. saftig. Same eiweisslos. Wasserpfl. m. meist grundstdgu langgestielt. Bthn.

§ 114. HYDROCHARIDEAE. *DC.*

Bthnthle 3gliedrig; Stbgef 3 od. mehr; Gr. meist gespalten; Fr. saftig, nicht aufspringd; Keim gerade, walzenfg.
1. Blkr. fehld; Männl. Bthn auf e. kzn grundst. Kolben gehäuft, zuletzt sich ablössd und auf d. Oberfläche d. Wassers schwimmend d. weibl. einzeln auf e. langen schraubig gedreht? Frstiel.
. . . . 1. **Vallisneria.**
1*. Blkr. u. Kch vorhanden; weder die männlich. Bthn auf e. Kolben, noch d. weibl. auf e. schraubig gedreht. Stiele.
  2. Stbgef. u. Gr. 3. Selten blühds Krt mit lineal-lanzettl. fein stachelspitzig gesägt. B. . . . . 4. **Udora.**
  2*. Stbgef. 9; Griff. 6; Bthn zieml. gross, weiss, nebst d. nierenfgn B. grundstdg langgestielt. . 3. **Hydrocharis.**
  2**. Stbgef. 12; Griffel 6, gespalt. B. schwertfg 3eckig, stachlig gezähnt. . . . . 2. **Stratiotes.**

1. **Vallisneria spiralis** *L.* (XXII.) Blkr. fehld; Bthnh. 3theilig, die männlich. Bthn auf e. kurzen grundstdgu Kolb. gehäuft. die weibl. einzeln auf langen schraubenfg gedreht. Stielen. Untergetaucht. Krt. mit lineal. an der Spitze gezähnelt. B. *Gräben. Teiche d. südl. Alpengyda* (7—8) ♃.

2. **Stratiotes aloïdes** *L.* (XXII.) Bthn mit 3thlgm Kch und grosser 3blättriger Blkrone. B. am Rande dornig gezähnt, spitz 3schneidig. eine auf dem Wasser schwimmende Rosette darstellend. *Teiche ss. (Nördl. u. östl. Deutschld)* (7—8) ♃.

3. **Hydrocharis morus ranae** *L.* (XXII.) Kch 3thlg; Blkr. 3blättrig; Btbn weiss, langgestielt, mit am Grd v. einer Scheide umgebenen Brbnstielen; B. nierenfg, langgestielt ganzrandig. *Teiche selt.* (7—8) ♃.

4. **Udora occidentalis** *Nutt.* (XXII.) Kch u. Blkr. 3blättr. Stbgef. 3. Gr. 1 mit 3 Narben. Untergetauchtes fast nie blühendes Krt m. lineal-lanzettl. fein gezähnelt. B. in entfernt. Quirlen.*) *Teiche b. Stettin sss. (ursprgl. aus Nordamerika eingewandert)* ♃.

---

*) Mit dieser Gattung nabe verwandt, nach Koch sogar identisch, ist die neuerdings ebenfalls aus Nordamerica eingewanderte Elodea canadensis *Michx* = Anacharis alsinastrum *Babingt* „Wasserpest."

XI.II. Ordn. **ORCHIDINAE** *Bartl.* Bthnhülle 6blättrig, *§ 115.* meist Blkronartig, rachenfg, das obere d. 3 inneren Bthnhüllblätter dch Drehung d. Frknoten d. Unterlippe darstelld, die übrigen die oft helmfg gestaltete Oberlippe bildend. Stbgef. 3 (davon 1—2 unfrbar) mit dem Griffel zu einer auf d. Frknoten stehenden S ä u l e verwachsen.

§ 115. ORCHIDEAE. *Juss.*

Stbk. 2fächerig; Fr. e. vielsamige Kapsel. Meist Kräuter mit oft knolliger Wurzel. Alle XX. *L.*
1. Stgl mit grünen od. schwarzgefleckt. B. besetzt.
2. Blthnhülle am Grd gespornt od. wenigst. sackartig vertieft.
3. Honiglippe 3lappig oder (b. Orchis 15) gezähnelt; Frkn. mehr oder weniger gewunden.
4. Mittellappen der Honiglippe höchstens doppelt so lang als die übrigen Blkrb und nicht eingerollt.
5. Stbkolbenfächer parallel, Bth. meist purpurroth.
6. Stbkfächer durch ein gemeinschaftliches Säckchen mit einander verbunden, Sporn meist kurz sackartig.
              1. **Orchis.**
6*. Stbkfächer ohne Säckch., Sporn meist lang fadenfg.
              2. **Gymnadenia.**
5*. Stbkolbenfchr nach unten zu auseinandertretd; Sporn kz beutelfg; Bthn grünlich oder gelblichweiss.
              3. **Peristylus.**
4*. Mittellappen d. Honiglippe sehr lang, fast riemenartig. z. Knospenzeit eingerollt. . 4. **Himantoglossum.**
3*. Honiglippe ungetheilt, ganzrandig.
7. Frknoten gewunden; Bthn weiss. . 5. **Platanthera.**
7*. Frkn. nicht gewunden; Bthn purpurn. 6. **Nigritella.**
2*. Bthnhülle am Grd nicht gespornt od. nur kz sackfg (b. Herminium u. Goodyera).
8. Honiglippe 2gliedrig.
9. Stbkölbch. ganz miteinander verwachsen, Frkn. nicht gedreht, Honiglippe 3lappig, Wzlstock eifg od. handfg knollig.
             11. **Serapias.**
8*. Stbkölbch. frei.
10. Frkn gestielt, nicht gedreht, aber auf e. gedreht. Stielchen, Honiglippe unzertheilt. 15. **Epipactis.**
10*. Frkn. sitzd, gedreht, Honiglippe 3lappig.
             14. **Cephalanthera.**
3*. Honiglippe nicht gegliedert.
11. Honigl. nicht schuhförmig aufgeblasen.
12. Bthnhüllb. ausgebreitet.
13. Honiglippe sammetartig behaart, Bthn bräunlich; Stbk. verwachsen. . . . . . . 7. **Ophrys.**
13*. Honigl. kahl, Bthn grünlich; Stbk. frei.
14. Honiglippe spitz; Stbk. bleibend.
             22. **Malaxis.**
14*. Honiglippe stumpf; Stbk. abfalld m. fast kuglig Bthnstbmassen. . . . . . . 21. **Sturmia.**
12*. Bthnhüllb. glockig oder helmfg zusammenschliessd.

§ 115.
15. Innere B. der Bthnhülle einander alle fast gleichgestaltet, 3lappig, u. länger als die äusseren, am Grd kz sackfg, Bthn grünlich, in dünnen langen Aehren. 10. **Herminium**.
15*. Innere B. der Bthnh. mit Ausnahme der Honiglippe kürzer als die äusseren.
16. Honiglippe unzertheilt od. kz 3lappig.
   17. Stbkolb. ganz mit der Griffelsäule verwachsen; Bthn klein braun, zusammenschliessend in allseitswendig. Aehren. . . . . 8. **Chamaeorchis**.
   17*. Stbk. frei; Bthn weiss in einseitswendig. Aehren.
      18. Stbkolb. gestielt; Honiglippe spitz. 18. **Goodyera**.
      18*. Stbk. sitzd; Honigl. rund oder ausgerandet.
         19. **Spiranthes**.
16*. Honiglippe gespalten.
   19. Stglb. 2, gegenstdg; Bthn grünlich, Honiglippe in 2—4 verlängerte Abschnitte endend; Frkn. nicht gewunden; Stgl am Grund nicht knollentragend. . 16. **Listera**.
   19*. Stglb. wechselstdg, Bthn gelbgrün, Honigl. in 4 lineale Abschnitte getheilt. Frkn. gewunden; Stgl am Grund knollentragend. . . . . 9. **Aceras**.
11. Honigl. schuhfg aufgeblasen, hohl; Bthn einzeln mit gelber Lippe, die übrig. Bthnhüllb. braun; B. eifg zugespitzt.
   23. **Cypripedium**.
1*. Stglb. fehld, od. schuppig, nebst d. ganz. Pfl. meist röthl., bräunlich oder gelblich.
20. Honiglippe rinnenfg, unzerthlt, am Rande kraus gezähnelt, lg gespornt, Bthn gross; in lockeren Aehren, nebst d. Stgl. röthl.
   13. **Limodorum**.
20*. Honigl. flach 2—3lappig.
   21. Honigl. tief 2lappig; Bthn nebst der ganzen Pfl. bräunlich.
      17. **Neottia**.
   21*. H. 3lappig; Bthn grünlich oder gelb mit weisser, rothgefleckter Lippe.
      22. Honigl. abwts gerichtet mit ausgerandet stumpf. Mittellappen; Bthn klein in lockeren Aehren.
         20. **Corallorrhiza**.
      22*. Honigl. aufwts gerichtet mit spitzen Abschnitt. Bthn gross, einzeln oder wenige. . . . 12. **Epipogium**.

a. *Ophrydineae*. Stbgef. völlig mit dem Griffelsäule verwachsen.

1. **Orchis** *L.* (6). Bthnhülle rachenfg, gespornt mit 3lappiger oder wenigsts gezähnt. Honiglippe. Stbkolbenfächer parallel, am Grunde durch ein meist 2fächeriges Säckchen mit einander verbunden. Krtr mit 2 eifgn oder handfg gethltn Knollen und meist purpurroth. Bthn in endst. Aehren. Jede Bthe am Grund mit e. Deckb.
   1. Knollen unzerthlt, eifg-kuglig oder länglich.
      2 Deckb. einrippig.
         3. Honiglippe 3thlg mit gespaltenem Mittellappen.
            4. Lappen d. mittleren Abschnitts d. Honiglippe ausgespreitzt abgerundet stumpf. *Wälder, bes. in Gebirgsggdn* (5—6) ♃. . . . . 1. *O. militaris L.*

4*. L. d. mittl. Abschnitts d. Honigl. vorgestreckt, den Sei- § 115.
tenlppn parallel.
  5. Deckb. viel kzr als d. Frkn.
  6. Honigl. mit aufwärts gekrümmt. Abschnitt. *Bergwälder* selt. (5—6) ♃. . . . . 2. *O.* **simia** *Lam.*
  6*. H. m. geraden od. abwts gerichteten Abschnitten. *Bgwälder s. selt. (Elsass, südl. Tyrol, Schweiz)* (5—6) ♃. *(Kalkboden)* . . . . 3. *O.* **fusca** *Jacq.*
  5*. Deckb. wenigst. halb so lg als d. Frknot.
    7. Bthnhüllb. spitz; Sporn halb so lg als d. Frknoten. Zwischen d. Abschnitten d. Mittellappens der Honiglippe ein deutliches Zähnchen. *Bgwiesen ss.* (5—6) ♃.
 4. *O.* **variegata** *All.*
    7*. Bthnhüllb. stumpf; Sporn sehr kurz; Mittellappen d. Honiglippe zwischen seinen Abschnitten nicht oder nur undeutlich gezähnt. Bthn in dicht. Aehren, oberwts schwzbraun, stumpf; Honigl. weiss mit roth. Flecken. *Bgwiesen selt.* (5—6) ♃.
 5. *O.* **ustulata** *L.*
  3*. Honigl. 3lappig mit nicht od. kaum getheilt. Mittellappen.
    8. Mittellappen verlängert lineal.
    9. Bthnähren kuglig od. länglich, Bthnhüllb. rosenroth, in e. spatelfge Haarspitze endend. *Bergwiesen d. Alpen u. höher. Gebirge, auch b. Frankfurt a. O.* (5—6) ♃.
 6. *O.* **globosa** *L.*
    9*. Bthnähren kegelfg, Bthn grünl. od. bräunlich. *Wiesen,* selt. (5—6) ♃. . . . . . . 7. *O.* **coriophora** *L.*
  6*. Mittellappen rundlich eifg, nicht verlgrt.
    10. Bthnhüllb. helmfg zusammengeneigt; unt. Deckb. oft 3rippig. *Wiesen, häufig* (4—5) ♃. 8. *O.* **morio** *L.*
    10*. Bthnhüllb. ausgebreitet.
      11. Sporn d. Bthnhülle abwts gerichtet, Bthnähren wenigbthg. *Bgwiesen d. Alpen ss. (südl. Tyrol)* (5—6) ♃.
 9. *O.* **Spitzelii** *Saut.*
      11*. Sp. d. Bthnh. gerade od. aufwts gerichtet. Bthnähren vielblthg.
        12. Honiglippe mit gezähnten Lappen, am Grd kurzhaarig; Bthn purpurn. *Bgwälder nicht s.* (4—5) ♃.
 10. *O.* **mascula** *L.*
        12*. H. mit ganzrand. od. gekerbt. Lappen, am Grd sammetartig; Bthn meist gelb.
          13. B. vkeifg länglich. stumpf; Aehren eifg. *Bergs. selt.* (4—5) ♃. . . . 11. *O.* **pallens** *L.*
          13*. B. lanzettlich. fein stachelspitzig. *Bergwiesen am udr. Meer* (4—5) ♃.
 12. *O.* **provincialis** *Balb.*
2*. Deckb. alle 3rippig. (s. ob. 8.)
  14. Sporn aufwts gebogen, Lippe 3lappig. *Sumpfwiesen ss.* (5—6) ♃. . 13. *O.* **palustris** *Jacq.* — **laxiflora** *Lam.*
  14*. Sp. abwts gebogen.
    15. Bthn gelblich; Blthnähr. dicht. eifg, Lippe 3lappig, Sporn dick u. gerade, so lang als d. Frknot. *Bgwälder, bes. d. Alpen* (5—6) ♃. . . . . 14. *O.* **sambucina** *L.*
    15*. Bthn purpurroth.

§ 115. 16. Sporn dünn, so lang u. länger als der Frknot. Lippe 3lappig; Achr. dicht; Stbkolb. mit e. einfächerigen Beutelch. (Anacamptis *Rich.*) *Bgwälder, Wiesen ss.* (5—6) ♃.
            15. *O.* **pyramidalis** *L.*
  16*. Sp kürzer als d. Frknoten, dick, Lippe rundlich eifg, gezähnelt. *Bgwiesen d. sAll. Alpggdn (Krain)* (3—4) ♃.
            16. *O.* **papilionacea** *L.*
1*. Knollen handfg getheilt.
  17. Sporn kürzer als d. Frknoten.
   18. Stgl nicht hohl, meist 10blättrig; Bthn hellpurpurroth, in walzig. Aehren, länger als die Deckb. *Wälder, Wiesen, nicht selt.* (5—6) ♃. . . . . . . 17. *O.* **maculata** *L.*
   18*. Stgl hohl, meist 6blättr; Bthnähr, eifg, kürzer als d. gefärbt. Deckb.
    19. B. abstehend; Bthn purpurroth; Wzl knoll., gleichgross. *Feuchte Wiesen, nicht selt.* (5—6) ♃.
            18. *O.* **latifolia** *L.*
    19*. B. aufrecht; Knoll. ungleich gross.
     20. B. verlängert lanzettl. an d. Spitze kapuzenfg, Bthn hellpurpurroth *Sumpfwiesen, selt.* (5—6) ♃.
          19. *O.* **incarnata** *L.* u. *Fries.*
     20*. D. oberst. B. lineal, an der Sp. fast oder völlig flach, Bthn purpurroth (ob var?). *Spfwiesen d. Alp.* (5—6) ♃.
          20. *O.* **Traunsteineri** *Saut.*
  17*. Sporn so lang od. länger als die Frkn. 2. *Gymnadenia.*

   2. **Gymnadenia** *R. Br.* (6*). Stbkolbenf. am Grund ohne Beutelchen. Honiglippe 3lappig; Sporn fadenfg verlängert. Krtr mit 3rippig Deckb., handfg gethlt. Wzlknollen u. meist purpurroth. Bthn in dicht. Aehren. (Orchis *L.*)
   1. Sporn länger als d. Frbnot. Bthn geruchlos od. schwach riechd. *Bgwiesen nicht selt.* (5—6) ♃. . . . 1. *G.* **conopsea** *R. Br.*
   1*. Sp. nicht länger als d. Frkn. Bthn wohlrichd. *Bgwiesen; bes. d. Alpen, selt.* (5—6) ♃. . , . . 2. *G.* **odoratissima** *Rich.*

   3. **Himantoglossum hircinum** *Rich.* (4*). (Satyrium h. *L.*) Honiglippe 3lappig mit riemenfg verlängertem Mittellappen. Blthn grünlich in walzig. Aehren; Kn. ungethlt; B. länglich lanzettlich. *Hügel, Gebüsch, selt. (auf Kalkboden)* (6—7) ♃.

   4. **Peristylus** *Blum.* (5*). (Satyrium *L.*. Coeloglossum *Hartm.*) Honiglippe mit k zm beutelfgn Sporn; Stbkolbenfchr divergierend ohne Beutelchen. Bthn grünlich oder gelblichweiss in lockeren Aehren.
   1. Honigl. tief 3spaltig; Bthn gelblichweiss. (Gymnadenia a. *Rich.*) *Bergwiesen selt.* (6—7) ♃. . . . . . 1. *P.* **albidus** *Lill.*
   1*. Honigl. lineal, an der Spitze krz 3zähnig, d. mittl. Z. s. kurz; Bthn grünlich. *Bgwiesen selt.* (6—7) ♃. 2. *P.* **viridis** *Lill.*

   5. **Plantanthéra** *Rich.* (7). (Orchis *L.*) Honiglippe unzertheilt; Sporn fadenfg, 2—3mal länger als d. gedrehte Frknoten. Krtr mit ungethlten Knollen, weissen oder grünl. Bthn in lockeren Aehren u. meist 2. fast grundstdgn B.

1*. Bthn weiss m. fadenfgm Sporn u. parallelen Stbbtlfächern. *Wäl-* § 115.
der, nicht selt. (5—7) ♃. . . . . . . 1. *P.* **bifolia** *Rich.*
1*. Bthn grünlich mit fast keulenfgn Sporn u. nach unten divergirendn Fächern. *Bergwälder, selt.* (5—7) ♃.
2. *P.* **chlorantha** *Cust.*

6. **Nigritella** *Richd.* (7*). Honiglippe ungetheilt, ganzrandig und wegen des nicht gedrehten Frknotens nach oben gerichtet. Sporn eifg, kurz. Krtr mit wohlriechenden dicht ährenfg gehäuft. Bthn u. handfg getheilt. Wzlknollen.
1. Bthn dunkelroth in kz kegelfgn Aehren, Honiglippe eifg, zugespitzt; Sporn kz sackartig, viel krzr als die Frkn. *Bergwiesen d. Alpen* (6—8) ♃. . . . 1. *N.* **angustifolia** *Rich.*
1*. Bthn hellroth in kurz walzig. Aehren; Honiglippe undeutlich 3lappig; Sporn fast so lang als d. Frkn. *Rgabhänge d. Alpen sss. (Salzbrg, Schweiz)* (7—8) ♃. . 2. *N.* **suaveolens** *Koch.*

7. **Ophrys** *L.* (13). Bthn ungespornt, mit ausgebreitet. B. u. sammetartig behaarter herabhgdr Honiglippe. Frknoten nicht gedreht. Kalkliebde Pfl. mit unzerthltn Wzlkn.
1. Honiglippe ohne Anhängsel an d. Spitze. Aeussere B. der Blthnhülle grünlich, kchartig.
2. Honiglippe länglich flach, fast 4lappig, bräunlichroth mit e. kahlen bläulichen Mittelfleck. *Bergwälder selt.* (5—6) ♃. „*Mückenpfl.*" 1. *O.* **myodes** *Jacq.* = *O.* **muscifera** *Huds.*
2*. Honiglippe eifg rundlich.
3. Honigl. gedunsen, in der Mitte mit kahlen Längsstreifen; innere B. der Bthnhülle kahl. *Bgwälder ss.* (5—6) ♃.
2. *O.* **aranifera** *Huds.*
3*. Honigl. flach, fast 3lappig, mit e. viereckig, kahlen Fleck; Innere B. d. Blthnhülle am Rande flaumig. *Bergwiesen in Istrien* (5—6) ♃. . . . . . 3. *O.* **Bertolonii** *Morett.*
1*. H. an der Spitze mit e. Anhängsel, gedunsen.
4. Honigl. ungethlt m. aufwts gebogenem Anhgsl. *Bgwiesen ss.* (5—6) ♃. . . . . 4. *O.* **arachnites** *Reichd.*
4*. H. fast 3lappig, die 3 vorderen nach unten zurückgekrümmt u. daselbst zusammenneigend. *Bgwälder ss.* (5—6) ♃.
5. *O.* **apifera** *Huds.*

8. **Chamaeorchis alpina** *Rich.* (17). B. der Bthnbülle helmfg zusammengeneigt, m. eifg-länglicher, stumpfer ungespornter, am Grd beidersts gezähnter Honiglippe. Frknot. gedreht. Kleines 3—5" hohes Krt m. schmal, lineal B., grünlich Bthn in dicht. Aehren u. ungethltn Wzlknollen. *Bgwiesen d. höheren Alpen* (7—8) ♃.

9. **Aceras anthropophora** *R. Br.* (19*). Honiglippe tief 4lappig mit gespaltenem Mittellappen, rothbraun, herabgd. Pfl. ¾—1½' hoch mit lanzettl. B., grünlich od. bräunlich. Bthn in lockeren Aehren und ungethltm längl. Knoll. (*Ophrys a. L.*) *Bgwiesen ss.* (5—6) ♃.

§ 115. 10. **Herminium monorchis** *R. Br.* (15). B. der Bthnhülle glockig zusammengeneigt, die inneren 3lappig, länger als die äusseren, am Grd krz sackförmig, einander fast gleichgestaltet. Kleines Krt mit meist 2blättrig 3—10" hoh. Stgl., kleinen gelbgrünen Bthn in schmächtig. Aehren u. einzelsthdn ungethltn Wzlknoll. (Orchis m. *L.*) *Wiesen d. Alpen u. Bergggdn selt.* (5—6) ♃.

11. **Serapias** *L.* (9). Honiglippe ungespornt, 2gliedrig, 3lappig, der Mittellappen grösser, herabhgd. Frknot nicht gedreht. Krt m. am Grd knollentrgdem Stgl.
  1. Hinteres Gld d. Honiglippe mit 2 deutlichen Seitenlappen.
  2. Hinteres Glied der Honiglippe nach innen mit e. Schwiele, d. vordere am Grd sparsam behaart, länglich-lanzettlich; Bthn blassroth, Schwiele schwärzlich. *Bgwiesen am adr. Meer ss.* (4—5) ♃. . . . . 1. *S.* **Lingua** *L.*
  2*. H. Glied der Honiglippe nach innen mit 2 längl. Plättchen besetzt, die vordere am Grund bärtig Bthn ziegelroth.
  3. Vorderes Glied d. Honiglippe breit eifg od. herzfg. *Bergwiesen am adr. Meer* (4—5) ♃. . . 2. *S.* **cordigera** *L.*
  3*. V. Glied d. Honiglippe lanzettlich od. längl.-lanzettlich. *Bgwiesen d. südl. Alpenggdn* (4—5) ♃.
                    3. *S.* **pseudocordigera** *Mor.*
  1*. Hint. Gld d. Honiglippe mit undeutl. Seitenlappen, sehr kurz u. schmal, d. vordere 3spaltig gezähnelt. *Bergwiesen am adr. Meer sss.* (4—5) ♃. . . . . 4. *S.* **triloba** *Viv.*

b. *Limodoreae.* Stbkolb. frei, beweglich Bthnstaub mehlig, oder aus zahlreichen kantigen elastisch zusammenhgdn Körnchen bestehend.

12. **Epipogium Gmelini** *Rich.* (22*). Honiglippe 2gliedr. mit fleischrothem aufwts gerichtet. Sporn; Frkn nicht gedreht. Gelbliches schuppig beblättertes Krt m. korallenartig ästiger Wzl u. gelblichen, hgndn Bthn in wenigblthgn Aehren. (Satyrium epipogium *L.*) *Schattige Wälder, bes. d. Alpen* (7—8) ♃.

13. **Limodorum abortivum** *Sw.* (Orchis abortiva *L.*) Honiglippe 2gliedrig mit pfrieml. abwts gerichtet. Sporn. Frknot. nicht gedreht. Pfl. bläulich oder röthl. 1—2' hoch mit schuppenbl. Stgl, nesturtig verzweigter Wzl u. grossen Bthn in reichblthgn Aehren. *Wälder, Gebüsch ss. (Rheinggdn, Alpen)* (5—6) ♃.

14. **Cephalanthera** *Rich.* (10*). Honiglippe 2gliedrig, nicht lappig, d. vordere Glied am Grund sackartig concav, ungespornt; Frkn. gedreht. Schön blhnde Krtr mit knotig faserigem Wzlstock. (Serapias *L.*)
  1. Frkn. kahl, Bthn weiss od. gelblich weiss.
    2. Deckb. länger als die Frknot., länglich lanzettl. Siglb eifglanzettl. *Wälder, selt.* (5—6) ♃. . . 1. *C.* **pallens** *Rich.*
    2*. Deckbl. kzr als d. Frkn. Stglbl. lineal-lanzettl. *Bgwälder s.* (5—6) ♃. . . . . 2. *C.* **ensifolia** *Rich.*

1*. Frkn. flaumig behaart; Bthn purpuroth. *Bgwälder selt.* (5—6) ♃. § 115.
             3. *C.* **rubra** *Rich.*

 15. **Epipactis** *Richd.* (10*) (Serapias *L.*) Blthn ungespornt mit 2gliedriger am Grd sackartig ausgehöhlter Honiglippe. Frkn. nicht gedreht, aber am Grde auf e. gedreht. Stielchen befestigt. Krtr mit büschligem dickfaserig. Wzlstock u. bräunlich. od. grünl. Bthn in einseitswendig. locker. Trbn.
  1. Platte der Honiglippe mit einer zurückgekrümmten Spitze.
   2. B. kürzer als die Stglglieder, auf d. Rippen u. am Rande flaumig rauh.
   3. Höcker d. Honiglippe glatt; B. d. Bthnh. kahl; Bthn gross, zahlreich, in dicht. Trbn. *Wälder, häufig* (5—8) ♃.
             1. *E.* **latifolia** *All.*
   3*. H. d. Honigl. faltig kraus; Aeussere 3. B. der Bthnh. flaumig behaart; Bthn klein, wenig zahlreich in locker. Trbn. *Bergwälder, Abhänge, nicht häufig* (5—6) ♃.
             2. *E.* **rubiginosa** *Gaud.*
  2*. B. kürzer als das Stglglied, lanzettl. oder eifg lanzettlich, kahl. *Wälder, ss. bes. im nordwestl. Dtschld* (6—7) ♃.
             3. *E.* **microphylla** *Ehrh.*
 1*. Pl. der Honigl. rundlich stumpf; B. lanzettlich. *Sumpfwiesen selt.* (6—7) ♃. . . . . 4. *E.* **palustris** *Crtz.*

 16. **Listéra** *R. Br.* (19). Bthn ungespornt mit ungegliederter herabhngdr Honiglippe. Frkn. nicht gewunden. Krtr mit büschlig verzweigt. Wzlstock, e. mit 2 gegenstdgn B. besetzt. Stgl u. gelbgrün. Bthn in lockeren Trbn.
  1. Stglb. eifg, Lippe 2theilig, Trauben reichbthg, Stgl 1—1½' h. *Bgwiesen, Gebüsch, häufig* (5—6) ♃. . . . 1. *L.* **ovata** *L.*
  1*. Stglb. herzeifg, Lippe vierlappig. Trbn armbthg; Stgl 3—8" h. *Bgwiesen, Gebüsch, selt.* (5—6) ♃. . . . 2. *L.* **cordata** *L.*

 17. **Neottia nidus avis** *Rich.* (21). B. d. Bthnhülle glockig zusammengeneigt, kürzer als die 2lappige ungespornte Honiglippe. Bräunliche schuppenblättr. Pfl. mit nestartig durchflochtener Wzl. (Ophrys n. a. *L.*) *Bgwälder selt.* (5—6) ♃.

 18. **Goodyéra repens** *R. Br.* (18). B. der Bthnkülle rachenfg mit ungespornter spitzer Honiglippe, am Grd kz sackartighöckerig. Frkn. nicht oder wenig gedreht. Pfl. ½—1' hoch mit röthl.-weissen Bthn in einseitswendigen Aehren, fast blattlosem Stgl, grundst. eifgn. netzrippig. B. u. kriechdr ästiger Wzl. *Bergwälder selt.* (5—6) ♃.

 19. **Spiranthes** *Richd.* (18*). Bthnbülle rachenfg, ungespornt, d. 3 ober. B. zusammenschliessd, m. am Grd rinnenfgr, am Rande gekräuselter Honiglippe. Frkn nicht gedreht. Bthn weiss in einseitswendigen mehr od. weniger schraubenfg gedreht. Aehren. B. kahl längsrippig; Stgl oberwts flaumig, am Grd knollig. (Ophrys spiralis *L.*)

§ 115. 1. Stgl oberwts blattlos, unten mit 1—3 B. besetzt, ½—1' hoch. *Sumpfwiesen, bes. d. Alpen u. im nordwestl. Dtschld* (7—8) ♃.
1. *S.* **aestivalis** *Rich.*

1*. Stglb. fehld, od. scheidenartig; B. auf der Spitze eines seitenstdgn Triebes; Stgl 4—8" hoch. *Bgwiesen selt.* (7—8) ♃.
2. *S.* **autumnalis** *Rich.*

c. *Malaxidineae.* Stbkölbchen frei beweglich; Bthnstaubmassen wachsartig zusammengeballt.

20. **Corallorrhiza innata** *B. Br.* (22). (Ophrys corallorrhiza *L.*) Bthnhülle rachenfg, Honigschuppen ungethelt, am Grund mit e. kurzen sackfgn Sporn, od. fast 3lappig m. kzn zahnartigen Seitenlappen. Gelbgrünes mit scheidenartig. B. besetztes Krt mit kleinen Bthn in lockeren Aehr. u korallenartig verzweigter Wzl. *Bergwälder selt., bes. d. Alpen* (6—7) ♃.

21. **Sturmia Loeselii** *Rchb.* (14*). (Ophrys Loes. *L.*) B. d. Bthnhülle ausgebreitet mit aufwts gerichteter stumpf eifgr ungespornter Honiglippe. Stgl 3—8" hoch, 3kantig, am Grd zwiebelart. verdickt. mit 2—3 elliptisch lanzettl. B. u. gelbgrünen Bthn in zu 3—8 sthndn Trbn. *Sumpfwiesen selt.* (6—8) ♃.

22. **Malaxis** *Sw.* (14). Bthn ungespornt, ausgebreitet mit spitzer Honiglippe, grünlich. Krtr mit nur am Grund beblättert. zwiebelartig verdickt., kantig. Stgl.
1. Stgl 3kantig, meist 1—2 B. tragd. Innere B. der Bthnhülle borstig (Microstylis *Nutt.*) *Sumpfwiesen s. (Alpen, Norddtschl.)* (7—8) ♃. . . . . 1. *M.* **monophylla** *Sw.*

1*. Stgl 5kantig, meist 3—5 B. tragd; B. d. Bthnhülle eifg. *Sumpfwiesen ss. (Norddeutschld, Rheinggdn)* (7—8) ♃.
2. *M.* **paludosa** *Sw.*

d. *Cypripedineae.* Stbgef. 2, völlig von e. getrennt.

23. **Cypripedium calceolus** *L.* (11*). B. d. Bthnhülle kreuzfg abstehd, braunroth, Honiglippe schuhfg aufgeblasen, gelb. Stgl 1—1½' hoch mit eifgn spitz B. u. 1—3 einzelsthdn Bthn. *Wälder, Gebüsch, auf Kalkboden s.* (5—6) ♃.

XLIII. Ordn. **ENSATAE** *Bartl.* Bthn zwittrig; Stbgef. frei, 3 oder 6; Bthnhülle gefärbt, aus 6 in zwei Reihen stehd. B. gebildet. Fr. e. 3klappige vielsamige Kapsel. Samentrgr mittenstdg. Same eiweisshaltig; B. oft schwertfg.

§ 116. AMARYLLIDEAE. R. Br.

Stbgef. 6 m. einwts aufspringdn Kölbchen (VI. 1).
1. Bthn mit e. glockigen od. tellerfgn Nebenkrone.
   3. **Narcissus.**
1*. Bthn ohne Nebenkrone.
   2. Bthn trichterfg, gelb oder gelbgrün.
      3. Stbfdn gerade, in der Spitze der Röhre der Bthnhülle eingefügt; B. lineal . . . . 1. **Sternbergia.**
      3*. Stbfdn vor d. Blthezeit einwts gebogen, B. fleischig, am Rande dornig, nebst d. gnzn Pfl. so gross. . 2. **Agave.**
   2*. Bthn glockig, weiss.
      4. Innere B. der Bthnbülle nur halb so lang als d. äusseren: Blthn einzeln . . . . 4. **Galanthus.**
      4*. B. d. Bthnh. alle gleichartig, an der Spitze grünlich.
         5. **Leucojum.**

1. **Sternbergia lutea** *Kerner.* Bthn trichterfg, gelb, aufrecht mit längl. eifgn stumpf. Abschnitt; B. lineal, grundst.; Schaft flach zusammengedrückt, 1blthg. *Wiesen, am adr. Meer* (7—8) ⚹.

2. **Agave americana** *L.* „Aloe."*) Ausdauernde aber nur einmal blühende Pfl. mit graugrünen fleischigen, dornig gezähnt. 4—6' langen zugespitzt. grundst. B. u. 10—20' hoh. rispig vielbthgm (—4000 Bthn tragdm) Stgl. Bthn gelbgrün. *Stein. Abhge auf den Inseln d. adr. Meeres, ursp. aus Südamerica, häufig zur Zierde cult.* (6—7) ⚹.

3. **Narcissus** *L.* „Narcisse, Josefstab." Bthnhülle tellerfg. mit einer glockigen oder schüsselfgn Nebenkrone. Zwiebelgewächse mit 2schneidig., nur am Grde beblättert Stgl, wohlriechenden Blthn u. lineal stumpf. B.
1. Nebenkrone kurz schüsselfg oder tellerfg, viel kürzer als die eigentl. Bthnhülle.
   2. Nebenkr. mit e. farblosen Rande, Schaft 2bthg. *Bergwiesen d. südl. Alpen* (4—5) ⚹ . . . . . 1. *N.* biflorus *Curt.*
   2*. N. mit e. meist scharlachroth. Rande, Stgl 1blthg.
      3. Frkn. z. Bthezeit 2schneidig zusammengedrückt; Bthn reinweiss. *Bgwiesen d. südl. Alp. u. häufige Zierpfl.* (4—5) ⚹.
         2. *N.* poëticus *L.*
      3*. Frkn. schon z. Bthezt kuglig; Bthn schmutzig weiss. *Bgwiesen d. südl. Alpenggdn* (5—6) ⚹.
         3. *N.* radiiflorus *Salisb.*
1*. Nebenkr. länger. glockenfg od. becherfg.
   4. Nebenkr. ganzrandig, 3mal kürzer als die Bthnhülle; Stgl 3—10blthg; Bthn weiss. *Bgwiesen, am adr. Meer, auch als Zierpfl.* (4—5) ⚹ . . . . 4. *N.* Tazetta *L.*
   4*. N. gekerbt, wenigsts halb so lg als d. Bthnbülle; Stgl 1—3-blthg; Bthn gelb.
      5. Nebenkr. halb so lg als die Bthnbülle. *Bgwiesen d. südl. Alpenggddn* (4—5) ⚹ . 5. *N.* incomparabilis *Cass.*

---

*) Die ächten Aloearten gehören eigentlich zu § 120 Asphodeleae.

§ 116.   5*. N. so lang als die Bthnhülle. *Bergwiesen s., auch als Zierpfl.*
(1.—5) ♃. . . . . 6. **N. pseudonarcissus** *L.*

4. **Leucojum** *L.* „Schneeglöckchen." Bthnhülle glockig,
weiss; B. derselb. alle gleichartig; Nebenkr. fehlend. Zwiebelgewächse mit blattlos. Stgl, nickdn geruchlos, weiss. Bthn. u. lineal. B.
1. Stgl 1--2blthg, ½—1' h. Gr. keulenfg. *Sumpfwiesen selt.* (3) ♃.
   1. *L.* **vernum** *L.*
1*. Stgl 2—5blthg, 1—1½' h. Gr. fadenfg. *Sumpfwiesen ss.* (5—6) ♃.
   2. *L.* **aestivum** *L.*

5. **Galanthus nivalis** *L.* Bthn glockig, weiss; die inneren
B. ders. kleiner, aussen m. e. grünen Flecken, innen mit 8 grünlich Linien. Zwiebelgewächs m. blattlosem 3—8' hoh. 1blthgn Stgl
u. 2 grundst. breit. lineal. B. *Sumpfwiesen selt.* (6—7), *häufig als
Zierpfl.* (3) ♃.

§ 117. IRIDEAE. *Juss.*

Stbgef. 3 mit auswärts aufspringenden Kölbchen. (III. 1).
1. Bthn 2lippig, od. wenigst. ungleichmässig; Gr. 1 mit 3 nach
   oben breiteren Narben. . . . . 3. **Gladiolus.**
1*. Bthn gleichmässig.
  2. Abschnitte der Bthnhülle abwechselnd zurückgebogen; Narben gross, blumenblattartig d. Stbgef. unter sich verbergend.
     4. **Iris.**
  2*. A. d. Bthnh. alle gleichartig, aufrecht.
     3. Bthn am Grd mit langer Röhre u. glockigem Saume, Narben an der Spitze breiter. . . . . . . 1. **Crocus.**
     3*. Bthn am Grd mit kurzer Röhre u. abstehendem Saume;
        N. fadenfg schmal. . . . . . . 2. **Trichonema.**

1. **Crocus** *L.* Bthn trichterfg am Grund mit sehr langer
Röhre; Narbe 3lappig m. nach oben breiteren Lappen. Zwiebelgewächse m. schmal lineal. grundst. B. u. einzelstehdn Bthn, beide
von häutigen Scheiden umgeben.
1. Narben kürzer als der Saum der Bthnhülle.
 2. Zwiebelschaalen glatt papierartig. Bthnschdn 2blättrig, Bthn
    weiss od. röthl. im Schlunde gelb u. daselbst kahl. *Bergwiesen am adr. Meer* (3) ♃. . . . . . 1. *C.* **biflorus** *Mill.*
 2*. Zwsch. faserig rippig, diese netzartig mit e. verbunden od.
    parallel.
   3. Bthnschdn 1blättrig, Bthn weiss oder blau, im Schlunde
      drüsig behaart. *Bergwiesen d. südl. Alpengegenden, auch
      als Zierpfl.* (3) ♃. . . . . . 2. *C.* **vernus** *All.*
   3*. Bthnsch. 2blättrig, Bthn im Schlde kahl.
     4. Bthn weiss od. blau; Zwiebelschalen m. netzart. Rippen u.
        rundl.-eifgn Maschen. *Bgwiesen am adr. Meer* (3) ♃.
           3. *C.* **variegatus** *Hoppe & Hrnsch.*
     4*. Bthn gelb; Zwiebelsch. parallel. *Zierpfl. aus Südeuropa* (3) ♃. . . . . . . 3. b. *C.* **luteus** *Lam.*

1*. N. der Rand der Bthnhülle erreichd, diese im Schlund bärtig, § 117. meist blau; Bthnschdn 2blättrig. *Culturpfl. a. Südeuropa* (7—8) ♃.
3 c. *C.* **sativus** *All.*

2. **Trichonema bulbocodium** *Ker.* Bthn 6theilig mit abstehend. Saum u. am Grd kurzer Röhre, Narben 3. getheilt mit schmal. zurückgebogenen Tbln. Zwiebelgewächs mit schmal. zuletzt zurückgebogenen grdstdgn B. u. am Grde gelben, oberwts weissen od. violett. Bthn. *Wiesen am adr. Meer* (3) ♃.

3. **Gladiolus** *L.* Bthn mit ungleichem fast 2lippigen Saum; Gr. mit 3 oberwts breiteren Narben. Beblätterte Krtr mit knolligem Wzlstock u. meist roth. Bthn in einseitswendig. od. 2reihig. Aehren.
  1. Stbbeutel kürzer als die Stbfädn, die oberen seitenstdgn Abschnitte d. Bthn rauten-eifg.
  2. Fasern der Zwiebelsch. netzig. mit rundl. Maschen; Bthntrbn einseitig, locker. Bthn purpurn; Narben spatelfg, allmähl. gegen die Spitze hin breiter werdend. *Sumpfwiesen, selt., auch als Zierpfl.* (6—7) ♃. . . . 1. *G.* **palustris** *Gaud.*
  2*. F. d. Zw. parallel laufend.
    3. Kanten der Kapsel nach oben kielfg hervortretend; Bthntrbn wenig od. lockerbthg.
    4. Narben vom Grd an warzig u. gegen d. Spitze hin allmählig breiter werdd, Bthn hellroth in einstswend. Trbn. *Wiesen ss. (Norddeutschld b. Stettin u. Frankft a. O.) auch als Zierpfl.* (6—7) ♃. . . . 2. *G.* **communis** *L.*
    4*. N. am Rd kahl. lineal u. plötzlich in e. deutlich abgesetzte rundlich eifge Platte endend; Bthn dunkler in 2reihig. Trbn. *Bgwiesen d. südl. Alpenggdn* (6—7) ♃.
                              3. *G.* **illyricus** *Kch.*
    3*. K. d. Kpsl oberwts abgerundet; Trbn dichtbthg, einseitig; Narben allmählig breiter werdd. *Waldwiesen ss.* (6—7) ♃.
                                  4. *G.* **imbricatus** *L.*
1*. Stbbtl länger als die Stbfdn; Zwiebelfasern parallel laufd; obere Abschn. der Bthnhülle lineal keilfg. *Aecker am adr. Meer* (5—6) ♃. . . . . 5. *G.* **segetum** *Gaud.*

4. **Iris** *L.* „Schwertlilie." Abschnitte der Bthn abwechselnd zurückgebogen. Griff 1 m. 3 blumenblattartig. d. Stbgef. bedeckendn Narben. Beblätterte Krtr m. dickem fleischigem wagrecht im Boden liegendn walzig. Wzlstock.
  1. Aeussere B. d. Bthnhülle im Schlunde bärtig.
  2. Stgl 2 oder mehr Bthn tragend.
    3. Bthn durchaus od. wenigsts z. Tbl violett.
      4. Bart der Bthn gelb; Stgl meist länger als die B.
        5. Bthnscheidn schon z. Bthezeit völlig trockenhäutig. Bthn sehr gross, hellviolett wohlriechd. *Stein. Abhge d. südl. Alpenggdn, auch als Zierpfl.* (5—6) ♃.
                                  1. *I.* **pallida** *Lam.*
        5*. Bthnscheiden zur Bthezeit wenigsts in der unteren Hälfte grün.

§ 117.
      6. Blumenbl. beiders. gleichfarbig, bläulich, d. inneren am Rande zurückgefaltet kraus; Bthn wohlriechd, Narb. gleichfarbig. *Zierpfl. aus Südeuropa* (4—5) ♃.
                                    1 b. **florentina** *L.*
  C*. Blumenb. auf der unter. Seite anders gefärbt. Narben dch e. verschiedenartige Zeichnung bunt.
      7. Innere Blumenb. d. äusseren ähnlich, violett oder bläulich; Bthn geruchlos, Stbkolb. so lang als die Stbfdn. *Stein. Abhänge d. südl. Alpengdn, auch als Zierpfl.* (5—6) ♃ . . . . 2. *I.* **germanica** *L.*
  7*. Innere Blumenb. gelblich, die äusseren violett od. bläulich, wohlriechd, Stbbtl 1½mal so lang als die Staubfäden.
      8. Theile der Narbe mit ihren inneren Rändern zusammenstossend; Innere Blumenb. graublau mit gelb. Rande; Pfl. v. Hollundergeruch. *Felsen, stein. Abhänge sss., auch als Zierpfl.* (5—6) ♃.
                                    3. *I.* **sambucina** *L.*
  8*. Thl. d. N. auseinandertretd: innerer Blumenb. gelblich; Pfl. v. Honiggeruch. *Stein. Abhge sss., (b. Heidelberg)* (5—6) ♃ . . 4. *I.* **squalens** *L.*
 4*. Bart d. Blumen hellviolett; Stgl meist nicht länger als d. B. Bthnscheiden fast oder völlig krautig.
      9 Frknoten 3kantig. (*I. nudicaulis Lam.?*)
    10. Bthnscheiden grün, wenig aufgeblasen. *Bgwiesen, stein. Abhge, ss. (Böhmen, Schlesien)* (5—6) ♃.
                                    5. *I.* **Fieberi** *Seidl.*
 10*. Bthnschdn blauviolett, höckerig aufgeblasen; Bthn hellviolett. *Lichte Bgwälder, s. (Böhmen)* (6) ♃.
                                6. *I.* **hungarica** *W. K.*
  9*. Frkn 6kantig od. rund Bthn dunkelviolett, Bthnschdn grün. *Wälder, Felsen, stein. Abhänge, selt. (Böhmen, Schlesien, bei Halle)* (5—6) ♃.
                                  7. *I.* **bohemica** *Schm.*
      3. Bthn gelb, nur d. äuss. Blblätter. mit violett. od. bläulich. Zeichnungen, Bthuscheid. völlig krautig. Stgl 1—2′ hoch. *Felsen, stein. Abhänge, s. (Oesterreich)* (5—6) ♃.
                                  8. *I.* **variegata** *L.*
 2*. Stgl einbthg.
    11. B. länger als d. ½′ hohe Stgl; Bthn violett od. fast weiss. *Hügel, Abhänge s., auch als Zierpfl.* (5—6) ♃.
                                    9. *I.* **pumila** *L*
 11*. B. kürzer als der Stgl; Bthn gelblichweiss mit violett. Zeichnungen. *Felsen, stein. Abhge d. Alpen (auf Kalk) sss.* (5—6) ♃ . . . . 10. *I.* **lutescens** *Lam.*
1*. B. d. Bthnhülle nicht bärtig.
    12. Bthn gelb; Stgl rund, mit langen u. breit. B. besetzt. *Gräben, Teichufer, sehr häufig* (6—7) ♃.
                                11. *I.* **pseudacorus** *L.*
 12*. Blthn wenigst. z. Thl violett.
    13 B. kürzer als d. walzig runde Stengel.
    14. Fr. 3ktg; Bthn blau. *Wiesen s., auch als Zierpfl.* (6—7) ♃.
                                  12. *I.* **sibirica** *L.*

14*. Fr. 6kantig, Bthn weiss mit violett. Streif. *Feuchte Wiesen, § 117.
ss. (Oesterreich, b. Mainz)* (5—6) ♃. . . 13. *I.* **spuria** *L.*
13*. B. länger als der 2schneidige Stgl. lineal. *Wiesen, Hügel ss.*
(5—6) ♃. . . . . 14. *I.* **graminea** *L.*

XLIII. Ordn. **LILIACEAE** *Juss.* Bthnhülle meist 6gliedrig blumenkronartig. d. Frknoten einschliessend. Frknoten meist 3fächerig. Samen eiweisshaltig. Krtr oder Halbstrehr mit einfach. B.

§ 118. SMILACEAE. *R. Br.*

Bthnhülle 4—6—8gliedrig, mit ebensoviel. Stbgef. Stbbeutel einwts aufspringend; Frkn. 3fächerig, oder durch Fehlschlagen einfächerig, frei. Fr. saftig, nicht aufspringend.
1. Meist Krtr mit Zwitterbthn (vgl. Asparagus).
2. Bthnhülle bis z. Grd 6thlg, grünlich.
3. Stbgef. 6, nicht quirlig; Stgl mehrbthg.
4. Griffel mit 3 zurückgebogenen Narben, Stgl ästig; Bthnstiel gegliedert.; B. (eigentl. verkümmert. Aestch.) büschl. borst. . . . . 1. **Asparagus.**
4*. Gr. mit stumpfer Narbe; Stgl einfach mit herzeifgn stengelumfassenden B. . . . . . 2. **Streptopus.**
3*. Stbgef. 8, mit auf der Mitte des Fadens befestigt. Beuteln. Bthn einzeln, endstdg. v 4—6 quirlstdgn eifgn B. umgeben.
3. **Paris.**
2*. Bthnhülle glockig höchstens bis z. Mitte 4—6spaltig, fast oder völlig weiss.
5. Stbgef. 4; Stglb. 2, herzfg, fast gegenstdg ; Bthn weiss in endst. Trbn. . . . . 5. **Majanthemum.**
5*. Stbgef. 6; Stglb. mehrere. . . . . 4. **Convallaria.**
1*. Sträucher mit 2häusigen grünlich. Bthn. u. breit. grünen B.
6. Stbgef. frei, 6; Gr. 3; Stgl stachlig kantig. . 6. **Smilax.**
6*. Stbgef. m. e. verwachsen, Gr. 1. . . . . 7. **Ruscus.**

1. **Aspáragus** *L.* (VI. 1). „Spargel." Bthn glockig, 6thlg, gelbgrün, am Grd in ein stielchenartiges Röhrchen zusammengezogen. Gr. 1. m. 3 zurückgebogenen Narben. Aestige Krtr mit verkümmerten büschlig. Zweigen (uneigentlich B. genannt) in d. Winkeln kleiner trockenhäutig-schuppiger B., u. roth. Beeren.
1. Stgl rund, krautig.
2. Stbkölbch. längl., etwa ebenso lang als die Stbfäden. Aestch. borstenfg; Röhrch. d. Bthnh. halb so lang als d. Saum.
3. Zweige u. Aestchen glatt u. kahl. *Wiesen s., häufig cult.* (6—7) ♃. . . . . 1. *A.* **officinalis** *L.*
3*. Zw. fein kantig gerippt; Aest. gezähnelt rauh. *Wiesen, am adr. Meer* (5—6) ♃. . . . 2. *A.* **scaber** *Brogn.*
2*. Stbk. rundlich, viel kürzer als d. Stbfdn. Aestch. haarfg dünn; R. d. Bthnhülle sehr kz. *Wiesen d. südl. Alpggdn* (5—8) ♃.
3. *A.* **tenuifolius** *L.*

§ 118. 1*. Stgl kantig strauchig m. flaumig. Zweigen u. steif-borstig, lineal-
stielrdn Aesten. *Hecken, Gebüsch, am adr. Meer* (8) ħ.
4. *A. acutifolius L.*

2. **Streptopus amplexifolius** *DC.* (Uvularia a. *L.*) (VI. 1).
Bthn glockig, 6thlg; Gr. mit stumpfer Narbe. Kahles Krt mit
meist ästigem hin u. her gebogenem Stgl, wechselst. eifgn, lang zu-
gespitzt. B., grünlichweissen Bthn und rothen Beeren. *Bgwälder,
bes. d. Alpen* (7—8) ♃.

† 3. **Paris quadrifolia** *L.* (VIII. 4). Bthnhülle 8blättrig aus-
gebreitet, d. äusseren 4 eifg. kelchartig, die inneren 4 lineal blumen-
kronartig. Stbgef. 8 m. in der Mitte angehefteten Beuteln, Beere
schwarzblau Kahles Krt mit einfachem Stgl u. e. einzelnen end-
stdgn von meist 4 quirlstdgn, eifg-ellipt., spitz. B. umgebenen
Bthe. *Wälder, nicht selt.* (5—6) ♃. „*Einbeere.*"

4. **Convallaria** *L.* (VI 1). Bthnhülle glockig oder röhrenfg,
6zähnig; Narbe stumpf 3seitig; Beere 3fächerig m. 1samig. Fächern.
Krtr mit eifgn, lanzettl. od. lineal B. u. einseitswendigen Bthn.
  1. Bthn röhrenfg walzig, weiss, mit grüner Spitze, blattwinkelstdg.
einseitswdg hängd; Stgl beblättert; Wzlstock kriechd.
  2. B. zu 3—7 quirlig, lanzettl. od. lineal-lanzettl.; Stgl auf-
recht kantig. Beere roth. *Bgwälder, selt.* (5—6) ♃.
1. *C. verticillata L.*
  2*. B. abwechselnd; Beere schwarzblau.
  3. Stgl kantig; Stbgef. kahl.
    4. B. stengelumfassend; Bthnstiele kahl. Bthn zu 1—2 blatt-
winkelstg. *Bgwälder, besond. auf Kalkboden* (5—6) ♃
„*Salomonssiegel.*" . . . . . 2. *C. Polygonatum L.*
    4*. B. kurzgestielt, unters. auf den Rippen nebst den Bthn-
stielen flaumig; Bthn zu 1—4 beisammen. *Bergwälder,
ss. (Oesterreich)* (5—6) ♃. . . 3. *C. latifolia Jacq.*
  3*. Stgl walzig rund; B. stengelumfassend, Stbfäden behaart.
Wälder, nicht selt. (5—6) ♃. . 4. *C. multiflora L.*
  1*. Bthn glockig, rein weiss in einseitswendigen Trauben, über-
hängend. *Wälder, nicht selt.* (5—6) ħ. „*Maiblümchen.*"
5. *C. majalis L.*

5. **Majanthemum bifolium** *DC.* (IV. 1). (Convallaria
b. *L.*) Bthnhülle glockig 4spaltig; Beere roth, 2fächerig mit
1samig. Fächern. Kleines Krt mit einfachem Stgl, 2 fast gegenstdgn
gestielt. herzfgn B. u. weissen Bthn in allseitswendigen Trbn.
Wälder, nicht selt. (5—8) ♃.

6. **Smilax aspera** *L.* (XXII. 6). Bthn 2häusig, mit fast
6blättriger Bthnhülle. Stbfäden frei, Gr. 3. Stachliger, immergrüner
rankender Strch mit fast spiessfgn, stachlig gezähnt. B. u.
gelblichgrünen Bthn in blattwinkelstdgn büschlig. Bthn. *Gebüsch,
am Ufer d. adr. Meeres* (8) ħ.

7. **Ruscus** *L.* (XXII.) Bthn 2häusig mit 6thlgr Bthnhülle; Stb-
fäden in e. eifgs Röhrchen verwachsen, an d. Spitze 3 Stbbeutel

tragend. Griffel 1.,v. e. eifgn Behälter (sterilen Stbfdn) umgeben. § 118.
Immergrüne Strchr m. blattfgn Zweigen, welche auf der oberen
Fläche die zu 2-mehr gehäuft. Bthn tragen.
1. Bthn zu 2 beisammen v. e. kleinen trockenhäutig. 1rippig. B.
gestützt; Bfge Zweige eifg mit e. verlängerten stechdn Spitze.
Gebüsch u. Bgwälder d. südl. Alpengydn (4) ♄.
1. R. aculeatus L.
1*. Bthn zu mehreren beisammen von e. kleinen krautig. B. gestützt;
Bförmige Zweige länglich lanzettlich, spitz aber ohne Stachel-
spitz. u. nicht stechend. Bgwälder d. südl Alpengydn (3—4) ♄.
2. R. hypoglossum L.

§ 119. **DIOSCOREAE.** *R. Br.*

Frkn. mit der Bthnhülle verwachsen; Fr. e. Beere. Windde
Strchr mit 2häusig. Bthn.

1. **Tamus communis** *L.* (XXII.) Bthnhülle mit 6thlgm
Saum; Frkn. 3fächerig mit 3 zurückgebogenen Narben. Windds
Kraut mit herzfgn, zugespitzten, ganzrandig. B. grünlich. Bthn in
blattwinkelstdgn Trbn u. roth. Beeren. Hecken, Gebüsch d. südl.
Alpengyda (3—4) ♃.

§ 120. **ASPHODELEAE.** *Knth.*

(Nebst einem Theil d. *Colchicaceae* u. *Smilaceae.*)

Bthnhülle 6blättrig oder 6spaltig. Stbgef. so viele als Abschn.
der Bthnhülle mit einwts aufsprngndn Stbbeuteln. Gr. 1; Fr.
e. vielsamige Kapsel. Samen 2reihig. Meist Zwiebelgewächse m.
einfach. saftig. B. (VI. 1.)
1. Stbbeutel nach aussen aufspringend; Bthnhülle glockig, am
Grd mit langer Röhre; Stengelloses Zwiebelgewächs mit hell-
violettrothen einzelsthdn Bthn; Gr. 1 mit 3 fadenfgn Narben.
§ 121. *Bulbocodium.*
1*. Stbbtl einwts aufspringd. Krtr mit meist beblätterr. Stgl oder
wenigstens e. deutlich. Bthnschaft.
2. Bthnhülle bis z. Grund 6thlg.
3. Bthn blattwinkelstdg, grünlich auf e. geknieten oder ge-
gliedert, stielchen. § 118. 1. *Asparagus* u. 2. *Streptopus.*
3*. Bthn endstdg. einzeln od. in Trbn od. Büscheln.
4. Narbe 3lappig, ohne Griffel; Stbkölbch. auf der Spitze des
Stbfdn stehd. . . . . 1. **Tulipa.**
4*. Griffel deutlich vorhanden.
5. Griffel an der Spitze tief 3spaltig mit deutl. Narben.
6. Blumenb. glockig zusammenschliessd. am Grde mit
e. eifgn oder rinnenfgn Honiggrübch. Stglb. zahlreich.
2. **Fritillaria.**
6*. Blkrb. zuletzt zurückgebogen, die 3 inneren am Grde
mit 2 (nicht honigabsondernd.) Schwielen. Stglb 1—2.
fast grdstdg; Bthn einzeln. 5. **Erythronium.**
5*. Gr. ungethlt mit einfacher oder höchstens seicht 3lap-
piger Narbe.
7. Blumenb. am Grund mit e. honigabsondernden R nne
oder Grübchen.

§ 120.
    8. Bthn glockenfg oder zurückgerollt, gross am Grund mit e. meist rinnenfgn Längsfurche; B. lanzettlich. 3. **Lilium.**
    8*. Bthn sternfg ausgebreitet, klein, am Grd mit e. halbmondfgn Honiggef.; B. lineal, die stengelstdgn v. d. grundstdgn deutlich durch kleinere Bildung unterschieden.
                                                           4. **Lloydia.**
   7*. Blb. am Grd ohne Honigschppn od. Rinne.
    9. Bthnstiel gegliedert.
      10. Stbfdn am Grd breiter u. d. Frknoten bedeckt; Blb. einstreifig . . . . 6. **Asphodelus.**
      10*. Stbfdn schmal, d. Frkn. nicht bedeckt; Blbl. weiss, 3streifig. . . . . 7. **Anthericum.**
   9*. Bthnstiel nicht gegliedert.
      11. Bthn in Trbn oder Doldentrbn, od. einzeln.
         12. Stbgef. dicht behaart; Bthn gelb in dicht. Trauben.
                                                         16. **Narthecium.**
         12*. Stbfdn kahl.
            13. Frknoten durch e. kurzen Frträger über d. Frboden erhaben; Bthn weiss, trichterfg glockig (denen v. Lil. candidum ähnlich); Narbe schwach 3lappig.
                                                          8. **Paradisia.**
            13*. Frkn. sitzd; N. stumpf.
               14. Stbgef. d. Frboden eingefügt. Bthn auf d. Rücken grünlich, sternfg ausgebreitet.
                  15. Stbbeutel aufliegend; Stbfäden breit, häutig; Bthn meist weiss, selt. gelb.
                                                  9. **Ornithogalum.**
                 15*. Stbbtl aufrecht; Stbfäden schmäler, Bthn gelb.
                                                     10. **Gagea.**
         14*. Stbgef. d. Bthnhülle eingefügt; Bthn blau.
                                                 11. **Scilla.**
      11*. Bthn in kuglig. Köpfch. oder Dolden, vor d. Aufblühen v. e. trockenhäutig. Hülle umgeben; B. u. ganze Pfl. v. eigenthüml. Geruch, erstere meist grundstdg.
                                                   12. **Allium.**
  2*. B. d. Bthnhülle bis z. Mitte mit e. verwachsen.
    16. Stbfäden länger als die am Grunde in e. lange Röhre endenden Bthn, diese gelb, rispig trbg. 13. **Hemerocallis.**
    16*. Stbfäden kürzer als die Bthn.
      17. Bthn einseitswendig, einzeln od. in Trbn.
         18. Bthn blau, in Trbn. . . . . . 14. **Endymion.**
         18*. Bthn weiss oder an der Spitze grünlich.
                                         § 118, 4. *Convallaria.*
      17*. Bthn allseitswendig.
         19. Bthn glockig, bis zur Mitte gespalten, am Grd kuglig.
                                        14 b. **Hyacinthus.**
         19*. Bthn bauchig, an der Mündung verengert, nur an der Spitze eingeschnitten 6zähnig. . . . 15. **Muscari.**

I. *Tulipeae.* Bthnhülle 6blättrig; Frfächer vielsamig; Samenhaut bleich, ohne Anhängsel.

1. **Tulipa** L. (4). „Tulpe." Honiggef. u. Gr. fehld; Narbe 2lappig. Zwiebelgewächse m. fast grundstdgn. B. u. einzelsthdn Bthn.

1. Bthn nickend, gelb; Blumenbl. an der Spitze; Stbgef. am Grde § 120.
behaart. *Aecker, Waldwiesen, ss., auch als Zierpfl.* (5—8) ♃.
                                      1. **T. silvestris** *L.*
1*. Bthn aufrecht, nebst d. Stbgef. kahl.
  2. Blumenb. am Grund mit e. schwarzblauen, gelb eingefasst. Flecken.
    3. Stgl kürzer als d. B. *Aecker, sss. (C. Wallis) auch als Zierpfl.* (5—8) ♃. . . 2. *T.* **oculus solis** *St. Amand.*
    3*. Stgl merklich lgr als die B. *Zierpfl. aus Südeuropa* (3—4) ♃. „*Duc v. Tolle.*" . . 2 b. *T.* **praecox** *Ten.*
  2*. Blumenb. gelb od. roth od. bunt, aber nicht in der vorhin angegebenen Weise gefleckt. *Häufige Zierpfl. aus d. Orient* (3—4) ♃. . . . . 2 b. *T.* **gessneriana** *L.*

  2. **Fritillaria** *L.* (6). Bthnhülle glockig od. ausgebreitet, am Grd mit länglich. od. rundlich. Honiggrube. Gr. mit 3spaltiger Narbe. Zwiebelgewächse mit 1-mehrblthgm Stgl u. hängenden meist gelbrothen Bthn.
  1. Bthn quirlstdg, hängend. darüber e. Schopf v. Blättern, Honiggef. rundlich. (Petilium *Rchb.*) *Häufige Zierpfl. aus d. Orient* (5) ♃. „*Kaiserkrone*". . . . . a. *F.* **imperialis** *L.*
  1*. Bthn einzeln, auf d. Innenfläche mit würfelfgn Zeichnungn; Honiggef. länglich. „Schachblume."
    2. B. alle wechselstdg; Bthn wenige. *Wiesen, selt., auch als Zierpfl.* (4—5) ♃. . . . . 1. *F.* **meleagris** *L.*
    2*. Ob. B. gegenstdg oder quirlig.
      3. Bthnstdgn B. 2; Stgl oberwts blattlos. Bthn bräunl. *Bgwiesen am adr. Meer* (4—5) ♃. . . 2. *F.* **montana** *Hppe.*
      3*. Bthnst. B. zu 3; Stgl bis z. Spitze beblättert. Bthn grünl. *Bgwiesen u. südl. Alpenggdn ss.* (5) ♃.
                                    3. *F.* **involucrata** *All.*

  3. **Lilium** *L.* (8.) „Lilie". B. d. Bthnhülle am Grd m. e. honigabsondernd. Furche. Griffel deutlich mit 3seitiger Narbe. Stgl mehrblthg.
  1. Bthn aufrecht, glockig; B. wechselstdg.
    2. Bthnstiele in d. Bwinkeln m. kleinen Zwiebelchen. *Wiesen, Aecker, Gebüsch selt., auch als Zierpfl.* (6—7) ♃.
                                    1. *L.* **bulbiferum** *L.*
    2*. Bthnstiele ohne Zwiebelchen.
      3. Bthn gelbroth, innen mit dunkl. Flecken. *Zierpfl. aus Südeuropa* (6—7) ♃. „*Feuerlilie*" nebst d. vor.
                              1. b. *L.* **croceum** *Chaix.*
      3*. Bthn weiss, wohlriechd. *Häufige Zierpfl. a. d. Orient* (7—8) ♃
                              1 c. *L.* **candidum** *L.*
  1*. Bthn überhängd; B. der Bthnhülle zurückgerollt.
    4. Stgl kahl: B. wechselstdg. *Hügel, Bgwiesen d. südl. Alpenggdn* (6—7) ♃. . . . . . 2. *L.* **carniolicum** *Bernh.*
    4*. Stgl flaumig; Wenigst. d. unt. B. quirlstdg. *Bgwälder, nicht selt., auch als Zierpfl.* (5—6) ♃. „*Türkenbund*."
                                  3. *L.* **martagon** *L.*

  4. **Lloydia serotina** *Salisb.* (8*). (Anthericum *s. L.*) Bthnhülle sternfg ausgebreitet am Grd mit e. halbmondfgn quer-

§ 120. liegenden honigführenden Falte. Zwiebelgewächs mit 3—5" hoh. 1 blthgm Stgl, lineal-lanzettl. B. u. weissen Bthn. *Stein. Abhänge d. höchst. Alpen* (6—8) ♃.

II. **Asphodeleae.** Bthnh. 6blättrig; Kpslfächer wenigsamig; Samenhaut bleich, ohne Anhängsel.

5. **Erythronium dens canis** *L.* (6*). Bthnhülle zurückgerollt röthlich, d. 3 inneren mit je 2 Schwielen am Grund. Zwiebelgewächs mit 1 blthgm Stgl u. 2—3 gestielt, breit-lanzettlich. rothbraun gefleckt. B. *Bgwälder, bes. d. Alpen* (4—5) ♃.

6. **Asphodelus** *L.* (10). Bthn ausgebreitet sternfg mit am Grund breiten den Frknoten bedeckdn Stbgef. und gegliedert. Bthnstiel.
  1. Bthn weiss od. röthl.; Stglb. fehlend.
  2. Grdstdge B. flach, breit lineal.
     3. Stgl ästig; B. *Stein. Abhge am adr. Meer* (3—4) ♃.
                                         1. *A.* **ramosus** *L.*
     3*. Stgl einfach. *Stein. Abhge d. südl. Alpengyda* (5—6) ♃.
                                         2. *A.* **albus** *Mill.*
     2*. Grdst. B. röhrig hohl, pfriemenfg; Bthn röthlich. *Aecker, Wiesen, am adr. Meer* (5—6) ♃. . . . 3. *A.* **fistulosus** *L.*
  1*. Bthn gelb; Stgl einfach. B. pfriemlich 3kantig.
     4. Stgl bis zur Spitze mit Bscheiden bedeckt, Deckb. so lang als die Bthn; Trauben gedrungen. *Bgwiesen am adr. Meer* (6—7) ♃. . . . . 4. *A.* **luteus** *L.*
     4*. Stgl oberwts blattlos; Deckb. krzr als d. Bthn; Trbn locker. *Bgwiesen am adr. Meer* (5—7) ♃. 5. *A.* **liburnicus** *Scop.*

7. **Anthericum** *L.* (10*). Bthn sternfg ausgebreitet, weiss, ohne Honiggef. mit pfrieml. d. Frkn. nicht bedeckdn Stbgef. u. gegliedert. Bthnstiel. Weissblühende Krtr mit lineal. B. und 3rippig. Bl.
  1. Stgl einfach; Gr. abwts geneigt. *Felsen, stein. Abhge s.* (5—6) ♃.
                                         1. *A.* **liliago** *L.*
  1*. Stgl ästig; Gr. gerade. *Felsen. stein. Abhänge s.* (5—5) ♃.
                                         2 *A.* **ramosum** *L.*

8. **Paradisia liliastrum** *Bert.* (Czackia l. *And.* Anthericum l. *L.*) Bthn trichterfg glockig; Frkn. auf e. besonderen Stielchen über d. Frknot. stehend; Gr. ungethlt, mit schwach 3lappiger Narbe. Kahles Krt m. büschligem Wzlstock, lineal grundst. flach. B. u. weissen Bthn in allseitswdgn Trbn. *Bgwiesen d. Alpen s. selt.* (7—8) ♃.

9. **Ornithogalum** *L.* (15). „Milchstern." Bthn weiss oder gelb, aussen grünlich, meist sternfg ausgebreitet; Stbfäden breit häutig der Bthnhülle eingefügt mit aufliegdn Stbbtln. Zwiebelgewächse mit lineal. grundst. B.
  1. Stbfäden ohne Seitenzähne; Bthn nicht einseitswdg.

2. Bthn in verlängerten Trbn.   § 120.
  3. Bthnstiele bes. z. Frzeit d. Stgl anliegd.
     4. Bthn gelb, auf d. Rücken mit 1 grünl. Strfn. Frkn. eifg,
        B. rein grün. *Bgwiesen d. südl. Alpen* (6—7) ♃.
                                   1. *O.* **sulfureum** *R. & Sch.*
     4*. Bthn grünlich od. weiss ; B. blaugrün rinnenfg.
        5. Blblätter länglich lineal, grünl od. gelblich-weiss ; Frkn.
           eifg. *Bgwiesen, Aecker d. südl. Alpen selt.* (6—7) ♃.
                                   2. *O.* **pyrenaicum** *L.*
        5*. Blb. keilfg länglich, innen milchweiss, aussen mit e.
            breiten grünen Streifen. *Aecker, am adr. Meer* (5—6) ♃.
                                   3. *O.* **narbonense** *L.* = **stachyoïdes** *R. & Sch.*
  3*. Bthnstiele auch z. Frzeit abstehend.
     4. Bthnst. z. Bthezeit rechtwinklich absthd, z. Frzeit in e.
        Bogen aufwts gekrümmt. *Bgwiesen ss. (Oestern.)* (5—6) ♃.
                                   4. *O.* **arcuatum** *Stern.*
     4*. Bthnst. z. Blthezeit u. Frzeit schief abstehend, alle gleich
         lang. *Bgwiesen, am adr. Meer* (5—6) ♃. 5. *O.* **comosum** *L.*
  2*. Bthn in Dolden od. Doldentrbn.
     5. Bthnstiele aufrecht. *Bgwiesen, am adr. Meer* (5—6) ♃.
                                   6. *O.* **collinum** *Guss.*
     5*. Bthnst. wagrecht, bes. d. Frzeit. *Wiesen, Aecker, nicht selt.*
         (5—6) ♃. . . . . 7. *O.* **umbellatum** *L.*
     5**. Unt. Bthnstiele z. Frzeit abwts gerichtet, w. zurückgebrochen.
          Aecker, Hügel, am adr. Meer (4—5) ♃.
                                   8. *O.* **refractum** *Kitbl.*
1*. Stbfäden mit 2 Seitenzähnen; Bthnstiele wenigsts z. Frzeit ein-
    seitswendig, hängd ; Bthn grünlich. (Albucea *Rchb.*, Myoga-
    lum *Lk.*)
     6. Zähne d. Stbfäden so lang u. länger als d. Stbkölbch. Bthn
        glockig in lockeren Trbn. *Wiesen, Aecker selt.* (4—5) ♃.
                                   9. *O.* **nutans** *L.*
     6*. Z. d. Stbfdn. kzr als d. Stb. Bthn ausgebreitet in dicht. Trbn
         (ob var?) *Bgwiesen s..* (4—5) ♃. 10. *O.* **chloranthum** *Saut.*

10. **Gagea** *L.* (15*). Bthn gelb, aussen grünlich, meist sternfg
ausgebreitet. Stbfäden **pfriemlich**, d. Frboden eingefügt mit
aufrecht. Stbkolb. Zwiebelgew. mit lineal grdstdgn B. (Orni-
thogalum *L.*)
  1. Wzlstock aus 3 von keiner gemeinschaftlichen Haut einge-
     schlossenen Zwiebeln bestehend; Grdstdge B. lineal rinnig,
     1—2; Bthn 1—3 allseitswendig (einseitswendig. var. pratensis).
     Aecker, Wiesen häufig (4) ♃. . . 1. *G.* **stenopetala** *Rchb.*
  1*. Wzlst. aus 1 oder 2 von einer gemeinschaftlichen Haut um-
      gebenen Zwiebeln bestehend.
     2. Grundst. B. röhrig hohl, meist einzeln.lineal stumpf; Pfl.
        2—5blthg mit meist zottig. Bthnstiel. *Bgwiesen d. Alpen
        selt.* (5—6) ♃. . 2. *G.* **Liottardi** = *G.* **fistulosa** *Schult.*
     2*. Grdst. B. nicht röhrig hohl.
        3. Grdst. B. einzeln; Stgl 1—8blthg. doldig.
           4. Bthndolden v. e. einzelnen Deckb. umgeben, B. d. Bthn-
              hülle spitz; Stgl am Grd mit 2 Zwieb.: Grdst. B. lineal
              rinnig. *Bgwiesen selt., bes. d. Alpen* (4—5) ♃.
                                   3. *G.* **minima** *Schult.*
           4*. Bthnd. von 2 gegenstdgn B. umgeben: Zwieb. einzeln.

Gagea. ASPHODELEAE.

§ 120.
    5. Grundstdge B. flach, lineal-lanzettl. *Waldwiesen, Gebüsch.
nicht selt.* (3—4) ♃. . . . . **4.** *G.* **lutea** *Schult.*
    5*. Grdst. B. lineal rinnig. *Bgwälder, (Böhmen, Oester.)* (3—4)♃.
                                          5. *G.* **pusilla** *Schult.*
3*. Grdst. B. 2.
    6. Grdst. B. lineal, 1''' breit; Stgl 3—6'' hoch mit meist mehreren Bthn.
    7. Bthn doldig v. e. einzelnen Deckb. umgeben. Blblätter spitz; Bthnstiele flaumig. *Aecker, nicht selt.* (3—4) ♃.
                                            6. *G.* **arvensis** *Schult.*
    7*. Bthn von einem grossen u. einem kleinen Deckb. eingeschlossen, Blbl. stumpf, Bthnstiele kahl. *Wiesen, Wälder ss. (nördl. Deutschld)* (4—5) ♃. **7.** *G.* **spathacea** *Schult.*
    6*. Grdst. B. fadenfg, höchst. ½''' breit, Stgl 1—3'' hoch 1—2blthg.
    8. Frknot. vkeifg, Pfl. zottig behaart. *Felsen, stein. Abhge selt.* (3—4) ♃. . . . . . . **8.** *G.* **saxatilis** *Koch.*
    8*. Frkn. vkherzfg; Pfl. kahl od. flaumig behaart. *Felsen, stein. Abhänge selt.* (3—4) ♃. . **9.** *G.* **bohemica** *Schult.*

    11. **Scilla** *L.* (14*). „Meerzwiebel." Bthn sternfg ausgebreitet. Stbfdn der Bthnhülle eingefügt mit **aufliegdn** Stbkolb. Zwiebelgew. mit linealen grundstdgn B. u. meist **blauen** Bthn in einseitswendigen Trbn.
    1. Bthntrbn am Grund ohne Deckb. oder nur von kzn Deckb. umgeben.
    2. Grdst. B. 3—5.
    3. Deckb. kz abgeschnitt. oder gezähnt. *Bgwiesen, Wälder, selt.* (4) ♃. . . . . **1.** *Sc.* **amoena** *L.*
    3*. Deckb. fehld; B. erst nach d. Bthe sich entwickelnd. *Hügel, Aecker, in Gebirgsggdn ss. (Rheinggdn, adv. Meer)* (7—8) ♃. . . . . **2.** *Sc.* **autumnalis** *L.*
    2*. Grdstdge B. 2; Deckb. fehld. *Bachufer, Bgwälder ss.* (3—4) ♃.
                                            3. *Sc.* **bifolia** *L.*
1*. Bthntrbn am Grund v. verlängert. Deckb. umgeben.
    4. Deckb. einzeln; Stbbtl weisslich. *Zierpfl. a. Spanien* (4—6) ♃.
                                           3 b. *Sc.* **verna** *Huds.*
4*. Deckbl. gepaart.
    5. Bthn ausgebreitet in aufrecht. Trbn. *Felder, Hügel sss. (Bern, Baden)* (4—5) ♃. . . . . . . **4.** *Sc.* **italica** *L.*
    5*. Bthn fast glockenfg zusammenneigend in nickdn Trbn. *Zierpfl. aus Südeuropa* (4—5) ♃. 4 b. *Sc.* **nutans** *Sm.*

    12. **Allium** *L.* (11*). „Lauch." Bthn in Köpfch. od. Dolden, vor d. Aufblühen von einer 1—2blättrigen **Hülle (Scheide)** eingeschlossen. **Starkriechende** Zwiebelgewächse mit einfachem Stgl u. meist grundstdgn B.
    1. B. flach oder rinnenfg, meist nicht hohl.
    2. B. alle grundständig; Stglb. fehlend.
    3. B. eifg-lanzettlich langgestielt, Bthn weiss in flach. Dold. *Bgwälder selt.* (4—5) ♃. . . . . . . **1.** *A.* **ursinum** *L.*
    3*. B. lineal, oder lineal-lanzettl., sitzd.
    4. Stgl rund (b. 4 fast fehld.)
    5. Bthn weiss, oder auf den Rücken m. e. grünen Streifen.

6. B. am Rande kahl, lanzettl. Frkn., fast schwarz. *Aecker,* § *120.*
Bgabhänge sss. (b. *Wien u. Bonn*) (5—6) ♃.
        2. *A.* **nigrum** *L.* = **multibulbosum** *Jacq.*
6*. B. am R. gewimpert.
   7. Stgl deutlich verlängert; Frkr. gelbl. *Hügel, auf d. Inseln d. adr. Meeres* (4) ♃.   3. *A.* **subhirsutum** *L.*
   7*. Stgl verkürzt, unterirdisch, Dolden wenigblthg, die Frtragdn Strahlen zurückgebogen. *Sandfelder am adr. Meer* (12—1) ♃. . . . . . 4. *A.* **chamaemoly** *L.*
   5*. Bthn rosenroth, zieml. gross; B. am Rande gezähnelt rauh. *Aecker, Abhge am adr. Meer* (4—5) ♄. 5. *A.* **roseum** *L.*
   4*. Stgl scharfkantig; B. flach, ebenso breit als d. Stgl.
     8. B. unters. nicht gekielt; Dold. kuglig; Stbgef. lgr als d. Bthn. *Felsen ss.* (6—7) ♃. . . . . 6. *A.* **fallax** *Don.*
     8*. B. unters. scharf gekielt; Dold. flach, Stbgef. so lang als die Bthn. *Wiesen selt.* (6—7) ♃.
                     7. *A.* **acutangulum** *Schrdr.*
2*. Stgl wenigsts bis zur Mitte mit scheidenfg umfassenden B. besetzt
   9. Stbfdn unzertheilt oder höchstens mit 2 kurzen stumpfen Fortsätzen an der Seite.
   10. Btbnscheide abfällig, oder wenigstens nicht mit geschnäbelten Klappen: Stbgef. abwechselnd breiter, tief im Schlunde der Bthnhülle eingefügt.
   11. B. breit elliptisch, kurz gestielt; Bthn weisslich grün. *Stein. Abhge d. Alpen u. höher. Gebirge* (7—8) ♃.
                     8. *A.* **victorialis** *L.*
   11*. B. schmal ungestielt; Bthn röthlich od. weisslich.
   12. Stbfäden abwechselnd breiter, aber am Grde völlig ungezähnt.
   13. B. rund, auf d. Obers. rinnenfg; Bthnscheide spitz.
   14. B. am Rande fein wimprig rauh; Stbgef. fast kürzer als die Bthnbülle; Bthnscheide einblättrig. *Hügel, stein. Abhänge am adr. Meer* (7—8) ♃.
                     9. *A.* **moschatum** *L.*
   14*. B. am R. kahl; Stbgef. fast doppelt so lang als die Bthnhülle; Bthnschde 2blättrig. *Felsspalt d. südl. Alpenggdn* (7—8) ♃. 10. *A.* **saxatile** *M. B.*
   13*. B. flach, lineal; Bthnschdn kz.
   15. Bthn gelblichweiss; Stbgef. doppelt so lang als d. Bthnhülle; Bscheiden an der Spitze quer abgeschnitten. *Felsen d. südl. Alpggdn* (7—8) ♃.
                  11. *A.* **ochroleucum** *W. K.*
   15*. Bthn röthlich; Stbgef. kzr; Bschdn in d. Spitze schief abgeschnitten. *Sumpfwiesen ss. (südl. Deutschld)* (7—8) ♃. . 12. *A.* **suaveolens** *Jacq.*
   12. Stbfäden am Grd m. 2 kzn stumpf. Seitenzähn.
   16. Am Grd d. Doldenstiele keine Zwiebelchen, Bthn weiss, in vielbthgn flach gewölbt. Dold.. Bthnschdn 2klappig. *Felsen, stein. Abhge* (7—8) ♃.
                    13. *A.* **strictum** *Schrdr.*
   16*. Am Grund d. Doldenstiele zahlreiche kleine Zwiebelchen; Stgl v. dem Aufblühen ringfg einwts gebogen; Bthnschde 1blättr; Bthn schmutzig weiss.

§ 120. ──── 17. B. oberseits rinnig; Zwiebelch. länglich. *Häufig als Gemüsepfl. cult.* (7—8) ⚄. „*Knoblauch.*"
             13 b. *A.* **sativum** *L.*
 17*. B. flach; Zw. rundlich. *Häufig als Gemüsepfl. cult.* (6—8) ⚄. „*Rocambolle*". 13 c. *A.* **ophioscorodon** *Don.*
  10. Bthnscheiden bleibd, 2blättrig, das eine B. schnabelfg verlängert; Stbgef. über d. Schlunde d. Bthnh. eingefügt.
  18. Stbgef. so lg oder länger als die Bthnhülle.
   19. Bthn röthlich od. grünl.; B. unters. mit einigen hervortretenden Rippen.
    20. Stbgef. so lang als die Bthnhülle. *Aecker nicht selt.* (6—7) ⚄. . . . . . . 14. *A.* **oleraceum** *L.*
    20*. Stbg. doppelt so lg als d. B. d. Bthnhülle. *Hügel, Gebüsch ss.* (6—7) ⚄. . . . 15. *A.* **carinatum** *L.*
   19*. Bthn gelb; B. beiders. völlig glatt, lineal, markig, obers. seichtrinnig, unterseits convex, am Rande stumpf. *Bgwiesen, stein. Abhge s.* (Oesterr.) (7—8) ⚄.
             16. *A.* **flavum** *L.*
  18*. Stbgef. kzr als die Bthnhülle, diese röthlich.
   21. B. lineal grasartig, innen hohl, unterwts rinnenfg, oberwts flach, unters. kantig, Blb. abgerundet stumpf. *Hügel, Abhänge auf d. Inseln d. adr. Meeres* (7—8) ⚄.
            17. *A.* **pallens** *L.*
   21*. B. schmal lineal, halbrund, nicht hohl; Blbl. spitz. *Hügel, Abhänge am adr. Meer* (6—7) ⚄.
         18. *A.* **paniculatum** *L.*
 9*. Stbfdn beiders. mit spitzen oft zusammengedrehten Zähnen.
  22. Am Grd d. Doldenstiele ohne Zwiebelchen.
   23. B. flach, breit lineal.
    24. Stbfäden länger als d. Stbbeutel. *Häufige Gemüsepflanze aus Südeuropa* (7—8) ⚄. „*Porré.*"
         18 b. *A.* **porrum** *L.*
    24*. Stbfäden nicht länger als d. Stbbeutel. *Aecker sss. (Rheinggdn, am adr. Meer)* (6—7) ⚄.
         19. *A.* **ampeloprasum** *L.*
   23*. B. schmal lineal od. walzig.
    25. B. flach; Stbgef. kürzer als d. Blb. *Aecker s.* (7—8) ⚄.
         20. *A.* **rotundum** *L.*
    25*. B. halbrund, obers. mit e. tiefen Rinne. *Aecker ss.* (7—8) ⚄. . . . . 21. *A.* **sphaerocephalum** *L.*
  22*. Am Grd d. Doldenst. zahlreiche kleine Zwiebelch.
   26. B. walzig. *Aecker, nicht selt.* (7—8) ⚄.
         22. *A.* **vineale** *L.*
   26*. B. flach. *Aecker, nicht selt.* (7—8) ⚄.
         23. *A.* **scorodoprasum** *L.*
1*. B. vollkommen röhrig hohl, gnz od halbrund.
 27. Stbfädn ungezähnt.
  28. B. u. Stgl nicht aufgeblasen; Bthn röthlich, Bthnschdn so lg als d. Doll. *Flussufer ss., auch cult.* (6—7) „*Schnittlauch.*" . . . 24. *A.* **Schoenoprasum** *L.*
  28*. B. u. Stgl unter d. Mitte bauchig aufgeblasen; Bthn weisslich. *Allgem cult.* (6—7) ⚄. „*Winterzwiebel.*"
        24 b. *A.* **fistulosum** *L.*
 27*. Stbfäden am Grde beiders. mit 2 kurzen stumpfen Zähnen; Bthn weisslich.

29. B. u. Stgl nicht aufgeblasen; Btbnscheide kzr als d. Dold. § 120. *Allgem. cult., blüht aber ss.* (6—7) ♃. „Schallote."
24 c. *A.* **ascalonicum** *L.*

29*. B. u. Stgl unter d. Mitte bauchig aufgeblasen. *Allgemein cult.* (6—7) ♃. „Sommerzwiebel". . . . . . . 24 d. *A.* **cepa** *L.*

III. *Hemerocallideae.* Bthn 6spaltig nicht über die Mitte getheilt; Samen kuglig; Samenfächer wenigsamig.

13. **Hemerocallis** *L.* (16). Bthn trichterfg am Grd mit verlängerter walziger Röhre, gelb.; Stbgef. d. Schld derselben eingefügt. Stattl. Krtr. mit gross. Bthn in rispig. Trauben.
 1. Bthn hellgelb, wohlriechd. Blbl. nur mit parallelen Streifen, flach. *Sumpfggdn, Gebüsch, besond. d. Alpengydn, auch als Zierpfl.* (6—7) ♃. . . . . 1. *H.* **flava** *L.*

1*. Bthn rothgelb, geruchlos; Blb. netzstreifig, d. 3 inneren wellig. *Wiessen sss. (C. Wallis), auch als Zierpfl.* (7—8) ♃.
2. *H.* **fulva** *L.*

14. **Endymion nutans** *Dum.* (17). Bthn walzig glockig mit glockigem Schlund und auswts zurückgebogenen Abschnitten. Zwiebelgew. m. breit lineal. B. u. blauen Bthn in einseitswdgn Trbn. *Wälder sss. (Westphalen)* (5) ♃.

14 b. **Hyacinthus orientalis** *L.* (19). Bthn glockig mit kuglig Schld und bis z. Mitte gehenden nach aussen zurückgebogenen Abschnitt. Zwiebelgewächs mit lineal. grundstdgn B. u. weissen, blauen od. roth. Bthn in dichr. reichbthgn allseitswdg. Trbn. *Häufige Zierpfl. aus d. Orient* (4—5) ♃.

15. **Muscari** *Tourn.* (19*). Bthn kuglig oder eifg-länglich m. kurz 6zähnig. Saum. Zwiebelgew. mit lineal. grundst. B. u. meist blauen Bthn in vielbthgn Trbn.
 1. Ob. Bthn länger gestielt als die unteren, grünlichblau, d. oberen aufrecht unfrbar, die unteren wagrecht. *Aecker selt.* (5—6) ♃.
1. *M.* **comosum** *Mill.*

1*. D. oberen Bthn kürzer gestielt, fast alle hängend.
 2. Bthn länglich eifg; B. lineal, schlaff, bogig zurückgekr. *Aecker s.* (4—6) ♃. . . . . 2. *M.* **racemosum** *DC.*
 2*. Bthn kuglig eifg. B. lanzettl. aufrecht. *Aecker s.* (4—6) ♃.
2 b. *M.* **botryoïdes** *Mill.*

IV. *Abameae.* Stbkolb. behaart, Samenhaut am Grd u. an der Spitze m. fadenfgn Anhängseln. Bthnhülle 6blättrig.

16. **Narthecium ossifragum** *Huds.* (12). Bthnhülle 6blättrig sternfg ausgebreitet. Stbfäden wollig behaart. Beblättertes Krt mit grösser. grundstdgn und kleinen Stglb., und gelb. Bthn in dicht. Trauben. *Torfwiesen, Sumpfboden, (Norddeutschld)* (7—8) ♃.

§ 121. **COLCHICACEAE.** *DC.*

Bthn 6gliedrig, Stbgef. eben so viele mit nach aussen aufspringdn Beuteln. Frkn. n. Griffel 1—3 Fr.; kapselartig mehrsamig, einwts aufsprgd. Meist Giftpflanzen.
1. Gr. einer m. 3 Narben; Bthn hellviolettroth mit d. B. erscheinend, grundstdg. . . . . 1. **Bulbocodium.**
1*. Gr. 3.
2. Bthnh. 6spaltig, trichterfg glockig, am Grd mit langer Röhre. Stgllose Zwiebelgewächse mit grundst. B. u. Bthn.
2. **Colchicum.**
2*. Bthnh. 6blättrig, sternfg ausgebreitet; beblätterte Krtr mit meist mehrbthgn Stgl u. traubig-rispigen Bthn.
3. Staubbeutel queraufspringd; Bthn polygamisch; Krtr. mit ellipt.-eifgn B. . . . . 3. **Veratrum.**
3*. Stbbtl längsaufsprgd; B. lineal-lanzettl. Bthn alle zwittr.
4. **Tofieldia.**

1. **Bulbocodium vernum** *L.* (VI. 1). Bthnhülle 6 blättr. trichterfg. am Grund in e. Nagel verschmälert. hellviolett. Zwiebelgewächs m. grundstdgn, gleichzeitig erscheinenden B. u. Bthn. Gr. 1 m. 3 Narben. *Wiesen sss. (Unterwallis)* (3) ♃.

††   2. **Colchicum** *L.* (VI. 3). „Herbstzeitlose." Bthnh. trichterfg glockig 6theilig mit verlängerter Röhre, hellviolett. Frkn 1 mit 3 Griffeln, Kapseln aufgeblasen, zuletzt in 3 Balgkapseln zerfalld. Zwiebelgewächs m. grundst. Bthn u. erst im nächsten Frühjahre erscheinenden Früchten u. B.
1. Abschnitte d. Bl. wellig gestreift.
2. Stbgef. abwechsld höher u. tiefer eingefgt; B. breit lanzettl., am Grund u. Spitze schmäler, Zwiebel mehrbthg. *Wiesen häufig, in Norddeutschland selt.* (8—10) ♃.
††   1. *C.* **autumnale** *L.*
2*. Stbgef. gleichfg eingefügt; B. lineal-lanzettlich, stumpf am Grunde schmäler, Zwiebel 1bthg. *Bgwiesen d. Alpen sss.*
†   (C. Wallis) (7—8) ♃. . . . . . . 2. *C.* **alpinum** *DC.*
1*. Abschn. d. Blkr. mit geraden Streifen, B. lineal-lanzettl. rinnig; Zwiebel 1—3bthg. *Hügel, Wiesen, am adr. Meer ss.* (8—10) ♃.
†   3. *C.* **arenarium** *W. K.*

††   3. **Veratrum** *L.* (VI. 3). „Germer, Niesswurz." Bthn 6blättrig ausgebreitet. Staubbeutel queraufspringend; Frkn. u. Kpseln 3; Samen flachgedrückt oder geflügelt. Krtr. mit eifgn B. und rispig. Bthn.
1. Blblätter purpurbraun, ganzrandig, nicht od. nur wenig länger als ihr Stielchen. *Bergwälder d. südl. Alpengyln, auch als*
††   *Zierpfl.* (8) ♃. . . . . 1. *V.* **nigrum** *L.*
1*. Blbl. weisslich od. grünl., gezähnelt, viel läng. als ihr Stielch. *Bgwiesen d. Alpen selt.* (7—8) ♃.
††   2. *V.* **lobelianum** *Rchb.* — **album** *L.*

4. **Tofieldia** *Hudson.* (VI. 3). Bthn 6blättrig, ausgebreitet; Stbbeutel längs aufspringend; Frkn. u. Kapseln 3· Samen längl.

stielrd. Beblätterte Krtr mit lineal. grasart. B. u. gelbl. Bthn in *§ 121.*
armbthgn Trbn. (Anthericum *L.*)
  1. Bthnstiech. mit 2 Deckblättch., das eine am Grde d. Bthnstiels,
     das andere d. Bthn genähert, kchartig, 3lappig; B. vielrippig.
     Sumpfwiesen, bes. d. Alp. (7—8) ♃. 1. **T. calyculata** *Whlbg.*
  1*. Bthnstielch. nur mit einem 3lappig. Deckb. am Grde; B. meist
      3rippig. *Sumpfwiesen d. höchst. Alpen* (7—8) ♃.
                                2. **T. borealis** *Whlbg.*

XLIV. Ordn. **AROÏDEAE.** *Juss.* Bthn in Kolb. od. Aehren
oft von grossen scheidenfgn Deckb. gestützt. Bthnhülle meist un-
vollkommen, schuppig, borstig oder ganz fehlend. Fr. einsamig
nicht aufspringd; Same eiweisshaltig; Keim mit kurzen Wzlchn.

§ 122. TYPHACEAE. *Juss.*

Bthn einhäusig in dichten walzig. oder kuglig. Aehren, die
oberen Aehren männlich, die unteren weiblich; Blthnhülle schuppig
oder borstig; Deckb. hinfällig; Frknot. einfächerig, einsam. Same
hängd; Fr. trocken.
  1. Bthnstand walzig; Deckb. u. Bthnhülle borstig. 1. **Typha.**
  1*. Bthnstand kuglig; Deckb. u. Bthn schuppig.
                                              2. **Sparganium.**

  1. **Typha** *L.* (XXI. 3). Bthn in länglich walzig oder ellipt.
Kolben; Bthnhüllb. borstig. Frkn. gestielt. Sumpfgew. mit kriechdr
Wzl und steifaufrecht. 2reihig beblättert. Stgl.
  1. B. lineal, länger als d. Stgl.
    2. Männliche u. weibl. Kolb. sich berührend, schwarzgrün;
       Narben eifg. spatelig. *Ufer, Gräben* (7—8) ♃.
                                            1. *T.* **latifolia** *L.*
    2*. M. u. w. K. von e. entfernt, rothbraun; Narben schmal lineal
        verlängert. *Ufer, Gräben* (7—8) ♃. 2. *T.* **angustifolia** *L.*
  1*. B. kürzer als d. Stgl, an d. blühenden Stgln lanzettlich, an den
      nicht blühenden lineal; männl. u. weibl. Aehren v. e. entfernt.
      Sandige Ufer (Alpen) (4—5) ♃ . . . 3. *T.* **minima** *Hoppe.*

  2. **Sparganium** *L.* (XXI.) Bthnähren kuglig mit schup-
pig. Hüllb. Sumpfgew. mit lineal. 3seitig. B.
  1. Stgl ästig; B. mit 3 concaven Seiten u. fast nur am Grd 3kan-
     tig. (Sp. erectum *L.*) *Ufer, Gräben häufig* (7—8) ♃.
                                         1. *Sp.* **ramosum** *Hds.*
  1*. Stgl einfach.
    2. Stgl aufrecht; Narben schmal; B. deutlich 3kantig (Sp. erec-
       tum var β *L.*) *Ufer, Gräben häufig* (7—8) ♃.
                                         2. *Sp.* **simplex** *Huds.*
    2*. Stgl schlaff, schwimmend, und nur mit d. Spitze aus dem
        Wasser hervorragd.
    3. Männl. Kolb. einzeln, weibl. meist 2, kzgestielt od. sitzd.
       Gräben, Ufer selt. (7—8) ♃. . . . 3. *Sp.* **natans** *L.*

$\S$ 122. 3* Männl. u. weibl. Kolb. meist mehrere, die unteren oft langgestielt. *Teiche, Flüsse sss. (Rheingydn)* (7—8) ♃.
4. *Sp.* **affine** *Schnizl.*

§ 123. ORONTIACEAE. *R. Br.*

Bthn zwittrig mit 6blättr. Hülle, in Kolben; Bthnscheiden fehlend, Fr. trocken.

1. **Acorus calamus** *L.* (VI. 1). Aromatisches Sumpfgewächs mit kriechdm walzigen Wzlstock und 2—4' hoh. in e. blattartige Spitze enddn blattlosem Stgl, seitenstdgm, gelbgrünen Kolben und breit lineal. B. *Gräben, Ufer nicht selt.* (6—8) ♃. "*Calmus.*"

§ 124. CALLACEAE. *R. Br.*

Bthn auf e. von einer blatt- oder blumenartigen Scheide umgebenen Kolben. Bthnhülle fehld; Fr. e. Beere. Krtr. mit am Grd herz- oder spiessfgn, oft netzrippig, langestielt. B.
1. Bthnkolb. an d. Spitze mit Bthn besetzt; Frkn. u. Stbgef. dch einander stehd. . . . . 2. **Calla.**
1*. Bthnk. an der Spitze nackt. Frknoten am Grde desselben, darüber d. Staubgef. . . . . 1. **Arum.**

1. **Arum** *L.* (XXI.) Bthnkolb. an d. Spitze nackt; Frknoten am Grd desselb., Stbgef. darüber; Bthnscheidn grünlich, tütenfg. Krtr mit pfeilfgn oder spiessfgn B.
   1. Kolben an d. Spitze gerade od. nur wenig gebogen; B. spiessfg-pfeilfg.
   2. B. gleichfarbig grün od. braunfleckig; Kolb. violett. *Wälder, Hecken, Gebüsch* (5) ♃. . . . . . 1. *A.* **maculatum** *L.*
   2*. B. weissgestreift; Kolb. gelblich. *Bywälder, am adr. Meer* (4—5) ♃. . . . . 2. *A.* **italicum** *Mill.*
   1*. Kolb. an d. Spitze hackig gebogen; B. herzpfeilfg. *Bywälder, am adr. Meer* (3—4) ♃. . . . . . 3. *A.* **arisarum** *L.*

2. **Calla** *L.* (XXI.) Bthnkolb. bis z. Spitze mit dcheinander stehdn Frkn. u. Stbgef. besetzt; Bthnstandschde mehr oder weniger blumenartig, weiss.
   1. Bthnscheide flach, B. herzfg. *Sümpfe selt.* (5—6) ♃.
       1. *C.* **palustris** *L.*
   1*. Bthnschde trichterfg, B. pfeilfg. *Zierpfl. aus Africa* (3—5) ♃. (*Richardia africana Kth.*) . . . . . 1 b. *C.* **aethiopica** *L.*

XLVI. Ordn. **HELOBIEAE** *Bartl.* Bthn einhäusig oder § 125. zwittr. mit meist gefärbter Bthnhülle. Fr. trocken, meist kapselartig. Same eiweisslos. Meist wasserliebde Pfl.

§ 125. BUTOMEAE. *Rich.*

Bthnhülle 6blättrig, blumenkronartig: Frknot. mehrere, vielsamig, d. Samen d. ganzen Innenfläche der Frknot. eingefügt.

1. **Butomus umbellatus** *L.* (IX. 1). Bthn rosenroth in Dold. Blthn alle grundstdg lineal 3kantig. *Gräben, Ufer nicht selt.* (6—8) ♃.

§ 126. ALISMACEAE. *Juss.*

Bthn mit Kch u. Krone; Kch 3blättr. Blkrn. 3blättr. nebst d. Stbgef. d. Frboden eingefügt. Frkn. mehrere, jeder mit e. Griffel endend, 1—2samig. Fr. trock. nicht aufspringd. Pfl. mit meist breit. B.
  1. Bthn einhäusig; Stbgef. zahlreich. . . . 2. **Sagittaria.**
  1*. Bthn zwittrig; Stbgef. 6. . . . . 1. **Alisma.**

1. **Alisma** *L.* (VI. 4). Bthn zwittr. mit 3blättr. Kch u. Blkr. Stbgef. 6; Frkn. 6 oder mehr, einsamig. Sumpfl. mit eifgn-lanzettl. B. u. weissen od. (bei 3) röthlich. Bthn.
  1. Stgl beblättert, B. schwimmend eifg od. länglich, die grundstdgn lineal; Bthn zu 1—5 an den Gelenken des Stgls sitzd. *Teiche, Gräben selt. (Rheinggd., Norddeutschld)* (6—8) ♃.
                                        1. *A. natans L.*
  1*. Stglb. fehld.
  2. Fr. dch. bleibenden Griffel in e. lange Spitze endend; B. länglich, tief herzfg; Bthnstand rispig. *Teiche, Gräben selt. (Norddeutschland)* (6—8) ♃. . . 2. *A. parnassifolius L.*
  2*. Fr. stumpf.
  3. Bthnstd quirlig rispig, reichbthg; B. meist eifg (var. m. lin. B. . β graminifolius). *Ufer, Gräben häufig* (6—8) ♃.
                                          3. *A. plantago L.*
  3*. Bthnstd armbthg doldig; B. lanzettl. lineal. *Teiche, Gräben selt. (Rheinggd., Norddeutschld)* (6—8) ♃.
                                            4. *A. ranunculoides L.*

2. **Sagittaria sagittaefolia** *L.* (XXI. 5). Bthn einhäusig; Kch u. Krone 3blättrig. Kahles Krt mit langgestielten pfeilfgn B., gestielt. weiss. Bthn in quirlstdgn Trbn u. grossen kuglig. Frköpfchen. *Gräben, Teiche* (7—8) ♃.

§ 127. JUNCAGINEAE. *Rich.*

Bthnhülle 6blättrig, mehr od. weniger kchartig. Frkn. mehrere 1—2samig, getrennt oder verwachsen. Kleine Krtr mit schmal lineal. B. u. grünl. trbnfgn Bthn.

§ 127. 1. Bthnh. tief 6thlg; Stbfädn schlank, Narbe schief aufgewachsen;
Stgl. beblätt. Frkn frei. . . . . . 2. **Scheuchzeria**.
1*. Bthnhülle 6blättr. Stbfdn sehr kz; Narbe federig, B. grundstdg;
Frkn anfangs mit e. verwachsen. . . . 1. **Triglochin**.

1. **Triglochin** *L.* (VI. 3). Bthn klein, grünl. in langen lockeren Trauben; Stglb. fehld; Frkn. anfangs völlig m. e. verwachsen.
 1. Frkn. eifg, aus 6 mit e. verwachsenen Frchtchen gebildet;
 Schaft durch d. scheidenfgn B.-Ueberreste zwiebelartig verdickt.
 Feuchte Wiesen, Sumpfggdn (6—7) ♃. 1. *T.* **maritimum** *L.*
 1*. Frkn. lineal, aus 3 mit e. verwachsen, Frchtch. gebildet; Schaft
 am Grde nicht merklich dicker. *Feuchte Wiesen, am Meer
 und auf Salzboden* (6—7) ♃. . . . . 2. *T.* **palustre** *L.*

2. **Scheuchzeria palustris** *L.* (VI. 3). Stgl beblätt.
3—8" hoch; Frkn. nur am Grd mit e. verwachsen. Bthn grünlich
in armbthgn Trbn. *Sumpfwiesen selt.* (5—6) ♃.

§ 128. NAJADEAE. *Link.*

Bthn eingeschlechtig od. zwittr.; Bthnh. 4thlg od. ganz fehld;
Frkn. 1 od. mehr, einsamig; Wasserpfl. mit untergetauchten oder
schwimmenden B. u. oft sehr wenig bemerkl. Bthn.
1. Frknoten 4 od. mehr. (Potameae *Juss.*)
2. Bthnhülle deutlich, 4gliedrig, Bthn zwittrig.
 1. **Potamogeton**.
2*. Bthnhülle undeutl. oder fehld.
 3. Bthn zwittrig; Frkn. 4, zuletzt langgestielt, B. abwechselnd oder gegenstdg, borstig. . . . . 2. **Ruppia**.
 3*. Bthn einhäusig, v. e. scheidenfgn gemeinschaftlich. Hülle
 umgeben; B. 3quirlig. . . . . . 3. **Zannichellia**.
1*. Frkn. einer; Bthn 1—2häusig. d. männlich m. 1 Stbgef.
4. Bthn blattwinkelstdg, nicht von e. Hülle umgeben. 4. **Najas**.
4*. Bthn zahlreich, auf einem von einer in e. blattart. Spitze endenden Scheide umgebenen Kolben. . . . 5. **Zostera**.

1. **Potamogéton** *L.* (IV. 1). Bthn zwittr. mit 4 theiliger
Bthnhülle. Stbkolb. sitzd; Frkn. 4 m. sitzdn Narben. Meist schwimmende Krtr m, grünl. ährenfgn Bthn. Oft schwierig zu unterscheidde
Arten.
 1. Obere B. schwimmend, lederartig (b. 3—8 zuweilen fehld) d.
 untergetauchten dünn, häutig.
 2. B. alle langgestielt.
  3. Die unterget. B z. Bthezeit nicht mehr vorhanden; stgl
  einfach. *Gräben, Teiche* (7—8) ♃. . . 1. *P.* **natans** *L.*
  3*. D. unterget. B. z. Bthezeit noch vorhanden.
   4. Schwimmende B. am Grde seicht herzfg, m. stumpfem
   Rande.
   5. Stgl einfach; Aehren dick, mit ziemlich grossen Bthn.
   Gräben selt. (7—8) ♃.
     2. *P.* **oblongus** *Viv.* — **polygonifolius** *Pour.*
   5*. Stgl ästig; Aehr. dünn kleinbthg. *Teiche, Gräben ss.*
   (7—8) ♃.
     3. *P.* **Hornemanni** *Mey.* — *P.* **plantagineus** *Ducr.*

4*. Schwimmende B. in d. Bstiel verschmälert od. am Grund § 128. abgerundet.
6. Schwimmende B. am Grd abgerundet od. kz verschmälert, eifg. *Flüsse (Norddeutschland, Rheinggdn)* (7—9) ♃.
          4. *P.* **fluitans** *Roth.*
6*. Schwimmende B. am Grd lang keilfg verschmälert, fast spatelfg (wohl var v. 4?) *Flüsse (Rheinggdn)* (7—8) ♃.
          5. *P.* **spathulatus** *Schrd.*
2*. Wenigsts die untergetauchten B. sitzd.
 7. Stgl einfach. Untergetauchte B. am Grd schmäler, nicht umfassd stumpf. *Bäche, Teiche selt.* (7—8) ♃.
          6. *P.* **rufescens** *Schrd.*
 7*. Stgl ästig.
  8. Unterget. B. am Grund schmäler, nicht umfassd, spitz. *Bäche, Teiche nicht selt.* (7—8) ♃. 7. *P.* **gramineus** *L.*
  8*. U. B. am Grund abgerundet, halbumfassend. *Bäche, Teiche ss.* (7—8) ♃. . . . . . 8. *P.* **nitens** *Web.*
1*. B. alle untergetaucht, durchscheind häutig.
 9. Unt. B. wechselständig.
  10. B. v. deutlicher Breite.
   11. B. am Rande nicht od. nur undeutlich wellig (hieher z. Thl 3—8).
    12. B. nicht stengelumfassend.
     13. B. gestielt, gross, glänzd, dunkelgrün, breit am R. gezähnelt rauh. *Bäche, Teiche nicht selt.* (7—8) ♃.
            9. *P.* **lucens** *L.*
     13*. B. sitzd am Grd abgerundet, am Rande nicht rauh gezähnelt. *Gräben, Teiche (Norddeutschld)* (7—8) ♃.
           10. *P.* **decipiens** *Nolte.*
    12*. B. stglumfassend.
     14. B. am Grde abgerundet. halbumfassend. *Bäche, Teiche ss. (Norddeutschld, Schweiz)* (7—8) ♃.
          11. *P.* **praelongus** *Wulf.*
     14*. B. am Grd herzfg, völlig umfassend. *Teiche, Flüsse ss.* (7—8) ♃. . . . . 12. *P.* **perfoliatus** *L.*
   11*. B. am Rande wellig kraus; fein gesägt. *Teiche, Flüsse sehr häufig* (7—8) ♃. . . . . . 13. *P.* **crispus** *L.*
  10*. B. schmal lineal, fadenfg od. borstig.
   15. B. am Grd nicht scheidenartig; Stgl ästig.
    16. Stgl 2schneidig, blattartig.
     17. Aehren 10—15blthg, walzig kzr als ihr Stiel. *Teiche, Flüsse nicht selt.* (7—8) ♃. 14. *P.* **compressus** *L.*
     17*. Aehr. 4—6blthg, kopffg rundlich, meist länger als ihr Stiel. *Bäche, Teiche selt.* (7—8) ♃.
          15. *P.* **acutifolius** *M. & K.*
    16*. Stgl walzig rund od. wenig zusammengedrückt.
     18. B. 3—5rippig.
      19. Aehren etwa so lang als ihr Stiel, 6—8blthg. *Bäche, Teiche selt.* (7—8) ♃.
          16. *P.* **obtusifolius** *Lk.*
      19*. Aehr. 2—3mal kürzer als ihr Stiel, 4—5blthg. *Bäche, Teiche nicht selt.* (7—8) ♃.
          17. *P.* **pusillus** *L.*
     18*. B. einrippig, borstig fadenfg. *Bäche, Teiche sss. (Norddeutschld, auch b. Nürnberg)* (7—8) ♃.
          18. *P.* **trichoïdes** *Cham & Schlchtd.*

§ 128. 15*. B. am Grd e. stengelumfassde Scheide darstelld, lineal borstig. einrippig.
  16. Griffel kz, Frknot schief vkeifg, zusammengedrückt, auf dem Rücken gekielt. *Teiche, Flüsse sehr häufig* (4—5) ♃.
           19. **P. pectinatus** *L.*
  16*. Narbe sitzd. Frkn. fast kuglig auf d. Rücken abgerundet. *Meerufer (auch im südl. Tyrol, Teichen)* (7—8) ♃.
           20. **P. marinus** *L.*
  9*. B. alle gegenstdg, eilanzettfg, ganzrandig, wellig, Stgl gabelästig mit wenigbthgn Knäueln in d. Verästelgn. *Teiche, Flüsse sehr häufig* (7—8) ♃. . . . . 21. **P. densus** *L.*

  2. **Ruppia** (II. 1). Bthnhülle f e h l d ; Stbgef. 2 (scheinbar 4 u. je mit einander verwachsen), Frkn. 4 langgestielt; Wasserpfl. mit fadenfgm Stgl u. am Grd s c h e i d e n a r t. e r w e i t e r t e n fadenfgn gegenstdgn od. wechselstdgn B.
  1. Bthnknäuel kz gestielt auf e. geraden Stiele; Fr. langgeschnäbelt; Stbkolbensäckch. rundlich. *Gräben, Sümpfe (Meerufer, u. Salzboden)* (8) ♃. . . . . . . 1. **R. rostellata** *Kch.*
  1*. Bthnkn. lang gestielt auf e. spiralig gewunden. Stiel; Fr. kurz geschnäbelt; Stbkolbensäckch. längl. *Gräben, Sümpfe, desgl.* (8) ♃. . . . . 2. **R. maritima** *L.*

  3. **Zannichellia** *L.* (XXI. 4). B:hn e i n h ä u s i g , aber von einer gemeinschaftlichen Scheide umgeben, d. männlich. nur aus e. Stbgef. bestehd, die weibl. aus e. 3—4blättr. Bthnhülle u. 3—5 gestielt. Frchtch. Wasserpfl. m. lineal, zu 3 q u i r l i g. B. u. liegdm od. schwimmendem Stgl.
  1. Früchtch. sitzd od. kzgestielt.
  2. Frschnabel halb so lang als d. Fr. *Büche, Teiche selt.* (7—8) ♃.
           1. **Z. palustris** *L.*
  2*. Frschn. kaum ¼ so lang, als d. Fr. (wohl var v. 1), *Ufer der Nord- u. Ostsee* (7—8) ♃. . . 2. **Z. polycarpa** *Noll.*
  1*. Frchtch. lang gestielt, Frschnabel fast so lg als d. Fr. (wohl var. v. 1). *Meerufer, Gräben, auf Salzboden* (7—8) ♃.
           3. **Z. pedicellata** *Whlbg.*

  4. **Najas** *L.* (XXI. 1). Bthn 1—2häusig, die männlichen aus e. krugfgn an d. Spitze 2—3zähnigen ein Staubgef. einschliessenden Scheide bestehd; Frk n o t e n 1, sitzd, 1fächerig, einsamig mit 2—3 Narben. Untergetauchte Wasserpfl. mit gabelästig. Stgl u. lineal. am Rande g e z ä h n t. B.
  1. B. breit lineal mit dornig gezähnt. Rande, Bthn 2häusig. *Seeen, Teiche selt.* (7—8) ♃. . . . . . . 1. **N. major** *Roth.*
  1*. B. schmal lineal, fast borstig; Bthn einhäusig.
  2. Stgl zerbrechlich, B. zurückgekrümmt ausgeschweift gezähnt. *Seeen, Teiche selt.* (7—8) ♃. . . . . 2. **N. minor** *All.*
  2*. Stgl biegsam; B. abstehd, fein gezähnt. *Seeen, Teiche sss. (b. Stettin)* (7—8) ♃. . . . 3. . **flexilis** *Rostk. & Schk.*

  5. **Zostera** *L.* (XXI. 1). Bthn auf der inneren Seite e. flachen lineal. Kolbens sitzd, von e. linealen, in e. B. endend.

Scheide eingeschlossen, d. männlich. nur aus 1 Stbg. die weibl. aus § 128.
e. Frkn. mit gespaltenem Griffel bestehend, Wasserpfl. mit ästig.
Stgl u. lineal ganzrandig. B.
  1. B. schmal lineal, einrippig.
    2. Bscheiden in 2 lineale Abschnitte gespalten, B. u. Stgl 1—1½'
      lang. *Meerufer sss.* (b. *Norderney*) (7—8) ♃.
                               1. **Z. angustifolia** *L.*
    2*. Bschdn unzrthlt; B. u. Stgl 2—3" lang. *Meerufer ss.* (*Nord-
      see*) (7—8) ♃ . . . . 2. **Z. nana** *Roth.*
  1*. B. breit lineal, 3rippig, riemenfg; Nüssch. zur Frzeit glatt.
  Meerufer, (*Nord- u. Ostsee*) (7—8) ♃. . . 3. **Z. marina** *L.*

§ 129. **LEMNACEAE.** *Link.*

Bthnhülle ungetheilt, zusammengedrückt scheidenfg, seitlich hervortretd, Stbgef. 1—2, unterstdg, mit 2fächerig Stbkolb. Frkn. 1, frei, 2—6samig. Same aufrecht. Kleine schwimmende, selt, blühde Wasserpfl. mit blattartig linsenfgn Stgl, welche sich meist durch Theilung vermehren.

  1. **Lemna** *L.* (II. 1). „Wasserlinse." Bthn am Rande des Laubes hervortretend.
  1. Pfl. lanzettl. kreuzweise zusammenhängd, zuletzt gestielt, untergetaucht. *Teiche, Gräben, nicht selt.* (5—6) ⊙.
                                1. *L.* **trisulca** *L.*
  1*. Pfl. rundlich eifg, schwimmend.
    2. Pfl. unters. ziemlich flach.
      3. Jedes Pfl. mit 6—7 Würzelchen. *Teiche, Gräben, nicht selt.*
      (5—6) ⊙ . . . . 2. *L.* **polyrrhiza** *A.*
      3*. J. Pfl. nur mit 1 Wzlchn. *Teiche, Gräben, s. häufig* (5—6) ⊙.
                                  3. *L.* **minor** *L.*
    2*. Pfl. unters. halbkuglig.
      4. Jedes Pfl. mit 1 Wzlch. unters. *Teiche, Gräben, häufig*
      (5—6) ⊙ . . . . 4. *L.* **gibba** *L.*
      4*. Pfl. ohne Wzln. *Teiche, Gräben sss.* (b. *Spaa in Belg.*)
      (5—6) ⊙. . . . . 5. *L.* **arrhiza** *L.*

XL. Ordn. **JUNCINAE** *Bartl.* Bthnhülle meist 6blättr. u. wenigst. am Rande trockenhäutig; Fr. e. mehrsamige Kpsl. Same mit Eiweiss.

§ 129 b. **COMMELINACEAE.** *Endlicher.*

Bthn mit 3blättr. Kch u. Krone; Stbfäden an der Spitze in ein nierenfgs Anhängsel verbreitert, an dessen Rande die Stbbeutelfächer sitzen.

  a. **Tradescantia virginica** *L.* (VI. 1). Stbfäden am Grd zottig behaart. Aestiges Krt m. lineal-lanzettlich B. u. violetten einzelstehenden Bthn. *Zierpfl. aus America* (7—8) ♃.

§ 130. **§ 130. JUNCACEAE.** *DC.*

Bthnhülle 6blättr. trockenhäutig, Stbgef. meist 6, od. 3, d.
Blb. gegenstdg. Frkn u. Griffel 1 mit 3spaltiger Narbe. Kapsel
3klappig, mehrsamig, Keim walzig. Kräuter mit schmalen grasartig
oder röhrig. B. u. doldentrbg ährigem Bthnstand (sog. Spirren).
1. Kapsel 3fächerig; B. rinnenfg oder walzig pfrieml.
  1. **Juncus.**
1*. K. 1fächerig; B. flach, oft behaart. . . . . 2. **Luzula.**

1. **Juncus** *L.* (XI. 1). Kapsel 3fächerig, vielsamig; Grasart. Gewächse m. borstigen, rinnenfgn od. walzigen B. u. meist knäulig. Bthn.
  1. Pfl. blühende u. nicht blühde Halme treibd; diese meist blattlos oder nur am Grd mit oft in e. Stachelspitze endenden Scheiden; Bthnstand scheinbar seitenstdg.
  2. Grundstdge Scheiden mit e. stechendn Spitze endend.
    3. Kapsel so lang als die Bthnhüllb. stachelspitzig. *Sumpfggdn am Meer* (7—8) ♃. . . . 1. *J.* **maritimus** *Lam.*
    3*. K. doppelt so lang als die Bthnhüllb. zugespitzt. *Ufer am adr. Meer* (5—6) ♃. . . . . . . 2. *J.* **acutus** *L.*
  2*. Grdst. Scheiden völlig blattlos.
    4. Stgl inwendig dicht m. Mark erfüllt, glatt od. feingestreift.
      5. Bthn mit 3 Stbgef.; Bthnkn. zusammengesetzt, doldentrbg. (*J.* communis *Meyer.*)
        6. Bthnstd dicht knäulig; Kpsel eifg mit kzr stumpfer Spitze. *Gräben, Sümpfe, häufig* (6—7) ♃.
  3. *J.* **conglomeratus** *L.*
        6*. Bthnstd ausgebreitet; Kpsl mit eingedrückter Spitze. *Gräben, Sümpfe, häufig* (6—7) ♃. 4. *J.* **effusus** *L.*
      5*. Bthn mit 6 Stbgef.
        7. Bthnstd zusammengesetzt vielbthg. Stgl 1—3' hoch.
          8. Scheiden schwarzroth, Blb. schwarzbraun; Kapsel vkehrteifg stumpf. *Gräben, Sümpfe, selt.* (6—7) ♃.
  5. *J.* **diffusus** *Hoppe.*
          8*. Sch. gelbbraun; Blbl. hellbraun; Kpsl ellipt. mit e. kzn Spitze. *Gräben, Sumpfggdn, am Ufer d. Nordu. Ostsee* (7—8) ♃. . . . 6. *J.* **balticus** *Willd.*
        7*. Bthnstd 3—10- (meist 7-)bthg einfach doldentrbg.
          9. Stgl steif aufrecht; Blb. u. Kpsl dunkelbraun. *Gräben, Sümpfe, Ufer d. südl. Alpggdn ss.* (6—7) ♃.
  7. *J.* **arcticus** *Willd.*
          9*. Stgl schwach fadenfg, bogig; Kpsl u. Blb. hellbraun. *Wiesen, bes. d. Alp., auch in Norddeutschl.* (4—5) ♃.
  8. *J.* **filiformis** *L.*
    4*. Stgl inwendig mehr od. wen. hohl; Bthnstd vielbthg.
      10. Stgl durch Querscheidewände in Fächer abgetheilt, tiefgefurcht.
        11. Bthnstd gedrungen. Bscheiden schwarzroth, Stgl u. B. blaugrün. *Gräben, Sumpfwiesen, Ufer, selt.* (6—8) ♃.
  9. *J.* **glaucus** *Ehrh.*
        11*. Bthnstd locker, d. äusser. Aeste verlängert, strohgelb. *Ufer d. adr. Meeres* (7—8) ♃.
  10. *J.* **paniculatus** *Hoppe.*

10*. Stgl völlig hohl; Bthn braun in dichten Knäueln. *Ufer*, *§ 130*.
Sumpfggdn sss. (b. Rudolst.) (6—7) ♃.
          11. *J.* **fistulosus** *Gnss.*
1*. Pfl. nur blühende Stgl treibd; Bthnstd endständig.
  12. Stglb. fehld. (vgl. 24 u. 26.)
  13. Bthnstd doldentrbg rispig mit deutlich verlängert. Aesten.
   14. Stbfäden so lang als die Stbkölbch.; Kapsel länger als die Blb. *Feuchte Abhänge, Ufer, Sumpfggdn* (7—8) ♃.
          12. *J.* **supinus** *Mch.*
   14*. Stbfäden 4mal länger als die Stbk. Kpsl. ebenso lang als die Blb. *Torfwiesen selt., bes. im westl. Deutschland* (7—8) ♃. . . . . 14. *J.* **squarrosus** *L.*
  13*. Bthnstd kopffg knäulig.
   15. Blb. alle ziemlich gleichlang; Stbgef. 3.
    16. Das untere Deckb. d. Frtragendn Köpfch. abstchd oder bogig aufwärts gekrümmt; Pfl. 1—2'' hoch, oft ganz rothbr. *Ufer, Gräben am adr. Meer* (4—5) ☉.
          13. *J.* **triandrus** *Gouan.*
    16*. D. untere Deckb. der Frtr. K. steif-aufrecht. Pfl. 5—6'' hoch. *Ufer, Gräben, Sandfelder, besond. im westl. Deutschld* (6—8) ☉. . . . 15. *J.* **capitatus** *Wgl.*
   15*. Aeussere Blbl. merklich länger als die inner. Pfl. 1—2'' hoch, ausgebreitet. *Ufer, Gräben, Sandfelder sss. (Schleswig)* (6—8) ☉. . . 16. *J.* **pygmaeus** *Thouill.*
12*. Stgl wenigst. am Grund mit B. besetzt.
  17. Stgl gegliedert, inwendig fächerig röhrig.
   18. Aeussere Blb. stumpf, aber mit kzr Stachelspitze. *Gräben, Ufer, besond. d. Alpenggdn* (7—8) ♃.
          17. *J.* **alpinus** *Kll.*
   18*. Blb. völlig abgerundet stumpf, ohne Stachelspitze oder in e. allmählige Spitze endend.
    19. B. stielrund, Blbl. abgerundet stumpf, alle gleich, eben so lang als die eifge spitzige Kapselfr. *Gräben, Ufer nicht häufig* (7—8) ♃. . 18. *J.* **obtusiflorus** *Ehrh.*
    19*. B. etwas zusammengedrückt; Blb. ungleichlang oder ungleichartig.
     20. Blbl. alle gleichlang, aber die inneren stumpf, die äusseren spitz. *Gräben, Ufer nicht selt.* (7—8) ♃.
          19. *J.* **lamprocarpus** *Ehr.*
     20*. Innere Blbl. länger als die äusseren mit nach aussen gebogener Spitze.
      21. Blbl. kürzer als die Kapsel; Bglieder glatt oder undeutlich gestreift. *Gräben, Ufer, Sumpfggdn nicht selt.* (7—8) ♃. . 20. *J.* **sylvaticus** *Rchd.*
      21*. Blbl. ungefähr so lang als d. Kpsl. Bglieder fein gestreift; Blthn glänzend schwarz. *Gräben, Ufer, Sumpfggdn ss.* (7—8) ♃. 21. *J.* **atratus** *Krok.*
  17*. Stgl nicht gegliedert und nicht fächerfg röhrig.
   22. Bthn kopffg gehäuft.
    23. Kpfch. 3bthg, od. m. 1—3 einzelsthdn Bthn.
     24. Stgl an der Spitze mit 2—3borstigen verlängerten Hüllb.; Wzl kriechd.
      25. B. kürzer als d. ½ Stgl; Kpsl eifg. *Bywiesen d. Alpen u. höher. Gebirge* (7—8) ♃.
          22. *J.* **trifidus** *L.*

§ 130. 25*. B. länger als der 1/2 Stgl; K. längl. *Felsspalt, stein.*
Abhänge (7—8) ♃. . . . . 23. **J. Hostii** *Tsch.*
24*. Stgl an der Spitze nicht mit borstig. Hüllb. Wzl faserig.
26. Halm blattlos. *Feuchte Bgabhänge, Sumpfwiesen d.*
Alpen (7—8) ♃. . . . . . . 24. **J. triglumis** *L.*
26*. H. m. 1—2B. besetzt. *Torfwiesen ss. (Oberbayern)* (7—8) ♃.
25. **J. stygius** *L.*
23*. Köpfch. mehrbthg, endstdg; Wzl kriechd.
27. Halm blattlos; Blb. dunkelbraun. *Feuchte Abhge d. Alpen*
(6—7) ♃. . . . . . , . . 26. **J. Jacquini** *Ehrh.*
27*. Halm am Grd mit 2 B. besetzt; Bthn hellbr. *Bgwiesen,*
stein. Abhänge d. höchst. Alpen (7—8) ♃.
27. **J. castaneus** *Sm.*
22*. Bthnstd. doldentrbg rispig od. gablig.
28. Blb. stumpf.
29. Blbl. kzr als die Kapsel. *Wiesen, Ufer nicht selt.* (7—8) ♃.
28. **J. compressus** *Jacq.*
29*. Blb. länger als d. K. *Ufer, Sumpfboden, bes. adr. Meer u.*
auf Salzboden (7—8) ♃. . . . 29. **J. Gerardi** *Lois.*
28*. Blb. spitz, länger als die Kpsl.
30. Aeste d. Bthnstandes abstehend.
31. Kapsel eifg länglich. *Wälder, Wege, Sandfelder ss.*
(6—7) ♃. . . . . 30. **J. tenuis** *Willd.*
31*. K. rundlich stumpf. *Wege, Sandfelder s.* (6—7) ☉.
30*. Aeste des Bthnstandes aufrecht. . 31. **J. tenageia** *Ehrh.*
32. Kpsl rundlich stumpf. *Gräben, Ufer ss.* (6—7) ☉.
32. **J. sphaerocarpus** *N. a. E.*
32*. Kpsl eifg-länglich. *Wege, Gräben häufig* (7—8) ☉.
33. **J. bufonius** *L.*

2. **Luzula** *DC.* (VI. 1). (Juncus *L.*) Kpsl einfächerig, 3samig. Grasartige Gewächse mit flachen meist lang behaart. B.
1. Bthn einzelnstehend in einfach. od. wenig zusammengesetzt. Doldentrbn.
2. B. behaart; Samen mit einem Anhängsel.
3. Bthn gelbbraun; Pfl. auslfrtrbd; Grdst. B. lanzettlich.
Gräben, Wälder, bes. d. Alpenggdn (6—7) ♃.
1. *L.* **flavescens** *Gaud.*
3*. Bthn dunkelbraun, mit weissem Hautrde; Pfl. mit faseriger Wzl.
4. Bthnstiele z. Frzeit herabgedrückt; Grundst. B. lanzettl.
Wälder sehr häufig (4—5) ♃. . 2. *L.* **pilosa** *Willd.*
4*. Bthnst. auch z. Frzeit aufrcht; grundst. B. lineal. Bthnstand armbthg. *Bgwälder* (6—7) ♃. 3. *L.* **Forsteri** *DC.*
2*. B. nicht behaart; Doldentrbe mehrfach zusammengesetzt, S. ohne Anhgsl. *Bgwälder d. Alpen, (auf Kalkboden)* (6—7) ♃.
4. *L.* **glabrata** *Hppe.*
1*. Bthn büschlig gehäuft.
5. Allgemeiner Bthnstand doldentrbg rispig.
6. B. der ganzen Länge nach am Rande behaart.
7. Bthn bräunlich od. grünl.; B. breit lineal. Stgl 1½—2"
hoch. *Bgwälder* (5—6) ♃. . . . 5. *L.* **maxima** *DC.*
7*. Bthn weisslich; B. schmal lineal.
8. Blb. alle ziemlich gleichlang; Bthnstd flattrig ausgebreitet, sehr zusammengesetzt. *Wälder, bes. in Gebirgsggdn* (5) ♃. . . . . . 6. *L.* **albida** *DC.*

8*. Aeussere Blb. länger als die inneren; Bthnstd zusammen- § 130.
gezogen, büschlig. *Bgwälder d. Alpen* (5) ♃.
              7. **L. nivea** *DC.*
6*. B. nur an d. Scheidenmündg behaart, übrigens kahl, Bthn
klein, dunkelbraun, in locker. zusammengesetzt. Doldentrbn.
Bergwälder selt. (5) ♃. . . . . . . 8. **L. spadicea** *DC.*
6**. B. völlig kahl.
 9. Blbl. schwarzbraun glänzd m. weisslich. Rande. *Bgwiesen
d. Alpen ss. (Oesterreich) auf Kalkboden* (6—7) ♃.
          S. ob. 4. **L. glabrata** *Hppe.*
 9*. Blb. gelb. *Bgwiesen d. südl. Alpggdn* (5—6) ♃.
           9. **L. lutea** *DC.*
5**. Bthn in dichten eifgn, doldig oder doldentrbg gestellten
Aehren.
 10. B. rinnenfg, nur am Grde behaart; Aeste d. Rispe lappig,
überhängd; Bthn schwarzbraun. *Wälder, Wiesen d. höher.
Gebirge* (6—8) ♃ . . . . 10. **L. spicata** *DC.*
 10*. B. flach, am Rande behaart; Aeste d. R. aufrecht oder nur
z. Thl überhängd, doldig.
 11. Stbbtl 3mal länger als ihr Träger; Pfl. auslfrtrbd 3—7"
hoch. *Bgwiesen, Wälder, häufig* (5—6) ♃.
          11. **L. campestris** *DC.*
 11*. Stbbtl etwa so lang als ihr Trgr; Pfl. mit faseriger Wzl,
½—1' hoch (ob var?) *Wiesen, Wälder, häufig* (5—6) ♃.
          12. **L. multiflora** *DC.*

XLVIII. Ordn. **GLUMACAE** *Juss.* Bthn aus 1 od. mehreren trockenhäutigen sich dachig deckdn Schppn gebildet. Stbgef. meist 3; Frknot. einer, einsamig nicht aufsprgd. Bthnstd ährenfg od. rispig.

§ 131. CYPERACEAE. *Juss.*

Bthn zwittrig oder eingeschlechtig, schuppig in Aehr. oder Rispen; Bthnhülle meist nur aus einer Spelze gebildet. Stbbtl nicht xfg; Griffel 1 mit 2—3 Narben; Fr. einsamig, zuweilen (b. Carex) in e. Schlauch eingeschlossen. Keim sehr klein, am Grund des Eiweisses. Halm meist 3kantig; nicht knotig gegliedert; Bscheiden ungespalten, Blatthäutch. fehld.
1. Blthn zwittrig.
 2. Bälge mehr od. weniger deutlich 2zeilig. Bthnbüsch. einzeln.
  3. B. zahlreich, d. 1—2 unteren leer kleiner. 1. **Cyperus.**
  3*. B. 6—9, d. 3—4unter. leer . . . . . 2. **Schoenus.**
 2*. Bälge allseitig.
  4. Die unteren Bälge kleiner. Bthnbüsch. mehrere.
   5. Griffel nicht gegliedert; B. am Rande u. Kiele rauh, breit.
             3. **Cladium.**
   5*. Gr. gegliedert; B. schmal . . . 4. **Rhynchospora.**
  4*. Die unteren Bälge eben so gross oder grösser.
   6. Samen nicht od. kzwollig.
   7. Gr. gegliedert; Aehren einzeln. 5. **Heleocharis.**

§ 131.
    7*. Gr. nicht gegliedert; Achr. einzeln od. mehrere.
                                              6. **Scirpus.**
    7**. Gr. zusammengedrückt, gegliedert, fransig behaart; Bthnbüschel einzeln; Fr. m. Querrippen.   7. **Fimbristylis.**
    6*. Samen z. Frzeit von einer langen Wolle umgeben.
                                                8. **Eriophorum.**
1*. Bthn eingeschlechtig.
    8. Frkn. nicht v. e. Schlauch umgeben; Bthn in endstd. Aehren; Narben 3.
    9. Aehrch. 2btbg; Aehren einfach. . . . . . . 9. **Elyna.**
    9*. Aehrch. mehrbth; Aehr. lappig zusammengesetzt.
                                             10. **Kobresia.**
8*. Frkn. v. e. Schlauch umgeben; Narben 2 od. 3. 11. **Carex.**

I. *Cypereae.* Bälge mehr od. weniger deutl. 2reihig.

1. **Cyperus** L. (III. 1). Bälge zahlreich, deutlich 2reihig; alle Bthntragend oder die 2—3 unter. leer. Bthnähren in doppelt zusammengesetzt. v. B. gestützt. doldentrbigen Büscheln.
    1. Narben 2, Halme stumpfkantig.
        2. Wzl kriechd; Aehrch. rothbraun meist langgestielt, Halm 2—3' hoch, am Grd mit breit-linealen B. *Gräben, Sumpfwiesen d. Alpen u. am adr. Meer* (7—8) ♃. 1. *C.* **Monti** *L.*
        2*. Wzl faserig; Halm ¼—1' hoch mit schmal lineal od. rinnenfg B.
            3. Aehrch. zu 2—5 seitenstdg. grünlich m. braunem Fleck., d. eine Hüllb. aufrecht. *Sumpfwiesen sss. (nächst d. ungar. Grenze)* (7—8) ♃. . . . . . 2. *C.* **pannonicus** *Jacq.*
            3*. Aehrch. zu 3-mehr doldentrbg, nicht seitlich, hellgelbbraun. *Wiesen, Ufer, Gräben nicht häufig* (7—8) ☉.
                                            3. *C.* **flavescens** *L.*
    1*. N. 3; Fr. u. Halme scharf 3kantig.
        4. Wzl faserig; Halm 1—8" hoch; Aehrch. dunkelbraun. *Wiesen, Gräben, Ufer selt.* (7—8) ☉. . . . 4. *C.* **fuscus** *L.*
        4*. Wzl kriechd, Halme 1—3' hoch.
            5. Wzlfasern knollentragd; Aehrch. gelblich. *In wärmeren Gegenden, cult.* (6—8) ♃. „*Erdmandel.*"
                                      4 b. *C.* **esculentus** *L.*
            5*. Wzlfasern nicht knollntrgd; Aehrch. bräunlich.
                6. Aehrch. lineal-lanzettlich, gestielt in lockeren Büscheln.
                    7. Aehrch. z. Thl langgestielt, rostbraun. *Gräben, Ufer, bes. d. Alpenggdn* (7—8) ♃. . . . 5. *C.* **longus** *L.*
                    7*. Aehrch. s. kzgestielt, die seitenstdgn fast rechtwinklig abstehd, kastanienbraun. *Ufer, Sumpfggdn sss. (bei Aachen, Eyfel)* (7—8) ♃. . . . 6. *C.* **badius** *Desf.*
            6*. Aehrch. lineal, in dicht. kugl. Büscheln rostbraun. *Ufer am adr. Meer* (7—8) ♃. . . . 7. *C.* **glomeratus** *L.*

2. **Schoenus** *L.* (III. 1.) Bälge undeutlich 2reihig, meist 6—9, d. 3—6 unteren kleiner u. leer; Bthnbüschel einzeln, Halme rund blattlos; B. schmal, lineal, fast rinnig oder borstig.
    1. Bthnbüschel halbkuglich von 3—6 weitabstehndn Hüllb. umgeben; B. lineal flach, etwas rinnig. *Ufer d. adr. Meeres* (7—8) ♃.
                                      1. *S.* **mucronatus** *L.*

1*. Bthnbüschel v. 2 Hüllb. umschlossen, B. pfriemlich borstig; § *131*.
Aehrch. schwarzbraun.
2. Bthnbüschel endstdg, äussere Deckb. doppelt so lang als
die inneren; Köpfch. aus 5—10 Aehrch. zusammengesetzt;
B. halb so lang als d. Halm. *Torfwiesen selt.* (5—6) ♃.
   . . . . 2. *S.* **nigricans** *L.*
2*. Bthnbüschel durch äussere steif aufgerichtete Deckb. seitenstdg erscheinend; Deckb. gleichlang;-Köpfch. aus 2—4 Aehrch. zusammengesetzt, B. viel kürzer als d. Halm. *Torfwiesen selt.* (5—6) ♃. . . . . . 3. *Sr.* **ferrugineus** *L.*

II. *Scirpeae*. Bthn allseitig dachig.

3. **Cladium germanicum** *Schrdr.* (III. 1). (Schoenus
mariscus *L.*) Aehrch. aus meist 6 allseitig dachigen Bälgen
gebildet, d. 3—4 unteren kleiner, leer; Gr. ungegliedert. Aufrechte grasartige Pfl. mit 4—6' hohem rund. oder stumpfkantig.
Halm, linealen am Rande u. Kiele knorpelig scharf gesägt.
blaugrün. B. u. braunen Bthn. Bthnstand kopffg büschlig. *Gräben,
Ufer, Sümpfe selt.* (7—8) ♃.

4. **Rhynchospora** *Vahl.* (III. 1). (Schoenus *L.*) Aehrch. m.
allseitig dachig übereinanderliegdn Bälgen. d. 3—4 unter. leer und
kleiner. Griff gegliedert, grasart. Pfl. m. 3kantig. beblätt. u.
meist mehrere Bthnbüschel tragenden Halmen u. schmal lineal
rinnigen B.
1. Bthnährch. büschlig.
    2. Bthn weisslich, von eben so langen Deckb. umgeben. Pfl.
    rasig mit faseriger büschl. Wzl. *Torfwiesen selt.* (7—8) ♃.
    . . . . 1. *R.* **alba** *Vahl.*
    2*. Bthn rothbraun v. länger. Deckb. umgeben. Pfl. mit kriechdr. Wzl. *Torfwiesen ss.* (6—7) ♃ . . 2. *R.* **fusca** *Vahl.*
1*. Bthnährch. in e. 2zeiligen Aehre. . . . . S. u. *Scirpus.*

5. **Heleocharis** *R. Br.* (III. 1). (Scirpus *L.*) Aehrch. einzeln, endständig mit allseitig dachigen Bälgen, meist 6, d. 2—3
unteren leer aber grösser.
1. Gr. mit 2 Narben; Bälge glatt.
    2. Bälge spitz; Aehrch. längl. ; Halm 1—2' hoch: Wzl kriechd.
        3. Unt. Bälge d. halbe Aehrchen umfassd, hellbraun. *Sümpfe,
        Gräben sehr häufig* (6—8) ♃ . 1. *H.* **palustris** *R. Br.*
        3*. Untere B. d. ganze Aehrch. umfassd, dunkelbraun, Halm
        schmächtiger. *Sümpfe, Gräben selt.* (6—8) ♃.
            . . . . 2. *H.* **uniglumis** *R. Br.*
    2*. B. stumpf; Wzl faserig.
        4. Aehrch. eifg; die unterst. Balg d. halbe Aehrch. umfassd.
        5. Die zurückbleibde Basis des Griffels 3eckig, so breit als
        lang; Fr. b. d. Reife strohgelb. *Ufer, Gräben s.* (6—8) ♃.
        . . . . 3. *H.* **ovata** *R. Br.*
        5*. Die zrckbl. Basis des Griffels kreisfg, niedergdrckt, fast
        schüsselfg; Reife Fr. fast schwarz. *Ufer, Gräben sss.
        (bei Lausanne)* (6—7) ☉. 4. *H.* **atropurpurea** *Kuth.*

§ 131. 4*. Aehrch. länglich; d. unterste Balg d. Basis des Achrchens völlig umfassend. *Sümpfe, Gräben, Ufer (Krain)* (7—8) ☉.
                                               5. **H. carniolica** *Kch.*
  1*. Gr. mit 3 Narben.
    6. Früchte glatt; Halm 3kantig oder walzig. *Sümpfe, Gräben, sss. (Westphalen, Holstein)* (6—7) ♃.
                                              6. **H. multicaulis** *Sm.*
    6*. Fr. fein vielrippig; H. gefurcht 4kantig sehr zart; Wzl kriechd. *Sumpfggdn, Teichufer* (6—7) ○.
                                            7. **H. acicularis** *R. Br.*

         6. **Scirpus** *L.* (III. 1). „Binse." Aehrch. m. allseitig dachig. Bälgen, die unteren Bälge grösser und leer. Griffel **nicht gegliedert.**
  1. Aehrch. einzeln endstdg; Halme rund, einfach oder (b. 5) ästig u. rund an d. Enden d. Aeste mehrere Aehrch. tragd.
    2. Halme einfach, Narb. 3; Fr. 3seitig.
      3. Bälge in e. kurze Stachelspitze endd; Scheiden m. kzn B. besetzt.
      4. Bälge mit e. breiten fast blattartig. Spitze, Fr. v. Borsten umgeben. *Torfwiesen (bes. d. Alp. u. Gbgsggdn)* (5—6) ♃.
                                        1. *Sc.* **caespitosus** *L.*
      4*. B. mit e. kzn dicken Stachelspitze; Fr. nicht v. Borsten umgeben. *Bgabhänge d. höchst. Alpen sss. (b. Zermatt)* (7—8) ♃. . . . . 2. *Sc.* **alpinus** *Schlchr.*
      3*. B. ohne Stachelspitze; Scheiden blattlos.
      5. D. d. Fr. umgebendn Borsten etwas kürzer als diese Aehrch. rothbraun; Halm 2—10" hoch im Innern ohne Querwände. *Ufer, Gräben, nicht selt.* (7—8) ♃.
               3. *Sc.* **Baeothryon** *Erh.* = **pauciflorus** *Ligthf.*
      5*. D. d. Fr. umgebdn Borsten länger als diese; Aehrch. gelbgrün; Halm 1—2" hoch im Innern mit Querwänden. *Gräben, Ufer ss. (b. Halle, Hambg, am adr. Meer)* (7—8) ○.
                                     4. *Sc.* **parvulus** *R. & S.*
    2*. H. ästig, fluthend od. liegd; Narben 2, Fr. zusammengdrckt. *Sümpfe, Seeen selt. (Rheinggdn, Norddeutschld)* (7—8) ○.
                                         5. *Sc.* **fluitans** *L.*
  1*. Aehrch. büschlig od. ährenfg gehäuft.
    6. Aehrch. in e. endstdg 2zeilige zusammengedrückte Aehre geordnet. (Schoenus *L.* Blysmus *Panzer*.)
      7. Aehrch. 6—8bthg; B. unters. gekielt, Fr. v. rückwts stachligen Borsten umgeben. *Wiesen, Ufer selt.* (7—8) ♃.
                                    6. *S.* **compressus** *Pers.*
      7*. A. 2—5blthg; B. nicht gekielt; Frborst. fehld od. flaumig. *Meernfer, Salzboden ss.* (6—7) ♃. 7. *S.* **rufus** *Schrdr.*
    6*. Aehrch. büschlig oder geknäuelt, selten einzeln und dann seitenstdg.
      7. Bthnstd dch d. überragendn Hüllb. scheinbar seitenstdg.
      8. Bthnstd büschlig rispig; Hüllb. einzeln.
        9. Bälge an der Spitze nicht ausgerandet stachelspitzig; Aehrch. alle sitzend.
        10. Halm rund $1/4$—1' hoch; Fr. nicht v. Borsten umgeben.

11. Hüllb. viel kürzer als der Halm; Fr. mit Längs- §131. rippen. *Ufer, Sumpfwiesen* (7—8) ☉ od. ♃.
            8. **Sc. setaceus** *L.*
11*. Hüllb. so lang als der Halm; Fr. mit Querrippen. *Ufer, Sumpfggdn ss.* (7—8) ☉. . 9. *S.* **supinus** *L.*
10*. H. 3kantig, 1—3' hoch; Fr. querrippig v. rückwts stachlig. Borsten umgeben, Hüllb. schief aufstrbd, kurz. *Ufer, Sumpfggdn ss. (südl. Alpenggdn)* (7—8) ♃.
          10. *S.* **mucronatus** *L.*
9*. Bälge unter d. ausgerandeten Spitze mit e. Stachelspitzch., Hüllb. aufrecht.
12. Halm rund oder (b. 13) stumpfkantig. 1—10' h.
13. Narben 3, Bälge glatt, H. 4—10'h. *Teiche, Flussufer* (6—7) ♃. . . . . 11. *S.* **lacustris** *L.*
13*. N. 2, H. 1—3' hoch.
14. Bälge punktirt rauh; H. völlig rund. *Teiche, Flussufer* (6—7) ♃. 12. *S.* **Tabernaemontani** *Gm.*
14*. B. glatt, H. in der Mitte stumpfkantig. *Ufer ss.* (7—8) ♃. . . . . 13. *S.* **Duvalii** *Hppe.*
12*. H. 3kantig.
15. Aehrch. einzeln. *Ufer, Gräben (adr. Meer)* (6—8) ♃.
        14. *S.* **littoralis** *Schrdr.*
15*. Aehrch. büschlig.
16. Aehrch. z. Theil gestielt. *Ufer, Gräben s.* (7—8) ♃.
16*. Aehrch. alle sitzd. *Ufer ss. (Nordsee, Rheinggdn, Schweiz)* (7—8) ♃.
    16. *S.* **Rothii** *Hoppe.* = **pungens** *Vahl.*
8*. Bthnstd aus kugligen dicht. geballt. sitzdn u. gestielten Köpfchen zusammengesetzt; H. stielrund, N. 3; B. rinnig, halbstielrund. *Ufer ss. (Potsdam, Frkft, südl. Alpen)* (7—8) ♃.
       17. *Sc.* **Holoschoenus** *L.*
7*. Bthnstd endstdg. Hüllb. flach, mehrere, Stgl wenigstens am Grunde beblttrt.
17. Narben 3, Frkn. v. 3—6 kzn Borsten umgeben.
18. Bälge an der Spitze gespalten, braun; Aehrchen nicht od. nur sehr kurz gestielt. *Meerufer, Gräben* (7—8) ♃.
        18. *S.* **maritimus** *L.*
18*. B. an der Spitze ungetheilt, grün; Aehrch. deutlich gestielt.
19. Aehrch. wenigst. z. Thl sitzd; Bälge in e. feine Stachelspitze endd: Borsten rückwts steifhaarig. *Sumpfwiesen, Ufer häufig* (7—8) ♃. . . . . 19. *S.* **silvaticus** *L.*
19*. Aehrch. gestielt; Bälge wehrlos: Borst. glatt, gedreht. *Sumpfggdn ss. (bes. in Norddeutschld)* (7—8) ♃.
       20. *Sc.* **radicans** *Schk.*
17*. Narb. 2; Frkn. nicht v. Borsten umgeben. *Sumpfggdn (Mähren, Schlesien, adr. Meer) ss.* (7—8) ☉.
       21. *S.* **Michelianus** *L.*

7. **Fimbristylis** *Vahl.* (III. 1). Aehrch. mit allseitig dachigen Bälgen, die unteren grösser, die 1—2 untersten unfrbr. Gr. zusammengedrückt gegliedert m. fransig behaarter Narbe. Kleine Pfl. mit unterwts beblättert. Halmen u. gestielten Aehrchen in einfach, od. zusammengesetzt. Doldentrbn.

Fimbristylis. CYPERACEAE.

§ 131. 1. Aehrch. zahlreich; B. so lang als die Halm. *Ufer, Sumpfgddn d. südl. Alpen* (6—8) ⊙. . . 1. *F.* **dichotoma** *Vhl.*
1*. Aehrch. 3—5, B. kürzer als d. Halm. *Sümpfe. Gräben d. südl. Alpengydn* (6—8) ⊙. . . . . . . 2. *F.* **annua** *R. & Sch.*

8. **Eriophorum** *L.* (III. 1.) „Wollgras." Aehrch.⁻ allseitig dachig, Bälge bleibd. Fr. von zuletzt sehr langen Borsten umgeben. Pfl. mit am Grd beblättert. Halmen.
  1. Borsten 4—6 um jeden Frkn, schlängelig kraus, Halm 3kantig, rauh; Aehrch. einzeln. *Torfwiesen d. Alpen u. höher. Gebirge, auch in Norddeutschld* (4—5) ♃. . . . 1. *E.* **alpinum** *L.*
  1*. Borst. zahlreich, gerade.
    2. Aehrch. einzeln, Halm kahl.
      3. B. am Rande rauh, H. oberwts 3seitig; Auslfr fehld, Aehr. länglich. *Torfwiesen, Sumpfggdn häufig* (4—5) ♃.
      2. *E.* **vaginatum** *L.*
      3*. B. glatt, H. rund; Ausläufer verlängert, Achr. kuglig. *Torfwiesen d. höher. Alpenggdn* (6—7) ♃.
      3. *E.* **Scheuchzeri** *Hoppe.*
    2*. Aehrch. mehrere an einem Halm.
      4. B. nur an der Spitze des Halms 3kantig, ausserdem flach, oder rinnig.
        5. Bthnstiele rauh; B. flach. *Sumpfwiesen häufig* (4—5) ♃.
        4. *E.* **latifolium** *Hppe.*
        5*. Bthnst. glatt; B. rinnig. *Sumpfwiesen häufig* (5—6) ♃.
        5. *E.* **angustifolium** *Rth*
          var m. s. langer Wolle. . **Vaillantii.**
      4*. B. durchaus 3kantig, Bthnstiele filzig rauh. *Sumpfwiesen selt.* (5—6) ♃. . . . . 6. *E.* **gracile** *Koch.*

III. *Caricinae.* Bthn eingeschlechtig.

9. **Elyna spicata** *Schrdr.* (XXI.) Fr. nicht v. e. Schlauch, umgeben; Aehrch. 2blthg, d. unteren Bthn weiblich sitzd, aus einem Pistill mit 3 Narben bestehend, die obere aus 3 auf einem Stielchen stehenden Stbgef. gebildet, in einfachen schmächtigen Aehren, Halm ½—1′ hoch, blattlos; B. grundstdg rinnig, fast eben so lang. *Bgabhänge d. höchst. Alpen* (6—7) ♃.

10. **Kobresia caricina** *Willd.* (XXI.) Fr. nicht v. e. Schlauch umgeben; Aehrch. 1 selten 2blthg; in 4—5 kurzen lineal lappig gehäuft. Aehren; untere Aehrchen meist weibl. ob. männlich, deckblattlos. 4—12″ hohe Pfl. mit blattlosem steif aufr. Halm u. grundst. borstig rinnigen viel kürzeren B. *Bergabhäge d. höchst. Alpen* (6—7) ♃.

11. **Carex** *L.* (XXI.) „Riedgras, Segge". Aehrch. 2-mehrblthg; Fr. v. e. besonderen flaschenfgn Hülle (Frschlauch) umgeben. Eine aus sehr zahlreichen oft schwierig zu unterscheidenden Arten bestehende Gattung.
  1. Aehr. einfach endstdg, einzeln.
  2. Pfl. 2häusig; Narben 2.

3. Pfl. mit kriechenden Ausläufern, Halm nebst den B. glatt. § 131.
   Sumpfwiesen selt. (4—6) ♃. . . . . . 1. *C.* dioïca *L.*
3*. Pfl. nicht kriechd; nebst d. B. rauh. Torfwiesen nicht
   häufig (4—6) ♃. . . . . . . 2. *C.* Davalliana *Sm.*
2*. Pfl. einhäusig; Aehr. am Grd mit männlichen, an der Spitze
   mit weibl. Bthn.
   4. Narben 2.
      5. Aehrch. schlank walzig. Torfwiesen selt. (4—6) ♃.
         3. *C.* pulicaris *L.*
      5*. Aehrch. kugl. eifg. Torfwiesen d. Alpenggdn (5—6) ♃.
         4. *C.* capitata *L.*
   4*. N. 3.
      6. Frschlauch ohne Borste.
         7. Halm 3kantig ¹/₄—1' hoch.
            8. H. länger als die schmal lineal B., Spelzen mit
               weissem Rande; Wzl kriechd. Hügel, Wiesen sss.
               (b. Leipzig) (4—5) ♃.
               5. *C.* spicata = *C.* obtusata *Lilj.*
            8*. H. nicht länger als die oft zurückgebogenen B.,
               Spelzen ohne Hautrand, Wzl rasig. Felsen d. höher.
               Alpen u. Sudeten (6—7) ♃. 6. *C.* rupestris *All.*
         7*. H. rundl. ¹/₄—¹/₂' hoch; Fr. zuletzt abwts gerichtet;
            Spelzen spitz. Torfwiesen (Oberbayern, seltner in d.
            Alpen) (7—8) ♃. . . . . 7. *C.* pauciflora *Lghtf.*
      6*. Frschlauch neben d. Fr. noch e. Granne enthaltd, Halm
         rundlich; Spelz. stumpf. Torfwiesen (Oberbayern, südl.
         Tyrol) (7—8) ♃. . . . 8. *C.* microglochin *Whlbg.*
1*. Aebre zusammengesetzt od. mehrere.
   9. Bthnstd kopffg knäulig von 2—3 verlängert. Deckb. umgeben.
      10. Narben 2, Hülle 3blättrig, aufrecht, Aehrch. am Grd mit
         männlich. Bthn, grün. Sumpfwiesen, Ufer selt. (8) ♃.
         9. *C.* cyperoïdes *L.*
      10*. N. 3; Hüllb. 2, wagrecht auseinanderstehend; Aehrchen
         an der Spitze mit männl. Bthn, weisslich. Bachufer, Bg-
         wiesen d. südl. Alpenggdn (4—5) ♃. 10. *C.* baldensis *L.*
   9* Bthnstd ährenfg, ohne od. nur mit 1 Deckb. am Grunde.
      11. Aehrchen alle oder wenigsts die meisten männliche und
         weibliche Bthn enthaltend.
         12. Narben 3; Aehr. obwts männlich.
            13. Aehrchen 2—4, von e. entfernt, d. unter. oft gestielt,
               strohgelb, mit e. langen Hüllb. am Grde, Halm 3kan-
               tig. Bgwiesen d. südl. Alpenggdn (4—5) ♃.
                  11. *C.* gynomane *Bert.*
            13*. Aehrchen in e. gedrungenes Köpfch. gehäuft, ohne
               Hüllb. am Grde, dunkelbraun. Bgwiesen d. Alp. (7—8) ♃.
                  12. *C.* curvula *All.*
         12*. N. 2.
            14. Aebrch. oberwts männlich.
               15. Pfl. lange Ausläufer treibend.
                  16. Aehrch. alle männl. u. weibl. Bthn enthaltend.
                     17. Frschlauch aufgeblasen, höckerig convex; Halm
                        aufrecht, nicht länger als d. B., rund, Bthnstd.
                        kopffg. Felsen, stein. Abhänge d. höchst. Alp.
                        (7—8) ♃. . . . . . 13. *C.* incurva *Lghtf.*
                     17*. Frschl. nicht aufgeblasen.

§ 131.
18. Frschlauch am Rande glatt; Halme rundlich liegend oder aufsteigend, länger als d. B., Bthnstd kopffg. *Sumpfgyda nicht häufig* (5—6) ♃. 14. *C.* **chordorrhiza** *Ehrh.*
18*. Frschlch am R. feingesägt.
19. Bthnstd kopffg, Halm 3kantig, wenig länger als d. B. *Bgwiesen selt.* (4—5) ♃. 15. *C.* **stenophylla** *W'hlby.*
19*. Bthnstd lappig unterbrochen, am Grd meist mit e. grünen schmalen Hüllb.; Halm 3kantig.
20. Frschlauch m. schmal. Hautrande. *Bgwiesen s.* (5—6) ♃. 16. *C.* **divisa** *Huds.*
20*. Frschl. mit breit. Hautrde. *Sandboden, Ufer, bes. in Norddeutschld* (5—6) ♃. . . . 17. *C.* **arenaria** *L.*
16*. Aehrch. z. Theil eingeschlechtig.
21. D. oberst. u. unterst, Aehrch. weibl. d. mittler. männlich; Frschlauch mit e. schmal. Rande, Halm aufrecht 3kantig 1—2' hoch. *Feuchte Wiesen, nicht selt.* (5—6) ♃. 18. *C.* **intermedia** *Good.* = **disticha** *Hds.*
21*. D. oberst. Aehrch. männlich, d. unter. weibl. od. an d. Spitze männlich; Frschlch m. brtem Rde.
22. Aehr. gedrungen od. lappig unterbrochen, doppelt zusammengesetzt, hellbraun s. ob. 17. *C.* **arenaria** *L.*
22*. Aehr. zusammengesetzt aus 8—12 Aehrch. von denen d. obersten 4—6 einander genähert u. männlich, d. unteren 2—4 weit von ein. entfernt, u. thls männl. thls weiblich sind, das unterste von e. lineal langen Deckb. gestützt ist, strohgelb od. grünlich glänzend, Halm sehr dünn 1—2' hoch s. u. . . . 30. *C.* **Ohmülleriana** *Lang.*
15*. Pfl. keine od. nur sehr kze Auslfr treibd.
23. Aehrch. fast kuglig kopffg; Halme 4—6" hoch, 3kant. meist kzr als die zurückgebogenen B. *Sandige Ufer am Meer, selt. im übr. Norddeutschld* (5—6) ♃. 19. *C.* **foetida** *All.*
23*. Aehrchen verlängert.
24. Bthnstd gedrungen.
25. Frschlauch nicht höckerig.
26. Halm aufrecht.
27. Frschläuche aufrecht, eifg zusammengedrückt; Gr. s. kz; Halme 1' hoch, dünn länger als die linealen, flachen scharfrandigen B. *Abhänge d. höchst. Alp. (C. Bern, Wallis, b. Salzburg u. s. w.)* (7—8) ♃.
20. *C.* **microstyla** *Gay.*
27*. Frschl. zuletzt sparrig auseinanderst.
28. Halm mit rinnenfg vertieften Seiten, 3schneidig, Frschlauch auf beid. Seit. mit mehreren erhabenen Längsrippen. *Sumpfwiesen, Gräben, Ufer* (5—6) ♃. . . . . 21. *C.* **vulpina** *L.*
28*. H. 3kantig mit flachen Seiten, Frchtschlauch ohne oder nur mit undeutlichen Längsrippen. *Wiesen, Wege häufig* (5—6) ♃. . 22. *C.* **muricata** *L.*
26*. Halm mehr od. weniger überhängend (ob. var. v. 22?)
29. Nur an der Spitze überhängd; Bthnstd unterbrochen ährig. *Wälder, nicht häufig* ♃.
23. *C.* **divulsa** *Good.*
29*. Halm zuletzt bogenfg zur Erde gebeugt. *Sumpfwiesen ss. (Westphalen)* (5—6) ♃.
24. *C.* **guestphalica** *Bönn.*

CYPERACEAE. *Carex.*

25*. Frschlauch höckerig gedunsen, aufrecht, glänzend mit breit- *§ 131.*
gefügeltem Schnabel. Halm stumpf 3kantig mit gewölbten
Seiten, 1—1½' hoch. *Sumpfwiesen, nicht häufig* (5—6) ♃.
      25. *C.* **teretiuscula** *Good.*
24*. Bthnstd sehr locker, unterbrochen ährig. Aehrchen oft
zuletzt gestielt, daher rispig; Frschl. aufrecht, höckerig
gedunsen; Helm scharf 3kantig.
 30. Frschlauch gleichmässig berippt, glanzlos, ungeflügelt, B.
schmal lineal; H. 3schneidig mit vertieften S. *Torf-
wiesen, nicht häufig* (5—6) ♃.   26. *C.* **paradoxa** *Willd.*
 30*. Frschlauch glatt, nur am Rande mit 2 Falten, B. breiter,
H. 3kantig mit flach. Seit. *Torfwiesen, nicht häufig* (5—6) ♃.
      27. *C.* **paniculata** *L.*
14*. Aehrchen am Grd mit männlich Bthn.
 31. Pfl. lange Ausläufer trbd.
  32. Bthnstd aus meist 5 Aehrchen bestehend.
   33. Aehrch. grünlichweiss, glänzd, meist gebogen, Halm
1—2' hoch. *Wälder, Gräben, Ufer, häufig* (5—6) ♃.
      28. *C.* **brizoïdes** *L.*
   33*. Aehrchen braun, Halm ¼—1' hoch. *Sandfelder selt.*
(5—6) ♃. . . . . . . 29. *C.* **Schreberi** *Schrk.*
  32*. Bthnstd aus 8—12 Aehrch. gebildet, von denen d. ober.
4—6 einander genähert u. männlich, die unteren weibl.
oder am Grd männlich sind und das unterste durch ein
langes borstiges Hüllb. gestützt ist; alle blassgrün oder
gelblich, glänzd, Halm sehr schlank 1—2' hoch. *Feuchte
Wiesen sss. (an d. Ammer b. Rothenbch in Oberbayern)*
(5—6) ♃. . . . . . . 30. *C.* **Ohmülleriana** *Lg.*
 31*. Auslfr sehr kurz oder fehld.
  34. Frschlauch mit e. an der Spitze 2zähnigen Schnabel.
   35. Aehrchen von e. entfernt: Frschlch ohne Hautrand.
    36. Frschlche aufrecht, d. unt. von den langen Deckb. ge-
stützt. Halm 1—2' hoch.
     37. Aehrchen meist alle zusammengesetzt, die oberen
genähert, die unteren meist von eindr. entfernt.
      38. Frsch. so lang als der Balg; Aehrch. bräunlich,
die unteren einfach. *Feuchte Wiesen sss. (West-
phalen, Oberbayern)* (6—7) ♃.
       31. *C.* **Bönninghausiana** *Whl.*
      38*. Frschl. länger als die Blg; Aehrchen. grünl. zu-
sammengesetzt. *Sumpfwiesen selt. (bes. in Nord-
deutschland)* (5—6) ♃.   32. *C.* **axillaris** *Good.*
     37*. Aehrchen meist alle einfach. höchsts d. untersten zu-
sammengesetzt, u. weit von e. entfernt, grünlich;
Frschlch länger als d. Balg. *Gebüsch, Ufer, nicht
häufig* (5—6) ♃. . . . . . 33. *C.* **remota** *L.*
    36*. Frschläuche sternfg aus einander stehend, Deckb. sehr
kz die Aehrch. nicht überrgd. *Feuchte Wiesen, Ufer,
nicht häufig* (5—6) ♃. . . 34. *C.* **stellulata** *Good.*
   35*. Aehrchen genähert, Frschlch mit breitem Hautrande.
Wiesen, Wege, nicht selt. (6—7) ♃. 35. *C.* **leporina** *L.*
  34*. Frschlch mit ungespaltenem oder auf d. Rücken d. Länge
nach gespaltenem Schnabel, od. ungeschnäbelt.
   39. Aehrchen genähert oder nur dch kze Zwischenräume,
die nicht grösser als d. Aehrchen selbst sind, von e.
entfernt.

§ 131.
40. Frschlche lanzettl., auseinsthd, grünl.; Bthnstd verlängert. *Sumpfwiesen, nicht selt.* (5—6) ♃.   36. *C.* elongata *L.*
40*. Frschl. eifg, aufrecht, bräunlich; Bthnstd kz eifg.
41. Frschlauchschnabel am Rande glatt, H. glatt. *Bgwiesen d. höchst. Alpen (auf Granitb.)* (7—8) ♃.
37. *C.* lagopina *Whlb.*
41*. Frschlauchschnabel nebst d. Halm am R. rauh. *Torfwiesen (südl. Deutschland)* (5—6) ♃.
38. *C.* Heleonastes *Ehrh.*
39*. Wenigsts die untersten Aehrchen weit von cindr entfernt.
42. Frschläuche aufrecht, geschnäbelt.
43. Aehren bräunlich, höchstens 1″ lg, Frschlschnabel auf d. Rücken der Länge nach gespalten. *Sumpfwiesen d. Alpengydn* (6—7) ♃. . . . 39. *C.* Persoonii *Sieb.*
43*. Aehr. hellgrün, 1—2½″ lg, Frschlchschnabel nicht so gespalten. *Wiesen, Gräben, nicht selt.* (5—6) ♃.
40. *C.* canescens *L.*
42*. Frschlch. divergird, ungeschnäbelt, elliptisch; Aehre grün, meist mit 4 Achrchen. *Torfwiesen sss. (Westphl.)* (5—6) ♃.
41. *C.* loliacea *L.*
11*. Aehrch. meist alle einhäusig u. v. einander getrennt, die ober. männlich (selt. an der Spitze weiblich) die unteren durchaus weiblich.
44. Narben 2 (vgl. 18 C. disticha d. ob. Aehrch. weibl).
45. Frschlauch in e. flachen an d. Spitze 2zähnigen Schnabel endend.
46. Frschlch flaumig behaart; Achr. dunkelbraun, B. sehr dünn borstenfg, länger als die 2—6″ hoh. Halme. *Bgwiesen, Abhänge d. Alpen* (7—8) ♃.
42. *C.* mucronata *All.*
46. Frschlch kahl; Achr. rostbraun, B. rinnenfg, kürzer als d. ½—1′ hohen Halme.
47. Halm stumpfkantig; B. an der Spitze flach; Schnabel d. Frschl. an d. Rändern scharfgesägt. *Sumpfwiesen ss. (Alpen, Rheingydn)* (6—7) ♃.
43. *C.* Gaudiniana *Guthn.*
47*. H. nebst den B. scharfkantig; der Frschl.-Schnab. ganzrandig. *Torfwiesen ss. (Norddeutschld, Schlesien)* (6—7) ♃. . . 44. *C.* microstachya *Ehrh.*
45*. Fr. ohne oder nur mit e. kzn rundlich. Schnabel.
48. Deckb. nicht oder nur kz scheidig, Fr. kahl geschnäbelt.
49. Wenigsts die unter. Blattscheiden netzartig gespalten; Pfl. ohne Auslfr.
50. Alle Bschdn gespalten. *Sumpfwiesen, nicht selt.* (4—5) ♃. . . . . . . 45. *C.* stricta *Good.*
50*. D. ober. Bschdn unzerthlt. *Sumpfwiesen, bes. in Norddeutschland* (3—4) ♃. 46. *C.* caespitosa *L.*
49*. Bschdn alle unzerthlt; Pfl. auslfrtrbd.
51. D. unteren Hüllb. länger als d. Bthnstd. *Teichufer, Sumpfwiesen, sehr häufig* (4—5) ♃.
47. *C.* acuta *L.*
51*. Hüllb. kzr als die Bthnstd.
52. B. schmal, flach, aufrecht. *Sumpfwiesen, Wälder, Ufer, s. häufig* (4—5) ♃.
48. *C.* vulgaris *Fries.*

52*. B. breit, etwas zurückgebogen. *Bachufer, Sumpfwiesen § 121.
in Gebirgsggdn* (4—5) ♃. . . . 49. *C.* **rigida** *Good.*
48*. Deckb. scheidig; Frschlch ungeschnäbelt. *Bgabhänge der
höchst. Granitalpen* (7—8) ♃. . . . 50. *C.* **bicolor** *All.*
44*. Narben 3.
  53. Fr. ungeschnäbelt od. m. kurzen rundem Schnabel.
  54. Deckb. nicht od. kz scheidig.
    55. Fr. kahl.
      56. Endstdge Aehrchen an der Spitze mit weiblichen, am Grd mit männlichen Bthn.
        57. Bscheiden netzartig gespalten, Aehren eifg, grünl., sitzd, die unter. entfernt. *Torfwiesen, nicht häufig* (4—5) ♃. . . . 51. *C.* **Buxbaumii** *Whlbg.*
        57*. Bschdn unzertheilt.
          58. Aehren sehr gedrungen gehäuft, rundlich oder eifg, sitzd oder kzgestielt, H. glatt.
            59. Frschlche gelblich od. bräunlich 3kantig. *Bgabhänge d. höchst. Alpen ss.* (7—8) ♃.
              52. *C.* **Vahlii** *Schk.*
            59*. Frschlche schwarzviolett, zusammengedrückt. *Bergabhge d. Alp.* (7—8) ♃. 53. *C.* **nigra** *All.*
          58*. Aehrch. locker, d. unteren deutlich gestielt, längl.
            60. Halm rauh, Frschlche nebst d. Bälgen schwärzlich (ob. var v. 55?). *Bgwiesen, nasse Abhge d. höchst. Alpen* (7—8) ♃.
              54. *C.* **aterrima** *Hppe.*
            60*. H. glatt; Frschlche grün; Bälge schwärzlich. *Bgwiesen, trockene Abhge d. Alpen u. Sudet.* (6—8) ♃. . . . . . . 55. *C.* **atrata** *L.*
      56*. Endst. Aehrch. nur männliche Bthn tragd, weibl. Aehr. 1—3, Hüllb. kürzer als d. gesammte Bthnstand (s. u. 70 u. 71).
        61. Hüllb. grün, blattartig; Frschlch linsenfg zsmngedr. H. ½—1' hoch. Weibl. Aehren längl. walzig, nickd, langgestielt (aufrecht kurzgestielt, Auslfr. fehld s. u. 74. *C.* **pallescens** *L.*)
        62. Hüllb. breit; Frschlch rippenlos od. m. schwachen undeutlich. Rippen. *Sumpfwiesen d. Alpen u. Sudeten* (7—8) ♃. . . . 56. *C.* **irrigua** *Sw.*
        62*. Hüllb. schmal borstig; Frschl. deutl. vielrippig. *Sumpfwiesen* (5—6) ♃. . . 57. *C.* **limosa** *L.*
      61*. Hüllb. m. breiten trockenhäutigem Rande; Fr. 3kantig. *Hügel, Wege, selt.* (5—8) ♃.
            58. *C.* **supina** *Whlbg.*
    55*. Frschl. flaumig od. filzig behaart.
      63. Untere weibl. Aehre langestielt, fast grdstdg. *Wälder, nicht selt.* (4—5) ♃. . . s. u. 66. *C.* **gynobasis** *Vill.*
      63*. Alle Aehren einander genähert.
        64. Untere Deckb. völlig blattartig; Bälge m. spitziger Mittelrippe.
          65. Aehren einander sehr genähert. *Wälder, nicht selt.* (4—5) ♃. . . . . . 59. *C.* **pilulifera** *L.*
          65*. Aehr. locker, zum Thl v. einander entfernt. *Wiesen, Ufer, selt.* (5—6) ♃. 60. *C.* **tomentosa** *L.*
        64*. Unt. Deckb. wenigsts am Rande trockenhäutig.
          66. Aehren dicht genähert.

§ 131.   67. Pfl. in gedrungenen Rasen wachsd. *Wälder, Gebüsch,*
nicht selt. (4—5) ♃. . . . . . . 61. *C.* **montana** *L.*
67*. Pfl. ausläufertrbd. *Sandfelder, Wege, nicht selt.* (4—5) ♃.
62. *C.* **ericetorum** *Poll.*
66*. Aehr. locker, z. Thl von einand. entfernt. (*C.* umbrosa aut.)
68. Pfl. auslfrtrbd. *Hügel, Wege, nicht selt.* (3—4) ♃.
63. *C.* **praecox** *Jacq.*
68*. Pfl. rasig. (2 wohl zusammengehörige Arten.)
69. Alle Hüllb. nicht scheidig. *Wälder selt.* (5—6) ♃.
64. *C.* **longifolia** *Host.*
69*. Unterst. Hüllb. scheidig. *Wälder selt.* (5—6) ♃.
65. *C.* **polyrrhiza** *Wallr.*
54*. Deckb. deutlich scheidig.
   70. Frschl. flaumig, od. filzig behaart, Pfl. rasig.
   71. Untere weibl. Aehre fast grundstdg langgestielt. *Bergwiesen, Hügel d. Alpggdn* (3—4) ♃. 66. *C.* **gynobasis** *Vill.*
   71*. Alle Aehren wenigsts aus der oberen Hälfte d. Halms entspringd.
     72. Stgl kürzer als d. B., 1—3" h. *Bgwiesen, Hügel (auf Kalkboden)* (3—4) ♃. . . . 67. *C.* **humilis** *Leyss.*
     72*. Halm länger als die B.
      73. Aehren etwas von e. entfernt. *Wälder, nicht selt.* (3—4) ♃. . . . . 68. *C.* **digitata** *L.*
      73*. Alle Aehrchen dicht gedrängt. fingerfg. *Wälder, Hügel selt.* (3—4) ♃. . . . 69. *C.* **ornithopoda** *Wld.*
70*. Frschlch kahl.
   74. Männliche Aehren meist 2, weibl. langgestielt, zuletzt hängend; Pfl. auslfrtrbd, B. tineal, flach, blaugrün; unterst. Hüllb. die Spitze d. Pfl. erreichend.
     75. Weibl. Aehren walzig. *Wiesen, Sumpfggdn, Wälder, nicht selt.* (3—4) ♃. . . . . 70. *C.* **glauca** *Scop.*
     75*. Weibl. Achr. keulenfg, an der Spitze breiter (ob. var?) *Bgwiesen d. Alpen (Kärnth., Krain)* (5—6) ♃.
71. *C.* **clavaeformis** *Hppe.*
   74*. M. Achr. einzeln.
     76. Pfl. in Rasen wachsend, ohne Auslfr.
      77. Frschlch flachgedrückt, Aehr. zuletzt hängend; Blg schwärzlich. *Stein. Abhge d. höchst. Alp.* (7—8) ♃.
72. *C.* **ustulata** *Whlbg.*
      77*. Frschlch nicht flachgedrückt.
       78. Frschlch 3seitig, vkeifg; Bälge schwarzbraun mit heller Rückenstr. *Stein. Abhge d. höchst. Alp. sss.* (7—8) ♃. . . . 73. *C.* **ornithopodioïdes** *Hsm.*
       78*. Frschlch rundlich eifg, oder elliptisch lglch.
        79. Aehrch. aufrecht, Halm 1—1½' h.; Bälge weissl.
         80. Frschlch eifg, stumpf, völlig ungeschnblt. *Wiesen, Wldr, nicht s.* (5—6) ♃. 74. *C.* **pallescens** *L.*
         80*. Frschlch bdrsts spitz. *Bgwiesen, Abhänge d. Alpen u. Sudet.* (6—7) ♃. 75. *C.* **capillaris** *L.*
       79. Aehrch. hängd, sehr lang u. vielbthg, einseitswdg; Halm 3—4' h. Bälge hellbr. *Wälder, Gebüsch selt.* (6—8) ♃. . . . 76. *C.* **maxima** *Scop.*
76*. Pfl. ausläufertrbd.
     81. Frschlch länglich; Aehren sehr schlank, lockerbthg, H. 1—3' h. *Feuchte Wälder ss. (Rheinggdn)* (5—6) ♃.
77. *C.* **strigosa** *Huds.*

81*. Frschlch kuglig. §131.
82. Hüllb. weisshäutig mit grünen Rückenstreifen. *Bgwälder d. Alpen u. Donauggdn* (4—5) ♃. . 78. *C.* **alba** *Scop.*
82*. Hüllb. blattartig, grün u. wenigst. die unteren stachelspitzig; weibl. Aehren 2—3.
  83. Arten mit nur höchsts ½'' langer Scheide u. ½—1' h. Halmen.
  84. Hüllb. schmäler als d. Stglb., weibl. Aehr. gedrungen. *Hügel, Abhänge d. südl. Alpenggdn* (4—5) ♃.
                          79. *C.* **nitida** *Host.*
  84*. Hb. so breit als die Stglb. u. denselb. ähnlich; weibl. Aehr. 2. *Sumpfwiesen, nicht selt.* (5—6) ♃.
                          80. *C.* **panicea** *L.*
83*. Arten mit 1—2'' langen Scheiden.
  85. Scheiden angedrückt; B. behaart; Halm 1—1½' hoch. *Bgwälder, bes. im südl. Deutschld* (4—5) ♃.
                         81. *C.* **pilosa** *Scop.*
  85*. Schdn trichterfg bauchig; B. kahl; H. 3—10'' hoch. *Bgabhänge der höher. Gebirge (Riesengebirge, Harz)* (6—7) ♃. . . . . 82. *C.* **vaginata** *Tsch.*
53*. Frsch. in einen langen zusammengedrückten meist 2zähnigen Schnabel endend.
  86. Zähne kurz, gerade vorgestreckt, selten undeutlich.
    87. Endstdge Aehre männlich, aber mit weibl. Btbn an der Spitze, die unteren nickd.
    88. Pfl. keine Auslfr treibd. Aehr. alle gestielt; Bälge dunkelbr. *Bergabhänge d. höchst. Alpen* (7—8) ♃.
                         83. *C.* **fuliginosa** *Schk.*
    88*. Pfl. mit Auslfrn; Oberst. Aehre sitzd, B. hellbraun.
                     S. u. 95. *C.* **frigida** *All.*
  87*. Endstdge Aehr. durchaus männlich.
    89. Männliche Aehren 2, endstdg. *Stein. Abhänge, Ufer d. Alpen u. höher. Gebirge* (7—8) ♃.
                   84. *C.* **hordeiformis** *Whlbg.*
    89*. M. Aehr. einzeln.
      90. Rand d. Frschnabels glatt, kahl oder wenig rauh.
        91. B. borstig; Frschlch länglich lanzettl. *Bgwiesen d. Alpen s.* (6—7) ♃. . . . 85. *C.* **tenuis** *Host.*
        91*. B. lineal.
          92. Frschlch 3seitig; B. breit lineal. *Wälder nicht selt.* (6—7) ♃. . . . . . 86. *C.* **silvatica** *Huds.*
          92*. Frschlch eifg. convex.
            93*. B. breit, lineal. *Wiesen, Sumpfggdn sss. (Holstein, Belgien)* (5—6) ♃. 87. *C.* **laevigata** *Sm.*
            93. B. schmal.
              94. Bälge stumpf. *Meerufer (Holstein, Norddeutschland, Istrien)* (6—7) ♃.
                    88. *C.* **extensa** *Good.*
              94*. B. spitz. *Bergwiesen sss. (b. Salzburg, C. Tessin u. a.)* (4—5) ♃. 89. *C.* **punctata** *Gaud.*
      90*. Rnd d. Frschnabels fein gesägt, wimperig rauh.
        95. Weibliche Aehren kz, rundl., eifg genähert, d. unterste auf e. kzn in d. Hüllb. eingeschlossenen Stiel. Fr. kahl.
          96. Schnabel d. Frschlchs gekrümmt *Sumpfwiesen, Ufer, häufig* (5—6) ♃. . . . 90. *C.* **flava** *L.*

§ 131.   96*. Schn. d. Frschlchs. gerade. *Sumpfwiesen, Ufer, häufig*
                (5—8) ♃. . . . . 91. *C.* **Oederi** *Ehrh.*
            95*. Weibl. Aehr. meist länglich. d. unteren auf e. hervortretenden Stiel.
            97. Weibl. Aehren alle gestielt.
                98. Aehren 3—6bthg, aufrecht; Schlche mit ungefähr 30
                hervortretenden Längsrippen, Hüllb. lang. *Wälder sss.
                (b. Colmar, südl. Istrien)* (5—6) ♃.
                        92. *C.* **depauperata** *Good.*
            98*. Aehr. mehrbthg zur Frzeit meist übergebogen.
                99. B. kurz, starr, zurückgebogen. *Bgabhänge, Felsen
                d. Alp. auf Kalkbod.* (6—7) ♃. 93. *C.* **firma** *Host.*
                99*. B. länger, aufrecht. *Feuchte Abhge d. Alp.* (6—7) ♃,
                        94. *C.* **ferruginea** *Scop.*
            97*. D. oberen weibl. Aehren sitzd.
                100. Frschlch kahl.
                    101. Die unterst. weibl. Aehre gestielt u. hängd. *Bergabhge, Bachufer d. Alpen u. höher. Gebge* (7—8) ♃.
                        95. *C.* **frigida** *All.*
                    101*. Alle Aehr. aufrecht.
                        102. Frschlch undeutl. rippig: Aehr. 6—12bthg. *Bergwälder (Oesterr.)* (5—6) ♃. 96. *C.* **Michelii** *Host.*
                        102*. Frschl. deutl. rippig, Aehr. mehrbthg.
                            103. Bälge eifg, stumpf, mit e. rauhhaarigen Stachelspitze.
                                104. Frschlche mehrrippig. *Wiesen selt.* (5—6) ♃.
                                    97. *C.* **distans** *L.*
                                104*. Frschl. mit 2 starken Rippen. *Trockne Wälder sss. (Holstein, Westphalen)* (5—6) ♃.
                                    98. *C.* **binervis** *Sm.*
                            103*. Bälge spitz.
                                105. Frschlche abstehend, Halm rauh. *Feuchte Wiesen nicht selt.* (5—6) ♃. 99. *C.* **fulva** *Good.*
                                105*. Frschl. aufstrebend, Halm glatt od. wenig rauh.
                                    (ob var?) *Feuchte Wiesen nicht selt.* (5—6) ♃.
                                        100. *C.* **Hornschuchiana** *Hopp.*
                100*. Frschlch auf dem Rücken flaumig.
                    106. Pfl. rasig wachsend, B. d. Halms viel kleiner als die
                    d. nichtblühenden Büschel; H. glatt. *Bgwiesen d.
                    Alpen* (5—6) ♃. . . 101. *C.* **sempervirens** *Vill.*
                    106*. Pfl. ausläufertreibd, alle B. gleichgross; Halm rauh.
                    Felsspalt d. höchst. Alp. sss. (b. Zermatt) (7—8) ♃.
                        102. *C.* **hispidula** *Gaud.*
        86*. Zähne des Frschlauchschnabels lang, divergirend.
            107. Deckb. lang scheidig; Frschlch eifg, kurzhaarig in e. doppelt-haarspitzigen Schnabel endend. *Sandfelder, häufig*
                (5—6) ♃. . . . . 103. *C.* **hirta** *L.*
            107*. Deckb. nicht oder kzscheidig.
                108. Frschlch behaart.
                    109. B. flach u. breit. *Ufer sss. (an d. Donau b. Ulm)* (5—6) ♃.
                        104. *C.* **evoluta** *Hrtm.*
                    109*. B. rinnenfg schmal. *Ufer, Sumpfggdn s.* (5—6) ♃.
                        105. *C.* **filiformis** *L.*
                108*. Frschl. kahl.
                    110. Halm glatt oder nur an der Spitze e. wenig rauh,
                    stumpfkantig; B. blaugrün.

CYPERACEAE. *Carex.*

111. Frschlauch fast kuglich, aufgeblasen auf dem Rücken meist § *131*.
7rippig, weit abstehd. *Ufer, Sumpfwiesen, häufig* (5—6) ♃.
. . . . . . 106. *C.* **ampullacea** *Good*.
111*. Frschl. eifg-kegelfg, mit krznı Schnabel. *Wälder, Gräben sss. (Wien)* (4—5) ♃. . . . . . 107. *C.* **nutans** *Host*.
110*. H. scharfkantig, an den Kanten rauh.
112. Weibl. Aehren hängend, langgestielt, walzig, 4—6 Frschlche eifg lanzettl. Männl. Aehr. meist einzeln. *Wälder, Sümpfe nicht selten* (5—6) ♃. . . . 108. *C.* **Pseudo-Cyperus** *L.*
112*. W. Aehr. aufrecht, männl. meist mehrere (3—5).
113. Männl. Aehren dünn, lineal Schnabel lang. *Ufer, Sümpfe sehr häufig* (5—6) ♃. . . . . 109. *C.* **vesicaria** *L.*
113*. M. Aehr. dick; Schnabel kz.
114. Frschlauch zusammengedrückt. *Wälder, Sumpfggdn, häufig* (5—6) ♃. . . . . 110. *C.* **paludosa** *Good.*
114*. Frschl 3seitig. *Gräben, Ufer häufig* (5—6) ♃.
. . . . . . 111. *C.* **riparia** *Curt.*

§ 132. GRAMINEAE. *Juss.*

Blüthenhülle balgartig, Bthn meist zwittrig, selt. eingeschlechtig; Bälge sich deckend und Aehrchen bildend, die äusseren Bälge werden als Kebe (Klappen) die inneren (Bälglein, Spelzen) als Blkrone betrachtet. Stbg. 1-2-3-6. Stbkölbch. 2fächerig X förmig. Griffel 2 od. 1 mit 2 Narben. Keim ausserhalb des Eiweisses. Bscheiden gespalten, Halme meist knotig. Meist III 2, ausgen. d. Gattungen 1, 11, 63 sowie einige Arten von 52.
1. Blüthen zwittrig oder polygamisch.
 2. Aehrchen alle entweder in d. Ausböhlungen einer Spindel oder auf den Zähnen derselben sitzd.
  3. Aehrchen einblthg, aus den Ausböhlungen einer Spindel (Aehrenstiels) hervortretend.
   4. Gr. u. Narbe einzeln aus d. Spitze d. Bthn hervortretd; Kchklappen fehld; Aehrch. einseitig. . 63. **Nardus.**
   4*. Narben aus d. Seiten d. Bthn hervortretd; Kcb 2klappig.
    5. Kchklappen kürzer als die Bthn, Spelz 2, die untere begrannt. . . . . 62. **Psilurus.**
    5*. Kchkl. länger als die Bthn, knorpelig, die Spelze bedeckd; Spelzen häutig unbegrannt. 61. **Lepturus.**
  3*. Aehrchen meist mehrbthg (b. Hordeum. 1bthg), auf den Zähnen einer Spindel sitzd; Kchklppn deutlich, Narben 2 am Grde d. Bthu hervortretd.
   6. Aehrchen mit der schmalen Seite gegen d. Spindel gestellt. 59. **Lolium.**
   6*. Aehrchen mit der breiten Seite gegen die Spindel gestellt.
    7. Aehrchen je 2—3 beisammen; die beiden Kchklppn vor denselben stehd, einander nicht gegenstdg.
     8. Aehrch. 1bthg m. e. borstenfgn Ansatz zu e. 2ten Bthe. 58. **Hordeum.**
     8*. Aehrch. mehrbthg od. 1bthg m. e. schüsselfgn Ansatz zu e. 2. Bthe. . . . . 57. **Elymus.**
    7*. Aehrchen einzeln mehrbthg, Kchklppn gegenstdg.
     9. Spelzen auf dem Rücken m. e. gedreht. Granne. 55. **Gaudinia.**

§ 132.
9*. Spelz. nicht oder nur aus der Spitze begrannt.
   10. Spelzen an der Spitze 2—4zähnig, Zähne begrannt; Aehrchen reichbthg. . . . . 60. **Aegilops.**
  10*. Spelz ungezähnt.
    11. Aebrch. reichbthg ; Kchklppn eifg.   56. **Triticum.**
   11*. Aehrch. 2bthg, Kchkl. pfriemlich.   . 55 b. **Secale.**
2*. Aehrch. alle od. wenigsts z. Theil, wenn auch oft sehr krz gestielt, nie in d. Aushöhlungen od. auf d. Zähnen einer Spindel. Bthnstand daher in Rispen oder Scheinähren.
  12. Aehrchen nur eine Zwitterbthe u. ausserdem höchstens nur noch Ansätze zu e. 2—3ten Bthn enthaltend.
  13. Aehrchen v. Rücken her zusammengedrückt.
    14. Untere Kchklppe grösser, Aehrchen je 2 beisammen, eines sitzd, eines gestielt.
      15. Aehrch. alle zwittrig, lineal, in sehr ästig. weisslich seidenhaarig. Risp. . . . . . . 1. **Erianthus.**
     15*. D. gestielten Aehrchen männlich.
       16. D. ober. sitzdn Aehrchen durch Fehlschlagen weiblich, d. unteren sitzdn nebst den gestielt. männlich, Bthnähr. einzeln. . . . . 3. **Heteropogon.**
     16*. D. sitzdn Aehrch. alle zwittr.
       17. Aehrch. lineal in Rispen oder zu 2—5fingerfg gehäuft. Scheinähren. . . . 2. **Andropogon.**
      17*. Aehrch. eifg, in Rispen. . . . 4. **Sorghum.**
   14*. Unt. Kchklppe kleiner.
      18. Kch 3klappig (die 3. Klappe ist ein Ansatz zu e. 2. Bthe; Spelzen lederig od. knorpelig, Aehrch. auf d. Rücken convex vorn flach, Narben zottig.
      19. Aehrchen am Grde von e. borstig. Hülle umgeben.
                                  7. **Setaria.**
     19*. Aehrch. ohne borstige Hülle. . 6. **Panicum.**
   18*. Kchklappen 2.
      20. Narben zottig (sprengwedelfg) aus der Spitze der Bthe hervortretd ; Kchklppe m. hakig. Dornen besetzt.
                                  5. **Tragus.**
     20*. Narben federig, am Grd der Bthe hervortretd.
      21. Bthn alle gleichartig zwittrig.
              27. **Milium** u. 28. **Piptatherum.**
     21*. Bthn zum Thl eingeschlechtig oder verkümmert.
             36. **Lamarckia** u. 45. **Melica.**
13*. Aehren gedunsen oder von der Seite zusammengedrückt.
  22. Kchklappen fehld; Bthn nur von einem Paar Spelzen eingeschlossen.
    23. Spelzen die Fr. einschliessend, u. so lang als diese, gleich gross, unbegrannt, Rispe gross, Halm 1—3′ h.
                    18. **Leersia.**
   23*. Sp. kürzer als d. Fr. ungleichgross, d. obere gezähnt, d. untere lg gespitzt. Stbgef. 2. Kleines 1—3″h. Gras.
                    19. **Coleanthus.**
  22*. Aehrch. mit deutlichen Kchklappen.
    24. Griffel kz, Narben federig, am Grde d. Bthn seitlich hervortretd.
      25. Aehrch. gedunsen, Spelz, knorpelig, die Frcht dicht einschliessd
      26. Spelz. ohne od. nur m. e. kzn Granne.

27. Sp. völlig unbegrannt. . . . . . . 27. **Milium.** § 132.
27*. Sp. m. e. kzn abfalldn Granne. 28. **Piptatherum.**
26*. Spelzen mit e. langen u. bleibdn Granne.
   28. Granne am Grd seilfg gedreht. . . . 29. **Stipa.**
   28*. Granne nicht gedreht; Spelz. zottig.
          30. **Lasiagrostis.**
25*. Aehrch. von der Seite zusammengedrückt, Spelz. häutig.
  29. Spelz. am Grd kuglig gedunsen; Bthnstd in Scheinähren.
          26. **Gastridium.**
  29*. Sp. am Grd nicht kuglig gedunsen.
    30. Sp. am Grd von langen Haaren umgeben.
     31. Untere Kchklppe grösser; Risp. ausgebreitet.
          24. **Calamagrostis.**
     31*. Unt. Kchkl. kleiner; Rispe ährenfg zusammengezogen.
          25. **Psamma.**
    30*. Sp. am Grd nicht od. nur krz behaart.
     32. Kchklappen begrannt, länger als d. Spelzen.
      33. Kchklppe pfriemenfg in e. Granne verschmälert:
        Untere Spelze mit 2 endstdgn geraden u. e. dritten
        rückenstdgn geknieten Granne. Bthn in eifg Scheinfr.
          23. **Lagurus.**
      33*. Kchklappen stumpf, mit aufgesetzter Granne.
          20. **Polypogon.**
     32*. Kchkl. spitz, aber nicht begrannt.
      34. Untere Kchklppe länger als die obere Bthn ohne
        unteren Ansatz. . . . . . . 21. **Agrostis.**
      34*. Unt. Kchklppe kzr als die ober. Bthn mit e. stiel-
        fgn Ansatz zu n. 2 Bthn. . . . . 22. **Apera.**
24*. Griffel lang, Narben aus oder unter d. Spitze der Bthn hervortretend.
  35. Bthn in einseitigen lineal-fingerfg gestellt. Aehren, auf d. unteren Seite der Aehrenspindel befestigt.
    36. Narbe unter der Spitze d. Bthe hervortretd, Kchklppn fast gleichlang; B. flach. . . . . 16. **Cynodon.**
    36*. N. aus d. Spitze der Bthe hervortretd; Kchkl. ungleich:
      B. pfriemenfg eingerollt. . . . . 17. **Spartina.**
  35*. Bthn in ausgebreiteten oder ährenfgn Rispen
    37. Aehrch. am Grde mit 1—2 Ansätzen zu e. 2. od. 3 Bthe, oder auch mehrblthg.
     38. Aehrch. 3blthg, d. 2 unteren männlich m. 3 Stbgef., die obere zwittrig mit 2 Stbgef. Bthn rispig.
          9. **Hierochloa.**
     38*. Aehrch. 1blthg u. ausserdem nur noch mit geschlechtslos. Ansätzen.
      39. Stbgef. 3, Spelzen 2. am Grd m. 2 grannenlosen Schüppchen. . . . . 8. **Phalaris.**
      39*. Stbg. 2. Rispen ährenfg.
        40. Spelzen 2, am Grd mit 2 begrannten Schuppen, welche grösser als die Spelzen selbst sind.
          10. **Anthoxanthum.**
        40*. Sp. 3, die 3. untere grösser u. e. steriles Blthchen darstelld; B. eingerollt; Rispe walzig silberglänzd, weichhaarig. . . . . 11. **Imperata.**
    37*. Aehrchen ohne od. mit e. oberen Ansatz zu e. 2. Bthe; Bthn in Scheinähren.

§ 132.   41. Spelzen mit einander verwachsen, schlauchfg, auf d. Rücken
begrannt. . . . . 12. **Alopecurus.**
41*. Sp. 2, nicht mit e. verwachsen.
42. Klappen gekielt.
43. Klappen gleichgross, länger als d. Sp. 14. **Phleum.**
43*. Kl. ungleich, kzr als d. Spelz. . . . 13. **Crypsis.**
42. Klppn ungestielt u. unbegrannt., länger als d. Spelz.
15. **Chamagrostis.**
12*. Aehrchen mehrere zwittrige od. wenigsts männl. Bthn enthltd.
44. Narbe aus oder unter d. Spitze der Bthn hervortretend;
fadenfg oder zottig.
45. Griffel verlängert, Narbe sprengwedelfg-zottig, Bthnstd
ausgebreitet rispig.
46. Spelzen am Grd nicht von Haaren umgeben, Aehrchen
3bthg, die 2 unter. Bthn männlich, mit 3 Stbgef., d. ober.
zwittrig mit 2 Stbg. . . . . . . 9. **Hierochloa.**
46*. Sp. am Grd v. verlängerten Haaren umgeben; Grosse
breitblättrige Gräser.
47. Unt. Bthn männlich, Spelze unbegrannt, Kchklppn kzr
als die Bthn. . . . . . . 31. **Phragmites.**
47*. Bthn alle gleichartig zwittrig, Spelzen begrannt, die
untere 3spitzig; Kchlppn so lg u. länger als d. Aehrch.
32. **Arundo.**
45*. Griffel kz, Narben fadenfg; Kchklppn gross, fast d. ganze
Bthe bedeckd; Bthnstd ährenfg.
48. Untere Spelze ungethlt, stachelspitzig oder begrannt,
oder an der Spitze 3—5zähnig . . 35. **Sesleria.**
48*. Unt. Spelz. handfg 5spaltig mit steif. lanzettl. krautart.
Abschnitten, die oberen gespalten; Bthnstd kopffg kugl.
34. **Echinaria.**
44*. Narb. federig, am Grd d. Bthn beiderseits hervortretd.
49. Bthn z. Thl unvollstdg. männlich od. geschlechtslos.
50. Aehrchen ausser d. Zwitterbthn nur noch geschlechts-
lose Bthn enthaltend. (Vgl. 49. Molinia.)
51. Kchklppn schmal, begrannt zugespitzt, Aehrch. 2bthg,
die eine Bthe gestielt zwittrig, die andere langgestielt
geschlechtslos, untere Spelze d. Zwitterbthe m. aus
d. gespaltenen Spitze hervortretdn Granne, ausser-
dem noch grössere 5—11bthgn geschlechtslose Aehrch.
vorhanden. . . . . 36. **Lamarckia.**
51*. Kchklppe breit, convex mit 1—2zwittrigen Bthn u.
ausserdem noch 1—2geschlechtslosen e. keulenfgs
Knöpfchen darstellenden Bthn. . . 45. **Melica.**
50*. Aehrch. ausser d. zwittrig. Bthe nur noch e. männliche
Bthe enthaltd, 2blthg.
52. Die obere Bthe männlich begrannt mit e. rückstdgn
geradn zuletzt zurückgebogenen Granne. Aehrch. klein.
39. **Holcus.**
52*. Untere Bthn männlich, begrannt mit e. kniefg einge-
bogenen Granne; Aehrchen ziemlich gross.
40. **Arrhenaterum.**
49*. Bthn alle gleichartig zwittrig.
53. Untere Spelze d. Aehrch. mit einer am Grde od. auf
dem Rücken desselben eingefügten Granne, Kchklppe
so lang oder länger als die Aehrch.
54. Unt. Spelze in e. 2zähnige Spitze endend.

55. Grannen knietg gebogen. . . . . . . 42. **Aveua.** §132.
55*. Gr. gerade, zusammengeneigt. . . . 43. **Danthonia.**
54. Untere Spelzen ganzrdg oder gezähnelt.
56. Granne gedreht od. gerade, weder keulenfg noch gegliedrt.
  37. **Aira.**
56. Gr. keulenfg, gegliedert, u. an der Gliederung mit einem Haarkranze. . . . . 38. **Corynephorus.**
53*. Untere Spelze unbegrannt oder mit e. endstdgn Granne.
57. Spelzen auf d. Rücken abgerundet, nicht gekielt-zusammengedrückt.
58. Kchklppe am Grd bauchig, so lang als die Aehrch, untere Sp. 3zähnig. . . . . 44. **Triodia.**
58*. Kchklppe nicht bauchig, kürzer als die Aehrch.
59. Griffel oder Narben oberhalb d. Frknoten auf dessen Vorderseite eingefügt, innere Spelze meist kammfg gewimpert . . . . 54. **Bromus.**
59*. Gr. oder N. auf der Spitze der Frknotens eingefügt.
60. Innere Spelze kammfg gewimpert; Aehrch. in 2zeilig. Aehren gereiht. . . . . 53. **Brachypodium.**
60*. Innere Sp. nicht gewimpert.
61. Untere Spelze am Grd nicht herzfg, Aehrch. längl.
62. Aehrchen spitz. Narben ungefärbt.
63. Aehrchen am Grund ohne Hüllb., Spelz meist begrannt. . . . . 52. **Festuca.**
63*. Aehrch. am Grd von e. viethlgn Hülle umgeben. 51. **Cynosurus.**
62*. Aehrch. stumpf, walzig od. kegelfg.
64. Aehrch. walzig, unbegrannt; unt. Spelze v. zahlreichen Rippen dchzogen, an d. Spitze trockenhäutig, Kchklppen ungleich; Wasserliebde Pfl. Narben weisslich. . . . . 48. **Glyceria.**
64*. A. kegelfg, unt. Spelze nur m. wenigen Rippen, an der Spitze nicht trockenhäutig ohne oder m. e. kzn Granne. N. purpurroth. 49. **Molinia.**
61*. Unt. Spelze am Grd herzfg geöhrt, Aehrch. rundlich oder eifg, auf langen sehr dünnen Stielchen.
  46. **Briza.**
57*. Untere Spelze auf dem Rücken zusammengedrückt gekielt.
65. Kchklappen so lang als d. Aehrchen, Bthnstd gedrungen.
  35. **Koehleria.**
65*. Kchklppe kzr als die Aehrchen.
66. Untere Spelze auf dem Rücken unterwts behaart, Aehrchen 3—5bthg; Bthnstd einseitswdg rispig.
  33. **Ampelodesmos.**
66*. Unt. Sp. unbehaart.
67. Unt. Sp. stachelspitzig mit einwts bogener Spitze; Bthnstd knäulig. . . . . 50. **Dactylis.**
67*. Untere Sp. stumpf, nicht einwts bogen, Rispenäste ausgebreitet, meist quirlig; Bthnstd nicht geknäuelt.
68. Bthn sammt den Gelenken der Aehrchenachse abfällig; Bscheiden mit kahler Mündung. 47. **Poa.**
68*. Bthn sammt den Gelenken der Aehrchenachse bleibd; Bschdn mit behaarter Mündung.
  46. **Eragrostis.**

§ 132. **1*.** Blüthenstand völlig eingeschlechtig: die unteren Aehrchen weiblich auf e. Kolben sitzd, die ober. männlich, rispig.
a. **Zea.**

a. *Olyreae.* Männliche u. weibl. Bthn völlig von einander getrennt u. einander unähnlich.

a. **Zea mays** *L.* (XXI.) (1*.) Männliche Aehrch. in Rispen 2blthg mit sitzenden Bthn; weibl. auf e. Kolben, 1blthg mit e. geschlechtslosen Blüthchen. Halm dicht, 4—12' hoch, B. breit glänzd. *Häufige Culturpfl. aus America* (6—7) ☉. „Mais."

b. *Andropogoneae.* Bthn zwittrig oder polygamisch, Aehrch. vom Rücken her zusammengedrückt, 1blthg, aber je 2—3 beisammen, das eine gestielt, das od. die zwei anderen sitzd; untere Kchklppe grösser.

1. **Erianthus Ravennae** *Pal. d. Beauv.* (15). Rispe sehr ästig, B. gekielt; Aehrch. alle zwittrig lineal; Halm 3—4' hoch mit blaugrünen langlineal. spitz. B., u. kzn dichtbehaarten Bhäutch. *Sandfelder am adr. Meer* (7—8) ♃.

2. **Andropógon** *L.* (17). Aehr. lineal, je 2 beisammen, d. eine gestielt, männlich, die andere sitzd, zwittrig, die endst. zu 3 beisammen, davon die mittl. sitzd.
  1. Bthn in fingerfgn Aehren, Halm 1—2' hoch.
    2. Aehren 5—10, fingerfg gestellt; untere Kchklppe d. Zwitterbthe nebst d. Bthnstielch. behaart. *Hügel, Aecker s.* (7—8) ♃.
                                    1. *A.* **Ischaemum** *L.*
  2*. Aehren je 2 beisammen.
    3. Unt. Kchklppe behaart, Bthnstd zusammengesetzt rispig, an d. Enden je 2 fingerfg gezweite Aehren tragd. *Hügel, Aecker (auf d. Insel Sansego im adr. Meer)* (7—8) ♃.
                                      2. *A.* **pubescens** *Vis.*
    3*. Untere Kchklappe kahl, Halm einfach, aufr. d. endstdgn Aehren gezweiet. *Hügel, Abhänge am adr. Meer* (6—7) ♃.
                                      3. *A.* **distachyos** *L.*
1*. Bthnstd rispig quirlig, Aehrch. je 3 beisammen, endstdg, seitenstdge Aehrch. fehld, Halm 2—3' hoch. *Hügel, Abhänge d. südl. Alpenggdn* (7—8) ♃. . . . . . . 4. *A.* **gryllus** *L.*

3. **Heteropógon Allionii** *Pers.* (16*). (Andropogon contortum *L.*) Die gestielten nebst d. unteren sitzdn Aehrchen männlich, kahl, spitzig, zusammengedreht, d. ober. sitzdn weiblich, lang begrannt mit an der Spitze schopffg vereinigt u. zusammengedreht. Grannen. Bthnähren einzeln, schmal lineal mit behaart. Scheiden. Halm 1—2 hoch. *Felsen, stein. Abhänge d. südl. Alpengegenden.* (7—8) ♃.

4. **Sorghum** *Pers.* (17*). Sitzende Aehrch. zwittrig eifg oder lanzettlich mit an der Spitze 3zähnigen Klppn, gestielte männlich; Gräser mit 3—6' hoh. Halm und rispig. Bthnstd.

1. Pfl. auslfrtreibd; Rispe abstehd, zwittr. Aehrch. eifg. lanzettl. §132.
Aecker, Bgabhänge d. südl. Alpenggdn (6—7) ⊙.
           (Holcus avenacus L.) 1. *S.* **halepense** *Pers.*
1*. Pfl. ohne Auslfr; Kchklppn weichhaarig.
  2. Rispe ausgebreitet. *Culturpfl. d. südl. Alpenggdn (Vaterl.: Ostindien)* (6—7) ⊙. . . . . 1 b. *S.* **saccharatum** *Pers.*
  2*. R. zusammengezogen. *Culturpfl. d. südl. Gggdn (Vaterl.: Ostindien)* (6—7) ⊙. . . . . 1 c. *S.* **vulgare** *Pers.*

c. *Paniceae.* ⸴ Bthn v. Rücken her zusammengedrückt, gleichartig 1bthg oder mit e. Ansatz zu noch einer unteren Bthe, unt. Kchklappen kleiner, Spelzen z. Bthezeit nicht auseinandrtretd.

  5. **Tragus racemosus** *Desf.* (20*). (Cenchrus rac. *L.* Lappago r. *Schreb.*) Kch 3klappig, die obere Klppe dornig, die untere klein, häutig. 3—9" hohes Gras m. aufstgdn Halmen u. flach. schmal. B. Bthnstd eine 1—3" lge. am Grd oft unterbrochene Scheinähre, Aehrch. zuletzt hängd. *Sandfelder sss. (b. Wien, Südtyrol)* (7—8) ⊙.

  6. **Panicum** *L.* (19*). „Hirse." Kch 3klappig (d. 3. Klappe ist ein Ansatz zu e. 2ten sterilen Bthe) Aehrch. ohne Hülle.
   1. Bthnstd fingerfg. Bthn unbegrannt (Digitaria *Scop.*).
   2. B. u. Scheiden behaart, obere Kchklppe halb so lang als d. Bthe; Bthnstd aus meist 5 fingerfg gestellten Scheinähren bestehend.
   3. Spelzen d. unter. Bthe auf d. Seitenrippen kahl. *Aecker. Gärten. sehr häufig* (7—8). . . . 1. *P.* **sanguinale** *L.*
   3*. Sp. d. u. Bthe auf d. Seitenrippen gewimpert (ob. var?) *Sandfelder ss.* (7—8) ⊙. . . . . 2. *P.* **ciliare** *Retz.*
   2*. B. u. Scheiden kahl; Ob. Kchklppe so lg als die Bthe. Aehr. meist 3. *Aecker, Gärten, Sandfelder, Teiche selt.* (7—8) ⊙.
                               3. *P.* **glabrum** *Gaud.*
   1*. Bthnstd nicht fingerfg, knäulig od. rispig.
    4. Bthnstd aus, einseitigen zusammengesetzten lineal. Aehren gebildet; Spindel kantig (Echinochloa *Beauv.*); Kchklppe begrannt. *Aecker, Sandfelder, nicht selt.* (7—8) ⊙.
                               4. *P.* **crus galli** *L.*
   4*. Bthnstd ausgebreitet rispig oder knäulig.
    5. Bthnstd einseitig rispig.
    6. Rispe überhängend, Halm stark 1—3' h. *Häufige Culturpfl. aus dem Orient* (7—8) ⊙. „Hirse"·
                           4 b. *P.* **miliaceum** *L.*
    6*. R. ausgebreitet; Halm niedrig, schmächtig. *Aecker, Sandfelder um Wien (ursprüngl. ans America)* (7—8) ⊙.
                         5. *P.* **capillare** *L.*
    5*. Bthnstd knäulig unterbrochen, ährenfg, aus meist 10 armbthgn Aehrch. bestehd; B. eifg. lanzettl. wellig, Halm u. Scheiden rauhhaarig. (Orthopogon *R. Br.*) *Schattige Wälder d. südl. Alpenggdn n. am adr. Meer* (8) ⊙.
                        6. *P.* **undulatifolium** *Arduin.*

  7. **Setaria** *Pal. de Beauv.* Bthn in ährenfgn Rispen, v. e. borstig. Hülle umgeben. Gräser mit flachen schartrandigen B. (Panicum *L.*)

§ 132. 1. Bthnstd gedrungen walzig, nicht lappig, H. $1/2-1\,1/2'$ h.
2. Hüllborsten v. abwts gerichtet Zähnch. rauh, Rispe am Grd oft unterbrochen. *Aecker, Gräben, Ufer selt.* (7—8) ⊙.
       1. *S.* **verticillata** *Beauv.*
2*. Hb. v. aufwts gerichtet. Zähnchen rauh, Bthnstd nicht unterbrochen.
3. Spelzen querrunzlich, länger als d. ober. Kchklppe; B. bläulich; Bthnstd oft gelbroth. *Aecker, Sandfelder* (7—8) ⊙.
       2. *S.* **glauca** *Beauv.*
3*. Sp. glatt, nicht länger als die ober. Kchklppe, B. grün; Bthnstd oft blauroth. *Aecker, Sandfelder* (7—8) ⊙.
       3. *S.* **viridis** *Beauv.*
1*. Bthnstd lappig, Hüllborst. v. aufwts gerichtet. Zähnen rauh; H. 2—3' hoch. *Aecker, Wege (C. Tessin) auch cult.* (7—8) ⊙.
       4. *S.* **italica** *Beauv.*

d. *Phalarideae.* Aehrch. v. der Seite zusammengedrückt, 1bthg mit e. Ansatz zu 1—2 unter. unvollkommenen Bthn. Narben lang aus der Spitze d. Bthn hervortretend.

8. **Phalaris** *L.* (39). Aehrchen 1 bthg mit e. schuppenfgn Ansatz zu 1—2 unteren Bthn; Kchklppn 2, gleichgross; Stbfäden 3 in jeder Bthe.
 1. Rispe ährenfg; Kchklppn geflügelt, Halm 1—3' hoch.
 2. Klppn mit einrippigem Rande.
  3. Flügel der Klppn ganzrandig; Bthnstd eifg übrig. *Aecker, Wege am adr. Meer, übrig. cult. u. verwildert* (7—8) ⊙. „*Canariengras.*" . . . . . . 1. *Ph.* **canariensis** *L.*
  3*. Flügel der Klappen ausgebissen gezähnelt, Bthnstd länglich.
  4. Spelzen d. frbrn Bthn angedrückt behaart. *Aecker, Wege, am adr. Meer* (7—8) ⊙. . . . 2. *Ph.* **minor** *Rtz.*
  4*. Sp. d. frbrn Bthn kahl; Halm am Grde knollig verdickt. *Aecker, Wege, am adr. Meer* (7—8) ⊙.
       3. *Ph.* **aquatica** *L.*
 2*. Kchklappn mit 3rippig. Rande, u. gezähnelt. Flügeln. *Aecker, Wege, in Istrien* (5—6) ⊙. . . . . 4. *Ph.* **paradoxa** *L.*
1*. Rispe ausgebreitet; Kchklappen nicht geflügelt, B. breit lineal, am Rande rauh, Halm 2—4' h. (Baldingera a. Fl. W.) *Ufer, Sumpfggdn* (6—7) ♃. . . . . . . 5. *Ph.* **arundinacea** *L.*

9. **Hierochloa** *Gmel.* (38.) Aehrch. 3 blthig, die 2 unter. männlich mit 3 Stbgef., das obere zwittrig mit 2 Stbgef. Kch 2klappig; Bthnstd rispig, Halm 1—2' hoch mit flach. B. u. wohlriechdm Wzlstock.
 1. Aehrch. am Grd nicht bärtig, Wzlstock kriechd, Rispe ausgebreitet; Aehrch. rotbbraun und gelb-scheckig. *Waldwiesen, Sumpfggdn, bes. in Norddeutschld* (5—6) ♃.
       1. *H.* **odorata** *Whlbg.*
 1*. Aehrch. am Grd bärtig; Pfl. rasig; Rispe gedrgn; Aehrchen grünlichbraun glänzd. *Waldwiesen, Sumpfggdn, bes. in Süddeutschland* . . . . 2. *H.* **australis** *R. & Sch.*

10. **Anthoxanthum odoratum** *L.* (II. 2). (40). Aehrch. *§ 132.*
3blthg, die 2 unteren Bthn unfrbar u. geschlechslos, aus 2 begrannt.
Spelzen bestehend, und länger als die der frchtragdn Blüthe. Bthnstd lappig ährenfg, Halm 1—2′ h. mit flachen B., besonders beim
Trocknen d. Heugeruch gebend. *Wiesen, Wälder, häufig.* (5—6) ♃.

11. **Imperata arundinacea** *Cyrill.* (40*). (Lagurus cyl. *L.*)
Aehrchen 1blthg; Kchklppn 2; Spelzen 3, die unterste grösser,
eine unfrbare Bthe darstelld. 1—2′ hohes Gras mit eingerollt. B. u.
langhaarig, seidenglänzdn walzig, ährenfgn Bthnstd; Bhäutchen kurz seidenbaarig. *Wälder, Hügel, am adr. Meer* (7—8) ♃.

e. *Alopecuroïdeae.* Aehrchen von der Seite zusammengedrückt, 1blüthig, aber oft noch mit e. Ansatz zu e. oberen Bthe.

12. **Alopecurus** *L.* (41). „Fuchsschwanz." Kchklppn 2; Spelzen mit e. verwachsen auf dem Rücken mit e. kniefg gebogenen
Granne. Bthn in Scheinähren, leicht v. Bthnstdstiel ablösbar.
1. Aehren walzig, dicht; Kchklppen häutig.
  2. Halme aufrecht; Kchklppe spitz.
    3. Aehr. stumpf; Halme völlig glatt.
      4. Wurzel faserig, ohne oder nur mit kzn Auslfr. Aehre
      blassgrün; Stbbeutel violett. *Wiesen sehr häufig* (5—6) ♃.
                                  1. *A.* **pratensis** *L.*
      4*. Wzl kriechd, ausläufertrbd; Aehr. z. Frzt schwarz werdd.
      Wiesen sss. (b. Hamburg) (5—6) ♃.
                                    2. *A.* **nigricans** *Horn.*
    3*. Aehr. an beiden Enden spitz; Halm oberwts rauh; Kchklappen wenig bewimpert. *Aecker* (6—7) ☉.
                                    3. *A.* **agrestis** *L.*
  2*. Halm an den unteren Gliedern kniefg gebogen; Kchklppn stumpf.
    5. Granne über die Bthe hervorragd; Stbbeutel blassgelb.
    Gräben, Sümpfe (5—8) ☉. . . . 2. *A.* **geniculatus** *L.*
    5*. Gr. kürzer; Stbbtl rothgelb; Bscheiden bläulich. *Gräben, Sümpfe* (5—8) ☉. . . . . *A.* **fulvus** *L.*
1*. Aehre eifg, oder eifg-länglich; obere Bscheiden bauchig aufgeblasen. *Wiesen ss. (Rheinggdn, Alpen)* (5—6) ☉.
                                6. *A.* **utriculatus** *Pers.*

13. **Crypsis** *Ait.* (43*). Kchklppen 2, gekielt, ungleich gross,
kzr als die unbegrannte Blthe. Kleine Gräser mit fast stechdn
B. u. fast ährenfgm Bthnstd.
1. Halme ziemlich rund, einfach; Bthnstd länglich walzig nicht
von einer Hülle umgeben. Stbgef. 3 in jeder Bthe. *Gräben, Sümpfe, besond. im oestl. Deutschld* (7—8) ☉.
                      1. *C.* **alopecuroïdes** *Schrdr.*
1*. Halme ästig, etwas zusammengedrückt; Bthnstd ährenfg von
Hüllb. umgeben.
  2. Bthnstd halbkuglig; Stbgef. 2 in jeder Bthe. *Gräben, Ufer, im östl. Deutschld* (7—8) ☉. . . . 2. *C.* **aculeata** *Lam.*

§ 132.   2*. Bthnstd länglich eifg; Stbgef. 3 in jeder Bthe. *Gräben,*
Ufer am adr. Meer (7—8) ⊙. . . . 3. *C.* schoenoïdes *Ait.*

14. **Phleum** *L.* (43). Kchklappen 2. gekielt, länger als d.
2 Spelzen, (b. 2—4 am Grd mit einem stielfgn Ansatz zu einer 2ten
oberen Bthe).
  1. Kchklppe kahl, am Rücken halbmondfg gebogen, kz stachel-
  spitzig, Halm ½—1' hoch. *Bgwiesen, am adr. Meer* (6—7) ⊙.
  1. *Ph.* tenue *Schrdr.*
  1*. Kchklppn rauhhaarig oder gewimpert.
    2. Kchklppn lanzettlich, zugespitzt.
      3. Pfl. nur blühende Halme treibd; Kchklppn 3rippig, Halme
      3—9'' hoch. *Sandfelder, bes. am Meerufer* (6—7) ⊙.
      2. *Ph.* arenarium *L.*
      3*. Pfl. blühende u. nicht blühde Halme treibd, Halme 6—18''
      hoch. *Bgwiesen d. Alpen* (7—8) ⚄. 3. *Ph.* Michelii *All.*
    2*. Kchklppn an d. Spitze wie abgeschnitten mit darüber hinaus-
    ragndr Granne.
      4. Kchklppn schief abgeschnitten; Rispe ästig mit anliegdn
      aber beim Biegen der Aehre sichtbaren Aesten.
        5. Kchklppn lineal, länglich; Halm 1—2' hoch. *Hügel,
        Bgwiesen selt.* (6—7) ⚄. . . . 4. *Ph.* Boehmeri *Wibel.*
        5*. Kchklppn keilfg, Halm ½—1½. *Bgabhge, Aecker selt.*
        (5—6) ⊙. . . . . 5. *Ph.* asperum *Vill.*
      4*. Kchklppn quer abgeschnitten.
        6. Bthnstd ährenfg walzig, einfach, Kchklppn mit kurzer
        Granne.
          7. Granne sehr kurz; Bscheiden walzig, Aehren lang,
          blassgrün: Halm 1—3' h. (var. nodosum, Halm am
          Grde zwiebelfg.) *Wiesen, Hügel, Gräben, Gebüsch,
          sehr häufig* (7—8) ⚄. . . . . 6. *Ph.* pratense *L.*
          7*. Gr. länger; Ob. Bscheiden bauchig, Halm ½—1' hoch.
          Bgwiesen d. Alpen u. höher. Gebirge (6—8) ⚄.
          7. *Ph.* alpinum *L.*
        6*. Bthnstd eifg, untere Bthn herabgebogen, Kchklppn mit
        e. langen Granne. *Bgwiesen, am adr. Meer* (5—6) ⊙.
        8. *Ph.* echinatum *Host.*

15. **Chamagrostis minima** *Borkh.* (42*). (Agrostis m. *L.*
Sturmia *Hoppe.*) Kchklappen länger als die Spelzen, beide unbe-
grannt u. ungekielt; Spelzen haarig gewimpert; Halm 1—3'' h.
mit fast ährenfgm scheinbar einseitgm Blüthenstd. *Sandfelder ss.
(Holstein, Rheinggdn)* (3—4) ⊙.

f. *Chlorideae.* Aehrchen einzeln in einseitigen, fingerfg ge-
stellten Aehren, übrig. wie b. e.

16. **Cynodon dactylon** *Pers.* (36). (Panicum d. *L.*) Narbe
unter der Spitze d. Bthe hervortrd; Kchklppn abstehend, nur am
Grunde d. Bthe umfassd. Aehren zu 3—5 fingerfg. auseinandersthd;
Spelz kahl gewimpert; B. flach unters. behaart; Halm ½—1½' h.,
am Grd mit kriechdn Auslfrn. *Wege, Sandfelder ss.* (7—8) ⚄.

17. **Spartina stricta** *Roth.* (36*). Aehr. 2—4 an einander- §132.
gedrückt; Aehrchen flaumig, locker dachig, aufrecht; B. eingerollt in e. stechdn Spitze endd; Spelz sehr ungleichlg mit aus
der Spitze hervortretdn Narben. *Sumpfwiesen, am adr. Meer*
(7—8) ⚇.

g. *Oryzeae.* Kchklppe fehld od. sehr klein, übr. w. b. e.

19. **Leersia oryzoïdes** *Swartz.* (23). Fr. v. d. Spelzen
eingeschlossen, diese fast gleichlang. Gelbgrünes 1—3' hohes
Gras mit lineal-lanzettl. auf der Mittelrippe und am Rande gesägt.
B. u. meist in den oberen Bscheiden verborgener Rispe. *Gräben, Ufer, s. (8, blüht jedoch ss.)* ⚇.

20. **Coleanthus subtilis** *Seid.* (23*). Fr. länger als d.
Spelzen, diese ungleich; Stbg. 2. Sehr kleines Gras mit 1—3''
lgn Halmen, knäulig gehäuft. Bthn u. bauchigen Bscheiden. *Ufer,
Sumpfggdn sss. (Böhmen)* (7—8) ⚇.

h. *Agrostideae.* Narben beiderseits am Grd der Bthe hervortretd; Spelzen häutig, übr. wie b. e.

20. **Polypogon** *Desf.* (33*). Kchklppn 2, ziemlich gleichlang, aus der stumpfen etwas ausgerandeten Spitze borstig begrannt, Spelzen am Grde nicht von Haaren umgeben.
1. Kchklappn lang begrannt, übrigens stumpf 2lappig, Pfl. nicht
mit kriechdr. Wzl. *Ufer, Gräben (am adr. Meer, auch bei
Freibg in der Schweiz)* (5—6) ☉. 1. *P.* **monspeliensis** *Desf.*
1*. Kchkl. kzr begrannt, lineal-lanzettl.; Pfl. mit kriechdr Wzl.
Meerufer sss. (an d. Insel Norderney) (7—8) ⚇.
             2. *P.* **littoralis** *Sm.*

21. **Agrostis** *L.* (34.) Kchklppn 2, ungleichlang, die unt.
grösser, spitz aber nicht begrannt; Spelzen am Grd ohne oder nur
von sehr kzn Haaren umgeben, unbegrannt oder mit e. aus dem
Rücken der Spelzen entspringdn kzn Granne. Meist Rispengräser
mit 1½—2½' h. Halmen.
1. B. alle gleichmässig flach; Bthn 2spelzig, die unt. Sp. unbegrannt. (*A.* **stolonifera** *L.*)
2. Bhäutchen länglich; Rispe nach der Bthe zusammengezogen.
Wiesen, Hügel, Wälder, Ufer (6—7) ⚇. . 1. *A.* **alba** *L.*
2*. Bh. kz abgestutzt; Rispe immer ausgebreitet. *Wiesen, Hügel, Wege* (6—7) ⚇. . . . . . . 2. *A.* **vulgaris** *With.*
1*. Grundst. B. borstig gefaltet; Ob. Spelze meist verkümmert od.
ganz fehld.
3. Rispenäste rauh.
4. Untere Spelze mit einer unterhalb der Mitte des Rückens
entspringenden kniefgn Granne, Stglb. flach. *Wiesen; Wälder* (6—7) ⚇. . . . . 3. *A.* **canina** *L.*
4*. Unt. Spelze mit e. am Grde entspringdn Granne, Stglb.
borstig. *Bgwiesen (besond. d. Alpengdn, Schwarzwald,
Mähren)* (7—8) ⚇. . . . . 4. *A.* **alpina** *Socp.*

GRAMINEAE.

§ 132. 3*. Rispenäste glatt; B. alle borstig, unt. Spelze mit e. aus der Mitte d. Rückens entspringende Granne. *Bergabhänge d. Alp. u. höher. Gebirge* (7—8) ♃. . . . . 5. *A.* **rupestris** *All.*

22. **Apéra** *Beauv.* (34*). Kchklppn 2 unglch, die obere grösser unbegrannt; obere Spelze mit einer dicht unter d. Spitze entspringendn langen Granne. am Grd nicht von Haaren umgeben. Bthnstd rispenfg. (Agrostis *L.*)
1. Stbkolb. lineal länglich; Rispe ausgebreitet. *Aecker, Wege, Sandfelder, häufig* (6—7) ☉. . . . . 1 *A.* **spica venti** *L.*
1*. Stbk. rundl. eifg; Rispe zusammengezogen. *Aecker, Wege &x. (bes. d. südl. Alpenggdn)* (6—7) ☉. . . 2. *A.* **interrupta** *L.*

23. **Lagurus ovatus** *L.* (33.) Kchklappn 2, pfriemlich, begrannt; untere Spelze mit 2 geraden endstdgn u. e. rückenstdgn geknieten Granne. Einjähriges Gras mit $^1/_2$—$1^1/_2'$ hoh. Halmen, eifgm weichhaarig, scheinbar ährenfgm Bthnstd u. flachen nebst den Scheiden behaart. B. *Hügel, Wiesen, am adr. Meer* (6—7) ☉.

24. **Calamagróstis** *Rth.* (31). Kchklappn spitz, d. untere länger als die obere. Spelzen am Grd v. langen Haaren umgeben. Gräser mit 1—4' hohen Halmen.
1. Ausser d. Kranz von Haaren kein weiterer pinselfgr Ansatz in der Bthe; Spelzen begrannt oder (b. 5) unbegrannt; Granne kz gerade.
2. Haarkranz so lang als d. Kchklppn.
3. Grannen aus der Spitze d. Spelz. hervortretd.
4. Spelzen sehr kz begrannt; B. u. Halme reingrün (Arundo calamagrostis *L.*) *Feuchte Wiesen, Abhänge, selt.* (7—8) ♃.
1. *C.* **lanceolata** *Roth.*
4*. Spelzen länger begrannt, Halme u. B. blaugrün. *Flussufer, Abhge selt. (bes. Süddeutschld u. am Harz)* (7—8) ♃.
2. *C.* **littorea** *DC.*
3*. Grannen kniefg, aus dem Rücken der Spelzen hervortretd. nicht über die Aehrch. herausragd.
5. Rispe geknäuelt lappig; Klappen pfriemlich, B. starr; Stgl 3—5' hoch. *Wälder, Sandfelder* (7—8) ♃.
3. *C.* **epigeios** *Roth.*
5*. R. ausgebreitet; Klppn lanzettl.; B. weich, Stgl $^1/_2$—$1^1/_2'$ hoch. *Feuchte Bergwälder* (7—8) ♃.
4. *C.* **Halleriana** *DC.*
2*. Haarkrz halb so lang als die Kchklppn; Bthn meist unbegrannt, Halm 1—2' hoch; B. schmal; Bthnstd schmal, schlaff. *Bergwälder u. Wiesen d. Alpenggdn* (7—8) ♃.
5. *C.* **tenella** *Host.*
1*. Ausser den Kranz von Haaren noch ein gestielter pinselfgr Ansatz zu e. 2. Bthe. Spelzen begrannt, mit rückenstdgr Granne.
6. Haarkranz so lang und nur wenig kürzer als die Kchklppn, Granne nicht oder wenig darüber hinausragd.
7. Granne nicht über d. Kchklppn hinausrgd, fast gerade; Bthnstd schmal, ährenfg. *Feuchte Wiesen (Norddeuschld)* (7—8) ♃. . . . . 6. *C.* **stricta** *Spreng.*

7*. Granne etwas über d. Kchklppn hinausragd gekniet; Bthnstd § 132. ausgebreitet. *Bgwälder selt.* (7—8) ♃. 7. **C. montana** *DC.*
6*. Haarkranz etwa ¼ so lang als die Spelzen. Granne weit über d. Kchklppn hinausragd; Bthnstd ausgebreitet. *Bgwälder selt.* (7—8) ♃. . . . . 8. **C. silvatica** *DC.*

25. **Psamma** *P. B.* (31*). Kchklppn spitz, d. untere kleiner; Bthn mit e. pinselfgn Ansatz zu e. 2. Bthe; Spelzen unbegrannt. Gräser mit ährenfgn Btbnstd, 2—3′ hoh. Halmen u. eingerollt. B.
1. Bthnstd walzig, spitz, strohgelb. *Sandige Ufer d. Nord- u. Ostsee ss. im Innern Deutschland* (7—8) ♃.
          1. ***P.* arenaria** *R. & Sch.*
1*. Bthnstd lappig, braunroth. *Ufer d. Ostsee* (7—8) ♃.
          2. ***P.* baltica** *R. & Sch.*

26. **Gastridium lendigerum** *Gaud.* (29). (*Milium L.*) Kchklappen am Grund zuletzt fast kuglig aufgeblasen; Spelzen am Grd nicht von Haaren umgeben. ½—1½′ hohes Gras mit flachen B. u. scheinb. ährenfgn Bthnstd. *Aecker sss. (Genf, Istrien)* (7—8) ♃.

i. *Stipaceae*. Aehrchen stielrd mit zuletzt knorpelig werdd u. d. Frcht einschliessdn Spelzen. Narben aus d. Seite hervortretd. federig.

27. **Milium effusum** *L.* (21, 27). Kch 2klappig, länger als die spitzen aber unbegrannten Spelzen. Rispe ausgebreitet, quirlig mit armblthgn zuletzt herabgebogenen Aesten. Rasenbildendes Gras mit 2—4′ hoh. Halmen. *Wälder* (5—7) ♃.

28. **Piptatherum** *Beauv.* (21, 27*). (*Milium L.*) Untere Spelze an der Spitze mit e. kzn gegliederten abfälligen Granne. 2—4′ hohe Gräser mit ausgebreitet rispigem Bthnstd.
1. Spelzen flaumig behaart. *Wälder d. südl. Alpggdn* (5—6) ♃.
          1. *P.* **paradoxum** *Beauv.*
1*. Sp. kahl. *Wälder d. südl. Alpenggdn* (6—7) ♃.
          2. *P.* **multiflorum** *Beauv.*

29. **Stipa** *L.* (28). Untere Spelze kahl od. kz flaumhaarig mit e. am Grd gegliederten, seilfg gedrehten bleibdn. oft sehr langen Granne. Rasenbildde 2—4′ hohe Gräser mit borstig. B.
1. Granne am Grd kniefg gebogen, viel länger als d. Spelzen.
 2. Granne federig. *Hügel, Sandfelder s.* (5—6) ♃. „Federgras."
          1. *S.* **pennata** *L.*
2*. Gr. haarfg borstig. *Hügel selt.* (5—6) ♃.
          2. *S.* **capillata** *L.*
1*. Granne gerade, noch einmal so lang als d. Sp. *Felsen, stein. Abhänge am adr. Meer* (7—8) ♃. . . . 3. *S.* **aristella** *L.*

30. **Lasiagrostis calamagrostis** *Lk.* (Agrostis lasiagr. *L.*) Untere Spelze flaumig behaart, an der Spitze mit e. geraden nicht gegliederten u. nicht gedrehten Granne. Rasenbildds 2—3′ hohes Gras mit schmal lineal. B. *Felsen d. Alpen* (7—8) ♃.

§ 132. k. *Arundinaceae.* Aehrchen 2-mehrblthg. Griffel verlängert mit sprengwedelfgr, aus der Spitze oder am Grd d. Bthe hervortretdr Narbe. Unt. Spelze behaart od. am Grd von Haaren umgeben. Grosse breitblättrige Gräser.

31. **Phragmites communis** *Trin.* (47). (Arundo phragm. *L.*) Kchklppn 2, 3—7 von Haaren umgebene Bthn, von denen die unteren männlich sind, einschliessd. Spelzen unbegrannt; Halme 4—8' hoch, Bthnstand ausgebreitet rispig. *Ufer, Teiche, häufig* (8) ♃. „Schilfgras."

32. **Arundo** *L.* (47*). Kchklppn 2, 2—7 zwittrige Bthn einschliessend u. ungefähr so lang als diese. Spelzen begrannt, auf dem Rücken mit langen Haaren besetzt.
   1. Bthnstd ausgebreitet rispig, Aehrchen meist 3bthg, Haare der Bthn fast so lang als d. Kchklppn; H. 8—12' h., B. breit lanzettlich. *Ufer, Sumpfgdda d. südl. Alpenggdn* (8) ♃.
   1. *A.* donax *L.*
   1*. Bthnstd schmal rispig, Aehrch. 1—2blthg; halb so gross als b. vorig. Haare d. Btbn kürzr als d. Kchklppn, B. breit lineal, lang verschmälert. *Ufer, Sumpfggdn, am adr. Meer* (8) ♃.
   2. *A.* pliniana *Trin.*

33. **Ampelodesmos tenax** *Link.* (66). Kch 2klappig, 3—5blthg, kzr als die nächste Bthe; Spelzen begrannt; Griffel kz mit federiger, am Grd beiderseits hervortretdr Narbe, Bthnstd einseitswendig rispig, überhängd; B. lineal rinnig, sehr spitz, Halm nicht hohl. *Steinige Abhänge auf d. Inseln d. adr. Meeres* (5—6) ♃.

l. *Sessleriaceae.* Aehrch. 2-vielbthg; Kchklppn fast d. ganze Aehrch. einhülld, Narben fadenfg, aus d. Spitze der Bthe hervortretd; Bthnstd ährenfg rispig.

34. **Echinaria capitata** *Desf.* (48*). (Cenchrus c. *L.*) Unt. Spelze handfg 5thlg mit pfriemenfgn Abschnitten, ob. Spelze gespalten. 2—6" hohes Gras mit grünlichen, kopffg gehäuft. Scheinähren. *Bywiesen am adr. Meer* (5—6) ♃.

35. **Sessleria** *Ard.* (48). Kch 2klppg, 2—6 Blthn einschliessd; untere Spelze ungetheilt, stachelspitzig, begrannt, oder mit 3—5 zähniger Spitze. Meist schmalblättrige, Felsspalten u. Geröll liebende Gräser m. ährenfg rispigem Bthnstd.
   1. Bthnstd allseitswendig; Spelzen 3—5zähnig.
   2. Bthnstd länglich od. eifg, bläulich.
   3. Unt. Spelze mit 3—5 Borsten u. 1 Granne, welche kzr als die halbe Spelze ist, Halme ½—2' hoch.
      4. Bscheiden zuletzt völlig in schlängelig mit einander verwebte Fäden sich auflösend; B. sehr schmal, fast borstig. *Stein. Ufer, am adr. Meer* (5) ♃.
   1. *S.* tenuifolia *Schrdr.*
   4*. Bschdn höchstens am Rande gespalten.

5. B. flach; Bthnstd eifg länglich, fast einseitswendig. *Kalk-* §*132.*
felsen selt. (3—8) ♃. . . . . . 2. *S.* **caerulea** *Ard.*
3*. B. rinnig; Bthnstd verlängert walzig. *Felsen, Bgwiesen*
d. südl. Alpenggdn (7—8) ♃. . . 3. *S.* **elongata** *Host.*
 3*. Untere Spelze mit 5 Grannen, deren mittlere länger als die
 Spelze selbst ist, Bthnstd eifg. *Felsspalten, stein. Abhänge*
 d. höchst. Alpen (6—7) ♃. . . . 4. *S.* **microcephala** *DC.*
2*. Bthnstd kuglig, klein, meist weisslich, Halme 4—6" hoch, fast
blattlos, B. sehr schmal. *Felsspalt d. Alpen* (7—8) ♃.
       5. *S.* **sphaerocephala** *Ard.*
1*. Bthnstd 2zeilig, eifg; Aehrch. 3—6blthg, untere Spelze ungthlt;
B. fadenfg, Halm ½—1' hoch, fast blattlos. *Felsspalt d. höher.*
Alpen (6—8) ♃. . . . . 6. *S.* **disticha** *Pers.*

m. *Avenaceae*. Aehrchen mehrbthg mit grossen fast d. ganze
Aehrchen bedeckendn Kchklppen. Narben federig, am Grd d. Bthn
beidersts hervortrtd.

35. **Koehleria** *Pers.* (65). Kchklppn 2, zusammengedrückt
gekielt, untere Spelze ungthlt oder gespalten, stachelspitzig od.
mit einer geraden borstigen Granne. Bthnstd ährenfg.
 1. Aehrchen kahl, Spelzen wehrlos oder stachelspitzig.
  2. Die vertrockneten Bscheiden nicht zerschlitzt; Aehrch. 2—3-
  blthg, Bthnstd unterbrochen.
   3. Unt. B. gewimpert; untere Spelze zugespitzt (var grösser:
   major u. schlanker: gracilis). *Hügel, trockne Wiesen* (6—7) ♃.
        1. *K.* **cristata** *Pers.*
   3*. U. B. kahl; untere Spelze stumpfer. *Sandfelders.* (7—8) ♃.
        2. *K.* **glauca** *DC.*
  2*. D. vertrockneten Bschdn in verworrene Fäden aufgelöst.
  Hügel, Wege sss. (C. Wallis) (3—5) ♃.
        3. *K.* **valesiaca** *Gaud.*
 1*. Aehrch. zottig behaart; Spelzen mehr oder weniger deutlich
 begrannt.
  4. Halm oberwts filzig; Pfl. rasig, blühende u. nicht blühende
  Halme treibd; Rispe eifg. *Felsige Abhge d. höchst. Alp.* (7—8)♃.
        4. *K.* **hirsuta** *Gaud.*
  4*. H. kahl; Pfl. nur zahlreiche blühde Halme trbd; Bthnstd
  walzig rispig. *Hügel, Wege am adr. Meer* (5—6) ☉.
        5. *K.* **phleoïdes** *Pers.*

36. **Lamarckia aurea** *Mch.* (51). Kchklppn 2, pfrieml.,
zusammengedrückt-gekielt, begrannt; Aehrch. theils geschlechtslos,
vielbthg, m. abgerundet-stumpfen Spelzen, theils zwittrig, 1bthg m.
e. Ansatz zu e. 2. Bthe. 3—6" hohes Gras mit lineal flachen B. u.
gelbgrünen Bthn in gedrungenen Rispen. *Bgwiesen u. Abhänge am*
adr. Meer (5—6) ☉.

37. **Aïra** *L.* (56*). Kchklppn 2; Aehrch. 2—3blthg mit an der
Spitze gezähnten Spelzen u. einer am Grd oder Mitte derselben
hervortretdn Granne.
 1. Granne sehr wenig gebogen; B. flach. (*Deschampsia Beauv.*)

§ 132. 2. B. auf der ober. Seite sehr rauh; Pfl. keine Auslfr treibd,
v. rasig. Wuchs. *Wiesen*, *Wälder* (6—7) ♃.
  1. *A.* **caespitosa** *L.*
2*. B. wenig rauh; Pfl. mit verlängerten Auslfrn. *Feuchte Sand-
felder*, *Ufer sss. (bei Hamburg)* (6—7) ♃.
  2. *A.* **Wibeliana** *Sond.*
1*. Granne deutl. kniefg; B. borstig (über d. Unterschd dieser
Arten v. Avena s. diese Gattung).
3. Rispe überhgd; B. fast stielrund borstig, Bhäutch. kurz ab-
geschnitten. *Wälder nicht selt.* (6—8) ♃. 3. *A.* **flexuosa** *L.*
3*. R. aufrecht; B. flach od. rinnig, sehr schmal, Bhtchen läng-
lich verschmälert spitz. *Sumpfwiesen sss. (Westphalen, Ost-
friesld* (8—9) ♃. . . . . . . 4. *A.* **uliginosa** *Weihe.*

38. **Corynéphorus canescens** *Beauv.* (56*). (Aira c. *L.*)
Unter Spelze auf dem Rücken mit e. keulenfgn, in der Mitte dch
einen Haarkranz gegliederten Granne. Rasenbildds ½—1½'
hohes Gras mit blaugrünen borstigen B. u. rispig. Bthnstd. *Hügel,
Sandfelder, nicht selt.* (7—8) ♃.

39. **Holcus** *L.* (52). Kchklppn 2; Aehrch. 2blthg, die untere
Bthe unbegrannt, zwittrig, die ober. gestielt, männlich mit e.
rückenstdgn zuletzt auswts zurückgekrümmten Granne. Rispengräser.
  1. Grannen der männlich. Bthe von d. Kchklppn verdeckt; Pfl.
rasig. *Wiesen, Wälder* (6—8) ♃. . . . 1. *H.* **lanatus** *L.*
1*. Gr. d. männlich. Bthn über d. Kchklppn hervorragd. Pflanze
mit kriechdr Wzl. *Wälder* (6—8) ♃. . . 2. *H.* **mollis** *L.*

40. **Arrhenáterum elatius** *M. & K.* (52*). (Avena el. *L.*)
Kchkl. 2, Aehrch. 2blthg, die untere Bthe männlich, begrannt, d.
ob. zwittrig unbegrannt, beide sitzd; Granne kniefg gebogen, Rasen
bildendes, haferartiges Gras m. 2—4' hohen Halmen, lineal. flach
B., ziemlich grossen Aehrch. u. rispig. Bthnstd. *Wiesen, Wälder*
(6—7) ♃.

41. **Avéna** *L.* (55.) „Hafer." Kchklppn 2, Spelzen an d. Spitze
gespalt. oder 2zähnig mit einer aus d. Rücken derselb. entsprin-
genden kniefgn Granne, od. d. ober. Bthn unbegrannt. Bthnstd
rispig.
  1. Aehrchen wenigstens nach d. Bthe hängd; Kchklppn 5—9rip-
pig; Frknoten an der Spitze rauhhaarig.
  2. Spelzen kahl oder nur gegen die Spitze hin behaart; Aehrch.
meist 2blthg.
    3. Bthnstielch. borstig rauhhaarig (ob. var v. 5?) *Aecker ss.
(Norddeutschld)* (7—8) ☉. . . 1. *A.* **hybrida** *Peterm.*
    3*. Bthnstielch. am Grd d. Bthn mit e. Haarbüschel, ausser-
dem kahl (vgl. 3**).
    4. Bthn beide begrannt; Kchklppn nicht länger als d. Spel-
zen; Bthnstd einseitswendig, untere Spelze stumpf 2zäh-
nig. *Aecker ss. (Nordwestdeutschld, Oesterr.)* (7—8) ☉.
  2. *A.* **brevis** *Roth.*
    4*. Ob. Bthe (od. beide) unbegrannt.
    5. Kchklppn länger als die Spelzen.

6. Bthnstd allseitswendig. *Culturpfl. (aus d. Orient?; § 132.*
   (7—8) ☉. . . . . 2 b. *A.* **sativa** *L.*
6*. Bthnstd einseitswendig. *Culturpfl. aus d. Orient* (7—8)☉.
   2 c. *A.* **orientalis** *Schrbr.*
5*. Kchklppn nicht länger als die Spelzen; untere Spelze
   ausser d. Granne noch mit 2 grannenfg verlängerten
   Zähnen; Bthnstd fast einseitswendig. *Cult. u. verwildert*
   (7—8) ☉. . . . . 3. *A.* **strigosa** *Schrbr.*
3**. Bthnstielch. völlig kahl; Aehrch. meist 3blthg; ober. Bthe
   unbegrannt, an d. Spitze mit haarfgn Zähnen. *Culturpfl.,
   bes. in Oesterreich* (7—8) ☉. . . . 3 b. *A.* **nuda** *L.*
2*. Unt. Bthn m. v. Grd bis zur Mitte borstig behaarten Spelzen.
6. Bthnstielchen völlig kahl; Ob. Bthn unbegrannt, an der
   Spitze gespalt. 2zähnig; Aehrchen meist 4blthg. *Sand-
   felder (südl. Alpenggdn u. am adr. Meer)* (7—8) ☉.
   4. *A.* **sterilis** *L.*
6*. Bthnstielch. behaart; Aehrch. 2—3blthg.
7. Bthnstd allseitswendig. *Aecker, häufig* (7—8) ☉.
   5. *A.* **fatua** *L.*
7*. Bthnstd einseitswendig. *Aecker, Wiesen, Wege, am adr.
   Meer* (7—8) ☉. . . . . 6. *A.* **hirsuta** *Rth.*
1*. Aehrch. immer aufrecht.
8. Kchklppn 7—9rippig; Aehrchen 3blthg, d. untere Bthnspelze
   in 2 lange Borsten endend; Frkn. kahl. *Sandfelder, stein. Ab-
   hänge (Rhein- u. Mainggdn)* (6—7) ☉. . 7. *A.* **tenuis** *Mnch.*
8*. Kchklppn 1—3rippig.
9. Frkn. an der Spitze behaart; Bthnstd traubig oder rispig,
   meist nur 1—3 grosse Aehrchen tragd.
10. Halme 2schneidig zusammengedrückt. B. kahl, Aehrch.
    meist 6blthg. *Sandfelder, stein. Abhänge (Rhein- u.
    Mainggdn* (6—7) ☉. . . 8. *A.* **planiculmis** *Schrdr.*
10*. H. u. Bschdn walzig rund.
11. B. alle flach, Bthnstd traubig rispig.
12. B. beiders. nebst d. unteren Bschdn behaart, Aehrch.
    2—4blthg.
13. Kchklppn 1rippig, an d. Spitze weiss, trockenhäu-
    tig. *Stein. Abhänge, Bergwiesen (Alpen, Sudeten)*
    (6—7) ♃. . . . . . . 9. *A.* **pubesceus** *L.*
13*. Kchklppn 3rippig, d. untere Drittheil violett. *Bg-
    wiesen d. südl. Alpen sss. (M. Baldo im südl.
    Tyrol)* (6—7) ♃. . 10. *A.* **amethystina** *Clarion.*
12*. B. glatt od. nur obers. etwas rauh; Aehrch. 4—5blthg.
15. Aehrch. 5blthg, Halm 2—3' hoch, Granne ober-
    halb d. Mitte d. Spelze entspringend; B. obers.
    rauh. *Bgwiesen d. südl. Alpen ss. (Krain)* (7—8) ♃.
    10. *A.* **alpina** *Sweet.*
15*. Aehrchen 4—5blthg., H. 1—1½' h.
16. B. obers. rauh; Granne aus der Mitte d. Spelze
    entspringd. *Trockne Wiesen, Hügel selt.*(6—7) ♃.
    12. *A.* **pratensis** *L.*
16*. B. glatt. *Bgwiesen d. höher. Alpen* (7—8) ♃.
    13. *A.* **versicolor** *Vill.*
11*. Unt. B. borstig gefaltet; Rispenäste 2—5 Aehrchen
    tragend.
17. Bhäutchen länglich, kahl. *Felsen, stein. Abhänge
    d. Alpggdn s.* (7—8) ♃. 14. *A.* **sempervirens** *Vill.*

§ 132. 17*. Blatthäutch. kz, gewimpert. *Felsspalt auf d. Insel Lossino im adr. Meer* (5—6) ♃. . . . . . . 15. **A. striata** *Lam.*
9*. Frkn. kahl (b. 17 an der Spitze behaart) Aehrch. kleiner u. meist mehrere an e. Rispenstiel.
  18. Halmb. flach.
    19. Rispenäste ausgebreitet, meist mehrere Aehrch. tragd; Aehrchen meist 3blthig.
      20. Halme einfach, B. grün, mehr od. weniger behaart.
        21. Untere Rispenäste meist 5—8 Aehrchen tragd, Frkn. kahl. *Wiesen häufig* (7—8) ♃. 16. **A. flavescens** *L.*
        21*. Untere Rispenäste 3—6 Aehrchen tragd, Frkn. an d. Spitze behaart. *Bgwiesen d. Alpen* (6—7) ♃.
          17. **A. alpestris** *Host.*
      20*. Halme am Grd ästig, liegd, wurzlnd; B. blaugrün.
        22. Längere Rispenäste 3—4 Aehrchen trgd, Halm 4—6" hoch. *Bgabhänge n. stein. Ufer d. südl. Alpengydn* (7—8) ♃. . . . . . 18. **A. distichophylla** *Vill.*
        22*. L. R. 4—8 Aehrch. tragd; H. ½—1' h. *Felsen u. stein. Abhänge d. Alpengydn* (7—8) ♃.
          19. **A. argentea** *Willd.*
    19*. Rispenäste ährenfg gedrungen; Halme einfach.
      23. Aehrchenachse s. kurz behaart; Aehrchen meist 3blthg. *Stein. Abhänge d. höchst. Alpen* (7—8) ♃.
        20. **A. subspicata** *Clairv.*
      23*. Aehrchenachse mit Haaren, welche so lang als d. Bthn sind; Aehrchen meist 2blthg. *Hügel, Wege sss. (bei Sitten in C. Wallis)* (4—5) ☉. 21. **A. Cavanillesii** *Kch.*
  18*. B. borstig, zusammengerollt, Aehrch. meist 2blthg.
    24. Kchklppn fast kürzer als die Aehrchen. . . . s. *Aira.*
    24*. Kchklppn länger als die Aehrchen.
      25. Bthnstd ausgebreitet rispig.
        26. Aehrchen an den Enden der Aeste gedrängt. *Sandfelder, Wälder, nicht selt.* (6—7) ☉.
          22. **A. caryophyllea** *Wigg.*
        26*. Aehrchen alle locker, langgestielt. *Hügel, Wiesen, (südl. Tyrol)* (5) ☉. . . 23. **A. capillaris** *M. K.*
      25*. Bthnstd ährenfg gedrungen, untere Spelze b. beiden Bthn begrannt. . . . . . . 24. **A. praecox** *Beauv.*

42. **Danthonia provincialis** *DC.* (55*). Kchklppn 2, bauchig convex; Aehrch. 2-mehrblthg, untere Spelze an d Spitze gespalten mit einer am Grd flachen, seilfgn gedrehten aus d. Ausrandung hervortretenden Granne. 1—1½' hohes Gras mit aus 3—5 Aehrchen bestehendr traubenfgr Rispe u. flach. grünen B. *Bgwiesen d. südl. Alpengydn* (6—7) ♃.

44. **Triodia decumbens** *Beauv.* (58). Kcbklappen 2, bauchig convex. Untere Spelze 3zähnig, kzr als die obere, Aehrchen 3—4blthg, unbegrannt. Liegendes oder aufstgds Gras mit ½—1½' lgn bis an d. traubige Rispe beblttrtn Halmen; Mündung d. Bscheiden mit e. Haarbüschel. *Wiesen, Wälder* (6—7) ♃.

45. **Melica** *L.* (21*, 51*). „Perlgras." Kchklppn 2, bauchig convex, nicht gekielt, Aehrchen unbegrannt mit 1—2 voll-

ständigen Btbn u. ausserdem noch einem knopffgn Ansatz zu *§ 132.*
e. 2. u. 3. Bthe.
1. Aehrch. durch die verlängerten Wimperhaare d. unter. Spelze
 weisshaarig seidenglänzend.
 2. Bthnstd allseitswendig; Knöpfchen länglich, B. fast borstig.
  Stein. Abhänge, Felsen selt. (5—6) ♃. . 1. *M.* **ciliata** *L.*
 2*. Bthnstd einseitswdg; Knöpfch. kreiselfg. *Felsen, am adr.*
  Meer (6—7) ♃. . . . . 2. *M.* **Bauhini** *All.*
1*. Aehrch. kahl, Bthnstd einseitswendig traubig; B. flach.
 3. Blatthäutchen zugespitzt. Aehrch. aufrecht, nur mit 1 voll-
  kommenen Bthe. *Wälder selt* (6—7) ♃.
   3. *M.* **uniflora** *Retz.*
 3*. Bhtch. abgestutzt; Aehrch. hängd mit 2 vollkommenen Bthn.
  Wälder nicht selt. (5—7) ♃. . . . . . 4. *M.* **nutans** *L*

4. *Festucaceï.* Aehrch. mehrblthg; Kchklppn kürzer als die nächst. Bthn.

45. **Briza** *L.* (61*). „Zittergras." Kch 2klappig; Aehrch. 3-viel-
blthg, rundl. eifg oder herzfg, unbegrannt. Unt. Spelze am Grd
herzfg geöhrt, nicht gekielt; Bthnstd ausgebreitet rispig.
 1. Bthnstd an der Spitze überhängd; Aehrch. gross 9—17blthg;
  Bhäutchen verlängert. *Wiesen, am adr. Meer* (5—6) ☉.
   1. *B.* **major** *L.*
 1*. Rispe aufrecht; Aehrch. kleiner 5—9blthg.
  2. Aehrch. fast herzfg; Bhäutchen kz abgeschnitten. *Wiesen,*
   sehr häufig (5—7) ♃. . . . . 2. *B.* **media** *L.*
  2*. Aehrch. 3eckig, Bhtchn verlängert. *Wiesen, am adr. Meer*
   (5—6) ☉. . . . . 3. *B.* **minor** *L.*

46. **Eragrostis** *Beauv.* (68*). Kchklppn 2, vielblthg. Bthn un-
begrannt, auf d. Rücken zusammengedrückt gekielt, obere
Spelze nebst d. Aehrchenachse bleibd, untere abfällig; Bschdn m.
behaarter Mündung.
 1. Untere Rispenäste zu 1—2 beisammen.
  2. Aehrchen 15—20blthg, büschlig, kz gestielt. (Briza eragros-
   tis *L.*) *Sandige Aecker selt.* (7—8 ☉.
   1. *E.* **megastachya** *Link.*
  2*. Aehrch. 8—20blthg, nicht büschlig, langgestielt. (Poa era-
   grostis *L.*) *Sandige Aecker* (7—8) ☉.
    2. *E.* **poaeoïdes** *Beauv.*
 1*. Unter. Rispenäste zu 4—5 quirlig; Aehrch. 5—12blthg. *Sand-*
  felder, Aecker ss. (südl. Alpenggdn) (7—8) ☉.
   3. *E.* **pilosa** *Beauv.*

47. **Poa** *L.* (68*). Kch 2klappig, vielblthg; Bthn unbegrannt,
auf d. Rücken zusammengedrückt gekielt; Spelzen nebst d. Gliedern
d. Aehrchenachse abfalld; Bscheiden kahl.
 1. Aehrchen kz gestielt. Bthnstd einseitswendig od. zweizeilig.
 2. Bthnstd 2zeilig, schmal, einfach oder am Grd ästig. *Am*
  Ufer d. adr. Meeres (5—6) ☉. . . 1. *P.* **loliacea** *Huds.*

408 *Poa.* GRAMINEAE.

§ 132.
  2*. Bthnstd eifg, einseitig, aus kurzen 3—6 Aehrchen tragdn Aehren zusammengesetzt. *Hügel, Wege, Wiesen ss.* (5—6) ☉.
                             2. **P. dura** *Scop.*
  1*. Aehrch. rispig langgestielt.
    3. Halme u. Bschciden zweischndg zusammengedrückt; Bhäutch. abgestutzt.
    4. B. breit lineal, Halm 2—4' hoch, nur am Grde beblättert.
    5. Bspitze abgerundet, kapuzenfg; Bschdn zur Blüthezeit grün. *Wälder, bes. in höher. Gebirgsgdn* 6—7) ♃.
                             3. **P. sudetica** *Hnke.*
    5*. B. allmählig lang zugespitzt; Bschdn z. Bthezeit verwelkt. *Feuchte Wälder d. Alpengdn selt.* (6—7) ♃.
                             4. **P. hybrida** *Gaud.*
  4*. B. schmal lineal, d. obersten kurz; Halm 1—1½' hoch, fast bis z. Spitze beblättert, Pfl. mit kriechdr Wzl. *Hügel, Wege, Aecker* (6—7) ♃. . . . . 5. **P. compressa** *L.*
  3*. Halme u. Bschdn nicht oder nur sehr wenig zusammengedrückt.
    6. Untere Rispenäste zu 1—2 sthd.
    7. Wzl kriechd mit 2zeiligen beblättert. Auslfrn, Halme 1—1½' hoch; B. blaugrün, fast pfriemlich. *Bachufer, Abhänge d. Alpen* (7—8) ♃. . . . . 6. **P. cenisia** *L.*
  7*. Wzl nicht kriechd, rasig.
    8. Halm am Grde zwiebelartig verdickt. Bthnstd gedrungen; B. schmal lineal. *Hügel, Wege, Abhänge selt.* (5—6) ♃.
                           12. **P. concinna** *Gaud.*
  8*. H. nicht zwiebelart. verdickt.
    9. B. breit lineal, Rispenäste nach d. Verblühen abwts gerichtet. *Hügel, Wege, Aecker, sehr häufig* (3—9) ☉.
                           8. **P. annua** *L.*
  9*. B. schmal lineal; Rispenäste aufrecht.
    10. Blatthäutch. länglich zugespitzt.
      11. Rispen nickend m. kahl. Aest.
      12. Aehrch. meist 3bthg. *Bgwiesen (Alpen, Sudeten, Schwarzwald)* (6—8) ♃. . . 9. **P. laxa** *Hke.*
      12*. Aehrch. 4—6bthg, Bthn am Grde dch e. wollige Behaarung an einander hängd. *Bgwiesen d. Alpen* (7—8) ♃. . . . 10. **P. minor** *Gaud.*
    11*. Rispen aufrecht mit rauhen Aesten.
      13. Aehrchen 4—6blthg, gleichfg zerstreut. *Bergwiesen d. südl. Alpengdn (Krain)* (5—6) ♃.
                        11. **P. pumila** *Host.*
      13*. Aehrch. 6—10bthg, an der Spitze gedrungen. *Sandfelder, Abhänge d. südl. Alpengadn (Triest, C. Wallis)* (6—7) ♃. . 12. **P. concinna** *Gaud.*
    10*. Bhäutch. wenigsts b. den unter. B. kz abgestzt. *Bgwiesen d. Alpengdn* (5—6) ♃. 13. **P. alpina** *L.*
  6*. Untere Rispenäste zu 4—5 stehend. halbquirlig.
    14. Blatthäutchen kurz oder fehld; Bthn mehr oder weniger flaumig behaart.
    15. Pfl. blaubereift, Scheiden länger als die Halmglieder; Wzl faserig. *Felsen u. Abhänge d. höher. Gebirge (Alpen, Sudeten)* (6—7) ♃. . . . 14. **P. caesia** *Sm.*
    15*. Pfl. nicht blaubereift.
      16. Bthn kahl; Pfl. 3—6' koch. . . . . S. ob. 3 u. 4.
      16*. Bthn flaumig behaart, Pfl. 1—3' hoch.

17. Pfl. rasenbild m. kzn Ausläufern, Scheiden kürzer als die § *132*.
Halmglieder u. ihre B.; Spelzen undeutlich rippig. *Wälder,*
Abhänge, nicht selt. (6—7) ♃. . . 15. *P.* **nemoralis** *L.*
17*. Pfl. kriechd mit langen Auslfrn: wenigst. d. oberen Scheiden
länger als die Halmglieder u. ihre B. Bthn auf d. Rücken
wollig flaumig u. m. 5 deutlich. Rippen; Halm meist 3knotg.
Wiesen, Hügel, sehr häufig (5—6) ♃. 16. *P.* **pratensis** *L.*
14*. Wenigstens d. obere B. mit lang vorgezogenem Blatthäutchen.
18. Halme u. Bschdn rauh: Auslfr. fehld; Spelzen auf d. Rücken
mit 5 deutlich. Rippen, fast oder völlig kahl; H. meist
5knotig. *Wiesen, Gräben, sehr häufig* (5—7) ♃.
17. *P.* **trivialis** *L.*
18*. H. u. Bschdn glatt; Bthn undeutl. rippig, behaart. *Feuchte*
Wiesen, Ufer, nicht selt. (6—7) ♃. 18. *P.* **fertilis** *Host.*

48. **Glyceria** *R. Br.* (64). Kchklppn 2, Achrch. 2-vielbltbg,
stumpf, auf dem Rücken halbwalzig, unbegrannt. Unt. Spelze
mit mehreren deutlich hervortretdn Längsstreifen.
1. Aehrch. 4—11blthg (Poa *L.* mit Ausn. v. 4).
2. Untere Spelze mit 7 stark hervortretdn Rippen.
3. Rispe ausgebreitet.
4. 3 Spelzenrippen bis z. Spitze d. stumpf. Spelze gehend,
4 damit abwechslde kzr. *Ufer, Gräben, Sumpfggdn,*
Wälder sss. (Schlesien) (7—8) ♃.
1. *G.* **nemoralis** *Uechtr. & Körn.*
4*. Spelzenrippen alle gleichlang.
5. B. flach, schilfart. *Ufer, Gräben, Teiche häufig.* (6—7) ♃.
2. *G.* **spectabilis** *M. K.*
5*. Jüngere B. gefaltet. *Gräben, Ufer, selt.* (5—6) ♃.
3. *G.* **plicata** *Fries.*
3*. R. einseitig.
6. Aeste wagrecht absthd: die unter. meist gepaart; unt.
B. gefaltet, Aehrch. 7—11 blthg. *Gräben, Ufer, häufig*
(5—6) ♃. (Festuca *L.*) . . . 4. *G.* **fluitans** *R. Br.*
6*. Aeste bogig überhgd; Aeste 3—6blthg. *Ufer, am adr.*
Meer sss. (b. Wehlau in Preussen) (6—7) ♃.
5. *G.* **remota** *Fries.*
2*. Untere Spelzen mit 5 schwächer hervortretdn Rippen.
7. Untere Rispenäste meist zu 5 halbquirlig; Wzl faserig.
8. Rispenäste zur Frzeit herabgeschlagen. *Ufer, bes. auf*
Salzboden (6—7) ♃. . . . 6. *G.* **distans** *Whlbg.*
8*. Rispenäste z. Frzeit aufrecht. *Sandige Ufer am adr.*
Meer (6—7) ♃. . . . . 7. *G.* **festucaeformis** *Rchb.*
7*. Untere Rispenäste meist zu 2, Wzl kriechd mit nicht
ausläuferartig, niedergestreckten Stengeln. *Sandige Ufer*
d. Nord- u. Ostsee (6—7) ♃. . 8. *G.* **maritima** *M. Kch.*
1*. Aehrchen 2blthg; untere Spelze mit 3 hervortretdn Rippen;
Wzl kriechd (Aïra *L.* Catabrosa *Beauv.*) *Gräben, Ufer selt.*
(6—7) ♃. . . . . 9. *G.* **aquatica** *Presl.*

49. **Molinia** *Schrk.* (64). Kchklppn 2; Aehrchen 2—5blthg,
Bthn auf d. Rücken walzig kegelfg; untere Spelze stumpf, unbegrannt oder aus d. stumpf. Spitze begrannt; Narb. purpurroth;
1—2′ hohe Gräser m. flach. B. u. rispig. Bthnstd.

Molinia. GRAMINEAE.

§ *132.* 1. Untere Spelze unbegrannt; Aehrch. meist 3blthg. Halme nur am Grd beblättert. *Wälder, Sumpfgydn, sehr häufig* (7—8) ♃.
1. *M.* **caerulea** *Mch.*
1*. Unt. Spelze an der stumpfen fast 2lappigen Spitze eine kze gerade Granne tragend. Halm bis zur Spitze beblättert. (Diplachne *Beauv.*) *Stein. Abhänge d. südl. Alpengydn* (7—8) ♃.
2. *M.* **serotina** *M. & K.*

50. **Dactylis** *L.* (67). Aehrchen spitz, untere Spelze zusammengedrückt gekielt mit einwts gekrümmter Spitze, Gräser mit knäulig gedrungenem Bthnstd, flachen B. u. 1—2′ hoh. Halmen.
1. Untere Spelze mit 5 Rippen; Auslfr fehld. *Wiesen, Wälder, sehr häufig* (6—7) ♃. . . . . . . 1. *D.* **glomerata** *L.*
1*. Untere Sp. mit 9—11 Rippen; Pfl. mit verlängerten Auslfrn. *Ufer des adr. Meeres* (6—7) ♃. . . . 2. *D.* **littoralis** *L.*

51. **Cynosurus** *L.* (63*). Aehrchen lanzettl. oder lanzettlich pfrieml. auf dem Rücken abgerundet am Grd von e. aus zahlreichen 2reihig gestellten Blättch. gebildeten Deckbl. gestützt. Rasenbildende Krtr mit aufrechten ½—2′ hoh. Halmen. flach. B. u. ährenfg rispigem Bthnstd.
1. Bthnstd lineal, fast einseitig; Aehrch. unbegrannt. *Wiesen, sehr häufig* (6—7) ♃. . . . . . . 1. *C.* **cristatus** *L.*
1*. Bthnstd kz eifg; Aehrch. begrannt mit allseitswendigen Grannen. *Hügel, Wege d. südl. Alpengydn* (5—6) ⊙.
2. *C.* **echinatus** *L.*

52. **Festuca** *L.* (63). Aehrchen u. untere Spelze lanzettl. od. lanzettl. pfrieml. auf dem Rücken nicht gekielt, ohne oder nur m. 1 hervortretdn Streifen; obere Spelze an der Spitze 2zähnig, fein gewimpert. Aehrch. am Grd ohne Hülle. Die zahlreichen Arten sind oft schwierig zu unterscheiden.
  1. Einjährige nur blühende Halme treibde Gräser mit kzn dicken Aehrchenstielen u. einseitigem oder fast ährenfg traubigem Blüthenstd.
  2. Aehrchenstiele überall gleichdick.
    3. Bthnstd einfach traubig. (Nardurus *Rchb.*)
      4. Aehrch. sehr spitz, 2zeilig einseitig, Klappn einrippig. *Hügel, Abhänge, sehr selt. (Istrien, Wallis)* (6—7) ⊙.
1. *F.* **tenuiflora** *Schrdr.*
      4*. Aehrch. stumpflich. wechselst.; Klappen 3rippig. *Sandfelder, stein. Abhänge s. selt. (Vogesen, Baden, südl. Schweiz)* (6—7) ⊙. . . . 2. **Lachenalii** *Spenn.*
    3*. Bthnstd rispig mit 3kantigen Aesten. (Scleropoa *Gries.)*
      5. Aehrch. aufrecht, d. seitenstdgn s. kz gestielt. *Hügel, Wege d. südl. Alpengydn* (6—7) ⊙. 3. *F.* **rigida** *Kunth*.
      5*. Aehrch. ausgebreitet, übr. w. b. vorig. *Stein. Abhänge am adr. Meer* (5—6) ⊙. . . . . 4. *F.* **divaricata** *Desf.*
  2*. Aehrchenstiele unter d. Aehrch. keulenfg verdickt, Aehrch. lanzettl. pfriemlich lang begrannt; Bthnstd zusammengezogen, einseitswendig. (Vulpia *Gmel.)*
    6. Untere Kehklppe sehr kurz od. fehld.

7. Untere Spelze kahl; obere Kchklppe begrannt. *Hügel, § 132.*
Wege am adr. Meer (4—5) ☉.   5. *F.* **uniglumis** *Soldr.*
7*. Unt. Sp. zottig gewimpert; ob. Kchklppe spitz. *Hügel,*
Wege am adr. Meer (4—5) ☉.
     6. *F.* **myurus** *L.* = **ciliata** *Danth.*
6*. Untere Kchklppn 2—3mal kürzer als die obere, untere
 Spelze kahl.
 8. Halm bis z. Spitze beblättert; Bthnstd schmal überhängd.
  Hügel, Sandfelder nicht selt. (5—6) ☉.
    7. *F.* **myurus** *Auct.* = **pseudomyurus** *Soy. Willem.*
8*. H. oberwts blattlos; Bthnstd traubig aufrecht. *Hügel,*
 Sandfelder s. selt. (5—6) ☉.
    8. *F.* **bromoïdes** *Auct.* = **sciuroïdes** *Rth.*
1*. Ausdauernde, ausser d. blühenden Halmen auch nicht blühende
 Blattbüschel treibde Gräser mit meist zarten Bthnstielen.
 9. Blatthäutchen kz 2öhrig; B. alle od. wenigsts d. grundstdgn
  borstig.
 10. B. alle borstig, Ausläufer fehld.
  11. Unt. Spelze mit 5 deutlichen Rippen, Graunen so lang
   als d. Sp. Halm ¼—½' hoch. *Stein. Abhänge d. höchst.*
   Alpen (7—8) ♃. . . . . . .   9. *F.* **Halleri** *All.*
  11*. Unt. Sp. mit schwachen Rippen; Pfl. sehr vielgestaltig.
   Wiesen, Hügel, Wege, stein. Abhge, sehr häufig (5—6) ♃.
            10. *F.* **ovina** *L.*
   var: Bthn undeutlich- od. völlig unbegrannt.
    B. blau-grün, pfrieml. fadenfg, ziemlich dick.
         α. **amethystina** *Host.*
    B. hellgrün weicher, borstenfg, Bthnstd zusam-
     mengezogen fast ährenfg.
         β. **tenuifolia** *Sibth.*
    Bthn deutl. begrannt; Gr. kürzer als d. Sp.
     Halme bis zur Spitze beblättert. Wrzl
     kriechd, Aehrch. wollig zottig.
         γ. **arenaria** *Osb.*
    H. an d. Spitze blattlos, Wzl rasig.
     B. sehr dünn haarfg borstig, nicht gekielt.
     Bthnstd kz gedrungen, fast ährenfg.
    Aehrch. grünlich.   δ. **alpina** *Willd.*
    Aehrch. bunt.   ε. **violacea** *Gaud.*
    Bthnstd locker.
    B. hellgrün . . .   ζ. **vulgaris** *Kch.*
    B. blaugrün.
     Aehrch. iu blatttrbde Knospen ver-
      wandelt . . .   η. **vivipara** *Kch.*
     Aehrch. sich nicht in blättertrbdn
      Knosp. verwandelnd.
      B. auf d. unter. Seite sehr rauh.
         ϑ. **valesiaca** *Gaud.*
      B. glatt m. auffallend lgn Schdn.
         ι. **vaginata** *W. K.*
    B. pfrieml. borstig, meist steif u. ziem-
     dick.

§ 132.
  B. hellgrün.
   Bsteifaufrecht. . . . . . . λ. **duriuscula** *L. spec.*
   B. zurückgebogen. . . . . . . λ. **curvulla** *Gaud.*
  B. blaugrün.
   Aehrch. 5—8blthg. . . . . . . μ. **glauca** *Lamk.*
   Aehrch. 8—10blthg. . . . . . ν. **pannonica** *Wulf*
10*. Halmb. flach.
 12. Pfl. auslfrtrbd. *Wiesen, Sandfelder, nicht selt.* (5—6) ♃.
            11. *F.* **rubra** *L.*
 12*. Pfl. nicht ausläufertrbd. *Wiesen, Sandfelder, Hecken, nicht selt.* (5—6) ♃. . . . 12. *F.* **heterophylla** *Lmk.*
9*. Bhäutchen nicht 2öhrig.
 13. B. alle oder wenigstens d. grundst. borstig; Bthnstd rispig.
  14. Bthnstd aufrcht; Bhäutch. länglich.
   15. Untere Aeste einzeln oder zu 2 beisammen.
    16. Aehrch. 5—8blthg; Spelzen allmählig verschmälert. *Stein. Abhge d. Alpen u. höher. Gebirge* (7—8) ♃.
            13. *F.* **varia** *Hke.*
    16*. Aehrch. 3—4blthg; Sp. plötzlich zugespitzt. *Felsen, stein. Abhänge d. Alpen* (7—8) ♃.
            14. *F.* **pumila** *Vill.*
   15*. Untere Aeste zu 4—5 halbquirlig. *Stein. Abhänge d. höchst. Alpen* (7—8) ♃. . . 15. *F.* **pilosa** *Hall. Fil.*
  14*. Bthnstd schlaff überhängd m. sehr langen Aesten, d unteren zu 1—2; B. schmal lineal, sammthaarig; Bhäutchen kz abgeschnitten. *Stein. Abhänge d. südl. Alpenggdn sss., (Loiblalp in Kärnth)* (6—7) ♃. . . 16. *F.* **laxa** *Host.*
13*. B. flach.
 17. Bthnstd rispig.
  18. Bbäutch. verlängert; Btbn nicht begrannt.
   19. Frknoten an d. Spitze behaart; Halm 2—3' h.
    20. B. schmal lineal, bdrseits gleichfarbig.
     21. B. obers. rauh, nicht stechend spitzig. *Bgwiesen d. Alpen* (6—7) ♃. . 17. *F.* **spectabilis** *Jan.*
     21*. B. völlig glatt, an der Sp. zusammengerollt u. stechd spitzig. *Bgwiesen d. Alpen* (6—7) ♃.
            18. *F.* **spadicea** *L.*
    20*. B. breit, schilfartig, obers. blaugrün.
     22. Pfl. mit Scheiden besetzte Auslfr trbd, blühde Halme am Grd dicht beblättert. *Bgwälder (östl. Deutschld)* (6—7) ♃. . 19. *F.* **Drymeia** *M. K.*
     22*. Pfl. ohne Auslfr, rasig wachsd, Halme am Grund von blattlosen Scheiden umkleidet. *Bgwälder selt.* (6—7) ♃. . . . . 20. *F.* **silvatica** *Vill.*
   19*. Frkn. kahl; B. flach, glatt u. kahl; Halm 1/2—1 1/2' h. *Bgwiesen d. Alpen* (7—8) ♃.
            21. *F.* **Scheuchzeri** *Gaud.*
  18. Bhäutchen zerschlitzt od. kz. abgeschnitten.
   23. Aehrch. mit langen schlängelig. Grannen. Halm 2—4' hoch. *Wälder, nicht selt.* (6—7) ♃.
            22. *F.* **gigantea** *Vill.*
   23*. Aehrch. nicht od. kz begrannt.

24. Frknoten an d. Spitze behaart, unt. Spelze an der Spitze § 132. 3zähnig; ob. 2zähnig; Rispenäste meist 5; Halm 3—4' h. *Ufer, Teiche sss. (um Berlin)* (4—5) ♃.
          23. *F.* **borealis** *M. & K.*
24*. Frkn. kahl; unt. Spelze nicht 3zähnig. Rispenäste zu 2 stehend.
 25. Rispenäste 5—15 Aehrch. tragd. Halm 2—4' hoch. *Wiesen, Ufer, nicht selt.* (6—7) ♃.
       24. *F.* **arundinacea** *Schrdr.*
 25*. Längere Rispenäste 3—4, kürzere nur ein Aehrch. tragd, H. 1—3' hoch. *Wiesen, häufig* (6—7) ♃.
      25. *F.* **pratensis** *Huds.* = *elatior L.*
17*. Bthnstd 2zeilig traubig; Rispenäste s. kurz, Aehrch. wechselstdg, entfernt, die unteren kz gestielt, die ob. sitzd; B. flach, lineal, Halm 1—3' hoch. *Wiesen selt.* (5—6) ♃.
       26. *F.* **loliacea** *Huds.*

53. **Brachypodium** *Pal. d. Beauv.* (60). Obere Sp. kammfg borstig gewimpert; Griffel auf d. Spitze des kahlen Frknotens eingefügt. Gräser mit 1—3' hohem Halm, begrannten Bthn und s c h e i n ä h r i g - z w e i z e i l i g e m Bthnstd. (Bromus *L.*)
 1. Bthnstd aus zahlreichen Aehrchen zusammengesetzt; Halmb. flach.
  2. Bthnstd überhängd; Granne d. oberen Bthn lgr als d. Spelzen; Wzl faserig. *Wälder, nicht selt.* (7—8) ♃.
        1. *B.* **silvaticum** *Röm. & Sch.*
  2*. Bthnstd aufrecht od. wenig hängd; Granne kzr als d. Spelzen; Wzl kriechd. *Hügel, Abhänge, Gebüsch* (6—7) ♃.
        2. *B.* **pinnatum** *Beauv.*
 1*. Bthnstd aus wenig. Aehrch. zusammengesetzt.
  3. B. borstig; Bthn kz begrannt; Aehrch. 2—5. *Felsen, stein. Abhänge am adr. Meer* (6) ♃.   3 *B.* **ramosum** *R. & Sch.*
  3*. B. flach; Bthn lang begrannt; Aehrch. 1—3. *Hügel, Wege, am adr. Meer* (5—6) ♃. . . 4. *B.* **distachyon** *R. & Sch.*

54. **Bromus** *L.* (59). Kch 2klappig, vielblthg; unt. Spelze nicht gekielt, meist unter d. Spitze begrannt; Frkn. an d. Spitze behaart mit über die Mitte an dessen Vorderseite eingefügten Griffeln. Gräser mit aufrechtem od. überhgdm rispig. Bthnstd.
 1. Untere Spelze unter der Mitte beiders. mit e. häutigen Zahne; Halm 1—2' hoch. *Aecker ss. (Ardennen)* (6—7) ☉.
         1. *B.* **arduennensis** *Rth.*
 1*. U. S. nicht gezähnt.
  2. Untere Kchklppe 3—5-, obere 5—9 rippig; obere Sp. am Rde kammfg borstig gewimpert.
   3. Obere Spelze so lang als d. untere.
    4. Bscheiden kahl; frtrgde Rispe überhängd, Bthn sich nicht deckend. *Aecker, nicht selt.* (6—7) ☉. 2. *B.* **secalinus** *L.*
    4*. Wenigst. d. unteren Bscheiden behaart; Bthn sich dachig deckend.
     5. Aehrch. lineal lanzettl. zuletzt etw. hängd, Bthn ellipt. lanzettl., Granne fast so lang als d. Spelze. *Aecker seltner* (6—7) ☉. . . . . 3. *B.* **arvensis** *L.*

Bromus. GRAMINEAE.

§ 132.
 5*. Aehrch. eifg-lanzettl, immer aufrecht, Bthn fast rautenfg; Granne halb so lang als die Spelze. *Aecker, Hügel sss. (b. Aschersleben, b. Magdeburg)* (6) ⊙.
               4. *B.* **brachystachys** *L.*
 3*. Obere Sp. bemerklich kzr als die untere; Bschdn behaart; Bthn b. d. Frreife am Rande sich dachig deckend.
 6. Bthnstd immer aufrecht; R. nach d. Verblühen zusammengezogen.
  7. Granne gerade.
   8. Aehrch. kahl; Granne etwas kürzer als die Spelze. *Wiesen, nicht selt.* (5—6) ⊙. . 5. *B.* **racemosus** *L.*
   8*. Achrch. u. ganze Pfl. weichhaarig; Gr. so lang als d. Spelze. *Wiesen, Wege* (5—6) ⊙. . 6. *B.* **mollis** *L.*
  7*. Gr. auswts gebogen, Aehrch. weichbehaart. *Aecker, Wege, um adr. Meer* (5—6) ⊙.
             7. *B.* **confertus** *M. Bieb.*
 6*. Bthnstd ausgebreitet rispig, zuletzt nickd.
  9. Granne gerade, etwa so lang als die Spelze, Achrchen 6—7blthg. *Wiesen, Aecker selt.* (5—6) ⊙.
             8. *B.* **commutatus** *Schrdr.*
  9*. Gr. auswts gebogen.
   10. Bthn elliptisch lanzettlich, Aehrchen 8—11blthg. *Aecker, Abhänge selt.* (5) ⊙. 9 *B.* **patulus** *M. K.*
   10*. Bthn breit ellipt., Aehrch 10—20bltg mit fast rechtwinklig ausgespreitzt. Grannen. *Aecker, besond. d. südl. Alpenggdn* (5—6) ⊙. 10. *B.* **squarrosus** *L.*
2*. Unt. Kchklppn 1rippig, obere 3rippig.
 11. Obere Spelze am Rande flaumig. (Festucaeei *Bert.*)
  12. Granne kzr als die Spelzen.
   13. Granne über d. Spelz. hervortretd.
    14. Rispe ausgebreitet, einseitig überhgd, B. breit lineal, nebst d. Bscheiden behaart. *Bgwälder selt.* (6—7) ♃.
             11. *B.* **asper** *Murr.*
    14*. R. aufrecht, Bschdn u. obere B. kahl; Unt. B. schmal, langhaarig bewimpert. *Hügel, Wege, Wiesen, nicht häufig* (6—7) ♃. . . . . 12. *B.* **erectus** *Huds.*
   13*. Grannen sehr kurz, kaum bemerklich, Spelz. an d. Spitze ausgerandet. *Hügel, Wege, Wiesen, nicht häufig* (6—7) ♃.
             13. *B.* **inermis** *Leyss.*
  12*. Gr. länger als d. Spelzen, geschlängelt u. zusammengeneigt; Rispe überhängnd. . . . . s. *Festuca* 22.
  11*. Obere Spelze am Rande kammfg borstig gewimpert, lang begrannt.
   14. B., Scheiden u. Achrch. kahl, Halm an d. Spitze flaumig. *Aecker, Wege d. südl. Gegenden* (5—6) ⊙.
             14. *B.* **rigidus** *Rth.*
   14*. B. u. Scheiden mehr oder weniger behaart.
    15. Achrch. kahl.
     16. Rispe zusammengezogen, eifg, Aehrchenstiele kürzer als die aufrechten 5—9blthgn Aehrchen; Grannen so lang als d. Spelz. *Aecker, Wege d. südl. Ggdn* (7—8) ⊙.
             15. *B.* **diandrus** *Curt.*
     16*. Rispe sehr locker, flattrig ausgebreitet; Aehrchenstiele viel länger als die hängdn Aehrchen; Grannen länger als die Sp. *Hügel, Aecker, Wege, Schuttpl.* (5—8) ☉.
             16. *B.* **sterilis** *L.*

15*. Aehrch. weichhaarig zottig, Rispe einseitig überhängend; § 131.
Grannen so lang als d. Spelze. *Aecker, Sandfelder, Mauern
sehr häufig* (5—6) ☉. . . . . . . 17. *B.* **tectorum** *L.*

o. *Hordeaceae.* Aehrchen 2-mehrblthg, auf d. Auschnitten eines gemeinschaftlichen Bthnstiels (Spindel) sitzd, Bthnstd daher ährenfg. Narben am Grd d. Bthn beiderseits hervortretd.

55. **Gaudinia fragilis** *Beauv.* (9). Aehrch. einzeln auf d. Auschnitt, d. Spindel u. m. d. Seite gegen dieselbe gekehrt; Aehrch. 4—7blthg; Untere Spelze auf d. Rücken mit e. gedrehten Granne, ½—1' hohes Gras mit aufsteigenden Halmen u. behaarten B. u. Scheiden. (Aveña fr. *L.*) *Wiesen, Hügel sss. (Hamburg, C. Waadt, um adr. Meer)* (6—7) ☉.

56. **Triticum** *L.* (11.) Aehrch. einzeln auf d. Ausschnitt d. Spindel u. mit der Seite gegen dieselbe gestellt, Aehrch. 8-mehrblthg; untere Spelze unbegrannt oder mit einer aus der Spitze derselb. hervortretdn geraden Granne.
1. Kchklppen bauchig gedunsen. unbegrannt; Spelzen meist langbegrannt. *Cultiv. Gräser mit 1—3' hoh. Halmen u. 2—6" lgn Aehren.*
  2. Aebre 2zeilg; Kchklppn nebst d. Aebrenspindel u. d. B. büschlig behaart. *Sandige Aecker am adr. Meer* (6—8) ♃.
       1. *T.* **villosum** *M. B.*
  2*. Aehr. mehr od. minder deutlich. 4 kantig, kahl.
    3. Spindel zerbrechlich; Früchte v. d. bleibdn Spelzen dichtumschlossen.
      4. Aehrch. meist 3blthg, Klappn an der Spitze 2zähnig; jedes Aehrch. bei d. Reife nur ein Korn gebd; Aehr. zusammengedrückt. *Häufige Culturpfl. aus d. Orient (?) bes. in Gebirgsggdn* (6—7) ☉ od. ☉.
         1 b. *T.* **monococcum** *L.*
      4*. Aehrch. meist 4blthg; Klppn an d. Spitze abgeschnitten, nicht regelmässig 2zähnig; Aehren 4kantig.
        5. Aehrch. auf d. breiter. Seite 2zeilig auf d. schmäler. dachig, dicht; Klppn breit eifg, Spelz mit abstbdn Grannen. *Häufige Culturpfl. aus d. Orient* (6—7) ☉ od. ☉. 1 c. *T.* **amyleum** *Ser.* — **dicoccum** *Schrk.*
        5*. Aehrch. auf d. schmäler. Seite 2zeil., auf d. breiteren dachig, locker, Klppn schief abgeschnitten, stachelspitz gezähnt. Bthn mit od. ohne Granne. *Häufige Culturpfl. aus d. Orient* (6—7) ☉ od. ☉. „*Dinkel, Spelt.*"
           1 d. *T.* **spelta** *L.*
    3*. Spindel zähe; Reife Fr. aus den Spelzen herausfalld.
      6. Kchklppn nicht od. undeutlich gekielt, Pfl. einjährig m. begrannten Spelzen (Sommerw.) oder 2jährig mit unbegrannten Spelzen (Winterw.) *Häufige Culturpfl. aus d. Orient* (5—7) ☉ od. ☉. . . . 1 e. *T.* **vulgare** *Vill.*
      6*. Kchklppn deutlich gekielt.
        7. Bthn immer lang begrannt; Aehr. 4 kantig.
        8. Klppn eifg. etwa doppelt so lg als breit. *Häufige Culturpfl. aus d. Orient* (6—7) ☉ od. ☉.
           1 f. *T.* **durum** *Desf.*

§ 132. 8. Klppn länglich, etwa 3mal so lang als breit. *Häufige Getreidepfl. aus d. Orient* (6—7) ☉ od. ⊙.
                                                1 g. *T.* **turgidum** *L.*
    7*. Bthn unbegrannt; Achr. fast walzig. *Häufige Getreidepfl. aus d. Orient* (6—7) ☉ od. ⊙. . . 1 h. *T.* **polonicum** *L.*
      1*. Kchklppn nicht bauchig gedunsen; Spelzen kurz begrannt.
        9. Aehrch. z. Bthezeit fast horizontal absthd, e. kammfg 2zeilige Aehre bildd; Kchklppn begrannt, am Rande breit trockenhäutig, stark gekielt. *Aecker, Sandfelder sss. (um Wien)* (6—7) ♃. . . . . 2. *T.* **cristatum** *Schreb.*
      9*. Achrch. aufrecht absthd; Kchklppn unbegrannt. abgerundet. (Agropyrum *Pal. d. Beauv.*)
        10. Grannen gerade, viel kzr als die Aehrchen.
          11. Wenigst. d. älteren B. eingerollt, steif, spitz, oft stechd, blaugrün, meist sammetartig behaart.
          12. Aehrenspindel sehr zerbrechlich; Aehrchen ziemlich gross; Pfl. nicht rasenbildd. *Sandige Ufer d. Nord- u. Ostsee* (6—8) ♃. . 3. *T.* **junceum** *Pal. Beauv.*
          12*. Aehrchenspindel nicht zerbrechlich; Achrch. kleiner (ob var v. 8?).
            13. Kchklppn s. stumpf, 5—7rippig. *Sandige Ufer (Oesterreich)* (6—7) ♃. . . 4. *T.* **glaucum** *Desf.*
            13*. Kchkl. spitz, 7rippig. *Sandige Ufer d. Ostsee* (7—8) ♃.
                                      5. *T.* **pungens** *Pers.*
        11*. B. flach.
          12. B. obers. sehr kurz u. sammetart. behaart, schmal. Halm 2—3' hoch, dick u. starr; Bthn stumpf, unbegrannt. *Sandige Ufer d. Ostsee sss. (b. Warnemünde)* (6—7) ♃. . . . . . 6. *T.* **strictum** *Rchb.*
          12*. B. oberseits von kleinen Erhabenheiten rauh.
            15. Pfl. mit kriechdr Wzl.
              16. Kchklppn stumpf. *Sandige Ufer sss. (Holstein, Triest)* (6—7) ♃. . . 7. *T.* **acutum** *R. & Sch.*
              16*. Kchklppn spitz. *Aecker, Wege, Sandfelder, sehr häufig* (6—7) ♃. „*Quecke*". . 8. *T.* **repens** *L.*
          15*. Pfl. rasig wachsend.
            17. Kchklppn stumpf, 9rippig. Aehrch. 5—10blthg. *Sandige Ufer (auch in Oester., Böhmen)* (7—8) ♃.
                                    9. *T.* **rigidum** *Schrad.*
            17*. Kchklppn spitz, 3rippig; Aehrchen 2—4blthg. *Stein. Abhänge sss. (Krain)* (7—8) ♃.
                              10. *T.* **biflorum** *Brign.*
    10*. Bthn mit ziemlich langer etwas schlängeliger Granne. Wzl faserig; B. auf beiden Seiten v. feinen Pünktchen rauh. *Wälder, Mauern, Zäune nicht selt.* (6—8) ♃.
                            11. *T.* **caninum** *Schreb.*

    56 b. **Secale cereale** *L.* (11*). Aehrch. einzeln 2blthg mit e. langgestielt. Ansatz zu e. 3. Bthe, Kchklppn pfriemlich. Bläulich bereiftes Gras mit 2—6' hoh. Halmen und lang begrannten Aehren. *Sehr häufig als Getreidepfl. cult.* (6—7) ☉ od. ⊙. „*Korn, Roggen.*"

    57. **Elymus** *L.* (8*). Aehrch. 2-vielbthg, zu 2—4 beisammen. Kchklppn vor denselben stehend, u. e. meist 6blättrige Hülle darstellend.

1. B. zusammengerollt, starr; Aehrch. meist 3blthg. flaumig be- §112.
haart. *Sandfelder, bes. an der Nord- u. Ostsee* (7—8) ♃.
1. *E.* **arenarius** *L.*
1*. B. flach.
2. B. kahl, nur die Scheiden behaart. *Wälder, bes. in Gebirgsgegenden* (6—7) ♃. . . . . 2. *E.* **europaeus** *L.*
2*. B. oberste behaart, aber d. Scheiden kahl. *Schuttpl., Sandfelder (b. Triest)* (5—6) ☉. . . . 3. *E.* **crinitus** *Schreb.*

58. **Hordeum** *L.* (8). „Gerste." Aehrch. 1 blthg od. mit e. grannenfgn Ansatz zu e. 2. Bthe. meist zu 3 auf d. Ausschnitten d. Spindel stehend. Kchklppn vor denselben stehd.
1. Aehrchen alle zwittrig u. begrannt.
2. Fruchtährch. ungleich 6zeilig gestellt mit 2 auf beiden Seiten mehr hervorspringenden Reihen. *Häufig als Getreidepfl. cult.* (6—7) ☉ od. ⊙. . . . . a. *H.* **vulgare** *L.*
2*. Frchtährch. genau 6zeilig. *Häufig als Getreidepfl. cult.* (6—7) ☉ od. ⊙. . . . . 6. *H.* **hexastichon** *L.*
1*. Seitenst. Aehrch. männlich.
3. Seitenst. Aehrch. wehrlos.
4. Mittlere Aehrch. eifg.
5. Granne aufrecht. *Als Getreidepfl. cult.* (6—7) ☉. od. ⊙. c. *H.* **distichon** *L.*
5*. Gr. fächerfg auseinanderstehd. *Als Getreidepfl. cult.* (6—7) ☉ od. ⊙. . . . . . . d. *H.* **zeocriton** *L.*
4*. Mittlere Aehrch. lanzettlich; Halm am Grde zwiebelig verdickt. *Wiesen sss. (Westphal., Triest)* (5—6) ☉.
1. *H.* **strictum** *Desf.*
3*. Seitenst. Aehrch. gleich d. mittler. begrannt.
6. Kchklppn d. mittler. Aehrchen lineal lanzettlich, d. der seitenstdgn borstig, alle federig gewimpert. *Wege, Mauern häufig* (7—8) ☉. . . . . 3. *H.* **murinum** *L.*
6*. Kchklppn nicht gewimpert, borstig rauh.
7. Aehr. schmal, von d. ober. Halmb. entfernt. Halm aufrecht 1—2' h. *Wiesen selt.* (6—7) ♃.
3. *H.* **secalinum** *Schrdr.*
7*. Aehr. breit u. kz, d. ob. Halmb. genähert, Halm aufsteigd ½—1' h. *Meerufer ss. (Holstein, b. Triest)* (5—6) ☉.
4. *H.* **maritimum** *With.*

59. **Lolium** *L.* (6). Aehrch. 3-vielblthg. mit d. schmalen Seite (d. Rücken) gegen d. Spindel gerichtet; Kchklppe d. seitenstdgn Aehrch. daher einzeln.
1. Pfl. in Rasen wachsd, mit blühenden u. nicht blühenden Halmen; Aehrch. länger als d. Kchklppn.
2. Jüngere B. einfach gefaltet; Bthn wehrlos oder kurz stachelspitzig. *Wiesen, Wege häufig* (6—8) ♃. 1. *L.* **perenne** *L.*
2*. Jüngere B. zusammengerollt; Bthn begrannt, seltner wehrlos. *Wiesen, Wege ss., auch cult.* (6—8) ♃. 2. *L.* **italicum** *Br.*
1*. Pfl. nicht im Rasen wachsend.
3. Aehrch. 12—20blthg, Klppe ⅓ so lang als d. Aehrch. *Aecker d. südl. Schweiz, auch cult.* (6—7) ♃.
3. *L.* **multiflorum** *Gaud.*
3*. Aehrch. 3—10blthg.

Lolium. GRAMINEAE.

§ 132.   4. Kchklppn meist kürzer als die Aehrch., höchsts gleichlg; diese nicht od. undeutlich begrannt.
   5. Aehrch. lanzettl.; Spelz. häutig. *Wiesen*, *Wege d. südl. Gyndn* (6—7) ☉. . . . . 4. **L. rigidum** *Gmel.*
   5*. Aehrch. elliptisch; untere Spelze knorpelig, schmäler als d. obere. *Aecker, bes. auf Flachsfeld.* (6—7) ☉.
   . . . . 5. **L. linicola** *Gaud.* = **arvense** *With.*
4*. Kchklppn lgr als d. Achrch., diese deutlich begrannt; Bschdn rauh. *Aecker, nicht selt.* (6—7) ♃. . 6. **L. temulentum** *L.*
   var. Grannen schlängelig . . . . α **robustum**.
   Halme u. Bschdn glatt . . . β **speciosum**.

60. **Aegilops** *L.* (10). Aehrch. einzeln in d. Auschnitten d. Spindel, mit der breiten Seite gegen dieselbe gestellt; Kchklppn an d. Spitze in 2—3 Zähne oder Grannen endend.
   1. Aehren eifg; Kchklppn an der Spitze alle gleichlg begrannt; untere Spelze mit 2—3 langen Grannen.
   2. Kchklppn kurzhaarig mit 4 am Rande von Grd an rauhen Grannen. *Aecker, Wege, am adr. Meer* (5) ☉.
   . . . . 1. *Ae.* **ovata** *L.*
   2*. Kchklppn steifhaarig mit 2—3 kahlen Gr. *Aecker, Wege, am adr. Meer* (5) ☉. . 2. *Ae.* **triaristata** *Willd.*
   1*. Aehren verlängert, die oberen Achrch. mit an der Spitze viel länger begrannt. Kchklappn; untere Spelze kz stachelspitzig. *Aecker, Wege, am adr. Meer* (5) ☉. . 3. *Ae.* **triuncialis** *L.*

61. **Lepturus** *R. Br.* (5*). Aehrch. einzeln, 1 blthg oder mit einem gestielt. Ansatz zu einer 2. Bthe, in d. Aushöhlungen einer gegliederten Spindel eingesenkt. Kchklppn so lang oder länger als die Bthn.
   1. Kchklppn 2 an jeder Blthe, Aehr. mehr oder weniger gebogen.
   2. Kchklppn deutlich länger als d. Bthe. *Sandfelder, am adr. Meer* (5) ☉. . . . . 1. **L. incurvatus** *Trin.*
   2*. Kchklppn nicht od. wenig länger als die Bthe. *Sandige Ufer am Meer (Oldenbg, b. Triest)* (5—6) ☉.
   . . . . 2. **L. filiformis** *Trin.*
   1*. Kchklppn einzeln; Aehrch. stielrd, aufrecht. *Sandige Ufer (b. Triest)* (5—6) ☉. . . . . 3. **L. cylindricus** *Trin.*

62. **Psilurus nardoïdes** *Trin.* (5). Kchklppn kzr als die Aehrchen, dieses 2 blthg, d. ob. Bthe meist fehlschlagd; Aehre sehr lang, gekrümmt. *Hügel, Wege, am adr. Meer* (5—6) ♃.

   p. *Nardoideae.* Aehrch. in den Aushöhlungen der Aehrenspindel sitzd, Narbe 1, fadnfg-flaumig aus d. Spitze d. Bthe hervortretd.

63. **Nardus stricta** *L.* (4). Kchklppn fehld; Bthnstd 1 seitig ährenfg, Halme u. B. starr pfriemlich. *Sandfelder nicht s.* (5—6) ☉.

2. Abtheilung. KRYPTOGAMAE (Sporenpflanzen.)

Stbgef. u. Frkn undeutlich od. fehld; Samen keinen vorgebildeten Keim enthaltend. XXIV.

XLIX. Ordn. **RHIZOCARPAE** *Bisch.* Wasserpfl. mit verschieden gestalteten, in besondere nuss- oder kapselartige am Grd der Blattstiele oder an den Wzlfasern befestigte Hüllen (uneigentlich Früchte genannt) eingeschlossenen Sporenbehältern.

§ 133. MARSILEACEAE. *Bartl.*

B. in der Knospe spirlig eingerollt, Frhüllen lederig kapselartig, am Grd d. B. oder Bstiele angeheftet, mehrfächerig. Pfl. auf d. Grunde stehdr Gewässer kriechd u. wurzelnd.
1. Hülle 4fächerig; B. binsenartig. . . . . 1. **Pilularia**.
1*. H. 14fächerig; B. langgestielt, 4zählig, fast kleeartig.
   2. **Marsilea**.

1. **Pilularia globulifera** *L.* Frhüllen sitzd, einzeln, zuletzt 4lappig aufsprgd; unt. Sporenbehälter wenige grössere, obere zahlreiche kleinere Sporen enthaltd; Pfl. 2—4" h. mit binsenartig borstig. B. *Teichufer, sehr selt.* (7—8) ♃.

2. **Marsilea quadrifolia** *L.* Frhüllen eifg zu 2—3 beisammen auf kurzen gabligen Stielen, der Länge nach 2fächerig; jedes Fach wieder der Quere nach in meist 7 Fächer getheilt; Sporenbehälter wandstdg, grössere u. kleinere durcheinander, die grösseren 1 eifge, die kleinen zahlreiche kleine Sporen enthaltend. Pfl. 3—4" hoch mit langgestielt. 4zähligen einem 4blättrigen Kleeb. gleichdn B. *Teiche sss.* (*Rheinggdn, Süddeutschld*) (7—8) ♃.

§ 134. SALVINIACEAE. *Bartl.*

B. 2reihig, in der Knospenlage von d. Seite her zusammengerollt; Frhüllen häutig, einfächerig, am Grd mit einem die zahlreichen 1sporigen Sporenbehälter tragdn Frchtträger, zwischen d. Wzlfasern befestigt. Frei im Wasser schwimmende Pfl.

1. **Salvinia natans** *Hoffm.* B. ellipt. stumpf, oberwts von sternhaarigen Borsten etwas rauh; Frhüllen knäulig zwischen den Wzlfasern befestigt. Pfl. schwimmend, einem gefiederten B. gleichend. *Teiche ss.* (6—8) ♃.

§ 135. L. Ordn. **LYCOPODINAE** *Bartl.* Frbehälter in den Winkeln wirklicher oder umgewandelter B.

§ 135. ISOËTEAE. *Bartl.*

Stgl febld; B. pfriemenfg, fast durchsichtig, innen mit Querwänden od. unterwts 4fächerig; Sporenbehälter verschieden gestaltet, theils uneben höckerig u. grössere, theils glatt u. zahlreiche kleinere Sporen enthaltend. Alle Sporen von einer zarten zuletzt sich ablösenden Haut (dem eigentlichen Sporenbehälter) umgeben.

1. **Isoëtes** *L.* B. büschlig, halbrund, pfriemlich 3—6" hoch, Bbüschel am Grd zwiebelartig verdickt.
   1. Grössere Sporen fein warzig. *Am Grde v. Seeen u. Teichen ss.* (7—8) ♃. . . . . 1. *I.* **lacustris** *L.*
   1*. Gr. Sp. mit dünnen stachelartig. Fortsätzen. *Am Grunde v. Seeen ss. (Lago Maggiore)* (7—8) ♃. 2. *I.* **echinospora** *Dur.*

§ 136. LYCOPODIACEAE. *DC.*

Stgl liegd od. kriechd m. wechselstdgn oft deckblattartig veränderten B. u. einem dadurch meist ährenfgm, selten bwinkelstdgm Fruchtstand.
1. Frbehälter alle gleichartig, nierenfg, 2—3fächerig, zahlreiche staubartige Sporen enthaltend. . . . 1. **Lycopodium**.
1*. Frbeh. verschieden gestaltet, theils wie b. Lycopodium, theils 3—4 knopfig u. 3—4 grosse Sporen enthaltend.
   2. **Selaginella**.

1. **Lycopodium** *L.* Frbehälter alle gleichgestaltet, nierenfg, zahlreiche sehr kleine staubartige Sporen enthaltend. B. spiralig gestellt. „Bärlapp."
   1. Aehren je 2 beisammen, auf deutl. schuppig. Stielen.
      2. B. in e. Haar auslaufd. *Wälder, nicht selt.* (7—8) ♃.
         1. *L.* **clavatum** *L.*
      2*. B. nicht in e. Haar auslfd.
         3. Aeste durch grössere seitenstdge. B. zusammengedrückt erscheinend. *Bergwälder, nicht selt.* (7—8) ♃.
            2. *L.* **complanatum** *L.*
         3*. Aeste rund; B. alle gleichartig (ob var.?). *Bgwälder selt.* (7—8) ♃. . . . . 3. *L.* **chamaecyparissus** *Al. Br.*
   1*. Aehr. einzeln oder undeutlich.
      4. Aehrenschuppen d. eigentlich. B. nicht gleichgestaltet, breiter, eifg, spitz.
         5. B. abstehend, feinzähnig, in e. Stachelspitze endd. *Wälder, bes. in Gebirgsggdn, nicht häufig* (7—8) ♃.
            4. *L.* **annotinum** *L.*
         5*. B. angedrückt, ganzrandig, spitz, aber ohne Stachelspitze. *Bgwälder selt.* (7—) ♃. . . . . . 5. *L.* **alpinum** *L.*
      4*. Aehrenschuppen d. Stglb. gleichgestaltet; Fr. daher blattwinkelstdg erscheinend.

6. B., besonders die Frständigen stachlig gezähnt. § 137.
S. 2. **Selaginella** 1.
6*. B. nicht oder undeutlich gezähnt.
7. Frstand undeutlich ährenfg, d. die Sporenbehälter bedeckdn B. etwas länger u. breiter als d. übrgn. *Sumpfggdn*, *Wälder nicht häufig* (7—8) ♃. . . . . . 6. *L.* **inundatum** *L.*
7*. Frstd völlig Bwinkelstdg; Stgl aufstgd, verzweigt. *Bgwälder*, *stein. Abhänge*, *nicht häufig* (7—8) ♃. 7. *L.* **selago** *L.*

2. **Selaginella** *Sprg.* Sporenbehälter von zweierlei Art, thls rundlich od. nierenfg, zahlreiche kleine Sporen enthaltd; theils 3—4knotig mit 3—4 grossen Sporen, Frstand ährenfg, Aehren einzeln.
 1. B. alle gleichgross, spiralig 4reibig, dornig gezähnt. *Bergwälder*, *Felsen*, *Geröll.* (7—8) ♃. . 1. *S.* **spinulosa** *A. Br.*
 1*. B. 4reihig mit 2 vorherrschdn Reihen, daher scheinbar 2zeilig.
  2. Aecker locker, Deckb. derselben breiter als die Stglb., einfach spitz. *Felsen*, *Abhge d. Alp.* (7—8) ♃. 2. *S.* **helvetica** *Sprg.*
  2*. Aehr. dicht, Deckb. den Stglb. gleichgestaltet, d. obere in e. Haarspitze endd. *Felsen*, *Abhänge d. südl. Alpen* (7—8) ♃.
   3. *S.* **denticulata** *Sprg.*

LI. Ordn. **GONIOCAULAE** *Bartl.* Stgl blattlos, gegliedert, m. quirlstdgn Aesten; Fr. in endstdgn aus quirlig. Schuppn zusammengesetzt. Aehren. Schuppen schildfg gestielt, auf der unteren Seite 4—7 häutige längliche, der Länge nach gespaltene Sporenbehälter trgd. Sporen zahlreich, kuglig, von 2 kreuzweise am Grde angehefteten Springfedern (Stbgef. ?) umgeben.

§ 137. EQUISETACEAE. *DC.*

1. **Equisetum** *L.* „Schachtelhalm" Stglglieder mit gezähnter Scheide.
 1. Frtrgde u. unfrbare Stgl von verschiedener Gestalt, erstere nie grün, meist röthlich od. weissgrau.
  2. Frtrgde Stgl früher als d. unfrbaren erscheinend, astlos.
   3. Scheiden 5—15zähnig, kürzer als d. Stglglieder; unfrbare Stgl (Sommerstgl) grün m. 5—15 Aesten. *Aecker* (4—5) ♃.
    1. *E.* **arvense** *L.*
   3*. Schdn 20—40zähnig, so lg als die Stglglieder, unfrb. (Sommer-) Stengel elfenbeinweiss mit 20—40 Aesteu, oft 4—6' h. *Wiesen*, *Gräben*, *Gebüsch*, *bes. in Gebirgsggdn* (4—5) ♃.
    9. *E.* **eburneum** *Rth.* = **telmateja** *Ehrh.*
  2*. Frtrgde u. unfrbare Stgl gleichzeitig.
   4. Scheiden mit 4—5 breiten Zähnen; unfrb. Stgl doppelt quirlig. *Wälder*, *häufig* (4—6) ♃. 3. *E.* **silvaticum** *L.*
   4*. Scheidenz. 10—15 schmal; unfrb. Stgl einfach ästig. *Wälder*, *Wiesen selt.* (4—6) ♃.
    4. *E.* **umbrosum** *Mey.* = **pratense** *Ehrh.*
 1*. Frtrgde und sterile Stgl gleichartig.
  5. Aehren stumpf; oberirdischer Stgl einjährig.

§ 137.   6. Stgl seicht gestreift, meist astlos, Scheidenzähne anliegend. *Ufer, Gräben, sehr häufig* (6—7) ♃. . 5. *E.* **limosum** *L.*
6*. Stgl tief gefurcht; Zähne nicht anliegend.
 7. Scheidenzähne auf d. Rücken mit e. Längsfurche u. breit häutigem Rande. *Ufer, Sumpfggdn, sehr häufig* (6—7) ♃.
 6. *E.* **palustre** *L.*
 7*. Schdnz. auf d. Rücken ohne Längsfurche, mit sehr schmalem Hautrande. *Ufer ss. (b. Breslau, Wien)* (5—7) ♃.
 7. *E.* **inundatum** *Lasch.*
5*. Aehren zugespitzt, Stgl mehrjährig; Schdn kz.
 8. Stgl stets vom Grunde bis zur Mitte mit quirligen Aesten; Scheiden nach oben becherfg erweitert. *Feuchte Sandfelder, Ufer ss. (Rheinggdn, Tyrol)* (6—8) ♃.
 8. *E.* **elongatum** *Willd.* = ramosum *Schlchr.*
 8*. Stgl einfach oder nur am Grd ästig (E. hiemale *Rbh.*)
 9. Scheiden oberwts becherfg erweitert; Stgl schlank, fadnfg, hin- u. her gebogen. *Sandige Ufer ss. (Rhein)* (6—7) ♃.
 9. *E.* **variegatum** *Schlchr.*
 9*. Scheiden anliegend.
 10. Zähne d. Schdn bleibd, lang pfriemlich, fein stachlig rauh. *Flussufer ss. (Rheinggdn, b. Breslau)* (4—7) ♃.
 10. *E.* **trachyodon** *Al. Br.*
 10*. Z. d. Schdn abfalld, kz, abgerundet. *Flussufer, Gebüsch selt.* (4—8) ♃. . . . . . 11. *E.* **hiemale** *L.*

LII. Ordn. **FILICES** *DC.* „Farrenkräuter." Pfl. mit deutlich entwickelt. meist vielfach zusammengesetzten B. (Wedeln). Frbehälter entweder an deren Rande oder Unterseite oder die Blattsubstanz gleichsam verdrängend u. dann rispig, traubig od. ährenfg erscheinend.

§ 139. OSMUNDACEAE. *R. Br.*

Frbehälter in rispig gehäuft. Aehren, an d. Spitze des doppelt gefiederten Wedels, u. die Bsubstanz daselbst allmäblig verdrängd, gestielt, längs aufspringd, m. einem gestreiften Höcker (unvollstdgm Ring) versehen. Wedel in d. Knospe spiralig eingerollt.

 1. **Osmunda regalis** *L.* Wedel 2—5' h., doppelt gefiedert, Fiederchen lanzettlich stumpf, am Rande gekerbt. *Wälder, selt., (Rheinggdn, Alpen)* (6—7) ♃.

§ 139. OPHIOGLOSSEAE. *R. Br.*

Frbehälter in Aehren oder Trauben, sitzd, queraufsprgnd, nicht von e. Ring umgeben; Pfl. in der Kospe nicht eingerollt.
 1. Bthnstd ährenfg; B. ungethlt, ganzrdg. 1. **Ophioglossum**.
 1*. Bthnstd trbg; B. fiederthlg. . . . . . 2. **Botrychium**.

 1. **Ophioglossum vulgatum** *L.* Stgl 3—10" hoch, nebst d. einzelsthdn, länglichen, ganzrandig. B. kahl; Sporenbehälter in e. 2reihigen Aehre. Wzlstock knollig. *Wälder selt.* (6) ♃.

2. **Botrychium** Sw. Wedel meist 2, der eine frtragd, trau- § 139.
benfg, d. andere blattartig 1—2fach fiederthlg.
1. Wedel lauggestielt, am Grd der Pfl. auseinandertretd, im Umriss
3eckig, fiederthlg; Oberhautzellen gerade.
2. Abschnitte fiederlappig od. lappig gekerbt. *Bgwiesen, Wälder* ss. (5—6) ♃. . . . . . . 1. *B.* **rutaefolium** *Al. Br.*
2*. Abschnitte tragefg rundl., od. fast halbmondfg. *Wiesen sss.
(b. Memel)* (5—6) ♃.
2. *B.* **simplex** *Hitsch.* = **Kannenbergii** *Klinsm.*
1*. Wedel kzgestielt oder. sitzd, an oder über d. Mitte auseinandertretd.
3. Wedel mit abgestutzter Spitze, im Umriss länglich.
4. Abschnitte d. steril. Wedels ganzrandig. nierenfg od. halbmondfg. *Bgwiesen nicht häufig* (5—6) ♃.
3. *B.* **lunaria** *Sw.*
4*. Abschn. d. steril. Wedels fiederthlg mit ausgerandeten od. abgerundeten Lappen. *Wiesen ss.* (5—6) ♃.
4. *B.* **matricariaefolium** *Al. Br.*
3*. Wedel spitz zulaufend, mehrfach fiederthlg.
5. Nebst d. Abschnitten längl., d. unterste am längsten. *Bgwiesen d. höchst. Alpen sss.* (5—6) ♃.
5. *B.* **lanceolatum** *Sw.*
5*. Nebst d. Abschnitten im Umriss rhombisch od. 3eckig, d. unterste Abschn. kzr als d. übrig.; Oberhautzellen geschlängelt. *Bgabhänge sss. (Prättigau in Graubündten)* (5—6) ♃.
6. *B.* **virginianum** *Sw.*

§ 140. POLYPODIACEAE. *R. Br.*

Sporenbeh. in rundlichen, länglich, oder unregelmässig gestalteten Häufch. am Rande oder auf d. Unterseite der Wedel, einfächerig, unregelmässig aufspringd u. der Länge nach von einem gegliederten Ring umgeben, zuweilen von den zurückgeschlagenen Rande der Wedel oder einem häutigen Schleierchen bedeckt.
1. Frhäufchen ohne Schleier.
2. Wedel unters. dicht mit Spreuschuppen besetzt.
3. Frhfch. ununterbrochen, randstdg; Wedel doppelt gefiedert.
12. **Notochlaena.**
3*. Frh. unterbrochen, auf dem Mittelfelde d. Wedels schief, flederig od. gablig gelagert; Wedel 1fach fiederthlg.
11. **Ceterach.**
2*. Wedel unters. kahl oder spärlich-behaart od. -schuppig.
4. Frhäufch. nicht vom zurückgeschlagenen Rande d. Wedel bedeckt.
5. Frhäufch. rundlich, stets von e. getrennt, kahl (v. Wimpern umgeben s. u. Woodsia). . 14. **Polypodium.**
5*. Frh. eifg od. lineal, zuletzt zusammenfliessd.
13. **Gymnogramme.**
4*. Frhäufch. von dem zurückgeschlagenen Rande des Wedels mehr oder weniger bedeckt; Wedel unters. kahl.
6. Frhfch. unterbrochen, randstdg; Wedel alle gleichartig.
15. **Adiantum.**
6*. Frh. ununterbrochen, d. ganze untere vom Wedelrande bedeckte Fläche der Fiederchen bedeckd; sterile Wedel anders gestaltet. . . . . 10. **Allosorus.**

§ 140. 1*. Frhäufch wenigsts in d. Jugend mit e. Schleier.
   7. Frh. randstdg. vom zurückgerollt. Rande d. Wedels mehr oder wenig. bedeckt.
      8. Frh. lineal, saumartig, ununterbrochen. . . . 9. **Pteris**.
      8*. Frh. rundlich, v. einander getrennt. 2. **Cheilanthes**.
   7*. Frh. rückenstdg.
      9. Frh. lineal, länglich od. hakig, v. e. getrennt.
         10. Wedel alle gleichgestaltet; Frhäufch. e. Winkel mit d. Mittelrippe d. Wedel bildd.
            11. Wedel einfach, ganzrdg; Schleierchen in 2 Hälften zerreissend . . . . . . 8. **Scolopendrium**.
            11*. Wdl 1—3fach gefiedert od. eingeschnitten, Schleierchen nur auf der inneren S. d. Frhäufch. sich ablösd.
               6. **Asplenium**.
         10*. W. z. Thl steril, von d. Frtrgdn verschieden, alle 1fach federspalt.; B. d. Frtrgdn d. Frhäufchen parallel mit d. Mittelrippe d. Fiedern. . . . . 7. **Blechnum**.
      9*. Frhäufch. rundlich.
         12. Frh. nicht zusammenfliessend; Wedel alle gleichartig.
            13. Schleierchen häutig, nicht gewimpert.
               14. Schleierch. in d. Mitte angcheftet, nierenfg od rundl.
                  3. **Aspidium**.
               14*. Schl. seitlich angcheftet. . . 4. **Cystopteris**.
            13*. Schleierch. aus e. Kranze v. langen Wimpern bestehd.
               5. **Woodsia**.
         12*. Frh. zusammenfliessd, mit dch d. Schleierch. gebildeten Zwischenwänden; Wedel z. Thl steril, diese e. grossen trichterfgn Büschel bildd. . . 1. **Struthiopteris**.

1. **Struthiópteris germanica** *Willd.* Frhäufch. rundlich, zuletzt zusammenfliessd, u. v. d. zurückgerollten Rande d. Wedel bedeckt. Wedel z. Thl steril, diese 2—3′ lg, hellgrün. 1fach gefiedert mit kammfg fiederthlgn Abschnitten. einen trichterfgn Büschel um die —1′ hoh. fruchttr. Wedel bildd. *Bgwälder selt.* (7—8) ♃.

2. **Cheilanthes odora** *Sw.* Frhäufch. rundlich, randstdg getrennt, zuletzt von d. zurückgeschlagenen Rande d. Fiederch. bedeckt, Schleierch. häutig. schuppig. Wedel starr, zerbrechlich, wohlriechd, 2fach gefiedert, im Umrisse länglich; Fiederchen stumpf. *Felsen sss. (südl. Schweiz?)* (4—6) ♃.

3. **Aspidium** *P. Br.* Frhäufch. rundlich u. wenigst. in d. Jugend mit einem in d. Mitte angehefteten häutigen Schleierchen bedeckt, auf d. Unterseite d. Wedel reihenweise geordnet, nicht zusammenfliessd. Meist grosse in Büscheln wachsende Farrenkrtr. (Polypodium *L. u. A.*)
   1. Schleier u. Fruchthäufch. kreisfg.
      2. Wedel einfach fiedertheilig, Fiedern lanzettlich, aufwts gekrümmt, spitz gesägt. *Felsspalt, Geröll, bes. d. Alp.* (7—8) ♃.
         1. *A.* **lonchitis** *Sw.*
      2*. Wedel doppelt fiederthlg (in ein. übergehdn Arten).

3. Fiederchen am Grd deutlich geöhrt; W. starr, fast lederig, *§ 140.*
obers. kahl. *Bgwälder selt.* (7—8) ♃. . . . . 2. *A.* **aculeatum** *Sw.*
    var. Fiederch. ungestielt. **lobatum** *Sw.*
3*. Fiederch. am Grd nicht od. kaum merklich geöhrt, gestielt: Wedel weich, bdrsts behaart. (ob. var?). *Bergwälder selt.* (7—8) ♃. . . . . 3. *A.* **angulare** *Kit.*
1*. Schleier u. Frhäufch. nierenfg (Polystichum *Roth.*)
  4. Wedel 2—3fach gefiedert mit gesägten, gekerbten od. fiederspaltigen Fiederchen.
    5. Untere Fiedern von einander entfernt u. krzr als d. mittleren; Zähnch. stachelspitzig.
      6. Wedel im Umfange länglich oder dreieckig eifg, d. untersten Fiedern wenig kürzer als d mittleren, Wedelstiel lang, wenig schuppig. *Wälder, nicht selt.* (7—8) ♃.
                                              4. *A.* **spinulosum** *DC.*
        var. Wedelstiel kzr, reichlich spreuschuppig.
                                dilatatum *Sm.*
      6*. Wedel im Umfang eifg lanzettl.; unt. Fiedern bedeutd kürzer als die mittleren; Wedelstiel kz.
    7. Wedel unters. kahl; Stiel weisslich, wenig spreuschuppig. *Wälder selt.* (7—8) ♃. . . 5. *A.* **cristatum** *Rth.*
    7*. Wedel unters. fein drüsig; Stiel grün sehr schuppig. *Felsspalt d. Alpen* (7—8) ♃. . . 6. *A.* **rigidum** *DC.*
  5*. Fiedern alle genähert; Zähnch. wehrlos; Stiel wenig schuppig. *Wälder häufig* (7—8) ♃. . . 7. *A.* **filix mas** *Rth.*
4*. Wedel doppelt gefiedert mit ganzrandigen oder höchstens ausgeschweift. Fiederchen.
  8. Wedel unters. drüsig; Frhäufch. eine fast ununterbrochene randst. Linie bildd. Wedel mit d. Stiele 1½—3′ hoh. u. 6—12″ breit. *Wälder* (7—8) ♃. 8. *A.* **oroeopteris** *DC.*
  8*. W. unters. nicht drüsig. mit d. Stiele ½—2′ lang u. 2—6″ breit; Frhäufch. 2reihig. *Wälder, Sumpfagdn* (7—8) ♃.
                                  9. *A.* **Thelypteris** *Rth.*

4. **Cystopteris** *Bernh.* Frhäufch. mit seitlich angeheftet. Schleierch. Kleine zarte langestielte Farrenkrtr. (Aspidium *Sw.*)
  1. Wedelstiel kahl, kürzer als d. Wedel, dieser im Umriss lanzettlich, 2—3fach fiederthlg.
    2. Wedelabschn. breit, eingeschnitten, gekerbt od. ganzrdg. *Felsspalt, häufig* (7—8) ♃. . . . 1. *C.* **fragilis** *Bernh.*
      var: Wedel im Umriss 3eckig **sudetica** *Al. Br. & Milde.*
    2*. Wedelabschn. sehr schmal. (ob. var.?) *Felsen, bes. d. Alp.*
                                  2. *C.* **alpina** *Lk.*
  1*. Wedelst. spreuig, länger als d. W., dieser im Umriss 3eckig. *Felsen d. Alpen* (7—8) ♃. . . . . . 3. *C.* **montana** *Lk.*

5. **Woodsia** *R. Br.* Frhäufch. rundlich mit e. kehartigen offenen am Rande gewimperten Schleier. Wedelrand umgebogen. Wedel 1—2fach fiederthlg.
  1. Fiedern im Umriss länger als breit. *Felsen d. Alpen* (7—8) ♃.
                                1. *W.* **ilvaensis** *Sw.*
  1*. F. im Umriss kaum länger als breit. *Felsen d. Alpen u. Sudeten* (7—8) ♃. . . . . . . 2. *W.* **hyperborea** *Kch.*

§ 140. 6. **Asplenium** L. Frhäufchen zerstreut, lineal, eifg oder hakig gebogen, mit c. an d. äusseren Seite angehefteten Schleierchen, auf d. inner. offen.
1. Wedel gablig getheilt, langestielt.
  2. Abschnitte 2—4, lineal od. lineal-lanzettl. an d. Spitze ungleich eingeschnitten 3zähnig. *Felsspalten d. Alpen u. in Gebirgsggdn* (6—8) ♃. . . . 1. *A.* **septentrionale** *Sw.*
  2*. Abschn. meist 2, selten 3, rhombisch eifg, an d. Spitze 2—3spaltig, am Grd keilfg, obers. v. gegliederten Haaren grau. *Felsspalt sss. (Tyrol)* (6—8) ♃. . . 2. *A.* **Seelosii** *Leyb.*
1*. Wedel 1—3fach fiederthlg od. gefiedert.
  3. Wedel durchaus 1fach gefiedert, im Umrisse lineal, viel lgr als d Stiel.
    4. Wedelstiel schwarzbraun glänzd, kahl, mit schmal trockenhäutigem Rande. *Felsen, Mauern, häufig* (5—8) ♃.
                                  3. *A.* **trichomanes** *L.*
    4*. Wedelst. grün, m. gegliedert. Haaren besetzt, ohne Rand; Fiedern etwas gestielt. *Felsen, Wälder in Gebirgsggdn selt.* (5—8) ♃. . . . . 4. *A.* **viride** *Huds.*
3*. Wedel wenigsts am Grunde mehrfach gefiedert, oder mit tief eingeschnittenen Fiedern, meist kzr als d. Wedelstiel, im Umriss lanzettl. od. 3eckig-eifg.
  5. Wedel im Umfange 3eckig-eifg, am Grd breiter.
    6. Mittelrippe undeutlich, hin u. her gebogen.
      7. Wedel im Umriss lanzettlich, 1fach gefiedert, Fiedern keilfg, d. unteren fiederlappig eingeschnitten. *Felsspalt. in Gebirgsggdn* (7—8) ♃.
                                    5. *A.* **germanicum** *Retz.*
      7*. W. im Umfg eifg 3eckig, durchaus 2—3fach fiederthlg.
        8. Schleierch. fransig. *Felsspalten, Mauern, häufig* (5—8) ♃. „Mauerraute." 6. *A.* **ruta muraria** *L.*
        8*. Schleierch. ganzrdg, Fiederch. keilfg 2—3spaltig. *Felsspalt d. Alpen ss.* (7—8) ♃. . 7. *A.* **fissum** *Kit*
    6*. Mittelrippe deutlich, gerade, W. 2—3fach gefiedert.
      9. Wedel breit eifg, 1—2' lg, oberts dunkelgrün, unters. fast weiss graugrün; Fiederch. scharf zugespitzt. *Gebüsch sss. (b. Como)* (7—8) ♃. 8. *A.* **acutum** *Bory.*
      9*. Wedel schmäler 6—12" lang, dunkelgrün u. beidersts gleichfarbig; Fiederch. spitz. *Felsspalt in Gebirgsggdn selt.* (7—8) ♃. . . . 9. *A.* **adiantum nigrum** *L.*
5*. Wedel im Umriss eifg lanzettl. am Grd schmäler.
  10. Fiederchen stachelspitzig gesägt; Frhäufch. gerade, Schleierch. ganzrandig.
    11. Wedel im Umriss breit lanzettlich, Fiederchen keilfg, vorn abgestutzt. *Felsen d. Schweizer Alpen ss. (C. Genf, C. Waadt)* (7—8) ♃.
                              10. *A.* **lanceolatum** *Huds.*
    11*. Wedel im Umriss schmal lanzettlich, Fiederch. eifg (ob var?).
  10*. Wedel 6—12" lang, Federch. sitzd, oberwts zusammenfliessd. *Felsen d. Schweizer Alpen sss.* (7—8) ♃.
                              11. *A.* **fontanum** *Willd.*
  12*. W. 1—2' lang, Fiederchen fast gestielt. *Felsen d. Schweizer Alpen sss.* (7—8) ♃.
                              12. *A.* **Halleri** *R. Br.*

16*. Fiederch. nicht stachelspitzig gesägt; Frhäufchn hakig gebo- *§ 139.*
gen. (Athyrium *Döll*). *Wälder, Gebüsch nicht selt.* (6—8) ♃.
13. *A.* **filix femina** *Bernh.*

7. **Blechnum boreale** *Sw.* Frhäufch. der Mittelrippe d.
Fiedern parallel, lineal u. mit einem auf d. äusseren Seite angeheftet. Schleier; Wedel einfach gefiedert mit lineal lanzettl. ganzrandig. Fiedern, z. Thl steril; d. Frtrgdn länger gestielt mit entferneren schmäleren Fiedern. *Wälder, besond. in Gebirgsgegenden* (6—7) ♃.

8. **Scolopendrium officinarum** *Sw.* Frchthäufch. lineal, einen spitzen Winkel mit d. Mittelrippe d. Wedels bildd, mit einem zu beiden Seiten angehefteten u. zuletzt in d. Mitte zerreissenden Schleierchen, Wedel einfach, ganzrandig, zungenfg. *Wälder, Quellen, Gebüsch selt.* (6—7) ♃. „*Hirschzunge.*"

9. **Pteris** *L.* Frchthäufch. randstdg, einen ununterbrochenen linealen Saum am Rande des Wedels darstelld, nach innen offen.
1. Wedel alle gleichartig, 2—4fach gefiedert. Wedelstiel am Grd beim Zerschneiden die Figur eines Doppeladlers zeigend. *Wälder häufig* (6—8) ♃. „*Adlerfarren.*" . 1. *Pt.* aquilina *L.*
1*. Wedel einfach gefiedert, z. Thl steril. *Wälder d. südl. Schweiz sss. (C. Tessin)* (7—8) ♃. . . . . . . 2. *Pt.* cretica *L.*

10. **Allosorus crispus** *Bernh.* (Cryptogramma *R. Br.*)
Frhäufch. rundlich, zuletzt d. ganze Unterfl. d. Wedels bedeckd u. von dem zurückgeschlagenen Rande d. Wedel bedeckt. Wedel zweigestaltig, zum Theil steril, 3fach gefiedert; Abschnitte d. Frtrgdn Wedel lineal länglich, ganzrandig, d. sterilen keilfg. an der Spitze eingeschnitten, gezähnt. *Stein. Abhänge der Alpen ss.* (7—8) ♃.

11. **Ceterach officinarum** *Willd.* Frhäufchen lineal, rückenstdg, mit zahlreichen Spreuschuppen gemischt. Wedel einfach fiederthlg m. abgerundeten Fiedern. *Felsen, Mauern, (bes. d. Rheinggdn)* (6—8) ♃.

12. **Notochlaena marantae** *R. Br.* Frhäufch. ohne Schleier, Wedel unters. spreuschuppig, doppelt gefiedert. *Felsspalt. d. Alpen ss.* (7—8) ♃.

13. **Gymnogramme leptophylla** *Desv.* Frhäufch. ohne Schleier, eifg oder länglich, zuletzt zusammenfliessd, nicht vom Wedelrde bedeckt. Wedel doppelt gefiedert, sehr zart, lebhaft grün, unters. kahl. Wedelstiel schwarz. *Felsen sss. (südl. Schweiz, C. Tessin?)* (4—6) ♃.

14. **Polypodium** *L.* „*Engelsüss.*" Frhäufch. rundlich, zerstreut, auf d. Unters. d. Wedels reihenweise geordnet, nicht zusammenfliessend; weder mit e. Schleier, noch vom Wedelrande bedeckt.

§ *140.* 1. Wedel einfach gefiedert, mit ganzrdgn Fiedern, Wedelstiel gegliedert. *Wälder nicht selt.* (5—8) ♃. . 1. *P.* **vulgare** *L.*
1*. W. mehrfach gefiedert; Wedelst. nicht gegliedert (Phegopteris *Fée.)*
 2. Fiederch. kahl.
  3. Wedel viel länger als breit, am Grund u. an d. Spitze schmäler. Pfl. vom Ansehen des Asplenium filix femina, aber durch den fast vom Anfang an fehldn Schleier und dadurch unterschieden, dass der erste obere Abschnitt. 2. Ordnung kleiner als d. folgende ist. *Bgwälder d. Alp. u. höher. Gebirge* (5—8) ♃.
      (Asplenium a *Mett.*) 2. *P.* **alpestre** *Hppe.*
  3*. Wedel im Umriss fast gleichseitig 3eckig.
   4. Wedel straff; unters. fein drüsig, Fiedern wechselstdg. Frhäufch. zuletzt etwas zusammenfliesd. *Kalkfelsen, nicht selt.*(5—8)♃. 3. *P.* **calcareum** *Sm.* = **robertianum** *Hoffm.*
   4*. Wedel schlaff, beiders. kahl; Fiedern gegenstdg, d. ober. oft abwts gerichtet. *Felsen. Mauern, Wälder, nicht selt.* (6—8) ♃. . . . . 4. *P.* **Dryopteris** *L.*
 2*. Fiederch. unters. u. am Rande behaart.
  5. Unterstes Fiederch. jeder Fieder mit d. Spindel verwachsen; Wedel dunkelgrün, im Umriss 3eckig, lang zugespitzt. *Wälder, Felsen, bes. in Gebirgsggdn* (6—8) ♃.
           5. *P.* **Phegopteris** *L.*
  5*. Unt. Fiederch. frei. . . . . 5. *Woodsia.*

15. **Adiantum capillus veneris** *L.* Frhäufch. unterbrochen, randstdg, von d. zurückgebogenen Wedelrande z. Thl verdeckt. Schleierch. fehlend. Wedel 2—3fach gefiedert, mit rundl. eifgn gestielt. Fiederchen. Wedelstiel glänzd schwarz. *Felsen u. Mauern d. südl. Alpengegenden, auch als Topfpfl. cult.* (6—8) ♃. „Frauenhaar."

§ 141. HYMENOPHYLLEAE. *Endl.*

Frhäufch. am Rande des Wedels in e. becherfgn 2klappigen Hülle; Frbehälter an e. säulenfgn Träger angeheftet u. mit e. vollständig. Ringe umgeben.

1. **Hymenophyllum tunbridgense** *Sw.* Wedel sehr zart 1—2" lang, doppelt fiederthlg m. lineal stachelspitzig-gesägt. Abschnitt. *Bgabhänge d. südl. Alpenggdn sss. (Kärnthen, C. Tessin, Iinul in d. sächs. Schweiz u. neuerdings auch am Rheine gefunden.)* (6—8) ♃.

Register.

	Seite		Seite		Seite
Abies	338	Alchemilla	30	Andromeda	245
Abietineae	337	Aldrovanda	105	Andropogon	394
Abutilon	62	Alisma	367	Androsace	239
Acanthaceae	236	Alismaceae	367	Androsaemum	103
Acanthus	236	Allium	360	Anemone	144
Acer	53	Allosorus	427	Anethum	172
Aceras	345	Alnus	334	Angelica	169
Acerineae	53	Alopecurus	397	*Anis*	164
Achillea	276	*Alpenveilchen*	243	Anthemis	278
Aconitum	152	*Alpenrose*	247	Anthericum	358
Acorus	366	Alsine	88	Anthoxanthum	397
Actaea	152	Alsineae	85	Anthriscus	176
Adenophora	250	Althaea	61	Anthyllis	8
Adenostyles	263	Alyssum	125	Antbirrhinum	226
Adiantum	428	Amarantaceae	96	Apera	400
Adlerfarren	427	Amarantus	96	*Apfelbaum*	43
Adonis	145	Amaryllideae	349	Apium	161
Adoxa	182	Ambrosiaceae	309	Apocyneae	187
Aegilops	418	Amentaceae	331	Apocynum	188
Aegopodium	163	Ammi	163	Aposeris	294
Aesculus	53	Ammobium	274	*Apricosenbaum*	28
Aethionema	132	Amorpha	17	Aquifoliaceae	47
Aethusa	166	Ampelideae	54	Aquilegia	151
Agave	349	Ampelodesmos	402	Arabis	117
Aggregatae	308	Ampelopsis	54	Arbutus	245
Agrostemma	85	Amygdaleae	28	Archangelica	170
Agrostis	399	Amygdalus	28	Arctostaphylos	245
Ahornbaum	53	Anacamptis	344	Aremonia	36
Ailantus	45	Anacyclus	279	Arenaria	89
Aira	403	Anagallis	239	Aretia	240
Ajuga	216	Anarrhinum	226	Aristolochia	338
Akazie	17	Anchusa	195	Aristolochieae	338
Aklei	151	Andrachne	52	Arnica	281

REGISTER.

	Seite		Seite		Seite
Arnoseris	294	Betonica	214	Calceolaria	225
Aroïdeae	365	Betula	334	Calendula	284
Aronia	43	Biasolletia	177	Calepina	133
Aronicum	281	*Bibernell*	163	Calla	366
Aronsstab	366	Bidens	270	Callaceae	366
Aurikel	241	Bifora	178	Calliopsis	271
Arrhenaterum	404	*Bilsenkraut*	201	Callistemon	63
Artemisia	274	*Binse*	378	Callitriche	68
Artischoke	287	*Birke*	339	Calluna	246
Artocarpeae	324	*Birnbaum*	43	*Calmus*	366
Arum	366	Biscutella	131	Caltha	150
Arundo	402	*Blasenstrauch*	16	Calycanthaceae	64
Asarineae	338	Blitum	100	Calycanthinae	64
Asarum	339	*Blumenkohl*	124	Calycanthus	64
Asclepiadeae	188	*Blutströpfchen*	145	Calyciflorae	64
Asclepias	188	*Bocksklee*	10	Camelina	129
Asparagus	353	*Bohne*	27	Camellia	63
Asperugo	194	*Bohnenkraut*	209	Camelliaceae	63
Asperula	184	Bonjeania	15	Campanula	251
Asphodeleae	355	Boragineae	193	Campanulaceae	249
Asphodelus	358	Borago	195	Campanulinae	249
Aspidium	424	Borretsch	195	Camphorosma	101
Asplenium	426	Botrychium	425	*Canariengras*	396
Aster	265	Brachypodium	413	Cannabis	324
Astericus	268	Brassica	124	Capparideae	112
Astragalus	18	Braya	122	Capparis	112
Astrantia	160	*Brennende Liebe*	84	*Cappernstrauch*	112
Athamanta	168	*Brennnessel*	323	Caprifoliaceae	182
Atragene	142	Briza	407	Capsella	132
Atriplex	102	*Brockenblume*	142	Capsicum	200
Atropa	200	*Brombeerstrauch*	32	Caragana	17
Attich	182	Bromus	413	Cardamine	119
Augentrost	235	*Bruchkraut*	95	Carduus	287
Aurantiaceae	45	*Brunnenkresse*	116	Carex	380
Avena	404	Bryonia	111	Carlina	289
Azalea	266	Buche	332, 333	Carpesium	272
		Buchweizen	323	Carpinus	333
Bachbunge	229	Buffonia	86	Carthamus	291
Bärlapp	420	Bulbocodium	364	Carum	163
Baldrian	312	Bu**i**ardia	75	Caryophyllinae	78
Ballota	214	Bunias	133	Cassuvieae	44
Balsamineae	60	Bunium	163	Castanea	332
Balsamine	60	Buphthalmum	268	Caucalis	174
Barbaraea	117	Bupleurum	164	Celastrineae	47
Bartsia	235	*Burgunderrose*	39	Celosia	96
Beifuss	274	Butomeae	367	Celtis	325
Belladonna	200	Butomus	367	Centaurea	291
Bellidiastrum	266	Buxus	52	*Centifolie*	39
Bellis	266			Centranthus	312
Berberideae	153			Centunculus	239
Berberis	153	**C**acteae	100	Cephalanthera	346
Berberitzenstrauch	154	Caesalpinieae	27	Cephalaria	310
Berula	164	Cakile	134	Cerastium	91
Besenginster	5	Calamagrostis	400	Ceratocephalum	146
Beta	101	Calamintha	210	Ceratonia	27

REGISTER. 431

	Seite		Seite		Seite
Ceratophylleeae	339	Convallaria	354	Dactylis	410
Ceratophyllum	339	Convolvulaceae	202	Dahlia	271
Cercis	27	Convolvulus	202	Danthonia	406
Cereus	110	Corallorrhiza	348	Daphne	317
Cerinthe	196	Coreopsis	270	Datura	201
Ceterach	427	Coriandrum	179	Daucus	174
Chaerophzllum	176	Corispermum	98	Delphinium	151
Chaïturus	215	Corchorus	30	Dentaria	120
Chamaeorchis	345	Corneae	154	Dianthus	79
Chamagrostis	398	Cornus	154	Dicentra	139
Cheilanthes	424	*Cornelkirschen-*		Diclytra	139
Cheiranthus	116	*strauch*	154	Dictamnus	46
Chelidonium	136	Coronilla	20	Dicotyledoneae	1
Chenopodiaceae	97	Corrigiola	94	Digitalis	226
Chenopodium	99	Cortusa	243	*Dinkel*	415
Cherleria	89	Corydalis	137	Dioscoreae	335
Chlora	190	Corylus	333	Diosmeae	46
Chondrilla	300	Corynephorus	404	Diospyros	244
Chrysanthemum	279	Cotoneaster	42	Diplotaxis	125
Chrysocoma	265	Cotula	276	Dipsaceae	309
Chrysosplenium	74	Crambe	134	Dipsacus	310
Cichorie	295	Crassula	75	*Distel*	285. 287
Cichorium	295	Crassulaceae	75	Doronicum	281
Cicendia	193	Crataegus	42	Dorycnium	15
Cicer	22	Crepis	302	*Dotterblume*	150
Cicuta	161	Crithmum	169	Draba	127
Cimicifuga	153	Crocus	350	Dracocephalum	211
Cineraria	281	Crucianella	185	Drosera	105
Circaea	67	Cruciferae	112	Droseraceae	105
Cirsium	285	Crupina	293	*Drudenblüthe*	29
Cistiflorae	104	Crypsis	397	Dryas	34
Cistineae	108	Cucubalus	81	Drypis	85
Cistus	109	Cucumis	111		
Citrone	45	Cucurbita	111		
Citrus	45	Cucurbitaceae	111	Ebenaceae	244
Cladium	377	Cuphea	69	Ecballion	112
Clarkea	67	Cupressineae	336	Echinaria	402
Clematis	142	Cupressus	336	Echinophora	178
Clinopodium	201	Cupuliferae	331	Echinops	285
Clypeola	126	Cuscuta	201	Echinospermum	194
Cnicus	291	Cuscutaceae	201	Echium	197
Cnidium	167	Cyclamen	243	*Edelweiss*	274
Cocculinae	153	Cydonia	42	Edrajanthus	250
Cochlearia	128	Cynanchum	188	*Ehrenpreis*	229
Colchicaceae	364	Cynara	287	*Eibisch*	61
Coleanthus	399	Cynodon	398	*Eiche*	332
Columniferae	60	Cynoglossum	194	*Eisenhut*	152
Colutea	16	Cynosurus	410	*Eiskraut*	78
Comarum	35	Cyperaceae	375	Elaeagneae	318
Commelinaceae	371	Cyperus	376	Elaeagnus	318
Compositae	255	*Cypresse*	336	Elatine	93
Coniferae	335	Cypripedium	348	Elatineae	93
Conioselinum	169	Cytineae	339	Elodea	340
Conium	178	Cytinus	339	Elsholtzia	206
Contortae	187	Cytisus	6	Elymus	416

	Seite		Seite		Seite
Elyna	380	Fagus	332	Gentiana	190
Empetreae	49	Falcaria	162	Georgina	271
Empetrum	49	*Farrenkräuter*	422	Geraniaceae	57
Endivie	295	Farsetia	126	Geranium	57
Endymion	363	*Faulbaum*	49	*Germer*	364
Engelwurz	170	*Federgras*	401	*Gerste*	417
Ensatae	348	*Feigenbaum*	325	Geum	34
Enzian	190	*Fenchel*	166	*Ginster*	5
Ephedra	335	Ferulago	170	Gladiolus	351
Ephedrineae	335	Festuca	410	Glaucium	136
Epheu	154	*Fetthenne*	76	Glaux	244
Epilobium	65	*Feuerbohne*	27	Glechoma	211
Epimedium	154	*Feuerlilie*	357	Gleditschia	27
Epipactis	347	*Feuernelke*	84	Globularia	314
Epipogium	346	*Fichte*	338	Globularieae	314
Eragrostis	407	Ficoïdeae	78	Glumaceae	375
Eranthis	150	Ficus	325	Glyceria	409
Erbse	26	*Filago*	272	Glycyrrhiza	16
Erdbeere	34	Fimbristylis	379	Gnaphalium	273
Erdbeerspinat	100	*Fingerhut*	226	*Goldknopf*	149
Erdkastanie	163	*Fingerkraut*	35	*Goldlack*	115
Erianthus	394	*Flachs*	56	*Goldregen*	6
Erica	246	*Flieder*	181	Gomphrena	96
Ericaceae	244	*Flügelcactus*	110	Goodyera	347
Erigeron	266	*Föhre*	337	Gramineae	369
Erinus	228	Foeniculum	166	*Granatbaum*	64
Eriophorum	380	Fragaria	34	Granateae	64
Eritrichium	198	*Frauenblatt*	276	*Grasnelke*	315
Erle	334	*Frauenhaar*	428	Gratiola	225
Erodium	59	*Frauenschuh*	348	*Gretchen im Busch*	151
Eruca	125	Fraxinus	186	Grossularieae	110
Erucastrum	125	Frittillaria	356	Gruinales	55
Ervum	22, 24	*Fuchsia*	65	*Guckgucksblume*	84
Eryngium	161	*Fuchsschwanz*	96, 397	*Gundermann*	211
Erysimum	122	Fumaria	138	*Gurke*	112
Erythraea	192	Fumariaceae	138	*Gurkenkraut*	172
Erythronium	358			Guttiferae	103
Esche	181	*Gänseblümchen*	266	Gymnadenia	344
Eschscholtzia	136	*Gänseblume, grosse*	280	Gymnogramme	427
Eselsdistel	288	Gagea	359	Gypsophila	79
Esparsette	21	Gaillardia	272		
Espe	331	Galanthus	350	**Hacquetia**	160
Essigbaum	45	Galasia	299	*Hafer*	404
Essigrose	39	Galatella	266	*Hagedorn*	42
Euclidium	133	Galega	16	*Hahnenfuss*	156
Eupatorium	263	Galeobdolon	212	*Hahnenkamm*	96
Euphorbia	49	Galeopsis	213	Halianthus	87
Euphorbiaceae	49	Galinsoga	270	Halimus	101
Euphrasia	235	Galium	185	*Hanf*	324
Eurotia	101	*Gartenschierling*	166	*Haselstrauch*	333
Evax	267	Gastridium	401	*Hauswurz*	77
Evonymus	47	Gaudinia	415	Hedera	154
		Gaisblatt	183	Hedypnois	295
Facchinia	88	Gaya	169	Hedysarum	21
Fagopyrum	319	Genista	5	*Heidekraut*	246

REGISTER.

	Seite
Heleocharis	377
Helianthemum	109
Helichrysum	274
Heliotropium	194
Helleborus	150
Helminthia	297
Helobieae	367
Helosciadium	162
Hemerocallis	363
Heracleum	172
Herminium	346
Herniaria	95
Hesperis	120
Heteropogon	394
Hexenkraut	67
Hibiscus	61
Hieracium	304
Hierochloa	396
Himantoglossum	344
Himbeerstrauch	32
Hippocastaneae	53
Hippocrepis	21
Hippophaë	318
Hippuris	68
Hirse	395
Hirtentäschchen	132
Holcus	404
Hollunder	182
Holosteum	90
Homogyne	264
Hopfen	325
Hopfenbuche	333
Hordeum	417
Horminum	211
Hortensie	74
Hottonia	242
Hoya	189
Hühnerdarm	90
Hufeisenklee	21
Huflattich	264
Hugueninia	122
Humulus	324
Hundskamille	278
Hundspetersilie	166
Hundsrose	40
Hundsveilchen	106
Hungerblümchen	127
Hutchinsia	132
Hyacinthus	363
Hydrangea	74
Hydrocharidinae	340
Hydrocharidae	340
Hydrocharis	340
Hydrocotyle	160
Hydropeltidae	140

	Seite
Hydrophyllene	198
Hyoscyamus	201
Hyoseris	295
Hypecoum	136
Iberis	130
Ilex	47
Illecebrum	94
Immergrün	187
Immortelle 96.	274
Impatiens	60
Imperata	397
Imperatoria	171
Inula	269
Irideae	350
Iris	351
Isoëteae	420
Isoëtes	420
Isopyrum	150
Iteoideae	326
Jasione	254
Jasmineae	181
Jasminum	181
Jasmin, wilder	64
Jehovablümchen	72
Je länger, je lieber	183
Jochraute	274
Johannisbeerstrauch	110
Johannisbrod	27
Johanniskraut	101
Judenkirsche	200
Juglandeae	331
Juglans	332
Juncaceae	372
Juncinae	371
Juncus	372
Juniperus	336
Jurinea	290
Kaiserkrone	357
Kamille	279
Kapuzinerkresse	60
Kartoffel	200
Karthäusernelke	80
Kastanie	332
Kastanie, unächte	53
Katzenpfötchen	274
Kentrophyllum	291
Kerbelkraut	176
Kerria	30
Kichererbse	22

	Seite
Kiefer	337
Kirschenbaum	28
Klatschrose	136
Klee	11
Klette	289
Knautia	310
Knoblauch	362
Kobresia	380
Kochia	99
Koehleria	403
Königskerze	223
Kohl	124
Korn	416
Kornblume, blaue	292
Kornrade	85
Krapp	185
Kreuzdorn	48
Kronwicke	20
Krummholz	337
Kuckucksblume	84
Küchenschelle	144
Kümmel	163
Kürbis	111
Kugelamarant	96
Kugeldistel	285
Kuhblume	299
Labiatae	205
Labiatiflorae	205
Lactuca	300
Lagurus	400
Lamarckia	403
Lamium	212
Lappa	289
Lapsana	294
Larix	338
Laserpitium	173
Lasiagrostis	401
Lathraea	218
Lathyrus	24
Latsche	337
Lauch	360
Laurineae	319
Laurus	319
Lavandula	206
Lavatera	61
Lavendel	206
Lebensbaum	336
Leberblümchen	144
Ledum	247
Leersia	399
Legföhre	337
Leguminosae	1
Lein	55

Neger, Excursionsflora v. Deutschland. 28

	Seite		Seite		Seite
Lemna	371	Lysimachia	238	*Minze*	206
Lemnaceae	371	Lythrarieae	69	Mirabilis	323
Lentibularieae	236	Lythrum	69	*Mispel*	42
Leontodon	295			*Mistel*	179
Leonurus	215			*Möhre*	174
Lepidium	131	*Maasliebchen*	266	Möhringia	89
Lepigonum	87	*Madia*	270	Mönchia	91
Lepturus	418	*Maiblümchen*	354	*Mohn*	135
Leucojum	350	*Mais*	394	*Mohrrübe*	174
Levisticum	169	Majanthemum	354	Molinia	409
Levcoje	115	*Majoran*	209	Molopospermum	177
Libanotis	167	Malabaila	178	*Monatrose*	39
Ligularia	281	Malachium	92	*Mondviole*	127
Ligusticum	168	Malaxis	348	Monocotyledoneae	339
Ligustrinae	180	Malcolmia	121	Monotropa	248
Ligustrum	180	Malope	62	Monotropeae	248
Liliaceae	353	Malpighi	53	Montia	93
Lilie	357	Malva	61	Morus	325
Lilium	357	Malvaceae	60	*Mückenpflanze*	345
Limodorum	346	*Malve*	61	Mulgedium	301
Limosella	228	*Mandelbaum*	28	Muscari	133
Linaria	227	*Mangold*	101	Myosotis	198
Linde	63	*Mariendistel*	287	Myosurus	145
Lindernia	228	Marrubium	215	Myrica	335
Lineae	55	Marsilea	419	Myricaceae	335
Linnaea	184	Marsileaceae	419	Myricaria	105
Linosyris	265	*Massholder*	53	Myriophyllum	68
Linse	24	Matricaria	279	Myrrhis	177
Linum	55	Matthiola	115	Myrtaceae	63
Listera	347	*Mauerpfeffer*	76	Myrtinae	63
Lithospermum	197	*Mauerraute*	426	Myrtus	63
Litorella	315	*Maulbeerbaum*	325		
Lloydia	357	Medicago	9	*Nachtkerze*	66
Lobelia	255	*Meerrettig*	129	*Nachtschatten*	200
Lobeliaceae	255	*Meerzwiebel*	360	*Nachtviole*	120
Lobularia	126	Melampyrum	232	Najadeae	368
Löwenmaul	226	*Melde*	102	Najas	370
Löwenzahn	299	Melica	406	Narcissus	349
Lolium	417	Melilotus	11	Nardus	418
Lomatogonium	190	Melissa	210	Narthecium	363
Lonicera	183	Melocactus	110	Nasturtium	116
Loranthaceae	179	*Melone*	112	Negundo	54
Loranthinae	179	Mentha	206	*Nelke*	79
Loranthus	179	Menyanthes	189	Nemophila	178
Lorbeerbaum	319	Mercurialis	52	Neottia	347
Lotus	15	Mesembryanthemum	78	Nepeta	211
Lunaria	127	Mespilus	42	Nerium	188
Lupinus	7	Metrosideros	63	Neslia	133
Luzerne	9	Meum	168	*Nessel*	323
Luzula	374	Micropus	267	Nicandra	200
Lychnis	84	Microstylis	348	Nicotiana	201
Lycium	199	*Milchstern*	358	*Niesswurz*	150. 364
Lycopodium	420	Milium	401	Nigella	151
Lycopsis	195	*Milzkraut*	74	Nigritella	345
Lycopus	207	Mimulus	226	Nonnea	196

REGISTER.

	Seite		Seite		Seite
Nopaleae	109	Papaver	135	Phytolacca	96
Notochlaena	427	Papaveraceae	135	Phytolacceae	95
Nuphar	140	Papilionaceae	1	Picridium	302
Nyctagineae	323	Pappel	330	Picris	296
Nymphaea	140	*Pappel, schwarze*	61	Pilularia	419
Nymphaeaceae	140	Paradisia	358	Pimpinella	163
		Parietaria	324	Pinardia	280
		Paris	354	*Pinie*	337
Ocymum	206	Parnassia	105	Pinguicula	236
Oelbaum	180	Parnassieae	105	Pinus	334
Oelnanthe	165	Paronychia	94	Piptatherum	401
Oelnothera	66	Paronychieae	94	Pirus, s. Pyrus.	
Olea	180	Passerina	318	Pistacia	44
Oleaceae	180	Passiflora	112	Pisum	26
Oleander	188	Passifloreae	112	Plantagineae	315
Olivenbaum	180	Pastinaca	172	Plantago	316
Omphalodes	195	*Pechnelke*	84	Platanthera	347
Onagrarieae	65	Pedicularis	232	Platanus	325
Onobrychis	21	Pelargonium	59	Pleurospermum	178
Ononis	8	*Pensee*	168	Plumbagneae	314
Onopordon	288	Peplis	69	Poa	407
Onosma	196	Peponiferae	109	Podospermum	298
Ophioglosseae	422	Peristylus	344	Polemoniaceae	203
Ophioglossum	422	*Perlgras*	406	Polycarpicae	141
Optrys	345	Persica	28	Polycarpon	95
Opuntia	110	Petasites	264	Polycnemum	99
Orange	45	*Petersilie*	161	Polygala	139
Orchideae	341	Petrocallis	127	Polygaleae	139
Orchidinae	341	Petroselinum	161	Polygoneae	319
Orchis	342	Petunia	201	Polygonum	321
Origanum	209	Peucedanum	170	Polypodiaceae	423
Orlaya	174	*Pfeffer, spanischer*	200	Polypodium	427
Ornithogalum	358	*Pfefferminze*	207	Polypogon	399
Ornithopus	21	*Pfeifenenstrauch*	64	Pomaceae	41
Ornus	180	*Pfeilkraut*	367	Populus	330
Orobanche	218	*Pfennigkraut*	239	Portulaca	93
Orobancheae	218	*Pfingstrose*	153	*Porzellanblümchen*	72
Orobus	26	*Pfirsichbaum*	28	Potamogeton	368
Orontiaceae	366	*Pflaumenbaum*	28	Potentilla	35
Osmunda	422	Phaca	17	Poterium	31
Ostericum	169	Phalaris	396	Prasium	216
Osterluzei	338	Phanerogamae	1	*Preiselbeere*	249
Ostroya	333	Pharbitis	203	Prenanthes	300
Osyris, (s. Nachtrag)	441	Phaseolus	27	Primula	240
Oxalideae	55	Philadelpheae	64	Primulaceae	237
Oxalis	55	Philadelphus	64	Proteinae	317
Oxyria	321	Phillyrea	180	Prunella	216
Oxytropis	17	Phleum	398	Prunus	28
		Phlomis	216	Psamma	401
		Phlox	203	Psilurus	418
Paederota	231	Phragmites	402	Ptelea	45
Paeonia	153	Phyllocactus	110	Pteris	427
Paliurus	48	Physalis	200	Pterotheca	302
Pallenis	268	Physocaulus	176	Ptychotis	162
Panicum	395	Phyteuma	253	Pulegium	206

28*

REGISTER.

	Seite		Seite		Seite
Pulicaria	268	Rübe, rothe	101	Schlüsselblume	240
Pulmonaria	197	Rübe, weisse	124	Schmalzblume	150
Pulverholz	49	*Rüster*	326	Schneckenklee	9
Punica	64	Rumex	320	Schneeglöckchen	350
Pyrethrum	280	*Runkelrübe*	101	Schnittlauch	362
Pyrola	248	Ruppia	370	Schöllkraut	136
Pyrus	42	Ruscus	354	Schoberia	98
		Ruta	45	Schoenus	376
		Rutaceae	45	Schwarzkümmel	151
Quamoclit	203			Schwarzdorn	28
Quecke	416			Schwertbohne	27
Quercus	332	*Sadebaum*	336	Schwertlilie	351
Quitten	42	*Safran*	350	Scilla	360
		Sagina	86	Scirpus	378
Radieschen	134	Sagittaria	367	Scleranthene	96
Radiola	55	*Salbei*	208	Scleranthus	95
Rainfarren	276	Salicineae	327	Scolopendrium	427
Ranunculus	146	Salicornia	98	Scolymus	299
Ranunculaceae	141	Salix	327	Scopolina	200
Raphanus	134	*Salomonssiegel*	354	Scorpiurus	20
Rapistrum	134	Salsola	90	Scorzonera	298
Raps	124	Salvia	208	Scrophularia	224
Raute	45	Salvinia	419	Scrophularineae	223
Reseda	136	Salviniaceae	419	Scutellaria	216
Resedaceae	136	Sambucus	182	Secale	416
Rettig	134	Samolus	243	Securigera	21
Rhabarber	319	Sanguisorba	31	Sedum	76
Rhamneae	47	Sanguisorbeae	30	*Seegras*	370
Rhamnus	48	Sanicula	160	*Segge*	380
Rheum	310	Santalaceae		*Seidelbast*	317
Rhinanthus	234	(s. Nachtrag)	440	Seifenkraut	81
Rhodiola	75	Santolina	276	Selaginella	421
Rhododendron	147	Sauvitalia	272	Selinum	169
Rhoeadeae	112	Saponaria	81	*Sellerie*	161
Rhus	44	Sarmentaceae	54	Sempervivum	77
Rhynchospora	377	Sarothamnus	5	Senebiera	132
Ribes	110	Satureja	209	Senecio	282
Ricinus	52	*Saubohne*	23	*Senf*	124
Riedgras	380	*Sauerampfer*	321	Serapias	346
Ringelblume	284	*Sauerdorn*	154	*Serradella*	21
Rittersporn	151	*Sauerklee*	55	Serratula	290
Robinia	17	Saussurea	290	Seseli	166
Roggen	416	Saxifraga	70	Sesleria	402
Rosa	38	Saxifrageae	70	Setaria	395
Rosaceae	31	Scabiosa	311	Sherardia	184
Rose	38	Scandix	175	Sibbaldia	38
Rosiflorae	27	*Schachblume*	357	Sideritis	215
Rosskastanienbaum	53	*Schachtelhalm*	421	Silaus	168
Rosmarinus	208	*Schafgarbe*	276	Silybum	287
Rothbuche	332	*Schafmäuler*	312	*Silberpappel*	331
Rubia	185	*Schalotte*	363	Silene	81
Rubiaceae	181	*Schaumkraut*	119	Sileneae	78
Rubus	32	*Schilf*	402	Siler	173
Rudbeckia	271	Scheuchzeria	368	Silphium	271
Rübe, gelbe	174	*Schlangencactus*	110	Silybum	287

REGISTER.

	Seite		Seite		Seite
Sinapis	124	Studentenblume	271	Tradescantia	371
Sinngrün	187	Sturmia	348	Tragopogon	297
Sison	163	Subularia	129	Tragus	395
Sisymbrium	121	Succisa	311	Trapa	68
Sium	164	Succulentae	70	Traubenkirsche	29
Smilaceae	353	Süssholz	16	Tribulis	46
Smilax	354	Swertia	190	Tricoccae	46
Smyrnium	178	Symphoricarpus	183	Trichonema	351
Solanaceae	199	Symphytum	196	Trientalis	238
Solanum	199	Synanthereae	255	Trifolium	11
Soldanella	243	Syrenia	122	Triglochin	368
Solidago	267	Syringa	187	Trigonella	10
Sommerlinde	63			Trinia	162
Sommerzwiebel	363			Triodia	406
Sonchus	301	Tabak	201	Triticum	415
Sonnenblume	371	Tagetes	271	Trixago	234
Sonnenröschen	109	Tamariscineae	104	Trochucnthes	168
Sonnenthau	105	Tamarix	105	Trollinus	150
Sorbus	43	Tanacetum	276	Tropaeoleae	60
Sorghum	394	Tamus	355	Tropaeolum	60
Soyera	304	Tanne	338	Tubiflorae	193
Sparganium	365	Taratacum	299	Türkenbund	357
Spargel	353	Taubnessel	212	Tulipa	356
Spartina	399	Tausendblatt	68	Tulpe	356
Spartium	4	Tausendgulden-		Tunica	79
Specularia	240	kraut	192	Turgenia	175
Spelt	415	Taxineae	335	Turittis	117
Spergula	87	Taxus	335	Tussilago	264
Spinacia	101	Teesdalia	130	Typha	365
Spinat	101	Telekia	268	Typhaceae	365
Spindelbaum	47	Telephium	94		
Spiraea	29	Terebintheae	44		
Spiraeaceae	29	Tetragonolobus	16	Udora	340
Spiranthes	347	Teucrium	217	Ulex	4
Stachelbeerstrauch	110	Thalictrum	142	Ulmaceae	325
Stachys	213	Theligonum	102	Ulme	326
Stähelina	289	Thesium (s. Nachtr.)	440	Ulmus	326
Staphylea	47	Thlaspi	130	Umbelliferae	155
Staphyleaceae	46	Thrincia	295	Umbelliflorae	154
Statice	315	Thuja	336	Umbilicus	78
Stechapfel	201	Thurmkraut	117	Urospermum	297
Steinbrech	70	Thymeleae	317	Urtica	323
Steinklee	11	Thymian	209	Urticaceae	323
Stellaria	90	Thymus	209	Urticinae	323
Stellatae	183	Thysselinum	170	Utricularia	236
Stenactis	266	Tilia	63		
Sternbergia	349	Tiliaceae	62		
Stiefmütterchen	168	Tillaea	75	Vaccinieae	248
Stipa	401	Tofieldia	364	Vaccinium	249
Stockrose	61	Tollkirsche	200	Vaillantia	187
Storchschnabel	57	Tommasinia	171	Valeriana	312
Stratiotes	340	Topinambur	371	Valerianeae	312
Streptopus	354	Tordylium	172	Valerianella	313
Strohblume 273. 274.	294	Torilis	175	Vallisneria	340
Struthiopteris	424	Tozzia	232	Veilchen	106

	Seite		Seite		Seite
Veratrum	364	*Walderbse*	26	*Winde*	202
Verbascum	223	*Waldmeister*	184	*Windröschen*	144
Verbena	218	*Wallnussbaum*	331	*Wirsing*	124
Verbenaceae	218	*Wanzensame*	98	*Wolfsbohne*	7
Vergissmeinnicht	198	*Wasserlinse*	371	*Wollkraut*	223
Veronica	229	*Wassernuss*	65	Wulfenia	231
Vesicaria	126	*Wasserpest*	340		
Vexirnelke	84	*Wasserschierling*	161	Xanthium	309
Viburneae	181	*Wau*	140	Xeranthemum	294
Viburnum	182	*Wegedorn*	48		
Vicia	22	*Weichselbaum*	29	Zacyntha	302
Villarsia	189	*Weide*	327	Zahlbruckneria	74
Vinca	187	*Weidenröschen*	65	Zannichellia	370
Viola	106	*Weinstock*	54	Zea	394
Violarieae	106	*Weinstock, wilder*	54	Zinnia	272
Viscum	179	*Weissbuche*	333	*Zittergras*	407
Vitex	218	*Weissdorn*	42	*Zitterpappel*	331
Vitis	54	*Weisskraut*	124	Zizyphus	48
Vogelbeerbaum	43	*Weizen*	415	Zostera	370
Vogelkralle	21	*Wermuth*	275	*Zuckererbse*	27
		Weymouthkiefer	338	*Zuckerrübe*	101
Wachholder	336	*Wicke*	22	*Zwetschgenbaum*	28
Wachsblume	180	*Wiesenknopf*	31	*Zwiebel*	362. 363.
Wahlenbergia	250	Willemetia	299	Zygophylleae	46

Sinnstörende Druckfehler und Nachträge, welche vor dem Gebrauche des Buchs zu berichtigen sind.

S. III. Z. 2 v. unt. lies „verfolgen" statt „erfolgen."
„ V. „ 14 „ ob. lies „ist" statt „sind."
„ XII. „ 20 „ ob. lies „balgartig, in Risp." statt „balgartigen Risp."
„ XVI. „ 10 „ ob. lies „Fruchtboden" statt „Frkn."
„ 3 Z. 13 v. ob. im Gattungscharakter von Scorpiurus lies: „Schiffchen geschnäbelt; Bthn gelb; B. einfach, lineal lanzettlich, am Grund von 2 dornigen Nebenb. gestützt."
„ 3 „ 22 „ ob. im Gattungscharakter von Coronilla lies „Hülse walzig od. 4kantig, Glieder nicht hufeisenfg."
„ 14 „ 11 „ ob. lies „geschärft-gesägt" statt geschärft gefügt.
„ 20 „ 18 „ ob. füge hinzu „Aecker, Wege, am adr. Meer (5—6) ♃."
„ 22 „ 1 „ unt. füge hinzu: „Wiesen, Gebüsch sss. (b. Orb im Spessart) (5—7) ♃.
„ 31 „ 18 „ ob. lies „sanguisorba" statt „sangnisorba."
„ 36 „ 1 „ ob. lies „7" statt „7*".
„ 38 „ 8 „ ob. lies „B. unters. schneeweissfilzig."
„ 39 „ 9 „ ob. lies „Blättch. beiderseits kahl etc."
„ 55 „ 14 „ unt. lies „Kapsel unvollkommen 10fächerig" statt „K. unvollkommen, 10fächerig."
„ 61 „ 4 „ ob. lies „Abutilon" statt „Abatilon."
„ 73 „ 29 „ ob. lies „Seguieri" statt „Sequieri."
„ 74 „ 1 „ unt. lies „Hortensie" statt „Hotensie."
„ 79 „ 8 „ unt. lies „Dianthus s(axifragus)" statt „Dianthns 5."
„ 80 „ 9 „ unt. lies „$1/2-1'$ hoch" statt „$1/-1'$ hoch".
„ 93 „ 16 „ unt. lies „(XI 1)" statt „(VI 1)."
„ 101 „ 6 „ ob. lies „ruthenfgn" statt „rautenfgn."
„ 104 „ 3 „ unt. liess „Tamarix" statt „Tamaria."
„ 105 „ 9 „ ob. lies „ruthenfgn" statt „rautenfgn."
„ 109 „ 33 „ ob. lies „umgerollt" statt „ungerollt."
„ 111 bei Bryonia alba u. dioica lies ♃ statt ♄.
„ 128 Z. 11 v. ob. lies „Stgl oberwärts nebst" statt „Stgl oberwärts. nebst."
„ 141—176 lies „§ 58 Ranunculaceae" statt „§ 57."
„§ 59 Berberideae" statt „§ 58."
„§ 60 Corneae" statt „§ 59."
„§ 61 Umbelliferae" stat „§ 60."

S. 146 Z. 2 v. unt. lies „divaricatus" statt „divoricatus".
„ 148 „ 3 „ unt. lies „Pfl. anliegend behaart", statt „anliegend, behaart."
„ 150 „ 14 „ unt. lies „fussfg" statt „fassfg."
„ 155 „ 17 „ ob. lies „in e. auf d. Frknoten" statt „in e. d. Frknoten."
„ 161 „ 15 „ unt. lies „2—3fach" gefied. B." statt „2—3 gefied. B."
„ 161 „ 9 „ unt. lies „knotig" statt „2kotig."
„ 168 „ 21 „ unt. lies „(6—7)" statt „(7—7)."
„ 174 „ 13 „ unt. ist das, nach „Wurzel" zu streichen.
„ 185 „ 18 „ ob. lies „B" statt „C."
„ 191 „ 13 „ ob. lies „Hall" statt „Gall."
„ 200 „ 18 „ unt. „Judenkirsche" statt „Judenkirche."
„ 202 „ 21 „ ob. lies „Gr." statt „r."
„ 204 „ 14 „ ob. lies „1*" statt „2*."
„ 208 „ 15 „ ob. liess „Zierpfl. aus Nordamerica (6—7) ♃" statt „stein. Abhänge der südl. Alpenggdn, auch cult. (6—7) ♄."
„ 209 „ 15 „ unt. lies „Rande" statt „Raüde."
„ 213 „ 17 „ ob. lies „Blkronröhre" statt „Balkronr."
„ 216 „ 12 „ unt. lies „Pallas" statt „Pollich."
„ 236 „ 18 „ unt. lies „Pinguicula" statt „Pinquicula."
„ 263 „ 3 „ ob. lies „rund" statt „sund".
„ 263 „ 15 „ ob. lies „231" statt „23 i".
„ 295 „ 18 „ unt. lies „die" statt „der."
„ 300 „ 7 „ unt. lies „die" statt „der."
„ 317 „ 8 „ unt. lies „den B" statt „der R."
„ 318 füge ein:

§ 96. SANTALACEAE. R. Br.

Blüthenhülle glockig 3—5spaltig, mit dem Frknoten verwachsen, in der Knospe klappig, innen gefärbt. Stbgef. d. Abschnitten d. Bthnhülle gegenstdg; Frkn. 1fächer, 2—4samig; Samentrgr mittenstdg. Keim mit fleischigem Eiweiss.
1. Bthn zwittrig mit 4—5spaltiger Bthnhülle u. 4—5 Stbgef., Narbe 1fach.
                     1. **Thesium.**
1*. Bthn polygamisch mit 3spaltiger Bthnhülle u. 3 Stbgef., Narben 3.
                     2. **Osyris.**

  1. **Thesium** L. (V. 1). Bthnhülle 4—5spaltig, trichterfg od. glockig, grünlich, innen weiss; Stbgef. oft v. e. Haarbüschel umgeben, Griffel u. Narbe einfach.
  1. Unter jeder Bthe 3 Deckb.; Traube bis zum Gipfel blühend.
   2. Perigon z. Frzeit eingerollt, kürzer, als d. Erucht.
    3. Obere B. nebst d. Deckb. nicht gezähnt; Fr. deutlich gestielt.
     4. B. mit 3—5 deutlichen Rippen, lanzettlich od. lineal-länglich.
      5. Stgl 1½—2½' hoch; B. deutlich 5rippig; Wzl vielstenglig. *Bergwälder selten* (7—8) ♃ . . . 1. *Th.* **montanum** *Ehr.*
      5*. Stgl ½—1' hoch; B. 3rippig, Wzl ausläufertrbd. *Bgwiesen, Gebüsch selt.* (7—8) ♃. . . 2. *Th.* **intermedium** *Schrdr.*
     4*. B. meist nur mit 1 deutl. Rippe, lineal, Wzl vielstenglig. *Bgwiesen, bei Triest* (7—8) ♃. . . . 3. *Th.* **divaricatum** *Jan.*
    3*. Ob. B. nebst d. Deckb. u. d. Aestchen am Rande gezähnelt rauh; Fr. undeutlich gestielt od. sitzd.
   5. Fr. am Stgl nicht anliegend; Stgl ästig.
    6. Mittlere Deckb. nicht länger als die Fr.; blüthentrgde Aeste zuletzt fast wagrecht abstbd. *Hügel sss. (b. Wien)* (6—7) ♃.
                 4. *Th.* **humifusum** *DC.*

6*. M. D. bei allen Aesten länger als d. Fr.; bthntrgde Aeste aufrecht absthd. *Bgwiesen sss. (b. Wien)* (c—7) ♃.
        5. *Th.* **ramosum** *Hayne*.
 5*. Fr. am Stgl anliegd; Stgl 1fach oder wenig ästig, 2—8'' lg. *Aecker, Hügel sss. (b. Wien)* (6—7) ♃. 6. *Th.* **humile** *Vahl.*
 2*. Bthnhülle z. Frzeit röhrenfg, so lg u. länger als d. Fr.
  7. Aeste wagrecht absthd; Bthnth. 5zählig. *Bgwiesen selt.* (6—7) ♃.
        7. *Th.* **pratense** *Ehrh.*
  7*. Aeste aufrecht abstehend.
   8. Aeste einseitswendig, Bthntheile meist 4zählig. *Bgwiesen d. Alpen u. höher. Gebirge* (5—6) ♃. . . 8. *Th.* **alpinum** *L.*
   8*. Aeste allseitswendig. Bthnth. 5zählig. *Bgwiesen sss. (Oberösterreich)* (6—7) ♃. . . . . 9. *Th.* **tenuifolium** *Saut.*
 1*. Unter jeder Bthe nur 1 Deckbl.; Bthntrauben an der Spitze mit B. endend.
  9. Wzl. kriechd; Deckb. viel länger als d. Fr., diese eifg, grün. *Sumpfwiesen, Wälder selt. (Norddeutschl., Schlesien)* (5—6) ♃.
       10. *Th.* **ebracteatum** *Hayne*.
  9*. Wzl. vielstenglig, nicht kriechd; Deckb. wenig länger als d. Fr., diese gelb, kuglig, saftig. *Bgabhänge d. Alpen* (6—7) ♃.
       11. *Th.* **rostratum** *M. & K.*

2. **Osyris alba** *L.* (XXII. 3). Bthn diöc.-polygamisch, schmutziggelb, wohlriechd; Bthnhülle meist 3spaltig; Narbe 3thlg. Steinfr. hochroth. Strauch 3—4′ hoch mit schlanken Zweigen u. kahlen glänzend grünen, lineal-spitz. B. *Felsen u. stein. Abhge d. südl. Alpenggdn* (4—5) ♄.

S	327	Z.	1	v.	unt. lies „daphnoïdes" statt „danoïdes."
„	333	„	10	„	ob. lies „(5)" statt „(S)."
„	337	„	7	„	unt. lies „laricio" statt „laricia."
„	338	„	19	„	ob. lies „oberständig" statt „obenstdg."
„	342	„	14	„	unt. lies „der" statt „dem."
„	391	„	28	„	ob. lies „zu e. 2. Bthe" statt „zu u. 2. Bthn."
„	393	„	17	„	ob. lies „des" statt „der,"
„	395	„	13	„	unt. lies „Halm stark, 1—3′ h., statt „Halm stark 1—3′ h."
„	396	„	1	„	unt. füge hinzu: (4—5) ♃.
„	350	„	13	„	ob. ist „(6—7)" zu streichen.
„	365	„	5	„	unt. lies „Huds" statt „Hads."
„	366	„	18	„	unt. u. folgende sind die Arten von Arum als † zu bezeichnen.
„	381	„	5	„	oben lies „Aehren am Grd mit weibl., an d. Spitze mit männl. Bthn."
„	412	„	3	„	ob. lies „curvula" statt „curvulla."
„	419	„	10	„	ob. lies „spiralig" statt „spirlig."
„	423	„	16	„	unt. lies „fiederig" statt „flederig."
„	425	„	1	„	unt. lies „hyperborea" statt „hyperporea."

www.ingramcontent.com/pod-product-compliance
Lightning Source LLC
Chambersburg PA
CBHW051233300426
44114CB00011B/723